2013 年 11 月 21 日，中国农业科学院与欧盟委员会在人民大会堂签署了《关于食品、农业和生物技术研究与创新合作意向书》。中共中央政治局常委、国务院总理李克强，欧洲理事会主席范龙佩和欧盟委员会主席巴罗佐出席签字仪式

2013 年 8 月 22 日，肯尼亚总统肯雅塔到中国水稻研究所访问

2013 年 6 月 13 日，中共中央政治局委员、国务院副总理汪洋到中国农业科学院考察指导工作

2013 年 7 月 24 日，农业部部长韩长赋到中国农业科学院检查指导党的群众路线教育实践活动

2013 年 1 月 21 日，中国农业科学院科技创新工程正式启动实施。农业部副部长张桃林在启动仪式上宣读了《农业部和财政部关于同意启动中国农业科学院科技创新工程的批复》文件

2013 年 1 月 21—22 日，中国农业科学院在京召开 2013 年工作会议

中国农业科学院作物科学研究所王连铮研究员主持完成的“广适高产优质大豆新品种中黄 13 的选育与应用”获 2012 年度国家科技进步奖一等奖

中国农业科学院植物保护研究所陈万权研究员主持完成的“小麦条锈病菌源基地综合治理技术体系的构建与应用”获 2012 年度国家科技进步奖一等奖

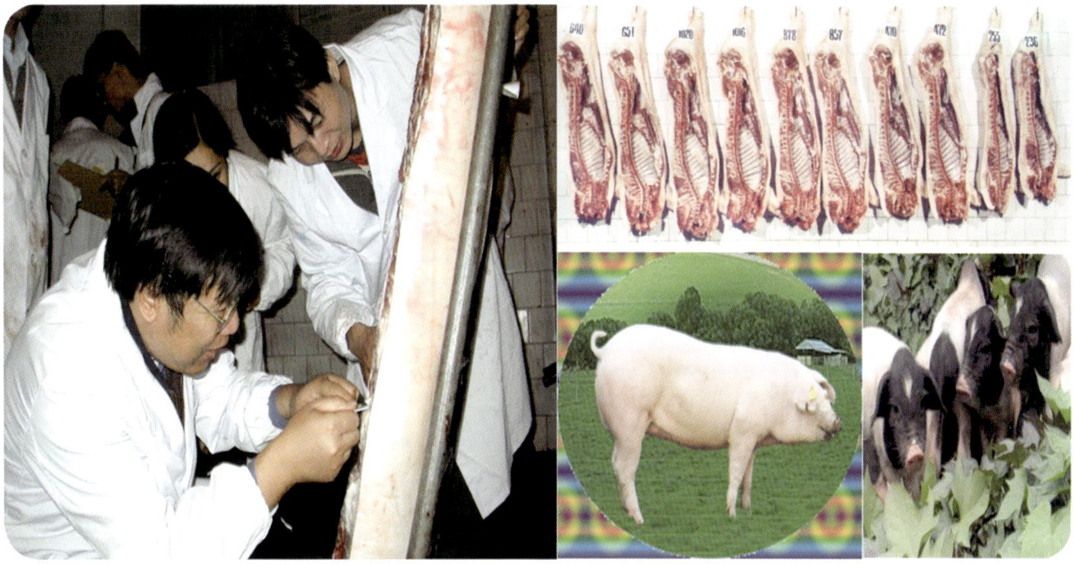

中国农业科学院北京畜牧兽医研究所李奎研究员主持完成的“猪产肉性状相关重要基因发掘、分子标记开发及其育种应用”获2012年度国家技术发明二等奖

中国农业科学院农业资源与农业区划研究所唐华俊研究员主持完成的“主要农作物遥感监测关键技术研究及业务化应用”获2012年度国家科技进步二等奖

中国农业科学院北京畜牧兽医研究所王加启研究员主持完成的“优质乳生产的奶牛营养调控与规范化饲养关键技术及应用”获2012年度国家科技进步二等奖

中国农业科学院农业环境与可持续发展研究所董红敏研究员主持完成的“畜禽粪便沼气处理清洁发展机制方法学和技术开发与应用”获2012年度国家科技进步二等奖

中国水稻研究所胡培松研究员主持完成的“优质早籼高效育种技术研创及新品种选育应用”获 2012 年度国家科技进步二等奖

中国农业科学院柑桔研究所周常勇研究员主持完成的“柑桔良种无病毒三级繁育体系构建与应用”获 2012 年度国家科技进步二等奖

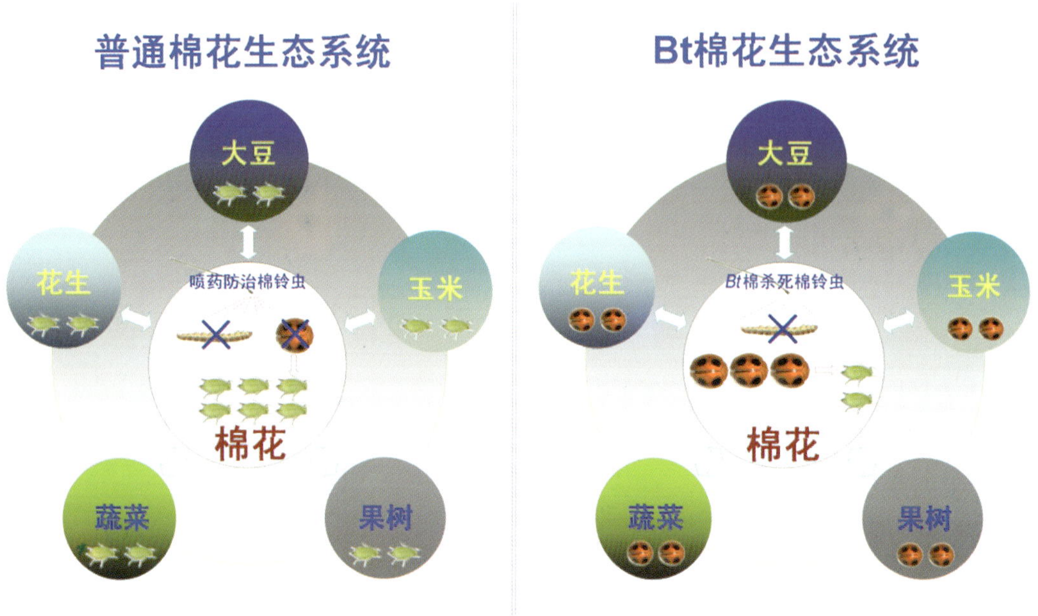

中国农业科学院植物保护研究所吴孔明研究团队科研成果“生态学试验证实 *Bt* 转基因棉花种植可促进对害虫的生物控制”获评 2012 年度“中国科学十大进展”

2013 年 11 月 15 日，由中国农业科学院植物保护研究所承担的国家自然科学基金创新研究群体项目——“棉花—害虫—天敌的互作机制”启动研讨会在北京召开

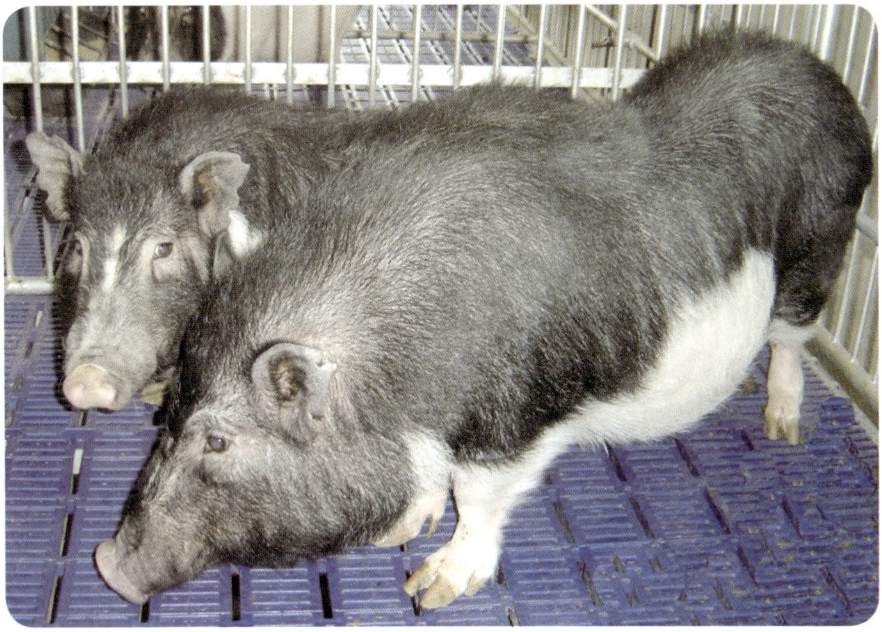

中国农业科学院北京畜牧兽医研究所冯书堂研究员育成的小型猪近交系，达到同类研究国际领先水平，有望在未来人类异种器官移植研究和应用中发挥重要作用

中国农业科学院在小麦、谷子和黄瓜基因组解析、H7N9流感病毒传播机制、水稻分蘖机制等研究取得重大进展，进入世界领先行列。全年在 *Nature*、*Science* 等顶级学术刊物发表16篇论文

中国农业科学院油料作物研究所选育的油菜新品系 YN171 含油量达到 64.8%，再次刷新世界最高纪录（左）；中国水稻研究所选育的早稻“中早 39”，以 705.33 千克的单块攻关田单产，打破浙江省早稻单产纪录（中）；中国农业科学院作物科学研究所玉米高产示范田亩产达到 1 511.74 千克，实现了单季亩产吨半粮的突破（右）

2013 年，中国农业科学院扎实推进科技创新工程试点，先后两批遴选出 22 个研究所、193 个科研团队进入试点，第一批 11 个试点研究所的 112 个科研团队顺利启动，标志着创新工程迈出了实质性一步

中国农业科学院哈尔滨兽医研究所、国家禽流感参考实验室主任陈化兰研究员因 H7N9 病毒传播机理研究的重大突破当选 *Nature* 杂志 2013 年度十大科学人物（左）；生物技术研究所郭三堆研究员因成功研制具有自主知识产权的三系杂交转基因抗虫棉入选 CCTV2013 年度科技创新人物（右）

中国农业科学院植物保护研究所陆宴辉副研究员（左图）和农业环境与可持续发展研究所高清竹研究员（右图右一）分别荣获“第十三届中国青年科技奖”和“第九届青藏高原青年科技奖”

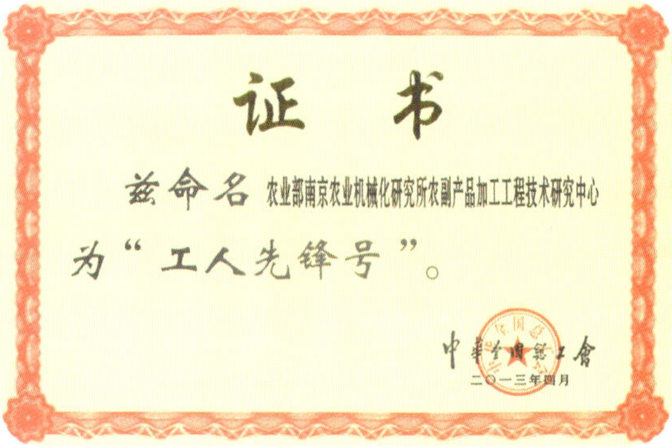

证　书

兹命名 农业部南京农业机械化研究所农副产品加工工程技术研究中心

为“工人先锋号”。

中华全国总工会

二〇一三年四月

农业部南京农业机械化研究所“农副产品加工工程技术研究中心”被中华全国总工会授予“工人先锋号”荣誉称号

2013 年 4 月 22 日，中国农业科学院召开优秀博士后表彰大会

2013 年 7 月 4 日，中国农业科学院研究生院举行 2013 届研究生毕业典礼暨学位授予仪式

2013 年，中国农业科学院共组织科技下乡 6.68 人・天，组织举办现场展示观摩会、技术培训咨询等活动 3 702 次，培训基层技术人员和农民 125 万人次，促进了农业技术进步和地方农业农村经济发展

2013 年，中国农业科学院及院属单位进一步深化同地方政府和企业的实质性合作，加快推进农业科技成果产业化

中国农业科学院与新乡市和河南省农业科学院共建新乡现代农业示范区，与黑龙江省农业科学院共建现代农业科技示范基地

2013 年，中国农业科学院组织开展水稻、玉米、小麦、油菜、大豆、马铃薯六大作物增产增效综合技术的示范推广与协作攻关，初步形成了一系列集成配套的农业生产综合技术体系，为全国开展高产创建提供了技术路线和技术模式

2013 年，中国农业科学院共有 9 个院级代表团赴欧洲、美洲、非洲、亚洲等地区进行调研交流和合作洽谈。全年共派出 527 个团组 1 061 人次到国外开展学术交流、合作研究、参加会议和培训等

2013 年，中国农业科学院共接待重要来访团组 46 批，邀请外宾 558 批 813 人次来院开展学术交流、讲学、洽谈等

2013 年，中国农业科学院举办、承办了国际农科院院长高层研讨会、中国与 CGIAR 合作 30 周年论坛、世界农业展望大会、中拉农业部长论坛农业科技分论坛等一系列重大国际活动，有效提升了国际影响力

2013年，中国农业科学院深化了与欧盟的合作，与联合国粮农组织加强在南南合作领域的合作，通过世界银行与非洲建立了更紧密的合作关系

2013年，中国农业科学院与泰国、澳大利亚、欧盟等国家和地区的科研机构签署合作协议19项

2013年，中国农业科学院同悉尼大学、国际半干旱研究所、新西兰植物和食品研究所等机构合作建立联合实验室；哈尔滨兽医研究所成为我国首个获得联合国粮农组织认可的国际动物疫病参考中心

2013 年 8 月 26 日，中国农业科学院与北京市通州区政府举行共建通州院区合作框架协议签字仪式，标志着中国农业科学院通州院区正式启动实施。根据协议，通州院区将建成国家“四化同步”试验区，打造成中国农业科技率先跨入世界先进行列最具标志性的支撑平台

2013 年 11 月 18 日，国家农业图书馆新馆正式建成启用

中国农业科学院深入推进党的群众路线教育实践活动，认真践行中央“八项规定”要求

2013 年 11 月 22 日，中国农业科学院传达学习党的十八届三中全会精神

2013 年，中国农业科学院广大干部职工以建设世界一流院所为目标，努力拼搏、爱岗敬业、开拓创新、无私奉献，为粮食生产“十连增”、农民增收“十连快”、农业农村经济各业平稳较快发展作出了突出贡献，涌现出了 2 个全国农业先进集体、5 名全国农业先进个人、10 个院级先进集体、10 名院级先进工作者等一大批优秀集体和先进个人。在中国农业科学院 2014 年度工作会议上，对这些集体和个人进行了表彰

2013 年，中国农业科学院成立了院区综合管理委员会，集中解决了一批职工群众反映强、呼声大的问题，大院环境进一步美化，整体形象大为改观，院区秩序明显好转

2013 年 3 月 6 日，中国农业科学院举办了以“跨越发展绘新篇 农科巾帼谱芳华”为主题的纪念“三八”国际劳动妇女节暨表彰活动

2013 年 5 月 4 日，中国农业科学院在北京西山国家森林公园举行了“拥抱阳光　健康生活”长走活动

中国农业科学院年鉴

2013

中国农业科学院办公室　编

中国农业科学技术出版社

图书在版编目（CIP）数据

中国农业科学院年鉴．2013 / 中国农业科学院办公室编．—北京：中国农业科学技术出版社，2014.8
ISBN 978－7－5116－1760－6

Ⅰ．①中…　Ⅱ．①中…　Ⅲ．①中国农业科学院－2013－年鉴
Ⅳ．①S－242

中国版本图书馆 CIP 数据核字（2014）第 157237 号

责任编辑	史咏竹　李　雪
责任校对	贾晓红
出 版 者	中国农业科学技术出版社 北京市中关村南大街 12 号　邮编：100081
电　　话	(010)82106626　82109707(编辑室) (010)82109702(发行部) (010)82109709(读者服务部)
传　　真	(010)82106626
网　　址	http://www.castp.cn
经 销 者	各地新华书店
印 刷 者	北京经典无限印刷有限公司
开　　本	787 mm×1 092 mm　1/16
印　　张	55.25　插页　20
字　　数	1 266 千字
版　　次	2014 年 8 月第 1 版　2014 年 8 月第 1 次印刷
定　　价	268.00 元

《中国农业科学院年鉴2013》

编 辑 委 员 会

目　录

一、总　类

二、科研创新与创新工程

三、科技兴农

四、国际合作与海峡两岸交流

五、人事管理与人才建设

六、计划财务管理与条件建设

七、研究生教育与管理

八、综合政务管理

九、党的建设、思想政治和党风廉政工作

十、人物介绍

十一、大事记

十二、附　　录

一、总　类

国务院副总理汪洋视察中国农业科学院并作重要讲话

6月13日，中共中央政治局委员、国务院副总理汪洋同志莅临中国农业科学院视察。汪洋副总理先后到国家农作物种质资源库、国家基因资源与基因改良重大工程和现代农业科技展示园考察指导，参观了中国农业科学院重大科技成果展览，看望了院士、专家代表。在随后召开的座谈会上，汪洋副总理听取了李家洋院长的工作汇报和范云六、程式华、杜永臣、李明等4位专家的发言，并作了重要讲话。

汪洋指出，与其他领域相比，农业科技工作更为艰苦，科研人员更为辛苦。因为农业科研周期比较长，有些品种的培育需要几年甚至十几年，要有极大的耐心、定力和毅力。农业科研不仅需要在实验室里劳心费神，还要到田间地头、生产一线，经常日晒雨淋。这些年，在耕地减少、水资源匮乏的情况下，我国农业能够持续发展，粮食生产实现九连增，连续跃上新的台阶，农业科技发挥了强大的支撑作用。他代表党中央、国务院，向中国农业科学院的科技人员、也向全国的农业科技工作者表示崇高的敬意和衷心的感谢！

他强调，党的“十八大”要求加快发展现代农业，增强农业的综合生产能力。新一届中央领导集体也高度重视农业工作，习近平总书记要求“把13亿人口的饭碗牢牢端在自己手里”，多次强调农业的基础地位。李克强总理多次强调，持续发展经济，首先要稳住农业。近年来，我国农业年年丰收、粮食连连增产，但是农产品供给依然偏紧、进口数量不断增加，保持粮食及主要农产品供需平衡的压力很大。我国人口多，不可能无限制地扩大农产品进口，还必须要依靠自己的力量，保障中国的粮食、特别是口粮的供给能力。现在，社会对农产品质量安全的要求越来越高，农产品需求的增长速度也比较快。但是耕地、水资源等刚性约束在不断增强，生态环境的压力越来越大，已经到了必须依靠农业科技创新促进农业发展的阶段。所以，要充分认识加快农业科技进步的重要性、紧迫性，紧紧抓住世界农业科技革命方兴未艾的历史机遇，坚持科教兴农战略，加快农业科技创新，促进我国农业发展再上新的台阶。

汪洋对中国农业科学院在农业科技创新方面发挥的作用给予了充分肯定。他指出，中国农业科学院是农业科研的国家队，在各类农业科研机构中，规模最大、学科最全、基础条件最好、综合实力也最强。在推进我国农业科技进步中，具有举足轻重的地位。实现新“四化”，关键取决于农业现代化；实现农业现代化，关键取决于农业科技；要想使中国的农业科技上到新水平，关键看中国农业科学院。近年来，中国农业科学院发挥自身优势，不断开拓进取，取得了一批重大科技成果，推广和普及了大量先进适用技术，为促进现代农业发展发挥了重要作用。在新的历史条件下，中国农业科学院肩负着更加重大的责任、更加光荣的历史使命。中国农业科学院提出“顶天立地”、建设“世界一流农业科研院所”的战略目标，实施科技创新工程、现代院所建设等重要举措，这是符合国家农业科技发展总体战略、也符合中国农业科学院实际的，要坚持不懈地向前推进，当好农业科技进步的“排头兵”和“领头羊”，引领全国农业科技创新，努力使我国农业科技整体实力和水平尽快进入世界前列。

汪洋希望，中国农业科学院一要紧紧围绕现代农业发展的需要，加快农业科技创新。现阶段，农业发展既要增加农产品的产量，又要保证质量安全和促进农民增收，中国农业科学院要聚焦这几个方面，进一步明确方向和重点，集中力量攻关，力争在关键核心的基础研究上实现重大突破。要重视解决好科技与经济“两张皮”的问题，不断提高科研水平、不断提高成果转化率。二要瞄准世界农业科技发展的趋势，加强农业前沿和基础研究。世界农业科技发展进入一个前所未有的创新密集时代，特别是以生物技术和信息技术为标准的新一轮农业科技革命在世界范围内兴起，无论是发达国家还是发展中国家都在密切部署，力图抢占制高点。作为农业科研国家队的中国农业科学院要有大的作为、大的担当，紧盯世界农业科技发展前沿，加强农业高新技术研究，积极参与和推动世界农业科技革命的进程。要加强农业科技的国际合作与交流，积极引进和消化吸收国际先进技术、科学方法与管理经验，提高我国农业科技的创新能力。三要创新体制机制，释放农业科技发展的内在活力。要研究如何根据市场需要，设立科技创新项目，使科技创新更好地服务生产实际？如何推进资源共享，使现有科研资源得到有效利用？如何将科研院所的力量与企业和社会科研力量结合，发挥国家科研机构在科技进步中的引领作用、基础作用、支撑作用？如何使从事农业基础研究人员的待遇，包括精神和物质方面的待遇，得到必要保证，使他们能够静下心来坐冷板凳？中国农业科学院过去 10 年的科技改革，有的看起来是可行的，有的经过实践证明是不可行的，这个可以再总结。四要营造有利的环境和条件，建设高水平的农业科技人才队伍。推进农业科技创新，人才是关键。要努力营造良好的创新环境，建立有效的激励机制，调动农业科研人员的积极性、创造性。要下大气力培养和造就一批世界一流的农业科学家和科技领军人物，建设一支结构合理、业务素质高、爱岗敬业的农业科技创新队伍。

汪洋希望，农业科技工作者要自觉担负起农业科技自主创新的历史使命，发扬敢于创新、善于创新的优良传统、树立雄心壮志、勇攀科技高峰，以提高我国农业科技的大跨越、推动农业生产力的大提高、农村经济社会的大发展。各级党委政府和科研机构要注意改善农业科技工作者的工作条件。农业科研具有很强的基础性、公益性，农业科技发展是一项长期的系统性工程，需要体制机制、科技政策、经费投入、社会环境的协同保障，离不开政府部门和社会各界的关心支持。希望各部门结合自己的职能，一如既往地支持农科院发展，为农业科技进步和中国农业科学院跨越式发展创造良好的条件和环境，为农业科技的发展逢山开路、遇水架桥。

农业部部长韩长赋陪同考察并主持座谈会。他就贯彻落实汪洋副总理的讲话精神对中国农业科学院提出3点要求。一是要深入学习、深刻领会汪洋副总理的讲话精神，进一步强化责任意识、创新意识、服务意识，切实提高农业科技服务“三农”的使命感和自觉性。二是要坚定不移地围绕稳粮增收保供给的中心任务，立足产业发展，瞄准科技前沿，针对制约农业农村经济发展的重大瓶颈性问题，大力推进农业科技创新，充分发挥科技在现代农业建设中的骨干支撑作用。三是要深化改革，发挥优势，加快实施农业科技创新工程，加强现代院所制度建设，加大人才队伍建设力度，全面提升农业科技创新能力，把中国农业科学院建成世界一流科研院所。韩长赋指出，汪洋副总理的讲话是对中国农业科学院也是对全国农业科技战线的激励和鞭策。农业部[①]党组和各司局要按照汪洋副总理的要求，全力支持、主动服务、当好后勤，积极协调、争取支持，为中国农业科学院发展创造良好的外部环境。

国务院副秘书长丁学东，中农办副主任唐仁健，教育部副部长杜占元，科技部副部长张来武，国研室副主任黄守宏，农业部副部长张桃林，中国农业科学院党组书记陈萌山，农业部总经济师、办公厅主任毕美家等陪同考察并参加座谈。农业部有关司局负责人，中国农业科学院领导班子成员、院士专家代表、院属各单位主要负责人参加座谈会。

① 中华人民共和国农业部，全书统称农业部

农业部副部长张桃林在中国农业科学院科技创新工程启动会上的讲话

（2013 年 1 月 21 日）

同志们：

中国农业科学院科技创新工程正式启动，是财政部、农业部和中国农业科学院深入贯彻落实党的“十八大”、全国科技创新大会和 2012 年中央一号文件精神，加快实施创新驱动发展战略、推动农业科技进步的重大举措，是中国农业科学院建设与发展历史上的一个里程碑，也标志着中国农业科学院的发展进入到一个新的历史阶段，也是我国农业科技事业发展的一件大事。我谨代表农业部与韩长赋部长表示热烈的祝贺，借此机会我讲三点意见。

一、充分认识组织实施创新工程的重大意义，进一步增强加快农业科技进步的责任感紧迫感

党的“十六大”以来，中央坚持把解决好“三农”问题作为全党工作的重中之重，粮食生产实现了“九连增”，农民增收实现了“九连快”，是我国农业发展最快、农村变化最大、农民得实惠最多的十年，也是我国农业科技加快发展，科技支撑能力显著增强的重要时期。至 2012 年，我国农业科技进步贡献率达到 54.5%，耕种收综合机械化水平达到 57%；主要粮食品种良种覆盖率达到 96% 以上，亩①产首次达 700 斤②以上，单产提高对粮食增产的贡献率超过 80%，表明农业科技已成为我国现代农业发展的主导与决定性力量，表明科技站在一个新的发展起点上。但与发达国家相比，与建设现代农业要求相比，还存在不小差距，特别是具有自主知识产权的重大创新成果依然不足，科技成果转化和推广应用水平依然不高，农技推广服务能力依然薄弱，农业科技人才队伍建设依然滞后。

当前，我国农业发展正处于从传统农业向现代农业加快转型、升级的关键时期，农业发展方式进入到了由传统小农生产向社会化大生产加快转变的新阶段。农产品供求关系从“总量平衡、丰年有余”向“总体上平衡、结构性短缺、长期性偏紧”转变，保

---

① 1 亩≈667 平方米，全书同

② 1 斤 = 500 克，全书同

障国家粮食安全和重要农产品有效供给的任务更加艰巨；节本增效、提高农产品竞争力的问题越来越突出；转变农业发展方式、尤其要突破资源环境约束、促进农业可持续发展任务日益紧迫。解决这些突出问题，要靠政策、靠投入、靠市场，但最具潜力、最可持续、最根本的依靠，还是要靠科技。

2012年中央一号文件聚焦农业科技，对农业科技创新作出了全面部署，为农业科技定了位、定了性、定了向。去年7月份召开的全国科技创新大会明确提出，要深化科技体制改革、加快国家创新体系建设，尤其充分发挥国家科研机构的骨干和引领作用，把科技创新作为发展的内生动力，推进基础前沿研究，提高自主创新能力。党的“十八大”再次强调指出，要实施创新驱动发展战略，把科技创新必须摆在国家发展全局的核心位置。

中国农业科学院是中国农业科技进步的领头羊，是农业科学技术研究工作的国家队，是重大农业技术研发的主力军。实施中国农业科学院科技创新工程，是贯彻落实党中央、国务院一系列重大决策部署，加快农业科技进步的实际行动；是提升中国农业科学院自主创新能力，引领带动全国农业科技事业发展的重要举措，对于农业农村经济社会全面发展具有长远的战略意义。

二、准确把握新时期农业科技创新和体制改革方向，切实发挥创新工程对全国的先导引领作用

当前和今后一个时期，农业科技创新要适应世界农业科技发展的潮流和我国农业现代化的要求，着眼长远发展，超前部署农业前沿及高新技术和农业基础研究，力争在世界农业科技前沿领域占有重要位置；要面向产业需求，着力突破农业行业重大关键技术和共性技术，切实解决科技与经济脱节问题。具体来说，要做好科技创新方向和重点的“三个调整”，即：一是由侧重生物技术研究向注重生物、农机及工程、材料、信息技术研究相结合、相融合的调整；二是注重提高土地产出率向提高土地产出率、资源利用率和生态环境保护并重的调整，资源环境保护问题现在要放在更加重要的位置；三是注重传统单一的农业生产技术向农业生产与农业多功能、多层次发展技术相统筹的调整。农业科技要追踪前沿，不断拓宽视野、拓展领域，培育和开创现代农业、战略性新兴产业新的增长点。

体制机制改革创新是解放发展科技生产力，激发农业科技内在活力，推动农业科技跨越发展的关键举措。我国农业科技工作要在遵循一般科技规律的基础上，突出农业科技的国情特色和产业特点，探索符合我国农业发展实际的科技管理和制度创新之路，就要走有我国特色的农业科技创新道路。要紧紧依托科技创新工程，深化和完善农业科研院所改革，加快建立健全现代科研院所运行制度；完善科技立项机制，强化农业科技立项的产业需求导向，从立项源头上解决科研与生产“两张皮”问题；创新科技评价奖励机制，建立完善符合农业产业和农业科技发展要求的分类考核、分类评价、科学奖励

的科技评价指标体系；正确处理好科研院所与其他创新主体的分工协作及产学研结合问题，走具有中国特色的农业科技创新之路。

中国农业科学院实施“科技创新工程”，要始终坚持以“服务产业重大科技需求、跃居世界农业科技高端”为使命，以“建设世界一流农业科研院所”为目标，准确把握农业创新与体制改革方向，切实发挥好创新工程的先导引领作用，其先导引领作用就体现在院里对创新工程的目标定位，就是改革的排头兵，创新的国家队和决策的智囊团。一是战略引领，要成为我国农业科技发展重大战略思想、农业科技创新理论和重大科技命题的策源地；二是科技引领，要把握世界农业科技发展趋势，引领全国农业科技创新方向，在解决我国农业产业发展战略性、基础性、关键性科技问题上发挥核心作用，带动我国农业科技整体实力率先进入创新型国家行列；三是人才引领，要下大气力培养、吸纳、集聚一批国内顶尖、世界一流的农业科学家队伍，在国际上公开招聘一些领军人才是非常必要的，在全国农业科技人才队伍建设中发挥领头作用；四是制度引领，要借鉴吸收国内外经验，建立适合我国国情的现代农业科研院所制度，引领农业乃至其他行业领域科研院所改革发展的方向，促进国家科技体制改革和创新体系的建设。

三、解放思想、大胆实践，扎实推进科技创新工程开好头、起好步

中国农业科学院科技创新工程是一项重大系统工程，涉及科技创新、条件建设、机制完善、经费投入等方方面面，必须精心部署、试点先行、扎实工作、稳步推进。在推进创新工程的过程中，还将碰到很多新问题新情况新矛盾。为此，我衷心希望中国农业科学院能够继续解放思想、不断完善、大胆探索。

解放思想，就是立足实际、大胆工作，努力确保创新工程顺利实施。中国农业科学院科技创新工程，是一项全新的工作，也是各方面给予很大关注、给予很高期望的工作。把这件事办好，关键还是要解放思想、而且解放思想当中统一思想，与时俱进。现有科研布局、规章制度、人员配置等可能与创新工程有一些不相适应的地方，也可能触动某些利益分配，从而产生一些阻力。为此，必须提高认识、解放思想、大胆工作，不为任何困难所惧，不为任何框框所缚，充分调动、发挥和依靠全院广大人员的智慧和科研积极性，努力解决与创新工程不相适应的各种矛盾和问题，保证创新工程的顺利实施。

不断完善，就是勇于实践、勇于探索、善于总结，努力在推进创新工程中探索提高。科技创新工程是我国农业科技领域管理机制、投入机制等机制创新的一项重要探索。要认真总结各项工作、各项措施、各项政策、各项制度在实施过程中的问题和不足，及时调整、修改并在实践中进一步检验和完善；要兼容并蓄，广泛吸收国内外有益经验和做法，在创新工程实践中应用发展；要分阶段在院、所两个层面认真总结创新工程的实践经验，加强交流、研讨成功的做法和经验，及时调整创新工程实施计划和任务安排。

部党组对中国农业科学院科技创新工程高度重视，寄予殷切期望。实施好中国农业科学院科技创新工程也是农业部的一项重要工作，各有关司局都要高度重视、大力支持中国农业科学院科技创新工程，积极帮助解决好涉及国务院有关部委和地方政府的相关工作，并且充分利用农业部现有项目资金等渠道，进一步加大资金支持和政策倾斜，为实施好创新工程创造更好的氛围，为推进中国农业科学院改革发展提供更有利的环境。我相信在财政部大量的投入，大力的支持与鼓励下，在部党组的正确领导和高度重视下，在有关部门和社会各界的大力支持和关心下，通过全院广大干部职工和农业科技工作者的辛勤努力，中国农业科学院科技创新工程一定会取得圆满成功，为早日建成世界一流农业科研院所、提高我国农业科技整体水平作出应有的贡献。

还有20天就是新春佳节，这里给大家拜个早年，祝各位老师、各位专家、各位同志、各位同事身体健康、阖家欢乐，万事如意!

谢谢。

扎实推进科技创新工程
全面开创中国农业科学院发展新局面

——中国农业科学院 2013 年工作报告

农业部副部长、中国农业科学院院长　李家洋

（2013 年 1 月 21 日）

同志们：

这次会议的主要任务是，认真贯彻落实党的“十八大”及中央农村工作会议、全国农业工作会议精神，总结 2012 年工作，以创新工程为统领，全面部署 2013 年工作，努力开创我院跨越式发展新局面。中央领导同志对我院科技工作尤其是科技创新工程高度重视，回良玉副总理专门作出批示、提出要求。农业部始终关心支持我院发展，韩长赋部长经常关心我院工作进展情况，对科技创新工程倾注了很多心血，寄予很高期望，对于我院一年来的工作，也专门作出批示：“对农科院一年来的工作新进展予以充分肯定，望新的一年再接再厉，争创佳绩。”刚才，桃林副部长和赵路司长分别代表农业部、财政部作了重要讲话。我们要认真贯彻落实中央领导重要批示精神，按照农业部、财政部的部署要求，动员全院力量，团结一心、拼搏进取，全力以赴抓好科技创新工程建设，为加快建成世界一流农业科研院所、支撑我国现代农业发展而努力奋斗。下面，我讲三点意见。

一、2012 年全院各项工作成效显著，为推进跨越式发展打下了坚实基础

2012 年，全院广大科技人员和干部职工坚决贯彻中央决策部署和农业部党组的要求，紧紧围绕“建设世界一流农业科研院所”的战略目标，着眼长远谋发展，服务大局强支撑，提升能力促创新，全院发展取得喜人成绩，呈现不少新的亮点。

一是科技创新工作取得新突破。

科研立项方面，新增主持科研项目 1 559项，合同经费 14.7 亿元，分别比上年增加 11.4% 和 16.7%，高于全国平均水平。其中，国家自然科学基金项目数和总经费创历

史新高，杰青[①]、优青[②]项目首次各获2项，创新研究群体项目实现“零”的突破；农产品质量安全研究领域首获“973”[③] 支持；“863”[④]、“948”[⑤] 等重点重大项目稳定增长，优势占位水平进一步提升。

基础研究方面，涌现出一批“顶天”的农业学术成果，彰显了国家队的学术影响力。全年公开发表论文5 166篇，其中SCI[⑥]、EI[⑦] 等收录论文1 506篇，比上年增加35%。在水稻基础机理、转基因抗虫棉区天敌昆虫演化机制以及棉花、黄瓜与烟草基因组学等领域的研究取得重大进展，创制出第二代优质纤维、优质大铃转基因棉花种质新材料，建成了全球最大的烟草突变体库。

应用研究方面，积极推动良种良法配套、农机农艺融合、节本增效并举，获得一批具有重大影响的“立地”型实用性成果，为现代农业发展提供了有力科技支撑。成功选育出中浙优10号水稻、中油杂12油菜、瘦肉型北京鸭等一批动植物新品种，获国家或省级审定农作物品种96个、新品种保护权8个；研发出大豆免耕播种技术、无人驾驶自动导航施药直升机、黄曲霉毒素高灵敏检测仪、粮食安全系统评价模型等；获国家发明专利383个，比上年增加80%。

获奖成果方面，共获得各类科技成果155项，以第一主持单位获得国家奖成果8项、省部级奖成果23项。其中，中黄13大豆的选育和小麦条锈病治理技术体系的构建等2项成果荣获国家科技进步一等奖。

二是支撑产业发展作出新贡献。

积极响应农业部“农业科技促进年”活动，加强成果转化推广，强化科技支农服务，全年共推广农作物及畜禽新品种260个、配套新技术263项，推广作物总面积4.19亿亩、畜禽1.08亿头（只）。中黄13连续6年位居全国大豆种植面积首位，累计推广7 000多万亩。中单909玉米2011年通过审定，2012年就推广了210万亩，获得转让收入1.2亿元，创玉米新品种推广速度和作物单品种转让纪录。“双低”油菜系列品种推广3 500万亩，占全国油菜生产面积的1/3以上。

禽流感、蓝耳病、口蹄疫等疫苗的研制、生产和推广成效显著，为全国防控动物疫病发挥了重要作用。完成全国饲料违禁添加物专项监测，组织开展实时的农业灾害影响评估、技术方案制定、专家现场指导等，为农产品质量安全监管和农业防灾减灾提供了科技支持。

三是超前谋划赢得新机遇。

深入开展战略研究，加强顶层设计和系统集成，精心策划和组织实施了一系列行动

---

① 国家杰出青年科学基金，全书简称杰青；

② 优秀青年科学基金，全书简称优青；

③ 国家重点基础研究发展计划，全书简称“973”或“973”计划；

④ 国家高技术研究发展计划，全书简称“863”或“863”计划；

⑤ 引进国际先进农业科学技术计划，全书简称“948”或“948”计划；

⑥ 科学引文索引，全书简称SCI；

⑦ 工程索引，全书简称EI

方案。

全面启动现代农业科研院所建设行动，组织召开了战略研讨会，制定了现代院所制度建设的指导意见，设计了“研究所综合评价指标体系”，使研究所发展定位更加明确、评价标准更加科学、资源配置更加优化。

谋划提出“中国农业科学院科技创新工程”，组织起草实施方案，得到中央领导和农业部、财政部[①]等的充分认可和大力支持，已纳入国家财政预算，为我院跨越式发展和建设世界一流农业科研院所奠定了坚实基础。

优化学科布局，凝练优势领域，确立了以“学科集群—学科领域—研究方向”为框架的三级学科建设体系，明确了 8 大学科集群、130 多个学科领域、300 多个研究方向，凝练了 20 个前瞻性、跨学科、大协作的农业科技重大命题。

科学规划综合基地建设，拓展我院未来发展空间，全面启动了通州院区筹建工作，得到北京市和农业部的大力支持，目前已完成选址和规划方案编制。

深入研究国家支持政策，提出我院试行中关村国家自主创新示范区先行先试政策的建议，得到中纪委和农业部的认可。

四是保障能力得到新提升。

人才队伍建设成效显著。王连铮等老一辈科学家、吴孔明等中青年优秀人才相继获得国家和部委的一大批奖励及专项支持。研究生教育改革全面推进，全日制招生规模首次突破 900 人，专业学位教育稳步发展，留学生规模再创新高。招收博士后 114 人，比上年增加 40%。

财政经费总体规模和稳定支持力度不断加大。2012 年全院财政资金达 22.83 亿元，比上年增加 1.16 亿元，主要用于增加退休人员津贴 5 300万元和修购专项 5 000万元。

科技平台建设再上台阶。国家畜禽改良中心、棉花生物学国家重点实验室和 20 个院级农产品质量安全风险评估研究中心启动建设，农业部 19 个综合性重点实验室和 23 个专业性重点实验室建设全面推进，组建院“野外科学观测研究网络”，并与中国科学院联合建设“中国农业生态系统观测研究网络联盟”。

科研基础设施建设稳步推进。全年完成投资 5.51 亿元，比上年增加 51.8%，单项投资规模平均比上年增长 31.8%。新乡综合试验基地一期公共设施建成，国家农业图书馆、生物安全中心、新疆[②]基地基本建成，海南基地通过验收，深圳研究院建设取得重要进展。

国际科技合作全面拓展。新增国际合作经费 2.4 亿元，再创新高。建立“中巴（中国与巴西）农业科学联合实验室”，开创了我国在海外建立农业科学联合实验室的先例。“农业生物安全国际联合研究中心”作为农业行业第一个国际联合研究中心获科技部认定。我院获准成为国家科研人员因公出国分类管理第一批试点单位，科研人员出

---

① 中华人民共和国财政部，全书简称财政部；

② 新疆维吾尔自治区，全书简称新疆

国难的问题得到根本解决。

后勤服务保障意识明显增强。职工就餐就诊、院所区环境等群众关心的热点难点问题得到较大改善。

党的建设全面加强。“十八大”精神学习贯彻活动不断深入，创先争优活动取得阶段性成果，院“两研会”开出新意，一批文明单位和先进个人脱颖而出。困难党员和困难职工的慰问帮扶持续深入，离退休职工待遇得到提高。党风廉政建设和内部审计监督工作扎实推进，具有我院特色的惩防体系基本框架初步建成。

2012 年是我院为跨越式发展绘蓝图、打基础的一年，是重大谋划逐渐成形、重点工作推进有力、重要成果层出不穷的一年。回顾一年来的工作，有许多值得总结和发扬的经验。一是必须树立强烈的忧患意识，紧紧围绕国家重大需求和我院发展实际，落实创新驱动发展战略，谋划农业科研院所发展新路。二是必须树立强烈的开拓意识，紧紧围绕科研工作的薄弱环节，争取政策支持，推动协同创新，塑造良好的发展外部环境。三是必须树立强烈的使命意识，紧紧围绕“顶天”和“立地”两个层面，把握新时期农业科技创新的方向和重点，提升农业科技的支撑和引领能力。四是必须树立强烈的责任意识，紧紧围绕全院中心任务，强化人才、资金、平台和思想保障能力，实现全面协调可持续发展。五是必须树立强烈的服务意识，不论院机关还是研究所的管理、支撑部门，都要始终牢记全心全意为科研工作服务、为一线科技人员服务、为出成果出效益服务的工作宗旨。我们深深感到，2012 年各项工作的顺利推进，离不开农业部党组的关心重视和相关部委的大力支持，离不开全院广大科技人员和干部职工的努力工作和开拓创新，离不开在座各位的辛勤付出。借此机会，我代表院领导班子，向大家表示衷心感谢，并通过你们向全院职工致以崇高敬意！

在充分肯定成绩的同时，我们也要清醒地认识到，与党和国家的要求相比，与现代农业发展对科技创新的新需求相比，我院还存在一些影响创新发展的突出问题：面对日趋激烈的国际科技竞争，我们整体科研实力还不强，对危机的认识还不足，对科技发展的思考还不深入，对成绩沾沾自喜、可以躺在功劳簿上歇一歇、喘口气的“小富即安”思想还很严重；面对新一轮科技革命，我们对农业科技发展脉络的分析还不够清晰，凝练和把握跨学科、跨领域重大命题的能力还有很大差距；面对学科加快交叉融合、新兴学科不断涌现、专业分工日益细化的态势，我们主动引领协同创新、积极参与协同创新的意识还远远不够，相应推动机制尚未建立；面对科研实力快速提升的兄弟院所、高校和企业，我们创新的机制还不够灵活，创新的效率亟待提升；面对体制机制改革不断深化的新形势，我们的思想还不够解放，开拓创新、服务大局、服务科研的意识还不够强，解决问题特别是一些遗留问题、老大难问题以及理顺关系的意愿还不够主动。我们一定要保持清醒的头脑，树立“讲实话、办实事，敢作为、勇担当，言必行、行必果”的行为意识，主动应对严峻形势和自身问题，奋力超越，加快发展。

二、启动实施科技创新工程，扎实做好 2013 年重点工作，引领带动全院各项事业跨越式发展

科技创新工程是立足我院职能定位和发展基础，举全院之力精心谋划和组织实施的重要工程，是农业部、财政部等上级部门加强农业科技创新、探索国家创新体系建设的一项重大举措。创新工程的启动实施，标志着我院发展进入了一个具有里程碑意义的新阶段。

回良玉副总理在对我院科技创新工程作出的重要批示中，充分肯定了我院长期以来在创新体制机制、提高农业科技自主创新能力等方面进行的积极探索，高度评价了我院为农业农村经济发展作出的重要贡献，并对我院科技创新工程寄予厚望，要求加强组织实施，突出体制机制，提高创新效率，努力对全国农业科技创新、体制改革发挥先行先试和引导作用，为国家创新体系建设探索新路。回良玉副总理的重要批示，充分体现了党中央、国务院对农业科技创新的高度重视，对中国农业科学院的高度信任和殷切期望。我们一定要深刻领会、认真落实，充分认识实施科技创新工程的重大意义，站在加快建设创新型国家的高度，以强烈的使命感、危机感和责任感，勇于担当，锐意改革，大胆探索，认真组织实施好科技创新工程，不辜负中央领导对我院的期望。

我院实施科技创新工程的总体思路是，立足中国农业科学院职能定位和优势特色，坚持以“服务产业重大科技需求、跃居世界农业科技高端”为使命，着力解决我国现代农业发展重大科技问题。以“建设世界一流农业科研院所”为目标，突出体制机制创新，进一步提高创新活力和创新效率。以全球视野谋划科技开放合作，促进农业科研大联合、大协作，加快创新步伐。更加凸显中国农业科学院改革排头兵、创新国家队、决策智囊团的地位，对全国农业科技创新、体制改革发挥先行先试和引导发展的作用。

科技创新工程的主要任务是突出体制机制改革创新，大幅提升农业科技创新能力和效率。一是建立以学科体系为核心的科研创新模式。立足我院优势和特色，构建“学科集群—学科领域—研究方向”三级学科体系，从根本上解决各研究所科研方向分散重复的问题，实现全院“一盘棋”布局，优化创新资源配置。二是建立以持续稳定支持为特征的科研组织方式。尊重农业科研规律，以稳定支持为特征，按照学科发展方向和国家重大科技需求，确定各学科和研究方向的重点任务，长期稳定开展研究活动。跨学科方向凝练战略性、前瞻性、长周期、大协作的农业重大科技命题，开展联合攻关。三是建立以协同攻关为特征的开放办院模式。统筹全院国内外交流合作，健全完善以中国农业科学院为主导，院外科研机构、大学共同参与的协同创新机制。推动各学科集群内部各类创新资源共建共享、学科集群之间互相衔接支持，建立学科开放透明制度，营造有利于全院学科交叉、集成发展的学术环境。四是建立以绩效管理为核心的考核评价机制。以中国农业科学院为单元实施整体绩

效考评试点，建立院对研究所、研究所对科研团队及科技人员的层次有序的绩效考评体系。充分发挥绩效考评对全院学科布局调整和体制机制创新的引导作用、对院所发展的撬动作用、对创新资源优化配置的促进作用，提高院所自主创新活力、整体运行效率和资金投入产出率。五是建立以“开放、竞争、流动”为特征的选人用人机制。按照“按需设岗、按岗聘人、岗位固定、人员流动”的原则，坚持德才兼备的标准，面向国内外公开招聘首席科学家、骨干专家、研究助理等优秀人才，实行动态管理，建立以研为先、以人为本的新型人才培养任用机制。

科技创新工程是国家长期重大工程，目前规划三个阶段，梯次推进，连续实施。第一阶段为试点探索阶段（2013—2015 年），重点推行机制改革创新，逐步建立以绩效管理为核心的人才团队建设、科研管理等考核、评价、激励新型管理制度，优化资源配置，提升创新能力。第二阶段为调整推进阶段（2016—2020 年），重点开展试点期绩效评估总结，进一步调整优化创新工程任务，全面实施创新工程各项新型管理制度，形成“开放、流动、竞争、协作”的运行机制，创新能力大幅提升，基本建成“世界一流农业科研院所”。第三阶段为全面发展阶段（2021—2025 年），重点健全完善国际领先的农业科研组织方式，凝聚一批世界知名的农业科学家，建立完善一批世界领先的创新平台，建立完善遍布全球的科技合作网络，创新能力全面提升，全院整体进入世界一流农业科研院所行列。

2013 年是科技创新工程试点的第一年，一定要开好局、起好步、见实效。我们要以邓小平理论、“三个代表”重要思想、科学发展观为指导，认真贯彻落实党的“十八大”以及中央农村工作会议、全国农业工作会议精神，按照农业部“两个千方百计、两个努力确保、两个持续提高”的工作部署，以启动实施科技创新工程为统领，推动全院各项工作的全面开展，切实增强我院农业科技创新能力、科研保障能力、成果转化能力。

一要认真组织实施好创新工程试点工作。根据创新工程整体部署，成立创新工程战略咨询委员会、管理中心，建立院为统领、所为基础、共建共管、分级负责的管理新机制，全面组织开展创新工程各项任务。择优选择 6 个研究所、100 个重点研究方向进行试点，招聘组建 100 个科研团队。科学制定以绩效考评为核心的一系列相关制度和办法。完成重大农业科技命题的论证，以及基地平台布局、国际合作全球战略布局和其他重点研究方向的前期预研工作。

二要全面推进现代农业科研院所建设。按照创新工程对体制机制创新的要求，全面落实《现代农业科研院所制度建设的指导意见》，推进院所组织结构、决策体制、管理机制、评价体系等制度创新。要明确发展目标与学科方向，优化内部结构，建立明确的分工合作机制。要健全完善以院所长负责制为主导，党组织的政治核心为保障，学术委员会、职工代表大会为基础的四位一体的管理体制。要全面提升院所决策执行和统筹调控能力，完善研究所综合评价、创新工程绩效考核以及各类人才、团队、项目等分类评价制度。健全鼓励协同创新、诚信包容的制度体系。

三要着力开展重大科技攻关。坚持科技创新工程与现有科技计划任务相结合，继续完善学科体系建设方案，强化学科引领作用，组织开展学科评价，聚集各类资源，推动培育优势、特色学科和新兴学科。突出抓好“973”、国家科技重大专项、公益性行业科研专项以及国家自然科学基金重点、杰青、优青、创新群体项目等重大项目的立项。组织实施好跨学科方向的重大科技命题试点工作，开展联合攻关，寻求重大突破和提升。落实重大学术性和实用性成果培育与引导机制，重点抓好国家奖和省部级奖成果的组织申报，提高获奖数量与等级。推动与学科体系配套的科技平台建设与管理，提高科技创新的支撑服务能力。推动与涉农科研单位的学科共建与深度合作，深化与高等农业院校、大型涉农企业的实质性合作，提高协同创新水平。

四要加强学科领军人才与团队建设。根据创新工程对人才团队的需求，科学设置科研、支撑、管理3个序列创新岗位。围绕学科方向和岗位需求，启动实施“青年英才计划”，加强青年拔尖人才的引进以及院士、杰青、千人计划①、国家特支计划②等高端领军人才的培养。对有关研究所所长岗位实行全球公开招聘。扩大研究生和博士后招生规模，提高培养质量。做好学科团队建设相关工作，完善团队首席科学家负责制、团队成员岗位聘用制、优绩优酬的薪酬激励机制和分期分级考核评估机制，做好团队成员招聘、优秀人才引进、薪酬激励、绩效考核、动态管理等工作。各研究所要在人才引进、人才培养方面用足、用好这些政策，加快发展步伐。

五要进一步加大科技支农力度。要按照创新工程支撑产业发展的总体要求，围绕农业部中心工作，积极参与高产创建和粮食增产行动，充分发挥我院科技、人才、成果的优势，组织开展培训、咨询、专项整治等科技服务活动，全力支持国家现代农业示范区建设。启动开展中国农业科学院农业生产综合技术模式研究计划，充分利用我院自主研发的新品种、新产品、新技术等科技成果，加强技术集成和协同攻关，形成一系列成熟配套的农业生产综合技术模式。

六要扎实推进通州院区等综合基地建设。按照创新工程关于基地建设的整体规划，结合我院中长期发展目标和重点学科建设的发展需求，坚持综合性与专业性基地并举，院地共建共享、农科教产学研结合，高起点、高标准推进我院综合基地建设。全力争取农业部和北京市的支持，加快通州院区筹建工作。以开展科技创新为核心，组织研究所向国家有关部委申报相关项目，积极争取多方投入与支持，为通州院区建设创造支撑与保障条件。统筹优化京区综合基地布局，加强新乡基地、廊坊园区等综合基地的协调管理，强化对研究所专业基地的指导，促进试验基地共享共用，构建在全国不同区域、不同环境生态条件下全年可用的综合示范基地网络。

七要大力拓展国际合作空间。围绕创新工程“国外遗传资源和人才”引进命题，开展农业遗传资源、智力、技术及其标准的引进，加强科技资源战略储备。大力推动国

---

① 海外高层次人才引进计划，全书简称千人计划；

② 国家高层次人才特殊支持计划，全书简称国家特支计划

际科研合作项目的落实与开展，与欧美等发达国家建立一批国际联合实验室和联合研究中心，筹备开好第4届国际农科院院长高层研讨会暨中国与CG①合作30周年等重大国际学术会议，提高国际影响力。做好我院作为出国分类管理试点单位的各项任务，力争实现科研人员出国分类管理常态化。

三、加大工作力度，优化创新环境，为组织实施好科技创新工程提供坚强保障

实施科技创新工程是一项开拓性、全局性、长远性的工作，使命光荣，任务艰巨。我们要以改革创新的精神、求真务实的态度、雷厉风行的作风，抓大事、抓重点、抓管理，强化工作措施，狠抓工作落实，保障创新工程顺利实施。

一要强化院所管理职能。研究实施所长、书记任期制和院所机关聘任制，进一步激发活力，提升管理效能。院所尤其是院机关要对岗位设置进行梳理，分工还不尽合理的要迅速调整；责任还不明确的要迅速到岗到位。要理顺院所两级职能定位，规范院所两级事权，明确责任分工，提高统筹能力，发挥全院整体优势。要做好战略研究与规划、科技布局与调整、改革发展举措推动与监督等方面的工作，为研究所发展争取资源创造有利条件。要理顺管理体制机制，清晰界定管理序列和研究序列，设计好管理人员和研究人员的职业通道，充分发挥各自优势和积极性。研究所要增强大局意识，树立全院“一盘棋”的思想，坚持小道理服从大道理、局部服从全局，做好执行层面的各项任务，确保全院重大工作部署的贯彻落实，在推进全院事业发展中实现研究所自身的发展。

二要强化作风转变和工作落实。最近，为贯彻落实中央关于转变工作作风、密切联系群众有关规定的精神，院党组出台了七条规定，要求切实改进调查研究、改进会风文风、提高工作质量效率、改进接待活动、加强院务所务公开、为职工群众办实事。院党组成员要从自身做起，以实际行动带动全院形成良好作风。院属各单位、院机关各部门要抓住当前难得的机遇和良好的发展势头，增强工作的主动性，围绕大事、要事、难事，细化工作措施，不能对身边的问题、眼前的问题、自己职责中的问题视而不见、置若罔闻，不能对问题马马虎虎、得过且过，不能怕事、避事、躲责任、相互推诿。院机关要帮助研究所一起加强制度建设，按照精而管用的原则对现有制度进行修改完善，切实做到用制度管权管事管人。要加大督促检查力度，完善督办工作机制，设专人、建立专门制度开展督办，形成一级抓一级、层层抓落实的责任体系，特别要加强对院党组会、常务会议定事项的督办，做到有要求就有部署、有部署就有落实、有落实就有成效。

三要强化党的工作和党风廉政建设。认真贯彻落实“十八大”对全面加强党的建

① 国际农业研究磋商组织，全书简称CG或CGIAR

设的新要求，牢牢把握加强党的能力建设、先进性和纯洁性建设这条主线，加强党员的学习教育和理论武装。要树立正确的世界观、价值观、人生观和政绩观，进一步加强党性教育，不断提高自身的思想、政治觉悟。修订出台《研究所党委工作条例》和《研究所职工代表大会条例》，推进党务公开。拓展党建工作的内容和载体，建设“学习型、服务型、创新型”党组织。深入推进以完善惩治和预防腐败体系为重点的反腐倡廉建设，建立健全对“三重一大”事项集体决策的监督制度。大力开展廉政文化建设，形成具有我院优良学术风气的特色廉政文化。探索对科研经费使用、成果转化工作和基建项目实施监督的办法。针对老信访户和重要信访件，认真研究提出化解矛盾的办法。要依法依纪查办违法违纪案件，维护党纪政纪的严肃性。

四要强化创新文化建设。构建党政推动、政策牵动、群众联动的文化建设机制，形成文化促研、文化育人、文化强院的良好局面。凝练中国农业科学院的核心价值理念，积极倡导潜心钻研、甘于寂寞、科学严谨的学风，创造团结合作、协同创新、宽松和谐的环境。加强学习型机关建设，全方位构建广大干部职工学习交流的有效机制和平台。在全院范围内推广应用院所标识文化，彰显农科特色，建设美丽院所区，增强全院职工的集体荣誉感和归属感。

同志们，宏伟的蓝图已经绘就，创新的征程已经开启。让我们高举中国特色社会主义伟大旗帜，在以习近平同志为总书记的党中央领导下，全面贯彻落实农业部党组的部署和要求，紧紧抓住实施科技创新工程的重大机遇，解放思想、齐心协力、攻坚克难、扎实工作，大幅提升我院科技创新能力、科研保障能力和成果转化能力，为加快我国现代农业发展、全面建成小康社会作出新的更大贡献！

谢谢大家。

中国农业科学院党组书记陈萌山在2013年中国农业科学院工作会上的总结讲话

（2013年1月22日）

各位代表，同志们：

下面，我对院工作会议进行小结。

在与会代表和全体工作人员的共同努力下，这次会议圆满完成各项议程，取得了丰硕成果：一是统一了对农科院面临的形势的认识，明确了2013年工作思路和工作重点。大家一致认为，家洋院长的主报告，及几位副院长的专题报告，全面、深刻、具体，有很强的指导性、针对性和可操作性。二是部署了农业科技创新工程实施工作，吹响了推进我院跨越式发展、建设世界一流农业科研院所的号角，标志着我院进入农业科技创新体制改革先行先试的新阶段。特别是桃林副部长及财政部有关领导到会宣布启动创新工程并讲话，表明我院科技创新工程是国家重大工程，有预算制度保障，有明确的长期实施要求。三是会议发布了青年英才引进计划和全球招聘植保所长方案，公布了研究所综合评价结果，通报表彰了精神文明创建单位和我院2012年获得国家科技奖励的成果，这些都是我院现代院所建设和跨越式发展取得的新成果、新进展。会议讨论热烈踊跃，对今年成果给了充分的肯定，同时结合各所各单位实际，提出了许多好的做法、好的打算、好的建议，充分体现了科学办院、民主办院、开放办院的宗旨，对促进我院今年各项事业发展、各项工作完善很有参考意义。可以讲，这次会议时间短，内容丰富，充分体现了务实、创新的精神，达到了预期目的。

如何贯彻落实好这次会议的精神，我强调几点。

第一，分解任务，督办落实。对家洋院长的主报告，要在认真学习理解的基础上，制定贯彻落实意见。院办公室要会同各局办，对报告提出的各项任务进行分解，细化分工要求，明确承担单位和责任人，制定工作日历。各研究所要按照院长讲话精神，结合自身实际制定今年工作计划。院常务会已于去年底通过了进一步加强督办工作的实施意见，今年全院重点工作要列入督查督办，确保事事有着落、件件有回音，同时，督办结果作为年度研究所考评和局办考核的内容。强调督办就是强调落实。任何发展成绩都是干出来的，不是说出来的。如何将空谈误国、实干兴邦的要求变成我院的自觉行动，要靠教育引导，大家觉悟高了，实干的理念就有了。但仅此不够，还要有督办机制、考核办法、落实情况通报，用督办考核结果选人用人、推动事业发展。

第二，转变作风，加强服务型院所机关建设。要不折不扣落实中央改进工作作风、密切联系群众的八项规定，院党组带头转作风、正学风、改文风，已制定了改进工作作风的实施办法。今年院所机关转变作风的重点要求是家洋院长主报告中提出的，加强服务型机关建设，提高服务科研工作、服务科研工作者的意识和水平，要坚决去官僚化、去行政化。院党组已要求机关局办清理职能、明确职责，切实做到行为规范、运转协调，重大事情不挂空挡，坚决制止以会议贯彻会议、以文件贯彻文件的行政工作模式，坚决制止见人不见物、讲空话大话等官僚作风，切实提高服务效能。要理顺职员、科研人员的管理体制，建立合理的管理办法。大力推进院务公开、所务公开，及时公开工作制度、重大决策、人事、财务、政府采购、基建工程等信息，实行首问责任制、服务承诺制、限时办结制，努力创造公开、透明、高效、优质的服务环境。要建立以科研人员和服务对象满意度为标准的服务效果评价机制，激发管理人员的创造力，不断探索与现代院所建设相适应的管理制度。

第三，凝聚共识，切实做好思想工作。今年科技创新工程能不能顺利推进，凝聚共识很重要。心往一处想，才能凝聚共识；劲往一处使，才能形成合力。思想认识不统一时，要找最大的公约数。农科院上万人，大家能凝聚共识，本身就是力量，是一支很大的力量。这要靠院所领导亲自做工作，靠各级党组织保驾护航。要讲清楚道理，众人拾柴火焰高，前提是都要有拾柴的心气，这个心气更多的来自共识。实施农业科技创新工程是一件新事、一件大事，要有新的理念、新的体制、新的机制、新的办法，要打破现有的利益分配格局、用人办法，没有现成经验。实现顺利启动、良好开局，是我院今年最需要达成共识的总目标。中国农业科学院各个所发展的领域、发展的基础、发展的水平都不同，今年实施科技创新工程，只能允许一部分所、一部分团队进入。先上、后上和上多、上少都是大局的需要，都是支持创新工程，有了这个共识，这项具有历史和长远意义的重大工程就有了坚实的思想保障。

中国农业科学院处在重要的战略机遇期，实施科技创新工程，要求我们的体制机制必须不断进行转化调整，各种矛盾问题必将凸显。领导干部特别是党的各级组织必须更加主动地行动，走在问题的前面，想在矛盾的节点，前移化解关口，深入细致做好思想工作，畅通和规范群众诉求表达、利益协调、权益保障渠道，认真解决反映集中的重点难点问题。

现代院所建设和实施创新工程，要改革，就会有不同的想法，那就要考虑，哪些是可以求同的，哪些是可以经过做工作、形成或转化为共识的，哪些是可以继续保持“存异”的。要坚持用发展的办法解决面临的问题，坚持集中重点、循序推进，有的事不要怕耽误工夫，事缓则圆。比如说，我院科技创新工程是通过试行的办法，逐步全面推开，就是为了积累经验，更好地解决存在的问题。要尊重科研人员，最大限度集中大家智慧，调动大家积极性，汇合成推动中国农业科学院跨越式发展的强大合力。

第四，院所领导要带头，以身作则。机关干部是干事的，各位院领导，到局级、所级领导应该都是大干事，切实落实家洋院长反复强调的勇于担当，发挥作用。我认为，勇于担当的领导干部，多是以第一人称抓落实的人。即使批转、交办的事情，也要有机制，保证回过头来追问进展和处理结果，如果有问题，再进行跟踪，直至问题解决。对于重要而棘手的事情，不仅要放在心上，还要拿在手上。那些发展好、工作亮点多的研究所和单位，都是工作抓得实、抓得紧的。院所领导都要带头以"第一人称"的姿态把自己摆进去，实实在在沉下去，从我做起，自加压力，把工作往实处做，力争把每一项工作做深做透，确保取得良好成效。以第一人称抓落实，不是说事无巨细都要管、眉毛胡子一把抓，而是要落在责任上、落在担当上，少一些从上到下的"你们"之间的内循环，多一些从"我"直接到"事"的外循环，这样才能把事做成，才能增强院所领导的公信力。

中国农业科学院各级领导干部要切实加强学习。我们的研究所长大都是科学家，要努力成为出色的管理专家，当然还要当好科学家；我们的党委书记和局长、处长不少是长期从事管理工作，要努力成为科学家的知音，当然还要当好管理专家。要切实加强发展战略研究。与中国科学院相比，我们在这方面还存在很大差距。不谋全局者，不足谋一域。国家有"两个一百年"的奋斗目标，中国农业科学院，包括各个研究所，也应该有相适应的战略思路和具体目标。要加强顶层设计和总体规划，明确目标和重点，确定优先顺序、主攻方向、工作机制、推进方式，提出建设发展的总体方案、路线图、时间表。

我这里再强调一下，要切实加强党风廉政建设工作，坚持标本兼治、综合治理、惩防并举、注重预防方针，全面推进惩治和预防腐败体系建设，做到清正、清廉、清明。

中国农业科学院历史悠久，一大批老领导、老专家、老同志为农科院发展历尽艰辛、功勋卓著，还有许多老同志终生奉献、默默无闻。我们要切实做好为离退休老同志的服务工作，切实做到政治上尊重老同志、思想上关心老同志、生活上照顾老同志。最近院党组调整了离退休干部领导小组，专门开会研究了2013年为老同志办实事的工作，春节临近，要认真安排走访慰问老同志和有困难群众，帮助他们解决面临的实际困难，为他们送温暖。最近，按照家洋院长的要求，院有关部门组织了对困难职工的摸底，我看了一下摸底情况，京区有73名职工有生活困难，有83名职工身患重病。对这些困难职工和患病同志，我们要多关心、多帮助。要切实加强安全生产工作，加强隐患排查和应急演练，严格落实各项安全防范措施，完善应急预案，强化应急值守，确保我院平安、祥和。

再过18天就是蛇年春节，在此，我谨代表李家洋院长，代表院党组，向各位代表并通过你们，向全院广大干部职工拜早年。祝大家新的一年身心安康、事业兴旺、合家幸福、生活顺畅！

谢谢大家。

中国农业科学院关于表彰 2013 年度研究所评价和机关考核优秀单位的通知

农科院人〔2014〕24 号

院属各单位、院机关各部门：

根据院属研究所评价和机关工作任务执行情况考核测评结果，现将2013年度发展实力、发展速度、人均实力前5位的研究所和机关综合考核、单项考核前3位的部门公布如下。

一、研究所评价

1. 发展实力：作物科学研究所、植物保护研究所、农业资源与农业区划研究所、哈尔滨兽医研究所、中国水稻研究所；

2. 发展速度：农产品加工研究所、农业信息研究所、棉花研究所、烟草研究所、农业质量标准与检测技术研究所；

3. 人均实力：植物保护研究所、作物科学研究所、北京畜牧兽医研究所、生物技术研究所、农业资源与农业区划研究所。

二、机关任务执行情况考核

（一）综合考核

人事局、院办公室、直属机关党委。

（二）单项考核

1. 工作作风：人事局、院办公室、直属机关党委；

2. 业务水平：人事局、科技管理局、院办公室；

3. 工作效率：人事局、院办公室、直属机关党委。

经院党组会议研究，决定对上述单位予以表彰。希望受到表彰的单位振奋精神，再接再厉，切实发挥示范引领作用。院属各单位、院机关各部门都要立足岗位，创先争优，全面贯彻落实党的十八届三中全会精神，以更加开阔的视野，更加务实的作风，改革创新，锐意进取，扎实工作，为推动我院跨越式发展、加快建设“世界一流农业科研院所”作出新的更大的贡献。

二、科研创新与创新工程

中国农业科学院2013年科研计划执行情况

2013年，在农业部等上级有关部委的大力支持下，全院上下紧紧围绕建设世界一流科研院所和顶天立地、跨越发展的战略目标，借助科技创新工程启动实施的契机，进一步提升科技创新和产业支撑能力，认真执行承担的各级各类科技计划项目，科研工作取得新成效，基础研究和应用研究取得新突破，彰显出农业科研国家队的实力。

一、总体概况

2013年，全院共主持各级各类科技计划项目3 148项，年度合同经费总额52.1亿元，其中，2013年新增主持1 621项，合同经费18.4亿元，分别比2012年增加4%和9.8%，再创历史新高。国家自然科学基金重大项目实现“零”的突破，国家“973”计划农业领域新增主持项目3项，纳米科学重大研究计划新增主持项目1项，转基因专项重大课题滚动项目占当年全国立项总数的1/3，行业科研专项、“863”计划、“948”计划等项目立项继续保持优势占位水平。

基础研究方面，在小麦、谷子和黄瓜基因组解析、H7N9流感病毒传播机制、水稻分蘖机制等研究中取得重大进展，进入世界先进行列。全年以第一作者或通讯作者共发表论文4 394篇，其中，SCI/EI等收录1 557篇，比2012年增长了22.1%；以第一完成单位在*Science*、*Nature*、*Nature Genetics*等顶尖核心期刊发表论文16篇，比2012年翻了一番。

应用研究方面，积极推动良种良法配套、农艺农机融合、节本增效并举、生产生态协调，获得了一批具有重大影响的新品种、新技术、新产品等科技成果，为现代农业发展提供了有力支撑。获得专利733项，比2012年增长44.6%，其中，发明专利470项，出版科技著作272部，审定新品种75项，获得新兽药、农药、肥料登记证8项，获软件著作权170件。

全年共获得各类科技成果205项，以第一完成单位获国家级科技奖6项、省部级奖61项，实现了新世纪国家科技奖励制度改革以来三大奖项（国家科学技术进步奖、国家自然科学奖、国家技术发明奖）的首次全覆盖。

二、各类科技计划项目执行情况

（一）国家重点基础研究发展计划（“973”计划）

共主持项目 13 项、主持课题 44 个，其中，2013 年新增主持项目 4 项、主持课题 12 个，合同经费 6 499万元。重点围绕重要农作物骨干亲本挖掘与遗传机理、功能基因组研究与农艺性状分子机理、作物分子设计育种技术体系、病害与寄主的相互关系与调控机制、气候变化对农业生产的影响等方面开展基础研究，取得了一批重要的科学发现和理论突破，鉴定并获得了一批具有重要价值的功能基因与分子标记，原始创新水平快速提高。

肥料养分持续高效利用机理与途径：研究提出根区施肥是大幅提高氮肥利用率的重要手段，发现采用解磷菌和解磷菌—菌根真菌处理能够显著提高小麦产量和磷肥利用率；发现有机无机配施能改变氨氧化细菌和古菌等功能微生物多样性及丰度；建立了可用于无土壤测试条件下小麦和玉米基于作物产量反应和农学效率的推荐施肥方法；初步提出了东北春玉米单作、华北小麦—玉米轮作、长江中下游稻麦轮作以及长江中下游双季稻连作体系肥料养分持续高效利用的实现途径与模式。

棉花纤维品质功能基因组研究及优质高产新品种的分子改良：鉴定了一批与棉花纤维品质密切相关的基因和功能组件，验证了与纤维细胞发育和优良品质性状相关的候选功能基因 26 个；完成了亚洲棉测序和组装工作，建立了含 2 549个标记、总遗传距离 3 379 厘摩的高密度遗传连锁图谱；创制、筛选了一批棉花优异种质。

牛奶重要营养品质形成与调控机理：初步揭示了 ADPN、乙酸和 NEFA 等乳成分前体物对乳脂乳蛋白合成的影响及主要调控通路，构建了乳脂肪与乳蛋白合成需要的关键前体物在奶牛瘤胃、肝脏和乳腺转化的物质代谢通路；在国际上首次构建了乳清蛋白定量差异表达谱，筛选获得一批参与乳成分合成的关键功能基因，构建了调控乳脂肪和乳蛋白合成的营养、激素及信号分子作用网络；揭示了奶牛、牦牛、水牛、山羊和骆驼奶类中存在的特征性蛋白分子，绘制了乳蛋白图谱。

气候变化对中国粮食生产系统的影响机理及适应机制：建立了干旱监测中近地表空气温度反演方法，构建了温度不敏感菌株的寄生适合度与温度的关系模型；系统评估了不同气候因子和 CO_2 浓度变化对中国粮食产量的相对贡献率，首次明确提出了气候变化对中国粮食单产的影响在过去 50 年呈中等负效应，并预计未来 40 年将表现为温和正效应；定量评估了气候变化对中国东北地区玉米种植北界和产量提升的时空影响，基本明确了气候变化对中国粮食产区水分、热量资源的影响机理；揭示了小麦发育及春化相关基因不同单倍型与气候变化的关系和应用潜力，研究了气候变化诱发的小麦、玉米生长发育调控机理变化及其对品种改良的影响。

重要外来物种入侵的生态影响机制与监控基础：首次基于全基因组学比较测序与转

录组学方法，阐明了入侵种群体遗传的“前适应性”机制和环境适应性微进化的“后适应性”机制，提出了预防和控制的科学理论、方法和技术，进一步丰富了对入侵种群形成与扩张的生态适应性机制的认识，提高了入侵生物传入—适生—扩散的定量风险评估技术水平。

主要粮食作物骨干亲本遗传效应和利用的基础研究：揭示了小麦产量相关重要基因组区段/位点的遗传传递规律，发掘了一批与水稻产量密切相关等对育种有重要价值的关键基因；确定了4种补缺失算法的实现方式，撰写软件，对来自CIMMYT（国际玉米小麦改良中心）种质资源库的包含4 700个地方品种的玉米关联群体进行了初步分析，发现不同算法对不同表型数据补缺失功效有明显差异；筛选、创制一批水稻、小麦、玉米等粮食作物候选骨干亲本，并配置杂交组合，选育出20余个品种。

主要粮油产品储藏过程中真菌毒素形成机理及防控基础：获得毒素合成基因缺失黄曲霉菌株34株，揭示了其不产毒的分子机理，并阐明了细菌抑制霉菌孢子萌发和菌丝生长的途径；研发出既能高效抑制霉菌生长和毒素形成，又能降解毒素的挥发性储粮防霉制剂；研发出用于黄曲霉毒素 B_1 检测的量子点微球免疫层析试纸条及便携式荧光读取仪，实现了快速、灵敏、定量检测。

主要农作物核心种质重要农艺性状单元型区段及互作：完成了小麦D基因组供体种—粗山羊草基因组草图的绘制，发现籽粒淀粉合成途径上的一些关键基因如蔗糖合酶基因 *TaSus*1（2A、2B）、*Tasus*-2（7A、7B）等是早期重要的驯化基因，其单元型强烈影响着小麦品种的千粒重；发现B基因组上基因 *TaERF*5 的单倍型在小麦育种过程中经历强烈选择压力，从中国东北至西南频率逐渐增加，为优势单倍型，影响小麦抽穗期、成熟期及千粒重等重要农艺性状。发现水稻的重要发育基因 *Ghd* 7.1 可能通过调控水稻幼穗的分化速率来控制产量，其单元型分布具有突出的地理特点。鉴定出环境间稳定的大豆株高和百粒重QTL位点8个，发掘位于QTL区间的SNP位点70个，阐明了2个分别控制株高和百粒重的单元型区间的作用，发掘到可提高大豆胞囊线虫抗性选择效率的单元型1个。

主要蔬菜重要品质性状形成的遗传机理与分子改良：构建了黄瓜、番茄和白菜的全基因组遗传变异图谱，定位了300万~1 000万个SNP及其他变异，利用表型数据和变异组图谱进行全基因组关联分析，开发出白菜高多态性背景选择标记384个；克隆和精细定位了多个品质性状基因，如黄瓜果实积累β胡萝卜素、黄瓜苦味、白菜硫甙合成等相关基因，揭示了其在驯化和人工改良过程中的基因组演变历史；完成黄瓜突变体库构建及部分材料重测序数据分析，为转基因体系尚不健全的黄瓜进行品质性状关键基因挖掘奠定基础。

（二）国家高技术研究发展计划（“863”计划）

共主持各类课题41项，其中，2013年新增主持课题11项，合同经费1.08亿元。重点围绕农作物育种新技术研发与新品种创制、基因工程疫苗创制、疾病实验动物模型建立、作物病害防控新技术研发、农业信息化与智能控制等方面开展了大量工作，并取得新的突破。

小麦 A 基因组、D 基因组测序：构建了世界上第一个小麦 D 基因组框架图，结合乌拉尔图小麦整合物理图谱以及公共数据库信息，筛选出了覆盖 6A 染色体的超级序列框架，完成了所有 7DL BAC 克隆的指纹图谱构建及其遗传图和物理图的整合。

小麦等作物航天工程育种技术及新品种选育：创制优异突变材料 16 份，育成并审定小麦新品种 2 个，13 个小麦新品系进入省级以上区试，新品种累计示范面积 400 万亩（1 亩≈667 平方米，全书同）。

优质高产多抗小麦分子育种与品种创制：共创制 80 份优质、抗病小麦和大麦新材料，开发出与小麦产量、品质、抗病性和大麦产量、品质性状基因/QTL 连锁的分子标记 120 个，其中 10 个已精细定位；培育出 6 个通过审定的新品种，累计推广 500 万亩。

高产优质多抗玉米分子育种与品种创制：建立了不同杂交种表现的预测模型，发现遗传结构决定预测方法的优劣和预测的准确程度，利用该模型鉴定出产量性状有可能超过原始 F_1 杂交种的 114 个杂交组合。

水稻分子设计育种技术与品种创制：进一步精细定位和克隆了与水稻抗性、品质等重要农艺性状相关的基因/QTL 位点 25 个，开发紧密连锁/功能标记 319 个，创制新种质 118 份，培育新品种 18 个，推广面积超过 900 万亩。

抗旱节水品种筛选与高效用水种植技术：建立了检测效率比化学方法高 13 倍的小麦茎秆可溶性糖含量近红外高通量检测技术，开发了小麦果聚糖合成酶基因 6-*SFT* 的分子标记，检测出小麦、玉米抗旱节水性状大效应分子标记 16 个；根据小麦不同生育时期对土壤水分的响应规律，建立了群体水分亏缺诊断技术；鉴选小麦和玉米抗旱节水新品种 9 个。

分子染色体工程与育种关键材料的规模化创制：进一步完善了分子染色体工程材料规模化创制技术体系，创制基础材料 895 份，培育多粒、多小穗、抗白粉病、抗条锈病、抗赤霉病、抗黄花叶病、耐寒等适合不同生态区的小麦育种新材料 93 份。

高产优质多抗油菜分子育种与品种创制：精细定位了油菜千粒重等性状基因 4 个，开发分子标记 1 100多个，获得了重要性状 QTL 249 个，分子标记数据库新收录 SSR 标记 4 279个、SNP 标记 41 211个，审定新品种 3 个。

大豆、油菜、花生功能基因组学研究与应用：完成了油菜基因组测序的序列拼接、组装和分析工作，鉴定了 10 余个油菜含油量、抗裂角、花生含油量、抗青枯病等优异性状 QTL，对一个抗裂角主效 QTL 进行了精细定位，明确了油菜含油量、抗逆 2 个候选基因的功能和作用机制。

特色果树功能基因组学研究与应用：获得了梨的糖、酸、脱萼性状相关基因超表达的转基因植株，解析了杨梅 3 个关键转录因子在调控色泽形成中的作用。

月季、菊花、百合分子育种与品种创制：建立了叶色、花色、花型、抗蚜虫等重要性状相关的月季和菊花遗传作图群体4个，克隆相关基因6个；3个月季新品种通过北京市林木品种审定，4个百合品种完成植物新品种DUS田间测试。

家畜病毒病基因工程疫苗创制：完成腺病毒甲病毒复制子嵌合载体猪瘟疫苗转基因安全评价相关试验，申请了安全证书；完成了蓝耳病基因标记弱毒疫苗不同剂量、免疫持续期、安全性试验，建立了配套血清学鉴别诊断方法，蓝耳病疫苗PC株已完成临床前相关试验；小反刍兽疫羊痘载体疫苗已获得转基因安全证书。

实验用小型猪重大疾病模型研发及其专门化品系培育：建立了诱导疾病模型猪技术体系，获得了3个与疾病发生发展、表型特征和病理组织学等相关的重要候选功能基因，获得了糖尿病、动脉粥样硬化疾病、鼻咽癌转基因小型猪疾病模型3种。

农业有害生物分子免疫调控技术：获得了与分子免疫调控有关的细菌和真菌蛋白8个、真菌多糖免疫物1种和防效好、定殖久、性状稳定的无毒株1株，通过分子修饰获得了优化的免疫诱导活性多肽，创制了防效达75%的青枯病免疫产品“鄂鲁冷特”，建立了生产示范基地。

微生物杀菌剂研究与产品创制：研发了防治植物病毒病的农用抗生素新奥霉素，建立了低耗高效的规模化提取工艺；首次将细菌胞外多糖和脂肽类物质开发成微生物农药助剂，添加后可显著提高生物农药的稳定性和防治效率；阐明了不同来源的免疫蛋白激活植物免疫的信号传导途径，研制生物农药制剂4个。

植物工厂LED节能光源及光环境智能控制技术：确定了不同种类、不同品种植物重要功能性状对不同LED光质的响应差异及光环境参数和红蓝光比例，初步筛选出发射合理比例红蓝光的荧光粉配方，制定出了植物工厂光环境控制方法和设计方案。

作物虚拟设计与可视化技术：明确了作物长势的激光光谱测量机理，研究了冠层荧光特性及与各种干扰因素的关系，建立了定量化计量和环境效应补偿模型；研发了基于作物二维彩色图像纹理、边界、色彩等特征的图像处理方法，建立了基于图形信息（三维点云）的作物器官提取与分割、数据归类与存储技术。

基于模型的果园与油菜作物生产数字化管理平台：开发了作物三维信息的数字化采集和传输装置，构建了可视化仿真与计算系统，集成开发了果园与油菜生产等数字化管理实验平台，实现了作物生产过程中信息监测、传输和管理的数字化。

作物需水信息采集关键技术与智能控制灌溉技术：研发出基于驻波率原理的管式和针式土壤水分传感器、新型灌溉预警装置、灰色预测模糊PID控制器、基于Zigbee无线网络的智能灌溉控制系统等技术装备，研制的无线电磁阀唤醒电路采用超低功耗比较器构成，解决了无线电磁阀待机接收功耗过高的问题。

污灌农田及退化土壤修复关键技术：提出了不同污灌区的灌水模式，初步提出污灌区土壤环境风险阈值；筛选出低吸收重金属的冬小麦品种2个、高富集重金属的油葵品种2个和土壤4环化合物芘修复植物苏丹草。

脱胶酶系用于麻类纤维原料脱胶工艺：从麻类脱胶高效菌株DCE-01中克隆了4个关键酶基因，构建表达体系5个；工业大麻韧皮生物脱胶中试脱胶制成率达61.8%，纯生物脱胶精干麻的残胶率降为 4.8%，同时降低了红麻生物脱胶高浓度废水中 COD 含量。

（三）国家自然科学基金

共承担各类项目 874 项，其中 2013 年新增 292 项，包括创新群体 1 项、优秀青年科学基金 2 项、重大项目 1 项、重点项目 4 项，合同经费 1.59 亿元。重点开展了害虫与寄主间相互作用机理、乙烯信号传导分子机制、固氮菌基因网络调控机制、水稻重要功能基因挖掘与解析、家畜寄生虫蛋白质组学等研究，深入揭示相关机理，为关键技术突破与重大产品创制奠定理论基础。

植物挥发物对棉铃虫嗅觉行为调控的神经和分子机理：鉴定了棉铃虫气味受体基因家族，克隆得到了 30 个气味受体基因的全长序列，研究了其中 15 个基因对 40 多种气味分子的识别功能，筛选得到了 2 个与棉铃虫寻找寄主有关的气味受体基因；明确了棉铃虫脑以及脑内神经髓的结构，研究了几种气味分子引起的信号在棉铃虫触角叶和大脑中的投射位置和方式，为系统研究棉铃虫嗅觉编码的神经和分子机制以及筛选对棉铃虫具有引诱或驱避作用的活性分子奠定了基础。

乙烯信号传导调控植物耐盐性新组分的鉴定、脱落酸调控乙烯生物合成的分子机制：发现 ABA 介导光形态建成因子 HY5 转录级联乙烯反应因子 AtERF11 调控乙烯合成，并影响根和下胚轴生长发育；发现乙烯信号分子 EIN3-ESE1 转录调控植物耐盐性，光形态建成因子 COP1 在 EIN3 下游调控植物耐盐性；鉴定了 COP1-HY5 复合体参与乙烯信号传导调控植物耐盐性，以及其在乙烯信号传导中的功能及其可能的位置，证实了 HY5 为整合外源光信号与内源乙烯信号途径的重要因子；系统地剖析了 HY5 在乙烯生物合成和信号传导中的双重调控功能，探讨了 ABA 信号分子 ABI4 调控乙烯生物合成的分子基础。

联合固氮施氏假单胞菌碳氮代谢基因网络调控的分子机制：发现 A1501 碳代谢抑制蛋白 Crc 具有全局调控功能，可能与一般氮代谢调控基因 ntrC 的 mRNA 结合，参与碳氮偶联调节；开展了碳代谢和氮代谢调节系统的功能分析，鉴定了一系列可能参与细菌氮信号传导或保持最佳固氮水平的新基因；新鉴定了 53 个小 RNA，过量表达或缺失突变结果初步表明小 RNA 可能参与固氮调控；提出了固氮施氏假单胞菌碳氮偶联调控模式图。

全球香稻资源多样性和香味基因遗传驯化研究及育种利用：在收集鉴定香稻资源的基础上，筛选了 3 份材料开展香味基因定位研究；通过对 144 份水稻材料 *Badh2* 测序分析，提出香味基因进化模型，首次证实了籼稻中也携带有香味基因；通过人工小 RNA 干扰技术，获得了日本晴和明恢 86 香型香稻植株，利用 GC-MS 技术开展了水稻香味物质鉴定；利用 RNA-seq 测序和蛋白质组学手段，开展了 2-AP 代谢研究。

稻类遗传育种学创新研究群体：开展超级杂交稻两优培九重组自交系的重测序和基

因定位研究，为超级杂交稻产量相关位点解析搭建起理想的研究平台；开展了水稻杂种优势机理 RNA-Seq 研究，发现 IPA1 可与抑制水稻分蘖的 *TEOSINTE BRANCHED*1 启动子相互作用，为理想株型分子设计育种奠定了基础。

弓形虫与宿主互作的转录组及蛋白组：完成弓形虫 ToxoDB9 虫株卵囊制备，证明 RH 虫株不能产生卵囊；完成了弓形虫Ⅱ型 PRU 虫株感染对宿主（小鼠）脑蛋白组的调节研究；完成了不同基因型弓形虫虫株速殖子感染小鼠后脑组织 microRNAs 表达谱比较研究，克隆表达了代表性弓形虫功能基因 *eIF*4A、*IF*2α 等，评价了其免疫保护作用。

（四）国家科技支撑计划

共主持各类课题 80 项，其中 2013 年新增主持课题 16 项，合同经费 1.49 亿元。重点围绕农作物种质资源、主要农作物新品种创制与丰产关键栽培技术研发集成、重大病虫害防控技术、畜禽快繁与健康养殖技术创新、农业污染综合防控与农田水肥资源高效利用技术、重要农产品加工与质量检测关键技术与装备、农业信息化技术研发等方面开展研究，取得了一批关键技术、新品种与新产品，为产业发展提供了有力的技术支撑。

粮食作物种质资源发掘与创新利用：收集种质资源 869 份，通过抗病、抗逆、品质等的初步鉴定，获得 56 份优异种质，完成 108 份种质资源目标性状的基因型分析；通过远缘杂交、化学诱变、粒子注入、杂交复交等途径，创制新种质 53 份，在抗病性、粒重、微量元素与功能成分含量及综合性状上表现优良。

作物种质资源收集、编目、入库与安全保存：完成水稻、小麦、玉米等作物 2 030 份新收集种质资源的编目繁种和入国家种质库长期保存工作，创新性地建立了基于 MOT 技术的小麦、大豆和油菜种子活力无损、快速检测新技术，建立了小麦种子活力丧失预警和繁殖更新技术指标，初步获得了不同类型种质资源种质遗传完整性检测评价技术参数。

水稻新品种培育与扩繁：育成 51 个新品种，通过省级以上审定，龙粳 31 等 8 个新品种被农业部确认为超级稻；南方稻区超级早晚稻实现双突破，超级早稻中嘉早 17 助力长江中下游双季稻区高产稳产，超级晚稻天优华占在南方具有广泛的适应性，水稻新品种共示范推广 4 500余万亩。

高油高产机械化专用油菜新品种培育：完善了油菜抗裂角性鉴定方法并推广应用，获得了适合机械化生产的高油高产新材料 49 份，筛选专用品种 7 个，审定专用新品种 5 个，1 个组合通过区试，25 个新组合/品系参加区试，机械化专用品种示范 245.79 万亩，其中机收 55.89 万亩。

棉花重大病虫害防控技术：研究了三大棉区主要病虫害监测和防控技术，探讨了病虫害发生机制与新型农药杀虫机理；改进了天敌饲养技术，制定了烟粉虱测报技术规范，研究了农田景观对害虫的调控作用；在三大棉区建立了示范基地，并在长江流域棉区大规模示范推广盲椿象综合防治技术。

主要旱粮作物重大病虫害防控技术： 鉴定小麦品种（系）抗病虫性2 601份次，获得抗性材料978份次；鉴定玉米抗病虫性1 579份次，获得抗性材料487份次；筛选防治小麦新生防芽孢杆菌CC09菌株1株，测定了近20种玉米病虫害主要杀菌剂的防控效果；建立示范基地45个，技术示范1.77万亩。

油菜和花生新品种培育与扩繁： 创建油菜亲本系28个，新材料32份，花生新材料8份，组配48个油菜组合提交测试网点，选育44个油菜和48个花生新品系（组合）提交区试，通过区试已审定或待审定油菜品种6个，审（鉴）定花生品种7个。

长江中游油菜丰产关键技术： 进一步集成适于长江中游油菜生产的丰产关键技术，建立稻田免耕直播、稻林免耕套播、棉林套栽等生产技术规程；探索了油脂加工企业主导、合作社式和家庭式农场种植大户等不同的产业化技术推广模式，在湖北省、湖南省、江西省等的12个示范基地开展了技术集成示范。

优质高产多抗苎麻专用新品种选育及高效轻简化栽培技术： 筛选出增产10%、纤维细度1 800米/克以上的材料32份，平均纤维细度2 400支以上的优良新品系5个，BE0524等7个品系参加了区试；研究了乙烯利的脱叶效果和喷施赤霉素与氯吡苯脲的增产效果；开展了循环收获技术研究，对副产物多用途利用和立体种植等技术进行了生产示范。

马铃薯综合育种技术和多抗优质新品种选育： 审定东农310（淀粉加工型）、克新24号（早熟鲜食）、福克76（中晚熟鲜食）等3个品种，冀张薯2002-11-59、冀张薯2007-47-41等15份材料提交参加区试。

蔬菜重大病虫害防控技术： 进一步明确了蔬菜和果树上重大病虫害的发生为害规律及其影响因素，建立了部分病虫害监测预警与检测技术，对小菜蛾、烟粉虱、根结线虫等重要病虫害的综合防控技术体系进行了示范和推广。

安全高效饲料添加剂创制与应用： 建立了苜蓿多糖、芦荟苷、沙葱多糖等植物活性成分提取工艺9项，建立了检测技术3项；建立了鞣质和没食子酸质量控制、藻蓝蛋白保存、岩藻多糖质量控制等质量稳定控制技术3项。

优质肉牛新品种（系）选育与关键技术： 依据制定的生产性能、体型线性评分方法与标准，完成了620头鲁西黄牛、630头秦川肉牛、300头西门塔尔牛、627头肉用草原红牛新品系生产性能、体型线性评分测定工作。

奶牛健康养殖重要疾病防控关键技术： 初步构建了用于乳房炎亚单位疫苗的重组共同抗原蛋白融合表达载体，筛选出乳热症的特异标识物和酮病肝脏差异表达蛋白质38种，研制出乳汁BHBA试纸条；构建了奶牛寄生虫数据库，建立诊断技术8种，研制新疫苗3种；确定了奶牛肝脏和皱胃超声体位及声像图特征，研制出新型瘤胃微生态制剂和抗真菌制剂。

畜禽健康养殖模式： 建立了饲用益生菌菌株资源库，开发出高黏附乳酸杆菌等的优异菌株7株，获得了2株高产淀粉酶和蛋白酶的芽孢杆菌，开发出两种能替代猪日粮中抗生素的添加剂，优化筛选出可显著减少鸡舍氨气排放的芽孢杆菌混合制剂，活性酵母及超微酵母添加剂实现产业化应用；研制了组合式单层肉鸡试验笼具和精确控温的仔猪数控保温箱，研发了夏季密闭式鸡舍湿帘降温精细化控制技术，研究了环境中微粒粉尘等对动物类固醇激素合成代谢等的影响，完成了猪场舍需氧菌、厌氧菌、革兰氏阴性菌等的监测。

动物快繁关键技术：集成优化了肉牛、肉羊高效扩繁技术，重复超排时间缩短至25天；生产良种牛胚胎7 573枚，移植受体1 193头次，妊娠率61%；生产萨福克肉羊、杜泊肉羊优质种用胚胎3 415枚，移植受体2 095只次，受胎率54%；优化了羔羊卵泡诱导及胚胎移植技术，生产了杜寒杂交培育羊、萨福克羊羔羊胚胎，移植妊娠率30%，已获羔羊后代93只；建立了11个高产供体牛羊细胞系，生产肉羊、肉牛重构胚5 000余枚，移植肉羊受体194只，妊娠率21%，获得克隆羊20只；移植肉牛30头次，妊娠率13%。

优质多抗牧草新品种选育与良种繁育关键技术：BL202紫花苜蓿、龙牧12号燕麦、松嫩秣食豆等3个牧草新品种通过国家或省级审定登记，选育出中豌9号豌豆、中苜8号紫花苜蓿等7个牧草新品系进入国家或省级区试。

蜜蜂、蚕、毛皮动物等特种经济动物资源高效利用技术：继续开展特种经济动物的营养与需求、高效生产技术、特色机具和设备的研发，在北京市、甘肃省、山西省等地建立安全高效生产关键技术示范；形成蛹肽蛋白新产品1个，建立发酵饲料生产线，形成新装置2个。

重点牧区“生产生态生活”保障技术：新收集野生优良牧草种质材料366份，育成紫花苜蓿新品种“中兰2号”，筛选抗寒红三叶新品系1个，形成适用于典型草原、荒漠草原、高寒草甸等不同类型区的饲草加工调制技术5套，初步形成牧草收获及加工配套机械1套，集成荒漠草原离网型风光互补系统1套，建立呼伦贝尔放牧优化模式1套。

名优动物梅花鹿产业发展关键技术：收集种质资源12份，建立了抗病育种初选核心群2个，初步完成“东丰梅花鹿”“敖东梅花鹿”的提纯复壮，完善了快繁技术体系；开展了精细化营养需求量及饲料加工关键技术研究，建立了鹿结核病、鹿布氏杆菌病等的检测方法，构建了综合防制技术平台；完成了不同药用部位活性研究，确定了规模化提取分离工艺。

新型微生态制剂的创制与应用：构建了分泌通路伴侣蛋白因子及信号肽酶共表达系统，进行了布拉酵母碱性磷酸酶的基因克隆、表达和酶学性质分析，建立了羧甲基菊粉、磷羧酸菊粉和O-氨乙基菊粉的制备方法，建立了红外光谱、X射线衍射和电镜联合分析其空间结构的方法。

农业灾害遥感监测、损失评估技术与系统：完成了遥感数据反演、地面干旱评价与预警、作物物候格局分析、病害严重度遥感估测等多种算法研究，开发了相应的软件模块；构建了冬小麦/玉米干旱、冷害、病害监测和评价等多套指标体系，完成部分功能模块开发；干旱遥感监测在1千米尺度上可实现每旬监测1次，监测精度达90.0%，旱灾预警提前 7 天，冷害遥感监测精度达 86.8%，小麦病害监测精度由 72.0% 提高到 86.0%。

复合（混）肥农艺配方与生态工艺技术：完成了磷矿直接生产复合肥中试，开发了复合肥自动造粒控制系统软件，研制出圆形颗粒钾生产工艺并中试；研发了国内首台智能小型配肥机，形成“移动式配肥站”技术系统；开发了无机包裹缓释肥料新工艺和连续化生产包膜控释肥料的设备，并实现产业化；完成蒙古高原区气候与非气候影响的酯包膜控释肥料生产技术。

华中淹育贫瘠及潜育中低产稻田改良技术：初步明确了湖区潜育化稻田的土壤结构改良、水分调控、耕作等障碍因子消除及定向培育技术模式，形成地力提升技术模式，建立核心技术试验区 9 个，开展了中低产田治理技术示范。

旱地农田高效用水关键技术：明确了不同降水年型旱地春玉米的适宜施氮量，明确了不同施肥条件下农田土壤水分动态、作物耗水规律、产量和水分利用效率的差异；确立了旱地作物高效用水种植模式，初步明确了主要技术措施的土壤蒸发规律；研究提出了东北花生玉米（或谷子）间作轮耕技术体系，开展了旱地主要作物移栽机和种肥一体机研究，研发了一种能够自动导苗的免耕育苗移栽机。

旱地新型覆盖材料和模式：开展了多途径覆盖保墒高效用水技术研究，明确了不同区域的覆盖材料、模式和对土壤水分的影响效果；研究发现覆盖渗水地膜和降解膜可明显提高玉米产量和水分利用效率。

旱地生态系统固碳减排技术：在河南新乡、河北保定等试验点设置了不同的固碳和减排措施田间实验，收集了华北、东北和西北地区不同固碳措施的固碳能力文献，进行了 meta 综合分析；通过收集华北地区的长期定位实验数据，对 Daycent 模型的作物产量和土壤有机质进行了双校验。

循环农业系统污染物阻控关键技术：研制了马铃薯专用抗旱种衣剂，筛选出最优水肥组合的干旱防御技术 1 套，从牧草种子中提取了抗旱性植物内生菌；进一步完善了基于 Web 访问的农业环境远程监控信息管理系统平台，开发了基于手机等移动设备终端的农业环境远程监控信息管理系统；在东北地区玉米主产区、黄土高原和环渤海湾苹果主产区筛选建立了试验示范点。

华北集约化农区农业面源污染防控技术：完成了养殖废水生物—生态联合处理技术设施设备的系统更新，建立了太阳能臭氧一体化设备，初步完成猪场、牛场废水田间安全灌溉、栽培与臭氧废水处理试验。

村镇环境评价与预警平台建设：围绕典型村镇污染诊断、宜居性评价、承载力评价和风险预警，初步建立了相关指标体系和技术方法，研发了村镇环境风险源识别、污染物时空分布及风险因子扩散模拟技术，建立了居民生活模式仿真系统、单一污染物健康风险评估技术和关键模块，初步搭建了评价预警平台。

灌溉多水源开发利用技术与方法：提出和建立了灌溉多水源利用调配模式、再生水灌溉安全利用的量化指标体系等 5 项理论技术模型，开发了灌溉预报和用水调配决策支持系统、分布式智能化地下水计算机监控系统等 3 项硬件设备。

分析适应气候变化的机制和技术途径：分析了气候变化与受体的相互作用关系，凝练出"边缘适应"的概念，初步确定了加强领域交叉适应问题研究等适应优先议题，确定了适应优先区域，初步编制了农业适应气候变化的技术清单。

油料低温制油关键技术和装备：开发出油菜籽低残油低温压榨技术和装备，建立了菜籽油酶法脱胶技术并实现大规模示范；研究建立了菜籽油中 3-氯-1，2-丙二醇、菊酯类农药残留等安全风险因子检测技术 4 项；新建 6 万吨/年油菜籽低温压榨技术示范线、5 000吨/年油茶籽低温压榨技术示范线各 1 条。

油菜高效低耗加工技术：研发 800 吨/天高含油油料膨化机装置 1 个，建立膨化预处理—压榨—无水洗精炼工艺技术，并建成 500 吨/天示范生产线 1 条；建成 2 万吨/年菜籽饼粕生物改良示范线 1 条；建立了植物甾醇酯绿色高效制备技术，酯化率达 77%，研发了基于脂肪酸组成的菜籽油真伪确证检测技术 1 项和速测仪样机 1 台。

粮油真菌毒素专用检测仪关键技术：研制出赭曲霉毒素等真菌毒素单克隆抗体 3 种，灵敏度可达 0.058 纳克/毫升；研制出真菌毒素免疫亲和微柱 2 种、粮油真菌毒素专用检测仪配套速测产品 5 台套，填补了国内空白。

食用油脂保真与掺伪鉴别技术：建立了保真技术 3 项，实现了菜籽油等主要食用植物油的真实性鉴别，建立食用油中香精、抗氧化剂等非法添加物检测技术，建立了甾醇氧化物、极性聚合物、多环芳烃等危害因子检测技术，研制出废弃油脂标志物单克隆抗体 1 种，并试制出免疫层析传感速测仪样机 1 台。

工夫红茶关键加工装备及自动化生产线：创制了全天候萎凋机、压力式冷揉捻机、可视化发酵设备等关键设备，已建成宜红加工自动化示范生产线 1 条；开发了在线视觉检测系统和特征香气检测系统，开展了光质萎凋工艺及调质机理研究与揉捻质量及发酵品质适度无损检测技术研究，初步建立了相关品质质量预测模型和方法。

茶叶质量安全与茶园标准化生产关键技术：建立绿茶、红茶、乌龙茶、黑茶标准化生产及绿色防控、高效施肥等技术规程 6 项，提出茶叶氟含量控制、稀土含量控制和茶园农药静电喷施等技术规范 3 项，示范推广绿肥间作、绿色防控、高效施肥、静电喷雾等茶园标准化生产关键技术 79 000多亩次。

经济作物农机农艺关键技术：开展了冷水浸种、温水浸种等预处理方式对油菜籽气力精量排种性能影响的试验研究，研究表明正、负气压组合式排种技术适用于实际生产中浸种处理的油菜机械化精量播种；改进设计了一种油菜联合直播机用铧式开畦前犁装置，设计了一种双翼式仿生深松铲。

园艺作物机械化高效栽培关键技术：设计了适合大田作业的蔬菜高速旱地移栽机，设计了穴盘苗自动取苗末端执行器，研制了可实现整排取苗间隔放苗的自动移栽机，对已研制的膜上自动移栽机进行了室内模拟实验和田间试验。

农业生产与市场流通匹配管理及信息服务关键技术：完成农产品信息采集体系布局构建，研究了基于数据融合和异常条件下的农业生产风险评估技术；以乳品为对象，分析了风险感知对消费的影响，并研究了农产品市场波动隐性信息显性化技术；完成农产品生产与市场数据仓库构建，构建了云计算环境下个性化农业产销信息推荐系统。

农村信息服务云存储与云计算技术：完成了数据资源中心的总体设计，实现了初步的原型系统；构建了能提供上百虚拟机的计算资源池，搭建了虚拟机服务原型系统；完成500TB 存储服务池建设，实现跨广域网的存储资源全局虚拟化管理与监控，进行了虚拟机服务环境测试。

基于 STKOS 的知识服务：建立了热点内容和突发内容监测模型，构建了科技监测应用示范系统；开发了知识结构与知识演化分析与应用系统，搭建了学术关系网络平台示范系统，在水稻研究领域建立了基于关联数据驱动的领域知识服务原型系统；构建关联数据服务平台，实现科技资源关联数据的检索与获取。

面向外文科技文献的超级科技词表和本体建设：对 NAL、CAB、ASFA、AGROVOC 四大词表的相关信息进行了修订，完成 24 余万个概念的范畴归类，对 STKOS 超级科技词表协同工作系统进行了功能测试，完成第一版超级科技词表范畴的构建工作。

（五）"转基因生物新品种培育"国家科技重大专项

共主持各类课题 25 项，其中 2013 年新增主持课题 20 项，合同经费 2.73 亿元。重点开展转基因水稻、小麦、玉米、大豆和猪、肉羊新品种培育等工作，获得了一批目标性状优异的转基因新品系进入安全性评价阶段；开展基因克隆新技术和新方法研究，继续完善规模化遗传转化技术体系，系统研究转基因作物环境安全性评价与农业生态风险监测控制技术，为转基因生物研发提供了技术保障。

抗病转基因水稻新品种培育：形成了一套转基因与常规育种相结合的高效抗病转基因水稻育种技术体系，成功培育了转 *Xa*21 基因抗白叶枯病恢复系 CX8621，完成了生产试验；转基因抗白叶枯病不育系 CX6221A 和 CX6221B 已完成环境释放；利用转 *Xa*21、*Xa*23、*Pi*9、*Pi-d*2、*Pi*25 等基因的抗病中间材料，以分子标记选择与传统育种相结合，培育了一批目标性状突出、综合性状优良的突破性转基因抗病水稻新品系，其中 50 份转已完成中间试验；利用表现突出的 RT03、抗 527、抗 996 等新品系配制的组合已进行小面积品比试验。

抗逆、抗除草转基因水稻新品种培育：筛选出高效、安全、有生产应用前景的功能基因 13 个；利用无选择标记或双 T-DNA 转化方法，经多点试验，获得不含植物外源序列的抗逆新品系 170 份以上，抗旱水稻抗旱性显著提高，最高可减少逆境下粮食产量损失 38.7% 以上，耐盐水稻在 1% 盐池中生长正常，耐低温、高温水稻耐性显著提高；培育获得了不含其他选择标记、世代稳定的抗除草剂新材料 300 余份，抗除草剂三系杂交超级稻新品系高产组合 10 份，比对照最高增产 17.7%；申请安全性评价阶段材料 26 项，其中，中间试验 15 项，环境释放 6 项，生产性试验 4 项，安全证书 1 项。

抗逆转基因小麦新品种培育：创制抗旱节水转基因小麦新品系 53 个，其中 4 个进入环境释放试验阶段；经过连续3年多点田间节水抗旱鉴定，获得8个抗旱节水特性显著提高的品系；在干旱条件下，*GmDERB*3基因转石4185小麦新品系比区试对照品种增产11%以上，水分利用效率提高17%；*TaDERB*基因转济麦19比对照品种增产10%以上，水分利用效率提高16%；转*AtNHX*1基因小麦新品系B53和C8进入环境释放，在0.5%的盐碱地进行耐盐性鉴定，比对照增产5.8%～8.8%。

抗除草剂转基因大豆新品种培育：选育出44个高抗除草剂转基因大豆新品系，创制出具有自主知识产权的转单价*EPSPS*和转*G2-EPSPS*＋*GAT*双价基因高抗草甘膦新品系，已完成中间试验，申请进入环境释放；利用回交方法培育的转*CP4-EPSPS*基因大豆新品系高抗草甘膦，综合性状优良，产量比国家区试对照增产5%以上，在小规模种植试验中表现出田间作业轻简、劳动力和除草剂使用少、重迎茬问题减轻等突出优点。

高产养分高效利用转基因大豆新品种培育：筛选获得大豆高效转化受体“天隆一号”，初步将分子标记辅助育种技术与转基因技术相结合，建立了高产、养分高效利用转基因大豆育种技术体系；创制目标性状突出的转基因大豆新材料67份，包括转氮磷钾高效利用、光周期不敏感、高光效、产量构成等20个基因；转RAV、GmGLP10品系申请了中间试验，无标记转*cipk*23＋*cbl*1基因大豆黑龙44已申报环境释放。

优质功能型转基因玉米新品种培育：适合东华北、黄淮区域种植的植酸酶玉米新组合11TPY001和11TPY050在吉林、河南进行了生产性试验，高赖氨酸转基因玉米株系SBTM3、SBTM6、SBTM7、SBTM8、SBTM9完成了环境释放试验，高淀粉、富含维生素E、富含叶酸、木聚糖酶、半乳糖苷酶等转基因玉米均完成中间试验。

抗逆转基因玉米新品种培育：创制出单基因和多基因聚合的抗逆转基因新种质224份，其中转ABA合成关键酶基因*LOS*5的抗逆玉米新自交系“B6”比对照抗旱性显著增强，在节水50%的旱胁迫下产量提高36%，杂交种抗旱性提高14.2%；转焦磷酸酶基因*TsVP*的抗旱、耐盐玉米新种质“b20”根系发达，抗旱性提高12.2%，转*ABP*9基因的抗逆自交系“U9-2”及其杂交种抗旱性分别提高18%和14.2%。

转耐旱耐盐碱基因棉花新品种培育：创造了86个转基因耐旱耐盐碱等棉花新材料，选育出8个新品系，3个转基因棉花新品种通过国家或省级审定，累计推广面积158万亩；系统鉴定出一大批有应用价值的转基因株系材料，转*EDT*1、*ABF*2、*betA*等抗逆基因棉花材料已进入安全性评价。

转基因优质纤维棉花新品种培育：获得了一批与棉花纤维品质改良紧密相关的新基因，挖掘优质、抗病、抗棉蚜等性状，创造转优质纤维、新型抗棉铃虫、抗棉蚜等基因的新种质71份，筛选优质纤维、抗虫的转基因新品系24个，培育优质、抗虫、抗除草剂等的棉花新品种7个。

抗病及转基因早熟棉花新品种培育：通过转基因、回交渐渗与常规育种技术相结合，培育中棉所85、中创85、金垦108号等转基因抗虫早熟棉花新品种3个；育成生育期99天特早熟、高衣分（44.7%）的重大突破性转基因抗虫新品系中751213，实现早熟和高衣分的同步改良；创新麦油后直播转基因抗虫棉种植技术，为缓解粮棉争地矛盾、实现棉花生产机械化提供技术支撑。

抗虫及转基因杂交棉花新品种培育：开展了提高转基因杂交棉产量、抗性和改进制种技术等研究；新审定品种10个，并实现推广转基因杂交棉1 280多万亩，转基因三系杂交棉开始在主要棉区示范推广；继续改良转高产基因*RRM2*的亲本材料性状，综合性状得到大幅提高；利用植物介导的RNAi技术创制了新型抗虫棉材料，可显著抑制棉铃虫生长。

节粮型高瘦肉率转基因猪新品种培育：新获得CAAS -TALEN技术介导的仿比利时蓝牛“截短型”定点敲除*MSTN*基因梅山猪、CAAS-MC4R转基因猪，并有一批CAAS-TALEN技术介导的定点敲除*MSTN*基因大白猪待产；CAAS-ZFN定点敲除梅山猪获准开展中间试验，部分活体测定结果显示背膘厚降低18.32%，眼肌面积提高38.89%；*MSTN*基因敲除猪MSTN01获准开展生产性试验；获得肌抑素双等位基因完全敲除的转基因猪初代群1种，高瘦肉率和高饲料转化率的转基因猪育种基础群数量达1 350头。

优质转基因肉羊新品种培育：构建了新的高效打靶载体5个，完成了6个功能基因的克隆与鉴定；转基因羊肌肉发育率提高了13.8%，多不饱和脂肪ω-3占总量的百分比从11.48%增加到24.41%；优化了肉羊快速扩繁JIVET技术细节，提高了技术效率，获得不同转基因核移植胚胎1 597枚；已获得转基因羊育种新材料8种，共138只。

利用合成型转录因子培育转基因作物新品种：对6 700个转基因材料进行了正常、干旱和低氮条件下的田间表型测试，共发现219个合成型转录因子基因导致表型变化，其中至少94个在产量、株型、粒型、生育期、逆境耐受等方面具有较好的育种利用价值；筛选出45个异源合成型转录因子基因，对水稻或玉米生产品种进行了转化，其中23个已申请中间试验。

水稻和棉花抗病虫关键基因的挖掘和转基因育种新材料的创制：构建完成多个基因累加的水稻黑条矮缩病RNAi载体18个，经过2年多点的田间自然抗病性鉴定，获得了3份高水平抗黑条矮缩病转基因纯合系；成功建立了高效快速的HIGS和VIGS技术平台，两个平台有机结合可显著促进抗黄萎病新材料创制；发现4个有抗性表型的基因，已用于棉花遗传转化。

基因克隆新技术和新方法：继续利用RNA干扰技术筛选分离特异性强、安全、有效的靶基因，优化RNA干扰技术；进一步完善高效的水稻TILLING平台，筛选出10个胚乳发育相关基因的突变体；利用小分子RNA改善水稻农艺性状，分析发现2个控制水稻株高的靶基因表达受到小分子RNA的精细调控；利用自然群体关联分析法克隆了控制每穗颖花数的基因GN5。

规模化转基因技术体系构建：拓宽了水稻、小麦、玉米、棉花、大豆的受体基因型范围，发展了作物的无选择标记技术、新选择标记技术、双T-DNA技术，以及动物的锌指核酸酶技术、TALEN技术等；通过各个环节的技术创新与集成优化，完善了水稻、棉花、猪和牛的高效、安全、规模化转基因技术体系，粳稻规模化转基因技术体系年转化能力20 000株、棉花16 000株，转基因猪年生产200头、转基因牛年生产100头以上；构建了玉米、小麦、大豆和羊规模化转基因技术体系，转化效率提高 1 倍以上。

转基因植物新材料的育种价值评估：完成了部分抗病虫、抗除草剂、抗逆等重要农艺性状基因的知识产权现状分析、专利保护策略研究和基因安全评估，制定出与鉴定和评估工作配套的技术规范 4 项；综合评估了 28 个新基因和 486 份转基因新材料的育种利用价值，筛选出具有利用价值的转基因新材料 37 份。

转基因玉米小麦大豆环境安全评价技术：建立转 *Bt* 基因抗虫玉米、转 *EPSPS* 基因抗除草剂大豆环境安全评价技术体系，包括生存竞争力、对土壤微生物群落多样性的影响、根际分泌物对土壤生态功能的影响、对土壤生态功能指示生物（白符跳）的影响等环境安全评价技术；编制转 *Cry*1Ac-M 基因抗虫玉米环境安全评价报告，为转 *Bt* 基因抗虫玉米产业化发展提供基础安全数据，研究了 *Cry*1Ab、*Cry*1Ac、*Cry*1F、*Cry*1Ah 和 *Cry*1Ie 之间的交互抗性，并初步提出抗性治理策略。

农业生态风险监测与控制技术：初步研究明确了 *Bt* 水稻、转植酸酶基因玉米对田间节肢动物群落结构与功能、主要害虫与天敌种群发生等的影响效应，进一步监测明确了 *Bt* 棉花大面积种植后非靶标害虫种群演替规律和靶标害虫抗性演化进度，提出新疆 *Bt* 棉花非靶标害虫治理、棉铃虫田间种群 *Cry*1Ac 抗性个体显性度鉴定、转植酸酶基因玉米生态安全监测与治理等新技术。

转基因水稻环境安全评价技术：继续开展转基因抗虫和耐除草剂水稻靶标和非靶标生物影响、外源基因漂移、生存竞争和杂草性等研究，完成转基因水稻环境安全评价技术报告 5 项，研制转基因水稻环境安全评价新技术 2 项。

转基因棉花环境安全评价技术：系统研究了高产、优质、抗病、抗旱、抗除草剂、双价抗虫及新型转棉铃虫蜕皮激素、保幼激素等转基因棉花环境安全评价技术，建立了转基因环境安全评价技术体系；提交转基因棉花环境安全评价技术报告 8 份，制定相关国家标准 2 项，审定地方标准 4 项。

（六）公益性行业科研专项

共主持项目 93 项，其中 2013 年新增主持 20 项，合同经费 3.62 亿元。紧紧围绕产业发展需求，重点在农作物主要病虫害检测防控、农田土肥水资源高效利用、农业环境污染防控、畜禽重大疫病诊断与疫苗研制、农产品质量安全检测与控制等方面，通过技术创新与筛选集成，获得了一批主导产品与关键实用技术，建立了一批示范区，积极开展综合试验示范与技术推广，促进了现代农业健康快速发展。

草原虫害监测预警及防控：完善了草原害虫数据库，明确了优势草原蝗虫主要发生区，阐明了优势害虫的生物学和生态学特征及与植被之间的关系，研究了主要环境因子对草地螟成虫飞行能力的影响；开发了草原虫灾监测预警及风险管理辅助决策系统，筛选了高效低毒化学农药、生物制剂；分别在内蒙古自治区（以下简称内蒙古，全书同）、新疆维吾尔自治区（以下简称新疆，全书同）、甘肃省、青海省等地建立了具有区域特色的主要害虫防控技术示范区。

捕食螨繁育与大田应用：明确了捕食螨广布种及优势种资源，培育出抗耐性品种；筛选出对高效氯氰菊酯和毒死蜱抗性倍数超过500倍、耐高温的巴氏新小绥螨品系；建立了完善的捕食螨规模化生产技术流程，提出捕食螨三级规模化繁育体系，开发了部分捕食螨纯化分离技术，实现了巴氏新小绥螨、智利小植绥螨等的规模化生产。

二点委夜蛾、玉米螟等玉米重大害虫监测防控：利用测报灯、性诱捕器及人工调查方式对山东省、河北省、吉林省等多地进行调查，明确了害虫发生为害特点及规律，并对不同地理种群的害虫进行了遗传多样性分析和寄主植物来源分析，研究了不同播期不同种植模式对害虫发生的影响，比较了多种诱集方式的优缺点，对天敌资源进行了筛选和防效比较。

粮食作物重要病毒病防控：开发了小麦黄矮病毒、矮缩病毒、土传病毒病和南方水稻黑条矮缩病毒抗体，鉴定出178份小麦和水稻的抗源材料，研制出针对介体昆虫和病毒病的生态调控等防控技术4项，筛选获得高效低毒药剂4种，并研发了高效、低毒、低用量的农药使用新技术。

盲椿象可持续治理：改进了中黑盲蝽的性诱剂配方，研发了绿盲蝽植物源引诱剂配方，并提出盲椿象性诱剂、引诱剂的配套使用技术；规模化饲养红颈常室茧蜂并人工释放，对绿盲蝽的防治效果明显；开展了化学农药、生物制剂、微生物菌株对盲椿象的毒力测定，筛选出高效药剂；监测了盲椿象对常规化学农药的抗性水平，研究了抗性生化机制。

农田地下害虫综合防控：明确了为害花生的地下害虫主要类群、防治适期及新种植模式下的发生危害规律；集成了以绿僵菌生物制剂为主的花生蛴螬防治关键技术，开发了微囊种衣剂，研究了纳米载体的应用技术，设计并合成了一种非病毒体系的核酸载体。

农田杂草防控：调查了杂草种类及土壤种子库，初步明确了不同耕作制度与环境条件对稻、麦田杂草发生的影响与危害关键时期；筛选了高效药剂及助剂和牛筋草生防菌株，探索了轻简农艺控草、绿色控草和协调合理的化学控草技术。

农药高效安全科学施用：明确了水稻、棉花、番茄、苹果等作物主要病虫害对防治药剂的敏感度变异情况，筛选出防治水稻飞虱、苹果轮纹病等的桶混增效药剂组合30个，研制出瓜蚜、烟粉虱等害虫防治的配方选药试剂盒12个，提出提高药剂沉积效率的功能助剂种类、用量及使用方法，组建了小麦、果树、水稻等的高效安全科学施药技术体系，形成了多项技术规程。

入侵植物综合防控：基本完成入侵植物基于物联网技术的监测体系，明确了一批入侵植物的活性化学物质，建立了一套昆虫过腹转化、茎秆炭和绿原酸生产线，研发了紫茎泽兰等的风险评价模型，建立了可持续防控的技术模式和5个监测防控示范区。

西甜瓜种传细菌性果斑病综合防控：完成了病原菌在寄主体内的定殖和扩展研究，检测了全国28个不同来源的西瓜品种对果斑病菌的抗性，研究了交联壳聚糖和壳聚糖—纳米两种新型果斑病菌抑制剂，构建了瓜类果斑病菌Biolog鉴定基准库与LAMP快速检测体系，证明干热杀菌技术能够有效防控细菌性果斑病，应用危害分析与关键点控制（HACCP）原理和方法对西瓜嫁接育苗生产技术工艺的每个环节进行了危害分析。

新种植模式下病虫害生物防治主打型新技术：新发掘并生产蠋蝽等2种天敌昆虫，新建天敌生产线1条，扩繁天敌400亿头，创新无人机释放天敌昆虫技术；新创制生物农药解淀粉芽孢杆菌、莱氏野村菌等2种，创新武夷菌素剂型1种，登记生物农药3种。

作物孢囊线虫病控制：发明了3项小麦孢囊线虫快速诊断和检测技术，采集分离禾谷孢囊线虫生防菌株300余株，鉴定出4个地区的禾谷孢囊线虫和菲利普孢囊线虫致病型，筛选出小麦免疫品种1个、高抗品种41个，制定了小麦孢囊线虫防控技术和调查技术地方标准并发布实施。

作物根蛆类害虫综合防治：初步明确了百合科作物根蛆优势种，明确了不同区域与不同栽培模式下根蛆的周年发生规律；研究发现色板诱杀对韭蛆成虫的监测效果最好，建立了30余种药剂对韭蛆的敏感基线，初步建立了内吸性和触杀性药剂田间药效评价方法。

新型胡萝卜产业化技术体系：突破了游离小孢子培养及精卵细胞分离技术，培育新型胡萝卜品种3个，生食兼用新组合4个，累计推广1万多亩；建立了新型胡萝卜栽培、黑腐病防治以及节水灌溉等技术3项，制修订地方标准4项。

西北非耕地园艺作物生态高效生产技术：确定了番茄、黄瓜、茄子、甜瓜等不同生长阶段的灌溉需水指标及配套灌溉控制装备，研发了营养液配方4个，建立了番茄和黄瓜高效施肥模式；提出葡萄修剪新技术，研制食用菌培养基配方3个、根结线虫防治颗粒剂1个、病害防治粉尘剂2个及配套施用装备，在西北6省（区）示范非耕地园艺作物高效生产技术21项。

适宜西北非耕地亚逆境栽培和市场销售的园艺作物品种筛选与布局：建立果菜、甜瓜、葡萄等的筛选试验示范基地14个，筛选适宜品种23个，引进资源202份，获得番茄、辣椒、茄子、黄瓜等的优异育种材料120份，育成优良新品种（组合）33个。

西北非耕地农业利用：搜集整理了新疆、西藏自治区（以下简称西藏，全书同）与宁夏回族自治区（以下简称宁夏，全书同）主要非耕地类型、面积、空间分布特征等数据，初步构建了西部资源环境数据共享平台；建立设施园艺产业化示范基地3 770亩，引进、消化和集成非耕地农业生产利用技术和技术实验51项（次）、品种329个（次），示范面积超过2.2万亩，制定或申报地方标准15项。

国家重点保护野生花卉人工驯化繁殖及栽培：对兰科、百合科和芍药科牡丹组的几种重要野生花卉进行了原生境调查及分析，初步查清了其濒危状况及部分原因；收集资源100多份，初步建立了亨利兜兰、带叶兜兰等一批重要野生花卉的组培快繁技术体系，并进行了栽培技术研究。

蔬菜黄化曲叶病毒病综合防控：系统揭示了番茄黄化曲叶病毒入侵中国的发生分布和变异趋势，揭示了病毒抗性相关的转录抑制新机制，建立了完善的病毒流行快速检测与预警技术；选育出抗性番茄新组合或品种 10 个；筛选出用于化学药物创制的新活性化合物 2 个、虫生真菌产品 1 个，提出病毒综合防控技术方案 2 套，建立技术推广核心示范基地 5 个，辐射推广面积 50 万亩以上。

设施农业高效育苗标准化生产工艺与配套设备： 明确了草炭、沼渣等 6 种育苗基质组分的物理特性，完成了基质生产线给料和混合装置的设计及样机试制；设计完成无基质营养液育苗系统 1 套，筛选苗期促生菌 25 株，完成了嫁接用切削器、单人钵苗嫁接机、气吸式精量播种机吸嘴结构等的设计和样机试制。

主要粮食作物高温热害及干热风预警及缓解： 提出水稻和玉米耐高温、小麦耐干热风的鉴定方法各 1 套，筛选出耐热性水稻、小麦、玉米品种共 24 个；探明旱热复合胁迫产生的氧化胁迫是影响籽粒发育的重要原因，初步建立了基于气象指标和热害灾损的评估方法和预警数据库；建立了 15 个示范点，对肥水及化学调控缓解高温热害技术进行了试验示范。

主要农产品产地土壤重金属污染阈值研究与防控： 完成了中国小麦、玉米、水稻、根菜和叶菜产地的土壤重金属安全阈值标准建议 32 项，提出产地安全评价和重金属源头防控规程 5 套，建立了优势农产品产地安全管理与预警信息系统，建立了 2 个示范区。

南方低产水稻土改良： 系统分析了南方典型低产水稻土障碍因素及分布特征，揭示了改良土壤生物学机理；配套集成改良与产量提升的技术模式 12 项，建立 23 个万亩示范方，累计推广面积达 101.6 万亩，示范区土壤肥力可提高 1～2 个等级，产量可增加 30% 或增产 100 千克/亩以上。

粮食主产区土壤肥力演变与培肥： 以中国 45 个农田长期定位试验和 260 个国家耕地质量监测点为基础，较为系统地分析整理了样品与数据；探讨了区域典型土壤肥力指标演变规律及其与农田生产力的响应关系，提出土壤培肥的技术模式和简化土壤培肥与改良技术 10 项，并进行了示范。

半干旱牧区天然打草场培育及利用： 制定了打草场调研规范，开展了资源清查并初步完成分布制图；进行示范基地选址、实地考察与数据收集，确定了呼伦贝尔草甸草原区、锡林郭勒典型草原区等 5 个试验示范区和 10 个共性试验基地，并初步完成本底调查与背景数据库建设。

主要农区农业面源污染监测预警与氮磷投入阈值研究： 完成了地下淋溶、地表径流和农田氮磷化肥投入阈值等的年度监测工作，进行了地膜残留及其影响因素研究，开展了规模化猪场养殖和池塘淡水养殖污染监测与污染物迁移规律研究，进行了农业面源污染小流域监测与模型模拟研究，并建立了数据采集系统。

农业源温室气体监测与控制： 编制完成中国农业源温室气体数据库系统，实现数据的动态存储和质量控制；明确了奶牛肠道发酵甲烷排放特征和矿物舔砖技术减排效果及机理；探明了典型放牧草地、草地农垦和家畜圈舍温室气体排放的季节变化规律和影响因素，揭示了北方典型旱地农田与设施蔬菜地减氮优化施肥的温室气体减排效果，筛选出温室气体控制技术。

典型流域主要农业源污染物入湖负荷及防控：在洱海、三峡库区和太湖等3个流域筛选了凤羽河等3个典型小流域，建立了流域农业面源污染监测及防控技术实验基地，分别布设了监测断面，开展了实地实时监测；研究编列了农业源污染防控技术清单，对技术应用特点进行了评价。

北方旱地合理耕层构建技术及配套耕作机具：全面进行了北方三大类型区旱地耕层现状调查，在辽北棕壤区、黄淮海北部缺水区、西北盐碱障碍区、西北典型绿洲中低产区开展了旱地合理耕层构建关键技术攻关与示范，并进行了配套耕作机具研制与应用，建立核心试验示范区10个。

黄淮海高产农田作物需水及高效用水：初步建立了小麦、玉米、棉花的作物需水量估算模式，绘制了需水量空间分布图，提出了不同尺度农田土壤墒情测定技术，初步构建了农田高效用水管理远程服务系统与农业水资源优化决策系统；初步提出了适宜不同区域的田间节水技术，构建了高效用水技术集成模式。

生活污泥沼气化处理利用技术及设备：摸清了中国生活污泥产生量、特性、处理与处置情况，完成了生活污泥原料特性测试及产甲烷潜力评估，筛选出2种适于协同污泥发酵的生物质，研究了酸碱耦合臭氧处理污泥养分转化特征，完成臭氧处理中试设备试制。

南方地区幼龄畜禽饲养：完成南方地区经济作物副产物资源调研工作，对59种（次）经济作物副产物进行营养价值与饲用价值评定，制定饲料配方5个，完成饲养技术规程2套；开发犊牛代乳品等实用技术产品3个，建立示范点5个，示范各类草食畜禽10万头（只）。

新型动物疫病诊断：布鲁氏菌cELISA抗体检测试剂盒、狂犬病DFA抗原检测试剂盒获得新兽药证书，狂犬病RT-PCR核酸检测试剂盒、禽白血病病毒群特异性抗原ELISA检测试剂盒和鸡传染性法氏囊病病毒ELISA抗体检测试剂盒完成临床试验。

放牧动物蠕虫病防控：获得了新疆、青海省、西藏、内蒙古、甘肃省等11个实验基点放牧牛羊寄生蠕虫感染现状的基本数据，完成了乙酰氨基阿维菌素浇泼剂在牦牛中的药代动力学、残留消除规律和耐受性试验，建立了放牧牛羊蠕虫身份证编码信息系统，分离筛选出作用力强的捕食线虫性真菌菌株。

中兽药生产关键技术：根据病症特点开展复方配伍，通过制剂创新改善中药生物利用度，人工修饰增强有效成分临床药效，研发新产品10个，获新兽药证书2个，建立新工艺8个，形成生产线2条。

水禽主要疫病快速诊断与疫苗研制：分离鉴定水禽流感毒株281株、新城疫毒91株、鸭疫里默氏杆菌菌株675株、鸭病毒性肝炎161株、水禽细小病毒51株，优化完善了ELISA、免疫胶体金试纸条或PCR等检测方法32种，研制禽流感、新城疫、鸭疫里默氏杆菌病等的灭活疫苗各2～3种，获得新兽药证书和环境释放试验证书各1项。

日本血吸虫病、包虫病、弓形虫病、附红细胞体病等重要人畜共患寄生虫病的防控：完善日本血吸虫病等4种重要人畜共患寄生虫病病原学、血清学和分子生物学诊断技术及虫种鉴别技术，研制了日本血吸虫病和包虫病的吡喹酮药物新制剂，筛选了弓形虫病和附红细胞体病的有效治疗药物；继续开展4种病的流行病学调研、防控对策探讨和防控示范工作，提出相关防控技术规范，示范区感染率显著下降。

新型动物专用药物的研制与应用：完成了新型抗寄生虫药物、新型抗炎、抗菌原料药物的结构确证等理化分析，完成了原料药物的合成工艺优化和制剂处方筛选研究，开展了新药的特殊毒性研究以及部分药物的中试工艺研究，申报新兽药证书2个。

牧区饲草饲料资源开发利用：优化集成并推广了包括秋闲田一年生饲料作物优化栽培、糟渣类压缩营养饲料加工生产、沙打旺+玉米青贮、苦豆子+玉米青贮等轻简化技术4项，开发肉羊育肥的全混合发酵饲料及其制备方法1套，研发可拆卸式糟渣饲料成型装置1个。

不同生态区优质珍贵毛皮生产：研究制定了毛皮动物优良核心群标准选育规程与种兽性能测定方案，培育适合我国的优质大型短毛水貂、大型蓝狐、银狐良种核心群；对100多种毛皮动物常用冷鲜动物性饲料和全价混合饲料样品进行检测分析，制定了卫生安全评价参数；研制了有效的精液常温、冷冻稀释液配方，建立了水貂源微生态制剂发酵参数。

农产品真实性识别与质量安全追溯：初步建立了西湖龙井茶近红外光谱真伪识别模型和基于稳定同位素的产地识别模型，初步建立了蜂胶品种近红外鉴别方法，研发了蜂蜜及蜂胶产品产地及品牌电子标签溯源系统和便携式产品，初步建立了基于PCR方法的常见肉类品种鉴定方法。

反刍动物β-激动剂残留规律及监测：研究了盐酸克伦特罗在反刍动物体内的消长规律，提出不同环节监管靶标的选择建议；研究建立了动物样品基质中“瘦肉精”高效样品前处理及确证技术研究4套、β-激动剂快速筛选数据库1个，系统进行了市售“瘦肉精”免疫速测产品评价。

动物养殖中新型未知添加物筛查与确认：构建了添加物信息监控网络，初步构建了添加物核磁共振和红外光谱谱库；筛查了上千批次饲料、兽药和畜产品，发现数种新型禁用或违规使用药物；通过猪代谢试验研究确定了1种添加物的残留标志物。

农产品安全快速监测技术和产品：研究制备了9种农药抗体与6种生物毒素标签抗体，合成了7种农药半抗原及大田软海绵酸抗原，筛选出针对黄曲霉毒素、青霉素、氨苄西林（氨苄青霉素）等的适配体，表达了β2激动剂及乙酰胆碱酯受体蛋白功能亚基，建立了生物毒素抗体与系列标签的偶联标记技术，开发了赭曲霉毒素A均相及荧光偏振速测法。

杂粮初加工技术装备及综合利用：试制燕麦米皮分离机1台，研制动静磨盘式脱壳试验台1套，完成杂粮灭酶设备第一轮样机的试制、安装和调试，开展了二氧化氯、水热处理等灭菌技术研究，确定了适合碎米黄酒加工的谷子品种及酒曲各1种。

油料产地加工关键技术装备：研究建立油料及油脂品质评价方法17项，探明不同加工过程中油料油脂品质特别是脂质伴随物的变化规律；基本掌握了中国油料产地干燥与贮藏现状，研发相关技术装备 6 项，开发试制胡麻脱皮机与芝麻干法脱皮机，并在主产区进行示范。

基于信息技术的基层农技推广服务：制定了面向基层农技推广服务信息化终端的实施标准，完成农情信息监测传感器、微型温度传感器的前期设计验证，完成农情信息定向快速采集系统、农业突发事件即时采集系统、基于真实人际网络的农产品供求信息发布及交易系统等的设计。

丘陵山地小型农机具：开展了 4LZ-1.0Q 轻简型稻麦联合收割机新一轮改进工作，对清选风机和液压控制系统进行了优化，并在重庆市、四川省、江苏省等多地开展大面积试验示范；通过割台弹性组配设计，实现了油菜捡拾脱粒联合收获功能。

华北棉区棉花全程机械化：研制出具有自主知识产权的采棉机，拥有复指杆式采摘、耙棉装置、采摘台模块化设计、气压回流除碎叶等核心技术；MQZ-4 型籽棉场上预处理机投入生产试验，实现了机采籽棉到人工采摘棉加工线的有效对接。

植保机械关键技术优化提升与集成示范：攻克了制造材料、模具精度、成型工艺等技术难点，完成了扇形雾喷嘴和防飘移喷嘴 2 个系列 10 个型谱的批量生产，产品技术性能全面超过国际标准要求。

茶园综合作业机械化技术与装备：研发了一批新型关键装备，包括小型乘坐式缓坡茶园拖拉机及其配套机具、跨行自走式低坡茶园拖拉机及其配套捕虫装置、手推式高压（风送）机动喷雾机装备、小型背负式捕虫装备等，完成部件设计、试制和试验，提出了适合的茶园作业栽培模式。

（七）国家科技基础性工作专项

共主持项目 15 项，其中，2013 年新增主持 4 项，合同经费 5 565万元。重点开展了农作物资源调查与收集、高精度数字土壤构建、传统中兽医药资源抢救和整理、农产品中高风险农药助剂残留调查、农产品产地污染监测数据深加工等工作，收集到一批珍贵资源，掌握了一批基础科学数据与科技资料，在分析整理基础上建立了数据库，促进了相关学科的发展。

贵州省农业生物资源调查：完成了 42 个县的普查工作，完成了少数民族地区 15 个县的系统调查，初步阐明了少数民族特有农业生物资源的分布状况、利用价值和途径，建立了贵州地区农业生物资源调查数据库；收集基础样本材料 3 450份，其中 89.6% 为新收集资源，样品新颖性突出，1 191份材料具有特优、特用、特有等特异性状。

西北干旱抗逆农作物种质资源调查：在西北地区 7 个省（自治区）全面开展了抗逆农作物资源普查和调查工作，完成了 80 个县基础数据的调查，对 37 个县进行了系统调查和基础样本采集；收集玉米、谷子、糜子、豌豆、青稞等农家品种及野生黑粒胡麻、野生草莓、野生韭菜等野生种质资源2 000余份，对其中 1 500多份材料进行了繁种和农艺性状观察，深入鉴定了部分种质资源的抗旱性能，获得抗旱、优质地方老品种小麦“和尚头”等一批有价值的种质资源。

沿海地区抗旱耐盐碱优异性状农作物种质资源调查：深入分析了中国沿海地区11个省（市、区）的125个临海县（市、区）近30年来农作物种质资源的种类、数量、分布、濒危状况等基础数据，明确了沿海地区农作物种质资源的变化趋势及优异资源濒危现状；进一步对收集并鉴定的抗旱、耐盐碱优异农作物种质资源进行入库保存，完善了沿海地区抗旱耐盐碱农作物资源数据库及共享网站，编辑完成了资源图集。

中国西南边境地区棉花种质资源考察和收集：对滇西南中缅边境地区、新疆西南部中国与巴基斯坦边境地区24县56个乡镇进行了考察，收集材料66份，其中海岛棉40份、亚洲棉4份、普通陆地棉18份、退化陆地棉4份；对2012年收集到的材料进行了繁殖提纯和初步鉴定，其中陆地棉63份、亚洲棉10份，遗传多样性较为丰富。

中国优势产区落叶果树农家品种资源调查与收集：组织全国22个单位106名科研人员赴新疆、西藏等21个省（市、区）184个县开展调查，共收集到核桃、石榴等15个树种农家品种资源702份，入资源圃保存；完成116份农家品种的花粉电镜观察；建设了“中国落叶果树农家品种”资源圃和数据库。

主要农作物有害生物及其天敌资源调查：初步制定了调查方案，进行了文献调查和历史数据整理，开展了实地调查、样本采集和问卷调查；采集病害、害虫、天敌、杂草、害鼠等样本12 000余份，拍摄照片2 600余张；制作昆虫、天敌、杂草等标本1 700余份；首次发现一种国内未曾报道的杂草银毛龙葵 *Solanum elaeagnifolium*。

传统中兽医药资源抢救和整理：分8个大区制定了传统中兽医药资源的数据采集标准和技术抢救方案，开展了标准化数据采集技术培训；收集了100名中兽医老专家信息、53种古籍、80种针灸针具和180个经（验）方，整理道地中药材资源511种，构建了传统中兽医药资源共享数据库方案，录入兽医专用中药材资源信息300条和诊疗技术15项。

中国畜禽寄生虫彩色图谱编撰：完成了寄生虫标本的整理，对保存的部分活虫种进行了繁殖，编制了各类寄生虫标本的拍摄要求，已拍摄原虫、吸虫、绦虫、线虫、棘头虫、节肢动物等各类寄生虫436种11 327幅图片，按照编撰要求对部分虫体照片进行了遴选与处理。

中国1∶50 000土壤图籍编撰及高精度数字土壤构建（二期工程）：在土壤海量时空信息分析与地图制图方法学研究领域取得原创性进展，自行设计、研制、测试和完成的智能化海量空间信息分析与制图表达工具IMAT系统已投入使用，为高效、优质完成项目目标提供了技术保障；编写完成专著《土壤海量空间信息分析与地图制图方法》。

农产品中高风险农药助剂残留调查、危害分析及助剂分类：开展了中国高风险农药助剂使用情况调查研究，统计分析了常规农药助剂的种类以及壬基酚聚氧乙烯醚在农药制剂中的比例，测定了农药中壬基酚聚氧乙烯醚助剂的含量；系统开展了国内外农药助剂管理的比对研究，分析了国外农药助剂种类、分类依据和管理情况，提出了中国农药助剂动态分类管理标准，向农业部农药管理部门提交建议报告1份；初步开展了甲苯、二甲苯、二甲基甲酰胺等高风险助剂的 HS-GC、HC-GC/MS 快速检测方法研究。

农产品产地污染监测数据的深加工：已完成“典型区域农业土壤及粮食作物中几种有害元素环境背景值调查数据”“全国重金属污染源数据”“典型区域农产品产地及农产品质量安全风险评估监测数据”“农业投入品使用与流失残留状况数据”等数据的收集，以及地质统计学、人工神经网络、M-C 分析、时间序列分析、风险评估方法等数据挖掘方法的研究工作；初步构建了农产品产地污染评价指标体系，建立了产地环境分析评估模型，开展了数据的综合分析。

中国农业科学院2013年科技成果统计表

成果总数	获奖成果总计	以第一完成单位获奖													以参加单位获奖										鉴定未获奖成果
		合计	国家奖			省部级奖				院级奖			社会力量奖	其他奖	合计	国家奖			省部级奖					其他奖	
			小计	一等	二等	小计	一等	二等	三等	小计	一等	二等				小计	特等	二等	小计	特等	一等	二等	三等		
205	148	113	6	0	6	61	19	24	18	14	5	9	17	15	35	4	1	3	29	0	6	17	6	2	57

注：同一成果获不同级别奖励，只统计高级别奖

中国农业科学院2013年获奖成果

一、获国家奖成果

序号	成果名称	第一完成单位	第一完成人	获奖种类	获奖等级
1	禽流感病毒进化、跨种感染及致病力分子机制研究	哈尔滨兽医所	陈化兰	自然科学奖	二等
2	低成本易降解肥料用缓释材料创制与应用	资划所	张夫道	技术发明奖	二等
3	旱作农业关键技术研究与集成应用	环发所	梅旭荣	科技进步奖	二等
4	桃优异种质的发掘、优质广适新品种的培育与利用	郑果所	王力荣	科技进步奖	二等
5	北京鸭新品种培育与养殖技术研究应用	牧医所	侯水生	科技进步奖	二等
6	主要农业入侵生物的预警与监控技术	植保所	万方浩	科技进步奖	二等

二、获省部级奖成果

序号	成果名称	第一完成单位	第一完成人	获奖种类	获奖等级
1	小麦种质资源中重要育种目标性状的评价与创新利用	作科所	李立会	中华农业科技奖	一等
2	甘蓝雄性不育系育种技术体系的建立与新品种选育	蔬菜所	方智远	中华农业科技奖	一等
3	花生低温压榨制油及饼粕高效利用关键技术研究与示范	加工所	王　强	中华农业科技奖	一等
4	棉花抗黄萎病中植棉2号等系列品种的选育及应用	植保所	戴小枫	中华农业科技奖	一等
5	稻田绿肥—水稻高产高效清洁生产体系集成及示范	资划所	曹卫东	中华农业科技奖	一等
6	口蹄疫病毒毒株库创建及疫苗研究与应用	兰州兽医所	张永光	中华农业科技奖	一等

（续表）

序号	成果名称	第一完成单位	第一完成人	获奖种类	获奖等级
7	新型禽用疫苗与诊断试剂研究团队	哈尔滨兽医所	王笑梅	中华农业科技奖	创新团队奖
8	农作物收获与产后加工技术装备研究团队	农机化所	胡志超	中华农业科技奖	创新团队奖
9	油料质量安全创新团队	油料所	李培武	中华农业科技奖	创新团队奖
10	新型生物饲料添加剂产业化技术示范与推广	饲料所	丁宏标	全国农牧渔业丰收奖	一等
11	规范化农村生活污水处理技术模式研发与示范推广	环保所	张克强	全国农牧渔业丰收奖	一等
12	食用菌对农业废弃物多级循环利用技术集成与示范推广	资划所	胡清秀	全国农牧渔业丰收奖	一等
13	水稻钵形毯状秧苗机插技术研究与示范推广	水稻所	朱德峰	全国农牧渔业丰收奖	一等
14	中油杂 16 等优质高产多抗油菜菜油两用技术研究及推广	油料所	刘贵华	全国农牧渔业丰收奖	一等
15		茶叶所	曾建明	全国农牧渔业丰收奖	农业技术推广贡献奖
16	新型饲料用非淀粉多糖酶制剂产品的创制	饲料所	姚　斌	北京市科学技术奖	一等
17	苎麻饲料化与多用途技术研究和应用	麻类所	熊和平	湖南省科技进步奖	一等
18	油菜高含油量聚合育种技术及应用	油料所	王汉中	湖北省技术发明奖	一等
19	水稻种质资源评价与利用（初评通过）	水稻所	魏兴华	浙江省科技进步奖	一等
20	植物 LED 光环境精准调控及节能高效生产技术研究与应用	环发所	杨其长	中华农业科技奖	二等
21	犊牛、羔羊生理营养与早期培育关键技术研究与应用	饲料所	刁其玉	中华农业科技奖	二等

（续表）

序号	成果名称	第一完成单位	第一完成人	获奖种类	获奖等级
22	当代世界农业研究	信息所	许世卫	中华农业科技奖	二等
23	瘠薄土壤熟化过程及定向快速培育技术研究与应用	资划所	卢昌艾	中华农业科技奖	二等
24	超级稻区域化高产栽培理论及技术应用	水稻所	朱德峰	中华农业科技奖	二等
25	呼伦贝尔生态草业技术模式研究及应用	环保所	杨殿林	中华农业科技奖	二等
27	设施蔬菜工厂化生产关键技术研究与示范推广	环发所	魏灵玲	全国农牧渔业丰收奖	二等
28	优质蜜蜂种质资源和蜂产品生产加工技术引进、创新与利用	蜜蜂所	彭文君	全国农牧渔业丰收奖	二等
29	农村可寻址广播个性化信息传播关键技术研究	信息所	刘世洪	全国农牧渔业丰收奖	二等
30	猪圆环病毒2型灭活疫苗产业化开发与推广应用	哈尔滨兽医所	刘长明	全国农牧渔业丰收奖	二等
31	新型高效牛羊微量元素添砖和缓释剂的研制与推广	兰州牧药所	刘永明	全国农牧渔业丰收奖	二等
32	水貂主要疫病防控技术研究与推广应用	特产所	闫喜军	农业部全国农牧渔业丰收奖	二等
33	农业经济空间信息服务关键技术与应用平台（中国农业经济电子地图）	信息所	诸叶平	北京市科学技术奖	二等
34	蜂王浆高产机理及蜂王浆生化特征的研究	蜜蜂所	李建科	北京市科技成果奖	二等
35	自动导航无人机低空施药技术	农机化所	梁　建	江苏省科技进步奖	二等
36	水貂繁殖成活关键技术研究	特产所	李光玉	吉林省科技进步奖	二等
37	高致病性猪蓝耳病防控技术的研究及应用	哈尔滨兽医所	童光志	黑龙江省技术发明奖	二等

（续表）

序号	成果名称	第一完成单位	第一完成人	获奖种类	获奖等级
38	早熟苹果新品种华硕的培育与示范推广	郑果所	阎振立	河南省科学技术进步奖	二等
39	作物需水信息采集技术与设备	灌溉所	段爱旺	河南省科技进步奖	二等
40	转基因抗虫棉环境安全评价技术与标准研制及应用	棉花所	崔金杰	河南省科技进步奖	二等
41	高产多抗早熟小麦新品种04中36选育与应用	棉花所	闫素红	河南省科技进步奖	二等
42	早熟、耐贮、全红型桃新品种春蜜、春美的培育与推广应用	郑果所	牛　良	河南省科技进步奖	二等
43	γ-氨基丁酸茶加工技术及系列产品开发	茶叶所	林　智	浙江省科技进步奖	二等
44	水稻好氧栽培理论与技术及应用	水稻所	章秀福	浙江省科技进步	二等
45	农业综合生产能力与资源保障研究	资划所	罗其友	中华农业科技奖	三等
47	盐碱地枣产业优质高效配套技术体系研究与示范	郑果所	王志强	中华农业科技奖	三等
48	猪圆环病毒疫苗及配套诊断技术的研究与产业化	哈尔滨兽医所	刘长明	中华农业科技奖	三等
49	甘肃高山细毛羊细型品系和超细品系培育及推广应用	兰州牧药所	郭　健	中华农业科技奖	三等
50	生物质成型燃料技术装备	农机化所	肖宏儒	中华农业科技奖	三等
51	百色优质烟叶生产综合技术研究与推广	烟草所	王允白	中华农业科技奖	三等
52	新外来入侵植物黄顶菊防控技术	环发所	张国良	中华农业科技奖	三等
53	面向农业科技创新的信息服务关键技术与集成应用	信息所	赵瑞雪	中华农业科技奖	三等
54	农业知识产权战略决策支撑信息系统	资划所	宋　敏	北京市科学技术进步奖	三等

（续表）

序号	成果名称	第一完成单位	第一完成人	获奖种类	获奖等级
55	小麦优势蘖理论及高产高效应变栽培技术	作科所	赵广才	北京市科学技术奖	三等
56	羊优异繁殖性状分子遗传标记筛选及应用	牧医所	储明星	北京市科学技术奖	三等
57	羊肉品质提升关键技术装备研发与示范	加工所	张德权	北京市科学技术奖	三等
58	食品变温压差膨化组合干燥技术研究与应用	加工所	毕金峰	北京市技术发明奖	三等
59	水稻品种 DNA 指纹鉴定平台的创建及其应用（初评通过）	水稻所	程本义	浙江省科技进步奖	三等
60	饮料专用绿茶加工新技术及设备研制	茶叶所	尹军峰	浙江省科技进步奖	三等
61	洱海流域农业污染控源减排技术集成与生态补偿模式研究与示范	环保所	张克强	云南省科技进步奖	三等
62	藏北那曲地区草地退化遥感监测与生态功能区划	环发所	高清竹	西藏科学技术进步奖	三等
63	基于 mtDNA 茸鹿系列产品检测技术的研究与应用	特产所	邢秀梅	吉林省科技进步奖	三等

注：同一成果获不同级别奖励，只列出高级别奖

三、获中国农业科学院科学技术成果奖成果

序号	成果名称	获奖单位	第一完成人	获奖等级
1	甘蓝雄性不育系育种技术体系的建立与新品种选育	蔬菜所	方智远	一等 *
2	粮食作物两熟制光温资源优化配置及其高产高效技术与应用	作科所	赵　明	一等
3	猪圆环病毒病防控关键技术创新与应用	哈尔滨兽医所	刘长明	一等 *
4	肉鸡优质抗病性状基因挖掘、分子标记开发及在育种中的应用	牧医所	文　杰	一等

（续表）

序号	成果名称	获奖单位	第一完成人	获奖等级
5	我国农田土壤有机质演变规律与提升技术	资划所	徐明岗	一等
6	黄曲霉毒素高灵敏检测技术研究与应用	油料所	李培武	一等
7	辐照食品的检测鉴定技术研究与应用	加工所	哈益明	一等
8	特早生优质绿茶新品种中茶108育成与示范推广	茶叶所	杨亚军	二等
9	羊优异繁殖性状分子遗传标记筛选及应用	牧医所	储明星	二等 *
10	蜂资源高效利用技术与产业化开发	蜜蜂所	吴　杰	二等
11	药用化合物“阿司匹林丁香酚酯”的创制及成药性研究	兰州牧药所	李剑勇	二等
12	水貂营养需要及饲料配制技术研究与应用	特产所	杨福合	二等
13	草原蝗虫可持续防控技术研究与示范	植保所	张泽华	二等
14	多功能喷灌设备研制与应用	灌溉所	范永申	二等
15	无人驾驶自动导航低空施药技术	农机化所	梁　建	二等 *
16	基于智能诊断技术的果园远程咨询系统	信息所	周国民	二等
17	甘薯淀粉加工废渣资源化利用技术的研究与示范	加工所	木泰华	二等
18	面向农业科技创新的信息服务关键技术与集成应用	信息所	赵瑞雪	二等 *
19	γ-氨基丁酸茶加工技术研究及系列产品开发	茶叶所	林　智	二等 *
20	人参等大宗药材炮制加工新工艺研究及系列功能产品开发	特产所	郑培和	二等

注：* 为本年度获最高级别奖励的成果

中国农业科学院2013年获奖科技成果简介

一、国家级奖

1. 禽流感病毒进化、跨种感染及致病力分子机制研究

主要完成单位 中国农业科学院哈尔滨兽研究所，浙江大学动物科学学院

主要完成人员 陈化兰，于康震，邓国华，周继勇，李泽军

起 止 时 间 2004年7月1日至2009年11月24日

获 状 情 况 2013年国家自然科学奖二等奖

内 容 提 要

高致病力禽流感是禽类的烈性传染病，更是重要的人兽共患病。本研究以H5N1高致病力禽流感病毒（H5N1病毒）为模型，针对其进化、跨宿主感染哺乳动物及致病力机制等科学问题，开展了探索研究。主要取得了以下3方面的进展。首先，发现H5N1病毒在自然进化中逐步获得感染和致死哺乳动物的能力。自然界中，禽流感病毒具有宿主特异性，一般不具备感染哺乳动物的能力。本研究发现，水禽、候鸟携带的H5N1病毒在进化中形成复杂的基因型，多种基因型病毒都可随时间推移，逐渐获得感染和致死哺乳动物的能力，对公共卫生构成严重威胁（Chen，PNAS，2004；Chen，JVI，2006）；自然条件下高原鼠兔感染和携带H5N1病毒，有可能在病毒适应哺乳动物的进化中发挥作用（Zhou，JVI，2009）。另外，本研究发现决定H5N1病毒跨越禽—哺乳动物种间屏障及在哺乳动物之间水平传播能力的重要分子标记。H5N1病毒在多个国家感染并致人死亡，其突破种间屏障感染人类及在人间的传播潜力和机制仍是未解之谜。本研究发现，*PB*2基因对H5N1病毒感染哺乳动物能力及在哺乳动物之间水平起决定作用，其中，D701N突变发挥关键作用（Li，JVI，2005；Gao，PLoS Pathogens，2009）。同时发现，*HA*基因158～160位点的糖链缺失可使H5N1病毒获得识别人类受体（α-2，6唾液酸）的能力，促进病毒在哺乳动物间的水平传播（Gao，PLoS Pathogens，2009）。*PB*2的701N和*HA*的158～160位的糖链缺失已成为H5N1病毒感染人类风险预警的重要分子标记。同时，本研究还发现*NS*1是影响H5N1病毒对禽和哺乳动物致病力的关键基因，并揭示其影响致病力的关键位点及机制。H5N1病毒致病力的机制尚未得到充分揭示。该项目发现，*NS*1是影响H5N1病毒对鸡和小鼠致病力的关键基因；*NS*1的A149V突变和191～195位氨基酸缺失均可使H5N1病毒丧失拮抗宿主天然免疫的能力，影响其对鸡的致病力（Li，JVI，2006；

Zhu, JVI, 2008)。尤其重要的是，*NS*1 的 P42S 突变是病毒获得对哺乳动物致病力的重要前提，其机制与阻止哺乳动物宿主细胞 NF-κB 和 IRF-3 信号通路的激活有关(Jiao, JVI, 2008)。本研究的以上发现为科学认知禽流感病毒做出了贡献，为禽流感的防控提供了科学依据。

2. 低成本易降解肥料用缓释材料创制与应用

主要完成单位 中国农业科学院农业资源与农业区划研究所

主要完成人员 张夫道，张建峰，杨俊诚，王玉军，黄培钊，王学江

起 止 时 间 1996 年 1 月—2010 年 12 月

获 奖 情 况 2013 年国家技术发明奖二等奖

内 容 提 要

本项目针对国内外缓释材料降解难、成本高、缓释肥生产效率低的三大技术难题，自 1996 年开始开展了系统研究，取得了重大技术突破，在同类技术中达到国际领先水平。

(1) 发明了低成本，易降解的系列肥料用缓释材料，解决了成本高、降解难的技术难题。选择风化煤、煤矸石和黏土等为原料，采用纳米材料技术和现代高分子化工技术，以水为分散相和连续相，研制出 13 种纳米—亚微米级（10 ~ 450 纳米）水溶性缓释材料，在土壤中 60 ~ 180 天内微生物降解率达 98% 以上；由于比表面积大，应用于缓释肥料生产时，用量少（质量百分比为 0.5% ~ 2.3%），成品率提高了 25% ~ 30% 质量百分比，材料附加成本仅为国内外缓释肥生产附加成本的 1/20 ~ 1/10。

(2) 研制出大田作物用缓/控肥料生产工艺，解决了肥料利用率低、养分流失量大的技术难题。根据所研制的各类缓释材料生物降解时间的差异和特性，创制了 60 ~ 200 天释放养分的内质型、胶结型和胶结包膜型缓释肥生产工艺，按照每种大田作物不同生育期对养分需求比例，将这些不同时间段释放养分的缓释肥进行组合，保证了缓释肥养分释放速率与大田作物需肥规律基本吻合。大田作物田间试验结果表明，施用本专用缓/控释肥料比等 NPK 处理增产 16.7% ~ 37.2%；肥料氮利用率提高 15 ~ 35 个百分点。

(3) 研制出缓释肥生产关键设备，提高了肥料生产率，实现了规模化连续生产。根据主要大田作物用缓/控释肥料生产工艺，研制出可连续生产 2 ~ 3 个时间段释放养分的关键设备，其中包括高塔内质型缓释肥生产设备、水溶性缓释材料包膜圆筒等，单条生产线生产能力为 30 万吨/年，是目前世界上生产率最高的缓释肥专用设备，实现了工业化生产。

(4) 产业化应用效益显著。本项发明技术已在广东、山东、河南等地有关大型企业实现了产业化应用，2009—2012 年已生产、销售大田作物用缓/控释肥 524.7 万吨，总产值 1 212 427.1万元，利税 102 856.7万元，施用面积 10 494万亩，环境、经济、社会效益显著。

本项目共获得授权国家发明专利 21 项，发表论文 68 篇，出版专著 1 部，培养博士、硕士研究生和博士后 26 名；本项目丰富了生态学、土壤学、植物营养学等学科的内容，对中国肥料行业发展和科技进步产生重大影响。

3. 旱作农业关键技术与集成应用

主要完成单位 中国农业科学院农业环境与可持续发展研究所，辽宁省农业科学院，中国科学院沈阳应用生态研究所，中国农业大学，西北农林科技大学，四川省农业科学院，山西省农业科学院

主要完成人员 梅旭荣，张燕卿，孙占祥，贾志宽，严昌荣，潘学标，刘永红，王庆锁，刘作新，同延安

起止时间 1996—2010 年

获奖情况 2013 年国家科技进步二等奖

内容提要

项目围绕持续提高旱作农业区降水保蓄率、利用率、水分利用效率和效益等重大关键技术难点，在主要类型旱作农业区开展了为期 15 年的联合攻关和集成应用，取得了重大创新和突破。

（1）首次探明了旱作区农田降水转化定量关系和作物耗水结构特征，揭示了土壤储水供水特性、作物水分适应性、水碳氮关系等对提高降水利用的作用机理，创建了以降水生产潜力开发为重点的旱作农业决策支持系统。

（2）重点突破了旱作农业“集、蓄、保、提”共性关键技术，创造性地研制出春玉米秋覆膜和秸秆还田秋施肥、冬小麦培肥聚墒丰产等“秋（夏）储冬保春用”核心技术，以及春玉米机械化集雨保墒和冬小麦高留茬少耕全程覆盖等高效轻简技术，使旱作农田降水利用率最高达到 74.9%，旱作春玉米和冬小麦水分利用效率最高分别达到 1.83 千克/（毫米·亩）和 1.62 千克/（毫米·亩），均高于国外水平。

（3）系统集成了与降水特点相吻合的半湿润偏旱区稳粮增效循环农林牧综合、半干旱区增粮提效防蚀林粮复合、半干旱偏旱区防蚀稳产增益农牧结合、西南季节性干旱区增产增效集雨补灌等技术体系与模式，并在试验区普遍应用，平均降水利用率由项目实施前的 57% 提高到 68%，作物水分利用效率由 0.67 千克/（毫米·亩）提高到 1.35 千克/（毫米·亩），水土流失降低了 40% 以上，实现了粮食产量、农民收入和可持续发展水平的同步提高。

本成果为《全国旱作节水农业发展建设规划（2008—2015 年）》和《关于推进农田节水工作的意见》等规划编制和实施提供了科学依据和技术支撑。2009—2011 年，关键技术和技术体系在旱作区的 8 个主要省（市、自治区）累计应用 2.13 亿亩，新增粮食 99.5 亿千克，新增产值 200.3 亿元，经济、社会和生态效益巨大。总体达到国际先进水平，部分达到国际领先水平。

4. 桃优异种质发掘、优质广适新品种培育与利用

主要完成单位　中国农业科学院郑州果树研究所

主要完成人员　王力荣，王志强，朱更瑞，牛　良，方伟超，鲁振华，曹　珂，崔国朝，陈昌文，宗学普，王小丽，刘淑娥，冯义彬，张贵荣，李素敏

起 止 时 间　1981年1月—2010年6月

获 奖 情 况　2013年国家科技进步二等奖

内 容 提 要

桃原产中国，栽培面积占世界的61%。本项目针对中国桃产业中存在的种质资源本底不清、优良品种匮乏等突出问题，开展了优异种质发掘、优质广适新品种培育及配套栽培技术研究与推广应用，历时30年，取得重要进展。

（1）建成了世界上资源最丰富的桃种质圃，厘清了中国桃遗传多样性本底，发掘出优异种质33份，用于生产与育种：1990年以来，新收集桃种质769份，保存份数达1 130份，成为世界上桃种质资源类型最丰富的圃地；研制了桃种质资源与优异种质评价技术规程等农业行业标准，首次阐明了桃野生近缘种群体结构与形态的遗传多样性，创建了195个性状的1 106张遗传多样性图谱和110张数量性状数值分布图，建立了647个品种的特征图谱和237份核心种质的分子身份证，开发出15个性状相关的分子标记53个，发掘出优质种质33份。

（2）建立了优质、广适桃新品种培育技术体系，利用发掘的优异种质，培育油桃、普通桃、观赏桃系列新品种19个，推动了中国桃品种的更新换代：系统探讨了果实有毛/无毛与品质、低需冷量与早期丰产性及广适性、树体乔化/矮化与树势树相的遗传相关性，建立了以一因多效为基础的亲本选择选配方案，利用有性杂交、胚挽救等技术手段，培育出优质、广适新品种19个，其中，5个品种获得国家植物新品种权，8个品种通过国家审定，涵盖了黄肉油桃（7个）、白肉油桃（5个）、普通桃（2个）、观赏桃（5个），形成类型丰富、熟期（花期）配套的品种系列。中油桃4号、曙光、中油桃5号和中农金辉依次位居中国油桃栽培面积前四位。

（3）建立了育成品种配套的高效标准化栽培技术体系，促进了品种的推广与应用，实现了油桃、观赏桃和设施栽培的规模化发展：根据育成品种的特点，提出了适宜发展的区域规划，破解了桃苗木繁育过程中根癌病多发等难题，集成创新了果实品质提升关键技术，创建了桃高效设施栽培技术模式，制定了产前、产中、产后6项技术标准，促进了新品种的推广与应用。

（4）育成品种获得了大范围、大面积推广，取得了显著的经济和社会效益：育成品种在辽宁、山东、安徽、四川、广西壮族自治区、新疆等20多个省（区）种植，2012年栽培面积216.7万亩，占全国桃总面积近20%。其中，油桃195万亩，占全国油桃面积的72%；设施栽培24万亩，占全国设施桃面积的80%；观赏桃品种占新推广份额的50%。育成品种实现年产值137亿元。

发表论文136篇，出版《中国桃遗传资源》一部，编著技术类图书15本，研制国家、农业行业等技术标准8个。

5. 北京鸭新品种培育与养殖技术研究应用

主要完成单位 中国农业科学院北京畜牧兽医研究所

主要完成人员 侯水生，胡胜强，刘小林，黄 苇，郝金平，谢 明，李国臣，樊红平，闫 磊，张慧林

起止时间 1980年1月—2012年12月

获奖情况 2013年国家科学技术进步二等奖

内容提要

为保证中国肉鸭产业健康发展，培育了极具市场竞争力的瘦肉型、烤鸭专用型2个北京鸭新品种。其烤鸭型新品种占北京烤鸭市场90%，一枝独秀；瘦肉型新品种的生长速度、饲料报酬、瘦肉率等指标达到或优于目前控制中国市场的外国品种，彻底打破了国外品种的垄断。主要创新点与效益如下。

（1）北京鸭育种技术创新。创建了利用多元回归模型准确估测北京鸭活体不可度量性状的技术；建立了北京鸭体重、饲料效率、胸肉率、繁殖率、皮脂率等性状的选种技术；首次将“剩余饲料采食量RFI”用于北京鸭育种；创立了超声波活体快速测定北京鸭胸肉厚度，估测北京鸭胸肉重与胸肉率的数学模型［$Y=M+a\ (x_1\times x_2\times x_3)$］，育种效率提高5倍以上，申请国家发明专利1项（申请号201210032532.4）。

研究发现北京鸭肝脏调控能量与蛋白质代谢的基因与蛋白质表达差异；获得了20个可用于选择北京鸭生长、脂肪沉积、繁殖性状的候选基因；发现5对微卫星标记可用于鸭的亲子鉴定，误差小于1×10^{-3}；将分子标记技术用于确定北京鸭各品系的遗传距离、杂交配套组合，提高了杂交优势。其中，“一种肌肉发育调控基因及其编码的蛋白质和应用”申请国家发明专利（申请号201210238148X）。

（2）北京鸭遗传资源创新与新品种培育。持续30年定向培育，形成了23个特点鲜明的北京鸭专门化品系；培育了极具市场竞争力的高瘦肉率与高饲料效率的Z型北京鸭〔农（10）新品种证第4号〕和烤鸭专用型南口1号北京鸭〔农（10）新品种证第3号〕2个新品种，均获国家新品种证书。与原始北京鸭比较，2个新品种的饲养期均缩短了21天，而体重分别增加466克和836克；料重比分别降低35.4%～40.5%和29.1%～34.7%。

（3）肉鸭营养与养殖技术创新。持续研究13年，获得了不同生理阶段肉鸭、种鸭的能量、蛋白质、钙磷、6种必需氨基酸、8种维生素等的需要量数据、理想氨基酸模型；制定了中国第一部科学性与实用性兼备的NY/T 2122—2012《肉鸭饲养标准》；创建了肉鸭高效网上饲养技术，转变了饲养方式，节约饲料、水、耕地和人力；为提高填鸭品质与效率，发明了“填鸭机”，获国家发明专利（专利号ZL200910079573.7）。

（4）经济与社会效益。北京鸭新品种于2012年转让给国内2家大型企业，转让收

益超过4 000万元，并建立了“产、学、研”联合育种模式，促进了北京鸭育种、养殖技术进步；近3年推广种鸭313.6万只，出栏肉鸭1 978万只，直接效益1.88亿元，新增利润1.06亿元；累计出栏肉鸭4.75亿只，节料166.7万吨，价值41.1亿元。5 334个农户每户增收11.5万元，合计6.13亿元。

6. 主要农业入侵生物的预警与监控技术

主要完成单位　中国农业科学院植物保护研究所，中国科学院动物研究所，全国农业技术推广服务中心，环境保护部南京环境科学研究所，福建出入境检验检疫局检验检疫技术中心，中国农业大学，福建省农业科学院

主要完成人员　万方浩，张润志，王福祥，徐海根，郭琼霞，李志红，赵　健，冯　洁，张绍红，周卫川

起止时间　2002年1月—2009年12月

获奖情况　2013年国家科技进步二等奖

内容提要

本成果经10余年系统研究，研发了系列关键预警、监控与阻截技术，主要创新成果如下。

（1）确证了主要入侵生物及危险等级，创新了入侵生物定量风险分析技术。首次发现并鉴定了11种新入侵生物，确证了527种入侵生物及其分布危害区域，完成了入侵物种编目和安全性分析。构建了以路径仿真模拟、生态位模型比较、时空动态格局分析为主的风险评估技术，率先对99种重要入侵生物进行了定量风险分析，制定了63种高风险入侵生物的控制方案，根据风险分析所建议的扶桑绵粉蚧等9种入侵生物被列为全国农业检疫性有害生物。

（2）发展了重要入侵生物检测监测新技术，提高了对入侵生物野外跟踪监控能力。创新了69种入侵生物特异性快速分子检测技术，研发了检测试剂盒13套 。首次建立了实蝇和蓟马2类195种入侵昆虫DNA条形码鉴定技术。攻克了入侵植物病菌难以鉴定到种以下水平、入侵昆虫幼体和残体无法准确鉴定的技术障碍。建立了入侵生物野外实时数据采集、远程传输和跟踪监控的技术体系。对82种重要入侵生物进行了监测，解决了疫情难以及早发现难题。创建了集物种数据信息、安全性评价、DNA条形码识别与诊断、远程监控等系统为一体的入侵生物早期预警与监控技术平台，提升了预警与监控的快速反应能力。

（3）集成创新了入侵生物阻截防控技术，实现了对重大入侵生物的区域联防联控。集成建立了有效阻截与扑灭的技术体系，制定了12种重大农业入侵生物区域治理技术方案。在21省市实施阻截扑灭与联防联控，抑制了重大入侵生物扩散与暴发，实现了整体防控。

出版专著20部、发表论文295篇（SCI36篇），制定国际/国家/行业标准34项、

获授权专利 10 项，软件著作权 10 项，省部级一二等奖 3 项，国家采纳建议 14 项。2010—2012 年在 21 省区累计应用面积 4 545.5万亩次，增收节支 104 亿元，为农业经济增长、农产品安全及出口贸易做出了直接贡献。构筑的三道技术防线（预警、监控、阻截），为延缓疫区扩张、保护未发生区提供了科技支撑，将持续产生巨大经济、社会与生态效益。

二、省部级奖

1. 小麦种质资源中重要育种目标性状的评价与创新利用

主要完成单位 中国农业科学院作物科学研究所

主要完成人员 李立会，李杏普，蔡士宾，吉万全，李斯深，安调过，郑有良，王洪刚，余懋群，李秀全，张相岐，杨武云，宋凤英，马晓岗，杨欣明

起止时间 2001 年 1 月—2010 年 9 月

获奖情况 2012—2013 年度中华农业科技奖一等奖

内容提要

随着气候环境不断变化，小麦生产上新的病、虫、逆境等灾害频繁发生；同时，随着超高产、稳产、强化育种等新时期小麦育种目标的提出，迫切要求建立小麦种质资源高效评价技术，并评价和创新出符合新时期要求的优异种质。为此，在国家科技攻关和支撑计划、作物种质资源保护与利用专项资助下，以影响中国小麦育种和产业发展的重要性状为对象，以满足小麦不同育种目标的实际需求为目标，按照优先研制适合种质资源特殊性的高效评价技术，在系统评价现有资源的基础上，积极创造缺乏的新种质，最后向育种家提供育种目标性状突出、基因明确的优异种质的学术思路，组织全国小麦种质资源研究优势单位，历时 10 年，首次研制新技术 8 项、鉴定和创造符合新时期育种需求的优异种质 183 份、发掘新基因 36 个、获国家发明专利 4 项、行业标准 1 项、植物新品种权 5 项、发表论文 160 篇，其中，SCI 论文 55 篇，出版专著 1 部，获省级科学进步一等奖 1 项。

（1）首次研制了符合小麦种质资源特殊性的高效评价新技术 8 项。针对有待评价的资源数量大、群体小、性状多、生育期不同的特点，研制了保持小麦种质资源遗传完整性、普通小麦遗传背景下 R 和 E 基因组分子检测等新技术 8 项。这些新技术保障了能够在同一生长季节内对众多种质资源的多个性状同时进行评价，极大地提高了评价效率。

（2）首次从理论上揭示了地方品种具有广适性、持久性的遗传机制，并鉴定出符合新时期育种目标的优异种质 155 份。针对新时期小麦育种需求，对现有库存小麦种质资源进行了系统分析，从理论上揭示了地方品种具有广适性、持久性的遗传机制，为培育符合新时期育种目标的新品种提供了重要启示；同时，明确了12 000余份种质资源对

纹枯病、麦蚜、旱等 11 个主要病、虫、逆境性状的抗性反应水平，鉴定出重要育种目标性状突出的优异种质。

（3）创制新种质 28 份，发掘新基因或 QTL 36 个。通过远缘杂交，将来自小麦野生种和近缘植物 6 个属、10 个种中的优异基因转入普通小麦，首次获得了 28 份兼具抗禾谷孢囊线虫等两个以上优异性状新种质；从评价和创新的优异种质中，发掘抗麦管蚜等新基因或 QTL 36 个。

（4）优异种质资源及其新基因在解决育种和生产实际问题中成效显著。通过在 7 个生态试验点的田间展示，向全国 116 个育种和科研单位分发各类种质资源 21 000余份。利用本项目提供的优异种质培育新品种 34 个，参加区试的新品系多个，新品种累计种植面积 1. 33 亿亩，取得社会效益 55 亿元。

2. 甘蓝雄性不育系育种技术体系的建立与新品种选育

主要完成单位　中国农业科学院蔬菜花卉研究所

主要完成人员　方智远，刘玉梅，杨丽梅，王晓武，庄　木，张扬勇，孙培田，高富欣，张合龙，刘　伟，李瑞云，杨宇红，徐念宁，贠文俊，黄建新，苏浴源，许中棉，曹孟梁，李维明，王国强

起止时间　1979 年 1 月—2010 年 10 月

获奖情况　2012—2013 年度中华农业科技奖一等奖

内容提要

国内外首次发现新型甘蓝显性雄性不育源 79-399-3，率先采用生物技术与常规育种结合，建立了甘蓝雄性不育育种技术体系。提出并利用甘蓝自交亲和系转育获得优良胞质不育系，显著降低了制种成本。创制出一批用于雄性不育转育的优异骨干自交系。育成 10 个优良甘蓝雄性不育系并用于规模化制种，实现甘蓝杂交制种由自交不亲和系到雄性不育系的技术变革。利用雄性不育系配制出的中甘 21、中甘 18 等 6 个优良甘蓝新品种已累计推广约 800 万亩，取得显著的社会经济效益。

3. 花生低温压榨制油及饼粕高效利用关键技术研究与示范

主要完成单位　中国农业科学院农产品加工研究所

主要完成人员　王　强，相　海，许振国，刘红芝，刘　丽

起止时间　2004 年 2 月—2010 年 4 月

获奖情况　2012—2013 年度中华农业科技奖一等奖

内容提要

该成果针对我国传统高温压榨花生油感官品质差、营养素损失重，花生粕中蛋白质变性程度高、利用率低等问题，研发了低温压榨技术与双螺旋榨油装置、低残油与低变性花生蛋白粉制备集成技术、花生浓缩蛋白制备与改性技术，以及功能性短肽高效制备

关键技术。相关研究出版专著 1 部，发表论文 38 篇，其中 SCI/EI 收录 16 篇；获得国家发明专利 3 项，研制农业行业标准 5 项。该研究通过了农业部、机械工业联合会科成果鉴定与中国农学会科技成果评价，评价专家组一致认为该成果整体技术处于国际先进水平，其中花生低温压榨技术与装备和浓缩蛋白改性技术处于国际领先水平。该成果在企业实施近 3 年期间，累计新增销售收入 104.39 亿元，累计新增利税 5.72 亿元，经济效益显著。

4. 棉花抗黄萎病中植棉 2 号等系列品种的选育及应用

主要完成单位 中国农业科学院农产品加工研究所，中国农业科学院植物保护研究所，南京农业大学

主要完成人员 戴小枫，张永军，李修立，张天真，陈捷胤，郭予元，李方顺，陆宴辉，周增强，李　蕾，张新明，李松科，包郁明，马雪峰，孔志强，梁革梅，梁世珍，王武刚，杨宗新，张慧英

起止时间 1996 年 1 月—2010 年 10 月

获奖情况 2012—2013 年度中华农业科技奖一等奖

内容提要

该成果研究揭示了中国现有抗（耐）黄萎病品种（系）的遗传真实性，明确棉花对黄萎病的抗性为多个基因所控制的遗传模式。发现棉花对黄萎病菌的抗性涉及膜受体蛋白信号转导、抗逆、激素信号等多个调控网络，证明棉花对黄萎病的抗性属于多基因控制遗传，早期分离世代选择效果好，为挖掘利用棉花种质资源、开展抗病性鉴定和分子聚合育种提供了理论依据和技术策略。

通过陆陆杂交和海陆杂交群体进行大规模筛选，获得与棉花黄萎病抗性紧密连锁的 NAU828、NAU1225 和 NAU1269 等 SSR 标记，准确用于种质创新、材料创制和品种选育过程中抗病相关基因的分子检测跟踪。突破以往田间抗性鉴定结果不准确、稳定性和重现性差的技术关键，创建基于人工高压复合动态病圃筛选—分子标记辅助的抗病育种技术体系，获得国家授权发明专利。克服海陆远缘杂交的困难，创制出以中植 372 为核心的新 1-58、新 15-3、新 291、新 59-4、新植 9325、视察 2 号、刘庄 1 号等一批抗黄萎病棉花新种质和新材料，培育出拥有完全自主知识产权、中国第一个抗黄萎病兼抗枯萎病和棉铃虫的三抗棉花新品种中植棉 2 号，及其衍生系中植棉 6 号、中植棉 8 号、新植 5 号等多抗新品种 13。其中，中植棉 2 号 2007 年以来成为国家区试抗黄萎病对照品种，被农业部定为全国棉花种植主导品种，得到大面积推广应用，经济与社会效益显著。

获得发明专利 1 项，植物新品种权 1 项，发表了论文 42 篇，国家级或省级审定新品种 13 个，推广应用面积 5 580万亩，直接经济效益 123 亿元。以中植 372 为骨干亲本，已培育出新种质、新材料、新品系 128 个，正在参加国家和省级区试新品系 25 个。项目整体提升了我国棉花抗病育种水平，促进了棉花生产技术升级换代，有效保障了棉

花生产持续稳定发展，对确保我国衣被安全、纺织、服装工业发展和农民增收做出重要贡献。

5. 稻田绿肥—水稻高产高效清洁生产体系集成及示范

主要完成单位　中国农业科学院农业资源与农业区划研究所

主要完成人员　曹卫东，徐昌旭，聂　军，耿明建，林新坚，刘春增，郭熙盛，鲁剑巍，王允青，潘兹亮，王建红，高菊生，张　辉，陈云峰，鲁明星，吕玉虎，苏金平，廖育林，刘　英，谢志坚

起止时间　2004 年 5 月—2011 年 12 月

获奖情况　2012—2013 年度中华农业科技一等奖

内容提要

以冬闲田削减、化肥减施、耕地质量提升、稻米清洁生产为主要目标，围绕稻田绿肥作物种质资源整理和创新、稻田绿肥生产利用轻简化技术研发、基于绿肥的水稻水肥运筹管理创新研究等工作，开展了大规模联合试验研究和示范，通过继承与创新，形成了完整的适应现代农业需求的稻区绿肥—水稻高产高效清洁生产技术体系。

（1）丰富了稻区绿肥作物种质资源。建立了绿肥种质资源描述规范和数据标准，挖掘了稻区生产中濒临消失的种质资源。在有关省份建立了 6 个品种资源圃，引进、整理和评价种质资源 1 500多份次，初步建立了稻田绿肥作物种质资源库。

（2）突破了限制稻田绿肥作物发展的关键技术瓶颈。研究、创新、确立了绿肥作物多样性种植、水稻机械收割留高茬迟播紫云英、紫云英轻简高效播种及收种、绿肥作物专用肥及根瘤菌、绿肥与稻草碳氮互济、绿肥—水稻肥料运筹、紫云英生产沼气等技术。

（3）组装集成了基于绿肥的水稻高产高效清洁生产技术体系。建立了 15 项稻田绿肥生产利用技术规程，形成了以提升水稻高产稳产能力的绿肥生产利用技术、基于绿肥的稻米清洁生产养分管理技术为核心的技术体系。

（4）明确了绿肥在南方现代水稻生产中的贡献及作用机制。多点联合定位试验证实了种植翻压绿肥后水稻可减少化肥用量 20% ~40%，提高水稻产量 10% 以上。剖析 30 年长期试验，揭示绿肥提升稻田生产能力的主要机制是创造了良好的土壤物理、化学、生物环境。

（5）搭建了面向未来的科研平台和队伍，科研产出显著。建立了稻区绿肥核心试验区 14 个，设置了一批定位和特色试验研究。培训农技人员和农户 2 万多人次。发表论文 80 多篇，出版著作 4 部。获得新品种认定 7 个、新产品登记 3 个、专利授权 5 项。制订技术规程 13 项、地方标准 2 项。

通过项目实施，夯实了稻区绿肥科研基础，有力支撑了水稻轻简高效清洁生产，推动了种植业健康发展。各项技术应用成效显著，累计示范及推广 571 万亩，增产稻谷 17.4 万多吨，增效 5.37 亿元。生态环境效益巨大，产鲜草 937 万吨，生物固氮约 1.8

万吨、固碳153万吨。

6. 口蹄疫病毒毒株库创建及疫苗研究与应用

主要完成单位 中国农业科学院兰州兽医研究所，中农威特生物科技股份有限公司

主要完成人员 张永光，王永录，方玉珍，潘　丽，吕建亮，周　鹏　张中旺，刘新生，刘在新，刘湘涛，黄银君，张云德，高世杰，郭建宏，尚佑军，蒋守田

起止时间 2000年1月—2010年9月

获奖情况 2012—2013年度中华农业科技奖一等奖

内容提要

口蹄疫是世界性重大动物疫病之一，其暴发和流行不仅造成巨大经济损失，还可引起严重社会和政治影响。本项目针对中国口蹄疫防控急需解决的重大科学问题和关键技术，集成病原学、流行病学和免疫学技术，开展了口蹄疫疫情监测和毒种库构建、病毒抗原浓缩保存及稀释技术、疫苗研发等多项研究，取得了“口蹄疫病毒毒株库创建及疫苗研究与应用”重大成果，为中国有效防控口蹄疫提供了强有力科技支撑，产生了巨大社会经济效益。经中国农学会组织的科学技术成果评价，综合评分97.27分，成果居国际领先水平。

（1）首次创建了中国口蹄疫病毒毒株库，包括O型、A型和亚洲Ⅰ型的不同拓扑型毒株130余株。系统总结和评价了中国口蹄疫流行状况，明确了来龙去脉，揭示了流行规律。

（2）创新了口蹄疫病毒抗原浓缩、保存及稀释新技术，完善和优化了疫苗生产工艺，显著提高了疫苗免疫效力。

（3）创制了“牛口蹄疫O型、A型双价灭活疫苗”“口蹄疫A型灭活疫苗”和“口蹄疫O型、A型、亚洲Ⅰ型三价灭活疫苗”等3种新疫苗，其安全性和免疫效力均达到或超过世界动物卫生组织标准。作为国家战略储备，双价苗在2003年中国突发的A型口蹄疫扑灭中起到了关键作用，消除了A/QH/03株对中国的威胁；A型苗有效遏制了2009年以来中国A/HB/WH/09株口蹄疫的暴发流行，应用面积占全国应免疫A型口蹄疫地区的100%；三价苗为我国应对O型、A型、亚洲Ⅰ型口蹄疫同时流行提供了技术和产品储备。

（4）筛选了9株优良疫苗毒种，3株已被用于疫苗生产或研发。O型PanAsia谱系O/HB/HK/99株疫苗毒种的应用，为防控中国2000年以来O型PanAsia谱系口蹄疫做出了重大贡献。

（5）制定了《口蹄疫免疫接种技术规范》和《口蹄疫消毒技术规范》2项农业行业标准，为规范防治提供了技术标准。

（6）获国家二类新兽药注册证书2项，国家三类新兽药注册证书1项，国家发明专利5项，农业行业标准2项，大北农科技成果奖1项，“十一五”国家科技计划执行

优秀团队奖 1 项，发表学术论文 147 篇。实现销售收入 3.74 亿元，新增利润 1.32 亿元，新增税收 4 148.01万元；疫苗应用实现社会经济效益 608.41 亿元。

7. 新型禽用疫苗与诊断试剂研究团队

主要完成单位　中国农业科学院哈尔滨兽医研究所

主要完成人员　王笑梅，刘胜旺，王云峰，刘长军，高玉龙，祁小乐，秦立廷，高宏雷，韩宗玺，邵昱昊，刘晓丽，李慧昕，张艳萍，李志杰，崔红玉，赵　妍，王永强

起止时间　1996—2011 年

获奖情况　2012—2013 年度中华农业科技奖优秀创新团队

内容提要

本团队对严重影响中国养禽业的多种重要传染性疫病及其病原进行了系统的基础研究，并基于此开展了针对性的综合防控技术研究，相继研制获得了一批具有实际应用价值的新型禽用生物制品，并根据疫情发展趋势持续进行相应的技术更新储备研究。在基础研究方面，建立了多种禽免疫抑制病的反向遗传操作平台，并对其基因功能、与宿主相互作用以及致病机制进行了深入研究；揭示了鸡传染性法氏囊病病毒（IBDV）毒力变异、细胞嗜性改变的主要分子基础；在国际上率先解析了中国近期流行的 ALV-J 致病力突然增强的分子机制；全面系统地对中国鸡传染性支气管炎（IBV）的分子流行病学进行了研究，阐明了国内流行毒株与现用疫苗之间分子特征的不同是造成该病不断流行的主要原因。在应用研究方面，研制成功了专门针对中国流行毒株的 IBV 活疫苗，免疫效果良好，彻底改变了中国 IBV 防控以引进的 Mass 型系列疫苗为主的局面；研制成功鸡传染性喉气管炎（ILTV）重组鸡痘病毒基因工程疫苗，该疫苗是中国第一个禽用基因工程疫苗，也是目前国内外成功应用的基因工程疫苗范例；筛选并改造中国主要流行的鸡马立克氏病病毒（MDV），获得了理想的候选疫苗株，解决了现有传统疫苗不能有效保护中国目前 MDV 流行毒株的实际问题；应用毕赤酵母表达系统研制了系列免疫抑制病基因工程疫苗，其中网状内皮组织增生症基因工程疫苗已经申报新兽药证书，该类疫苗有望推动行业从传统疫苗向新型疫苗转型；基于反向遗传操作技术，研制了针对国内流行毒株的重组 IBDV 疫苗 rGtHLJVP2，免疫效果良好、安全性高，已经获得国家发明专利，预期社会效益和经济效益显著；构建了鸭疱疹病毒重组技术平台，为水禽系列重组疫苗的创制提供了技术支撑平台；进行了新支减等多种联合疫苗的研制，为禽病的综合有效防控提供有力的技术支撑；研制了 ELISA、LAMP、多重 PCR、荧光定量 PCR、琼扩等多种禽病的诊断试剂，用于疫病的诊断和流行病学调查。

近 5 年来发表论文 100 余篇，其中 SCI 收录 60 余篇；获得国家发明专利 6 项；获国家科技进步二等奖、农业部神农科技一等奖、省科技进步一等奖、大北农科技特等奖各 1 项。获得新兽药证书 5 项（含诊断试剂 1 项）。本团队创制的这些系列产品通过多年的应用实践，现地效果显著，为有效防控相应疫病发挥了极其重要的作用。

8. 农作物收获与产后加工技术装备研究团队

主要完成单位 农业部南京农业机械化研究所

主要完成人员 胡志超，谢焕雄，彭宝良，胡良龙，王海鸥，吴　峰，张延化，顾峰玮，陈有庆，王建楠，田立佳，钟　挺，曹明珠，张会娟，曹士锋，王　冰，刘敏基，吕小莲，计福来，于向涛

获 奖 情 况 2012—2013 年度中华农业科技奖优秀创新团队

内 容 提 要

（1）“花生机械化收获技术设备研发与示范”。负责研发出 4HLB-4 型半喂入花生联合收获机、4HLB-2 型半喂入花生联合收获机、4H-1500 型花生收获机、4H-800 型花生收获机、4HZB-2 型半喂入花生摘果机等系列花生收获设备，整体技术水平国际先进，获“农业部中华农业科技一等奖”1 项、“中国农业科学院优秀科技成果一等奖”1 项、“教育部科技进步二等奖”1 项等。

研发成果已在国内 3 家农机骨干企业得到有效转化，现已成为国家主推产品，产品已进入国家支持推广的农机产品目录，在主产区获得良好应用，经济效益超亿元，为促进中国花生产业发展，保障油料供给安全发挥了重要作用。

（2）甘薯、甜菜、大蒜等其他土下果实作物收获技术装备。在甘薯、甜菜、大蒜等其他土下果实作物收获技术装备研发上取得初步成效。以花生联合收获机为共用平台，通过模块化设计，成功研发出 4DLB-2 型自走式大蒜联合收获机，填补了国内空白，在大蒜主产区进行了大量试验示范和推广，受到业内专家和广大农户的一致认可和好评；创新研发出 4QL-1 型甘薯起垄收获多功能机、4JHSM-80 和 90 型甘薯秧蔓粉碎还田机、4GS-1500 型甘薯收获机等甘薯收获设备，具有较好的经济性和适应性，已在农机骨干企业获得产业转化和应用；通过消化吸收国际先进技术和再创新研发，研发出适合中国国情的、具有自主知识产权的甜菜联合收获机，为提升中国甜菜机械化生产水平提供有效支撑。

（3）丘陵山区轻简型稻麦联合收获技术装备。针对中国南方丘陵山区稻麦生产实际需求，攻克了稻麦联合收获机底盘轻简化、割台弹性组配、脱粒清选简约化等关键技术，成功研发出 4LZ-1. 0Q 型履带式小割幅稻麦联合收割机，在川、黔、苏、赣等丘陵山地田块进行了大量试验与示范，顺利通过权威部门的性能检测和推广鉴定，正在农机骨干企业进行产业转化，将成为市场主推产品，为我国丘陵山区稻麦机械化收获提供有效装备。

（4）“种子加工成套技术装备研制集成与示范”。负责研发出两大系列达到国际先进水平的种子加工成套技术装备，包括双风系自平衡式风筛选、精细化自平衡式比重选、智能化种子包衣机、窝眼精选机、圆筒筛分级设备和包衣种子干燥设备等 16 种单机，获“江苏省科技进步二等奖”1 项、“农业部中华农业科技二等奖”1 项、“河南省科技进步二等奖”1 项。

研发成果在国内 4 家行业骨干企业得到良好转化，已成为中国种子加工设备市场主

体和主导产品，国内市场覆盖率达40%以上，并实现了从“依赖进口”到“出口多国”的跨越发展，直接经济效益超4亿元，加工种子总量超100亿千克，为推动“国家种子工程”有效实施、提升种业国际竞争力发挥了重要作用。

（5）农产品产后加工技术装备。近年来，本团队在农产品干燥、清洗等产后加工技术装备领域科研创新活跃、成效初显。研发出WDG-5型微波真空冷冻干燥机、CSQX-30超声波臭氧组合清洗机、GFB-1型自动化水果计量装箱设备和粮食变温干燥安全决策智能控制系统等农产品加工技术装备，技术优势显著，具有良好应用前景。研发出自动化柔性包衣、低破损脱壳、荚果分级及产地干燥等花生产后加工设备，已在中国花生主产区进行大量试验与示范，取得良好效果。

9. 油料质量安全创新团队

主要完成单位 中国农业科学院油料作物研究所

主要完成人员 李培武，李光明，廖伯寿，姜慧芳，江木兰，陈　洪，雷　永，吴　刚，张　奇，张　文，丁小霞，曹应龙，晏立英，黄家权，王秀嫔，马　飞，张兆威，李　冉，罗军玲，刘　芳

获 奖 情 况 2012—2013年度中华农业科技奖优秀创新团队

内 容 提 要

油料质量安全创新团队是中国农业科学院重点培育的优秀创新团队，2011年被农业部评为全国农业科技创新优秀团队，团队负责人李培武研究员获全国农业科研杰出人才称号。近年来，团队在油料质量安全控制技术、标准与产品研究等方面取得了重大突破，引领了农产品质量安全学科发展方向，荣获国家科技进步二等奖2项，三等奖1项，国际发明银奖3项，国家专利39项，著作15部，研制标准63项，发表论文200余篇，培养博、硕士100余名，为提升我国油料产品质量安全水平，推动农产品质量安全学科发展及全国农产品质量安全检测体系建设和人才培养做出了突出贡献。

10. 新型生物饲料添加剂产业化技术示范与推广

主要完成单位 中国农业科学院饲料研究所

主要完成人员 丁宏标，乔　宇，陶正国，高秀华，张正凤，赵　剑，冯　猛，魏玉东，赵秀花，张守伟，徐东华，刘升伟，张进红，李秀岭，梁永晔，刘大勇，王晓睿，陈小兵，王海燕，黄　辉，吴秀丽，黄　俊，葛存芳，肖俊峰，廖一锋

起 止 时 间 2012年1月—2012年12月

获 奖 情 况 2011—2013年度全国农牧渔业丰收奖一等奖

内 容 提 要

饲料添加剂生产应用技术是饲料工业的技术核心，一直是饲料科学研究的重点领

域。1995 年以后，人们高度重视食品安全，世界上许多国家纷纷禁止在饲料中添加抗生素，进而研究开发饲用抗生素的替代技术和绿色无公害新型饲料添加剂。本项目研制推广新型生物饲料添加剂—饲用酶制剂、微生态制剂和饲用寡糖。它们的实用价值主要体现在提高畜禽及水产动物的生产性能，降低生产成本，解决由于添加抗生素引起的病原菌耐药性问题，提高畜产品品质以及减少畜牧生产对环境造成的污染，替代进口同类产品，提供绿色安全、无残留、营养价值高的畜产品。

推广成果为新型生物饲料添加剂开发和集成配套技术示范推广。包括饲用酶制剂发酵生产和制粒、复合酶的高效配伍和应用、酶转制备寡糖、益生菌的开发以及替代抗生素的畜禽日粮的配制和推广。技术上实现 9 种产品生产；发表论文 22 篇，获得授权专利 11 项，鉴定成果 2 项，参与制定国家标准 7 项，提出产品配套使用的最佳配方和添加量；创制产品荣获北京市 2011 年行业影响力品牌奖 1 项，广东省名牌产品 2 项，广东省高新技术产品 2 项，国家重点新产品 1 项。组织措施包括技术发明人和配方师直达基层服务；多建示范区、进行养殖试验，宣传和技术讲座；参加放心农资下乡；通过和北京市、广东省、江苏省、河北省等畜牧技术推广部门合作，累计建立示范区 162 个，3 年共推广应用生猪 2 738. 54万头，家禽54 727. 76 万只，水产 620. 8 万亩，平均提高养殖纯收益 12%，取得总经济效益 99 500. 7万元。推广期节约饲料粮 25 万吨，提高产品品质，减少养殖排泄，减少高铜、抗生素污染。

11. 规范化农村生活污水处理技术模式研发与示范推广

主要完成单位 农业部环境保护科研监测所、天津科技大学、中国农学会、益阳市赫山区农业资源与环境保护管理站、常州市武进区农村能源办公室、宜都市黑岩子生态农牧专业合作社

主要完成人员 张克强，李军幸，朱　岩，杨　莉，黄治平，沈丰菊，王　昶，隆志方，朱丽娜，彭从元，曹鹏飞，黄伟丽，李叙斌，黄文洪，诸东海，高　波，李友志，邹建芬，邓永华，王冬和，曹　卢，曹光新，何文芬，彭中华，吴建平

起止时间 2005 年 6 月—2013 年 3 月

获奖情况 2011—2013 年度全国农牧渔业丰收奖一等奖

内容提要

针对国内农村生活污水处理技术模式繁杂多样、规模化推广难的现实问题，通过在全国范围内进行调查和研究，首次系统地针对农村生活污水处理技术模式构建了综合评价指标体系，提出了基于分层模糊积分模型的评价方法。利用创建的评价方法，研究并筛选出了“厌氧—兼氧—人工湿地”、“户用生态滤池”等 10 中适合农村生活污水处理的技术模式，进行了参数优化及规范化研究，制定了相应的技术规程；在湿地增氧、生态塘增氧、兼氧反应器、高效净化槽等方面取得技术突破，并取得相关发明专利。该成果已在天津、江苏、湖南、河南、辽宁等 9 个省市推广应用，建造了 1 000多座（台

套）农村生活污水处理工程，总处理规模 20 000 立方米/天以上，服务人口近 20 万人。项目的实施解决了农村生活污水处理技术模式推广难的问题，有效改善了农村人居环境和水生态环境，对建设生态文明社会有重要推动作用；同时，污水处理再利用，节约用水 1 000万吨，取得间接经济效益 1 800万元。

12. 食用菌对农业废弃物多级循环利用技术集成与示范推广

主要完成单位　中国农业科学院农业资源与农业区划研究所

主要完成人员　胡清秀，翁伯琦，黄秀声，张瑞颖，卢政辉，罗　涛，雷锦桂，邹亚杰，林代炎，王煌平，等

起止时间　2008 年 1 月—2011 年 8 月

获奖情况　2011—2013 年度全国农牧渔业丰收奖一等奖

内容提要

本项成果在国家“十一五”科技支撑项目“农田秸秆菌业循环技术基础研究”（编号：2007BAD89B13）、天津市科技成果转化项目“高档食用菌优质高效生产技术集成与示范推广”（编号：0704080）和“十一五”国家食用菌产业技术体系（CARS-24）为依托开展长期而深入的研究，取得 4 个方面突破和创新以及经济效益。

（1）研究并建立了菌业循环与农牧结合耦合发展模式：综合中国农业废弃物资源和食用菌产业发展实际，开展物流与能流定量研究，合理构建农牧废弃物—菌业开发的耦合体系，根据能值耦合度（Ω）与环境负载率，建立了 5 类适用于农户和企业发展的菌业循环高效利用发展模式，明确并创立了菌渣 C 素多次循环利用的技术途径以及有利于 C 中和的相关措施，提高 C 素转化率 9%。

（2）改进传统工艺并提高食用菌栽培效率：以开发新型基质、改造传统栽培配方，创新设计和改造农村传统菇房和出菇大棚，量化栽培技术参数为目标，开发菌渣、猪粪代替稻草、牛粪栽培食用菌工艺（产量提高 17%）、食用菌与农作物套种栽培技术，单位面积菇产量与转化率分别提高 38% 与 25%，劳动生产效率提高 10% 以上。

（3）研究并建立了食用菌栽培基质重金属安全阀值和病虫害防治技术规范和标准，为保障菇品质量安全奠定了基础。

（4）研发形成菌渣高效利用技术，实现了菌渣资源减量化资源化循环高效利用。研发双孢蘑菇、白灵菇菌渣堆料发酵和施用技术，为广大食用菌生产基地菌渣高值化循环利用与减量化污染防控提供了技术支撑。

该项目研究集成双孢蘑菇优质栽培和病虫害防治技术、双孢蘑菇菌渣肥料利用技术，在福建省龙海市、福清、闽侯、罗源、宁德以及江苏省灌南、北京市通州区、天津市蓟县等地建立了示范典型，带动 5 个龙头企业，培训农民 3 200人次。3 年累计示范推广农业废弃物栽培食用菌和菌渣有机肥施用示范推广 537. 9 万亩。菌渣肥替代化肥用量 30% 以上，作物增产 4. 7% ~10%，总经济效益 58 418万元；示范推广食用菌新技术 2. 85 亩、产值 1 亿元以上，病虫害发生率降低 60%，农药使用量减少 60%，产品达到

无公害食用菌标准，增产增收效益显著。

13. 水稻钵形毯状秧苗机插技术研究与示范推广

主要完成单位 中国水稻研究所，吉林省农业科学院，宁夏农林科学院，诸暨市农技推广中心

主要完成人 朱德峰，徐一成，陈惠哲，马德全，张玉屏，寿建尧，霍立君，侯立刚，殷延勃，金武昌，向 镜，姜孝义，迟立军，邢春秋，戚航英，徐锡虎，赵力勤，金国强，何洪法，赵益福，孙雄彪，冯天佑，陈炎忠，王旭辉，王成川

起止时间 2010年1月—2012年12月

获奖情况 2011—2013年度全国农牧渔业丰收一等奖

内容提要

水稻钵形毯状秧苗机插技术由中国水稻研究所首创，获国家发明专利8项，实用新型10余项。成果针对传统毯苗机插存在播种量大、秧苗素质差、机插取秧不均、伤秧伤根严重、漏秧率高、插后返青慢等问题，研发钵形毯状秧盘，培育上毯下钵秧苗，利用插秧机按钵定量取秧，实现钵苗机插，提高机插效果，从而解决了传统毯苗机插存在主要问题，培育秧苗素质好，机插伤秧伤根少，返青快。出版著作3部，发表论文30多篇。主编《水稻机插育秧技术》和《水稻机插秧技术知识》等著作2部，参编1部，在《农业工程学报》《中国农业科学》等国内外发表论文30多篇，促进成果应用。

成果发明了钵苗与毯苗结合的钵苗机插新方法，设计研发不同规格型号的钵形毯状育秧盘7套及研发配套装备，首创水稻钵形毯状秧苗机插技术。提出“因土施肥、精量稀播、旱育壮苗、合理控温、生长调控”水稻机插秧壮秧培育技术，研发适合水稻机插的育秧基质，制定标准化育秧技术规程。研究与集成不同稻区、不同季节和不同品种类型的机插秧配套高产栽培技术，集成“选用高产优质品种、培育壮秧、适期机插、精确取秧、配套高产栽培”等技术，成果在中国主要稻区黑龙江、浙江、吉林、宁夏、江苏、湖南等20多个省区市开展技术试验示范，比传统机插秧平均增产达7.4%，2010年以来3年间累计推广应用达1 824.4万亩，增产稻谷72 747.1万千克，总经济效益18.05亿。

14. 中油杂16等优质高产多抗油菜菜油两用技术研究及推广

主要完成单位 中国农业科学院油料作物研究所

主要完成人员 刘贵华，王新发，杨 庆，师家勤，陈吾新，黄 毅，等

起止时间 2010年3月—2013年3月

获奖情况 2011—2013年度全国农牧渔业丰收奖一等奖

内容提要

选用抽薹期具有差异的中油112、中油杂16、中双9号3个油菜品种，研究了一套

不同品种搭配，适当调整播种期和施肥量的技术方案，使油菜薹上市时间由 15 天增加到 25 天左右。整合优质油菜薹与“江城菜芯”品牌对接，基地双低油菜双低商品菜子与“双明”“接福”等双低菜籽油品牌对接，项目产品附加值成倍提高，核心技术推广速度快。建立了核心技术品种种子生产操作规程和油菜菜油两用技术操作规程。项目执行全程实现标准化生产，产品质量和生产效益大幅提升。本项目实现了种业公司—农村专业合作社—经营企业—加工企业无缝对接，产品安全，经济效益有了可靠保证。组建油菜菜油两用专业合作社 22 个，建立万亩以上油菜菜油两用基地 12 个，培训种植农民 2 000余人次。累计推广油菜菜油两用技术 125 万亩，菜薹为农民增收 1. 89 亿元，创造经济效益 4. 98 亿元。同时由于产品质量得到有效保证，扩大了“江城菜芯”“双明”“接福”等品牌的知名度，社会效益显著。

15. 农业技术推广贡献奖曾建明

主要完成单位 中国农业科学院茶叶研究所

主要完成人员 曾建明

获 奖 情 况 全国农牧渔业丰收奖农业技术推广贡献奖

内 容 提 要

（1）推广 6 项重大农业新技术。先后在西湖龙井茶区、湖北省孝感市和四川省沐川县等地建立 38 个核心示范区示范推广了中茶 108、中茶 302、龙井 43、中茶 102、龙井长叶、碧云等 6 个国家级良种（中茶 108、中茶 302 鉴定时间为 2010 年）及配套技术。到 2012 年，西湖龙井茶区的无性系良种全部为龙井 43、中茶 108 和龙井长叶，平均亩产值比当地群体种增收 60% 以上；中茶 108 在孝感市西河镇占良种的比率达到 57%，平均亩产值比其他茶园高 30% ~35%；中茶 108、中茶 302 在沐川县新凡乡占良种茶园的比率超过 50%，平均亩产值比其他茶园高 40%。

（2）科技成果和工作奖励。4 项成果获得中国农业科学院科学技术成果二等奖（分别排名第二位、第二位、第四位、第六位）；1 项成果获得四川省科学技术成果三等奖（排名第五位）。2007 年、2011 年被评为“浙江省优秀科技特派员”；2008 年被评为“浙江省结对帮扶工作先进个人”。

（3）创新农技推广模式。针对茶树是多年生作物，建园成本较高，投资回收较慢等产业特点，在技术推广中逐渐探索出了“以‘速效技术’（如加工技术提升、低产茶园改造）为抓手，促进‘缓效、长效技术’（如品种改良、园地改建）推广；以示范基地为抓手，促进科技全面推广；以培育龙头企业为抓手，带动上下游全面增效”的科技推广模式。实践证明，该模式能有效推动科技转化，稳定提高茶农的经济收益。到 2012 年，通过技术推广培育了 4 家省级农业龙头企业，建立了 3 个良种示范繁育基地（其中包括 1 个国家级，1 个省级）。

（4）示范推广的重大集成科技服务产业。在核心示范区根据品种特性和区域特点将“幼龄茶园快速成园”“丰产树冠培育”“茶树营养调控”“病虫害无害化防治”等技术进行集成制定相应的“配套优质高效栽培技术”，进行“良种良法”配套推广，不仅提高了核心示范区茶园的经济效益，同时促进了新品种在全国其他茶区的推广。目前，龙井43、中茶108已成为全国扁形茶区主推广品种，中茶108、中茶302成为四川省和湖北省主推品种。

（5）承担的科技项目。2002年以来共承担省部级以上项目23项。其中，主持或联合主持项目国家科技成果转化、星火计划和浙江省农业成果转化、省科技计划、种子种苗工程、浙江省育种攻关项目等各类省部级以上项目共11项。

16. 新型饲料用非淀粉多糖酶制剂产品的创制

主要完成单位 中国农业科学院饲料研究所，北京挑战生物技术有限公司

主要完成人员 姚　斌，黄火清，杨培龙，罗会颖，石鹏君，柏映国，孟　昆，王亚茹，李学军，于会民，杨禄良，马　锐，师　霞，袁铁铮，史秀云

起止时间 2003年1月—2012年3月

获奖情况 2013年北京市科学技术奖一等奖

内容提要

该成果属于现代农业技术范畴。存在于饲料中的非淀粉多糖是一类抗营养因子，在饲料中添加非淀粉多糖酶可消除其抗营养作用，提高饲料转化率5%～10%，提高动物的生产性能，减轻动物粪便造成的环境污染，对提高畜牧生产效益及降低环境污染有重要意义。该项目从酶的分子生物学基础入手来系统性地解决其瓶颈问题，针对性地解决了酶基因资源高效获取和知识产权问题、酶的应用性能和生产成本问题。主要创新点如下。

（1）在饲料用酶基因的高效筛选上，创立了多种从环境基因组和转录组中直接克隆全长功能基因的新技术体系，从特殊环境中克隆到了具有高比活、高温、嗜酸、抗蛋白酶等特性的饲料用非淀粉多糖酶新基因103个，在基因资源的争夺上处于领先地位。

（2）在饲料用酶结构与功能的基础研究上有所突破，构建了特有的胞外融合表达突变酶库的筛选技术，并完善了酶蛋白结构功能研究和分子改良技术体系，获得了综合性质优越、可应用于实际生产的改良酶。

（3）通过对酵母高效表达机制的基础研究，发现了一批新的表达因子及它们的作用机理和功能，在此基础上构建并完善了5～25毫克/毫升级的饲料用酶高效表达技术体系，保障了饲料用酶的规模化廉价生产。

（4）建立了一系列饲料用酶研发的关键平台技术，多种饲料用酶的开发工作保持国际领先，其中创制的4种最主要的非淀粉多糖酶—木聚糖酶、葡聚糖酶、甘露聚糖酶和α-半乳糖苷酶，均具有优良的性能和廉价的生产成本。该成果获得授权专利18项，发表SCI论文65篇，颁布5项企业标准。成果自2007年开始在北京挑战生物技术有限公司进行生产示范，为企业新增销售收入6 826.53万元，销售至北京瑞丰世纪科技有限

公司等 10 余家单位进行产业化应用，并逐步扩大了其推广力度。另外成果技术转让给宁夏夏盛、武汉新华扬等国内酶制剂生产企业，促进了各企业产品创新性与企业竞争力的显著提高，使中国饲料用酶的研发和应用成为具有国际竞争力的生物技术产业。

17. 苎麻饲料化与多用途研究和应用

主要完成单位　中国农业科学院麻类研究所

主要完成人员　熊和平，喻春明，彭源德，王延周，朱爱国，唐守伟，祝远魁，魏　刚，熊常财，李智敏，庹年初，陈　平

起 止 时 间　2005 年 1 月—2013 年 1 月

获 奖 情 况　2013 年湖南省科技进步一等奖

内 容 提 要

项目组从饲料专用苎麻品种选育入手，充分挖掘苎麻饲用性能，同时进行副产物资源化加工技术研究，形成了“苎麻饲料化与多用途研究和应用”技术成果。

项目组通过分子育种与常规育种技术结合，创制出生物量大、蛋白含量高与收割次数多的饲料专用苎麻品种；根据南方高温高湿的气候特点，研究出苎麻副产物拉伸膜裹包青贮技术，突破性实现了废弃物资源化与饲料化；在此基础上，形成了苎麻副产物青贮料食用菌基质化技术，工厂化培育杏胞菇等高档食用菌。

本项目主要成果如下。

（1）以高蛋白为目标，成功创制出世界上第一个饲料专用苎麻品种。通过筛选粗蛋白含量高、生物产量大和生长速率快的苎麻种质，育成了优质饲料专用品种“中饲苎 1 号”，该品种生长速率快、耐割性强，粗蛋白质 22.00%、赖氨酸 1.02%、钙 4.07%，这 3 项指标明显高于苜蓿。

（2）首次提出一麻多用的技术路线，使苎麻资源利用率提高到 4 倍以上。通过机械收剥，得到苎麻纤维及副产物，纤维用于传统纺织，副产物经青贮发酵后用作草食动物饲料和食用菌培养基质，苎麻生物资源利用率由原来的 18% 提升到 80% 以上。

（3）以青贮技术为重点，发明了苎麻副产物加工技术与草食动物饲喂技术。副产物通过机械化收集、晾晒，经过拉伸膜裹包青贮等加工技术，最大限度地保持了营养特性。苎麻青贮饲料达到市场上精饲料水平，适口性好，在保持肉牛正常生长的条件下，可替代 30% 的精饲料，降低成本 20% 以上。

（4）以苎麻副产物青贮基质化为基础，形成栽培高档食用菌技术。研究出青贮料栽培高档食用菌培养基质，碳氮比高达 26.2。青贮苎麻副产物栽培的杏鲍菇生物学效率达 65%，与棉籽壳相比提高 13% 以上，生长周期缩短 6 ~ 8 天，降低了成本，且无农药残留。

“中饲苎 1 号”于 2005 年通过湖南省品种审定，“苎麻副产物饲料化与食用菌基质化高效利用技术”于 2012 年通过农业部的成果鉴定，均达到国际先进水平；项目依托国家现代农业产业技术体系和当地农村专业合作社等平台，采取企业带动、技术培训、

生产示范等方式，先后在湖南省涟源市与张家界市、四川省达州市和湖北省咸宁市等地推广应用，累计创经济效益41 273.9万元，新增纯收益18 107.9万元。苎麻也是一种水土保持效果很好的作物。因此，其经济、社会和生态效益十分显著。

已获得国家发明专利1项，在审国家发明专利4项，出版专著3本，发表论文20余篇，其中SCI收录1篇，培养研究生12名。

18. 油菜高含油量聚合育种技术及应用

主要完成单位 中国农业科学院油料作物研究所

主要完成人员 王汉中，刘贵华，王新发，华 玮，刘 静，师家勤

起 止 时 间 2000年3月—2012年12月

获 奖 情 况 2013年湖北省技术发明一等奖

内 容 提 要

针对中国油菜含油量低、育种技术落后、资源匮乏、高含油量与其他性状矛盾等突出问题，本项目成果如下。

（1）建立了目前数量最大、基因型变异最广泛的含油量研究群体，通过独特的遗传学实验首次证明母体基因型对种子含油量影响效应最大（达86%），首次鉴定出含5种不同的含油量调控途径的4个高油资源和4个有自主知识产权的含油量调控新功能基因，部分结果在国际著名刊物发表，为高油聚合育种提供了新思路、新基因和优异亲本。

（2）首次将关联分析与遗传群体连锁分析相结合开展油菜含油量研究，明确了含油量与产量及其主要构成性状相关性不明显，鉴定出高油和产量位点48个，其中新位点26个。由于位点对性状的贡献值大，标记离有效位点近，后代辅助鉴定效果更为显著。

（3）利用上述具有不同高含油量调控机制的亲本材料和开发的分子标记，通过聚合杂交、小孢子培养和分子标记辅助选择，创造了5份含油量60%以上的高油新品系，其中品系YN171含油量高达64.8%，创造了油菜含油量世界最高纪录。

（4）利用“种质资源精准鉴定与亲本定向选配+多亲本复合杂交+小孢子培养+异地夏繁加代+分子标记辅助选择+多个目标性状多年多点鉴定+杂种优势利用”的多目标聚合育种技术，创制了具有完全自主知识产权的高含油量、双低、高产、多抗、广适油菜新品种（杂交种）5个，其中，中双11号是目前世界上首个集高含油量（49.04%）、强抗裂角、高抗倒伏、抗菌核病为一体的双低油菜品种，其含油量是目前中国冬油菜国家审定品种中最高的，有效克服了高含油量与双低、高产、多抗的矛盾。

本项目发表SCI论文15篇，累计IF 42，单篇4.0以上6篇；引用累计90次，单篇最高20次。申请国家发明专利10项，国际专利3项，已获授权国家发明专利6项。获新品种权1项，省级以上审定品种5个。2008年以来，上述品种在长江流域9省（市）累计推广种植2 585.2万亩，创经济效益18.714亿元，近3年新增经济效益15.344亿

元；中双 11 号还被 32 家单位作为亲本利用。为油菜科技进步、产业发展做出了突出贡献。

19. 水稻种质资源评价与利用

主要完成单位　中国水稻研究所

主要完成人员　魏兴华，余汉勇，袁筱萍，王一平，徐　群，冯　跃，胡慧英，于　萍，王彩红，倪树标，郭龙彪，汤圣祥，张丽华

起 止 时 间　1982 年 1 月—2012 年 10 月

获 奖 情 况　2013 年浙江省科技进步一等奖

内 容 提 要

（1）建立了系统化的水稻种质资源遗传多样性保护技术。从研究水稻种质资源核心种质入手，提出并验证了核心种质分层构建指标，构建核心种质并用于资源引进与保护中；根据有利性状地理分布和等位酶、SSR 多样性的时空变化特点，明确重点引进地区与目标，收集引进水稻资源 75 106份；通过比较异质种质 SSR 位点的动态变化，提出 150 个单株的适宜繁殖群体和等穗法的收获方式，建立繁殖更新程序，保证水稻种质的遗传完整性，从而形成系统化的多样性保护技术。

（2）建立了标准化的水稻种质资源测试技术。在杭州市、海南省、贵阳市、南京市进行多年多点鉴定评价，研究不同性状表达程度的分布和变异特征，分析形态性状与分子性状间的相关性，确定水稻种质资源性状分级范围，合作制订国家标准和种质资源描述规范，填补了国内水稻新品种特异性、一致性和稳定性测试标准的空白；鉴定评价 2. 5 万余份水稻种质，新增资源信息 86 万余条，完善了国家资源数据库。

（3）发掘了一些重要的新基因、新资源。多点多菌株多种接种方法，发掘纹枯病抗源 1 份，并定位了 4 个纹枯病抗性 QTLs；通过标准化的鉴定评价，获得一批抗性、氮磷高效利用资源，定位了 11 个耐旱性、7 个氮高效和 2 个褐飞虱抗性 QTLs；创制野栽新种质，创新种质获品种权 1 项，发掘出 19 个优异亲本资源并成功应用于育种实践中，其中密阳 83 等 10 个种质已成为核心亲本发挥了重要作用。

（4）建立水稻资源共享平台，社会经济效益显著。向全国水稻研究单位免费提供标准化的资源评价数据和针对性的种质实物 35 463份次。利用这些具详尽评价数据的种质材料，引种单位在 *Nature* 发表论文 1 篇、*Nature Genetics* 发表论文 4 篇，育成品种 37 个，累计推广应用 6 274万亩、农民增收 25. 1 亿元。

20. 植物 LED 光环境精准调控及节能高效生产技术研究与应用

主要完成单位　中国农业科学院农业环境与可持续发展研究所，中国科学院半导体研究所，南京农业大学，浙江大学，北京中环易达设施园艺科技有限公司，黑龙江省农业科学院耕作栽培研究所

主要完成人员 杨其长，陈弘达，徐志刚，魏灵玲，周 弘，刘文科，宋昌斌，来永才，程瑞锋，王国宏，刘晓英，杨 华，叶章颖，焦学磊，张 义，孟 英，张喜娟，葛一峰，巫国栋，魏 强

起止时间 2001—2010 年

获奖情况 2012—2013 年度中华农业科技奖二等奖

内容提要

光是植物高效生产重要的环境因子，利用人工光源进行组培快繁、工厂化育苗、蔬菜生产以及温室补光已经成为现代园艺产业最有效的手段之一，而传统光源普遍存在发光效率低、耗电量大、精准控制难等突出问题。针对国内外设施园艺产业对高效节能光源的迫切技术需求，全国 6 家科教单位历经 10 多年协同攻关，以半导体节能光源 LED 为手段，在植物光环境机理、专用光源装置、精准调控系统开发以及节能高效生产等关键技术领域取得了多项创新与突破，为 LED 在植物生产领域的应用奠定了基础。

（1）率先研制出光质、光强、光周期智能可调，且耐高温高湿环境的植物 LED 专用光源。采用标准 CMOS 工艺制作叉指型结构硅发光二极管，以及全角度反射镜结构 CaN 基发光二极管等新型 LED 光源制作工艺，开发出以红蓝 LED 为主要成分、光环境智能可调、易于安装的 LED 柔性灯带、灯管、灯板等多个系列的 LED 光源。

（2）率先进行了植物高效生产与 LED 结合的生物学机理研究，探明了植物 LED 光源节能高效生产的光环境优化指标（R/B 、R/B/FR 等参数）及其精准调控模式，为 LED 在植物生产领域的应用提供了理论依据。

（3）在国际上首次开发出基于 LED 光源的数字植物工厂，创新研制了一种内置 LED 光源的植物组培容器，实现了 LED 在植物组培、育苗、植物补光、植物工厂等领域的高效生产，为 LED 在植物领域的应用提供了有效的技术支撑。

（4）在国际上首次提出了采用 LED 光源对水培蔬菜实施采前短期连续光照、提高蔬菜综合品质的方法，探明了可显著降低水培蔬菜硝酸盐含量、提高可溶性糖及维生素 C 含量的光环境参数及调控技术途径，为设施栽培蔬菜的品质控制奠定了技术基础。

项目实施期间，先后在北京、山东、江苏、广东等省（区、市）建成了 20 多个示范基地，形成的成果累计推广到上海世界博览会，山东寿光、吉林长春、杨凌现代农业示范区，南京汤山植物工厂、解放军总后勤部和海军基地等 100 多个园区、生产企业和部队，实现经济效益 10.6 亿元、节约能耗约 22 亿元，社会效益极为显著。

项目获授权专利 32 件，其中发明专利 14 件，发表论文 85 篇，其中，SCI 论文 12 篇，EI 论文 6 篇，专著 3 部。农业部成果鉴定认为，该成果是国际上 LED 在农业应用领域具有开创性意义的重大科技成果，对植物人工光生产及补光领域的科技进步和现代农业的发展都具有重要的推进作用，应用前景极为广阔。

21. 犊牛、羔羊生理营养与早期培育关键技术研究与应用

主要完成单位　中国农业科学院饲料研究所

主要完成人员　刁其玉，屠　焰，张乃锋，姜成钢，秦玉昌，杜红芳，段学民，王黎文，李艳玲，聂明非，于会民，吴子林，周　怿，魏秀莲，张永发，董志远，范志影

起 止 时 间　2000 年 1 月—2010 年 6 月

获 奖 情 况　2012—2013 年度中华农业科技奖二等奖

内 容 提 要

本成果属现代农业技术范畴，主要应用于反刍动物幼畜生理营养和早期培育技术研究及其新型饲料配制和生产领域。

主要内容：用 10 余年的时间系统研究了犊牛消化生理的发育规律，得出了可通过日粮因素调控的器官发育和生理参数；阐明了早期断奶犊牛、羔羊主要的免疫反应特点；研究了早期断奶犊牛与羔羊的营养需要特点和瘤胃微生物区系的建立，提出了犊牛羔羊日粮适宜营养水平。在中国首次提出并示范了犊牛、羔羊早期断奶培育技术及配套产品。

创新程度：首次揭示了 2 月龄犊牛 10 个器官在不同营养条件下的生长发育规律和免疫反应特点；确立了犊牛日粮中植物蛋白适宜比例及最适水平，建立了犊牛日粮氨基酸模式；发现了葡萄糖和淀粉复合物可有效代替乳糖用于犊牛日粮中；阐明了酵母 β-葡聚糖、蜂花粉多糖、酸度调节剂对犊牛生理营养的调控规律；研制出了犊牛培育房。研制的犊牛代乳品和进口产品相比，干物质、有机物和粗蛋白的消化率分别提高了 1. 72、1. 61 和 5. 0 个百分点；羔羊出生后 10 天断奶，与对照组相比，羔羊饲喂代乳品增重提高了 11. 5%，促进了瘤胃发育，增加了瘤胃细菌 DGGE 指纹图谱条带数量，提高了多胎羔羊的成活率。项目共获得授权发明专利 4 项、实用新型专利 1 项，申请专利 1 项。2011 年农业部成果鉴定意见为，项目技术及其产品达到了国际先进水平。部分内容获 2011 年北京市科学技术一等奖、2009 年天津市科学技术三等奖。产品获得国家重点新产品证书、北京市自主创新产品证书，合作企业被评为北京市高新技术企业。

推广应用情况：使用犊牛早期培育技术，犊牛在出生后 5 天断奶，30 日龄内日增重达到583. 68 克，高出牛奶饲喂组 96. 83 克；30 ~ 60 日龄达到 1 026克，高出牛奶饲喂组 104 克；60 日龄犊牛腹泻率下降 3. 33 个百分点。羔羊培育技术，羔羊出生后第 10 天断奶，到 90 天日增重在 200 克以上，提高羔羊的成活率 10% 以上，特别是在母羊一胎多产下是保障羔羊成活率的关键措施，早期培育技术使母羊一年 2 产或两年 3 产成为现实。本研究成果自 2000 年开始进行示范与推广，目前已经建成 2 条生产线，产品在中国 20 多个省市推广，是国内唯一的自主品牌。每头犊牛节省饲养成本 300 元以上，每只母羊的产羔成活增加收入 100 元以上，使用犊牛羔羊培育新技术为高产牛羊群的培育奠定了基础。

22. 当代世界农业研究

主要完成单位 中国农业科学院农业信息研究所，中国农业科学院，中国林业科学研究院，中国水产科学研究院，中国热带农业科学院科技信息研究所，农业部规划设计研究院，中国农业大学资源与环境学院

主要完成人员 许世卫，宋 闯，李杰人，朱 明，孟宪学，聂凤英，董晓霞，方 辉，王秀东，施昆山，周爱莲，方 佳，杨晓光，王 川，李先德，张学彪，岳福菊，刘爱芳，张永恩，王永春

起止时间 2004 年 1 月—2010 年 7 月

获奖情况 2012—2013 年度中华农业科技奖二等奖

内容提要

研究针对全球农业稳步增长并呈现出新的特点和发展趋势，深入开展当代世界农业研究，深刻了解世界和主要国家农业和农业科技发展现状，分析近 20 年来农业和农业科技取得的进展、水平、特点与趋势，是确保中国粮食安全、生态安全，提高农产品国际竞争力的需要，具有重要的现实意义和学术价值。

主要研究内容：①基于逻辑思维、特尔菲、模糊综合评价等信息分析方法，全面分析了当代世界农业发展和动态演进的过程；②基于海量信息分析、核心信息甄别、专题信息追踪等现代信息研究方法，深入剖析了分国别的农业发展现状和未来趋势；③集成采用竞争情报、专题情报信息采集与信息处理手段，系统搭建了国际性农业组织、农业协会与农业相关跨国企业的信息共享平台。

通过多年的深入研究，取得一系列具有创新性的科研成果，主要有：①综合运用专题信息追踪、竞争情报分析、模糊综合评价、海量信息分析等现代信息处理方法，结合隐性和显性信息理论，开展世界农业全息信息研究，具有创新性；②研究提出了涵盖全球、国家、国际组织、跨国企业的系统性分析框架体系，首次系统阐述了国际组织、协会组织和相关跨国企业概况及与中国合作关系，具有新颖性；③建立了世界农业研究基础性数据库，出版的《当代世界农业》成为中国首部研究世界农业的综合性专业文献。

该项研究取得了显著的社会效益和经济效益。①主要研究结论和观点被有关部委制定政府文件时采用和参考；②研究成果为政府、相关协会、农业企业开展工作提供了丰富的参考信息；③研究方法和结论为农业科研单位、高等院校开展相关研究和教学等提供了可借鉴信息；④该项研究得到农业部等有关国家部委的高度重视，韩长赋部长为《当代世界农业》一书作序，给予很高的评价。《农业科技管理》《世界农业》和《中国食物与营养》等刊物为《当代世界农业》一书作了介绍。《人民日报》2011 年 7 月 21 日“科技视野”版作了报道，“人民网”等近 20 个网站转载，产生了良好的社会影响。

23. 瘠薄土壤熟化过程及定向快速培育技术研究与应用

主要完成单位 中国农业科学院农业资源与农业区划研究所，湖南省土壤肥料研究所，河北省农林科学院农业资源与环境研究所

主要完成人员 卢昌艾，高菊生，孙建光，李菊梅，张会民，田有国，孙　楠，聂　军，韩宝文，徐明岗，张淑香，张文菊，王伯仁，段英华，李桂花

起 止 时 间 2006 年 1 月—2012 年 12 月

获 奖 情 况 2012—2013 年度中华农业科技奖二等奖

内 容 提 要

针对中国新增耕地瘠薄土壤土壤物理性状差、养分含量低和生物活性弱等问题，结合 3 种典型母质瘠薄土壤熟化过程的肥力演变规律，提出中国典型瘠薄土壤熟化过程及定向快速培育技术模式，示范 2 年期间土壤熟化度较施用化肥模式提高 0.8 ~2.3 倍，作物增产 10% ~30%，开发 4 种多功能土壤调理剂。2007 年来累计推广 36.7 万亩，增加纯收入 2 878万元。具体技术成果如下。

（1）通过不同熟化措施对花岗岩、第四纪红土、紫色页岩 3 种母质土壤肥力影响的 25 年长期定位试验研究，有机无机肥配施和秸秆还田是提高母质土壤有机质及 N、P、K 养分的重要措施，同时提高了土壤交换性 Ca^{2+}、Mg^{2+} 含量，减缓了土壤酸化。秸秆还田配施氮磷钾肥显著增加土壤有机质含量，年均增加分别为 0.48 克/千克、0.39 克/千克和 0.35 克/千克，同时有机无机配施或施用稻草均能改善土壤的生物肥力及物理肥力，但是不同熟化措施对 3 种母质土壤的作物产量影响存在差异。这对中国新增耕地瘠薄土壤熟化技术方案的选择，具有十分重要的意义。

（2）采用综合肥力指数（IFI）评价了瘠薄土壤熟化程度，建立了瘠薄土壤熟化的肥力综合评价指标。运用该指数表明 3 种母质土壤 IFI 均在熟化 7 年左右出现一个拐点，显示了不同土壤母质熟化过程的演变特征。这对于中国中低产田改良评价指标体系的建立，具有较高的参考价值。

（3）开展了典型瘠薄土壤快速熟化的土壤有机质快速提升、微生物调理剂及土壤结构调理剂研究，建立了新增耕地瘠薄土壤肥力重建与定向培育技术的土壤快速培肥技术模式。潮土沙性瘠薄土壤以玉米秸秆或添加猪粪，配施化肥、土壤结构/微生物调理剂，2 年土壤熟化度（培肥速度）较传统施用化肥模式提高 1.5 ~2.3 倍，土壤有机质含量提升了 19% ~28%，土壤团聚体含量提升了 25% ~28%，小麦和玉米增产 30%，增效 600 ~800 元/公顷。红壤酸性瘠薄土壤技术模式 2 年土壤熟化度较传统施用化肥模式提高 0.8 ~1.4 倍，土壤有机质含量提升了 15%，小麦和玉米增产 10%，增效 400 ~650 元/公顷。这种联合快速培肥技术模式对中国新增耕地的瘠薄土壤快速熟化、提高耕地生产力具有十分重要的社会及经济价值。

出版专著 1 部，发表学术论文 19 篇，开发 4 种多功能土壤调理剂。自 2007 年来，相关成果在湖南、河北、北京等省市得到一定面积的示范，累计推广 36.7 万亩，增加

纯收入2 878万元，产生了较大的经济、社会和生态效益。

24. 超级稻区域化高产栽培理论及技术应用

主要完成单位 中国水稻研究所，扬州大学，江西农业大学，湖南农业大学，吉林省农业科学院，广东省农业科学院水稻研究所，四川省农业科学院作物研究所

主 要 完 成 人 朱德峰，张洪程，潘晓华，邹应斌，赵国臣，黄 庆，郑家国，吴文革，陈惠哲，赵全志，霍中洋，李木英，张 凯，苏泽胜，张玉屏

起 止 时 间 2006年1月—2011年12月

获 奖 情 况 2012—2013年度中华农业科技奖二等奖

内 容 提 要

成果针对不同稻区超级稻品种生长特性，结合水稻种植方式转型，提出不同稻区、种植模式的超级稻高产品种布局；明确超级稻品种生长和高产形成规律、增产途径和调控技术，提出超级稻高产生长模式；研发集成不同稻区超级稻配套栽培技术，建立超级稻区域化高产栽培技术体系。共出版著作13部，制作超级稻品种栽培技术规程，及不同种植方式的高产栽培模式图113份，发表论文100多篇，提高超级稻良种良法配套和栽培技术到位，促进成果应用。成果创新点如下。

（1）明确超级稻高产形成三大生长规律：①提高生长中后期物质生长量是高产形成物质基础，超级稻生长前期物质生长量适中，中后期生长量显著提高，实现较高的后期生长量与最终生物学产量；②群体足够总颖花量是高产的库容基础，以适宜群体穗数与较大穗型协调形成较大库容量，在适宜群体穗数基础上，形成群体足够总颖花量，保持正常结实率与粒重；③提高中后期植株氮素吸收量增强中后期光合生长量是高产形成的途径，超级稻前期氮素吸收稳定，中后期氮素吸收量提高，促壮秆大穗，养根保叶，增强光合生产和籽粒灌浆结实。

（2）提出超级稻高产栽培3项关键技术：①提出区域化定量施肥技术，依地区、季节、地力和产量确定氮肥总量及稳定前期基蘖肥基础上，提出氮肥后移，确定不同稻区穗肥比例及施用方法；②提出群体调控技术，在适宜基本苗数基础上，确定开沟排水的群体茎蘖指标，研发稻田开沟机，为开沟排水定量控制群体提供机具；③建立稳定穗数促进大穗方法，通过稳定目标穗数，适量穗肥及肥水调控，促进二次枝梗分化，提高群体颖花数量，促进中后期物质生产，提高花后物质生长量和总物质生产量。

（3）提出超级稻品种高产生态区域及种植方式布局，经目标产量确定、培育壮秧、合理密植、定量氮肥、定量控苗、综合防治等技术集成，形成中国主要稻区超级稻区域化高产栽培技术体系。

成果在中国主要稻区的安徽、广东、湖南、吉林、江苏、江西、四川和浙江等省推广，成果应用普及率达59.1%。成果推广应用16 860万亩，增产稻谷894.5万吨，实

现增产增效 214.7 亿元，节本增效 27.9 亿元，累计增效 242.6 亿元，剔除品种增产贡献，实现增效 121.3 亿元，取得巨大社会、经济和生态效益。

25. 呼伦贝尔生态草业技术模式研究及应用

主要完成单位 农业部环境保护科研监测所，呼伦贝尔市草原科学研究所，沈阳农业大学，内蒙古鄂温克族自治旗草原工作站，陈巴尔虎旗草原工作站，新巴尔虎左旗草原工作站，新巴尔虎右旗草原工作站

主要完成人员 杨殿林，高海滨，李 刚，郎巴达拉呼，宋晓龙，蒋立宏，修伟明，陈申宽，赵建宁，王彩灵，刘红梅，赖 欣，张贵龙，王 慧，皇甫超河

起止时间 1986 年 1 月—2008 年 12 月

获奖情况 2012—2013 年度中华农业科技奖二等奖

内容提要

项目围绕呼伦贝尔草原退化、沙化日益严重，草原生态功能下降和草原畜牧业效益不高等生态和经济问题，以草原生态系统平衡理论为基础，通过长期定位研究、样带研究和试验研究，①研究了呼伦贝尔草原线叶菊草原、贝加尔针茅草原、羊草草原、大针茅草原、克氏针茅等主要草原类型不同利用方式、不同利用强度和不同管理措施对草原植被和土壤生态系统的影响与调控技术；②研究了主要草地类型草原生产力、营养成分含量和载畜量年度、季节波动规律；③研发出草原休牧禁牧、草地松耙和浅耕翻补播植被恢复、沙化草地生态恢复等生态草业技术模式及其配套关键技术，创建了生态草业技术体系，带动了区域优质草、畜产品生产和草原生态环境的改善，取得了显著的经济效益、社会效益和生态效益。

26. 设施蔬菜工厂化生产关键技术研究与示范推广

主要完成单位 中国农业科学院农业环境与可持续发展研究所，北京中环易达设施园艺科技有限公司，寿光市蔬菜高科技示范园管理处

主要完成人员 魏灵玲，杨其长，程瑞锋，王启龙，隋申利，段发民，刘文科，葛一峰，赵利华，刘喜明，方 慧，张 义，仝宇欣，张 珍，刘艳红，温 涛，魏文华，李 巍，郑维浩，杜晓烨，杨其旺，国秀霞，杨广灿，张文英，滕云飞

起止时间 2002—2010 年

获奖情况 2011—2013 年度全国农牧渔业丰收奖二等奖

内容提要

项目成果属设施园艺技术领域。本项目以蔬菜工厂化高效生产为出发点，以立体无土栽培系统、蔬菜树式栽培技术、LED（发光二极管）节能光源为研发对象，所推广的

主要技术成果内容如下。

（1）蔬菜立体无土栽培工厂化生产技术，具体包括墙面、立柱、管道栽培等技术及装备。

（2）叶菜、果菜兼用型多功能水耕栽培装置及营养液自动控制技术。

（3）蔬菜树式栽培技术，具体包括番茄树、茄子树、黄瓜树等20余种蔬菜树式栽培技术。

（4）LED光源节能补光栽培技术，具体包括LED光源在蔬菜育苗、叶菜生产、蔬菜品质调控等领域的应用技术。

技术成果经北京中环易达设施园艺科技有限公司及寿光市蔬菜高科技示范园率先在山东寿光、北京小汤山、陕西杨凌等国家农业科技园区示范推广，然后扩散推广到300多家农业企业及园区。项目先后获授权专利26件，发表论文64篇，专著3部，定型产品6个系列75套件，并推广到全国20多个省区及部队，面积达600多万平方米，获经济效益12.6亿元，社会、生态效益显著。

27. 优质蜜蜂种质资源和蜂产品生产加工技术引进、创新与利用

主要完成单位 中国农业科学院蜜蜂研究所

主要完成人员 彭文君，田文礼，李继莲，赵亚周，王　安，曾志将，陈廷珠，安建东

起止时间 2006年1月—2010年12月

获奖情况 2011—2013年度全国农牧渔业丰收奖二等奖

内容提要

本成果针对中国蜂业生产中存在的技术难题，从优良蜂种的引进推广以及高效、安全、优质蜂产品的生产加工技术等关键环节入手，进行消化、吸收和再创新，并在蜂业生产中推广应用。

（1）引进意大利蜜蜂（*A. mellifera ligustica* Spinola）、欧洲黑蜂（*A. m. mellifera* Linnaeus）及卡尼鄂拉蜂（*A. m. carnica* Pollmann ）等原种，丰富了中国西方蜜蜂种质资源。选育了蜂蜜高产配套组合15个、王浆高产配套组合5个、蜂胶高产配套组合5个，并加以推广。

（2）引进了多项蜂产品加工关键技术，并成功实现新技术的消化吸收与推广应用。获得免移虫蜂王浆生产器等专利3项，研制建立了相关技术规范。建立了中国蜂产品优质安全生产加工技术体系，实现中国蜂产品质量标准、规程与国际标准接轨，对促进行业技术进步与升级具有重要意义。

（3）在全国推广优良蜂王10 200只，辐射蜂群50多万箱，使蜂蜜群产量增产15%；培训蜂农和蜂产品生产人员2 600多名，提高了农民科学养蜂技术水平，提高了蜂农收入；推广应用新的蜂产品生产加工技术，提升了产品质量、增加了产品附加值，综合的经济、社会和生态效益显著。

28. 农村可寻址广播个性化信息传播关键技术研究

主要完成单位　中国农业科学院农业信息研究所

主要完成人员　刘世洪，郑火国，胡海燕，贺鹏举，牛义信，李燕燕，崔运鹏，苏晓路，刘增新，刘建英，王会霞，王陆涛，刘海霞，范正玉，吕洪庆，刘建钊，孙有宝，辛莹莹，程有萍，宋进库，肖　锦

起 止 时 间　2008 年 8 月—2012 年 12 月

获 奖 情 况　2011—2013 年度全国农牧渔业丰收奖二等奖

内 容 提 要

项目创立了基于可寻址广播的农村个性化、互动式信息服务模式，实现信息了自动获取、智能整序和定向传播；创建了以广播为载体的农村信息服务技术体系。以本地化信息需求为导向，建立了农村信息数据库和语音库，研发出“‘村村响’农村信息采集与管理平台”“文本语音转换系统”和“短消息点播服务软件”为核心的农村可寻址广播个性化信息服务软件及普适性、低成本的文本语音转换装置，创建了一套完整的信息采集—信息处理—文本语音转换—本地语音库构建—交互式定向广播的农村信息服务技术体系，为信息技术创新支撑现代农业建设、促进农村文化建设和农民增收，提供了可资借鉴的技术路线和解决方案。

2007—2011 年在怀来县 100% 的乡镇、93% 的村推广应用，应用合计 13. 98 万亩，覆盖农民 25 万以上，新增经济效益 9 212. 25万元。其中，应用技术系统指导农业生产资料供应、特色农产品生产、大宗农产品生产、特色农产品交换、农村劳动力流动新增经济效益 9 146. 75万元。

29. 猪圆环病毒 2 型灭活疫苗产业化开发与推广应用

主要完成单位　中国农业科学院哈尔滨兽医研究所

主要完成人员　刘长明，危艳武，陆月华，张超范，黄立平，郭龙军，曲乃昌，刘全胜，成体鸽，陈连和，王云龙，郑新平，闫恒普，耿鸿霜，朱庸康，马　平，杨瑞华，顾叶明，李文革

起 止 时 间　2006 年 1 月—2010 年 12 月

获 奖 情 况　2011—2013 年度全国农牧渔业丰收奖二等奖

内 容 提 要

猪圆环病毒 2 型（PCV2）主要引起断奶仔猪多系统衰竭综合征导致严重经济损失，疫苗接种是控制本病的有效手段。本成果以感染性克隆技术构建了标记毒株，在疫苗工艺、免疫佐剂、抗原和抗体检测技术取得突破，研制成中国首例疫苗产品，其具有自主产权，实现了产业化，创造巨大经济效益，推动了行业发展。创新点：①采用感染性克隆技术，构建了标签毒株，其可与野生型毒株相鉴别；毒株经过细胞培养培育成功疫苗毒种。②攻克了疫苗生产工艺难关，通过在病毒培养中添加生化试剂，使病毒抗原产量

大幅度提高，解决了疫苗抗原含量低的难题。③新型疫苗佐剂取得突破，以水质佐剂配制的疫苗安全性好，免疫应激性小，产生抗体快效价高。④疫苗保护率为96%，免疫期6个月；接种后猪群死淘率降低8%，出栏提早5~7天，保健用药减少30%，每头增收50元。⑤疫苗技术转让2家企业，规模生产3 190万头份，创收30 230万元，新增利润16 390万元。

为了将猪圆环病毒2型灭活疫苗研制成果尽快为生产实际服务，在哈尔滨维科生产技术开发公司，上海海利生物药品有限公司开展疫苗生产。这两家从事兽用生物企业具有GMP资质和生产条件，设计2条猪圆环病毒灭活疫苗生产线，完善和熟化大规模生产疫苗工艺，生产合格制品。用制备的疫苗产品，在黑龙江、吉林、北京、上海、河南、安徽、湖北等省市选择10个代表性规模化猪场进行疫苗示范推广，总规模为3 000万头猪。通过疫苗推广应用，进一步评价该疫苗接种不同日龄和不同品种猪的安全性、保护效率，提高疫苗使用猪场的生产和经济效益。

30. 新型高效牛羊微量元素添砖和缓释剂的研制与推广

主要完成单位 中国农业科学院兰州畜牧与兽药研究所

主要完成人员 刘永明，王胜义，潘　虎，齐志明，刘世祥，王　瑜，王　慧，乔　瑾，省新荣，马金云，孟　伟，李大业，王国仓，扎西塔，郭彦强，拉毛索南，李升芳，张寿文，王保国，麻文林，高建平，杜雪林，曹贵忠，周瑞娟，马超龙

起止时间 2010年4月—2013年3月

获奖情况 2011—2013年度全国农牧渔业丰收二等奖

内容提要

在牛羊主要养殖区开展土壤饲草与牛羊生长性能相关性研究、营养代谢病流行病学调查和微量元素补饲试验，确定添砖和缓释剂的配方、剂型，设计补饲途径和方式，完善和优化添砖和缓释剂的生产工艺，取得生产许可证和奶牛、肉牛、羊微量元素添砖、缓释剂生产文号，使产品的安全性、有效性和质量可控性得到保障；研制出牛羊添砖专用支架和缓释剂专用投服器，达到长期、持续、均衡和清洁补充微量元素的目的；开展技术培训，提高牛羊科学养殖水平；形成奶牛、肉牛、羊营养代谢病防控技术；建立示范推广点，推广应用奶牛、肉牛、羊共71.647万头只，实现经济效益25 781.92万元，提高牛羊生产性能和肉品品质，有效地降低代谢病和相关疾病的发病率，保障牛羊健康，为提供高产、优质、安全的动物源性食品提供技术保障。

31. 水貂主要疫病防控技术研究与推广应用

主要完成单位 中国农业科学院特产研究所，吉林特研生物技术有限责任公司，大连市名威貂业有限公司，山东省文登市畜牧兽医技术服务中心，山

东省诸城市畜牧局，河北省昌黎县畜牧局

主要完成人员　闫喜军，程世鹏，吴　威，赵建军，罗国良，张志明，张华山，胡　博，赵支国，张贵贤，于蓬勃，刘俊平，郭　召，曲学忠，王殿永，于一伟，李小娟，唐建萍，张秀兰，赵洪秋，邓福忠，王向阳，李焕明

起止时间　2004 年 1 月—2012 年 12 月

获奖情况　2011—2013 年度全国农牧渔业丰收奖二等奖

内容提要

中国农业科学院特产研究所在完成了水貂犬瘟热病毒和细小病毒毒种培育等研究基础上，成功研制了水貂犬瘟热活疫苗（液态冷冻疫苗）和水貂细小病毒性肠炎灭活疫苗，并获得了 2 种新兽药注册证书。产品在吉林特研生物技术有限责任公司转化和生产，并建立了疫苗规模化生产工艺，实现了产品产业化。水貂犬瘟热活疫苗和水貂细小病毒性肠炎灭活疫苗在山东、河北和大连等省市的水貂养殖区推广应用，采用“科研单位 + 企业 + 基层畜牧兽医部门 + 协会 + 基地 + 养殖户”的推广模式，疫苗推广使用面积达 70% 以上；通过项目实施水貂犬瘟热和病毒性肠炎的发病率由 10% ~30% 下降至 1% 以下，有效地控制了疫病的流行，保障了中国水貂饲养业健康发展。举办了 21 次培训班，发放科普资料 20 000余份，培训技术人员 5 000人次。2010—2012 年累计推广疫苗 22 302万头份，获取直接经济效益 1. 11 亿元人民币，水貂养殖者应用该技术减少经济损失 22. 9 亿元。

32. 农业经济空间信息服务关键技术与应用平台（中国农业经济电子地图）

主要完成单位　中国农业科学院农业信息研究所

主要完成人　诸叶平，陈丽水，雪　燕，鄂　越，海占广，刘升平，李韶民，陈冬冬，邓　飞，张建兵，杨福运，孙开梦，薛　领，李世娟，崔晓阳

起止时间　1996 年 1 月—2011 年 2 月

获奖情况　2013 年北京市科学技术奖二等奖

内容提要

本成果属于计算机与现代服务业领域。本成果在创建了中国最大的农业经济基础资料数据库基础上，针对时间长序列、行政区划不断变动、指标单位不统一等问题，开展了数据规范化与智能化处理技术研究；针对长期缺少农业经济信息分析工具，特别是缺少灵活性强、适应行业需求的信息技术手段和软件等问题，集成应用数据库、GIS（地理信息系统）、GPS（全球定位系统）、模型和智能技术，围绕数据库管理、农业经济分析和预测模型、基于 Agent 的农业经济分析与群决策和农业经济电子

地图服务平台构建等一系列核心技术内容开展了以系统性的数据分析与辅助决策技术为关键、直观化的决策服务为目标的技术体系研究，取得了突破性创新成果。本成果深度挖掘了多年分县农村经济基础资料数据和分省农业统计资料数据，提出了农业经济信息时空分析与地图服务的技术方法和数据转换接口方法，制定了完整、可靠的农业基础数据采集规范；提出了农业经济时空信息快速处理与分析技术方法，研发了中国农业经济电子地图平台；实现了多模式的中国农业经济电子地图智能服务；提出了基于地图的农业突发事件快速分析方法和灾害专题定制分析方法，研建了农业常态灾害预测预警模型，构建了具有多种灾害分析报告生成、灾害动态数据分析的农业突发事件分析系统；提出了可定制农业生产优化布局建模方法，研发了具有灵活建模功能的农业生产优化布局组件和决策支持系统；创建了基于 Agent 的农业经济信息分析与辅助决策系统。本项目在国内外开展了广泛技术交流，发表研究论文 48 篇（其中 SCI、EI 收录 11 篇），申请受理发明专利 1 项，获得软件著作权 10 个。本项成果形成的软件已在农业部各司局、全国 31 个省区农业厅全面推广应用 300 余套，为农业管理决策和应对突发事件提供了技术支撑和有效提高区域农业资源利用效率、优化农业生产布局的方法，为各级农业部门提供了高效准确的信息服务，促进了农业与社会、经济、环境协调发展，对实现中国农业和农村信息化发展起到了积极的推动作用。

33. 蜂王浆高产机理及蜂王浆生化特征的研究

主要完成单位 中国农业科学院蜜蜂研究所

主要完成人员 李建科，冯　毛，房　宇，韩　宾，张　兰，郑爱娟

起 止 时 间： 2005 年 1 月—2012 年 12 月

获 奖 情 况 2013 年北京市科学技术奖二等奖

内 容 提 要

蜜蜂是畜牧学的一个重要组成部分，蜂王浆是重要的蜂产品之一，它是哺育蜂头部咽下腺的分泌物。蜂王浆不仅是天然保健品，而且其优质高产对提高养蜂业经济效益贡献巨大。中国从意大利蜜蜂中选育出蜂王浆高产蜜蜂——浆蜂，使中国的蜂王浆产量占世界的 90% 以上，浆蜂已成为重要的蜂种资源。本研究从咽下腺形态学，咽下腺、胚胎、幼虫及蛹期发育和蜂王浆蛋白质组学等方面，对浆蜂蜂王浆高产机理和蜂王浆生化特征进行了深入系统的研究。研究表明，浆蜂经过蜂王浆高产选育，咽下腺和腺细胞体积明显增大，分泌周期从意蜂的 6～12 日龄延长到 3～15 日龄；浆蜂为适应蜂王浆高产的需要，其咽下腺发育机理在分子水平上发生了显著变化，如蛋白质合成和加工能力，能量代谢水平显著提高；同时，浆蜂咽下腺在越冬期较意蜂储存更多的营养蛋白，以保证来年快速复壮蜂群哺育蜂儿的需要；浆蜂工蜂和雄蜂在胚胎、幼虫和蛹期发育较意蜂也具有显著差异，这些差异为浆蜂工蜂蛹期咽下腺的发育和分泌大量的蜂王浆奠定基础。同时，发现了调控咽下腺，胚胎、幼虫和

蛹发育的关键蛋白，这为今后在分子水平上改良蜂王浆产量和品质提供了理论基础。浆蜂和意蜂所产蜂王浆功能蛋白的种类和含量没有差异，且产量和蛋白含量也显著高于中华蜜蜂，并在其中发现 19 种新蛋白和评价蜂王浆新鲜度的蛋白标志，这对蜂王浆生化特征的深刻认识、功能成分利用和质量控制提供一定理论依据。本项目通过深入系统的研究基本探明了浆蜂蜂王浆高产的机理，深入分析了蜂王浆的生化特征，这对我国蜂业的理论创新和产业发展具有重要意义，进而对提高蜂农收入和人民群众健康水平具有重要作用。本项目在国际重要学术期刊发表 13 篇 SCI 论文，累积影响因子 39.2，被国内外蛋白质组学，食品和昆虫学领域的许多高水平杂志引用。这表明我们的研究思路和结果不仅对蜜蜂及其他昆虫学研究具有重要的参考和借鉴意义，而且为蜂王浆功能成分的开发利用及质量控制提供了理论和实践基础。

34. 自动导航无人机低空施药技术

主要完成单位　农业部南京农业机械化研究所，中国人民解放军总参谋部第六十研究所，中国农业机械化科学研究院，南京林业大学

主要完成人员　梁　建，薛新宇，周立新，尚其龙，常　春，孙　竹，张宋超，陈小兵，张小超，杨维顺，周宏平，秦维彩，孔　伟，王宝坤，周良富

起止时间　2008 年 1 月—2010 年 11 月

获奖情况　2013 年江苏省科技进步二等奖

内容提要

课题通过开展高效低污染施药技术、施药装备与作业平台技术、施药过程自动控制技术的融合，创制了适合于中国水田施药作业的无人驾驶低空低量航空施药技术及装备，解决了制约水田病虫害防治机械化的关键问题，为水稻生产全程机械化提供了技术与装备支撑。课题完成主要成果如下。

（1）在国内首次以完整的顶层系统研究设计为依据，以低空喷洒雾滴沉降规律、农药植株沉降附着基本特性、低量高浓度喷洒剂型筛选、航空施药飘移安全性评价等系统的应用基础研究为支撑，构建了完整的旋翼机低空低量施药技术体系。

（2）无人驾驶自动导航低空施药技术研究取得突破性进展，基于高精度 GPS 农用无人直升机的自动导航技术已达到国际领先水平，解决了航空喷雾作业喷幅的精确对接。

（3）改制成功适应低空作业条件的无人直升机运载平台，并与自动导航、低量喷洒等多项高新技术融合，为中国水田植保作业提供了全新的施药技术与装备。

（4）创新性地构建了无人旋翼机喷洒作业风场测试方法及地面测控研究平台，提升了中国航空施药技术及无人测试设备移动智能平台研究的技术支撑能力。

（5）建立了我国首个航空喷雾飘移预测模型，为今后开展航空施药作业安全性评估研究打下了基础。

农用无人直升机施药作业高度 3 ~ 7 米，有效喷幅 7 ~ 8 米，每架次作业面积 2 ~ 3

公顷；与传统地面作业机具相比，农药有效利用率≥35%，节省农药使用量≥20%，作业效率提高10~100倍。

35. 水貂繁殖成活关键技术研究

主要完成单位 中国农业科学院特产研究所

主要完成人 李光玉，孙伟丽，钟 伟，刘晗璐，张海华，杨福合，常忠娟，赵静波，曹新燕，宋兴超，王凯英，李志鹏，邵西群，蒋清奎，王夕国

起止时间 2009年3月—2012年12月

获奖情况 吉林省科技进步二等奖

内容提要

针对制约中国水貂养殖业发展的繁殖成活率低技术难题，紧密围绕影响水貂产仔及成活率的各种因素，开展以下研究：①制定水貂选种选配、饲养管理、发情鉴定、营养体况等技术规程，集成一套水貂高繁殖成活技术；②研究水貂集中发情、妊娠及产乳的主要营养需要量，制定优化饲料配方；③研究影响水貂繁殖成活的环境、激素、疾病等方面关键技术，建立提高水貂产仔成活率新方法；④研究水貂主要微量元素、维生素需要量，开发绿色微生态制剂，研制仔貂早期成活的哺乳期增乳饲料新产品。目标是成果应用于水貂养殖业，显著提高产仔成活率，提高饲料利用率，降低饲料成本，减少排泄物污染，提高养殖经济效益，实现节能减排高效益。

本项目取得多项突破性技术进展，技术成果经技术对比和专家评审，一致认为在水貂窝箱环境改善、外源激素处理提高水貂产仔成活率和绿色微生态制剂降低仔貂腹泻、提高母貂泌乳性能等方面具有创新性，达到同类研究国际先进水平。与国内水貂养殖平均水平相比，饲料利用率提高9%，产仔率提高11%，幼貂成活率提高24%，分窝成活数达5.0只。节能减排高效益成果显著。针对中国水貂繁殖期营养标准不完善、饲养管理技术不规范、繁殖技术水平低、疾病防治技术落后，缺乏新技术新产品等问题，研究成果集成了水貂高繁殖成活率的综合关键技术，解决了中国水貂产仔成活率低关键技术瓶颈，为中国水貂产业可持续、高效、健康发展提供科技支撑和技术示范。

研究成果形成了多种具有自主知识产权的主导技术，已在吉林、黑龙江、辽宁、山东等省区18个示范场、273个养殖场进行了示范推广。累计推广规模达200万只，累计新增效益1.31亿元，取得了显著的经济效益和社会效益。此项成果对吉林省及中国水貂养殖业健康发展，对调整农业产业结构，满足市场需求，发展区域经济，增加农民收入产生了重要作用。

36. 高致病性猪蓝耳病防控技术的研究及应用

主要完成单位 中国农业科学院哈尔滨兽医研究所，中国农业科学院上海兽医研究

所，哈尔滨维科生物技术开发公司

主要完成人员　童光志，田志军，周艳君，安同庆，彭金美，蔡雪辉，仇华吉，王洪峰，王牟平，刘景利，刘益民

起 止 时 间　2006 年 4 月 20 日—2011 年 2 月 1 日

获 奖 情 况　黑龙江省技术发明二等奖

内 容 提 要

从 2006 年 5 月开始在中国南方猪场爆发了猪“高热综合征”疫情，感染猪群发病率 80% ~100%，死亡率达 20% 以上，疫情传播迅速，半年内几乎传遍全国，养猪企业和广大农户为此损失惨重，由于疫情未能得到有效控制使我国近几年生猪出栏量下降，进而引起猪肉价格上涨，影响了人民生活水平，并导致了 CPI（居民消费价格指数）的上涨，此次疫情也引起了温家宝总理的高度关注。为此，迫切需要确定此次疫情的病原，研制出针对性强且安全、有效的疫苗和配套技术来防控该病，为中国养猪业的健康发展和社会稳定做出贡献。在中华人民共和国科技部（以下简称科技部，全书同）、农业部课题的资助下，经 6 年研究与应用，攻克了这一严重危害中国养猪业疫病的防控技术难题。本成果在国内率先确定了引起“高热综合征”的病原是高致病性猪繁殖与呼吸综合征病毒变异株（HP-PRRSV），分离到了典型的病原代表毒株 HuN4 株，明确了该类病毒对猪具有高致死率和其独特的分子特征，建立了 RT-PCR 鉴别诊断方法，证实该病在中国及东南亚地区已广泛存在，以上研究结果为农业部将 HP-PRRS 列为中国一类动物疫病提供了科学依据。通过解决 HP-PRRSV 不易适应细胞和细胞适应毒对猪致病能力快速降低的技术难题，建立了 HP-PRRSV HuN4 株仔猪感染模型，感染仔猪临床发病症状典型，致死率高，重复性好。2007—2008 年农业部通过该模型评价了当时国内已有的 PRRS 疫苗预防 HP-PRRS 的效果，结果证实已有疫苗均不能有效预防该病，提出应研制 HP-PRRS 活疫苗来预防该病，以上研究结果为国家选择正确的 HP-PRRS 防控技术提供了事实依据。将 HP-PRRSV HuN4 株在 Marc-145 细胞上系列传代和 3 次蚀斑克隆纯化，在国内率先创制成功了安全、有效，临床保护率超过 90% 的高致病性猪繁殖与呼吸综合征活疫苗（HuN4-F112 株），针对不同猪群（种猪群和商品猪群）制定了科学的免疫程序和相应的鉴别诊断技术，疫苗免疫猪群出栏率提高 10% 以上，为中国有效控制 HP-PRRS 的发生提供了重要技术保障。

本成果研制的高致病性猪繁殖与呼吸综合征活疫苗（HuN4-F112 株）获国家发明专利、国家二类新兽药证书和农业部批准生产文号，并纳入《国家动物疫病强制免疫计划》用苗。该疫苗已转让 4 家动物疫苗生产企业生产，获技术转让费 3 200万元。2 年来已在全国 25 个省、市培训各级政府动物疫病管理人员和猪场技术人员超过 15 000 人，销售疫苗 25 463万头份，免疫猪群有效地控制了 HP-PRRS 的发生，养猪经济效益显著提高。企业疫苗销售额 22 026万元，上缴税费 2 358万元，实现利润 8 566万元，创社会经济效益 20 亿元以上。

37. 早熟苹果新品种华硕的培育与示范推广

主要完成单位 中国农业科学院郑州果树研究所

主要完成人员 阎振立，过国南，张恒涛，张顺妮，张瑞萍，等

起止时间 1996年1月—2010年12月

获奖情况 河南省科学技术进步二等奖

内容提要

苹果新品种华硕是中国农业科学院郑州果树研究所在“九五”农业部科技攻关、“十五”国家科技攻关、“863”计划、“十一五”国家科技支撑等多项课题的资助下，通过有性杂交和现代高效育种技术手段相结合，聚合多个优异基因，历时15年培育成早熟、优质、耐贮藏的苹果新品种，2009年通过河南省林木品种审定。

该品种平均单果重242克；果实底色绿黄、充分成熟后底色黄白，果面着鲜红色，着色面积达70%，个别果实可达全红；肉质中细，脆而多汁，果肉硬度10.1千克/平方厘米，可溶性固形物含量13.9%，可滴定酸含量0.42%，酸甜适口，风味浓郁。果实发育期110天左右，郑州地区8月初成熟。

创新点育成的红色、大果型、耐贮藏的早熟苹果新品种华硕，打破了现有苹果早熟品种不耐贮藏、货架期短的共有缺点。该品种除有优良品种所应具备的鲜艳的外观和优良的品质外，与目前生产上应用的早熟苹果品种相比还具有以下优良创新性状。

（1）华硕特大的果实是目前同类品种所不及的。目前，生产上栽培的早熟苹果品种嘎拉单果重仅145克、美八单果重180～220克、华硕单果重242克，果个大小明显超过了生产上公认的大果型品种美八，符合中国消费者“好大”的需求。

（2）采前不落果是大多数同类品种不具备的。采前落果是苹果早熟品种共有的缺点，多数早熟品种为防止采前落果和延长其采后货架期，往往采取提前采收，这在很大程度上降低了果实的品质；而华硕品种克服了苹果早熟品种采前落果的缺点，其果实可于开始着色后提前采收上市，也可到果实充分成熟达到其应有品质后采收。

（3）久贮不沙化的耐贮性是所有同类品种无法相比的。限制苹果早熟品种发展的一个重要因素就是目前所有早熟品种贮藏性差，多数品种果实成熟后常温条件下最多2周肉质即沙化变质，个别品种采后3～5天肉质即沙化变质，货架期短，不利于果品的流通和销售。而华硕品种果实成熟后在普通室温下贮藏30天以上，肉质仍能保持松脆而不沙化，在冷藏条件下其果实可延续供应到富士成熟上市；货架期长，有利于果品的流通和销售，鲜果销售从8月份可一直延伸到富士等晚熟品种成熟。

推广应用情况：截至2011年年底，河南省三门峡市、商丘市、周口市，山东省烟台市、泰安市、沂源县，陕西省渭南市、铜川市、宝鸡市，河北省临漳县，山西省运城市，安徽省萧县，新疆伊犁哈萨克自治州，西藏林芝地区，云南省马龙县等累计推广华硕总面积4.6万亩，其中20%果园已进入结果期，年产量近1 800万千克，年产值7 000余万元。

38. 作物需水信息采集技术与设备

主要完成单位　中国农业科学院农田灌溉研究所

主要完成人员　段爱旺，张寄阳，周清波，马孝义，王一鸣，孟兆江，刘祖贵，王景雷，高胜国，王利民

起止时间　2003 年 1 月—2010 年 12 月

获奖情况　2013 年河南省科技进步二等奖

内容提要

（1）首创了基于驻波原理的土壤含水率测定技术，研制出具有自主知识产权的 SWR 系列管式和针式土壤水分传感器及其配套仪表共 8 种新产品，已实现产业化，打破了国外产品在我国市场长期垄断的局面。

（2）改进完善了以 MODIS 数据源为基础的热惯量模型和植被供水指数模型，建立了基于 ENVISAT-ASAR 的微波遥感水分模型，研发了土壤墒情遥感监测系统，并实现了全国范围的业务化运行。

（3）研发了适合树木和大田作物使用的植株蒸腾速率测定仪，以及作物茎直径变差监测设备等 4 种新产品，其技术性能与国外同类产品相当，成本大幅度下降，为实现规模化产业生产并服务于生产实践打下了良好的基础。

（4）发明了国内首款“傻瓜式”灌溉预警装置，实现了实时灌溉预报技术的产品化，在中国北方缺水地区具有很强的实用性和较好的通用性。

（5）确定了主要大田作物和温室经济作物的水分亏缺诊断指标阈值，构建了多源信息融合的温室作物精量灌溉决策方法和基于墒情监测的大田作物灌溉预报方法，研发了基于 WEBGIS（网络地理信息系统）的灌溉管理与决策支持系统。

项目实施过程中，共形成 6 项主导技术与方法及其配套的 15 种产品与设备，获得 23 件知识产权，其中，发明专利 8 件、实用新型专利 6 件、计算机软件著作权 9 件；在国内外学术期刊发表 70 篇论文，其中被三大检索（SCI、EI、ISTP）收录 20 篇；出版专著 4 部。

研制的 SWR 系列土壤水分监测设备已实现产业化，广泛应用于中国水利、农业部门的科学研究，以及区域墒情监测、抗旱减灾系统的建设中；开发的土壤墒情遥感监测系统，从 2006 年开始服务于全国农作物的墒情遥感监测业务运行，为农业部及各地农业主管部门进行农业生产管理与决策提供了科学依据；以 SWR 土壤水分测定仪、灌溉预警装置、灌溉管理与决策系统等成果为基础的集成技术在河南省新乡市、焦作市、商丘市，以及新疆建设兵团农六师等地累计推广 3 700万亩，节水 12.9 亿立方米，产生了显著的社会经济效益。

39. 转基因抗虫棉环境安全评价技术与标准研制及应用

成果完成单位　中国农业科学院棉花研究所

成果完成人员 崔金杰，雒珺瑜，张 帅，王春义，吕丽敏，马小艳，姜伟丽，等
起 止 时 间 2006 年 1 月—2012 年 12 月
获 奖 情 况 2013 年河南省科技进步二等奖
内 容 提 要

（1）系统研究了转基因抗虫棉的目标性状特征。明确了转基因抗虫棉对棉铃虫的抗性具有时空动态。明确了转基因抗虫棉对棉铃虫的抗性作用涉及生长发育、取食行为和繁殖等方面，表现为：体重蛹重明显减轻、化蛹率和羽化率明显降低、产卵量和卵孵化率明显降低；在抗虫棉上取食时间缩短。

（2）系统研究了转基因抗虫棉的生存竞争能力。明确了抗虫棉种子营养成分和发芽率与常规棉无明显差异。证实了转基因抗虫棉在栽培地种植条件下，农艺性状、种子质量与常规棉无明显差异；在荒地种植条件下与杂草的竞争能力较弱，处于劣势地位，不具杂草化能力。研制了抗虫棉在荒地和栽培地条件下生存竞争能力评价方法。

（3）系统研究了抗虫棉基因漂移检测方法、漂移距离和漂移频率。首次提出了基因漂移检测方法。明确了转基因抗虫棉花粉漂移规律，发现了花粉漂移的距离及其与漂移频率的负相关关系，明确了花粉漂移距离在 50 米左右。

（4）系统研究了抗虫棉对生态系统生物多样性的影响。明确了转基因抗虫棉对节肢动物群落结构与组成无明显的影响。明确了抗虫棉和常规棉田物种丰富度季节性格局变化趋势基本一致。明确了抗虫棉田生物多样性和常规棉无明显差异。明确了抗虫棉田害虫优势种不再是棉铃虫，而棉蚜、棉叶螨、棉盲蝽等刺吸性害虫上升为主要害虫。明确了抗虫棉田捕食性天敌总量明显增加，寄生性天敌种群数量明显降低。

（5）研制了 4 项国家标准和 1 项农业行业标准，均已发布实施。

（6）获得国家授权专利 5 项；发表科技论文 30 篇，其中 SCI 论文 8 篇，其中 JCR（期刊引用报告）1 区 1 篇；出版著作 10 部。

本成果有力促进了中国转基因抗虫棉新品种的培育和推广应用。3 年来，5 家单位利用我所研制的标准对 115 个转基因抗虫棉新品种进行了安全评价，累计推广应用面积达 5 346万亩，项目增收节支总额达 62.96 亿元。社会和生态效益也十分显著。

40. 高产多抗早熟小麦新品种 04 中 36 选育与应用

成果完成单位 中国农业科学院棉花研究所，安阳市农业科学院
成果完成人员 闫素红，李 伟，杨兆生
起 止 时 间 1998 年 4 月—2011 年 12 月
获 奖 情 况 2013 年河南省科技进步二等奖
内 容 提 要

04 中 36 于 2006 年 9 月通过了河南省品种审定，2008 年获得国家植物新品种权保护，2008 年、2009 年、2010 年列入河南省粮种补贴项目，被河南省种子管理站列为有发展前景的小麦新品种。是抗病耐旱、晚播早熟、抗干热风、矮秆大穗、抗倒、落黄好

的高产小麦新品种。常规育种技术本项目属农作物新品种选育。

（1）高产性突出。04 中 36 产量三要素协调，亩成穗数 38 万 ~ 44 万，穗粒数 33 ~ 41 粒，千粒重 39 ~ 43 克。2004—2006 年度参加河南省高肥春水组区试，平均亩产 492. 7 千克，比对照增产 8. 5%，居第一位；参加河南省高肥春水组生产试验，平均亩产 475. 0 千克，比对照豫麦 18 增产 8. 1%，居第一位。

（2）综合抗病性、抗逆性突出。04 中 36 含有 *YrZH*84 抗病基因，中抗条锈病、中抗叶锈病、中抗白粉病，轻感叶枯、纹枯病。抗干热风，叶片功能期长。茎秆弹性好，抗倒伏。抗寒性好，经过 3 年试验，未发生冻害和倒春寒危害。特别是在 2006—2007 年度，在个别品种受冻害造成绝收的情况下，04 中 36 在各地均未发生冻害。

（3）株叶型好。04 中 36 株型紧凑，长相清秀，旗叶较宽上举，株高适中（70 厘米），通风透光性好，穗层整齐，腿脚利落，适合间作套种和河南省中晚茬地种植。

（4）品质较好。经农业部农产品质量监督检验测试中心（郑州）测定，容重 800 克/升，粗蛋白质（干基）14. 31%，湿面筋含量 32. 2%，降落值 369 秒，吸水量 63. 7 毫升/100 克，形成时间 3. 5 分钟，稳定时间 4. 0 分钟，沉淀值 51. 0 毫升。面筋强度中等，适于加工利用，适合制作大众食用的馒头和面条。

（5）04 中 36 优点多，性状优良，被育种单位用作培育新品种的骨干亲本。是一个很有发展潜力的小麦新品种。

（6）04 中 36 品种权转让给河南省许科种业有限公司，建立了规模化的良种繁育和示范基地，开展了良种良法配套技术研究和高产攻关研究，已成为河南省晚茬小麦主导品种之一。到 2011 年在河南省累计推广面积达 818. 25 万亩，新增粮食 1. 69 亿千克，新增产值 3. 73 亿元，新增利润 4. 1 亿元，已获经济效益是 5. 26 亿元。04 中 36 属弱春性大穗型中早熟品种。分蘖集中，抗寒性好；株型紧凑，半矮秆，抗倒性较好，穗层整齐，落黄好；长方形大穗，饱满度好，丰产性好；抗病性好。连续 3 年列为河南省良种补贴重点推荐品种，已成为河南省晚荐小麦主导品种之一，取得了显著的社会经济效益。

41. 早熟、耐贮、全红型桃新品种春蜜、春美的培育与推广应用

主要完成单位 中国农业科学院郑州果树研究所

主要完成人员 牛　良，王志强，鲁振华，崔国朝，高　昂，宋银花，马凌珂，曾文芳，贝　艳

起 止 时 间 1989 年 3 月—2012 年 12 月

获 奖 情 况 2013 年河南省科技进步二等奖

内 容 提 要

桃是深受中国人民喜爱的传统果品，居落叶果树第 3 位，河南省 2010 年桃栽培面积 110 万亩左右，位居全国第 3 位。桃产业是我省农业产业的重要组成部分。

“国以农为本，农以种为先”，桃产业的发展离不开优良的品种，而且，随着人们

生活水平的提高，对果品品质、外观等的要求也越来越高，品种也需要持续地更新换代。桃虽然原产中国，有着丰富的种质资源，但是，有计划的育种工作起步较晚，育成品种少且水平相对较低，虽然也从国外引进了一些品种，如砂子早生、松森、仓方早生等，但这些品种多存在自花不稔、产量不稳定、果肉软、着色不够理想等问题，远不能满足中国桃产业发展的需求。

新中国成立之后，特别是改革开放以来，中国逐步加大了对农业科研的投入，也开始了有计划的新品种选育。中国农业科学院郑州果树研究所是中国开展桃育种最早，也是最有成效的单位之一。针对中国市场上早熟桃品种产量不稳定、自花不稔、着色不理想等问题，于1989年开始，科学选配亲本，结合现代生物育种技术，通过2代改良，培育出了早熟、自花结实、全红型优良桃新品种春蜜和春美。

春蜜桃在郑州地区6月上中旬成熟，果形近圆，平均单果重126克，最大果重200克以上，成熟时全面均匀着色，果肉白色，可溶性固形物含量12.1%，品质优良，自花结实，丰产稳产。春美桃6月中下旬成熟，果形圆，平均单果重180~220克，大果250克以上，成熟时全面着色，外观美，果肉白色，可溶性固形物含量12.8%，品质优，自花结实，丰产稳产。

春蜜、春美桃作为优株选出之后，在河南省及全国各桃产区进行了区域试验，对其栽培适应性进行了系统评价，并对其配套栽培技术进行了集成研究。试验结果表明，这两个品种在河南省适应性良好，表现早熟，着色优良，果肉硬度较高，较耐贮运，品质优。2008年申请通过了河南省林木品种审定委员会审定，经现场考察，专家组一致认为，这两个品种成熟早，着色优良，丰产稳产，在早熟桃生产中具有明显优势。

这两个品种审定之后，针对河南省的实际情况，结合河南省科技成果转化项目，进一步集成熟化了配套的栽培技术，在全省范围内进行了宣传推广，各地果农表现出很强的意愿，截止到2012年，河南省栽培面积18.4万亩，投产14.5万亩，平均单产1 900千克/亩，当年批发价格4.8元/千克，年新增销售额13.22亿元，按亩生产成本2 900元/亩计算，年新增利润9.02亿元；全国推广面积52.7万亩，结果面积48.3万亩，年经济效益44.05亿元，年新增利润30.04亿元。

42. γ-氨基丁酸茶加工技术研究及系列产品开发

主要完成单位 中国农业科学院茶叶研究所

主要完成人员 林 智，谭俊峰，吕海鹏，彭群华，郭 丽，许勇泉，张 悦

起止时间 2001年7月1日—2012年12月31日

获奖情况 浙江省科技进步二等奖

内容提要

（1）研发出具自主知识产权的γ-氨基丁酸茶加工关键技术——鲜叶真空厌氧处理技术，较日本的氮气嫌气处理技术，简便易行、成本低、效果好，可使茶鲜叶中GABA（γ-氨基丁酸）含量达到2毫克/克以上。

（2）集成创新 1 套 γ-氨基丁酸茶系列产品的加工技术，开发出 GABA 含量在 2 毫克/克以上，感官品质优异的 γ-氨基丁酸绿茶/红茶/乌龙茶/白茶系列新产品。技术水平处于国际领先。

（3）集成创新了 1 套 γ-氨基丁酸茶粉加工技术，开发出 γ-氨基丁酸超微绿茶粉和速溶茶粉 2 个深加工产品。其中，γ-氨基丁酸超微绿茶粉的 GABA 含量≥2 毫克/克，粒度（D84）55～70 微米；γ-氨基丁酸速溶茶粉的 GABA 含量≥1.5%，10℃下的水溶解性良好，速溶时间≤30 秒。技术水平处于国际先进。

（4）获得 2 项国家发明专利，发表论著 8 篇。

本项目技术在浙江、江苏、福建、云南、湖北、广西等 6 个主要产茶省进行了技术转让和示范推广，累计新增产值 10 873.5万元，新增利税 1 529.06万元，出口创汇 98.41 万美元，带动茶农增收 3 080.3万元，经济效益和社会效益显著。

43. 水稻好氧栽培理论与技术及应用

主要完成单位 中国水稻研究所，浙江省农业厅农作物管理局，江西农业大学，湖南省粮油作物科技中心，安徽农业大学，江山市农业技术推广中心，杭州市余杭区农业技术推广中心，富阳市农业技术推广中心

主 要 完 成 人 章秀福，陶龙兴，王丹英，徐春梅，孙　健，符冠富，赵　锋，熊　杰，陈　松，任泽明，潘晓华，董召荣，占才水，金国强，何庆富

起 止 时 间 2005 年 1 月—2012 年 12 月

获 奖 情 况 2013 年度浙江省科技进步二等奖

内 容 提 要

成果针对品种产量潜力实现过程中存在的如土壤障碍、水分和养分利用率低、早衰、倒伏等问题，总结传统稻作中诸如水旱轮作、中耕耘田、排水搁（晒）田等措施，提出改善稻田土壤的通透性和提高水稻根际含氧量的水稻“好氧性栽培”理论；建立以改善灌溉稻田土壤氧环境为关键，以协调稻田土壤—水—气三界面为重点的水稻好氧栽培技术体系。本成果共获国家发明专利 2 项，发表论文 40 多篇。

成果创新点：①在明确水稻不同生育阶段的需氧规律的基础上，探明了水稻好氧栽培的根际生态生理效应、产量建成与高产机理、肥水耦合效应及高效利用机制等，建立了水稻“好氧性栽培”理论，为构建水稻的“理想根系”“理想株型”提供支撑。②提出水气协调的水稻好氧栽培灌溉指标，制定水稻垄畦栽培/麦作式栽培技术规程，形成氧肥施用方法，建立水稻好氧栽培技术体系，为水稻产量的进一步提升和可持续高产稳产提供了技术支撑。

该成果 2010—2012 年在浙江、江西、湖南、安徽等省累计推广 4 010.0万亩，增产稻谷 97.9 万吨，累计节本增效 28.0 亿元；应用该技术，2008—2012 年连续 5 年浙江江山百亩连片早稻亩产超 600 千克，实现了同一地点同一熟季可持续超高产。该技

术应用好氧灌溉以协调土壤—水—气间的平衡，节水 30% 以上，节水效果显著，同时可提高肥料利用率 10% ~15%，降低肥水流失，及其对环境污染。经济社会生态效益显著。

44. 农业综合生产能力与资源保障研究

主要完成单位 中国农业科学院农业资源与农业区划研究所

主要完成人员 罗其友，高明杰，姜文来，张 晴，屈宝香，周旭英，周振亚，唐 曲，陶 陶，李建平

起止时间 2005 年 1 月—2007 年 12 月

获奖情况 2012—2013 年度中华农业科技奖三等奖

内容提要

随着工业化和城市化的快速发展，农业资源非农化转移加速推进，形成对农业资源空间的强劲争夺，中国农业可持续发展面临前所未有的资源环境整体约束，资源保障问题已经成为农业综合生产能力安全领域迫切需要研究解决的重大战略性问题和重大瓶颈制约问题。开展中国农业综合生产能力安全及其资源保障研究具有重大的理论和现实意义。本项目主要进展与创新如下。

（1）系统界定了农业综合生产能力安全的相关概念，构建了基于农业综合生产能力安全的资源阈值模型与资源供给保障程度的评测标准。

（2）测算了 3 种典型农产品自给率组合情景下 2020 年、2030 年全国主要农产品安全需求量。依据全面小康发展目标，综合考虑人口、城市化水平、城乡居民收入和消费习惯等因素，测算出 2020 年、2030 年全国粮食安全需求量分别为 5.139 亿 ~5.424 5亿吨、5.508 亿 ~5.814 亿吨，油料安全需求量分别为 0.56 亿吨和 0.72 亿吨，糖料安全需求量分别为 0.93 亿吨和 1.10 亿吨，棉花安全需求量分别为 0.10 亿吨和 0.13 亿吨。

（3）计算了 2020 年、2030 年中国基于农业综合生产能力安全的基本资源供给阈值，并评估了同期中国农业综合生产能力安全的资源保障程度。2020 年和 2030 年中国耕地资源安全阈值分别为 185 449.00万亩和 191 943.38万亩，耕地资源供给保障率仅有 86% ~95%，存在 5% ~14% 的耕地供需缺口；2020 年和 2030 年中国水资源安全阈值分别为 3 417亿立方米和 3 242亿立方米，灌溉水资源供给保障率仅有 93% ~97%，存在 3% ~7% 的灌溉水供需缺口；2020—2030 年草地产草量在 3.96 亿 ~5.92 亿吨，确定草地资源（载畜量）阈值为 73 707 万 ~90 202万羊单位，同期草地资源的人口压力提升 1/5 以上；2020 年和 2030 年的水产资源（产出量）阈值为 5 515万吨和 5 546万吨。

（4）研究设计了农业综合生产能力安全的资源保障机制与途径。

本项成果为中国农业资源安全战略制定和决策提供了重要的科学参考，已经被政府有关部门参用，在粮食安全、资源环境等领域将产生重要影响。

45. 农业知识产权战略决策支撑系统

主要完成单位 中国农业科学院农业资源与农业区划研究所，农业部环境保护科研监测所，农业部科技发展中心，江苏省农业科学院，南京农业大学

主要完成人员 宋　敏，朱　岩，寇建平，林祥明，吕　波，刘　平，孙洪武，陈　超，刘丽军，孙俊立

起 止 时 间 2005 年 1 月—2009 年 12 月

获 奖 情 况 2012—2013 年度中华农业科技奖三等奖

内 容 提 要

“农业知识产权战略决策支撑系统”针对农业知识产权种类繁多、利益关系复杂、信息资源零散等现实问题，紧扣农业科研、产业发展和粮食安全保障的特殊需要，坚持“公益性、专业性、权威性”的基本原则，采用先进的数据库、数据挖掘和网络信息技术，通过全面系统地信息跟踪和采集，采用“人机互动”模式进行信息分析和深度数据挖掘，并且通过及时方便的个性化信息提供渠道，最大限度地整合各类农业知识产权数据资源，旨在把纷繁复杂的各类农业知识产权信息系统采集汇总，并经过科学加工分析之后及时准确地提供给政府、科研单位和企业等各类主体，为其科学决策提供可靠的数据支撑。该成果在充分利用世界科技资源，提高我国农业科技创新效率，规避知识产权风险等方面发挥了巨大作用。

该成果主要内容如下。

（1）数据采集系统。建立了具备及时采集全球 90 多个主要国家农业专利、69 个 UPOV 成员国品种权、30 多个主要国家农产品地理标志产品的数据采集系统，实现了跨平台、多数据库联机检索采集。

（2）大数据管理系统及农业与生物技术知识产权资源池。集成和开发建立了具有检索、统计分析、专家咨询评估、流程监控等功能模块的数据管理系统，实现了对海量原始数据进行标准化改写整理；建立了涵盖农业专利、品种权、农产品地理标志、农业遗传资源等农业知识产权技术、法律和经济信息的资源池和各类专题库。

（3）数据分析加工系统。综合集成了知识产权信息分析软件与数据挖掘工具，并采用计算机智能系统与技术专家团队相结合的“人机互动”运行机制，建成了具有创新成果查新、发展路径和竞争态势分析、FTO（Freedom to Operate）诊断以及深度农业科技数据挖掘等多种功能的信息分析加工系统。

（4）信息提供系统。针对不同用户对象，建立了内部访问和外部浏览子系统，实现了知识产权信息的可视化展示、定向传送、互动交流等。

该成果创新程度：在国内和国际上首次实现了对全球多种类型农业知识产权的相关技术、法律和经济信息的全方位数据采集、多媒体数据整合和跨学科数据挖掘。项目共发表学术论文 20 余篇，出版专著 6 部，举办全国学术论坛 5 届，专题学术沙龙 20 余次。

该成果应用推广情况：成果广泛应用到政府部门，为《国家知识产权战略纲要》

《农业知识产权战略纲要》等国家战略制定提供科学决策依据；同时被农业主管部门，江苏省农业科学院等科教单位，以及中国种子集团公司等农业企业广泛采纳运用，有力促进了中国对农业知识产权资源的战略性利用，对中国农业科技、农业和种业实现跨越式发展发挥了巨大作用。

46. 盐碱地枣产业优质高效配套技术体系研究与示范

主要完成单位 中国农业科学院郑州果树研究所，山西农业科技大学生物技术研究中心

主要完成人员 王志强，曹尚银，郭俊英，孟玉平，薛华柏，冯宝山，王宏明，曹秋芬，刘学增，乔宪生

起止时间 2005—2007 年

获奖情况 2012—2013 年度中华农业科技奖三等奖

内容提要

(1) 选出高耐盐碱（土壤 pH 值 8.5，含盐量 0.45%）、综合性状优良的新品系冬枣新 1 号；选出了抗盐碱（土壤 pH 值 8.9，含盐量 0.8%）枣砧木酸枣新品系抗盐 1 号。创制了耐盐碱冬枣新品种和新砧木的光雾化无土快繁育苗体系。

(2) 利用康地宝、盐碱土壤修复材料、德力施和禾康盐碱清除剂，分别降低了盐碱地冬枣员土壤含盐量 26.7%、34.9%、11.9% 和 12.7%。

(3) 研究出盐碱地枣无公害标准化栽培技术措施。重点是盐碱地改良、环保型肥料的筛选；不同生物农药种类和施用时间的残留量；施用激素对枣果品质的影响；病虫害无公害防治技术研究，提高坐果率、果实品质的措施，采收期的确定等。

(4) 研究出适合黄骅枣区和新疆南疆的盐碱地枣直播建园技术及配套的栽培技术，大大提高了新疆盐碱地建园的成活率和枣园的早期丰产性。

(5) 首次发现并从枣树中克隆出枣树水通道蛋白基因 *ZjPIP2*，该基因可作为目的基因导入到植物，提高植物耐盐性和耐旱性，以进行植物品种改良，明确了具有优良抗性的枣树的抗逆机制，逆境相关基因的分子结构、表达、功能及调控，为进一步充分利用这些优良抗性基因提高植物的抗逆性提供了一定的实验数据，奠定了一定的理论基础。

该技术体系在 2 项国家农业成果转化项目的支持下，被黄骅地区和新疆南疆地区广泛应用，示范应用推广面积达到 13.55 万亩，累计产值达 5.6 亿元。其中，黄骅应用面积达 3 万亩，由于河北黄骅的无公害冬枣枣果产品售价在 16 ~ 20 元/千克，远远高出普通冬枣 7 ~ 8 元/千克的售价，因此枣农收入显著，亩纯收入增加平均在 6 675元以上；新疆应用面积 9.55 万亩，在新疆利用枣直播建园技术及其配套栽培模式，当年亩投入在 800 元左右，建园第二年亩产红枣在 150 ~ 200 千克，产值达到 1 500 ~ 2 000元，第 3 ~ 5 年红枣收入可达 6 000 ~ 8 000元。

通过该项目试验、示范和大面积推广转化，可把中国适宜地区荒芜的盐碱地变成绿

洲和经济林带，既增加当地农民收入，又有效地改善了盐碱地区生态环境，防风固沙，社会效益和经济效益显著，有广阔的应用前景。

47. 猪圆环病毒疫苗及配套诊断技术的研究与产业化

主要完成单位　中国农业科学院哈尔滨兽医研究所

主要完成人员　刘长明，危艳武，陆月华，张超范，黄立平，郭龙军

起 止 时 间　2006 年 1 月—2010 年 12 月

获 奖 情 况　2012—2013 年度中华农业科技奖三等奖

内 容 提 要

猪圆环病毒 2 型（PCV2）引起断奶仔猪多系统衰竭综合征、猪皮炎与肾炎综合征、猪呼吸道疾病综合征、母猪繁殖障碍、先天性震颤等疾病，发病率 10% ~ 40%，死亡率达 40%，造成更大经济损失，疫苗免疫是控制本病的关键。由于该病毒不易适应体外细胞培养，抗原产量低，免疫效力评价难等问题，使疫苗研制遇到挑战。本研究采用分子病毒学技术，构建了带有分子标签的重组毒株，以基因克隆毒株在体外培养获得成功，经过疫苗生产工艺、质量标准评价等技术取得突破，研制成功中国首例猪圆环病毒疫苗，种毒获得发明专利证书，产品获得新兽药二类证书，疫苗实现了产业化，解决了猪圆环病毒病防控难题。主要创新点如下。

（1）对中国猪群进行了 PCV2 流行病学调查，将其分为 PCV2a、PCV2b 和 PCV2d 这 3 个亚型，各占 15. 8%、73. 7% 和 10. 5%。攻克了病毒体外不易培养、抗原产量低的难题；建立了限制性片段长度多态性分析法，可对流行毒株分型鉴别。

（2）采用基因操作技术，构建了带有分子标记的 PCV2 重组毒株，其可与野生型毒株相鉴别，获得国家发明专利。疫苗生产工艺取得突破，在病毒增殖过程中添加了 D-氨基葡萄糖，使病毒培养滴度显著提高；筛选到一种理想的疫苗佐剂，大幅度地提高了疫苗刺激产生抗体应答能力。

（3）研制的疫苗具有安全性好，对任何品种及不同年龄猪只无不良反应，免疫攻毒保护率达 96% 以上，免疫期 6 个月，批准为国家二类新兽药证书。在 175 个规模化猪场临床试验，猪群死淘率降低 8%，出栏提早 5 ~ 7 天，保健用药减少 30%，每头猪增收 50 元；各项指标优于进口产品，售价仅为其 1/3。

（4）疫苗实现了产业化，在 2 家企业建立了疫苗生产线，在病毒细胞培养、半成品检验、病毒灭活、疫苗乳化、成品疫苗检验、分装及标签设计等工艺取得创新。疫苗全国推广应用，接种后能够显著改善猪场的生产性能，各阶段猪只生长速度、成活率及饲料利用率显著提高，发病率和死淘率明显下降，创造巨大经济效益。

（5）利用重组 PCV2-Cap 蛋白及其单克隆抗体技术，建立了间接和阻断 ELISA 用于血清抗体检测，荧光定量 PCR 法用于病毒核酸载量检测，这几种诊断技术为疫苗免疫效果评价提供了技术支撑。

推广应用：本成果已获得新兽药证书 1 项，授权 2 家企业规模化生产，投放市场以

来累计新增利润 13 369. 88万元，税收 1 275. 15万元。疫苗荣获 2010 年度重大农业科技产业化进步奖，2011 年中国生猪业风云榜年度产品奖。

48. 甘肃高山细毛羊细型品系和超细品系培育及推广应用

主要完成单位 中国农业科学院兰州畜牧与兽药研究所，甘肃省绵羊繁育技术推广站，甘肃省金昌市永昌种羊场，甘肃省肃南裕固族自治县农牧业委员会，甘肃省天祝藏族自治县畜牧技术推广站

主要完成人员 郭　健，李文辉，孙晓萍，牛春娥，郎　侠，李范文，李桂英，苏文娟，冯瑞林，刘建斌

起 止 时 间 2006 年 1 月—2010 年 12 月

获 奖 情 况 2012—2013 年度中华农业科技奖三等奖

内 容 提 要

（1）利用传统育种手段和现代分子标记辅助选择技术相结合的育种措施，育成了甘肃细毛羊超细品系和细型品系。新品系群体技术指标：①超细品系：核心群 1 898只，成年公羊毛长平均 10. 15 厘米，体重平均 90. 00 千克，毛纤维直径（17. 97 ±3. 52）微米，净毛量平均 5. 17 千克；成年母羊羊毛长度（9. 35 ± 1. 04）厘米，体重平均 48. 85 千克，剪毛量（4. 68 ± 0. 51）千克，净毛率平均 55. 24%，净毛量（2. 58 ± 0. 36）千克，羊毛纤维直径 18. 53 ±0. 51 微米。②细型品系：核心群 4 896只，成年公羊平均羊毛长度 10. 94 厘米，体重平均 98. 24 千克，毛纤维直径（19. 98 ±3. 16）微米，羊毛强度 7. 06 厘牛顿，净毛量平均 5. 50 千克；成年母羊羊毛长度（9. 58 ±0. 79）厘米，体重平均 52. 65 千克，净毛量（2. 94 ±0. 38）千克，净毛率 57. 16%，羊毛纤维直径平均 20. 49 微米。

（2）开展多项专题研究：用 MTDFREML 法估计细型品系遗传参数，利用 BLUP 技术测算核心群育种值，微卫星标记技术体系构建，KRT-IF 基因克隆、生物信息学分析及其遗传效应研究等，物理保护技术提高羊毛品质研究示范，细毛羊营养四季平衡综合调控技术研究等。

（3）制定甘肃细毛羊国家标准（GB/T 25243《甘肃高山细毛羊》）。编写出版《甘肃高山细毛羊育种和发展》等著作。发表相关论文 18 篇，培养研究生 6 名。自主研发的毛丛分段切样器（ZL200820003445. 5）取得国家实用新型专利。制定了甘肃细羊毛质量控制标准体系（草案）。培训基层育种技术人员 400 人次，开展联合育种，畅通育种资源与信息，建设多篇片联合的细毛羊繁育体系。

（4）本成果在品种（系）培育，育种技术，羊毛品质分析手段等方面都有创新和突破。

（5）促进行业科技进步作用及应用推广情况：累计推广超细和细型种羊 8 978只和 13 966只，改良当地细毛羊 66 万只；超细与细型品系群体分别达到 6. 2 万只和 11. 3 万只。形成了以甘肃省绵羊繁育技术推广站为核心育种场，并提供优质种羊和技术服务，

以肃南裕固族自治县、天祝藏族自治县、金昌市永昌种羊场为中心产区的祁连山流域高寒牧区优质细毛羊生产基地，优质细毛生产羊群达到 51. 5 万只，年产优质羊毛约 2 163 吨；细毛羊总饲养量达到约 170 万只，细羊毛年产量达到约 5 950吨。

49. 生物质成型燃料加工装备技术

主要完成单位 农业部南京农业机械化研究所，农业部农业机械化技术开发推广总站

主要完成人员 肖宏儒，宋卫东，曹曙明，郭建辉，钟成义，秦广明，毕海东，张广云，任彩红

起 止 时 间 2006 年 1 月 1 日—2010 年 12 月 31 日

获 奖 情 况 2012—2013 年度中华农业科技奖三等奖

内 容 简 介

项目成果为整体可移动的生物质颗粒燃料加工系统。该系统集多物料联合粉碎技术、粉料自变量输送等技术于一体、可以有效地减少原料的运输距离、降低原料成本。系统主要由粉碎部分、粉料暂贮部分、压缩成型部分组成。

采用原料连续粉碎、除尘、制粒新工艺，结构合理，工艺完善，适用于较高水分的秸秆粉碎制粒；采用微量泵喷头加水，可以适度调节成型水分；多台设备集成组装在 1 辆 8 吨卡车上，采用电气集中控制；同时在车厢内预留安装 120 千瓦柴油发电机位置，实现电、油两用；可以在农村乡镇之间和大农场内移动加工秸秆颗粒燃料，填补了国内外空白。当不采用移动车辆时，则变为一种固定式小型加工机组，占地面积仅 15 平方米，应用范围更广。粉碎部分根据物料应具有广泛适应性、成品粉料均匀度要求高的特点，采用刀盘式旋切装置和锤片式粉碎装置的有机组合技术和防堵塞喂料装置及浮动式自动喂料装置组合技术优化设计，可以满足系统对原料适应性广的要求。

采用高压脉冲除尘，粉尘达标排放，保障了现场操作人员的健康。成功研究了秸秆粉碎机用“真空熔结硬质合金锤片”新工艺，提高了使用寿命，达到国际先进水平。粉料暂贮部分采用先进控制技术，能根据颗粒成型质量、负载变化而自动调节喂料量、自动调节水分，连续、自变量输送粉料。

本项目技术成果以枝条、树皮、秸秆等农林剩余物为原料，经过粉碎、调质等处理，压缩成颗粒状或棒状且质地坚实的成型燃料。产品可作为工业锅炉、民用炉灶、家庭取暖炉以及农业暖房的燃料。

本项目技术成果具有产量高、能耗低，成型燃料产品比重大、便于贮存和运输、燃烧性能好、燃烧时几乎不产生 SO_2、不会造成环境污染等优点，能在一定程度上解决中国生物质秸秆随意堆放、随意燃烧、环境污染、能源短缺等问题，具有非常好的推广价值。

50. 百色优质烟叶生产综合技术研究与推广

主要完成单位 中国农业科学院烟草研究所，广西壮族自治区烟草公司百色市公司

主要完成人员 王允白，梁开朝，管 辉，黄 瑾，王凤龙，钟二昌，贾兴华，林北森，王传义，唐忠倚

起止时间 2005—2011 年

获奖情况 2012—2013 年度中华农业科技奖三等奖

内容简介

百色是中国典型的“老、少、边、穷”地区，但生态条件非常适宜烤烟种植，由于基础条件薄弱、生产水平低，种植区域不合理，品种单一，病虫害发生严重，烘烤调制技术水平低下，烟叶质量存在缺陷，烟叶工业使用定位不准确，缺乏技术支撑，烟叶生产目标不明确，导致烤烟种植规模和效益长期徘徊不前。中国农业科学院烟草研究所与百色市烟草公司从 2005 年起，历经 7 年时间，共同合作开展了百色优质烟叶生产综合技术研究与推广项目。建立了百色烤烟新品种引进、筛选、试验、示范与推广技术研究体系，筛选出适宜百色烟区生态条件的 8 个烤烟新品种（系），优化了百色烟区烤烟品种布局。2005—2011 年，入选新品种示范和推广面积累计达到 20 921 亩。建立了与全国联网的烟草病虫害预测预报网络体系，建立起了可持续发展的烟草病虫害综合治理体系，使百色烟区烤烟病虫害损失率达到 8% 以下，单位面积产值显著提升，烟叶农药残留达到了无公害标准。研究形成了深耕结合槽型起垄、先盖膜后栽烟、配以平衡中、微量元素的优质烤烟配套栽培技术体系，烟叶质量和产值大幅度提高，实现了百色烟叶生产优质、稳产、高效。

51. 新外来入侵植物黄顶菊防控技术与应用

主要完成单位 中国农业科学院农业环境与可持续发展研究所，农业部环境保护科研监测所，中国农业大学，北京化工大学，河北省农业环境保护监测站，青岛农业大学，中国农业科学院植物保护研究所，西南大学，河北农业大学，沧州市农牧局

主要完成人员 张国良，付卫东，杨殿林，倪汉文，魏 芸，吴鸿斌，李香菊，郑长英，张燕卿，沈佐锐，皇甫超河，李瑞军，谭万忠，王保廷，张建华，韩 颖，张瑞海，王秋霞，李 刚，韩克飞

起止时间 2006—2010 年

获奖情况 2012—2013 年度中华农业科技奖三等奖

内容提要

本项目系统研究了黄顶菊入侵生物学、生态学机理、灾变机制及防控技术，揭示了黄顶菊入侵过程中化感效应、种群增长与扩张的生态机制。

（1）通过实地调查、情景模拟和分子溯源追踪分析相结合的方法，首次明确黄顶

菊传播扩散路径；建立了黄顶菊危害评估分析模型；明确了黄顶菊种子萌发、光敏、休眠，幼苗生长、开花繁殖、光合特性；明确了黄顶菊耐盐、耐旱等抗逆特性及种群发生时空动态规律。

（2）采用生物活性追踪分析方法，分离筛选黄顶菊淋溶的主效化感物质并对其进行结构鉴定，研究揭示了黄顶菊主效化感物质在不同地区、不同生长期、不同部位的动态变化规律。首次研究揭示了黄顶菊入侵化学生态机制及生态影响机理。

（3）首次开发研制了黄顶菊早期监测预警网络平台；筛选并运用 GRAP 生态位模型，预测了黄顶菊在中国的潜在适生分布区域及风险区；开发了黄顶菊种子图像采集、处理和识别系统和黄顶菊种子的分子检测系统。

（4）首次提出了“耕地”及“非耕地”两种生境下黄顶菊的环保型化学防除技术，构建了以化学除草剂为主体，以麦秸、薄膜、竞争性植物为辅助措施的黄顶菊应急控制技术体系。利用植物化感作用和植物生态位理论，构建了黄顶菊生态修复技术体系。

（5）以黄顶菊生命过程的薄弱环节和入侵扩张过程中关键环节为节点，研究集成一套完整的黄顶菊综合防控技术体系，实现对黄顶菊的有效控制。

通过项目的实施提高入侵杂草种子检疫工效 8 ~ 10 倍；构建了黄顶菊应急控制技术 9 套，节省农药用量 40% 以上，筛选了 12 种替代植物和组合，黄顶菊抑制率达到 80% 以上；形成了一系列轻简便的实用技术，集成了一套完整的综合防控技术体系，综合防治效果达到 90% 以上；发表学术论文 76 篇，SCI 收录 12 篇，EI 收录 2 篇；出版著作 4 部；申请专利 13 项，已获得专利 8 项；制定行业标准 3 项，地方标准 2 项；获计算机软件著作权 3 项；获中国农业科学院科学技术成果奖一等奖 1 项，中国分析测试协会科学技术成果一等奖 1 项，天津市科学技术进步奖三等奖 1 项。

经过全国 11 家科研教学推广单位开展大联合、大协作，该技术已经达到了成熟应用阶段，并在河北、北京等 337 个县市进行示范推广，监测面积 1 544. 87万亩次，综合防治面积 33. 43 万亩次，新增总产值 57 546. 4万元，总节本增效 94 698万元，累计增收节支总额 152 244. 6万元；该成果的推广应用有效地控制了黄顶菊的危害，保护了农业生态环境，保障了粮食安全，促进我国农业实现可持续发展。

52. 面向农业科技创新的信息服务关键技术与集成应用

主要完成单位 中国农业科学院农业信息研究所

主要完成人员 赵瑞雪，孟宪学，寇远涛，鲜国建，朱　亮，赵颖波，李文炬，金　晨，皮介郑，朱　遐，续玉红，周爱莲，王玉芹，罗婷婷，杜若鹏

起 止 时 间 2004 年 11 月—2010 年 12 月

获 奖 情 况 2012—2013 年度中华农业科技奖三等奖

内 容 提 要

“面向农业科技创新的信息服务关键技术与集成应用”以为农业科技创新提供支撑

为目标，围绕农业科研用户的信息需求，综合集成大规模文献数字化、数字资源集成揭示、智能检索以及嵌入科研过程的知识服务等关键技术，研究构建了面向农业科技创新的多维知识服务体系及支撑平台，在项目申请、课题研究、成果转化、研究生培养、学术交流以及国际合作中发挥了不可替代的作用。形成的共性技术和工具具有引领、示范和推广效益。

（1）进行了网络环境下农业科研创新的信息需求和科研人员信息行为的调研分析，建立了现代科研环境下的知识服务模式、支撑技术体系及相关标准规范。

（2）构建了集文献、数据、开放获取资源以及第三方资源于一体的农业综合科技数字知识仓储，成为支撑农业科技创新的重要知识基础设施。

（3）创建了基于农业科技资源分类体系、网络版农业科学叙词表及农业科研本体的农业知识组织体系，为农业知识的有序化组织和知识服务奠定了基础。

（4）构建了首个“一站式”服务平台——中国农业科技文献与信息集成服务平台，为农业科研人员提供普惠服务；研发了面向不用用户群体的数字科研知识环境，为农业科研机构、学科团队以及科学家个人提供个性化深层次知识服务。

研究成果受益面广泛、应用成效显著，获计算机软件著作权 23 项。构建的一站式服务平台已经面向全国提供全天候不间断稳定服务近 8 年，累计服务量达百万人次，提升了农业科研创新效率，促进了知识转化为生产力。研发的“个性化知识服务平台及共性工具”已在北京、山西、西藏、新疆等省区市的农业科技信息机构中推广应用，有效推动了当地科技信息的传播和信息服务的推广，节省了国家为开展农业科技信息服务所进行的科研投入。

随着知识经济和全球化时代的到来，科技创新驱动经济发展日趋显著，本成果将在农业自主创新中发挥越来越强大的支撑作用，具有广阔的应用前景。

53. 农业知识产权战略决策支撑信息系统

主要完成单位 中国农业科学院农业资源与农业区划研究所，农业部环境保护科研监测所，农业部科技发展中心，中国种子集团有限公司

主要完成人 宋　敏，朱　岩，寇建平，林祥明，吕　波，刘　平，刘丽军，任　静，赵　军，刘　莉，王　磊，丁　玲，任欣欣

起止时间 2005 年 1 月—2009 年 12 月

获奖情况 2013 年北京市科学技术奖三等奖

内容提要

（1）主要内容及解决的主要问题：本项目针对农业知识产权种类繁多、利益关系复杂、信息资源零散等现实问题，由农业部、国家知识产权局等部门下达立项，中国农业科学院农业资源与农业区划研究所牵头，联合农业部环境保护科研监测所、农业部科技发展中心等历时 5 年研究形成，旨在把纷繁复杂的各类农业知识产权信息系统采集汇总，经科学加工分析后及时准确地提供给政府、科研单位和企业等各类主体，为其科学

决策提供可靠的数据依据。主要内容如下。

第一，数据采集系统。建立了具备及时采集全球90多个主要国家农业专利、69个UPOV（国际新品种保护联盟）成员国品种权、30多个主要国家农产品地标产品的数据采集系统，实现了跨平台、多数据库联机检索采集。

第二，大数据管理系统及农业与生物技术知识产权资源池。建立了具有检索、统计分析、专家咨询评估、流程监控等功能模块的数据管理系统与涵盖农业专利、品种权、农产品地理标志、农业遗传资源等农业知识产权信息的资源池和各类专题库，实现了对海量原始数据进行标准化改写整理。

第三，数据分析加工系统。综合集成了知识产权信息分析软件与数据挖掘工具，采用“人机互动”运行机制，建成了具有创新成果查新、发展路径和竞争态势分析、FTO（Freedom to Operate）诊断以及深度农业科技数据挖掘等多种功能的信息分析加工系统。

第四，信息提供系统。针对不同用户对象，建立了内部访问和外部浏览子系统，实现了知识产权信息的可视化展示、互动交流等。

（2）创新点：本项目在国内外首次实现了对全球多种类型农业知识产权相关信息全方位数据采集、多媒体数据整合和跨学科数据挖掘。中国农业科学院科技文献信息中心查新检索结果表明，未见与农业知识产权战略决策支撑信息系统相同的报道。

（3）推广应用及作用情况：本成果广泛应用到政府、农业主管部门、科教单位以及企业中，产生了巨大社会经济效益，全面促进中国对农业知识产权资源的战略性利用，对我国农业科技、农业和种业实现跨越式发展发挥巨大作用。

54. 羊优异繁殖性状分子遗传标记筛选及应用

主要完成单位 中国农业科学院北京畜牧兽医研究所

主要完成人员 储明星，李　宁，王金玉，陈宏权，李学伟，陈国宏，狄　冉，冯　涛，曹贵玲，黄冬维，刘秋月，周忠孝，刘文忠，傅　衍，张英杰

起 止 时 间 2002年1月—2012年12月

获 奖 情 况 2013年北京市科学技术奖三等奖

内 容 提 要

本项目属于现代农业技术领域家畜遗传育种学科，解析了下丘脑—垂体—性腺轴主要生物学通路上28个繁殖相关基因在14个绵羊品种中的多态性及其与小尾寒羊产羔数的遗传联系，发现BMPR-IB、BMP15和GDF9可能是影响小尾寒羊高繁殖力的主效基因。解析了下丘脑—垂体—性腺轴主要生物学通路上33个繁殖相关基因在20个山羊品种中的多态性及其与济宁青山羊产羔数的遗传联系，发现BMP15可能是影响济宁青山羊高繁殖力的主效基因以及金堂黑山羊高繁殖力可能由FSHR异源二聚体引起。应用抑制消减杂交技术构建了济宁青山羊和辽宁绒山羊初配适龄和成年期下丘脑、垂体、卵巢6个正向消减cDNA文库，以及幼年期、初情期、初情期同龄对照间下丘脑、垂体、卵

巢—子宫、肾上腺12个正向消减cDNA文库，从基因多态、组织表达谱、差异表达等方面探讨了*BMPR*-IB、*BMP*15、*GDF*9、*MTNR*1A、*KiSS*-1、*GPR*54、*Lin*28B等基因与济宁青山羊高繁殖力、常年发情和性早熟的遗传联系。采用分子生物学和生物信息学等手段和方法，对小尾寒羊高繁殖力、常年发情以及济宁青山羊高繁殖力、常年发情和性早熟性状开展了系统深入的研究，筛选并鉴定了一批与羊优良繁殖性状密切相关的基因和分子标记。制定了农业行业标准《绵羊多胎主效基因FecB分子检测技术规程》，对11 376只绵羊进行了FecB突变检测，建立了绵羊FecB突变分子检测方法及小尾寒羊多羔核心群和肉用多羔绵羊核心群，构建了分子标记辅助育种体系，该标准已被北京、河北、山东、江苏、宁夏、新疆等省区市8个单位应用于绵羊多羔育种实践，产生了显著的经济效益和社会效益。项目实施期间，发表学术论文155篇（其中SCI收录论文37篇），总被引用507次（总被他引371次）。获得国家授权发明专利3项，制定农业行业标准1项。本成果总体达到国际先进水平，其中BMP15、GDF9基因突变对山羊高繁殖力的遗传影响，以及MTNR1A基因突变与济宁青山羊性早熟的遗传联系研究为国内外首次报道，研究水平居国际领先。

55. 羊肉品质提升关键技术装备研发与示范

主要完成单位 中国农业科学院农产品加工研究所

主要完成人员 张德权，靳 烨，张春晖，罗红霞，陈 丽，杨建军，王振宇，高 远，辛海波，丁 楷，张 泓，李 欣，周学河，李 侠，饶伟丽

起止时间 2003年1月—2012年12月

获奖情况 2013年北京市科技进步三等奖

内容提要

本研究以羊肉品质提升为目标，揭示羊肉嫩度、色泽形成机理，创新羊肉品质提升与货架期延长技术，研发羊胴体标准化分割分级与鉴别、冰温保鲜、低温高湿变频解冻技术与装备，主要解决了羊肉分割方法缺乏、分级率低、品质劣变严重、货架期短、解冻损耗高等问题。

本成果经过近10年的研究，首次揭示了中国羊肉嫩度、色泽的表征蛋白及一磷酸腺苷蛋白激酶、高铁肌红蛋白还原酶调控羊肉嫩度、色泽的酶学基础，技术水平国际先进；研发了羊肉变压冷却红外减菌技术，使羊肉初始菌数降至1 000个菌落/克以下；首次提出干式成熟技术，结合植物天然提取物抑菌、冰温保鲜技术，羊肉货架期延长至45天，技术水平国际先进；系统研究了羊肉标准化分割、胴体分级、品种鉴别技术，填补了行业标准空白；构建了羊肉品质近红外无损分级、品种鉴别技术体系，研制了羊肉便携式近红外无损分级、鉴别仪，技术水平国际先进；首次整合“低温”“高湿”“变频”工艺，创新性地研发了低温高湿变频解冻技术和解冻库，成功地把冻羊肉解冻损失控制在3%以内，提升了质构、色泽等食用品质，技术水平国内领先。

项目实施期间，申请发明专利10项（授权7项），授权实用新型专利1项，发表文章47篇（SCI、EI收录13篇），制定农业行业标准7项，培养硕博士研究生15名。建立了3条示范生产线，成果推广应用到9家企业。2010—2012年，共生产优质羊肉8万多吨，实现销售收入超过30亿元，新增利税3.2亿元，带动约2万农户养殖肉羊共400余万只，增加农民养羊收入约25亿元。

56. 食品变温压差膨化组合干燥技术研究与应用

主要完成单位　中国农业科学院农产品加工研究所

主要完成人员　毕金峰，李大婧，何新益，刘　璇，刘春泉，陈芹芹

起止时间　2004年1月—2012年12月

获奖情况　2013年北京市科学技术奖三等奖

内容提要

该成果以果蔬、薯类等为主要原料，利用单一和组合干燥的基本原理，研究了变温压差膨化干燥、组合膨化干燥核心影响因素和工艺优化，进行了超微制粉制片技术研发，改进了设备质控和水分控制系统，揭示了食品变温压差膨化组合干燥机理，建立了膨化产品品质评价与质量控制技术体系。

首次研究确定了桃、柑橘、菠萝、哈密瓜、甘薯、槟榔芋和菠萝蜜7种果蔬变温压差膨化干燥工艺关键因素并进行了优化，研发出了7种创新产品，授权国家发明专利7项，填补了国内空白。首次进行了热风—压差膨化、热风—微波—压差膨化、负压远红外—真空微波—压差膨化等组合干燥工艺优化，研发了胡萝卜脆丁、甘薯片、杏鲍菇脆片、冬瓜脆条、毛豆脆粒和萌芽蚕豆脆粒6种创新产品，授权国家发明专利6项，填补了国内空白。针对膨化干燥过程中质量和水分控制系统研究，对变温压差膨化组合干燥设备进行了升级改造，达到了节能、降耗和提质的目标，授权国家实用新型专利2项。将变温压差膨化组合干燥产品进行超微粉碎加工成果蔬营养粉，并以此粉为主要原料，创新了番茄、脐橙和枸杞等果蔬营养粉及营养咀嚼片加工工艺，进行了3种创新产品研发，授权国家发明专利3项，填补了国内空白。系统探究了变温压差膨化预处理工艺及机理、变温压差膨化组合干燥机理，建立了膨化产品品质评价与质量控制技术体系。

该成果授权国家发明专利16项，授权实用新型专利2项，已在8家企业进行推广应用。近3年实现新增销售收入累计达3亿多元，新增利润累计达5 000多万元，新增税收累计达2 000多万元，新增就业人数1 000余人，带动周边种植农户10 000余户实现加工增值，经济和社会效益显著。

57. 水稻品种DNA指纹鉴定平台的创建及其应用

主要完成单位　中国水稻研究所 浙江省种子总站

主要完成人员　程本义，施勇烽，朱玉君，吴　伟，夏俊辉，应杰政，杨仕华，

庄杰云，刘　鑫，樊叶杨

起止时间　2004年1月—2012年10月

获奖情况　2013年浙江省科技进步三等奖

内容提要

针对田间表型测试方法在对大量水稻品种的特异性、一致性及真实性鉴定中周期长、强度大、效率低的难题，从建立一种准确、快速、高效的水稻品种鉴定新方法入手，创建了水稻品种DNA指纹鉴定技术平台和行业标准，并在水稻区试审定、品种管理、种子市场监管、种子纠纷司法鉴定等领域广泛应用。

（1）制定了水稻品种分子鉴定的通用性行业标准NY/T1433—2007《水稻品种鉴定DNA指纹方法》，确定了水稻品种DNA指纹鉴定的实验方法及判定标准。

（2）建立了配制DNA指纹图谱等位分子量标准对照的方法，解决了不同批次DNA指纹数据的有效整合难题；确定了24个SSR标记的DNA指纹图谱等位分子量标准对照。

（3）发明了从非变性聚丙烯酰胺凝胶中回收和纯化DNA片段的方法，可有效地去除PCR非特异性扩增产物，为建立高质量的等位分子量标准对照提供了技术保障。

（4）构建了近10年来2 000多个全国水稻主栽品种、国家及浙江省水稻区试审定品种的DNA指纹图谱数据库，为水稻品种的准确鉴定奠定了基础。

（5）该成果在国家及各省水稻区试审定、品种管理、种子市场监管、种子司法鉴定等领域得到广泛应用，有力地维护了区试审定工作的严肃性、权威性和种子市场秩序，为新形势下加强品种管理、种子市场监管提供了有力的技术支撑。

58. 饮料专用绿茶加工关键技术及其产业化

主要完成单位　中国农业科学院茶叶研究所，开化县名茶开发公司

主要完成人　尹军峰，吴荣梅，袁海波，许勇泉，邓余良，余书平，陈根生，汪　芳，陈建新

起止时间　2007年11月—2011年12月

获奖情况　2013年浙江省科学技术奖三等奖

内容提要

饮料专用绿茶是一种专用于绿茶饮料制造的特种原料茶，与传统绿茶相比，具有有效物质浸出快、品质稳定性高、制造成本低等特点。

（1）项目创新性提出了鲜叶嫩度（1芽3叶~1芽4叶）、干茶颗粒度（20~40目）和含水率（3%~5%）等原料茶控制技术指标，首次提出了绿茶饮料汤色、香气等品质稳定关键控制成分及指标，研制出新型多层轨道式远红外提香设备，获得了发明专利4项。

（2）采用该专用绿茶加工而成的纯茶饮料品质稳定性较相应的传统烘青提高48.5%，浸出速率提高35.9%；调味茶饮料制造成本较传统烘青降低14.6%，品质稳

定性提高 29.3%，浸出速率提高 49.6%。

（3）技术成果已在浙江省开化县、宁海县，江西省婺源县等地的茶叶生产企业和饮料企业广泛应用，推广应用效益超过 1.4 亿元，取得了明显的经济和社会效益。

59. 洱海流域农业污染控源减排技术集成与生态补偿模式研究与示范

主要完成单位 农业部环境保护科研监测所，大理白族自治州农业环境保护监测站，农业部规划设计研究院

主要完成人员 张克强，张玉华，杨　鹏，刘东生，倪喜云，王　风，李　想，等

起 止 时 间 2008 年 7 月—2010 年 7 月

获 奖 情 况 2013 年云南省科技进步三等奖

内 容 提 要

针对洱海流域种植业和畜禽养殖业的结构特征和生产过程中造成的污染问题，以大理白族自治州原种场为试验基地，开展洱海流域农业污染控源减排技术集成与生态补偿模式研究与示范，建立养殖—种植一体化农业面源污染综合防治技术模式试验示范基地；开展洱海流域主要农作物常规轮作模式不同施肥条件下氮磷减排技术研究与示范，保证在不减产的前提下，提高农田肥料利用率，减少农田径流水中的氮磷流失；从农业生态补偿的政策法规、技术措施和案例分析等方面研究补偿的内容和方式，在此基础上，制定洱海流域农业生态补偿的办法，该办法已被大理白族自治州农业局部分采纳。项目实施期间，授权发明专利 3 项，实用新型 2 项，形成了 1 套洱海流域农业污染控源减排技术集成与农业生态补偿综合技术模式；建立了养殖废弃物有机肥制备技术、养殖废水农田循环利用技术、三级塘生物净化技术、常规轮作模式不同施肥条件下氮磷减排技术等关键技术示范基地；形成配套的技术规程 3 套；提出了洱海流域农业生态补偿办法和政策建议各 1 套。在洱海流域进行了广泛的示范和应用，其中，在种植业方面，已形成 120 亩关键技术核心示范区，辐射带动与生态补偿示范面积 15.35 万亩；在养殖业方面，已形成 60 亩关键技术核心示范区，辐射带动与生态补偿示范面积 1 281.65 亩。该集成技术模式在洱海流域可以进行技术移植，具有普遍适用性，可实现产业化和商业化，能取得良好的经济、生态和社会效益；依据每年增加 20 个示范点来计算，预计未来 20 年可实现经济效益 2.3 亿元。

60. 藏北那曲地区草地退化遥感监测与生态功能区划

主要完成单位 中国农业科学院农业环境与可持续发展研究所，西藏自治区那曲地区草原站

主要完成人员 高清竹，万运帆，江村旺扎，李玉娥，王宝山，旦久罗布，洛桑嘉措，李文福

起止时间 2004—2010 年
获奖情况 2013 年度西藏自治区科技进步三等奖
成果简介

草地退化是藏北那曲地区首要生态问题，其历史动态和现状对实现区域可持续发展战略具有重要意义；因此，及时全面地掌握藏北地区的草地退化现状及其过程，开展草地生态功能区划，为藏北草地资源的可持续利用与改善生态环境提供必要的理论依据和科学技术支撑。本获奖成果全面系统、客观科学地分析了藏北那曲地区生态与环境、草地地面光谱特征、草地退化过程及其自然和人为因素、草地类型与植被盖度及其生产力，以及土壤侵蚀、沙漠化、毒草鼠害等对高寒草地的影响；通过实地调查和遥感监测分析，确定生态功能区划分指标体系和方法，提出了“严格保护生态区、重点治理与控制利用区以及资源开发利用区”的有效措施。该项成果对高寒草地退化进行了全面系统的分析研究，提供了藏北那曲地区高寒草地监测的本底，有效推动了“国家生态安全屏障”的重要概念，为“草原生态补偿奖励机制”政策制定和“金牦牛科技工程”牦牛产业化规划工作奠定了基础。该项成果广泛应用到当地生产生活以及国内外重要报告中，其经济、社会效益十分显著。

61. 基于 mtDNA 茸鹿系列产品检测技术的研究与应用

主要完成单位 中国农业科学院特产研究所
主要完成人员 邢秀梅，苏伟林，徐佳萍，吴　琼，杨福合，齐俊生，荣　敏，刘汇涛，查代明，李欢霞，邵元辰，李一清，涂剑锋
起止时间 2010 年 1 月—2011 年 12 月
获奖情况 2013 年吉林省科技进步三等奖
内容提要

项目针对制约鹿产业发展中的技术难题，围绕鹿科动物线粒体全基因组序列测定、鹿产品单重和多重 PCR 检测技术体系建立、DNA 条形码评估等进行了系统的研究，探讨了鹿产品来源的种属特异性和品种间特异性，弥补了传统检测方法的不足，为鹿产品的精确检测提供了可靠途径。完成的主要技术经济指标如下。

（1）测定了兴凯湖梅花鹿、敖东梅花鹿、东丰梅花鹿、四平梅花鹿、东北马鹿、塔里木马鹿 14 个个体的线粒体全基因组序列，分析了线粒体基因结构。将部分序列递交到 GENBANK（美国国家生物技术信息中的 DNA 序列数据库）上。

（2）改进了传统抗凝血 DNA 提取方法，建立了一种环保、快速、成本低廉 DNA 提取方法。

（3）建立了梅花鹿、马鹿、赤鹿、驯鹿、塔里木马鹿、水鹿、猪、牛、羊、鸡 10 套单重 PCR 检测方法；建立了 2 套 Multiplex PCR 检测方法，从鹿科动物和常见家养动物两个方面对各类鹿产品进行检测。

（4）测定了 194 只敖东、东丰、四平和兴凯湖梅花鹿 *cytb* 基因 1 032bp序列，共发

现 23 个变异位点，8 个单倍型。四平梅花鹿品种中的个体均是后来进化而来的种群，而敖东梅花鹿、东丰梅花鹿和兴凯湖梅花鹿品种中的一部分个体是最原始的，部分个体是进化而来的。

（5）测定了 180 只敖东、东丰和四平梅花鹿的 *COⅠ* 基因和 *COⅡ* 基因序列，筛选到敖东梅花鹿品种特异突变位点，探索了 DNA 条形码在梅花鹿品种评估的可行性和有效性。

（6）检测了市场上购买的鹿茸、鹿胎、鹿鞭、鹿筋、鹿尾、鹿血等产品，伪品检出率分别为 79%、83%、100%、57%、28.5%、57%。

（7）发表论文 10 篇，其中 SCI 收录 3 篇，申报发明专利 7 项。

研制的鹿源性、马鹿、驯鹿、塔里木马鹿、水鹿、鹿产品的 PCR 检测等 6 个试剂盒，在吉林、黑龙江、辽宁等省区的鹿产品质量鉴定部门、销售市场和制药企业示范推广，累计检测 304 350个样品，直接经济效益 852.18 万元，间接效益 6 400.67万元。

三、院级奖

1. 粮食作物两熟制光温资源优化配置及其高产高效技术与应用

主要完成单位　中国农业科学院作物科学研究所

主要完成人员　赵　明，章秀福，杨建昌，黄见良，马　玮，董志强，王美云，李义珍，唐启源，李从锋，张　宾，李潮海，刘　鹏，张英华，周宝元

起 止 时 间　2001 年 3 月—2010 年 12 月

获 奖 情 况　2013 年中国农业科学院科技成果一等奖

内 容 提 要

针对中国粮食作物两熟制气候资源配置不合理、限制高产高效的障碍因素难以克服，导致的两季间产量不平衡，周年产量低，资源利用效率低等问题，历时 10 年，在两熟制作物光热资源优化配置理论定量分析、高产高效技术创新，以及不同种植模式完善与应用应用取得显著成效。

（1）创建了两熟制作物光温资源优化配置理论模式及其动态定量化管理决策系统。以优化粮食作物两熟制的光温资源配置和效率为目标，①提出了有效积温分配率和积温比值为主要量化评价指标，并明确了不同种植模式的定量优化标准；②提出了作物光温生产潜力当量概念，分析了不同模式光温生产潜力当量值与产量层次差之间的定量关系；③基于资源优化配置和利用理论，建立了生态环境因子远程监测网络，对资源效率、作物生育动态和产量形成进行自动分析和管理决策。

（2）创新了光温资源高效利用的玉/稻、玉/玉种植模式，研发了稻/麦高产化控技术，改良了双季作物的“垄畦作”及肥水一体化技术。以同步提高两熟制产量和资源效率及攻克障碍因子为目标，创新研发了以下高产高效关键技术：①通过资源优化提出了增加夏玉米光热分配的小麦晚播玉米晚收（双晚双高）技术，创建玉米/水稻，玉

米/玉米新模式，实现了周年高产高效；②研制出了兼具多种调节效应的生长调节剂；③建立了小麦-玉米全程垄作、水稻垄畦作的根层和冠层同步优化土壤耕作方式；④研发了以埋管地下滴灌、水稻干湿交替为核心的周年水、肥同步协调的新型水肥一体化调控技术。

（3）划分了粮食作物3种两熟制类型，集成与完善了6个种植模式，实现了作物周年产量与效率同步提高。以资源优化配置和高效利用的定量化理论为指导，以关键技术创新为核心，根据两熟制第一季作物类型，将粮食作物的两熟制划为麦作、稻作、玉作3个类型，集成了冬小麦—夏玉米“双晚双高”、冬小麦—水稻扩库强源、双季稻资源优化配置、再生稻化控、玉米—水稻旱水协同管理和粮饲型双季玉米周年化高产高效等6个周年高产高效种植模式。

2. 肉鸡优质抗病性状基因挖掘、分子标记开发及在育种中的应用

主要完成单位 中国农业科学院北京畜牧兽医研究所

主要完成人员 文　杰，赵桂苹，陈继兰，郑麦青，刘冉冉，姜润深，胡祖义，耿照玉，毛传国，李　鹏，崔焕先

起止时间 2001年1月1日—2012年12月31日

获奖情况 2013年中国农业科学院科技进步一等奖

内容提要

该成果是在“十五”“十一五”国家科技支撑计划等项目支持下，历经12年科技攻关和推广应用，培育出遗传性能稳定优质抗病肉鸡新品系、新品种。主要内容如下。

系统研究了肉鸡肌肉品质形成机理和免疫性状遗传机理，获得重要候选基因22个。证实肌内脂肪含量对肌肉嫩度、风味形成具有重要作用；利用cDNA芯片和全基因组关联分析（GWAS）等新技术，在国际上首次报道了脂类调控的新功能基因FSHR，初步筛选到与肌内脂肪含量、胸肌重显著相关的候选基因14个。研究了免疫性状的分子遗传机制；筛选到与免疫抗体滴度、异嗜性粒细胞/淋巴细胞比率等性状显著相关的重要候选基因8个；发现并首次报道了甲基化是TLR家族基因介导沙门氏菌抗性的重要调控机制。

育成优质、抗病鸡新品系3个和新品种2个。应用常规选择和分子标记辅助育种等现代育种技术，培育了高肌内脂肪、高肌苷酸含量的优质新品系和低异嗜性粒细胞/淋巴细胞比率的抗病新品系；获得了肉鸡制种方法的国家发明专利。

以高肌内脂肪等新品系和中外优秀品种为配套亲本，利用平衡制种技术，筛选出适应不同市场需求的高产、优质、抗病的肉鸡新品种（配套系）。其中“五星黄鸡新配套系”于2011年获得国家新品种证书〔（农09）新品种证字46号〕，其商品代肉鸡在生长速度和饲料报酬方面具有明显的竞争力，商品代49日龄平均出栏体重高于当地其他品种黄鸡约50克，经济效益提高约0.3~0.5元/只。

肌肉品质性状和抗病性状的遗传机理和育种技术研究是当前的国际家禽领域研究的

热点领域，本成果实现了肉鸡肌肉品质的改良和抗病能力的提高，不仅为家禽育种提供了新的育种素材和新的遗传选育方法，同时为引领中国优质肉鸡乃至家禽领域的基础研究和行业发展起到重要的作用。成果已发表论文 54 篇，其中 SCI 25 篇；发明专利 2 项；制定行业标准 3 个，培育新品种 2 个，在安徽省宣城市等地建立了父母代鸡推广基地，近 5 年累计推广商品鸡 2.47 亿只，直接经济效益 2.1 亿元，经济效益和社会效益显著。

3. 我国农田土壤有机质演变规律与提升技术

主要完成单位 中国农业科学院农业资源与农业区划研究所；吉林省农业科学院；河南省农业科学院；西北农林科技大学；湖南省土壤肥料研究所；浙江省农业科学院；西南大学；江西省红壤研究所

主要完成人员 徐明岗，张文菊，黄绍敏，朱　平，杨学云，边全乐，黄庆海，聂　军，石孝均，吴春艳，娄翼来，段英华，孙　楠，卢昌艾，张会民

起止时间 1990 年 1 月—2012 年 11 月

获奖情况 2013 年中国农业科学院科技成果一等奖

内容提要

项目针对中国农田土壤有机质含量低这一土壤肥力质量问题，以分布于中国东北、西北、华北、华南和长江流域五大典型区域的 23 个农田长期定位试验长达 20 年以上的土壤有机质及其组分、作物产量等数据的系统观测和分析，阐明了中国农田土壤有机质及其组分的时间和空间演变特征、土壤有机质提升与产量的耦合关系，提出了现有农业生产水平下，中国 5 大典型区域农田不同肥力水平土壤有机质的提升技术，取得了系统的重要研究结果与结论如下。

（1）首次系统阐明了中国农田不同施肥下土壤有机质的时空演变规律及投入有机物料的固存效率。大部分农田土壤有机质在施用氮磷钾化肥后土壤有机质总体上稳中有升，而有机肥与无机肥配施的土壤有机质显著上升（80% 以上），秸秆还田配施氮磷钾化肥的土壤有机质提升效果也明显（50% 以上）。25 年间中国农田土壤对输入有机物料的固存效率平均为 16.3%，呈现为随水热增加而降低的趋势。

（2）系统探明了中国农田土壤有机质组分对长期施肥的响应特征与区域差异，筛选提出了土壤有机质质量的易氧化有机质和物理未保护有机质等活性有机质指标。中国农田土壤易氧化有机质占总有机质 13% ~33%；长期有机无机肥料配施能显著提高土壤易氧化有机质的含量和比例。易氧化有机质和物理未保护有机质与土壤养分供应和产量具有较好的相关性，是指示土壤肥力的较好指标。

（3）首次采用大规模的田间长期试验数据，深刻揭示了中国 5 大典型区域农田土壤有机质提升与产量的协同效应与耦合关系。中国农田土壤有机质提升显著促进了作物稳产增产，不同区域土壤有机质提升对作物增产的潜力差异较大。现有生产水平下，中

国农田土壤有机质含量（以碳计）每提升 1 个单位，北方玉米或小麦每公顷平均增产 960 ~ 990 千克；南方玉米增产 596 千克，小麦增产 192 千克，水稻增产 350 千克。

（4）系统总结提出了中国五大典型区域农田培肥的有机质适宜值及不同肥力土壤有机质的维持与提升技术。根据土壤有机质演变与有机物投入量之间的响应关系，提出不同肥力土壤有机质维持和提升的有机物管理技术。在全国农田土壤有机质提升项目中进行应用，显著提升了土壤肥力、促进作物增产，经济、社会和生态效益十分显著。

该项成果技术路线先进，时空跨度大，综合性和实用性强，总体上达到同类研究的国际先进水平。

4. 黄曲霉毒素高灵敏检测技术研究与应用

主要完成单位 中国农业科学院油料作物研究所，北京华夏科创仪器技术有限公司，农业部科技发展中心，上海优你生物科技股份有限公司

主要完成人员 李培武，张 奇，丁小霞，张 文，姜 俊，崔野韩，张新民，梁 俊，喻 理，李光明，张道宏，管 笛，李 鑫，马 良，张兆威

起止时间 1999 年 3 月—2011 年 11 月

获奖情况 2013 年中国农业科学院科学技术成果一等奖

内容提要

（1）主要技术内容与技术经济指标。黄曲霉毒素是迄今毒性最强的真菌毒素，对农产品食品污染范围广、危害重。针对黄曲霉毒素免疫原性差、抗体亲和力低、交叉反应强，原有检测技术灵敏度低，不能满足高灵敏现场检测需求，长期威胁农产品、食品及饲料消费安全与国际贸易的重大技术难题，经连续 15 年系统研究，发明了系列黄曲霉毒素高灵敏、高特异性单克隆抗体，建立了具自主知识产权的黄曲霉毒素高灵敏检测技术，并研发出系统配套的黄曲霉毒素检测仪，实现了从技术源头创新、到终端产品创新与应用的全程创新。

第一，发明了黄曲霉毒素高灵敏通用及特异性 1C11、2C9 等单克隆抗体细胞株，抗体灵敏度最高。创建了黄曲霉毒素杂交瘤细胞株半固体培养基-梯度两步筛选法和黄曲霉毒素阳性噬菌体展示抗体库，发明了黄曲霉毒素高灵敏和高特异性 1C11、2C9、3G1、1C8 等系列抗体细胞株，IC_{50} 分别达 0.001 ~ 0.018 纳克/毫升、1.6 纳克/毫升、0.067 纳克/毫升、13.92 纳克/毫升，灵敏度最高，特异性最强。

第二，建立了黄曲霉毒素总量和 M_1、B_1 和 G_1 分量高灵敏、高特异性系列检测技术。研究建立了拥有完全自主知识产权的黄曲霉毒素总量和 M_1、B_1 分量系统配套流动滞后免疫层析检测技术、流动滞后免疫时间分辨荧光检测技术及免疫亲和荧光检测技术，比国内外同类检测方法灵敏度提高了 10 ~ 50 倍，攻克了长期困扰农产品、食品及饲料等黄曲霉毒素高灵敏现场检测技术难题。

第三，研制出系统配套的黄曲霉毒素免疫亲和微柱、试剂盒及检测仪器。实现了技

术转化和产品创新，研制出系列配套的黄曲霉毒素总量及 M_1、B_1 分量高灵敏、高特异性检测试剂盒、免疫亲和微柱以及黄曲霉毒素免疫亲和荧光检测仪、单光谱成像检测仪和流动滞后免疫时间分辨荧光检测仪，灵敏度达 0.003～0.1 纳克/毫升，打破了国外对中国黄曲霉毒素高灵敏检测产品的垄断和制约，显著提升了中国农产品与食品检测仪器设备的自主装备能力，实现了从技术源头创新到最终产品创新与应用的全程创新。

（2）推广应用与效益情况

已广泛应用在农产品（花生、稻米等）、食用油（花生油、玉米油等）、调味品（花生酱等）、乳制品（鲜牛奶等）和饲料生产等质量安全控制与检测中，并在英国利兹大学、德国慕尼黑理工大学及北京大学等国内外知名科研机构以及风险监测与政府监管等环节得到推广应用。近 3 年获直接经济效益：新增利润 7 344.6万元，新增利税 1 662.2万元；间接经济效益：新增产值 181.3 亿元，税收 21.3 亿元。

（3）知识产权情况

拥有完全自主知识产权，已获专利授权 18 项，包括国家发明专利 14 项，实用新型专利 4 项，全部实施技术转化；研制并审定农业行业标准 8 项，出版英文著作（合著）2 部，发表论文 63 篇，其中 SCI 论文 25 篇，其中，SCI 一区 TOP 论文 5 篇，IF（影响因子）大于 5.0 有 8 篇。

5. 辐照食品的检测鉴定技术研究与应用

主要完成单位　中国农业科学院农产品加工研究所

主要完成人员　哈益明，王　锋，周洪杰，李　安，李伟明，张海伟，赵永富，李庆鹏，王志东，范　蓓，张德权，李淑荣，靳　婧，赵月亮，刘海静

起 止 时 间　2004 年 1 月 1 日—2010 年 12 月 31 日

获 奖 情 况　2013 年中国农业科学院科学技术成果一等奖

内 容 提 要

中国是世界上最大的辐照食品生产国，占世界辐照食品总量的 36%。本项目首次在中国开展辐照食品检测鉴定技术的研究与应用，取得重要进展和显著成效。研究建立了可分离硅酸盐辐照食品热释光（TL）、含脂辐照食品碳氢化合物气相色谱（GC）和气质联用（GC-MS）、含脂辐照食品 2-十二烷基环丁酮（2-DCB）GC-MS、含纤维素辐照食品电子自旋共振波谱（ESR）、含骨类辐照食品 ESR 等 5 种检测鉴定技术。建立了基于附加剂量方式的 TL 信号强度与辐照剂量关系、标识性碳氢化合物浓度与辐照剂量以及标识物损失率与贮藏时间的二次曲线关系、含纤维素辐照食品 ESR 信号强度、辐照剂量和贮藏时间的关系 3 个数学理论模型，实现了辐照食品从定性鉴别向定量检测的转变，估算辐照剂量与实际值误差不超过 1.0 千戈瑞。优化 TL 前处理和检测条件，检测准确性达 98.7%；标识性碳氢化合物 GC-MS 分析方法中引入顶空固相微萃取技术，操作时间缩短至 1 小时，样品消耗量仅用 2 克，检出限低至 0.5 千戈瑞，无溶剂消耗；

特异性辐解产物2-DCB前处理方法中采用硅胶柱和CO_2超临界萃取技术，检测费用降低至20元，检出限达到0.5千戈瑞；优化含骨类辐照食品ESR前处理分析条件，检出限从1.0千戈瑞提高到0.5千戈瑞。

本项目通过了农业部科技成果鉴定（农科果鉴字〔2011〕第029号），专家组评价项目整体技术达国际领先水平；制定并获颁布NY/ T 1207—2006《辐照香辛料及脱水蔬菜热释光鉴定方法》等行业标准8项；授权《一种测定辐解产物2-十二烷基环丁酮的方法》等国家发明专利3项；编著《辐照食品鉴定检测原理与方法》书籍1部，并获科学出版基金资助；发表相关学术论文26篇（其中SCI和EI收录8篇）。

项目成果在中国检验检疫研究院等7家单位进行了推广应用，主要检测中国出口企业的农产品。截至2012年底共计检测样品12 460份，其中经辐照处理的样品4 984份，检测收入达1 869万元。抽样每批次的产品平均为企业减少损失（包括退货、扣押、销毁、转港及来往运费等费用）10.575万美元计算，实现间接经济效益合人民币34.26亿元。

6. 特早生优质绿茶新品种中茶108育成与示范推广

主要完成单位 中国农业科学院茶叶研究所

主要完成人员 杨亚军，曾建明，王新超，杨素娟，杨跃华，章志芳，王玉书，林树祺，陈　亮

起止时间 1986年1月—2012年12月

获奖情况 2013年中国农业科学院科学技术成果奖二等奖

内容提要

中茶108是应用60Co-γ射线对龙井43穗条辐照处理进行育种材料创新，通过单株鉴定、品比试验、全国品种区试等程序育成的新品种，2010年通过全国茶树品种鉴定委员会鉴定，是国内首个应用辐照诱变育种技术育成的国家茶树品种。该品种具有以下特性。

（1）发芽特早。春茶萌发期一般在3月上中旬，一芽一叶期在3月中下旬。

（2）育芽能力强，产量高。品比试验产量比标准种福鼎大白茶增产67.16%，达到极显著水平，比龙井43增产22.88%；全国区试中，中茶108比标准种福鼎大白茶增产53.7%～174.4%。

（3）制茶品质优，适制龙井、烘青等名优绿茶。

（4）氨基酸含量高，酚氨比适宜。春茶一芽二叶鲜叶的氨基酸含量为4.2%，茶多酚含量为23.9%。

（5）抗逆能力强。耐寒性强，耐旱性较强，抗炭疽病能力强。

据不完全统计，2012年年底中茶108全国推广面积达31 279亩，投产茶园面积为17 340亩，累计投产56 540亩。其中浙江、四川、湖北等省已列为主推品种之一。中茶108增效明显，平均亩产值12 373元/亩，平均增效5 485.4元/亩。

7. 蜂资源高效利用技术与产业化开发

主要完成单位 中国农业科学院蜜蜂研究所

主要完成人员 吴 杰，石 巍，董 捷，周 婷，赵 静，安建东，孙丽萍，刁青云，何薇莉，闫继红

起止时间 2011 年 1—12 月

获奖情况 2013 年中国农业科学院科学技术成果二等奖

内容提要

本成果针对中国蜂业生产方式落后、效率低，缺乏有效的蜜蜂病虫害防治药物、蜜蜂授粉利用率低、蜂产品深加工技术落后等突出问题，从蜜蜂育种、饲养管理、蜜蜂授粉、病虫害防治、产品研制等入手，围绕蜂资源安全与高效利用关键技术研究与示范主题，已逐步建立适合中国国情的优质蜂产品生产技术、蜜蜂为农作物授粉配套技术、蜂产品深加工关键技术及功能性蜂产品的研发。

在优质蜂产品生产技术方面，在国内首次以抗螨行为为指标，成功选育出抗螨高产品系“北京一号”和“东方一号”，考察结果表明，“北京一号”“东方一号”受试蜂群的螨寄生率都非常低，成年蜜蜂的蜂螨的平均寄生率分别为 1.32%、2.74%，蜂蜜产量显著提高，分别比对照高 59% 和 44%，王浆产量提高 9.74% 和 16.73%；初步形成了中国蜜蜂良种保存和评价体系；研制出 1 种新型低毒、低残留以有机酸为主要有效成分的缓释型杀螨剂，杀螨效果达到了 80%；形成了以强群饲养技术、杂种优势利用和无污染蜂机具利用为核心的优质高效养蜂技术，示范区蜂蜜产量提高 10% 以上。在蜜蜂为农作物授粉配套技术方面，完成不同地区油菜专用授粉蜂的授粉行为和传粉生物学研究；确立了不同地区油菜授粉的最适宜的授粉蜂；形成了油菜蜜蜂授粉规范，并在甘肃省、四川省等建立油菜授粉基地并大面积推广应用；初步摸清中国华北地区的熊蜂资源分布，并从中国本土熊蜂中选育出 4 种适合设施果菜授粉的熊蜂并推广应用。在蜂产品研发方面，研发出蜂胶滴丸、防治龋齿的口腔保健品、具有辅助降血糖作用的华兴牌蜂胶灵降糖软胶囊、具有改善睡眠作用的华兴牌蜂华益眠软胶囊、花粉功能性产品蜂花粉营养口服液和高浓缩花粉软胶囊等 6 种功能性蜂产品。

共申请专利 25 项，其中共取得授权专利 21 项，取得保健食品批号 2 个。已通过农业部组织的科技成果鉴定（农科果鉴字〔2012〕第 27 号）。累计推广 113 万群，中试高效缓释杀蜂螨药 3.8 万群，通过本成果的推广和应用，累计创造经济效益 19.94 亿元，同时还带来了巨大的社会、生态效益。

8. 药用化合物“阿司匹林丁香酚酯”的创制及成药性研究

主要完成单位 中国农业科学院兰州畜牧与兽药研究所

主要完成人员 李剑勇，张继瑜，杨亚军，刘希望，周绪正，李 冰，牛建荣，魏小娟，李金善，于远光，王琪文，孔晓军，李永祥

起 止 时 间 2006 年 1 月—2012 年 11 月

获 奖 情 况 2013 年中国农业科学院科学技术成果二等奖

内 容 提 要

（1）主要技术内容：①阿司匹林丁香酚酯（AEE）的设计、合成及制备工艺研究。项目以植物中分离的具有多种药理活性的丁香酚和具有相似药理作用的阿司匹林为原料，进行结构拼合，制备出新型药用化合物 AEE。对化合物结构进行了波谱鉴定，优化了制备工艺（简洁，易于工业化生产）。此项技术获得国家发明专利 1 项："阿司匹林丁香酚酯药用化合物及其制剂和制备方法"，ZL200810017950. X。②AEE 的制剂学研究：研究筛选了适用于 AEE 的药物剂型，首次制备了原料药的纳米乳制剂，建立了片剂、栓剂的制备方法，各种剂型的研制为该药物在畜牧养殖和宠物饲养领域的应用提供了物质基础。此项技术获得国家发明专利 1 项（丁香酚阿司匹林酯药用化合物制剂的制备方法，专利号 ZL200910221080. 2）；③AEE 的药理学研究：对 AEE 的药理学进行了系统研究，结果表明，该化合物较原药阿司匹林和丁香酚的稳定性好，刺激性和毒副作用小，具有持久和更强的抗菌、抗炎、镇痛、解热、抗血小板凝集、抗氧化等作用，是一种新型、高效的兽用化学药物；④AEE 的毒理学学研究：系统全面的对该化合物进行了毒理学研究，包括急性毒性、长期毒性、特殊毒理学（致突变、致畸、生殖毒性）研究，结果显示该化合物实际无毒，可长期使用。

（2）技术经济指标：①首次设计合成了新的药用化合物 AEE，并进行了结构确认；②完成了该化合物合成工艺优化研究；③研制筛选出了适合该药物的药物制剂；④完成了 AEE 的药理学研究；⑤完成了 AEE 的毒理学研究。

（3）知识产权情况：本项成果获得国家发明专利 2 项、发表学术论文 10 余篇，知识产权为兰州畜牧与兽药研究所所有。

（4）推广应用及效益情况：AEE 为高效、安全、低毒的动物专用化学药物，该产品适用于畜牧养殖业和宠物疾病防治，可作为家畜、宠物感染性疾病、普通疾病的辅助治疗药物，也可治疗各种炎症性疾病。在宠物医院及家畜养殖场推广使用效果显著，如以保守估计每年替代阿司匹林 5% 的计算，每年可以产生约 5 亿元的直接经济效益。

9. 水貂营养需要及饲料配制技术研究与应用

主要完成单位 中国农业科学院特产研究所

主要完成人员 杨福合，高秀华，张铁涛，杨　颖，任二军，张海华，邢秀梅，刘汇涛，李光玉，耿业业，云春风，吴学壮，蒋清奎，王　雷，刘进军

起 止 时 间 2009 年 1 月—2012 年 12 月

获 奖 情 况 2013 年中国农业科学院科技成果二等奖

内 容 提 要

针对中国水貂饲料利用率低、生产性能低、毛皮皮张质量相对较差、氮磷环境排放

量大等问题，从主要营养素日粮适宜营养水平与营养需要量、饲料资源开发与高效利用、营养调控与环境减排、常用饲料营养价值评价等方面开展了系统研究。取得的主要成果如下。

（1）研究了日粮蛋白质对水貂黑色素可的松（皮质素）受体（MC1R）、表皮生长因子（EGF）和类胰岛素生长因子（IGF-1）转录调控规律。

（2）开展了母貂配种准备期、妊娠期和哺乳期日粮适宜蛋白质与氨基酸水平及其营养需要量研究，确定了各时期日粮氨基酸适宜比值。

（3）揭示了饱和、非饱和脂肪酸构成的油脂对水貂生产性能的影响规律。

（4）明确了水貂在冬毛期适宜的铜需要量以及不同铜源对水貂的生物学效价。

（5）在鲜饲料日粮基础上，研究了不同锌水平和锌源对生长期水貂生产性能的影响，确定了水貂适宜的锌需要量。

（6）研究了不同配比复合酶对生长期水貂生产性能的影响，确定了水貂日粮添加外源酶适宜的种类和剂量。饲料利用率提高 15.6%，饲料成本降低 16.1%，同时降低了氮、磷的排放量。

（7）水貂日粮中添加地衣芽孢杆菌、安琪酵母、乳酸菌、枯草芽孢杆菌不同剂量和组合菌种，得出水貂日粮中益生菌的适宜添加量和菌源。

（8）开展了中国水貂常用饲料营养价值评定、饲料安全评价技术研究。测定了 6 类 51 种 96 个水貂饲料原料常规营养成分，制定了水貂常规饲料营养成分表，绘制了水貂常规饲料原料营养成分相似性图。

（9）制定了中国水貂在育成期、冬毛生长期、配种准备期、妊娠期和哺乳期适宜的营养需要量推荐表。

（10）发表论文 18 篇，SCI 收录论文 3 篇，专利 1 项，培养硕士研究生 4 名、博士研究生 2 名。

项目成果系统性很强，多项研究填补了国内外相关技术领域的空白，解决了大中型水貂养殖场的关键技术问题。项目技术成果已在 22 个水貂养殖企业进行示范、推广，应用效果良好，经济效益、生态效益和社会效益十分显著。

10. 草原蝗虫可持续防控技术研究与示范

主要完成单位 中国农业科学院植物保护研究所

主要完成人员 张泽华，负旭疆，农向群，洪　军，高　松，王广君，吴惠惠，苏红田，曹广春，涂雄兵，单丽燕，杜桂林，王耀程，董永平

起 止 时 间 1996 年 1 月—2012 年 12 月

获 奖 情 况 2013 年中国农业科学院科学技术成果二等奖

内 容 提 要

中国 60 亿亩天然草原上，20 多种蝗虫暴发成灾，年均成灾面积 1.8 亿亩，直接损失 16.8 亿元，经常性侵入农田为害，对国家粮食安全构成严重威胁。为从根本上控制

蝗害，最大限度地挽回损失，项目组在科技部、农业部、国家外国专家局项目资助下，实施了“草原蝗虫可持续防控技术研究与示范”项目。

（1）应用生物地理、草地类型与草地生产力指标，首次将中国主要草原区划分为蒙古高原草原蝗虫发生区、新疆山地草原蝗虫发生区、青藏高寒草原蝗虫发生区、农牧交错带草原蝗虫发生区等4个蝗虫发生区及24个亚区。建立了蝗虫优势种宜生区模型。阐明了优势种发生规律，发现广布种随机取食模式和亚洲小车蝗主动取食模式，构建了草原蝗虫防治生态阈值模型：$ECT = \frac{1}{E} \times \frac{1}{1+e^{2.652+6.125r}} \times \frac{1}{FL} \times \left(59.2222 + \frac{225.0094}{1+e^{2.652+6.125r}}\right)$，其中r为草原投影盖度，FL为蝗虫混合种群每虫损失估计，E为环境因子。开发了《草原蝗虫野外调查录入系统》和《草原蝗虫监测预警管理系统》软件，实现了短期和中长期的发生期预测，准确率均达85%以上。

（2）明确了亚洲小车蝗蒙古国—二连浩特市—苏尼特右旗—镶黄旗—张北县—延庆县—北京市—渤海湾—莱州湾—胶州湾—杭州湾一线的迁飞路线。

（3）收集绿僵菌1 600多株，筛选出对草原蝗虫的强毒力菌株，建立了菌种资源库及菌种改良技术平台，研发了绿僵菌发酵工艺及过程控制技术和可移动培养架、孢子分离机、静电喷雾机等设备，建立了油剂、可湿性粉剂、颗粒剂生产线，自主设计建成了真菌发酵工程平台。形成了以灌木小叶锦鸡儿为芫菁、步甲、蜥蜴等蝗虫天敌提供庇护和繁殖场所的蝗虫生态治理技术，提出绿僵菌为主、生物防治与生态治理相结合的草原蝗虫可持续防控技术体系。

（4）创制并完成“5亿孢子/克绿僵菌饵剂”“25亿孢子/克绿僵菌可湿性粉剂”2个新药登记，获发明专利10项、实用新型专利7项，制定行业标准1项、国家标准6项，其中1项在联合国粮农组织备案，发表文章52篇。建立的绿僵菌为主的草原蝗虫可持续防控技术体系，在13个省区应用面积达3.75亿亩，获经济效益33.75亿元和显著的社会、生态效益。

11. 多功能喷灌设备研制与应用

主要完成单位 中国农业科学院农田灌溉研究所

主要完成人员 范永申，李金山，段福义，郭志新，韩启彪，冯俊杰，刘 杨，贾艳辉，孙 浩，高胜国，王帘里，李 辉，杨跃辉

起止时间 2002年1月—2010年12月

获奖情况 2013年中国农业科学院科学技术成果二等奖

内容提要

多功能喷灌设备研制与应用的科研成果属于现代农业技术中的节水灌溉领域，主要研究内容包括喷灌和软管灌溉两用轻小型机组研制、多功能喷头研制以及仰角和雾化程度可调式喷头的中试与推广。在喷灌和软管灌溉两用轻小型机组以及仰角调节和雾化调

节取得核心技术，成果达到国际先进水平。委托水利部黄河水利委员会对 10 多个国内外中英文数据库进行了检索，结果表明多功能喷灌设备研制与应用是节水灌溉领域中的一项创新成果，已获发明专利 4 项，实用新型专利 6 项。

喷灌和软管灌溉两用轻小型机组，机组采用独特的桁架结构，可根据灌溉地块宽度进行机翼调整，即喷幅可调，同时，机组还可以用作软管灌溉，用一种软管灌溉装置进行灌溉，提高了灌溉机组的功能和适应能力；将万向节转动原理应用于喷头的仰角调节中，万向节自成一体，与现有的 ZY 系列喷头配套使用，其性能稳定可靠、体积小、成本低，在万向节转到槽外侧增加调节刻度盘，使调节角度更加生动直观，完善雾化调节螺栓结构设计，可根据喷灌作物对喷洒水滴承受能力和风力情况进行雾化程度调节。

喷灌和软管灌溉两用轻小型机组能耗降低 10%，装置效率提高 5% 以上，系统成本降低 15% 以上，喷灌均匀度大于 90%；喷头仰角在 0° ~30°范围内连续可调，射程可调，并可在此过程中调节雾化程度，仰角调节机构成本降低 30% 以上。

新乡中灌节水工程技术有限公司和河南省彩虹节水灌溉有限公司分别于 2009 年 10 月和 2006 年 5 月开始生产销售喷灌和软管灌溉两用轻小型机组及仰角和雾化程度可调式喷头，并进行了大面积的推广和应用，实践表明：应用该机组后，节水 50% ~60%，平均增产 8.5%，增加产值 12%；喷头节水 40% ~50%，作物增产 10% 以上，增加产值 15% 以上。仅 2009—2011 年 3 年内，共生产喷头 6.5 万套，实现产值 600 万元，销售 6.2 万套，销售收入 588 万元，技术服务收入 25 万元，净利润 70.56 万元，缴纳税款 23.52 万元；机组销售 74 台套，销售收入 740 万元，利润 111 万元，交税 29.6 万元。具有良好的经济效益、生态效益和社会效益。

12. 基于智能诊断技术的果园远程咨询系统

主要完成单位 中国农业科学院农业信息研究所，中国农业科学院果树研究所

主要完成人员 周国民，丘 耘，康国栋，樊景超，胡 林，徐 锴，王 健，吴定峰，李 敏，王 剑，李 壮，纪书琴，王 辉，张 洪，刘立波

起止时间 2002 年 7 月—2011 年 11 月

获奖情况 2013 年中国农业科学院科学技术成果二等奖

内容提要

项目“基于智能诊断技术的果园远程咨询系统”是中国农业科学院农业信息研究所自主创新的研究成果，是对国家“863”计划“网络化实时农业远程诊断模型与交互式关键平台技术研究（编号：2002AA243041）”、国家“863”计划“大田作物病害智能诊断技术系统研究与应用（编号：2007AA10Z237）”和国家农业科技成果资金转化项目“果园病虫害远程诊断系统中试与示范（2009GB23260457）”研究成果的凝练与总结。项目属于现代农业技术领域，农业信息技术专项。

基于智能诊断技术的果园远程咨询系统由果园信息采集子系统、果园智能诊断子系

统和果园远程咨询子系统组成。

基于智能诊断技术的果园远程咨询系统综合集成了现代物联网技术、现代软件工程技术、智能技术、图像分析技术、电子信息技术、数据挖掘与知识发现等高新技术，结合现代农业知识，实现了支持基于智能诊断技术的果园远程咨询系统的五大关键技术，即基于XML的农业专家系统构建技术、基于二叉树的模型的推理机构建技术、基于SDD的智能数据检索技术、基于物联网技术的果园数据服务技术、果树图像智能分析技术。五大关键技术的先进性是实现基于智能诊断技术的果园远程咨询系统的基础和保障，基于智能诊断技术的果园远程咨询系统对五大关键技术的高度集成。

系统提供了果园数据采集、传输、储存、分析、发布的完善的数据处理流程，提供果园现场数据展示，果园现状问题智能诊断与辅助决策，专家远程咨询实时解决问题的全方位服务功能。通过果园数据服务器、公共互联网以及基于智能终端的"果农宝"的系统部署形式，将果农、果协、消费者、专家有机地、灵活地联系到了一起，所有的人员的沟通不再受到时空因素的限制。系统为农业技术支持、技术服务推广、果品溯源等提供了一条通途。

系统基于大量的支持，包含了相关数据集11个（涉及果树病虫害204种，数据库总量达35千兆字节），知识库5个（包括苹果病虫害知识库、梨知识库、生产管理知识库、基于LBS服务的果园生产过程知识库、苹果知识库，共产生推理规则3 035条）。建立软件开发构件库一个，开发构件53个。系统结构完整，功能完善，性能稳定。系统集成了大量的相关科学技术，极大地提升了果业信息化水平，为传统产业的现代化改造提供了有益的引领和示范作用。

13. 甘薯淀粉加工废渣资源化利用技术的研究与示范

主要完成单位 中国农业科学院农产品加工研究所，中国农业科学院饲料研究所，山东宏河圣齐生物工程有限公司，河北科纳生物科技有限公司，烟台安德利果胶股份有限公司，秦皇岛紫龙生物技术有限公司

主要完成人员 木泰华，石　波，吴允山，陈井旺，李金启，孙红男，彭　晴，张　苗，李鹏高，梅　新，张春蓬，张燕燕，王晓梅，张永波，刘建光

起止时间 2005年7月—2012年2月

获奖情况 2013年中国农业科学院科学技术成果二等奖

内容提要

中国是世界甘薯生产大国，年均产量占世界80%左右，约1亿吨，每年因淀粉生产而产生的废渣超过200万吨，本项目针对长期困扰中国甘薯淀粉行业的废渣附加值低、污染环境等问题展开深入研究。

揭示了不同品种薯渣和膳食纤维组分构成及功能特性的差异。对10种甘薯渣结构、形态及成分进行系统分析，筛选出适合制备膳食纤维品种。阐明甘薯膳食纤维、果胶及

寡糖的结构特点及在不同加工条件下的变化规律，发现甘薯膳食纤维、果胶及寡糖具有较好的物化及功能特性，可在饲料、食品和保健品工业中广泛应用。研究成果为甘薯膳食纤维、果胶及寡糖的应用提供了理论支撑。

通过将物理筛分法与磷酸氢二钠法相结合，开发了连续化生产甘薯膳食纤维与果胶的新技术，甘薯膳食纤维与果胶经物理及化学改性后其物化功能及保健特性得到显著改善。在最佳工艺参数条件下膳食纤维和果胶提取率分别达 83.18%、91.28%，纯度达 81.25%、95.87%，该工艺节能、降耗效果显著，对提升我国甘薯淀粉加工综合利用技术水平具有重要意义。通过超微粉碎处理甘薯膳食纤维显著提高了可溶性膳食纤维的含量及其物化功能特性，通过热处理及 pH 值处理对果胶进行改性有效提高了甘薯果胶对 3 种癌细胞增殖抑制效果。

建立生物酶解及发酵法制备寡糖、葡萄糖、酒精及膳食纤维的新技术、新工艺。突破甘薯渣中纤维素等难于被酶降解的难题，研发了高剪切乳化预处理甘薯渣及复合酶定向同步降解甘薯渣制备甘薯复合功能寡糖技术；优化酶解甘薯渣生产葡萄糖新工艺；同时研发同步糖化发酵法生产酒精再连续制备膳食纤维的新技术。

本项目获农业部成果鉴定 1 项，发表学术论文 18 篇，其中 SCI 收录 4 篇，申报国家专利 6 项，获授权 3 项。项目组先后与秦皇岛紫龙生物科技有限公司等 4 家企业合作，于 2009—2012 年间，先后生产、销售甘薯膳食纤维粉、甘薯及苹果果胶粉和甘薯复合功能寡糖粉等多种产品，为企业新增产值 2.57 亿元，新增利税 7 440万元，增收节支总额 1.09 亿元，为企业创造了较好的经济效益。

14. 人参等大宗药材炮制加工新工艺研究及系列功能产品开发

主要完成单位 中国农业科学院特产研究所

主要完成人员 郑培和，鲍成胜，金银萍，陈晓林，魏忠宝，张　瑞，侯　微，焉　石，闫梅霞，邵　财，逄世峰，孙成贺，刘俊霞，崔丽丽，马　琳

起止时间 2005 年 1 月—2011 年 12 月

获奖情况 2013 年中国农业科学院科技成果二等奖

内容提要

完成了人参加工过程中多种有效成分（人参皂苷、氨基酸、多糖和蛋白质等）变化规律研究，对人参采后贮藏过程中的成分及酶活性等变化进行系统研究，以贮藏环境条件与适宜加工性为评价指标，建立药材贮藏与加工前期处理相结合的综合评价体系，确定其贮藏技术参数。首次开展人参组织切片中皂苷类化学成分质谱成像分析研究，为人参炮制加工工艺优化提供理论依据，提升了吉林人参、西洋参的炮制技术水平。应用实验室近红外检测系统和在线检测系统完成了人参、西洋参、五味子、淫羊藿、刺五加、关玉竹、平贝母、红景天、关苍术、桔梗、威灵仙和北豆根等中药材（包括原材料和提取液）数学模型的建立，完成人参等 12 种中药材标准提取物工艺研究及质量标

准制定。采用药食兼用菌作为生物体系，筛选出人参和西洋参固体发酵菌株，建立人参和西洋参固体发酵方法，摸清了不同西洋参基质及条件对菌体生长的影响，拓宽了人参加工方式。开展了人参等大宗药材废弃物在禽用添加剂上的应用研究。形成示范基地5个，研制出以人参等为原料的人参产品鸟牌雪蛤千金片并取得保健食品批准文号。研制出人参正果、人参正果蜜等系列功能产品115种，建立和改进现代化提取中试线10条。申请专利18项，其中14项公开中（4项已接收）。发表论文30篇，培养研究生及技术管理人员177名。

采用新工艺加工人参等中药材，提高加工品产量10%；应用标准操作规程和近红外在线检测技术，可是中药加工品优质率提高25%，转化蜜制红参、红参速溶茶等以人参等中药材为原料的各类功能产品10余种，3年累计新增销售额39 130.59万元，新增利润23 478.40万元，新增税收4 942.19万元。

中国农业科学院 2013 年获得的其他形式成果

2013 年获得专利清单

序号	专利名称	类别	授权公告日	专利号	发明人（设计人）	单位
1	水稻分蘖相关蛋白及其编码基因与应用	发明专利	2013. 4. 17	ZL201110112498. 7	万建民、秦瑞珍、程治军、林启冰、公　杰、王　丹、董　慧、顾溯海、江　铃、吴赴清、郭秀萍、张　欣	作科所
2	一种 RNA 干扰载体及其应用	发明专利	3013. 3. 20	ZL201110055864. X	万建民、李　辉、程治军、金田蕴、江　玲、郭秀萍、王久林、张　欣、雷财林、王　洁、吴赴清	作科所
3	与植物单株产量相关蛋白及其编码基因与应用	发明专利	2013. 5. 29	ZL201010178179. 1	万建民、程治军、马雪峰、秦瑞珍、邱　杨	作科所
4	稻瘟病抗性基因 *Piym2* 及其应用	发明专利	2013. 6. 5	ZL201210073815. 3	万建民、雷财林、马　建、程治军、许兴涛、王久林、张　欣、郭秀平	作科所
5	一种无铁金属污染的水稻精米制备方法及其用途	发明专利	2013. 2. 13	ZL200810239031. 7	徐建龙、徐　琴、周永力、贾　倩、孙　勇、朱苓华、高用明、傅彬英、赵秀琴、黎志康	作科所

（续表）

序号	专利名称	类别	授权公告日	专利号	发明人（设计人）	单位
6	一种水稻库源新基因（*SS2*）的紧密连锁分子标记	发明专利	2013. 8. 14	ZL201110413506. 1	徐建龙、王　韵、黎志康、孙　勇	作科所
7	一种水稻库源新基因（*SS1*）的紧密连锁分子标记	发明专利	2013. 10. 12	ZL201110253646. 7	徐建龙、王　韵、黎志康、郑天清、赵秀琴、孙　勇	作科所
8	激发水稻产生抗病反应的avrXa23蛋白及其编码基因	发明专利	2013. 5. 17	ZL201010256332. 8	赵开军、王春连、杨　兵、高　英、徐安毕、樊颖伦	作科所
9	棉花 *GhLS* 基因、其编码蛋白及应用	发明专利	2013. 6. 19	ZL201110143752. X	李学勇、刘伟娜、赵金凤、邢　进	作科所
10	一种提高低再生力小麦基因型幼胚组织培养再生率的方法	发明专利	2013. 9. 4	ZL201210085450. 6	叶兴国、王　轲、殷桂香、杜丽璞、李　欣、林志珊、徐惠君、王新敏、周晓鸿、张　伟、肖乐乐	作科所
11	一种专用启动子及培育抗病转基因植物的方法	发明专利	2013. 4. 2	ZL201110029767. 3	张增艳、李　钊、庄洪涛	作科所
12	植物抗病相关蛋白及其编码基因和应用	发明专利	2013. 1. 6	ZL201010259901. 4	张增艳、李　钊、辛志勇、徐惠君、杜丽璞、周淼平	作科所
13	抗病转 *PgPGIP1* 基因小麦的培育方法	发明专利	2013. 6. 19	ZL201110318553. 8	张增艳、杜丽璞、徐慧君	作科所

（续表）

序号	专利名称	类别	授权公告日	专利号	发明人（设计人）	单位
14	植物抗性相关蛋白 MYB 及其编码基因与应用	发明专利	2013. 8. 21	ZL201010538909. 4	张增艳、周贤尧、周淼平、刘红霞、刘　欣、董　娜、路　妍、辛志勇	作科所
15	植物耐逆性相关蛋白 TaDREB4B 及其编码基因和应用	发明专利	2013. 7. 31	ZL201010161640. 2	马有志、徐兆师、李连城、陈　明	作科所
16	植物耐逆性相关蛋白 Gm-NF-YA1 及其编码基因和应用	发明专利	2013. 5. 29	ZL201010161696. 8	徐兆师、马有志、李连城、陈　明	作科所
17	植物耐逆性相关蛋白 Gm-NF-YB1 及其编码基因和应用	发明专利	2013. 5. 29	ZL201010161686. 4	马有志、徐兆师、李连城、陈　明、李文滨	作科所
18	植物耐逆性相关蛋白 TaTPRPK1 及其编码基因和应用	发明专利	2013. 9. 4	ZL201010161609. 9	徐兆师、马有志、李连城、陈　明	作科所
19	植物耐逆性相关蛋白 TaDREB3A 及其编码基因和应用	发明专利	2013. 9. 4	ZL201010161705. 3	马有志、徐兆师、李连城、陈　明、李文滨	作科所
20	植物耐逆性相关蛋白 GmTPRPK1 及其编码基因和应用	发明专利	2013. 9. 18	ZL201010161630. 9	徐兆师、马有志、李连城、陈　明	作科所

（续表）

序号	专利名称	类别	授权公告日	专利号	发明人（设计人）	单位
21	小麦千粒重性状相关基因、基因的单倍型及其应用	发明专利	2013. 3. 20	ZL200910241707. 0	姜奇彦、盖红梅、郝晨阳、王兰芬、侯　健、张学勇	作科所
22	植物耐逆性相关蛋白TaFbox2及其编码基因与应用	发明专利	2013. 8. 21	ZL200910237907. 9	温小杰、秘彩莉、蒲　文、郭秀平、郝晨阳、万建民、刘　旭、张学勇	作科所
23	植物耐逆性相关蛋白TaSnRK2. 10及其编码基因与应用	发明专利	2013. 5. 29	ZL201110333264. 5	毛新国、张洪映、景蕊莲	作科所
24	小麦TaCPK7启动子及其应用	发明专利	2013. 8. 7	ZL201010557331. 7	毛　龙、李爱丽、耿帅锋、赵永亮	作科所
25	植物抗逆性相关蛋白TaNAC67及其编码基因与应用	发明专利	2013. 11. 20	ZL201210477885. 5	毛新国、景蕊莲、李　昂	作科所
26	大豆GmFTL1蛋白和GmFTL2蛋白及其应用	发明专利	2013. 7. 10	ZL200910237919. 1	傅永福、张晓玫	作科所
27	大豆GmFTL3蛋白和GmFTL5蛋白及其应用	发明专利	2013. 7. 10	ZL201010111911. 3	傅永福、张晓玫	作科所
28	大豆GmFTL4蛋白和GmFTL6蛋白及其应用	发明专利	2013. 7. 10	ZL201010133531. X	傅永福、张晓玫	作科所
29	大豆磷转运蛋白GmPHT15及应用	发明专利	2013. 7. 10	ZL201110228424. X	傅永福、张晓玫、范成明	作科所

（续表）

序号	专利名称	类别	授权公告日	专利号	发明人（设计人）	单位
30	大豆 *GmCOL5* 基因及其编码蛋白与应用	发明专利	2013. 7. 1	ZL201110033085. X	傅永福、张晓玫	作科所
31	拟南芥花和胚胎特异启动子 EL5 和 EL6 及其应用	发明专利	2013. 7. 10	ZL201110045893. 8	傅永福、张晓玫	作科所
32	大豆衰老诱导的磷转运载体 GmPHT07	发明专利	2013. 7. 3	ZL201210078492. 7	傅永福、张晓玫、范成明	作科所
33	水稻转录因子 Os01g64730 基因的应用	发明专利	2013. 9. 12	ZL201210272621. 6	刘　斌、张春雨、李宏宇、赵　涛、刘　军、林辰涛	作科所
34	水稻转录因子 Os05g41070 基因的应用	发明专利	2013. 8. 1	ZL201210272542. 5	李宏宇、张春雨、刘　斌、赵　涛、刘　军、林辰涛	作科所
35	水稻转录因子 Os06g08400 基因的应用	发明专利	2013. 8. 6	ZL201210276322. X	赵　涛、李　涛、李宏宇、刘　斌、刘　军、林辰涛	作科所
36	水稻根尖特异表达启动子 Pro-Os02g54880 及其应用	发明专利	2013. 6. 26	ZL201210330893. 7	刘　斌、张春雨、李宏宇、赵　涛、刘　军、林辰涛	作科所
37	一种辅助筛选耐盐大豆的方法及其专用引物	发明专利	2013. 6. 5	ZL201010110877. 8	关荣霞、邱丽娟、刘光宇、常汝镇、田　蕾	作科所
38	一种玉米 wip1 基因启动子及其应用	发明专利	2013. 1. 23	ZL201110329378. 2	王国英、刘允军、张生学、练　云	作科所
39	转基因玉米事件 IE034 外源插入片段旁侧序列及其应用	发明专利	2013. 7. 3	ZL201210065919. X	王国英、刘允军、张煜文、刘　艳	作科所

（续表）

序号	专利名称	类别	授权公告日	专利号	发明人（设计人）	单位
40	一种细胞色素 *P*450 基因 dsRNA 及其在抑制蚜虫生长中的应用	发明专利	2013. 10. 23	ZL201210205601. 7	夏兰琴、王　晖、张　珉	作科所
41	一种与倍半萜合成相关的蛋白及其编码基因与应用	发明专利	2013. 10. 23	ZL201210258647. 5	夏兰琴、张　彦	作科所
42	一种辅助选育抗条锈病小麦品种的方法及其专用 PCR 试剂	发明专利	2013. 4. 17	ZL201110136905. 8	何中虎、郑天存、任　妍、郑继东、郑继周、夏先春	作科所
43	一种辅助筛选抗条锈病小麦的方法及其专用引物	发明专利	2013. 7. 31	ZL201110127386. 9	何中虎、肖永贵、夏先春	作科所
44	籽粒特异性启动子及其应用	发明专利	2013. 7. 17	ZL201210007246. 2	夏先春、李根英、何中虎、李玉莲、高　洁、宋国琦、宋华东、黄承彦	作科所
45	植物耐盐相关蛋白和基因及其作为筛选标记的应用	发明专利	2013. 8. 7	ZL201210288593. 7	侯文胜、黄　姗、韩天富、王伟旗、李　亮、孙　石、吴存祥	作科所
46	植物开花相关蛋白 GmFT-La 及其编码基因和应用	发明专利	2013. 6. 12	ZL201010196387. 4	孙洪波、韩天富、吴存祥、侯文胜、曹　东	作科所
47	一种草酸青霉菌及其应用	发明专利	2013. 4. 17	ZL201010578244. X	顿宝庆、赵　萱、王　智、李桂英、路　明	作科所
48	粳稻木糖异构酶基因的功能及其应用	发明专利	2013. 6. 19	ZL201110041928. 0	顿宝庆、王　智、李桂英、路　明	作科所

（续表）

序号	专利名称	类别	授权公告日	专利号	发明人（设计人）	单位
49	miR169 或其靶基因 *NFYA5* 在植物适应氮胁迫中的作用	发明专利	2013. 1. 9	ZL201010276128. 2	李文学	作科所
50	一种作物细胞育种的方法	发明专利	2013. 1. 5	ZL201010034062. 6	刘录祥、赵林姝、郭会君、赵世荣、古佳玉、李军辉	作科所
51	一种抗虫蛋白 Cry1A. 401、其表达载体及应用	发明专利	2013. 7. 31	ZL201210049212. X	翁建峰、李新海、杨小艳、李明顺、郝转芳、张德贵、白　丽、张芳军、雷开荣、张世煌	作科所
52	一种抗虫蛋白 Cry1A. 301、其表达载体及应用	发明专利	2013. 8. 14	ZL201210048871. 1	李新海、翁建峰、杨小艳、郝转芳、雷开荣、李明顺、张德贵、白　丽、张芳军、张世煌	作科所
53	一种抗草甘膦 EPSP 合成酶 GmEPSPS-2 及其编码基因与应用	发明专利	2013. 10. 23	ZL201210196678. 2	谢树章、李新海、雷开荣、林　清、翁建峰、杨小艳	作科所
54	一种抗草甘膦 EPSP 合成酶 GmEPSPS 及其编码基因与应用	发明专利	2013. 10. 23	ZL201210196502. 7	雷开荣、李新海、谢树章、翁建峰、林　清、杨小艳	作科所

（续表）

序号	专利名称	类别	授权公告日	专利号	发明人（设计人）	单位
55	与玉米抗丝黑穗病基因连锁的 SNP 位点、基于该位点的分子标记 LSdCAP2 及其应用	发明专利	2013. 5. 15	ZL201210031438. 7	王振华、李新海、刘显君、邸　宏、张　林、翁建峰、曾　兴、阚帅帅	作科所
56	一种白术的保存方法以及再培养方法	发明专利	2013. 11. 13	ZL201210232684. 9	张金梅、陈晓玲、卢新雄、辛　霞	作科所
57	矮牵牛离体茎尖的超低温保存方法	发明专利	2013. 7. 17	ZL201210229180. 1	陈晓玲、黄　斌、张金梅、卢新雄、辛　霞	作科所
58	辅助鉴定尖镰孢菌菜豆转化型的引物对及其应用	发明专利	2013. 9. 4	ZL201210033056. 8	王述民、薛仁风、朱振东、王兰芬、王晓鸣	作科所
59	一种水稻抗低温抗倒伏扩穗增粒增产调节剂及其制备方法	发明专利	2013. 1. 16	ZL201010529031. 8	董志强	作科所
60	一种小麦抗低温抗倒伏增产调节剂及其制备方法	发明专利	2013. 10. 30	ZL201010550124. 9	董志强	作科所
61	一种物体高度测量仪	实用新型专利	2013. 1. 23	ZL201220081917. 5	马兴林、李茂松、林治安、王春艳、黎　裕、王天宇、梁明福、王传海、徐安波	作科所
62	一种农田保墒用镇压器	实用新型专利	2013. 7. 10	ZL201220634011. 1	马兴林、李茂松、林治安、王春艳、王传海、徐安波、程桂英、李淑兰	作科所

（续表）

序号	专利名称	类别	授权公告日	专利号	发明人（设计人）	单位
63	一种植物幼苗移栽器	实用新型专利	2013. 1. 30	ZL201220081683. 4	王传海、马兴林	作科所
64	RNAi 转基因植物的快速精确检测方法及其应用	发明专利	2013. 7. 31	ZL201110304676. 6	吴茂森、陈华民、何晨阳、杨　菲	植保所
65	虫生真菌菌核的培养方法及其应用	发明专利	2013. 6. 5	ZL201110101663. 9	王海鸿、雷仲仁、问锦曾	植保所
66	防治植物病毒病的生物复配剂及其应用	发明专利	2013. 8. 28	ZL201110073801. 7	邱德文、曾　洪、杨秀芬、郭立华、袁京京	植保所
67	改造的 *cryX* 基因及其应用	发明专利	2013. 6. 19	ZL201110396767. 7	耿丽丽、束长龙、刘东明、张　杰、宋福平、黄大昉	植保所
68	旱稻孢囊线虫特异性 RAPD 和 SCAR 标记快速分子检测方法	发明专利	2013. 6. 5	ZL201210200140. 4	彭德良、亓晓莉、彭　焕、黄文坤、丁　中、贺文婷	植保所
69	鉴别转基因抗虫棉南农 6 号的 PCR 检测方法及应用	发明专利	2013. 4. 10	ZL201010233893. 6	谢家建、孙　爻、苏长青、彭于发	植保所
70	鉴定转植酸酶基因玉米 BVLA430101 的转化体特异性 PCR 检测方法	发明专利	2013. 2. 27	ZL201010143850. 9	谢家建、孙　爻、彭于发	植保所
71	绿盲蝽性引诱剂的制备方法及其应用	发明专利	2013. 7. 24	ZL201010271062. 8	张　涛、梅向东、陆宴辉、吴孔明、宁　君	植保所

（续表）

序号	专利名称	类别	授权公告日	专利号	发明人（设计人）	单位
72	棉花次生物质抗盲蝽效果的生物测定方法	发明专利	2013. 4. 17	ZL201010145347. 7	张永军、赵秋剑、陆宴辉、林凤敏、吴孔明、郭予元	植保所
73	球孢白僵菌菌核的培养方法及其应用	发明专利	2013. 9. 18	ZL201110101659. 2	王海鸿、雷仲仁、问锦曾	植保所
74	人工合成的美洲商陆抗病毒蛋白（PAP）抗原、抗体及其制备方法、应用	发明专利	2013. 4. 24	ZL201110165331. 7	李　莉、王锡锋、李　羽、周广和、刘　艳、吴蓓蕾	植保所
75	水稻黑条矮缩病毒 RNA 干涉载体、构建方法及应用	发明专利	2013. 2. 20	ZL201010276096. 6	李　莉、李红伟、王锡锋、刘　艳、吴蓓蕾	植保所
76	苏云金芽孢杆菌 *cry*1Ai 在抗虫中的用途、改造的 *mcry*1Ai 基因及应用	发明专利	2013. 1. 2	ZL200910241558. 8	束长龙、宋福平、张　杰、黄大昉、何康来、梁革梅	植保所
77	苏云金芽孢杆菌基因 *cry*8like 与 *cry*8G 组合及其应用	发明专利	2013. 12. 15	ZL201210119831. 1	张　杰、张彦蕊、束长龙、耿丽丽、宋福平、彭　琦	植保所
78	苏云金芽胞杆菌 *vip*1like1、*vip*2like1 基因组合及其应用	发明专利	2013. 7. 31	ZL201210119823. 7	束长龙、张彦蕊、耿丽丽、张　杰、宋福平、彭　琦	植保所
79	苏云金芽胞杆菌无芽胞无晶体菌株、其构建方法及其应用	发明专利	2013. 9. 25	ZL201210119832. 6	彭　琦、宋福平、梁影屏、束长龙、张　杰、黄大昉	植保所

（续表）

序号	专利名称	类别	授权公告日	专利号	发明人（设计人）	单位
80	提高植物抗性和诱导植物防御反应的蛋白质及其基因、应用	发明专利	2013. 5. 1	ZL201110149203. 3	邱德文、杨秀芬、曾洪梅、郭立华、袁京京、马赫什·萨克哈莱姆·库勒	植保所
81	提高植物抗性和诱导植物防御反应的稻瘟菌分离蛋白及其基因、应用	发明专利	2013. 11. 20	ZL201210035653. 4	曾洪梅、邱德文、杨秀芬、郭立华、刘峥、袁京京、陈铭佳	植保所
82	豌豆孢囊线虫特异性RAPD标记和SCAR标记快速分子检测方法	发明专利	2013. 7. 3	ZL201210200468. 6	彭德良、亓晓莉、彭焕	植保所
83	小麦禾谷孢囊线虫特异性SCAR标记及其快速PCR检测方法	发明专利	2013. 3. 27	ZL201210032018. 0	彭德良、亓晓莉、黄文坤、彭焕、贺文婷	植保所
84	一种暗黑鳃金龟幼虫人工饲料及其制备方法和应用	发明专利	2013. 5. 8	ZL201110232181. 2	李克斌、尹姣、曹雅忠、王伟、刘春琴、王占娣	植保所
85	一种北方根结线虫LAMP快速检测方法及应用	发明专利	2013. 4. 24	ZL201210070924. X	彭德良、何旭峰、彭焕	植保所
86	一种促进水稻生长和提高水稻产量的方法	发明专利	2013. 6. 12	ZL201110035411. 0	何晨阳、吴茂森、陈华民、李广旭	植保所
87	一种来源于苜蓿盲蝽的OBPs蛋白及其编码基因	发明专利	2013. 6. 5	ZL201010285538. 3	谷少华、张永军、张雪莹、吴孔明、郭予元	植保所

（续表）

序号	专利名称	类别	授权公告日	专利号	发明人（设计人）	单位
88	一种罹病植物组织中香蕉穿孔线虫 DNA 提取液、提取方法及其应用	发明专利	2013. 8. 7	ZL201110340265. 2	彭德良、王　琼、耿丽凤、李　佳、彭　焕、张东升	植保所
89	一种莲草直胸跳甲的人工大规模饲养方法	发明专利	2013. 7. 24	ZL201210012459. 4	郭建英、傅建炜、万方浩、史梦竹、周忠实、马明勇	植保所
90	一种人工大量饲养剑毛帕厉螨、尖狭下盾螨的方法	发明专利	2013. 11. 6	ZL201010525011. 3	王伯明、徐学农、姜晓环、范青海、王恩东、罗　佳、吴梅香、李桂亭、吴圣勇、王蓓蓓	植保所
91	一种杀虫真菌及其应用	发明专利	2013. 5. 1	ZL201110326065. 1	农向群、张泽华、张英财、王广君、曹广春	植保所
92	一种鼠类不育剂的环糊精包合物及其制备方法	发明专利	2013. 5. 24	ZL201010209008. 0	王大伟、刘晓辉、刘琪，等	植保所
93	一种特异性检测小麦秆锈菌的 PCR 方法	发明专利	2013. 1. 30	ZL201110031068. 2	刘太国、陈万权，等	植保所
94	一种微囊化农药制剂	发明专利	2013. 10. 2	ZL201110358100. 8	杨代斌、袁会珠、闫晓静	植保所
95	一种旋幽夜蛾的人工饲料及其制备方法和应用	发明专利	2013. 5. 8	ZL201210067255. 0	张云慧、张　智、程登发、张方梅、彭　赫	植保所

（续表）

序号	专利名称	类别	授权公告日	专利号	发明人（设计人）	单位
96	一种玉米中活性次生代谢物——丁布的提取方法	发明专利	2013. 8. 21	ZL20110126290. 0	李　晶、郑永权、刘新刚、董丰收、徐　军、郭立群、孔志强、田迎迎、李远播、路彩红	植保所
97	一种育苗基质块及其制备方法	发明专利	2013. 6. 26	ZL201110033790. X	曹坳程、郭美霞、王秋霞、李　园	植保所
98	一种植物抗草甘膦检测方法	发明专利	2013. 2. 27	ZL201110119737. 1	李香菊、曹洪玉、崔海兰等	植保所
99	以去胚子叶为外植体花生再生体系的建立方法	发明专利	2013. 1. 2	ZL201110179847. 7	耿丽丽、束长龙、张　杰、宋福平、黄大昉	植保所
100	应用东方钝绥螨防治烟粉虱、蓟马的新用途	发明专利	2013. 10. 2	ZL201110456704. 6	王恩东、王伯明、徐学农、姜晓环、胡　毅、盛福敬、马鹤娟、王　培	植保所
101	用于检测水稻白叶枯病菌的方法、引物以及试剂盒	发明专利	登记办理中	ZL201110035412. 5	何晨阳、陈华民、吴茂森、李　波	植保所
102	致病杆菌抗菌肽及其在抑制病原真菌和细菌生长中的应用	发明专利	2013. 7. 31	ZL201110328254. 2	杨秀芬、邱德文、曾洪梅、郭立华、刘　峥、袁京京、肖　尧	植保所
103	转 *cry*1C 基因水稻品系 T1c-19 的转化体特异性 PCR 检测方法	发明专利	2013. 5. 22	ZL201010238746. 8	谢家建、彭于发	植保所

（续表）

序号	专利名称	类别	授权公告日	专利号	发明人（设计人）	单位
104	转 *cry*2A 基因水稻品系 T2A-1 的 PCR 检测方法及其应用	发明专利	2013. 2. 27	ZL201010233830. 0	谢家建、彭于发	植保所
105	转基因抗虫棉鄂杂棉 1 号的转化体特异性 PCR 检测方法及其应用	发明专利	2013. 3. 6	ZL201010267818. 1	谢家建、汪　巧、苏长青、孙　爻、彭于发	植保所
106	紫茎泽兰提取液作为防污漆的应用	发明专利	2013. 7. 24	ZL200810008066. X	曹坳程、彭必先、王秋霞、郭美霞	植保所
107	一种大量包装天敌的专用袋	实用新型专利	2013. 11. 6	ZL201320281272. 4	姜晓环、徐学农、王恩东、王伯明、吕佳乐、胡　毅	植保所
108	一种防除藤本植物的涂抹除草剂的涂药杆	实用新型专利	2013. 4. 24	ZL201220010273. 0	曹坳程、毛连纲、刘晓燕、颜冬冬、谢红薇、郭美霞、王秋霞、李　园	植保所
109	一种非洲爪蟾抱对产卵装置	实用新型专利	2013. 9. 11	ZL201320208867. 7	何伟志、蒋红云、张　兰、张燕宁、齐培松、唐敬新	植保所
110	一种非洲爪蟾成蛙饲养装置	实用新型专利	2013. 9. 11	ZL201320208021. 3	蒋红云、何伟志、张燕宁、张　兰、齐培松、唐敬新	植保所
111	一种非洲爪蟾蝌蚪饲养装置	实用新型专利	2013. 9. 11	ZL201320210960. 1	蒋红云、何伟志、张燕宁、张　兰、齐培松、唐敬新	植保所
112	一种非洲爪蟾受精卵的孵化饲养装置	实用新型专利	2013. 9. 11	ZL201320208825. 3	何伟志、蒋红云、张燕宁、张　兰、齐培松、唐敬新	植保所

（续表）

序号	专利名称	类别	授权公告日	专利号	发明人（设计人）	单位
113	一种非洲爪蟾饲养装置	实用新型专利	2013.9.11	ZL201320208861.X	何伟志、蒋红云、张　兰、张燕宁、齐培松、唐敬新	植保所
114	一种非洲爪蟾幼蛙饲养装置	实用新型专利	2013.9.11	ZL201320208005.4	蒋红云、何伟志、张燕宁、张　兰、齐培松、唐敬新	植保所
115	一种可拆式氮气循环厌氧培养装置	实用新型专利	2013.4.24	ZL201220385251.2	李敏敏、郑永权、刘新刚、徐　军、董丰收	植保所
116	一种盲蝽诱捕器	实用新型专利	2013.7.24	ZL201320123117.X	张　涛、梅向东、陆宴辉、吴孔明、宁　君	植保所
117	一种凝胶打孔器	实用新型专利	2013.8.21	ZL201320149983.6	杨　龙、魏守辉、张朝贤，等	植保所
118	一种人工饲料包装装置	实用新型专利	2013.3.27	ZL201220382214.6	邹德玉、陈红印、张礼生、王树英、陈长风、王孟卿、刘晨曦	植保所
119	一种适用于螨类相关实验的饲养小室	实用新型专利	2013.11.6	ZL201320281287.0	王伯明、徐学农、姜晓环、王恩东、范青海、胡　毅、吕佳乐	植保所
120	一种适用于吸汁性害虫相关生物学试验的饲养小室	实用新型专利	2013.11.6	ZL201320281238.7	姜晓环、徐学农、王恩东、王伯明、胡　毅、吕佳乐	植保所
121	一种微型养虫笼	实用新型专利	2013.10.9	ZL201320176093.4	马方舟、吕志创、周忠实、万方浩、王　韧、郭建英	植保所
122	一种用于田间土壤消毒的混合施药装置	实用新型专利	2013.6.5	ZL201120345407.X	颜冬冬、毛连纲、王秋霞、李　园、郭美霞、曹坳程	植保所

（续表）

序号	专利名称	类别	授权公告日	专利号	发明人（设计人）	单位
123	一种针筒式抽真空土壤厌氧/耗氧培养瓶及培养系统	实用新型专利	2013. 3. 20	ZL201220384802. 3	郑永权、刘新刚、李敏敏、董丰收、徐　军	植保所
124	喷雾雾滴密度比对卡	外观设计	2013. 1. 22	ZL201330018106. 0	袁会珠、高圆圆、杨代斌、闫晓静	植保所
125	鉴定抗阿维菌素小菜蛾种群的方法	发明专利	2013. 1. 2	ZL 201110005392. 7	吴青君、柳　峰、梁延坡、孙礼兵、徐宝云、张友军、王少丽	蔬菜所
126	基于机器视觉的蔬菜叶部病害实时诊断方法与系统	发明专利	2013. 2. 27	ZL201010237657. 1	李宝聚、柴阿丽、石延霞、岑喆鑫、谢学文	蔬菜所
127	一种害虫的生物测定方法	发明专利	2013. 4. 7	ZL200810117111. 5	吴青君、张治军、徐宝云、张友军	蔬菜所
128	联苯菊酯和噻虫嗪的杀虫组合物	发明专利	2013. 4. 17	ZL201010569561. 5	王少丽、张友军、吴青君、徐宝云、铁敏媛、闫文茜、杨　鑫、李如美	蔬菜所
129	一种用于检测抗 *Bt* 小菜蛾的引物序列及其应用	发明专利	2013. 8. 7	ZL201010252507. 8	张友军、朱　勋、杨峰山、吴青君、王少丽、徐宝云、秦　悦、郭兆将、夏吉星、陈得峰、杨中侠、雷妍圆、王俊华	蔬菜所

（续表）

序号	专利名称	类别	授权公告日	专利号	发明人（设计人）	单位
130	干扰 *Bx-cpl*-2 基因表达的 dsRNA 载体及其在松材线虫防治和研究中的应用	发明专利	2013. 8. 14	ZL201110175384. 7	陈国华、王殿东、白　婷、成新跃、梅　眉、谢丙炎	蔬菜所
131	温室白粉虱特异性 SCAR 标记、特异性引物及快速分子鉴定方法	发明专利	2013. 10. 9	ZL201210011448. 4	王少丽、王金娜、张友军、吴青君、闫文茜、谢　文	蔬菜所
132	黄顶菊 *Flaveria bidentis*（L.）Kuntze 系列染料制备工艺和用途	发明专利	2013	ZL200910250534. 9	付卫东、何　兰、张国良、张程瑞、曹坳程、韩　颖	环发所
133	一种友好戈登氏菌和微生物菌剂及它们的应用	发明专利	2013	ZL201110167206. X	郭　萍、田云龙、朱昌雄、刘　雪、叶　婧，等	环发所
134	一种微生物菌剂及其制备方法和应用	发明专利	2013	ZL201110169821. 4	郭　萍、朱昌雄、田云龙、刘　雪、叶　婧，等	环发所
135	一种食烷烃戈登氏菌和微生物菌剂及它们的应用	发明专利	2013	ZL201110167185. 1	郭　萍、朱昌雄、田云龙、刘　雪、叶　婧，等	环发所
136	一种假单胞菌属和微生物菌及它们的应用	发明专利	2013	ZL201110167206. X	郭　萍、田云龙、朱昌雄、刘　雪、叶　婧，等	环发所
137	一种赤红球菌和微生物菌剂及其应用	发明专利	2013	ZL201110167189. X	郭　萍、田云龙、朱昌雄、刘　雪、叶　婧，等	环发所
138	一种畜禽粪便分步热解制取氢气和其他产物的方法和装置	发明专利	2013	ZL200810180546. 4	董红敏、涂德浴、朱志平、尚　斌、陶秀萍	环发所

（续表）

序号	专利名称	类别	授权公告日	专利号	发明人（设计人）	单位
139	一种日本假单胞菌和微生物菌剂及它们的应用	发明专利	2013	ZL201110167149. 5	郭　萍、朱昌雄、田云龙	环发所
140	一种微生物菌剂及其制备方法和应用	发明专利	2013	ZL201110169479. 8	郭　萍、朱昌雄、田云龙、刘　雪，等	环发所
141	一种鼠类不育剂的环糊精包合物及其制备方法	发明专利	2013	ZL201010209008. 0	王大伟、刘晓辉、刘　琪、刘　明、李　宁	环发所
142	高寒草原地区适应气候变化的草地保护方法	发明专利	2013	ZL201010147594. 0	林而达、江村旺扎、王贺然、王宝山、高清竹、居　辉	环发所
143	一种纳米多孔活性炭担载农用抗生素的缓控释制剂及制备方法	发明专利	2013	ZL201110083063. 4	崔海信、姜建芳、孙长娇	环发所
144	一种坡地集雨节灌控污系统和方法	发明专利	2013	ZL201110078055. 0	刘恩科、严昌荣、梅旭荣、张燕卿、潘艳华、何文清、和寿甲、胡　玮、刘　勤、刘　爽	环发所
145	一种生物质液态农用膜材料的制备及使用方法	发明专利	2013	ZL 200810180049. 4	宋吉青、李茂松、赵解春	环发所
146	一种节肢动物陷阱捕捉器	实用新型专利	2013	ZL201220488087. 3	付卫东、张国良、刘　宁、张瑞海、张衍雷	环发所
147	野外多环境要素单点采集系统	实用新型专利	2013	ZL201320155172. 7	孙忠富、杜克明、郑飞翔	环发所

（续表）

序号	专利名称	类别	授权公告日	专利号	发明人（设计人）	单位
148	农作物苗情无线远程监控系统	实用新型专利	2013	ZL201320155149.8	孙忠富、杜克明、郑飞翔	环发所
149	苗情远程观察器	实用新型专利	2013	ZL201320155618.6	孙忠富、杜克明、郑飞翔	环发所
150	基于 LED 的田间实时监控系统	实用新型专利	2013	ZL201320159645.0	孙忠富、杜克明、郑飞翔	环发所
151	资源集约利用型植物工厂	实用新型专利	2013	ZL201220747686.7	李　琨、杨其长、刘文科、程瑞锋、魏灵玲、仝宇欣、张　义、方　慧、肖　平	环发所
152	反光无土栽培板及设置有该反光无土栽培板的栽培架	实用新型专利	2013	ZL201220747663.6	李　琨、杨其长、刘文科、程瑞锋、魏灵玲、仝宇欣、张　义、方　慧、肖　平	环发所
153	水培气液共用管道系统	实用新型专利	2013	ZL201220747644.3	李　琨、杨其长、刘文科、程瑞锋、魏灵玲、仝宇欣、张　义、方　慧、肖　平	环发所
154	一种具有双层结构的农用地膜	实用新型专利	2013	ZL 201220625338.2	吕国华、宋吉青	环发所
155	可上下自动开闭温室气体取样箱	实用新型专利	2013	ZL201220672953.9	万运帆、李玉娥、高清竹、秦晓波、刘　硕、王　斌、刘　爽	环发所

（续表）

序号	专利名称	类别	授权公告日	专利号	发明人（设计人）	单位
156	一种侧条施肥播种机	实用新型专利	2013	ZL201320102130.7	李昊儒、郝卫平、梅旭荣、赵解春、江丽华、毛丽丽、刘　琪、夏　旭、郭　瑞	环发所
157	一种痕量气体采样连接装置	实用新型专利	2013	ZL201220639661.5	徐春英、李玉中、李巧珍、孙东宝、董一威	环发所
158	一种实现水稻旱作播种施肥的装置	实用新型专利	2013	ZL201320097993.X	张晴雯、张爱平、杨正礼、王　明	环发所
159	一种设施栽培用 LED 灯链	实用新型专利	2013	ZL201320166018.X	刘文科、杨其长	环发所
160	一种下垂式翼状设施园艺 LED 补光装置	实用新型专利	2013	ZL201320165450.7	刘文科、杨其长	环发所
161	一种双翼落地式设施园艺补光系统	实用新型专利	2013	ZL201320165544.4	刘文科、杨其长	环发所
162	一种设施园艺用下垂式补光 LED 光源装置	实用新型专利	2013	ZL201320120080.5	刘文科、杨其长	环发所
163	一种设施园艺用下垂式条状补光 LED 光源装置	实用新型专利	2013	ZL201320120109.X	刘文科、杨其长	环发所
164	一种温室用植物补光光源悬挂调控装置	实用新型专利	2013	ZL201320163201.4	刘文科、杨其长	环发所
165	一种设施园艺冠层环形 LED 补光装置	实用新型专利	2013	ZL201320119958.3	刘文科、杨其长	环发所

（续表）

序号	专利名称	类别	授权公告日	专利号	发明人（设计人）	单位
166	一种设施栽培冠层双斜面LED补光装置	实用新型专利	2013	ZL201320120106.6	刘文科、杨其长	环发所
167	一种设施园艺冠层水平双向LED补光装置	实用新型专利	2013	ZL201320120101.3	刘文科、杨其长	环发所
168	农作物苗情无线远程监控系统	实用新型专利	2013	ZL201320155149.8	孙忠富、杜克明、郑飞翔	环发所
169	一种手推式水田V型切沟机	实用新型专利	2013	ZL201320291498.2	张爱平、张晴雯、杨正礼、杨世琦	环发所
170	一种稻田渗漏量自动测量装置	实用新型专利	2013	ZL201320262966.3	张爱平、张晴雯、杨正礼、杨世琦	环发所
171	一种高通量涡旋振荡辅助装置	实用新型专利	2013	ZL201220560562.8	李贵春、刘振东、王利伟、尹昌斌、杨晓梅	环发所
172	水浴锅专用试管架	实用新型专利	2013	ZL201220560556.2	李贵春、刘振东、王利伟、尹昌斌、杨晓梅	环发所
173	一种离心管混匀器	实用新型专利	2013	ZL201220560560.9	李贵春、王利伟、尹昌斌、杨晓梅、刘振东	环发所
174	多功能试管刷	实用新型专利	2013	ZL201220546565.6	李贵春、尹昌斌、刘振东、杨晓梅、王利伟	环发所
175	水平摇床固定装置	实用新型专利	2013	ZL201220553417.7	李贵春、王利伟、尹昌斌、杨晓梅、刘振东	环发所
176	快速研磨装置	实用新型专利	2013	ZL201220553419.6	李贵春、尹昌斌、刘振东、王利伟、杨晓梅	环发所

（续表）

序号	专利名称	类别	授权公告日	专利号	发明人（设计人）	单位
177	大容量枪头盒	实用新型专利	2013	ZL201220547619.0	尹昌斌、李贵春、刘振东、杨晓梅、王利伟	环发所
178	蛋白质电泳加样辅助器	实用新型专利	2013	ZL201220546590.4	尹昌斌、李贵春、王利伟、刘振东、杨晓梅	环发所
179	一种专用于测量植物根长的培养板	实用新型专利	2013	ZL201220560561.3	李贵春、杨晓梅、王利伟、刘振东、尹昌斌	环发所
180	农业废弃物处理装置	实用新型专利	2013	ZL201220553460.3	李贵春、尹昌斌、杨晓梅、刘振东、王利伟	环发所
181	一种模拟地质封存 CO_2 泄漏的栽培箱	实用新型专利	2013	ZL201220496704.9	马　欣、伍　洋、李玉娥、万运帆、田　地	环发所
182	一种用于收集麦田温室气体的便携式装置	实用新型专利	2013	ZL201320241810.7	李迎春、韩　雪、林而达、郭李萍、郝兴宇	环发所
183	取气口可调简易手动静态箱	实用新型专利	2013	ZL201320045954.5	秦晓波、李玉娥、万运帆、高清竹、孟　梦、刘　硕、马　欣、廖育林、范美蓉	环发所
184	可自动升降水面气体取样漂浮箱	实用新型专利	2013	ZL201220644969.9	秦晓波、李玉娥、万运帆、高清竹、廖育林、范美蓉、刘　硕、马　欣	环发所
185	一种提高动物繁殖力的的干扰载体	发明专利	2013.6.19	ZL201110070667.5	苗向阳	牧医所
186	一种提高动物体内多不饱和脂肪酸含量的新型载体	发明专利	2013.9.11	ZL201110070668.X	苗向阳	牧医所

（续表）

序号	专利名称	类别	授权公告日	专利号	发明人（设计人）	单位
187	一种提高动物瘦肉率的新型干扰载体及其应用	发明专利	2013. 5. 1	ZL201110092186. 4	苗向阳	牧医所
188	条件表达猪 *IκBα* 基因野生型和突变型的 DNA 片段	发明专利	2012. 12. 26	ZL201110146482. 8	杨述林、李和刚、李　奎	牧医所
189	检测贵州小型猪的白细胞抗原等位基因的引物组合物	发明专利	2013. 7. 31	ZL201110398932. 2	杨述林、刘子展、李　奎	牧医所
190	与猪免疫性状相关的蛋白及其编码基因和应用	发明专利	2013. 6. 12	ZL201010612025. 9	唐中林、李　奎、赵栓平	牧医所
191	辅助评价仔猪初生重和断奶重的方法及其专用引物	发明专利	2013. 11. 13	ZL201210478862. 6	唐中林、李　奎、梁如意	牧医所
192	检测猪的抗猪瘟病性状的方法及其专用试剂盒。	发明专利	2013. 2. 6	ZL201110100750. 2	敖　红、张宁波、李　奎	牧医所
193	*myostatin* 基因第三外显子单碱基突变的快速检测方法	发明专利	2013. 5. 15	ZL200910242827. 2	王　栋、朱化彬、付　强	牧医所
194	一种仔猪安抚剂及其制备方法和应用	发明专利	2013. 4. 10	ZL201110124393. 3	顾宪红、吴　振、郝　月	牧医所
195	脱除霉菌毒素的矿物复合物及其制备方法和应用	发明专利	2013. 4. 17	ZL201110094906. 0	张军民、马悦培、李　超	牧医所

（续表）

序号	专利名称	类别	授权公告日	专利号	发明人（设计人）	单位
196	真皮等同物的构建	发明专利	2013. 11. 4	ZL201110434821. 2	史明艳、高　雪	牧医所
197	治疗奶牛乳房炎的中药组合物	发明专利	2013. 10. 8	ZL201110434805. 3	史明艳、高　雪	牧医所
198	血管内皮细胞表面决定簇部分多肽及其应用	发明专利	2013. 4. 3	ZL201010034219. 5	关伟军、马月辉 、李向臣	牧医所
199	巢蛋白部分多肽及其应用	发明专利	2013. 9. 18	ZL201010034425. 6	关伟军、马月辉、宫雪莲	牧医所
200	北京鸭表皮干细胞的分离和培养方法	发明专利	2013. 4. 3	ZL201010033940. 2	马月辉、关伟军、侯玲玲	牧医所
201	血管内皮生长因子受体部分多肽及其应用	发明专利	2013. 3. 6	ZL201010033809. 6	马月辉、关伟军、侯玲玲	牧医所
202	用于筛选具有优良精液品质的鸡的 *SPAG6* 基因 SNPs 位点、其单倍型组合及其应用	发明专利	2013. 4. 17	ZL201010264778. 5	陈继兰、胡　娟、文　杰	牧医所
203	检测小反刍兽疫病毒的引物和探针及试剂盒	发明专利	2013. 10. 10	ZL201210151353. 2	史利军、金红岩、王　勇	牧医所
204	奶牛饲料用复合微生物添加剂及其制备方法	发明专利	2013. 7. 24	ZL200810103485. 1	王加启、卜登攀，等	牧医所
205	一种固液气三相分流式瘤胃模拟连续发酵系统及方法	发明专利	2013. 1. 23	ZL201110167595. 6	王加启、卜登攀，等	牧医所

（续表）

序号	专利名称	类别	授权公告日	专利号	发明人（设计人）	单位
206	一种用于非破坏性测定灌木生物量的标尺	实用新型专利	2013. 2. 27	ZL201220200291. 5	万里强、李向林、何　峰	牧医所
207	一种适用于睾丸注射的注射工具	实用新型专利	2013. 3. 27	ZL201220471948. 1	王　栋、朱化彬、刘　玲	牧医所
208	一种家畜无源超高频电子耳标	实用新型专利	2013. 9. 18	ZL201320016512. 8	杨　亮、熊本海、罗清尧	牧医所
209	一种畜禽胴体条码标签	实用新型专利	2013. 3. 6	ZL201220487788. X	熊本海、罗清尧、杨　亮	牧医所
210	一种油菜蜂花粉提取物及其应用	发明专利	2013. 4. 10	ZL201010295791. 7	孙丽萍，等	蜜蜂所
211	以授粉蜂为媒介的生物防治装置及其使用方法	发明专利	2013. 2. 6	ZL201220219473. 7	罗术东，等	蜜蜂所
212	一种大米糖浆提取物及其用途	发明专利	2013. 8. 28	ZL201110220841. X	薛晓锋，等	蜜蜂所
213	熏烟型杀螨剂	发明专利	2013. 3. 13	ZL201010148227. 2	周　婷，等	蜜蜂所
214	一种用于蜜蜂交尾的箱体	实用新型专利	2013. 3. 13	ZL201220332735. 0	刘之光，等	蜜蜂所
215	以授粉蜂为媒介的生物防治装置	实用新型专利	2013. 9. 18	ZL201210151354. 7	罗术东，等	蜜蜂所
216	一种设置于继箱与巢箱之间的装置	实用新型专利	2013. 9. 4	ZL201320176682. 2	王　强，等	蜜蜂所

（续表）

序号	专利名称	类别	授权公告日	专利号	发明人（设计人）	单位
217	高比活耐热 N-酰基高丝氨酸内酯酶 AiiA-AI06 及其编码基因与应用	发明专利	2013. 1. 16	ZL201110082565. 5	周志刚	饲料所
218	几丁质酶 ChiCD3 及其编码基因和应用	发明专利	2013. 1. 31	ZL201110092079. 1	周志刚	饲料所
219	一种检测 N-酰化高丝氨酸内酯的方法	发明专利	2013. 1. 15	ZL201010578919. 0	周志刚	饲料所
220	几质酶的四膜虫表达载体及其在表达几丁质酶中的应用	发明专利	2013. 10. 9	ZL201110430564. 5	周志刚	饲料所
221	用于检测鱼类免疫因子水平的试剂盒	发明专利	2013. 3. 20	ZL201110144765. 9	周志刚	饲料所
222	一种提取鱼类黏孢子虫基因组 DNA 方法	发明专利	2013. 7. 31	ZL201010576458. 3	周志刚	饲料所
223	一种西兰花叶蛋白及其制备方法	发明专利	2013. 7. 24	ZL200910091131. 4	刘国华、郑爱娟	饲料所
224	多拷贝高效表达重组菌丝霉素的毕赤酵母	发明专利	2013	ZL201010291818. 5	王建华，等	饲料所
225	一种 0 ~ 3 月龄羔羊的代乳品及其制备方法	发明专利	2013. 8. 14	ZL201210365927. 6	屠　焰、刁其玉、岳喜新	饲料所

（续表）

序号	专利名称	类别	授权公告日	专利号	发明人（设计人）	单位
226	一种 0～6 月龄犊牛用的复合微生物酶制剂及含其代乳品	发明专利	2013. 8. 28	ZL201210366241. 9	屠　焰、刁其玉、姜成钢、王永超	饲料所
227	一种生产犊牛肉用的颗粒料	发明专利	2013. 10. 30	ZL201210365866. 3	刁其玉、屠　焰、姜成钢、王永超	饲料所
228	一种嗜酸 β-葡聚糖酶 GLU7A 及其基因和应用	发明专利	2013. 4. 3	ZL200810239309. 0	姚　斌、罗会颖、王亚茹、杨培龙、孟　昆、史秀云、柏映国、袁铁铮、石鹏君、杨　君	饲料所
229	一种嗜酸乳糖酶 BGALA 及其基因和应用	发明专利	2013. 3. 20	ZL200810224785. 5	姚　斌、罗会颖、王亚茹、孟　昆、杨培龙、袁铁铮、柏映国、史秀云、石鹏君、王　慧	饲料所
230	一种藻类来源的植酸酶及其基因和应用	发明专利	2012. 12. 26	ZL200910242376. 2	姚　斌、黄火清、杨培龙、罗会颖、石鹏君、袁铁铮、王亚茹、柏映国、孟　昆、史秀云	饲料所
231	一种耐碱 β-甘露聚糖酶 Man5A 及其基因和应用	发明专利	2013. 6. 26	ZL201110058791. X	姚　斌、罗会颖、黄火清、王亚茹、石鹏君、柏映国、杨培龙、袁铁铮、孟　昆	饲料所

（续表）

序号	专利名称	类别	授权公告日	专利号	发明人（设计人）	单位
232	一种具有抗肿瘤活性的新型真菌免疫调节蛋白 FIP-NHA 及其基因	发明专利	2013. 6. 26	ZL201110098564. X	姚　斌、赵　珩、李淑英、罗会颖、孟　昆、杨培龙、王亚茹、黄火清、石鹏君、袁铁铮、柏映国	饲料所
233	一种具有双结构域的低温中性植酸酶 PhyH 及其基因和应用	发明专利	2013. 9. 4	ZL201110171735. 7	姚　斌、杨培龙、黄火清、李中媛、罗会颖、石鹏君、柏映国、孟　昆、袁铁铮	饲料所
234	一种低温木聚糖酶 BA-XYL11A 及其基因和应用	发明专利	2013. 9. 4	ZL201110360254. 0	姚　斌、黄火清、杨培龙、刘　琼、罗会颖、柏映国、王亚茹、石鹏君、孟　昆、袁铁铮	饲料所
235	一种宽 pH 范围纤维素酶 Cel5A 及其基因和应用	发明专利	2013. 5. 1	ZL201110346171. 6	姚　斌、杨培龙、罗会颖、刘　琼、王亚茹、黄火清、石鹏君、柏映国、孟　昆、袁铁铮	饲料所
236	一种碱性果胶酶 PL-STR 及其基因和应用	发明专利	2013. 4. 3	ZL201110345380. 9	姚　斌、罗会颖、苑　鹏、孟　昆、杨培龙、王亚茹、柏映国、石鹏君、黄火清、袁铁铮	饲料所
237	一种诱导大豆产生大豆抗毒素的方法	发明专利	2013. 7. 24	ZL201110450064. 8	石　波，等	饲料所
238	一种制备魔芋葡甘露寡糖的方法	发明专利	2013. 1. 16	ZL201010237802. 6	石　波，等	饲料所

（续表）

序号	专利名称	类别	授权公告日	专利号	发明人（设计人）	单位
239	重复组菌丝霉素的制备及其应用	发明专利	2013. 12. 2	ZL201010115149. 6	王建华，等	饲料所
240	一种犬美毛、亮毛保健食品	发明专利	2013. 8. 7	ZL201010592738. 3	王金全、张广民、蔡辉益、孙占敏、李红霞	饲料所
241	一种罗伊氏乳杆菌发酵液体饲料及其制备方法和用途	发明专利	2013. 3. 13	ZL201010592738. 4	王金全、蔡辉益、王春阳、孙占敏、张广民、王旭莉、李红霞、胡丽博	饲料所
242	一种降解呕吐毒素的微生物	发明专利	2013. 9. 25	ZL201010572230. 7	王金全、蔡辉益、孙占敏、李红霞、王春阳	饲料所
243	Cloning and expression of a novel phytase	美国发明专利	2013. 6. 4	US8455620B2	姚　斌、罗会颖、黄火清、王亚茹、袁铁铮、史秀云、柏映国、孟　昆、杨培龙	饲料所
244	Cloning and expression of a novel phytase	日本发明专利	2013. 8. 16	特许第 5340138 号	姚　斌、罗会颖、黄火清、王亚茹、袁铁铮、史秀云、柏映国、孟　昆、杨培龙	饲料所
245	一种双摄像头耳挂架	实用新型专利	2013. 1. 30	ZL201220405703. 9	李　俊、李军国、秦玉昌、姚赞配、牛力斌	饲料所
246	一种防止可流动物流外溢的容器	实用新型专利	2013. 4. 10	ZL201220530163. 7	李　俊、李军国、秦玉昌、牛力斌、董颖超、谷　旭	饲料所
247	无线传输多路视频的背负式监控装置	实用新型专利	2013. 8. 14	ZL201320139136. 1	李　俊、李军国、秦玉昌、姚赞配、易志怀、牛力斌	饲料所

（续表）

序号	专利名称	类别	授权公告日	专利号	发明人（设计人）	单位
248	多方位无线监控背箱	外观设计专利	2013. 7. 10	ZL201330080376. 4	李　俊、李军国、秦玉昌、姚赞配、易志怀、牛力斌	饲料所
249	双摄像头耳挂架	外观设计专利	2013. 8. 7	ZL201330130764. 9	李　俊、李军国、秦玉昌、姚赞配、易志怀、牛力斌	饲料所
250	一种利用小麦面筋蛋白制备热反应肉味香精的方法	发明专利	2013. 10. 16	ZL201210245769. 0	周素梅、刘丽娅、孙梦颖、钟　葵、佟立涛、王延州、林伟静	加工所
251	一种苦荞麦凉茶及其制备方法	发明专利	2013. 3. 6	ZL201110273137. 0	周素梅、钟　葵、郭丽娜、林伟静	加工所
252	一种提取抗氧化绿豆多头的方法	发明专利	2013. 4. 3	ZL201110203090. 0	钟　葵、周素梅、林伟静、曾志红、王　燕	加工所
253	一种竹笋提取物及其制备方法	发明专利	2013. 3. 13	ZL201010242490. 8	王　强、林　倩	加工所
254	一种制备酰基-L-肉碱和/或L-肉碱的方法	发明专利	2013. 6. 12	ZL200910086613. 0	王　强、田金强、张钟元	加工所
255	一种杏仁功能性混合肽及其制备方法	发明专利	2013. 11. 6	ZL200910241724. 4	王　强、王春艳	加工所
256	一种从龙眼果肉中提取多糖的方法	发明专利	2013. 11. 6	ZL201010171479. 7	王　强、贺　寅	加工所
257	一种豆浆机用大豆制品及其生产方法与应用	发明专利	2013. 1. 23	ZL201110155666. 0	魏益民、张　波、严军辉、房岩强、张影全	加工所

（续表）

序号	专利名称	类别	授权公告日	专利号	发明人（设计人）	单位
258	一种羊骨素及其衍生化产品制备技术	发明专利	2013. 10. 29	ZL201110257390. 7	张德权、张春晖、李桂星、陈　丽、饶伟丽、丁　楷、刘　岳	加工所
259	一种羊胴体产量的无损分级方法	发明专利	2013. 10. 30	ZL201110256776. 6	张德权、陈　丽、张春晖、饶伟丽、王培培、薛丹丹、丁　楷、刘　岳	加工所
260	一种猪骨高汤、猪骨油与猪骨素联产的方法	发明专利	2013. 6. 26	ZL 201210152707. 5	张春晖，等	加工所
261	一种膨化槟榔芋条及其制备方法	发明专利	2013. 1. 23	ZL201110049484. 5	毕金峰，等	加工所
262	一种非油炸甘薯酥脆片及其制备方法	发明专利	2013. 3. 6	ZL201110049878. 0	毕金峰，等	加工所
263	一种非油炸膨化菠萝蜜及其制备方法	发明专利	2013. 5. 1	ZL201110049882. 7	毕金峰，等	加工所
264	一种膨化芒果及其制备方法	发明专利	2013. 9. 4	ZL201110049026. 1	毕金峰，等	加工所
265	一种快速降解转 Bt 基因作物秸秆中 Bt 蛋白的方法	发明专利	2013. 7. 24	ZL201110073349. 4	刘　阳、赵辉欣、邢福国	加工所
266	一种检测辐照含脂食品的分子马达生物传感器	发明专利	2013	ZL201311082785. 7	哈益明，等	加工所

（续表）

序号	专利名称	类别	授权公告日	专利号	发明人（设计人）	单位
267	一种快速鉴定辐照螺旋藻粉的方法	发明专利	2013	ZL201311082785. 8	哈益明，等	加工所
268	一种防止骨素乳化的生产设备	实用新型专利	2013. 8. 7	ZL201320052897. 3	张春晖，等	加工所
269	树脂吸附分离硫酸软骨素的设备	实用新型专利	2013. 8. 7	ZL201320063463. 3	张春晖，等	加工所
270	一种美拉德反应罐	实用新型专利	2013. 8. 7	ZL201320064855. X	张春晖，等	加工所
271	一种防止液体喷溅的进料装置	实用新型专利	2013. 8. 21	ZL201320138964. 3	张春晖，等	加工所
272	一种提取罐的防堵塞的出料装置	实用新型专利	2013. 10. 2	ZL201320202555. 5	张春晖，等	加工所
273	一种骨素美拉德反应的香气回收装置	实用新型专利	2013. 8. 21	ZL201320155463. 6	张春晖，等	加工所
274	一种防止吊笼中骨渣掉落的装置	实用新型专利	2013. 8. 28	ZL201320155908. 0	张春晖，等	加工所
275	一种提取罐的锁盖装置	实用新型专利	2013. 8. 21	ZL201320156036. X	张春晖，等	加工所
276	一种高温高压流体的泄压收集装置	实用新型专利	2013. 8. 28	ZL201320160922. X	张春晖，等	加工所
277	一种提取罐开盖装置	实用新型专利	2013. 10. 2	ZL201320201618. 5	张春晖，等	加工所
278	一种防止脂肪分层的高汤生产设备	实用新型专利	2013. 8. 7	ZL201320054202. 5	张春晖，等	加工所

（续表）

序号	专利名称	类别	授权公告日	专利号	发明人（设计人）	单位
279	一种浓缩设备无泵自动排水装置	实用新型专利	2013. 10. 8	ZL201320346459. 8	张春晖，等	加工所
280	一种自动控制液位高度的装置	实用新型专利	2013. 9. 24	ZL201320335798. 6	张春晖，等	加工所
281	一种浓缩器中防止跑料的装置	实用新型专利	2013. 9. 18	ZL201320299219. 7	张春晖，等	加工所
282	一种玻璃视镜冲洗装置	实用新型专利	2013. 10. 14	ZL201320336018. X	张春晖，等	加工所
283	一种肉干加工设备	实用新型专利	2013. 10. 24	ZL201320299405. 0	张春晖，等	加工所
284	一种适用于畜胴体依据背膘厚度分级的分级尺	实用新型专利	2013. 7. 4	ZL201320065119. 8	张春晖，等	加工所
285	一种无动力集成化小型屠宰设备	实用新型专利	2013. 8. 7	ZL201320054209. 7	张春晖，等	加工所
286	一种食品加工用真空变压缓冲装置	实用新型专利	2013. 11. 4	ZL201320403984. 9	黄　峰、张　泓、张雪、张春江、胡宏海	加工所
287	一种立式多功能消毒仪	实用新型专利	2013. 11. 18	ZL201320460770. 5	张　泓、黄　峰、胡宏海、张　雪、张春江	加工所
288	一种烤制装置	实用新型专利	2013. 11. 4	ZL201320416843. 0	张　泓、张　雪、黄　峰、胡宏海、张春江	加工所
289	一种软包装食品中心测温辅助装置	实用新型专利	2013. 11. 11	ZL201320477817. 9	张　泓、张　雪、黄　峰、胡宏海、张春江、张德权	加工所

（续表）

序号	专利名称	类别	授权公告日	专利号	发明人（设计人）	单位
290	一种应用激光快速检测并分选霉变谷粒的激光分选光学平台	实用新型专利	2013. 4. 17	ZL201220402835. 6	刘　阳、李雅丽	加工所
291	一种样品真空密封成型装置	实用新型专利	2013. 11. 18	ZL201320437701. 2	王凤忠、范　蓓、李敏敏、贺　妍、卢　嘉、董元元、方　芳	加工所
292	一种样品真空密封装置	实用新型专利	2013. 11. 18	ZL201320437678. 7	王凤忠、李敏敏、范　蓓、贺　妍、卢　嘉、董元元、方　芳	加工所
293	植物生长发育相关蛋白ABP7及其编码基因与应用	发明专利	2013. 10. 16	ZL201210036350. 4	赵　军、温洪涛、王　磊、宗　娜	生物所
294	榛子叶片和花芽总RNA提取方法	发明专利	2013. 5. 8	ZL201210003007. X	孟晓庆、侯智霞、苏淑钗、张　兰	生物所
295	大豆叶酸合成关键酶ADCS及其基因和应用	发明专利	2013. 1. 9	ZL201110105019. 9	张春义、梁秋菊、范云六	生物所
296	大豆叶酸合成关键酶GT-PCHI及其基因和应用	发明专利	2013. 6. 5	ZL201010249764. 6	张春义、梁秋菊、范云六	生物所
297	一种使用纳米材料促进大豆子叶节外植体分化和再生的组织培养方法	发明专利	2013. 7. 31	ZL201110160999. 2	黄其满、王晓红、王　岚、王连铮	生物所

（续表）

序号	专利名称	类别	授权公告日	专利号	发明人（设计人）	单位
298	一种生物活性物质及其防治大豆胞囊线虫4号小种的应用	发明专利	2013. 6. 26	ZL201010574230. 0	黄其满、都晓伟、王　岚、王连铮	生物所
299	培育抗细菌性条斑病转基因植物方法及其专用载体	发明专利	2013. 9. 11	ZL201010183691. 5	张执金、李小湘、张海文、权瑞党、周时荣、黄荣峰	生物所
300	植物耐逆性相关蛋白及其编码基因与应用	发明专利	2012. 9. 12	ZL201210107040. 7	路铁刚、何奕昆、崔素霞、张治国、吴金霞、李　利	生物所
301	植物抗逆性相关蛋白PpLEA3-21及其编码基因与应用	发明专利	2012. 10. 12	ZL201210499844. 6	路铁刚、何奕昆、崔素霞、张治国、吴金霞、李　利	生物所
302	三个棉花ABF/AREB/AB15/DPBF类转录因子及其编码与应用	发明专利	2013. 9. 11	ZL200910158311. X	张　锐、郭三堆、梁成真	生物所
303	棉花雄性不育胞质和可育胞质的分子标记及应用	发明专利	2013. 1	ZL200910157426. 7	郭三堆、张　锐、张　晓、孟志刚	生物所
304	一种提高CP4-EPSPS在汉逊酵母中表达量的方法	发明专利	2013. 6. 5	ZL201210030210. 6	刘德虎、王　楠、李刚强、刘树鹏	生物所
305	一种提高Bt杀虫蛋白在汉逊酵母中表达量的方法	发明专利	2013. 6. 5	ZL201210030218. 2	刘德虎、王　楠、李刚强、刘树鹏	生物所
306	秋茄ERF转录因子、其编码基因及其表达载体和应用	发明专利	2013. 6. 1	ZL201110113227. 3	吴燕民、赵毅萍、赵杨敏，等	生物所

（续表）

序号	专利名称	类别	授权公告日	专利号	发明人（设计人）	单位
307	一种兔出血热病毒空衣壳抗原的制备方法	发明专利	2013. 10. 9	ZL201110254439. 3	张志芳，等	生物所
308	猪细小病毒的抗原的制备方法及产品	发明专利	2013. 10. 8	ZL201110310761. 3	张志芳，等	生物所
309	高效制备猪圆环病毒 2 型空衣壳粒子的方法	发明专利	2013. 9. 11	ZL201110100331. 9	郎洪武、张志芳、李铁女、陈晓春、易咏竹	生物所
310	重组葡萄糖氧化酶的优化基因及其表达载体和应用	发明专利	2013. 8. 28	ZL201110424247. 2	张　伟、张宇宏、刘　波	生物所
311	优化的葡聚糖酶基因及其重组植物表达载体和应用	发明专利	2013. 8. 28	ZL201210431520. 9	张宇宏、张　伟、陈茹梅、姚　斌、杨培龙、袁建华、徐晓璐、孟　昆、孟庆长	生物所
312	高抗草甘膦的 EPSP 合酶及其编码序列	发明专利	2013. 4. 10	ZL200710039338. 8	林　敏、金　丹、陆　伟、平淑珍、张　维、陈　明	生物所
313	高抗草甘膦的 EPSP 合酶及其编码序列和用途	发明专利	2013. 5. 1	ZL200810036732. 0	林　敏、陆　伟、燕永亮、沙纪莹、平淑珍、张　维、陈　明	生物所
314	耐辐射异常球菌 *R1 ytxH* 基因培育耐盐植物的应用	发明专利	2013. 8. 21	ZL201210046539. 1	林　敏、江世杰、张　维、王　劲、赵　鹏、陈　明	生物所
315	一种转基因棉花检测通用质粒标准分子及其构建方法	发明专利	2013. 7. 10	ZL201110324371. 1	王旭静、王志兴、唐巧玲	生物所

（续表）

序号	专利名称	类别	授权公告日	专利号	发明人（设计人）	单位
316	大豆 *GmSGT* 基因和其5′UTR的克隆及其应用	发明专利	2013.4.3	ZL201010167805.7	刘昱辉、李　梅、贾士荣、孙文丽	生物所
317	油菜油体蛋白 oleosin5′UTR序列的克隆及其在油体靶向表达中的应用	发明专利	2013.3.20	ZL201010247687.0	刘昱辉、李珊珊、李　梅、贾士荣	生物所
318	抗旱因子 Lea-like 蛋白一步法快速检测试剂盒	实用新型专利	2013.1.16	ZL201220074373.X	张　维、江世杰、陈　明、林　敏	生物所
319	组合式抗虫 BT 蛋白金标快速检测试剂盒	实用新型专利	2013.1.16	ZL201220069968.6	张　维、陈　明、滕　超、刘　奇、林　敏	生物所
320	一种有机质包膜尿素及其生产方法	发明专利	2013.11.20	ZL201110401581.6	袁　亮	资划所
321	一种螯合型微量元素肥药合剂	发明专利	2013.11.13	ZL201110355244.8	汪　洪	资划所
322	一种腐植酸尿素及其制备方法	发明专利	2013.10.23	ZL201210086696.5	赵秉强	资划所
323	一种改性谷氨酸肥料增效剂及其生产方法与用途	发明专利	2013.10.16	ZL201210215827.5	袁　亮	资划所
324	一种抗生素降解促进剂及其制备方法和应用	发明专利	2013.9.11	ZL201110187027.2	李兆君	资划所
325	一种确定参考作物蒸散量的方法	发明专利	2013.9.11	ZL200810239422.9	龙怀玉	资划所

（续表）

序号	专利名称	类别	授权公告日	专利号	发明人（设计人）	单位
326	一株具有水稻促生功能的根瘤菌及其用途	发明专利	2013. 8. 26	ZL201110301394. 0	张晓霞	资划所
327	一种磷素活化剂及其制备方法和应用	发明专利	2013. 8. 14	ZL201110230335. 9	李兆君	资划所
328	一种溶磷复合微生物菌剂及其应用	发明专利	2013. 7. 31	ZL201110421297. 5	范丙全	资划所
329	高效降解残留农药多菌灵的细菌及其用途	发明专利	2013. 7. 31	ZL201110247634. 3	孙建光	资划所
330	一种高效溶磷促生菌由其制备的微生物菌剂及应用	发明专利	2013. 7. 17	ZL201210030659. 2	范丙全	资划所
331	抗生素降解促进剂及其制备方法和应用	发明专利	2013. 7. 10	ZL201110186996. 6	李兆君	资划所
332	新型抗旱增效水肥调理剂、制备方法及其用途	发明专利	2013. 6. 19	ZL201110006867. 4	蔡典雄	资划所
333	一种降解秸秆的地衣芽孢杆菌 CH15 及其菌剂	发明专利	2013. 6. 19	ZL201010574304. 0	范丙全	资划所
334	一种防治植物真菌病害的菌剂	发明专利	2013. 6. 19	ZL200810224678. 2	李世贵	资划所
335	从 MODIS 数据估算近地表空气温度方法	发明专利	2013. 6. 5	ZL200910091029. 4	毛克彪	资划所

（续表）

序号	专利名称	类别	授权公告日	专利号	发明人（设计人）	单位
336	一株产 ACC 脱氨酶并拮抗赤霉病菌的水稻内生固氮菌及其用途	发明专利	2013. 5. 29	ZL201110197651. 0	孙建光	资划所
337	一种草原卫星遥感监测系统及方法	发明专利	2013. 5. 1	ZL200910093973. 3	徐　斌	资划所
338	利用清水通道防治山区/半山区农村面源污染的方法	发明专利	2013. 4. 17	ZL201110006051. 1	刘宏斌	资划所
339	一种天然植物饲料添加剂、制备方法及饲料	发明专利	2013. 4. 10	ZL201110442829. 3	闫瑞瑞	资划所
340	利用 GNSS-R 信号监测土壤水分变化的装置与方法	发明专利	2013. 4. 3	ZL200910085118. 8	毛克彪	资划所
341	一株产 ACC 脱氨酶的小麦内生固氮菌及其用途	发明专利	2013. 3. 20	ZL201110197638. 5	孙建光	资划所
342	拮抗多种病原真菌的小麦根际固氮菌及其用途	发明专利	2013. 3. 20	ZL201110197653. X	孙建光	资划所
343	拮抗赤霉病菌和菌核病菌的水稻内生固氮菌及其用途	发明专利	2013. 3. 20	ZL201110197669. 0	孙建光	资划所
344	一种施肥装置及施肥方法	发明专利	2013. 3. 13	ZL201110093923. 2	龙怀玉	资划所

（续表）

序号	专利名称	类别	授权公告日	专利号	发明人（设计人）	单位
345	一种降解秸秆的微生物菌剂	发明专利	2013. 2. 27	ZL201010574323. 3	范丙全	资划所
346	一种降解秸秆的赭绿青霉Y5及其菌剂	发明专利	2013. 1. 23	ZL201010574302. 1	范丙全	资划所
347	产ACC脱氨酶并拮抗多种病原真菌的大豆根际固氮菌及其用途	发明专利	2013. 1. 16	ZL201110197670. 3	孙建光	资划所
348	一种测量作物叶面积的系统	实用新型专利	2013. 11. 6	ZL201320029088. 0	李宗南	资划所
349	一种土壤温室气体的采样装置	实用新型专利	2013. 10. 23	ZL201320243219. 5	王　旭	资划所
350	用于土壤翻耕和秸秆还田的犁具	实用新型专利	2013. 7. 31	ZL201320057961. 7	逄焕成	资划所
351	一种节水灌溉设备	实用新型专利	2013. 6. 19	ZL201220747455. 6	陈宝瑞	资划所
352	农业废弃物处理装置	实用新型专利	2013. 3. 27	ZL201220553460. 3	李贵春	资划所
353	多功能试管刷	实用新型专利	2013. 3. 27	ZL201220546565. 6	李贵春	资划所
354	快速研磨装置	实用新型专利	2013. 3. 27	ZL201220553419. 6	李贵春	资划所
355	蛋白质电泳加样辅助器	实用新型专利	2013. 3. 27	ZL201220546590. 4	尹昌斌	资划所
356	大容量枪头盒	实用新型专利	2013. 3. 27	ZL201220547619. 0	尹昌斌	资划所

（续表）

序号	专利名称	类别	授权公告日	专利号	发明人（设计人）	单位
357	实用新型专利：一种测量土壤表面粗糙度的系统	实用新型专利	2013.3.20	ZL201220181448.4	李宗南	资划所
358	农业现场数据采集的移动设备语音识别的鲁棒性方法	发明专利	2013.10.16	ZL201110453994.9	诸叶平、赵俊峰	信息所
359	基于 PDA 的农产品市场价格采集系统	实用新型专利	已受理，正在办理手续		许世卫、孔繁涛	信息所
360	一种果实套袋器	实用新型专利	2013.4.17	ZL201220593930.9	胡　林、周国民、丘　耘	信息所
361	一种果园智能喷雾器	实用新型专利	2013.9.11	ZL201320220525.7	胡　林、丘　耘、周国民	信息所
362	果树剪枝培训系统	实用新型专利	2013.11.6	ZL201320311366.1	樊景超、周国民、胡　林、丘　耘	信息所
363	基于 FDL 的畜产品价格传导机制分析装置及系统	实用新型专利	已受理，正在办理手续		许世卫、李哲敏、孔繁涛、张建华、董晓霞、李干琼、张玉梅、喻　闻、张　超	信息所
364	基于 MCM 的农产品价格传导分析信息服务一体机	实用新型专利	已受理，正在办理手续		李哲敏、董晓霞、许世卫、孔繁涛、张建华、张　超	信息所
365	粮食供需协调度测定信息服务系统	实用新型专利	已受理，正在办理手续		许世卫、李哲敏、吴建寨、张建华、孔繁涛、张玉梅	信息所
366	生鲜农产品产销市场评估系统	实用新型专利	已受理，正在办理手续		许世卫、李哲敏、董晓霞、孔繁涛、张建华、李干琼	信息所

（续表）

序号	专利名称	类别	授权公告日	专利号	发明人（设计人）	单位
367	一种语音输入的农产品价格采集器	实用新型专利	已受理，正在办理手续		许世卫、李哲敏、孔繁涛、陈　威、张建华、王东杰	信息所
368	一种基于语音的农产品价格采集方法	实用新型专利	已受理，正在办理手续		许世卫、张树东、李哲敏、周丽娟、仙争光	信息所
369	粮食生产信息调查问卷分类统计系统	实用新型专利	已受理，正在办理手续		孔繁涛；李哲敏；许世卫	信息所
370	三唑磷化学发光免疫分析测定试剂盒及其制备和使用方法	发明专利	2013. 8. 21	ZL201010611129. 8	金茂俊、王　静、邵　华、金　芬	质标所
371	三嗪类除草剂及其代谢物分子印迹聚合物微球制备方法及应用	发明专利	2013. 11. 6	ZL201110397792. 7	王　静、佘永新、杜欣蔚、邵　华、王　淼、金　芬、金茂俊、郑永权、李国营	质标所
372	一种多功能针式过滤器	实用新型专利	2013. 9. 4	ZL201320068334. 3	邱　静、柴婷婷、杨曙明	质标所
373	一种畜类动物唾液采集装置	实用新型专利	2013. 6. 5	ZL201220504578. 7	李　阳、苏晓鸥、王瑞国、樊　霞、王培龙、张　维、程　劼	质标所
374	一种农产品质量安全监测移动实验室	实用新型专利	2013. 11. 13	Zl201320260023. 7	苏晓鸥、吴小平、王培龙、程　劼、石　波、朱明文、李杰超、王瑞国、樊　霞、王思恩、邓　涛、王　骁	质标所

（续表）

序号	专利名称	类别	授权公告日	专利号	发明人（设计人）	单位
375	一种具有收卷清洗滴灌带功能的移动灌溉设备	发明专利	2013. 4. 17	ZL201110145025. 7	温　季、宰松梅，等	灌溉所
376	一种雨水二级过滤装置	发明专利	2013. 8. 28	ZL201110075647. 7	宰松梅、仵　峰，等	灌溉所
377	山坡地多级恒压喷灌系统	发明专利	2013. 5. 1	ZL201110291602. 3	高胜国、黄修桥	灌溉所
378	流体脉冲喷射装置	发明专利	2013. 5. 8	ZL201110332491. 6	高胜国、高任翔	灌溉所
379	蓄能式水利提灌装置	发明专利	2013. 3. 27	ZL201110056849. 7	高胜国、黄修桥，等	灌溉所
380	恒压用水流量伺服阀	发明专利	2013. 3. 27	ZL201110291577. 9	高胜国、黄修桥	灌溉所
381	地下滴灌系统注气装置	发明专利	2013. 3. 13	ZL201110191483. 4	高胜国、黄修桥，等	灌溉所
382	一种移动式灌溉车	实用新型专利	2013. 3. 13	ZL201220488537. 3	邓　忠、翟国亮，等	灌溉所
383	一种远程控制流量的灌溉装置	实用新型专利	2013. 5. 1	ZL201220524371. 6	李金山、韩启彪，等	灌溉所
384	一种电磁阀	实用新型专利	2013. 1. 7	ZL201320006282. 7	肖俊夫、宋毅夫，等	灌溉所
385	一种四流道微灌喷头	实用新型专利	2013. 8. 28	ZL201110075647. 7	温　季、郭群善，等	灌溉所
386	一种微型棵间蒸发皿取样钻	实用新型专利	2013. 10. 16	ZL201320248319. 7	申孝军、张寄阳，等	灌溉所
387	负压给水气压调节式自动控制系统	实用新型专利	2013. 10. 23	ZL201320265556. 4	肖俊夫、宋毅夫，等	灌溉所
388	一种植物生长连续需水量的检测仪	实用新型专利	2013. 10. 23	ZL201320279044. 3	肖俊夫、宋毅夫，等	灌溉所

（续表）

序号	专利名称	类别	授权公告日	专利号	发明人（设计人）	单位
389	一种坑塘清淤装置	实用新型专利	2013. 2. 13	ZL201220418490. 3	邓　忠、翟国亮，等	灌溉所
390	一种微灌全自动反冲洗砂过滤器	实用新型专利	2013. 1. 16	ZL201220318128. 9	翟国亮、宗　洁，等	灌溉所
391	一种管路快速接头	实用新型专利	2013. 11. 13	ZL201320330653. 7	冯俊杰、吕谋超，等	灌溉所
392	一种拉链式输水软管	实用新型专利	2013. 11. 13	ZL201320329997. 6	冯俊杰、吕谋超，等	灌溉所
393	水稻非损伤性源库调控方法	PCT 国际专利	2013. 9. 4	申请号 PCT/CN2013/084100	张卫星、邵国胜、沈希宏、朱智伟、闵　捷、廖西元	水稻所
394	一种水稻数量性状基因座（QTL）定位的方法	发明专利	2013	ZL201010269959. 7	梁永书、程式华、曹立勇，等	水稻所
395	一种快速鉴定籼稻品种整精米率的方法	发明专利	2013. 6. 19	ZL201010293565. 5	胡培松、唐绍清、焦桂爱、罗　炬、谢黎虹、邵高能、魏祥进	水稻所
396	水稻产量基因 GY6 的克隆及其应用	发明专利	2013. 9. 25	ZL201210047301. 0	樊叶杨、庄杰云、程式华、黄得润、朱玉君、付亚萍、刘文真	水稻所
397	水稻硝酸还原酶基因 NR2 及其编码的蛋白质与应用	发明专利	2013. 1	ZL201110130620. 3	钱　前、高振宇、滕　胜、郭龙彪	水稻所
398	水稻叶形控制基因 SRL-1 及其应用	发明专利	2013. 1	ZL201110103087. 1	张光恒、钱　前、薛红卫，等	水稻所

（续表）

序号	专利名称	类别	授权公告日	专利号	发明人（设计人）	单位
399	水稻胚大小控制基因 *GE*1 及其用途	发明专利	2013. 1	ZL201010618784. 6	曾大力、钱　前、杨窑龙，等	水稻所
400	稻米胶稠度控制基因 *GC*6 及其应用	发明专利	2013. 11	ZL201110111154. 4	曾大力、钱　前、郭龙彪，等	水稻所
401	二化螟人工饲养的饲料配方及制备方法和大规模饲养方法	发明专利	2013. 1. 9	ZL201110283362. 2	胡　阳、傅　强、罗　举、赖凤香	水稻所
402	转基因水稻科丰 6 号的定性 PCR 检测方法	发明专利	2013. 3. 27	ZL201110119439. 2	王渭霞、赖凤香、傅　强	水稻所
403	苯氧威和烯啶虫胺复配农药	发明专利	2013. 4. 24	ZL201110022784. 4	胡国文、傅　强、罗　举、赖凤香、胡　阳、何佳春	水稻所
404	氯虫苯甲酰胺和杀螟硫磷复配农药	发明专利	2013. 4. 24	ZL201110023921. 6	傅　强、胡国文、罗　举、赖凤香、胡　阳、何佳春	水稻所
405	伊维菌素与哒嗪硫磷复配农药	发明专利	2013. 6. 5	ZL201010104659. 3	赖凤香、胡国文、傅　强、胡　阳、罗　举	水稻所
406	氯虫苯甲酰胺和阿维菌素复配农药	发明专利	2013. 6. 19	ZL201010103345. 1	赖凤香、胡国文、傅　强、胡　阳、罗　举	水稻所
407	烯啶虫胺和茚虫威复配农药	发明专利	2013. 6. 19	ZL201110022781. 0	傅　强、胡国文、罗　举、赖凤香、胡　阳、何佳春	水稻所
408	吡蚜酮与伊维菌素复配农药	发明专利	2013. 9. 4	ZL201010103346. 6	罗　举、胡国文、傅　强、胡　阳、赖凤香	水稻所

（续表）

序号	专利名称	类别	授权公告日	专利号	发明人（设计人）	单位
409	烯啶虫胺和喹硫磷复配农药	发明专利	2013. 11. 6	ZL201210031297. 9	罗　举、胡国文、刘玉坤、傅　强	水稻所
410	三唑酮与爱苗复配农药	发明专利	2013. 11. 6	ZL201010134598. 5	黄世文	水稻所
411	一种减缓或避免稗草产生抗药性的移栽田杂草防治方法	发明专利	2013. 1. 2	ZL201010108787. 5	陆永良、余柳青	水稻所
412	一种水稻机插育秧专用有机基质及其生产方法	发明专利	2013. 8. 13	ZL201210072200. 9	张均华、朱练峰、禹盛苗、金千瑜	水稻所
413	水稻田间稻纵卷叶螟赶蛾装置	发明专利	2013. 3. 21	ZL201320130246. 1	唐　健、姚　青、徐一成、杨保军、黄　挺	水稻所
414	一种水稻分蘖角度测量装置	实用新型专利	2013	ZL201220568781. 0	林泽川、曹立勇、程式华，等	水稻所
415	一种便于组装的谷物脱粒装置	实用新型专利	2013. 5. 22	ZL201220625587. 1	徐一成、朱德峰、陈惠哲、李　革、张玉屏、向　镜	水稻所
416	一种基于网络的行走式稻田病虫害监测系统	实用新型专利	2013. 4. 18	ZL201320196625. 0	唐　健、徐一成、姚　青、陈宏明、杨保军、刁广强、李　洋	水稻所
417	一种充氮蒸馏装置	实用新型专利	2013. 8. 7	ZL201320093941. 5	段彬伍、方长云、何小嫣、朱智伟	水稻所
418	一种脱粒装置的扶手机构	实用新型专利	2013. 9. 4	ZL201320139824. 8	徐一成、朱德峰、李　革、陈惠哲、赵力勤	水稻所

（续表）

序号	专利名称	类别	授权公告日	专利号	发明人（设计人）	单位
419	一种可变移动方式的脱粒装置	实用新型专利	2013. 9. 4	ZL201320139823. 3	徐一成、朱德峰、赵力勤、陈惠哲	水稻所
420	一种挤压式简易瓶口取液器	实用新型专利	2013. 10. 16	ZL201320183212. 9	陈　松、章秀福、王丹英、徐春梅	水稻所
421	一种稻田专用土壤渗滤液提取装置	实用新型专利	2013. 4. 23	ZL201320199871. 1	张均华、朱练峰、禹盛苗、金千瑜	水稻所
422	与棉花优质纤维材料0-153高强纤维主效基因连锁的SSR标记	发明专利	2013. 8. 28	ZL201110119427. X	袁友禄，等	棉花所
423	一种芽黄标记光敏雄性不育系的繁育方法	发明专利	2013. 8. 28	ZL201110294545. 4	喻树迅、范术丽，等	棉花所
424	*csRRM2* 基因及其在棉花性状改良中的应用	发明专利	2013. 8. 14	ZL201080011070. 7	李付广、刘传亮、武芝霞，等	棉花所
425	一种绿盲蝽人工饲料	发明专利	2013. 7. 24	ZL201110427148. X	雒珺瑜、崔金杰，等	棉花所
426	来自新陆早24与棉花纤维强度有关的分子标记	发明专利	2013. 7. 10	ZL201110119427. X	袁有禄，等	棉花所
427	一种鉴定棉花抗黄萎病性的蛭石沙土无底纸钵定量蘸菌液方法	发明专利	2013. 5. 1	ZL200910092786. 3	朱荷琴、冯自力，等	棉花所
428	棉花促铃保铃剂	发明专利	2013. 3. 13	ZL201010297090. 7	李亚兵、毛树春、韩迎春、王国平	棉花所

（续表）

序号	专利名称	类别	授权公告日	专利号	发明人（设计人）	单位
429	一种家电型育苗箱及其育苗方法	发明专利	2013. 10. 30	ZL201210248866. 5	毛树春、王国平，等	棉花所
430	一种高通量棉花品种DNA指纹库构建方法	发明专利	2013. 8. 7	ZL201210170015. 3	匡　猛、杨伟华，等	棉花所
431	棉花内生真菌CEF08111及其在棉花黄萎病防治中的应用	发明专利	2013. 10. 9	ZL201210021045. 8	朱荷琴，等	棉花所
432	可防治棉花黄萎病的大丽轮枝菌弱毒菌株Vd171及其应用	发明专利	2013. 9. 4	ZL201210099459. 2	朱荷琴，等	棉花所
433	棉花叶片抗盐鉴定方法	发明专利	2013. 10. 9	ZL201210053538. X	蔡小彦、王坤波、王园园，等	棉花所
434	棉花叶片棉球定位鉴定除草剂抗性的方法	发明专利	2013. 11. 6	ZL201210019682. 1	王园园、张香娣、王坤波，等	棉花所
435	一种棉花雄蕊去除器	实用新型专利	2013. 3. 6	ZL201220322074. 3	马雄风、杨代刚	棉花所
436	一种胶版固定单元与银染显色装置	实用新型专利	2013. 8. 21	ZL201320395985. 3	杨伟华、匡　猛，等	棉花所
437	一种棉花育种保铃袋	实用新型专利	2013. 8. 21	ZL201320081494. 1	陈　弟、张西岭，等	棉花所
438	油菜增产素	发明专利	2013. 4. 17	ZL201010134252. 5	张春雷、李　俊、马　霓	油料所
439	一种花生专用多功效肥料及其制备方法	发明专利	2012. 11. 28	ZL201010195000. 3	余常兵、胡小加、廖　星	油料所

（续表）

序号	专利名称	类别	授权公告日	专利号	发明人（设计人）	单位
440	一种硼肥及其制备方法	发明专利	2013. 3. 30	ZL201010535529. 5	胡小加、廖　星	油料所
441	一种控制植物花粉育性的 *PDF*1 基因及制备方法和用途	发明专利	2013. 3. 6	ZL201010190495. 0	刘胜毅、王琢玉、董彩华、李振波、黄军艳、刘越英	油料所
442	甘蓝型油菜 *BnCP*51 启动子的制备方法及其应用	发明专利	2013. 5. 21	ZL201210090345. 1	刘胜毅、阳永学、董彩华、刘婷婷、黄军艳、刘越英	油料所
443	一种植物不育系和恢复系的制备方法和应用	发明专利	2013. 10. 12	ZL201110192597. 0	刘胜毅、石　磊、董彩华	油料所
444	油菜光合作用相关基因 *BnGLK*1 及其应用	发明专利	2013. 3. 6	ZL201010221504. 8	王汉中、华　玮、刘　静、刘贵华、王新发、杨　庆	油料所
445	蔗糖转运载体蛋白基因在油菜中的用途	发明专利	2013. 4. 3	ZL201010196078. 7	王汉中、华　玮、刘静、刘贵华、王新发、杨　庆	油料所
446	油菜呼吸代谢相关基因 *BnAOX*1 及应用	发明专利	2013. 4. 15	ZL201110031200. X	王汉中、华　玮、刘　静、刘贵华、王新发、胡志勇、詹高淼	油料所
447	油菜抗裂角性状主效基因位点分子标记及应用	发明专利	2013. 5. 10	ZL201210243367. 7	王汉中、华　玮、胡志勇、刘贵华、王新发、师家勤、黄顺谋、杨　庆	油料所
448	一种与油菜含油量性状紧密连锁的分子标记及应用	发明专利	2013. 4. 7	ZL201210280711. X	王汉中、孙美玉、华　玮、刘　静、黄顺谋、王新发、刘贵华	油料所

（续表）

序号	专利名称	类别	授权公告日	专利号	发明人（设计人）	单位
449	一种黄曲霉毒素吸附剂及食用植物油中去除黄曲霉毒素的方法	发明专利	2013. 8. 14	ZL201210502692. 0	李培武、喻　理、张　奇、丁小霞、张　文、马　飞、张兆威	油料所
450	一种黄曲霉毒素 B1 液相色谱检测用富集方法	发明专利	2013. 4. 3	ZL201210507390. 2	李培武、喻　理、张　奇、丁小霞、张　文、马　飞、张兆威	油料所
451	杂交瘤细胞株 1C8 及其产生的抗黄曲霉毒素 G1 单克隆抗体	发明专利	2013. 6. 19	ZL201210117620. 4	李培武、李　鑫、张　奇、丁小霞、张　文、李　冉、张兆威	油料所
452	杂交瘤细胞株 3G1 及其产生的抗黄曲霉毒素 B1 单克隆抗体	发明专利	2013. 7. 17	ZL201210117614. 9	李培武、李　鑫、张　奇、丁小霞、张　文、李　冉、张兆威	油料所
453	杂交瘤细胞株 10G4 及其产生的抗黄曲霉毒素 B1、B2、G1、G2 总量单克隆抗体	发明专利	2013. 4. 17	ZL201210117612. X	李培武、李　鑫、张　奇、丁小霞、张　文、李　冉、张兆威	油料所
454	黄曲霉毒素 M1 免疫层析试纸条及其制备方法	发明专利	2013. 7. 17	ZL201110108224. 0	李培武、张道宏、张　奇、张　文、管　笛、丁小霞、姜　俊	油料所
455	一种杂交瘤细胞单克隆制备的筛选方法	发明专利	2013. 6. 19	ZL200810047640. 2	李培武、张　文、张　奇、谢立华、丁小霞、陈小媚、姜　俊	油料所

（续表）

序号	专利名称	类别	授权公告日	专利号	发明人（设计人）	单位
456	油脂酵母 Δ4-脂肪酸去饱和酶基因及其克隆方法	发明专利	2013. 10. 16	ZL201110169851. 5	江木兰、万　霞、龚阳敏、梁　焯、张银波、郭　兵、张　燕	油料所
457	油脂酵母 Δ12 和 Δ15 脂肪酸去饱和酶基因及其克隆方法	发明专利	2013. 4. 15	ZL201110107585. 3	江木兰、万　霞、龚阳敏、梁　焯、张银波、郭　兵、张　燕	油料所
458	一种家庭平衡配方油及其制备方法	发明专利	2013. 5. 15	ZL201110350307. 0	黄凤洪、邓乾春、黄庆德、李文林、许继取、杨金娥	油料所
459	一种智能一体化酯交换反应设备	发明专利	2013. 7. 10	ZL201210099437. 6	黄凤洪、郭萍梅	油料所
460	一种用于酯交换反应的凹凸棒土固定化酶的制备方法	发明专利	2013. 6. 5	ZL201110246507. 1	黄凤洪、郑明明	油料所
461	一种微生物油的分提方法	发明专利	2013. 1. 1	ZL201010564000. 6	魏芳、陈　洪	油料所
462	一种超声波强化酶促合成植物甾醇酯的方法	发明专利	2013. 10. 14	ZL201110350200. 6	黄凤洪、郑明明	油料所
463	一种层叠组合式固态发酵方法及其系统	发明专利	2013. 6. 5	ZL201110174930. 5.	黄凤洪、万楚筠	油料所
464	一种便捷的定量倾倒液体的方法及其装置	发明专利	2012. 12. 26	ZL201110174930. 5.	黄凤洪、万楚筠	油料所

（续表）

序号	专利名称	类别	授权公告日	专利号	发明人（设计人）	单位
465	蓖麻杂交种 CSR24.181种子纯度的检测方法	发明专利	2013.9.18	ZL201110293343.8	严兴初、谭美莲、严明芳、汪　磊	油料所
466	一种作物光合效率促进装置	实用新型专利	2013.10.9	ZL201320193124.7	李　俊、张春雷、马　霓、袁金展	油料所
467	亚麻籽脱胶机	实用新型专利	2012.12.15	ZL201220192311.9	黄庆德、杨金娥、黄凤洪	油料所
468	一种功能菌株用于工厂化发酵快速提取草本纤维的方法	发明专利	2013.11.28	ZL201110410078.7	刘正初、段盛文、成莉凤、郑　科、冯湘沅、郑　霞	麻类所
469	植物根部病虫害研究用花盆	实用新型专利	2013.8.21	ZL201320159083.X	余永廷、朱爱国	麻类所
470	用于从凝胶中回收蛋白质/核酸的电洗脱装置	实用新型专利	2013.8.21	ZL201320159073.6	朱爱国、余永廷、马　兰	麻类所
471	含硒、锌或钙的果品叶面肥	发明专利	2013.4.10	ZL201010199145.0	王海波、刘凤之、王孝娣、王宝亮、程存刚、魏长存、何锦兴、刘万春	果树所
472	施肥开沟机	实用新型专利	2013.3.20	ZL201220468987.6	郝志强、王海波、刘凤之、王孝娣、张敬国、徐翠云、张成福、徐勇	果树所
473	果园碎草机	实用新型专利	2013.3.20	ZL201220467580.1	王海波、郝志强、刘凤之、王孝娣、张敬国、徐翠云、张成福、徐　勇	果树所

（续表）

序号	专利名称	类别	授权公告日	专利号	发明人（设计人）	单位
474	施肥搅拌回填机	实用新型专利	2013. 3. 20	ZL201220467577. X	郝志强、王海波、刘凤之、王孝娣、张敬国、徐翠云、张成福、徐　勇	果树所
475	一种便于移植的营养钵	实用新型专利	2013. 6. 19	ZL201220716201. 8	李　壮	果树所
476	一种果树液体授粉用花粉悬浊液及其制备方法	发明专利	2013. 6. 26	ZL201010243483. X	赵长竹	郑果所
477	防治苹果绵蚜的缓释药带及方法	发明专利	2013. 9. 18	ZL201110239378. 3	涂洪涛、陈汉杰、张金勇	郑果所
478	一株嫁接工具	实用新型专利	2013. 3. 27	ZL201220244490. 6	杨键、李秀根、王　龙、王苏珂	郑果所
479	一种嫁接剪	实用新型专利	2013. 3. 27	ZL201220244506. 3	杨键、李秀根、王　龙、王苏珂	郑果所
480	一种茶尺蠖核型多角体病毒的定量检测方法	发明专利	2013. 3. 20	ZL201010185410. X	肖　强、付建玉、杜军利、唐美君	茶叶所
481	一种茶尺蠖核型多角体病毒的定性检测方法	发明专利	2013. 7. 10	ZL201010190023. 5	肖　强、付建玉、杜军利、唐美君	茶叶所
482	降低砖茶鲜叶中氟含量的土壤改良剂及方法	发明专利	2013. 5. 15	ZL201110211669. 1	阮建云、伊晓云、马立锋、乔　沙	茶叶所
483	一种滚筒式红茶自动发酵设备	发明专利	2013. 9. 11	ZL201210127466. 9	江用文、叶　阳	茶叶所

（续表）

序号	专利名称	类别	授权公告日	专利号	发明人（设计人）	单位
484	一种茶叶膨化膳食纤维产品的加工方法	发明专利	2013. 2. 6	ZL201010251713. 7	袁海波、汪　芳，等	茶叶所
485	一种调味茶饮料用原料茶的制备方法	发明专利	2013. 6. 12	ZL201210059773. 8	尹军峰、袁海波，等	茶叶所
486	一种多层隧道式茶叶远红外提香机	发明专利	2013. 4. 10	ZL201110088296. 3	尹军峰、袁海波，等	茶叶所
487	一种低苦涩味高儿茶素茶饮料的加工方法	发明专利	2013. 4. 3	ZL201110209424. 5	尹军峰、许勇泉，等	茶叶所
488	用于茶叶提香作业的微域环境湿度调控方法	发明专利	2013. 9. 4	ZL201210049679. 4	尹军峰、袁海波，等	茶叶所
489	高酯型儿茶素茶多酚的绿色制备方法	发明专利	2013. 1. 1	ZL201110134785. 8	江和源、张建勇、江用文	茶叶所
490	高茶黄素速溶红茶的外源酶法生产工艺	发明专利	2013. 7. 1	ZL201210157076. 6	江和源、张建勇、王　岩	茶叶所
491	一种香型茶的制作方法	发明专利	2013. 4. 10	ZL200910153932. 5	林　智、吕海鹏，等	茶叶所
492	茶丽纹象甲引诱剂及茶丽纹象甲引诱剂诱芯的制备方法	发明专利	2013. 2. 20	ZL201010581797. 0	孙晓玲、陈宗懋	茶叶所
493	一种滚筒式红茶自动发酵设备	实用新型专利	2013. 3. 8	ZL201220184706. 4	江用文、叶　阳	茶叶所

（续表）

序号	专利名称	类别	授权公告日	专利号	发明人（设计人）	单位
494	一种阶梯式茶叶连续发酵装置	实用新型专利	2013. 7. 10	ZL201220703431. 0	叶　阳、董春旺	茶叶所
495	一种茶叶加工在制品快速冷却装置	实用新型专利	2013. 7. 24	ZL201220703380. 1	叶　阳、董春旺	茶叶所
496	一种可视化茶叶发酵机	实用新型专利	2013. 10. 30	ZL201320431738. 4	叶　阳、董春旺	茶叶所
497	一种生产型鲜叶分级机	实用新型专利	2013. 8. 7	ZL201320064553. 4	尹军峰、袁海波，等	茶叶所
498	香茶全自动生产线	实用新型专利	2013. 5. 15	ZL201220611943. 4	林　智、谭俊峰，等	茶叶所
499	茶叶揉捻机	外观设计	2013. 10. 8	ZL201330292320. 5	叶　阳、董春旺	茶叶所
500	猪圆环病毒II型衣壳蛋白基因、表达载体的构建及其蛋白高效表达的方法	发明专利	2013. 7. 10	ZL201210128807. 4	蔡雪辉、涂亚斌、武嘉男	哈尔滨兽医所
501	用于H9亚型禽流感病毒检测的RT-LAMP引物组、检测方法及应用	发明专利	2013. 6. 12	ZL201110255250. 6	包红梅、王秀荣、陈化兰	哈尔滨兽医所
502	检测禽病血清抗体的可视化蛋白芯片及其制备方发和应用	发明专利	2012. 12. 19	ZL200910001253. X	王秀荣、包红梅、石　霖、武嘉男、陈化兰	哈尔滨兽医所
503	表达禽流感病毒血凝素基因的重组鸭病毒性肠炎病毒疫苗株及其构建方法和应用	发明专利	2013. 10. 30	ZL201010592415. 4	陈化兰、柳金雄、步志高、姜永萍	哈尔滨兽医所

（续表）

序号	专利名称	类别	授权公告日	专利号	发明人（设计人）	单位
504	鸭病毒性肠炎病毒疫苗株感染性克隆系统及其构建方法和应用	发明专利	2013. 8. 28	ZL201010207207. 8	陈化兰、柳金雄、步志高、姜永萍	哈尔滨兽医所
505	表达禽流感病毒血凝素（HA）基因的重组鸭病毒性肠炎病毒疫苗株及其构建方法和应用	发明专利	2013. 6. 19	ZL201110286743. 6	陈化兰、柳金雄、步志高、邓国华	哈尔滨兽医所
506	编码兔肝细胞生长因子的cDNA及其表达载体和应用	发明专利	2013. 2. 20	ZL200910212334. 4	梁兆光、周建华、姚　虹、韩金霞、郭　巍、王雪峰、吕　健、郭　宏	哈尔滨兽医所
507	一种检测猕猴属动物 *TRIMCy* 基因型的 PCR 方法	发明专利	2013. 3. 27	ZL201010163049. 0	周建华、刘晓明、于长青、饶军华、那　雷、汤艳东、吕晓玲、胡　哲	哈尔滨兽医所
508	Leachii 支原体中国分离株及其分离培养基和用途	发明专利	2013. 2. 20	ZL201110153831. 9	于　力、常继涛、刘海军	哈尔滨兽医所
509	虾白斑综合征病毒 ie1 启动子主要顺时作用元件及与其结合的转录因子和应用	发明专利	2012. 12. 19	ZL201110032519. 4	于　力、马国达	哈尔滨兽医所
510	表达 A 性口蹄疫病毒空衣壳重组腺病毒及其应用	发明专利	2013. 7. 17	ZL201210030112. 2	于　力	哈尔滨兽医所

（续表）

序号	专利名称	类别	授权公告日	专利号	发明人（设计人）	单位
511	犬瘟热病毒敏感细胞系及其建立方法和应用	发明专利	2013. 10. 30	ZL201210152860. 8	姜　骞、曲连东、林　欢、刘加森、郭冬春、司昌德	哈尔滨兽医所
512	抗口蹄疫病毒的单克隆抗体及其识别的抗原表位和应用	发明专利	2013. 3. 30	ZL200110162552. 9	于　力、赵　磊、周国辉、张春媛	哈尔滨兽医所
513	特异性沉默鸡马立克病毒 *gI*、*gE* 基因的 siRNA 序列及其载体和应用	发明专利	2013. 4. 24	ZL201110077313. 3	王云峰、赵　妍、石星明、崔红玉、刘长军、王　玫	哈尔滨兽医所
514	禽网状内皮组织增生症病毒 gp90 蛋白的一个线性中和抗原表位多肽及其应用	发明专利	2013. 9. 23	ZL201210014034. 7	王云峰、赵　妍、石星明、崔红玉、王　玫	哈尔滨兽医所
515	鸡传染性法氏囊病超强毒的细胞适应株及其应用	发明专利	2013. 8. 14	ZL201210014019. 2	王笑梅、高宏雷、祁小乐、高玉龙、秦立廷、王永强	哈尔滨兽医所
516	表达禽网状内皮组织增生病病毒 Gp90 蛋白的重组酵母工程菌、其构建方法及应用	发明专利	2013. 4. 17	ZL201110245478. 7	王笑梅、高宏雷、高玉龙、祁小乐、秦立廷、王永强	哈尔滨兽医所
517	鸡贫血病毒 VP1、VP2 蛋白共表达的重组酵母工程菌、其构建方法及应用	发明专利	2013. 4. 24	ZL201110245396. 2	王笑梅、高宏雷、祁小乐、高玉龙、秦立廷、王永强	哈尔滨兽医所

（续表）

序号	专利名称	类别	授权公告日	专利号	发明人（设计人）	单位
518	鸡马立克氏病毒 Meq 基因缺失疫苗株、其构建方法及应用	发明专利	2013. 9. 11	ZL201110307837. 7	刘长军、张艳萍、李志杰	哈尔滨兽医所
519	一种不含抗性标记的猪胸膜肺炎放线杆菌双基因缺失株、其构建方法及应用	发明专利	2013. 7. 31	ZL201110420236. 7	王春来、谢　芳、张艳禾、李　刚	哈尔滨兽医所
520	一种检测乙型脑炎病毒的环介导等温扩增（LAMP）试剂盒	发明专利	2012. 12. 19	ZL200910254350. X	华荣虹、步志高、宋　永、杜　鹃	哈尔滨兽医所
521	乙型脑炎病毒 NS1 蛋白特异性 B 细胞抗原表位多肽及其应用	发明专利	2013. 7. 3	ZL201110105067. 8	华荣虹、步志高	哈尔滨兽医所
522	表达乙型脑炎病毒 PrM/M-E 蛋白的重组 BHK 细胞系及其应用	发明专利	2013. 4. 17	ZL201110105067. 8	华荣虹、步志高	哈尔滨兽医所
523	表达尼帕脑炎病毒 G 蛋白的重组新城疫病毒 La-Sota 疫苗株	发明专利	2013. 11. 6	ZL201110431883. 8	步志高、温志远、葛金英	哈尔滨兽医所
524	双表达 G 基因的重组狂犬病病毒的构建及其生物学特性分析	发明专利	2013. 6. 12	ZL201010002972. 6	步志高、陶丽红、葛金英、王喜军	哈尔滨兽医所

（续表）

序号	专利名称	类别	授权公告日	专利号	发明人（设计人）	单位
525	表达尼帕脑炎病毒F蛋白的重组新城疫病毒LaSota疫苗株	发明专利	2013. 6. 12	ZL201110431892. 7	步志高、温志远、葛金英	哈尔滨兽医所
526	表达狂犬G蛋白的重组CDV/R-20/8疫苗株的构建	发明专利	2013. 7. 3	ZL201010243794. 6	步志高、夏咸柱、王喜军、冯 娜、葛金英、杨松涛	哈尔滨兽医所
527	狂犬病毒Evelyn-Rokitnicki-Abelseth（ERA）减毒活疫苗候选株的构建与筛选	发明专利	2013. 7. 31	ZL201010109153. 1	步志高、夏咸柱、葛金英、王喜军、杨松涛、冯 娜	哈尔滨兽医所
528	小反刍兽疫病毒反向遗传操作系统及应用	发明专利	2013. 3. 6	ZL201010559545. 8	步志高、陈伟业	哈尔滨兽医所
529	小反刍兽疫重组山羊痘病毒活载体疫苗	发明专利	2013. 1. 9	ZL201110265443X	步志高、陈伟业、胡 森	哈尔滨兽医所
530	适应无血清培养的HEK293细胞系及其应用	发明专利	2013. 5. 8	ZL201210071586. 1	仇华吉、孙 元	哈尔滨兽医所
531	猪源启动子蛋白表达载体及其构建方法与应用2	发明专利	2013. 7. 12	HK1149780	崔尚金、刘芹防	哈尔滨兽医所
532	猪细小病毒BQ-C株及其在制备猪细小病毒灭活疫苗中的应用	发明专利	2013. 9. 4	ZL201210166453. 2	崔尚金	哈尔滨兽医所

（续表）

序号	专利名称	类别	授权公告日	专利号	发明人（设计人）	单位
533	表达猪捷申病毒8型VP1蛋白的重组腺病毒及其应用	发明专利	2013. 10. 30	ZL201210257505. 6	崔尚金	哈尔滨兽医所
534	表达V5表位标签的重组猪圆环病毒2型毒株及其应用	发明专利	2012. 12. 19	ZL201010591971. X	刘长明、黄立平、危艳武	哈尔滨兽医所
535	一种与兔出血症病毒Vp60蛋白kappa相结合的蛋白及其应用	发明专利	2013. 4. 17	ZL201110156915. 8	刘家森、曲连东、郭东春、姜　骞、林　欢	哈尔滨兽医所
536	一种与兔出血症病毒Vp60蛋白MSN相结合的蛋白及其应用	发明专利	2013. 4. 17	ZL201110156924. 7	刘家森、曲连东、郭东春、姜　骞、林　欢	哈尔滨兽医所
537	犬瘟热、犬细小病毒和犬腺病毒I型三联活疫苗及其制备方法	发明专利	2012. 12. 19	ZL201010244965. 7	刘大飞、姜一瞳、张洪英、高　艳、刘大程	哈尔滨兽医所
538	用于犬瘟热病毒野毒株与疫苗株鉴别诊断RT-LAMP检测引物及其应用	发明专利	2013. 9. 4	ZL201210063462. 9	刘大飞、姜一瞳、张洪英、戚　亭	哈尔滨兽医所
539	用于同时检测犬瘟热病毒、犬细小病毒、I型和II型犬腺病毒的多重PCR检测引物	发明专利	2013. 10. 9	ZL201210063461. 4	刘大飞、姜一瞳、张洪英、程　景、戚　亭	哈尔滨兽医所

（续表）

序号	专利名称	类别	授权公告日	专利号	发明人（设计人）	单位
540	抗结核分枝杆菌单克隆抗体及其识别的抗原表位和用途	发明专利	2013. 3. 5	ZL201110269165. 5	刘思国、王华南、于申业、朱　婷、于秀婷、刘慧芳、王秀梅、司　微	哈尔滨兽医所
541	鉴别中国马传染性贫血病毒弱毒疫苗株和美洲毒株的引物	发明专利	2013. 1. 9	ZL201010274291. 5	林跃智、李　利、周建华、姜成刚、王雪峰	哈尔滨兽医所
542	靶向抑制羊痘病毒 *ORF095* 基因的 siRNA 序列	发明专利	2013. 1. 2	ZL201110327949. 9	张　强、赵志荀、吴国华、颜新敏、李　健、朱海霞、崔立凡、高顺平、才学鹏	兰州兽医所
543	用反向遗传操作拓展口蹄疫疫苗株抗原谱及疫苗制备方法	发明专利	2013. 1. 9	ZL201010256781. 2	刘在新、李平花、李　冬、孙　普、白兴文、殷　宏、卢曾军、陈应理、谢宝霞、包慧芳、曹轶梅、曹伟军、付元芳	兰州兽医所
544	一种用于检测山羊支原体山羊肺炎亚种抗体的间接血凝诊断试剂盒	发明专利	2013. 1. 9	ZL200910117576. 5	逯忠新、储岳峰、赵　萍、高鹏程、贺　英、郭　晗	兰州兽医所
545	山羊支原体肺炎二联灭活疫苗及其制备方法	发明专利	2013. 1. 30	ZL200910117575. 0	逯忠新、储岳峰、赵　萍、高鹏程、贺　英	兰州兽医所
546	一种用于检测猪繁殖与呼吸综合征病毒的试剂盒和检测方法	发明专利	2013. 2. 20	ZL200810241706. 1	刘湘涛、田　宏、吴锦艳、尚佑军、尹双辉、靳　野	兰州兽医所

（续表）

序号	专利名称	类别	授权公告日	专利号	发明人（设计人）	单位
547	用于检测马梨形虫的试剂盒及制备与使用方法	发明专利	2013. 3. 13	ZL201110102050. 7	刘光远、谢俊仁、田占成	兰州兽医所
548	区分莱姆病病原基因型的试剂及方法	发明专利	2013. 3. 20	ZL200910258201. 0	殷　宏、罗建勋、关贵全、牛庆丽、杨吉飞	兰州兽医所
549	一种用于检测猪瘟病毒的试剂盒	发明专利	2013. 4. 24	ZL201110035770. 6	刘湘涛、吴锦艳、田　宏、陈　妍、尚佑军、尹双辉、王光祥、靳　野、张克山、杨顺利	兰州兽医所
550	一种猪用 C 型口蹄疫基因工程疫苗佐剂及其制备方法	发明专利	2013. 5. 1	ZL201110303309. 4	刘永生、张　杰、丁耀忠、陈豪泰、马丽娜、周建华	兰州兽医所
551	用于诊断和鉴别牛巴贝斯虫种类的试剂盒及制备方法	发明专利	2013. 5. 22	ZL201110324308. 8	罗建勋、殷　宏、刘爱红、关贵全、刘军龙、刘志杰、杨吉飞、李有全、马米玲、任巧云、牛庆丽	兰州兽医所
552	靶向抑制羊痘病毒 *ORF*095 基因的序列 siRNA-296	发明专利	2013. 6. 5	ZL201210314832. 1	张　强、赵志荀、吴国华、颜新敏、李　健、朱海霞、崔立凡、高顺平、才学鹏	兰州兽医所
553	口蹄疫病毒抗原多肽及疫苗	发明专利	2013. 6. 19	ZL201210301038. 3	郑智英、郑海学、刘湘涛、才学鹏、聂东升、殷　宏	兰州兽医所
554	从犬粪便中检测多房棘球绦虫病原的试剂盒	发明专利	2013. 6. 26	ZL201110346474. 8	贾万忠、倪兴维、闫鸿斌、娄忠子、李宏民	兰州兽医所

（续表）

序号	专利名称	类别	授权公告日	专利号	发明人（设计人）	单位
555	靶向抑制羊痘病毒 *ORF*095 基因的序列 siRNA-70	发明专利	2013. 7. 10	ZL201210314870. 7	张　强、赵志荀、吴国华、颜新敏、李　健、朱海霞、崔立凡、高顺平、才学鹏	兰州兽医所
556	靶向抑制羊痘病毒 *ORF*095 基因的序列 siRNA-165	发明专利	2013. 7. 17	ZL201210314930. 5	张　强、赵志荀、吴国华、颜新敏、李　健、朱海霞、崔立凡、高顺平、才学鹏	兰州兽医所
557	用于鉴别区分人带绦虫病种类的试剂盒	发明专利	2013. 7. 31	ZL201110410050. 3	才学鹏、郭爱疆、巩　伟、闫鸿斌、骆学农、刘振勇、张少华	兰州兽医所
558	一种诊断驽巴贝斯虫的检测试剂盒及制备与使用方法	发明专利	2013. 8. 28	ZL201110041865. 9	刘光远、谢俊仁、田占成	兰州兽医所
559	口蹄疫病毒抗原多肽及疫苗	发明专利	2013. 10. 9	ZL201310048322. 9	郑智英、郑海学、刘湘涛、才学鹏、聂东升、殷　宏	兰州兽医所
560	一种猪口蹄疫苗用的复合分子型佐剂及其制造方法	发明专利	2013. 11. 6	ZL201010297461. 1	景志忠、陈国华、房永祥、窦永喜、蒙学莲、赵　娜、曾　爽、贾怀杰、才学鹏	兰州兽医所
561	抗口蹄疫 Asia1 型病毒的双峰驼 VHH 重链抗体及其制备方法和用途	发明专利	2013. 11. 20	ZL201210148523. 1	刘湘涛、尹双辉、杨顺利、尚佑军、孙师琪、靳　野、田　宏	兰州兽医所
562	猪口蹄疫病毒 O 型光谱多表位重组抗原及其应用	发明专利	2013. 11. 27	ZL201210130997. 3	常惠芸、邵军军、从国正、林　彤、高闪电、杜军政	兰州兽医所

（续表）

序号	专利名称	类别	授权公告日	专利号	发明人（设计人）	单位
563	一种用于小鼠尾部采血的负压装置	实用新型专利	2013. 7. 10	ZL201320057618. 2	张克山、孔汉金、刘永杰、尚佑军	兰州兽医所
564	哺乳动物培养液 pH 值测试比对装置	实用新型专利	2013. 8. 21	ZL201320166799. 2	刘湘涛、王光祥、尚佑军	兰州兽医所
565	细胞转瓶培养加液、分装和收集装置	实用新型专利	2013. 10. 9	ZL201320238690. 5	刘湘涛、王光祥、尚佑军	兰州兽医所
566	一种金丝桃素白蛋白纳米粒的制备方法	发明专利	2013. 7. 17	ZL201210020213. 1	梁剑平	兰州牧药所
567	截短侧耳素产生菌的微量培养方法和其高产菌的高通量筛选方法	发明专利	2013. 4. 10	ZL201110310065. 2	梁剑平	兰州牧药所
568	一种金丝桃素的合成方法	发明专利	2013. 4. 10	ZL201110070142. 1	梁剑平	兰州牧药所
569	一种金丝桃素白蛋白纳米粒—免疫球蛋白 G 抗体偶联物及其制备方法	发明专利	2013. 4. 24	ZL201210063589. 0	梁剑平	兰州牧药所
570	一种非解乳糖链球菌及其应用	发明专利	2013. 6. 5	ZL201210141827. 5	张　凯	兰州牧药所
571	一种羊早期胚胎性别鉴定的试剂盒	发明专利	2013. 1. 23	ZL201010570785. 8	岳耀敬	兰州牧药所
572	中型狼尾草无性繁殖栽培技术	发明专利	2013. 3. 6	ZL201110123803. 2	张怀山	兰州牧药所

（续表）

序号	专利名称	类别	授权公告日	专利号	发明人（设计人）	单位
573	实验大鼠保定袋	实用新型专利	2013. 9. 11	ZL201320211502. X	李建喜	兰州牧药所
574	艾灸按摩一体盒	实用新型专利	2013. 9. 11	ZL201320211643. 1	王贵波	兰州牧药所
575	一种板蓝根泡腾片	实用新型专利	2013. 7. 31	ZL201320104066. 6	辛蕊华	兰州牧药所
576	一种泡腾片的铝塑泡罩装置	实用新型专利	2013. 7. 31	ZL201320104198. 9	辛蕊华	兰州牧药所
577	一种适合微量药品称量的器皿	实用新型专利	2013. 9. 18	ZL201320234197. 6	辛蕊华	兰州牧药所
578	动物毛纤维夹取器	实用新型专利	2013. 9. 4	ZL201320200460. X	李维红	兰州牧药所
579	动物毛绒横截面切取器	实用新型专利	2013. 9. 4	ZL201320200362. 6	李维红	兰州牧药所
580	毛绒样品洗毛袋	实用新型专利	2013. 6. 19	ZL201320015222. 1	郭天芬	兰州牧药所
581	一种牦牛人工授精用巷道装置	实用新型专利	2013. 9. 11	ZL201320178576. 8	郭　宪	兰州牧药所
582	一种牦牛生产用简易拴系装置	实用新型专利	2013. 10. 9	ZL201320232448. 7	郭　宪	兰州牧药所
583	一种聚乙烯面料的绵、山羊罩衣	实用新型专利	2013. 10. 9	ZL201320232445. 3	孙晓萍	兰州牧药所

（续表）

序号	专利名称	类别	授权公告日	专利号	发明人（设计人）	单位
584	一种移动便携式放牧羊围栏秤	实用新型专利	2013. 10. 9	ZL201320195011. 0	孙晓萍	兰州牧药所
585	一种 96 孔板的保护盒	实用新型专利	2013. 9. 25	ZL201320259901. 3	李建喜	兰州牧药所
586	牛用开口器	实用新型专利	2013. 10. 16	ZL201320239469. 1	严作廷	兰州牧药所
587	石蜡包埋盒	实用新型专利	2013. 9. 25	ZL201320248268. 8	李建喜	兰州牧药所
588	多功能动物医疗手推车	实用新型专利	2013. 1. 23	ZL201220362341. X	王贵波	兰州牧药所
589	绒毛样品抽样装置	实用新型专利	2013. 1. 9	ZL201220349372. 1	郭天芬	兰州牧药所
590	一种高寒牧区野外牛羊饲喂舔砖的装置	实用新型专利	2013. 6. 7	ZL201320079888. 3	梁春年	兰州牧药所
591	一种评定牛羊牧草营养价值体外发酵装置	实用新型专利	2013. 6. 13	ZL201310207034. 3	丁学智	兰州牧药所
592	毛发密度取样器	实用新型专利	2013. 1. 3	ZL201220349085. 0	郭天芬	兰州牧药所
593	一种一次性采血盛血器	实用新型专利	2013. 2. 27	ZL201220619517. 5	岳耀敬	兰州牧药所
594	玻璃板晾置架	实用新型专利	2013. 3. 13	ZL201220155684. 9	董书伟	兰州牧药所

（续表）

序号	专利名称	类别	授权公告日	专利号	发明人（设计人）	单位
595	一种实验用大鼠固定器	实用新型专利	2013. 11. 6	ZL201320324168. 9	秦　哲	兰州牧药所
596	一种适用于化学制备的薄层色谱展开缸	实用新型专利	2013. 11. 27	ZL201320211547. 7	辛蕊华	兰州牧药所
597	大鼠采血固定器	实用新型专利	2013. 11. 6	ZL201320305687. 0	刘世祥	兰州牧药所
598	便携式动物称量装置	实用新型专利	2013. 9. 11	ZL201320229746. 0	刘世祥	兰州牧药所
599	奶牛乳房炎和子宫内膜炎样品采集储运管	实用新型专利	2013. 11. 6	ZL201320285644. 0	李宏胜	兰州牧药所
600	一种大鼠体温检测辅助装置	实用新型专利	2013. 11. 13	ZL201320315062. 2	张世栋	兰州牧药所
601	一种耐高温耐高压试管斜面培养基细菌棒	实用新型专利	2013. 10. 30	ZL201320270662. 1	杨　峰	兰州牧药所
602	一种无菌脱纤棉羊全血采集装置	实用新型专利	2013. 11. 20	ZL201320366280. 9	李宏胜	兰州牧药所
603	实验容器清洁刷	实用新型专利	2013. 10. 16	ZL201320256479. 6	李建喜	兰州牧药所
604	羊毛分捡收集装置	实用新型专利	2013. 11. 6	ZL201320269282. 6	牛春娥	兰州牧药所
605	一种剪毛设施	实用新型专利	2013. 11. 6	ZL201320334238. 9	牛春娥	兰州牧药所

（续表）

序号	专利名称	类别	授权公告日	专利号	发明人（设计人）	单位
606	一种用于藏羊野外防疫的简易圈定装置	实用新型专利	2013. 11. 6	ZL201320232394. 4	王宏博	兰州牧药所
607	猪繁殖与呼吸综合征病毒基因工程标记弱毒疫苗株及应用	发明专利	2013. 2. 27	ZL201110146821. 2	童光志、周艳君、徐彦召、张善瑞	上海兽医所
608	猪繁殖与呼吸综合征病毒感染性克隆疫苗株及其应用	发明专利	2013. 3. 27	ZL201010559005. X	童光志、周艳君、张善瑞、姜一峰、李国新、于　海	上海兽医所
609	猪瘟合成肽疫苗及应用	发明专利	2013. 3. 27	ZL201010539268. 4	童光志、李国新、周艳君、于　海	上海兽医所
610	一种 1 型鸭病毒性肝炎 RT-LAMP 检测试剂盒及其检测方法	发明专利	2013. 8. 14	ZL201110256049. X	丁　铲、宋翠萍、于圣青、韩先干、胡青海、仇旭升、谭　磊	上海兽医所
611	稳定表达高致病性禽流感病毒 HA 蛋白的 MDCK 细胞系及其用途	发明专利	2013. 7. 3	ZL2010101067744. 2	李泽君、滕巧泱、黄海碧	上海兽医所
612	鸭坦布苏病毒的单克隆抗体、杂交瘤细胞株及其应用	发明专利	2013. 6. 9	ZL201210030412. 0	李泽君、李雪松、姬希文	上海兽医所
613	一种鸭疫里默氏杆菌 LAMP 检测试剂盒及其检测方法	发明专利	2013. 6. 12	ZL201010290683. 0	于圣青、韩先干、丁　铲、胡青海、陈鸿军、仇旭升、宋翠萍	上海兽医所

（续表）

序号	专利名称	类别	授权公告日	专利号	发明人（设计人）	单位
614	一类 N-（2-噻唑）苯甲酰胺衍生物的应用	发明专利	2013. 9. 11	ZL201010237252. 8	马志永、史子学、邱亚峰、沈　阳、邵东华、薛飞群	上海兽医所
615	日本血吸虫硫氧还蛋白谷胱甘肽还原酶基因及其 DNA 疫苗	发明专利	2013. 8. 11	ZL201110333898. 0	傅志强、林矫矫、曹　燕、韩艳辉、赵　彬、石耀军、张　娟、吴秀娟 洪　炀、艾德宙、朱　珠	上海兽医所
616	含日本血吸虫基因的重组表达载体及其应用	发明专利	2013. 5. 1	ZL200910057673. X	朱传刚、汪勇沛、张　磊、林矫矫、陆　珂	上海兽医所
617	一种硬蜱模型的转基因动物生物安全评价方法	发明专利	2013. 9. 11	ZL201210044642. 2	周金林、赵雅琳、周勇志、曹　杰、张厚双	上海兽医所
618	隐孢子虫 CTL 和 Th 混合多表位基因和融合蛋白及应用	发明专利	2013. 6. 5	ZL201010200117. 6	陈兆国、李　艳、米荣升、黄　燕、周　鹏	上海兽医所
619	一种三嗪化合物及其在控制鸡球虫病中的应用	发明专利	2013. 7. 3	ZL201110230812. 1	张丽芳、薛飞群、费陈忠、韩春周、张可煜、郑文丽、王霄旸、王　米、孟新宇、裘敏琪	上海兽医所
620	一种判断人工抗原是否制备出来的方法	发明专利	2013. 5. 1	ZL201010145055. 3	张丽芳、薛飞群、李伟岭、裘敏琪	上海兽医所
621	日本血吸虫蛋白质及其应用	发明专利	2013. 10. 9	ZL201010575768. 3	金亚美、刘萍萍、林矫矫、刘金明	上海兽医所

（续表）

序号	专利名称	类别	授权公告日	专利号	发明人（设计人）	单位
622	一种虫卵孵化袋	实用新型专利	2013. 4. 24	ZL201320212523. 3	陆　珂、李　浩、石耀军、洪　炀、杨健美、林矫矫、徐玉梅、杨　艺、朱传刚	上海兽医所
623	一种喷鼻装置用可调节双喷头及喷鼻装置	实用新型专利	2013. 10. 9	ZL201320243280. X	李　浩、陆　珂、石耀军、洪　炀、杨健美、林矫矫、傅志强、徐玉梅、杨　艺、朱传刚	上海兽医所
624	一种纤维校准装置	发明专利	2013. 1. 23	ZL201110262478. 8	高凤芹、孙启忠，等	草原所
625	一种提高紫花苜蓿组织培养效率的方法	发明专利	2013. 8. 28	ZL201110377534. 2	任卫波，等	草原所
626	一种在地面上集土的结构	实用新型专利	2013. 3. 26	ZL201320174515. 4	那日苏、王　海，等	草原所
627	荒漠草原退化草场表土恢复的网框结构	实用新型专利	2013. 7. 26	ZL201320174621. 2	那日苏、春　亮，等	草原所
628	黄花乌头发根转基因苗及其获得方法	发明专利	2013. 5. 25	ZL201110317204. 4	李昌禹	特产所
629	黄花乌头发根生物转化盐酸关附甲素生产工艺	发明专利	2013. 5. 22	ZL201210240850. X	李昌禹	特产所
630	一种水貂源屎肠球菌及其应用	发明专利	2013. 5. 20	ZL201010569612. 4	李光玉	特产所
631	一种检测水貂源性成分的扩增引物	发明专利	2013. 6. 20	ZL201210105454. 6	孙伟丽	特产所

（续表）

序号	专利名称	类别	授权公告日	专利号	发明人（设计人）	单位
632	一种鹿茸酒的生产方法	发明专利	2013.6.5	ZL200810051078.0	赵景辉	特产所
633	犬瘟热病毒、肠炎细小病毒和阿留申病毒三重PCR试剂盒	发明专利	2013.10.9	ZL201110100549.4	易　立	特产所
634	一种用于毛皮动物窝箱的加热装置	实用新型专利	2013.9.4	ZL201320026019.4	钟　伟	特产所
635	一种链霉菌正向突变株筛选方法	发明专利	2013	ZL201310540710.9	黄永春、杨少彬、赵　鹏、张　伟	环保所
636	一种纳米 MgO 缓释消毒颗粒的制备方法	发明专利	2013.7.17	ZL201110360719.2	安　毅、张克强、董　琪	环保所
637	氮磷拦截潜流坝	发明专利	2013.10.16	ZL201110342733.X	杨殿林、赵建宁、张贵龙、秦　伟	环保所
638	恶性杂草刺萼龙葵入侵天然植被快速恢复方法	发明专利	2013.1.9	ZL201210355171.7	杨殿林、皇甫超河、刘红梅、修伟明、王　慧、张贵龙	环保所
639	一种水体无动力强化循环复氧系统	发明专利	2013.3.27	ZL201110254513.1	黄治平、张克强、杜连柱、翟中葳、李军幸	环保所
640	分析污染物在土壤中迁移特征的土柱淋溶模拟装置	实用新型专利	2013.4.5	ZL201220631867.3	郑顺安	环保所
641	一种用于分析土壤溶质运移的模拟土柱装置	实用新型专利	2013.9.15	ZL2013200099871.4	郑顺安	环保所

（续表）

序号	专利名称	类别	授权公告日	专利号	发明人（设计人）	单位
642	一种日光温室棚面雨水收集过滤储存设施	实用新型专利	2013. 10. 15	ZL201220578772. X	张贵龙、杨殿林、刘红梅、赖　欣	环保所
643	一种用于农业废水处理的太阳能臭氧一体化装置	实用新型专利	2013. 8. 7	ZL201320096780. 5	杨　鹏、张克强、李　欣、王　风、梁军锋、杜连柱	环保所
644	垃圾与污水联合发酵处理沼气池	发明专利	2013. 7. 25	ZL201010225429. 2	邓良伟	沼科所
645	人工湿地植物生物质资源的应用	发明专利	2013. 7. 10	ZL201010187068. 7	何明雄、胡启春、祝其丽、潘　科	沼科所
646	竹子生物质废弃物生产燃料乙醇的工艺	发明专利	2013. 10. 9	ZL201010187061. 5	何明雄、胡启春、祝其丽、潘　科	沼科所
647	一种秸秆干发酵装置	发明专利	2013. 10. 3	ZL201210008736. 4	雷云辉	沼科所
648	一种多元物料预处理装置	发明专利	2013. 11. 4	ZL201210008782. 4	雷云辉	沼科所
649	专利具备复氧功能的填料结构	实用新型专利	2013. 5. 8	ZL201220628955. 8	潘　科、汤晓玉、祝其丽、何明雄、胡启春	沼科所
650	地上沼气池的增温保温系统	实用新型专利	2013. 11. 4	ZL201320399804. 4	罗　涛、梅自力	沼科所
651	高浓度大颗粒秸秆沼气发酵装置	实用新型专利	2013. 6. 12	ZL201320048395. 3	罗　涛、梅自力、施国中、徐彦胜	沼科所
652	棉桃清分装置	发明专利	2013. 8. 7	ZL201210014556. 7	张玉同、石　磊、吴崇友、陈长林、胡敏娟、袁文胜、金　梅	农机化所

（续表）

序号	专利名称	类别	授权公告日	专利号	发明人（设计人）	单位
653	自走式棉秆拔秆切碎收获机	发明专利	2013. 6. 12	ZL201110454486. 2	陈明江、陈永生、朱德文、平英华、胡　桧、曲浩丽、李瑞容、杨雅婷、宋　锋	农机化所
654	链条刮板式沼气工程除砂装置与除砂方法	发明专利	2013. 3	ZL201010248880. 6	朱德文，等	农机化所
655	沼气秸秆原料粉碎浸泡混合多功能一体化作业处理机及方法	发明专利	2013. 7	ZL201110085766. 0	朱德文，等	农机化所
656	一种大蒜联合收获机收获台	发明专利	2013. 5. 1	ZL200810242913. 9	胡志超	农机化所
657	一种摇摆运动机构及摇摆斜套的加工方法	发明专利	2013. 3. 13	ZL201110032452. 4	钟　挺	农机化所
658	一种可实现秧蔓折弯输送的半喂入花生摘果机	发明专利	2013. 5. 8	ZL201110266406. 0	张延化	农机化所
659	一种土下果实收获果秧对齐分离装置	发明专利	2013. 8. 28	ZL201210046203. 5	彭宝良	农机化所
660	一种秧蔓拔入折弯输送半喂入花生摘果机	发明专利	2013. 8. 14	ZL201210062064. 5	张延化	农机化所
661	一种电磁泵注入式混药装置	发明专利	2013. 1. 2	ZL201010298655. 3	薛新宇、孙　竹、张宋超、周立新、陈健康、张　涛、孔　伟、王宝坤	农机化所

（续表）

序号	专利名称	类别	授权公告日	专利号	发明人（设计人）	单位
662	电子控制夹管流量阀	发明专利	2013.9.18	ZL201210342685.9	陈伟群、龚　艳、陈小兵、刘　燕、李良波、裴　亮、张井超	农机化所
663	自走式吸虫机	发明专利	2013.4.17	ZL201110214207.5	肖宏儒、宋志禹、秦广明	农机化所
664	一种白芹培土机	发明专利	2013.9.18	ZL201310055874.2	秦广明、肖宏儒、陈　云、赵　映、范　静、葛　惠	农机化所
665	油菜专用移栽机	实用新型专利	2012.10.29	ZL201220558290.8	吴崇友、袁文胜、金诚谦	农机化所
666	微型播种机	实用新型专利	2013.1.22	ZL201320029669.4	闵启超，等	农机化所
667	一种稻茬田定畦起垄开沟犁	实用新型专利	2013.1.15	ZL201320020087.X	闵启超，等	农机化所
668	一种容器育苗基质装填机	实用新型专利	2013.7.24	ZL201320049647.4	杨雅婷、管春松、胡　桧、陈永生	农机化所
669	一种秸秆还田压草装置	实用新型专利	2013.5.9	ZL201320008589.0	胡　桧、管春松、陈永生	农机化所
670	一种丘陵山地用旋耕施肥播种机	实用新型专利	2013.5.3	ZL201320232532.9	胡　桧、管春松、陈永生	农机化所
671	一种土下果实收获果秧对齐分离装置	实用新型专利	2013.1.2	ZL201220066432.9	彭宝良	农机化所
672	一种用于播种机成穴器的可控开启机构	实用新型专利	2013.3.13	ZL201220332813.7	吕小莲	农机化所

（续表）

序号	专利名称	类别	授权公告日	专利号	发明人（设计人）	单位
673	链夹式甘薯移栽机根部对位间断浇水装置	实用新型专利	2013. 3. 13	ZL201220364389. 4	胡良龙	农机化所
674	大蒜果秧分离机	实用新型专利	2013. 3. 13	ZL201220422961. 8	于昭洋	农机化所
675	一种低损伤防缠绕的甘薯分段收获机	实用新型专利	2013. 3. 13	ZL201220503267. 9	胡良龙	农机化所
676	一种碎秸、清秸、施肥、播种、覆秸多功能机组	实用新型专利	2013. 5. 22	ZL201220535075. 6	胡志超	农机化所
677	一种碎秸施肥播种覆秸机的吐秸口改良装置	实用新型专利	2013. 5. 22	ZL201220617902. 6	胡志超	农机化所
678	一种挤压式种用花生脱壳机柔性打杆件结构	实用新型专利	2013. 7. 17	ZL201220660852. X	王建楠	农机化所
679	一种花生脱壳机用脱壳滚筒	实用新型专利	2013. 5. 29	ZL201220663552. 7	谢焕雄	农机化所
680	甜菜收获机仿形切顶机构调节部件改良结构	实用新型专利	2013. 6. 26	ZL201220728233. X	吴惠昌	农机化所
681	甜菜收割机自动纠偏对行探测机构改良结构	实用新型专利	2013. 6. 26	ZL201220728687. 7	吴　峰	农机化所
682	具有自清理功能的甜菜收获机仿形切顶机构	实用新型专利	2013. 6. 26	ZL201220735111. 3	彭宝良	农机化所
683	花生滚筒分级机拍打清筛机构	实用新型专利	2013. 6. 26	ZL201220729068. X	谢焕雄	农机化所

（续表）

序号	专利名称	类别	授权公告日	专利号	发明人（设计人）	单位
684	便携式雾量分布水平测试装置	实用新型专利	2013. 4. 10	ZL201220478380. 6	周立新、薛新宇、周良富、丁素明、丁　伟	农机化所
685	一种防颠簸的航空喷洒药箱结构	实用新型专利	2013. 7. 31	ZL201320018439. 8	周立新、梁　建、薛新宇、孙　竹、张宋超、秦维彩、孔　伟、吴　萍	农机化所
686	一种空间雾量分布测试装置	实用新型专利	2013. 8. 14	ZL201320068367. 8	周立新、薛新宇、丁素明、吕晓兰、周良富、孔　伟、孙　竹、张宋超、秦维彩、蔡　晨、王宝坤	农机化所
687	一种农业药械用喷头的试验装置	实用新型专利	2013. 8. 14	ZL201320138971. 3	周立新、薛新宇、丁素明、吕晓兰、周良富、孔　伟、孙　竹、张宋超、秦维彩、蔡　晨、王宝坤	农机化所
688	一种农用静电喷雾机测控装置	实用新型专利	2013. 6. 12	ZL201220669737. 9	张　玲、薛新宇、孙　竹、蔡　晨	农机化所
689	一种用于农药喷雾量分布智能扫描系统的组装式导轨	实用新型专利	2013. 6. 19	ZL201320350616. 2	龚　艳、陈小兵、裴　亮、张井超	农机化所
690	遥控式风送变量可控雾滴喷雾机	实用新型专利	2013. 3. 20	ZL201220472074. 1	龚　艳、陈小兵、陈伟群、刘　燕、李良波、张绍华、佟　波、裴　亮、张井超	农机化所

（续表）

序号	专利名称	类别	授权公告日	专利号	发明人（设计人）	单位
691	电子控制夹管流量阀	实用新型专利	2013. 3. 13	ZL201220471489. 7	陈伟群、龚　艳、陈小兵、刘　燕、李良波、裴　亮、张井超	农机化所
692	推车式风送低量可控雾滴喷雾机	实用新型专利	2013. 3. 13	ZL201220472077. 5	陈小兵、张绍华、佟　波、龚　艳、刘　燕、李良波、裴　亮、张井超	农机化所
693	往复式双动刀切割试验装置	实用新型专利	2013. 8. 7	ZL201320029668. X	沈　成、陈巧敏、李显旺、王锦国、张　彬、黄继承、汪志兵	农机化所
694	单茎秆双动刀切割试验装置	实用新型专利	2013. 10. 23	ZL201320276017. 0	沈　成、陈巧敏、李显旺、王锦国、张　彬、黄继承、汪志兵	农机化所
695	苎麻收割机	实用新型专利	2013. 6. 19	ZL201220374838. 3	李显旺、张　彬、陈巧敏、王锦国、黄继承、沈　成、汪志兵	农机化所
696	拨禾横向输送装置	实用新型专利	2013. 4. 17	ZL201220471640. 7	李显旺、张　彬、陈巧敏、王锦国、黄继承、沈　成、汪志兵	农机化所
697	茎秆作物立姿夹持输送装置	实用新型专利	2013. 4. 17	ZL201220471817. 3	李显旺、张　彬、陈巧敏、王锦国、黄继承、沈　成、汪志兵	农机化所

（续表）

序号	专利名称	类别	授权公告日	专利号	发明人（设计人）	单位
698	新型苎麻拨麻输送装置	实用新型专利	2013. 11. 6	ZL201220610068. 8	李显旺、张　彬、陈巧敏、王锦国、黄继承、沈　成、汪志兵	农机化所
699	一种草菇生产用废棉搅拌机	实用新型专利	2013. 6. 19	ZL201220715853. X	宋卫东、张春洪、王明友、王教领、李尚昆	农机化所
700	菌瓶自动洗瓶机	实用新型专利	2013. 11. 6	ZL201320258190. 8	宋卫东、王明友、王教领、李尚昆、吴今姬	农机化所
701	一种蔬菜无序收获机	实用新型专利	2013. 7. 13	ZL201320083128. X	秦广明、肖宏儒、赵　映、宋志禹	农机化所
702	一种白芹培土机	实用新型专利	2013. 9. 18	ZL201320080836. 8	秦广明、肖宏儒、陈　云、赵　映、范　静、葛　惠	农机化所
703	采茶剪液压驱动机构	实用新型专利	2013. 4. 3	ZL201220525660. 8	肖宏儒、秦广明、宋志禹、丁文芹、韩　余	农机化所
704	圆弧形往复式采茶刀片	实用新型专利	2013. 4. 17	ZL201220525844. 4	肖宏儒、秦广明、宋志禹、丁文芹、韩　余	农机化所
705	茶园管理机专用变速箱	实用新型专利	2013. 7. 10	ZL201320002031. 1	肖宏儒、丁文芹	农机化所
706	跨行自走式乘坐式采茶机	实用新型专利	2013. 9. 18	ZL201320083843. 3	肖宏儒、秦广明、宋志禹、丁文芹、韩　余	农机化所
707	茶园深耕机	实用新型专利	2013. 11. 13	ZL201320230520. 2	肖宏儒、丁文芹、宋志禹	农机化所
708	可挂接茶园深耕机	实用新型专利	2013. 9. 18	ZL201320230923. 7	肖宏儒、丁文芹、宋志禹	农机化所

（续表）

序号	专利名称	类别	授权公告日	专利号	发明人（设计人）	单位
709	烤烟密集式烤房精准烘烤工艺	发明专利	2013. 2	ZL201110065168. 7	王传义	烟草所
710	特色烤烟品种翠碧 1 号密集烘烤工艺	发明专利	2013. 2	ZL201110065154. 5	王传义	烟草所
711	一种烤烟烘烤特性判定方法	发明专利	2013. 4	ZL201110065170. 4	徐秀红	烟草所
712	烤烟三段六步式普通烤房烘烤工艺	发明专利	2013. 6	ZL201110406301. 0	王传义	烟草所
713	一种蓟柄锈菌的离体保存方法	发明专利	2013. 7. 17	ZL201110369158. 2	时　焦	烟草所
714	一种烟蚜人工饲料	发明专利	2013. 3. 20	ZL201210065247. 2	王秀芳	烟草所
715	一株烟草普通花叶病毒生防恶臭假单胞菌菌株	发明专利	2013. 9. 4	ZL201110434613. 2	王凤龙	烟草所
716	一株烟草普通花叶病毒生防蒙氏假单胞菌菌株	发明专利	2013. 10. 2	ZL201110434612. 8	王凤龙	烟草所
717	作物单株立体覆盖膜	实用新型专利	2013. 8. 21	ZL201320124664. X	时　焦	烟草所
718	一种液态地膜喷施装置	实用新型专利	2013. 10. 30	ZL201320255424. 3	刘好宝	烟草所
719	一种杂草调差测报器	实用新型专利	2013. 10. 16	ZL201320094093. X	陈德鑫	烟草所
720	一种便携式土壤取样器	实用新型专利	2013. 6. 26	ZL201320022409. 4	陈德鑫	烟草所

（续表）

序号	专利名称	类别	授权公告日	专利号	发明人（设计人）	单位
721	一种烟草生产用双头喷雾器	实用新型专利	2013. 6. 26	ZL201320022278. X	陈德鑫	烟草所
722	一种土壤四分混样器	实用新型专利	2013. 8. 28	ZL201320119199. 0	陈德鑫	烟草所
723	一种试验用植物标签	实用新型专利	2013. 4. 24	ZL201220602119. 2	陈德鑫	烟草所
724	一种农作物摄像辅助装置	实用新型专利	2013. 8. 28	ZL201320099411. 1	陈德鑫	烟草所
725	一种烤烟回潮机	实用新型专利	2013. 8. 7	ZL201320022231. 3	陈德鑫	烟草所
726	一种简易诱捕器	实用新型专利	2013. 6. 26	ZL201320026323. 9	陈德鑫	烟草所
727	柑橘衰退病毒的 RT-LAMP 快速检测方法	发明专利	2013. 3. 20	ZL201110300775. 7	周常勇、王永江、李中安、苏华南、唐科志、周　彦、黄爱军	柑桔所
728	柑橘黄龙病的 LAMP 快速检测方法	发明专利	2013. 6. 12	ZL201210101160. 6	黄　丽、唐科志、周常勇、李中安、苏华楠	柑桔所
729	同时检测柑橘 4 种重要病原的一步法多重 PCR 检测方法	发明专利	2013. 8. 28	ZL201210046017. 1	刘金香、周常勇、李中安、唐科志、王雪峰	柑桔所
730	柠檬鲜片制作工艺	发明专利	2013. 8. 7	ZL201210068136. 7	王　华、郭　莉、谈安群	柑桔所
731	一种用于柑橘抹芽控梢的制剂及其制备方法与使用方法	发明专利	2013. 1. 23	ZL201010239158. 6	彭良志、淳长品、江才伦、曹　立、凌丽俐、江才伦、雷　霆	柑桔所

（续表）

序号	专利名称	类别	授权公告日	专利号	发明人（设计人）	单位
732	植物源杀虫剂	发明专利	2013. 10. 1	ZL201210076671. 7	刘浩强、李鸿筠、冉　春、姚廷山、胡军华、王进军、赵志模	柑桔所
733	用于传毒分子机制研究的无毒褐色橘蚜饲养方法	发明专利	2013. 9. 2	ZL201210046005. 9	刘金香、周常勇、李中安、宋　震、李玲娣、王永江	柑桔所
734	一种小型试验盆装土装置	实用新型专利	2013. 4. 3	ZL201220589900. 0	周建朝	甜菜所

2013 年品种权登记目录

序号	品种名称	作物种类	培育人（第一、第二）	申请国	授权日	品种权号	品种权人	单位
1	中白 62	大白菜	孙日飞、张淑江	中国	2013. 5. 1	CNA20080593. 2	蔬菜所	蔬菜所
2	中农 26 号	黄瓜	顾兴芳、张圣平	中国	2013. 5. 1	CNA20080387. 5	蔬菜所	蔬菜所
3	中农 29 号	黄瓜	顾兴芳、张圣平	中国	2013. 5. 1	CNA20080388. 3	蔬菜所	蔬菜所
4	中 9 优 8012	水稻	程式华、曹立勇	中国	2014. 1. 1	CNA20080617. 3	水稻所	水稻所
5	培两优 8007	水稻	曹立勇、程式华	中国	2014. 1. 1	CNA20080616. 5	水稻所	水稻所
6	春优 59	水稻	吴明国、林建荣	中国	2013. 5. 1	CNA20070698. 5	水稻所	水稻所
7	中早 35	水稻	马良勇、李西明	中国	2013. 11. 4	20090727. 9	水稻所	水稻所
8	中早 398	水稻	李西明、杨长登	中国	2013. 11. 4	20090728. 8	水稻所	水稻所

（续表）

序号	品种名称	作物种类	培育人（第一、第二）	申请国	授权日	品种权号	品种权人	单位
9	sGK 中 3017	棉花	王红梅，陈　伟	中国	尚未授权	申请号 20130799. 6	棉花所	棉花所
10	SJ48A	棉花	邢朝柱，等	中国	尚未授权	申请号 20130438. 3	棉花所	棉花所
11	ZBA1	棉花	邢朝柱，等	中国	尚未授权	申请号 20130437. 4	棉花所	棉花所
12	中育 9307	小麦	杨兆生、闫素红	中国	尚未授权	申请号 20121066. 6	中棉种业	棉花所
13	中育 9302	小麦	杨兆生、闫素红	中国	尚未授权		中棉种业	棉花所
14	阳光 198	油菜	张学昆、邹崇顺	中国	2013. 7. 1	CNA010245E	油料所	油料所
15	阳光 2009	油菜	张学昆、邹崇顺	中国	2013. 7. 1	CNA010246E	油料所	油料所
16	天隆二号	大豆	周新安、蔡淑娟	中国	2013. 5. 1	CNA20090534. 2	油料所	油料所
17	中蟠桃 10 号	桃	朱更瑞、王力荣	中国	尚未授权	申请号 20131051. 7	郑果所	郑果所
18	中蟠桃 11 号	桃	王力荣、朱更瑞	中国	尚未授权	申请号 20131049. 2	郑果所	郑果所
19	金蜜狭叶	桃	王力荣、朱更瑞	中国	尚未授权	申请号 20131050. 8	郑果所	郑果所
20	众天 5318	西瓜	徐永阳、徐志红	中国	尚未授权	申请号 20130898. 6	郑果所	郑果所
21	网络时代 5 号	西瓜	徐永阳、徐志红	中国	尚未授权	申请号 20130897. 7	郑果所	郑果所
22	金兰无籽	西瓜	刘文革、芦金生	中国	尚未授权	申请号 20130937. 7	郑果所	郑果所
23	红贝	猕猴桃	方金豹、齐秀娟	中国	尚未授权		郑果所	郑果所

2013 年审定品种目录

序号	品种名称	作物种类	审定时间	审批号	审定部门	单位
1	中作稻 2 号	水稻	2013	国审稻 2013037	国家农作物品种审定委员会	作科所
2	中作稻 3 号	水稻	2013	国审稻 2013038	国家农作物品种审定委员会	作科所
3	中黄 39	大豆	2013. 1	国审豆 2013016	国家农作物品种审定委员会	作科所
4	中黄 46	大豆	2013. 1	国审豆 2013008	国家农作物品种审定委员会	作科所
5	中麦 113	小麦	2013	京审麦 2013001	北京市农作物品种审定委员会	作科所
6	中黄 65	大豆	2013. 5	京审豆 2013001	北京市农作物品种审定委员会	作科所
7	中黄 68	大豆	2013. 5	京审豆 2013002	北京市农作物品种审定委员会	作科所
8	中黄 72	大豆	2013. 5	京审豆 2013004	北京市农作物品种审定委员会	作科所
9	中黄 71	大豆	2013. 5	京审豆 2013003	北京市农作物品种审定委员会	作科所
10	中绿 7 号	绿豆	2013. 12	京品鉴杂 2013020	北京市种子管理站	作科所
11	中红 12	小豆	2013. 12	京品鉴杂 2013021	北京市种子管理站	作科所
12	中红 13	小豆	2013. 12	京品鉴杂 2013022	北京市种子管理站	作科所
13	龙啤麦 3 号	大麦	2013. 4	黑登记 2013021	黑龙江省	作科所
14	中黄 73	大豆	2013	辽审豆 2013013	辽宁省	作科所
15	中黄 70	大豆	2013. 7	鲁农审 2013021	山东省农作物品种审定委员会	作科所

（续表）

序号	品种名称	作物种类	审定时间	审批号	审定部门	单位
16	中单 901	玉米	2013	川审玉 2013010	四川省	作科所
17	中麦 629	小麦	2013. 4. 18	津审麦 2012001	天津市农作物品种审定委员会	作科所
18	中黄 74	大豆	2013. 4	津审豆 2012001	天津市农作物品种审定委员会	作科所
19	中绿 15	绿豆	2013. 12		重庆市种子管理站	作科所
20	中椒 0808 号	辣椒	2013. 8. 1	国品鉴菜 2013003	全国农业技术推广服务中心	蔬菜所
21	中椒 0812 号	辣椒	2013. 7. 2	晋审菜（认）2013009	山西省农作物品种审定委员会	蔬菜所
22	株两优 35	水稻	2013. 1	国审稻 2013001	国家农作物品种审定委员会	水稻所
23	天优 8012	水稻	2013	国审稻 2013019	国家品种水稻委员会	水稻所
24	中浙优 8 号	水稻	2013	闽种引稻（2013）002	福建省品种审定委员会	水稻所
25	中 1 优 169	水稻	2013	桂审稻 2013029	广西区品种审定委员会	水稻所
26	欣荣优华占	杂交稻	2013. 5	湘审稻 2013024	湖南省品种审定委员会	水稻所
27	株两优 39	水稻	2013. 1	赣审稻 2012018	江苏省农作物品种审定委员会	水稻所
28	广两优 7203	水稻	2013. 1	浙品审 2013012	浙江省农作物品种审定委员会	水稻所
29	天优 H145	水稻	2013. 3	浙审稻 2013016	浙江省农作物品种审定委员会	水稻所
30	天优 8025	水稻	2013	浙审稻 2013012	浙江省品种审定委员会	水稻所
31	陆两优 173	水稻	2013	浙审稻 2013005	浙江省品种审定委员会	水稻所
32	春优 84	水稻	2013. 3	浙审稻 2013020	浙江省品种审定委员会	水稻所
33	中棉所 88	棉花	2013. 3. 26	甘审棉 2013003	甘肃省农作物品种审定委员会	棉花所
34	中棉所 85	棉花	2013. 5. 10	豫审棉 2013006	河南省农作物品种审定委员会	棉花所
35	中棉所 60	棉花	2013. 5. 27	陕审棉 2013001 号	陕西省农作物品种审定委员会	棉花所

（续表）

序号	品种名称	作物种类	审定时间	审批号	审定部门	单位
36	中棉所 92	棉花	2013	新审棉 2013 年 41 号	新疆自治区农作物品种审定委员会	棉花所
37	中棉所 87	棉花	2013. 3. 8	浙审棉 2013001	浙江审农作物品种审定委员会	棉花所
38	中油杂 18	油菜	2013. 1	已审批通过，未下正式文件	国家农作物品种审定委员会	油料所
39	中油杂 19	油菜	2013. 1	已审批通过，未下正式文件	国家农作物品种审定委员会	油料所
40	中油 699	油菜	2013. 1	已审批通过，未下正式文件	国家农作物品种审定委员会	油料所
41	中豆 41	大豆	2013. 11	国审豆 2013013	国家农作物品种审定委员会	油料所
42	中豆 43	大豆	2013. 11	国审豆 2013014	国家农作物品种审定委员会	油料所
43	中花 22	花生	2013. 1	国品鉴花生 2013013	全国农业技术推广中心	油料所
44	中芝 25	芝麻	2013. 5	皖品鉴登字第 1204004	安徽省非主要农作物品种鉴定登记委员会	油料所
45	中芝 26	芝麻	2013. 5	皖品鉴登字第 1204006	安徽省非主要农作物品种鉴定登记委员会	油料所
46	燕庄 2 号	芝麻	2013. 5	皖品鉴登字第 1204003	安徽省非主要农作物品种鉴定登记委员会	油料所
47	阳光 85	油菜	2013. 1	甘申油 2013001	甘肃省农作物品种审定委员会	油料所
48	中花 16	花生	2013. 3	苏鉴花生 201301	江苏省农作物品种审定委员会	油料所

（续表）

序号	品种名称	作物种类	审定时间	审批号	审定部门	单位
49	中芝 24	芝麻	2013. 4	赣认芝麻 2013002	江西农作物品种审定委员会	油料所
50	中红麻 16 号	红麻	2013. 11	尚未下发证书	中国农业科技推广中心	麻类所
51	中黄麻 4 号	黄麻	2013. 11	尚未下发证书	全国麻类品种鉴定委员会	麻类所
52	中黄麻 5 号	黄麻	2013. 11	尚未下发证书	全国麻类品种鉴定委员会	麻类所
53	中杂红 368	红麻	2013. 11	尚未下发证书	中国农业科技推广中心	麻类所
54	中杂红 328	红麻	2013. 11	尚未下发证书	中国农业科技推广中心	麻类所
55	中黄麻 2 号	黄麻	2013. 5	皖品鉴登字第 1209005	安徽省非主要农作物品种鉴定登记委员会	麻类所
56	中黄麻 3 号	黄麻	2013. 5	皖品鉴登字第 1209006	安徽省非主要农作物品种鉴定登记委员会	麻类所
57	中红麻 T17	红麻	2013. 5	皖品鉴登字第 1209001	安徽省非主要农作物品种鉴定登记委员会	麻类所
58	中红麻 T19	红麻	2013. 5	皖品鉴登字第 1209002	安徽省非主要农作物品种鉴定登记委员会	麻类所
59	中亚 3 号	亚麻	2013. 11. 7	201329	新疆维吾尔自治区非主要农作物品种登记办公室	麻类所
60	中亚 2 号	亚麻	2013. 4. 16	2013006	云南省种子管理站	麻类所
61	春蜜	桃	2012. 12. 30	（2012）第 45 号	国家林业局林木品种审定委员会	郑果所
62	春美	桃	2012. 12. 30	（2012）第 44 号	国家林业局林木品种审定委员会	郑果所

（续表）

序号	品种名称	作物种类	审定时间	审批号	审定部门	单位
63	华美	果树	2012	国 S-SV-MD-046-2012	国家林业局林木品种审定委员会	郑果所
64	朝霞	西瓜	2013. 11. 1	国品鉴瓜 2013001	全国农业技术推广服务中心	郑果所
65	朝霞	西瓜	2013. 5. 1	京审瓜 2013001	北京市农作物品种审定委员会	郑果所
66	金兰无籽	西瓜	2013. 5	桂审瓜 2013005	广西壮族自治区农作物品种审定委员会	郑果所
67	中桃 21 号	桃	2013. 3. 27	（豫林审证字）第 269 号	河南省林木品种审定委员会	郑果所
68	中黄 1 号	省级良种	2013. 9. 1	浙 R-SV-Cs-008-2013	浙江省林木品种审定委员会	茶叶所
69	中兰 2 号紫花苜蓿	育成品种	2013. 4. 2	GCS001	甘肃省草品种审定委员会	兰州牧药所
70	陆地中间偃麦草	引进品种	2013. 4. 2	GCS006	甘肃省草品种审定委员会	兰州牧药所
71	海波草地早熟禾	引进品种	2013. 4. 2	GCS007	甘肃省草品种审定委员会	兰州牧药所
72	红珍宝	果树	2013. 8. 25	吉登药 2014005	吉林省农作物品种审定委员会专业委员会	特产所
73	佳绿	果树	2013. 9. 1	吉登药 2014005	吉林省农作物品种审定委员会专业委员会	特产所
74	中农细辛 1 号	北细辛	2012. 6. 20	2013003	吉林省农作物品种委员会	特产所
75	甜研 208	经济作物	2013. 1. 17	黑审糖 2013004	黑龙江省农作物品种审定委员会	甜菜所

2013年新农（兽）药目录

序号	名称	类别	批准时间	证书号	主要完成人	
1	6%寡糖链蛋白可湿性粉剂	新农药	2013	LS20130419	邱德文、杨秀芬、曾洪梅、郭立华、袁京京	植保所
2	18%氟虫腈·毒死蜱种子处理微囊悬浮剂	新农药	2013	LS20130097	杨代斌、袁会珠、闫晓静	植保所
3	赛果美	肥料	2013. 11. 8	农肥（2013）准字3196	陈锦永、方金豹、顾红，等	郑果所
4	布鲁氏菌cELISA抗体检测试剂盒	兽药二类	2013. 6. 18	（2013）新兽药证字第27号	步志高、胡　森、蒋玉文、刘文兴、乔祖健、毛开荣	哈尔滨兽医所
5	猪口蹄疫O型灭活疫苗（O/MYA98/BY/2010株）	兽药三类	2013. 5. 6	（2013）新兽药证字23号	刘湘涛、郑海学、郭建宏	兰州兽医所
6	口蹄疫O型、亚洲I型、A型三价灭活疫苗（O-MYA98-BY-2010株+Asia1-JSL-ZK-06株+Re-A-WH-09株）	兽药三类	2013. 11. 12	（2013）新兽药证字40号	刘湘涛、郑海学、郭建宏	兰州兽医所
7	益蒲灌注液	兽药	2013. 6. 18	（2013）新兽药证字28号	潘　虎	兰州牧药所
8	黄白双花口服液	兽药	2013. 6. 18	（2013）新兽药证字22号	刘永明	兰州牧药所

2013 年软件著作权目录

序号	软件名称	批准时间	登记号	著作权人	单位
1	旱作农业决策支持系统	2013	2013SR083046	严昌荣	环发所
2	华北地区气象干旱数据库管理软件	2013	2013SR070649	刘　勤、严昌荣、梅旭荣、杨建莹	环发所
3	北方旱区降水量盈亏量计算通用软件	2013	2013SR070361	刘　勤、严昌荣、梅旭荣、杨建莹	环发所
4	小麦苗情辅助调查数据上报分析系统 V1.0	2013	2013SR059286	孙忠富、杜克明、郑飞翔	环发所
5	农业信息远程监控系统 V1.0	2013	2013SR059372	孙忠富、杜克明、郑飞翔	环发所
6	农业数据信息远程监控系统 V1.0	2013	2013SR059371	孙忠富、杜克明、郑飞翔	环发所
7	基于 WEB 的小麦苗情诊断管理系统证书	2013	2013SR059012	孙忠富、杜克明、郑飞翔	环发所
8	基于 ARM-Linux 嵌入式无线远程 LED 大屏幕信息发布系统 V1.0	2013	2013SR059013	孙忠富、杜克明、郑飞翔	环发所
9	农业物联网信息 LED 大屏幕终端显示软件 V1.0	2013	2013SR106191	孙忠富、杜克明、郑飞翔	环发所
10	农业环境与灾害物联网监控管理系统 V1.0	2013	2013SR106193	孙忠富、杜克明、郑飞翔	环发所
11	农情信息监控预警系统移动客户端软件 V1.0	2013	2013SR106753	孙忠富、杜克明、郑飞翔	环发所

（续表）

序号	软件名称	批准时间	登记号	著作权人	单位
12	基于 android 移动设备的农业物联网小麦辅助数据上报系统 V1.0	2013	2013SR106328	孙忠富、杜克明、郑飞翔	环发所
13	黄淮海区冬小麦对干旱适应技术评价软件	2013	2013SR120294	李迎春、胡　伟、居　辉、林而达、韩　雪	环发所
14	农业对气候变化暴露风险评价软件	2013	2013SR120297	李迎春、林而达、居　辉、韩　雪	环发所
15	所务信息平台内容管理系统	2013	2013SR115788	田佳妮	环发所
16	DL-2000 测控接口板系统软件	2013	软著登字第 0523801	仝乘风、巫国栋、魏　强	环发所
17	FACE 控制程序 V2.10	2013	软著登字第 0513348	仝乘风、魏　强、巫国栋	环发所
18	TC-40 热电偶过冷却点温度采集软件 V1.0	2013	软著登字第 0513359	仝乘风、魏　强、巫国栋	环发所
19	霜箱控制系统	2013	软著登字第 0513352	仝乘风、巫国栋、魏　强	环发所
20	紫花苜蓿施肥推荐系统 V1.0	2013.2.19	2013SR014336	牧医所	牧医所
21	山黑猪肉质量安全溯源系统 android 版 V1.0	2013.4.26	2013SR037715	牧医所	牧医所
22	母猪精确饲喂系统 V1.0	2013.4.26	2013SR037837	牧医所	牧医所
23	种猪场遗传数据挖掘系统 V1.0	2013.7.24	2013SR072543	牧医所	牧医所
24	种猪场云计算平台疾病防疫系统 V1.0	2013.7.24	2013SR072488	牧医所	牧医所

（续表）

序号	软件名称	批准时间	登记号	著作权人	单位
25	种猪场云计算平台数据维护系统 V1.0	2013. 7. 24	2013SR072486	牧医所	牧医所
26	种猪场云计算平台统计分析系统 V1.0	2013. 7. 25	2013SR073664	牧医所	牧医所
27	转基因动物环境评价网络数据库系统 V1.0	2013. 7. 26	2013SR074208	牧医所	牧医所
28	家养动物图谱 android 查询系统 V1.0	2013. 7. 24	2013SR072493	牧医所	牧医所
29	肉鸡生产与环境控制基础数据库平台 V1.0	2013. 1. 9	2013SR002766	牧医所	牧医所
30	蜜蜂种质资源开发与利用系统 V1.0	2013. 3. 26	2013SR027907	蜜蜂所	蜜蜂所
31	中国蜜粉源植物信息导航系统 V2.0	2013. 6. 25	2013SR061706	蜜蜂所	蜜蜂所
32	蜂农在线系统	2013. 1. 1	2013SR063332	蜜蜂所	蜜蜂所
33	蜜蜂饲养知识系统	2013. 1. 1	2013SR063430	蜜蜂所	蜜蜂所
34	蜜蜂常见病害自助诊断系统	未发表	2013SR012048	蜜蜂所	蜜蜂所
35	饲料质量安全监测信息网上上报系统	2013. 5. 22	2013SR048200	饲料所	饲料所
36	移动式抽样信息现场录入系统	2013. 8. 20	2013SR087123	饲料所	饲料所
37	生鲜乳收购站管理系统	2013. 8. 20	2013SR087151	饲料所	饲料所
38	生鲜乳质量安全监测系统	2013. 8. 20	2013SR087153	饲料所	饲料所

（续表）

序号	软件名称	批准时间	登记号	著作权人	单位
39	饲料质量安全管理系统	2013. 11. 12	2013SR123942	饲料所	饲料所
40	饲料样品移动数据采集管理系统 V1. 0	2013. 5. 3	2013SR040008	饲料所	饲料所
41	智能猪场精细营养管理系统	2013. 11. 20	2013SR130013	饲料所	饲料所
42	牛肉干中红外—热风组合干燥智能化水分预测系统	2013	2013R11S136256	原子能所	加工所
43	农资溯源管理系统—销售端软件	2013	2013SR003020	原子能所	加工所
44	农资溯源管理系统—监管端软件	2013	2013SR111072	原子能所	加工所
45	水果产业链追溯信息管理系统	2013	2013SR110604	原子能所	加工所
46	水果生产基地信息管理系统	2013	2013SR111083	原子能所	加工所
47	水果产业链追溯信息—手机查询终端软件	2013	2013SR110576	原子能所	加工所
48	China Agricultural Computable General Equilibrium Mode l System	2013. 11. 7	软著登字第 626712 号	农经所	农经所
49	土壤主要养分与光谱信息系统（简称：SNSIS）V1. 0	2013. 11. 21	2013SR130348	卢艳丽	资划所
50	区域农业现代化发展评价预测系统	2013. 11. 13	2013SR124901	尤　飞	资划所
51	土壤分类系统自动编码工具软件 V1. 0	2013. 10. 29	2013SR115789	徐爱国	资划所

（续表）

序号	软件名称	批准时间	登记号	著作权人	单位
52	农作物长势遥感监测系统（简称：长势检测）V1.0	2013.9.29	2013SR105586	黄　青	资划所
53	多种作物面积遥感快速提取系统（简称：面积遥感快题）V1.0	2013.9.29	2013SR105590	黄　青	资划所
54	精准施肥机控制系统2.0	2013.7.24	2013SR072843	张云贵	资划所
55	土壤剖面多维数据库管理系统V1.0	2013.7.24	2013SR072811	张认连	资划所
56	用土壤分类名称与地名匹配方法确定土壤剖面点坐标的软件〔简称：(Car)〕V1.0	2013.7.24	2013SR072984	张认连	资划所
57	低产水稻土改良与产量提升决策咨询系统（简称：PSIDSS）V2.0	2013.7.17	2013SR067172	周　卫	资划所
58	农药环境风险评估场景数据库查询系统V1.0	2013.6.26	2013SR062824	李文娟	资划所
59	土壤海量空间数据分析中空间信息与表信息转换工具软件（简称：TW-Tool）V1.0	2013.6.25	2013SR061833	冀宏杰	资划所
60	利用中、低精度图填补高精度图信息空区工具软件（简称：NTool）V1.0	2013.6.25	2013SR062033	冀宏杰	资划所
61	区域作物产量和生长参数定量模拟系统（简称：作物产量和生长参数模拟系统）V1.0	2013.6.24	2013SR060860	任建强	资划所

（续表）

序号	软件名称	批准时间	登记号	著作权人	单位
62	农业气象数据网格化处理系统（简称：气象数据网格化系统）V1.0	2013.6.24	2013SR060864	任建强	资划所
63	叶面积指数遥感快速反演系统（简称：LAI遥感快速反演系统）V1.0	2013.6.24	2013SR060859	任建强	资划所
64	海量空间数据库的分级码管理工具软件 V1.0	2013.6.20	2013SR059780	张怀志	资划所
65	分层存储空间数据库合并及拆分工具软件 V1.0	2013.6.19	2013SR059239	张怀志	资划所
66	土壤图智能配色系统 V1.0	2013.5.16	2013SR045469	徐爱国	资划所
67	海量空间库属性表批量修编工具软件（简称：InnTool）V1.0	2013.5.16	2013SR045546	武淑霞	资划所
68	地图点位规则排序工具软件（简称：SFMSN）V1.0	2013.5.15	2013SR044658	张怀志	资划所
69	海量空间库链接属性表批量修编工具软件（简称：MdbTool）V1.0	2013.5.15	2013SR044661	武淑霞	资划所
70	土壤图中的水系与居民地面状信息批量融合软件 1.0	2013.5.10	2013SR042989	雷秋良	资划所
71	山西省农业遥感综合应用示范系统 V1.0	2013.5.3	2013SR040305	姚艳敏	资划所
72	农作物复种指数产品生产系统（简称：ACRIPPS）V1.0	2013.3.27	2013SR028691	王利民	资划所

（续表）

序号	软件名称	批准时间	登记号	著作权人	单位
73	注记批量自动化生成工具软件（简称：注记批量自动化生成工具）V1.0	2013.3.21	2013SR026617	雷秋良	资划所
74	图例批量提取与生成工具软件（简称：图例批量提取与生成工具）V1.0	2013.3.21	2013SR026621	雷秋良	资划所
75	土壤养分图图例生成软件（简称：SoiNuLeg）V1.0	2013.3.20	2013SR025724	武淑霞	资划所
76	农业作物物候期产品生产系统软件（简称：ACPPPS）V1.0	2013.2.27	2013SR018001	刘　佳	资划所
77	农业多尺度遥感估产系统（简称：AMSRSYES）V1.0	2013.2.27	2013SR017981	刘　佳	资划所
78	农业耕地破碎度产品生产系统	2013.02.27	2013SR017997	刘　佳	资划所
79	农业叶面积指数（LAI）产品生产系统（简称：ALAIPS）V1.0	2013.2.27	2013SR017965	王利民	资划所
80	农业净初级生产力产品生产系统（简称：INPPAPS）V1.0	2013.2.27	2013SR018032	王利民	资划所
81	农作物长势监测系统	2013.2.27	2013SR017769	王利民	资划所
82	图书馆网络化服务在线支付系统	2013.12.5	2013SR139063	信息所	信息所
83	外文科技期刊数字化协同加工系统	2013.12.5	2013SR138960	信息所	信息所

（续表）

序号	软件名称	批准时间	登记号	著作权人	单位
84	图书馆个性化服务系统	2013. 12. 5	2013SR138809	信息所	信息所
85	农业科研文献共享系统	2013. 12. 5	2013SR138941	信息所	信息所
86	资源调度知识库系统	2013. 12. 5	2013SR138873	信息所	信息所
87	专题文献全文检索系统	2013. 12. 5	2013SR138870	信息所	信息所
88	文献加工数据质量检查网络协同工作系统	2013. 12. 5	2013SR138937	信息所	信息所
89	农业科学叙词表向关联数据转化系统	2013. 12. 5	2013SR138909	信息所	信息所
90	范畴体系协同构建与管理系统	2013. 12. 5	2013SR138851	信息所	信息所
91	E-only 文献资源管理系统	2013. 4. 18	2013SR035067	信息所	信息所
92	中国重大自然灾害灾损快速估算与风险评估系统 V1. 0	2013. 1. 30	2013SR009929	信息所	信息所
93	FloodRisk-中小流域洪涝灾害风险评估系统 V1. 0	2013. 1. 30	2013SR009926	信息所	信息所
94	农作物基础数据管理系统	2013. 6. 22	2013SR060332	信息所	信息所
95	查新任务分配评估系统	2013. 7. 22	2013SR070372	信息所	信息所
96	多源数据融合风险评估系统	2013. 9. 23	2013SR103640	信息所	信息所
97	表格（Excel）整合工具软件	2013. 5. 31	2013SR052840	信息所	信息所

（续表）

序号	软件名称	批准时间	登记号	著作权人	单位
98	开放获取会议论文信息自动抽取框架软件	2013. 8. 21	2013SR07845	信息所	信息所
99	基于 Solr 的中英文提问扩展软件	2013. 11. 26	2013R11L218905	信息所	信息所
100	知识结构与知识演化分析系统	2013. 11. 26	2013R11L219692	信息所	信息所
101	开放获取会议资源集成检索系统	2013. 11. 26	2013R11L219692	信息所	信息所
102	虚拟手交互系统（简称：VHIS）V1.0	2013. 6. 27	2013SR063419	信息所	信息所
103	数字果园远程诊断客户端系统（简称：RDDFC）V1.0	2013. 7. 30	2013SR077629	信息所	信息所
104	数字果园远程诊断服务器端系统（简称：RDDFS）V1.0	2013. 7. 31	2013SR078482	信息所	信息所
105	模型装配系统	2013	2013R11L208309	信息所	信息所
106	小麦信息管理系统	2013	2013R11L208313	信息所	信息所
107	玉米信息管理系统	2013	2013R11L208320	信息所	信息所
108	模型装配系统	2013	2013R11L208325	信息所	信息所
109	小麦玉米模型综合研究平台	2013	2013R11L209636	信息所	信息所
110	农业科学数据资源需求发布与响应系统	2013	2013R11L209638	信息所	信息所

（续表）

序号	软件名称	批准时间	登记号	著作权人	单位
111	果农宝（Android 版）手机客户端系统	2013	2013R11L231309	信息所	信息所
112	农业科学数据复合分类与资源共享系统	2013	2013R11L231425	信息所	信息所
113	农业科学数据资源多维展示与交流系统	2013	2013R11L231439	信息所	信息所
114	农业科学数据资源评价与管理系统	2013	2013R11L231455	信息所	信息所
115	农业科学数据资源提交与质量控制系统	2013	2013R11L231461	信息所	信息所
116	测树全站仪正北坐标纠正软件	2013	2013R11L239989	信息所	信息所
117	测树全站仪普通样地坐标测量软件	2013	2013R11L239995	信息所	信息所
118	中国农产品市场图片信息采集系统 V1.0	2013. 3. 21	2013SR026553	信息所	信息所
119	中国农产品市场信息采集管理系统 V1.0	2013. 3. 21	2013SR026556	信息所	信息所
120	中国农产品市场价格监测系统 V1.0	2013. 3. 21	2013SR026554	信息所	信息所
121	中国农产品市场价格信息采集系统 V1.0	2013. 3. 21	2013SR026552	信息所	信息所
122	农产品监测预警数据查询展示及管理系统 V1.0	2013. 5. 29	2013SR051236	信息所	信息所

（续表）

序号	软件名称	批准时间	登记号	著作权人	单位
123	农产品智能监测预警系统 V1.0	2013. 5. 29	2013SR051622	信息所	信息所
124	农业监测预警研究成果展示与管理系统 V1.0	2013. 5. 29	2013SR051601	信息所	信息所
125	农业监测预警研究创新团队展示及管理系统 V1.0	2013. 6. 18	2013SR059040	信息所	信息所
126	监测预警资源服务系统 V1.0	2013. 8. 12	2013SR083077	信息所	信息所
127	农业监测预警最新动态发布及管理系统 V1.0	2013. 8. 13	2013SR084253	信息所	信息所
128	展望会议展示系统 V1.0	2013. 8. 13	2013SR084259	信息所	信息所
129	双语论文提交系统 V1.0	2013. 8. 15	2013SR085249	信息所	信息所
130	农技云平台安卓客户端系统 V2.0	2013. 11. 5	2013SR119362	信息所	信息所
131	农技云平台经验交流系统 V1.0	2013. 11. 5	2013SR119359	信息所	信息所
132	农技云平台课件点播系统 V1.0	2013. 11. 5	2013SR119458	信息所	信息所
133	农技云平台农技问答系统 V1.0	2013. 11. 7	2013SR120783	信息所	信息所
134	农技云平台农技员绩效考核管理系统 V1.0	2013. 11. 6	2013SR120129	信息所	信息所
135	农技云平台农技诊断处方系统 V1.0	2013. 11. 5	2013SR119513	信息所	信息所
136	农技云平台农技知识库系统 V1.0	2013. 11. 7	2013SR120786	信息所	信息所

（续表）

序号	软件名称	批准时间	登记号	著作权人	单位
137	农技云平台农情信息定向采集系统 V1.0	2013. 11. 7	2013SR120762	信息所	信息所
138	农技云平台农事黄历管理系统 V1.0	2013. 11. 7	2013SR119517	信息所	信息所
139	农技云平台设施农业动态监测系统 V1.0	2013. 11. 5	2013SR119515	信息所	信息所
140	农技云平台视频会议系统 V1.0	2013. 11. 5	2013SR119205	信息所	信息所
141	农技云平台推广人员定位系统 V1.0	2013. 11. 6	2013SR120137	信息所	信息所
142	农技云平台推广日志管理发布系统 V1.0	2013. 11. 5	2013SR119512	信息所	信息所
143	农技云平台专家会诊系统 V1.0	2013. 11. 5	2013SR119356	信息所	信息所
144	基层农技推广信息化平台（Android 客户端）V1.0	2013. 4. 11	2013SR033248	信息所	信息所
145	用户权限管理系统	2013. 1. 16	2013SR005078	信息所	信息所
146	县域农业农村信息化测评过程管理系统	2013. 1. 16	2013SR005082	信息所	信息所
147	县域农业信息化测评报表生成系统	2013. 1. 16	2013SR005364	信息所	信息所
148	地方农委信息化水平调研系统	2013. 1. 16	2013SR005366	信息所	信息所
149	区县主管机关信息化调研系统	2013. 1. 17	2013SR005658	信息所	信息所
150	农业企业信息化调研系统	2013. 1. 17	2013SR005785	信息所	信息所

（续表）

序号	软件名称	批准时间	登记号	著作权人	单位
151	各级农科院信息化调研系统	2013. 1. 17	2013SR006011	信息所	信息所
152	县域农业农村信息化测评体系管理系统	2013. 1. 17	2013SR006015	信息所	信息所
153	县域农业农村信息化测评系统	2013. 1. 25	2013SR008435	信息所	信息所
154	农业农村信息化调研数据标准化系统	2013. 1. 28	2013SR008976	信息所	信息所
155	农田高效用水管理服务系统	2013. 8. 31	2013SR093021	张寄阳，陈智芳，等	灌溉所
156	基于 Android 的植物叶片面积计算软件	2013. 5. 28	2013SR0049297	水稻所、浙江理工大学、象山植物保护检疫站	水稻所
157	水稻生产气象数据计算系统	2013	2013SR003841	水稻所	水稻所
158	中国棉花生产景气报告信息查询系统 V1. 0	2013. 9. 23	2013SR103899	棉花所	棉花所
159	茶叶群组香气特征分析系统	2013. 11. 8	2013R11L094621	茶叶所	茶叶所
160	工夫红茶发酵品质在线视觉监控系统	2013. 11. 8	2013R11L101358	茶叶所	茶叶所
161	茶叶外观品质分析软件	2013. 11. 9	2013R11L181900	茶叶所	茶叶所
162	茶叶视觉图像采集分析软件	2013. 11. 9	2013R11L181986	茶叶所	茶叶所
163	草原火险动态预警业务化系统	2013. 9. 29	2013SR105738	刘桂香，等	草原所
164	草原沙漠化治理工程生态效益快速评价系统 1. 0	2013. 4. 12	2013SR033700	杨婷婷、李鹏，等	草原所

（续表）

序号	软件名称	批准时间	登记号	著作权人	单位
165	山葡萄种质资源描述系统	2013. 5. 4	2013SR040682	赵伟刚	特产所
166	测土配方生态平衡施肥用户系统 V1.0	2013	2013SR044748	环保所	环保所
167	农药检测数据收集系统	2013. 1. 16	2013SR044631	环保所	环保所
168	批量重命名（BatchRename）V1.0	2013	2013SR014575	晁江涛	烟草所
169	烟草 SSR 数据库	2013	2013SR125821	龚达平	烟草所
170	卷烟品牌导向的烟叶生产体系数据库系统 V1.0	2013	2013SR035851	陈德鑫	烟草所

2013 年院选 SCI 顶尖核心期刊学术论文

	论文题目	发表期刊	完成单位	第一作者	通讯作者
1	H7N9 流感病毒可在雪貂之间通过呼吸道飞沫传播（H7N9 influenza viruses are transmissible in ferrets by respiratory droplet）	《科学》（*Science*）	哈尔滨兽医所	张乾义	陈化兰
2	携带 2009/H1N1 流感病毒基因的 H5N1 杂交病毒在豚鼠之间通过呼吸道飞沫传播（H5N1 hybrid viruses bearing 2009/H1N1 virus genes transmit in guinea pigs by respiratory droplet）	《科学》（*Science*）	哈尔滨兽医所	张　莹	陈化兰

（续表）

	论文题目	发表期刊	完成单位	第一作者	通讯作者
3	粗山羊草序列草图揭示了小麦的广适应性（*Aegilops tauschii* draft genome sequence reveals a gene repertoire for wheat adaptation）	《自然》（*Nature*）	作科所	贾继增	贾继增
4	依赖 D14-SCFD3 的 D53 蛋白降解调控独脚金内酯信号途径（D14-SCFD3-dependent degradation of D53 regulates strigolactone signalling）	《自然》（*Nature*）	作科所		万建民
5	谷子单倍型基因图谱构建及重要性状关联分析（A haplotype map of genomic variations and genome-wide association studies of agronomic traits in foxtail millet（*Setaria italica*））	《自然遗传学》（*Nature Genetics*）	作科所	贾冠清	刁现民
6	全基因组变异图谱揭示了黄瓜驯化和多样性的遗传基础（A genomic variation map provides insights into the genetic basis of cucumber domestication and diversity）	《自然遗传学》（*Nature Genetics*）	蔬菜所	齐建建、沈　镝、苗　晗、谢丙炎、李锡香	张忠华、黄三文
7	玉米籽粒油分遗传基础的全基因组解析（Genome-wide association study dissects the genetic architecture of oil biosynthesis in maize kernels）	《自然遗传学》（*Nature Genetics*）	作科所	付俊杰	王国英
8	DAO 通过调控植物激素 IAA 的代谢控制水稻的生殖发育过程（A role for a dioxygenase in auxin metabolism and reproductive development in rice）	《发育细胞》（*Developmental Cell*）	作科所		万建民
9	玉米籽粒基因调控网络的遗传解析（RNA sequencing reveals the complex regulatory network in maize kernel）	《自然通讯》（*Nature Communication*）	作科所	付俊杰	王国英

（续表）

	论文题目	发表期刊	完成单位	第一作者	通讯作者
10	利用水稻重组自交系的重测序改进亲本基因组序列进而解析超级杂交稻的产量相关遗传位点（Dissecting yield-associated loci in super hybrid rice by resequencing recombinant inbred lines and improving parental genome sequences）	《美国科学院院刊》（*Proceedings of the National Academy of Sciences*）	水稻研究所	高振宇	钱　前
11	DTH2 中的两个功能核苷酸多态与亚洲水稻种植区北扩相关（Association of functional nucleotide polymorphisms at DTH2 with the northward expansion of rice cultivation in Asia）	《美国科学院院刊》（*Proceedings of the National Academy of Sciences*）	作物科学研究所		万建民
12	GmCRY2 在蓝光下通过与 GmCIB1 相互作用调控大豆转录和叶片衰老（Blue light-dependent interaction between Cryptochrome2 and CIB1 regulates transcription and leaf senescence in soybean）	《植物细胞》（*Plant Cell*）	作物科学研究所	孟莹莹、李宏宇	刘　斌、林辰涛
13	小分子 RNA 调控早熟禾亚科植物成花素基因的分子机制（Regulation of FLOWERING LOCUS T by a microRNA in Brachypodium distachyon）	《植物细胞》（*Plant Cell*）	作科学研究所	武　亮	毛　龙
14	远红光下拟南芥光敏色素 B 通过促进 SPA1 的核聚集来抑制光形态建成（*Arabidopsis* phytochrome B promotes SPA1 nuclear accumulation to repress photomorphogenesis under far-red light）	《植物细胞》（*Plant Cell*）	作物科学研究所	郑　旭	杨建平
15	解码古六倍体白菜的二倍体祖先基因组（Deciphering the diploid ancestral genome of the *Mesohexaploid Brassica rapa*）	《植物细胞》（*Plant Cell*）	蔬菜花卉研究所	程　锋	王晓武
16	拟南芥 CSN5B 通过与 VTC1 相互作用调控抗坏血酸合成（*Arabidopsis* CSN5B interacts with VTC1 and modulates ascorbic acid synthesis）	《植物细胞》（*Plant Cell*）	生物技术研究所	王　娟	黄荣峰

中国农业科学院2013年科技论文等有关数据统计表

单位	科技论文（篇）				科技专著（部）	获得专利（个）				授权新品种保护权（个）	审定（认定）品种（个）			新农药、兽药、肥料、饲料及添加剂（个）	软件著作权（个）
	总计	SCI、EI等收录	院选核心期刊目录收录	SCI顶尖核心期刊		总数	发明专利	实用新型	外观设计		总数	国审	省审		
作科所	385	174	254	10	18	63	60	3	0	0	19	4	15	0	0
植保所	407	192	154	0	9	61	43	17	1	0	0	0	0	2	0
蔬菜所	160	60	71	2	3	7	7	0	0	3	2	1	1	0	0
环发所	180	44	47	0	20	53	14	39	0	0	0	0	0	0	19
牧医所	296	119	65	0	7	25	21	4	0	0	0	0	0	0	10
蜜蜂所	75	14	7	0	6	7	4	3	0	0	0	0	0	0	5
饲料所	110	50	50	0	11	33	28	3	2	0	0	0	0	0	7
生物所	109	44	53	1	1	27	26	1	0	0	0	0	0	0	0
信息所	237	40	11	0	6	12	1	11	0	0	0	0	0	0	73
加工所	169	91	73	0	8	43	18	25	0	0	0	0	0	0	6
农经所	15	7	8	0	10	0	0	0	0	0	0	0	0	0	1
资划所	322	95	101	0	19	38	28	10	0	0	0	0	0	0	33

（续表）

单位	科技论文（篇）				科技专著（部）	获得专利（个）				授权新品种保护权（个）	审定（认定）品种（个）			新农药、兽药、肥料、饲料及添加剂（个）	软件著作权（个）
	总计	SCI、EI等收录	院选核心期刊目录收录	SCI顶尖核心期刊		总数	发明专利	实用新型	外观设计		总数	国审	省审		
质标所	26	20	6	0	0	5	2	3	0	0	0	0	0	0	0
营养所	0	0	0	0	0	0	0	0	0	0	0	0	0	0	0
灌溉所	34	12	22	0	0	18	7	11	0	0	0	0	0	0	1
水稻所	121	34	19	1	4	29	22	7	0	5	11	2	9	0	2
棉花所	51	34	17	0	6	15	13	2	0	5	5	0	5	0	1
油料所	177	69	90	0	10	30	28	2	0	3	12	6	6	0	0
麻类所	55	2	3	0	0	3	1	2	0	0	11	5	6	0	0
果树所	49	3	18	0	0	5	1	4	0	0	0	0	0	0	
郑果所	21	3	18	0	3	4	2	2	0	0	7	4	3	1	0
茶叶所	72	21	10	0	4	20	13	6	1	7	1	0	1	0	4
哈尔滨兽医所	217	103	107	2	3	42	42	0	0	0	0	0	0	1	0
兰州兽医所	203	119	28	0	3	24	21	3	0	0	0	0	0	2	0
兰州牧药所	115	20	5	0	5	41	7	34	0	0	3	0	3	2	0
上海兽医所	163	73	53	0	0	17	15	2	0	0	0	0	0	0	0
草原所	86	5	9	0	3	4	2	2	0	0	0	0	0	0	2

（续表）

单位	科技论文（篇）				科技专著（部）	获得专利（个）				授权新品种保护权（个）	审定（认定）品种（个）			新农药、兽药、肥料、饲料及添加剂（个）	软件著作权（个）
	总计	SCI、EI等收录	院选核心期刊目录收录	SCI顶尖核心期刊		总数	发明专利	实用新型	外观设计		总数	国审	省审		
特产所	166	32	3	0	8	7	6	1	0	0	3	0	3	0	1
环保所	88	23	32	0	1	9	5	4	0	0	0	0	0	0	2
沼科所	11	10	1	0	0	8	5	3	0	0	0	0	0	0	0
农机化所	92	14	10	0	7	57	13	44	0						
烟草所	91	13	7	0	2	18	8	10	0	0	0	0	0	0	3
柑桔所	79	17	10	0	0	7	7	0	0	0	0	0	0	0	0
甜菜所	0	0	0	0	1	1	0	1	0	0	1	0	1	0	0
农业遗产室	12	0	0	0	5	0	0	0	0	0	0	0	0	0	0
合计	4 394	1 557	1 362	16	183	733	470	259	4	23	75	22	53	8	170

中国农业科学院科技平台目录

一、科技创新平台

国家重点实验室

序号	实验室名称	依托单位
1	植物病虫害生物学国家重点实验室	植保所
2	动物营养学国家重点实验室	牧医所、中国农业大学
3	水稻生物学国家重点实验室	水稻所、浙江大学
4	兽医生物技术国家重点实验室	哈尔滨兽医所
5	家畜疫病病原生物学国家重点实验室	兰州兽医所
6	棉花生物学国家重点实验室	棉花所、河南大学

省部共建国家重点实验室

序号	实验室名称	依托单位
1	特种经济动物分子生物学省部共建国家重点实验室	特产所

综合性农业部重点实验室

序号	实验室名称	依托单位
1	农业部作物基因资源与种质创制重点实验室	作科所
2	农业部麦类生物学与遗传育种重点实验室	作科所
3	农业部农业部作物有害生物综合治理重点实验室	植保所
4	农业部园艺作物生物学与种质创制重点实验室	蔬菜所
5	农业部薯类作物生物学与遗传育种重点实验室	蔬菜所
6	农业部农业环境重点实验室	环发所

（续表）

序号	实验室名称	依托单位
7	农业部动物营养与饲料学重点实验室	牧医所
8	农业部农产品加工重点实验室	加工所
9	农业部农业基因组学重点实验室（北京）	生物所
10	农业部植物营养与肥料重点实验室	资划所
11	农业部农业信息技术重点实验室	资划所
12	农业部农产品质量安全重点实验室	质标所
13	农业部水稻生物学与遗传育种重点实验室	水稻所
14	农业部棉花生物学与遗传育种重点实验室	棉花所
15	农业部油料作物生物学与遗传育种重点实验室	油料所
16	农业部兽用药物与兽医生物技术重点实验室	哈尔滨兽医所
17	农业部动物疫病病原生物学重点实验室	兰州兽医所
18	农业部农村可再生能源开发利用重点实验室	沼科所
19	农业部现代农业装备重点实验室	农机化所

专业性（区域性）农业部重点实验室

序号	实验室名称	依托单位
1	农业部作物生理生态重点实验室	作科所
2	农业部北京大豆生物学重点实验室	作科所
3	农业部旱作节水农业重点实验室	环发所
4	农业部设施农业节能与废弃物处理重点实验室	环发所
5	农业部畜禽遗传资源与种质创新重点实验室	牧医所
6	农业部授粉昆虫生物学重点实验室	蜜蜂所
7	农业部饲料生物技术重点实验室	饲料所
8	农业部农业微生物资源收集与保藏重点实验室	资划所
9	农业部面源污染控制重点实验室	资划所

（续表）

序号	实验室名称	依托单位
10	农业部农业信息服务技术重点实验室	信息所
11	农业部作物需水与调控重点实验室	灌溉所
12	农业部生物毒素检测重点实验室	油料所
13	农业部麻类生物学与加工重点实验室	麻类所
14	农业部园艺作物种质资源利用重点实验室	果树所
15	农业部果树育种技术重点实验室	郑果所
16	农业部茶树生物学与资源利用重点实验室	茶叶所
17	农业部兽用药物创制重点实验室	兰州牧药所
18	农业部动物寄生虫学重点实验室	上海兽医所
19	农业部牧草资源与利用重点实验室	草原所
20	农业部特种经济动物遗传育种与繁殖重点实验室	特产所
21	农业部产地环境质量重点实验室	环保所
22	农业部烟草生物学与加工重点实验室	烟草所
23	农业部蚕桑遗传改良重点实验室	蚕业所

农业科学观测实验站

序号	实验站名称	依托单位
1	农业部新乡小麦高效育种技术科学观测实验站	作科所
2	农业部核辐射农业生物科学观测实验站	作科所
3	农业部锡林郭勒草原有害生物科学观测实验站	植保所
4	农业部桂林有害生物科学观测实验站	植保所
5	农业部廊坊农作物有害生物科学观测实验站	廊坊基地
6	农业部蔬菜作物基因资源与种质创制北京科学观测实验站	蔬菜所
7	农业部寿阳农业环境与作物高效用水科学观测实验站	环发所

（续表）

序号	实验站名称	依托单位
8	农业部兽用药物与兽医生物技术北京科学观测实验站	牧医所
9	农业部华北动物遗传资源与营养科学观测实验站	牧医所
10	农业部祁阳农业环境科学观测实验站	资划所
11	农业部呼伦贝尔农业环境科学观测实验站	资划所
12	农业部华北设施栽培与施肥科学观测实验站	德州实验站
13	农业部商丘农业环境科学观测实验站	灌溉所
14	农业部作物基因资源与种质创制浙江科学观测实验站	水稻所
15	农业部作物基因资源与种质创制辽宁科学观测实验站	果树所
16	农业部作物基因资源与种质创制河南科学观测实验站	郑果所
17	农业部草原畜牧业装备科学观测实验站	草原所
18	农业部大理农业环境科学观测实验站	环保所
19	农业部西南地区果树科学观测实验站	柑桔所

中国农业科学院重点开放实验室

序号	实验室名称	依托单位
1	中国农业科学院作物种质资源与生物技术重点开放实验室	作科所
2	中国农业科学院作物遗传改良与生物技术重点开放实验室	作科所
3	中国农业科学院粮棉油料作物生理与栽培重点开放实验室	作科所
4	中国农业科学院植物病虫害生物学重点开放实验室	植保所
5	中国农业科学院农药化学与应用技术重点开放实验室	植保所
6	中国农业科学院生物入侵与生物防治重点开放实验室	植保所
7	中国农业科学院杂草鼠害生物学与治理重点开放实验室	植保所
8	中国农业科学院园艺作物遗传与生理重点开放实验室	蔬菜所

（续表）

序号	实验室名称	依托单位
9	中国农业科学院农业环境与气候变化重点开放实验室	环发所
10	中国农业科学院旱作节水农业重点开放实验室	环发所
11	中国农业科学院动物营养学重点开放实验室	牧医所
12	中国农业科学院家养动物遗传资源与种质创新重点开放实验室	牧医所
13	中国农业科学院牧草遗传改良与利用重点开放实验室	牧医所
14	中国农业科学院授粉昆虫生物学重点开放实验室	蜜蜂所
15	中国农业科学院饲料生物技术重点开放实验室	饲料所
16	中国农业科学院农产品加工与质量控制重点开放实验室	加工所
17	中国农业科学院农作物分子生物学与生物技术重点开放实验室	生物所
18	中国农业科学院国家农业政策分析与决策支持系统重点开放实验室	农经所
19	中国农业科学院植物营养与养分循环重点开放实验室	资划所
20	中国农业科学院资源遥感与数字农业重点开放实验室	资划所
21	中国农业科学院土壤质量重点开放实验室	资划所
22	中国农业科学院智能化农业预警技术与系统重点开放实验室	信息所
23	中国农业科学院农产品质量与食物安全重点开放实验室	质标所
24	中国农业科学院农业水资源高效安全利用重点开放实验室	灌溉所
25	中国农业科学院水稻生物学重点开放实验室	水稻所
26	中国农业科学院棉花遗传改良重点开放实验室	棉花所
27	中国农业科学院油料作物生物学重点开放实验室	油料所
28	中国农业科学院茎纤维生物质与工程微生物重点开放实验室	麻类所
29	中国农业科学院麻类遗传育种与生物加工重点开放实验室	麻类所

（续表）

序号	实验室名称	依托单位
30	中国农业科学院果树种质资源与育种技术重点开放实验室	果树所
31	中国农业科学院果树生长发育与品质控制重点开放实验室	郑果所
32	中国农业科学院茶及饮料植物产品加工与质量控制重点开放实验室	茶叶所
33	中国农业科学院兽医生物技术重点开放实验室	哈尔滨兽医所
34	中国农业科学院动物流感重点开放实验室	哈尔滨兽医所
35	中国农业科学院人兽共患病重点开放实验室	哈尔滨兽医所 兰州兽医所
36	中国农业科学院家畜疫病病原生物学重点开放实验室	兰州兽医所
37	中国农业科学院草食动物疫病重点开放实验室	兰州兽医所
38	中国农业科学院新兽药工程重点开放实验室	兰州牧药所
39	中国农业科学院动物寄生虫学重点开放实验室	上海兽医所
40	中国农业科学院兽药安全评价与兽药残留研究重点开放实验室	上海兽医所
41	中国农业科学院草地资源生态重点开放实验室	草原所
42	中国农业科学院特种经济动物种质资源遗传改良重点开放实验室	特产所
43	中国农业科学院农业环境与农产品安全重点开放实验室	环保所
44	中国农业科学院能源微生物重点开放实验室	沼科所
45	中国农业科学院农业机械重点开放实验室	农机化所
46	中国农业科学院烟草遗传改良与生物技术重点开放实验室	烟草所
47	中国农业科学院柑桔学重点开放实验室	柑桔所
48	中国农业科学院北方糖料作物资源与利用重点开放实验室	甜菜所
49	中国农业科学院蚕桑遗传改良与生物技术重点开放实验室	蚕业所

（续表）

序号	实验室名称	依托单位
50	中国农业科学院草地农业系统学重点开放实验室	草原生态所
51	中国农业科学院家禽遗传资源评价与繁育重点开放实验室	家禽所
52	中国农业科学院甘薯遗传改良重点开放实验室	甘薯所

国家农作物、畜禽改良中心（分中心）

序号	改良中心（分中心）名称	依托单位
1	国家小麦改良中心	作科所
2	国家大豆改良北京分中心	作科所
3	国家蔬菜改良中心	蔬菜所
4	国家畜禽分子育种中心	牧医所
5	国家牛奶质量改良中心	牧医所
6	国家水稻改良中心	水稻所
7	国家棉花改良中心	棉花所
8	国家油料作物改良中心	油料所
9	国家麻类作物育种中心	麻类所
10	国家苹果育种中心	果树所
11	国家桃、葡萄改良中心	郑果所
12	国家茶树改良中心	茶叶所
13	国家烟草改良中心	烟草所
14	国家柑桔品种改良中心	柑桔所
15	国家糖料改良中心	甜菜所
16	国家蚕桑育种中心	蚕业所
17	国家禽类实验动物种子中心	哈尔滨兽医所
18	国家牧草改良中心	草原所
19	国家食用菌改良中心	资划所
20	国家瓜果改良中心	郑果所

国家级农作物种质库

序号	种质库名称	依托单位
1	国家作物种质长期库	作科所
2	国家农作物种质资源保存中心	作科所
3	国家蔬菜中期库	蔬菜所
4	国家水稻中期库	水稻所
5	国家棉花中期库	棉花所
6	国家油料作物中期库	油料所
7	国家麻类作物中期库	麻类所
8	国家西甜瓜中期库	郑果所
9	国家牧草中期库	草原所
10	国家烟草中期库	烟草所
11	国家甜菜中期库	甜菜所

国家级农作物种质圃

序号	种质圃名称	依托单位
1	国家种质北京多年生小麦野生近缘植物圃	作科所
2	国家种质海南野生棉圃	棉花所
3	国家种质武昌野花生圃	油料所
4	国家种质沅江苎麻圃	麻类所
5	国家种质兴城梨、苹果圃	果树所
6	国家种质郑州桃、葡萄圃	郑果所
7	国家种质杭州茶树圃	茶叶所
8	国家种质多年生牧草圃	草原所
9	国家种质左家山葡萄圃	特产所
10	国家种质重庆柑桔圃	柑桔所
11	国家种质镇江桑树圃	蚕业所
12	国家种质徐州甘薯试管苗库	甘薯所

国家工程技术研究中心

序号	工程中心名称	依托单位
1	国家昌平综合农业工程技术研究中心	中国农业科学院
2	国家饲料工程技术研究中心	中国农业大学、饲料所
3	国家油菜工程技术研究中心	华中农业大学、油料所
4	国家茶产业工程技术研究中心	茶叶所
5	国家柑桔工程技术研究中心	柑桔所

农业部农产品质量安全风险评估实验室

序号	实验室名称	依托单位
1	农业部稻米产品质量安全风险评估实验室（杭州）	水稻所
2	农业部谷物产品质量安全风险评估实验室（北京）	作科所
3	农业部油料产品质量安全风险评估实验室（武汉）	油料所
4	农业部奶产品质量安全风险评估实验室（北京）	牧医所
5	农业部蔬菜产品质量安全风险评估实验室（北京）	蔬菜所
6	农业部果品质量安全风险评估实验室（郑州）	郑果所
7	农业部果品质量安全风险评估实验室（兴城）	果树所
8	农业部柑桔产品质量安全风险评估实验室（重庆）	柑桔所
9	农业部茶叶产品质量安全风险评估实验室（杭州）	茶叶所
10	农业部蜂产品质量安全风险评估实验室（北京）	蜜蜂所
11	农业部农产品质量安全生物性危害因子风险评估实验室（北京）	植保所
12	农业部农产品质量安全环境因子风险评估实验室（天津）	环保所
13	农业部农产品加工质量安全风险评估实验室（北京）	加工所
14	农业部棉花产品质量安全风险评估实验室（安阳）	棉花所
15	农业部烟草质量安全风险评估实验室（青岛）	烟草所
16	农业部畜产品质量安全风险评估实验室（兰州）	兰州牧药所

（续表）

序号	实验室名称	依托单位
17	农业部微生物产品质量安全风险评估实验室（北京）	资划所
18	农业部蚕桑产品及食用昆虫质量安全风险评估实验室（镇江）	蚕业所
19	农业部糖料产品质量安全风险评估实验室（哈尔滨）	甜菜所
20	农业部禽类产品质量安全风险评估实验室（扬州）	家禽所

中国农业科学院农产品质量安全风险评估研究中心

序号	中心名称	依托单位
1	中国农业科学院谷物产品质量安全风险评估研究中心	作科所
2	中国农业科学院农产品农药残留与生物危害风险评估研究中心	植保所
3	中国农业科学院蔬菜产品质量安全风险评估研究中心	蔬菜所
4	中国农业科学院奶产品质量安全风险评估研究中心	牧医所
5	中国农业科学院蜂产品质量安全风险评估研究中心	蜜蜂所
6	中国农业科学院农产品加工质量安全风险评估研究中心	加工所
7	中国农业科学院食用菌质量安全风险评估研究中心	资划所
8	中国农业科学院稻米产品质量安全风险评估研究中心	水稻所
9	中国农业科学院棉花质量安全风险评估研究中心	棉花所
10	中国农业科学院油料产品质量安全风险评估研究中心	油料所
11	中国农业科学院麻类产品质量安全风险评估研究中心	麻类所
12	中国农业科学院兴城果品质量安全风险评估研究中心	果树所
13	中国农业科学院郑州果品质量安全风险评估研究中心	郑果所
14	中国农业科学院茶叶质量安全风险评估研究中心	茶叶所
15	中国农业科学院兰州畜产品质量安全风险评估研究中心	兰州牧药所
16	中国农业科学院特种经济动植物产品质量安全风险评估研究中心	特产所

（续表）

序号	中心名称	依托单位
17	中国农业科学院农产品产地环境风险评估研究中心	环保所
18	中国农业科学院烟草产品质量安全风险评估研究中心	烟草所
19	中国农业科学院柑桔质量安全风险评估研究中心	柑桔所
20	中国农业科学院蚕业产品质量安全风险评估研究中心	蚕业所

二、科技支撑平台

国家重大科学工程

序号	名　　称	依托单位
1	农作物基因资源与基因改良国家重大科学工程	作科所
2	国家农业生物安全科学中心	植保所

国家工程实验室

序号	名　　称	依托单位
1	作物分子育种国家工程实验室	作科所
2	作物细胞育种国家工程实验室	蔬菜所
3	棉花转基因育种国家工程实验室	棉花所
4	耕地培育技术国家工程实验室	资划所
5	作物高效用水与抗灾减损国家工程实验室	环发所

国家工程研究中心

序号	名　　称	依托单位
1	动物用生物制品国家工程研究中心	哈尔滨兽医所
2	生物饲料开发国家工程研究中心	饲料所

国家级野外台站

序号	野外台站名称	依托单位
1	全国农作物种质资源野外观测研究圃网	作科所
2	全国农业土壤肥力效益野外研究站网络	资划所
3	南方红黄壤地区农业生态环境监测试验站	资划所
4	内蒙古呼伦贝尔草原生态系统国家野外科学观测研究站	资划所
5	河南商丘农田生态系统国家野外科学观测研究站	灌溉所

农业部野外科学观测试验站

序号	野外台站名称	依托单位
1	农业部迁西燕山生态环境重点野外科学观测试验站	资划所
2	农业部洛阳旱地农业重点野外科学观测试验站	资划所
3	农业部呼伦贝尔草甸草原生态环境重点野外科学观测试验站	资划所
4	农业部祁阳红壤生态环境重点野外科学观测试验站	资划所
5	农业部昌平潮褐土生态环境重点野外科学观测试验站	资划所
6	农业部德州农业资源与生态环境重点野外科学观测试验站	资划所
7	农业部长白山野生生物资源重点野外科学观测试验站	特产所
8	农业部杭州茶树资源重点野外科学观测试验站	茶叶所
9	农业部寿阳旱地农业重点野外科学观测试验站	环发所
10	农业部鄂尔多斯沙地草原生态环境重点野外科学观测试验站	草原所
11	农业部沙尔沁牧草资源重点野外科学观测试验站	草原所
12	农业部玉树高寒草原资源与生态环境重点野外科学观测试验站	草原所
13	农业部沅江麻类资源重点野外科学观测试验站	麻类所
14	农业部廊坊有害生物防治重点野外科学观测试验站	植保所

（续表）

序号	野外台站名称	依托单位
15	农业部锡林浩特草原有害生物防治重点野外科学观测试验站	植保所
16	农业部兴城北方落叶果树资源重点野外科学观测试验站	果树所
17	农业部武昌花生资源重点野外科学观测试验站	油料所
18	农业部商丘农业资源与生态环境重点野外科学观测试验站	灌溉所
19	农业部兰州黄土高原生态环境重点野外科学观测试验站	兰州牧药所
20	农业部昌平畜禽资源重点野外科学观测试验站	牧医所
21	农业部新乡矮败小麦重点野外科学观测试验站	作科所
22	农业部大理农业生态环境重点野外科学观测试验站	环保所
23	农业部镇江桑树资源重点野外科学观测试验站	蚕业所
24	农业部徐州甘薯资源重点野外科学观测试验站	甘薯所

中国农业科学院野外科学观测试验站

序号	野外台站名称	依托单位
1	中国农业科学院祁阳红壤生态环境野外科学观测试验站	资划所
2	中国农业科学院呼伦贝尔草甸草原生态环境野外科学观测试验站	资划所
3	中国农业科学院洛阳旱地农业野外科学观测试验站	资划所
4	中国农业科学院迁西燕山生态环境野外科学观测试验站	资划所
5	中国农业科学院昌平潮褐土生态环境野外科学观测试验站	资划所
6	中国农业科学院德州农业资源与生态环境野外科学观测试验站	资划所
7	中国农业科学院长白山野生生物资源野外科学观测试验站	特产所
8	中国农业科学院杭州茶树资源野外科学观测试验站	茶叶所
9	中国农业科学院寿阳旱地农业野外科学观测试验站	环发所

（续表）

序号	野外台站名称	依托单位
10	中国农业科学院鄂尔多斯沙地草原生态环境野外科学观测试验站	草原所
11	中国农业科学院沙尔沁牧草资源野外科学观测试验站	草原所
12	中国农业科学院玉树高寒草原资源与生态环境野外科学观测试验站	草原所
13	中国农业科学院沅江麻类资源野外科学观测试验站	麻类所
14	中国农业科学院廊坊有害生物防治野外科学观测试验站	植保所
15	中国农业科学院锡林浩特草原有害生物防治野外科学观测试验站	植保所
16	中国农业科学院兴城北方落叶果树资源野外科学观测试验站	果树所
17	中国农业科学院武昌花生资源野外科学观测试验站	油料所
18	中国农业科学院商丘农业资源与生态环境野外科学观测试验站	灌溉所
19	中国农业科学院兰州黄土高原生态环境野外科学观测试验站	兰州牧药所
20	中国农业科学院昌平畜禽资源野外科学观测试验站	牧医所
21	中国农业科学院新乡矮败小麦野外科学观测试验站	作科所
22	中国农业科学院大理农业生态环境野外科学观测试验站	环保所
23	中国农业科学院镇江桑树资源野外科学观测试验站	蚕业所
24	中国农业科学院徐州甘薯资源野外科学观测试验站	甘薯所
25	中国农业科学院新乡有害生物防治野外科学观测试验站	植保所
26	中国农业科学院天水有害生物防治野外科学观测试验站	植保所
27	中国农业科学院桂林有害生物防治野外科学观测试验站	植保所
28	中国农业科学院廊坊数字水肥野外科学观测试验站	资划所
29	中国农业科学院密云生态农业野外科学观测试验站	资划所
30	中国农业科学院鄂托克旗牧草资源与育种野外科学观测试验站	牧医所

（续表）

序号	野外台站名称	依托单位
31	中国农业科学院杭州水稻种质资源野外科学观测试验站	水稻所
32	中国农业科学院长江中下游棉花野外科学观测试验站	棉花所
33	中国农业科学院平安油菜育种野外科学观测试验站	油料所
34	中国农业科学院进贤红壤地区油料作物野外科学观测试验站	油料所
35	中国农业科学院汉川转基因油料作物环境安全野外科学观测试验站	油料所
36	中国农业科学院武清转基因生物农田生态系统影响野外科学观测试验站	环保所
37	中国农业科学院藁城农业生态环境野外科学观测试验站	环保所
38	中国农业科学院彭州农产品产地环境野外科学观测试验站	环保所
39	中国农业科学院南京农业机械野外科学观测试验站	农机化所
40	中国农业科学院郑州果树瓜类野外科学观测试验站	郑果所
41	中国农业科学院阿克苏果树瓜类野外科学观测试验站	郑果所
42	中国农业科学院青岛烟草资源与环境野外科学观测试验站	烟草所
43	中国农业科学院张掖牧草及生态农业野外科学观测试验站	兰州牧药所
44	中国农业科学院苏尼特温带荒漠草原资源与生态环境野外科学观测试验站	草原所
45	中国农业科学院太仆寺旗草地资源生态监测与评价野外科学观测试验站	草原所
46	中国农业科学院葫芦岛落叶果树生理生态及有害生物野外科学观测试验站	果树所
47	中国农业科学院新乡农业水土环境野外科学观测试验站	灌溉所
48	中国农业科学院廊坊蔬菜资源野外科学观测试验站	蔬菜所
49	中国农业科学院信息农业野外科学观测试验站	信息所

（续表）

序号	野外台站名称	依托单位
50	中国农业科学院数字化文献信息服务系统野外科学观测试验站	信息所
51	中国农业科学院岳阳农业环境野外科学观测试验站	环发所
52	中国农业科学院那曲高寒草原生态与气候变化野外科学观测试验站	环发所
53	中国农业科学院密云农业环境野外科学观测试验站	环发所
54	中国农业科学院共和农业环境野外科学观测试验站	环发所
55	中国农业科学院兰州农业环境野外科学观测试验站	环发所 兰州牧药所
56	中国农业科学院永宁农业环境野外科学观测试验站	环发所
57	中国农业科学院大荔农业环境野外科学观测试验站	环发所
58	中国农业科学院崇明农业环境野外科学观测试验站	环发所
59	中国农业科学院东营农业环境野外科学观测试验站	环发所
60	中国农业科学院西昌烟草资源与环境野外科学观测试验站	烟草所

现代农业产业技术体系技术研发中心

序号	产业	名称	依托单位
1	水稻	国家水稻产业技术研发中心	水稻所
2	玉米	国家玉米产业技术研发中心	作科所
3	小麦	国家小麦产业技术研发中心	作科所
4	大豆	国家大豆产业技术研发中心	作科所
5	大麦青稞	国家大麦青稞产业技术研发中心	作科所
6	谷子糜子	国家谷子糜子产业技术研发中心	作科所
7	食用豆	国家食用豆产业技术研发中心	作科所
8	马铃薯	国家马铃薯产业技术研发中心	蔬菜所
9	油菜	国家油菜产业技术研发中心	油料所

（续表）

序号	产业	名称	依托单位
10	棉花	国际棉花产业技术研发中心	棉花所
11	麻类	国家麻类产业技术研发中心	麻类所
12	茶叶	国家茶叶产业技术研发中心	茶叶所
13	食用菌	国家食用菌产业技术研发中心	资划所
14	大宗蔬菜	国家大宗蔬菜产业技术研发中心	蔬菜所
15	肉鸡	国家肉鸡产业技术研发中心	牧医所
16	水禽	国家水禽产业技术研发中心	牧医所
17	蜂	国家蜂产品技术研发中心	蜜蜂所

现代农业产业技术体系功能研究室

序号	产业	名称	依托单位
1	水稻	育种与繁育研究室	水稻所
2	水稻	栽培与土肥研究室	水稻所
3	玉米	病虫害防控研究室	植保所
4	玉米	栽培与土肥研究室	作科所
5	小麦	加工研究室	加工所
6	食用豆	病虫害防控研究室	作科所
7	食用豆	栽培与土肥研究室	作科所
8	食用豆	综合研究室	信息所
9	马铃薯	育种研究室	蔬菜所
10	马铃薯	产业经济研究室	资划所
11	油菜	病虫害防控研究室	油料所
12	油菜	加工研究室	油料所
13	油菜	设施与设备研究室	农机化所
14	花生	病虫害防控研究室	油料所

（续表）

序号	产业	名称	依托单位
15	花生	机械研究室	农机化所
16	胡麻	综合研究室	油料所
17	棉花	病虫害防控研究室	植保所
18	棉花	育种与种子研究室	棉花所
19	棉花	栽培与土肥研究室	棉花所
20	麻类	加工研究室	麻类所
21	麻类	设施设备研究室	麻类所
22	麻类	育种研究室	麻类所
23	甜菜	育种与种子研究室	甜菜所
24	甜菜	机械研究室	甜菜所
25	蚕桑	病虫害防控研究室	蚕业所
26	蚕桑	养蚕与桑树栽培研究室	蚕业所
27	茶叶	病虫害防控研究室	茶叶所
28	茶叶	加工研究室	茶叶所
29	茶叶	栽培与茶园机械研究室	茶叶所
30	茶叶	产业经济研究室	茶叶所
31	大宗蔬菜	病虫害防控研究室	蔬菜所
32	大宗蔬菜	育种与种子研究室	蔬菜所
33	西甜瓜	病虫害防控研究室	植保所
34	西甜瓜	栽培与耕作研究室	郑果所
35	西甜瓜	综合研究室	农经所
36	苹果	育种与资源利用研究室	果树所
37	梨	遗传与育种研究室	郑果所
38	葡萄	病虫害防控研究室	植保所

（续表）

序号	产业	名称	依托单位
39	葡萄	育种研究室	郑果所
40	葡萄	栽培研究室	果树所
41	桃	栽培与综合研究室	郑果所
42	牧草	产业经济研究室	农经所
43	牧草	栽培与草地管理研究室	草原所
44	奶牛	环境控制研究室	牧医所
45	奶牛	疾病控制研究室	兰州牧药所
46	肉牛牦牛	遗传育种与繁殖研究室	牧医所
47	肉羊	疾病控制研究室	兰州兽医所
48	肉羊	加工研究室	加工所
49	肉羊	营养与饲料研究室	饲料所
50	绒毛用羊	疾病控制研究室	兰州兽医所
51	蛋鸡	产业经济研究室	农经所
52	蛋鸡	营养与饲料研究室	牧医所
53	肉鸡	疾病控制研究室	哈尔滨兽医所
54	肉鸡	生产与环境控制研究室	牧医所
55	蜂	病虫害防控与质量监督研究室	蜜蜂所
56	蜂	育种与授粉研究室	蜜蜂所
57	柑橘	栽培与耕作研究室	柑桔所
58	柑橘	病虫害防控研究室	柑桔所

现代农业产业技术体系综合试验站

序号	产业	名称	依托单位
1	水稻	祁阳综合试验站	资划所
2	小麦	德州综合试验站	资划所

（续表）

序号	产业	名称	依托单位
3	麻类	沅江苎麻试验站	麻类所
4	苹果	葫芦岛综合试验站	果树所
5	葡萄	左家综合试验站	特产所
6	葡萄	豫西与黄土高原综合试验站	郑果所
7	桃	郑州综合试验站	郑果所
8	牧草	鄂尔多斯综合试验站	草原所

国家农产品加工技术研发中心、分中心

序号	中心名称	依托单位
1	国家农产品加工技术研发中心	加工所
2	国家油菜籽加工技术研发专业分中心	油料所
3	国家杂粮加工技术研发专业分中心	作科所
4	国家饲料加工技术研发专业分中心	饲料所
5	国家柑橘加工技术研发专业分中心	柑桔所
6	国家茶叶加工技术研发专业分中心	茶叶所
7	国家蜂产品加工技术研发专业分中心	蜜蜂所
8	国家人参鹿茸加工技术研发专业分中心	特产所

三、科技服务平台

国家质检中心

序号	质检中心名称	依托单位
1	国家饲料质量监督检验中心（北京）	质标所
2	国家化肥质量监督检验中心（北京）	资划所
3	国家植保机械质量监督检验中心	农机化所

部级质检中心

序号	质检中心名称	依托单位
1	农业部谷物品质监督检验测试中心	作科所
2	农业部植物抗病虫性及农药监督检验测试中心（北京）	植保所
3	农业部转基因植物环境安全监督检验测试中心（北京）	植保所
4	农业部蔬菜品质监督检验测试中心（北京）	蔬菜所
5	农业部畜牧环境设施设备质量监督检验测试中心（北京）	环发所
6	农业部奶及奶制品质量监督检验测试中心（北京）	牧医所
7	农业部转基因动物及饲料安全监督检验测试中心（北京）	牧医所
8	农业部蜂产品质量监督检验测试中心（北京）	蜜蜂所
9	农业部辐照产品质量监督检验测试中心	加工所
10	农业部微生物肥料和食用菌菌种质量监督检验测试中心	资划所
11	水利部节水灌溉设备质量检测中心	灌溉所
12	农业部稻米及制品质量监督检验测试中心	水稻所
13	农业部转基因植物环境安全监督检验测试中心（杭州）	水稻所
14	农业部棉花品质监督检验测试中心	棉花所
15	农业部转基因植物环境安全监督检验测试中心（安阳）	棉花所
16	农业部油料及制品质量监督检验测试中心	油料所
17	农业部转基因植物环境安全监督检验测试中心（武汉）	油料所
18	农业部麻类产品质量监督检验测试中心	麻类所
19	农业部果品及苗木质量监督检验测试中心（兴城）	果树所
20	农业部果品及苗木质量监督检验测试中心（郑州）	郑果所
21	农业部茶叶质量监督检验测试中心	茶叶所
22	农业部实验动物质量监督检验测试中心（哈尔滨）	哈尔滨兽医所
23	农业部动物毛皮及制品质量监督检验测试中心（兰州）	兰州牧药所
24	农业部特种经济动植物及产品质量监督检验测试中心	特产所

（续表）

序号	质检中心名称	依托单位
25	农业部环境质量监督检验测试中心	环保所
26	农业部转基因生物生态环境安全监督检验测试中心（天津）	环保所
27	农业部沼气产品及设备质量监督检验测试中心	沼科所
28	机械工业旋耕机械产品质量监督检测中心	农机化所
29	机械工业茶叶加工机械质量监督检测中心	农机化所
30	农业部烟草产业产品质量监督检验测试中心	烟草所
31	农业部转基因烟草环境安全监督检验测试中心（青岛）	烟草所
32	农业部转基因植物用微生物环境安全监督检验测试中心（北京）	生物所
33	农业部柑桔及苗木质量监督检验测试中心	柑桔所
34	农业部甜菜品质监督检验测试中心	甜菜所
35	农业部蚕桑产业产品质量监督检验测试中心（镇江）	蚕业所

国家参考实验室

序号	实验室名称	依托单位
1	国家牛传染性胸膜肺炎参考实验室	哈尔滨兽医所
2	国家禽流感参考实验室	哈尔滨兽医所
3	国家口蹄疫参考实验室	兰州兽医所

获 OIE、FAO 认可的参考实验室、中心

序号	实验室名称	依托单位
1	OIE 禽流感参考实验室	哈尔滨兽医所
2	OIE 马传染性贫血参考实验室	哈尔滨兽医所
3	OIE 马流感 twinning 实验室	哈尔滨兽医所
4	OIE 口蹄疫参考实验室	兰州兽医所

（续表）

序号	实验室名称	依托单位
5	OIE 禽传染性法氏囊病 twinning 实验室	哈尔滨兽医所
6	OIE 人兽共患病亚太区协作中心	哈尔滨兽医所
7	OIE 羊泰勒虫病参考实验室	兰州兽医所
8	FAO 动物流感参考中心	哈尔滨兽医所

国家科技基础条件平台

序号	平台名称	依托单位
1	国家农作物种质资源平台	作科所
2	国家微生物资源平台	资划所
3	家养动物种质资源平台	牧医所
4	农业科学数据共享中心	信息所

中国农业科学院科技创新工程综合管理办法（试行）

（2013年4月11日）

第一章　总　则

第一条　为深入贯彻党的“十八大”提出的创新驱动发展战略，全面落实全国科技创新大会精神，组织实施好中国农业科学院科技创新工程（以下简称“创新工程”），根据农业部、财政部批复的《中国农业科学院科技创新工程实施方案》和有关规章制度，制定本办法。

第二条　创新工程坚持以“服务产业重大科技需求、跃居世界农业科技高端”为使命，以“建设世界一流农业科研院所”为目标，以全球视野谋划科技开放合作，突出机制创新，调整优化学科布局，加强人才团队建设，改善科研条件，全面提升创新能力。

第三条　创新工程按“3+5+5年”梯次推进，全面实施。2013—2015年为试点探索期，2016—2020年为调整推进期，2021—2025年为全面发展期。

第四条　创新工程管理服务于创新工程使命和目标，以保障各项工作任务顺利实施为宗旨，建立院为统领、所为基础、共建共管、分级负责的管理新机制，突出创新、强化改革，提高自主创新活力、整体运行效率和投入产出率，推动创新工程科学、规范、有序、高效实施。

第五条　创新工程相关管理办法，要根据创新工程不同时期的实施与发展要求，进行修订完善。

第六条　创新工程要建立管理信息系统，提高管理效率和水平。

第七条　院属各单位、院机关各部门、各科研团队和首席科学家等相关单位和人员，应遵守工作纪律，严格操作程序，做到科学公正、实事求是，提交的相关报告、材料、数据等应当客观真实，不得弄虚作假。

第八条　本办法适用于院属各单位、院机关各部门及参与创新工程任务的相关单位。

第二章　组织管理

第九条　创新工程的组织管理体系由咨询机构、决策机构、执行机构和科研团队组成。

第十条　院科技创新工程战略咨询委员会是创新工程咨询机构，由中农办（中央农村工作领导小组办公室，编者注）、财政部、农业部、科技部等相关部门负责人和著名科学家组成。主要职责是：对科技创新方向、重大科研任务、体制机制创新等提出指导意见，对创新工程重大事项等提出决策建议。

第十一条　院科技创新工程管理中心（以下简称“管理中心”）是创新工程决策机构。管理中心主任由院长担任，副主任由农业部、财政部等相关部门单位负责人和分管副院长担任。院机关各部门和研究生院为管理中心成员单位，其负责人为管理中心成员。主要职责是：负责学科任务审定、人才招聘引进、统筹条件平台建设和国际合作等重大事项的审议，负责向农业部、财政部报告科技创新工程相关工作，组织拟定《中国农业科学院科技创新工程目标任务书》，独立开展绩效考评工作。

管理中心下设办公室，负责日常工作。

第十二条　院属研究所是创新工程各项任务的管理执行机构。研究所法人代表是管理执行的第一责任人。研究所按照创新工程目标任务组织开展科学研究、科研团队建设、条件保障、绩效评估等工作。研究所成立创新任务执行组，由研究所主要管理人员、各科研团队首席科学家组成，民主协商重大事宜。

第十三条　科研团队是创新工程实施单元，实行首席科学家负责制。根据创新工程岗位设置要求和相关规定，首席科学家在研究所领导下组建、调整科研团队，决定团队内部绩效奖励和分配等。首席科学家对研究所负责，按照《创新工程目标任务书》完成任务，接受监督考核和民主评议。团队成员享有进修、交流、提高等权益，负有团结协作、保护知识产权等义务。

第三章　任务实施与管理

第十四条　创新工程的目标任务是：创新体制机制、持续开展科技攻关、调整优化人才团队、建设完善科研条件、拓展国际合作空间。

第十五条　管理中心与承担创新工程任务的研究所签订《中国农业科学院科技创新工程目标任务书》。任务书是院所组织实施创新工程任务、检查验收、开展绩效评估的依据。

第十六条　创新工程试点探索期（2013—2015 年）的主要任务是机制创新，逐步建立以绩效管理为核心的人才团队建设、科研管理等考核、评价、激励新型管理制度，选择试点研究所及其创新团队，分期分批启动实施创新工程各项建设任务。

第十七条 创新工程调整推进期（2016—2020 年）和全面发展期（2021—2025 年）开展绩效评估与总结工作，校正优化创新工程目标任务，全面推进创新工程各项工作。

第四章　岗位与薪酬管理

第十八条 遵照“按需设岗、按岗聘人、岗位固定、人员流动”的原则，实施创新工程岗位管理。

第十九条 院科技创新工程岗位（以下简称“创新岗位”）设置为科研、技术支撑和管理 3 个序列，全院 3 个序列创新岗位数的比例原则上为 8∶1∶1。创新岗位设置总数一般不超过本单位正式在职职工人员数（不包括农场工人）的 60%。

第二十条 科研团队由首席科学家、骨干专家和研究助理构成，全院 3 个层级创新岗位数的比例原则上为 1∶7∶8。原则上骨干专家岗位的 80%、研究助理岗位的 70% 是固定创新岗位，其余岗位为流动创新岗位。

第二十一条 首席科学家由研究所根据规定标准和程序遴选后，向管理中心推荐。在充分吸纳农业部业务司局、行业学会、知名专家意见基础上，由管理中心研究确定人选。

第二十二条 院内人员入选的首席科学家与研究所签订聘用合同，聘期一般为 5 年。引进人员入选的首席科学家，一般试用期为 1 年，试用期考核合格后与研究所签订聘用合同，聘期一般为 5 年（含试用期）。

第二十三条 骨干专家和研究助理在研究所领导下由首席科学家根据规定标准和程序公开选聘，与研究所签订聘用合同，实行动态管理。

第二十四条 技术支撑和管理序列的创新岗位人员由院所根据规定标准和程序公开选聘，签订聘用合同，实行动态管理。

第二十五条 建立与岗位职责、工作业绩、实际贡献紧密联系和鼓励创新创造的分配激励机制，进入创新岗位的人员实行由基本工资、岗位津贴和岗位绩效构成的“三元结构”薪酬制。

第二十六条 进入创新工程的特殊拔尖人才可实行“协议工资制”。

第五章　经费管理

第二十七条 创新工程经费严格按照《中国农业科学院科技创新工程经费管理办法》使用管理。

第二十八条 创新工程各项任务必须强化预算管理，确保资金合理分配使用。

第二十九条 为提高财政资金使用效率，研究所可统筹使用创新工程经费，撬动存量资源，优化配置。

第六章 绩效考评

第三十条 建立院、所、团队分级分期绩效考评制度，考评结果作为目标校正、动态管理、绩效预算等的依据。

第三十一条 管理中心按照创新工程绩效考评办法，负责考评研究所，并指导研究所考评科研团队。

第三十二条 研究所负责考评首席科学家和科研团队。研究所参照创新工程绩效考评办法制定本所考评办法，提交考评报告，报管理中心备案。考评不合格的首席科学家，由研究所上报管理中心审核同意后解除聘用合同。

第三十三条 首席科学家负责考评科研团队成员。首席科学家接受团队成员的民主评议。

第七章 附 则

第三十四条 本办法自印发之日起试行。

第三十五条 本办法由院科技创新工程管理中心负责解释。

中国农业科学院科技创新工程 2013 年试点研究所遴选办法

（2013 年 4 月 11 日）

第一章　总　则

第一条　为保障创新工程试点工作顺利开展，规范有序地推进院属研究所分期分批启动试点工作，根据《中国农业科学院科技创新工程综合管理办法（试行）》，制定本办法。

第二条　按照全院统筹部署、科学规划、择优支持和高标准、严要求的原则选择试点研究所及其科研团队。

第三条　坚持以国家产业发展重大科技需求和跃居世界农业科技高端发展目标为导向。通过试点提高服务支撑国家粮食和主要农产品安全、生物安全、资源高效利用、农业生态环境发展、农机农艺融合、农业高效生产与管理、农产品质量安全与加工增值等重大需求的能力；推动机制创新、人才团队调整优化、基地平台能力持续提升、国际合作空间巩固拓展。

第二章　遴选标准

第四条　研究所的学科设置和研究方向应符合创新工程总体目标要求和研究所发展定位及全院学科体系布局。

第五条　研究所及其科研团队应具有较强的科技创新能力，应有优势明显、特色突出，及国内外有重大影响的学科领域与研究方向；应有较好的人才团队、科技平台/基地、国际合作等科研基础条件；近 5 年取得过具有重大影响的科研成果。

第六条　研究所应有较高的管理能力、较强的综合实力以及良好的发展前景。优先支持在我院近 5 年研究所考核评价尤其是 2012 年度评价中获得优秀，或在农业部“十一五”全国农业科研机构综合科研能力评估中进入“百强”，或在其他同等级类似评估中获得优秀及以上的研究所。

第七条　研究所应有切实可行的试点工作方案。围绕院学科体系，凝练出了目标明确、重点突出的科研选题，并具有配套的科研工作方案、学科团队建设方案、学科平台建设方案、国际合作交流方案、财务管理方案等；有运行机制、激励机制、用人机制、分配机制等管理创新方案。

第八条 科研团队应有符合科技创新工程岗位基本任职条件的首席科学家及相应的人员配备。

第九条 研究所应有明确的试点考核目标。应在科研成果产出、人才团队建设、科研条件改善等方面提出明确可预期的创新能力提升目标，应在机制创新方面提出切实可行的管理能力提升目标。

第三章 遴选程序

第十条 以研究所整体进入试点为基本形式，以所为单位自愿申报。

第十一条 研究所根据《中国农业科学院科技创新工程综合管理办法（试行）》和试点申报书要求，制定试点工作方案，编写申报书，报送管理中心办公室。

第十三条 按照全院试点工作总体要求和遴选办法，管理中心办公室组织有关专家对研究所申报材料进行评审，确定一批研究所约100个研究方向进入2013年试点。

第十四条 管理中心将拟进入2013年试点的研究所向全院公示。

第十五条 公示结束后，管理中心与试点研究所签订创新工程试点任务书。

第四章 附 则

第十六条 本办法自发布之日起执行。

第十七条 本办法由管理中心负责解释。

中国农业科学院科技创新工程岗位管理办法（试行）

（2013 年 4 月 11 日）

第一章 总 则

第一条 为做好院科技创新工程岗位（以下简称“创新岗位”）管理工作，加强人才团队建设，根据《中国农业科学院科技创新工程实施方案》和《中国农业科学院科技创新工程综合管理办法（试行）》制定本办法。

第二条 本办法适用于进入创新工程试点的院属研究所。

第三条 创新岗位的设立和人员聘用，坚持“按需设岗、公开招聘、择优聘用、合同管理”的原则，实行“以岗定薪、绩效激励”的分配机制和“能进能出、能上能下”的动态管理机制。

第四条 建立院为统领、所为基础、分级负责的创新岗位管理机制。

院负责提出创新岗位设置的总体规模，制定相关政策，确定不同岗位聘用的基本条件和原则。

研究所负责细化本单位各类创新岗位聘用的具体办法，组织开展首席科学家的遴选推荐、考评和管理。负责技术支撑人员和管理人员的招聘、考评、管理和调整工作。

首席科学家根据研究所的有关规定，组织开展本团队骨干专家岗位和研究助理岗位人选的招聘、考评、管理、调整和绩效分配等工作。

第二章 岗位设置

第五条 试点研究所现有正式在职职工（不包括农场工人）进入创新岗位的比例一般不超过 60%。为鼓励人才引进，用于实施青年英才计划等引进人才计划的创新岗位不计入 60% 的比例内。

第六条 创新岗位分为科研、技术支撑和管理 3 个序列，全院 3 个序列岗位比例原则上为 8∶1∶1。

第七条 科研岗位是指从事基础研究、应用基础研究和应用研究等科研工作，具有较高专业技术水平和能力要求的专业技术岗位，在岗位设置上应与院里确定的学科方向相一致，坚持从严掌握、宁缺毋滥的原则。

科研岗位包括首席科学家岗位、骨干专家岗位和研究助理岗位3个层级，全院3个层级岗位比例原则上为1∶7∶8。

原则上，骨干专家岗位的80%是固定创新岗位，20%是流动创新岗位（短聘期或博士后），研究助理岗位的70%是固定创新岗位，30%是流动创新岗位（短聘期或博士后）。

第八条 技术支撑岗位是指为基础研究、应用基础研究和应用研究等相关工作提供公共支撑的工程技术、实验技术、图书资料、期刊信息等专业技术岗位，也包括工勤技能系列岗位，坚持专业化管理的原则。

第九条 管理岗位是指担负管理任务的工作岗位，坚持精简高效的原则。

第三章 岗位职责

第十条 首席科学家岗位

1. 能够正确把握学科前沿科学问题、发展动态和发展方向，在相关领域参与国际竞争，培育新兴交叉学科，在学科建设中发挥组织者和带头人的作用；

2. 面向国家重大战略需求和国际科技前沿，积极争取和承担国家重大科技计划项目；

3. 提出具有基础性、战略性、前瞻性的科学问题和研究布局，带领科研团队在本学科领域开展具有世界一流水平的科学创新工作，聘期内能够取得国内外同行认同的重大获奖科研成果，在国际知名刊物上发表高水平的论文（中国农业科学院为第一完成单位）或取得相应水平的其他成果。

第十一条 骨干专家岗位

完成首席科学家交付的相关科学研究、学术交流、人才培养等任务。具体职责由研究所和首席科学家共同确定。

第十二条 研究助理岗位

协助骨干专家完成相关工作。具体职责由首席科学家确定。

第十三条 技术支撑岗位

1. 系统地掌握图书期刊的理论知识和专业技能；独立进行文献信息的搜索、鉴别、筛选及组织协调等工作；

2. 系统地掌握本学科的基本理论知识和实验技术；参与科学研究工作，承担技术设计，组织实施重大试验工作；承担实验室的管理工作，负责仪器设备的正常运行维护等；

3. 负责终端和用户权限的设置和管理；负责系统的管理与维护，及时解决设备运行中出现的故障；负责信息检索相关工作人员的应用培训工作，及时提供技术咨询与服务等；

4. 负责野外科研监测、实验任务，负责相关监测、实验数据的整理和质量控制；

协助相关科研人员对野外监测、实验仪器设备进行日常维护和管理等；

5. 全面掌握本工种的业务知识和操作技能，负责大型或高精尖设备的安装、调试、操作、维修和保养方面的工作；改革生产（工作）工艺、操作方法，组织并参加技术革新等。

第十四条 管理岗位

1. 负责研究所发展规划制定、创新工程方案的设计、配套政策的制定和组织实施；
2. 科技项目的申报、立项管理；
3. 负责岗位设置、人员招聘、绩效考评和薪酬管理；
4. 经费预算与执行管理；
5. 其他日常综合、党务、基建等工作。

第四章 基本任职条件

第十五条 首席科学家

1. 具有正高级职称，身体健康，距退休年龄至少能够任满一个聘期；
2. 具备下列条件之一：

（1）两院院士；

（2）千人计划人才；

（3）国家杰出青年科学基金获得者；

（4）农业科研杰出人才、百人计划人才或长江学者；

（5）国家百千万人才工程入选者；

（6）国家科学技术奖励第一完成人；

（7）国家重大重点项目第一主持人（科技支撑项目主持人、863 项目主持人、863 主题专家组专家、973 首席科学家、转基因专项重大课题主持人、重点基金项目主持人、产业体系首席科学家、行业公益项目主持人等）；

（8）其他经研究所推荐、院科技创新工程管理中心（以下简称“管理中心”）批准的，在本研究领域取得显著成绩、具有重大影响的专家。

第十六条 骨干专家

1. 具有副高级及以上职称，或具有完整的博士后研究经历，或取得博士学位后工作满 2 年；

2. 具备下列条件之一：

（1）独立主持或作为主要骨干参与过国家科技计划、基金等项目（课题）研究，或国家级、省部级科技奖励的主要完成人，或以第一作者公开发表 SCI 论文 3 篇及以上；

（2）院“青年英才计划”引进的 A、B、C 类人才。

第十七条 研究助理

1. 具有独立从事科研工作的能力和相关研究工作经历；

2. 专业技术十级及以上岗位聘用人员，或者是博士后。

第十八条 技术支撑人员

1. 具有长期从事公共支撑技术服务工作的经历，能熟练操作相应仪器设备；

2. 专业技术十级及以上岗位的聘用人员；或者取得高级工以上任职资格。

第十九条 管理人员

1. 具有较高的政治素养和政策理论水平，热爱农业科技事业，具有开拓创新精神；

2. 系统掌握管理岗位所需的业务知识和方法，具有较强的分析能力、组织协调能力；

3. 近3年来，作为主要作者公开发表过一定数量的管理类文章，或起草过被院（所）采纳的重要报告或重要文件；

4. 从事管理工作时间不少于3年，管理经验丰富；

5. 应具有大学本科以上学历。

第五章 岗位聘用

第二十条 研究所根据岗位条件和有关规定，公开招聘和管理创新岗位各类人员。

第二十一条 聘用工作按照国家有关规定实行回避制度。

第二十二条 聘用基本程序：

1. 根据创新岗位需求，发布招聘信息；

2. 应聘人员按照招聘条件要求，申请相应岗位；

3. 对应聘人员的资格条件进行审查；

4. 对应聘人员进行考评，择优确定拟聘人选；

5. 在一定范围内对拟聘人员进行公示；

6. 签订聘用合同，办理聘用手续。

第二十三条 首席科学家由研究所遴选后，上报管理中心审定。管理中心在充分吸纳农业部业务司局、行业学会、知名专家意见基础上确定人选。院内人员入选首席科学家与研究所签订聘用合同，聘期一般为5年，由管理中心颁发聘书。引进人员入选首席科学家，一般试用期1年，试用期考核合格后，与研究所签订聘用合同，聘期一般为5年，由管理中心颁发聘书。

第二十四条 骨干专家和研究助理由首席科学家根据研究所有关规定组织公开选聘，实行动态管理。

第二十五条 技术支撑岗位人员的聘用，由试点研究所自行制定相应管理办法并执行。

第二十六条 管理岗位人员的聘用，按干部管理权限办理。

第二十七条　根据《国务院办公厅关于转发人事部〈关于在事业单位试行人员聘用制度意见〉的通知》（国办发〔2002〕35 号）有关规定，研究所应与受聘人员在平等自愿、协商一致的基础上，签订聘用合同，明确双方的工作关系和权利义务，严格执行解聘辞聘制度。

第二十八条　聘用合同期限一般为 5 年，流动创新岗位可执行短聘期，聘用时间一般为 1 年至 2 年。

第六章　条件保障与薪酬激励

第二十九条　研究所负责科研团队的条件保障，包括学术权力、试验条件、办公条件、生活待遇等。

第三十条　创新工程实行“三元结构”薪酬制，即“基本工资 + 岗位津贴 + 岗位绩效”。

第三十一条　对于没有享受政策性保障住房的千人计划、青年英才计划等高层次引进人才，给予一次性安家费补助，补贴标准由管理中心根据有关规定确定。在过渡期内，研究所应保证周转住房。

第七章　绩效考评

第三十二条　研究所负责对首席科学家、科研团队、技术支撑人员和管理人员的绩效考评，首席科学家负责团队骨干专家、研究助理的绩效考评。

第三十三条　首席科学家根据科研岗位职责和创新任务，对团队成员的德能勤绩进行年度考核，明确绩效奖励，并对成员的努力方向给予具体指导。首席科学家接受团队成员的民主评议。

第三十四条　研究所主要考评首席科学家和科研团队科研、国际合作等计划任务的年度完成情况，团队凝聚力、创新力建设状况，以及财经纪律遵守与预算执行情况等，提出考评报告，报管理中心备案，交首席科学家落实有关整改意见。对技术支撑和管理序列创新岗位人员的考核，由研究所制定办法报管理中心备案后组织实施。

第三十五条　研究所组织同行专家对首席科学家及其科研团队实行一年一监测、三年一评估、五年一考核，对考核评估不合格者报管理中心审核同意后进行调整。

第八章　附　则

第三十六条　本办法自发布之日起执行。

第三十七条　本办法由人事局负责解释。

中国农业科学院关于科技创新工程第一批试点研究所及其科研团队组建的批复

农科院办〔2014〕21号

按照我院科技创新工程试点工作的总体部署，将分期分批遴选组织研究所进入试点。在严格的遴选评审工作基础上，经院研究确定第一批试点研究所（附件1）及其科研团队（附件2），现予以批复确认。

各试点研究所应按照各自的试点工作方案全面推进试点工作，加强对科研团队的管理。一是根据创新工程的相关要求，组织、管理好科研团队，按照各科研团队设定的科研创新任务和目标，切实推动科研工作全面开展。二是与科研团队首席专家签订聘用合同，聘期一般为5年；其中，超龄首席专家聘期为3年，聘期内应尽快物色符合条件的人选，以便顺利接替工作。三是第一批试点所实施创新工程的起始时间为2013年7月。

附件：1. 中国农业科学院科技创新工程第一批试点研究所名单

2. 中国农业科学院科技创新工程第一批试点研究所科研团队组建情况表（略）

中国农业科学院

2014年1月27日

附件 1

中国农业科学院科技创新工程
2013 年第一批试点研究所名单

1. 作物科学研究所
2. 植物保护研究所
3. 蔬菜花卉研究所
4. 北京畜牧兽医研究所
5. 农产品加工研究所
6. 农业资源与农业区划研究所
7. 中国水稻研究所
8. 棉花研究所
9. 油料作物研究所
10. 哈尔滨兽医研究所
11. 南京农业机械化研究所

中国农业科学院关于科技创新工程第二批试点研究所科研团队组建的批复

农科院办〔2014〕41号

院属有关单位：

按照我院科技创新工程试点工作的总体部署，将分期分批遴选组织研究所进入试点。在严格的遴选评审工作基础上，经院研究确定第二批试点研究所（附件1）及其科研团队（附件2），现予以批复确认。

各试点研究所要按照各自的试点工作方案全面推进试点工作，加强对科研团队的管理。一是根据创新工程的相关要求，组织、管理好科研团队，按照各科研团队设定的科研创新任务和目标，切实推动科研工作全面开展。二是与科研团队首席专家签订聘用合同，聘期一般为5年；其中，超龄首席专家聘期为3年，聘期内应尽快物色符合条件的人选，以便顺利接替工作。三是第2批试点所实施创新工程的起始时间为2014年1月。

附件：1. 中国农业科学院科技创新工程第二批试点研究所名单

2. 中国农业科学院科技创新工程第二批试点研究所科研团队组建情况表（略）

中国农业科学院

2014年2月27日

附件 1

中国农业科学院科技创新工程 2013 年第二批试点研究所名单

1. 农业环境与可持续发展研究所
2. 饲料研究所
3. 生物技术研究所
4. 农业质量标准与检测技术研究所
5. 茶叶研究所
6. 兰州兽医研究所
7. 兰州畜牧与兽药研究所
8. 上海兽医研究所
9. 特产研究所
10. 环境保护科研监测所
11. 烟草研究所

注：排名不分先后

大力实施科技创新工程
扎实推进现代院所学科建设与全面发展

——农业部副部长、中国农业科学院院长、院学术委员会主任委员李家洋在中国农业科学院七届三次学术委员会会上的讲话

（2013 年 3 月 27 日）

各位委员、同志们：

上午好！今天我们召开中国农业科学院第七届学术委员会第三次会议。记得去年这个时候，我们召开了第二次会议，各位委员会上提出了很多设想和建议。一年来，我们认真工作，有些设想已经取得很好的进展，有些已进入试点。在此，我代表中国农业科学院对各位委员长期以来对中国农业科学院的大力支持表示衷心的感谢，对各位委员的到来表示热烈的欢迎！

今年 1 月 16 日，经过一年多时间筹备的“中国农业科学院科技创新工程”获农业部、财政部批准立项；1 月 21 日，我院举行了科技创新工程启动仪式；昨天，我们又召开了科技创新工程试点工作会议。“科技创新工程”是中国农业科学院立足农业科技发展的战略需求和我院建设发展的实际需要谋划提出的，也是中央财政专项支持的第三个国家级“创新工程”。创新工程的启动实施，实现了农科院人多年的夙愿，已成为我院的重要中心工作。开好头、起好步，是组织实施好科技创新工程的关键；创新机制，提升能力，是组织实施好科技创新工程的核心任务。因此，这次会议主要聚焦创新工程和学科建设，充分借助各位专家委员的智慧，集思广益，帮助中国农业科学院把握农业和农业科技发展形势，明确创新工程的实施思路和措施，扎实推进现代院所学科建设，大力提升科技自主创新能力，全面推动“一流现代院所”建设与发展，为现代农业提供支撑和服务。

下面，我就三个方面谈一些认识与想法，请委员们讨论并提出建议。

一、实施科技创新工程意义重大

当今世界，科技与经济正以前所未有的深度和广度加速融合，创新已成为经济社会发展和人类文明进步的根本动力，成为国际竞争力强弱的决定性因素。长期的实践证

明，科技进步与创新是突破资源环境约束、加快现代农业建设、保障国家粮食安全的决定力量。实施“科技创新工程”，就是要着眼于机制创新，着力于科技创新，全面提升我院自主创新能力和综合发展能力。

（一）创新工程的实施，有利于推动农业科技进步与创新

科技创新工程的主题是科技创新，核心是围绕“服务产业重大科技需求、跃居世界农业科技高端”两大使命，对各学科领域的研究方向进行稳定支持，积极推动相关团队开展科技创新，着力突破我国农业发展的关键制约，使科技真正成为现代农业发展的核心动力，支撑和引领现代农业的发展。实施创新工程，可以切实推动农业科技的进步与创新，快速提升我国农业科技自主创新能力，为确保国家粮食安全和重要农产品有效供给做出积极贡献。

（二）创新工程的实施，有利于推进世界一流农业科研院所建设

科技创新工程实施的重点是机制创新和能力建设，重点围绕我院发展中存在的学科分散重复、领军人才短缺、创新能力不强、管理机制不活等问题，着力增强我院学科建设水平和综合发展能力。通过实施创新工程，在机制创新和能力建设上探索新路，大幅提升创新活力和创新效率，更加凸显中国农业科学院改革排头兵、创新国家队和决策智囊团的地位，推动实现一流现代院所战略目标。

（三）创新工程的实施，有利于示范带动全国农业科技创新工作

根据农业部、财政部的批复意见，我院科技创新工程的主要目的是着力突出机制创新，进一步提高创新活力和创新效率，解决我国现代农业发展重大科技问题。因此，通过实施创新工程，积极探索农业科技创新机制和财政稳定支持模式，以全球视野谋划推动科技开放合作，强力激发农业科研院所的创新活力和动力，可以为全国农业科技创新、科技体制改革等发挥先行先试、引导发展和示范带动的作用。

二、以科技创新工程推动院所学科建设和全面发展

在科技创新工程的筹备过程中，我院分析了当前农业和农业科技发展的基本态势，梳理了今后一段时期学科建设与发展的基本路径，确立了以学科建设为主线、以重大命题为导向、以机制创新为突破口的创新工程实施思路。我认为，在组织实施过程中，需要重点把握以下三点。

（一）强化学科建设的主线牵引

大家知道，学科建设是科研院校等学科建设主体根据社会发展需要和学科发展规律，结合自身实际，采取各种措施和手段促进学科发展和学科水平提高的一种社会实践活动，主要包括确定学科领域及研究方向、开展学科能力建设等内容。在科技创新工程中将学科建设作为工作主线，主要是基于下面三方面思考。

一是现代院所建设的需要。现代院所建设是一项综合、全面的系统工程，涉及科技创新、能力建设、制度建设等诸多任务。如何将这些多、杂、散的建设任务和内容进行有效统筹，形成系统推进的工作局面，是每个科研单位必须解决的问题。通过学科引领，就可以将人才、团队、平台、基地、制度等资源进行系统集成，达到培育学科优势、提升院所发展能力的目的。同时，就学科建设本身而言，我们去年依照“优”“特”“精”的学科建设原则与目标，重新梳理和构建了以“学科集群—学科领域—研究方向”为框架的三级学科体系，布局了八大学科集群、130个左右学科领域和300个左右研究方向。但学科建设不只是一个框架，它不仅包含学科理论、方法和技术创新等核心内容，也包括学科团队、学科平台、学科制度、机制建设以及科技合作与交流等重要内容，需要进一步着力推进。因此，着力推进学科建设，始终贯穿于现代院所建设与发展的全过程，是实现“一流现代院所”战略目标的基础工程。

二是自主创新与科技发展的需要。自主创新是科研院所的中心工作，需要发挥科学家的自主性和创新性，还需要统筹、协调各方面资源。每个研究所都被赋予一定的职能，需要有一个发展定位，科技人员的科研工作尽管领域专业特色显著，也需要统筹于研究所的发展定位和目标方向之下。这就需要有统领各项工作的主“纲”，纲举目张，才能系统、深入推进自主创新与科技发展。这个“纲”，我认为就是“学科”。学科是相对独立的知识体系，科研院所围绕农业生产实际问题，通过学科知识的应用，在基础研究和应用研究领域不断取得突破，在农业理论、方法、技术、产品等方面不断创新，可以不断丰富和发展学科的内涵，推动农业科学和技术的进步。因此，学科建设与科技创新相辅相成，是科学与技术创新的重要推动力。

三是科技创新工程有效实施的需要。中国农业科学院创新工程必须惠及各研究所及各学科团队。近年来，中央财政对科研的投入很大，但就中国农业科学院的情况来看，还缺乏覆盖各个研究所的稳定支持，缺乏对各科研领域的持续支持途径，也缺乏对学科建设、人才引进与培养等的支持渠道，在新型科研机制及人员激励机制的塑造等方面缺乏经费保障。所以，在科技创新工程筹备过程中，我们认真研究了国家科技管理体制和中央财政管理制度，积极与财政部、农业部沟通，设计出以我院“学科集群—学科领域—研究方向”三级学科体系为主线、以持续稳定支持学科团队开展自主创新、通过绩效激励手段促进机制创新的创新工程组织实施模式，得到农业部、财政部的认可和支持。

（二）强化学科建设的能力提升

根据科技创新工程实施方案，我院在今后 13 年的实施期内，将重点围绕院三级学科体系，以学科建设为主线，主要开展科技自主创新、人才团队建设、科研条件建设、国际合作交流等工作，重点提升自主创新能力和综合发展能力。因此，科技创新工程不仅是一项系统工程，也是综合能力提升工程。

为了更好地组织实施好科技创新工程，必须统筹和优化配置学科资源，推动项目、人才、平台、制度等资源向学科集聚，以实现培强优势学科，培优重点学科，培植新兴学科，提高自主创新能力和学科影响力的目标。

为此，要重点做好以下六项工作。

一是建立完善学科建设方案。要围绕国家重大需求和科技发展前沿，立足院所发展基础和战略定位，突出特色和优势，着力优化学科领域布局；以院三级学科体系为依据，以“研究方向”为基本单元，与学科团队融为一体，制定好研究所的学科科研工作方案和学科团队建设方案；以“学科领域”为基本单元，适度进行整合与优化，制定好研究所的学科平台建设方案；在研究所层面，围绕推动学科建设，制定好学科管理与制度建设方案、学科共建工作方案等，最终推动形成完整的院级学科建设方案，以指导今后我院各研究所的学科实质性建设和创新工程组织实施工作。

二是加强学科人才与团队建设。要按照我院八大学科集群的发展框架，以强化优势学科领域和培优重点学科领域为重心，重点打造 300 个左右具有明确稳定的主攻方向、特色鲜明、竞争有力、在国内外具有一定影响和发展潜力的学科团队。同时，优化团队功能与结构，科学配置首席科学家、科研骨干、研究助理等岗位人员，通过“青年英才计划”等人才计划，多层次、多渠道培养、引进和聘用一批高水平领军人才、骨干人才等，同时注意年龄、性别、专业等的合理搭配，改善学科团队的学缘结构，构建结构合理、高效运转、开拓创新的创新团队。

三是强化学科平台和基地建设。要通过新建、提质和升级等方式，突出强化学科平台的系统性、配套性建设。通过资源整合和优化结构，在学科集群层面，瞄准世界科技前沿，设计和打造建设若干能够支撑共性学科领域发展、具有国际影响力的综合性学科平台；通过提质改造和扩充新建，在学科领域层面，建设一批符合学科领域发展特点的专业性学科平台，重点在上、中游为主体的学科领域建设以应用基础研究为主题的重点实验室等平台，在中、下游为主体的学科领域建设推动技术创新和集成熟化的工程技术中心等平台。同时，按照学科建设需求，规划和建设一批具有一定规模、条件基础好的综合性及专业性试验基地、示范基地及产业基地，构建与学科相配套的科技条件支撑体系，以支撑和服务各学科领域及其研究方向的创新工作。

四是积极组织开展科技创新和成果转化。要围绕学科团队未来三年和“十三五”期间的重点研究选题、研究内容和创新目标，通过科技创新工程，强化对学科团队的稳定支持，提升各学科团队的工作基础和自主创新能力；同时，围绕国家及区域发展战略需要，探索大联合、大协作攻关机制，跨研究所、跨学科领域组织凝练一批重大的、管长远的科技命题，拟定创新目标和工作方案，通过科技创新工程，或争取国家科技计划支持等渠道，组织攻克一批长期制约我国农业发展的重大瓶颈问题，创新一批重大关键性技术，加快形成一批支撑和引领现代农业发展的重大科研成果，通过转化应用，发挥成果的社会效益，提升我院的社会影响。

五是积极推动学科共建与科技合作交流。要建立开放办院、办所模式，加强国内外合作与交流，积极推动农业科研院所国际化发展，促进人才、平台、基地、技术、成果等资源共享与学科共建。对具有相对优势的学科，要采取“优势占位战略”，组织带领业内同行联合申报和实施重大项目，突破重大关键技术；对暂时没有优势的传统、特色学科，主要采取“借势发展战略”，主动联合国内外优势单位，积极借助其资源优势，培育学科优势；对新兴学科，主要采取“蓄势培育战略”，积极开展学科资源积累，培养和引进人才，倾斜支持发展，逐步培育和形成较有优势的特色领域和方向。

六是建立完善院所组织管理和学科制度。要着力构建现代农业科研院所制度，重点探索建立以院所长负责制为核心的科学决策机制、以学术委员会为主体的学术咨询评议机制，以及以绩效激励为核心的考核评价机制。同时，要不断创新运行机制，探索建立研究所领导团队的激励制度、创新团队首席科学家的科研治理制度、能上能下和能进能出的选人用人与激励分配制度等，充分发挥和保护科技人员的创造力，营造良好的创新制度环境和氛围。

（三）强化学科建设的评价导向

科技创新工程实施的关键，是要建立一个科学的目标导向机制。我院科技创新工程确立了学科建设的工作主线，学科评价就成为科技创新工程的方向标，也是学科建设与发展的重要推动力。由于目前我院的每个学科领域水平参差不齐，只有通过评价，才能了解和把握学科状态，在学科建设中才能做到心中有数。

当前，我院学科评价的重点应为“学科领域”。要对各学科领域的基本现状、发展态势、学科影响等进行一个系统、全面的定性分析，既要全面把握各学科的发展状态和学科影响力、优势度，又要发现学科的主要问题、差距和原因，提出解决问题的办法，以引导推动学科建设。

学科评价中，要本着“科学、客观、严谨、规范”的原则开展工作，采取“定量评价与定性评价相结合、以定性评价为主”的方式，先期选择部分学科开展试点，总结经验，建立完善学科评价方法，然后主要通过研究所组织自我评价，对各学科领域在国内相同学科领域中的影响作出定性分析和判断。学科评价不是目的，而是一种手段，关键在于“以评促建、以评促改、以评促管、评建结合、重在建设”。

三、充分发挥学术委员会在创新工程实施中的作用

过去的一年，院学术委员会及各位委员积极发挥学术咨询、评议作用，开展了大量卓有成效的工作。一是参与现代农业科研院所发展战略研究，为我院一流院所建设献计献策；二是参与开展学科建设研究与咨询，为院学科体系建设提供智力支持；三是积极参与重大命题和科研选题的凝练，为院科技创新工程和国家科技计划管理等提供了决策参考；四是积极参与成果培育和院奖、省部奖、国家奖的评审咨询等，帮助凝练创新点，提升成果影响；五是积极组织和参与国际性、全国性、专业性学术会议等活动，增进了科技合作与交流，增强了学术影响。在各位委员的努力下，2012 年我院科技各项工作取得了比较显著的成绩，主要是：构建了院三级学科体系，明确了院所建设与发展方向；新增主持项目 1 500余项、合同经费近 15 亿元，科研立项和经费规模再上新台阶；成果培育与引导机制不断创新，取得一批“顶天”学术成果和“立地”实用性成果，国家奖成果数量和等级创造新的纪录，全院以第一单位获得国家奖成果 8 项，其中国家科技进步一等奖 2 项；国家和农业部重点实验室等科技平台全面建设，运行管理能力和共享水平不断提升；院校共建和院企合作不断深化，学科共建与协同创新进一步拓展。通过努力，我院一流现代院所建设迈出坚实的一步。这些成绩的取得，离不开各位委员的大力支持和帮助。在此，我代表院学术委员会向各位委员、特别是院外委员表示衷心的感谢！

2013 年学术委员会的工作，必须紧紧围绕我院科技创新工程的总体部署和安排，继续发挥学术咨询、评议等作用，不断强化现代院所学科建设，大幅提升科技自主创新能力，开创科技创新工程实施工作新局面，为一流现代院所建设和现代农业发展做出积极贡献。我认为，学术委员会要重点做好以下五方面工作。

（一）积极开展科技战略研究，推动凝练形成一批农业重大选题

党的“十八大”明确提出了“四化同步”和“创新驱动”发展战略，新一届政府也已开始全面履职，我们要密切关注和跟进各上级部门的新政策、新要求和新举措，积极开展农业发展态势研究，明确世界和中国农业产业发展环境、科技与政策需求等，在粮食安全生产、畜牧业发展、农业生产条件与环境发展等方面，凝练提出未来 30 ~ 50 年的农业科技发展重大命题，做到未雨绸缪、超前谋划、超前部署。

（二）积极发挥咨询作用，推动建立完善学科建设方案

去年我们构建了院三级学科建设体系，今年将重点推动建立学科建设的具体方案，组织开展学科评价试点工作。要积极开展学科发展态势研究，参与学科咨询与评价，指

导学科科研工作方案、学科团队建设方案和学科平台建设方案等，推动形成与学科体系框架相匹配的学科体系建设方案。学术委员会要组织和参与优势、特色学科发展战略研讨会、专题会议等，推动学科发展。院、所两级学术委员会要充分履行职能，在院所建设与发展、科研选题凝练、学科建设与评价等方面发挥咨询和评议作用。

本次会议上，院科技局给大家提供了三个材料，分别是“学科科研工作方案”“学科平台建设方案”和“学科评价方案”，提请各位委员评议，请大家提出建设性意见和建议。

（三）积极发挥评议作用，推动产出重大农业科技成果

要建立完善成果推荐机制，在重大成果培育和国家奖等奖励成果申报中发挥积极作用，重点围绕重大成果的创新点凝练、申报材料审核把关、答辩评审咨询等，参与成果鉴定和成果评价，提升成果的创新性、影响面。同时，发挥专家评议作用，积极参与院奖、省部级奖和国家奖成果的咨询、评审等工作。今天下午，院里还要组织开展2013年度院科技成果奖的评审工作，具体评审说明，一会儿学术委员会秘书长、科技局局长王小虎同志还要专门详细说明，请各位委员本着公平、公正、负责的精神参加评审。

（四）组织开展学术交流，推动科技合作与学科共建

要发挥委员来自国内各单位的优势，面向经济主战场，面向粮食主产区，推动我院与其他院校等建立大联合、大协作、全国“一盘棋”的科技创新机制，积极推动联合、共建与共享。要积极利用学会、协会等平台，组织召开国际性、全国性以及区域性、专业性学术会议等学术活动，共商农业科技发展大事，促进学术交流。

（五）加强学风建设，推动建立规范的科研活动制度

各位委员都是农业科技界的知名专家，无论是学术还是学风等方面，都是科技界的楷模。要发挥带头示范作用，在学术道德、学风建设等方面率先垂范，指导和帮助我院农业科技人员自觉维护学术道德，严格学术规范，对一些倾向性问题、苗头性问题，提出监管意见，努力营造良好的学术氛围。近年来，中央、各级政府、组织以及社会各界对国家粮食安全、农产品质量安全、资源环境与生态安全、转基因生物安全、公共卫生安全等十分关注，一些不怀好意的组织或个人千方百计、甚至花大钱私自找到我们的科研人员，请求帮助提供相关测试数据、研究报告等，有的夸大炒作，有的歪曲事实，误导公众，想借机给我们党和政府制造难题，部分科研人员因缺乏政治敏感性和社会责任感而被他们所利用。因此，我们必须对研究所及科学家在横向合作研究、公众传媒、资质授权机构相关工作等方面，进一步加强规范管理，决不允许科研人员私自承担相关组

织和个人的委托研究，保证各项科研工作都在研究所的监管下有序健康进行。院、所学术委员会要在制度建设、规范管理中发挥积极作用。

各位委员、同志们，今年是党的“十八大”精神贯彻落实之年，也是“一流现代院所”建设推进之年，更是我院“科技创新工程”启动实施之年。我们要紧紧围绕农业部党组“两个千方百计、两个努力确保、两个持续提高”的目标要求，以高度的责任感、使命感和求真务实的作风，把科技创新工程组织好、实施好，扎实推进学科建设，全面提升自主创新能力和综合发展实力，为现代农业发展和一流院所建设做出新的贡献。

谢谢大家！

三、科技兴农

中国农业科学院2013年科技兴农工作总结

2013年，在农业部的直接领导下，中国农业科学院以“建设国际一流科研院所”和“顶天立地”为发展目标，充分发挥人才、科技、成果等优势，积极组织全院科技力量开展科技兴农工作，不断强化支撑和服务“三农”能力，组织开展了粮食增产综合技术模式研究，不断强化与地方政府的合作，积极开展以提高基层农业生产技术水平为目标的科技服务活动，不断加大援疆援藏和科技扶贫力度，取得了良好的成效。通过开展一系列活动，推广了一批作物和畜禽新品种以及配套实用技术，建立和完善了一批科技示范基地，为构建良种良法配套、农艺农机结合、节本增效兼顾、增产减损并举、生产生态协调发展的农业生产技术体系，保障国家粮食安全，促进农民增收农业增效提供了强有力的科技支撑。

2013年，全院共组织科技下乡6.68万人·天，组织举办技术培训咨询和现场展示观摩会等活动3 702次，培训基层技术人员和农民125万人次，发放技术资料540万份，推广新品种190个、新产品93个、新技术228项，推广总面积5.28亿亩，推广畜禽1.8亿头（羽）。

一、组织开展了粮食增产综合技术模式研究，为保障国家粮食安全提供科技支撑

为了落实余欣荣副部长2012年11月26日在粮食增产模式重点科技攻关部署会上的讲话精神，提高科学技术对粮食安全的支撑能力，根据我国粮食生产的区域布局和特点，结合我院的实际情况，我院启动实施了玉米、水稻、小麦、大豆、油菜等5种作物优质高产综合技术集成与高效生产模式研究计划。全院共有12个研究所参加，参加人员350人；院外协作单位有210个，人员1 400人。

研究以促进粮食增产增收为重点，以“增产增效并重、良种良法配套、农机农艺结合、生产生态协调”为基本要求，以提高科技对农业生产综合支撑能力为目标，根据当前我国农业生产组织化、规模化、机械化和信息化发展的新特点和新变化，以及不同区域农业生产特点和发展技术需求，结合我院科技成果产出和转化工作的实际情况，充分利用我院研发的科技成果，集成单项成果和技术，开展综合生产技术模式研究。通过科技大攻关大协作，构建一系列成熟配套的支撑现代农业发展的综合技术生产模式，为粮食稳定增产提供技术保障。

（一）开展了玉米综合技术集成与高效生产模式研究

分别在黄淮海、西北、东北、西南玉米产区的 16 个县市开展了“中单 909”和“中单 808”的综合生产技术研究，包括免耕深松及水肥一体化、密植化控抗倒防衰、机械精播与籽粒收获等技术的集成与示范。在东北 8 个县市开展了雨养区和灌溉区春玉米高产高效技术集成与示范；在黄淮海夏玉米区 8 个县市开展了夏玉米高产高效技术集成与示范；在山东省、安徽省建立了“中单 909”千亩连片示范区，集中开展了直播晚收丰产高效综合技术、均衡增产增收技术、垄台种植防灾稳产技术的熟化与集成研究；在西北地区集中开展了“中单 909”旱地种植水分高效利用技术集成与示范、以机械收粒为核心的全程机械化技术集成与示范等研究；在西南地区开展了盆地复合种植技术集成、坡地抗逆丰产技术集成等研究。在山东省德州市，将优良品种“中单 909”、化控增密、抢时贴茬精播、全元素三位配方施肥、病虫草害统防统治、全程机械化 6 项技术集成在 1 000亩示范片，进行综合配套应用，增产增效显著。在今年雨水过于集中，出现涝害的情况下，亩产仍达到了 869. 9 千克，增产 200 多千克，其中的 10 亩示范点亩产超过了 900 千克。

（二）开展了水稻综合技术集成与高效生产模式研究

在湖南省桃源县、汉寿安排“中嘉早 17”万亩区、千亩片各 1 个，开展了“集中育秧 + 机械化”技术集成研究；在黑龙江农垦建三江管理局开展了水稻钵形毯状育秧与机插技术推广工作，促进农机农艺融合，推广 2 000万亩；在湖南省益阳市、江西省上高县安排“双季稻机插技术示范片各 1 个；在浙江省、湖南省、江西省、湖北省、安徽省布置超级稻千亩片 10 个，百亩片 32 个，还分别在江西省、湖南省、黑龙江省、广西壮族自治区举办了相关技术现场观摩会。初步研究即在关键技术上取得了重要进展，遴选了一批适合机械化生产的品种，创新了工厂化立体育秧生产模式，研发了田间精量播种等一批机械装备，示范区亩均增产超过 100 千克。

（三）开展了小麦综合技术集成与高效生产模式研究

在河南省舞阳和唐河示范县以及河北省、山东省、安徽省、江苏省有关地区部署了试验示范点，集成了秸秆还田深耕、耕作全程机械化、种子包衣、病虫害综合防控、新型肥料与施肥、麦田墒情自动监测等技术。建立示范基地 12 个，面积 20 000多亩，并在河北省保定市、山东省德州市举办了现场展示会。

（四）开展了大豆综合技术集成与高效生产模式研究

在黄淮海地区，重点集成示范“中黄13”等高产、优质大豆新品种及麦茬机械化免耕播种等配套栽培技术，集成地下病虫害防治、除草剂安全施用、测土配方施肥、根瘤菌施用、高效低损失机械收获等技术，初步建立了综合配套生产技术模式。在北京市顺义区、河南省新乡市、甘肃省凉州区等示范片亩产250千克以上。在安徽省濉溪县举办了现场观摩会，取得了良好的效果。

（五）开展了油菜综合技术集成与高效生产模式研究

在江西省宜春市和湖南省郴州市各建立了500亩示范基地，其中，核心示范区各150亩；在湖北省天门市建立了1 000亩示范基地，其中，核心示范区面积300亩，示范了高产新品种“阳光2009”和相关生产技术，还分别在湖北省武穴市和云梦县举办了现场观摩及技术交流会，将品种、机械精量耕播技术和机械分段收获等技术融合，示范面积1 300多亩。

二、积极开展科技兴农活动，促进了现代农业技术的发展

按照农业部的统一部署，组织全院的科技力量开展了粮棉油高产创建、园艺作物标准园创建、水稻“双增一百”和玉米“双增二百”、测土配方施肥技术推广、农业科技信息进农家等形式多样的科技兴农活动，取得了良好成效，有力地促进了现代农业技术的发展。

（一）继续推进粮棉油高产创建活动

继续推进水稻、玉米、大豆、棉花、油料等作物的高产创建工作。试验示范结果表明，超级早稻“中嘉早17”区域试验和生产试验稳定增产10%左右，已连续3年列为全国主导品种。“中早39”在浙江诸暨高产攻关田亩产达到705.33千克，创6年来浙江省早稻单产新高；玉米在新疆兵团奇台总场亩产突破“吨半”，达到1 511.74千克。玉米“一增二改三防”的耕作栽培模式，在东北产区取得了单产平均递增18.6%、水热增效18.6%、氮肥增效36.6%的显著效果；大豆新品种“中黄35”在新疆塔城地区创亩产417.89千克的全国纪录，成为连续4年亩产超400千克的高产典型；棉花在湖南、湖北、安徽、江苏、山东等省建立了“中棉所”系列新品种高产展示田，在2013年长江流域几十年罕见大旱情况下，亩产籽棉仍超过400千克，“中棉所63”“中棉所66”“中棉所71”等转基因棉花新品种和配套栽培技术，取得了良好的示范推广和辐

射带动效果；结合油菜产业技术体系的实施，30 万亩高产示范区平均单产 204.2 千克，增产 15%，每亩增加纯收入 70 元以上。

（二）园艺作物标准园创建工作取得新成效

在辽宁省、河南省等地新建各类果树示范园 13 个，推广了高光效整形修剪、提质增效花果管理、生草覆盖、节水灌溉、肥水耦合等栽培新技术。在北京市大兴区新建 200 亩标准示范园，推广早结果栽培技术；制定了河南省葡萄标准果园建设要求和技术规程，通过引进设施栽培系统、小棚架改 V 形架、新型果袋使用等技术，对 1 000余亩老旧栽培模式进行了改造升级。

（三）开展了水稻“双增一百”和玉米“双增二百”活动

配合水稻科技“百名专家联百县”活动，开展了新品种新技术展示与示范活动。在黑龙江、湖南等省推广新品种 28 个，新技术 15 项；在湖南、浙江等省推广早稻新品种近 600 万亩；在安徽、江西、浙江等省推广“国稻”系列品种 280 万亩。在浙江省开化县“内 5 优 8015”108 亩示范方平均亩产 789.6 千克，显示了极强的高产潜力。南方低产水稻土地改良技术研究与示范项目建立示范基地 20 个，面积 25 万亩，增产 2 900万千克。

组织专家为“玉米双增二百”活动编写的《北方春玉米田间种植手册》，累计发行 48 万本，技术挂图 109 万张，成为玉米产区重要技术指导和培训教材。在玉米生长关键时期多次组织专家到产区考察，提出生产技术建议，为玉米增产提供技术服务。

（四）开展了测土配方施肥技术推广活动

继续组织专家在吉林、辽宁、河南等省开展测土配方施肥技术培训与指导。在河南省商丘市、河北省威县、山东省菏泽市等地，结合承担的有关科技项目，开展了棉田测土配方施肥技术推广，举行棉田土壤分级标准技术现场会 4 次、培训班和讲座 2 次、咨询 10 次，推广棉田测土配方施肥技术 40 万亩，平均增产 9%，每亩节省肥料投入 41 元，合计节本增效 8 840万元。指导海拉尔农垦局建立了基于地理信息系统的测土配方施肥技术系统，推广 300 万亩，增产粮食 7.5 万吨，节约化肥 9 000吨；指导中化等大型肥料生产企业建立测土配方施肥实验室 8 个，示范面积 5 000万亩，节约肥料 100 万吨。

（五）开展了农业科技信息进农家活动

就 2013 年 1 代、2 代、3 代黏虫的发生特点及规律，先后有 3 位植保专家在中央人民广播电台《农博士在线》栏目做了4期技术咨询讲座，为有效控制黏虫的危害发挥了重要作用。在河北省怀来县200多个村安装广播节点7 000多个，实现100%乡镇覆盖，75%村级覆盖，覆盖农民25万以上。在河北、天津等6省市示范应用“农信采”，收集处理粮食、蔬菜、畜禽等11大类农产品的60多个品种市场信息，指导生产和经营决策，提高了生产经营效益。在东北平原、黄淮海平原和长江中下游的33个农业部农情信息基点县应用“农情1号”，及时准确监测农情信息，为高产创建保驾护航。继续开展中国棉花长势监测预警技术应用，发布《中国棉花生产景气报告》33期，监测全国棉花种植动态、面积、长势和产量、品质，收购价格和市场运行情况，指导棉农生产。

三、加强实用技术示范推广，促进科技成果的转化

配合科技兴农工作的开展，我院组织各专业研究所积极示范推广自主培育的新品种，自主研发的新技术、新产品等科技成果。2013年，我院有31个新品种被选定为全国农业主导品种，占全国总数的20%；有35项新技术被选定为主推技术，占全国总数的35%。新成果的推广应用，有力地促进了我院科技成果的转化。

（一）推广应用了一大批农作物新品种

粮食作物：推广“中浙优1号”等水稻新品种28个，面积超过1亿亩，其中“天优华占”等5个品种入选农业部水稻主导品种，“中早39”“天优华占”“中9优8012”3个品种被农业部认定为超级稻品种；继续在全国推广矮败小麦新品种44个，累计1.98亿亩；推广玉米新品种“中单808”150多万亩、“中单909”200万亩；推广大豆“中黄13”“中黄35”等新品种1 500多万亩，“中黄13”是迄今为止适应种植范围最广的大豆品种，连续6年位居全国种植面积之首。

蔬菜：示范推广蔬菜新品种25个，面积22万余亩，新增社会经济效益5 300余万元。其中推广黄瓜新品种“中农18”“中农31”6万亩，推广“IVF3155”“IVF6172”等加工番茄品种11万亩，推广马铃薯“中薯5”等系列品种150万亩，推广甘蓝“中甘23”“中甘101”等1万多亩，推广“蔬菠1号”等菠菜5 000亩。

棉花：在黄河流域、长江流域和西北内陆三大棉区，示范推广“中植棉”及“中棉所”系列棉花新品种30多个，1 100多万亩，覆盖十二省（市、自治区），新增社会经济效益16.5亿元。其中，“中棉所49”在新疆种植面积约占新疆棉花总面积的30%，已连续8年被农业部推介为我国西北地区主导品种，“中棉所63”连续4年被农业部推介为长江流域主导品种。

油料：示范推广双低油菜“中油杂”系列、“中双11号”“阳光2009”等新品种900万亩，创造经济社会效益20.5亿元；示范推广花生“中花6号”等系列品种300

万亩，创造经济社会效益6 亿元；示范推广“中芝”系列芝麻品种以及大豆“中豆33”“天隆一号”等200 万亩，创造经济社会效益达4 亿余元。

瓜果：示范推广“华红”等苹果新品种、“早金香”等梨新品种、“春蜜”等桃新品种、“华葡1 号”等葡萄新品种20 个，15 万亩；示范推广“郑抗863”等西瓜新品种6 万余亩，新增社会经济效益3 000万元；示范推广“朝霞”“众天5318”等甜瓜新品种9 千亩，新增效益600 万元。

其他：示范推广“中烟103”“中烟203”“中烟204”等烟草新品种20 多万亩，新增效益2 000多万元；在湖北省、四川省推广茶叶良种“中茶108”“中茶302”17 700亩；示范推广“福星1 号”“福星2 号”等人参新品种100 亩，直接经济效益350 万元；推广“中苜1 号”“中苜2 号”等牧草新品种20 个，新增经济效益5 000万元；在云南省、湖南省等地示范推广“中亚麻1 号”“中亚麻2 号”“中亚麻3 号”等亚麻品种10 000多亩，经济效益200 多万元；推广蜂种5 个，增收270 万元。

（二）集成转化了一批新技术

粮油方面：推广水稻、小麦、玉米等粮食生产新技术30 多项，其中，水稻机械化育插秧、钵苗机插等5 项技术被列入农业部主推技术。在安徽、广东等省推广超级稻配套栽培技术超过1.6 亿亩；推广“应用低产稻田水稻产量提升综合栽培技术”超过10 万亩，推广“粒粒饱水稻增产技术”200 多万亩；在江苏、安徽等省示范推广油菜机械化收获技术1 万亩，在江苏、河南等省示范推广花生收获机械化技术1.1 万亩，在江西、湖南等10 余个省示范推广油料脱壳冷炸制取优质食用油和饼粕新型工艺、油脂高效提质清洁精炼工艺、重组新型营养油工艺、双低油菜芥酸和硫甙速测、黄曲霉毒素速测等新技术，创造社会经济效益10 亿元以上。

果蔬方面：在山东、河北等省推广设施蔬菜有机土栽培、菌根苗培育等新技术14 项，示范面积30 万亩，新增经济社会效益10 亿元以上。在辽宁、河南等省推广瓜果类新技术30 项，面积达40 万亩，新增经济效益5 亿元。其中，葡萄花果管理技术1 万亩，新增经济效益1 000万元以上；哈密瓜栽培与病虫害防控技术300 亩，增收200 万元，葡萄简约化栽培及病虫害综合防控技术2 000余亩，增收40 万元。

畜牧方面：推广草原绿色控害技术、干旱区紫花苜蓿高产栽培技术、牧草低损收获加工技术、退化草地快速恢复等新技术52 项，示范推广面积23.7 万亩，新增经济效益4 700多万元；在甘肃、青海等省推广应用双羔免疫轻简化技术2.5 万只；推广应用口蹄疫系列诊断试剂盒，检测样品近1 000万头份；签订猪传染性胃肠炎、猪流行性腹泻、猪轮状病毒（G5 型）三联活疫苗等技术转让协议21 份，转让金额4 000万元；在内蒙古示范生态草业技术2 500亩，植被盖度提高30% 以上，单位面积牧草产量增加20% ~40% 。

环保方面：在北京、山西、宁夏、内蒙古等省（市、区）示范推广日光温室主动蓄放热技术，示范 3 万多平方米，获直接经济效益 280 万元；在天津市推广黄顶菊防控技术 2 000亩，有效控制了黄顶菊蔓延和危害，减少农药使用量 50%；在四川、湖南等省的 50 多家企业示范应用高氮高浓度有机废水处理工艺、基于浓稀分流的养殖场粪便污水处理方法、生物砂滤池工艺等新技术，效果良好；在甘肃省示范了大棚温室水肥一体化灌溉技术，有效提高了作物产量及品质。

其他方面：在海南、湖北等省应用无人驾驶自动导航低空施药技术 10 000多亩，新增经济效益 130 万元；在新疆示范推广新型棉花化学调控技术 1.2 万亩，增产 13% ~ 20%；在湖南、云南等 11 个省市示范烟草病虫害预测预报及综合防治技术、密集烘烤烟叶烤香技术及精准烘烤工艺等，累计新增产值 8.3 亿元。

（三）推广应用了一批新产品

在山东、河南等省示范推广新农药 46 个、新肥料 7 个，面积 1.1 亿亩，其中生物有机肥产品 1 万余吨，“中烟”专用有机肥 1 万余吨，增收 200 多万元；推广茶毛虫病毒杀虫剂和茶尺蠖病毒杀虫剂 8 万多亩，防治效果在 85% 以上；在内蒙古示范推广免耕播种机等 6 套相关机械设备，示范面积 4 000亩；生产的新兽药“菌毒清”应用于牛 20 万头，鸡、鸭 1 200万羽；示范推广仔猪代乳品和益生菌制剂 50 000头，经济效益约 150 万元；在北京市 6 个奶牛场试验示范国内外首创的硫酸头孢喹肟乳房注入剂新药，奶牛乳房炎治愈率 80% 以上，填补了国内空白，申报了国家发明专利。

（四）积极推介宣传我院的科技成果

2013 年，我院及各研究所主办和参加的各类科技博览会、洽谈会和咨询会 260 多场次。在院网开辟专栏，宣传我院遴选出的 206 项重点推广科技成果，共报导我院自主研发的重点推广新成果 63 项，被光明日报、农民日报、科技日报、经济日报等各大媒体刊用和转载的有 27 篇；在“第十一届中国国际农产品交易会”上，展出新技术、新产品 500 余项，其中杂交水稻品种“天优华占”、口蹄疫检测系列试剂盒等 12 项成果获得大会金奖；在第 15 届深圳高交会上，展出 40 项拥有自主知识产权的高新技术成果，接待观众上万人次，大中型种子加工成套技术装备、华兴牌蜂胶软胶囊等 5 项成果获得大会优秀产品奖；和辽宁省人民政府共同举办了第十七届中国北方农业科技博览会，展示了矮败小麦、抗虫棉等重大获奖成果 20 余项。通过积极的展示与宣传，有效地提高了我院科技成果的知名度和社会影响力，为进一步的转化应用创造了条件。

四、开展了形式多样的科技服务活动，有效提高了基层农业生产的科技水平

积极组织落实农业部“为农民办实事”的工作部署。结合我院新成果的示范推广，组织科技人员深入生产一线，通过组织举办现场观摩会、技术培训咨询等多种形式，培训基层农技人员和生产大户、新型农业经营主体等，推广先进实用技术，依靠科技促进农业产业结构调整，为农业增收增效提供保障。

组织专家开展了粮食作物、蔬菜、茶叶、烟草、植保、畜牧等方面的技术培训和服务活动，累计培训基层技术人员和农民 125 万人次，发放各类技术资料 540 万份。依托水稻、小麦、玉米、大豆等作物产业技术体系，在各主产区培训县级技术骨干和各类农技人员 6.5 万人次，现场指导种田大户、农民 53 万余人次；举办旱情、春季苗情、技术需求咨询 27 场，覆盖人群 8 000人次，发放技术材料 275 万余份；举办作物重要病虫害防治技术讲座 600 多次。在北京、山东等 10 余个省市，组织各种形式的蔬菜简易生产技术培训 32 次，培训农民和技术人员 1 万多人次，发放图书资料近 2 万余份；在湖南、湖北、安徽、江西、江苏、河南、山东和河北等省培训棉花病虫害防控及轻简育苗技术 50 场次，培训农技人员 2 000多人次，向棉农赠送技术资料 2 万多份；依托国家苹果、梨产业体系以及农业科技成果转化资金项目的实施，在北京、辽宁、河北、山东、山西、陕西、河南、新疆、黑龙江、吉林等省（区、市）共组织举办各种形式的果树技术培训活动 260 次，开展科技下乡 1 021人次，直接培训基层技术人员与果农 1.5 万人次，发放技术资料 2.6 万份，推广新品种、新技术 16 万亩；在北京、河北、上海、海南、安徽、山西、黑龙江等省市先后举办 35 次肉鸡、水禽、肉牛、奶牛、牧草等产业生产技术培训班，实地指导 18 次，累计培训技术人员 7 600人次；在浙江、陕西等省举办茶树病虫害知识和茶园栽培管理等培训班 60 期，培训人数 10 000多人次，发放科技图书、资料等 3 万多份，还派出科技人员 3 500人次深入全国茶区，帮助企业和茶农解决生产中的难点、热点问题；在云南、贵州等省举办烟草培训班 656 次，直接培训烟农、技术员 45 万人次，发放技术资料和宣传材料等 2.5 万份，技术服务覆盖面占全国烟草种植面积的 2/3；组织有关专家为地方政府、企业、农业专业合作组织等编制农业发展规划、起草项目可行性研究报告等重要决策咨询报告 30 多项。

通过开展一系列技术培训活动，为有关地区培养了一大批农业生产技术骨干，将先进的科技成果送到了农民手中，有效提高了基层农业生产的技术水平。

五、积极推进与地方政府的务实合作，为科技成果转化搭建平台

不断加强与地方政府的实质性的合作。先后与大连市、成都市、株洲市、河北阜平县、黑龙江省农科院建立了战略合作关系，重点加强了落实与有关地区签署的合作协

议，帮助地方政府制定发展规划，合作实施科技项目，共建科技平台，联合培养人才。通过不断增强实质性合作，促进了科技成果的转化，带动了农业增效和农民增收。

（一）进一步加强与地方政府的实质性合作

水稻研究所承担浙江省“提高水稻机插秧秧苗素质配套技术研究与应用”项目，研发了适合不同稻区、季节的水稻机插育秧基质，实现了产业化生产，并开发机插育秧的配套管理技术，推广应用30万亩，在诸暨市、新昌县、义乌市等地建立育秧中心，开展集中育秧和供秧，建立百亩示范方10余个；棉花研究所联合内蒙古阿拉善盟等12家单位，共同申请了国家科技支撑计划项目“内蒙古旱区棉花新品种选育及配套技术研究与示范”；蔬菜花卉研究所与山东省聊城市联合申请了山东省成果转化资金项目“设施蔬菜高效栽培技术示范推广”，并开展了设施有机土大葱、大蒜栽培技术研究，显著提高了产量和质量；烟草研究所在有关示范区建立科技示范基地13个，开展了深化土壤改良、机械化作业、病虫害流行调查及其防治、密集化烘烤等技术示范；南京农业机械化研究所与星光农机股份有限公司合作实施“油菜分段收获技术与装备中试及产业化”项目，研发的油菜割晒机、捡拾脱粒机，具有收获损失率低，适收期长，对油菜品种、种植方式、成熟度不一致等适应性强等特点，对于我国南方冬油菜区的油菜植株高大、分支交叉多有很好的收获效果。

（二）支持国家现代农业示范区建设

与成都、广安、辽中等国家现代农业示范区签订了合作协议。组织专家考察庐江示范区，与安徽省农科院达成共建示范基地意向；资源环境发展研究所与山东东营示范区共建“黄河三角洲农业环境科学观测试验站”，为示范区编制了示范区规划报告；蔬菜花卉研究所与青海大通、宁夏贺兰、山东寿光示范区在蔬菜菌根苗、有机土栽培、集约化育苗等技术方面开展合作，效果良好；北京畜牧兽医研究所与西藏曲水示范区联合申报了西藏奶业健康发展关键技术研究与集成示范项目；兰州畜牧兽药研究所与甘肃甘州示范区共同开展了健康养殖研究与实验示范工作；植保研究所与攀枝花示范区在肥料生产、紫茎泽兰收购等方面开展了务实的合作；茶叶研究所与湖北省夷陵示范区合作建立了院士工作站；农业信息研究所在河北玉田示范区分别布设作物生境监测点和作物长势监测点各2个，实时监测作物长势情况，对作物生产进行有效评估。

（三）推进我院现代农业综合示范区发展

继续推进我院与北京市大兴区第四期科技合作项目，取得了重要进展，院地合作“大兴模式”成效进一步显现。在大兴区建立“早金香”“香红蜜”等梨新品种试验示范基地 5 个；低碳养殖项目开展了仔猪代乳品和益生菌技术应用，示范生猪 50 000头，产生经济效益 150 万元；高效奶业技术项目推广应用奶牛性别控制精液 1 000支，产母犊率 90% 以上，提高了牛奶产量，获得了 2013 年度北京市农业技术推广二等奖。

依托廊坊产业园，继续组织专家对广阳区的蔬菜、果树、奶牛等产业提供技术服务。在成果转化项目的支持下，举办了蔬菜、奶牛培训班及技术观摩会，示范推广绿龙苦瓜、翠豇、莴苣、番茄等蔬菜新品种 20 多个和生猪生态养殖等新技术，实现科技创新、成果转化、科技服务的同步发展。

六、援疆援藏和定点扶贫工作取得新进展，为边疆和贫困地区经济发展做出了新贡献

按照中共中央、国务院、农业部关于援疆、援藏以及定点扶贫工作部署，我院充分利用人才、技术、成果、项目等方面的优势，不断加强科技资源、科技成果在新疆、西藏和相关贫困地区聚集，进一步加大科技扶持力度，为边疆和贫困地区现代农业发展做出了新贡献。

（一）援疆援藏工作取得新进展

2013 年，与新疆、西藏等有关研究机构联合承担实施科技项目 36 个，经费 4 013 万元；共建和完善试验示范基地 31 个，组织科技下乡 1 583人次，为新疆和西藏培养培训基层技术人员和农牧民 1. 8 万人次，研究生 30 人，“西部之光”访问学者等高级研究和管理人员 212 人；推广新品种 33 个，面积 725 万亩；推广新技术 19 项，面积 24 万亩；创造社会经济效益约 13 亿元。

1. 加强调查研究，为边疆地区发展建言献策

2013 年，我院先后有 4 名院领导赴新疆、西藏等地调研指导工作。在乌鲁木齐市召开了援疆工作座谈会，有 15 个研究所与新疆农科院有关所就项目合作、人才培养、成果转化等签署了合作协议。棉花所、加工所等对新疆棉花产业和产品加工业的发展开展了专题调研，喻树迅院士作了“我国棉花产业发展形势”报告，受到广泛重视；信息所在西藏举办了科技援藏工作座谈会，确定在科技文献、科学数据资源以及开发西藏特色信息资源等 3 个领域开展对口支持。

2. 共同实施科技项目，提升边疆科技创新能力

通过共同承担国家和地方各类科技项目，与新疆、西藏有关科研单位联合开展了小麦、玉米、棉花、蔬菜等作物种质资源收集、新品种引进与示范、育种、栽培、农产品加工等方面的合作研究，取得了明显的成效，带动了当地农业科技创新能力的提升。作物科学所与新疆有关单位联合开展了大豆新品种培育与扩繁研究，并在新疆石河子市地区示范了培育的新品种；蔬菜花卉研究所在新疆开展“和田市设施栽培优良品种的筛选试验研

究”，筛选出辣椒、番茄、黄瓜、茄子等适宜栽培的品种10余个；植保研究所与新疆农科院共同承担的支疆项目“新疆小麦锈病和白粉病监测及可持续防控技术开发与应用”，明确了小麦白粉病和条锈病在新疆不同地区的发生及流行规律；农产品加工研究所继续推进“新疆薯类与甜菜加工副产物高值化利用关键技术开发”研究，完成了加工废渣果胶、膳食纤维提取工艺等任务；畜牧兽医研究所与新疆畜牧科学院合作，开展了“新疆褐牛冷鲜肉与新疆传统牛肉制品改进技术研究”，形成了原料选择、快速腌制、嫩化等规范化、标准化加工技术与产品标准；哈尔滨兽医研究所与新疆农业大学继续开展马匹疫病诊断及综合防控技术研究与示范，完成了样品采集分析，并资助新疆畜牧科学院和新疆兵团20万元，用于开展牛结核和绵羊慢病毒病的研究；环境资源发展研究所在新疆开展了新型生物降解地膜的应用评价研究，建立了示范基地，与西藏有关单位继续开展“青藏高原高寒草地生态系统及其服务价值对区域气候变化的响应”等项目研究工作，获得大量的观测数据。继续参与那曲地区高寒草原生态园区建设，共建“农业部西藏那曲农业环境科学观测实验站”，获得农业部415万元资助；兰州畜牧兽药研究所继续在青海省、甘南地区开展牦牛核心群选育技术研究，开展了牦牛MSTN基因克隆技术和欧拉羊生化遗传检测基因标记技术研究，出版著作2部，申报发明专利2项。

3. 加强技术服务，提升农牧民的科技素质

针对新疆、西藏农牧业发展的实际需求，积极组织做好科技服务工作，在关键季节选派专家到有关地区举办技术培训，现场指导农牧业生产。玉米专家与新疆兵团组建了玉米高产研究协作网络，举办技术培训4次，培训800人次；蔬菜专家先后在吐鲁番市、克孜勒苏柯尔克孜自治州（以下简称克州，全书同）、塔城等地举办了番茄、茄子、西葫芦、辣椒、黄瓜等蔬菜11个优良品种及其配套生产技术展示，举办培训班5次，培训农民技术员和示范户665人；棉花专家在喀什、阿克苏等棉区组织新品种现场观摩与技术培训会，培训基层技术人员和棉农20 000多人次；果树专家在新疆开展了香梨萼端病害发生情况实地调查，探明了病因，提出针对性防治措施，并开展了葡萄生产和果园机械化等方面的技术培训，培训人员2 000人次以上；沼气专家帮助新疆宏宇公司编写沼气工程可研报告和初步设计10余份，帮助瑞塔畜牧开发有限公司设计了沼气工程项目并协助组织施工，在喀什地区给150农户免费赠送了新型沼气灯；信息专家对西藏有关科研人员进行了平台管理维护及应用现场培训，修改完善了“西藏智能检索及信息共享平台”，并对西藏农牧科学院网络中心相关工作人员进行了系统培训；畜牧专家在西藏那曲县、日喀则市地区开展牦牛品种选育技术指导，编写了《牦牛高效育肥技术集成示范实施方案》《西藏牦牛高效育肥技术规范》等。

4. 开展技术示范应用，加快成果转化步伐

为了加快科技成果在新疆、西藏的转化应用，我院在有关地区建立示范基地并开展新成果示范与推广工作。在吉木乃县建立“中薯3号”原原种生产基地1 500亩，为新疆泽普、昭苏等县提供“中薯”系列品种8个，筛选、示范、推广IVF3155、IVF6172等加工番茄品种11万亩，新增社会经济效益110万元；在和田地区建立30亩蔬菜科技

示范基地，开展了新品种示范，效果良好；在塔城市窝依加依劳牧场新建日光温室 10 座，面积 25 亩；在阿克陶县新建温室 7 座；在阿克苏温宿县设立水稻新技术试验站，辐射带动效果显著，提高了农民的收入；在西藏、青海省累计示范“藏青 320”“藏青 311”等青稞品种及粮草双高增产技术 8 000多亩，平均每亩增产 25 千克，同时继续与西藏春光食品有限公司等企业开展了绿色青稞生产技术示范，增产 13%，显著提高了农牧民收入和企业效益。

5. 开展干部交流培养，加大人才援疆援藏力度

我院高度重视与新疆西藏干部交流工作，第七批援疆的 5 名干部继续在新疆农科院等有关部门挂职，今年又选派了 3 位同志作为中组部第七批援藏干部进藏工作，进一步加大了人才援助工作力度。第六批援藏干部张燕卿同志在西藏农牧科学院挂职期间，严于律己，勤奋工作，得到当地干部职工的高度评价和广泛认可，被西藏自治区党委和政府评为优秀援藏干部。我院还为新疆、西藏培养“西部之光”访问学者等高级研究和管理人员 212 人。质量标准研究所对新疆饲料兽药监察所 7 名科研人员进行了 2 周的培训，掌握了基本专业技能。

（二）科技扶贫工作力度不断加大

2013 年，我院在太行山区的阜平县，武陵山区的湘西、恩施土家族苗族自治州（以下简称恩施州，全书同），秦巴山区的安康，大兴安岭南麓片区的通榆等贫困地区开展科技服务 55 次，举办培训班 88 期，培训技术人员和农民 7 000多人次，赴定点扶贫县考察 349 人次，派出 8 名干部在贫困地区挂职，直接投入项目资金 152 万元，帮助引进项目 13 个、技术 13 项、人才 9 人。

为了帮助国家级贫困县河北省阜平县脱贫致富，我院与阜平县政府签署了合作协议，并组织畜禽专家对阜平相关技术人员、养殖大户共 500 多人进行了为期 2 天的技术培训，专家分别就规模养殖场设施及标准、蛋鸡养殖关键技术、肉牛繁育与育肥技术、肉羊高效养殖技术等内容进行了培训授课，并开展了现场咨询，取得了良好效果；组织专家多次考察湘西特色农业产业，启动了“龙山百合脱毒种球快速繁育体系的建立”和“永顺莓茶有效成分分离提纯技术”两个合作项目。组织茶叶专家参加科技部组织的“科技列车湘西行”活动，现场接受技术咨询 100 多人次，受到科技部的表扬，还帮助鹤峰县建成年产 300 吨速溶茶生产线和年产 1 500吨茶渣发酵有机肥生产线，对当地茶叶资源的综合利用起到了积极的推动作用；协助恩施州成功申报了华中薯类观测试验站和武陵山区农产品质量风险评估试验站；与结对帮扶的吉林省通榆县建立了沟通机制，组织专家开展了对绿豆种植、生产、加工、经营等问题的调研，提出了相应的建议；帮助秦巴山区的安康市编制了现代农业发展规划，开展了食用菌、茶叶、猪肉、蔬菜等富硒产品方面的合作研究；组织我院有关研究所向集中连片特殊困难地区遴选推荐了一批适用品种和先进技术，助力贫困地区现代农业的发展。

中国农业科学院2013年试验基地工作总结

截至2013年年底，除农经所、营养所、兰州兽医所以外，全院共有29个直属研究所建立了98个科研试验基地（以下简称试验基地或基地），基地总面积8.91万亩，其中院所拥有产权的土地面积4.34万亩（包括3 046亩建设用地），占48.7%。

在院所领导的高度重视和有关部门、单位的大力支持下，经过参与基地建设、管理和使用的管理人员、科研人员共同努力，2013年全院试验基地条件建设取得了显著成效，科研工作成效明显，开放共享和运行管理取得初步成效，为进一步完善基地条件和功能、加快形成开放共享的全院试验基地网络奠定了良好基础。

一、条件建设情况

据不完全统计，2013年全院共有39个试验基地获得了条件建设项目立项支持，项目总数77项，立项总金额27 442万元。其中，5个基地获得5项基本建设项目立项批复，批复投资4 895万元，分别占项目总数的6.5%和立项总金额的17.8%。29个基地获得了48项修购项目立项批复，批复资金20 995万元，分别占62.3%和76.5%。14个基地获得了自筹资金项目立项支持，项目数24项，立项金额1 552万元，分别占31.2%和5.7%。

2013年全院共有47个试验基地实施了101项条件建设项目。其中，20个基地实施了25项基本建设项目；29个基地实施52项修购项目；15个基地实施了24项自筹资金项目。新增建筑面积6.52万平方米，改造试验田10 340亩，购置农机具436台件，仪器设备590台套。

院新乡综合基地：院自筹资金，完成了基地试验区路牌标识、实验楼信息化展厅制作及报告厅装备、院专家公寓家具装备。作科所实施自筹资金1项，总投资99万元，新增基地宿舍建筑面积525平方米。植保所实施2013年度修购项目1项、自筹项目1项，修购资金450万元用于完善试验区供电井灌系统、新建扩建农机库、挂藏室、仓库等，自筹资金687万元用于建设专家公寓3栋建筑面积4 200平方米。灌溉所实施自筹资金项目5项，其中，筹资380万建设专家公寓1栋1 873平方米；筹资完成530亩试验区配套设施改造（包括新建临时用房库房800平方米、晒场1 000平方米、活动板房600平方米，购置农机具及仪器设备13台套）。郑果所实施基本建设项目1项，即国家瓜果改良2期，投资575万元，新建日光温室2 335平方米、塑料大棚6 421平方米、雨栽培设施1座、架势设施25亩等。

院廊坊园区：蔬菜所 2013 年自筹资金，新建钢管拱棚 10 个，占地约 4 000平方米。草原所自筹资金，购置粗蛋白、粗纤维、粗脂肪分析仪器各 1 套、自动气象站 1 部、小型播种机械 1 个、小型旋耕机 1 个。

院南口中试基地：蔬菜所 2013 年实施基建项目 2 项、自筹资金 1 项，即国家蔬菜改良中心 2 期项目、马铃薯区域试验站项目、南口基地电改造项目，新增日光温室 10 栋（占地 10 000余平方米）、玻璃温室 1 栋（占地 2 000平方米）、新建马铃薯区试站 1 个以及配套实验条件（占地 2 000平方米）。饲料所 2013 年实施了修购项目 1 项，即院共建共享项目综合试验基地基础设施改造项目，完成消防系统改造、土方更换及管线铺设等，新增房屋建筑面积 126 平方米，地下水池 400 立方米等。

作科所：2013 年实施基本建设项目 1 项、修购项目 2 项。河北省沽源县国家小麦育种夏繁基地建设项目，核定概算 650 万元，目前已完成 5 台套农机具采购、安装调试并投入使用，完成打井 1 眼，建安工程已签署施工合同。2012 年顺义基地基础设施改造项目，总投资 510 万元，2013 年完成工程全部内容；2013 年综合实验基地基础设施改造项目（3 年），批复 1 600万元，包括海南等 6 个基地改造，2013 年批复资金 535 万元。

植保所：桂林基地实施 2013 年度修缮购置项目 1 项，项目资金 380 万元，用于改造挡土墙 2 100米、护坡 7 300平方米、污水处理系统等。廊坊中试基地实施“国家级农作物品种抗性鉴定站”建设项目 1 项，项目资金 203 万元。

牧医所：2013 年实施基建项目 1 项、修购项目 1 项。国家畜禽改良研究中心项目，新建畜禽现场检测室 1 273平方米，畜禽饲养舍 7 692平方米，购置各类饲养设备 364 套，基本完成批复内容。农业部华北动物遗传资源与营养科学观测实验站基础设施改造项目（2 年），2013 年批复 500 万元，完成实验动物舍及场区安防系统完善，新建机井 1 座及配套深井泵、变频控制柜等辅助设施，新建固液分离设施 4 座，改造动物营养调配实验车间、兽医室、青贮窖等。

生物所：2013 年实施修购项目 1 项，即辽宁省（营口市）作物耐盐基因研究与遗传改良试验站基础设施改造项目（2 年），总投资 715 万元，现已完成翻建铁艺围墙 739 米、更新改造混凝土路面 2 750平方米、翻建晾晒场 1 000平方米、实验室改造 1 064平方米、农机具库房 240 平方米、日光温室 832 平方米、网室 910 平方米、旱棚 726 平方米。

资划所：2013 年实施基建项目 1 项、修购项目 4 项。河北省平泉基地建设项目，总投资 1 275万元，新建食用菌实验用房及配料灭菌间 2 316平方米、机具库及原料库 300 平方米、箱式配电所 1 座、场区道路 2 440平方米、大棚 312 平方米、购置仪器设备 21 台（套）等。目前，已完成试验用房工程主体，正进行仪器设备招标。修购项目 4 项，总资金 2 480万元，其中 2013 年批复 1 965万元，其中，农业野外观测试验站科研楼及附属设施修缮项目（2 年），2013 年实施洛阳市和祁阳县部分；农业野外科学观测试验站基础设施改造项目（2 年），2013 年实施昌平县和呼伦贝尔市部分。目前各项目执行良好。

水稻所：2013 年获得修购项目立项 2 项、实施修购项目 3 项、基本建设项目 2 项。修购项目立项 2 项，总资金 705 万元，实施 3 项，总资金 1 135万元，修缮基地实验大楼 8 000平方米、田间实验用房 2 800平方米，新增仪器设备 2 台。基建项目资金 500 万元，新增建筑面积 840 平方米，新增仪器设备 53 台。

棉花所：2013 年海南省三亚基地的崖城基地购置拖拉机、旋耕机各 1 台，皮辊压花机 4 台；大茅基地完成自来水引水工程建设；荔枝沟基地会议室购置会议桌椅、增压泵和发电机组各 1 套，实验用水浴锅 2 台、涡旋振荡器 3 台、紫外切胶仪、球形研磨仪等。

油料所：2013 年基本建设项目立项 2 项，其中，武昌市本部基地实验室项目，批复投资 195 万元；江西省进贤市试验基地建设项目，批复投资 390 万元。自筹资金项目立项 2 个，立项金额 22 万元，实际实施项目经费 22 万元。

麻类所：2013 年基本建设项目立项 1 项，即国家麻类作物育种中心 2 期项目，改造长沙麻类创新综合基地科研温室 616 平方米、晒坪 1 150平方米，购置拖拉机、旋耕机等农机具 9 台（套）。

果树所：2013 年实施基建项目 1 项、修购项目 3 项。其中，兴城市砬山综合基地建设项目，批复投资 2 160万元，现已建成科研及辅助用房 1 156平方米、泵房 48 平方米，完成采购挖掘机、拖拉机工作；水塘改造正施工中；温室网室、道路正招标。兴城市温泉基地获批修购项目 2 项，即所区科研及辅助用房修缮项目（2 年），总投资 410 万元，其中，2013 年批复 285 万元，已完成旧科研楼、果品采后实验室、辅助用房修缮改造 2 349平方米；仪器设备购置项目、仪器设备升级改造项目各 1 项，批复总金额 324 万元，已完成全部仪器设备的采购和升级改造。

郑果所：2013 年在新疆基地建设中，协调阿克苏市新和县铺设硬路 6 千米，架设水泥桥梁 4 座，8 米宽的路面直达基地部；新打井 7 口，架设相应线路 4.3 千米，进行了老滴灌系统升级改造，铺装了 1.7 千米地埋连接管线，加装了 5 个冬灌出水桩。

茶叶所：2013 年立项并实施修购项目 1 项、实施基建项目 1 项。修购项目总投资 1 215万元，用于浙江省嵊州基地 326 亩茶园改造。目前，实际已支出 630.67 万元。基建项目 2012 年批准立项，总投资 2 385万元，主要是浙江省嵊州基地的土地购买和新建综合实验用房。目前，已取得土地林权证，支出 1 203万元。

哈尔滨兽医所：实施修购项目 1 项、自筹资金项目 4 项。修购项目资金 1 700万元，建设内容为道路、围栏、锅炉房、供暖、供水、消防管线、水站及水处理、粪污处理、场区监控等基地基础设施改造。自筹资金项目 4 项，即鸡舍、猪舍、大动物舍改造项目 220 万元，净化动物房改造项目 280 万元，农机购置项目 38 万元，敷设电缆项目 22 万元。新购置玉米收获机 1 台，青贮打包机 1 套，改造道路 25 000平方米，地下管线 7 500延米，土地围栏 11 000延米，新增 4 吨锅炉 1 台，供暖面积 25 000平方米，生活及饮用水供水能力每日 50 吨，粪污处理项目（沼气工程）1 500立方米。

兰州牧药所：实施修购项目2项、完成基建项目1项可研编制。院共享试点，区域综合试验站基础设施改造项目，已完成竣工验收，正在进行项目结算；张掖市、大洼山综合试验站基础设施改造项目，大洼山试验站已完成设备采购合同签订、燃气管道铺设等工作，张掖基地已完成土地整理、渠道维修、道路改造、办公楼维修等工程。研究所张掖综合试验基地建设项目已完成可研报告编制和环评报告，批复总投资2 120万元。

草原所：实施基建项目2项、修购项目4项、自筹资金项目2项。鄂尔多斯达拉特旗基地建设项目经费460万元，新建实验室800平方米，购置科研仪器18台套；修购项目3项，经费744万元，购置生理生态仪器24台套，新建试验站水泥道路14 800平方米，平整土地400亩，新打机井4眼，地下水利管网配套。苏尼特右旗基地建设项目1项，已完成实验楼通水通电和建安工程初验，仪器设备全部到达。青海省玉树基地基础设施改造项目已完工，建立了植被、土壤、鼠虫害监测场1 000亩、划区轮牧试验场4 000亩和碳通量观测场1处。自筹资金项目2项，分别对十二连城基地、太仆寺旗基地进行了维护维修。

特产所：2013年获国家果树种质山葡萄圃基础设施改造修购项目支持，投资585万元，对资源圃基础设施进行改造。

环保所：实施基本建设项目1项，即院大理试验基地建设项目，目前已完成招投标工作，正进行桩基施工。

沼科所：2013年完成基本建设项目1项、修购项目1项。创新研发基地建设项目资金830万元，建设内容新建测控设备用房300平方米，大中型沼气工程示范场1 500平方米，购置相关专业设备35台/套。修购项建设的场区水、电、气、路均已畅通，为科研工作创造了良好条件。

农机化所：截至2013年11月南京溧水基地已完成2 000平方米维修和机具库存放厂房、1 400平方米试验室、465平方米配套辅助用房的主体建设。试验与测试的加工设备、维修设备、试验动力机具等设备正在进行安装。水田、旱田、经济作物、林果类试验用地等基础条件建设已完成招标工作。

烟草所：2013年获得基本建设项目、修购项目立项批复各1项，自筹资金项目1项。基建项目、修购项目用于青岛基地建设，基建总投资1 750万元，主要是新建基地综合用房，温室，晒场、地下管网等室外配套，以及农业机械等设备购置，目前项目初设与概算正在评审中；修购项目327万元，现已改造田间道路11 170平方米，排水沟（管）2 860米等。自筹资金主要用于四川省西昌基地建设，现已建成临时用房253平方米、改造试验地198亩。

二、科技创新情况

2013年全院共在试验基地实施科研项目1 289项，平均每个基地承担13个项目的科研任务。以基地为重要依托，全院共获得省部级以上科技奖励成果63项，发表高水平论文1 842篇，审定新品种75个，获得授权专利179项。其中，有33个基地产生了省部级以上科技奖励成果，76个基地发表了高水平论文，22个基地取得了审定新品种，40个基地获得了授权专利。

院新乡综合基地：院组织编制了新乡市现代农业示范规划纲要，与新乡市政府、河南省农科院召开了示范区启动会议。植保所实施科研项目24项，获省部级科技奖励成果1项，发表论文90篇，其中SCI收录40篇，取得发明专利授权2项、申请发明专利7项，制定国家标准1项。灌溉所实施科研项目15项，获省部级科技奖励3项，发表论文16篇，取得授权专利1项，软件著作权1项。

院廊坊园区：院组织完成了2012农业科技成果转化资金项目——奶牛及犊牛饲养中生态环保益生物质应用技术的集成与示范项目监理工作和2011年农业科技成果转化资金项目——优质、多抗番茄新品种区域示范的验收工作；组织研究所组团参加了第十七届中国（廊坊）农产品交易会；会同廊坊市广阳区政府及其农业局、畜牧局、林业局组织开展了多次科技培训服务工作。草原所实施科研项目4项，发表论文12篇。

院南口中试基地：饲料所2013年实施科研项目48项，获省部级科技奖励成果3项，发表论文38篇，其中SCI论文8篇，取得授权专利3项，申请发明专利1项、实用新型专利1项。

作科所：2013年在基地实施科研项目306项，平均每个基地有38个项目支撑。以第一单位获省部级奖励成果3项，作为第二单位参与获得省部级奖励成果4项。发表论文131篇。通过省部级以上审定的农作物新品种19个，其中水稻新2个、小麦2个、大豆9个、玉米1个、大麦1个、绿豆新品种2个、红豆新品种2个。取得授权专利5项。

植保所：廊坊基地实施科研项目30项，发表论文107篇，其中SCI论文30篇，取得专利5项；公主岭基地实施科研项目6项，发表论文1篇；天水基地实施科研项目6项，获省部级科技奖励成果1项，发表论文8篇；锡林浩特基地实施科研项目5项，发表论文8篇，其中SCI论文1篇；桂林基地实施科研项目6项，发表论文18篇，其中SCI论文3篇；长岛基地实施科研项目3项，发表论文11篇，其中SCI论文10篇，取得实用新型专利1项。

牧医所：2013年在基地实施科研任务22项，获省部级奖项2项，发表论文38篇，申请专利1项。

生物所：2013年在基地实施科研项目19项，研究内容涉及外源基因田间导入、转基因材料鉴定筛选以及转基因棉花、玉米优良品种选育等，培育出的三系抗虫棉成果被专家鉴定为整体水平达到国际领先，获院科技成果特等奖。

资划所：2013年在实施科研项目75项，平均每个基地由7.5个项目支撑。获省部级奖励项目13项，发表论文173篇，获得授权专利23项。其中，肥力监测站网2013年实施科研项目29项，获省部级科技奖励成果4项，取得授权发明专利1项，取得软件著作权登记2个。祁阳基地2013年主持和参加课题总数达15项，留站经费280万元，发表论文 18 篇，其中 SCI 论文 2 篇，出版专著 1 部，获得省部级奖 2 项，鉴定成果 1 项。德州基地主持或参加课题 22 项，发表论文 10 篇，主编出版专著 2 部，取得授权发明专利 3 项、实用新型专利 3 项，申请国家发明专利 13 项。洛阳基地获鉴定成果 1 项，发表论文 3 篇，取得发明专利 3 项。江西进贤基地实施科研项目 4 项，发表论文 12 篇，取得 3 项专利。

灌溉所：全所在商丘、洪门、试验场等 3 个基地实施科研项目 20 项，获省部级科技奖励成果 4 项，发表论文 42 篇，取得授权专利 5 项。

水稻所：2013 年在基地实施科研项目 146 项，平均每个基地承担近 50 个项目的试验任务。获省部级科技奖励成果 8 项，发表论文 143 篇，其中 SCI 论文 38 篇，通过省级以上审定的品种 14 个，其中国审品种 2 个，取得授权专利 21 项，其中发明专利 13 项，获植物新品种权授权品种 3 个。

棉花所：合肥基地实施科研项目 3 项，获省部级科技奖励成果 1 项、鉴定成果 1 项。安徽望江基地获省部级科技奖励成果 1 项，省级审定棉花品种 1 个，发表论文 8 篇，取得授权实用新型专利 1 项。新疆阿克苏基地发表论文 4 篇，其中 SCI 论文 1 篇，申请专利 1 项，申请品种权 2 项。

油料所：2013 年在基地实施科研项目 76 项，获省部级科技奖励成果 3 项，发表论文 180 篇，通过省级以上审定的品种 12 个，取得授权专利 25 项。

果树所：兴城砬山基地实施科研项目 15 项，发表论文 8 篇，通过省级以上审定的品种 1 个。兴城温泉基地实施科研项目 32 项，发表论文 34 篇，通过省级以上审定的品种 1 个，取得专利授权 5 项。绥中前所果树基地实施科研项目 1 项，发表论文 5 篇。

茶叶所：2013 年在基地实施项目 51 项，获省部级科技奖励成果 2 项，发表论文 39 篇，通过省级以上审定的茶树新品种 1 个，取得授权专利 21 项。

兰州牧药所：在基地实施科研项目 5 项，取得各类科技奖励科技成果 3 项，发表论文 16 篇，出版论著 2 部，省级审定牧草新品种 3 个，取得发明专利 1 项，申报并受理其他专利 3 项。

草原所：2013 年在十二连城基地实施科研项目 3 项，太仆基地科研项目 5 项。达尼特斯基地实施科研项目 7 项，发表论文 12 篇，申请发明专利 4 项，出版专著 1 部。

特产所：长白山野生生物资源重点站 2013 年开展辅助实验 135 次，发表论文 45 篇，其中 SCI 论文 15 篇。左家药用植物种质资源圃、果树种质山葡萄圃和五味子资源圃共实施科研项目 29 项，获省部级科技奖励成果 3 项，发表论文 44 篇，通过省级以上审定的品种 4 个。

环保所：2013 年在云南大理基地获省部级科技奖励成果 1 项，发表论文 5 篇，取得授权专利 2 项。天津武清基地实施科研项目 12 项，获省部级科技奖励成果 1 项（第二单位），发表论文 20 篇，申请专利 2 项。

沼科所：2013 年在基地实施科研项目 5 项。其中，“863”项目“养殖业废弃物治理微生物制剂与酶产品的创制”研制和生产的沼气发酵复合菌剂是我国沼气行业唯一通过鉴定并获得技术进步奖的产品。

烟草所：2013 年在基地实施科研项目 28 项，获省部级科技奖励成果 1 项，获国家烟草专卖局科技进步奖 3 项、省级烟草专卖局科技进步奖 2 项；发表论文 67 篇，其中，SCI 论文 7 篇，国际会议宣读论文 2 篇；通过省级审定的烤烟新品种 2 个，2 个新品系参加全国区试；取得授权发明专利 8 项、实用新型专利 10 项，软件著作权 3 项。

三、开放共享情况

2013 年全院共有 13 个基地对本单位以外的 40 多家单位进行了开放共享，共享试验用地 808 亩，占基地用地面积的 6.2%。其中，棉花所三亚基地、油料所阳逻基地和兰州牧药所大洼山基地等 3 个基地对 2 个以上的外单位实现了开放共享。

棉花所：利用海南三亚基地的良好试验条件和环境优势，2013 年在满足本单位科研试验任务的前提下，向浙江大学、河北农业大学、中国科学院上海生命科学研究院植物生理生态研究所等 30 家单位开放使用试验地 232.65 亩，用地开放共享率［外单位用地/（外单位用地 + 本单位用地）×100%］达到 67.3%。

油料所：利用湖北省武汉市阳逻基地的良好试验条件和区位优势，2013 年在满足本单位科研试验任务的前提下，向湖北大学、中国水稻研究所等单位开放使用试验地 100 亩，用地开放共享率达 12.5%。

兰州牧药所：利用甘肃省兰州市大洼山基地的良好试验条件和区位优势，向甘肃省草原总站、甘肃省中医学院等单位开放使用部分试验地。

此外，灌溉所利用商丘基地、红旗区洪门基地等资源，向河南农业大学、武汉大学、中国科学院地理科学与资源研究所等单位开放共享。草原所利用本单位基地资源向内蒙古大学、内蒙古师范大学等单位开放共享。

所有这些工作，有力促进了全院试验基地的开放共享进程，对形成完善的全院试验基地网络具有重要作用。

四、运行管理情况

全院 29 个研究所均明确了分管基地的所领导和工作部门，其中 6 个研究所设立了专职部门。全院 17 个基地设立了独立的核算机构或管理实体，其中院综合基地 2 个、研究所专业基地 15 个。

据不完全统计，2013 年全院共有 1 178人参与了基地建设和管理工作，平均每基地 10 人左右。从人员组成看，在职职工 433 人，占 36.7%，合同聘用人员 608 人，占 51.6%；临时性用工 137 人，占 11.7%。全院 75 个基地由院所在职职工牵头管理，其中 57 个基地有 2 个及以上在职职工管理。

作科所：试验农场统一负责全所试验基地的管理，在职职工 15 人、聘用人员 32

人，各基地日常管理由站长负责。

植保所：成果转化处为基地业务管理的职能部门，各基地实行站长负责制。站长原则上由从事科研工作的正高职称专家担任。基地后勤保障、生活服务等实行企业化管理。

资划所：2013 年有在职职工 92 人，合同聘用职工 45 人参与试验基地管理与建设。

灌溉所：商丘基地实行站长负责制，下设基地管理部，有在职职工 13 人，聘用科研助理、食宿管理、安保等合同人员 7 人。

水稻所：富阳基地由所部试验区负责管理，该区下设 19 个岗位，即田间管理 10 人（其中 1 人外聘）、田间耕作及后勤保障 5 人，其他 4 人。陵水基地由所部试验区负责管理。

棉花所：三亚基地由该所海南科研中心管理，中心为研究所正处级单位，固定人员由在职职工（主要管理人员）9 人、合同制专业人员 9 人和其他长期工人 8 人组成。

油料所：基地综合管理办公室负责全所试验基地的统一管理，在职职工 18 人，设有正副主任各 1 人、办公室 2 人，其他在职职工在各个基地工作。

果树所：成果转化处负责兴城砬山基地、兴城温泉基地日常管理，在职职工 11 人，其中工人 6 人。绥中前所基地主要由课题组负责日常管理。

郑果所：由分管副所长主抓，所综合处和科研处具体负责管理。所本部基地由各课题组指定专人，并聘用技术工人进行日常管理。新乡基地和新疆基地分别设 2 位副处级站长负责日常管理。

麻类所：湖南省沅江基地由该所沅江实验站进行日常管理，管理人员 8 人。长沙望城麻类创新基地和苎麻种质资源圃基地由成果转化处负责日常管理，兼职管理人员 3 人。

茶叶所：试验场负责基地日常管理，在职职工 2 人，合同聘用 1 人。

哈尔滨兽医所：设置了专门的基地管理机构，在职职工 12 人，合同聘用人员 37 人。

环保所：云南省大理基地和天津市武清基地的日常管理机构均设在研究室，在职职工 4 人，地方配套人员 9 人。

烟草所：青岛基地在职职工 1 名、合同聘用 1 名，负责基地规划、建设、田间及温室试验、运行管理等工作；其他 5 人负责基地维护等工作。四川省西昌基地在职职工 3 人兼职，合同聘用 1 名，负责基地规划、建设及管理。青州基地在职职工 3 人，全职负责基地运行与维护工作。

中国农业科学院科研试验基地目录

综合试验基地

序号	基地名称	基地面积（亩）	产权面积（亩）		租赁面积及期限		所属单位	备注
			小计	建设用地	面积（亩）	期限（年）		
1	河南新乡综合试验基地	4 217	212	212	4 005	50	农科院	5所入驻（作科所、植保所、环发所、灌溉所、郑果所）
2	河北廊坊农业高新技术产业园	2 000	200	200	1 800	50	农科院	8所入驻（作科所、蔬菜所、牧医所、饲料所、生物所、资划所、草原所、特产所）
3	北京南口综合试验基地	800	800				农科院	8所入驻（作科所、蔬菜所、牧医所、环发所、蜜蜂所、饲料所、加工所、质标所）

专业试验基地

序号	基地名称	基地面积（亩）	产权面积（亩）		租赁面积及期限		所属单位	备注
			小计	建设用地	面积（亩）	期限（年）		
1	北京海淀作物试验基地	200	200				作科所	位于院部所区
2	北京昌平作物试验基地	664	664	20				位于马池口地区

（续表）

序号	基地名称	基地面积（亩）	产权面积（亩）		租赁面积及期限		所属单位	备注
			小计	建设用地	面积（亩）	期限（年）		
3	海南三亚作物南繁试验基地	352	60	60	292	30	作科所	
4	河南新乡小麦育种试验基地	130	130					农业部新乡矮败小麦重点野外科学观测试验站
5	北京顺义作物试验基地	1 648	43	43	1 605	20		
6	河北沽源小麦夏繁试验基地	210	10		200	30		
7	吉林公主岭作物试验基地	300			300	30		
8	内蒙古锡林浩特草原有害生物监测与防治试验基地	500	300		200	50	植保所	农业部廊坊有害生物防治重点野外科学观测试验站
9	河北廊坊农业有害生物监测与防治试验基地	507	507	36				农业部锡林浩特草原有害生物防治重点野外科学观测试验站
10	吉林公主岭农业有害生物监测与防治试验基地	200	200					
11	广西桂林农业有害生物监测与防治试验基地	163	163					

（续表）

序号	基地名称	基地面积（亩）	产权面积（亩）		租赁面积及期限		所属单位	备注
			小计	建设用地	面积（亩）	期限（年）		
12	新疆库尔勒农业有害生物监测与防治试验基地	200	200				植保所	
13	甘肃天水农业有害生物监测与防治试验基地	57	57	16			植保所	
14	山东长岛农业有害生物监测与防治试验基地	9.6			9.6	30	植保所	
15	北京海淀蔬菜花卉试验基地	50	50				蔬菜所	位于院部所区
16	北京顺义蔬菜试验基地	375			375	15	蔬菜所	
17	山西寿阳旱地农业试验基地	160	20		140	30	环发所	农业部寿阳旱地农业重点野外科学观测试验站
18	西藏那曲高寒草地生态与气候变化试验基地	2 000	2 000				环发所	
19	湖南岳阳农业环境试验基地	142	22		120	20	环发所	
20	北京顺义农业环境试验基地	1 146	37.31	37.31	1 108.69	18	环发所	
21	福建海西农业环境试验基地	15.52	15.52				环发所	

（续表）

序号	基地名称	基地面积（亩）	产权面积（亩）		租赁面积及期限		所属单位	备注
			小计	建设用地	面积（亩）	期限（年）		
22	北京昌平畜牧试验基地	288	288	52			牧医所	位于马池口地区，农业部昌平畜禽资源重点野外科学观测试验站
23	内蒙古鄂尔多斯鄂托克旗牧草资源与育种试验基地	1 010	10	10	1 000	20	牧医所	
24	北京平谷北方棉花生物技术育种试验基地	200	10	10	190	20	生物所	
25	海南三亚棉花南繁试验基地	30	3	3	27	20	生物所	
26	湖北麻城长江流域棉区棉花生物技术育种试验基地	119	17	17	102	20	生物所	
27	海南乐东生物技术试验基地	100			100	23	生物所	
28	辽宁营口生物技术试验基地	45	21	21	24		生物所	
29	安徽灵璧生物技术试验基地	10	10	3			生物所	

（续表）

序号	基地名称	基地面积（亩）	产权面积（亩）		租赁面积及期限		所属单位	备注
			小计	建设用地	面积（亩）	期限（年）		
30	北京昌平潮褐土生态环境试验站	30	30	12			资划所	位于马池口地区，农业部昌平潮褐土生态环境重点野外科学观测试验站
31	内蒙古呼伦贝尔草原生态系统试验基地	4 750	200		4 550	50	资划所	内蒙古呼伦贝尔草原生态系统国家野外科学观测研究站
32	山东德州盐碱土壤改良试验基地	227.5	227.5	10		50	资划所	农业部德州农业资源与生态环境重点野外科学观测试验站
33	北京海淀国家土壤肥力与肥料效益监测站网	837.78	783.78	32	54		资划所	分散在全国各地各单位，由原国家计委统一购置产权土地，部分土地归我院资划所所有
34	河南洛阳旱地农业试验基地	130	30		100		资划所	农业部洛阳旱地农业重点野外科学观测试验站
35	北京密云土壤肥料试验基地	127.5	7.5	7.5	120	50	资划所	
36	湖南祁阳红壤农业生态试验基地	661.78	661.78	20			资划所	南方红壤地区农业生态环境监测试验站
37	河北迁西燕山生态环境试验站	172.14	22.14		150		资划所	农业部迁西燕山生态环境重点野外科学观测试验站
38	河北平泉国家食用菌改良中心试验基地	45	45	15			资划所	

（续表）

序号	基地名称	基地面积（亩）	产权面积（亩）		租赁面积及期限		所属单位	备注
			小计	建设用地	面积（亩）	期限（年）		
39	江西进贤土壤肥料试验基地	90	90	10			资划所	
40	广东江门农业试验站	350	50		300			
41	河北定兴新农村信息化试验示范基地						信息所	与当地政府合作建设
42	河北怀来新农村信息化试验示范基地							与当地政府合作建设
43	江苏苏州农业信息化试验示范基地							与苏州稼泰丰农业科技公司合建设
44	河南新乡作物需水量试验基地	15	15				灌溉所	位于所区
45	河南商丘农业资源与生态环境试验站	82.5	49.5	12.5	33	30		河南商丘农田生态系统国家野外科学观测研究站
46	河南洪门水资源安全利用试验基地	18.22	18.22					
47	海南陵水水稻南繁试验基地	325.994	4.18		321.814	20	水稻所	
48	浙江富阳水稻试验场	5 608	5 608	408				
49	云南永胜水稻试验基地	3.4	3.4	3.4				

（续表）

序号	基地名称	基地面积（亩）	产权面积（亩）		租赁面积及期限		所属单位	备注
			小计	建设用地	面积（亩）	期限（年）		
50	海南三亚棉花试验基地	614.57	56	41	558.57	40	棉花所	国家种质海南野生棉圃
51	安徽合肥杂交棉试验基地	45	45	15		15		
52	安徽望江棉花试验基地	179	29	24	150			
53	新疆石河子早熟棉育种试验基地	112	112	10				
54	新疆阿克苏中早熟棉试验基地	594			594	10		
55	河南郑州棉花试验基地	90	15		75	40		
56	河南安阳棉花试验基地	2 488	2 488					
57	江西九江棉花试验基地	90			90			
58	青海平安油菜夏繁试验基地	208	208	28			油料所	
59	湖北汉川油料转基因安全检测与试验基地	143	143					
60	湖北阳逻油料作物试验基地	1 000	1 000	200				
61	湖北武昌油料作物试验基地	800	800	120				位于油料所本部，国家种质武昌野生花生圃农业部武昌花生资源重点野外科学观测试验站

（续表）

序号	基地名称	基地面积（亩）	产权面积（亩）		租赁面积及期限		所属单位	备注
			小计	建设用地	面积（亩）	期限（年）		
62	江西进贤油料作物试验基地	160	160	10			油料所	
63	湖南沅江麻类作物试验基地	580.969	580.969	93.384			麻类所	农业部沅江麻类资源重点野外科学观测试验站
64	湖南长沙苎麻与野生纤维植物资源圃	87	12		75	20	麻类所	国家作物种质资源长沙苎麻圃
65	湖南长沙望城麻类创新试验基地	140	21	21	119	30	麻类所	
66	辽宁兴城砬山北方落叶果树试验基地	3 146	3 146				果树所	国家果树种质兴城梨圃，农业部兴城北方落叶果树资源重点野外科学观测试验站
67	辽宁兴城温泉果树试验基地	464	464				果树所	位于所区，国家果树种质兴城苹果圃
68	辽宁绥中果树栽培试验基地	100			100	30	果树所	
69	新疆哈密果树瓜类试验基地	2 626	2 626	0.7			郑果所	
70	河南郑州果树瓜类试验基地	650	650	225			郑果所	位于所区，国家果树种质郑州桃圃、葡萄圃
71	郑州荥阳果树瓜类试验基地	846	3.7	3.7	842.3	50	郑果所	

（续表）

序号	基地名称	基地面积（亩）	产权面积（亩）		租赁面积及期限		所属单位	备注
			小计	建设用地	面积（亩）	期限（年）		
72	新疆阿克苏果树试验基地	350	350				郑果所	
73	浙江杭州茶叶试验基地	360.89	360.89	110.23			茶叶所	位于所区，国家种质杭州茶树圃，农业部杭州茶树种质资源重点野外科学观测试验站
74	浙江淳安茶叶试验基地	315	45	45	270	30	茶叶所	包括淳安茶叶加工试验基地和淳安文昌茶叶试验基地
75	浙江嵊州茶叶试验基地	341.48	341.48	15.28			茶叶所	
76	云南普洱茶试验基地	1 500	1.95		1 498.05	30	茶叶所	
77	黑龙江哈尔滨南山试验场	2 102	2 102	225			哈尔滨兽医所	
78	甘肃兰州大洼山畜牧试验基地	2 400	2 400	72			兰州牧药所	农业部兰州黄土高原生态环境重点野外科学观测试验站
79	甘肃张掖旱生牧草种子繁育试验基地	3 108.72	3 108.72	94			兰州牧药所	
80	内蒙古呼和浩特农牧交错区试验基地	5 080	5 080				草原所	国家种质多年生牧草资源圃农业部沙尔沁牧草资源重点野外科学观测试验站

（续表）

序号	基地名称	基地面积（亩）	产权面积（亩）		租赁面积及期限		所属单位	备注
			小计	建设用地	面积（亩）	期限（年）		
81	内蒙古锡林郭勒盟苏尼特荒漠草原试验基地	8 300	20	20	8 280	5	草原所	租赁面积480亩每5年续签一次，其他与牧民合作
82	内蒙古鄂尔多斯十二连城沙地草原试验基地	5 000			5 000	30	草原所	农业部鄂尔多斯沙地草原生态环境重点野外科学观测试验站
83	内蒙古鄂尔多斯达拉特沙地草场改良试验基地	5 000	500	30	4 500	40	草原所	
84	青海玉树青藏高寒草原试验基地	5 010	10	10	5 000	10	草原所	农业部玉树高寒草原资源与生态环境野外科学观测试验站
85	内蒙古锡林郭勒盟太仆寺旗典型草原试验示范基地	535	15	15	520	30	草原所	
86	上海松江动物试验基地	30	30	30			上海兽医所	
87	吉林昌邑左家特种经济动植物试验基地	1 160	1 160	122.87			特产所	农业部长白山野生生物资源重点野外科学观测试验站，国家果树种质左家山葡萄圃
88	云南大理农业生态环境试验基地	162	162	22			环保所	农业部大理农业生态环境重点野外科学观测试验站

（续表）

序号	基地名称	基地面积（亩）	产权面积（亩）		租赁面积及期限		所属单位	备注
			小计	建设用地	面积（亩）	期限（年）		
89	天津武清农业生态环境试验基地	64			64	30	环保所	
90	湖南湘阴农业生态环境试验基地	130	30	30	100			
91	四川成都公兴沼气发酵中试基地	62.52	62.52	18.32		40	沼科所	
92	江苏南京溧水农业机械化技术试验基地	200	200	28.5			农机化所	
93	山东即墨烟草试验基地	471.5	26.5	26.5	445	30	烟草所	
94	山东青州烟草试验基地	746	746	47.6				
95	四川西昌烟草试验基地	219	21	21	198			

中国农业科学院2013年产业发展工作总结

2013年中国农业科学院在建设“世界一流农业科研院所”和“顶天立地”发展目标的指导下，不断加大科技产业发展工作力度，发挥企业成果转化的平台作用，加强与外部资源的合作，规范国有资产管理，清理整顿院办企业，强化企业财务监管，促进科技产业快速发展。

据不完全统计，2013年，全院开发收入99 169.90万元，其中技术转让收入30 250.98万元，占总收入的30.5%；全院共签订合同2 139份，合同交易金额6.37亿元，当年实收金额3.85亿元；全院全资、控股的58家企业实现营业收入121 286.09万元，同比增长6.4%，净利润22 267.99万元，同比持平，资产总额213 809.44万元，同比增长17.5%。

一、充分调研论证，做好产业发展顶层设计

为推进我院现代科研院所建设，实现跨越式发展，规范投资经营管理，搭建资本运作平台，强化产业支撑能力，针对目前产业发展中存在的“事企不分”、现代企业制度建设滞后，企业经营管理不善等问题，认真梳理了关于国有资产管理、企业运作、人事制度等方面的政策法规，开展了广泛的调查研究，特别对中国科学院等单位进行有针对性的调研。在调研的基础上，起草了《中国农业科学院关于推进科技产业发展的若干意见（试行）》，通过顶层设计，明确产业发展方向，解决关键重大问题，规范经营性国有资产管理。

二、发挥企业作用，促进成果转化

企业作为科技创新、成果转化的重要平台，担负着研究所的中试孵化、成果熟化、推广转化等任务，是成果与市场对接的桥梁纽带。我院所办企业积极发挥各自优势，在成果转化应用中发挥了显著作用。

哈尔滨维科公司作为哈尔滨兽医研究所的成果转化基地，专门从事动物疫病防治用生物制品的研发、生产、销售、技术咨询与服务，承担着成果中试、熟化、转化工作，为研究所新产品研发提供实验基地和中试生产设施，推动科技成果快速产业化。以禽流感系列疫苗为重点，共有40余种产品在全国范围进行推广。2013年推广产品50多亿羽份，获得了良好的经济效益和社会效益。

我院企业积极开发资源，拓宽项目申报渠道。2013 年我院中油阳光公司、江苏大浩公司、哈尔滨维科公司、北京中畜阳光公司 4 家企业承担了农业科技成果转化资金项目，共获得 260 万元的资金支持，占当年农转资金项目经费的 26%。通过农转资金项目的支持，企业的成果中试熟化能力得到了提升，加快了成果转化应用的步伐。

三、加强外部资源合作，助推产业跨越式发展

为了加强外部产业资源的开发和利用，为科技产业跨越发展提供有力支撑，我院多家单位与企业开展合作，通过强强联合，加强产业发展力度，促进科技成果转化，做大做强产业。

茶叶所通过引入战略投资者联想佳沃公司，积极推进全资企业杭州龙冠实业有限公司（以下简称龙冠公司）改制。合作后龙冠公司有偿使用茶叶所的无形资产和固定资产，稳定的资金保证为茶叶所科研和转化工作提供了支撑。通过股权转让、增资扩股，龙冠公司引入战略投资，实现了产权主体多元化。通过引入联想佳沃的资本实力、管理经验与先进人才，完善了公司法人治理架构，建立了预算管理、绩效考核、人力资源等管理体系，开展了拓展基地、产品梳理、品牌提升等工作，实现了产权明晰、权责明确、事企分开、管理科学，保持了营业收入的稳步增长。

中农威特生物科技股份有限公司（以下简称中农威特公司）积极跟踪动物生物制品产业发展态势，将产业联盟的发展与自身的发展相结合，2009 年 10 月，由中农威特公司牵头，联合包括兰州兽医研究所、哈尔滨兽医研究所、中国农业大学、内蒙古金宇集团股份有限公司在内的 44 家国内知名科研院所、企事业单位成立了“动物生物制品产业技术创新战略联盟”，旨在有效整合资源，减少重复性工作，提高投入产出比，提升创新能力和国际竞争力。联盟目前形成了具有自主知识产权的核心技术标准，支撑和引领动物生物制品产业技术创新。同时，通过集聚和整合创新资源，形成了产业技术创新链，促进了产业结构优化升级。

四、推进事企分开，实现一所两制

“事企分开”就是要求事业单位在职责定位、机构设置、运行方式等方面与所办企业分开。随着事业单位分类改革的不断推进，必须加快现代企业制度建设，建立以产权为纽带的现代产权关系，实现事企分开、一所两制。

植保所作为国家科研事业单位，既履行科研创新职责，也承担成果转化任务，科研和转化的不同管理催生了“一所两制”的管理模式。北京中保绿农科技集团有限公司（以下简称中保集团）是植保所所办企业，作为成果转化平台，既完成技术的转化与推广，又实施对植保所科研后勤的有偿管理与服务。集团准确定位，科学决策，深化改革，在植保所支持与认同的基础上，按照现代企业制度运营，完善法人治理结构，使企

业不断发展壮大。中保集团的发展、稳定的投资回报也支持了植保所的科研事业，使研究所顺利运转，稳步发展。植保所的“事企分开、一所两制”的管理模式，对事业单位分类改革有一定的借鉴意义。

按照事业单位分类改革的要求，我院积极推动“事企分开、一所两制”，蔬菜花卉研究所也对其全资企业“北京中蔬园艺良种研究开发中心”进行改制，逐步实现事企分开，使研究所及其所办企业按照各自的功能定位，稳步健康发展。

五、加强对外投资管理，确保国有资产保值增值

（一）清理整顿院办企业

认真分析了院办企业基本情况，针对企业实际情况和存在的问题，提出了注销北京中农科技术开发公司、北京中农世纪虫草科技发展中心、北京中农福得绿色科技有限公司；撤销中国农业科学院食品工业研究所；转让北京中农种业有限公司、北京市中农良种有限责任公司股权；保留北京中固生物新技术开发公司的清理整顿意见。研究制定了院办企业清理整顿工作方案，成立了清理整顿工作组，积极推进清理整顿工作。完成了中农世纪虫草科技发展中心有限公司、中农科技术开发公司审计工作；完成了中国农业科学院食品工业研究所的清理，妥善安置了相关人员，办理了资产划转等手续；召开了中农福得绿色科技有限公司股东会，成立了清算组，启动清算注销工作；启动北京中农种业有限公司、北京市中农良种有限责任公司股权转让工作。经过努力，院办企业清理整顿工作取得初步进展。

（二）开展院属单位对外投资清理工作

梳理全院国有资产对外投资事项，开展对外投资清理工作。各单位克服企业成立时间早、人事变动大、档案不完整等困难，对本单位对外投资事项逐项清理。通过此次清理，发现问题，及时整改。全院调整对外投资事项17项，外投资金额从2012年部门决算的20 424.29万元，调整为27 117.71万元，进一步规范了国有资产对外投资管理，为确保国有资产保值增值打下良好基础。

（三）规范管理国有资产对外投资

按照管理权限和程序，规范国有资产对外投资事项的审核审批工作，完成了生物所的创世纪转基因公司部分股权转让报批；批准了饲料所转让北京天可瀚传媒科技有限公司的全部国有股权；批准了信息所撤销北京金农信息高科技有限责任公司。

（四）做好企业财务信息管理

按照财政部、农业部的相关要求，完成了2013年企业经济效益月报、财务会计决算、固定资产投资决算工作。及时、准确、完整地上报了全院58家全资、控股企业的财务情况，审核、分析、汇总企业信息，为各级领导掌握企业管理情况，了解企业经营动态，提供了可靠保证。

中国农业科学院 2013 年科技开发与合同签订情况统计

科技开发情况统计

（单位：万元）

序号	单位名称	总收入			技术转让收入			其他技术收入			经营收入			房地产收入			其他收入			附属单位上交收入
		收入	支出	纯收入	收入	支出	纯收入	收入	支出	纯收入	收入	支出	纯收入	收入	支出	纯收入	收入	支出	纯收入	
1	作科所	4 200.00	4 049.00	151.00	1 128.00	1 079.00	49.00	1 173.00	1 071.00	102.00				1 541.00	1 541.00		358.00	358.00		
2	植保所	15 000.00	13 500.00	1 500.00	100.00	70.00	30.00	1 900.00	1 330.00	570.00	13 000.00	12 100.00	900.00							
3	蔬菜所	3 100.00	3 100.00					1 930.00	1 930.00					1 050.00	1 050.00		120.00	120.00		
4	环发所	1 002.28	790.00	212.28	280.00	40.00	240.00	722.28	750.00	-27.72										
5	牧医所	1 589.69	771.37	818.32	546.00	304.09	241.91	990.84	455.13	535.71				52.85	12.15	40.70				
6	蜜蜂所	1 204.43	149.74	1 054.69	910.00	25.36	884.64	112.06	23.29	88.77				40.00	2.20	37.80	142.37	98.89	43.48	
7	饲料所	724.40	372.27	352.13	429.84	260.25	169.59	157.82	96.41	61.41				102.28	15.61	86.67	34.46		34.46	
8	加工所	3 080.70	2 987.59	93.11	55.00	52.10	2.90	2 477.12	2 391.24	85.88	138.55	136.12	2.43	410.03	408.13	1.90				
9	生物所	302.90	302.90		190.00	190.00											112.90	112.90		
10	农经所	823.90	823.90					129.20	129.20								694.70	694.70		
11	资划所	1 789.98	1 766.00	23.98				1 000.45	987.00	13.45				789.53	779.00	10.53				
12	信息所	2 315.78	2 304.99	10.79				1 844.35	1 833.56	10.79	247.00	247.00		224.43	224.43					
13	质标所	840.01	840.01					840.01	840.01											
14	研究生院	500.87	139.53	361.34				97.12	67.99	29.13				107.74	19.93	87.81	296.01	51.61	244.40	
15	出版社	1 403.64	464.54	939.10							1 403.64	464.54	939.10							
16	灌溉所	486.80	366.80	120.00				362.00	242.20	119.80	122.40	122.20	0.20	2.40	2.40					

（续表）

序号	单位名称	总收入			技术转让收入			其他技术收入			经营收入			房地产收入			其他收入			附属单位上交收入
		收入	支出	纯收入	收入	支出	纯收入	收入	支出	纯收入	收入	支出	纯收入	收入	支出	纯收入	收入	支出	纯收入	
17	水稻所	3 476.13	3 128.00	348.13	1 119.40	930.00	189.40	804.98	763.00	41.98	50.00	45.00	5.00	550.00	532.00	18.00	951.75	858.00	93.75	
18	棉花所	1 631.28	1631.28		326.00	326.00		1 159.45	1159.45								145.83	145.83		
19	油料所	4 941.37	2 248.94	2 692.43	199.70		199.70	3 707.40	2 037.40	1 670.00				1 034.27	211.54	822.73				
20	麻类所	191.41	176.70	14.71				102.24	98.50	3.74				89.17	78.20	10.97				
21	果树所	504.70	94.57	410.23				101.40	94.57	6.93										403.30
22	郑果所	2 607.50	1 803.00	804.50				2 075.38	1 270.88	804.50				35.00	35.00		497.12	497.12		
23	茶叶所	2 998.92	1 623.28	1 375.64	22.00		22.00	2 569.62	1 614.28	955.34				47.14	9.00	38.14	360.16		360.16	
24	哈尔滨兽医所	18 610.36	7 444.14	11 166.22	18 460.36	7 384.14	11 076.22	150.00	60.00	90.00										
25	兰州兽医所	11 257.84	9 569.17	1 688.67	4 570.68	3 885.08	685.60	3 469.87	2 949.39	520.48				554.02	470.92	83.10	2 663.27	2 263.78	399.49	
26	兰州牧药所	928.15	497.00	431.15	114.00		114.00	123.27	2.00	121.27	285.00	210.00	75.00	319.93	210.00	109.93	85.95	75.00	10.95	
27	上海兽医所	340.00	35.00	305.00	225.00		225.00										115.00	35.00	80.00	
28	草原所	287.50	314.56	-27.06							0.12	27.18	-27.06	242.00	242.00		45.38	45.38		
29	特产所	9 232.49	10 832.60	-1 600.11	1 500.00		1 500.00	7 290.08	10 390.19	-3 100.11							442.41	442.41		
30	环保所	495.00	495.00					495.00	495.00											
31	沼科所	120.00	120.00					120.00	120.00											
32	农机化所	1 735.63	1 287.18	448.45	75.00	52.50	22.50	1 402.09	1 051.57	350.52				123.94	61.97	61.97	134.60	121.14	13.46	
33	烟草所	1 446.24	1 180.08	266.16				1 375.10	1 180.08	195.02							47.14		47.14	24.00
	合计	99 169.90	75 209.14	23 960.86	30 250.98	14 598.52	15 652.46	38 682.13	35 433.34	3 248.89	15 246.71	13 352.04	1 894.67	7 315.73	5 905.48	1 410.25	7 247.05	5919.76	1327.29	427.30

中国农业科学院合同签订情况汇总

序号	单位名称	合同总数（份）	合同交易总金额（万元）	当年实收总金额（万元）	技术合同总数（份）				其他合同总数（份）		合同买方类型（份）					
					技术开发	技术转让	技术咨询	技术服务	产品销售	其他	政府部门	科研机构	大中专院校	大中型企业	乡镇企业	其他
1	作科所	15	1 516	745	3	12								3		12
2	植保所	15	160	114		5		10								15
3	蔬菜所	4	1 933	1 930	1	1		2			2			1		1
4	环发所	19	543	543	1	1	4	13			4	5	1	7	1	1
5	牧医所	30	999	782		9		21					1	25	3	1
6	蜜蜂所	5	910	910		5										5
7	饲料所	14	1 163	523		6				8		1		7		6
8	加工所	30	3 551	1 470	21	2	2	5			5	2	1	22		
9	生物所	1	1 200		1									1		
10	农经所															
11	资划所	36	1 899	1 000			21	15			12			24		
12	信息所	653	1 353	1 188	5		248	8	300	92	13	156	40	268		176
13	质标所	31	461	331	31						1	7	2		14	4
14	研究生院															
15	出版社	680	581	581					380	300						680
16	灌溉所	3	55	55			3					3				
17	水稻所	39	3 085	1119		39								39		

（续表）

序号	单位名称	合同总数（份）	合同交易总金额（万元）	当年实收总金额（万元）	技术合同总数（份）				其他合同总数（份）		合同买方类型（份）					
					技术开发	技术转让	技术咨询	技术服务	产品销售	其他	政府部门	科研机构	大中专院校	大中型企业	乡镇企业	其他
18	棉花所	7	587	326		7								7		
19	油料所	2	210	200		2							2			
20	麻类所	2	24	24	1		1						1	1		
21	果树所	105	119	82			1	104				1	1	100		3
22	郑果所	66	580	510	30		5	15	16			2	6	3		55
23	茶叶所	100	1 018	539		4	2	94			23	10		20	47	
24	哈尔滨兽医所	29	24 100	16 375	2	15				12				17		12
25	兰州兽医所	118	11 826	4 571	2	2			114		11	20		54		33
26	兰州牧药所	12	370	219	4	7		1			1			11		
27	上海兽医所	2	450	225		2										2
28	草原所															
29	特产所	2	1 500	1 500		2								2		
30	环保所	40	495	470			10	15	15			10	15	15		
31	沼科所	15	120	120				15							15	
32	农机化所	51	1 541	702	23	6	3	4	15		3	2	1	4	41	
33	烟草所	13	1 375	1 375	8			5						8		5
	合计	2 139	63 722	38 530	133	127	300	327	840	412	75	219	71	639	121	1 011

关于共建“中国农业科学院深圳生物育种创新研究院”的补充协议

甲方：中国农业科学院（以下简称农科院）
乙方：深圳华大基因研究院（以下简称华大）

甲乙双方合作共建中国农业科学院深圳生物育种创新研究院（以下简称深圳院），经过 1 年多的筹建，在深圳市政府的关心支持下，已初步完成科研用房、试验用地等基础设施建设。为了进一步理顺管理体制，明确运行机制，促进共建发展步伐，双方在认真总结前段合作共建的经验教训基础上，客观分析了实际存在的问题和困难。就今后深圳院的管理模式、合作共建的操作方式进行了协商，达成了共识，形成如下补充条款。

一、深圳院建设发展模式的改进

1. 实行“一个平台、双轮驱动”合作共建方式

鉴于客观上农科院对深圳院投入人力、资金、项目存在着体制性障碍，反过来也影响华大投入的积极性。为此，双方协商同意，在深圳院这个平台上，将合作共建的任务一分为二。农科院和华大分别另行建立各自独立的实体机构，分别负责投资、建设、管理，形成深圳院合作共建的双轮，驱动合作共建步伐。

深圳院作为双方合作的平台，维持运行，提供服务，双方共管。

本协议生效后，农科院将申请登记“中国农业科学院深圳试验基地”（暂定）；华大的名称自定。以这两个实体分别运作，成为今后双方合作共建的具体推进单位。

双方利用各自实体机构运作所形成的固定资产和知识产权，归各自所有；双方利用深圳院合作开展的项目所形成的固定资产和知识产权，根据不同项目情况双方另议。

2. 运营机制

（1）双方研究细化深圳院的功能定位和发展战略，探寻未来促进深圳院发展新思路。

（2）深圳院原有领导班子和工作团队保持相对稳定，具体负责和承担深圳院的日常管理，为两个实体机构提供协调、服务。

（3）双方利用深圳院平台，保持定期工作磋商与沟通机制。原则上每季度 1 次。磋商结果以及沟通情况，以深圳院工作季报形式分送双方有关领导和相关部门。

二、深圳院有关权益的使用、处置

1. 深圳市政府已经为深圳院提供的新马厂科研用房、鹏城片区试验地，原则上按面积一方一半。各自负责所使用面积的管理并承担费用。公用部分由深圳院管理，所产生的费用，按双方所使用的面积分摊。

2. 100 亩建设用地，请市政府按中国农业科学院、深圳市华大基因研究院各 50 亩，分别进行土地证登记。由深圳院向市政府行文，说明为解决中国农业科学院的建设项目、资金投入、固定资产登记、科研人员进入等体制障碍，为促进双方加快投资建设而分别进行土地证登记的必要性。

3. 深圳院的荣誉、政府部门提供的各类证书等，双方均可无偿使用。

4. 以深圳院名义申请并获批的科研项目，仍由深圳院按项目管理的有关规定执行和管理。

5. 深圳院开办费的平衡以及人员安排如下。

（1）双方开办费使用的平衡方法：双方在合作初期已各投入 1 000万元的开办费，华大于2011 年 10 月 27 日经双方协商同意后以项目费科目使用了600 万元。现双方同意，深圳院仍以项目费科目由农科院使用600 万元。

（2）平衡深圳院已发生的运转费：考虑到深圳院已实际发生开支和双方年度运转费支付方式、承担内容的差异，农科院已经给付深圳院的220 万元年度运转费，作为深圳院的运转开支；华大为深圳院提供的办公条件、工作人员、公共服务、人员食宿等支撑和服务，视为以物资、人力、服务等方式支付了深圳院的年度运转费，并负责至搬进新马厂后止。

（3）深圳院现有人员的安排：原则上，深圳院现有管理和工作人员，工资和工作关系在原单位的，仍保持原管理办法不变。劳务津贴发放范围和标准，由深圳院研究确定。已正式入职深圳院的人员，在保持基本稳定的前提下，按照一个平台，双轮驱动的原则，进行调剂和处理。

今后，深圳院根据工作需要，仍将以合同聘用管理方式，进行新人聘用。科研项目用人，随课题进出，由课题负担。

三、明确双方今后合作的路径

双方充分肯定进行战略合作的重要性，一致认为是现代生物农业发展的需要和必然选择。经过双方认真研究和讨论，今后合作的路径是：服从和服务国家重大战略需求，共同致力于现代农业科研领域高精尖技术研究开发，促进我国现代农业的建设和发展。

今后，农科院的科学家在开展植物、动物、微生物基因资源，新基因发掘、分子育种设计和理论与技术体系研究，以及在病虫害基础生物学等领域，开展前沿性、创造性、实用性等方面研究时，与华大科研人员密切合作，借助华大超一流的基因测序和生物信息分析能力，共同努力早出成果，出大成果。

具体合作研究，由农科院的国家重点实验室和国家重点科学工程团队与华大的科研团队进行全面对接。双方在共同研究产生重大科研成果后，在符合有关政策规定的前提下，进行产业化方式开发。所产生的效益，反哺和促进双方科研事业的发展。

本补充协商，双方签字之日起生效。

中国农业科学院	深圳华大基因研究院
代表人（签字）：	代表人（签字）：
2013 年 4 月 17 日	2013 年 4 月 17 日

中国农业科学院　阜平县人民政府
战略合作框架协议

为支持阜平县扶贫攻坚工作，加快转变农业经济发展方式和当地群众脱贫致富步伐，经国家机关事务管理局协调，中国农业科学院积极协助阜平县开展现代农业科技示范园建设工作，并在农业、林果业、畜牧、加工业等方面为阜平县提供广泛的技术、智力支持。双方本着优势互补、共同发展的原则，经友好协商，达成如下战略合作框架协议。

一、合作领域和内容

（一）现代农业科技示范园项目规划设计

按照国家级示范园标准，依托阜平县职业技术教育中心，中国农业科学院北京中环易达设施园艺科技有限公司为阜平县制定现代农业科技示范园项目规划设计方案，建立适合阜平的高效产业化生产模式，将种植、养殖园区打造成为集高效生产、成果推广、技能培训为一体的现代农业产业基地，并引进配套技术和成熟运营模式，指导园区的运行管理。

（二）建设农业科技示范项目

1. 结合阜平大枣资源优势，中国农业科学院选择适宜区域，综合利用良种良法、灌溉、施肥和植保等先进技术，帮助阜平建立万亩大枣高产示范园区，打造河北省无公害高产大枣核心示范基地，扶持当地大枣产业发展。

2. 围绕阜平县无公害蔬菜生产发展需求，共建和指导建设一批高效无公害蔬菜生产基地和示范园区。中国农业科学院为阜平县推荐、引进适宜的蔬菜新品种及栽培技术，提高单位产量和综合效益，并协助阜平县引进、扩大订单销售规模。

3. 以中国农业科学院科技力量为支撑，结合阜平县区域特点和畜牧产业现状，共建或指导建设一批标准化生态养殖示范园区。中国农业科学院为阜平县推荐、引进适宜的动物品种，并对养殖技术、品种选择、疫病防控等方面进行全面技术指导，构建优质、高效、安全、生态的现代畜牧业产业发展体系。

4. 针对阜平农产品加工产业发展现状，中国农业科学院有针对性指导当地农产品加工技术，并积极引导所属企业与当地企业开展合作，推荐联系有实力、发展前景广阔的企业入驻阜平，提高阜平特色农产品产业的附加值。

5. 中国农业科学院将阜平县作为新品种、新产品、新技术试验示范基地。阜平县政府积极配合，并根据需要提供有关场地和配套政策支持。

（三）合作建设新型农业科技创新与推广体系

中国农业科学院依托所属的有关科技平台，与阜平县人民政府共同开展农业产业开发工作；双方联合申报和指导阜平县申报各类国家农业项目，开展项目可行性研究和申报文本编制等工作；参与阜平县农技推广改革与建设，探索构建以政府为主导，学校（职教中心）为依托，龙头企业和农民专业合作组织共同参与的农技推广新模式。联合实施农业综合开发、科技扶贫开发、科普传播工程、科技特派员行动计划等科技推广类项目，推广普及新品种、新技术、新产品，全面提升阜平县现代农业发展能力。

（四）合作建设人才培养和农业技术服务体系

依托教育和人才资源，结合阜平县经济社会发展需要，中国农业科学院在阜平县建立教学实习基地和创业实习基地，通过学历教育和继续教育等形式，为阜平县经济社会发展培养更多高层次、复合型人才。

中国农业科学院组织专家定期开展现代农业技术培训，为阜平县培养懂技术、善经营、会管理的新型农村致富带头人，提升其综合素质和示范带动能力。

二、合作机制

1. 成立中国农业科学院、阜平县人民政府战略合作领导小组及专家顾问组。领导小组由中国农业科学院领导担任组长，阜平县人民政府县长担任副组长，并邀请国家机关事务管理局有关领导担任副组长；领导小组成员由中国农业科学院和阜平县人民政府有关县级领导和部门负责同志及专家组成；顾问组由中国农业科学院安排所属单位专家和邀请相关领域专家组成。

2. 建立定期会议协商制度。由领导小组会议研究决定双方合作的重大事宜，协调推进合作进程，扩大合作领域，及时解决合作中出现的具体问题，有效促进战略合作工作开展。

3. 制定工作实施方案。按照本协议，双方进一步磋商制定具体工作计划，对每年确定的合作目标，强化落实措施，确保圆满完成工作任务。

三、其他事项

1. 双方在协议履行过程中，对对方的战略、规划、重大产业布局、商业和技术秘密及其他涉密事项负有保密义务。

2. 双方根据合作需要，就本协议所涉及的具体合作项目和业务可另行签订有法律约束力的文件；具体合作项目与本协议内容不一致的，以双方签订的具体合作项目和业务文件为准。

3. 本协议未尽事宜，由双方协商确定。

4. 本协议一式 4 份，双方各执 2 份。

5. 本协议自双方签字并加盖公章之日起生效。

中国农业科学院

法人（或授权）代表：

2013 年 5 月 22 日

河北省阜平县人民政府

法人（或授权）代表：

2013 年 5 月 22 日

成都市人民政府　中国农业科学院
共建成都国家现代农业示范区科技合作协议

为了促进国家现代农业示范区的建设与发展，推动农业科技创新和成果转化，成都市人民政府与中国农业科学院经研究协商，决定建立全面、长期、稳定的合作关系，并就共建成都国家现代农业示范区达成如下协议。

一、合作背景

中国农业科学院是国家级专业科研机构，具有明显的技术、人才和成果优势，在科技创新和解决我国农业领域重大科技问题、科技兴农等方面发挥着重要作用；成都国家现代农业示范区地处天府之国腹心地带，资源丰富，现代农业发展基础条件好，是目前全国唯一副省级城市整市推进的国家现代农业示范区。双方开展全面合作，对于加快成都区域经济发展、促进科技成果转化、带动农民增收具有重要的意义。

二、合作宗旨

本着“优势互补、互利共赢、共同发展”的原则，充分发挥中国农业科学院科技、人才、成果以及成都国家现代农业示范区政策、资源、区域等优势，共同推进农业科技创新和成果转化，为成都现代农业示范区建设和发展提供强有力的科技支撑。

三、合作内容

（一）共建试验示范基地。在成都国家现代农业示范区共建农业高端种业基地、农机具研发平台、农产品精深加工研发平台、创意农业示范基地，共同开展粮经新品种、新型适用农机具、精致熟肉制品和茶叶衍生品等研究与实验示范工作。针对成都国家现代农业示范区在农产品精深加工、食用菌新品种培育等方面的实际技术需求，双方组织有关专家开展合作研究和联合攻关。

（二）合作推广农业技术。中国农业科学院研发的科技成果优先在成都国家现代农业示范区示范推广。围绕成都国家现代农业示范区农业产业发展的关键技术问题，合作向国家及地方政府申请有关科技推广和成果转化项目，推动科技成果的转化。

（三）加快人才培养。中国农业科学院对成都国家现代农业示范区发展现代农业进行技术指导，在成都国家现代农业示范区建立中国农业科学院博士工作站，通过开放科研平台、学术交流、技术培训等形式，为成都国家现代农业示范区培养各类实用技术人才。

四、合作组织

成立“中国农业科学院—成都国家现代农业示范区科技合作领导小组”，下设办公室，分别设在中国农业科学院成果转化局和成都市农业委员会，负责落实具体合作事宜。双方定期召开联席会议或实地考察，研究解决实际问题。

五、附　则

（一）本协议未尽事宜由双方另行协商决定。

（二）本协议有效期5年，自签字之日起生效。协议期满后，双方可协商续约。

（三）本协议一式4份，双方各执2份。

成都市人民政府

代表（签字）：

2012年5月30日

中国农业科学院

代表（签字）：

2012年5月30日

中国农业科学院　通州区人民政府
共建通州院区合作框架协议

甲方：中国农业科学院

乙方：通州区人民政府

在农业部与北京市人民政府共建通州“四化同步”示范区暨中国农业科学院通州院区战略合作协议的大框架下，充分发挥中国农业科学院的科技、人才优势和通州区的人文、区位优势，在通州区于家务乡建设中国农业科学院通州院区（占地面积约 6 200 亩，以下简称“通州院区”）暨通州“四化同步”核心示范区，签订本合作协议。

一、合作原则

根据新时期国家对农业的战略需求，北京都市型现代农业的发展需要，通州全力“打造功能完备的首都城市副中心”、建设“四化同步”示范区的建设需要，以“科技引领，产业牵引，效益优先”为宗旨，双方本着优势互补、协同创新、共建共享、合作共赢的原则开展全面合作，共同推进通州院区建设，为全面建设中关村国家自主创新示范区唯一的国际种业特色产业基地提供科技、人才和资源保障。

二、建设目标

立足产业需求、突破关键技术、服务经济与社会发展，以建设国际一流的“现代农业科技硅谷”为目标，着力解决一批事关我国农业产业发展全局的核心技术问题，引领国家农业科技创新能力和支撑产业发展能力大幅提升，形成一批高水平的农业科技创新平台、成果转化基地、高端人才培育基地和科普基地，培养凝聚一批优秀的领军人才和结构合理、动态优化的创新团队及技术扩散团队。

利用 3 ~5 年的时间，集中建设通州院区的主体功能区，基本实现科研条件优良、基础设施完善、管理运行高效的阶段性目标，迅速集聚一批大企业、打造一批大品牌，在建设“功能完备的首都城市副中心”和“四化同步”示范区的进程中发挥核心引擎作用，构建通州高端农业科技创新产业链。

通过 10 年的努力，将通州院区建设成为国际一流的农业科技创新基地，国际一流的农业科技成果先导试验示范基地，国际一流的农业高端人才培养及农业科普教育基地，面向全球的农业国际合作与交流基地，成为我国农业科技跨入世界先进行列最具标志性的支撑平台，支撑通州区打造“功能完备的首都城市副中心”目标的全面实现。

三、共建内容

通州院区由核心区和辐射带动区两个部分组成。核心区主要承载科技创新、产业孵化、人才培养、交流展示等功能；辐射带动区主要以科技成果转化应用及良种良法试验示范为重点，以打造战略性新兴农业产业集群为目标。

（一）建设科技创新园，强化重点领域原始创新

围绕农作物生产力突破、资源高效利用、生态与生物安全、新材料创制、新型农业生产方式等战略性、关键性科学领域，重点建设现代生物育种与示范、现代农业高效生产体系创新与示范、智慧农业研发、转基因动物及饲料研究、病原微生物跨种间传播规律与防控研究5个创新中心，建立5～10个以国家重大科技基础设施为主体的新型自主创新平台，构建10～20个面向未来的现代农业关键技术支撑体系。

（二）建设产业孵化园，突破关键技术瓶颈

对科技创新产生的高值化农产品、生物农药、新型肥料、新型饲料、纳米技术与新材料等具有产业开发前景的新技术、新产品、新材料等进行中试熟化，重点构建高值化农产品、绿色植物保护产品、都市型农业关键技术、新型功能肥料、新型饲料和生物反应器、纳米技术与新材料六大产业孵化区。吸引涉农领域的10～15家世界五百强企业、100家以上的农业产业化龙头企业入驻于家务工业园。

（三）建设人才培养园，聚集农业科技和管理领域的高端人才

依托甲方品牌优势，充分利用国际合作交流平台，集聚数百名国内外农业科技领军科学家、50个左右具有国际一流水平和影响力的创新团队。建设一个集国家级科研机构研究生教育、国内农业科研与技术人才培训、国内农业产业管理人员培训、国际科技人才培训和来华留学生培养于一体的高端人才培养基地。

（四）建设交流展示园，先导示范高新科技成果

集成并推广100个区域化、标准化高产高效新模式；示范展示国际先进和国内一流的大田作物、园艺作物、畜禽优良新品种200个；推广以现代农业生物技术、现代农业工程技术、现代农业信息与物联网技术及现代农业环境自动化模拟调控技术为核心的新

技术体系成果 300 项；为全国现代农业建设和“四化同步”发展提供示范引领。

（五）建设管理服务中枢，打造“智慧院区”

基于 4G 技术、云计算、物联网等新一代信息技术的综合集成，配以管理、制度创新，纳入公共服务、人文关怀及生产生活生态发展的一体化配套，将通州院区打造成未来智慧城市发展建设的风向标，北京国际化大城市生态建设的新样板，都市休闲与文化产业的新亮点及国际一流科技院区建设的领航者。

四、双方分工

（一）甲方责任

1. 负责申请通州院区规划编制专项经费，启动院区总体规划、控制性详细规划和修建性详细规划等编制工作。

2. 依据《全国农业科技创新能力条件建设规划》，率先启动一批重大项目，构建以重大项目建设为基点、撬动基地整体发展的有利格局。

3. 依托自身科技优势，结合通州区现代农业发展需求，率先开展全国农业“增粮增效”示范项目，协调农业部将“四化同步”各项政策引入通州，以通州国际种业科技园区为核心，与通州区共同建设国家“四化同步”试点区域。

4. 加快推进中关村院区的土地置换，力争国家条件建设投资和科技活动经费持续增长，多渠道投入资金，保障通州院区建设与运行。

5. 配合乙方协调国家有关部门对通州院区建设用地指标给予支持，确保通州院区各项建设内容顺利实施。

（二）乙方责任

1. 协助甲方做好土地规划及城市规划的审批及建设用地手续推进事宜，落实通州院区农用试验用地的土地流转及农用地征为国有土地相关手续审批。

2. 协调通州院区土地流转、征用等行政审批，积极落实各项政策优惠，协助办理土地划拨手续。

3. 积极争取北京市政府及有关方面的政策、项目、资金、人才等整体支持，保障配套基础设施完善，推进通州院区建设。

4. 优化区域投资环境，促进甲方遴选的产业化项目落户。

5. 加大政策支持力度，把国家现代农业科技城、中关村国家自主创新示范区等政策体系对接到甲方的通州院区，同时保障专家公寓和研究生宿舍落实。

（三）双方共同责任

1. 合作方式和合作内容的变更由双方共同协商解决。

2. 双方共同申请国家和国际合作项目，乙方在技术研发、示范推广和产业孵化等方面对甲方提供优先优惠政策。

3. 双方积极调动参与通州院区建设和科技合作各方人员的积极性，对有突出贡献的单位和个人，双方协商给予奖励。

五、工作机制

双方联合成立通州院区共建领导小组；领导小组设办公室，负责具体合作事宜的实施及日常管理工作。

六、附　则

1. 本框架协议涉及的具体实施事宜，经双方另行磋商解决并签署具体合作协议。

2. 本框架协议一式4份，双方各执2份，协议内容自签字盖章之日起生效。

中国农业科学院

代表（签字）：

2013年8月26日

通州区人民政府

代表（签字）：

2013年8月26日

中国农业科学院　黑龙江省农业科学院
科技合作协议

为了进一步落实黑龙江省人民政府与中国农业科学院签订的战略合作协议，发挥黑龙江省农业科学院资源、区域以及中国农业科学院人才、技术等优势，促进黑龙江省现代农业的发展，为农业科技创新和成果转化做出更大贡献，为保障国家粮食安全提供更好的技术支撑，双方决定本着求真务实、优势互补、重点突出、互利共赢的原则，开展进一步的深化合作，经协商，达成本协议。

一、合作背景

2009 年，黑龙江省人民政府与中国农业科学院签订了战略合作协议，并开展了一系列实质性的科技合作，为促进黑龙江省现代农业发展和产业技术升级，提高农业综合生产能力发挥了积极的作用。近年来，黑龙江省农业科学院有多个研究所与中国农业科学院有关研究所建立起了合作关系，共同承担一系列国家各类研究课题，内容涵盖了土壤肥料、生态环境、生物技术、病虫害防治和动植物育种等多个领域，取得了一批高水平的科技成果。

二、合作宗旨

中国农业科学院是国家级综合性农业科研机构，拥有明显的人才、技术、成果、平台等方面的优势，担负着引领国家农业科技创新与发展的重任，在农业重大基础研究、应用研究和高新技术研发等方面有显著的优势；黑龙江省农业科学院是黑龙江省最大的综合性农业科研机构，多年来为区域农业发展做出了重要贡献，为保障全省粮食持续稳定增长提供了强有力的科技支撑。双方将通过深入的合作，科学配置优势资源，共同提高科学研究水平，实现科技创新、成果孵化、人才培养的多重功能。

三、合作内容

1. 加强合作研究。针对国家、地区乃至国际发展前沿的热点问题，采取共同申报项目等多种形式开展合作研究。将现有研究所间的合作提升为院级层面合作，科学规划合作领域，重点开展农作物分子种育、土壤肥料和资源环境、植物保护、生物技术等研究。

2. 共建科技创新平台。通过共建农业产业示范园、科技创新研发基地等形式，逐步建立覆盖黑龙江省、辐射带动全国的农业科技产业发展网络，形成科技研发、示范、转化相互支撑和相互衔接的发展体系。重点建设水稻、玉米、大豆、蔬菜、果树等作物试验基地和标准示范园，带动有关地区相关产业的发展。

3. 联合开展科技服务。根据黑龙江省农业生产需要，中国农业科学院组织专家参加黑龙江省农业科学院的院县、院村共建等活动，开展科技咨询、科技讲座等科技服务工作，促进科技成果转化。

4. 共同培养人才。发挥中国农业科学院科技和人才的优势，开展人才联合培养工作。黑龙江省农业科学院定期或不定期选派科技和管理人员到中国农业科学院相关单位开展合作研究、进修和学习深造。双方互派访问学者和挂职干部。

四、合作组织

双方成立合作领导小组，组长由中国农业科学院和黑龙江省农业科学院主管领导担任。领导小组下设工作办公室，分别挂靠在中国农业科学院成果转化局和黑龙江省农业科学院科技处，负责合作日常管理工作，组织落实具体合作项目。

五、附　则

1. 协议中未尽事宜，由两院合作领导小组研究商定。具体合作项目由承担研究所另行签订专项合作协议并组织实施。

2. 本协议有效期为 5 年，签字盖章后生效；协议期满后，双方可协商续约。

3. 本协议一式 4 份，双方各执 2 份。

中国农业科学院

签字：

2013 年 9 月 18 日

黑龙江省农业科学院

签字：

2013 年 9 月 18 日

株洲市人民政府　中国农业科学院 农业科技战略合作协议

为了推动株洲市现代农业发展，进一步提升科技创新能力和农业产业化水平，全面提高农业科技在农业增产增收中的贡献率，实现市委、市政府提出的“提前三年全面实现小康社会”的发展战略目标，经协商，株洲市人民政府与中国农业科学院决定建立全面、长期、稳定的战略合作关系，达成如下协议。

一、合作背景

中国农业科学院是国家级综合性农业科研机构，具有人才、技术、成果等优势，在解决我国农业科研的基础性、方向性、关键性重大问题以及科技兴农、科技扶贫等方面发挥着引领和支撑作用；株洲市地处湖南省中部，气候适宜，农业资源丰富，是国家粮食优势产区之一，农业生产整体水平较高，农业科技创新发展较快，在水稻、花卉、蔬菜等研究领域具有明显的优势。中国农业科学院与株洲市人民政府开展全面合作，对于加快株洲现代农业发展，促进农业增产增效具有重要意义。

二、合作宗旨

本着“优势互补、互利共赢、共建共享、持续发展”的原则，充分发挥中国农业科学院科技、人才、成果以及株洲市区域、资源、政策等优势，通过“平台共建、学科共建、基地共建、产业对接”等方式，共同推进农业科技创新和成果转化，将中国农业科学院的科技优势转化为株洲现代农业发展的优势，促进中国农业科学院的成果在株洲转化应用，为株洲市现代农业和农村经济发展提供强有力的科技支撑。

三、合作内容

（一）加强规划指导

中国农业科学院帮助株洲市人民政府制定和完善全市现代农业发展规划、特色产业发展规划、统筹城乡发展规划，促进区域经济社会协调可持续发展。

(二) 加强平台共建

中国农业科学院与株洲市人民政府共建茶陵湖湿地及野生稻资源原生境保护野外科学观测站、炎陵东方百合种球国产化核心繁殖(研发)基地、科技成果中试与转化基地、农业科技信息服务等科技平台,推动相关学科的共建与发展。

(三) 加强产业对接

加强中国农业科学院有关研究所与株洲市水稻、蔬菜、茶叶、花卉、果树、甘薯、油料、生猪、农产品加工、重金属污染治理等有关产业企业的对接合作,提升株洲市农业产业的科技水平。

(四) 加强成果转化

中国农业科学院的新品种、新技术、新产品等科技成果优先在株洲市示范转化,株洲市政府负责提供土地、人力等资源并协助组织实施,推进科技成果在株洲市及湖南省的转化应用。

(五) 加强人才培养

中国农业科学院对株洲市发展现代农业和特色产业进行技术指导,帮助定向培养人才。通过开放科研平台、学术交流、合作研究、技术培训、挂职锻炼等形式,为株洲市培养一批科技领军和实用技术人才。

(六) 加大扶持力度

中国农业科学院有关研发项目优先在株洲市实施。株洲市人民政府配套相关政策予以支持,包括配套建设院地合作专家工作楼、配套设立院地合作专项奖励基金、配套设立院地合作项目专项配套资金,配套制定院地合作建设用地优惠政策。

四、工作机构及运行机制

(一) 成立院地合作工作领导小组

成立“株洲市人民政府—中国农业科学院”农业科技战略合作工作领导小组,株洲市人民政府主管市领导和中国农业科学院主管院领导任负责人。领导小组下设办公室，分别设在株洲市农业局和中国农业科学院成果转化局，负责院地合作的日常事务和具体合作内容的落实。

（二）建立高效运行机制

1. 会议机制：每年召开1次合作工作领导小组工作会议，总结当年的工作，研究部署下一年工作，推进战略合作向纵深发展。

2. 交流机制：不定期邀请中国农业科学院专家来株洲市现场考察，指导农业科技和产业发展工作，组织举办各类培训班；组织株洲市有关技术人员或企业负责人赴中国农业科学院参观学习，到相关研究所从事科研工作。

3. 激励机制：株洲市人民政府设立院地合作“神农学者奖”，奖励在院地合作中有突出贡献的专家。

五、附　则

1. 本协议未尽事宜由双方另行协商决定。

2. 本协议有效期五年，自签字之日起生效，期满后双方可协商续签。

3. 本协议一式4份，双方各执2份。

株洲市人民政府

代表（签字）：

2013年9月24日

中国农业科学院

代表（签字）：

2013年9月24日

大连市人民政府　中国农业科学院
农业科技战略合作协议

为加强农业科技合作与交流，不断提升大连市农业科技水平，加快都市现代农业发展，大连市人民政府与中国农业科学院决定在互惠互利的基础上，建立长期友好的农业科技战略合作伙伴关系，并达成本协议。

一、合作背景

中国农业科学院作为国家综合性农业科研机构，是我国农业科技战线的主力军，为我国农业和农村经济发展做出了重要贡献。大连市是东北地区对外开放的窗口，农业资源丰富，区位优势明显，都市现代农业建设具有良好的基础。双方共同加强农业科技合作和农业信息交流，对于实现优势互补、资源共享，提升农业科技水平，加速科技成果转化，加快大连市都市现代农业发展，促进大连市农业农村经济实现持续快速发展具有重要意义。

二、合作宗旨

按照政府引导、院企合作、市场运作的原则，围绕优势互补、突出重点、互惠互利和共同发展目标，立足强化协作、统筹资源、激发活力、互赢共促，将中国农业科学院科技创新、人才培养、社会服务等优势和大连市农业农村的资源基础和产业发展有机结合，发挥科技创新、成果孵化、人才培养、资源聚集的多重功能，携手推动产学研合作和科技成果产业化，为大连市都市现代农业持续健康发展提供强有力的科技支撑。

三、合作内容

（一）为农业和农村经济发展提供战略决策咨询。围绕大连市优势资源发展战略和区域发展相关重大农业科技问题，尤其是都市现代农业发展和农业农村可持续发展战略等，共同组织院士、学者和专家，开展战略研究和咨询活动；参与大连市农业产业技术政策、发展规划、农业科技规划的研究制定和组织实施，探索都市现代农业产业体系和发展新模式。

（二）为都市现代农业战略实施开展联合科技攻关。根据大连市区域资源、产业特点，重点在畜牧、水果、蔬菜和花卉等优势产业品种选择、技术集成、应用示范等方面进行合作，联合开展主要农作物和畜牧品种优质、高产、高效科技攻关，提高都市现代农业综合生产能力。

（三）联合组织实施国家农业科技重大项目。围绕提高大连市农业科技水平，双方联合组织申报和实施国家科技支撑计划项目、“863”项目、“973”项目及现代农业产业技术体系等重大农业科研、推广及产业化项目。加强在粮食、水果、蔬菜和花卉等作物新品种、新技术研发以及生物技术育种等领域的合作。

（四）合作共建研发机构及实验、示范平台。中国农业科学院在大连市建立现代农业科技研发机构（研究所），为大连市都市现代农业发展提供科技支撑，进而使大连市成为全国都市农业科研的重要基地，大连市在政策、项目、资金、建设及科研试验用地等方面给予支持；在大连市共建农业重点实验室、农业高新技术试验示范基地，合作建立畜牧、水果、蔬菜和花卉试验站，建立一批特色畜禽、优质水果、蔬菜、食用菌、花卉、粮食、生物防治等新品种、新技术、新成果示范基地；合作共建金州国家农业科技园区、瓦房店市和庄河市国家现代农业示范区。

（五）合作推进农业产业化发展。与大连市农业产业化龙头企业紧密结合，建立一批农产品精深加工基地。重点在畜产品、水果、蔬菜和食用菌等精深加工与贮运等成套技术及装备开发等方面进行合作，提高大连市农业产业化水平。

（六）共同争取和实施国际合作项目。双方联合争取和组织实施国际合作项目，加强对外农业科技合作，积极从国外引进高新技术和品种，共同开发研制新产品，为农业提质、增产、增效搞好配套服务，提升农业科技创新能力。

（七）加强人才培养与交流。中国农业科学院定期安排专家来大连市作学术报告和科技培训，安排博士、博士后来大连市实习；大连市定期或不定期选派科技和管理人员到中国农业科学院相关单位开展合作研究、长短期进修、学习深造；聘请中国农业科学院专家为大连市农业生产相关领域重点工程、项目的技术顾问，帮助解决科研生产中遇到的技术难题。

四、工作平台

大连市与中国农业科学院在大连共建现代农业科技研发机构（研究所）、农业重点实验室、高新技术试验示范基地、新品种新技术推广工作站和实习基地等多种形式的工作平台。大连市在政策、项目、资金、用地等方面给予支持，为中国农业科学院科技人员在科技研发、技术服务、技术咨询、示范推广等方面提供方便，保障农业科技战略合作工作顺利开展。

中国农业科学院围绕“七条合作”内容，为大连市提供科技支撑，安排一批国家科技研发、试验、示范、推广项目落户大连，确保“七条合作”落到实处，并取得实效。

五、合作组织

双方联合成立农业科技合作协调领导小组，组长由大连市政府市长、中国农业科学院院长担任，副组长由大连市政府主管副市长和中国农业科学院主管副院长担任。农业科技合作协调领导小组下设办公室，办公室设在大连市农委和中国农业科学院成果转化局，具体负责双方农业科技合作的组织、协调等工作。

六、合作方式

大连市与中国农业科学院采取政院合作、所企专项合作两种方式进行科技合作。双方提出的合作项目，由双方合作单位另行签署专项协议或合同。

七、协议附则

（一）协议中未尽事宜，由市、院农业科技战略合作领导小组研究商定。

（二）本协议有效期为 5 年，签字盖章后生效。协议期满后，经双方协商后可再行续约。

（三）本协议一式 4 份，双方各执 2 份。

大连市人民政府

签字：

2013 年 11 月 23 日

中国农业科学院

签字：

2013 年 11 月 23 日

中国农业科学院　大连市人民政府
共建中国农业科学院都市农业研究所协议书

为贯彻落实党的“十八大”关于实施“四化”同步和创新驱动发展战略的精神，加快推进科技创新，促进科技与经济的紧密结合，推动都市农业发展，中国农业科学院（以下简称甲方）、大连市人民政府（以下简称乙方）经友好协商，决定在大连市共同组建中国农业科学院都市农业研究所，并就建所事宜达成如下协议。

一、名　称

研究所中文名称拟定为：中国农业科学院都市农业研究所。

二、组织结构与编制

（一）中国农业科学院都市农业研究所（以下简称都市农业研究所）为事业法人，属公益类科学事业单位，报中编办批准设立，纳入甲方研究所管理序列。

（二）都市农业研究所固定编制人员规模按国家中编办批复为准，纳入甲方科技创新工程支持范围，流动人员包括项目聘用人员、在学研究生、博士后、客座人员与访问学者等。

三、定位和职能

都市农业研究所以“服务产业重大科技需求，跃居世界农业科技高端”为使命，坚持科技创新与区域创新相结合，坚持科技研发与创新创业人才培育相结合，坚持院市共建与国内开放、国际合作相结合，坚持科技创新与体制创新相结合，构建培育服务大都市，融生产、生活、生态、科学、教育、文化、健康、休闲观光于一体的都市农业研究体系，成为应用牵引、学科交叉、以现代技术集成创新为特色，具有“一流的成果，一流的效益，一流的管理，一流的人才”的国家研究机构，为大连乃至全国都市农业发展提供强有力的科技支撑。

——我国都市农业科技创新中心。面向国家战略需求，结合中国农业科学院科技布局调整的要求，围绕我国都市农业发展的科技需求，有选择地开展相关基础性前瞻性研究、先进适用技术研发与技术集成创新，解决都市农业发展面临的重大科技问题，形成学科特色鲜明、人才一流、综合实力强、产学研紧密结合的都市农业科技创新中心。

——我国都市农业科技成果转化中心。通过建立都市农业科技成果展示、交易和转化平台，开展国内外都市农业科技成果的展示示范与推广应用、农业生态观光园规划设计等，探索市场化的运作方式，加快科技成果的推广应用，支撑大连乃至全国都市农业健康、有序发展。

——我国都市农业科技国际合作与交流中心。以都市农业科技创新和产业发展为基础，建立我国都市农业科技对外合作与交流的平台，使之成为我国农业科技人员开展国际合作的重要舞台，国际组织和外国机构在国内开展高层次农业科技合作的基地，国家农业科技对外开放的重要窗口及国家农业科技实施“走出去”战略的重要前沿。

——我国都市农业人才培养基地。都市农业研究是社会学、经济学、农学等学科的交叉学科。我国都市农业发展历史较短，既懂农学，又懂社会学、经济学的新型综合人才处于短缺状态，需要在都市农业研究与发展的实战中锤炼与培养。都市农业研究所的大平台将成为我国都市农业人才的培训基地。同时依托中国农业科学院人才培养体系，加快都市农业的专业技术人才培养；通过建立都市农业培训基地，加强农业技术培训和科普教育，为大连乃至全国都市农业发展提供多层次多类型的人才支持。

四、体制与运行

（一）都市农业研究所实行理事会制度。理事会由甲乙双方人员组成，理事会向甲方负责。都市农业研究所所长为法人代表，由甲方推荐，副所长可由甲方、乙方推荐。所长、副所长由甲方按规定程序考察、商大连市委组织部门后任免。

（二）都市农业研究所建立职责明确、开放有序、评价科学、管理规范的现代科研院所管理制度，按适应社会主义市场经济和科技发展规律的新体制和机制运行。

（三）在中编办批复前，先由甲方在大连登记设立中国农业科学院都市农业研究所（事业法人），先期运作，乙方给予支持和协助。

五、投资与支撑

（一）甲方提供资金，用于实验、办公及配套设施以及田间工程建设，另按人员到位情况，逐年核定人员经费。都市农业研究所正常运行后，甲方逐年核拨基本事业费与基本科研费。

（二）乙方在普湾新区市区为都市农业研究所无偿划拨建设用地（具体面积由双方认定的发展规划确定），用于建设都市农业研究所在市区的实验、办公及配套设施以及都市农业科技成果展示区，负责地面现有建筑物的拆除和土地平整工作，提供水、电、路、气、通讯等基础设施到红线边；在郊区为都市农业研究所无偿划拨 1 500亩左右农业科研试验用地，用于都市农业研究所田间试验示范以及中国农业科学院新技术、新成果展示。协助甲方办理国有土地使用证及各种相关手续，并按国家及地方有关规定减免相应收费项目和费用。乙方提供部分配套资金，用于共建都市农业科技成果展示区等设施，并根据实际需要为研究所提供一定运行资金补助。

（三）乙方制定优惠政策，对都市农业研究所引进的科技人才及随迁家属给予落户、加入社会保障体系、经济适用房、入托入学就业等提供支持。

六、附　则

（一）本协议书经甲乙双方代表签字并加盖公章后生效。

（二）甲乙双方签署关于都市农业研究所建设备忘录，明确落实各项具体事宜。备忘录与本协议同等有效。

（三）本协议书一式4份，甲乙双方各执2份，同等有效。

（四）本协议书未尽事宜，由甲乙双方友好协商解决。

甲方：中国农业科学院

代表：

2013年11月23日

乙方：大连市人民政府

代表：

2013年11月23日

广安市人民政府　中国农业科学院
农业科技合作协议

为加快广安市现代农业发展，提高综合生产能力，推动特色农业产业发展，促进农民增收，统筹城乡经济社会发展，全面完成《广安市农业发展“十二五”规划》和《广安市现代农业示范区总体规划》提出的目标任务，经广安市人民政府与中国农业科学院协商，双方就建立长期稳定合作关系达成以下协议。

一、合作背景

广安市位于四川省东部，幅员辽阔，资源丰富，是全国重要商品粮和生猪生产基地。2010 年，广安区被农业部纳入第一批国家现代农业示范区。近年来，广安市农业农村经济持续增长，现代农业产业发展迅速，产业化经营水平不断提高，农业科技支撑效果不断增强，先后建成一批现代农业示范基地，为农业科技发展与成果转化奠定了良好的基础；中国农业科学院是国家级农业科研机构，有着明显的人才、技术、成果等优势，在解决我国农业科研的基础性、方向性、关键性重大问题以及科技兴农、成果转化等方面发挥着引领和支撑作用。双方开展全面合作，对推进广安市农业科技进步，转变生产经营方式，提高农业综合生产能力，实现城乡统筹发展和区域可持续发展具有重要意义。

二、合作宗旨

本着“优势互补、互利共赢、持续发展”的原则，充分发挥中国农业科学院科技、人才、成果以及广安市区域、资源、政策等优势，通过“技术合作、人才培养、信息交流”等方式，全面提升广安市农业科技创新和自我发展能力，搭建起科学的院市合作平台，合理配置优势资源，努力构建广安市现代农业生产布局，促进农业快速可持续发展。

三、合作内容

（一）开展农业技术合作。以中国农业科学院为依托，以企业化运行为主要机制，围绕重点产业和关键技术开展联合科技攻关，探索建立集科研、试验示范、技术推广等多元化的合作模式；中国农业科学院研究的新成果优先在广安应用推广，帮助广安市建设相关农业综合试验示范平台。

（二）联合培养技术人才。通过开放科技平台、开展合作研究、在广安市设立博士工作站、专家到广安市开展技术培训、选派干部到广安市任职以及广安市选派技术骨干到中国农业科学院进修学习等方式，为广安市培养各种类型农业科技人才。

（三）加强农业科技信息交流。中国农业科学院利用国内外的影响力及国际合作交流的优势，帮助广安市建设农业科技信息平台，为广安市招商引资、农产品营销、农产品监测、农产品监管及农业国际与国内合作提供信息支持。

（四）加强项目合作。围绕广安市农业特色产业发展，双方组织科技人员联合申报国家各级计划项目，通过项目实施带动提高科技创新和成果转化能力；广安市政府设立合作专项资金，纳入财政预算，用于支持双方合作的项目经费。

四、合作组织

成立合作工作领导小组，由广安市人民政府与中国农业科学院主管领导任负责人。领导小组下设办公室，分别设在广安市农业局和中国农业科学院成果转化局，负责合作的日常事务和具体合作内容的落实。

五、附　则

（一）本协议为框架协议，具体合作内容由双方所属单位另行签订专项协议。

（二）本协议有效期 5 年，双方签字并加盖公章后生效；期满后双方可协商续约。

（三）本协议一式 4 份，双方各执 2 份。

（四）本协议未尽事宜，由双方协商决定。

广安市人民政府　　　　中国农业科学院

代表（签字）：　　　　代表（签字）：

2013 年 12 月 28 日　　　　2013 年 12 月 28 日

四、国际合作与海峡两岸交流

中国农业科学院2013国际合作概况

2013年是“十二五”承上启下的关键一年，也是我院实施科技创新工程的开局之年，按照建设“世界一流科研院所”和实现跨越式发展的总要求，以“战略谋划、拓展伙伴、搭建平台、争取项目、扩大宣传、提升能力”为工作重点，以服务我院改革创新发展为宗旨，以不断提升我院国际化水平和国际影响力为目的，整合资源、创新管理，真抓实干，开拓创新，扎实推进各项工作，圆满完成年度各项工作任务，为我院科技创新和现代院所建设发挥了积极作用。

一、谋划全球布局，扩大合作空间

围绕世界一流现代院所建设目标，基本完成了全球农业科技布局的战略谋划和设计实施方案（美国ARS、UCDavis、MSU、Cornell；INRA；Wageningen；John Innes Center；EMBRAPA等）。紧密结合我院国际合作“十二五”发展规划中心任务和学科发展需要，精心组织9个院级代表团赴欧盟总部、荷兰、法国、美国、英国、意大利、法国、瑞士、肯尼亚、埃塞俄比亚、布隆迪、南非、俄罗斯、印度尼西亚等国世界一流科研单位调研访问，深入交流与探讨互利合作的优先领域和方式方法，积极拓展战略合作伙伴关系，并达成多项合作议题和意向。新签署科技合作备忘录、协议和会议纪要19个，包括《中国农业科学院与泰国国家科技发展署合作协议》《中澳小麦改良联合中心合作谅解备忘录》（中国农业科学院与澳大利亚莫道克大学）《中国农业科学院与德国联邦作物研究中心合作谅解备忘录》《中国农业科学院与秘鲁国家农业创新研究院合作谅解备忘录》《中国农业科学院与英国洛桑研究所合作谅解备忘录》《中国农业科学院与新西兰皇家植物和食品研究所合作谅解备忘录》《中国农业科学院与西班牙巴塞罗那大学合作谅解备忘录》《中国农业科学院与爱尔兰农业与食品发展部合作谅解备忘录》《中国农业科学院与比利时根特大学合作谅解备忘录》《中国农业科学院与法国农业、食品、动物健康及环境研究与教育联合体合作谅解备忘录》《中国农业科学院与瓦赫宁根大学教育与科技合作谅解备忘录（续签）》《中国农业科学院与泛美开发银行谅解备忘录》《中国农业科学院与欧盟委员会关于食品、农业和生物技术研究与创新合作意向书》《中国农业科学院—缅甸农业部—CABI三方合作协议》等。这些协议的签署，扩大了合作空间，对于有效推进我院与这些机构的长期实质性合作具有重要意义。

此外，与联合国粮农组织（FAO）在南南合作领域加强在农业科技领域的合作达成共识。与世界银行（WB）就农业技术转移、作物种质资源开发与利用、农业教育等领域同非洲的合作达成共识，促进了我院与非洲研究机构的合作。深化了与欧盟（EU）在农业科技领域的合作，促成了我院哈尔滨兽医研究所、上海兽医研究所参与欧盟第七框架项目“中国与欧盟跨界疾病流行病学和实验室研究”。推进了我院与湄公河地区国家的合作等。

同时，通过国家留学基金委和外专局等多种渠道，跟进落实，做实协议合作。我院农业科技“走出去元年”启动，走出去路线图初稿已得到中华人民共和国商务部（以下简称商务部，全书同）、科技部和农业部等上级部委的表态支持。

二、搭建国际合作平台，助推科技创新

在系统调研和梳理现有国际联合实验室问题与成效基础上，围绕全球布局，强化部委协调攻关，把我院纳入科技部、农业部和商务部等部委的规划日程，谋划搭建各研究所的国际联合实验室建设规划，制定具体管理办法，助推研究所的科技创新。

与澳大利亚悉尼大学在悉尼共同建立了“中澳可持续农业生态联合实验室”，是我国第一个设在大洋洲的农业科技联合实验室，是继中国—巴西农业联合实验室后我国农业科技海外布局的又一项重要举措。与澳大利亚莫道克大学共同设立“中澳小麦改良联合中心”。与新西兰植物和食品研究所共建了“中新果树科学联合实验室”，双方将在果树功能基因发掘、分子育种、果树生长发育调控、果品贮藏与加工、果品质量安全等具体领域有重点地开展合作，以期实现果树特色品种选育、抗病品种选育和现代育种技术在果树育种技术中的应用。与国际半干旱研究所（ICRISAT）共建了“花生黄曲霉毒素防控联合实验室”，该联合实验室将在抗黄曲霉毒素污染花生品种培育，花生黄曲霉毒素污染监控系统，气候变化对毒素污染影响，快速、准确、高效的黄曲霉毒素检测产品研发，黄曲霉毒素污染综合防控措施等方面开展合作研究。此外，还与国际植物营养研究所（IPNI）共同建立了“植物营养创新研究联合实验室”。与美国农业部就共建“中美农业政策信息联合实验室（中心）”，以及与美国农业部农业研究局就在美 Beltsville 设立“中美生物防治联合实验室”达成了共识。

2013 年，科技部认定我院北京畜牧兽医研究所为“奶业国际联合研究中心”，蔬菜花卉研究所为“设施蔬菜资源高效利用国际科技合作基地”，哈尔滨兽医研究所为“动物用生物制剂研究国际科技合作基地”，标志着我院在国际科技交流和科研创新方面迈上新的台阶。同时，植物保护研究所绿僵菌生物防蝗和北京畜牧兽医研究所中国西门塔尔牛新品种选育被授予国家外专局引智基地。

此外，我院还积极利用多种资源（特别是 CGIAR 定向捐款）支持已有合作平台的建设与运转，有效提升了已有国际合作平台的功能发挥，为我院在更高层次开展国际合作起到很好的助推作用。

三、强化项目争取，拓宽资金渠道

充分利用国内外多种渠道，与研究所和科学家共同发力，形成合力，大力争取国际合作项目。获得科技部国际合作项目立项并签署合同书的项目9项，经费总额2 706万元。获得科技部对俄合作专项2项，批准经费400万元。获得科技部中国—罗马尼亚政府间项目2项，批准经费390万元。获得科技部对外援助项目2项，批准经费180万元。获得科技部中捷（中国—捷克）、中泰（中国—泰国）、中哈（中国—哈萨克斯坦）等例会项目共计5项。获得农业部国际交流与合作专项40项，批准经费1 073万元。获得外专局引进国外技术、管理人才项目24项，经费178万元。获得外专局引智成果示范推广项目11项，批准经费105万元。获得外专局高端外国专家项目5项，批准经费65万元。获得国家留学基金委公派留学项目62项，资助62人，经费约1 364万元。获得APEC基金1项，经费20万美元。获得财政部APEC基金1项，资助经费50万元。确定韩国RDA项目8项，经费3万美元。获得比尔盖茨基金会项目“在非洲开展牛传染性胸膜肺炎免疫效力与安全性评价”1项，经费127万美元。获得欧盟项目“中欧动物跨界疾病和人畜共患病流行病学和实验室研究”1项，经费54.4万元。获得国防科工局中国—IAEA/RCA核农学协调办公室运转经费支持10万元。

此外，我院还通过其他多种渠道申请到国内外国际合作项目104项（包括国外项目20项），支持经费共6 286.5万元（包括国外经费1 251.7万元）。

本年度我院共计获得各类国际合作项目241项，总经费达1.383 7亿元。这些经费的支持，对有效推进我院国际合作事业的发展和“世界一流科研院所建设”具有重要意义。

四、高质量举办重大国际活动，提升国际影响力

强化设计策划，高质量举办、承办系列重大国际活动，提升我院国际影响力。

（一）第三届中国农业科学院国际顾问委员会会议

组织举办了我院第三届国际顾问委员会会议，聘请7位世界顶尖专家担任我院国际顾问委员会委员，会议选举荷兰皇家科学院地球与生命科学委员会主席Roelof Rabbinge教授担任主席，美国洛克菲勒大学植物分子生物学实验室主任蔡南海（Nam-Hai Chua）教授为副主席。会议通过了《中国农业科学院国际顾问委员会章程》，并在听取我院工作报告的基础上，深入研讨了我院的国际定位、未来战略及下一步重点工作。会议形成了8万字的会议报告，从使命与远景、战略规划、整体协调性、内部与外部的科学家流动机制、对外交流与宣传行动计划等几方面对我院的发展提出了建设性意见和建议，对

我院未来发展具有战略指导意义。

（二）国际农科院院长高层研讨会

与联合国粮农组织（FAO）、国际农业研究磋商组织（CGIAR）和北京市科学技术委员会共同主办了“第四届国际农科院院长高层研讨会”，来自美国、俄罗斯、德国、韩国等60多个国家和地区的农业研究机构、农业大学、驻华使馆、跨国公司和相关国际组织的主要领导和知名专家，以及我国相关部委领导、25个省（市、区）农科院院长、农业大学校长、中国农业科学院院属研究所所长等共300余名中外方代表参加了大会。

会议紧扣当前全球农业发展面临的重大问题，以“农业科技创新、技术转移与产业发展”为主题，通过主题报告、分组讨论、成果展示等形式，交流总结农业科技推广和成果转化的有效做法与经验，探讨和提出了一系列重大农业科技创新命题，推动农业科技在政府、大学与科研机构以及企业间的合作与交流，展示中国农业科技与农业产业化发展的最新成果。与会代表围绕开展农业科技创新全球协作、提高发展中国家农业科技创新能力、发挥公立研究机构与私营企业在全球农业科技创新中的作用、通过农业技术转移推动农业产业和农村发展等议题进行广泛深入的交流和研讨，并达成《第四届国际农科院院长高层研讨会北京宣言》，对推进世界农业科技进步与合作起到积极作用，也极大地提升了我院的国际影响力。

（三）中国与CGIAR合作30周年论坛

与国际农业研究磋商组织（CGIAR）共同主办了“中国与CGIAR合作30周年论坛”，CGIAR基金理事会执行秘书、CGIAR中心联合体理事会主席和首席执行官以及所属12个研究中心的主任、所长或者理事会主席，以及中国农业科学院、中国科学院、中国林业科学研究院、中国热带农业科学院、中国水利水电科学研究院及国内相关农业科研机构/大专院校，共200多人参加了会议。

会议回顾了中国与CGIAR合作30年来的辉煌历程，并对未来远景、战略机制和合作计划进行了展望。会议通过主题报告、分组讨论等多种形式，对双方过去30年的合作经验和成效进行了系统总结，并对未来合作机制及重点合作领域进行了深入探讨，达成初步共识。会议联合发布了“中国农业科学院—CGIAR联合宣言”，双方同意在遗传资源、作物与动物育种、生物技术、生物安全、植物保护、自然资源管理、政策研究及食品质量等共同感兴趣的领域加强合作。

（四）中拉农业部长论坛农业科技分论坛

承办了由农业部主办的首届中国—拉丁美洲和加勒比（以下简称中拉）农业部长论坛农业科技分论坛，来自中国与拉丁美洲和加勒比22个国家的农业部、农业科研机构、农业企业及9个国际或区域组织代表150余人出席了论坛。围绕“深化农业科技合作，促进农业技术转移”主题，交流了农业科技发展进展，并就新形势下中拉农业科技合作的机遇和远景以及国际组织在中拉农业科技合作中的作用交流了看法，探讨了全面开展农业科技合作的方式和途径，并达成了广泛共识。

各方一致同意将围绕中拉农业产业转型升级和改善民生的重大需求，以突破重点领域核心关键技术和掌握自主知识产权为重点，通过共建联合实验室、研发中心、示范中心，联合执行国际合作项目、人员培训等方式，加强种质资源交换与品种选育、现代农业技术研发、先进实用技术推广、能力建设等方面的互利合作，为中拉现代农业产业的发展提供有力的技术支撑。

（五）FAO粮食安全高级别专家组会

受联合国粮食安全委员会粮食安全与营养问题高级别专家组（HLPE）委托，经农业部批准，我院于2013年5月在北京成功承办了“粮食安全与营养问题高级专家组指导委员会”第七次会议。会议讨论了“生物质能源”和“小农户投资”研究报告。对全球粮食安全和营养现状及其问题进行了评估和分析，对未来粮食安全行动关键领域重要问题进行了讨论。

此外，我院还主办/承办了金砖国家农科院院长会议、中韩第十八次农业科技工作组会、全球粮食安全联盟会议、中瑞燕麦科学论坛、欧盟框架计划项目合作研讨会、中欧食品—农业和生物技术研究与创新专家研讨会、中国农业科学院—先正达公司科学家峰会、旱地农业水和土地生产力国际研讨会等。

通过举办这些重大国际活动，不仅了解了国际相关领域的研究前沿，深化了与国外科研机构的联系，拓展了合作领域，同时提升了我院的国际影响力和参与组织国际活动的能力。

五、加强能力建设，提高队伍水平

强化科研和管理两支队伍的国际化能力建设，培养造就国际人才。在成功开通国家外国专家局“绿色通道”支持基础上，重点加大国家留学基金委的攻关力度，积极争取各类公派留学项目，全院18个单位62人获得批准赴美国、加拿大、英国、德国、荷兰、澳大利亚等国深造。利用CGIAR定向捐款选派8名优秀青年科学家到CGIAR下属

4 个中心开展为期 3 个月的交流培训，大力培养我院青年科学家国际合作能力。

在外事管理队伍能力建设方面：①与安徽省农业科学院在合肥共同举办了“第十八届全国农科院系统外事协作网会议”，30 个省（市、自治区）农（牧）科学院的领导和外事负责同志共 70 多人参加了会议。会议邀请国家外国专家局领导和国家自然基金委领导就国家外专引智项目和自然科学基金委国际合作项目申请渠道及最新政策进行了专题培训，5 个农科院进行了经验交流，大会还针对“全国一盘棋”深入开展国际合作进行了分组讨论。②在北京举办了“中国农业科学院 2013 年外事干部培训班”，来自院属各单位和地方农科院代表 80 余人参加了培训。培训班邀请了中华人民共和国外交部（以下简称外交部，全书同）外事管理司、科技部国际合作司、农业部国际合作司、商务部对外援助司、人民大学、国家自然基金委员会等单位的领导和学者就我国最新的外交战略与政策、农业科技国际合作政策、外事礼仪礼宾、入世后中国农业的未来发展、援外工作、当前国际形势与中国外交、国家自然基金的国际合作渠道与申请、人才引进及博士后管理等内容进行了培训。③组织举办了“中国农业科学院 2013 年外事专办员培训班”，院属各研究所主管外事的领导及各所外事专办员 60 多人参加了培训，培训班特邀外交部领事司外国人来华处和出国签证处领导就外国人来华的有关管理规定、涉外邀请、出国（境）签证工作的政策规定、审批原则等内容进行了重点培训。同时，专题培训了即将上线的新版 OA 系统（新版国际合作审批办公自动化系统）操作技能。这些培训，进一步提高外事工作人员的政策水平、工作能力和服务意识。外国留学生工作和与国外联合办学（比利时烈日大学）工作取得新突破。

六、强力资源引进，数量再创新高

开辟利用多重渠道，强力推进资源引进。组织我院相关单位资源专家，大力引进国外优异种质资源。从国际水稻研究所等单位引进水稻种质资源材料 2 500余份；从东南亚国家（老挝、越南、缅甸、柬埔寨、泰国）引进野生稻、栽培稻、食用豆类、蔬菜、高粱等 1 287份；从中澳小麦改良联合中心引进小麦种质资源 75 份；从 CIMMYT（国际玉米小麦改良中心）引进小麦、玉米种质资源 1 383份；从 ICARDA（国际干旱地区农业研究中心）引进蚕豆、小扁豆种质资源 2 000份；从俄罗斯引进绿豆、山黎豆、小麦、蔬菜等种质资源 554 份；从美国引进蚕豆 379 份；从蒙古引进大麦、小麦种质资源 300 份；从捷克、匈牙利引进小麦种质资源 4 份；从韩国引进野生谷子种质资源 56 份；从俄罗斯瓦维洛夫植物栽培研究所引进各种草类种质资源材料 1 150份；从捷克引进亚麻以及荨麻种质资源 150 份；从美国引进花生种质资源 608 份；从美国、缅甸收集蔬菜种质资源 155 份；从欧洲、美国、加拿大引进桃品种资源 5 份、其他果树资源 35 份；从南美国家（巴西、阿根廷等）引进棉花种质资源 106 份，收集四倍体野生棉种质资源 4 份；从大俄罗斯地区（俄罗斯、吉尔吉斯斯坦）引进棉花种质资源 201 份；从美国引进棉花种质资源 62 份，收集 20 份；从澳大利亚收集野生棉资源 9 份；从英国引进植物病原菌菌株6个；从爱尔兰引进20个马流感鼻拭子样品；从美国引进5个质粒资源、4株细胞株和12个质粒资源。

2013年度，我院从海外引进各类遗传资源共计11 090份，创近年来新高。

七、推动“走出去”，拓展海外业务

2013年，我院哈尔滨兽医研究所在巴西、孟加拉、埃及开展了自主研发的动物疫苗注册。资助研制的禽流感疫苗继续保持稳定出口，共计出口6 632千万羽份，禽流感诊断试剂出口208瓶。同时，积极国际展销活动，分别参加了在埃及、印尼、马来西亚举办的国际畜牧展会，宣传展示形象及产品，开拓国际市场，提升了我院疫苗的国际知名度。此外，为配合国家外交战略，哈尔滨兽医研究所积极申报“中国—印尼国家联合实验室”工作，拟通过人力、技术、设备的投入将我院先进的疫苗研发、生产和销售经验带到印尼，实现科技“走出去”，占领更大份额的国际市场。

我院兰州畜牧与兽药研究所，与泰国清迈大学动物医学院就中兽医药学技术合作及联合建立“中泰中兽医药学技术联合实验室”达成共识，标志着我国中兽医药学技术走出国门迈出了重要一步。

我院作物科学研究所，借助绿色超级稻项目，在亚非9个目标国家进行了70个绿色超级稻品种的示范和推广工作；派遣专家组对非洲喀麦隆和尼日利亚两个国家进行了出访活动，对绿色超级稻项目在该国的顺利开展进行了指导，取得良好效果，为我院作物科技“走出去”打下坚实基础。

我院油料作物研究所，开展中国—巴基斯坦抗旱高产双低杂交甘蓝型油菜应用与产业化项目，以筛选适合巴基斯坦种植的抗旱高产双低油菜杂交种、大幅提升巴基斯坦油菜单产水平为主要目标，构建中巴双方杂交油菜国际化商业育种及产业化体系，增强油菜生产过程中抗灾减灾能力，提高油菜产量，增强巴基斯坦食用油自给能力，为今后我国杂交双低油菜从“国内研发”走向“国际市场”奠定重要基础，并对进一步推进中巴两国友好关系具有重要意义。

我院棉花研究所，结合我国棉花生产实际和未来发展趋势需要，加强与中亚各国的棉花合作。与吉尔吉斯共和国最大的棉花加工厂开展了棉花品种联合比对试验，证明我院品种在抗性、产量和品质方面都明显优于吉方品种，可以大大提高吉尔吉斯棉花生产收益。与吉方就共建中吉科技园区达成共识，以期为我院棉花品种和技术在吉方进行示范和进一步在吉国推广奠定了基础。

我院沼气科学研究所，在“南南合作”的框架下积极开展沼气技术援外项目。先后两次派专家赴朝鲜对朝鲜国家科学院恩情养猪场沼气示范工程的设备安装进行现场指导，为朝鲜沼气示范工程建设提供技术及设备支持，并对朝鲜国家科学院相关技术人员进行沼气工程的运行、维护和管理培训。派专家队伍为菲律宾边远低收入家庭安装5口玻璃钢沼气池，并为当地人员举办2期玻璃钢沼气池安装使用培训班。与哥伦比亚政府合作，开展哥伦比亚政府保障住房生活污水及垃圾处理综合技术示范研究，该项对我国沼气工程技术和装备在美洲的推广应用具有重要意义。

我院农业资源与农业区划研究所，积极参加中缅（中国—缅甸）罂粟替代种植规划，先后3次进行中缅双边考察、4次赴缅北实地调研，编制完成《中缅罂粟替代种植规划纲要（2014—2020年）》深入分析替代种植的政策方针、经营模式、操作方案等问题，为促进未来中缅罂粟替代种植合作提供了强有力理论支持。

我院植物保护研究所，将我国赤眼蜂大规模饲养、释放等生物防治为基础的玉米害虫、水稻害虫等综合治理技术向缅甸、老挝推广应用，逐渐得到当地政府的认可与重视，在中国、老挝、缅甸分别建成了第一座赤眼蜂试点工厂，并投入生产，推进了我国植保科技"走出去"。

此外，我院沼气科学研究所、作物科学研究所、南京农业机械化研究所、果树研究所、研究生院等单位，积极举办农业实用技术国际培训班或国际研究生教育，扩大我院的国际影响，也为拓展我国农业技术"走出去"提供了便利。

八、严格出国计划管理，强化信息公开与成果共享

按照中央精神和农业部要求，详细制定了我院《2013年度因公出国（境）计划》（包括《2013年度因公临时出国量化管理计划》和《2013年上半年科研人员因公临时出国分类管理计划》），经农业部国际合作司审核和部党组批准执行。

建立和完善因公临时出国信息公开与成果共享机制，实行事前公示和事后公开制度，要求派出单位事前通过内部局域网、公开栏公示出访信息，出访团组回国后在1个月内在本单位内网或信息公开栏公开出访报告，接受群众监督并实现资源共享。

5月7日，外交部、农业部组织联合检查组对我院实施科研人员因公临时出国分类管理工作进行了检查，由于我院措施有力、管理严格和规范，执行效果好，得到外交部和农业部领导的充分肯定和赞扬。

本年度，我院共派出因公出国（境）团组527团1 061人次（包括全年量化管理团组141个325人次、上半年科研人员分类管理团组190团363人次、陪同上级部委参加国际会议技术谈判的重要出访特批196团373人次），取得良好效果。邀请外宾558批813人次。接待重要来访团组46批。

九、全力配合创新工程，厘清重点工作领域

按照院科技创新工程管理中心部署，积极参加我院科技创新工程各项工作部署会、管理办法讨论和方案制定等工作。认真组织专家研讨工作重点，把国外种质资源引进、联合平台建设、大型国际合作计划、人才培养等领域确定为当前和今后一段时间我院创建"世界一流科研院所"国际合作的重点内容，起草了相关研究计划方案和管理制度，

为下一步顺利推进院科技创新工程国际合作专项的实施奠定了牢固基础。

十、狠抓国际合作宣传，营造国际化氛围

积极拓展宣传渠道，加大宣传力度，提升宣传水平，扩大国际影响力，为我院国际合作工作的发展营造了良好氛围。策划通过美国《科学》杂志副刊，向全球全面宣传我院，向全球农业科技相关单位发行“The Chinese Academy of Agriculture Sciences – Envisioning an Innovative Future”共计20 000册，取得了良好国际影响，为我院拓展国际合作渠道，吸引海外人才奠定基础。

出版了《中国与国际农业研究磋商组织战略合作三十年》一书，全面梳理了我国与CGIAR（国际农业研究磋商组织）各个中心的合作情况，并通过典型案例、合作大事记、项目清单全面阐述了双方的合作历史和成果，对我国与CGIAR合作30年来的巨大成就进行了系统宣传。

编印了《中国农业科学院“十一五”引智成果示范推广基地成果汇编》《第四届国际农科院院长高层研讨会暨中国与CGIAR合作30周年材料汇编》《中国农业科学院第三届国际顾问委员会会议材料汇编》《中国农业科学院宣传手册（英文）》《科技创新工程 – The Agricultural Science and Technology Innovation Program（ASTIP）英文彩页》《出国服务袖珍手册》等。

遵照院党组指示，组织人员着手院新版英文网站建设，建立网站建设和管理机制，形成《英文网站运行总结报告》《英文网站建设规划研究调研报告》和《院英文网站信息发布管理暂行规定》，明确了网站信息的工作机制、采用标准、发布流程等。在信息所网络中心的大力配合下，新版英文网站已11月12日正式上线运行，并将成为我院对外宣传的重要窗口。

中国农业科学院与莫道克大学关于共建“中澳小麦改良联合中心”谅解备忘录

本谅解备忘录（以下简称“本备忘录”）由理查德 · 希格特校长代表莫道克大学（位于澳大利亚西澳州 6150 莫道克南街 90 号）和李家洋院长代表中国农业科学院（位于中国北京市中关村南大街 12 号）达成并生效执行。莫道克大学和中国农业科学院以下单独称为“一方”，统称“双方”。

鉴于：莫道克大学的目标是成为一所研究型大学，以高质量科研水平在当代国际社会科学和自然科学研究领域享有盛誉；

鉴于：莫道克大学是澳大利亚农业生物技术和作物科学领域的一流大学，其建立“中澳小麦改良联合中心”的目标是在满足中国特定市场对小麦品质要求的前提下，进一步提高旱地小麦产量；

鉴于：中国农业科学院是中国农业部直属的综合性农业科研机构，通过科技创新、战略研究和培养高层次研究人才，着力解决农业及农村经济发展中基础性、方向性、全局性、关键性重大科技问题，担负着提高中国农业生产力和农村发展可持续性的任务。中国农业科学院的目标是成为国际公认的一流农业科研院所，在品种开发与推广、科技创新以及国际和国内交流方面享有盛誉；

鉴于：中国农业科学院作物科学研究所是中国公认的小麦基因组和遗传改良以及作物科学领域一流的研究机构，其建立“中澳小麦改良联合中心”的目标是提高中国小麦产量和加工质量及气候变化情况下的广适性；

鉴于：莫道克大学和中国农业科学院根据本备忘录规定的条款，就建立“中澳小麦改良联合中心”达成战略合作关系，通过互惠互利的研究合作有助于完成共同的任务；

据此，莫道克大学和中国农业科学院本着互相谅解达成以下协议条款。双方一致认为本备忘录涉及具体事宜需另签署书面协议，以进一步确认双方有关具体事宜的权利和义务。本备忘录不使双方构成法律关系，不具备法律约束力。本备忘录旨在确认双方合作意向，通过诚信合作取得备忘录描述的相关事项进展。

第一条　合作性质

作为世界最大的小麦生产国，中国拥有雄厚的小麦研发和育种实力。目前中国面临的最大挑战是如何增加小麦产量以满足不断增长的饲料和食物需求。中国通过进一步可持续提高作物产量，以及在中澳小麦改良联合中心主要研究领域发挥主导作用，可以对全球小麦研究做出更大贡献。该联合中心的主要研究领域之一是系统地将新基因用于后基因组时代育种与推广。

国家小麦改良中心（挂靠于中国农业科学院作物科学研究所）认为十分必要建立一个专注于谷物品质的高端综合性基因组学、表型组学、生物信息学和分子育种平台。中国农业科学院将莫道克大学视为小麦改良领域的长期战略性合作伙伴，在致力于提高农业生产率的同时关注谷物品质。

通过本备忘录，莫道克大学和中国农业科学院重申双方长期合作关系并同意通过建立中澳小麦改良联合中心在基因组学和分子育种领域进行合作，并视彼此为战略合作伙伴。中国农业科学院同意莫道克大学在从事有关小麦基因组学和分子育种合作研究活动时，根据经双方协商同意的书面条款，可以使用国家小麦改良中心的设施。

第二条　合作内容

1. 根据自身经费情况并经双方同意，莫道克大学须做到：

（1）根据经双方协商同意的书面条款，莫道克大学可以使用中国农业科学院国家小麦改良中心的设备和设施；

（2）任命一位莫道克大学高层代表担任中国农业科学院国家小麦改良中心咨询委员会成员，为国家小麦改良中心研究战略的制定和相关科研活动的顺利执行提供咨询；

（3）指认或选派科学家或技术支持人员参与中国农业科学院国家小麦改良中心的研究项目；

（4）在互惠基础上，为研究生、研究人员和科学家举办短期课程班和培训。

2. 根据自身经费情况并经双方同意，中国农业科学院须做到：

（1）根据经双方协商同意的书面条款，允许莫道克大学使用中国农业科学院国家小麦改良中心的实验室、试验田以及其他研究设施，包括优惠租赁条件的房屋，租赁条款双方另行协议规定；

（2）继续支持莫道克大学与中国农业科学院的合作研究项目并协助莫道克大学与中国省级科研院所的合作；

（3）保证双方及其各自的合作机构开展的种质资源交换符合中国的法律法规；

（4）在互惠基础上，为研究生、研究人员和科学家举办短期课程班和培训；

（5）对中国农业科学院国家小麦改良中心的全体成员和合作者进行知识产权管理方面的员工入职培训和常规培训。

第三条　工作计划

双方经协商一致，将在本备忘录框架下为具体活动制定详细的工作计划。

第四条　知识产权

由于本备忘录涉及的相关活动需特定的知识产权条款管理，相关活动的工作计划必须包含关于其活动产出的知识产权管理条款。总体而言，双方达成以下意向：

1. 双方合作研究获得的知识产权的管理目标是最大限度地利于贫困农民并在国际研究领域发挥作用；

2. 双方合作研究获得的成果将公开发表，并根据各方投入情况相应标明归属和致谢；

3. 以研究、教学和培训为目的条件下，双方均有权使用和发布合作研究成果，包括数据；

4. 关于合作研究产生的知识产权商业化及其利益分配，双方须考虑、详细说明并签署后续协议；

5. 双方有意根据《粮食和农业的植物遗传资源国际条约》规定的《标准材料转让协定》或其他与其一致材料转让协议交换所有合作需要的种质资源。

第五条　修改、生效和终止

1. 本备忘录的任何修改需经双方协商并书面同意。

2. 本备忘录自签署之日起生效，有效期 5 年，经双方同意，可更新条款并续签。

3. 如需终止本备忘录，除非双方另有约定，一方需提前 6 个月向另一方递交书面终止申请。

4. 本备忘录的终止不影响协议有效期之内发生的合同或活动。

第六条　双方代表及语言

1. 双方代表

莫道克大学

鲁迪 · 阿佩尔斯教授，中澳小麦改良联合中心主任

电话：+61893606229

邮箱：r. appels@ ccg. murdoch. edu. au

中国农业科学院

何中虎研究员，中澳小麦改良联合中心主任

电话：+86-10-82108547

邮箱：zhhecaas@ 163. com

2. 各方指派代表负责本谅解备忘录的开发和执行，包括第一和第二条涉及的合作

活动建议的接收和代理。

3. 本谅解备忘录以中文和英文于2013年4月16日由双方授权代表签署。

莫道克大学	中国农业科学院
理查德·希格特 校长	李家洋 院长
2013年4月16日	2013年4月16日

中国农业科学院与秘鲁国家农业创新研究院农业科技合作谅解备忘录

本合作谅解备忘录（以下简称“本备忘录”）由李家洋院长代表中国农业科学院（位于中国北京市中关村南大街 12 号）和 Juan Arturo FlórezMartínez 院长代表秘鲁国家农业创新研究院（位于秘鲁利马市 La Molina 区 La Molina 大街 1981 号，以下简称“秘鲁农科院”）达成并生效执行。中国农业科学院和秘鲁农科院以下单独称为“一方”，统称“双方”。

鉴于，中国农业科学院是中国农业部直属的综合性农业科研机构，通过科技创新、战略研究和培养高层次研究人才，着力解决农业及农村经济发展中基础性、方向性、全局性、关键性重大科技问题，担负着提高中国农业生产力和农村发展可持续性的任务。中国农业科学院的目标是成为国际公认的一流农业科研院所，在品种开发与推广、科技创新以及国际和国内交流方面享有盛誉；

鉴于，秘鲁农科院是秘鲁农业部直属的国家级农业创新机构，通过农业科技创新，提高本国农业生产力和竞争力，改良遗传资源，促进农业可持续发展。秘鲁农科院的目标是通过科技创新和发展，增强抵抗本国粮食脆弱性的能力，提升本国农业生产竞争力；

鉴于，双方开展互利农业科技合作，有利于实现其共同目标，通过促进科技创新和技术转让，保障两国粮食安全，提高农业生产力和可持续性；

据此，双方同意签署本备忘录，确立农业科技合作的基本原则。

第一条　合作性质

本备忘录旨在促进和加强双方在农业领域的研究创新、培训和科研管理能力；所有活动需遵守中华人民共和国和秘鲁共和国相关法律法规。

第二条　合作领域

双方同意在以下领域优先开展合作。

（1）运用传统方法和生物技术，培育适应气候变化的优良作物品种，主要作物包括但不限于：玉米、水稻、马铃薯、豆类、藜麦和棉花；

（2）动物育种和畜牧业管理，如奶牛和牛奶质量；

（3）在符合相关的国内和国际法规前提下，开展动植物种质资源交换；
（4）以开展联合研究项目为目的的科学家交流；
（5）学术信息交流；
（6）青年科学家和博士生培训，包括长期、短期和在职培训；
（7）定期召开双边研讨会和学术会议；
（8）其他双方同意的合作领域。

第三条 工作计划

双方经协商一致，将根据本备忘录确定的原则为双方的具体合作事宜另行制定详细的工作计划。

第四条 知识产权

由于本备忘录涉及的相关活动需特定的知识产权条款管理，相关合作事宜的工作计划必须包含关于其合作产出的知识产权管理条款。总体而言，双方就知识产权管理条款达成以下意向：

1. 双方合作研究获得的成果将公开发表，并根据各方投入情况相应标明归属和致谢；
2. 以研究、教学和培训为目的条件下，双方均有权使用和发布合作研究成果，包括数据；
3. 关于合作研究产生的知识产权商业化及其利益分配，双方须考虑、详细说明并签署后续协议；
4. 双方有意根据《粮食和农业的植物遗传资源国际条约》规定的《标准材料转让协定》或其他与其一致材料转让协议交换所有合作需要的种质资源。

第五条 修改、生效和终止

1. 本备忘录的任何修改需经双方协商并书面同意。
2. 本备忘录自签署之日起生效，有效期5年，经双方同意，可更新条款并续签。
3. 如需终止本备忘录，除非双方另有约定，一方需提前6个月向另一方递交书面终止申请。
4. 本备忘录的终止不影响协议有效期之内发生的合同或活动。

第六条　联系人

为推动具体合作事宜的落实，双方指定如下联系人：

中国农业科学院

张陆彪博士

国际合作局局长

电话：+86-10-82109476

传真：+86-1062174060

电子邮件：zhanglubiao@ caas. cn

秘鲁国家农业创新研究院

Enrique La HozBrito 先生

农业研究局局长

电话：（511）3497595/3492600-205

传真：（511）3497595

电子邮件：elahozb@ inia. gob. pe ；dia@ inia. gob. pe

本备忘录于 2013 年 6 月 5 日在北京用中文、西班牙文和英文签署，一式两份，双方各持一份。

中国农业科学院	秘鲁国家农业创新研究院
李家洋 院长	Juan Arturo Flórez Martínez 院长

中国农业科学院与新西兰皇家植物与食品研究院合作谅解备忘录

协议方

新西兰皇家植物与食品研究院（以下简称“植物与食品研究院”），依据新西兰皇家科学研究院 1992 法案成立。

中国农业科学院，中国农业部直属的中央级综合性农业科研机构，于 1957 年成立。

背　景

1. 中国农业科学院担负着科技服务“三农”的重要任务，着力解决农业及农村经济发展中基础性、方向性、全局性、关键性重大科技问题。

2. 植物与食品研究院通过科技研发和创新，致力于为水果、蔬菜、作物和食品产品创造附加值，保障植物和海洋产品行业的可持续发展。

3. 中国农业科学院和植物与食品研究院希望建立合作关系，共享资源，共谋发展，互利共赢。

预签协议

4. 中国农业科学院和植物与食品研究院将本着友好协商的原则，确立符合双方国际合作目标的预签协议。

5. 中国农业科学院和植物与食品研究院同意本备忘录第 3 条不具备法律约束力，双方义务将在未来协议中另行规定。

6. 预签协议（或本备忘录的修改）需由中国农业科学院和植物与食品研究所书面签署后方可生效。

保密条款

7. 任何一方不得泄露对方的保密信息，除非在未来协议中另有规定或出现以下情况：

（1）根据新西兰 1982 官方信息法或其他相关法律必须披露的；

（2）一方的官员、职工或专业法律顾问在其职责允许范围内，要求披露的；

（3）对方书面同意可以披露的。同意披露的前提是信息提供者和接收者签署独立的保密协议。

（4）通过非保密渠道合法获得的来自非植物与食品研究院或中国农业科学院官员、职工、专业顾问或代理的信息，且信息来源不受植物与食品研究院和中国农业科学院保密协议约束。

8. 各方需采取合理措施，确保其职工、代理和承包商履行上述保密义务。

生效和终止

9. 本备忘录自执行之日起 5 年内有效，自动延期。任何一方欲终止本协议，需提前 3 个月以书面形式通知对方。

一般条款

10. 本备忘录的任何内容皆不赋予一方任何关于对方所有的知识产权的权利、所有权和利益。

11. 除非经过对方书面同意，一方不得将本备忘录下规定的权利和义务委任给第三方。

12. 本协议受新西兰法律管辖和解释。双方服从新西兰法院的非专属管辖。双方任何情况下均不能反对新西兰法院行使其司法权。

13. 本备忘录的任何内容均不证明或认定双方建立合作人关系，不赋予任何一方合伙人的权利和义务，不转让任何债权。除非预签协议中另有规定，一方不得代表或约束对方。

14. 定义

保密信息指：

（1）本备忘录的条款；

（2）所有关于植物与食品研究院和中国农业科学院的行政、组织、市场战略或财政事务的信息；

（3）知识产权、科学信息或其他由植物与食品研究院和中国农业科学院或其职工、代理和承包商交换的财产。

（4）任何一方在保密条件下提供给对方的信息。

预签协议指双方根据本备忘录第三条签署的有利于实现双方合作目标的协议。

执　行

新西兰皇家植物与食品研究院	中国农业科学院
Peter Landon-Lane 首席执行官	李家洋 院长

西班牙巴塞罗那大学与中国农业科学院合作框架协议

协议双方

甲方：Dídac Ramírez i Sarrió 先生，由 2012 年 11 月 11 日第 160/2012 号令，被任命为巴塞罗那大学的校长。根据巴塞罗那大学 10 月 8 日颁布的 246/2003 号法令，他有权代表巴塞罗那大学并依法实施法律赋予的权利。

乙方：李家洋先生，于 2011 年 10 月由中国政府任命为中国农业科学院的院长，将作为中国农业科学院的法人代表，行使其法律责任和义务。

在此，双方对彼此必要的法定资格的共识下，依法行使其职能权利。

声　明

巴塞罗那大学是通过教学科研，提供高等教育服务的公立机构，其职能还包括与政府机构、研究机构和其他科研院校合作，从事规划设计、参与并执行计划行动，从而推动科学进步，传播文化以及促进社会发展。在此希望能够拓展与中国农业科研院所在农业科研和教育领域的合作。

中国农业科学院是隶属于中华人民共和国农业部的农业科研机构，担负着全国农业科技重大基础与应用基础研究、应用研究和高新技术研究任务，致力于解决全国农业及农村经济发展中基础性、方向性、全局性、关键性重大科技问题。也希望继续拓展与西班牙巴塞罗那大学在农业科研和教学领域的合作。

双方希望通过建立合作关系开展农业科研领域的联合研究项目。

为此，双方基于以下条款，形成并签署该合作框架协议。

条　款

条款一

巴塞罗那大学与中国农业科学院签署本协议的目的旨在建立合作关系，开展或加强在农业各研究领域的科技、学术和技术方面的交流活动。

条款二

协议最初应包括双方共同达成的详细的年度计划。这份年度计划应依照各方的审批程序经由各方行政机构批准，生成具体的计划协议。

必要时，根据各自国家的法律程序，具体计划协议应由双方的法律机构批准。

条款三

合作框架应包括以下方面的活动内容：

（1）规定具体期限的教师、研究人员和学生的交流计划；

（2）交换科研、学术和教学材料以及出版刊物；

（3）学生、教师和科研人员参加对方机构在各阶段的学术活动；

（4）参加对方组织的会议、研讨会、专题讲座、报告会以及其他活动；

（5）共同组织研究生活动；

（6）组建联合研究团队。

条款四

各方指定一位协调人监督该合作协议条款规定的履行情况并协调管理相关部门之间的联系。同时，由各方指定的协调人应根据活动计划设计、建议并实施各项具体计划。必要时，各协调人应在中国北京或西班牙巴塞罗那相互沟通咨询，评估活动进展和评价具体活动的执行情况及在执行过程中的进展情况。评估结果应递交各自的学术行政部门。

条款五

为促进研究人员、教师、技术人员和学生的合作交流，确定共同感兴趣的研究领域，双方同意定期交换正在执行的和已经完成的科研项目的信息，以及一些必要的信息，从而提高研究人员、教师、技术人员和学生们希望参与交流活动的兴趣。

条款六

这份协议的签署对双方之间不构成任何经济承诺，同样，各方可向本国、区域和国际组织申请资助用于支持各项活动计划。

条款七

在解释和审查该协议过程中可能出现的诉讼请求将由双方协商解决。如果经双方协商未达成一致，将诉诸各自的国家法律法规。

条款八

该协议自签订之日起生效，有效期 5 年。在有效期结束前，双方可通过书面形式通知另一方，延长该协议至下一个 5 年。但是，如果其中一方想提前终止此协议，需提前 6 个月以书面形式通知另一方。

如果任何一方单方面提出终止协议，那么正在执行中的项目应不受协议终止的影响，需在规定期限内按时完成。

作为书面证明，双方在下面指定的时间和地点签署该协议，协议文本为英文，一式 2 份。

巴塞罗那大学	中国农业科学院
Dídac Ramírez i Sarrió 校长	李家洋 院长

中国农业科学院（CAAS）与爱尔兰农业与食品发展部（Teagasc）谅解备忘录

此谅解备忘录适用于爱尔兰农业与食品发展部和中国农业科学院。

爱尔兰农业与食品发展部是爱尔兰农业与食品行业中从事研究、咨询和培训的专门国家机构。

中国农业科学院是为中国农业和农村发展提供科研、技术和政策指导的国家机构。

爱尔兰农业与食品发展部与中国农业科学院都希望通过提升科研能力，更好服务本国的农业和食品业，希望能通过科研合作和交流不断提高本国的农业和食品业水平。

为了在农业和食品业更好的合作，爱尔兰农业与食品发展部与中国农业科学院达成以下协议：

双方一致认为需要进行科技合作、学术交流和信息互换；

探寻在农业和食品科学相关领域里联合研究、活动和教育的项目；

希望通过建立交流和合作途径来提升科研共享能力。

双方一致同意以下内容。

1 目的和范围

1.1 本备忘录不具有法律约束力，只作为加强双方合作与互利的意向协议。

1.2 除了在第3款中所列保密条目外，本备忘录不在法律框架下，但双方在本备忘录下开展的合作活动需依照本备忘录规定执行。

1.3 本备忘录并未对具体合作项目的资金、执行和管理作出规定。双方需对具体合作项目单独签署协议，规定合作范围、双方责任（资金和其他方面）和义务，项目管理、合作和执行，双方对合作项目中产生的知识产权的支配和使用权利（本备忘录第4款条约将不再在具体合作项目协议中出现），以及双方同意的其他事项等。

1.4 本备忘录的目的：

1.4.1 鼓励双方在动物育种和遗传、奶制品生产、农业可持续发展（包括农业与气候变化关系）、食品安全和危害物残留检测以及兽医方面进行合作。

1.4.2 通过交换和学习访问等方式联合培养研究生。

1.4.3 在双方共同感兴趣的领域建立正式渠道以促进合作项目的发展。

1.4.4 在有利于双方农业和食品行业发展的领域，通过共同举办科研和行业会议，例如2012年4月于北京举行的中爱论坛等形式加强信息交流。

2 管 理

2.1 委员会由4人组成，2位来自中国农业科学院，2位来自爱尔兰农业与食品发展部。

2.2 委员会将不定期会面，举行视频音频会议等，交换意见。

2.3 委员会会议将对本备忘录范围下的提案和已完成项目进行审议。

2.4 会议日程和会议记录将由委员会主席负责，委员会主席由双方轮流担任。

3 保 密

3.1 任何关于另一方的商业和金融信息须：

3.1.1 在信息公布之前保密（除了通过未经授权的披露）或者对方同意后公布。

3.1.2 仅用于本备忘录或补充协议。

3.2 任何一方想要公开对方的保密信息必须通过法律，或由相关机关、管理、监管或政府机构同意。

3.3 双方已经达成并应用于此备忘录的保密协议应继续执行，条款3中规定与之有冲突时，以事先达成的保密协议为准。

4 知识产权和开发

4.1 在任何双方共同活动开始前已经存在的研究结果包括任何一方的知识产权，在共同承担的活动过程中没有产生或发展的（“现有知识”），其所有权将属于当前的所有者。

4.2 除非协议中有相反规定，在共同承担的活动过程中补充、改进或修改现有的知识应由现有知识所有者决定。

4.3 除非协议中有基本的项目相反规定，依据条款4.2，在共同承担的活动开始之前不存在，而在合作过程中产生或发展的知识产权，并且组成了共同合作的预期结果（“新知识产权”），不能属于单独一方，应由爱尔兰农业与食品发展部和中国农业科学院共同等量所有，除非当事双方另有约定（“联合知识产权”）。

4.4 任何其他新的知识产权若由一方单独的构思和/或产生则归该方，在保护和发布的知识产权方面该方有决定权并且可自由使用和利用。

4.5 根据4.3的条款中对于联合知识产权的规定，其共同所有权协议应在联合知识产权产生的3个月内签订，协议中需对联合知识产权的保护、利用/商业化及双方在联合知识产权保护、利用/商业化中的一方作出规定。在共同所有权协议签订之前，任何一方无权使用这种联合知识产权用作商业目的或许可任何第三方使用联合知识产权，但可作为学术和研究用途，包括在与第三方签订研究协议中使用。

4.6 委员会需每年登记和更新联合知识产权。

5 其他活动

5.1 双方应遵守各自国家的科研法规。

5.2 本备忘录和备忘录下的行为不得：

5.2.1 阻止对方向第三方提供服务，不论服务是否与本备忘录规定相似或者是否为双方的合作活动。

5.2.2 以任何方式限制对方，出于任何目的，使用双方合作活动中产生的概念、设计、理念、技能、方法、流程和技术，尊重现有的知识产权和新知识产权规定的双方在条款4的权利规定。

6 修　正

本备忘录必须由双方签订的书面协议后方可进行修改。

7 有效期和终止

7.1 该备忘录一经签署立即生效，有效期5年并在第三年末进行评估总结。

7.2 只要双方签署终止协议本备忘录即可终止，或由任何一方提前90天书面通知另一方。

7.3 如果一方有违反本备忘录条款4的重大违约情况，另一方在不损害其他权利前提下，可以在任何时候终止本谅解备忘录。

7.4 终止本备忘录应不影响条款3和条款4的执行。

8 非代理性

8.1 中国农业科学院和爱尔兰农业与食品发展部不是对方的代理机构，任何一方无权根据合同、公告或其他声明约束另一方。任何一方无权为对方进行信用担保或保证。

8.2 在执行本谅解备忘录期间，不能减少任何一方自主权，或向另一方强加约束和金融义务。

9 联　络

本备忘录下任何通知和交流必须通过书面形式或电子邮件寄给联络人。双方需随时书面沟通收件人的地址或号码。在地址或号码没变更之前，双方联络人联系方式如下：

爱尔兰农业与食品发展部	中国农业科学院
Frank O'Mara	张陆彪
爱尔兰农业与食品发展部总部研究中心主任	中国农业科学院国际合作局局长
Oak Park, Carlow, Co. Carlow, Ireland	北京市中关村南大街 12 号，100081
邮箱：frank. omara@ teagasc. ie	邮箱：zhanglubiao@ caas. cn
Phone：+353599183488	Phone：+86 10 82109476

10　法律允许范围内进行合作

根据本备忘录进行的任何活动必须遵守中国和爱尔兰的相关法律法规。

11　责任范围

11.1　依照备忘录，任何一方都应单独和完全对他们需要完成的工作负责，承担本方执行备忘录的费用，包括互访的相关费用。

11.2　任何一方不承担另一方开发联合知识产权所造成的任何直接的、间接的或附带的损害或损失，或是直接或间接造成任何利润损失、收入损失、业务损失、数据丢失、合同或机会的损失。

11.3　除非有相反的规定，根据本条款一方不承担由于对方严重疏忽或故意的不当行为所造成的损失、损害、成本（包括法律费用）和/或费用。

12　保　证

一方向另一方保证：

12.1　有充分的权力、能力和信誉参与本备忘录并执行它的所有义务。

12.2　在履行义务的过程中认真、专业和勤奋。

13　不可抗力

在履行义务的过程中发生因不可抗力造成的损失不由任何一方承担。

14 争端的解决

在本备忘录下发生的争议，若14天内双方通过努力仍无法达成一致，双方应将此事提交到各自的授权签署国通过诚信谈判来解决。

中国农业科学院	爱尔兰农业与食品发展部
唐　珂 中国农业部科技教育司司长	Gerry Boyle 爱尔兰农业与食品发展部主任
2013年6月4日	2013年6月4日

中国农业科学院与根特大学谅解备忘录

中国农业科学院与比利时根特大学（两者以下共同简称为“双方”），希望拓展共同感兴趣的合作领域，并开展合作研究和交流。

双方认为通过合作可以实现共同的目标，达到双赢的目的，而不仅仅是合作资助或者是共同参与研究活动。双方还认识到，成功的合作只有通过相互理解和有效的项目管理才能够实现。但不能解释为双方可以以任何方式干涉对方独立行为的基本责任和权力。

本谅解备忘录明确双方合作的总体原则。具体项目双方需通过起草具体研究项目纲要落实。

第一条　目　的

本谅解备忘录的目的是通过共同努力，加强双方合作，提供科学和技术的解决方案，以促进双方农业和农村发展。为此，双方同意共同探讨和协调以下共同感兴趣的领域的研究活动，并在双方互相理解和共同遵守法规、政策的条件下付诸实施。

第二条　合作范围

双方同意在遵守各自国家法律和农业法规的前提下，根据互惠互利的原则，开展如下领域的共同感兴趣的科研合作。

具体的合作领域包括：

· 农业与农村的可持续发展

· 土壤科学

· 地理信息系统与遥感技术

· 作物和粮食安全

· 土地利用

· 环境风险

· 植物品种和改良

· 质量标准与检测

· 兽医科学

· 知识管理

双方同意通过合作规划和执行研究项目实现互利共赢。

双方计划轮流在比利时和中国召开年度科学家峰会，以鼓励科学家之间在相互感兴趣的领域进行直接的沟通和交流。

为了促进上述合作研究工作，双方同意根据需要指派其工作人员履行其职责，并帮助规划和确定双方共同感兴趣的合作项目。

基于双方建立的良好合作关系，在根特大学和中国农业科学院建立联合实验室将列入双方未来的合作规划。该联合实验室将作为加强双边农业科技、教育等领域的一个合作平台。

联合实验室的主要任务是促进农业科技合作的基础和应用研究领域，诸如遥感技术、土壤科学、兽医学、生物技术和植物遗传的设计和实施，并加速成果的转化和应用，提高农业高新技术产业化。双方的农业科技和教育机构可将该联合实验室作为一个合作平台，开展务实、高效的合作与交流。双方可根据另行签署的协议，进行良好的规划，指派研究人员到联合实验室开展长期或临时的合作研究。

第三条　一般性规定

双方将另外签署协议，以制订和执行详细的未来合作计划。

双方应共同制订包括项目目标、工作计划、研究方法和程序等内容的合作框架。双方应在今后单独签署的协议中，以双方均能接受的条款形式，对知识产权加以保护。

任何一方均可在其官方通讯和出版物上使用合作研究所取得的成果，但应对另一方做出的贡献加以承认。任何一方在未征得另一方同意的情况下，不得发表任何合作研究的成果，但这不包括之前已经在公共刊物上发表的技术数据。经双方同意，一方可与另一方共同或单独发表合作研究的成果，但须对合作研究的所有参与者给予承认。如果双方未对合作研究成果的发表方式和内容达成一致，任何一方均可在提前 90 天通知并向对方提交论文文本后发表这些成果。在这种情况下，发表成果的一方应对合作的另一方加以承认，但应对所发表的成果负完全责任并尽解释的义务。

本谅解备忘录不构成涉及经费开支的强制性内容。双方各自管理及使用各自的经费，双方根据各自的规定决定其经费开支。

双方根据本谅解备忘录的目标，自行决定各自应购买和使用的设备。任何一方购买的设备均为购买一方所拥有，购买一方可在任何时候对所购设备进行处置。

各方承担的义务取决于根据其合法投入的经费。本谅解备忘录经双方书面同意后加以修改。任何一方均可提出要求终止本谅解备忘录。对本谅解备忘录的重大修改意见，应在所提修改意见生效前至少 90 天通知另一方。

第四条　期　限

本谅解备忘录自双方签字之日起生效，有效期 5 年。双方同意在 5 年中对合作协议进行评估。经双方书面同意，可延长本谅解备忘录的期限，或对其内容加以修改。任何一方如欲终止本谅解备忘录，须提前 30 天以书面形式通知另一方。

本谅解备忘录于（日期）在（地点）签署，一式两份。

中国农业科学院	根特大学
李家洋教授 院长	Anne De Paepe 教授 校长

中国农业科学院与法国农业、食品、动物健康及环境研究与教育联合体合作谅解备忘录

本合作谅解备忘录由中国农业科学院和法国农业、食品、动物健康及环境研究与教育联合体于2013年11月18日签署。

法国农业、食品、动物健康及环境研究与教育联合体（以下简称AGREENIUM），是经法国食品和农业部、法国高等教育部和法国外交和欧洲事务部批准，于2009年成立的公共科研合作机构，其成员包括法国主要农业、兽医研究机构和高等院校。

中国农业科学院（以下简称CAAS），由中国农业部批准成立于1957年，担负着全国农业重大基础与应用基础研究、应用研究和高新技术研究的任务。

AGREENIUM和CAAS，以下简称“双方”。

鉴于，中法两国农业部已成立“中法农业委员会”。

法国农业部已委托AGREENIUM协调法国高等教育和科研机构与中国开展合作。

AGREENIUM的成员包括：法国农业科学院（INRA），法国农业发展研究中心（CIRAD），巴黎生命、食品和环境科学研究所（Agro Paris Tech），农业、农产品、园艺和环境科学高等教育研究所（Agrocampus Ouest），农业高等教育国际中心（Montpellier Sup Agro），图卢兹国家工业学院（INPT），国家农业科学、食品和环境高等教育研究所（AgroSup Dijon），波尔多—阿基坦农业科学研究所（Bordeaux Sciences Agro）。2013年，AGREENIUM汇集了300个研究机构的6 700名科学家（其中1 200名教授和助理教授）和2 200名博士生。

AGREENIUM致力于加强法国科研和高等教育机构的长期合作，为从事研究与接受高等教育提供便利，促进农业和兽医科学的发展以应对粮食安全和可持续发展带来的挑战。

CAAS致力于解决中国农业及农村经济发展中基础性、方向性、全局性、关键性的重大科技问题，培养高层次科研人才、促进农业科技国际科技交流合作等。

AGREENIUM和CAAS在能力建设、院所建设和科研建设方面有互补的发展目标和共同的意愿。

鉴于AGREENIUM和CAAS有共同的目标，特达成此合作谅解备忘录，条款如下。

条款一　目　的

双方同意建立科技合作关系，以促进双方在共同感兴趣的农业、粮食安全和自然资源管理等领域开展合作。

条款二　能力建设和科学研究

双方一致同意：

1. 在促进农业科学和自然资源管理领域的能力建设、院所建设和科学研究方面开展合作；

2. 共同申请资金支持合作研究和培训等项目。项目将详细设定活动和各方承担的义务；

3. 联合培养博士研究生和硕士研究生；

4. 探索双方或与第三方合作建立“科研和能力建设平台”的可行性；

5. 共同组织召开学术会议等。

条款三　人员和信息交流

双方一致同意：

1. 鼓励、支持和促进人员、研究生和博士后人员的交流，以加强双方合作；

2. 鼓励、支持和促进双方人员互访以加强双方学习，通过召开学术会议加强双方合作；

3. 交换科技信息以促进合作。

条款四　双方义务

双方一致同意：

1. 双方将采取有利于农业科学和自然资源管理研究和高等教育的政策，将共同应对农业和发展中的当代和新兴问题。鉴此，双方同意：

（1）促进对方与世界其他机构的联系，包括非洲、东南亚和拉丁美洲，以促进三方科技关系的建立和科研项目的开展；

（2）支持并促进 G20 发起的“热带农业平台”（TAP）；

（3）寻求与其他全球项目的对接和合作，包括小麦组织（Wheat Initiative），食品价格波动和农业、农业市场信息行动计划（AMIS），GEO 全球农业监测（GEO-GLAM），世界农业观察（WAW）等。

2. CAAS 将在 AGREENIUM 和其成员单位人员使用 CAAS 设施上提供便利；

3. AGREENIUM 将促进 CAAS 与法国、欧洲的农业科学、发展和自然资源管理专家和高等教育机构以及其合作网络成员的联系，以加强 CAAS 与欧洲合作者的联系，促进中欧农业科学领域的对话。

条款五　具体合作协议

双方一致同意：

1. 本合作谅解备忘录框架下的具体活动需视情况由相关方（AGREENIUM 及其成员单位，CAAS 及其成员单位和第三方）签署具体合作协议（MOAs），具体协议中需提及本合作谅解备忘录。

2. 具体合作协议将视情况包括如下内容：

（1）合作项目与合作方名称；

（2）协议的目的；

（3）具体项目内容和计划；

（4）双方的责任和任务分工；

（5）资源和资金；

（6）协议和条款的期限，包括协议终止和修订；

（7）关于保密、宣传和项目成果、知识产权和对生物材料的使用和转让的条款；

（8）关于研究成果商业开发的条款；

（9）关于适用法律和解决纠纷的条款；

（10）联络人的名称；

（11）其他必要条款。

条款六　活动评估

双方合作实行年会制。年会将作为中法农业委员会第三工作组（研究、培训和发展）的内容。年会将进行如下内容：

（1）评估本合作谅解备忘录和具体合作协议实施的有效性；

（2）确定双方共同感兴趣和优先发展的领域和/或活动；

（3）策划联合活动任务；

（4）评估之前合作项目的进程以修正和策划新的计划。年会结果将向中法农业委员会或农业部每年的高层会晤汇报。①

① INRA 与 CAAS 于 2013 年 6 月 5 日签署的小麦合作协议是本合作谅解备忘录下具体合作协议的典型范例

条款七　合作谅解备忘录受益方、修订和变更

双方一致同意：

1. 本合作谅解备忘录将同样适用于新加入 AGREENIUM 或 CAAS 的机构，但各方必须以书面形式将新加入机构告知对方。

2. 本合作谅解备忘录的修订，包括添加、删除或词汇、语句、条款的更改必须由双方书面签署协议。

条款八　效力和终止

双方一致同意：

1. 本合作谅解备忘录由双方签署时生效，有效期 5 年。有效期的延长需经双方书面同意。

2. 任何一方终止本合作谅解备忘录需提前 6 个月书面通知对方。本合作谅解备忘录的终止将不影响具体合作协议下已经开展的活动。

条款九　联系方式

双方一致同意：

1. 所有的条款、通信以及协调均使用英语并寄送至如下地址：

中国农业科学院 100081 中国北京 中关村南大街 12 号	法国农业、食品、动物健康及环境研究与教育联合体 CS 30735 法国巴黎 大学街 147 号

2. 一方可以在任何时候改变其地址，但需以书面形式通知对方且确保改变后的地址可以有效送达。

条款十　可分割性

如果本合作谅解备忘录中的任何条款在任何适用的法律法规下被认定为无效或不能执行，那么该项条款即被忽略，本合作谅解备忘录其条款仍有效力。

条款十一　合作谅解备忘录的法律效力和冲突解决

双方一致同意：

1. 本合作谅解备忘录反映了当前双方对在此谈及事项的善意安排，无意设置国际法和双方国内法律下具有法律约束力的义务。

2. 双方应尽最大努力友好解决与本合作谅解备忘录相关的任何争议、争端或索赔。

作为证明，AGREENIUM 和 CAAS 受各自主管部门的委托，以中文和法文签署本合作谅解备忘录，一式 2 份。本合作谅解备忘录的英文文本仅作为参考。

签　署

CAAS	AGREENIUM
签字人：	签字人：
李家洋 中国农业部副部长、中国农业科学院院长	来贝里 代表 Marion Guillou 主席
2013 年 11 月 18 日	2013 年 11 月 18 日

见　证

为 CAAS	为 AGREENIUM
见证人：	见证人：
国际合作局局长 张陆彪	DGER Ministry of Agriculture
2013 年 11 月 18 日	2013 年 11 月 18 日

中国农业科学院与瓦赫宁根大学教育与科技合作谅解备忘录

瓦赫宁根大学和 DLO 基金会，现在统称荷兰瓦赫宁根大学及研究中心，由 Dr. M. J. Kropff 教授为代表，以下简称 Wageningen UR。

中国农业科学院（包括研究生院和所有相关研究所），以院长李家洋博士为代表，以下简称 CAAS。

鉴于：双方认识到在知识创新、应用和转化过程中以及运用科学技术在解决粮食、农业和农村发展中，科技和教育所起到的基础性作用；

鉴于：双方希望通过建立坚实而有效的合作基础，以及确保在合作过程中的融洽与和谐关系，实现双方在生命科学研究与教学方面的共同目标；

鉴于：双方根据各自的目标和职能，希望在相互感兴趣的问题上紧密合作。

鉴于：双方同意签署合作谅解备忘录，该备忘录自签字之日起生效，并取代双方于 2006 年 11 月 21 日在北京签署的谅解备忘录。

双方同意以下条款。

第一条

双方将在互惠的基础上，在资金得到保证的前提下并通过双方认可后，通过下列活动开展合作。

1. 为巩固促进双方在教育和科研领域的合作，在互相感兴趣的问题上开展联合科研活动。
2. 在双方能有效利用其竞争优势的领域内促进合作项目的协作与开展。
3. 共同培养在职硕士、博士和博士后研究人员。
4. 交换科研人员、在职研究生以及现有相关科研活动的研究人员。
5. 联合出版通过开展合作项目取得的学术论文及教学课本。
6. 组织国际会议（包括研讨会等）探讨和评估双方开展合作项目的成果。
7. 在法律法规允许的范围内交换遗传资源。
8. 交换科技文献。
9. 共享设施。

第二条

双方同意合作的重点可能集中在以下领域。

1. 植物科学
2. 农业技术
3. 食品技术与人类营养生物学
4. 生态与环境科学
5. 动物科学
6. 社会科学与农业经济学
7. 能力建设与信息交换

双方同意通过合作研究活动的计划和执行实现互利。

为了促进上述合作研究工作的进行，双方同意可能指定其员工要求履行其职责，以及帮助规划和共同开发双方感兴趣的项目。

基于过去数十年中双方共同发展的良好合作关系，双方未来将建立联合设施。双方均意识到，共享设施（无论是在具体的联合设施中还是在虚拟设施中）都能够为提升双方在农业科技、教育方面的合作关系提供一个平台。

联合设施的中心任务是提升农业科技的设计与实现以及上述领域的基础和应用研究，加快农业科技成果的转化、应用和工业化。双方的农业科技、教育机构都可将这些联合设施作为进行务实、高效的合作和交流的平台。双方的研究人员可利用联合设施，按照完善的计划，根据特定的协议进行长期或临时的研究。

第三条

根据该谅解备忘录的内容，以及双方管理机构的决定和可适用的规章惯例，为加强合作，双方可以通过开展合作项目来解决互相关心的问题。CAAS 和 Wageningen UR 均可以提出在某些具体合作领域的合作项目。此类合作项目应该确定各自的职责和经费承担义务，详细说明任何资助的来源以及科研人员的责任。为了有效实施此类合作项目，双方应该同意与其他机构，包括与投资机构的合作。

在双方同意的联合科研活动和合作项目范围内，如有必要，各自机构可以派驻人员赴对方机构任职，并作新的行政安排。

第四条

每一个合作计划项目的预算条款及其必要性将通过独立的文本阐述，该协议文本将根据此谅解备忘录起草，协议书将在每一个合作计划项目执行前由双方签署。一个工作计划可以包含一个或多个合作项目。

在每一个计划/项目协议中，双方应在下列问题上达成一致：目的、期限、结论、投入、预算和管理。双方应该指定各自的管理人员负责相关计划项目的规范与实施。

第五条

双方各指派一名行政协调人员监督、促进合作的进行，经要求定期向双方的重要人员及中国农业科学院的院长或副院长、瓦赫宁根大学的校长或副校长报告情况。

第六条

为推动双方合作计划项目的执行和实施，双方同意CAAS－Wageningen UR联络办公室仍然位于在中国农业科学院本部。

第七条

关于联合培养和研究计划，双方同意：

1. 派出方自行负担访问期间的一切保险费用。接待方对来访人员自己所造成的损失或伤害不承担任何责任。

2. 出访人员将遵守接待方国家的法律法规以及当地的地方法规。

第八条

双方将系统地交换有关教育形式、受教育的模式、被授予学历/证书的种类以及科研计划和相关科研人员的信息。

第九条

在此备忘录中涉及的有关博士候选人的培养工作，双方将分别指定研究生导师，加强博士生研究与双方学术项目的有效结合。

第十条

双方的工作语言为英语，因此互访的学生和科研人员需要合格的托福成绩或与此相当的英语考试成绩。

第十一条

此谅解备忘录自签字之日起将取代中国农业科学院和瓦赫宁根大学于2006年11月21日在北京签署的合作谅解备忘录。

目前签署的谅解备忘录有效期限为5年，经双方书面同意后可以延长。任何一方如想中止本备忘录，须在学年末提前6个月以书面形式通知对方。

第十二条

如果根据某一主要司法决定、政治因素或法案规定，该备忘录中的一项或几项条款确实不适用，双方将在这一项或这几项争论上作重新修改。其他可适用的条款将保持其效力，并在目前及备忘录有效期内有效。

第十三条

该谅解备忘录于2013年11月15日在瓦赫宁根签署，用英语和中文两种语言，两种文本具有同等法律效力并自签字之日起生效。

中国农业科学院	瓦赫宁根大学
李家洋博士 院长	M. J. Kropff 教授 副校长

中国农业科学院与欧盟委员会关于食品、农业和生物技术研究与创新合作意向书

欧盟委员会（以下简称“欧委会”）已经启动了新一轮欧盟研究与创新框架计划“地平线2020”，执行期为2014年至2020年，将集中在3个不同的优先领域：①卓越科学，②产业引领，③社会挑战。其中，包括“食品安全、可持续农业与林业、海洋及内陆水资源研究和生物经济”。

中国农业科学院启动了农业科技创新工程（以下简称“ASTIP”），由中国中央政府提供资金支持，是一个为期13年（2013—2025年）的长期计划，以支持跨学科研究、能力建设、科研设施与平台建设以及国际合作。

1. 在中欧科技合作联合指导委员会框架下，欧委会和中国农业科学院基于双方促进食品、农业和生物技术研究与创新多学科发展的共同目标，希冀以密切的合作进一步落实1998年签署的《中华人民共和国政府与欧洲共同体科技合作协定》的有关目标。这一合作取决于双方各自内部的目标、职能、政策和程序。

2. 欧委会和中国农业科学院认同现有的、由中欧食品、农业和生物技术工作小组制定的研究和创新合作框架。

3. 欧委会和中国农业科学院继续促进如下共同感兴趣领域中的研究与创新合作。

（1）食品相关问题：包括食品加工与物流、食品检测与控制、食品溯源、可持续性消费模式、食品安全与营养信息、食品质量标准以及其他保障食品安全、减少食品浪费的相关领域；

（2）可持续性农业：包括病虫害综合治理与生物防控、有机与低投入农业系统（包括标准和质量控制）、作物品种培育、水土资源管理、动物健康（包括动物传染病、动物疫苗）、动物福利、畜禽育种、环境友好型畜禽生产系统以及设施农业；

（3）生物技术：包括新型生物制品、生物质能源和标准化。

4. 欧委会和中国农业科学院确定，在必要和适宜的情况下，应就潜在合作领域进行信息交流和磋商。

5. 为了推进双方在上述共同感兴趣领域的合作，欧委会和中国农业科学院将促进并落实双方联合和共同资助的合作研究创新计划、项目和活动。

6. 欧委会和中国农业科学院还将共同组织如下活动。

（1）促进培训和研究人员的交流、推动示范项目的落实以及其他有助于创新解决

方案部署的活动的开展、组织特别活动促进能力建设；

（2）保持定期或系统的工作机制（面对面会议或者电话网络会议），旨在交流信息、监督联合活动的进展、磋商其他相关问题，以加强在食品、农业和生物技术领域的合作。

本合作意向书用中英文两种语言签署，两种文本具有同等效力。

本合作意向书不涉及建立国际法规定的权利和义务。

2013 年 11 月 21 日签署于北京。

中国农业科学院：

李家洋

院长

欧盟委员会：

Dacian Cioloș

农业与农村发展事务委员

Tonio Borg

健康事务委员

Maire Geoghegan-Quinn

研究与创新事务委员

Janez Potočnik

环境事务委员

中国农业科学院农业环境与可持续发展研究所与悉尼大学农业与环境学院成立中澳可持续农业生态联合实验室谅解备忘录

本谅解备忘录由中国农业科学院农业环境与可持续发展研究所（以下简称“中国农业科学院环发所”，总部位于中国北京，由梅旭荣所长代表）与澳大利亚悉尼大学农业与环境学院（以下简称“悉尼大学农环学院”，总部位于澳大利亚新南威尔士，由悉尼大学校长 Michael Spence 博士代表）之间签订。中国农业科学院环发所和悉尼大学农环学院以下简称“一方”，统称“双方”。

中国农业科学院和澳大利亚悉尼大学拥着良好的合作关系，并于 2012 年 5 月 18 日签署科技合作协议。根据上述协议，双方希望鼓励和推进在可持续农业生态领域的研究合作，成立中澳可持续农业生态联合实验室（JLSA），特签订本谅解备忘录。

第一条　目　的

1.1　成立 JLSA 旨在深入有效地开发、协调和实施可持续农业生态领域的合作研究。

1.2　JLSA 将推动将双方开展以下合作：

（1）搭建可持续农业生态研究和发展平台，重点致力于解决中澳粮食安全、消除贫困和环境保护等相关问题；

（2）打造可持续农业生产技术转化培训中心，包括个人培训、团体培训以及学位培训；

（3）成为中国农业科学院、澳大利亚悉尼大学和其他相关机构人员的实践基地；

（4）组织筹办可持续农业生态领域学术会议和研讨会；

（5）积极推动中澳两国可持续农业研究领域合作。

第二条　研究领域

2.1　JLSA 将在互惠互利的基础上，开展可持续农业生态领域的项目合作，其研究方向涉及：

（1）农业生态系统气候变化适应和减缓，包括农业温室气体减排；

（2）土壤改良，提高土壤碳汇和养分；

（3）节水农业技术；

（4）作物病虫害防治；

（5）畜禽废弃物处理和循环利用；

（6）其他双方感兴趣的研究项目。

2.2 本谅解备忘录下实施的各项目应在财力允许的条件下具体协商，并符合双方主管部门相关规定。

第三条 活 动

3.1 本谅解备忘录下开展的各项活动应符合中澳两国的相关法律法规，其合作活动包括：

（1）召开各类学术会议，交流探讨可持续农业生态领域相关信息，并根据合作基础确定研发项目；

（2）交流与农业研究和开发相关的活动、政策和法律法规相关信息；

（3）支持双方科学家、技术人员及各领域专家之间的交流互访；

（4）在双方协商一致的基础上，开发和实施符合中澳两国重大研究议题的合作计划。

（5）联合培养博士研究生。

第四条 机构和管理

4.1 联合指导委员会将构成JLSA的管理主体，委员会至少每两年举行一次全体会议，其职责是：

（1）评议JLSA计划开展的所有研究活动，向中国农业科学院环发所所长和悉尼大学农环学院院长提交改进和执行建议；

（2）每年提出批准联合实验室新发起的工作计划和活动，并修改联合实验室已开展活动的工作计划。

4.2 下列人员被合格指派为两所机构之间的联络人，负责沟通和协调与谅解备忘录及合作活动相关事宜。

悉尼大学农环学院

Mark Adams 教授

澳大利亚悉尼大学农业与环境学院院长

1 Central Avenue，Australian Technology Park Eveleigh，NSW，2006，Australia

中国农业科学院环发所

梅旭荣研究员

中国农业科学院农业环境与可持续发展研究所所长
北京市海淀区中关村南大街 12 号，中国，100081

4. 3　JLSA 将组织研发团队，实施和落实条款 2. 1 所描述的可持续农业生态领域各研究方向的计划和项目。研发团队将由指导委员会推荐。

第五条　经费支持

5. 1　本谅解备忘录将在财力允许和符合双方法律法规的前提条件下实施。

5. 2　本谅解备忘录下开展的各项合作活动和合作项目费用支付需经双方协商决定。

5. 3　当一方根据合作研究计划向对方参与人员提供资金支持时，支持上述研发活动的经费及其他投入应在符合中澳两国现行法律法规和合作协议的前提条件下被给予税收和关税豁免。

第六条　知识产权管理

6. 1　双方同意所有 JLSA 合作研究过程中产生的知识产权问题将根据具体项目协议解决。项目协议内容应包括：

（1）公共知识产权的归属；

（2）是否申请与公共知识产权相关的专利和归档；

（3）专利在何处归档；

（4）由哪一方支付专利申请、归档、维护及后续专利所发生的费用；或是否由双方共同支付上述费用。

（5）如何分配各方专利转让权。

第七条　出版物署名

7. 1　所有与 JLSA 研究工作相关的出版物，包括学术出版物，会议幻灯片、内部及外部报告等将符合学术出版和媒体出版的原则，并根据研究中科学家的贡献大小予以署名（即作者）。

第八条　双方的独立性和保证

8. 1　任何一方既不能作为对方的合资者，也不能出于任何目的成为对方的代理人。任何一方都没有权利代表对方通过指使和暗示达成共识，独揽权利，或以任何方式托付给对方，除非协议中规定或者有书面的协议。

第九条 期限和终止

9.1 本协议在双方签字后立即生效，有效期为5年。本协议在有效期内，任何一方如有异议，可通过其中一方提前6个月发给另一方书面通知的方式而终止，否则将自动延长。

9.2 本协议经双方书面同意可予以修改。这种修改在双方授权代表签字后立即生效。

9.3 本谅解备忘录实施过程中产生的争议本着友好原则协商解决

9.4 本协议不影响双方之间以前签署的其他协议的执行。

9.5 本协议有英文和中文两种文本，一式2份，具有同等效力。双方两种文本各持一份。

签 字

悉尼大学农环学院 院长 Mark Adams 教授	中国农业科学院环发所 所长 梅旭荣 研究员
日期：	日期：

见 证

悉尼大学 校长 Michael J. Spence 博士	中国农业科学院 副院长 吴孔明 研究员
日期：	日期：

中国农业科学院
2013 年海峡两岸科技交流与合作概况

2013 年，在院党组的正确领导下，在农业部对台湾农业事务办公室的关心帮助下，在院属各单位的大力支持下，我院海峡两岸交流工作取得新的进展，交流渠道不断拓展、交流领域不断扩大、合作内容不断增加，取得了较好的成效。

一、交流合作概况

2013 年我院共赴中国台湾（以下简称台湾，全书同）开展合作交流 7 团次，22 人次，接待台湾专家来访 3 团次，70 余人次，交流领域包括植物分子生物科学、水稻科技示范、前瞻性生物科技、农业科研与教育、农业经济政策、农业信息技术等，这些交流有效的促进了我院与台湾农业的科技合作。接待了台湾民意代表参访团一行 40 余人参观考察国家农业科技展示园，增进了两岸间的相互了解；台湾水稻专家来访考察大陆水稻生产技术，探讨南方粳稻（台湾）与北方粳稻（黑龙江）品种与栽培技术差异，举办海峡两岸水稻全程机械化技术培训，介绍两岸水稻全程机械化技术，对促进台湾水稻全程机械化在大陆推广应用起到了良好的推动作用。

二、举办第三届海峡两岸农业科研与教育研讨会

8 月 4 日至 8 月 9 日，由中国农业科学院研究生院、台湾大学生物资源暨农学院和中兴大学农业暨自然资源学院三方联合主办的“第三届海峡两岸农业科研与教育研讨会”在黑龙江省哈尔滨市召开，本届研讨会以“开拓创新 合作共赢”为主题，两岸专家围绕动物生产技术与创新、作物生产技术与创新、乡村发展与环境和谐 3 个方面展开研讨。经过讨论，两岸专家就植物—病原微生物相互作用、植物逆境反应、分子育种、作物栽培生物质能源、植物营养与肥料等研究方面达成了初步的合作意向。对口交流凸显了双方沟通的专业性和具体化，给双方在今后的研究中开辟了新的思路，提供了新的研究方法，为两岸专家们搭建起了项目合作和学术交流的桥梁。

三、对台农业科研项目申请取得新进展

组织各单位进行海峡两岸农业合作项目的申报工作，积极做好与农业部台办的沟

通，2013 年我院申报项目 5 项，批复 5 项，比 2012 年增加 1 项，项目情况见下表。

海峡两岸农业科研项目情况

项目名称	金额（万元）	项目承担单位	项目任务简介
海峡两岸农业合作示范——水稻全程机械化万亩展示区	40	中国农业科学院中国水稻研究所	在 2013 年项目实施的基础上，继续开展两岸水稻全程机械化技术试验示范和现场展示，比较两岸水稻全程机械化技术异同，提出优化大陆水稻全程机械化的技术措施；试种和评价台湾粳稻品种，并推荐科研使用；分别在海峡两岸举办水稻科技交流与培训动；积极开展调研，邀请两岸专家共同撰写著作《海峡两岸水稻产业发展比较研究》
台湾农民创业园技术服务机制、模式研究和试点	40	中国农业科学院办公室	本项目以推进海峡两岸农业科技合作，促进和提升台湾创业园区技术服务为目标，主要开展台湾农民创业园农业科技推广、集成和服务，以及总结台湾农民创业园技术服务机制和模式
海峡两岸农业产业合作模式与推进策略研究	15	中国农业科学院农业经济与发展研究所	本项目拟在调查了解两岸农业产业合作现有模式的基础上，分别从产业和区域两个维度，总结两岸农业产业合作中特色鲜明、潜力突出的发展模式，并结合中国（不包括台湾省）区域农业资源禀赋优势和现代农业发展需求，以及两岸农业产业发展阶段性特征和互补性特征，探讨进一步推动两岸农业产业合作的有效模式
台湾农民创业园绩效考核办法研究及台湾农业信息跟踪	15	中国农业科学院农业信息研究所	对台湾农业创业园综合评价指标体系进行科学性和实用性验证，最终确定考核指标。研究提出台湾农民创业园绩效考核办法，以期为科学指导创业园健康可持续发展提供理论依据。建立台湾农业信息跟踪编报系统，对台湾农业优良品种、先进实用技术、农业政策等相关信息进行重点跟踪，编辑成电子简报形式，定期发送给有关部门供参考
两岸农业合作社区型生态农庄示范建设	15	农业部环境保护科研监测所	以促进农村生产和生活协调发展为目标，引进台湾生态农庄机制、产业模式和关键技术，以促进物质循环为导向延伸农业产业链条，通过建设低碳社区、发展绿色种植、促进人与土地和谐共生，在湖北省东西湖区建立两岸农业合作新型社区型生态农庄示范区，进一步扩大两岸农业合作对当地现代农业建设的促进和提升作用

陈萌山在第三届海峡两岸农业科研与教育研讨会开幕式上的讲话

2013 年 8 月 5 日

（根据讲话录音整理）

尊敬的徐源泰院长、陈树群院长，
各位领导、各位专家、各位朋友，
女士们、先生们：

大家上午好！

我很高兴参加这次活动，这是我到中国农业科学院工作后参加的由我院主持接待的第一次两岸研讨会，也是由我院邀请的第一批台湾方面的同行嘉宾，觉得很荣幸。我虽然到中国农业科学院工作，这次是第一次代表农科院接待台湾方面的嘉宾，参加的第一次研讨会，但是我与涉台的一些农业部门合作，绝对不是第一次。从上个世纪，特别是担任农业部种植业司司长时，就和台湾同行方面有很密切的联系，到农业部办公厅工作以后，兼任农业部对台事务办公室主任，亲历了两岸经贸框架协议的签订有关农业部分的内容。海峡两岸农业方面的合作，给两岸带来了实实在在的好处，惠及两岸的人民，促进了两岸的密切合作。海峡两岸在农业方面的共同利益丰厚，前景非常广阔。本次研讨会，有以下几个特点：一是在两岸现职人员之间进行交流，台湾大学（以下简称台大）、中兴大学的来宾都是现职人员，台大来了 10 位系主任，院长、副院长都来了，中兴大学也是，增加了研讨的充分性，有利于研讨成果的实施。二是两岸之间农业科研教育同行坐在一起商量共同关心的问题，很容易深入，具有很强的专业性。三是我们已成功召开了两次研讨会，这是第三次，共同关心的话题不断深入，具有很强的连续性。还有，我想两岸之间农业的合作应该走在两岸所有合作交流的前面。民以食为天、国以农为本。农业的话题具有共同性，在一起探讨，可以为两岸合作发展，造福两岸民众作出更多的贡献。

借此机会，给在座的同行介绍中国农业科学院的情况，以增进台大、中兴大学同行对中国农业科学院的了解，有利于三方更加长远的交流合作，推动两岸交流合作机制化、体制化、经常化，推动务实合作发挥更加实质性的作用。中国农业科学院成立于 1957 年，包括共建所，全院共有 40 个研究所，分布在北京市以及北京市以外的 17 个省区市，在北京有 14 个所。编制内职工 7 000余人，编制外聘用人员 3 000余人，在校研究生4 000余人，退休职工6 000余人。有作物、园艺、畜牧、兽医、资源环境等8大学科集群300个研究方向。我院提出到2020年使中国农业科学院整体水平达到世界一流的发展目标。为实现这个目标，我院正在重点推进五大行动。

一是实施科技创新工程。今年1月，国家批准我院实施科技创新工程，这是加强农业科技创新、探索国家创新体系新路的一项重大举措，也是统领我院各项事业跨越式发展的一项系统工程。创新工程突出机制创新，通过持续稳定支持科研攻关、加强人才团队建设、打造综合试验基地、加强国际合作，着力解决我国现代农业发展重大科技问题，进一步提高创新活力和创新效率，对全国农业科技创新、体制改革发挥先行先试和示范引导的作用，为建设创新型国家探索新路。目前，已遴选出11个研究所及112个创新团队进入第一批试点，今年下半年还将启动第二批试点工作。

二是引进人才。农业科技的创新，首先是人才的创新。中国农业科学院正在致力于人才的培养和引进，除了要把研究生院办好，培养本土农业科技人才外，还推出了“青年英才计划”，向全球引进人才。为创造人才引得进、留得住、能出成果的环境，设立了1亿元的人才引进基金，为引进人才创造实实在在的条件。最近正在研究，以更大的力度，建几百套专门引进人才的专家公寓。今年，第一批青年英才计划已经公布30多位引进人才，并向全球公开招聘到一位昆虫方面的专家担任植保所所长。

三是科研基地平台建设。在海南建立一个冬季科研基地，分水生作物、旱生作物、综合基地，每个基地1 000亩左右。通过海南冬季基地的建立，改变传统的一年一代的育种模式，使作物育种可以搞到一年四代。海南是世界上最好的育种基地，冬季的平均温度在20摄氏度以上，搞水稻、棉花、玉米的杂交育种，有很好的条件。在新乡市建立中部旱田作物为主的实验基地，在北京市通州区规划建立一个6 000亩左右的现代化的科研基地，还要在黑龙江省谋划基地建设。建立新基地，再加上新的平台，使我们的科研真正能够在不同的生态类型区和不同地区合理布局，使科学家有很好的试验基地，满足国家需求和我院科研需要。

四是推进现代院所建设，解决运行机制问题，解决定性和定位问题。农业科研具有显著的公共性、基础性、社会性，农业科研院所的公益性地位已成为社会共识，作为一个国家、地区，由政府举办这样的机构是必要的。我院致力于建立面向国家重大需求，适应市场经济的现代院所运行机制，包括用人、分配、考核等机制。研究了一套与国际接轨的现代院所考核评价指标体系，来衡量一个研究所的科学研究、产业转化能力，包括论文、奖励、专利、管理、人才、平台等，对研究所进行排行。

五是开放办院、民主办院、科学办院。开放办院，使中国农业科学院的国际化水平进一步提升，包括与台湾同行的合作，打破封闭办院，使我们有更高的国际化程度、国际化的动力。我们希望通过几年的努力，真正把中国农业科学院作为国家级院所的作用落实到位。

农业是广阔的，合作渠道是丰富的。中国农业科学院对两岸的农业科技交流合作高度重视，积极推进。从20世纪90年代初开始，近20年来，我院与台湾方面的科技交流日益频繁，合作领域日益宽广，合作渠道日益拓展。近几年，我院每年的赴台团组有10 个左右，50 多人次；接待台湾团组的次数也越来越多。今年 5 月下旬，台湾民意代表团一行 40 余人在饶颖奇先生的带领下参访我院植物工厂，对中国农业科学院及中国（不包括台湾）农业科技取得的成就给予了高度评价。我院很多学科领域的专家学者与台湾农业界进行了较为广泛的接触和交流，建立了良好的合作基础。

当前，中国（不包括台湾）农业正处在由传统农业向现代农业转变的关键时期，而台湾农业的现代化水平较高，正致力于发展精致农业（技术和资本密集型）、“三生”农业（生产、生活、生态）。两岸加强农业科技领域的合作，对于推动两岸农业转型升级，增强农业国际竞争力具有重要意义。我认为，台湾的农业要防止重蹈日本的覆辙，台湾农业规模很难扩大，农业劳动力老化、谁来种地的问题，已经表现的很充分。我几次到台湾，感受到年轻人回到农村种地的很少。日本的农业是畸形农业，农产品价格很高，对国际市场的承受能力差，农民对社会的稳定也影响很大。台湾的农业怎么更好地与中国（不包括台湾）的农业进行调整，统一布局，非常重要。台湾农业的市场在哪里，对中国（不包括台湾）而言，台湾热带农产品的科技含量、产品质量、品种、风味都很有特点。我主张把海峡两岸农业放在一起，进行整体布局，有效进行配置，真正使台湾农业面向未来，解决市场归属问题。中国（不包括台湾）市场这么大，我们不从台湾进口农产品，也得从东南亚进口。中国与东盟签订自由贸易协定以后，从泰国、越南进口的农产品很多，我们把这个市场让给台湾有什么不好。我的主张就是两岸把这件事研究透，在未来农业全面合作协议里面能够充分地体现。现在这种一次性的采购，能够起到一些作用，但是从长远来讲不能持久，而且这种一次性采购容易对市场造成干扰，比如说今年采购了一次，生产者认为是常态，只要明年不采购这个产品就容易积压，所以更好的是两岸的制度性的安排。在这个过程中，我们的农业科技教育应该走在前面，对两岸的研究应该走在前面，过去我在农业部主持这一块工作的时候，说话比较谨慎一些。现在我到中国农业科学院，我呼吁两岸更多、更好地投入这方面的研究。我们同根共祖，为什么不能走得更亲更近一些，把利益更多地让给对方。所以，我想两岸之间要交流、要合作，首先研究要开路，我们任重道远。

借此机会，我对加强两岸农业科技教育交流与合作，提 3 点建议。

一是推动两岸的科技交流机制化、常态化。在现有的人员交流的基础上，学术交流及交流的规模要有一个规划，有一揽子考虑，每年就一个重点来推进，经过几年以后，我们把这几个重点放在一起就是一个整体。两岸的农业科技合作有很多共同的基础，台湾的糖产业在世界上处于很高的水平，台湾糖料的资源挖掘、保护、品种育种理念，还有台糖的生产方法很先进。中国（不包括台湾）的甘蔗种植面积有 30 万亩左右，70%种植的是台糖系列，过去没有正常的渠道，是走私进来的。如果这个产业两岸对接的话，虽然台湾的甘蔗种植面积萎缩了，但是科研还很强大，可以继续发挥作用，就会很好。现在中国（不包括台湾）也搞糖料方面的研究，但是到目前为止还没有一个能够超过台糖 23、台糖 24，这是整体水平的问题。我觉得，两岸从品种开始，在科技方面每年要有一个重点，几年下来以后一揽子解决一个大的问题，学术交流朝着常态化、制度化的方向迈进，特别要重视青年科技骨干的交流，使我们的合作能够薪火相传、发扬光大。

二是鼓励两岸加强农业科研合作研究，探讨建立联合实验室和研发中心。就是要有平台、要有基地。如果两岸之间能够围绕共同关心的、开辟两岸市场的、特别是对台湾民众利益攸关的问题建立联合实验室、研究中心，或者在某些品种、某些领域开展合作研究，不但能提高成果的适用性，还将为下一步两岸农业的全面合作奠定很好的基础。台大、中兴大学在全球很有影响，中国农业科学院是综合性的科研单位，包括黑龙江省农业科学院，我希望这次大家能够探讨一下，我们的科技创新工程也可以提供支持，共同研究、共同培养人才。

三是强化支持服务，推动海峡两岸农业合作试验区和台湾农民创业园发展。现在有29个台湾农民创业园和9个农业合作试验区。试验区的概念太大，不容易实化，农民创业园两岸共同认可，而且发展势头不错，问题是农民创业园科技含量低，产品升级跟不上。中国（不包括台湾）方面把农民创业园当作开发区对待，作为对外开放的一个政绩，台湾方面更多是引进一些种植者。所以，两岸的农业科技交流合作，要为两岸特别是台湾到大陆来创业的业主、农业组织、农民提供科技服务，把我们之间的合作进一步转化为推进两岸合作的直接成果。

这三点建议，如果我们能够逐步落实的话，相信会对两岸交流发挥更加积极的作用。总的来讲，中国农业科学院将积极与台湾大学、中兴大学的朋友们不断完善合作交流的平台，共同探讨促进两岸农业科技交流合作的新思路、新方法，希望我们更加紧密地携起手来，推动两岸农业科技合作向纵深发展，带动两岸农业转型升级，为构建两岸农业科技合作新格局，促进两岸农业共同繁荣作出新的贡献。

最后，衷心祝愿本届研讨会取得圆满成功！特别是祝台湾同行、客人在中国（不包括台湾）期间生活、工作愉快！

谢谢大家。

五、人事管理与人才建设

中国农业科学院2013年人事人才工作综述

2013年，我院人事人才工作坚持以邓小平理论、“三个代表”重要思想和科学发展观为指导，深入贯彻落实“十八大”和十八届三中全会精神，紧密围绕建设世界一流科研院所的战略目标，发扬“钉钉子”精神，着力深化改革，不断完善人才工作体制机制，全力推动现代院所建设和服务科技创新工程实施。

一、加强研究、超前谋划，事业单位分类改革稳步推进

结合科技创新工程实施，抓住机遇，加强政策研究，系统谋划，着眼于从根本上解决历史遗留问题，为院属单位长远发展争取良好环境。组织召开事业单位分类工作布置会及领导小组办公室会议，加强联系交流，认真指导开展现有单位的分类工作。统筹考虑和超前谋划院属单位的长远发展，推动深圳基因组研究所和大连都市农业研究所2个新所组建工作。调研论证蜜蜂所、麻类所、沼科所、烟草所等4所更名事宜，更名方案已经院常务会议审议通过。总地来看，目前关于分类改革的总体思路和方案已基本成熟，相关论证和测算工作也比较充分，与科技部、中央机构编制委员会办公室（以下简称中央编办，全书同）等上级部门的沟通汇报也取得了一定成效，为最终完成分类改革工作奠定了坚实基础。

二、创新机制、优化环境，科研人才队伍建设取得新成效

一是启动实施“青年英才计划”，助推科技创新工程实施。根据科技创新工程实施方案，牵头研究制定《中国农业科学院科技创新工程岗位管理办法（试行）》，认真做好两批申报试点研究所的创新团队首席科学家任职条件、创新岗位结构和运行机制审核工作。配合科技创新工程的实施，同步推进“青年英才计划”，制定《中国农业科学院“青年英才计划”管理办法》，多渠道物色人选，严把人选质量关，全年备案审核通过A类、B类“青年英才计划”候选人37名。

二是不断深化改革，创新有利于优秀人才脱颖而出的工作机制。落实院党组关于法人治所的总体要求，积极争取农业部的支持，申请获批下放20个单位的副高级职称评审权限。探索完善人才分类科学评价机制，制定7个系列的院级职称评审参考条件。积极争取为“青年千人计划”“青年英才计划”人选等设立高级专业技术特设岗位。为35岁以下优秀人才晋升高级职称建立“绿色通道”。组织完成2012年度专业技术职务

评审工作，77 人晋升正高级专业技术职务，176 人晋升副高级专业技术职务，2 人获高级会计师任职资格。组织开展第三次专业技术岗位分级聘用，30 人晋升二级专业技术岗位，76 人晋升三级专业技术岗位。

三是积极争取相关部门支持，加快高层次创新型领军人才培养。评审推荐中国科学院和中国工程院院士候选人 10 人；评审推荐中共中央组织部（以下简称中组部，全书同）“千人计划”和“青年千人计划”人选 10 人。张友军等 4 人入选 2012 年度国家创新人才推进计划中青年科技创新领军人才；万建民等人领衔的 3 个团队入选 2012 年度国家创新人才推进计划重点领域创新团队；黄三文等 5 人入选 2013 年“百千万人才工程”国家级人选；李少昆等 12 人享受 2012 年度政府特殊津贴。推荐 2 个集体获“全国农业先进集体”荣誉称号，5 人获“全国农业先进个人”荣誉称号。陆宴辉获第十三届中国青年科技奖，高清竹获第九届青藏高原青年科技奖。推荐选派院士专家 26 人参加中组部等有关部门组织的各种高层次人才研修班、培训班、专家休假等学习实践活动。完成中组部第十三批和第十四批博士服务团成员考核和选派工作。组织完成农业部 2012 年度 24 名和 2013 年度 16 名“西部之光”访问学者和新疆西藏特培学员培养和接收工作。

四是加强博士后管理，培养和壮大优秀青年科技后备人才队伍。扩大博士后招收规模和渠道，获批新增 2 个计划内招收指标，并与 3 个单位建立了联合招收关系。全年招收博士后 101 人，在站博士后达 318 人。基金申请再创新高，29 人获基金资助，金额达 226 万元。加强国际合作，1 人入选中华人民共和国人力资源和社会保障部，（以下简称人社部，全书同）“博士后国际交流计划”，招收 5 名外籍博士后。加大激励力度，评选出我院首批“优秀博士后”11 人。印发《中国农业科学院博士后公寓管理办法》，规范公寓管理，高效利用资源。举办多期博士后学术沙龙和基金申请辅导报告会。丰富业余生活，组织 180 余名博士后及其家属参加秋游活动和趣味运动会。

三、树立导向、注重培养，领导班子和干部队伍建设不断加强

一是加大竞争性选拔干部工作力度。完善公开选拔、竞争上岗制度。实行所长岗位公开选拔，圆满完成植物保护研究所所长全球招聘工作。加强院属单位中层干部竞聘上岗工作把关指导，审定 6 个单位中层干部竞聘上岗工作方案，一批德才兼备的年轻干部走上领导岗位，树立了良好的用人导向，提高了选人用人公信度。

二是不断优化领导班子和干部队伍结构。全年共任免部、院管理干部 68 人次，任职 55 人次，免职 13 人次，任职中提拔班子正职 2 人，提拔班子副职 12 人。提请农业部党组研究我院司局级干部任免 13 人次；提请院党组研究所局级干部任免 55 人次。完成 4 个单位换届考察和 4 个单位党委、纪委换届批复指导工作。任免院机关处级干部 43 人次、提拔 5 人。开展院机关处级干部交流 4 人次。院属单位处级干部任免备案 73 人次。办理院机关工作人员管理岗位定级 12 人次。接收 1 名地方干部到我院有关单位

挂职锻炼。

三是加强干部教育培训。成功组织新入职人员岗前培训、组织人事干部能力建设培训、劳动人事争议处理培训、人事管理信息技术应用培训等，累计培训达550余人次。选派115人参加中组部等上级部门组织的各种培训班和干部网络学院在线学习，有针对性地提高党性觉悟、能力素质。拓宽培训渠道，首次选派8名所局级领导干部和35名科研管理人员参加中科院所局级领导干部上岗培训班和两期科技团队管理者研讨班。组织60多名青年干部参加农业部组织的各种学习活动。

四是加强干部实践锻炼和交流轮岗。积极做好选派所局级后备干部、有发展潜力的优秀年轻干部参加援疆、扶贫和到地方挂职锻炼，选派8名同志分赴新疆等地挂职锻炼。注重培养青年干部。继续组织院机关年轻干部下基层锻炼，不断提升综合素质。探索建立科学规范的选派工作机制、沟通协调机制和培养使用机制，组织起草《中国农业科学院干部交流工作实施办法》，加大机关之间、研究所之间、机关与研究所之间所级干部交流力度。

五是加强领导干部日常管理和监督。协助中组部、农业部完成2012年度院领导班子和院领导年度考核测评、干部选拔任用“一报告两评议”工作。完成院属单位2012年度任务目标和全院所局级领导干部考核工作。坚持做好事前预告、任前公示。坚持所局级领导干部任前征求纪检监察部门意见和任免前谈话制度，全年征求院党组纪检组、监察局的意见13人次，进行所局级领导干部任免前谈话14人次。严格执行领导干部个人有关事项报告制度，组织完成全院68名所局级以上领导干部和973名处级干部向上级报告个人重大事项。配合做好6个研究所的巡视工作。

四、积极探索、开拓创新，干部人事制度改革不断深化

一是完善干部选拔任用机制。修订完善《中国农业科学院领导干部选拔任用工作办法》，强化任期管理，对领导班子和领导干部的任职期限、任期目标、任期考核等做出明确规定，注意疏通干部“出口”，推动干部能下能出，改进竞争性选拔干部办法，改进优秀年轻干部选拔机制。

二是加强机构编制管理工作。印发院机关“三定”（定机构、定编制、定职能）方案，明确院机关各部门内设机构职责任务和人员编制。严格按照核定的机构编制数，办理了植保所等6个单位内设机构的调整审批工作。开展院属单位内设机构信息更新工作，确保我院内设机构信息资料的完整、准确。

三是完善岗位设置管理与聘用制度。建立开放、竞争、流动的用人机制，健全以聘用制度为核心和能上能下、能进能出的人事管理制度，研究制定《中国农业科学院机关岗位设置与聘用管理办法（试行）》，规范机关岗位管理与聘用工作，加强机关队伍建设。起草修订《中国农业科学院编制外聘用人员管理的指导意见》，规范编制外人员聘用管理，促进和谐劳动关系。

四是加强收入分配政策体系研究。积极建立与人才队伍建设紧密联系的收入分配制度，不断完善以岗位绩效工资制为主体、多种分配形式并存的收入分配机制。调研测算院属单位不同岗位类型和级别人员收入，调查京外单位与所在地平均收入差距，研究起草《中国农业科学院科技创新工程薪酬管理办法（试行）》，为进一步健全和完善有利于科技创新的薪酬体系做好工作准备。开展社保政策调查和研究，积极推进和完善我院社会保障体系建设。加强工资总额管理，积极争取部人事司的支持，发挥工资总额的调控作用，严格执行收入分配办法和领导班子收入水平备案制度，加强对研究所内部收入分配政策指导，严肃收入分配纪律。

五是探索建立支撑岗位激励机制。积极开展支撑岗位人员调研，全面了解和掌握队伍规模、结构和能力水平，撰写了《中国农业科学院支撑人才队伍现状分析报告》。在深入分析现有问题的基础上，尝试以开展支撑岗位技能竞赛为突破口，以赛代训、以赛聚才，探索建立支撑岗位人才激励机制，引导技术支撑人才走职业化的道路。目前，已印发《中国农业科学院关于举办首届支撑人才岗位技能竞赛活动的预备通知》，修改完善《支撑岗位技能竞赛方案》，积极做好参赛选手的推荐和初选工作。

五、创造条件、落实政策，离退休管理能力与服务水平显著提高

一是抓工作落实，为老同志办实事、办好事。按照院离退休工作领导小组的工作部署，为全院离退休老同志办好 10 件实事，得到了院领导高度肯定。组织完成机关离退休人员节前困难补助发放工作；制定《中国农业科学院机关离退休职工生活、医疗特困救助暂行办法》，进一步关心特别困难的离退休职工；完成院机关离退休 282 人、京区高干医疗 112 人年度体检；为院机关离退休老同志安装“999”急救电话；加强调研，撰写《中国农业科学院离退休工作情况调研报告》；开展全院患重病、大病老同志尤其是癌症患者摸底调查，组织“康爱乐园”园民参观和体验生活，加大对“康爱乐园”支持力度；筹备 2014 年离退休工作会议，撰写离退休工作培训材料，编印《离退休工作政策汇编》和《离退休工作的思想与方法》；进一步明确离退休工作办公室的工作岗位与职责要求，推进管理的科学化、规范化、制度化；制定《京区老年文体活动组织管理委员会章程》等 8 项规章制度，进一步完善老干部活动中心制度体系；认真做好离退休信访工作，营造良好院所氛围。

二是加强离退休党总支建设。注意发挥好党组织在政治学习、沟通情况、凝聚人心、传递信息方面的重要作用。制定教育实践活动方案，组织广大离退休党员积极参加教育实践活动，取得良好效果。认真贯彻学习“十八大”和十八届三中精神，制作学习材料并发放给各党支部。观看《学习“十八大”精神》等理论热点教育光盘。组织 35 名党支部书记参加农业部党务干部培训。

三是认真落实好老干部生活、医疗待遇。按时发放离退休人员工资和政策性生活补贴。进一步规范在京单位办理照顾医疗工作条件和程序，及时落实好医疗各项待遇，做

好日常服务工作。做好老干部祝寿和慰问工作。全年办理住院手续106余人次，代报药费60余人次，合计金额42万余元。建立老干部、老专家（含院士）个人医疗服务档案55份，提供就诊陪同服务、慰问探视和祝寿等共124人次。

四是做好农业部老年活动中心“分中心”管理服务工作。加强场地条件建设，健全完善内部管理制度。认真做好“中央国家机关老干部活动中心农业部分中心”的各项建设工作，制定管理制度和应急预案。积极开展各类文体活动，不断丰富老同志精神文化生活。全年组织200多人次参加各类演出、展出、比赛等活动40余次，获得各类奖项27个。开设周末小电影院，放映各类影片48部。积极推进老有所为工作，做好老科技工作者协会的组织工作和业务活动开展。完成老年大学春、秋两季招生750多人，在中国农业科学院社区周边形成了广泛的社会影响。

六、强化管理、提高效能，各项人事基础工作进一步夯实

一是做好工资福利日常管理和劳动统计工作。全年累计完成北京地区单位各类工资异动审批2 938人次。为11个地方下放工资审批权限的京外单位进行工资审批，累计1 600余人次。认真做好保险基数核对、代缴代扣和月报工作，组织落实防暑降温费、取暖补贴等相关福利政策。组织完成人事劳动统计会审，表彰15个年度统计先进单位。加强对统计数据的研究分析，编印《中国农业科学院人事劳动统计资料汇编》，为院领导和各部门决策提供参考依据。

二是扎实做好公开招聘、调配和出国政审工作。研究制定《中国农业科学院公开招聘人员补充规定》。认真组织全院公开招聘工作，2013年全院共计接收新职工248人。认真组织编报2014年补充工作人员计划。成功办理12人解决夫妻分居调配偶进京手续。严格执行出国（境）相关规定。全年办理因公出国（境）备案52人次，因私出国（境）人员审查41人次。完成京区单位因私出国（境）人员备案变更27人次。认真做好因私出国（境）情况统计和护照管理工作。

三是认真做好综合政务的组织与协调工作。规范程序，抓好落实，加强工作督办，及时办理院领导批示件以及其他交办事项。认真做好人事人才规章制度的梳理工作，系统清理全院人事人才规章制度，修订、归并19个、废止17个、新制定6个。并在此基础上，组织编印了《人事人才工作文件选编（2010—2013）》。

四是加强人事人才宣传管理工作。坚持以院网、院报、简报、局网、展板为宣传主阵地，加大人事人才工作宣传力度。严格规范上网信息审核程序，确保宣传稿件质量。及时做好人事局政务网站和博士后网站的备案工作。注重培养宣传人员的业务素质，积极选派人员参加院科技宣传工作暨培训研讨会，不断提高业务工作水平。

中国农业科学院组织机构图

院　长、党组书记

副院长、党组副书记、党组成员

院机关

- 院办公室
- 人事局
- 基本建设局
- 成果转化局
- 监察局
- 科技管理局
- 财务局
- 国际合作局
- 直属机关党委

后勤服务中心（局）

中国农业科学院研究生院

在京研究所

- 作物科学研究所
- 植物保护研究所
- 蔬菜花卉研究所
- 农业环境与可持续发展研究所
- 北京畜牧兽医研究所（中国动物卫生与流行病学中心北京分中心）
- 蜜蜂研究所
- 饲料研究所
- 原子能利用研究所（农产品加工研究所）
- 生物技术研究所
- 农业经济与发展研究所
- 农业资源与农业区划研究所
- 农业信息研究所
- 农业质量标准与检测技术研究所（农业部农产品质量标准研究中心）
- 农业部食物与营养发展研究所

中国农业科学技术出版社（中国农业科学院农业传媒与传播研究中心）

京外研究所

- 农田灌溉研究所
- 中国水稻研究所
- 棉花研究所
- 油料作物研究所
- 麻类研究所
- 果树研究所
- 郑州果树研究所
- 茶叶研究所
- 哈尔滨兽医研究所（中国动物卫生与流行病学中心哈尔滨分中心）
- 兰州兽医研究所（中国动物卫生与流行病学中心兰州分中心）
- 兰州畜牧与兽药研究所
- 上海兽医研究所（中国动物卫生与流行病学中心上海分中心）
- 草原研究所
- 特产研究所
- 农业部环境保护科研监测所
- 农业部沼气科学研究所
- 农业部南京农业机械化研究所
- 烟草研究所

共建单位

- 柑桔研究所
- 甜菜研究所
- 蚕业研究所
- 农业遗产研究室
- 水牛研究所
- 草原生态研究所
- 家禽研究所
- 甘薯研究所
- 长春兽医研究所
- 深圳生物育种创新研究院（筹）

中国农业科学院及院属单位领导人员名单

（以 2013 年 12 月底在职为准）

院　长：李家洋
党组书记：陈萌山
党组副书记、副院长：唐华俊
副院长：刘　旭　李金祥　吴孔明
党组纪律检查组组长：史志国
党组成员：陈萌山　李家洋　唐华俊　刘　旭
　　　　　李金祥　吴孔明　史志国　魏　琦

院办公室

主　任：汪飞杰
副主任：方宜文（兼）　邱建军　姜梅林（女）

科技管理局

局　长：梅旭荣
副局长：王长江（援疆）　陆建中　李新海

人事局

局　长：魏　琦（兼）
副局长：王加启　李增玉　李红康（女）

财务局

局　长：刘瀛弢（女）
副局长：范　静（女）　孙东升

基本建设局

局　长：刘现武
副局长：周　霞（女）　夏耀西

国际合作局

局　长：张陆彪
副局长：贡锡锋　冯东昕（女）

成果转化局

局　长：袁龙江
副局长：吴胜军　潘燕荣　王登山

直属机关党委

常务副书记：高淑君（正所级，女）
副书记：林定根（正所级）

监察局

局长、党组纪检组副组长：张逐陈
副局长：姜维民（正所级）　林聚家

后勤服务中心（局）

主任、党委副书记：卢玉明
党委书记、副主任：方宜文
副主任、党委副书记、纪委书记：赵玉林
副主任：孙启刚　郭同军　高建民

研究生院

院　长：李家洋（兼）

常务副院长、党委书记：韩惠鹏
副院长、党委副书记、纪委书记：李思经（女）
副院长：刘荣乐　孙　红（女）

作物科学研究所

所　长：万建民
党委书记、副所长：张保明
副所长、纪委书记：齐秀改（女）
副所长：王述民　曹永生（副局级　援藏）

植物保护研究所

所长、党委副书记：周雪平
党委书记、副所长：张步江
副所长、纪委书记：陈万权
副所长：邱德文　郑永权

蔬菜花卉研究所

所长、党委副书记：杜永臣
党委书记、副所长、纪委书记：孙日飞
副所长：张宝玺　胡　鸿（女）　王晓武

农业环境与可持续发展研究所

所长、党委副书记：梅旭荣（兼）
党委书记、副所长：栗金池（女）
副所长、纪委书记：张燕卿（副局级）
副所长：董红敏（女）　朱昌雄

北京畜牧兽医研究所
（中国动物卫生与流行病学中心北京分中心）

所长（主任）、党委副书记：李　明
党委书记、副所长（副主任）：袁学志

副所长（副主任）、党委副书记、纪委书记：文　杰
副所长（副主任）：韩雪松

蜜蜂研究所

所长、党委副书记：吴　杰
党委书记：谢双红（女）
副所长、纪委书记：周　玮
党委副书记：刘凤彦
副所长：彭文君

饲料研究所

所长、党委副书记：齐广海
党委书记、副所长：康　威
副所长、纪委书记：吕春生
副所长：姚　斌

原子能利用研究所（农产品加工研究所）

所长、党委副书记：戴小枫
党委书记、副所长：舒文华（援疆）
副所长、纪委书记：王志东
副所长：王　强　王凤忠
党委副书记：赵俊辉

生物技术研究所

所　长：林　敏
党委书记、副所长：王晓举
副所长：路铁刚　张洪岭　张春义
党委副书记、纪委书记：孙丽萍（女）

农业经济与发展研究所

所长、党委副书记：秦　富

党委书记、副所长：任爱荣（女）
副所长、纪委书记：马　飞
副所长：王济民

农业资源与农业区划研究所

所长、党委副书记：王道龙
党委书记、副所长：陈金强
副所长：徐明岗　周清波　王秀芳（女）

农业信息研究所

所长、党委副书记：许世卫
党委书记、副所长：刘继芳
党委副书记、副所长、纪委书记：刘　俐（女）
副所长：孟宪学　王文生

农业质量标准与检测技术研究所（农业部农产品质量标准研究中心）

所长（主任）、党委副书记：叶志华
党委书记、副所长（副主任）：李恩普（女）
副所长（副主任）：钱永忠
副所长（副主任）、纪委书记：苏晓鸥

农业部食物与营养发展研究所

所长：王小虎
副所长：王东阳　秦玉昌

中国农业科学技术出版社

社长、直属党支部书记：骆建忠（副所级）
总编辑：张应禄（副所级）

农田灌溉研究所

所长、党委副书记：段爱旺
党委书记、副所长：黄修桥
副所长、纪委书记：周子奎
副所长：齐学斌

中国水稻研究所

所长、党委副书记：程式华
党委书记：方 军（女）
党委副书记、纪委书记： 方 向
副所长：李西明 胡培松 钱 前

棉花研究所

所长、党委书记：李付广
党委副书记、副所长：侯志勇
副所长：王坤波 刘金海
党委副书记、纪委书记：宋国立

油料作物研究所

所长、党委书记：王汉中
党委副书记、副所长、纪委书记：李光明
副所长：王移收 廖 星 廖伯寿 黄凤洪

麻类研究所

所长、党委书记：熊和平
党委副书记、副所长、纪委书记：王朝云
副所长：贺德意 臧巩固 李德芳 黄志辉

果树研究所

所　长：刘凤之
党委书记、副所长：郝志强
副所长、党委副书记、纪委书记：丛佩华
副所长：陆致成　程存刚

郑州果树研究所

所长、党委副书记：刘君璞
党委书记、副所长：王志强
副所长：方金豹　王力荣（女）刘崇怀

茶叶研究所

所长、党委副书记：杨亚军
党委书记、副所长：姜仁华
副所长、纪委书记：江用文
副所长：鲁成银　阮建云

哈尔滨兽医研究所
（中国动物卫生与流行病学中心哈尔滨分中心）

所长（主任）：孔宪刚
党委书记、副所长（副主任）：高士军
副所长（副主任）：魏凤祥　王笑梅（女）　步志高
副所长（副主任）、纪委书记：赵国辉
党委副书记：夏长友

兰州兽医研究所
（中国动物卫生与流行病学中心兰州分中心）

所长（主任）、党委副书记：殷　宏
党委书记、副所长（副主任）：张永光
副所长（副主任）：罗建勋　刘湘涛

党委副书记、纪委书记：赵海燕（女）

兰州畜牧与兽药研究所

所长、党委副书记：杨志强
党委书记、副所长：刘永明
副所长、纪委书记：张继瑜
副所长：阎　萍（女）

上海兽医研究所
（中国动物卫生与流行病学中心上海分中心）

所长（主任）：童光志
党委书记、副所长（副主任）：杨　瑾（女）
副所长（副主任）：丁　铲
副所长（副主任）、纪委书记：马志永

草原研究所

所长、党委副书记：侯向阳
党委书记、副所长：王育青
副所长、纪委书记：李志勇

特产研究所

所长、党委副书记：杨福合
党委书记、副所长：程世鹏
副所长：孙长伟　王英平　李光玉
党委副书记：田　欣

农业部环境保护科研监测所

所长、党委副书记：任天志
党委书记、副所长：朱　岩
副所长：李玉浸（正所级）　周其文
副所长、纪委书记：陈　璐

农业部沼气科学研究所

所长、党委副书记：李　谦
副所长：胡国全　邓　宇

农业部南京农业机械化研究所

党委书记、副所长：曹曙明
副所长、纪委书记：梁　建
副所长：陈巧敏　胡志超

烟草研究所

所长、党委副书记：王元英
党委书记、副所长：管　辉
副所长：王树声
副所长、纪委书记：张忠锋
党委副书记、副所长：赖燕萍（女）

中国农业科学院2013年院属单位人员情况统计表

序号	单位	职工总数	专业技术人员					管理人员							工勤技能人员				
			小计	正高级	副高级	中级	初级及以下	小计	相当副部	正司局级	副司局级	正处级	副处级	科级及以下	小计	技工一级	技工二级	技工三级	技工四级及以下
	全院合计	7 274	5 057	875	1 361	2 059	762	757	3	28	38	180	136	372	1 460	14	188	966	292
	京内合计	2 759	2 065	489	651	726	199	425	3	16	22	101	75	208	269	12	97	138	22
	京外合计	4 515	2 992	386	710	1 333	563	332		12	16	79	61	164	1 191	2	91	828	270
1	院机关	195	63	27	29	7		132	3	6	10	33	20	60					
2	后勤中心	190	40		2	32	6	60		1	3	9	3	44	90	1	33	49	7
3	研究生院	79	56	16	13	22	5	12		1		1	3	7	11		2	9	
4	作科所	346	281	86	94	85	16	24				3	5	16	41	2	10	27	2
5	植保所	220	189	57	66	60	6	18		1		4	2	11	13	1	7	5	
6	蔬菜所	213	166	37	52	59	18	21				5	4	12	26	4	5	15	2
7	环发所	163	116	22	31	54	9	41			3	18	7	13	6		3	1	2
8	牧医所	165	140	38	46	44	12	10		2		1	3	4	15		10	5	
9	蜜蜂所	92	72	15	20	33	4	8		1	1	4		2	12	1	5	3	3
10	饲料所	107	93	19	35	36	3	11			1	4	3	3	3			2	1

注：本表数据以工资统计口径为准，即以本人实际执行的岗位工资类别进行分类统计

（续表）

序号	单位	职工总数	专业技术人员					管理人员							工勤技能人员				
			小计	正高级	副高级	中级	初级及以下	小计	相当副部	正司局级	副司局级	正处级	副处级	科级及以下	小计	技工一级	技工二级	技工三级	技工四级及以下
11	加工所	138	114	15	24	40	35	13			1	3	7	2	11		5	5	1
12	生物所	120	107	31	36	32	8	11				2	4	5	2	1	1		
13	农经所	92	85	22	30	28	5	6		1	1			4	1	1			
14	资划所	273	241	61	80	87	13	27			1	6	5	15	5		1	3	1
15	信息所	259	207	27	65	74	41	22		1	1	6	7	7	30	1	12	14	3
16	质标所	74	66	8	22	28	8	5		1		2	2		3		3		
17	营养所	20	19	4	3	3	9	1		1									
18	出版社	13	10	4	3	2	1	3						3					
19	灌溉所	147	110	14	24	45	27	13			1	4	1	7	24		2	21	1
20	水稻所	515	216	35	57	83	41	37		2		7	7	21	262		15	166	81
21	棉花所	421	220	30	59	78	53	21			2	5	4	10	180		7	171	2
22	油料所	263	192	25	51	99	17	13			1	2	8	2	58		4	45	9
23	麻类所	176	89	18	21	37	13	18				3	3	12	69		2	60	7
24	果树所	206	90	13	17	44	16	24		1	1	2	7	13	92		2	83	7
25	郑果所	203	163	19	42	79	23	14		2		4	2	6	26		3	20	3

（续表）

序号	单位	职工总数	专业技术人员					管理人员							工勤技能人员				
			小计	正高级	副高级	中级	初级及以下	小计	相当副部	正司局级	副司局级	正处级	副处级	科级及以下	小计	技工一级	技工二级	技工三级	技工四级及以下
26	茶叶所	158	117	18	37	48	14	11		1		2	4	4	30		7	15	8
27	哈尔滨兽医所	428	295	39	60	164	32	25		2	2	5	3	13	108		2	94	12
28	兰州兽医所	292	240	36	47	116	41	15			1	3	2	9	37		7	17	13
29	兰州牧药所	198	149	14	46	70	19	15			1	6	1	7	34		5	27	2
30	上海兽医所	124	106	19	24	54	9	10			1	5	1	3	8				8
31	草原所	165	111	14	33	45	19	10		1	1	4	2	2	44	2	25	11	6
32	特产所	501	337	17	42	146	132	37			2	10	3	22	127		1	30	96
33	环保所	131	120	17	29	60	14	10			3	2	1	4	1			1	
34	沼科所	108	86	12	19	33	22	14		1		3	3	7	8		1	3	4
35	农机化所	249	197	19	55	67	56	19		1		6	5	7	33		4	24	5
36	烟草所	194	132	24	42	53	13	20		1		5	3	11	42		3	36	3
37	祁阳站	16	10	1	2	7		4					1	3	2		1	1	
38	德州站	14	11	2	3	5	1	1						1	2			1	1
39	廊坊基地	6	1				1	1				1			4			2	2

中国农业科学院 2013 年院属单位专业技术人员情况统计表

序号	单位	专业技术人员总数	职称情况				学历情况			学位情况		年龄情况						专家情况				
			正高级	副高级	中级	初级及以下	研究生	大学	大专及以下	博士	硕士	35岁及以下	36~40岁	41~45岁	46~50岁	51~54岁	55岁及以上	两院院士	国家级专家	部级专家	政府特贴	百千万人才
	全院总计	5 644	914	1 488	2 351	891	3 270	1 681	693	1 925	1 620	2 137	785	762	893	614	453	11	9	98	114	49
	机关小计	192	38	65	61	28	110	74	8	45	71	65	13	38	25	30	21	4		4	7	2
	京内合计	2 407	516	723	889	279	1639	581	187	1 146	606	785	339	362	449	292	180	9	6	38	74	33
	京外合计	3 237	398	765	1 462	612	1 631	1 100	506	779	1 014	1 352	446	400	444	322	273	2	3	60	40	16
1	院办	31	13	9	6	3	26	4	1	12	13	8	1	5	5	4	8	4		4	7	1
2	科技局	17	5	6	6		12	4	1	9	3	6	2	3	2	4						
3	人事局	24	1	7	9	7	10	12	2	2	10	9		7	2	4	2					1
4	财务局	30	2	12	13	3	14	16		4	12	13	3	6	5	2	1					
5	基建局	19	3	6	6	4	8	11		4	6	7	1	6	1	2	2					
6	国合局	26	6	5	12	3	19	6	1	8	11	11	1	6	4	3	1					
7	转化局	20	3	10	2	5	8	9	3	5	4	2	4	3	2	8	1					
8	机关党委	12	2	5	5		7	5		1	6	4	1	1	2	1	3					
9	监察局	13	3	5	2	3	6	7			6	5		1	2	2	3					

注：本表数据以人员统计口径为准，即具有专业技术职务的全部人员

（续表）

序号	单位	专业技术人员总数	职称情况				学历情况			学位情况		年龄情况						专家情况				
			正高级	副高级	中级	初级及以下	研究生	大学	大专及以下	博士	硕士	35岁及以下	36～40岁	41～45岁	46～50岁	51～54岁	55岁及以上	两院院士	国家级专家	部级专家	政府特贴	百千万人才
10	后勤中心	68		4	46	18	3	28	37		4	2	1	19	16	20	10					
11	研究生院	63	17	12	27	7	38	23	2	16	32	23	7	6	10	14	3				1	
12	作科所	302	87	94	102	19	208	66	28	173	58	80	35	40	82	37	28	1		10	16	7
13	植保所	202	57	66	67	12	161	31	10	145	21	62	32	33	38	19	18	1	1	7	5	2
14	蔬菜所	183	37	55	66	25	106	62	15	75	41	56	31	34	20	26	16	1	2	4	10	4
15	环发所	157	32	43	69	13	123	24	10	83	40	63	24	14	28	20	8		1		5	3
16	牧医所	148	39	47	48	14	108	35	5	94	25	49	24	20	35	12	8	1	1	7	11	6
17	蜜蜂所	79	16	23	36	4	38	40	1	19	29	27	15	7	16	9	5					
18	饲料所	100	19	39	39	3	81	12	7	56	25	17	28	27	17	6	5			3	2	2
19	加工所	127	16	26	47	38	98	19	10	51	48	71	10	10	13	11	12				3	
20	生物所	115	29	37	37	12	84	23	8	70	20	32	20	22	24	14	3	1	1	3	5	5
21	农经所	88	24	30	31	3	67	19	2	55	15	29	11	12	18	12	6				1	
22	资划所	256	58	82	96	20	205	41	10	153	52	67	53	37	57	27	15				5	2
23	信息所	224	29	71	81	43	135	61	28	70	87	96	22	29	31	27	19				2	
24	质标所	71	8	24	31	8	49	20	2	26	28	35	8	12	12	2	2				1	
25	营养所	20	5	3	3	9	18	2		11	7	10	3	1	6							
26	出版社	12	5	2	2	3	7	1	4	4	3	1	2	1	1	6	1					
27	灌溉所	120	14	26	50	30	62	36	22	23	52	48	11	10	22	21	8					
28	水稻所	237	33	62	95	47	123	82	32	70	69	81	38	28	40	33	17		1	5	3	3
29	棉花所	237	31	61	86	59	80	109	48	44	36	96	10	38	51	26	16	1	1	5	5	3

（续表）

序号	单位	专业技术人员总数	职称情况				学历情况			学位情况		年龄情况						专家情况				
			正高级	副高级	中级	初级及以下	研究生	大学	大专及以下	博士	硕士	35岁及以下	36～40岁	41～45岁	46～50岁	51～54岁	55岁及以上	两院院士	国家级专家	部级专家	政府特贴	百千万人才
30	油料所	205	25	52	114	14	139	33	33	91	49	84	24	18	42	21	16			13	5	3
31	麻类所	96	18	21	40	17	48	31	17	22	32	47	10	5	16	6	12			2	1	
32	果树所	100	15	20	49	16	65	20	15	12	53	43	18	13	6	11	9					
33	郑果所	177	21	44	85	27	75	68	34	15	75	68	25	15	29	19	21					
34	茶叶所	123	19	38	51	15	46	62	15	19	47	44	19	27	17	9	7	1		4	1	
35	哈尔滨兽医所	320	38	66	175	41	170	110	40	125	66	117	68	57	32	31	15			2	5	2
36	兰州兽医所	252	35	49	124	44	140	89	23	82	81	83	59	38	37	20	15			13	5	2
37	兰州牧药所	163	15	50	74	24	89	44	30	26	63	54	21	20	25	26	17		1	1	2	1
38	上海兽医所	115	20	27	58	10	76	31	8	61	14	56	17	20	10	5	7			5	3	2
39	草原所	121	17	37	48	19	69	47	5	36	40	52	5	5	22	19	18				2	
40	特产所	374	19	55	176	124	152	130	92	53	117	213	29	49	28	24	31			8	3	
41	环保所	120	17	29	60	14	84	28	8	42	42	62	26	10	8	11	3					
42	沼科所	87	12	19	33	23	41	39	7	14	26	46	7	9	9	7	9			2	1	
43	农机化所	215	20	59	73	63	83	89	43	10	72	87	30	19	24	22	33				1	
44	烟草所	152	26	45	58	23	76	45	31	32	69	60	25	19	22	12	14				3	
45	祁阳站	11	1	2	8		7	2	2	1	6	5	1		3	1	1					
46	德州站	11	2	3	5	1	5	5	1	1	4	5			1	2	3					
47	廊坊基地	1				1	1				1	1										

中国农业科学院2001—2013年全院离退休人员变化情况统计表

类别 年份	离退休人员情况							中共党员	高级专业技术职务	
	小计	离休干部	退休干部	工人	退养	退职	街道代管		正高级	副高级
2001	5 576	436	3 062	1 878	84	53	63			
2002	5 653	416	3 123	1 907	85	62	60	2 021	823	1 230
2003	5 728	400	3 201	1 933	73	61	60	2 080	871	1 276
2004	5 866	389	3 299	1 980	72	73	53	2 079	873	1 285
2005	5 901	375	3 314	2 034	73	64	41	2 228	870	1 279
2006	5 363	331	3 054	1 810	71	56	41	2 028	771	1 164
2007	5 453	318	3 104	1 872	66	55	38	1 937	770	1 169
2008	5 486	300	3 141	1 879	65	64	37	1 875	821	1 221
2009	5 563	282	3 209	1 915	66	57	34	1 919	830	1 200
2010	5 647	268	3 281	1 955	56	56	31	2 084	829	1 225
2011	5 729	250	3 359	1 969	54	62	35	2 121	839	1 249
2012	5 813	232	3 437	1 989	60	61	34	2 159	834	1 263
2013	5 970	222	3 532	2 067	53	61	35	2 183	839	1 281

中国农业科学院2013年院属单位离退休人员情况统计表

序号	单位	离退休人员情况							中共党员	高级专业技术职务	
		小计	离休干部	退休干部	工人	退养	退职	街道代管		正高级	副高级
	全院总计	5 970	222	3 532	2 067	53	61	35	2 183	839	1281
	京内小计	2 131	105	1 621	339	42	4	20	985	469	640
	京外小计	3 839	117	1 911	1 728	11	57	15	1 198	370	641
1	院机关	408	34	245	96	23	2	8	241	45	81
2	作科所	359	18	283	53	3		2	157	95	120
3	植保所	152	7	117	23	3		2	53	35	43
4	蔬菜所	157	9	111	35	1		1	68	37	43
5	环发所	82	3	79					39	23	35
6	牧医所	164	4	125	29	5		1	66	32	48
7	蜜蜂所	88	2	69	16			1	39	17	26
8	饲料所	16		16					9	6	2
9	加工所	137	3	106	26	1	1		63	25	46
10	生物所	24		19	5				9	7	2

（续表）

序号	单位	离退休人员情况							中共党员	高级专业技术职务	
		小计	离休干部	退休干部	工人	退养	退职	街道代管		正高级	副高级
11	农经所	58	2	54	2				34	22	24
12	资划所	206	11	173	14	4		4	76	45	88
13	信息所	196	8	152	34	1		1	86	49	64
14	质标所	25		25					14	10	7
15	营养所										
16	研究生院	41	4	30	5	1	1		23	11	9
17	出版社	18		17	1				8	10	2
18	灌溉所	122	8	77	37				45	19	35
19	水稻所	678	3	146	510		19		131	34	37
20	棉花所	361	7	126	226		2		64	25	21
21	油料所	209	6	102	101				73	20	42
22	麻类所	110	2	41	63	4			44	11	14
23	果树所	224	5	113	105	1			68	10	34
24	郑果所	149	13	80	55		1		53	11	33
25	茶叶所	121	3	74	31		12	1	45	22	26
26	哈尔滨兽医所	338	17	173	148				101	34	47

（续表）

序号	单位	离退休人员情况							中共党员	高级专业技术职务	
		小计	离休干部	退休干部	工人	退养	退职	街道代管		正高级	副高级
27	兰州兽医所	153	3	105	43		2		41	31	39
28	兰州牧药所	177	10	139	28				71	34	58
29	上海兽医所	67	3	49	15				29	14	15
30	草原所	136	3	106	27				57	25	36
31	特产所	364	13	167	166		4	14	89	13	37
32	环保所	103	4	78	20		1		55	17	34
33	沼科所	100	2	89	9				58	8	39
34	农机化所	243	11	165	58	6	3		102	26	73
35	烟草所	146	4	64	65		13		65	15	19
36	祁阳站 德州站 廊坊基地	38		17	21				7	1	2

2013 年中国农业科学院专家获得的各类专家称号与荣誉

国家自然科学基金委创新研究群体科学基金获得者

植保所：吴孔明　棉花害虫科研团队

国家自然基金委优秀青年科学基金获得者

植保所：周忠实　　　　蔬菜所：张忠华

国家特支计划（“万人计划”）入选者

科技创新领军人才

作科所：万建民

青年拔尖人才

植保所：陆宴辉　　　　资划所：易可可

2012 年度国家创新人才推进计划入选者

中青年科技创新领军人才

蔬菜所：张友军　黄三文　　　　牧医所：高会江

哈尔滨兽医所：陈化兰

重点领域创新团队

作科所：万建民　水稻分子遗传改良创新团队

环发所：曾希柏　退化及污染农田修复创新团队

水稻所：钱　前　水稻种质创新和超级稻分子育种创新团队

2013 年“百千万人才工程”国家级人选

蔬菜所：黄三文
环发所：杨其长
牧医所：张宏福
水稻所：胡培松
牧药所：李剑勇

2012 年度享受政府特殊津贴人员

作科所：李少昆　王建康
蔬菜所：李宝聚　郑启功
环发所：曾希柏
牧医所：张宏福
生物所：林　敏
水稻所：胡培松
棉花所：邢朝柱　张香娣
哈尔滨兽医所：蔡雪辉
兰州牧药所：阎　萍

第十三届中国青年科技奖获得者

植保所：陆宴辉

第九届青藏高原青年科技奖获得者

环发所：高清竹

全国农业先进集体获得者

作物科学研究所作物遗传育种系
农业资源与农业区划研究所祁阳红壤实验站

全国农业先进个人获得者

植保所：陈万权
牧医所：李　奎
水稻所：朱德峰
兰州牧药所：阎　萍
油料所：刘贵华

中国农业科学院 2012 年度
晋升专业技术职务任职资格人员名单

院机关

研　究　员：范　静　金　轲　侯希闻
副 研 究 员：郭丽红　李　强　张银定　杨丁庆
助理研究员：赵英杰　苏全星
工　程　师：蔡莹盈

研究生院

研　究　员：温　洋
副 研 究 员：卢　鹿　高　雷　田松杰
助理研究员：张艳华　王仕龙　陈黎明　卓　炯　李艾诺

作物科学研究所

研　究　员：吴存祥　刘志芳　马兴林　陆　平　李宏宇
副 研 究 员：杨　涛　翁建峰　吴　斌　付俊杰　武　亮　郑天清　吴赴清
张晓玫
高级农艺师：丁玉萍
高级实验师：李秀全
助理研究员：孙素丽　侯　鹏　马小定　孟　培　张　帆　魏学宁　刘　冰
么　杨　卫　斐
农　艺　师：杜荣才

植物保护研究所

研　究　员：郭建英　曾洪梅　江幸福　芮昌辉
副 研 究 员：张　兰　黄红娟　王大伟　冯　晶　张云慧　王　瑞　尹明明
刘晨曦

助理研究员：孔令安
工　程　师：汪开卷

蔬菜花卉研究所

研　究　员：杨宇红　庄　木
副 研 究 员：朱晋宇　刘运霞　杨树华　张志刚　徐建飞　赵志伟
高级农艺师：杨　琳
助理研究员：王　宏　闫　妍　谢学文　李占省　王顺利
实　验　师：章以蒙

农业环境与可持续发展研究所

研　究　员：罗良国　郭李萍　刘文科
副 研 究 员：吕国华　孙宝利　苏世鸣　杜章留　赵解春　付卫东
助理研究员：田佳妮　夏　旭　于寒青

北京畜牧兽医研究所

研　究　员：王　栋　李　明　万里强
副 研 究 员：张龙超　赵学明　孙　鹏　孙桂枝
高级农艺师：郑麦青
助理研究员：赵福平　赵占中　解竞静

蜜蜂研究所

研　究　员：吴黎明　何薇莉
副 研 究 员：薛晓锋　田文礼
助理研究员：刘婷婷　刘朋飞

饲料研究所

研　究　员：杨培龙　王征南
副 研 究 员：康　威　郑爱娟　徐　俐　杨雅麟　范志影
助理研究员：石冬冬

农产品加工研究所

研　究　员：张　泓
副 研 究 员：刘　璇　陈捷胤　胡宏海　刘　鹭
助理研究员：丁　凡　裴　颖　陈井旺　杨　洋

生物技术研究所

研　究　员：张　维　张永强
副 研 究 员：田　健　孙国清　张宇宏　崔　艳
助理研究员：王东晖　汪　海　梁秋菊

农业经济与发展研究所

研　究　员：胡志全　杨慧芬　黄德林
副 研 究 员：辛翔飞　王瑞波　王祖力　崔奇峰　王　艳　方　静
助理研究员：张宁宁　徐雷鸣　谢玲红　周向阳

农业资源与农业区划研究所

研　究　员：梁国庆　胡清秀　林治安　杨　鹏　张会民　李建平
副 研 究 员：张宏斌　陈金强　李　虎　张建峰　黄晨阳　高春雨　李正国
副　编　审：刘晓燕
高级农艺师：信　军
助理研究员：姜　昊

农业信息研究所

研　究　员：骆建忠　雪　燕
编　　　审：刘　宏
研 究 馆 员：续玉红
副 研 究 员：张玉梅　赵思健　王　剑　孙　巍　陆美芳　喻　闻
副研究馆员：梁永利
副　编　审：潘月红
助理研究员：董　薇　吴定峰　李京虎　张建华　仲晓春　艾红波　宋正阳
　　　　　　徐　倩

农业质量标准与检测技术研究所

研　究　员：王　芳
副 研 究 员：金茂俊　索德成　郑床木
助理研究员：程　劼　李晓敏　周　剑

中国农业科学技术出版社

研　究　员：王更新

农田灌溉研究所

研　究　员：王景雷　周新国
副 研 究 员：乔冬梅　王晓森　李　平
助理研究员：孙　浩　张俊鹏　南纪琴　胡艳玲　宗　洁　杜臻杰　宁慧峰
　　　　　　王　峰

中国水稻研究所

研　究　员：林建荣　陈铭学
副 研 究 员：张玉屏　陈红旗　朱练峰　程本义　季芝娟
高级农艺师：方洪民　李黎红
助理研究员：孙佳音　张　鹏　于　萍
工　程　师：李德高
农　艺　师：杨国强

棉花研究所

研　究　员：刘传亮　刘建功　张永山
副 研 究 员：黄　群　雒珺瑜　马雄风　李志芳　冯文娟
高级农艺师：潘兆娥
助理研究员：何守朴　王德龙　刘绍东　彭　振　吴　东
实　验　师：樊伟莉

油料作物研究所

副 研 究 员：王秀嫔　胡志勇　张艳欣　郑明明
副　编　审：郭学兰
助理研究员：吴　坤　张婵娟　邹锡玲　周小静　龚阳敏　万丽云　徐　理
乔江伟　于景印　杨中路　喻　理　杨敏敏　李允静　白艺珍
李银水　黎冬华　陈李淼　黄　莉

麻类研究所

副 研 究 员：余永廷　郑　科　唐　蜻
高级实验师：冯湘沅
助理研究员：唐慧娟　刘志远　陈继康

果树研究所

研　究　员：仇贵生　周宗山
副 研 究 员：王海波　李志霞　田路明
助理研究员：宋　杨　孙丽娜　胡国君　董星光　丁丹丹　岳　强　陈竞波
陈亚东　吕　鑫

郑州果树研究所

研　究　员：郭景南
副 研 究 员：曹　珂　齐秀娟　王　龙　李保卿
助理研究员：许云峰　姜建福　崔国朝　刘　丽　路绪强　赵光伟　黄玉南
刘　慧　张春岭　邢　燕
农　艺　师：孔维虎

茶叶研究所

研　究　员：江和源
副 研 究 员：谭俊峰　陈红平　俞凤金　付建玉
高级农艺师：郭华伟
助理研究员：辛肇军　周　利　董春旺　张颖彬　林修竹

农　艺　师：姚惠明

哈尔滨兽医研究所

研　究　员：王玉娥　高士军　李雁冰　王靖飞
副研究员：马　建　林跃智　秦立廷　胡　森　白丽鸽　周国辉　张　萍
高级工程师：孔俊奇
助理研究员：殷海鹏　王　时　杨　帆　吴俊铭　陶启蒙　王永强
实　验　师：孙振峰

兰州兽医研究所

研　究　员：骆学农　刘艳红　张　强
副研究员：郑福英　曹铁梅　石建梅　赵　萍　李学瑞　张　军
高级农艺师：张玉德
助理研究员：田　波　周建华　张中旺　贾怀杰　宫晓炜　朱学亮　龚振兴
李兆才　李　立　殷　昊　赵付荣

兰州畜牧与兽药研究所

研　究　员：严作廷
副研究员：郭天芬　吴晓睿　田福平　荔　霞
助理研究员：李　誉　汪晓斌　邓海平　王贵波　张景艳　刘文博

上海兽医研究所

研　究　员：周艳君　王　权　杨锐乐
副研究员：陈宗艳　龚海燕　郑　浩
副　编　审：郑海红
高级实验师：周勇志
助理研究员：姜一峰　孟春春

草原研究所

研　究　员：于林清　赵青山
副研究员：运向军　闫伟红

高级农艺师：邢建军　王建耀
助理研究员：李　峰　戴雅婷　路艳峰　哈斯巴根

特产研究所

研　究　员：邢秀梅　陈玉山
副研究员：许世泉　张　蕾　王再幸　王凤雪　刘晗璐
助理研究员：王建科　孙　娜　张铁涛　李晓艳　廖　鹏　范琳琳　赵　滢
褚文辉　王秋霞　焉　石　许培磊　宋兴超　张　旭
邵　财　郑　策　周丽斯　常树卓　李海涛　金春爱
编　　辑：董昕瑜
审　计　师：石　茜

农业部环境保护科研监测所

研　究　员：郑向群
副研究员：冯人伟　李军幸　林大松　王　迪　赵建宁

农业部沼气科学研究所

编　　审：王　蓓
副研究员：承　磊　王文国　龙　燕
高级工程师：李晋梅
助理研究员：刘来雁　杨雅涵　蒋鸿涛

农业部南京农业机械化研究所

研　究　员：朱继平　张文毅　钟　挺
副研究员：张宗毅　刘　兰　李立中
高级工程师：袁　栋　王锦国
助理研究员：陈明江　李瑞容　顾峰玮　张宋超　孔　伟　姚克恒　裴　亮
工　程　师：杨　娟

烟草研究所

研　究　员：罗成刚　郭永峰　徐秀红

副 研 究 员：李凤霞　孙惠青　陈爱国　杨金广　龚达平
高级实验师：刘少云
高级农艺师：王新伟
助理研究员：张蔚蔚　魏　磊　侯婉莹

中国农业科学院“青年英才计划”管理办法

农科院人〔2013〕11号

（2013年1月10日）

第一章　总　则

第一条　根据《中国农业科学院“十二五”科技人才队伍发展规划》和《中国农业科学院科技创新工程实施方案》，为加强我院科技创新团队建设，吸引具有国际视野和高水平的青年学科带头人和创新人才，进一步提高科技创新能力、国际竞争力和学术引领能力，做好人才引进工作，特制定本办法。

第二条　“青年英才计划”包括引进海外杰出青年人才（以下简称A类），引进国内优秀青年人才（以下简称B类），引进“青年千人计划”人才（以下简称C类），研究所自筹经费引进海内外优秀青年人才（以下简称D类）。

第三条　坚持“按需设岗、公开招聘、择优聘用、分类管理”的原则，实行“以岗定薪、绩效激励”的分配机制和“能进能出、能上能下”的动态管理机制。

第四条　院人才工作领导小组负责审定“青年英才计划”相关政策和人选的确定等重大事项。领导小组办公室设在人事局，负责日常工作。

第二章　岗位设置与入选基本条件

第五条　研究所制定“青年英才计划”岗位设置方案，报院人才工作领导小组审定。“青年英才计划”岗位设置必须与研究所科技目标、学科发展相结合，优先保证院科技创新工程的创新团队建设、重点学科领域和新兴交叉学科及重大科研条件平台等对人才的需求。

第六条　岗位职责：

1. 正确把握学科动态和发展方向，面向国家重大战略需求和国际前沿，提出具有基础性、战略性、前瞻性的研究计划。

2. 带领创新团队开展具有国际水平的科研工作，取得国内外同行关注的科研进展和成果；或作为团队骨干成员发表高水平文章（本人为第一作者，中国农业科学院为第一完成单位）或取得相应水平的其他成果。

3. 积极培养青年后备人才，推动国际学术交流，与国内外相关机构开展富有成效的合作研究。

第七条 基本条件。候选人须符合以下各项条件：

1. 热爱农业科研事业，具有良好的科学道德和学风，具有团结协作精神。

2. 熟悉本学科领域前沿发展动态，有扎实的专业知识基础，独立主持或作为主要骨干参与过课题（项目）研究的全过程并做出显著成绩。有能力带领团队在本领域开展研究并做出具有国际水平的创新成果。

3. 全职在岗工作。年龄一般不超过40岁，身体健康。

4. 至少两封国内外相关领域专家推荐信，其中A类候选人必须有一封国外相关领域专家推荐信。

5. A类候选人获得博士学位后有连续3年及以上的海外科研工作经历，在本学科领域开展了较为系统的研究工作，并以第一作者或通讯作者在本领域重要核心刊物发表过有影响的论文，或拥有重大发明专利、掌握关键技术等。回国后到我院地处西部地区或偏远地区研究所工作的，海外工作年限可以放宽到2年。

6. B类候选人应具有博士学位，并在国内高校或科研院所担任教授（或研究员）职务。国家杰出青年科学基金获得者（以下简称“国家杰青”）年龄可放宽到45岁左右。我院地处西部地区或偏远地区研究所的引进人才，条件可适当放宽。

7. D类候选人应是研究所重点发展领域的急需人才，条件参照A类或B类候选人的基本条件把握。

第三章 自主引进与择优支持

第八条 发挥院所两级积极性，采取研究所先行引进，院再择优支持的方式，严格选聘各类“青年英才计划”人才。

1. 研究所根据经院里审定的“青年英才计划”岗位设置方案自行组织招聘。原则上，对符合“青年千人计划”申报条件的候选人，研究所应优先推荐其申报“青年千人计划”。

2. 候选人通过招聘评审后，到位工作前将备案材料提交领导小组办公室进行备案。备案材料包括：《中国农业科学院“青年英才计划”A（B）类候选人备案表》和专家推荐信等相关附件材料。

3. 通过备案审核后，研究所应与候选人签订《中国农业科学院“青年英才计划”A（B）类管理协议》（以下简称《管理协议》）。明确双方的责任和义务，包括工作目标、科研经费、研究助手、工作和生活条件等。

4. 已备案的候选人应在到岗工作1年后参加院统一组织的择优支持评审，并填报《中国农业科学院“青年英才计划”A（B）类择优支持申请表》。候选人有2次申请机会，首次申请未通过者，可于1年后再次申请。

评审委员会由至少 11 位相关领域专家组成（其中院外专家不少于 1/2），候选人到场进行现场答辩，采取无记名投票方式（得票超过 2/3）确定择优支持人选。

5. A、B 类候选人通过择优支持评审并公示无异议后，报院人才工作领导小组审定，院里向审定通过者颁发“青年英才计划”入选证书并提供相应支持。

6. 研究所引进的国家“青年千人计划”入选者到位工作后可直接入选 C 类。研究所需将入选者的《管理协议》报领导小组办公室，经审核批准后颁发证书并提供相应支持。

7. D 类候选人参照 A、B 类的相关程序招聘。研究所向领导小组办公室提交《中国农业科学院“青年英才计划”D 类候选人备案表》，经审核后签订《管理协议》；经公示无异议后报院人才工作领导小组审定，院对“青年英才计划”入选者颁发证书。

第四章　支持经费与享受待遇

第九条　支持经费包括研究所先期提供的科研启动经费和院择优支持的科研启动费、仪器设备费、岗位补助和安家费补助等。

第十条　研究所须为 A、B、C 类候选人提供不少于 100 万元科研启动费。国家和院专项经费到位后，用人单位不得从中抵扣上述费用。

第十一条　院专项为 A、B 类入选者提供 200 万元科研启动费和 100 万元仪器设备费，为引进的“国家杰青”提供 300 万元科研启动费和 300 万元仪器设备费；对研究所获批的“青年千人计划”人才，除了国家提供的支持条件外，院专项再提供 100 万元科研启动费和 200 万元仪器设备费。科研启动费和仪器设备费可根据科研工作实际需要适当调整。

第十二条　院里按照 100 平方米住房标准为 A、B、C 类入选者提供安家费补助（根据用人单位所在城市上一年度商品房销售均价折算，最高不超过 100 万元），或优先安排购买院所自建的政策保障性住房。

第十三条　A、B、C 类“青年英才计划”入选者在计划执行 4 年期间，除享受研究所该岗位正式职工的工资、福利和医疗等待遇外，可再享受 10 万元/年的岗位补助（引进的“国家杰青”20 万元/年）。

岗位补助按比例支付，院专项支付 60%，其余由研究所和相关课题支付。

第十四条　对于 D 类入选者，科研启动费、仪器设备费、安家费补助、岗位补助等均由研究所自筹经费解决。

第五章　经费筹集与管理

第十五条　院设立人才引进专项资金，用于保障人才引进中需院支持的经费。

第十六条　人才引进专项资金由财政专项资金和自有资金组成。

第十七条 财政专项资金保障科研启动费和仪器设备费。优先纳入研究所中央级科研院所修缮购置专项资金等条件建设专项和中央级公益性科研院所基本科研业务费等科研专项预算。

第十八条 自有资金保障岗位补助和安家费。自有资金由院部、院属各单位出资和社会捐资等筹集。

第十九条 岗位补助按月随工资发放。

第二十条 安家费用于帮助引进人才解决住房问题。

第二十一条 人才引进专项资金专款专用，专项核算。严格按照资金用途使用，不得截留、挪用。

第二十二条 人才引进专项资金管理与使用应符合国家财务管理有关规章制度，接受有关部门的监督。

第六章 考核评估

第二十三条 “青年英才计划”入选者在计划执行期间须全职在岗工作，不得在其他单位兼职。入选者执行期限一般为4年（从通过院里评审之日算起）。

第二十四条 研究所须对“青年英才计划”入选者进行年度考核。考核内容包括科研进展、学术道德、承担科研任务与项目情况及当年度专项经费使用情况等。

第二十五条 院人才工作领导小组负责对“青年英才计划”入选者的终期评估。入选者首个聘期结束后参加终期评估。评估内容包括综合表现、科研工作进展、人才培养与团队建设、承担任务与项目、实验室建设情况和发展潜力等。评估结果分为优秀、良好、基本合格、不合格。

第二十六条 研究所负责组织对入选者终期评估的初评工作，初评后向领导小组办公室提交《“青年英才计划”入选者终期考核评估表》。院统一组织由院、所领导和同行专家组成的考核评估专家组进行综合评估，提出是否合格的意见建议，并提名不超过20%的优秀人选。终期评估结果经院人才工作领导小组审定后公布。

第二十七 条对终期评估良好及以上等次的入选者，纳入研究所在职职工正常管理，对基本合格和不合格的入选者，研究所提交情况说明报告及处理意见，院里根据情况决定是否取消其“青年英才计划”入选者资格。

第七章 日常管理

第二十八条 对“青年英才计划”入选者的管理，坚持院、所两级负责、以所为主的管理体制。“青年英才计划”的人事和档案关系放在用人单位。院负责对其宏观调控和考核指导，研究所负责日常管理，院有关部门与研究所共同做好各项待遇的落实工作。

第二十九条　研究所根据条件聘任七级及以上专业技术职务，提供相应工作条件，并在人员配置、研究生招生等方面给予倾斜支持。积极支持引进人才竞争国家重大科技项目。

第三十条　对“青年英才计划”入选者，院、所要做好其户口调入和家属随迁，协助做好子女入托或上学、配偶就业等工作。

第三十一条　对出现学术不端行为或其他严重违反管理规定的入选者，一经查实，院将取消其“青年英才计划”入选者资格及相关待遇，在全院进行通报，并视情况收回相应专项经费。

第三十二条　因研究所管理不善，导致入选者不能按计划完成任务的，院将追究研究所的管理责任。

第八章　附　则

第三十三条　本办法自发布之日起执行。引进“千人计划”人才仍按原规定执行。

第三十四条　本办法由人事局负责解释。

附件：1. 中国农业科学院“青年英才计划”类候选人备案表

2. 中国农业科学院“青年英才计划”类管理协议（样本）

3. 中国农业科学院“青年英才计划”类择优支持申请表

4. 中国农业科学院“青年英才计划”入选者终期考核评估表

附件 1

中国农业科学院“青年英才计划”类候选人备案表

聘用单位：________________ 联 系 人：________________

联系电话：________________ 电子邮件：________________

<table>
<tr><td>候选人姓名</td><td colspan="2"></td><td>性别</td><td></td><td colspan="2">出生日期</td><td colspan="3"></td></tr>
<tr><td>联系电话</td><td colspan="4"></td><td colspan="2">电子邮件</td><td colspan="3"></td></tr>
<tr><td>到位工作时间</td><td colspan="4"></td><td colspan="2">执行年限</td><td colspan="3">年 月至 年 月</td></tr>
<tr><td rowspan="2">获博士学位单位</td><td>中文</td><td colspan="3"></td><td rowspan="2">专业</td><td>中文</td><td></td><td>国别</td><td></td></tr>
<tr><td>英文</td><td colspan="3"></td><td>英文</td><td></td><td>时间</td><td></td></tr>
<tr><td rowspan="2">招聘前工作单位</td><td>中文</td><td colspan="4"></td><td rowspan="2" colspan="2">招聘前岗位</td><td>中文</td><td></td></tr>
<tr><td>英文</td><td colspan="4"></td><td>英文</td><td></td></tr>
<tr><td>招聘岗位</td><td colspan="4"></td><td colspan="3">招聘学科</td><td colspan="2"></td></tr>
<tr><td colspan="10">学习与工作经历（从本科填起）</td></tr>
<tr><td colspan="2">起止时间</td><td colspan="5">学习或工作单位</td><td colspan="3">职务</td></tr>
<tr><td colspan="2"></td><td colspan="5"></td><td colspan="3"></td></tr>
<tr><td colspan="2"></td><td colspan="5"></td><td colspan="3"></td></tr>
<tr><td colspan="2"></td><td colspan="5"></td><td colspan="3"></td></tr>
<tr><td colspan="2"></td><td colspan="5"></td><td colspan="3"></td></tr>
<tr><td colspan="2"></td><td colspan="5"></td><td colspan="3"></td></tr>
<tr><td colspan="2"></td><td colspan="5"></td><td colspan="3"></td></tr>
<tr><td colspan="2"></td><td colspan="5"></td><td colspan="3"></td></tr>
</table>

主要学术成就（列举 1 ~3 篇代表性文章，可扩展）：
拟开展的工作（可扩展）：
本人将按照备案表的到位时间工作，并承诺全职在岗工作。 候选人签名： __________年______月______日

<table>
<tr><td colspan="4">聘用单位提供的条件</td></tr>
<tr><td>科研启动经费</td><td>________万元</td><td>办公和实验用房</td><td>________平方米</td></tr>
<tr><td>配备人员</td><td>固定人员：_____名</td><td>研究生：_____名</td><td>博士后：_____名</td></tr>
<tr><td>其他条件</td><td colspan="3"></td></tr>
<tr><td colspan="4">研究所评审专家组意见：

专家组组长签字：
________年_____月_____日</td></tr>
<tr><td colspan="4">聘用单位意见：

法人代表签字：
聘用单位（公章）
年　月　日</td></tr>
<tr><td colspan="4">院人才工作领导小组意见</td></tr>
<tr><td colspan="4">
________年_____月_____日</td></tr>
</table>

附件 2

中国农业科学院“青年英才计划”
______类管理协议（样本）

聘用单位：中国农业科学院____________________研究所（甲方）
受聘人员：____________________（乙方）

为进一步加强“青年英才计划”的管理，明确并规范在“青年英才计划”实施中聘用单位（甲方）及“青年英才计划”引进人才（乙方）的责任、义务和权利，在甲乙双方协商一致、平等自愿的基础上，特签订本协议。

一、甲方的责任、义务和权利

1. 对已确定聘用的人员，甲方与乙方共同制订“青年英才计划”工作目标任务书，甲方聘用乙方岗位为__________岗位，甲方负责对乙方的年度考核、终期初评估和日常的管理工作。

2. 甲方采取一次性支付方式向乙方提供__________万元科研启动经费，经费于__________年__________月到位。若乙方获得院择优支持，甲方不得从中扣除先期支持的科研启动经费。

3. 甲方向乙方提供__________平方米办公和实验用房。

4. 甲方为乙方提供所需的合作者和研究助手。配备固定人员__________人；博士生__________人、硕士生__________人；流动人员__________人。

5. 乙方全职到位工作并获得院择优支持后，享受 4 年__________元/月的“青年英才计划”岗位补助。

6. 乙方全职到位工作并获得院择优支持后，享受院专项提供的安家费补助，或优先安排购买院所自建的政策保障性住房。

7. 在计划执行过程中，对不能按照工作任务书完成工作的，甲方有在年度考核时对乙方予以警告的权利，对警告后仍不能有效开展工作的，甲方有权终止本协议和“青年英才计划”的执行，并申请院取消乙方入选者称号。

8. 甲方在乙方到位后 2 个月内完成乙方作为“青年英才计划”候选人的备案工作。

9. 其他约定：____。

二、乙方的责任、义务和权利

1. 乙方应在通过研究所评审后尽快到位工作（一般不超过 3 个月）。乙方承诺的正式到位时间为__________年__________月，到位后，将按照应聘的学科和研究领域确定研究方向，开展实验室和人才队伍建设工作，以保证既定科技目标的实现。

2. 乙方到位工作并完成备案后为“青年英才计划”候选人，获得择优支持后即入选“青年英才计划”。乙方到位1年后，参加院统一组织的择优支持评审，有2次申请机会，首次申请未通过者，可于1年后再次申请。

3. 乙方应统一参加“青年英才计划”终期评估，从乙方获得院经费支持到参加评估，最长时间不得超过5年。

4. 乙方在计划执行期间，每年出国合作研究的时间不得超过3个月。

5. 乙方对择优支持人才专项经费的使用须根据《中国农业科学院“青年英才计划”管理办法》的有关要求执行。乙方同时有责任通过竞争和开展国际合作，承担更多的科研任务与项目。乙方在受资助期间，至少应获得2项自然科学基金或相当的项目资助。

6. 乙方应配合甲方提供年度考核、择优支持和终期考核的相关材料。

7. 乙方在计划执行期间所获得的科研成果，其所有权归甲方所有。成果的转让开发按照国家有关法律执行。

8. 未获得院择优支持的A、B类人选者，本管理协议自动终止。

9. 其他约定：____

____。

三、违约处理事宜

1. 甲方有违约之处，乙方可向院人才工作领导小组办公室反映。若情况属实，且经院协调后甲方仍不能及时改正，院将暂停甲方的“青年英才计划”招聘，并按有关规定追究甲方主要负责人的责任。

2. 乙方有违约之处，经甲方和院人才工作领导小组办公室教育仍不及时改正者，院将取消其“青年英才计划”入选者资格，并将追还院拨全部经费。乙方须将所享受安家费补助全部退还。

3. 因乙方违约造成经济损失的，应依法予以赔偿。

四、其他事项

以上协议一式2份，分存甲方和乙方，具有同等法律约束力。

聘用单位（甲方）　　　　　　　　“青年英才计划”候选人（乙方）
法人代表签字（盖章）：　　　　　签字：
年　　月　　日　　　　　　　　　年　　月　　日

附件3

中国农业科学院“青年英才计划”
＿＿＿＿＿类择优支持申请表

申请人姓名：＿＿＿＿＿＿＿＿＿＿＿＿

聘 用 单 位：＿＿＿＿＿＿＿＿＿＿＿＿

联 系 电 话：＿＿＿＿＿＿＿＿＿＿＿＿

传　　　真：＿＿＿＿＿＿＿＿＿＿＿＿

电 子 邮 件：＿＿＿＿＿＿＿＿＿＿＿＿

中国农业科学院人事局制

<table>
<tr><td>姓名</td><td colspan="2"></td><td>性别</td><td></td><td colspan="2">出生年月</td><td></td></tr>
<tr><td>专业</td><td colspan="4"></td><td colspan="2">研究领域</td><td></td></tr>
<tr><td>聘任岗位</td><td colspan="4"></td><td colspan="2">上岗时间</td><td></td></tr>
<tr><td>“国家杰青”</td><td colspan="3">□是□否</td><td colspan="2">资助期</td><td colspan="2">年至年</td></tr>
<tr><td colspan="8">学习经历（从大学开始填）</td></tr>
<tr><td>起始时间</td><td>终止时间</td><td colspan="3">单位</td><td colspan="2">学位</td><td>专业</td></tr>
<tr><td></td><td></td><td colspan="3"></td><td colspan="2"></td><td></td></tr>
<tr><td></td><td></td><td colspan="3"></td><td colspan="2"></td><td></td></tr>
<tr><td></td><td></td><td colspan="3"></td><td colspan="2"></td><td></td></tr>
<tr><td></td><td></td><td colspan="3"></td><td colspan="2"></td><td></td></tr>
<tr><td></td><td></td><td colspan="3"></td><td colspan="2"></td><td></td></tr>
<tr><td colspan="8">工作经历（准确到月份）</td></tr>
<tr><td>起始时间</td><td>终止时间</td><td colspan="3">单位</td><td colspan="2">研究领域</td><td>专业技术职务</td></tr>
<tr><td></td><td></td><td colspan="3"></td><td colspan="2"></td><td></td></tr>
<tr><td></td><td></td><td colspan="3"></td><td colspan="2"></td><td></td></tr>
<tr><td></td><td></td><td colspan="3"></td><td colspan="2"></td><td></td></tr>
<tr><td></td><td></td><td colspan="3"></td><td colspan="2"></td><td></td></tr>
<tr><td></td><td></td><td colspan="3"></td><td colspan="2"></td><td></td></tr>
<tr><td></td><td></td><td colspan="3"></td><td colspan="2"></td><td></td></tr>
<tr><td></td><td></td><td colspan="3"></td><td colspan="2"></td><td></td></tr>
</table>

注：如内容较多，本栏目填不下时，可另纸接续（以下各栏目均如此）

主要学术成就、科技成果及创新点（简要概括，不超过500字）

1~3篇代表性论文（从事科研工作以来）			
作者排序	题目	期刊名称	年份、卷期及页码

近5年发表主要论文或专利情况			
作者排序	题目	期刊或国际会议名称	年份、卷期及页码

近5年出版主要著作情况			
作者排序	书名	出版社及年份	撰写章节及页码

注："作者排序"栏按"第一作者""通信作者""非第一作者"顺序填写

论文被收录情况统计（篇）			
	中国科学引文数据库	SCI	EI
第一作者			
通信作者			
非第一作者			
总计			
论文被引用情况统计（SCI 引用）			
	他人引用次数	引用期刊种数	引用作者人数
第一作者			
通信作者			
非第一作者			
总计			
以上内容已经申请人确认，情况属实。 申请人签字： 年　月　日			

注：1. “论文被收录和引用情况” 只针对前面列出的代表性论文和近 5 年主要发表论文进行统计；

2. 自引部分不计入引文统计中；

3. 对列入统计表中的论文需附论文首页复印件；

4. 对列入统计表中的论文需提供被引用情况证明

到位后已开展的工作（包括研究内容与方向，实验室建设，团队建设等情况）

主持或参加项目的情况		
项目名称	经费来源及额度	担任角色

聘用单位提供的条件（包括科研经费、实验用房、研究助手配备及研究生指标等）

获资助后拟达到的总体目标与预期成果（包括拟解决的科学问题、实验室环境、人才队伍建设和培养等）			
获资助后经费使用计划			
年度	科研启动费（万元）	仪器设备费（万元）	合计（万元）
合计			

注：1. “年度”从通过择优资助第二年开始，以4年为期；
2. 安家费将在获得择优支持的第一年一次性拨付到位；
3. 科研启动费和仪器设备费将按经费使用计划分年度拨付

研究所意见：   负责人（签章）： 年　　月　　日
专家组评审意见：   评审专家组组长： 年　　月　　日
院人才工作领导小组意见：   年　　月　　日

附件 4

中国农业科学院“青年英才计划”入选者终期考核评估表

姓　　　　名：________________

聘 用 单 位：________________

从 事 专 业：________________

研 究 领 域：________________

到岗工作时间：________年________月

获得择优支持年度：________________

联 系 电 话：________________

电 子 邮 件：________________

中国农业科学院人事局制

说　明

一、请入选者实事求是地填写表中内容。

二、封面中的“入选年度”“到岗工作时间”必须填写，否则视材料无效。所在单位需在封面“聘用单位”处加盖单位公章。

三、聘用单位需将人才专项经费的支出使用情况由聘用单位财务部门做出专题报告作为必备附件一并报院。专项经费若存在结余，需专门说明结余原因，并提交结余经费使用计划。同时入选者还需附与聘用单位签订的工作目标任务书，年度考核等有关材料，获奖证明等相关材料。

研究工作进展总体情况（包括已完成科学目标、成果在该领域所处地位、发表论文论著、实验室和人才队伍建设、获奖和经费情况）

1. 发表论文（篇）、论著（部或章节）、申请专利（项）							
国内刊物		国际刊物		SCI		EI	
国际会议				出版专著			
受理的发明专利数							

受资助期间发表的代表性论文、论著		
作者排序	论文/论著名称	期刊、期刊号/出版社及年份

2. 人才培养及团队建设			
固定人员		流动人员	
培养博士生		培养硕士生	

3. 主持或参与重大项目及经费情况			
名称	担任角色	经费来源	经费额度（万元）
经费合计（万元）			

4. 获表彰奖励情况		
（1）国家级奖励		
年度	获奖名称	排名

（2）获得国家杰出青年科学基金		
资助年度	资助金额（万元）	项目名称
从年至年		

（3）院级奖励或其他奖励

5. 专项经费使用情况		
科目	发生额度（万元）	备注
科研业务		
设备购置		
人员支出		
合作交流		
其他		
合计（万元）		

注：1. “作者排序”栏按“第一作者”“通信作者”“非第一作者”顺序填写；

2. “人才培养及团队建设”中，固定人员指研究所在编人员；流动人员指客座学者、高级访问学者、博士后；

3. “主持或参与重大项目及经费情况”中，不包含“青年英才计划”资助经费；其中入选者至少应获得 2 项以上自然科学基金或相当的项目资助；

4. “获表彰奖励情况”中，国家级奖励包括国家自然科学奖、国家科学技术进步奖、国家技术发明奖和中华人民共和国国际科学技术合作奖

初评估专家考核意见			
初评估专家组成员			
姓名	单位	职务或职称	签名
负责人：		研究所（盖章）： 年 月 日	

综合评估意见（包括入选者研究方向与内容在该研究领域的地位与意义，所取得的科学成果、发表论文/论著的水平，人才队伍建设、实验室情况，经费使用以及入选者的科学品德等）
综合评估小组负责人： 年　月　日
院终审意见
领导小组组长（签章）： 年　月　日

中国农业科学院关于印发公开招聘人员补充规定的通知

农科院人〔2013〕317 号

（2013 年 12 月 6 日）

为加强管理，经 2013 年 12 月 6 日院党组会议研究同意，现对《中国农业科学院公开招聘人员暂行办法》（农科院人〔2012〕47 号）作如下补充规定：

一、院属各单位公开招聘常规人员（包括应届高校毕业生、博士后出站人员、普通留学回国人员和社会在职人员等），仍按照《中国农业科学院公开招聘人员暂行办法》执行，坚持一年统一组织一次，京内单位继续由人事局统一组织。

二、对于高层次人才（如千人计划、青年英才、创新工程骨干专家以上岗位人选等）的招聘，院属各单位根据用人需要，采取一事一报的方法，制定招聘方案，报人事局备案审批后，按照相关规定，自行组织招聘工作。

三、原则上，除军转等政策性安置、特殊科研辅助岗位等以外，院属各单位公开招聘的人员均需具有研究生学历并取得硕士学位，且年龄在 35 岁以下，急需引进的高层次或短缺人才可放宽到 45 岁。

四、院属各单位编制内补充工作人员，进人计划均要求报人事局审核批准后，方可按有关程序开展招聘工作，确定拟聘人选后，需填写《中国农业科学院新录用人员登记表》，报人事局备案审批后，办理有关调入或接收手续。

以上规定自发布之日起实行，请各单位认真贯彻执行。

附件：中国农业科学院新录用人员登记表

附件

中国农业科学院新录用人员登记表

姓名		性别		出生年月	
民族		政治面貌		户籍所在地	
参加工作时间		行政职务		专业技术职务	
学历学位	全日制教育		毕业院校及专业		
	在职教育		毕业院校及专业		
拟录用单位				拟录用岗位	
岗位类别	管理岗位□　专业技术岗位□　工勤岗位□				
招录方式	笔试□　面试□　考核□　其他________				
学习及工作经历					
发表论文、专著和获奖等情况					
主持（参加）项目、课题情况					

<table>
<tr><td rowspan="2">考试成绩</td><td>笔试成绩</td><td>面试成绩</td><td colspan="3">总成绩</td></tr>
<tr><td></td><td></td><td colspan="3"></td></tr>
<tr><td>体检结果</td><td colspan="5"></td></tr>
<tr><td>考察情况</td><td colspan="5"></td></tr>
<tr><td rowspan="6">家庭主要
成员</td><td>称谓</td><td>姓名</td><td>年龄</td><td>政治面貌</td><td>工作单位
及职务</td></tr>
<tr><td></td><td></td><td></td><td></td><td></td></tr>
<tr><td></td><td></td><td></td><td></td><td></td></tr>
<tr><td></td><td></td><td></td><td></td><td></td></tr>
<tr><td></td><td></td><td></td><td></td><td></td></tr>
<tr><td></td><td></td><td></td><td></td><td></td></tr>
<tr><td>用人单位
意见</td><td colspan="5">所领导签字：　　　　单位盖章
年　月　日</td></tr>
<tr><td>审批意见</td><td colspan="5">单位盖章
年　月　日</td></tr>
<tr><td>备注</td><td colspan="5"></td></tr>
</table>

说明：此表一式三份，用人单位、审批单位、个人档案各留存一份

中国农业科学院博士后公寓管理办法（试行）

农科院人〔2013〕58号

（2013年3月7日）

第一章　总　则

第一条　为加强我院博士后公寓管理，有效利用公寓资源，根据《博士后管理工作规定》（国人部发〔2006〕14号）和《中国农业科学院博士后工作管理办法》（农科院人〔2012〕175号），结合我院博士后工作实际，制定本办法。

第二条　博士后公寓专供我院博士后研究人员（以下简称博士后）临时租用，由院统一进行装修，并配备基本家具。

第三条　院博士后管理委员会办公室（以下简称博管办）负责审核申请人资格并分配公寓，后勤服务中心房管部负责公寓日常管理。

第四条　院设立博士后公寓专项经费，用于公寓基本装修、家具配备和日常维修。

第二章　公寓申请及入住

第五条　非在职且在京无住房的博士后可申请入住公寓，申请公寓须如实填报个人住房需求情况。

第六条　院博管办根据房源和申请人的实际情况，按照充分利用、按需分配、便于管理的原则，统筹分配院内外博士后公寓。

第七条　经院博办批准入住的博士后，持全国博管会介绍信、院博管办“入住通知单”和个人有效证件，到后勤服务中心房管部办理入住手续，并交纳住房保证金3 000元。博士后出站时，室内设施经房产部门验收合格之后，此款项退还本人，不计利息。

第八条　博士后办理入住手续的流程：

1. 填写住房卡；
2. 交纳住房保证金及有关费用；
3. 签订《房屋租用协议》；
4. 签订《安全防火责任协议书》；

5. 与房管部工作人员一起清点公寓物品，填写清单。

第三章　公寓管理

第九条　博士后应爱惜公寓及内部设备。房屋及其设备自然损坏时，应及时通知房管部并积极配合检查和维修，属于房屋、电路、水管和煤气管道等问题，由房管部联系有关部门维修。经房管部确认因使用年限较长、无维修必要的室内设施，报博管办审核，房管部履行报废手续，重新购置新设施。

因住户使用不当或人为造成房屋或设备损坏的，由住户负责赔偿和修复。住户不主动赔偿和维修的，由房管部组织维修，相关费用从住户的住房保证金中扣除；住房保证金不够扣除部分的，由博士后补交。

第十条　公寓只能由院博管办批准入住的博士后本人使用，培养单位和个人不得擅自转租、转借和调换使用房屋，不得变相出租或进行经营活动，不得进行装修改造。房管部将不定期对公寓进行检查，一经发现不按规定使用公寓的，收回公寓，并处1 000～5 000元罚款。因不按规定使用公寓而出现安全或者其他问题的，一切后果由博士后本人承担。院博管会还将根据具体情况，按照规定做出进一步处理。

第十一条　在住博士后及其家属应遵守院房管部门、住宅小区和本公寓的各项规章制度及院相关规章制度，由本人按规定缴纳公寓房租（按照国家和北京市规定的收费标准）和家具租金（每月 20 元），水、电、煤气、电话费、网络、有线电视及物业管理等费用。冬季供暖费由院博管办从博士后日常经费中支付。

第十二条　为确保安全，公寓住户必须做好防火、防盗工作。

（一）楼道内严禁堆放易燃、易爆物品及杂物；保证消防通道的畅通和消防设施的完好。

（二）燃气、灶具周围，严禁堆放易燃物品，用完灶具，管好阀门。

（三）禁止擅自拆改、水管、燃气管、接拉电线等。

（四）禁止在公寓内存放易燃、易爆、有毒物品，违者没收其物品，并视情形处理；造成严重事故的，按国家法律和院博管会规定赔偿全部经济损失，并追究当事人责任；构成犯罪的，移交国家司法机关处理。

（五）不得利用公寓从事任何违法、违纪活动。

第十三条　后勤服务中心负责公寓专项资金和公寓资产的管理，保证资金和资产的安全有效使用；专项资金应独立核算，专款专用，并实行年度预决算制度。人事局和财务局负责对公寓收支情况进行监督检查。

第四章　公寓退还

第十四条　博士后居住公寓的使用期限，与其在站时间（一般为 24 个月）一致，博士后中途退站或期满出站，必须在办理手续 1 个月内迁出公寓。

第十五条 博士后出站退房时，应结清房租、水、电、煤气等各项费用，持结清费用单据到房管部申请办理退房。房管部与博士后共同对公寓及其设施进行验收，公寓设施保持良好的，办理相关退房手续。

第十六条 未按时迁出公寓的，房管部和院博管办将联合发出限期搬离通知单，并将按租金标准的 3 倍向租住人收取超期租住租金，并视情节扣罚保证金。限期搬离通知单发出 10 日仍未退房，按个人强占公房论处，除计收超期租金和没收全部租住保证金外，将采取必要措施收回公寓住房。

第十七条 博士后出国（境）前须与房管部签订出国住房协议，对出国（境）未按期回国的博士后，按退站处理。未签订出国住房协议且又逾期不归的，后勤服务中心房管部可会同有关部门清理室内所存物品。

第十八条 博士后合作导师及培养单位应积极配合院博管办，督促博士后和出国博士后家属按期迁出公寓。逾期不迁出的，院博管办将缓办该合作导师及培养单位博士后进站手续。

第十九条 博士后确因工作需要延期出站的，经院博管办批准并通知房管部，可继续租用公寓，延长期限一般不超过 1 年。

第五章　附　则

第二十条 本办法自发布之日起实行，由院博管办和后勤服务中心房管部负责解释。

关于高级专家延长退休时间问题的规定

农科院党组发〔2013〕27号

（2013年7月9日）

为了进一步优化我院人才队伍结构，严格高级专家退休年龄管理，根据国家有关离退休政策文件精神，结合我院的实际情况，制订本规定。

一、具有正高级专业技术职务的专家，符合下列条件之一者，其退休年龄可以适当延长。

1. 担任全国人大代表、全国政协委员、国务院参事、各民主党派中央委员以及省、自治区、直辖市人大、政协常委职务者。

2. 主持国家级重大科技项目（第一主持人或首席科学家）尚未结束的，如“973”项目、“863”重大项目、国家基金重点项目、国家科技支撑计划重大项目、国家科技重大专项重点课题、国家国际合作重大项目、现代农业产业技术体系等。

二、确定延长退休时间，必须从工作需要出发，从严掌握。延长的时间原则上应与课题、项目执行的时间相一致。每次审批延长时间为1～2年，原则上不得超过65周岁。担任全国人大代表、全国政协委员、国务院参事等职务的，可延长退休至任期届满。

三、对符合上述条件的我院正高级专业技术人员，达到退休年龄时，身体能够坚持正常工作，在征得本人同意后，经研究所党委会或党政联席会议研究同意，填写《高级专家延长离、退休年龄审批表》，报院人事局审批。

四、本规定由人事局负责解释。

陈萌山在中国农业科学院事业单位分类工作布置会上的讲话

（2013 年 4 月 23 日）

同志们：

刚才，魏琦同志传达了农业部事业单位分类工作布置会的有关精神，通报了近期我院有关重点工作的安排。昨天，人事局已经把《事业单位分类改革工作参阅材料》发给了各位，内容很多，既有中央和农业部的重要文件，也有有关领导关于事业单位改革的重要讲话，大家要认真研读、深刻领会、准确把握。

这次会议是经请示家洋院长同意召开的。家洋院长对会议专门作出批示，要求全院高度重视，认真理清思路，精确把握要求，着眼当前情况，筹谋未来发展，精心组织，稳妥推进。下面，我根据家洋院长的要求，代表院党组，讲四点意见。

第一，要讲政治、讲大局，切实提高思想认识，坚定推进改革的信心和决心

分类推进事业单位改革是中央作出的重大战略决策。2011 年中发 5 号文件指出，分类推进事业单位改革，是深入贯彻落实科学发展观、构建社会主义和谐社会的必然要求，是推进政府职能转变、建设服务型政府的重要举措，是提高事业单位公益服务水平、加快各项社会事业发展的客观需要。部党组对部属事业单位分类改革的工作高度重视，多次召开会议进行专题研究，并成立了以党组副书记、常务副部长余欣荣同志为组长的领导小组。韩长赋部长多次作出重要批示，要求各事业单位围绕部党组的中心工作，深入思考事业单位的定位和发展问题，进一步理清发展思路，找准职能定位和发展方向；部系统要树立"一盘棋"思想，形成工作合力，把分类改革作为进一步深化事业单位公益服务能力，优化结构布局的良好契机，充分认识改革的重要性、必要性以及复杂性、艰巨性，自觉把分类改革工作作为一项重要工作抓紧抓好。

中央的部署和部党组、院党组的要求十分明确，我们必须坚决贯彻落实。我院作为农业部最大的事业单位，院属单位的分类工作关系到部里的工作大局，关系到部系统各项后续改革工作的进程。当前我们处于推进跨越式发展的关键时期，院属单位的分类改革工作，关系到全院长远发展，关系到建设世界一流院所目标能否顺利实现。我们必须统一思想、提高认识，上下一条心，站在全局的高度，充分认识分类推进改革的重大意义，树立"改革促发展、改革添活力、改革创新路"的理念，切实增强责任感、使命感和紧迫感，按照总体部署，坚定不移地把这项工作推向深入。

第二，要抓住契机、找准方向，全面提升事业发展的活力

2002 年科技体制改革中，我院原40 个直属单位被划分为四种不同类型：20 个单位整合为 18 个，并按照非营利性科研机构管理；12 个研究所拟转制为科技型企业，4 个单位转为农业事业单位，4 个单位整建制并入大学。在一系列改革措施的推动下，十多年来，院属各单位围绕中心、服务大局，在农业科技创新方面取得了长足的发展，为农业农村经济发展做出了重大的贡献。

但是我们也深刻体会到，上一轮改革还没有真正到位。我们现在面临的问题，既有客观因素造成的，也有主观上的原因。这次科研体制改革继续由科技部牵头，并明确按原有方案推进。可以讲，中国农业科学院面临的改革挑战是现实严峻的，任务是艰巨繁重的，存在的问题都无法回避、绕不过去。改革的目的是为了更好地发展，改革是发展的最大红利。我们只有端正态度，化挑战为机遇，才能避免被动挨打。决不能带着情绪消极对待，必须以理智、积极的态度，深入分析事业的情况，分析存在的问题与体制机制的关系，更要分清哪些是由于主观努力不够，有针对性地开展工作。中央编办也表示，对于已经明确改革方向但改革尚未到位的事业单位，下一步将根据主管部门和相关部门的意见统筹研究后再行推动。这是我们的重要机遇，必须积极主动加强沟通，全力争取有利条件，努力解决上一轮改革及深化改革中遇到的问题。

此次改革，是在上一轮改革基础上的进一步深入和完善。改革的目的绝不是简单地把事业单位分分类、归归堆、贴标签，也不是一味地减机构、减人员、“甩包袱”，更不是要把事业单位搞小、整散、变弱，而是要促进公益事业的健康发展。要通过改革体制，创新机制，激发事业单位活力，提高事业单位的整体素质和服务水平，促进公益事业科学发展。院属各单位是我院作为中央级公益性农业科研机构，推动现代农业发展的重要载体和有力支撑，在解决我国农业产业发展中基础性、方向性、全局性、战略性重大科技问题，引领全国农业科技发展方面发挥着重大、不可替代的作用。希望各单位认真学习中央及农业部文件精神，以此次事业单位分类工作为契机，找准自己的职能定位，明确未来的发展方向，充分调动广大干部职工的积极性、主动性和创造性，适应新形势、新要求，提高创新服务水平，增强自我发展的能力。

第三，要把握政策、严格标准，积极审慎地做好分类工作

此次改革，中央明确要求严格按照社会功能划分现有事业单位类别，不以机构名称、经费形式、人员管理方式等作为分类依据。各单位要严格按照中央要求和部里的统一部署，尽快理清工作思路、形成工作方案，确保功能定位准确、分类目标明确、时间安排精确。刚才，魏琦同志传达了农业部关于分类标准和条件的细化、公益一类和公益二类的区别、政府提供公益服务的范围、财政支持力度以及与行业体制改革衔接等部署，对于我们具体分类工作具有很强的指导性。在下一步的操作过程中，希望大家注意把握好以下几点。

一要认真梳理单位的职能定位。2011 年院属各单位曾经做过模拟分类，梳理过一遍自身的职能和定位，这次要按照《分类指导目录》和说明，认真比对本单位的职能，看看哪些是公益性的，哪些是生产经营性的，哪些职能是国家法律法规赋予的，哪些职能是部门委托授权的。从目前掌握的情况看，一些科研工作，比如种质资源收集与保护、种养殖技术集成创新、植物病虫害监测预警、质量安全标准研究制定及风险评估、宏观政策研究、生物技术、重大疫病防控理论方法技术研究等职能，具有很强的公益属性。各单位要把这方面的职能梳理清楚，尤其是拟转企的研究所转了几年，为什么不能到位，如果要回归公益性，要把承担公益性职能的情况说全面、说透彻、说准确。我们说清楚问题最大的依据就是中央文件，必须吃透2012年中央一号文件的精神。2012年中央一号文件强调，农业科技具有显著的公共性、基础性、社会性。所谓公共性，就是指农业科技外部性强、排他性弱，投资风险大、商业回报差，公众普遍受益、企业很难赢利，农民需求强烈、市场供给不足。所谓基础性，就是指农业科技对农业农村发展起基础支撑作用。所谓社会性，就是指农业科技关系经济、文化、生态等各方面，包含教育、研发、推广等各环节，渗透生产、加工、消费等各领域，牵扯部门、企业、个人等各层次，参与主体多、服务对象广、社会影响大，需要全社会广泛参与、通力协作。中央对农业科技的定性，是解决我们面临问题的前提和基础。我们强调自己的公益属性，就必须吃透中央精神，把握自身实际，从“三性”中找准自己的位置、找出自己的依据，拿出来的理由必须有说服力、能站得住，才能得到上级部门的认可和支持。

二要严格按照社会功能划分类别。符合公益一类条件的划入公益一类，符合公益二类的划入公益二类；职能属性已发生变化，确定属于生产经营类的应划入生产经营类。要防止公益二类向公益一类“挤”，同时也要防止公益一类向公益二类“靠”。对主要职责任务明确的，可以根据主要职责任务确定类别；对主要职责难以确定的，要按照“就低不就高”的原则确定类别。推进分类工作，既要积极，又要稳妥。无论是定为公益一类、公益二类，还是定为生产经营类，后面都要面临人事制度、法人治理机构、财政支持、国有资产管理、收入分配制度、职业年金、党的建设等一系列改革任务。即使是定位公益一类的研究所，改革的任务也不轻松，怎么能够建立新的体制机制，利用国家拨款做好公共服务，也要做大量工作。改革过程中，有所得必有所失，既要定位为公益一类，又想享受二类政策的好处，那是不可能的。改革一旦涉及利益问题就变得很复杂，必须有坚定的原则、坚定的态度，对照中央及农业部文件，认真研究分类类型，平衡利益关系，审慎提出分类意见。

三要扎实做好基础性工作。各单位要严格按照中央文件和相关改革要求，在以往工作基础上，组织精干力量进一步梳理本单位历史沿革、职能任务、法律法规依据、发展定位、服务对象、社会功能和公益属性。（有的单位，还有中央领导重要批示，这是十分难得的有利条件。）由于有关政策尚未明确，各单位在具体开展分类工作时，应对本单位财政保障程度、经营性收入情况进行详细测算，对公益一类、公益二类单位财政保障程度提出意见，同时对转企改制涉及的优惠政策提早研究，做好意见储备。

第四，要加强领导、精心组织，按时保质完成各项任务

事业单位分类工作时间紧、任务重、政策性强。院里专门成立了分类改革工作领导小组及办公室，这两天又对成员进行了调整和加强。院领导小组各成员单位，要准确把握政策，加强统筹协调，密切沟通配合，掌握有关情况，形成指导和推动改革的合力。领导小组办公室要及时了解情况，掌握工作动态，多方听取意见，积极参与研究提出院属事业单位分类初步意见。要保持与院内各研究所的密切联系，加强指导，紧密协作，共同做好方案，对以往改革情况和成果进行梳理和研究，打牢工作基础；要积极主动向农业部人事司、科教司多汇报，加强与中编办、科技部的沟通联系，争取更多理解和支持。办公室成员所在单位的领导要对成员的工作多支持，在工作安排上通盘考虑，积极创造条件。院属各单位主要领导不能把分类工作当成一般性工作来对待，"一把手"要切实担负起第一责任人的职责，加强组织领导，健全工作机制，配备专门力量，扎实开展工作，确保按时保质完成任务。没有特殊情况，各单位主要领导近期不要安排出差和出国，确属必需的，要向院人事局报告。

改革的关键是凝聚共识，共识是改革的力量源泉。事业单位分类工作事关重大，攸关一个单位的生存发展，也关乎每一个职工的切身利益。要充分发挥党组织战斗堡垒作用，深入细致做好思想政治工作。要把单位分类的重要意义讲透彻，对干部职工的利益安排讲明白，引导干部群众理解改革、支持改革、参与改革，形成广泛共识。研究分类定位时，要充分征求干部职工意见，集中群众智慧，反映群众意愿，妥善处理好涉及干部职工切身利益的问题，做到思想不乱、人心不散、工作不断，为改革和分类工作营造良好环境。

同志们，事业单位分类工作影响深远、意义重大。各单位要坚决贯彻落实党中央的决策部署和部党组、院党组的各项要求，确保高标准、高质量地按时完成分类各项工作，为我院深入推进事业单位改革奠定坚实工作基础，为实施科技创新工程、建成世界一流农业科研院所创造良好条件。

中国农业科学院党组成员、人事局局长魏琦在农业部 2012 年度“西部之光”访问学者、新疆和西藏特培学员培养工作总结座谈会上的讲话

（2013 年 7 月 25 日）

同志们：

这次部里的总结会安排在农科院，是对我们工作的信任和鼓励。在农业部 2012 年度“西部之光”访问学者、新疆和西藏特培学员的一年访学任务即将结束之际，我们再次相聚在这里，对一年来的培养工作进行总结。首先，我受陈萌山书记委托，代表农科院党组，代表人事局，代表全院广大干部职工，向全体“西部之光”访问学者、新疆和西藏特培学员一年来所取得的收获与成就表示祝贺！向中组部、人社部、农业部领导的关心和支持表示由衷的感谢！

今年是我院连续第九年承担农业部系统的“西部之光”访问学者培养工作。自 2004 年接收首批访问学者开始，已经有来自西部 14 个省市区和新疆生产建设兵团的 201 名“西部之光”访问学者和 10 余名新疆西藏特培学员，先后在我院 23 个研究所进行研修。同时，按照农业部的要求，我院还承担了农业部全体“西部之光”访问学者、新疆西藏特培学员的集中管理工作。在今后的工作中，我们一定不辜负上级领导的信任和希望，继续完善工作机制，改进管理方式，进一步做好“西部之光”访问学者、新疆和西藏特培学员的培养工作。

这既是上级交给的重要任务，同时也是学员、培养单位共同学习、共同提高、相互促进的一个很好的机会。作为培养单位来讲，我们也从学员身上学到了勤奋努力、好学上进、踏实肯干的很多好的品质和作风。也感谢访问学者、特培学员对我院的科技发展也做出了积极贡献，他们所掌握的一线科研经验，丰富了我们的工作手段和研究方法；他们所带来的地方科技与生产需求情况，加深了我们对西部地区的了解和认识，更加明确了为西部大开发做贡献的方向。作为培养单位，我们也深感机会难得，受益匪浅。

借此机会，我也代表院人事局感谢承担培养导师任务的各位专家。我们的培养导师充分认识到这项工作的重要性，把“西部之光”访问学者、新疆西藏特培学员的培养工作作为一项非常重要的工作来抓，在繁忙的科研工作中，不仅为访问学者制定了严格的培养计划，让他们直接参与到国家攻关、“863”或“973”专项、国家自然科学基金

和农业部攻关项目等重大科研项目中，还提供了许多课题调研、学术交流的机会，开阔了访问学者、特培学员的专业视野和科研思路，较好地完成了这项光荣的政治任务，得到了各级领导的一致好评。特别值得一提的是，在此次培养工作中，我院部分培养导师按照计划安排，亲自到访问学者、特培学员的派出地考察调研，与当地农业研究单位的领导和技术人员进行了广泛的交流，进一步加深了相互了解、增进了感情，为今后的合作与交流奠定了良好基础。

一年的访学和培养工作即将结束，在此，我提三点建议：第一，坚持学习不放松，把学习作为一种习惯、一种理念。希望大家回去后，继续严格要求自己，保持谦虚谨慎、虚心学习、刻苦钻研的作风，发挥模范带动作用，力争做一名优秀的学术带头人，带动本单位甚至整个地区的农业人才队伍建设。第二，坚持学以致用，积极建功立业。希望各位学者回去后认真梳理一年来的研修情况，将学到的先进思想、先进技术和先进的管理经验传播到西部去，把知识转化到实践中，深入基层，深入一线，为提升本单位的科研能力和学术水平做出积极的贡献，为西部大开发添砖加瓦。第三，希望大家常回来看看，继续和我院保持联系，建立长久合作关系，将农科院的科研优势和地方资源环境优势充分结合，努力促进西部地区的农业科研工作，努力促进农业科技成果的转化应用，为“三农”工作和经济建设做出积极的贡献。同时，我也希望我们农科院的各位专家，能够在圆满完成各项培养工作的基础上，抽出更多的时间到西部看一看，对访问学者、特培学员进行回访和指导，进一步加深对西部大开发战略的理解，更好地为西部农业和农村经济发展提供服务和咨询。

最后我也代表院里向中组部、人社部、农业部人事司表个态：在今后的工作中，一定不辜负上级领导的信任和希望，继续完善工作机制，改进管理方式，进一步做好“西部之光”访问学者、新疆和西藏特培学员的培养工作。

谢谢大家！

六、计划财务管理与条件建设

中国农业科学院2013年财务管理工作概况

2013年，对我院财务管理工作来说是极不平凡的一年，最突出的特点是形势变化大、挑战考验多。面对院内外形势变化和工作任务大幅增加带来的挑战和压力，全院财务人员紧紧围绕创新工程实施和现代院所建设等院中心和重点工作，结合群众路线教育实践活动的开展，按照“提速、提质、拓宽、延伸”的工作思路，着力提升财务支撑保障能力，克服了重重困难，经受住种种考验，全面完成各项工作计划，创新工程等重点工作进展顺利，取得显著成效。

一、2013年工作回顾

（一）挑战与机遇

随着国家财政形势变化、财政体制改革的不断深化以及我院科研活动的深入开展，新的任务和要求不断出现，财务工作面临新的挑战，同时迎来新的机遇。

1. 中央财政形势进入平稳增长期

受经济增长因素的影响，中央财政收入结束近10年来的高速增长，年初增幅较以前年度明显回落，上半年增幅仅为1.5%，远低于去年同期10%的水平，三四月份甚至出现负增长。下半年开始企稳回升，到11月份，累计增幅回升至6.5%，但仍低于7%的预算目标。从当前形势看，预计未来10年中央财政收入将进入平稳增长期，增幅将明显减小，继续争取扩大财政经费支持的难度明显增大，今后一段时期要有过紧日子的思想准备。

2. 科研经费成为社会关注热点

科研成果难以占据国际高端、国内高端成果不够突出，科研经费投入的效益引发社会各界的质疑；科研经费使用管理不够完善，各类科研腐败案件频频曝光严重侵蚀象牙塔，损害了科学家在人们心目中的形象。加强和改进科研经费管理，使科研经费发挥更大效益成为必然。

3. 中央禁止性规定频出

自2012年12月份中央八项规定和“六项禁令”相继出台以来，多项中央禁止性规定频出，公款特别是财政经费支出使用方向逐步回归限定渠道，严格规范使用资金成为最严格的刚性要求。

4. 财会管理制度全面更新

继科学事业单位财务制度 2013 年修订实施后，新修订的科学事业单位会计制度 2014 年初正式实施，核心框架制度全部更新；同时，会议费、培训费、差旅费、出国经费等一系列配套管理办法密集出台，中央财政国库动态监控管理暂行办法、行政事业单位内部控制规范等监管制度同步发布实施。据统计，仅 2014 年 1 月 1 日起施行的制度办法就有 8 项，财务管理制度全面更新，给财务管理工作的内容和方式带来巨大的变化。

5. 外部监督检查要求更高

2013 年，审计署、农业部等上级部门先后在我院开展了 2012 年预算执行情况审计、农业部领导经济责任审计、政府性债务审计和科研经费专项审计等多项审计检查，全年驻我院时间不少于 9 个月，力度前所未有；我院组织开展了经济责任审计等各类审计 136 项，完成领导交办检查 11 项，审计实时高效的特点更加突出。

6. 我院迎来新的发展机遇期

党的十八届三中全会、中央经济工作会议、全国农村工作会议的召开，都释放出支持农业创新驱动的强烈信号。我院科技创新工程被列入全国三大科技创新工程之一，现代院所建设正式启航，我院已迈上推进跨越式发展、建设世界一流院所的新征程。

（二）2013 年工作亮点

1. 平稳运行有效保障重点工作顺利完成

（1）各项既定工作有序开展，经受考验，克服困难，全面完成

——抓好部门预算申请与追加，全院财务支撑能力进一步提升。围绕我院中心工作，在国家财政形势从严从紧的背景下，积极争取做大财政经费蛋糕，确保全院各项工作顺利开展。2012 年全院部门决算收入总计 54.73 亿元，较上年增长 3.26%；2013 年全院财政拨款总计 27.28 亿元，较上年增长 19.49%，我院现代院所建设财政保障进一步增强。2013 年落实追加院属 6 个单位财政资金预算超过 1 000万元，部分急需经费得到解决。2013 年全院政府采购预算超过 15 亿元，较 2012 年增长 13.72%。

——日常工作有序运行，财务管理更加规范高效。在日常工作中强调乐于奉献的精神和敢于担当的勇气，坚持理清财权事权边界，着力提高业务规范性和制度约束力，保证资金和资产使用安全，为科研事业发展提供有力的财务支撑。组织开展 2014 年部门预算申报。完成全院 2014 年部门预算“一上”和“二上”以及 2014 年院专项和上缴收入编制等工作；牵头组织完成 2014 年农业财政项目的申报，获批农业类专项超过 2 亿元，增长 9.5%；加强财务数据分析，完成 2014 年定员定额试点单位的申报；完成环保所等 14 家单位离退休规范津补贴所需财政经费的申报。日常经费管理平稳运行。积极筹划资金，合理安排院本级支出；做好全院基建项目经费管理，完成 24 个项目竣工财务决算、交付资产逾 3 亿元，完成 19 个项目、近 2 亿元投资的竣工财务决算评审；完成院属京区职工公费医疗等工作，争取北京市医疗补助经费超过 2 000万元；完成院

机关各类财务账簿管理，清理外汇现汇等往来账项，改进院机关个人工资信息告知方式。资产管理工作进一步加强。完成全院资产配置、处置等审核审批以及院机关固定资产登记工作；2013 年全院国有资产保值增值率达到 103.67%，科研条件保障能力进一步增强；全年政府采购信息统计金额超过 6 亿元、较上年增 1.17%；完成与中国人民解放军艺术学院临界土地的指界工作并积极推进土地使用权证申请确权登记。财政专项常规管理规范有效。组织完成 2014 年修购专项目申报，科学事业单位获中央财政支持 38 个项目、2.9 亿元，农业事业单位获中央财政支持 6 个项目、1 000多万元；继续强化财政专项执行管理，组织完成全院 2013 年度 56 个修购项目资金实施方案编报、审核、批复；推进 2009—2011 年度修购项目验收，完成 49 个项目验收，资金共 1.65 亿元；承担农业部修购项目绩效评价指标体系设计任务，组织院属研究所探索开展 2006—2010 年修购项目绩效评价研究，与我院修购项目验收同步开展的绩效评价实践探索进行汇总；做好基本科研业务费 2013 年度院本级项目任务书签订和 2014 年全院项目评审立项等工作。

（2）合理安排圆满完成新增工作事项

——预算压减平稳完成。上半年财政收入增速下滑使政府下决心“开源节流”“过紧日子”，7 月份财政部发出通知，要求中央国家机关各部门对 2013 年一般性支出统一进行压减财政。按照上级统一要求和部署，在做好研究测算的基础上，组织全院 2 次统一压减财政资金，并及时批复压减预算。全院压减经费 8 000多万元。由于措施得当、组织到位，预算压减的同时，重点工作经费和急需资金得到保障，确保全院各项工作平稳运行。

——科研经费专项治理工作扎实开展。在教育实践活动查摆问题阶段，我院将科研经费使用管理不规范甚至违规违法作为“四风”问题五个重要表现之一；在整改落实阶段，加强科研经费监管被列为农业部 8 个专项整治活动之一。作为院教育实践活动科研经费监管专项整治牵头单位，院财务局局组织专门力量，查找问题、分析原因、建言献策，进一步加强院所两级科研经费使用的管理和监督，确保全院科研工作有序顺利开展。一是配合监察局开展全院科研经费专项检查。抽调 20 多位财会人员，历时 2 个月，对全院除营养所之外的 31 个研究所、共计 126 个课题开展了科研经费专项检查，涉及资金 4.25 亿元。二是认真研究制定专项治理方案。对科研经费专项检查及内外部审计中发现的科研经费管理中存在 8 个方面主要问题，深入分析原因、认真研究提出整改措施，制定专项整治方案，并两次向院教育实践活动领导小组作专题汇报。三是整改落实，立行立改。建章立制，进一步强化法人责任并加大财务监督和评价；配合院务公开，拓宽监督渠道，下发财务公开备案、加强材料费管理的通知，组织编制《科研经费管理知识 50 问》等，多措并举，保证科研经费使用合理合规。

2. 创新工程凝聚信心、探索前行

（1）完成创新工程经费争取和预算调整及申报等工作

经过多方努力，2013 年 1 月 17 日创新工程实施方案获上级批复，经费下达至我院，体现了农业部和财政部等上级部门对我院科技创新工程的极大支持和热切期望。

6 月份，第一批 11 个试点研究所 112 个创新团队遴选产生后，根据预算管理有关要求，及时组织编报我院 2013 年创新工程经费预算调整、政府采购预算、国库支付范围划分建议，并按照上级要求，进行了多次修改和完善。经与上级部门反复沟通协商，创新团队经费直接拨至 11 个研究所创新团队使用，极大简化了经费支付手续、节约了时间、提高了效率。

在第一批试点研究所经费调整到位的同时，根据创新工程工作进展情况，及时组织编报预算申报，积极争取试点期创新工程经费。

（2）积极研究、规范管理，确保创新工程经费使用安全高效

——实事求是，争取扩大经费支出范围。为便于创新工程经费更好地发挥作用，在认真组织进行测算的基础上，积极与农财两部沟通，努力争取扩大经费支出范围。经过努力，按照目前的批复，创新工程经费支出范围与公用经费相同，达到我们能够争取的最好效果。

——早做预案，规范创新工程经费使用。为克服 2013 年创新团队经费下达时间较晚，实际执行时间短、压力大的困难，在经费下达之前，组织相关单位提前筹划，做好经费使用预案，规范支出内容和范围。得到财政部批复后，及早部署研究所完成创新工程经费请款、辅助账设置、报销专用审批单设计，同步安排了预算执行的统计等前期工作。经费下达后，及时开展经费使用情况摸底，跟踪分析创新工程经费使用进展和进度，确保严格按照支出范围使用经费。截至 2013 年年底，11 个试点研究所的创新工程经费使用有序展开，执行进度为 78. 72% 。

（3）建章立制，为创新工程顺利实施打下坚实基础

——研究制定创新工程经费管理办法。按上级部门要求，经费管理办法定位于创新工程管理实施的统领性文件。根据创新工程实施方案的进度安排，2012 年 11 月起着手组织精干力量，在院领导的亲自带领下，调研借鉴中国科学院、中国社会科学院创新工程和高校 985 工程管理办法，组织召开多次由主管部门参加、院内相关局办参与的经费管理办法研讨会、研究所所长和专家座谈会，广泛征求意见和建议，在大量研究的基础上，紧密结合我院实际，组织起草《中国农业科学院科技创新工程经费管理办法（试行）》。经过多次修改完善，经历多轮、不同层次、不同形式向农业部财务司、科教司和财政部教科文司的汇报和沟通，办法最终得到了农业部认可，已上报财政部审核备案。

——制定创新工程经费管理实施细则。在起草创新工程经费管理办法的同时，着手同步研究制定创新工程经费管理细则，争取实施细则配合经费管理办法出台。

（4）组织开展培训调研

——开展创新工程财务支撑能力培训，提高认识，明确责任。4 月 22 日，组织召开全院科技创新工程财务支撑能力培训班，对院属单位法定代表人、财务机构负责人、财务主办人员等 140 多人进行了培训，唐华俊副院长到会作重要讲话，并就我院创新工程相关财务工作做了指导和部署。

——加强调研，探索符合农业科研规律的支持标准。在对中科院、社科院调研的基础上，认真研究有关农业科技专项管理办法，探索我院在三级学科体系布局框架下组建科研团队的运作规律，研究提出科研团队经费测算标准，获上级部门认可，为将创新工程经费分解至创新团队提供了依据。

（5）顶层设计探索优化资源配置，撬动更多经济资源

围绕创新工程实施，顶层设计修购专项重点项目，一批符合我院发展方向的项目获得支持；基本科研业务费重点支持创新工程科研团队开展工作。

（6）配合完成试点研究所申报评审

——开展两批申报试点研究所财务评审。组织精干力量，对申报第一批和第二批创新工程试点研究所的项目申报书进行财务审核，并对数据进行了统计和分析。同时，结合近3年财务收支、预算执行进度等重要财务数据，进行了集中研究和讨论。形成总报告2份、分报告49份、数据统计分析表49份，为我院两批创新工程试点研究所遴选工作，提供了及时有效的财务评估服务。

——开展财务支撑能力外部评估。委托农业部财会服务中心对我院非营利研究所开展财务支撑能力外部独立评估，并对外部评估结果汇总分析形成简要报告，呈送院领导参考，为试点遴选提供决策参考。

3. 配合全院性重大工作

（1）保障院新增重点工作经费需求

根据上级工作安排和院党组部署，今年我院开展了教育实践活动、科研经费专项检查等重点工作，举办了全球农科院长论坛等重大活动，而所需经费均未列入年度预算。为此，我们积极想方设法，提出调整经费使用的方案签报40多份，提供决策参考，同时筹措资金900万元，付出艰辛努力，有力支撑了上述重大活动顺利开展。

——立行立改，为群众办实事。对教育实践活动中群众反映的院内缺少职工健身场所、部分研究所条件建设经费缺乏等问题，想方设法、筹措资金、为民解忧。目前，东门内花园长廊面貌一新、健身场地已投入使用；部分研究所水、供热改造和道路翻修工作已经完成，立行立改成效显著。

（2）配合推进事业单位分类改革

——学习和理解科技体制改革精神，精心设计并统计分析财务数据，做好基础性工作。对2002年科技体制改革以来全院按照单位类型财政投入情况和差异分析；按照上级要求，布置、审核、汇总和上报了全院各单位离退休人员和经费情况，为事业单位分类改革做好基础性工作。

——配合解决研究所筹建及更名所需经费。作为学科建设发展和机构改革的重要举措，今年我院启动筹建2个新研究所，4个研究所更名。积极配合、筹措建设和运行经费3 000多万元，切实推进分类改革工作。

（3）大力支持院人才引进与培养

按照我院人才队伍建设工作部署，在上级部门的支持和院属研究所的通力配合下，

筹措 890 万元，落实了引进和培养高端人才的科研工作、条件建设，生活待遇经费；为鼓励重大成果产出和优秀科技人员脱颖而出，落实优秀科研团队和科技人员奖励、科技成果和高水平论文奖励经费；为储备和优选后备科研力量，落实研究生培养和博士后科研条件、生活待遇和奖励等经费。

（4）保障基地平台建设和运转

按照我院条件建设整体规划，合理筹划、积极争取，统筹安排修缮改造经费 2 400 多万元，支持中关村美丽院区改造、通州院区建设前期工作，修缮廊坊、新乡、海南等综合性基地以及部分研究所专业性基地平台。我院多个基地平台面貌焕然一新，科研条件装备水平持续提升。

积极争取运转经费，2013 年全院运转费规模继续扩大，总额达到 6 000多万元，全院 18 个研究所 33 个平台有了专门的长期稳定支持，有力地保障了院（园）区平稳运转。

4. 规范管理，加强预算执行刚性

财务工作大量是烦琐细致的常规工作，资金和资产安全需要落实到每天、每笔具体收支业务之中。只有强化执行刚性，才能真正保障资金资产安全。

（1）进一步规范经费支出渠道

加大对各类中心经费来源和支付渠道的清理力度，加强专项资金项目申报审查。进一步规范资金管理，做到预算编制不借道、经费支出不越界，推进预算执行更加科学顺畅。

（2）进一步明确财权事权划分

加强业务梳理，进一步明晰财权和事权的划分，理顺了工作流程，便于工作更加顺利开展。今后的工作中，将继续对相关业务梳理后逐一加以规范，促进财权事权互相配合，共同推进各项工作开展。

（3）抓好预算执行

认真分析我院预算执行的制约因素，采取抓早、抓大、抓难、抓落实的四抓措施，抓好重点难点工作，推进预算执行有序进展。3 月 26 日院财务工作会议和 4 月 22 日院科技创新工程财务支撑能力培训研讨会议，都对预算执行工作进行统一部署和安排。同时，完成全院财政资金月度执行情况统计，2013 年全院预算执行进度 81. 18%，比上年同期低 4. 81 个百分点，扣除创新工程经费因素，比上年略有提高。

（4）抓好进口仪器设备审批

2013 年全院共申报 36 个项目、493 台/套进口仪器设备、近 2 亿元。10 月份，10 个单位的 228 台/套仪器设备购置项目进口设备审批全部到位，较好地解决了上年进口审批影响进度的问题。

（5）抓好国库支付

适应国库直接支付比例不断增加的形势，为进一步加快预算执行进度，提高财政资金使用效益，在国库支付工作中注重做好预案、提前请款，有效地缩短了资金支付周期，提高了财政经费使用效率。

（6）加强资金统筹与内控管理

严格执行中央八项规定和各项禁止性规定，加强敏感性支出管理，确保资金支出安全合规；加大资金使用统筹力度，全力保障院重点工作需求；加强内控和经费支出审核，硬化经费审批制度和预算执行约束；配合落实法人责任，强化“三重一大”制度，加强资金内控管理；严控“三公经费”支出，全院“三公经费”主动核减20%左右。2013年，全院“三公”支出3 108.8万元。

5. 加强经费使用监管，内部审计作用更加突出

（1）认真落实审计整改意见

坚持长短结合、立行立改与构建长效机制相结合，积极落实审计署对院本级2012年预算执行情况的审计意见、农业部对院本级预决算一致性和审计整改落实情况的检查意见。同时，进一步加强了对院属单位落实整改的指导，重点指导和帮助了牧医所完成审计整改工作。审计整改已经成为督促院属单位进一步完善内控制度、加大管理力度的重要手段。

（2）构建风险预警与防控体系

将审计工作重心转向建立风险导向型内部审计，前移审计关口，做到事前、事中与事后监督紧密结合。

（3）切实发挥审计“免疫系统”功能

全年完成7项经济责任审计、审计金额近18亿元，组织完成院本级基建和修购项目造价审核67项、送审总额2.5亿元、审减率9.2%；完成财务竣工决算审计51项、审计总额近6亿元；完成11项领导交办任务，促进规范管理、确保资金安全。

（4）积极配合上级部门审计检查

完成审计署2012年预算执行情况审计、韩长赋部长经济责任审计、政府性债务审计和财政存量资金审计以及农业部科研经费专项审计等项审计工作；做好与审计部门、院局领导以及被审计单位的“三沟通”，付出艰辛努力，争取达到各方都能接受的最好审计结果。

（5）借助外力，提高监督检查水平

创新审计工作方法，公开招标遴选审计中介机构。

6. 承上启下 沟通协调 营造顺畅工作氛围

（1）积极参加上级部门调研

圆满完成人大预工委来我院蔬菜所调研相关工作，配合农业部财务司来我院进行“三公”经费调研，配合财政部会计司完成新科学事业单位会计制度调研；组织参加会计制度修订研讨，向财政部正式反馈意见多次，提供多项决策建议；首次参与财政部会计司的会计制度修订，被财政部选为试点单位，组织环发所和茶叶所开展新制度信息系统运行测试，为会计制度正式实施提供了数据参考。通过调研活动，一方面积极反映我院改革发展新成就，另一方面客观汇报我院发展中面临的困难，争取得到上级部门的认

可和支持。

（2）持续提升科技经济政策研究中心运行保障水平

——完成上级部门委托的多项全国性科技专项信息管理系统的开发、维护和升级任务，全力做好相关数据支撑。全年新开发系统 1 个，升级改造系统 1 个，对 6 个系统功能进行完善，维护和升级专项信息管理系统模块功能点 316 个，各系统全年登录次数达 39 万多次，系统运行安全稳定；向上级部门提供数据统计表 192 张，提供了良好的数据支撑和决策参考。

——组织开展科技经济政策相关研究。完成 2013 年度课题委托合同书签订工作；强化系统数据的财务审核，进一步完善中心工作流程规范，实现工作操作流程制度化、科学化管理，保障数据准确性、及时性。

（3）主动加强与大院大所沟通交流

注重加强与中国科学院、中国社会科学院，农业部部属三院（中国农业科学院、中国水产科学院、中国热带农业科学院）和水利部等其他部属大院大所交流经验，互相学习，研究问题，沟通思路，形成合力，共同为科研机构营造有利于推动科技创新的良好环境。

（4）加大人员交流合作

根据有关部门工作需要，先后抽调多名同志到审计署、财政部、农业部相关司局帮忙工作，了解上级部门工作情况、加强与上级部门沟通交流；根据工作需要，先后抽调 30 多位研究所财务人员承担全院财务管理相关工作任务。通过人员交流合作，进一步加强了与上级部门及院属单位间的交流协作。

（5）配合协同其他部门，做好相关工作

——配合接受农业部对院本级中关村园区排水系统及环境改造、图书馆项目、新乡基地基础设施系统期中检、完成农产品质量检测中心项目的竣工验收工作。

——配合完成出国经费审批相关工作。

7. 大力加强全院财务队伍能力建设

（1）全院财务机构队伍现状

据统计，目前 35 个院属单位中，有独立财务机构的单位有 18 家，不完全独立财务机构的单位有 12 家，未单独设财务机构的单位有 5 家。2012 年年底，全院财务人员共 244 人，其中有会计从业资格 201 人（2013 年 7 月数据，扣除不在岗、不在编人员）。现有财会人员中，有财经类专业背景的 200 人，其中会计和审计类专业科班出身的 128 人。

从目前情况看，少数研究所财务机构还不健全，难以在重大问题决策中发挥应有的决策参谋作用；财务队伍人员数量偏少，他们在做好财务支撑，保障我院各项事业顺利发展方面发挥重要作用、做出巨大贡献，但财务管理工作不断增量、提速、提质的要求使得现有财务人员大部分时间处于超负荷工作状态，难以腾出精力开展形势和政策研究，同时有相当一部分人不具备相应专业背景，对做好岗位工作带来一定困难，影响了我院财务支撑能力的提高。

（2）梳理完善制度体系，财务管理进一步完善

结合院财务管理工作实际，按照制度建设的总体安排，积极开展调查研究，认真梳理、修订、制定有关制度和办法，财务管理工作进一步得到完善和加强。

——完成财务管理制度体系梳理。根据新科学事业单位财务会计制度和行政事业单位内控规范的要求，以及我院现代院所建设特别是创新工程实施的需要，组织对现行财务制度进行了多层次梳理，为建立和完善符合我院发展方向的财务管理制度体系奠定基础。

——组织开展制度修订制定。研究修订《中国农业科学院内部审计工作规定》和《中国农业科学院院属单位主要领导干部经济责任审计规定》，制定《中国农业科学院部门决算工作规程（试行）》和《中国农业科学院部门决算编报评比暂行办法》等，从制度层面进一步规范财务管理工作。

（3）加强培训交流，提升财务队伍能力水平

适应我院现代院所建设和创新工程实施的需要，组织召开2013年院财务工作会议，举办科技创新工程财务支撑能力培训、新科学事业单位财务会计制度培训研讨以及院京区单位财务队伍能力建设等业务培训，分析院内外形势与需求、研究财务工作重点与方向，进一步统一了思想、提高了认识、提升了水平，推进全院财务工作更好地服务于院中心工作。

（4）推进财务公开，加强信息化建设

配合院务公开，在一定范围内积极推进财务信息公开，组织研发财务信息管理系统，进一步提高财务管理信息化水平，以适应财务管理工作水平提高的内在需求。

二、2014 年工作计划

（一）工作思路

紧紧围绕中心工作，以“资金安全、管理规范”为主题，确定风险防控、财务公开、制度流程、争取资金、支撑服务、信息化和调查研究等项工作重点，切实增强大局意识、进取意识和责任意识，以全新的面貌、负责的态度、旺盛的斗志投入工作。争取在财政资金争取上有新突破、在科研经费监管上有新进展、在会计基础工作上有新提升、在财务安全规范上有新提高，为我院创新工程实施和现代院所建设、实现跨越发展再立新功。

（二）重点工作安排

持续增强全局干部职工的服务意识和奉献精神，倡导担当精神和廉洁自律，强化业

务规范和制度刚性，以改革创新精神和一流工作作风，扎实推进各项工作有序开展，突出抓好 8 个方面的重点工作。

1. 继续抓好创新工程相关工作

一方面，继续争取上级部门支持；另一方面，进一步加强管理、规范支出，确保创新工程经费使用规范合理。

2. 积极稳妥推进财务公开

配合院务公开，在一定范围内就预算安排及预算执行情况等实行财务公开，实现资金运作透明，接受群众的监督。

3. 抓紧完善制度体系和工作流程

按照新科学事业单位财务会计制度及一系列管理办法的要求和我院现代院所建设的需求，进一步梳理完善我院财务制度体系，制定创新工程经费管理实施细则、院本级经费报销管理办法、预算资金收支管理工作流程等办法，进一步完善经费审核审批机制，规范资金使用和产权管理，确保资金和资产安全，为我院各项事业发展提供制度保障。

4. 突出做好财务风险预警与防控

构建风险预警与防控体系，从源头提出治理建议，促进各单位完善内部控制体系；构建内部审计大格局，实现全方位审计监督；在继续做好任期经济责任审计的基础上，适时开展任中审计，前移审计关口，做到事前监督、事中监督与事后监督紧密结合；加强科研经费监管，建立院、所两级科研经费监督和评价机制。

5. 积极争取财政资金支持

在稳步推进创新工程首批试点的基础上，加大力度争取创新工程 2014 年经费；继续做好运转费、离退休人员津补贴、修购专项等部门预算资金申请工作；继续探索增量撬动存量，优化经济资源配置，推进创新工程实施。

6. 加快完善财务信息化建设

在已有财务信息化管理的基础上，研发和升级财务管理信息系统，争取两年内院属单位全部覆盖；在现行财政部、农业部财务管理信息系统的基础上，结合新出台的财务制度，实现我院财务管理信息系统对接升级；做好行政事业单位资产管理信息系统升级工作。

7. 进一步加强调查研究

加强宏观财经形势和我院院情所情调研，开展科研经费管理长效机制、绩效预算等研究，为上级部门提供政策依据和决策建议；加强与上级部门和有关单位的沟通交流，提高我院财务管理话语权。

8. 加强财务支撑能力建设

进一步加强财会队伍建设，充实财会人员队伍，加大业务交流，探索轮岗或短期挂职交流，全面提升财务队伍业务能力和水平；协调督促尚未设置独立财会机构的单位尽快健全财务机构；加强财会及审计队伍业务学习和培训，培养财务管理的行家里手；做好对院属单位财务制度建设及财务管理业务指导。

中国农业科学院2013年基本建设工作总结

紧紧围绕2013年院工作会议精神和李家洋院长在科技创新工程试点工作会议上关于处理好“硬件”建设与“软件”提升关系的重要讲话精神，加强发展战略研究，夯实发展基础，深化项目监管，着力管理创新，为建设世界一流院所、实现跨越发展提供条件支撑。

一、加强战略规划研究，聚焦条件建设发展着力点

确立条件建设指南。积极参与编制《全国农业科技创新能力条件建设规划(2012—2016年)》（以下简称《规划2012—2016》），加大协调力度，将我院“十二五”基本建设需求纳入规划。共计73个项目，覆盖全院32个研究所，规划投资27.3亿元，占规划总投资的55%，为院所条件建设发展提供了资金保障。

编制条件建设规划。围绕学科发展，统筹项目布局、落实具体项目，编制了《中国农业科学院中关村院区大院规划》《中国农业科学院马连洼院区基础设施规划》初步方案等。开展现代农业科研院所条件建设试点工作，全程指导《棉花所中长期条件能力建设规划（2013—2030年)》的编制。

谋划重大项目。与生物所共同论证“生物技术研究中心”项目，梳理思路、找准定位，编制项目建议书，已报农业部审批。着力谋划“国家农业重大气象灾害模拟舱”、“北京田间科学试验中心”等项目，为通州院区建设进行布局。

筹建通州院区。协调通州区政府签署了共建通州院区合作框架协议；加快土地置换工作进程，着力推进农业部、北京市共同创建“通州‘四化同步’改革综合试验区”申报与批复，积极促进部市共建协议签署。

二、夯实发展基础，支撑现代院所条件建设需要

依规划申报项目。2013年是《规划2012—2016》启动第一年，围绕试验基地与重点实验室两项重点实施。3个试验基地获得立项批复，立项规模5 700万元；覆盖8个学科群的11个重点实验室获得立项批复，立项规模10 487万元；2个种子工程项目获得立项批复，立项规模1 010万元。

按计划落实投资。协调农业部与研究所，全面落实2013年投资计划，从院所自身能力建设、动物防疫体系、农产品质检体系、种子工程等渠道获得中央预算内投资

3.62亿元，较2012年增长9.4%。

促进度争“盘子”。通过年初定进度目标、年中通报进度排名、年末发进度督导函，院所共同努力完成投资3亿元，20个项目通过验收，15个项目完工待验收。按照“投资计划与执行进度挂钩、项目申报与在建项目数量挂钩”的要求，申请2014年投资计划3.7亿元，稳定了年度投资规模。

三、精心组织院本级项目实施

图书馆投入使用。攻坚克难，完成人防、消防、热力等专项验收和工程四方验收，保障了汪洋副总理来院考察、第四届国际农科院院长高层研讨会的顺利召开，保证了图书馆“五一”前投入使用。统筹调度施工单位完成工程的后续维修改进；安装、调试近2 000万元、数百套专用设备及配套定制软件；完成分包工程结算审计，基本完成总包工程监理审核；通过项目竣工档案预验收；下大力气协调规委、建委，推进规划验收和质检备案。

质标楼通过验收。多次协调农业部，专题汇报、完善资料与档案，国家发改委委托农业部于2013年11月组织验收，项目建设画上圆满句号。项目的建成搭建了与现代分析测试技术手段相适应的农产品质量安全科学研究、检测技术、标准建设的基础平台，整体上达到了国际同类研究机构的实验条件，显著提升了我国在农产品质量安全标准与检测技术领域的研究能力和水平。

完成中关村院区排水系统及环境改造、基础设施综合改造。通过雨污水干线、自来水管线、道路、停车位及绿化改造，土肥村平房区拆除，住宅东区休闲广场新建，增强了院部大院基础设施保障能力，改善了职工出行和工作环境，有效提升了我院形象，助推了“跨越发展”目标的实现。

完成新乡、新疆试验基地建设。新乡基地基础设施建成，满足了我院在黄淮海地区开展大范围基础研究和应用基础研究的“硬件”配套；新疆基地建成，填补了我院西北地区综合试验基地空白，为科研成果转化与推广应用提供了公共中间试验平台和公共示范转化平台。

四、深化项目监管，提升条件建设管理能力

汇编城市规划法规。与部计划司共同选编《城市规划有关法律法规汇编》，为研究所编制规划、筹划项目提供操作依据；参与起草《农业部直属事业单位基本建设管理办法》，使之更契合事业单位基建项目管理特点，更具可操作性。

联合开展专项检查。联合部工程建设服务中心，组成6个专家组，重点抽查了22个国家工程实验室和畜牧业、种子工程等行业发展项目，从项目实施、工程管理、资金使用、档案资料等4个方面找问题、查原因、定措施，整理专家意见和建议101条，作

为今后指导和规范项目实施的操作手册。

精心安排业务培训。认真梳理共性问题，2013年6月，组织院属19个单位33名管理人员参加了部直属单位农业建设项目管理培训；2013年8月，邀请农业部计划司有关领导解读《规划2012—2016》，指导相关建设单位编报项目；2013年12月，举办“《2013清单计价规范》实施中难点热点问题解决策略”培训，为解决当前国有投资建设项目工期常拖延、投资难控制的突出问题提供专业知识支持。

高质高效组织项目验收。在农业部下放项目验收组织权限的前提下，充分发挥项目验收的再学习再提高、示范指导新项目的重要作用，以精选专家指导特产所综合实验室项目初验为试点，以加强初验环节的审核把关为切入点，探索进一步提高项目验收质量和效率的途径。

五、推进管理创新，保障建设项目投资效益发挥

建设项目管理信息系统。与系统设计单位进行6次深度沟通，建成涵盖9大功能模块的项目动态管理系统，并已成功试运行，该系统有效解决信息不对称、不及时的问题，实现实时掌握项目进展，提高管理质量和服务效率。

开展项目绩效管理试点。联合科技局、聘请财务专家，围绕项目资金落实、建设任务完成、运转保障、功能实现、运行可持续性等5个方面，组织完成茶叶所、油料所等6个质检体系项目的绩效管理试点，达到了深化政府农业投资项目管理、进一步提高农业投资效益的目的。

科技经济政策研究中心 2013 年概况

在财政部、农业部和中国农业科学院各级领导的关心支持下，2013 年中国农业科学院科技经济政策研究中心（以下简称“研究中心”）围绕自身职能定位，完成了财政科技项目管理信息系统的开发与维护、科技经济信息数据平台管理、科技经济政策相关研究和服务支撑等各项工作任务。现将有关情况汇报如下。

一、2013 年主要工作

2013 年，研究中心顺利完成了上级部门委托承担的财政专项管理信息系统的研发和升级、运行维护、数据维护分析、决策支持、课题研究和会议服务等各项工作，全年运转平稳高效。

（一）管理信息系统的研发和升级改造，提供数据支撑和技术支持服务

1. 专项预算执行进度统计系统研发和其他管理系统功能升级改造工作

一是研发专项预算执行进度统计系统。按照财政管理精细化要求，原有管理信息系统从底层技术平台到业务功能设计都不能有效满足专项预算管理的新要求。基于此，2013 年初在通用项目管理信息系统开发平台的基础上全力研发新一代的专项预算执行进度统计系统，于 2013 年 6 月顺利完成新旧系统的切换，实现了专项预算管理系统在本年度连续 3 次填报的稳定运行。新系统运行稳定、界面美观、操作方便，受到用户的好评。

二是现有管理信息系统升级完善。针对上级部门提出的管理需求和 2012 年系统运行过程中发现的问题，及时调整功能模块，对“中央级科学事业单位修缮购置专项资金项目管理信息系统”等 6 个系统进行了功能升级完善，重点提升了系统的稳定性、易用性，完善了功能模块，提升了系统和数据的安全性，并及时有效地解决了用户在使用过程中遇到的问题。

三是通用项目管理信息系统开发平台的丰富和完善。做好管理信息系统研发和升级改造的同时，不断丰富和完善通用项目管理信息系统开发平台。通用项目管理信息系统研发平台的设计框架合理、通用性强、性能稳定，已经发展为一个较成熟的系统开发技术支撑平台，不但缩短了新系统开发的周期，而且提高了系统的运行稳定性，成为新的项目管理信息系统研制的利器。

2. 做好管理信息系统的数据维护和技术支持工作，保障系统安全平稳运行

完成“中央级科学事业单位修缮购置专项资金项目管理信息系统”等7个系统的数据维护和技术支持工作，确保各系统运行安全平稳、数据支撑准确及时。各管理信息系统全年登录次数近39万次，圆满完成各项数据的填报、处理和信息发布等任务。

（二）加强运行管理，各项服务保障工作规范有序

1. 完成研究中心各项委托合同签订工作

完成研究中心2013年度委托研究合同以及房屋租赁、网络通信、数据服务等各类委托服务合同的签订与款项支付工作，保证了中心研究工作顺利开展，各项服务保障工作规范有序。

2. 加强制度建设，完善内部管理

规范工作流程，制定了《科技经济政策中心员工手册》和《科技经济政策中心标准业务流程规范》，确保系统数据准确无误；完善了《科技政策中心管理系统团队工作制度》《科技经济政策中心软件系统运行规范与指南》《科技政策中心管理系统团队软件系统研发规范与指南》《科技政策中心管理系统团队数据与报表制作规范》4项制度，进一步规范和完善研究中心的工作和服务标准。

3. 保障研究中心正常运行，为上级部门领导提供优质会议服务

完成各项保障和服务工作，全年承接各类不同规模的会议20余次，会议服务工作高效、细致、周到，得到与会者的好评。

4. 预算编制严格细致，为正常运转提供经费保障

研究中心年度预算编制工作严格细致，有力保障研究中心有效运转，确保课题研究、专项管理信息系统更新等各项工作顺利开展。2014年度部门预算安排专项经费用于研究中心日常运转和财政科技专项信息系统开发与维护以及科技政策研究。

二、存在的问题

研究中心工作任务重要性和数据支撑精确性不断提升，对研究中心的运行管理方式提出更高要求，迫切需要向科学化、制度化、精细化管理模式转型；研究中心指导委员会和专家咨询委员会部分委员工作岗位有变动，亟须上级部门在研究中心未来发展上给予战略性建议；研究中心现有条件支持和人员配置相对不足。

三、2014 年工作重点

（一）做好管理信息系统的数据维护和技术支持工作，保障系统安全运行

根据上级部门提出的管理需求和系统运行过程中发现的问题，及时升级和完善系统。加强《科技经济政策中心标准业务流程规范》的培训和普及，强化标准工作流程的执行力度。以科学标准的流程规范为抓手，提高研究中心的系统研发、数据支撑等各项工作的质量和效率。通过严格业务流程，多角色相互配合互相监督，多角度核对审核等多种手段，确保出具数据统计表的准确性。

（二）加强委托课题管理

梳理分析研究中心历年委托研究课题情况，开展相关研究课题的结题管理工作。

（三）强化自身管理，保障中心正常运行

进一步加强内部管理，根据工作实际调整研究中心日常工作部署，保障研究中心正常运行。同时，完成好上级领导交办的其他任务。

中国农业科学院2013年公共预算财政拨款收入支出决算表

（金额单位：万元）

项目		上年结转和结余	本年收入		本年支出			年末结转和结余
支出功能分类科目编码（类 款 项）	科目名称		合计	其中：基本建设资金收入	合计	基本支出	项目支出	
	栏次	1	2	3	4	5	6	7
	合计	68 409.8	272 820.9	36 173.0	260 863.4	75 017.7	185 845.7	80 367.3
202	外交	7.9	105.0		89.5		89.5	23.4
20299	其他外交支出	7.9	105.0		89.5		89.5	23.4
2029901	其他外交支出	7.9	105.0		89.5		89.5	23.4
205	教育		56.0		56.0	56.0		
20502	普通教育		56.0		56.0	56.0		
2050205	高等教育		56.0		56.0	56.0		
206	科学技术	43 540.9	223 091.0	27 758.0	206 049.5	55 293.2	150 756.3	60 582.4
20602	基础研究	20 745.5	37 777.8	26 863.0	36 723.6	1 138.2	35 585.5	21 799.6
2060201	机构运行		1 138.2		1 138.2	1 138.2		
2060204	重点实验室及相关设施	15 168.2	31 626.2	25 863.0	30 408.9		30 408.9	16 385.4
2060206	专项基础科研	5 577.3	1 000.0	1 000.0	1 163.1		1 163.1	5 414.2
2060299	其他基础研究支出		4 013.5		4 013.5		4 013.5	
20603	应用研究	4 499.0	146 544.0		127 969.1	54 155.1	73 814.0	23 074.0
2060301	机构运行	610.5	54 952.1		54 155.1	54 155.1		1 407.5
2060302	社会公益研究	3 318.8	91 406.0		73 058.3		73 058.3	21 666.5

（续表）

项目		上年结转和结余	本年收入		本年支出			年末结转和结余
支出功能分类科目编码	科目名称		合计	其中：基本建设资金收入	合计	基本支出	项目支出	
类 款 项	栏次	1	2	3	4	5	6	7
	合计	68 409.8	272 820.9	36 173.0	260 863.4	75 017.7	185 845.7	80 367.3
2060399	其他应用研究支出	569.7	186.0		755.7		755.7	
20604	技术研究与开发	89.4	900.0		908.3		908.3	81.1
2060402	应用技术研究与开发	89.4			8.3		8.3	81.1
2060403	产业技术研究与开发		900.0		900.0		900.0	
20605	科技条件与服务	18 123.1	35 209.2	895.0	38 388.4		38 388.4	14 943.8
2060503	科技条件专项	16 574.0	34 314.2		36 865.5		36 865.5	14 022.6
2060599	其他科技条件与服务支出	1 549.0	895.0	895.0	1 522.9		1 522.9	921.2
20609	科技重大专项	84.0	2 660.0		2 060.0		2 060.0	683.9
2060901	科技重大专项	84.0	2 660.0		2 060.0		2 060.0	683.9
207	文化体育与传媒	4 177.8	112.6		2 199.5	112.6	2 086.9	2 090.9
20701	文化	4 177.8			2 086.9		2 086.9	2 090.9
2070104	图书馆	4 177.8			2 086.9		2 086.9	2 090.9
20705	新闻出版		112.6		112.6	112.6		
2070505	出版发行		112.6		112.6	112.6		
208	社会保障和就业	119.7	2 619.5		2 739.2	2 739.2		
20805	行政事业单位离退休	119.7	2 619.5		2 739.2	2 739.2		
2080502	事业单位离退休	119.7	2 619.5		2 739.2	2 739.2		
2080503	离退休人员管理机构							
211	节能环保	15.8	670.0		656.4		656.4	29.5
21104	自然生态保护	15.8	670.0		656.4		656.4	29.5

（续表）

项目		上年结转和结余	本年收入		本年支出			年末结转和结余
支出功能分类科目编码（类 款 项）	科目名称		合计	其中：基本建设资金收入	合计	基本支出	项目支出	
	栏次	1	2	3	4	5	6	7
	合计	68 409.8	272 820.9	36 173.0	260 863.4	75 017.7	185 845.7	80 367.3
2110402	农村环境保护	15.8	670.0		656.4		656.4	29.5
213	农林水事务	20 059.7	34 693.9	8 415.0	37 481.1	5 224.6	32 256.6	17 272.4
21301	农业	20 059.7	34 693.9	8 415.0	37 481.1	5 224.6	32 256.6	17 272.4
2130104	事业运行	752.7	5 972.6		6 621.8	5 153.1	1 468.7	103.5
2130106	技术推广与培训	4 796.8	11 427.0	5 185.0	11 476.2		11 476.2	4 747.6
2130108	病虫害控制	2 818.7	1 220.0		3 551.6		3 551.6	487.1
2130109	农产品质量安全	1 120.2	5 294.0		5 809.8		5 809.8	604.3
2130110	执法监管	594.1	3 701.0	3 230.0	1 765.9		1 765.9	2 529.1
2130111	统计监测与信息服务	345.5	2 032.0		1 954.5		1 954.5	423.0
2130112	农业行业业务管理	177.2	452.0		506.7		506.7	122.5
2130114	对外交流与合作	58.1	970.0		969.8		969.8	58.3
2130124	农业组织化与产业化经营	3.2	35.0		19.7		19.7	18.5
2130125	农产品加工与促销	331.4			331.4		331.4	
2130126	农村公益事业	174.9	212.0		361.7		361.7	25.2
2130135	农业资源保护与利用	646.5	3 240.0		3 477.3		3 477.3	409.2
2130199	其他农业支出	8 240.5	138.3		634.7	71.5	563.2	7 744.1
221	住房保障支出	488.0	11 472.9		11 592.2	11 592.2		368.8
22102	住房改革支出	488.0	11 472.9		11 592.2	11 592.2		368.8
2210201	住房公积金	99.5	8 100.0		7 993.1	7 993.1		206.4
2210202	提租补贴	50.0	507.9		525.9	525.9		31.9
2210203	购房补贴	338.6	2 865.0		3 073.1	3 073.1		130.4

中国农业科学院 2013 年行政事业类项目收入支出决算表

（金额单位：万元）

支出功能分类科目编码（类 款 项）	科目名称（项目）	资金来源：合计	上年结转和结余：小计	上年结转和结余：其中：财政拨款结转和结余	财政拨款	其他资金	支出数：合计	支出数：财政拨款	支出数：其他资金	年末结转和结余：合计	年末结转和结余：其中：财政拨款结转和结余
	栏次	1	2	3	4	5	6	7	8	9	10
	合计	226 055.3	30 334.3	27 281.5	161 042.8	34 678.2	177 637.9	144 800.9	32 837.0	48 417.4	43 523.4
202	外交	112.9	7.9	7.9	105.0		89.5	89.5		23.4	23.4
20299	其他外交支出	112.9	7.9	7.9	105.0		89.5	89.5		23.4	23.4
2029901	其他外交支出	112.9	7.9	7.9	105.0		89.5	89.5		23.4	23.4
206	科学技术	199 486.2	26 131.6	23 093.7	139 242.8	34 111.8	154 965.3	122 645.8	32 319.5	44 520.9	39 690.8
20602	基础研究	13 220.5	3 142.5	2 796.1	9 776.7	301.4	9 495.6	9 210.5	285.1	3 724.9	3 362.2
2060204	重点实验室及相关设施	8 559.2	2 796.1	2 796.1	5 763.2		5 197.0	5 197.0		3 362.2	3 362.2
2060299	其他基础研究支出	4 661.3	346.4		4 013.5	301.4	4 298.6	4 013.5	285.1	362.7	
20603	应用研究	107 686.6	6 580.0	3 888.5	91 592.0	9 514.6	81 552.7	73 814.0	7 738.7	26 133.9	21 666.5
2060302	社会公益研究	106 930.9	6 010.3	3 318.8	91 406.0	9 514.6	80 797.0	73 058.3	7 738.7	26 133.9	21 666.5
2060399	其他应用研究支出	755.7	569.7	569.7	186.0		755.7	755.7			
20604	技术研究与开发	989.4	89.4	89.4	900.0		908.3	908.3		81.1	81.1
2060402	应用技术研究与开发	89.4	89.4	89.4			8.3	8.3		81.1	81.1
2060403	产业技术研究与开发	900.0			900.0		900.0	900.0			
20605	科技条件与服务	50 550.0	16 235.8	16 235.8	34 314.2		36 652.9	36 652.9		13 897.1	13 897.1

（续表）

支出功能分类科目编码	科目名称（项目）	资金来源 合计	上年结转和结余 小计	上年结转和结余 其中：财政拨款结转和结余	财政拨款	其他资金	支出数 合计	支出数 财政拨款	支出数 其他资金	年末结转和结余 合计	年末结转和结余 其中：财政拨款结转和结余
类 款 项	栏次	1	2	3	4	5	6	7	8	9	10
	合计	226 055.3	30 334.3	27 281.5	161 042.8	34 678.2	177 637.9	144 800.9	32 837.0	48 417.4	43 523.4
2060503	科技条件专项	50 550.0	16 235.8	16 235.8	34 314.2		36 652.9	36 652.9		13 897.1	13 897.1
20609	科技重大专项	27 039.7	84.0	84.0	2 660.0	24 295.7	26 355.8	2 060.0	24 295.7	683.9	683.9
2060901	科技重大专项	27 039.7	84.0	84.0	2 660.0	24 295.7	26 355.8	2 060.0	24 295.7	683.9	683.9
211	节能环保	685.8	15.8	15.8	670.0		656.4	656.4		29.5	29.5
21104	自然生态保护	685.8	15.8	15.8	670.0		656.4	656.4		29.5	29.5
2110402	农村环境保护	685.8	15.8	15.8	670.0		656.4	656.4		29.5	29.5
213	农林水事务	25 770.4	4 178.9	4 164.0	21 025.0	566.4	21 926.7	21 409.3	517.5	3 843.6	3 779.8
21301	农业	25 770.4	4 178.9	4 164.0	21 025.0	566.4	21 926.7	21 409.3	517.5	3 843.6	3 779.8
2130104	事业运行	1 531.1	752.7	752.7	778.4		1 468.7	1 468.7		62.4	62.4
2130106	技术推广与培训	7 449.3	1 207.3	1 192.4	6 242.0		5 536.3	5 535.4	0.8	1 913.0	1 899.0
2130108	病虫害控制	1 268.0	48.0	48.0	1 220.0		919.7	919.7		348.3	348.3
2130109	农产品质量安全	6 228.7	934.7	934.7	5 294.0		5 801.7	5 801.7		427.1	427.1
2130110	执法监管	476.8	5.8	5.8	471.0		468.7	468.7		8.1	8.1
2130111	统计监测与信息服务	2 377.5	345.5	345.5	2 032.0		1 954.5	1 954.5		423.0	423.0
2130112	农业行业业务管理	629.2	177.2	177.2	452.0		506.7	506.7		122.5	122.5
2130114	对外交流与合作	1 044.0	58.1	58.1	970.0	15.9	985.7	969.8	15.9	58.3	58.3
2130124	农业组织化与产业化经营	38.2	3.2	3.2	35.0		19.7	19.7		18.5	18.5
2130126	农村公益事业	212.0			212.0		208.5	208.5		3.5	3.5
2130135	农业资源保护与利用	3 886.5	646.5	646.5	3 240.0		3 477.3	3 477.3		409.2	409.2
2130199	其他农业支出	629.1			78.6	550.5	579.3	78.6	500.7	49.8	

中国农业科学院 2013 年度中央级科学事业单位修缮购置专项资金项目批复情况表

（单位：个、万元）

序号	预算代码	单位名称	专项批复	
			数量	金额
—	—	合计	56	28 414. 15
1	125161002	农业部环境保护科研监测所	1	262. 2
2	125161004	中国农业科学院研究生院	1	770
3	125161005	中国农业科学院农业经济与发展研究所	1	244
4	125161008	中国农业科学院信息研究所	5	1 408. 81
5	125161009	中国农业科学院作物科学研究所	1	481. 48
6	125161010	中国农业科学院蔬菜研究所	3	3 815
7	125161012	中国农业科学院农业环境与可持续发展研究所	1	811. 29
8	125161013	中国农业科学院资源与农业区划研究所	4	1 965
9	125161014	中国农业科学院植物保护研究所	2	756. 37
10	125161015	中国农业科学院农产品加工研究所	2	75
11	125161016	中国农业科学院棉花研究所	1	140
12	125161017	中国农业科学院油料作物研究所	4	548
13	125161018	中国农业科学院果树研究所	3	609
14	125161019	中国农业科学院郑州果树研究所	2	366
15	125161021	中国农业科学院茶叶研究所	4	1 726
16	125161023	中国农业科学院烟草研究所	2	754. 98
17	125161024	中国农业科学院麻类研究所	1	396

（续表）

序号	预算代码	单位名称	专项批复	
			数量	金额
18	125161028	中国农业科学院北京畜牧兽医研究所	1	500
19	125161029	中国农业科学院蜜蜂研究所	1	195
20	125161030	中国农业科学院哈尔滨兽医研究所	2	3 578
21	125161031	中国农业科学院兰州兽医研究所	3	1 831. 02
22	125161032	中国农业科学院兰州畜牧与兽药研究所	1	787
23	125161034	中国农业科学院特产研究所	4	3 698
24	125161035	中国农业科学院上海兽医研究所	1	625
25	125161036	中国水稻研究所	2	705
26	125161038	中国农业科学院饲料研究所	1	210
27	125161039	中国农业科学院生物技术研究所	2	1 156

中国农业科学院2013年基本科研业务费项目评审情况汇总表

（单位：个、万元）

序号	单位编码	单位名称	2013年合计		其中：增量预算	
			项目数	预算数	项目数	预算数
—	—	合计	524	10 501	48	2 511
1	125161002	农业部环境保护科研监测所	15	440		
2	125161003	中国农业科学院（本级）	54	1 995	37	1 574
3	125161004	中国农业科学院研究生院	15	90		
4	125161005	中国农业科学院农业经济与发展研究所	33	212		
5	125161008	中国农业科学院农业信息研究所	33	133	1	20
6	125161009	中国农业科学院作物科学研究所	20	1 206	1	100
7	125161012	中国农业科学院农业环境与可持续发展研究所	31	390		
8	125161013	中国农业科学院农业资源与农业区划研究所	38	560	1	80
9	125161014	中国农业科学院植物保护研究所	21	500	1	80
10	125161016	中国农业科学院棉花研究所	37	673	1	100
11	125161017	中国农业科学院油料作物研究所	28	525	1	100
12	125161028	中国农业科学院北京畜牧兽医研究所	44	565	1	100
13	125161030	中国农业科学院哈尔滨兽医研究所	29	813	1	87

（续表）

序号	单位编码	单位名称	2013 年合计		其中：增量预算	
			项目数	预算数	项目数	预算数
14	125161032	中国农业科学院兰州畜牧与兽医研究所	40	530		
15	125161033	中国农业科学院草原研究所	23	294		
16	125161035	中国农业科学院上海兽医研究所	36	405	1	90
17	125161036	中国水稻研究所	10	820	1	100
18	125161039	中国农业科学院生物技术研究所	17	350	1	80

中国农业科学院2013年度国有资产概况

全院2013年末资产共计 1 400 134. 03万元，其中，流动资产 518 988. 56万元、长期投资 27 117. 71万元、固定资产净值 488 447. 03万元、在建工程 355 985. 83万元、无形资产净值 9 594. 91万元。其中，30 个单位国有资产总量超过 1 亿元。

中国农业科学院各项资产比例如下图所示，2013 年末资产状况如下表所示。

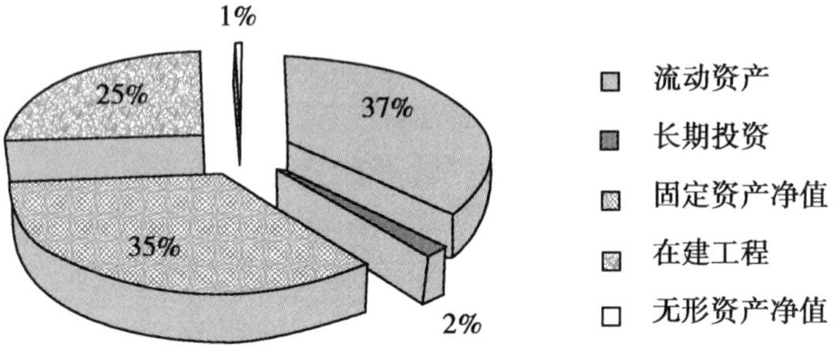

图　中国农业科学院各项资产比例

中国农业科学院2013年末资产状况一览表　　（单位：万元）

序号	单位名称	资产总额	流动资产	长期投资	固定资产净值	在建工程	无形资产净值	净资产合计
1	合计	1 400 134. 03	518 988. 56	27 117. 71	488 447. 03	355 985. 83	9 594. 91	1 138 373. 60
2	农业部沼气科学研究所	8 294. 53	2 273. 40	135. 00	3 216. 03	2 218. 44	451. 65	6 894. 58
3	农业部环境保护科研监测所	18 116. 25	7 121. 92	25. 00	8 689. 33	2 280. 00		13 224. 01
4	中国农业科学院（本级）	242 709. 96	83 490. 12	4 000. 00	18 951. 95	134 143. 76	2 124. 14	229 361. 76
5	中国农业科学院研究生院	17 262. 09	5 291. 66	140. 00	6 850. 75	4 979. 68		14 299. 54
6	中国农业科学院农业经济与发展研究所	5 882. 49	4 416. 78		1 465. 71			2 650. 45

（续表）

序号	单位名称	资产总额	流动资产	长期投资	固定资产净值	在建工程	无形资产净值	净资产合计
7	中国农业科学院农业质量标准与检测技术研究所	12 396.16	6 332.78		4 638.39	1 424.99		8 266.21
8	中国农业科学院农业信息研究所	47 059.56	8 337.94	201.00	35 897.02	2 623.60		41 796.86
9	中国农业科学院作物科学研究所	75 670.41	34 577.82	276.21	38 237.22	2 136.16	442.99	46 924.73
10	中国农业科学院蔬菜花卉研究所	35 798.66	15 663.37	530.00	18 917.49	687.80		26 325.68
11	中国农业科学农业环境与可持续发展研究所	32 087.01	8 136.80	244.38	22 710.47	995.22	0.14	25 180.00
12	中国农业科学院农业资源与农业区划研究所	46 144.21	17 695.59	85.00	19 768.17	8 464.89	130.55	34 116.93
13	中国农业科学院植物保护研究所	54 270.72	29 898.33	654.00	16 892.84	6 825.54		38 328.28
14	中国农业科学院农产品加工研究所	31 907.40	11 697.68		8 036.90	12 172.82		21 888.02
15	中国农业科学院棉花研究所	40 454.15	7 230.26	1 070.50	26 512.81	5 520.58	120.00	34 036.35
16	中国农业科学院油料作物研究所	52 641.61	19 239.98	3 029.50	13 717.80	13 034.00	3 620.33	41 095.22
17	中国农业科学院果树研究所	12 793.16	2 951.31	120.00	9 055.67	666.18		10 719.72
18	中国农业科学院郑州果树研究所	16 336.70	3 684.44	161.00	9 286.26	3 205.00		13 625.95
19	中国农业科学院茶叶研究所	26 736.54	13 457.39	1 016.29	11 054.48	1 203.19	5.18	15 240.37
20	中国农业科学院烟草研究所	33 826.29	20 572.90	203.00	12 502.67	205.25	342.47	24 506.87
21	中国农业科学院麻类研究所	15 028.74	5 525.59	42.06	6 198.00	2 133.09	1 130.00	11 897.10

（续表）

序号	单位名称	资产总额	流动资产	长期投资	固定资产净值	在建工程	无形资产净值	净资产合计
22	中国农业科学院农田灌溉研究所	9 372.46	2 527.72	62.00	5 853.92	928.82		8 108.59
23	中国农业科学院北京畜牧兽医研究所	59 246.96	20 914.03	507.00	18 529.95	19 282.53	13.45	47 731.59
24	中国农业科学院蜜蜂研究所	12 767.62	2 249.58	198.00	6 605.04	3 715.00		11 613.78
25	中国农业科学院哈尔滨兽医研究所	168 168.51	52 263.57	5 680.00	25 328.48	84 771.45	125.00	156 485.31
26	中国农业科学院兰州兽医研究所	89 413.80	46 702.54	2 400.00	33 827.09	6 484.16		76 533.92
27	中国农业科学院兰州畜牧与兽药研究所	18 639.91	6 485.49	51.00	9 524.79	2 578.63		15 939.16
28	中国农业科学院草原研究所	17 281.64	2 811.60	489.00	8 868.41	5 073.63	39.00	15 286.94
29	中国农业科学院特产研究所	42 566.00	14 530.95	511.12	10 896.63	15 577.30	1 050.00	31 655.98
30	中国农业科学院上海兽医研究所	23 415.67	5 771.54	100.00	11 391.13	6 152.99		18 258.38
31	中国水稻研究所	59 410.31	26 363.38	1 817.65	30 659.28	570.00		45 379.88
32	农业部南京农业机械化研究所	20 355.79	7 736.79	448.00	9 852.15	2 318.85		14 701.70
33	中国农业科学院饲料研究所	20 855.63	8 244.87	776.00	10 337.76	1 497.00		15 556.11
34	中国农业科学院生物技术研究所	28 537.08	10 865.79	2 075.00	13 481.02	2 115.27		18 008.00
35	中国农业科学技术出版社	4 284.38	3 712.58	70.00	501.80			2 338.20
36	农业部食物与营养发展研究所	401.64	212.05		189.60			397.44

中国农业科学院2013年度政府采购情况

根据中国农业科学院2013年度《政府采购信息统计报表》，全院2013年采购预算金额65 037.80万元，实际采购金额60 285.22万元。实际采购相对预算的节约资金总额4 752.58万元，总节约率7.31%；货物类节约金额1 406.82万元，节约率7.56%；工程类节约金额3 231.76万元，节约率7.27%；服务类节约金额114.00万元，节约率5.69%。

一、政府采购资金来源

实际采购中财政性资金44 684.89万元，占总采购金额的74.12%；其他资金15 600.34万元，占总采购金额的25.88%。

二、政府采购构成情况

实际采购中货物类采购金额17 203.83万元，占总采购金额的28.54%，工程类采购金额41 191.58万元，占总采购金额的68.33%，服务类采购金额1 889.81万元，占总采购金额的3.13%。

三、政府采购组织形式

实际采购中集中采购金额5 046.63万元，占总采购金额的8.37%，分散采购金额55 238.59万元，占总采购金额的91.63%。

四、政府采购方式

实际采购中公开招标采购金额54 938.67万元，占总采购金额的91.13%，邀请招标采购金额4 748.89万元，竞争性谈判采购金额334.34万元，询价采购金额263.32万元。

五、政府采购合同授予

实际采购中进口采购金额 6 614. 54万元，国内采购金额 53 670. 68万元，占总采购金额的 89. 03%。

六、节能专项统计

实际采购中节能节水专项同类产品采购金额 28 174. 38万元，节能节水采购金额 28 080. 97万元，占总采购金额的 99. 67%，非节能节水采购金额 93. 41 万元，占总采购金额的 0. 33%。

七、环保专项统计

实际采购中环保专项同类产品采购金额 16 730. 74万元，环保采购金额 16 508. 59万元，占总采购金额的 98. 67%，非环保采购金额 222. 15 万元，占总采购金额的 1. 33%。

中国农业科学院
2013 年基本建设项目专项检查报告

按照《农业部关于开展 2013 年农业建设项目专项检查工作的通知》（农计发〔2013〕5 号）要求，我院印发了《关于开展 2013 年农业建设项目专项检查工作的通知》，制定了检查方案，全院 60 个项目开展了自查，在此基础上，院基本建设局组织对 14 个单位的 22 个项目进行了抽查。现将检查情况报告如下。

一、项目概况

院属单位自查的 60 个项目，总投资为 166 133万元，其中，中央投资 162 621万元，自筹投资 3 512 万元。截至检查之日，已到位总投资 150 264 万元，其中，中央投资 146 752万元，自筹投资 3 512万元。实际完成投资 93 851万元，占投资计划的 56. 49%，占到位资金的 62. 46%；完成中央投资 90 339万元，占投资计划的 55. 55%，占到位资金的 61. 56%；完成自筹投资 3 512万元，分别占投资计划的、到位资金的 100%。

院基本建设局组织抽查的 22 个项目，总投资为 56 412万元，其中，中央投资 53 033万元，自筹投资 3 379万元。截至检查之日，已到位总投资 42 069万元，其中，中央投资 38 690万元，自筹投资 3 379万元。实际完成投资 32 330万元，占投资计划的 57. 31%，占到位资金的 76. 85%；其中，中央投资 28 951万元，占投资计划的 54. 59%，占到位资金的 74. 83%；自筹投资 3 379万元，分别占投资计划、占到位资金的 100%。

按项目类别分，22 个抽查项目中，农作物品种区域试验站项目 1 个（国家大豆品种区域试验标准样品库建设项目）、农作物品种改良中心项目 3 个（国家小麦改良中心二期建设项目、中国农业科学院柑桔所国家柑桔品种改良中心二期工程建设项目、中国农业科学院区划所国家食用菌改良中心建设项目）、国家科研育种创新基地项目 1 个（中国农业科学院作物所河北省沽源县国家小麦育种夏繁基地建设项目）、植物新品种保护测试项目 1 个〔农业部植物新品种测试（杭州）分中心〕、能源作物品种选育和种植示范基地建设工程项目 1 个（中国农业科学院作物科学研究所能源作物高效培育技术示范基地）、国家工程实验室项目 1 个（作物分子育种国家工程实验室）、部级专业性质检中心部级专业性质检中心项目 3 个（农业部甜菜及制品质量安全监督检验中心建设项目、农业部蚕业产品质量安全监督检验中心建设项目、农业部肥料质量安全监督检验中心建设项目）、部级区域性质检中心项目 1 个（农业部区域性果品及苗木质量安全监督检验中心建设项目）、中国农业科学院项目 10 个（中国农业科学院特产研究所综合实验室建设项目、中国农业科学院特产研究所综合实验室二期工程项目、中国农业科学院饲料中药物研究基准实验室建设项目、中国农业科学研究院北京畜牧兽医研究所宠物源人畜共患病研究诊断实验室建设项目、中国农业科学院院所信息化建设项目、国家畜禽改良研究中心项目、中国农业科学院环境保护科研监测所综合实验室项目、农业机械化技术创新试验基地建设项目、中国农业科学院农业资源综合利用研究中心建设项目、中国农业科学院沼气科学研究所厌氧微生物重点开放实验室改造项目)。

按项目管理阶段分，22 个抽查项目中，已完成项目竣工验收的 3 个，已向农业部申请项目竣工验收的 1 个，已通过工程竣工验收的 1 个，已基本完工的 9 个，正在实施的 8 个。

二、项目管理情况

（一）资金到位与管理情况

被抽查的 22 个项目，中央投资、自筹投资均按照投资计划到位；各单位均制定了专门的基建财务管理办法，并按照管理办法进行管理。在资金使用上能够做到专账管理，专款专用。

（二）管理制度建设情况

针对基本建设项目头绪多、任务重、时间紧的特点，各单位通过认真总结，相继出台了行之有效的管理办法。抽查的 14 个建设单位都制定了基本建设项目管理办法、财务管理办法、仪器设备采购管理办法等，为基本建设项目管理提供了制度保障。

（三）“四制”落实情况

1. 项目法人责任制

被抽查的各单位均实施了“项目法人责任制”，成立项目领导小组，由单位法定代表人担任项目领导小组组长，主管基本建设工作的副所长担任执行小组组长。各单位基本成立了一支由基建、财务、科研及后勤等部门相关人员所组成的基建管理队伍，明确分工，责任到人，“项目法人责任制”总体落实较好。

2. 监理制

被抽查的 22 个项目均按要求聘请了有相关资质的监理单位作为工程的监理。大部分监理单位能够遵守国家对工程建设领域监理工作的各项要求。

3. 合同制

被抽查的各单位均签订了设计、施工、监理等合同。

4. 招投标制

被抽查的单位对招投标工作重视程度较高，严格执行批复的招标方式和组织形式，慎重选择招投标代理机构，严格审查招标文件，在当地招投标规定允许的范围内，控制招标成本。

（四）工程质量情况

各建设单位对工程建设质量都很重视，建设单位负责人和项目管理人员经常深入项目现场，检查工程质量。选择的设计单位和施工单位都具备相应资质，工程质量总体良好。

（五）档案管理情况

抽查的22个项目的档案管理总体比较规范，基本能按照基本建设程序及时收集各阶段的档案资料，并进行分类整理。

（六）竣工验收情况

各单位能较好地按照要求组织各专项验收、初步验收等，并做好整改工作；能按照我院验收范本的要求和院里的指导，做好竣工验收申报材料的编制。

三、存在的主要问题、原因分析及下一步工作安排

（一）存在的主要问题

1. 项目管理方面

（1）项目建设进度缓慢。7个项目已到批复建设年限，但尚未申请项目竣工验收。

（2）擅自调整建设内容与建设标准。在未取得批复的条件下，2个项目提高了土建工程部分装修材料的标准；1个项目提高了个别仪器的档次；1个项目将批复的用于样品采集与运输的面包车调整为越野车；2个项目增购了办公家具、电脑等。

（3）施工质量存在问题。2个项目存在外墙有渗漏点、出口处墙面受潮霉变现象；2个项目地下室动力电缆敷设的做法不合规。

（4）存在工程款结算扯皮。4个项目的施工单位不认可工程结算审核结果。

2. 财务管理方面

（1）会计核算科目选择有误。1个项目在工程建设其他费中列支交通费（应从建

设单位管理费中列支）。1个项目将公用基础设施配套费用列入建安工程费（应列入待摊投资）。

（2）超合同约定付款。1个项目超合同约定支付断桥铝窗款，未见原因说明。

3. 档案管理方面

（1）档案资料收集不全。1个项目缺招标公告、招标文件、评标文件；2个项目监理资料不全；1个项目未将项目组织管理、工程质量管理、财务管理等管理制度存档；1个项目未将相关会议纪要、工作记录等存档。

（2）档案资料签章不全。1个项目建安工程四方验收单签章不全。

（3）档案资料未按要求分类立卷。2个项目档案资料管理较乱，未按要求分类立卷。

（二）主要原因分析

1. 项目建设进度缓慢的主要原因

（1）基建项目政策性强、程序多、审批手续繁杂、建设单位不可控因素多。

（2）前期工作不扎实，建设条件和建设方案不能有效落实。

（3）设计质量不高，甚至丢漏项，导致项目实施中变更洽商较多，结算时扯皮多，延误工期。

（4）在项目建设过程中，建设单位管理不力，预判力不足。

（5）国库直接支付、进口设备采购等审批环节周期长。

（6）建设单位与地方有关管理部门协调沟通不足，导致专项验收不能及时完成。

2. 擅自调整建设内容与建设标准的主要原因

建设单位规范管理的意识淡薄，担心建设标准低影响单位形象，而提高建设标准；担心变更请示的审批时间过长影响项目执行进度，而擅自调整建设内容。

3. 施工质量存在问题的主要原因

施工单位经验不足，施工现场管理不力；监理单位执业素质、水平不高，未能发挥好监理作用。

4. 工程款结算扯皮的主要原因

（1）招标文本、合同条款描述不严谨；

（2）建设单位对变更洽商签证不及时，材料收集不完备，在建筑材料涨价、人工费调增等方面与施工单位存在分歧时，未能提出有力依据。

（3）部分建设内容的建设标准偏低，项目审批时对建材、人工等价格上涨因素考虑较少，导致施工时超概算较多，容易引起结算纠纷。

5. 财务管理存在问题的主要原因

建设单位系统学习过基建会计的人员很少，财务人员对基建财务管理规定和国有建设单位会计核算办法不够熟悉，加之基建管理和财务管理等部门间工作沟通不到位，导致出现会计核算错误，财务监管作用未能得到充分发挥。

6. 档案管理存在问题的主要原因

建设单位项目管理人员和档案人员互相不了解专业和技术知识、工作程序，缺乏工程档案管理的实践能力，加之工作沟通不到位，造成基建档案的收集、整理和归档不及时、不规范。

四、下一步工作安排

（一）督导建设单位根据专家意见完成问题整改

（二）加强建设单位的能力建设

1. 加强对申报材料编制、前置条件落实、合同管理、招投标管理、变更洽商管理、工程结算等重点环节和对基建财务人员基建流程及相关财务处理知识的培训。

2. 指导研究所建立完整、简明、高效的基建管理制度和工作机制，抓好工作落实，提高工作效率。

（三）加强项目监管的精细服务

1. 按照“精而管用”的原则，修订完善全院基本建设管理办法和管理文件范本。

2. 为不同类别项目提供精细服务，为全院基建管理力量的共享搭台。在项目立项、设计、开工前、实施过程中，邀请有关专家、有经验的建设单位等召开座谈会、剖析会、现场观摩会等，提高项目材料质量、建设单位管理能力和工作效率。

（四）加强软环境建设

建议农业部建立农业建设项目设计、施工、监理等的黑名单制度，杜绝一些业务水平不高、信用不良的企业进入农业建设项目建设领域；建议上级有关主管部门修订完善不适用现实项目管理情况的基本建设管理规章制度（如部分建设内容建设标准偏低、项目评审时未考虑涨价预备费），为农业建设项目管理提供较好的外部环境。

中国农业科学院2013年基本建设项目立项情况表

2013年批复立项的基本建设项目共16个，批复总投资17 197万元，全部为中央预算内投资。

序号	项目名称	建设年限	项目单位	总投资（万元）
1	烟草研究所青岛试验基地项目	2013—2014	烟草研究所	1 750
2	国家糖料改良中心二期建设项目	2013—2014	甜菜研究所	570
3	国家麻类作物育种中心二期建设项目	2013—2014	麻类研究所	440
4	农业部作物基因资源与种质创制重点实验室建设项目	2013—2014	作物科学研究所	1 285
5	农业部农业信息服务技术重点实验室建设项目	2013—2014	农业信息研究所	748
6	农业部面源污染控制重点实验室建设项目	2013—2014	农业资源与农业区划研究所	807
7	农业部农产品加工重点实验室建设项目	2013—2014	农产品加工研究所	1 285
8	农业部旱作节水农业重点实验室建设项目	2013—2014	农业环境与可持续发展研究所	809
9	农业部动物营养与饲料学重点实验室建设项目	2013—2014	北京畜牧兽医研究所	1 276
10	农业部牧草资源与利用重点实验室建设项目	2013—2014	草原研究所	804
11	农业部饲料生物技术重点实验室建设项目	2013—2014	饲料研究所	715
12	农业部设施农业节能与废弃物处理重点实验室建设项目	2013—2014	农业环境与可持续发展研究所	708
13	农业部作物有害生物综合治理重点实验室建设项目	2013—2014	植物保护研究所	1 232

（续表）

序号	项目名称	建设年限	项目单位	总投资（万元）
14	农业部作物需水与调控重点实验室建设项目	2013—2014	农田灌溉研究所	818
15	兰州畜牧与兽药研究所试验基地项目	2013—2014	兰州畜牧与兽药研究所	2 120
16	油料作物研究所江西进贤试验基地项目	2013—2014	油料作物研究所	1 830

注：批复的建设期均为 2 年

中国农业科学院2013年基本建设投资计划情况表

序号	项目名称	建设性质	建设地点	主要建设内容	建设年限	投资来源	下达投资（万元）
1	中国农业科学院中关村院区排水系统及环境改造建设项目	改建	北京市海淀区中关村南大街12号	敷设雨、污水管线1 517米，新建雨、污水井65座；改造道路6 988平方米，新建人行道2 222平方米；拆除旧房4 600平方米，新建硬化广场7 389平方米；改造绿化38 745平方米；购置高空作业车、路面降尘清扫车、扫雪车、挖土车、水罐车等应急维护设备各1台	2012—2013		435
						中央投资	435
						自有资金	
2	中国农业科学院农业环境与可持续发展研究所农业环境重点实验室建设项目	单纯购置	北京市海淀区中关村南大街12号	购置气体通量高频检测分析仪、植物逆境生理观测系统、环境扫描电子显微镜、稳态同位素质谱仪各1台（套），并建设农业环境学科物联网数据中心	2012—2014		1 000
						中央投资	1 000
						自有资金	
3	中国农业科学院北京畜牧兽医研究所农业部奶业技术研究实验室建设项目	新建	北京市海淀区圆明园西路2号	新建实验室5 753平方米、微生物及免疫学检测区171平方米，铺设室外水暖管网及电缆管线，购置实验台、实验柜424延米，储藏柜203延米，视频投影音响系统1组	2012—2014		1 100
						中央投资	1 100
						自有资金	
4	国家畜禽改良研究中心项目	新建	北京市海淀区圆明园西路2号和昌平区北京畜牧兽医研究所实验基地	总建筑面积29 778平方米，其中改造原有科研楼4 052平方米，新建25 726平方米；购置仪器设备583台（套）	2010—2015		6 000
						中央投资	6 000
						自有资金	

（续表）

序号	项目名称	建设性质	建设地点	主要建设内容	建设年限	投资来源	下达投资（万元）
5	中国农业科学院生物技术研究所新型动物用基因工程产品生物反应器研究中心建设项目	改扩建	北京市海淀区中关村南大街12号	扩建实验室及辅助用房934平方米，改造实验室885平方米；购置仪器设备9台（套）	2012—2013		212
						中央投资	212
						自有资金	
6	中国农业科学院农业资源与农业区划研究所土壤肥料实验室建设项目	新建	北京市海淀区中关村南大街12号	拆除农业微生物菌种资源库及配套实验室1 929平方米，新建土壤肥料实验室5 260.6平方米，配套建设室外工程；购置纯水设备1套，实验台1 200米	2012—2014		1 600
						中央投资	1 600
						自有资金	
7	中国农业科学院农业质量标准与检测技术研究所二噁英检测实验室建设项目	改扩建	北京市海淀区中关村南大街12号	改造二噁英检测实验室730平方米，其中负压洁净区430平方米；购置仪器设备90台（套）	2012—2013		1 847
						中央投资	1 847
						自有资金	
8	中国农业科学院棉花研究所棉花生物学实验室建设项目	新建	河南省郑州市市辖区高新开发区	新建棉花生物学实验室8 613平方米，配套建设室外道路及广场1 574平方米；购置实验台537延米	2012—2013		721
						中央投资	721
						自有资金	
9	中国农业科学院兰州畜牧与兽药研究所综合实验室建设项目	新建	甘肃省兰州市七里河区硷沟沿335号	新建综合实验室6 989平方米；购置实验台720延米，样品柜、通风柜、移动通风罩等204套；配套建设场区道路1 730平方米，敷设场区给排水管线576米、热力管线38米、电力管线960米	2011—2013		1 090
						中央投资	1 090
						自有资金	

（续表）

序号	项目名称	建设性质	建设地点	主要建设内容	建设年限	投资来源	下达投资（万元）
10	中国农业科学院上海兽医研究所动物寄生虫检测实验室建设项目	改建	上海市闵行区紫月路518号	改造标本馆、检测窗口实验室、钉螺室、粪检室等共计509平方米；购置仪器设备65台（套）	2012—2013		196
						中央投资	196
						自有资金	
11	中国农业科学院特产研究所野生经济动物生物安全二级实验室改造工程建设项目	改建	吉林省长春市净月经济开发区	改造实验室1 394平方米；购置仪器设备55台（套）	2012—2013		267
						中央投资	267
						自有资金	
12	中国农业科学院茶叶研究所综合实验基地建设项目	新建	浙江省绍兴市嵊州市三界镇	征用土地341.48亩；新建实验用房2 125平方米，食堂241.4平方米，门卫室50平方米；配套建设场区道路3 077.04平方米、绿化4 483.84平方米、大门1座，以及供配电、给排水消防等场区工程；建设326.2亩试验基地田间工程，包括排水沟1 871.88米、田间主干道路3 743.76平方米、机耕路1 763.78平方米、石坎69.5米、挖填土方7 300立方米、长期定位实验设施2 560平方米，改造蓄水池1 500立方米1座，新建50立方米蓄水池2座；购置田间耕作、植保机械21台（套），拖拉机、交通运输车各1辆	2012—2014		1 340
						中央投资	1 340
						自有资金	
13	中国农业科学院粮油加工综合利用技术集成实验室建设项目	新建	北京市海淀区圆明园西路2号	新建粮油加工综合利用技术集成实验室6 244平方米；配套地下室人防工程845平方米，锅炉房140平方米	2013—2014		2 150
						中央投资	2 150
						自有资金	

（续表）

序号	项目名称	建设性质	建设地点	主要建设内容	建设年限	投资来源	下达投资（万元）
14	中国农业科学院南京农业机械化研究所农业机械化技术创新试验基地	新建	江苏省南京市溧水县白马镇	新建实验室1 869平方米、机修车间1 038平方米、机具库1 038平方米、传达室26平方米、146.6亩试验基地的田间工程、试验温室444.86平方米；购置农机具及仪器设备20台（套），购置土地200亩	2012—2013		460
						中央投资	460
						自有资金	
15	中国农业科学院果树研究所砬山综合实验基地建设项目	新建	辽宁省兴城市元台子乡	新建科研及辅助用房1 156.13平方米、日光温室10 722.4平方米、网室3 840平方米；配套建设道路647.5平方米、绿化500平方米，以及供电线路、路灯、平整及护坡等场区工程；建设600亩试验基地田间工程，包括土地平整100亩、田间灌溉系统560亩、改造水塘1座、主干道路2 579米、次干道路2 118米、田间道路2 160延米、泵房48.42平方米、围栏6 777米、排水沟5 396米、泄洪口107米、过路涵洞4座、供水干线2 400米；购置挖掘机、拖拉机各1台、风送气送结合式高效精细果园弥雾机2台	2012—2014		870
						中央投资	870
						自有资金	
16	中国农业科学院大理试验基地建设项目	新建	云南省大理白族自治区大理市凤仪镇	新建科研用房1 518.78平方米、生活用房及食堂1 122.32平方米、门卫室及配电室120平方米、防虫和防鸟网室各256平方米、玻璃温室204.8平方米、混凝土道路1 520平方米，铁艺围墙100米；建设绿化、电气、大门、给排水等场区工程；购置仪器设备及农机具7台（套），以及实验边台100延米、中央实验台70延米和通风橱25米	2011—2013		870
						中央投资	870
						自有资金	

（续表）

序号	项目名称	建设性质	建设地点	主要建设内容	建设年限	投资来源	下达投资（万元）
17	中国农业科学院环境保护科研监测所产地环境质量重点实验室建设项目	单纯购置	天津市南开区复康路31号	购置液相色谱—电感耦合等离子体质谱联用仪、微波消解系统、原子吸收分光光度计、气相色谱—质谱联用仪、液相色谱仪、光合作用测定系统、总有机碳分析仪、气相色谱、荧光PCR仪、植物生理生态监测系统、红外成像光谱仪、显微镜系统各1台（套）	2013—2014		580
						中央投资	580
						自有资金	
18	农业资源与农业区划研究所耕地培育技术国家工程实验室项目	新建	北京市海淀区	建立高产土壤培肥、中低产田治理、土壤质量评价、新型肥料研制、高效施肥技术等5个研发平台及相关的试验示范基地	2011—2013		900
						中央投资	900
						自有资金	
19	农业环境与可持续发展研究所作物高效用水与抗灾减损国家工程实验室项目	新建	北京市海淀区	建设农田增水技术、节水灌溉技术、生物节水技术、作物抗灾减损技术和节水抗逆材料与制剂等5个研发平台	2011—2013		200
						中央投资	200
						自有资金	
20	农业部烟草质量安全监督检验中心建设项目	改建	山东省青岛市崂山区科苑经四路11号	改造实验室1 400平方米，购置仪器设备36台（套）	2013—2014		800
						中央投资	800
						自有资金	
21	农业部农产品加工质量安全监督检验中心建设项目	改建	北京市海淀区圆明园西路2号	改造实验室1 244平方米，购置仪器设备39台（套）	2013—2014		350
						中央投资	350
						自有资金	

（续表）

序号	项目名称	建设性质	建设地点	主要建设内容	建设年限	投资来源	下达投资（万元）
22	农业部麻类质量安全监督检验中心建设项目	新建	湖南省长沙市岳麓区咸嘉湖西路348号	新建实验室1 481平方米及配套工程，购置仪器设备211台（套）	2013—2014		900
						中央投资	900
						自有资金	
23	粮油产品质量安全风险监测与预警能力建设项目（华中）	单纯购置	湖北省武汉市武昌区徐东二路2号	购置监测分析仪器设备3台（套）、信息系统硬件1套，定制开发预警信息系统1套	2013—2014		480
						中央投资	480
						自有资金	
24	果蔬产品质量安全风险监测与预警能力建设项目（华北）	单纯购置	北京市海淀区中关村南大街12号	购置检测分析仪器设备2台（套）、信息系统硬件1套，定制开发预警信息系统1套	2013—2014		700
						中央投资	700
						自有资金	
25	国家农业生物安全科学中心	新建	北京市海淀区圆明园西路2号	建设高危植物病原、高危昆虫和高危植物科学研究专业实验室，其中包括相应的高级、中级生物安全隔离室和温室及相关的科研仪器设备；农业生物安全信息分析处理网络等设施；为实验室提供相关配套的附属用房、工程配套用房等	2009—2013		6 510
						中央投资	1 000
						自有资金	5 510
26	国家动物疫病防控生物安全四级实验室	新建	黑龙江省哈尔滨经济技术开发区	建设生物安全二级、三级和四级实验室、后勤管理及配套设施	2005—2014		8 000
						中央投资	8 000
						自有资金	

（续表）

序号	项目名称	建设性质	建设地点	主要建设内容	建设年限	投资来源	下达投资（万元）
27	中国农业科学院作物科学研究所河北省沽源县国家小麦育种夏繁基地建设项目	新建	河北省张家口市沽源县	新建小麦夏繁基地100亩，建设综合实验用房、挂藏室、考种室等1 590平方米，完善田间设施，购置农机具5台（套）	2012—2014		350
						中央投资	350
						自有资金	
28	中国农业科学院柑桔研究所国家柑桔品种改良中心二期建设项目	改扩建	重庆市北培区	新建田间隔离评价网室等土建工程9 900平方米，完善田间工程，购置仪器设备23台（套）	2012—2014		210
						中央投资	210
						自有资金	
29	中国农业科学院农业资源与农业区划研究所国家食用菌改良中心建设项目	新建	河北省承德市平泉县	新建食用菌实验用房2 442平方米，完善田间工程，购置仪器设备38台（套）	2012—2014		875
						中央投资	875
						自有资金	
30	中国农业科学院蔬菜花卉研究所国家蔬菜改良中心二期建设项目	改扩建	北京市昌平区	新建连栋玻璃温室1 920平方米，日光温室3 248平方米，完善田间工程，购置仪器设备4台（套）	2012—2014		170
						中央投资	170
						自有资金	
31	中国农业科学院甜菜研究所国家糖料改良中心二期建设项目	改扩建	黑龙江省哈尔滨市呼兰区	新建人工气候室64平方米，改造温室、种子库库房、甜菜母根窖等3 137平方米，完善道路、排灌系统等田间工程，购置仪器设备15台（套）	2013—2015		300
						中央投资	300
						自有资金	

（续表）

序号	项目名称	建设性质	建设地点	主要建设内容	建设年限	投资来源	下达投资（万元）
32	中国农业科学院麻类研究所国家麻类作物育种中心二期建设项目	改扩建	湖南省长沙市岳麓区	改造科研育种用温室616平方米，晒场1 150平方米，购置育种科研仪器设备45台（套）	2013—2015		200
						中央投资	200
						自有资金	
33	项目前期工作费用	新建	北京市海淀区	大院总体规划和通州院区总体规划编制及重大项目评审论证等前期工作费用	2013		80
						中央投资	80
						自有资金	
34	中国农业科学院马连洼院区供暖支路管线改造	新建	北京市海淀区	敷设热力管，安装阀门，道路及绿化用地恢复等	2013—2014		127
						中央投资	127
						自有资金	

中国农业科学院2013年建成项目一览表

（单位：万元）

序号	项目名称	项目单位	主要建设内容	完成投资（国拨）
1	农产品质量标准与检测中心	院部	完成总建筑面积16 936平方米，其中办公用房4 051平方米，研究用房8 820平方米，会议用房1 138平方米，人防兼车库及附属用房2 927平方米；购置仪器设备338台（套），其中实验室仪器设备256台（套），网络设备4套，安装通风橱72台，空气净化系统3套，多媒体系统3套	12 442.87
2	弱电系统改造及防雷系统升级	资划所	电力、弱电系统改造面积1 800平方米，机房静电改造面积355平方米，实验室配套升级防雷系统	160
3	农业部肥料质量安全监督检验中心	资划所	改造实验室2 791.34平方米，其中室内装修2 021.43平方米，电路改造面积1 457.89平方米，完成气路管道改造和通风改造。项目购置ICP-MS、超效液相色谱仪等仪器设备75台（套）	1 672
4	国家棉花品种区域试验标准样品库	棉花所	新建棉花品种样品库223平方米，购置仪器设备27台（套）	150
5	国家油菜品种区域试验标准样品库	油料所	建设样品库380.5平方米，安装制冷设备和除湿设备4组	230
6	油料产地加工技术集成基地	油料所	购置设备20台（套），包括油脂精滤机、油罐各2台（套），圆筒初清筛、振动清理筛、振动分级筛、比重去石机、脉冲除尘器、转筒式调质机、隧道式微波设备、油料调质器、小颗粒油料脱皮分离系统、大颗粒油料脱壳分离系统、低温压榨机（第一次压榨）、低温压榨机（第二次压榨）、膨化机、低温物理精炼成套装备、调和罐、灌装机各1台（套）；建成50吨/天油料脱皮（壳）、调质、低温压榨、油脂物理清洁精制中试生产线1条	420

（续表）

序号	项目名称	项目单位	主要建设内容	完成投资（国拨）
7	农业部沅江麻类资源重点野外科学观测试验站	麻类所	改造科研辅助用房1 337.66平方米，改造农机具库房79.93平方米，新建网室304.60平方米，排水渠4 733米，灌水渠3 024米，围墙5 094.29米，田间道路11 226平方米，购置配套野外观测仪器设备和农用机具24台（套）	575
8	农业部区域性果品及苗木质量安全监督检验中心	果树所	改造实验室267.3平方米，购置仪器设备52台（套）及实验台、试剂架100.4延米	630
9	国家瓜果改良中心兴城分中心二期	果树所	新建高效节能日光温室4 845.36平方米，灌溉用机井8眼，围栏600米；购置仪器设备11台（套）	435
10	综合实验室	郑果所	新建总建筑面积8 611.28平方米综合实验室，并建设道路、绿化、管网等室外工程	2 630
11	综合实验室	特产所	新建综合实验室9 900.53平方米，8层框架结构，地上7层，地下1层，建设配套室外工程，购置配套实验台	2 895
12	综合实验室二期	特产所	新建综合实验室二期11 767.99平方米，其中3号综合实验室4 960.45平方米，5号综合实验室6 807.54平方米，配套建设室外道路、绿化、水暖电外管网等基础设施，并购置实验台	2 900
13	农业部甜菜及制品质量安全监督检验中心	甜菜所	改造实验室1 973平方米，购置仪器设备和工具62台（套）	1 700
14	农业部蚕业产品质量安全监督检验中心	蚕业所	改造实验室及辅助设施1 497平方米，扩建641平方米，新建桑园温室461平方米，水泥道路570平方米，购置仪器设备534台（套）	2 136
15	农业部种禽质量安全监督检验中心	家禽所	新建水禽测定舍及配套设施3 033平方米；购置仪器设备201台（套）	2 143

陈萌山在中国农业科学院 2013 年基本建设与基地管理工作会暨建设项目管理培训班开幕式上的讲话

（2013 年 12 月 2 日）

同志们：

我院 2013 年基本建设与基地管理工作会暨建设项目管理培训班，很有意义，很有必要，我代表院党组表示热烈祝贺。这次会议名称很长，但很有新意、很有创意。一是研究工作与业务培训相结合，避免工作学习两张皮；二是人事、基建、成果转化局联合召开，减少了专业会议，体现了协作精神，体现了机关会风的转变；三是研究重大问题、长远问题与具体问题和当前工作相结合，体现了我们的工作有高度、有深度，务实管用。

下面，我谈三点意见。

一、建设世界一流农业科研院所、实现跨越式发展，基本建设工作要先行

当代科技创新的突出特点是科学研究和技术发展越来越依赖于现代化的科研装备和实验手段。特别是应用科学、实验科学。科研基地是开展农业科研的基本条件，是体现科研单位综合科技实力的重要方面，是农业科技创新的第二实验室、科技成果培育的重要“摇篮”和人才培养的重要场所。当前，我国正在从传统农业向现代农业加速转变，对农业科技的支撑作用提出更高要求。作为支撑农业科技创新工作的重要物质基础，加强科研设施装备条件建设越来越成为推动农业科技进步、加快现代农业发展的突破口和关键点。

目前，我院科技基础条件与中科院和中国农业大学相比仍有一定差距，与世界一流院所差距更大。尽管我们很多仪器设备应该是同步的，但是我们在布局的科学性、系统性、协同性，特别是人才与基地的协同、基地管理和服务的协同，还有一定的差距。客观地讲，我院重大科研基础设施谋划的思路匮乏，题材凝练的能力不高；基建管理专业人才十分匮乏，全院基本建设的整体管理能力、水平与承担的任务要相比还有不小差距；特别是作为农业科研的国家队，我们在农业主产区、典型农业生态区还缺少综合性

试验基地，还难以有效开展共性技术关键技术的攻关和大规模试验，难以利用多学科优势进行技术集成、组装，难以开展成套技术示范。我们作为地标性的基地、有重大影响的标志性基地太少，比如英国洛桑实验站，不仅仅是土壤实验，还是综合性的基地，在国际科技界的影响很大。我院祁阳试验站可以算一个，出了精神、出了人才、出了经验，但我们这样的基地太少。

一流院所要有大楼，要有大家。因此，科学研究既要做到人才先行，也要做到建设先行。我们要用一流的科研基础设施条件，吸引一流的科技人才，支撑一流的科学研究活动，提升我院科技创新的整体水平。现在我们到了这样的时候，到了历史的发展阶段，我们具备这样的条件。我们要把基本建设作为一项系统性的工程切实抓紧抓好，利用好中央继续加大“三农”投入，特别是农业部重视支持农科院的发展，在前不久部理论中心组学习会上，钱克明司长在汇报发展计划司明年工作的时候，把农科院许多重大的建设项目、重大的工程放在第一位，来进行谋划、交流。我听了以后很受振奋，也很受感动。所以，我们要利用好这些条件，统筹利用各种资源，同步落实各项保障条件，建设一批关全局、管长远的项目，打造国内一流、国际先进的室内实验与田间试验平台，全面提升基础研究、应用基础研究、应用研究以及成果转化的设施装备水平，为推动现代院所建设提供更加有力的支撑和保障。我认为，我院要利用当前有利的条件和有利的机遇，打造一批具有历史影响的、具有长远发挥作用的基地。这些基地要沉淀学科的能量，要承载学科的历史，为历史做记录，为未来服务，在国内外有影响。所以我们要精心谋划，科学论证，真正做到百年大计。

二、基建和基地建设要加强总体规划，注重顶层设计

规划是实际行动的指导，是对未来整体性、长期性、基本性问题的思考，是设计未来整套行动的方案。为了统一协调、合理配置科技资源，避免重复建设，世界各国都通过不同的方式对国家投资形成的科技资源进行总体布局。北美、西欧等一些发达国家，通过制定具体的、正式的国家科技计划或规划来加强协调管理，来积累形成国家的竞争力。尤其是美国等发达国家非常注重总体的规划，出台了一系列重大的规划行动。我们国家的建筑大师梁思成有言，规划是建设的龙头。我们国家几千年历史，很多东西留到今天，影响越大、留存的时间越长，当时的规划设计就显得越加重要。明清时的北京城，近于完整地保存至现代，让我们得以窥见古代人民在城市规划建筑方面的杰出创造。规划的越好，历史留存得越久。能够被历史记录下来的，都是有远见卓识的精心的规划设计。今年 23 号台风“菲特”，对余姚市造成了很大的破坏，24 小时集中降水量超过 30 毫米，但是在余姚市的 7 000年前的文化遗址河姆渡安然无恙，我看了这个资料很受启发、很受感动。当时我们的祖先已经想到了河姆渡怎么防洪。当年日本人在东北建了很多到现在还不落后、现在仍在使用的一些建筑。如长春整个规划，街道现在看来也是非常协调的。所以，规划非常重要，它决定着未来，决定着历史。

从实际工作来看，国家规定，没有规划的基本建设项目不能立项。编制基本建设规划不仅是现实需要，更是战略布局的需要。因此，要把基本建设项目和基地建设纳入全院总体规划，加强顶层设计。规划要体现国家的意志，要体现产业的需求，要体现农业科学的特点。规划做好了，才能争取到国家更多的支持，所做的项目才能经得起历史和未来的检验。因此，规划代表着能力水平，代表着历史责任，代表着我们事业的胸怀和境界。我们要把这件事情提到更高的角度认识。进到中国农业科学院的大院，历史的印记特别深刻，各种各样的朝向、风格都有，工作区和生活区交叉，现在看来就是没有统一的规划，这是教训。做好今天的项目，不为后人留包袱，是对基本建设的起码要求；做好今天的项目，为后人谋划更大的事情打下坚实的基础，则是更高层次的要求。

我们中国农业科学院当前要集中做好一批重大项目的规划。比如通州院区，我们提出要建设中国的农业总部，要按照这样的思路，进行系统的顶层设计，要做到一百年不落后。各所也要立足自身实际，精心编制总体建设规划和土地利用规划，积极争取将有关建设项目纳入相关行业规划，为统筹项目布局、落实具体项目奠定坚实的基础。现在，有些所规划编制的还是比较好的。比如哈尔滨兽医所已编制了新所区总体规划并经当地规划管理部门批准，走进新区就好像走进了一个科学的殿堂，15 万平方米的建筑，还有 P4 实验室。一个科学家走进去以后，他就会有灵感。所以规划非常重要。很多京外所都有独立大院，有条件的要尽量把规划编制好。特别是要重视前期的研究，熟悉农业方面的大规划，与我们的行业专项规划密切结合；要与周边特别是与所在城市发展相衔接，要符合城市总体规划和建设性详细规划要求；还要考虑到地面的规划和地下的规划相统一。在具体项目层面，要按照百年大计的标准进行设计，既要注重项目的内在功能，又要注重与外在环境协调一致。规划和项目一经批准就要严格执行，切忌长官意志、朝令夕改，切实发挥规划引领发展和指导建设的基础作用。

三、基建和基地建设要加强监管

工程质量是一件关系到生命安全的大事，直接影响到单位安定、社会稳定。工程质量是基本建设各方面工作的综合反映。大家要牢记质量这道关，绷紧安全这根弦，突出抓好工程建设质量，加强监管，确保把每一项工程都建成安全工程、精品工程。目前全院有在建项目 66 个，很了不起。一个是安全、一个是质量，这两件事情对基本建设项目非常重要。基建局要充分利用各种资源和手段，为院属单位加快发展建设提供指导和服务。院属各单位要强化建设项目行政领导责任制，特别是安全，切实提升制度规定的约束力和执行力。大的基本建设项目，要完善相应机制，加强这方面的管理，确保不出问题。

基本建设项目从规划、设计、招投标，到工程施工、材料采购、监理、验收等工程建设过程的环节多、工期长，如果管理不规范，很容易滋生腐败。基本建设是正能量，但廉政出了问题就是负能量。不能楼盖起来了、人倒下去了，这是一条底线。我们不仅要提高认识，更要建立制度，更要严格的监管。三中全会《决定》将“推进法治中国建设”作为全面深化改革的重大问题之一进行论述，意味着法治是改革内在的内容，而不只是外在的保障；法治本身就处于时代主题的中心是开展各项工作的轨道。基建和基地建设人员要提高运用法治思维、法治方式开展工作的能力，要善于运用法律武器捍卫单位的利益，确保基本建设和基地建设项目健康有序进行，管好、用好所投入的资金，充分发挥投资效益和投资效果。还要知道建设管理领域的各种风险，严格按法律办事，更好地运用法律手段保护自己。

我今年到了几个研究所调研，到了一部分科研基地调研，多数基地还是好的，发挥了很好的作用，但是，也存在一些问题，一是“散”，科学的布局不够，很多是积极性很高，科学论证不够。二是科研基地没有与科研工作紧密结合，基地很少看到科研人员的身影，没有科研的活力，有的挂了一个牌子，长期没有科研活动。三是科研基地没有共享，有的种一季作物，其他三季空着，有的是部分在利用，造成了一定的浪费。四是科研基地管理水平跟不上，院里面没有考核评价机制。我们所有的基地都要建立档案，都要纳入信息化管理，要迅速地建立考评指标，对哪些长期不能发挥作用、不产生成果的，要进行必要的调整，长期不整改的要跟项目立项挂钩。所以，成果转化局要统筹协调基地的管理，探索基地共建共享的具体模式与评估考核指标体系，每年都排排队，基地开展了多少科研活动、出了多少科研成果、为科研服务怎么样、基地管理怎么样。我们全院 100 多个基地，基地面积 8 万多亩，每个基地都应该成为农业科技示范的基地，成为带动或者推动农业科技转化服务的基地。牌一挂，就意味着使命和责任，中国农业科学院的分量有多重，基地要掂量一下，切忌以搞房地产圈地。我们的基地一定要服务科研活动。今后搞科研基地不能拍脑袋，要科学布局。院属各单位要根据自己的实际情况，结合学科特点，建设好、管理好科研基地，充分发挥科研基地在农业科技产业化、推广农业技术、培养现代职业农民方面发挥作用，把“顶天立地”的作用发挥好。

从事基建工作的部门和同志，向来都是一个单位最重要、最综合的部分。在这个部门工作的同志，既要了解国家的战略需求和部门工作重点，又要了解农业科研工作对基本建设项目和基地的需求，还要掌握基本的工程建设技术。因此，从事基本建设管理的同志们，要有战略眼光，要有全局观念，要主动加强各方面知识的学习，不断提高规划立项的策划能力，提升基建项目管理的水平。当然还要增强自律能力，真正做到出污泥而不染，保持我们党的本色。

同志们，希望我们这次会议能够开创一个新的局面，为我们院里的基建、基地管理工作创造一个新的起点，为我院跨越式发展打好基础、谋篇布局、规划未来，同时进一步理顺体制、推动机制创新，为我院跨越式发展做出更大的贡献。

谢谢大家！

建设一流院所，实现跨越发展
系统推进科研基础设施条件建设

——中国农业科学院副院长李金祥在中国农业科学院 2013 年基本建设与基地管理工作会上的讲话

（2013 年 12 月 2 日）

尊敬的萌山书记、红宇副司长，各位领导、同志们：

上午好！

在党的十八届三中全会胜利闭幕，全国各地兴起学习贯彻全会精神的背景下，我们召开中国农业科学院 2013 年基本建设与基地管理工作会，这次会议的主要任务是紧紧围绕新时期院党组提出的“建设世界一流农业科研院所”的发展目标，总结成绩，分析形势，统一思想，明确任务，系统推进科研基础设施条件建设，为我院实现跨越发展提供更加有力的支撑保障。下面，我对“十二五”近 3 年以来全院基本建设工作进行简要总结，并对下一步工作谈几点意见。

一、提高认识，准确把握我院科研基础条件建设的现状

“十二五”以来，在农业部的大力支持和院党组的正确领导下，我院基本建设工作以支撑自主创新能力提升为中心，以重大科研平台基础设施、试验基地建设为重点，各项工作均取得了明显成效，为我院各项事业的发展提供了强有力的支撑保障。

投资稳步增长，投资结构逐步优化。全院新立项的基建项目 43 个，共下达投资 10.92 亿元，较“十一五”同期增长 19%。部门自身能力建设项目的投资比重明显增加，由 2010 年的 47%，增长到 2012 年的 83%，为我院条件建设提供了稳定的资金保障。

科研基础设施能力快速形成。采取目标责任制、分类指导、关键点控制、专家把脉等措施，开展形式多样、内容丰富的培训交流与案例分析活动，有效推动了项目执行。3 年共有 55 个项目通过项目竣工验收，完成投资 13.39 亿元，建设科研用房 18.75 万平方米、科研辅助用房 4.11 万平方米、改造各类实验用房（畜禽舍等）1.82 万平方米、温网室 2.34 万平方米，购置科研仪器设备 4 950台（套），大幅度提升了科技支撑保障

能力。

院所区与试验基地建设取得显著成效。比如，中关村院区通过项目实施，有效整合了各种资源，院区基础设施保障能力得到全面提升，大院环境进一步美化，整体形象显著改观。新疆、新乡、海南综合试验基地及油料所阳逻、北繁基地等一批专业性试验基地的建成，完善了我院科研条件体系，优化了科研条件战略布局。

同时，在基本建设宏观发展战略研究、规划编制、管理范本编写、管理经验提炼与推广、信息化管理等方面做了大量的基础性和前瞻性工作，为我院基本建设管理打下了良好的基础。

新一届院班子提出了跨越发展，建设世界一流农业科研院所的宏伟目标，启动科技创新工程。在这个大背景下，我着重谈谈基本建设特别是重大科研基础设施建设对我院事业发展的重大推动作用。

近年来，我院建成的一批影响深远的重大项目，对我院科技资源整合、学科建设、重大成果培育、自主科技创新，甚至对某些研究所的生存与发展，发挥了里程碑式的推动作用。

2001 年建成了中日可持续农业研究与发展中心项目，依托该项目实现了农业气象研究所和生物防治研究所的整合。2003 年建成的国家农作物基因资源与基因改良中心项目是我国农业领域的第一个重大科学工程，依托该项目，将作物品种资源研究所和作物育种栽培研究所整合为作物科学研究所，而且，依托该项目建成的中国农作物基因资源与基因改良中心，成为世界上最大的农作物基因资源数据中心和较大的 DNA 数据库中心，标志着我国农作物基因研究条件处于国际前沿水平。近几年，作物科学研究所每年都有国家科技大奖，综合实力居全院第一，这些成就的取得，与这个重大项目有着密不可分的关系。依托农产品质量标准与检测中心项目，组建了农产品质量标准与质量检测技术研究所，搭建了与现代分析测试技术手段相适应的农产品质量安全科学研究、检测技术、标准建设的基础平台，具备了多种农产品、多个指标的检测能力，整体上达到了国际同类研究机构的实验条件，显著提升了我国在农产品质量安全标准与检测技术领域的研究能力和水平。组建于 2003 年的农产品加工所，由于科研场所破旧落后，发展受到很大制约，航天育种工程的建成，彻底改变了加工所科研试验场所破旧落后的状况，为加工所近几年来的快速发展和“起飞”提供了坚实的条件支撑。

进入“十二五”以来，国家农业生物安全科学中心、国家农业图书馆陆续完工并投入使用，国家动物疫病防控生物安全实验室、国家口蹄疫参考实验室、国家畜禽改良研究中心 3 个重大项目正加紧建设，国家作物种质库也在紧锣密鼓地编制可行性研究报告。这些项目的建成，对我院“建设世界一流农业科研院所”和我国农业发展具有深远的意义。

同志们，近年来，虽然我院基本建设取得了显著成效，但与全面支撑我院实现跨越发展，建设世界一流农业科研院所的宏伟目标相比，还有不小的差距，主要表现在三个方面。

第一，条件建设的投入不足且不均衡。从“十五”以来的投资看，部门自身能力建设投资虽然有所增长，但增幅有限，且多以弥补长期以来的投资欠账，解决生存型需求；近年来各种专项支持力度较大，但受行业专项规划的制约，这方面的投入对我院科研条件建设整体发展支撑还很不稳定。

第二，创新思维与项目谋划能力不足。经过多年来的发展建设，我院已经整体步入“蓄势待发、跨越发展”的新阶段，基本建设工作的任务已经不再是后勤保障式的投资行为，而是在时间和空间上聚合资源、重组要素、提升能力的一项系统工程。与之相比，我们的顶层设计、超前部署、系统谋划、统筹推进的创新思维和谋划能力明显不足，直接表现在能够引领学科发展的重大创新平台项目少，实验室建设的标准和层次不高，开放共享的协作机制未建立。

第三，在农业主产区、典型农业生态区等缺少综合性试验基地，难以有效开展共性技术关键技术联合攻关和大规模试验，难以利用多学科优势进行技术集成、组装，难以开展成套技术示范。

二、科学谋划，系统推进我院科研基础设施条件建设

未来10年，中国农业科学院要围绕“建设世界一流农业科研院所”的发展目标，全面提升学术水平和影响力，成为国家农业科技创新新思想、新理论、新技术和重大科技命题的策源地；全面提升对高层次科研人才的吸引力和凝聚力，成为国家农业高层次科研人才的培养基地和创新创业基地；全面提升宏观决策咨询能力，成为国家“三农”问题和农业科技发展战略研究的学术重镇。

那么，具备什么样的条件能力才能够支撑世界一流农业科研院所的建设？我认为，首先，要有能够满足科学研究需要的在国内一流、国际先进的大型综合性科研实验平台，这些科技平台，应该拥有实验用房布局科学合理、实验室面积满足科学研究需要、能够维持50年正常运转的实验楼，拥有一批数量够用、技术先进、功能系统配套的大型仪器设备；其次，拥有配套的试验基地和野外观测台站，这些基地拥有长期、稳定且适应不同生态条件的试验场所、基础设施、实验用房能够维持30年以上正常运转，试验设施和装备质量、数量、系统性、配套性可满足未来10年研究需要；再次，在院落环境方面，拥有规划布局合理、性能良好、能够满足30～50年发展需要的基础设施，院落整体形象与院所地位吻合；最后，要有一支与建设任务相匹配的稳定的专业化科技条件保障建设的管理力量和配套完善的管理机制。

同志们，我们必须牢牢把握机遇，以科技创新工程为抓手，认真贯彻落实余欣荣副部长在农业部2013年直属单位基本建设工作会议上的讲话精神，按照“科研条件建设支撑创新能力提升，创新能力提升促进学科培强、培优、培新，学科发展服务国家战略需求”的思路，突出重点，创新机制，积极探索新型资源配置方式，构建若干科技创

新平台和基地，科学性、前瞻性地部署创新项目，为创新工程的可持续发展创建优良的实施环境。

下面，就今后一段时间我院基本建设工作，提几点要求。

第一，统一思想，切实增强做好基本建设工作的责任感。

这个是讲认识上的转变，一是要将基本建设工作作为全局性事务来抓，立足我国农业科技自主创新全局，着眼于单位长远发展和服务“三农”工作全局，加强顶层设计和统筹规划，谋划一批关全局、管长远的项目。二是要将基本建设工作作为系统性工程来抓，要有一套从战略研究、规划计划、前期工作、组织实施到竣工验收的完整工作体系，摸清现状，明确需求，统筹利用好各种资源，同步落实各项保障条件，筹划、建设一批大项目、大平台。三是要将基本建设工作作为精品工程来抓，按照百年大计的标准进行项目设计，既要注意项目内在功能，又要注重与外部环境相协调，还有注意与市政基础设施配套，确保建成后能经得起历史的检验。

第二，理清思路，找准新时期科研基础设施条件建设的着力点。

今后一段时间，我院基本建设工作要紧紧围绕“世界一流农业科研院所”战略目标，坚持“以研为先”，坚持“以人为本”，着力放在以下几项工作上。

一是要优化工作方式，加快推进规划编制工作。规划的重要性，刚才陈书记已经讲得很透彻了，各单位要着力培养战略性思维，站在战略和全局的高度，开展基本建设发展战略研究，立足自身实际，精心编制总体建设规划和土地利用规划，积极争取将有关建设项目纳入相关行业规划，为统筹项目布局、落实具体项目奠定坚实基础。在具体项目层面，规划既要考虑地面的规划，还要考虑地下的规划，尤其要把城市地下资源利用好，把地下管网规划好。

二是要谋划好重大项目，做好资源整合。以服务国家宏观需求为导向，瞄准世界科技创新前沿，分析重大科研条件需求，大规模整合重大科研基础设施项目建设所需要的条件，加快纳入《全国农业科技创新能力条件建设规划（2012—2016 年）》中重大项目的筹划与立项。大力推动中国农业科学院生物技术研究中心、中国农业科学院北京田间科学试验中心、中国农业科学院海南研究中心、国家农业重大气象灾害模拟舱等重大科技平台基础设施项目的建设。

三是推进现代科研院所基础设施建设进程。重点支持基础条件好、发展优势强、软环境和谐的研究所，推进这些研究所的基础设施建设，使其快速发展成为具有较强示范作用、创新设施精良、配套设施完善、运行机制顺畅的现代化科研院所。

四是要下大力气推进项目执行。对重大、重点和问题项目，所主要领导要亲自抓好抓实，要充实、完善管理人员，落实各项管理责任，确保工作扎实到位，有效推动项目实施。

五是要依法依规办事。要严格遵守相关法律法规、制度规定和基本建设程序，认真贯彻项目法人责任制、招标投标制、工程监理制和合同管理制，规范开展项目实施工作。要高度重视廉政建设，警钟长鸣，进一步完善和落实各项廉政制度。

同志们，基本建设工作是一项内容复杂、涉及面广、任务艰巨、工作辛苦，但又很锻炼人、十分光荣的工作。为科研服务、打基础是我们基本建设工作者光荣的使命和义不容辞的责任，实现现代一流科研院所离不开我们的辛勤工作，我们要胸怀农业科技创新、农村经济繁荣、农民增收幸福的大志向，勇挑重担，不辱使命。

感谢所有在基本建设战线辛勤工作的同志们。

本次基建工作会还安排了业务培训，培训的内容务实，很有针对性，希望大家认真学习，有所收获。最后，预祝大会圆满成功！

七、研究生教育与管理

中国农业科学院2013年度研究生教育概况

2013年，研究生院在农业部、农科院党组的正确领导下，紧密围绕中国农业科学院“建设世界一流农业科研院所”的战略目标和“农业科技创新工程”重大任务，深入学习贯彻党的群众路线实践教育活动，按照“一体两翼”的发展思路，继续深化研究生教育改革，在联合培养、国际合作、党的建设等领域取得了较大发展，研究生教育整体水平不断提升。

一、研究生教育事业稳步发展

招生规模稳步增长。2013年教育部下达我院博士生招生计划236名（含与中国农业大学联合培养博士生25名，与华中农业大学联合培养博士生15名），硕士生招生计划670名，其中，学术型494名，专业学位型176名。通过到武汉大学、西南大学等综合性大学及“211”工程大学进行招生专场宣传、举办大学生夏令营等形式，吸引优秀生源，招收2014级推荐优秀应届本科毕业生免试攻读硕士学位研究生22名，较去年增长57%，生源质量和结构不断改善。

经过复试、政审、体检等环节综合考察，我院年共录取研究生941名，其中，博士研究生241名，硕士研究生700名，分别较2012年增加12名和25名。

（一）录取情况分析

1. 博士生录取情况分析

2013年，我院31个培养单位、40个专业的230名导师共招收了241名博士研究生，其中，包含硕博连读生28人，与中国农业大学联合培养博士生25人，与华中农业大学联合培养博士生15人，少数民族骨干计划博士生2人。

从录取类别看，非定向生181人，占75.1%；定向委托培养生（以下简称委培生）60人，占24.9%。

从录取新生来源看，应届毕业生127人，占52.7%；在职人员95人，占39.4%；其他人员19人，占7.9%。

从录取新生学位情况看，硕士学位（含硕博连读）240人，占99.6%；学士学位1人，占0.4%。

从录取新生自然情况看，男生140人，占58.1%；党员（含预备党员）165人，占

68.5%，共青团员42人，占17.4%；汉族233人，占96.7%；25岁以下46人，占19.1%，26~35岁183人，占75.9%，36~49岁12人，占5.0%。

从录取学科门类情况看，农学门类占66.8%，理学门类占19.1%，工学门类占3.3%，管理学门类占10.8%。

2. 硕士生录取情况

2013年，我院34个培养单位、61个专业（含9个专业学位领域）的675名导师共招收了700名硕士研究生，其中包含少数民族骨干计划硕士生16人。

从录取新生学位类型看，学术型硕士507人，占72.4%；全日制专业学位硕士193人，占27.6%。

按考试方式统计，参加全国统考的有686人，占98.0%；从应届本科毕业生中推荐免试入学的有14人，占2.0%。

从录取类别看，非定向生683人，占97.6%；定向生16人，占2.3%；委培生1人。

从录取新生来源看，应届本科毕业生607人，占86.7%；在职人员6人，占0.8%；其他人员85人，占12.1%；科研人员2人。

从录取新生自然情况看，男生330人，占47.1%；党员（含预备党员）267人，占38.1%，共青团员419人，占59.9%；25岁及25岁以下638人，占91.1%，汉族674人，占96.3%。

从学科门类录取情况看，农学门类录取341人，占录取总数的48.7%；理学门类66人，占9.4%；工学门类66人，占9.4%；管理学门类34人，占4.9%；全日制农业推广硕士145人，占20.7%；全日制兽医硕士48人，占6.9%。录取人数较多的专业或领域有：预防兽医学（71人）、兽医（48人）、生物化学与分子生物学（45人）、作物遗传育种（39人）、作物（35人）、植物保护（28人）、植物病理学（25人）、动物营养与饲料科学（25人）、食品科学（24人）和蔬菜学（20人）。

（二）专业学位招生分析

2013年招收专业学位硕士275人。其中，农业推广硕士13个领域共招收259人（草业2人，农村与区域发展89人，农业机械化8人，农业科技组织与服务8人，农业信息化10人，农业资源利用19人，设施农业5人，食品加工与安全19人，养殖11人，园艺19人，植物保护20人，种业3人，作物46人），兽医硕士16人。

（三）留学生教育情况

2013年，留学生招生规模稳步增长。招生录取66人，在校生140人，其中，研究生136人，占留学生的97%，博士研究生111人，占留学研究生的82%。生源来自亚洲、非洲、欧洲和南美洲等四大洲的 41 个国家，培养研究所 22 个，涉及专业 29 个，导师 94 人。

制定通过了《中国农业科学院研究生院接受外国来华留学生管理规定（试行）》《中国农业科学院外国来华留学生管理工作人员行为规范》《中国农业科学院研究生院外国来华留学生招生录取办法（试行）》《中国农业科学院研究生院外国来华留学生报到注册办法》《中国农业科学院研究生院外国来华留学生居留许可及签证管理办法》《中国农业科学院研究生院外国来华留学生经费管理办法（试行）》《中国农业科学院研究生院外国来华留学生突发事件应急处置预案（试行）》7 项管理规章制度。

毕业生 29 人，结业进修生 2 人，发表 106 篇文章，其中 SCI 论文 74 篇，累计点数 99. 19，SCI3 以上 14 篇。

（四）学位授予工作再创新高

2013 年共毕业全日制研究生 794 人（博士 187 人，硕士 607 人），就业率 92. 3%，在京区高校中位居前列。授予学位 1 095人（全日制研究生 800 人，非全日制专业学位研究生 267 人，留学生 28 人）。现有在校生 4 214人（全日制研究生 2 807人，专业学位研究生 1 268人，留学生 139 人）。

（五）学科建设成效显著

今年，植物保护研究所李晶的博士论文《三唑类手性杀菌剂苯醚甲环唑的立体选择性生物活性与环境行为研究》获北京市优秀博士学位论文（以下简称优博），是我院第四篇北京优博。在全国第三轮学科评估中，我院作物学、兽医学排名第一，植物保护等 6 个学科进入全国前十。

（六）教育质量不断提升

2013 年研究生共发表论文 1 290篇，其中，SCI 为 378 篇（按 JCR 分区：Ⅰ区 28 篇、Ⅱ区 126 篇、Ⅲ区 84 篇、Ⅳ区 140 篇），中文核心 329 篇，其他中文核心 453 篇，非中文核心 105 篇，EI 为 25 篇。

（七）国内外合作日趋广泛

成功举办“第三届海峡两岸农业科研与教育研讨会”，海峡两岸 100 余名专家参加，深化海峡两岸农业科技发展、高层次人才培养领域的交流与合作；先后与天津师范大学、内蒙古自治区农牧科学院等 6 家单位签订专业学位研究生招生培养协议，使我院农业推广硕士招生培养协助单位达 18 家。

3 月，教育部正式批准中国农业科学院研究生院与比利时列日大学合作举办农学和生物工程博士学位教育项目。项目为期 4 年，采取自主招生的方式和“三明治”（3 年在中国农业科学院学习，1 年在比利时烈日大学学习）的培养模式，4 年共培养 100 名博士研究生，包括 80 名中方博士生和 20 名比方博士生。2013 年项目首批录取 18 人。在研究生院召开第一次工作年会，汇集了年会文件册，并成立了中比项目管理委员会作为项目的管理机构。全年出访、接待团组共计 26 个，涉及 230 余人，通过国际合作促进留学生教育发展，我院留学生来自 42 个国家，生源国别增加 8 个，增长 24%。

（八）服务社会功能增强

充分发挥“国家级专业技术人员继续教育基地”和“发展中国家继续教育基地”作用，承接各类农业科技培训班 15 个，累计培训 1 100余人次。与中国科学院大学发起建立科研机构培训联盟，实现资源共享。

二、研究生教育改革不断推进

（一）深化培养机制改革

完成教学委员会换届，成立了研究生院第三届教学委员会，并按一级学科（群）成立了 9 个学科指导委员会，强化教学委员会对教学培养的指导作用。

组织完成65 个硕士学位授权专业和 53 个博士学位授权专业的研究生培养方案修订，压缩课程学习学分，增加开题、中期考核、学生活动等培养环节学分。根据我院专业设置特点，按照新修订的培养方案，试行集中教学以秋季学期为大学期、春季学期为小学期的“大小学期制”，促进研究生及早回所开展科研工作。

加大各研究所在研究生培养环节的参与力度，在京区研究所中启动院所结合成立专业课联合教研室工作，依托研究所成立 10 个教研室负责专业课教学，现已在京外所开设“农业机械化工程新技术专题”等 3 门课程。

继续推进“四大讲堂”开展。先后邀请秦大河、刘旭、柯炳生等 8 位学术名家来我院开展“学术名家讲堂”；组织三期“文化名流”大讲堂活动，邀请国学大师张家麟教授、军事理论专家徐勇凌大校、原中共中央办公厅老干部局局长徐中远为我院师生做专题讲座；举办两期“企业名流”讲堂，邀请凹凸人网创始人邹秀峰、北京建谊投资发展集团公司集团 BIM 置业公司总经理刘立明讲座，开拓学生眼界、优化知识结构，收到良好效果。

（二）保障学位授予质量

在继续实施学术不端行为检测的基础上，大幅提高学位论文盲评比例，博士生盲评比例由40%提高到100%，硕士生盲评比例由10%提高到30%；改革优博论文评选办法，院级优博论文评选由5篇增加至10篇，增加院级优秀硕士论文评选，每年评选20篇。实行科研原始记录管理办法，加大诚信教育力度。

（三）建设高水平师资队伍

举办4期导师培训，完成全院导师轮训，邀请专家就研究生教育宏观政策与发展走向、创新教育中导师角色、研究生心理健康等专题展开讨论，共培训导师1 066人，其中博导452人。同时，通过大幅提高兼职教师津贴（提高30%）、网上教学评估、评选“教学名师”等办法，激励专兼职教师提高教学水平，打造高水平的专兼职教师队伍，主讲教师中正高级职称占75%。

（四）全面提高研究生待遇

在资金状况改善的前提下，再次提高研究生待遇，硕士生课程学习期间津贴由1 000元/（月·人）增加为1 200元/（月·人），硕士生回所后科研津贴由300元/（月·人）增加为500元/（月·人），博士生课程学习期间津贴由1 500元/（月·人）增加为1 700元/（月·人）；将学生医药费报销比例由50%提高到85%，帮助学生安心学习，潜心科研。2013年，研究生院有各类中外奖助学金达24种，总金额708万元，300余人次受到奖励。

三、完善条件建设

投资972万元完成教学楼、多功能厅、留学生厨房、实验室等修缮改造及基建项目28个，在充分利用现有空间的基础上，极大改善了在校研究生的学习、生活条件。

（一）学生浴室太阳能热水工程

总投资149.7万元，工程主要内容为：太阳能集热器432平方米、SUS304双层不锈钢保温水箱1台、低噪音屏蔽泵6台、水处理设备1套、电源柜1台、全自动控制柜1台、全自动变频控制柜1台、太阳能智能控制箱2台及远程控制器2套，屋顶防水890.5平方米，支架、管道、电线等材料若干，与原有8台史密斯燃气热水系统结合，在无太阳能光照的情况下，实现原有燃气热水系统作为辅助加热。

（二）教学楼装修改造工程

总投资 379.7 万元工程，主要内容为：屋面防水、外立面装修改造、室内墙面粉刷、门窗更新、卫生间装修改造、吊顶装修改造、上下水改造、暖气更新、配电改造等。建筑面积 3 800平方米。

四、谋划教育事业新发展

研究生院紧密围绕中国农业科学院“建设世界一流农业科研院所”的战略目标和“农业科技创新工程”重大任务，按照“一体两翼”的发展思路，以提高研究生教育质量为核心，积极谋划研究生教育事业新发展。

积极与教育部沟通，与教育部初步达成 3 年之内增加 100 名博士生招生计划的意向。启动和策划国际联合培养博士生工作，拓展国际视野，增加博士生规模，满足导师对博士指标的需求，为农业科技创新工程提供支撑，服务现代农业科研院所建设。

在调研基础上，研究起草《中国农业科学院研究生教育综合改革试点方案》《中国农业科学院研究生教育中长期发展规划》和《中国农业科学院研究生教育评价指标体系》，深入推进研究生教育改革，充分调动各研究所在研究生教育管理方面的积极性。

积极谋划通州新校区建设，拓展办学空间。研究起草了“创新工程人才培养专项”和“中国农科院国际合作教育专题项目”两个报告，谋划长远发展。

2013年研究所研究生教育评价结果

为了贯彻落实院党组提出的现代化院所建设行动，实施科技创新工程，进一步提高研究生培养质量。按照院领导指示，需要建立中国农科院对研究生院、研究生院对研究所、研究所对导师的研究生教育管理三级评价体系。研究所研究生教育管理评价由研究生院组织实施，依据研究所的管理工作情况和上报的各种材料数据进行评价。

在广泛征求意见的基础上，2013年7月，经中国农业科学院第八届学位评定委员会第一次会议审议，公布研究所研究生教育评价指标体系。12月，研究生院组织实施了2013年研究所研究生教育评价工作，评价结果如下。

2013年研究所研究生教育评价结果

排名	研究所	总分	排名	研究所	总分
1	植保所	109.28	17	信息所	76.88
2	哈尔滨兽医所	105.10	18	果树所	76.79
3	资划所	100.96	19	茶叶所	76.34
4	作科所	97.31	20	水稻所	76.21
5	油料所	94.81	21	烟草所	73.96
6	加工所	93.10	22	环发所	73.69
7	生物所	89.58	23	农机化所	73.14
8	牧医所	87.77	24	灌溉所	72.25
9	上海兽医所	86.15	25	棉花所	71.83
10	饲料所	85.71	26	环保所	70.46
11	兰州兽医所	83.62	27	特产所	69.47
12	兰州牧药所	82.26	28	农经所	69.21
13	蔬菜所	81.90	29	沼科所	68.76
14	蜜蜂所	80.64	30	麻类所	67.89
15	质标所	77.53	31	草原所	66.42
16	郑果所	77.31			

关于表彰中国农业科学院 2012 年度研究生管理工作先进集体和先进个人的决定

农科研生〔2013〕35 号

各研究生培养单位：

按照中国农业科学院研究生院农科研生〔2012〕106 号文件《关于评选中国农业科学院 2012 年度研究生管理工作先进集体和先进个人的通知》的精神，在各所申报的基础上，经研究生院院务会研究决定，表彰植物保护研究所等 12 个研究所为我院 2012 年度研究生管理工作先进集体，胡慧英等 23 位同志为我院 2012 年度研究生管理工作先进个人。表彰名单见附件。

附件：中国农业科学院 2012 年度研究生管理工作先进集体和先进个人名单

中国农业科学院研究生院

2013 年 3 月 26 日

附件

中国农业科学院2012年度 研究生管理工作先进集体和先进个人名单

一、研究生管理工作先进集体

中国农业科学院植物保护研究所
中国农业科学院农业环境与可持续发展研究所
中国农业科学院农产品加工研究所
中国农业科学院生物技术研究所
中国农业科学院农业资源与农业区划研究所
中国农业科学院农业信息研究所
中国农业科学院农田灌溉研究所
中国水稻研究所
中国农业科学院兰州畜牧与兽药研究所
中国农业科学院上海兽医研究所
中国农业科学院特产研究所
中国农业科学院烟草研究所

二、研究生管理工作先进个人

邢丽丽　作物科学研究所
宁　云　植物保护研究所
朱晋宇　蔬菜花卉研究所
姬军红　农业环境与可持续发展研究所
王友华　生物技术研究所
毛世平　农业经济与发展研究所
姜　昊　农业资源与农业区划研究所
于迎建　农业信息研究所
沈菊艳　农田灌溉研究所
胡慧英　中国水稻研究所
夏　婧　油料作物研究所
彭　瑛　麻类研究所
陈亚东　果树研究所

孙逸钊　茶叶研究所
刘益民　哈尔滨兽医研究所
李潇萍　兰州兽医研究所
周　磊　兰州畜牧与兽药研究所
顾惠明　上海兽医研究所
张文静　草原研究所
范琳琳　特产研究所
周　莉　环境保护科研监测所
邱　坤　沼气科学研究所
刘好宝　烟草研究所

研究生院教学委员会换届结果

2013年，研究生院完成教学委员会换届，成立了研究生院第三届教学委员会（农科研生〔2013〕74号）。本届教学委员会分院教学委员会和学科指导委员会两级组织。研究生院教学委员会由53名委员组成，中国农业科学院副院长吴孔明院士任主任委员，方智远院士、研究生院韩惠鹏常务副院长和刘荣乐副院长任副主任委员，秘书长由刘荣乐副主任委员兼任（名单附后）。

根据各位委员的专长和学术背景，按主要一级学科（群）成立生物学、食品科学与工程、作物学、园艺学、资源环境、植物保护、畜牧与草业、兽医学、管理与信息9个学科培养指导委员会，强化教学委员会对教学培养的指导作用。

中国农业科学院研究生院第三届教学委员会委员名单

姓名	单位	教学委员会分工	所属学科指导委员会	一级学科	专业
吴孔明	农科院	主任委员	植物保护	植物保护	农业昆虫与害虫防治
方智远	蔬菜所	副主任委员	园艺学	园艺学	蔬菜学
韩惠鹏	研究生院	副主任委员	管理与信息	农林经济管理	农业经济管理
刘荣乐	研究生院	副主任委员、秘书长	资源环境	农业资源与环境	植物营养学
王述民	作科所	委员、学科组长	作物学	作物学	作物种质资源学
毛　龙	作科所	委员	生物学	生物学	生物化学与分子生物学
王国英	作科所	委员	生物学	生物学	生物化学与分子生物学
赵　明	作科所	委员	作物学	作物学	作物栽培学与耕作学
邱德文	植保所	委员、学科组长	植物保护	生物学	生物化学与分子生物学
陈万权	植保所	委员	植物保护	植物保护	植物病理学
万方浩	植保所	委员	植物保护	植物保护	入侵生物学

（续表）

姓名	单位	教学委员会分工	所属学科指导委员会	一级学科	专业
王晓武	蔬菜所	委员、学科组长	园艺学	园艺学	蔬菜学
张友军	蔬菜所	委员	植物保护	植物保护	农业昆虫与害虫防治
董红敏	环发所	委员	资源环境	农业工程	农业水土工程
杨正礼	环发所	委员	资源环境	生态学	农业生态学
文　杰	牧医所	委员、学科组长	畜牧与草业	畜牧学	动物营养与饲料科学
高洪文	牧医所	委员	畜牧与草业	草学	饲草遗传育种与种子科学
李　奎	牧医所	委员	畜牧与草业	畜牧学	动物遗传育种与繁殖
吴　杰	蜜蜂所	委员	畜牧与草业	畜牧学	特种经济动物饲养
姚　斌	饲料所	委员	生物学	生物学	生物化学与分子生物学
王　强	加工所	委员、学科组长	食品与工程	作物学	农产品加工利用
路铁刚	生物所	委员、学科组长	生物学	生物学	生物化学与分子生物学
秦　富	农经所	委员、学科组长	管理与信息	农林经济管理	农业经济管理
王济民	农经所	委员	管理与信息	农林经济管理	产业经济
徐明岗	资划所	委员、学科组长	资源环境	农业资源与环境	土壤学
罗其友	资划所	委员	管理与信息	生态学	农业区域发展与规划
周　卫	资划所	委员	资源环境	农业资源与环境	植物营养学
许世卫	信息所	委员	管理与信息	农林经济管理	农业信息分析学
钱永忠	质标所	委员	食品与工程	作物学	农产品质量与食物安全
王东阳	食物营养所	委员	管理与信息	农林经济管理	农业经济管理

（续表）

姓名	单位	教学委员会分工	所属学科指导委员会	一级学科	专业
李思经	研究生院	委员	管理与信息	农林经济管理	农业信息管理
潘淑敏	研究生院	委员	管理与信息		研究生英语教学研究
闫艳春	研究生院	委员	生物学	生物学	生物化学与分子生物学
齐学斌	灌溉所	委员	食品与工程	农业工程	农业水土工程
胡培松	水稻所	委员	作物学	作物学	作物遗传育种
钱　前	水稻所	委员	生物学	作物学	作物遗传育种
王坤波	棉花所	委员	作物学	作物学	作物种质资源学
廖　星	油料所	委员	资源环境	农业资源与环境	植物营养学
李培武	油料所	委员	食品与工程	作物学	农产品质量与食物安全
臧巩固	麻类所	委员	生物学	生物学	生物化学与分子生物学
丛佩华	果树所	委员	园艺学	园艺学	果树学
王志强	郑果所	委员	园艺学	园艺学	果树学
阮建云	茶叶所	委员	园艺学	园艺学	茶学
王笑梅	哈尔滨兽医所	委员、学科组长	兽医学	兽医学	预防兽医学
罗建勋	兰州兽医所	委员	兽医学	兽医学	预防兽医学
张继瑜	兰州牧药所	委员	兽医学	兽医学	基础兽医学
薛飞群	上海兽医所	委员	兽医学	兽医学	兽药学
王育青	草原所	委员	畜牧与草业	草学	草地资源利用与保护
李光玉	特产所	委员	畜牧与草业	林学	野生动植物保护与利用
周其文	天津环保所	委员	资源环境	环境科学与工程	环境科学
邓良伟	沼科所	委员	资源环境	生态学	设施农业与生态工程
胡志超	农机化所	委员	食品与工程	农业工程	农业机械化工程
王树声	烟草所	委员	作物学	作物学	作物栽培学与耕作学

研究生院第三届教学委员会学科指导委员会成员名单

1. 学科指导委员会：生物学

组长：路铁刚

涉及专业：生理学、微生物学、生物化学与分子生物学、生物物理学、生物信息学

序号	姓名	专业	工作单位
1	路铁刚	生物化学与分子生物学	生物技术研究所
2	毛　龙	生物化学与分子生物学	作物科学研究所
3	王国英	生物化学与分子生物学	作物科学研究所
4	闫艳春	生物化学与分子生物学	研究生院
5	姚　斌	生物化学与分子生物学	饲料研究所
6	钱　前	作物遗传育种	水稻研究所
7	臧巩固	生物化学与分子生物学	麻类研究所

2. 学科指导委员会：食品与工程

组长：王　强

涉及专业：食品科学、粮食、油脂及植物蛋白工程、农产品加工及贮藏工程、农产品加工装备、农业机械化工程、农业水土工程、农业生物环境与能源工程、农产品质量与食物安全、农产品加工利用、作物土壤机械工程学、设施农业与生态工程

序号	姓名	专业	工作单位
1	王　强	农产品加工利用	农产品加工研究所
2	齐学斌	农业水土工程	农田灌溉研究所
3	李培武	农产品质量与食物安全	油料作物研究所
4	胡志超	农业机械化工程	南京农业机械化研究所
5	钱永忠	农产品质量与食物安全	农业质量标准与检测技术研究所

3. 学科指导委员会：作物学

组长：王述民

涉及专业：作物栽培学与耕作学、作物遗传育种、作物种质资源学、药用植物资源学

序号	姓名	专业	工作单位
1	王述民	作物种质资源学	作物科学研究所
2	王坤波	作物种质资源学	棉花研究所
3	王树声	作物栽培学与耕作学	烟草研究所
4	胡培松	作物遗传育种	水稻研究所
5	赵　明	作物栽培学与耕作学	作物科学研究所

4. 学科指导委员会：园艺学

组长：王晓武

涉及专业：果树学、蔬菜学、茶学、观赏园艺

序号	姓名	专业	工作单位
1	王晓武	蔬菜学	蔬菜花卉研究所
2	方智远	蔬菜学	蔬菜花卉研究所
3	王志强	果树学	郑州果树研究所
4	丛佩华	果树学	果树研究所
5	阮建云	茶　学	茶叶研究所

5. 学科指导委员会：资源环境

组长：徐明岗

涉及专业：土壤学、植物营养学、农业水资源与环境、农业遥感、农业环境学、农业生态学、农业气象与气候变化、环境科学、环境工程、气象学、畜禽环境科学与工程

序号	姓名	专业	工作单位
1	徐明岗	土壤学	农业资源与农业区划研究所
2	邓良伟	设施农业与生态工程	沼气科学研究所
3	刘荣乐	植物营养学	研究生院

（续表）

序号	姓名	专业	工作单位
4	杨正礼	农业生态学	农业环境与可持续发展研究所
5	周　卫	植物营养学	农业资源与农业区划研究所
6	周其文	环境科学	环境保护科研监测所
7	董红敏	农业水土工程	农业环境与可持续发展研究所
8	廖　星	植物营养学	油料作物研究所

6. 学科指导委员会：植物保护

组长：邱德文

涉及专业：植物病理学、农业昆虫与害虫防治、农药学、杂草学、入侵生物学、转基因生物安全学、生物防治学

序号	姓名	专业	工作单位
1	邱德文	生物化学与分子生物学	植物保护研究所
2	万方浩	入侵生物学	植物保护研究所
3	吴孔明	农业昆虫与害虫防治	中国农业科学院
4	张友军	农业昆虫与害虫防治	蔬菜花卉研究所
5	陈万权	植物病理学	植物保护研究所

7. 学科指导委员会：畜牧与草业

组长：文　杰

涉及专业：动物遗传育种与繁殖、动物营养与饲料科学、特种经济动物饲养（含蚕、蜂等）、野生动植物保护与利用、草地资源利用与保护、饲草遗传育种与种子科学、饲草生产加工及利用

序号	姓名	专业	工作单位
1	文　杰	动物营养与饲料科学	北京畜牧兽医研究所
2	王育青	草地资源利用与保护	草原研究所
3	吴　杰	特种经济动物饲养	蜜蜂研究所

（续表）

序号	姓名	专业	工作单位
4	李　奎	动物遗传育种与繁殖	北京畜牧兽医研究所
5	李光玉	野生动植物保护与利用	特产研究所
6	高洪文	饲草遗传育种与种子科学	北京畜牧兽医研究所

8. 学科指导委员会：兽医学

组长：王笑梅

涉及专业：基础兽医学、预防兽医学、临床兽医学、中兽医学、兽药学

序号	姓名	专业	工作单位
1	王笑梅	预防兽医学	哈尔滨兽医研究所
2	张继瑜	基础兽医学	兰州畜牧与兽药研究所
3	罗建勋	预防兽医学	兰州兽医研究所
4	薛飞群	兽药学	上海兽医研究所

9. 学科指导委员会：管理与信息

组长：秦　富

涉及专业：农业经济管理、农业资源与环境经济学、国际农产品贸易、农业技术经济、农业信息管理、产业经济、农业信息分析学、管理科学与工程、情报学、信息技术与数字农业、农业区域发展与规划

序号	姓名	专业	工作单位
1	秦　富	农业经济管理	农业经济与发展研究所
2	王东阳	农业经济管理	食物与营养发展研究所
3	王济民	产业经济	农业经济与发展研究所
4	许世卫	农业信息分析学	农业信息研究所
5	李思经	农业信息管理	研究生院
6	罗其友	农业区域发展与规划	农业资源与农业区划研究所
7	韩惠鹏	农业经济管理	研究生院
8	潘淑敏	研究生英语教学研究	研究生院

关于授予唐平等31人博士学位、齐妍等128人硕士学位的决定

农科学位〔2013〕6号

院属各研究所：

中国农业科学院第七届学位评定委员会第九次全体会议于2013年1月25日在北京召开，根据《中华人民共和国学位条例》和《中国农业科学院学位授予工作细则》规定，决定授予唐平等31人博士学位、齐妍等128人硕士学位，详细名单见附件，学位授予时间为2013年1月25日。

附件：中国农业科学院2012年冬季授予学位人员名单

中国农业科学院学位评定委员会

2013年3月22日

附件

中国农业科学院2012年冬季授予学位人员名单

1. 授予博士学位人员名单（31人）

唐　平　郝薇薇　郑　旭　李　宁　胡　江　常旭虹　张宏军　陈四龙
彭鹏飞　孙美玉　石冬冬　赵　营　李焕春　庞俊兰　王永江　高　宇
严　盈　武玉花　宋增廷　都瓦拉　杨博超　苟惠天　杨　娜　张　富
司智陟　万　敏　丁　麟　赵　静　高　峰　李　楠　Muhammad Aslam

2. 授予学术型硕士学位人员名单（7人）

齐　妍　李文轲　郝　鲲　赵永平　郭丹丹　孙　淼　Alemayehu Gala Bayeta

3. 授予同等学力硕士学位人员名单（3人）

郑　莹　陈锦永　杨　亮

4. 授予非全日制专业学位硕士学位人员名单（118人）

冯昆山　冯齐山　高宝军　何金钊　何秀贵　何　妍　胡　蝶　姜晓峰　靳增兵
李　曼　李迎秋　李永刚　李珍莲　梁晓亮　廖伟斌　林　清　林舜尧　刘晓玲
罗永生　马冬君　马志刚　梅　波　牛　静　潘明远　祁佳玥　屈　海　孙　辉
王开锋　王汨子　王　鹏　王　毅　王　颖　王　雨　吴凤立　徐　言　薛　静
严昌宇　于　威　张　晖　张琦卓　张　伟　周　波　周　锋　周立军　庄　严
冯永辉　祁志红　俞　涛　刘培京　栾　剑　钱　拴　于　宁　张景松　张　明
李　扬　刘孝生　邢建荣　张建华　郑文新　程　妮　李成春　李春华　李晓锋
马书林　盛昌树　隋　毅　张　年　高佳缘　胡德风　马淳沂　彭文莉　阮　芳
孙继军　唐筱春　佟　伟　王茂强　王　昭　许绍香　张冬雪　赵　阳　钟福亚
郭　梅　康海燕　杨得草　张佳宁　赵博峰　赵秀梅　常海滨　陈合云　程建宏
范　杰　冯盛烨　高玉蓉　何玉华　李承宗　李继存　刘家勇　陆　鑫　吕宏斌
梅凯华　孙邦升　孙　楠　汤翠凤　涂军明　王　佳　王　雪　王振乾　项波卡
尹会会　张登科　张　芳　张瑞霞　周雪松　李树博　宋良敏　邢国栋　朱　华
朱士江

关于授予张晓平等 174 人博士、黄焕平等 762 人硕士学位的决定

农科学位〔2013〕11 号

院属各研究生培养单位：

中国农业科学院第八届学位评定委员会第一次全体会议于 2013 年 7 月 3 日在北京召开，根据《中华人民共和国学位条例》和《中国农业科学院学位授予工作细则》规定，决定授予张晓平等 174 名博士、黄焕平等 762 名硕士学位，其中学术型硕士学位 513 名，同等学力硕士学位 4 名，全日制专业学位硕士 96 名，非全日制专业学位硕士 149 名，具体名单见附件。

附件：中国农业科学院 2013 年夏季授予学位人员名单

中国农业科学院学位评定委员会
2013 年 7 月 3 日

附件

中国农业科学院2013年夏季授予学位人员名单

1. 授予博士学位人员名单（174人）

常建忠 李　丹 萨茹拉 徐珍珍 张振敏 陈浩东 李　栋 尚若锋 徐　志
张正群 陈惠哲 李金萍 邵世磊 许贵善 张　智 陈　亮 李明菊 宋　建
薛　美 赵海燕 陈　琼 李铁林 宋金龙 闫鸿斌 赵　姜 陈　莹 李银坤
孙文彦 颜冬冬 赵静雯 陈志强 李永锋 孙英杰 杨焕良 赵美丞 成莉凤
李远播 汤海鸥 杨　黎 赵青山 程　燕 李中媛 唐　欣 杨妮娜 赵为民
迟凤玲 梁丹辉 滕　达 杨占烈 赵　云 串丽敏 刘昌林 汪　超 余强毅
周　兰 崔金辉 刘昌燕 汪信东 俞英昉 周　宇 董晓丽 刘佳森 王　冰
翟荣荣 周子珊 杜新华 刘景安 王彩洁 翟研宁 朱练峰 段　云 刘　沛
王红梅 张初署 朱紫祥 冯东岳 刘汝亮 王金田 张吉清 邹德玉 冯方祥
刘少卿 王　娟 张可煜 邹晓霞 高　添 刘文文 王　俊 张　兰
Aijaz Ahmed Soomro 谷少华 刘秀明 王立刚 张　兰
Batsaikham Nyamdavaa 郭广君 刘　洋 王庆彪 张　莉 Chegeni Alireza
韩喜艳 刘月娥 王秋霞 张立超 Dereje Woltedji Aleku 郝青南 柳剑丽
王万兴 张丽勍 FAROOQ I AZAM 郝心宁 卢海强 王　英 张　荣
Khandakar MohiulAlam 何轩辉 卢　敏 王　哲 张世芳 Md. Sorof Uddin
贺建宁 马成英 吴则东 张未仲 Muhammad Ibrahim 侯向娟 马建强
武　珅 张文蔚 Nafisah 胡德鹏 毛若雨 鲜国建 张文香 NasirMehmood Khan
胡亚南 那　亚 肖明纲 张小利 Sadia Tehrim 花　梅 倪志勇 肖　遂
张晓明 Saima Arain 黄　玲 钮琰星 谢如良 张晓平
Sayed Rashad Ali Shah 江　晶 帕提古丽·吾马尔 鑫　婷 张新涛
Syed Tariq Shah 姜桂英 潘洪生 邢　伟 张兴伟 U. A. KapilaSiri Udawela
焦文强 戚亚梅 熊叶辉 张雪妍 Uzokwe Pauline Adaobi 雷秀娟
齐晓龙 徐　明 张　艳 Zoljargal Khavtgai 李　安 钱　伟 徐岩岩 张　烨

2. 授予学术型硕士学位人员名单（513人）

白　林 黄　垚 刘云璐 王金鑫 袁　蓓 白永智 黄玉婷 刘增亮 王锦明
袁　敏 白云霄 霍　冲 刘　振 王　君 袁　媛 包自超 计　晗 刘振东
王凯歌 袁志华 卜冰武 纪　萍 刘志远 王丽君 袁志军 卜凤姣 纪守坤

柳少燕　王丽丽　苑　伟　才吉卓玛　季海雯　龙楚云　王　炼　岳　颖　曹红利
贾　珂　龙　丹　王　琳　翟　振　曹金源　贾瑞琳　娄庆任　王琳琛　张　斌
曹　薇　江　勇　娄延霞　王　明　张才智　曹宇凡　姜静涵　陆　燕　王　努
张成国　陈　晨　姜礼文　路　威　王　盼　张成文　陈福龙　姜　娜　路献勇
王树键　张德超　陈建行　姜　帅　吕　健　王　帅　张洪征　陈俊宇　蒋春英
吕少溥　王双超　张　建　陈明阳　蒋洪丽　吕晓飞　王　伟　张　洁　陈清华
蒋志福　罗浩师　王伟伟　张　静　陈琼玲　焦　健　罗建杰　王　卫　张俊芳
陈　冉　金　迪　罗照明　王卫卫　张　坤　陈淑华　靳义荣　马　菲　王文世
张　蕾　陈现朝　康　乐　马金奉　王小飞　张丽娜　陈小奇　康晓洁　马留军
王晓方　张丽群　陈　秀　孔聪聪　马延滨　王晓红　张梅红　陈　岩　孔晖晖
马彦如　王晓亮　张　宁　陈艳翠　孔　琳　马智玲　王晓梅　张　攀　陈　焱
孔　璐　毛笈华　王新敏　张　鹏　陈　燕　孔晓军　梅　莺　王兴云　张　倩
陈叶雨　雷　阳　孟丽峰　王　轩　张青占　陈　宇　李安岩　孟沙沙　王雪敏
张姗姗　陈　震　李　波　苗西磊　王亚娇　张石磊　陈宗祥　李　超　莫晓婷
王延群　张素君　程　敏　李　超　牟建英　王　晔　张万娜　丛　深　李海晶
聂元冬　王影影　张文正　崔浩然　李海燕　牛宏波　王永超　张现玲　崔利国
李好先　牛思博　王　禹　张向乐　崔鹏鹏　李慧霞　潘　攀　王玉兰　张小雪
崔倩倩　李均亮　潘应花　王媛媛　张晓聪　崔树松　李　丽　庞　绪　王运涛
张晓迪　崔文文　李　亮　裴文锋　王泽明　张晓宁　崔　晓　李巧玲　彭学聪
王　钊　张选文　崔艳军　李清清　齐　丹　卫晶晶　张学云　党国瑞　李胜斌
齐　慧　魏本平　张雪梅　邓　丽　李树山　齐希梁　魏　鹏　张雅春　丁　晨
李爽跃　钱园凤　魏　蔚　张亚男　丁　俭　李素梅　秦丽欢　魏晓斌　张　晔
丁　霞　李婷婷　秦　巧　温　峰　张迎珍　丁娅萍　李　文　秦顺晴　文雪霞
张　勇　丁英娜　李西良　秦文韬　吴　超　张玉杰　董邵云　李雅丽　邱　燕
吴　楠　张月娥　杜　夏　李艳丽　邱志平　吴维达　张蕴睿　樊宇飞　李艳玮
屈　旭　吴星亮　张召喜　范　俊　李燕青　任　龙　吴玉璐　张志华　范　颖
李　莹　任鹏飞　吴篆芳　张志强　范宗兴　李颖颖　尚颐斌　武　哲　张志勇
房岩强　李玉环　沈海超　夏　春　赵　波　冯　坤　李云霞　施秀珍　夏　于
赵博雄　冯　莉　李志坚　施　政　向　丹　赵　飞　冯　楠　李志杰　石保坤
肖丹凤　赵　鹤　冯　平　李志鹏　石丰瑞　谢志宙　赵桦林　冯　琦　李尊强
史玉杰　熊雅念　赵江平　干珠扎布　梁　驹　舒金帅　徐海娜　赵　杰　高　娇
梁利霞　宋　妮　徐汉卿　赵　杰　高　洁　梁欠欠　宋淑婷　徐　丽　赵　洁
高丽娇　梁旭阳　宋为交　徐　娜　赵蕾蕾　高丽丽　梁　毅　苏斐菲　徐瑞敏
赵世华　高　旻　梁振飞　苏世友　徐晓露　赵文龙　高　翔　廖和明　苏小红
徐忠宝　赵旭博　高　媛　廖亚金　苏燕玲　闫丰超　赵月亮　高　珍　林　蕾
苏月焱　闫俊艳　赵　云　龚　谨　林　铭　孙　程　闫智慧　赵云龙　贡付飞

林泽川　孙春英　阳任峰　郑得林　顾祥昆　刘　斌　孙宏勇　杨爱金　郑　洁
郭东坡　刘超超　孙梦婧　杨　丹　郑军军　郭海涛　刘朝阳　孙　宁　杨光平
郑永胜　郭虹波　刘春霞　孙雪芳　杨晋辉　郑月明　郭建青　刘丰姣　孙雪莲
杨　婧　钟鲁龙　郭立平　刘国栋　孙　艳　杨莉芳　钟　鑫　郭利娜　刘海芳
孙玉莹　杨　璐　周春雪　郭敏霞　刘海静　孙　展　杨　璐　周建娇　郭文娟
刘　慧　覃　琴　杨　苗　周　洁　郭　阳　刘　建　谭亚清　杨淑钦　周　玲
郭智成　刘　京　唐　华　杨　雪　周龙溪　韩成昊　刘　蕾　唐　丽　杨　颖
周闲容　韩吉龙　刘丽慧　唐　诗　杨召恩　周鑫磊　何　乔　刘丽丽　陶春爱
杨子威　朱慧芹　何　微　刘　敏　田　虎　姚金刚　朱　森　侯　粲　刘　平
田　石　姚　卓　朱　珊　侯文通　刘萍萍　田　阳　叶　强　朱晓攀　侯晓娜
刘　倩　仝永娟　叶玉涛　朱欣妍　侯莹莹　刘庆奎　屠臣阳　易　渺　祝秀亮
胡炳俊　刘　然　汪志艳　殷倩倩　宗　鹏　胡承伟　刘沙沙　王春晖　殷万东
邹晓辉　胡　慧　刘珊珊　王　丹　尹凤翔　Hilman　胡声博　刘随新　王法军
尹曼曼　Hoang Long　胡文发　刘文文　王　飞　于海达
Luis Daniel Alejandro Lopez　胡小丰　刘　霞　王桂珍　于士凯
Mathieu Nsenga Kumwimba　胡小丽　刘晓斌　王国庆　于世征
Monira Basher SalehAlemhanaw　胡晓文　刘晓月　王罕博　于学胜
Nageb Azem Essowani　胡熠凡　刘兴丽　王浩浩　于延文
Nguyen Chi Vuong　华贝贝　刘亚运　王皓宇　于昭洋
Shahat Sabet Mohamed　黄　琛　刘　岩　王佳丽　余道乾
Tawfeek Abdalla I Ahmeda　黄焕平　刘彦云　王　健　余海云　黄　艳　刘艳珂
王金良　贠炳岭

3. 授予同等学力硕士学位人员名单（4 人）

戴雅婷　李　颖　任巧云　王　新

4. 授予全日制专业学位硕士学位人员名单（96 人）

艾德宙　李　婧　苗雯雯　王松豪　张成尧　白　岩　李明泽　穆　真　王文霞
张德鹏　柴　路　李楠洋　彭　东　王一平　张　帆　程朝飞　李荣丽　乔瑞清
王泽祥　张国超　崔嘉成　李兴佳　盛福敬　王仲怡　张佳卉　冯慧颖　李艳玲
石金磊　吴珊珊　张晶莹　冯秋霖　李业南　石文标　武永淑　张景振　付莉莉
梁　云　宋　坤　相振波　张立涛　高宗良　刘　畅　宋伟林　向成钢　张盼涛
关洪鑫　刘红举　宋志刚　肖亚莉　张　婷　郝桂娟　刘慧玲　孙　晶　徐　静
张　曦　郝贤伟　刘玲彦　孙丽萍　闫　会　张晓霞　胡颖颖　刘太安　孙　伟

杨若珺　张　轩　黄华欣　刘晓磊　王　朝　杨亚岚　赵晨辰　江苏城　刘　欣
王　刚　杨永杰　赵进峰　荆聪莹　吕　爽　王海军　殷秀辰　赵　娜　冷语佳
马俊俊　王　璐　于少雄　郑　楠　李　斌　马　磊　王倩华　袁延庆　朱晓玲
李彩红　苗　双　王盛锋　占　镇　邹芳玲　李焕玲

5. 授予非全日制专业学位硕士学位人员名单（149 人）

农业推广硕士（146 人）

白　玲　何晓艳　刘彦泉　汪　龙　严洪冬　白鹏军　贺海生　刘志发　王　波
杨　蓓　柴银军　胡　建　柳民强　王　波　杨　林　柴云翠　胡俊峰　路家涛
王德峰　杨世志　陈　虎　黄科程　吕桂菊　王　锋　杨亚平　陈慧君　黄明辉
罗民伟　王海东　杨永栋　陈　瑨　靳玲品　马　光　王丽冬　姚玉鹏　陈立新
孔祥国　马桂秀　王明武　于　彬　陈　良　李俊飞　孟庆林　王为民　俞　丹
陈其鲜　李　明　縻　烜　王业训　张朝平　陈晓英　李　萍　聂晓红　王一倩
张建波　陈之军　李　韬　蒲大光　王　宇　张景俭　德庆卓嘎　李肖冰　蒲中彬
王志诚　张　静　邸桂俐　李旭升　屈雪寅　吴　锋　张君丽　杜砚明　李仲海
任淑娟　吴广文　张立菲　段志芬　梁　爽　沙春艳　吴立仁　张明响　范冬雨
林炳仲　邵珊珊　吴赛辉　张　睿　范士富　刘　彬　沈钦一　吴应森　张少峰
房　磊　刘　畅　沈轶舒　吴玉江　张　硕　冯光恒　刘川丽　史雅卿　席　展
张怡春　傅颢文　刘国军　宋　敏　项宗周　张　勇　高宝山　刘继红　宋　岩
肖建生　张治霆　郭建华　刘建文　孙靖轩　肖丽珍　张　卓　郭建蒲　刘　靖
孙　璐　熊　英　赵凤国　郭培山　刘　玫　孙泉本　徐家万　赵　双　郭儒东
刘文林　孙跃荣　徐志枞　郑元勋　郭禹辰　刘晓军　唐广元　许晓敏　周　青
韩　飞　刘欣欣　唐　克　薛英会　周婷婷　韩　辉　刘兴龙　唐　婷　闫　忠
周余乐　韩　林

兽医硕士（3 人）

李　娜　苏建东　吴增华

中国农业科学院2013年度优秀论文名单

根据《中国农业科学院优秀学位论文评选及奖励办法》的规定，严格按照个人申请、所学位委员会初审、学科评议组二审、院学位委员会复审、候选论文通讯评议、院学位委员会终审的评选程序，经中国农业科学院第八届学位评定委员会第二次会议审议并投票表决，确定串丽敏等10名博士、陈秀等19名硕士获优秀论文奖。优秀论文名单在中国农业科学院网站公示30天无异议，现予以公布（农科研生〔2014〕15号），具体名单如下。

中国农业科学院2013年度优秀博士论文名单

序号	姓名	专业	导师	论文题目	一级学科
1	串丽敏	植物营养学	何　萍	基于产量反应和农学效率的小麦推荐施肥方法研究	农业资源与环境
2	谷少华	农业昆虫与害虫防治	郭予元	小地老虎性信息素通讯的分子和细胞机制	植物保护
3	李　丹	预防兽医学	仇华吉	血红蛋白β亚基对猪瘟病毒增殖的调控作用及其调节机制	兽医学
4	李远播	农药学	郑永权	几种典型手性三唑类杀菌剂对映体的分析、环境行为及其生物毒性研究	植物保护
5	王　娟	生物化学与分子生物学	黄荣峰	泛素—蛋白酶体相关调节因子CSN5B和OsEIP1的功能分析	生物学
6	翟荣荣	作物遗传育种	程式华	超级稻协优9308根系杂种优势的转录组分析	作物学
7	张立超	生物化学与分子生物学	刘　旭	小麦MYB转录因子的功能研究	生物学
8	张　荣	预防兽医学	童光志	基于反向遗传平台的套式病毒蛋白结构与功能研究	兽医学
9	赵海燕	农产品质量与食物安全	魏益民	小麦产地矿物元素指纹信息特征研究	作物学
10	郑　旭	生物化学与分子生物学	杨建平	远红光下拟南芥光敏色素B通过促进COP1和SPA1的核聚集来抑制光形态建成	生物学

中国农业科学院 2013 年度优秀硕士论文名单

序号	姓名	专业	导师	论文题目	一级学科
1	陈　秀	农药学	王运浩	呋虫胺对映体对蜜蜂选择毒性及其在黄瓜和土壤中降解行为	植物保护
2	李　亮	蔬菜学	尚庆茂	水杨酸在黄瓜（*Cucumissativus* L.）幼苗应答低温胁迫中的作用机制	园艺学
3	李胜斌	预防兽医学	刘长明	猪圆环病毒 2a/2b 亚型毒株与猪细小病毒共感染的协同致病性研究	兽医学
4	李志鹏	野生动植物保护与利用	李光玉	梅花鹿瘤胃微生物多样性与优势菌群分析	畜牧学
5	林　蕾	环境科学	陈世宝	基于不同终点测定土壤中锌的毒性阈值、预测模型及田间验证	农业资源与环境
6	刘兴丽	食品科学	木泰华	紫甘薯花青素双水相提取工艺及酒精性肝损伤预防效果研究	食品科学与工程
7	邱志平	农业生物环境与能源工程	刘文科	TiO_2 光催化去除营养液中自毒物质的效果研究	农业工程
8	孙梦婧	农业昆虫与害虫防治	王桂荣	小菜蛾性信息素受体和结合蛋白的功能及相互作用	植物保护
9	王倩华	作　物	李付广	棉花 JAZ 家族 *Gh*01399 和 *GhJA*21 基因的克隆及功能验证	作物学
10	王双超	生物化学与分子生物学	邱德文	禾谷镰刀菌低毒病毒（FgHV1）的序列分析及生物学功能研究	生物学
11	王文世	预防兽医学	吴东来	蓝舌病病毒 16 型 VP2、VP5 蛋白单克隆抗体制备及其抗原表位鉴定	兽医学
12	王一平	兽　医	刘长明	细胞因子对 PCV2-Cap 蛋白免疫增强作用及 Cap 与 FMDV-Vp1 共表达产物免疫原性鉴定	兽医学
13	熊雅念	预防兽医学	林矫矫	日本血吸虫质膜修复相关蛋白 dysferlin 和 myoferlin 的初步研究	兽医学
14	徐　丽	动物遗传育种与繁殖	许尚忠	牛 *SREBP*1 基因与牛肉肌内脂肪沉积的研究及其功能分析	畜牧学

（续表）

序号	姓名	专业	导师	论文题目	一级学科
15	徐晓露	生物化学与分子生物学	杨培龙	嗜酸真菌 *Bispora* sp. MEY-1 来源甘露聚糖酶和葡聚糖酶转基因玉米的培育	生物学
16	张　鹏	植物病理学	王锡锋	RBSDV 和 SRBSDV 双重荧光定量 PCR 体系的建立与应用	植物保护
17	张　勇	生物化学与分子生物学	王建华	NZ2114 及其衍生抗菌肽 MP1102 的异源表达、抗菌特性及部分体外药效试验研究	生物学
18	周　玲	农产品质量与食物安全	吴黎明	蜂巢及蜂产品中红霉素和林可霉素残留的 HPLC-MS/MS 分析方法及其变化规律研究	作物学
19	祝秀亮	作物遗传育种	张增艳	小麦抗纹枯病相关基因 *RS*33 的克隆及功能鉴定与 *TaPIE*1 基因的耐寒性分析	作物学

2013 年新增博士研究生指导教师名单

根据《中国农业科学院研究生指导教师工作条例》的规定，经中国农业科学院第八届学位评定委员会第二次全体会议审议，并以无记名投票形式表决通过，批准崔霞等 22 人新增为我院博士研究生指导教师。新增博士研究生指导教师名单在中国农业科学院网站公示 15 天无异议，博士研究生指导教师资格从 2014 年 1 月 16 日起生效，具体名单如下。

2013 年新增博士研究生指导教师名单

序号	姓名	性别	研究所	学科专业
1	崔　霞	女	蔬菜所	蔬菜学
2	矫永庆	男	油料所	生物化学与分子生物学
3	孔英珍	女	烟草所	生物化学与分子生物学
4	李显春	男	植保所	农业昆虫与害虫防治
5	李召良	男	资划所	农业遥感
6	廖　瑛	女	上海兽医所	预防兽医学
7	林　浩	男	生物所	生物化学与分子生物学
8	刘平黄	男	哈尔滨兽医所	预防兽医学
9	刘世名	男	加工所	植物病理学
10	牛丽芳	女	生物所	生物化学与分子生物学
11	邱亚峰	男	上海兽医所	预防兽医学
12	史　云	男	资划所	农业遥感
13	王海洋	男	生物所	生物化学与分子生物学
14	王克剑	男	水稻所	作物种质资源学
15	王彦芳	女	牧医所	动物遗传育种与繁殖
16	吴传银	男	作科所	生物化学与分子生物学

（续表）

序号	姓名	性别	研究所	学科专业
17	吴　韬	男	加工所	农产品加工利用
18	向文胜	男	植保所	生物化学与分子生物学
19	徐玉泉	男	生物所	生物化学与分子生物学
20	晏向华	男	牧医所	动物营养与饲料科学
21	张　健	男	水稻所	生物化学与分子生物学
22	周雪平	男	植保所	植物病理学

2013 年增聘专业学位导师名单

非全日制专业学位导师新增 36 人。其中，辽宁省农业科学院、云南省农业科学院导师 18 人，内蒙古自治区农牧业科学院 17 人，浙江省农业科学院 1 人，名单如下。

2013 年增聘专业学位硕士研究生指导教师名单

序号	姓名	性别	出生日期	工作单位	职称	学科、专业	证书编号	备注
1	高俊燕	女	1969. 5	云南省农业科学院热带亚热带经济作物研究所	副研究员	植物保护	13001	第一导师
2	李小林	男	1973. 11	云南省农业科学院粮食作物研究所	研究员	种子科学与遗传育种	13002	第一导师
3	江惠琼	女	1971. 2	云南省农业科学院农业经济与信息研究所	研究员	农业经济	13003	第一导师
4	袁　媛	女	1970. 5	云南省农业科学院农业经济与信息研究所	研究员	农业经济/园艺作物栽培	13004	第一导师
5	武　卫	男	1968. 1	云南省农业科学院经济与信息研究所	副研究员	植物保护/新闻	13005	第一导师
6	蒋　琨	男	1957. 9	云南省畜牧兽医科学院	副研究员	畜牧	13006	第一导师
7	杨国荣	男	1959. 12	云南省草地动物科学研究院	副研究员	动物科学	13007	第一导师
8	董家红	男	1974. 10	云南省农业科学院生物技术与种质资源研究所	研究员	植物病理学	13008	第一导师
9	胡凤益	男	1969. 11	云南省农业科学院	研究员	农学	13009	第一导师
10	刘长远	男	1962. 9	辽宁省农业科学院植物保护研究所	研究员	植物病理学	13010	第一导师

（续表）

序号	姓名	性别	出生日期	工作单位	职称	学科、专业	证书编号	备注
11	许国庆	男	1966.4	辽宁省农业科学院植物保护研究所	研究员	农业害虫	13011	第一导师
12	蒋春光	男	1963.10	辽宁省水土保持研究所	研究员	水土保持技术研究及农业科研管理	13012	第一导师
13	舒乔生	男	1973.9	辽宁省水土保持研究所	副研究员	水土保持技术研究	13013	第一导师
14	王　昕	女	1968.10	辽宁省农业科学院	研究员	农业信息化与农业信息技术	13014	第一导师
15	尹　进	男	1963.4	辽宁省农业科学院	研究员	农业与农村经济	13015	第一导师
16	葛立群	女	1974.6	辽宁省农业科学院	副研究员	农业与农村经济	13016	第一导师
17	王　辉	男	1970.12	辽宁省农业科学院	研究员	水稻育种与栽培技术研究	13017	第一导师
18	刘志新	男	1971.5	辽宁省农业科学院	研究员	玉米育种与栽培技术研究	13018	第一导师
19	赵存发	男	1952.9	内蒙古自治区农牧业科学院	研究员	遗传育种、动物营养与饲料科学、预防兽医学	13020	第一导师
20	冯万玉	男	1958.3	内蒙区自治区农牧业科学院	研究员	农业政策	13021	第一导师
21	刘永志	男	1963.12	内蒙区自治区农牧业科学院	研究员	草原管理与培育	13022	第一导师
22	路战远	男	1964.7	内蒙古自治区农牧业科学院	研究员	区域可持续发展与管理	13023	第一导师
23	白　晨	男	1959.10	内蒙区自治区农牧业科学院	研究员	甜菜抗病育种	13024	第一导师

（续表）

序号	姓名	性别	出生日期	工作单位	职称	学科、专业	证书编号	备注
24	妥德宝	男	1956.6	内蒙区自治区农牧业科学院资源环境与监测技术研究所	研究员	作物高效施肥与营养诊断	13025	第一导师
25	赵　举	男	1972.11	内蒙区自治区农牧业科学院资源环境与监测技术研究所	研究员	农业资源利用	13026	第一导师
26	侯勇跃	男	1964.11	内蒙区自治区农牧业科学院兽医研究所	研究员	兽用药物与兽医生物制品	13027	第一导师
27	侯安宏	男	1962.9	内蒙区自治区农牧业科学农牧业经济与信息研究所	研究员	农业技术经济、区域经济	13028	第一导师
28	刘晓松	女	1955.1	内蒙区自治区农牧业科学院兽医研究所	研究员	传染病及人畜共患病	13029	第一导师
29	姚一萍	女	1960.11	内蒙区自治区农牧业科学院资源环境与监测技术研究所	研究员	食品加工与安全	13030	第一导师
30	金　海	男	1962.12	内蒙区自治区农牧业科学院	研究员	反刍动物营养调控及饲料资源开发	13031	第一导师
31	张　辉	女	1961.8	内蒙区自治区农牧业科学院	研究员	遗传育种及栽培	13032	第一导师
32	李子钦	男	1962.12	内蒙古自治区农牧业科学院	研究员	植物病理学	13033	第一导师
33	赵世华	男	1962.12	内蒙区自治区农牧业科学院兽医研究所	研究员	家畜传染病防治研究	13034	第一导师
34	达　来	男	1961.8	内蒙区自治区农牧业科学院兽医研究所	研究员	家畜遗传育种与繁殖	13035	第一导师
35	郝　星	男	1957.11	内蒙区自治区农牧业科学院资源环境与监测技术研究所	研究员	食品加工与安全	13036	第一导师
36	徐子伟	男	1956.10	浙江省农业科学院畜牧兽医研究所	研究员	养殖（猪营养与健康养殖）	13019	第一导师

研究生奖助学金评选情况统计及国家奖学金获奖名单

根据奖学金的有关规定和评选办法，今年共有117人次获得企业奖助学金项目，奖金总额为48.65万元。共评选出“三仪助学金”获得者21名、“三仪奖学金”获得者15名；“天邦研究生奖学金”获得者10名，“先正达”奖学金获得者2名，“孟山都奖学金”获得者20名，“拜耳”作物科学奖学金获得者6名，“天根奖学金”获得者15名，“大北农励志助学金”获得者20名；设立了金龙鱼优博奖学金项目，根据《金龙鱼优博奖学金评奖办法（试行）》完成了评选工作，按照奖金设立方的要求推荐了12名学生参选，最终有8名同学获奖。评选出优秀学生干部131名、社会活动优秀奖168名及先进班集体9个。

关于公布2013年研究生国家奖学金获奖名单的通知

根据财政部、教育部关于印发《研究生国家奖学金管理暂行办法》（以下简称《办法》）的通知（财教〔2012〕342号）的文件精神，本着奖励优秀、激励引导、提升质量的宗旨，按照信息公开、过程公平公正、方法科学的原则，面向全日制在读研究生进行了研究生国家奖学金的评选。经过个人申报、导师推荐、研究所初审、研究生院复审，确定了2013年研究生国家奖学金获奖名单。获奖名单在研究生院网站公示5个工作日无异议，现予以公布（具体获奖名单见附件）。

根据《办法》规定，对获得国家奖学金的30名博士研究生、48名硕士研究生分别奖励人民币3万元、2万元（农科研生〔2013〕124号）。

附件

中国农业科学院2013年博士研究生国家奖学金获奖名单

序号	姓名	性别	民族	公民身份证号	基层单位	专业	学号	培养单位	入学年月
1	冯　棣	男	汉	130822198512070510	灌溉所	农业水土工程	82101111032	中国农业科学院研究生院	2011. 9
2	郭　晶	女	汉	372502198407010086	哈尔滨兽医所	预防兽医学	82101101183	中国农业科学院研究生院	2011. 9
3	李　凯	男	汉	370983198610063755	哈尔滨兽医所	预防兽医学	82101101184	中国农业科学院研究生院	2011. 9
4	柴彦君	男	汉	140203198102231211	环发所	土壤学	82101111099	中国农业科学院研究生院	2011. 9
5	国　辉	女	汉	370902198409210620	环发所	微生物学	82101119001	中国农业科学院研究生院	2011. 9
6	张念章	男	汉	371402198505170917	兰州兽医所	预防兽医学	82101111178	中国农业科学院研究生院	2011. 9
7	林　敏	女	汉	430981198610142860	棉花所	作物遗传育种	82101101049	中国农业科学院研究生院	2010. 9
8	李红娟	女	汉	37070419871030082X	加工所	农产品质量与食物安全	82101111070	中国农业科学院研究生院	2011. 9
9	高　云	女	汉	371581198506053887	农经所	农业经济管理	82101111192	中国农业科学院研究生院	2011. 9
10	张　旻	女	汉	410104198506130042	上海兽医所	预防兽医学	82101111163	中国农业科学院研究生院	2011. 9
11	史晓斌	女	汉	370686198611016144	蔬菜所	农业昆虫与害虫防治	82101119016	中国农业科学院研究生院	2011. 9
12	王　燕	女	汉	610112198105074526	蔬菜所	蔬菜学	82101111091	中国农业科学院研究生院	2011. 9
13	张春芝	女	汉	37142219850129132X	蔬菜所	蔬菜学	82101111093	中国农业科学院研究生院	2011. 9
14	胡时开	男	汉	421087198301212739	水稻所	生物化学与分子生物学	82101101033	中国农业科学院研究生院	2010. 9
15	张振华	男	汉	620522198608204616	水稻所	作物遗传育种	82101121062	中国农业科学院研究生院	2012. 9

（续表）

序号	姓名	性别	民族	公民身份证号	基层单位	专业	学号	培养单位	入学年月
16	王彩红	女	汉	320921198507133403	水稻所	作物种质资源学	82101111058	中国农业科学院研究生院	2011.9
17	马　涛	男	汉	370203198703283212	饲料所	动物营养与饲料科学	82101111145	中国农业科学院研究生院	200909
18	张新尚	男	汉	320382198607067511	饲料所	生物化学与分子生物学	82101111010	中国农业科学院研究生院	2011.9
19	李　俊	男	汉	142201198604297033	牧医所	草学	82101111150	中国农业科学院研究生院	2011.9
20	刘　欣	女	汉	140105198306231827	牧医所	动物遗传育种与繁殖	82101111141	中国农业科学院研究生院	2011.9
21	丁安明	男	汉	372321198609028979	烟草所	作物遗传育种	82101111048	中国农业科学院研究生院	2010.9
22	王妍入	女	汉	130502198712050045	油料所	农产品质量与食物安全	82101101071	中国农业科学院研究生院	2010.9
23	崔　丽	女	汉	37132819860901102x	植保所	农药学	82101111132	中国农业科学院研究生院	2011.9
24	吴圣勇	男	汉	34011119830102505X	植保所	农业昆虫与害虫防治	82101111126	中国农业科学院研究生院	2011.9
25	徐海云	女	满	130681198210253644	植保所	生物安全	82101111136	中国农业科学院研究生院	2011.9
26	王　磊	男	汉	370781198801030776	资划所	农业区域发展	82101111112	中国农业科学院研究生院	2011.9
27	李金亚	男	汉	321321198512267439	资划所	农业遥感	82101111116	中国农业科学院研究生院	2011.9
28	刘占军	男	汉	410182198402263317	资划所	植物营养	82101101103	中国农业科学院研究生院	2010.9
29	刘旦梅	女	汉	21062319851230188X	作科所	生物化学与分子生物学	82101101012	中国农业科学院研究生院	2010.9
30	金　慧	女	蒙古	210311198609131520	作科所	作物遗传育种	82101121053	中国农业科学院研究生院	2012.9

中国农业科学院 2013 年硕士研究生国家奖学金获奖名单

序号	姓名	性别	民族	公民身份证号	基层单位	专业	学号	培养单位	入学年月
1	李新乐	男	汉	152827198906013313	草原所	草地资源利用与保护	82101112280	中国农业科学院研究生院	2011.9
2	刘盼盼	男	汉	410326198806180614	茶叶所	茶学	82101112248	中国农业科学院研究生院	2011.9
3	马兴杰	男	汉	371323198809018910	哈尔滨兽医所	兽医硕士	82101115122	中国农业科学院研究生院	2011.9
4	高　奇	男	汉	370786198810066318	哈尔滨兽医所	预防兽医学	82101112436	中国农业科学院研究生院	2011.9
5	尹春红	女	汉	370983198909102401	哈尔滨兽医所	预防兽医学	82101112454	中国农业科学院研究生院	2011.9
6	孙　亮	男	汉	371083198708077532	哈尔滨兽医所	预防兽医学	82101112445	中国农业科学院研究生院	2011.9
7	纪晓琳	女	汉	230804198711030029	哈尔滨兽医所	预防兽医学	82101112438	中国农业科学院研究生院	2011.9
8	刁田田	女	汉	130681199005231221	环发所	土壤学	82101122244	中国农业科学院研究生院	2012.9
9	江海海	男	汉	360781198810233696	兰州兽医所	预防兽医学	82101112466	中国农业科学院研究生院	2011.9
10	张　晓	男	汉	370602198701305559	兰州兽医所	预防兽医学	82101112477	中国农业科学院研究生院	2011.9
11	刘艳改	女	汉	41092819891104154X	棉花所	作物遗传育种	82101115008	中国农业科学院研究生院	2011.9
12	王申莹	男	汉	34122419860706691X	农机化所	农业机械化工程	82101112078	中国农业科学院研究生院	2011.9
13	李　银	女	汉	421222198802046428	加工所	农产品加工与贮藏	82101112124	中国农业科学院研究生院	2011.9

（续表）

序号	姓名	性别	民族	公民身份证号	基层单位	专业	学号	培养单位	入学年月
14	孙红梅	女	汉	131024198606156323	加工所	农产品加工与贮藏	82101112127	中国农业科学院研究生院	2011.9
15	石自忠	男	苗	433126198901265515	农经所	农业经济管理	82101112496	中国农业科学院研究生院	2011.9
16	王　烁	男	汉	37132819900402501X	信息所	管理科学与工程	82101112490	中国农业科学院研究生院	2011.9
17	王艳歌	女	汉	412824198704043527	上海兽医所	预防兽医学	82101112418	中国农业科学院研究生院	2011.9
18	韩　月	女	汉	410782198908141328	上海兽医所	预防兽医学	82101112413	中国农业科学院研究生院	2011.9
19	李馥丽	女	汉	130984198806204865	生物所	生物化学与分子生物学	82101112040	中国农业科学院研究生院	2011.9
20	徐　潮	男	满	130103198810090619	生物所	生物化学与分子生物学	82101112045	中国农业科学院研究生院	2011.9
21	田丽霞	女	汉	370923198710271520	蔬菜所	农业昆虫与害虫防治	82101112313	中国农业科学院研究生院	2011.9
22	王　敏	女	汉	371481198904260341	蔬菜所	蔬菜学	82101112236	中国农业科学院研究生院	2011.9
23	刘书林	男	汉	13092719880921421X	蔬菜所	园　艺	82101115027	中国农业科学院研究生院	2011.9
24	陈小龙	女	汉	342401198810058920	水稻所	农产品质量与食物安全	82101122082	中国农业科学院研究生院	2011.9
25	文志华	女	汉	450322198708012045	水稻所	作物遗传育种	82101112180	中国农业科学院研究生院	2011.9
26	杨芯卓	女	汉	411524199008300080	饲料所	生物化学与分子生物学	82101112032	中国农业科学院研究生院	2011.9

（续表）

序号	姓名	性别	民族	公民身份证号	基层单位	专业	学号	培养单位	入学年月
27	王月超	男	汉	37078519870114689X	饲料所	养殖	82101115070	中国农业科学院研究生院	2011.9
28	王振军	男	汉	130406198506270311	特产所	动物疫苗及分子免疫学	82101115100	中国农业科学院研究生院	2011.9
29	郭　强	男	汉	370702198708162218	特产所	特种经济动物饲养	82101112398	中国农业科学院研究生院	2011.9
30	陆仲烟	男	壮	452625198809271473	天津环保所	土壤学	82101112263	中国农业科学院研究生院	2011.9
31	吴　洋	男	蒙	152201198804211013	牧医所	动物遗传育种与繁殖	82101112360	中国农业科学院研究生院	2012.9
32	王少璞	男	汉	130132198809204115	牧医所	动物营养与饲料科学	82101112384	中国农业科学院研究生院	2011.9
33	汤超华	男	汉	360321199005177034	畜牧兽医研究所	动物营养与饲料科学	82101112381	中国农业科学院研究生院	201309
34	毕建华	男	汉	370282198811187311	烟草所	植物病理学	82101112308	中国农业科学院研究生院	2011.9
35	张　良	男	汉	511602198602260911	烟草所	作物栽培学与耕作学	80101112143	中国农业科学院研究生院	2011.9
36	尚　斌	男	汉	371328198808014012	烟草所	作物栽培学与耕作学	82101112140	中国农业科学院研究生院	2011.9
37	郭小婧	女	汉	421125198706014649	油料所	生物化学与分子生物学	82101112059	中国农业科学院研究生院	2011.9
38	朱玉龙	男	汉	371325198910060518	植保所	农药学	82101112335	中国农业科学院研究生院	2011.9
39	高贝贝	女	汉	61272419890926152X	植保所	农药学	82101112330	中国农业科学院研究生院	2011.9

（续表）

序号	姓名	性别	民族	公民身份证号	基层单位	专业	学号	培养单位	入学年月
40	陈增龙	男	汉	370283198810165010	植保所	农药学	82101122305	中国农业科学院研究生院	2011.9
41	周延乐	男	汉	410421198711206010	植保所	植物保护	82101115066	中国农业科学院研究生院	2011.9
42	黄亚涛	男	汉	130481198707194810	质标所	食品科学	82101112100	中国农业科学院研究生院	2011.9
43	孙　聪	女	汉	131024198703040023	资划所	环境科学	82101112090	中国农业科学院研究生院	2011.9
44	张盼弟	女	汉	131124198710181647	资划所	生态学	82101112069	中国农业科学院研究生院	2011.9
45	王　美	女	汉	370284198805214822	资划所	植物营养	82101112269	中国农业科学院研究生院	2011.9
46	刘　浩	男	汉	370782198909102416	作科所	农产品质量与食物安全	82101112202	中国农业科学院研究生院	2011.9
47	张焕欣	女	汉	130130198806141523	作科所	作物遗传育种	82101112157	中国农业科学院研究生院	2011.9
48	焦付超	男	汉	371523198711216258	作科所	作物种质资源学	82101112192	中国农业科学院研究生院	2011.9

李家洋在2013级研究生开学典礼上的讲话

（2013年9月5日）

各位来宾、老师、同学们：

秋风送爽，天高云朗。今天，我们怀着喜悦的心情在这里隆重举行2013级研究生开学典礼，迎接来自五湖四海的优秀学子。看到各位新同学精神饱满，意气风发，作为院长和导师，我感到无比喜悦和欣慰。

首先，我谨代表中国农业科学院和研究生院，向刚刚迈进中国农业科学院的2013级1 005名同学，其中241名博士研究生、700名硕士研究生和64名留学生同学表示衷心的祝贺和热烈的欢迎！并在教师节即将来临之际，向辛勤工作在教学、科研一线的教师和导师们致以诚挚的问候和崇高的敬意！

同学们，中国农业科学院成立于1957年，是全国规模最大、学科最全、综合研究实力最强的国家级综合性农业科研机构，担负着全国农业重大基础与应用基础研究、应用研究和高新技术研究的任务，致力于解决全国农业及农村经济发展中基础性、方向性、全局性、关键性的重大科技问题。

作为我国农业科技创新的国家队，中国农业科学院在引领我国农业科技创新、支撑现代农业发展中发挥了重要作用，为保障我国粮食安全和农产品有效供给做出了重大贡献。

同学们，中国农业科学院研究生院成立于1979年，是我国第一批具有博士学位与硕士学位授予权的单位之一。建院30多年来，一直秉承“明德格物、博学笃行”的办学宗旨，坚持“立足科研，质量为本，科教兴农”的办学理念，以“院所结合，两段式培养”为特色，不断更新教育理念，深化教育改革，创新管理机制，建立了适合科研单位的科学、严谨、完善的研究生培养体系。现已形成包括硕士、博士、留学生和港澳台学生以及专业学位教育在内的多层次、多类型的人才培养体系。2002年以来，研究生院以农学门类第一名连续荣膺“中国一流研究生院”，在全国研究生院综合竞争力排名中进入前三十强。

同学们，党的“十八大”提出工业化、城镇化、信息化、农业现代化“四化同步”建设，实施创新驱动发展战略。这是党中央面对新形势、新任务作出的重大部署。今年6月13日，汪洋副总理到中国农科院考察指导工作时指出：实现“四化同步”，关键取决于农业现代化；实现农业现代化，关键取决于农业科技。面对新的形势，中国农科院提出建设“世界一流农业科研院所”的战略目标，并于今年1月启动了农业科技创新工程这一国家长期重大工程。这是国家赋予我院的一项重大而光荣的历史使命，也是我们农科人为实现伟大的“中国梦”而付诸的具体实践。作为我国农业科研的国家队，中国农科院将勇于担当、锐意改革、大胆探索，为我国农业科技率先进入世界先进行列做出应有贡献。

中国梦是国家的、民族的，更是青年一代的。伟大的“中国梦”需要“强农梦”的支撑，“强农梦”需要像你们这样一批有理想、有知识、有能力、有担当的青年学子去拼搏、去实现；中国农科院的跨越式发展更需要你们的积极参与付出。你们一定要肩负起时代赋予的重任，努力成才，为理想、信念而奋斗。为此，我提三点希望，与大家共勉。

第一，希望你们“志存高远，脚踏实地”。古往今来，凡成大事者，一定是志存高远、奋发努力的人。同学们一定要树立远大的理想，将个人的追求目标和祖国的农业科技发展紧密结合起来，做一个“顶天立地”的农科人。“顶天”就是希望同学们能够发奋努力，追求卓越，力争在农业科技前沿技术和基础研究上取得突破，在农业发展的关键技术和共性技术上取得突破；“立地”就是希望同学们深入基层，在农业科技产业化、农业科技成果应用、农业经济繁荣过程中发挥巨大作用。

第二，希望你们“锐意创新，勇攀高峰”。创新是一个国家、一个民族发展的不竭动力和源泉。面对许多从未遇到过的挑战和问题，需要我们保持和发扬勇于创新的精神，创造性地解决问题和开展工作。要有所创新，就要勇于向权威挑战、勇于向思维定势挑战；要有所创新，同样需要敢于坚持、敢于执著追求；要有所创新，还要具有团结互助和独立思考的精神。希望同学们在今后的学习和科研工作中不断树立创新意识，增强创新能力，抢抓机遇，不断攀登新的高峰。

第三，希望你们“崇尚科学，求真务实”，坚守良好的学术道德修养。同学们，在今后的研究生学习生涯中，要认认真真学知识，扎扎实实做研究。崇尚科学就是用科学的思想观察问题，用科学的方法处理问题，用科学的知识解决问题。崇尚科学是从事科学研究的前提，求真务实是从事科学研究的基本要求，坚守良好的学术道德修养是从事科学研究的基本行为准则。同学们在学习和科研工作中务必坚持实事求是的科学精神和严谨务实的治学态度，忠于真理、探求真知，自觉维护学术精神。

同学们，人的青春只有一次。只有进行了激情奋斗的青春，只有进行了顽强拼搏的青春，只有为祖国为人民作出了奉献的青春，才会是充实、温暖、壮丽的青春。新的画卷已经展开，美好的明天正在等待我们去创造，让我们为把我院建成“世界一流农业科研院所”而共同奋斗！让青春在实现“中国梦”的伟大征程中焕发出更加绚丽的光彩！

谢谢大家！

李家洋在 2013 届研究生毕业典礼暨学位授予仪式上的讲话

（2013 年 7 月 4 日）

尊敬的各位来宾、老师们，亲爱的同学们：

今天是一个喜庆的日子，同学们经过耕耘和磨砺，圆满完成学业，即将被授予博士、硕士学位，迎来了人生中这一灿烂辉煌的时刻，我由衷地为你们感到骄傲。首先请允许我代表中国农业科学院和研究生院，向圆满完成学业、即将踏上崭新人生旅程的 2013 届研究生致以最热烈的祝贺和最美好的祝愿！向长期以来支持、关心我院研究生教育事业的社会各界表示诚挚的谢意！向为研究生教育工作付出辛勤劳动的院属各单位领导和老师致以崇高敬意！向全力支持同学们完成学业的各位家长和亲友们表示衷心感谢！

春华秋实，2013 年我院共有全日制研究生 796 人毕业，其中，博士毕业生 189 人，硕士毕业生 607 人。留学生 26 人毕业，其中，博士 17 人，硕士 9 人。还有在职同等学力申请硕士学位 4 人，农业推广硕士学位 152 人。有 161 名同学在校期间光荣地加入了中国共产党，43 名同学获得优秀毕业生称号，27 名同学志愿支援西部，11 名同学将到农村基层担任党支部书记助理、村委会主任助理。

同学们，几年前，你们带着梦想选择了中国农科院，这里见证了你们的青春激情与宏图志向，铭刻了你们的成长记忆与幸福时光。也珍存了你们踏实钻研的汗水、遇到挫折的迷茫、征服困惑的坚韧，和收获期望的欢畅。在中国农科院加快推进“世界一流农业科研院所”建设中，正是你们的刻苦钻研、勇于创新和大胆实践，为我院攻克一个又一个科研难题、取得一项又一项高水平科研成果做出了重要的贡献，为我院攀登科技高峰付出了辛勤的汗水。你们的拼搏精神、你们的快速成长、你们的骄人成绩，是母校今夏最为宝贵的收获，母校因为你们又增添了新的成就、新的自豪。

同学们，你们是幸运的，你们生活在一个开启“中国梦”的时代。现在的中国比历史上任何时期都更接近实现中华民族伟大复兴的目标。但目标越近，困难越多，责任越重。农业是关系国计民生的基础产业，农业兴，百业兴。伟大的“中国梦”需要“强农梦”的支撑，“强农梦”需要像你们这样有理想、有知识、有能力、有担当的高层次科技人才去拼搏、去实现。所以，你们肩负的责任也是沉甸甸的。在你们即将走出校园、放飞梦想的时刻，我谨提出三点希望，与同学们共勉。

第一，要有“心系祖国，勇于担当”的爱国情怀。今年五四青年节，习近平总书记在同各界优秀青年代表座谈时指出，“把自己的梦和祖国的伟大事业联系在一起，将奋斗的平台放在祖国伟大事业上，才能成就你们的理想。”这是总书记对青年的殷切期望。我认为，爱国不仅是一种信念，更是一种实力，要把爱国信念有效地转换为理性的思考与行动。你们要坚定理想信念，增长知识本领，锤炼品德意志，矢志奋斗拼搏，在人生的广阔舞台上充分发挥聪明才智、尽情展现人生价值，用实际行动创造出推动社会前进的正能量，创造出无愧于时代的青春业绩，努力托起伟大的“中国梦”。

第二，希望你们做到“仰望星空，脚踏实地”。古往今来，凡成大事者，一定是志存高远、奋发努力的人。作为中国农业科学院培养的研究生，同学们一定要树立远大的理想，把个人的追求目标和祖国的农业科技发展紧密结合起来，不辜负母校对你们的期望，做一个“顶天立地”的人。“顶天”就是希望同学们能够发奋努力，追求卓越，力争在农业科技前沿技术和基础研究上取得突破，在农业发展的关键技术和共性技术上取得突破，勇攀国际农业科技前沿高峰；“立地”就是希望同学们深入基层，在农业科技产业化、农业科技成果应用、农业经济繁荣过程中发挥应有的作用。

第三，希望你们“锐意创新，勇攀高峰”。创新是一个国家、一个民族发展的不竭动力和源泉。面对许多从未遇到过的挑战和问题，需要我们保持和发扬勇于创新的精神，创造性地解决问题和开展工作。要有所创新，就要勇于向权威挑战、勇于向思维定势挑战；要有所创新，同样需要敢于坚持、敢于执著追求；要有所创新，还要具有团结互助和独立思考的精神。作为毕业生，你们已经具备了一定的创新能力，在建设创新型国家的新形势下，希望同学们在今后的工作和学习中不断树立创新意识，增强创新能力，不断攀登新的高峰。

同学们，在我院为“建成世界一流农业科研院所”而努力奋斗的征程中，我们将以实施农业科技创新工程为契机，立足中国农科院职能定位和优势特色，坚持以“服务产业重大科技需求、跃居世界农业科技高端”为使命，着力解决我国现代农业发展重大科技问题。在此过程中，我们还有很长的路要走。希望同学们能关心和支持母校的发展，常回来看看，为母校的发展献计献策，共同为“强农梦”“中国梦”的实现贡献我们的力量！

亲爱的同学们，无论你们今后走到哪里、工作在什么岗位，都要一如既往地秉承“明德格物，博学笃行”的院训精神，你们所取得的每一项成绩，都是对祖国、对母校最好的支持与回报！在你们前进的征途中，母校永远都是你们的坚强后盾和温暖的家！母校以你们为骄傲，母校永远爱你们！

最后，祝各位同学一帆风顺，前程似锦！

谢谢大家！

中国农业科学院副院长吴孔明在中国农业科学院研究生院第三届教学委员会第一次会议上的讲话

（2013 年 6 月 6 日）

同志们：

今天，我们在此召开中国农业科学院研究生院第三届教学委员会第一次会议，主要任务是研究落实教育部今年关于深化研究生培养改革精神，共同谋划我院研究生培养和教学改革措施，全面审定新修（制）定的研究生培养方案，稳步推进我院研究生教育改革，适应我院农业科技创新和人才培养的新形势和新要求。

下面，我讲三点意见。

一、完善组织，扩充职能，充分发挥教学委员会在保障研究生教育质量中的作用

教学委员会是我院研究生教学培养的咨询和决策机构。几年来，中国农业科学院研究生院第二届教学委员会认真贯彻执行《中国农业科学院教学委员会暂行条例》，围绕我院研究生教育中心工作，求真务实、群策群力，发挥了“咨询、审议、监督和实施”的职能，为加强我院研究生教学管理、提高培养质量做出了重要贡献。

中国农业科学院研究生院第三届教学委员会是在充分考虑我院研究生教育发展与改革需要的基础上，征求各研究生培养单位意见后组建的。第三届教学委员会分院教学委员会和学科培养指导委员会两级组织，由 53 名委员组成。受家洋院长的委托，由我担任主任委员，我非常愿意和大家一道工作，共同努力把教学委员会的工作做好，为我院研究生教育健康发展贡献力量。家洋院长高度重视研究生教育，大到培养规模、学科建设，小到一些细节具体问题，李院长都很熟悉，都很支持。根据教育部、国家发改委、财政部（教研〔2013〕1 号）《关于深化研究生教育改革的意见》，第三届教学委员会根据各位委员的专业背景，按一级学科成立作物学等 9 个学科培养指导委员会，以更加高效地按学科专业研究解决研究生培养和教学的有关问题。初步研究确定的学科培养指导委员会的职能是：研究和修（制）定本学科内的研究生培养方案；制定课程设置方案、审定课程教学大纲和课程内容、督导检查课程教学活动等；制定培养环节管理相关制度并检查实施情况；研究本学科培养与教学改革有关问题等。考虑到全院强化研究生

教学与培养工作的需要，本届教学委员会选择了既有专业背景又分管研究生教育的副所长为委员。

同志们，第三届教学委员会的成立，为我院下一步的教学培养改革提供了组织保障。希望全体委员认真履行职责，开拓进取、不断创新，在修（制）订研究生培养方案、指导规范培养管理、审定主干课程、研究教学培养改革问题等方面充分发挥应有的作用。

二、集中精力，全面完成研究生培养方案审定工作

今天会议最具体的任务是审定我院新修（制）定的研究生培养方案。培养方案是研究生培养与质量保障的根本性文件。为了深化改革，今年4月，我们召开了第二届教学委员会第四次扩大会议，全面启动了研究生培养方案的修（制）定工作。会后，各学科组精心组织、分工协作，制定出了相关专业研究生培养方案，提交本次会议审定。所以，研究生培养方案的最终审定，是本次会议的重中之重。

对于培养方案的审定，我提几点要求。

第一，要充分认识培养方案对于研究生培养的重要性，认真领会这次会议的精神，本着对我院研究生教育事业高度负责的态度，积极思考，踊跃发言，贡献自己的智慧和力量，为我院研究生教育的进一步发展打好基础。

第二，要掌握新形势下各学科的发展要求和研究生培养特点，既要服从研究生教育规律，又要服从学科发展规律。不仅要从本单位、本学科的层面考虑某一学科的培养方案，更要从更高的站位、全院的视野，甚至全国的视野审视研究某一学科的培养方案，以推动我院研究生培养工作持续发展和培养质量不断提升。

第三，按照会议对培养方案审定工作提出的具体要求和分工，各学科组要在全面审定的基础上，对培养方案逐一研究，对其中的问题提出修改意见，并修改完善。

三、团结协作，做好研究生教育的各项工作

研究生教育是全院事业发展的重要组成部分。办好研究生教育，是全院的大事，各所的大事。我们要充分认清我院研究生教育的实际，扎实推进我院研究生教育改革。在我院建设现代科研院所和实施农业科技创新工程的大好形势下，必须要全院一盘棋，心往一处想，劲儿往一处用，整合全院科技资源、人才资源和智力资源，全面深化研究生教育改革与发展。

研究生院要充分发挥规划、组织协调作用，强化综合管理与服务职能。要做好顶层设计、强调全局性工作组织协调与执行管理，完善制度措施，强化监督检查；要继续研究部署过程管理、队伍建设、学科建设等工作的改革，制定操作性强的改革方案，抓紧抓实，稳步推进；要坚决贯彻落实部院党组指示精神，抓好近期的各项重点工作，统筹

规划好通州院区新校园建设。

各研究所要站在全院和战略的高度，进一步提高认识、负起责任，尤其是提高导师、所级学位评定委员会的责任，把研究生教育管理纳入工作日程、置于重要位置。要适度加强相关管理力量，完善研究生管理与资助制度；要提高导师队伍素质，加强师德师风建设；积极组织研究生教学活动，加强论文研究指导，强化所级学位评定委员会责任，把努力提高研究所研究生教育能力。各所之间更要资源共享、通力协作，学科特色、区域特色进一步凸显，共同推动我院研究生教育又好又快发展。

总之，我们要继续以科学发展观为指导，以创新型人才培养为中心，坚持“扩大规模、优化结构、改善条件、创新导向、强化特色”，这20个字的指导原则凝练地很好。我们最大的特色是两段式，衔接不好就会失败，院所真正融为一体，就是优势。研究生培养方案的修订也好，研究所评估也好，所有这些努力都是为了解决两段式中的问题。要通过全面的改革和不懈的努力，实现我院研究生教育“四个提升”。一是努力实现在研究生招生规模与结构优化上的提升，尤其在博士生招生规模方面争取大的突破；二是实现研究生培养向知识学习和能力培养并重的提升。充分发挥中国农科院特色和优势，努力实现研究生教育与科技创新双丰收；三是实现现代科研院所研究生教育功能的提升。建立和完善研究所研究生教育评价制度，强化研究所在研究生培养中的作用，激发“院所结合，两段式培养”模式的关键和活力；四是逐步实现研究生教育办学条件持续提升。以改善现有研究生院条件为基础，着力健全分布式大校园的功能，超前规划、积极推动新院区校园建设，不断夯实研究生教育的基础条件。

让我们继续发扬成绩，求真务实，团结拼搏，勇于创新，力争与我院的现代化科研院所建设和农业科技创新工程同步，把我院建成“规模结构适应需要、培养模式特色鲜明、教育质量名列前茅、创新人才不断涌现、校园条件先进实用”的研究生教育大校园，为我院研究生教育事业持续健康发展做出更大贡献。

最后，预祝大会取得圆满成功！

谢谢大家。

八、综合政务管理

中国农业科学院公文处理办法

农科院办〔2013〕6号

第一章　总　则

第一条　为使我院公文处理工作规范化、制度化、科学化，切实提高公文质量和办文效率，根据《党政机关公文处理工作条例》（中办发〔2012〕14号）、《党政机关公文格式》（GB/T 9704—2012）和《农业部公文处理办法》（农办办〔2012〕63号），结合我院工作实际，制定本办法。

第二条　本办法所称公文，是指我院在实施领导、履行职能、处理公务过程中形成及接收的具有特定效力和规范体式的文书。

第三条　公文处理工作是指公文拟制、办理、管理等一系列相互关联、衔接有序的工作。

第四条　公文处理工作应坚持实事求是、准确规范、精简高效、安全保密的原则。

第五条　中国农业科学院办公室主管院机关公文处理工作，并对院属各单位、院机关各部门公文处理工作进行业务指导和督促检查。

第六条　院属各单位、院机关各部门应当高度重视公文处理工作，切实加强对本单位（部门）公文处理工作的组织领导，并在综合处（办公室）指定专职人员负责公文处理工作，专职公文处理人员应当具有较高的政策水平、良好的公文写作与处理能力和强烈的责任心。

第七条　院属各单位、院机关各部门必须严格执行本办法。

第二章　公文种类

第八条　结合工作实际需要，中国农业科学院常用的公文种类及适用范围如下。

（一）决定。适用于对重要事项作出决策和部署、奖惩下属单位和人员、变更或者撤销下级机关不适当的决定事项。

（二）意见。适用于对重要问题提出见解和处理办法。

（三）通知。适用于发布、传达要求下级机关执行和有关单位周知或者执行的事项，批转、转发公文，发布规章制度，任免人员等。

（四）通报。适用于表彰先进、批评错误、传达重要精神和告知重要情况。

（五）报告。适用于向上级机关汇报工作、反映情况，答复上级机关的询问。

（六）请示。适用于向上级机关请求指示、批准。

（七）批复。适用于答复院属单位的请示事项。

（八）函。适用于不相隶属机关之间商洽工作、询问和答复问题，请求批准和答复审批事项。

（九）纪要。适用于记载会议主要情况和议定事项。

第三章　公文格式

第九条　公文一般由份号、密级和保密期限、紧急程度、发文机关标志、发文字号、签发人、标题、主送机关、正文、附件说明、发文机关署名、成文日期、印章、附注、附件、抄送机关、印发机关和印发日期、页码等组成。

（一）份号。公文印制份数的顺序号。涉密公文应根据工作需要标注份号。

（二）密级和保密期限。公文的秘密等级和保密的期限。涉密公文应当根据涉密程度分别标注“绝密”“机密”“秘密”和保密期限。

（三）紧急程度。公文送达和办理的时限要求。根据紧急程度，紧急公文应当分别标注“特急”“加急”，电报应当分别标注“特提”“特急”“加急”“平急”。

（四）发文机关标志。由发文机关全称或者规范化简称加“文件”二字组成。联合行文时，发文机关标志可以并用联合发文机关名称，也可以单独用主办机关名称。

（五）发文字号。由发文机关代字、年份、发文顺序号组成。联合行文时，使用主办机关的发文字号。

（六）签发人。上行文应当标注签发人、会签人姓名。

（七）标题。由发文机关名称、事由和文种组成。

（八）主送机关。公文的主要受理机关，应当使用机关全称、规范化简称或者同类型机关统称。

（九）正文。公文的主体，用来表述公文的内容。

（十）附件说明。公文附件的顺序号和名称。

（十一）发文机关署名。署发文机关全称或者规范化简称。

（十二）成文日期。署会议通过或者发文机关负责人签发的日期。联合行文时，署最后签发机关负责人签发的日期。

（十三）印章。公文中有发文机关署名的，除纪要、电报、院内签报可以不加盖印章外，应当加盖发文机关印章，并与署名机关相符。

（十四）附注。公文印发传达范围等需要说明的事项。其中“请示”须在附注处注明联系人的姓名和电话。

（十五）附件。公文正文的说明、补充或者参考资料。

（十六）抄送机关。除主送机关外需要执行或者知晓公文内容的其他机关，应当使用机关全称、规范化简称或者同类型机关统称。

（十七）印发机关和印发日期。公文的送印机关和送印日期。中国农业科学院公文的印发机关为中国农业科学院办公室。

第十条 公文的版式按照《党政机关公文格式》国家标准执行。

第十一条 公文使用的汉字、数字、外文字符、计量单位和标点符号等，按照有关国家标准和规定执行。

第十二条 公文用纸幅面采用国际标准 A4 型，左侧装订。特殊形式的公文用纸幅面，根据实际需要确定。

第四章 行文规则

第十三条 行文应当确有必要，坚持少而精，讲求实效，注重针对性和可操作性。

第十四条 行文关系根据隶属关系和职权范围确定。

第十五条 向上级机关行文，应当遵循以下规则。

（一）原则上主送 1 个上级机关，根据需要同时抄送相关上级机关和同级机关，不抄送下级机关。

（二）院属各单位的请示事项，如需以中国农业科学院名义向上级机关请示的，应当提出倾向性意见后上报，不得原文转报上级机关。

（三）请示应当一文一事。不得在报告等非请示性公文中夹带请示事项。

（四）除上级机关负责人直接交办的事项外，不得以中国农业科学院、院属各单位名义向上级机关负责人报送公文（内部签报除外），不得以中国农业科学院、院属各单位负责人名义向上级机关报送公文。

第十六条 向下级机关行文，应当遵循以下规则。

（一）主送受理机关，根据需要抄送相关机关。院重要行文应当同时抄送农业部办公厅，院属各单位重要行文应当同时抄送院办公室。

（二）院机关各有关部门之间对相关问题未经协商一致，不得向院属各单位行文。

（三）向受双重领导的下级机关行文，必要时抄送该下级机关的另一个上级机关。

第十七条 中国农业科学院必要时可以与其他同级机关联合行文。属于中国农业科学院自身职权范围内的工作，不得联合行文。

第十八条 中国农业科学院机关各部门除院办公室外不得以本部门的名义对外正式行文。

第十九条 院属各单位不得擅自以中国农业科学院或中国农业科学院办公室名义对外行文，也不得使用带有“中国农业科学院”“中国农业科学院办公室”字样的文头对外行文；确需以中国农业科学院或中国农业科学院办公室名义对外行文的，应交由归口管理部门办理。

第五章　发文类型

第二十条　中国农业科学院制发的公文分为《中国农业科学院文件》《中国农业科学院办公室文件》《中国农业科学院院内签报》、中国农业科学院院属各单位文件 4 类。

（一）《中国农业科学院文件》适用于下列事项。

1. 需要向农业部等上级部门请示、报告的重大事项；

2. 发布我院制定的规章制度、重大措施；

3. 制定或调整院中长期规划；

4. 重大奖惩决定；

5. 确定或调整院属各单位方向任务、科技平台、机构设置和人员编制等重大事项；

6. 向农业部或有关部委的业务部门请示或通报有关情况；

7. 与地方各级人民政府、有关单位联系、商洽工作，询问、答复有关问题，审批有关事项；

8. 转发上级部门领导在院重要会议上的讲话，印发院工作报告、院领导讲话等；

9. 下达计划、批复项目；

10. 与有关单位的联合发文；

11. 对院属单位请示重大问题的批复；

12. 其他确需以中国农业科学院名义行文的事项。

（二）《中国农业科学院办公室文件》适用于下列事项。

1. 向院属各单位布置业务工作；

2. 向地方政府、有关单位办公室（厅）行文或与其联合行文；

3. 通知以院名义组织召开的各类会议；

4. 转发上级有关部门文件；

5. 批复院属各单位、院机关各部门刻制、启用印章等业务性事项；

6. 其他确需以中国农业科学院办公室名义行文的事项。

（三）《中国农业科学院院内签报》适用于下列事项。

1. 向院领导请求指示或批准；

2. 向院领导汇报工作或答复询问。

院常务会议议题建议、出国（境）审批和外事活动、邀请院领导出席会议活动等需院领导决定事项，须报送院内签报。

（四）《中国农业科学院研究所（研究生院、出版社）文件》适用于下列事项。

1. 向院的请示、报告；

2. 向有关单位行文；

3. 向下属机构行文；

4. 确需以中国农业科学院研究所（研究生院、出版社）名义行文的其他事项。

第六章　公文拟制

第二十一条　公文拟制包括公文的起草、审核、签发等程序。

第二十二条　公文起草。应当做到：

（一）符合国家法律法规和党的路线方针政策，完整准确体现发文机关意图，并同现行有关公文相衔接。

（二）坚持确有必要，凡国家法律法规已作出明确规定的，一律不再制发文件；现行文件规定仍然适用的，不再重复发文；没有实际内容、可发可不发的文件，一律不发。

（三）一切从实际出发，分析问题实事求是，所提政策措施和办法切实可行。

（四）内容简洁，主题突出，观点鲜明，结构严谨，表述准确，文字精炼。

（五）文种正确，格式规范。

（六）使用非规范化简称时，先用全称并注明简称。使用国际组织外文名称或其缩写形式，在第一次出现时注明准确的中文译名。

（七）除部分结构层次序数和在词、词组、惯用语、缩略语、具有修辞色彩语句中作为词素的数字必须使用汉字外，其他数字均使用阿拉伯数字。

（八）深入调查研究，充分进行论证，广泛听取意见。

（九）公文如涉及院内其他部门职权范围的事项，主办部门应提出明确的办理时限要求，主动与相关部门协商会签。相关部门应积极配合。经协商不能达成一致意见的，协办部门应出具书面意见，由主办部门在《公文呈报说明》中如实说明，连同协办部门的书面意见一并报请院领导协调或裁定。

（十）各部门负责人应当组织并直接参与重要公文起草工作，必要时报请院办公室或有关院领导主持并予以指导。

第二十三条　外单位主办的联合发文或会签文，由院办公室根据公文涉及的内容交相关部门研究提出会签意见。涉及多个部门职能的，应明确牵头部门。

第二十四条　中国农业科学院公文审核实行分级负责制，各级审核人员必须认真履行岗位责任，严格把关，有效控制发文数量，确保发文质量。

（一）公文主办部门对公文质量负主要责任，在拟制公文的各个环节，主办处室、综合处（办公室）和部门负责人必须切实承担起审核责任，重点审核：内容是否符合国家法律法规和党的路线方针政策；是否完整准确体现发文机关意图；是否同现行有关公文相衔接；所提政策措施和办法是否切实可行；公文结构是否合理，公文主题是否鲜明正确，条理是否清晰；公文语言表述是否准确，文字、标点、单位使用是否规范等。

（二）院办公室负责对文稿进行审核，其中重点审核：行文理由是否充分，行文依据是否准确；行文程序是否规范，行文方式是否妥当；涉及院内其他部门职权范围内的事项是否经过充分协商并达成一致意见；其他内容是否符合公文起草的有关要求。

第二十五条 各类发文的签发权限，按《中国农业科学院工作规则》有关规定执行。签发人签发公文，应当签署意见、姓名和完整日期；圈阅或者签名的，视为同意。签发、会签、审核公文一律使用蓝色或黑色墨水的钢笔、签字笔、毛笔。

（一）上报的重要院发文，经分管院领导审核后，由院长签发。

遇有紧急公文且院长不在院内时，可由分管院领导签发。事后应将所发公文报院长阅知。

（二）其他院发文，一般由分管院领导签发，如涉及事项重大或分管院领导认为有必要，可报院长签发或审阅。遇有紧急公文且分管院领导不在院内时，主办部门请示分管院领导同意并附《公文呈报说明》，可请其他院领导签发。《公文呈报说明》需简明扼要地说明公文形成的背景、过程，以及其他需要重点说明或需要签发人了解的事项。

（三）中国农业科学院主办的联合发文，本院签发后再送联合发文部门签发。其他部门主办的联合发文或会签文，由有关院领导签发。

（四）中国农业科学院办公室发文原则上由院办公室负责同志签发，重要发文可呈送分管院领导或院长签发。

（五）中国农业科学院院属各单位发文由单位领导签发，报院的重要公文需主要负责人签发。

（六）已经签发的文稿，其他人员不得再作改动，确需改动的，须经签发人同意。

第七章 公文办理

第二十六条 公文办理包括收文办理、发文办理和整理归档。

第二十七条 收文办理应当做到及时、准确，主次分明，手续完整。

第二十八条 主送中国农业科学院的收文，应当由院办公室统一处理。各部门对直接收到的外单位主送中国农业科学院的收文，应主动及时送院办公室统一处理。

第二十九条 收文办理主要程序是：

（一）签收。对收到的公文应当逐件清点，核对无误后签字或者盖章，并注明签收时间。

（二）登记。对公文的主要信息和办理情况应当详细记载。

（三）初审。院办公室对收到的公文应当进行初审。初审的重点是：是否应当由中国农业科学院办理，是否符合行文规则，涉及其他部门职权范围内的事项是否已经协商、会签，是否符合公文起草的其他要求。经初审不符合规定的公文，应当及时退回来文单位并说明理由。

（四）承办。

1. 院办公室对收文应及时处理。需要报请院领导批示的，应提出具体拟办意见后呈报；能够直接交相关部门办理的，直接转交相关部门；需要两个以上部门办理的，应当明确主办部门。

2. 各部门对批转的公文，应认真审核，对不属于本部门职责范围的，及时退回院办公室；对属于本部门职责范围的，及时落实承办处室或人员。由两个以上部门承办的公文，牵头部门应切实负起责任，协办部门应积极配合。

3. 各公文承办部门应在规定的时限内办理。特急件随时办理，文中没有规定时限的，按下列规定时限办理：农业部等上级机关来文，一般不超过5个工作日；其他有关单位来文，一般不超过10个工作日。

（五）传阅。根据领导批示和工作需要将公文及时送传阅对象阅知或者批示。办理公文传阅应当随时掌握公文去向，不得漏传、误传、延误。

（六）催办。及时了解掌握公文的办理进展情况，督促承办部门按期办结。紧急公文或者重要公文应当由专人负责催办。

（七）答复。公文承办部门应将办理结果及时答复来文单位，并根据需要告知相关单位。

第三十条 发文办理主要程序：

（一）复核。已经领导签批的公文，印发前办公室应对公文的审批手续、内容、文种等进行复核。

（二）登记。办公室对复核后的公文进行登记编号，确定分送范围和印制份数。

（三）印制。文印室对送印公文的审批手续核对无误后，按照要求印制，确保质量和时效。涉密公文应当在符合保密要求的场所印制。

（四）核发。公文印制完毕，承办部门对公文的文字、格式和印刷质量进行检查后加盖印章、分发。

第三十一条 涉密公文应当通过机要交通、机要文件交换站或机要收发人员进行传递。

第三十二条 需要归档的公文及有关材料，应当根据有关档案法律法规以及档案管理规定，及时收集齐全、整理归档。两个以上机关联合办理的公文，原件由主办机关归档，相关机关保存复制件。

第八章 公文管理

第三十三条 院属各单位、院机关各部门应当建立健全本单位（部门）公文管理制度，确保管理严格规范，充分发挥公文效用。

第三十四条 涉密公文的处理按照国家和我院有关规定执行。

第三十五条 公文的印发传达范围应当按照发文机关的要求执行；需要变更的，应当经发文机关批准。涉密公文公开发布前应当履行解密程序。公开发布的时间、形式和渠道由发文机关确定。经批准公开发布的公文，与发文机关正式印发的公文具有同等效力。

第三十六条 复制、汇编机密级、秘密级公文，应当符合有关规定并经本部门负责人批准。绝密级公文一般不得复制、汇编，确有工作需要的，应当经发文机关或者其上级机关批准。复制、汇编的公文视同原件管理。复制件应当加盖复制部门戳记。翻印件应当注明翻印的部门名称、日期、份数。汇编本的密级按照编入公文的最高密级标注。

第三十七条　公文的撤销和废止，由发文机关、上级机关或者权力机关根据职权范围和有关法律法规决定。公文被撤销的，视为自始无效；公文被废止的，视为自废止之日起失效。

第三十八条　不具备归档和保存价值的公文，经部门负责同志批准后可以销毁。销毁涉密公文必须严格按照有关规定履行审批登记手续，确保不丢失、不漏销。个人不得私自销毁、留存涉密公文。

第九章　附　则

第三十九条　中国农业科学院公文含电子公文。电子公文处理工作的具体办法另行制定。

第四十条　法规、规章方面的公文，依照有关规定处理。外事方面的公文，依照外事主管部门的有关规定处理。

第四十一条　本办法自印发之日起施行。2002 年 5 月 10 日印发的《中国农业科学院公文处理办法》同时停止执行。

中国农业科学院
关于改进工作作风有关规定的实施办法

农科院党组发〔2013〕7号

为贯彻落实中央关于改进工作作风、密切联系群众的八项规定精神，2012年12月9日，院党组出台了《中国农业科学院关于改进工作作风的有关规定》。全院各级领导干部要以高度的政治自觉，充分认识改进工作作风、密切联系群众的极端重要性、紧迫性和严肃性，坚决按照中央要求扎实推进作风建设。根据《中共农业部党组贯彻落实中央关于改进工作作风、密切联系群众有关规定的实施办法》的精神，结合我院实际，制定以下实施办法。

一、改进调查研究

1. 注重实际效果。院领导和所局级干部要带头深入研究所和科研一线开展调查研究，调研要明确主题，增强目的性，要把解决各种实际问题作为调研重点，特别是上访问题，使调研的过程成为了解情况、解决问题、推动工作的过程。院领导和所局级干部每人每年要撰写1篇以上有情况、有对策的调研报告。要向一线科技人员学习、向基层实践学习，多同科技人员座谈，多解剖典型，切忌走形式、走过场。要紧紧围绕调研主题，实事求是地安排调研内容，既要到发展好的研究所去总结经验，也要到困难较多、发展缓慢、矛盾尖锐的研究所去调研解决问题。院领导不同时到同一个研究所调研，机关各部门也不要集中或轮番到一个研究所去调研。不能为迎接调研布置现场，更不能弄虚作假。汇报工作时要讲真话、报实情。

2. 减少陪同人员。院领导和所局级干部到院属单位调研，要减少陪同和随行人员。院长、院党组书记调研，随同的部门和单位负责同志不超过3人；其他院领导调研，随同的部门和单位负责同志不超过2人。院领导在院属单位调研期间，相关单位可安排1位负责同志参与调研，其他工作人员数量要严格控制。局处级领导干部调研期间，院属单位除介绍情况和联络工作的同志以外，原则上不安排陪同人员。

3. 简化接待工作。院领导和机关各部门领导到院属单位调研或出席会议活动，院属单位不张贴悬挂欢迎标语横幅，不安排群众迎送，不铺设迎宾地毯，不摆放花草，不组织专场文娱表演，不安排接见合影；不安排超规格住房（有招待所的要住招待所，不安排套间），不赠送各类纪念品或土特产，不安排宴请，不上高档菜肴，自助餐也要注意节俭；要轻车简从，减少随行车辆；不安排到名胜古迹、风景区参观。

4. 完善调研方式。坚持开展院机关干部深入基层实践锻炼活动，组织机关年轻干部深入研究所、野外台站等农业科研一线，加强业务学习，开展调查研究，增长阅历，丰富知识，提升能力。坚持多渠道选派干部锻炼，继续选派干部参加农业部“百乡万户调查”、青年干部“接地气、察民情”等主题实践锻炼活动，选派干部援疆援藏援青。

二、精简会议

5. 减少会议活动。坚持务实高效原则，对全院性会议活动实行计划管理，严格审批程序，未经批准的会议不得召开。严格控制以机关各部门和院属单位名义召开的会议，机关各部门能在京内开的会议不到外地开，可以合并或套开的会议不分头召开。以我院名义召开的全国性会议和举行的重大活动，按程序报农业部批准，涉外会议和重要活动严格按规定呈报审批。除院年度工作会议和现代院所建设战略研讨会外，没有特殊需求一般不召开所有所长都参加的会议。

6. 控制会议活动规模和时间。严格控制院内各类会议活动规模，减少参加人员。以院名义召开的会议，只安排与会议内容密切相关的部门参加，会议人数不超过 150 人，工作人员控制在代表人数的 15% 以内，时间不超过一天半。要坚持开短会、讲短话、求实效，力戒空话、套话。

7. 提高会议活动效率和质量。各部门各单位要充分运用现代信息技术手段改进会议形式，提高会议效率。一般性部署工作、经验交流、研究情况，以及没有现场考察和集中座谈的会议，应采用电话会或网络视频会等快捷方式召开，减少京外研究所派人来京频次。需要安排讨论的会议，要精心设置议题，留足讨论时间，提高讨论深度；需要安排现场考察的会议，要精心选择参观点，设计好参观路线，安排好讲解，提高参观效果。

8. 严格控制会议活动经费。各部门各单位举办会议活动，要严格执行有关规定，厉行节约，反对铺张浪费；加强会议预算和定额标准管理，会议费报销不得突破综合定额。可以在单位内会议室举办的会议活动，不安排在宾馆或其他经营性场所举办。需要到单位外举办的会议活动，应到定点饭店举办，不得租用高级宾馆、饭店，不得到中央严禁召开会议的风景名胜区举办，也不得到与会议活动主题无关的地方举办。会议活动筹备工作要在单位内进行，不得安排在宾馆、饭店。会议活动食宿要严格执行规定标准，不安排宴请，严禁组织高消费娱乐、健身活动。代表房间不摆放鲜花，不另外购置洗漱用品。会议活动主办单位不得组织代表游览及与会议活动无关的参观，不得发放纪念品及与会议活动无关的物品。会议活动现场布置要简朴，工作会议一律不摆放花草、不制作背景板。

三、改进文风

9. 减少各类文件简报。要统筹安排工作，尽可能减少发文数量。凡国家法律法规和党内法规已有明确规定的，一律不再发文；现行文件规定仍然适用的，不再重复发文；没有实质内容、可发可不发的文件简报一律不发；新闻媒体已全文公布的中央或部委文件，一律不再转发。各部门各单位能解决问题的，院不再转发或印发文件。要严格按程序报文，不得多头报文。完善中国农业科学院公开文件发布系统，凡不涉密文件均通过中国农业科学院网站公开发布，原则上不再印发纸质文件。规范简报管理，一个部门单位原则上只能编发一种简报；已通过正式文件报送过的信息，不再报送简报；上报给党中央、国务院和中央领导同志的简报，必须采用《中国农业科学院简报》形式，其他所有简报一律不得上报；下发部门单位的简报，只发送与简报内容相关的部门和单位。切实减少编印各类文件、讲话、调研报告、论文汇编和画册等，不得以公款支持个人著作出版。

10. 提高文件简报的质量和实效。起草公文应坚持短、实、新的文风，做到简短精练、实事求是、富有新意。要严格按照《中国农业科学院公文处理办法》要求，对文件和简报资料的报送程序和格式进行规范，加强综合协调和审核把关，切实提高运转效率。文件要突出思想性、针对性和可操作性，严格控制篇幅；简报要重点突出、主题鲜明、表述准确、语言精练，重点反映我院发展和农业科技工作的重要动态、经验、问题和工作意见建议等内容，不报送一般性工作情况汇报，每期简报篇幅应控制在2 500字以内。要推进院机关内网建设，推进电子化、信息化办公，减少纸质文件和简报资料，降低运行成本，提高工作效率。

11. 简化院领导出席会议活动、调研活动和外事活动的新闻报道。根据工作需要、新闻价值、社会效果决定是否报道，进一步压缩数量、字数和时长。院长、院党组书记出席会议活动，新闻稿不超过1 000字，其他院领导出席的，新闻稿不超过500字。提高外事报道针对性，减少一般性报道。院领导同日会见多批外宾或多位院领导同日分别会见同一批外宾，统发一条综合信息，不单独报道每场会见。院长、院党组书记外事活动新闻稿不超过800字，其他院领导外事活动新闻稿不超过500字。全院新闻报道工作由院办公室负责统筹协调和日常管理，并督促指导相关媒体落实有关规定。

12. 规范贺信贺电和题词题字。在公务活动中，院领导一般不以个人名义发贺信、贺电，不题词、题字。对全院特别重要的会议活动或知名专家的寿辰，可按规定以中国农业科学院或中国农业科学院办公室名义发贺信、贺电，或以其他适当方式表示祝贺。

四、改进工作作风

13. 梳理职能健全制度。院机关各部门、各研究所都要按照建设“世界一流农业科研院所”的要求，主动清理工作职能。要按照职责职能的要求，进一步健全制度规范。要用制度保证执行力，对院所现有的各项制度规定，按照“精而管用”的原则进行梳理。要对制度规定简化文字、制定流程，增强可操作性。院所领导要带头执行制度，成为执行制度的表率。

14. 建立督查机制。要增强执行力，提高决策的权威性。建立督办制度，认真落实院党组会、院常务会议确定事项和上级领导批办事项，确保件件有落实、事事有回音。凡是上级有要求的，必须坚决贯彻落实，做到雷厉风行。加强重点工作督办，每个月报告进展情况，年中小结，年底要全面总结。

15. 加强考核评估。要加强对院重大工作部署的考核评估，纳入现代院所评价指标体系。全院各项重大工作要做到事前有要求，事中有督查，事后有考评。建立奖惩机制，加大问责力度，做到有功有绩、必褒必奖，失职渎职、必罚必究，树立良好的责任导向，调动各方面积极性，有效地推动全院各项工作顺利开展。

五、改进接待工作

16. 减少应酬活动。严格控制举办表彰、庆典、展览会、博览会、研讨会、课题论证会、论坛等活动。未经院批准，不得以院或部门、单位、主管社团名义举办面向全院的表彰，不得以院名义举办任何庆典、研讨会和论坛活动。除以院名义主办或共同主办的会议活动外，院领导原则上不出席机关部门、院属单位和挂靠我院的社会团体举办的会议活动，不出席地市和县区举办的会议活动，不出席各种商业性活动，不出席各类剪彩、奠基活动和庆祝会、纪念会、表彰会、博览会、研讨会、论证会及各类论坛等。院领导和局处级干部出席院外各种会议活动要按干部管理权限履行审批手续，离京须请假。

六、厉行勤俭节约

17. 规范出访活动。合理安排出访，统筹安排我院人员因公出国（境）计划。院领导原则上每年出国（境）不超过 1 次，分管外事的院领导严格按照工作需要安排。院领导出访迎送工作，由国合局按照从简原则安排，不安排其他院领导和部门负责同志赴机场迎送、不宴请。优先保障落实领导人对外承诺、参加重要国际会议、参加涉农谈判磋商、开展农业科技交流和参与双边农业工作组任务。一般性出国（境）考察访问和一般性行业研讨会等任务原则上不予安排。要压缩团组规模，控制团组在外停留时间，团组人数原则上不得超过 6 人，如因特殊情况超过规定人数的，应说明情况。严禁拆分团组或组织“团外团”。同一单位的负责人 6 个月内不得分别率团出访同一国家（地区），不得同团出访。严格按照中央有关规定控制在外停留时间，严格审批出访任务。未经批准，出访团组不得增加出访国家或地区，包括未报批的“申根国家”和互免签证国家；不得延长在外停留时间。国合局负责制定院领导出国（境）计划报送农业部。部门和单位所局级及以下人员因公出国（境）计划，科研人员因公临时出国（境）计划，经国合局审核批准后报农业部备案。人事、财务、外事和纪检监察部门要加强配合，切实把好审批关，严格按有关规定安排团组食宿交通，坚决杜绝搭车出国、公款出国（境）旅游。

18. 自觉遵守廉洁从政各项规定。认真落实中央关于厉行节约的有关要求，严格控制“三公”经费。严格按标准配备、使用公务车，不得公车私用。加强公务用车管理，严格公务用车制度。不得借用、占用下属单位或其他单位车辆。规范乘机安排，严格按照规定标准乘坐交通工具。严格控制办公楼等楼堂馆所建设，严把资金支出关。不得以任何名义向下属单位或有关企业转嫁、摊派或报销费用。严格控制公务接待范围，执行公务接待标准和定点接待制度，从严控制公务接待费用支出。不得在参加会议、学习、培训期间用公款互相宴请，也不得以同乡会、校友会、战友会等各种联谊活动名义用公款请客送礼。

七、密切联系群众

19. 加大院务、所务公开力度，全力推进开放办院、民主办院。实行院领导接待日、院领导联系民主党派知名人士、院长信箱等制度，畅通职工表达诉求渠道。关心职工工作和生活，为职工群众解难事、办实事，建设和谐农科院。

20. 改进工作作风、密切联系群众。要把贯彻落实中央八项规定和院实施办法情况，作为院所各级领导班子和领导干部考核、领导班子民主生活会的主要内容，加强经常性的对照检查。

21. 各部门、各单位要严格按照本办法，结合本单位本部门实际，制定涵盖所有干部的更加具体、更便于操作的贯彻落实办法，狠抓落实。要把监督执行本办法作为改进党风政风的一项经常性工作来抓，每年年底对执行情况进行1次专项检查，并将检查结果报院办公室、直属机关党委、监察局。

22. 院办公室、直属机关党委、监察局要定期督促检查，每年年底通报执行情况，并向院党组会汇报，对违反规定的要及时严肃处理。财务局要加强对各部门各单位会议活动等经费的使用情况审查。

本办法自发布之日起施行。此前发布的我院有关规定，凡与本办法不一致的，以本办法为准。

中国农业科学院关于废止有关制度的通知

农科院办〔2013〕323 号

院属各单位、院机关各部门：

为适应现代院所建设和发展需要，进一步加强院所制度建设。院里对涉及全院和院机关的各项规章制度进行了全面清理，正在抓紧修订和完善规章制度中不符合实际情况的部分，补充和制定急需的新制度，不断完善现代院所制度体系，确保院各项工作规范有序开展。经过清理，有 33 个规章制度和规范性文件已完全不符合现在的实际情况，决定集中进行废止。现将要废止的 33 个规章制度和规范性文件目录予以公布。请遵照执行。

以上制度自本文件发布之日起失效，其中，部分制度在相关新制度中明确失效时间的，按其规定的失效时间计算。

附件：废止规章制度和规范性文件目录表

中国农业科学院

2013 年 12 月 23 日

附件

废止规章制度和规范性文件目录表

序号	制度名称	文件编号
1	中国农业科学院甲型H1N1流感防控应急预案和中国农业科学院突发公共事件专项应急预案	农科院办〔2009〕214号
2	关于中国农业科学院收文办理运转程序调整的通知	农科办办〔2011〕242号
3	《中国农业科学院院内签报》办理办法	农科办办〔2009〕186号
4	中国农业科学院公文处理办法实施细则	农科院办〔2002〕170号
5	中国农业科学院公文格式	农科办办〔2009〕74号
6	中国农业科学院院务督办工作规则	农科院办〔2005〕131号
7	中国农业科学院院长基金管理办法	
8	中国农业科学院因公出国（境）人员审查、备案工作规定	（96）农科院（人）字第573号
9	关于加强因私出境人员审查管理的有关规定	农科院党组发〔1999〕33号
10	中国农业科学院领导干部任免管理办法（暂行）	（95）农科院（办）字第109号
11	中国农业科学院科技副县长管理条例	（95）农科院（办）字第121号
12	中国农业科学院新到机关工作毕业生下基层锻炼暂行规定	（96）农科院（人）字第329号
13	中国农业科学院各类人员年度考核暂行规定	（96）农科院（人）字第535号
14	中国农业科学院党组关于贯彻领导干部报告个人重大事项规定的实施细则	农科院党组〔1997〕23号
15	中国农业科学院处级干部聘任制暂行管理办法	农科院党组发〔1999〕71号
16	关于职工年度考核有关规定的补充通知	农科院人字〔1999〕461号
17	关于院机关所局级领导干部试行任职公示的决定	农科院党组发〔2000〕66号

（续表）

序号	制度名称	文件编号
18	中国农业科学院京内单位临时工管理暂行规定	院1991年（人）字第510号
19	中国农业科学院关于开展工人技术考核工作的实施意见	（93）农科院（人）字第170号
20	中国农业科学院“停薪留职”人员管理暂行办法	（96）农科院（人）字第114号
21	关于新接收毕业生工资问题的通知	农科人劳函〔2006〕79号
22	中国农业科学院工资管理暂行规定	农科院人字〔1997〕109号
23	中国农业科学院博士后研究人员管理工作暂行办法	农科院研生字〔1998〕290号
24	中国农业科学院在职人员进修学习和攻读学位管理暂行办法	（96）农科院（人）字第551号
25	中国农业科学院在职人员申请硕士学位暂行管理办法的补充规定	农科院人字〔1997〕299号
26	中国农业科学院综合实验基地建设项目管理办法（试行）	农科院基建〔2008〕81号
27	中国农业科学院科技开发推广管理暂行办法	院1991年（科）字第185号
28	中国农业科学院科技开发企业管理办法	（92）农科院（科）字第85号
29	中国农业科学院科技开发收入分配办法	（92）农科院（科）字第85号
30	中国农业科学院科技开发基金管理办法	（92）农科院（科）字第85号
31	中国农业科学院科技成果转化特别奖励暂行办法	农科院财（2010）265号
32	关于继续深入开展评选文明职工及文明职工标兵活动的通知	农科院党组发〔2002〕9号
33	中国农业科学院直属机关党建工作考核办法（试行）	直党字〔2006〕21号

中国农业科学院关于院级中心清理结果的通知

农科院办〔2013〕327号

院属各单位、院机关各部门：

为了进一步规范我院各类中心管理工作，促进院级中心规范有序开展工作，近期对我院批复成立的47个中心进行了全面清理，了解各中心运行情况，研究加强中心管理工作的措施。2013年第15次院常务会议审议通过了《中国农业科学院各类中心清理方案》，决定“中国农业科学院农业立体污染防治与产地环境质量研究中心”等12个中心予以保留，“中国农业科学院国家作物分子育种工程研究中心”等35个中心予以撤销。各部门、各单位要进一步加强院级中心管理工作。

一、严格落实院级中心审批制度。凡申请成立院级研究类中心，必须是多单位、多学科交叉共建，而且符合我院学科发展方向，有明确的职能定位、发展目标、运行管理制度和经费来源，其他类型的中心也要有明确的职能定位、工作任务和经费保障。中心依托单位要成立相应的工作机构和人员队伍保证，明确中心负责人。新建和成立院级中心，要在深入调研的基础上研究提出组建方案提交院常务会批准。

二、建立院级中心归口管理制度。研究类中心（包括院地合作研究中心）由科技管理局管理，成果转化类中心由成果转化局管理，国际合作类中心由国际合作局管理，其他类中心根据业务类型由院明确归口管理部门。归口管理部门要切实负起管理责任，研究制定相应管理办法，明确中心的管理体制、运行机制、经费来源、活动方式、遴选标准、考核方式等，指导各中心开展工作。

三、建立院级中心的考核评估制度。每年归口管理部门对中心进行年度考核，考核结果报院。每5年可组织一次全院各类中心评估活动，对各类中心的建设与工作情况进行考核评估，对考核不通过的可给1年时间进行整改，整改仍不合格的予以摘牌和撤销。对于本次保留的12个中心，运行1年后要进行评估考核，不合格的将予以撤销。

附件：1. 保留中心一览表
　　　2. 撤销中心一览表

中国农业科学院

2013年12月23日

附件 1

保留中心一览表

序号	中心名称	依托单位	归口管理部门
1	中国农业科学院农业立体污染防治与产地环境质量研究中心	环发所	科技局
2	中国农业科学院核农学研究中心	加工所	科技局
3	中国农业科学院农业传媒与传播研究中心	出版社	科技局
4	上海国家动物医学研究中心	上海兽医所	科技局
5	中国农业科学院国家蚕种质资源保存中心	蚕业所	科技局
6	中国农业科学院甘蔗研究中心	广西农业科学院甘蔗研究所	科技局
7	中国农业科学院技术转移中心	饲料所	成果转化局
8	中国农业科学院农业知识产权研究中心	资划所	成果转化局
9	中国农业科学院兴城农村实用技术培训中心	果树所	成果转化局
10	中国农业科学院信息网络中心	信息所	院办公室
11	科技经济政策研究中心	财务局	财务局
12	中国—阿根廷食品科学技术中心	加工所	国际合作局

附件 2

撤销中心一览表

序号	中心名称	依托单位	原批复文件
1	中国农业科学院国家作物分子育种工程研究中心	作科所	农科院办〔2003〕428 号
2	中国农业科学院生物质能源研究中心		农科办办〔2005〕88 号
3	中国农业科学院国家矮败小麦育种技术创新中心		农科办办〔2006〕92 号
4	中国农业科学院国家植物转基因研究中心		农科办办〔2006〕98 号
5	中国农业科学院杂交小麦研究中心		农科办科〔2010〕223 号
6	中国农业科学院国家马铃薯产业研究中心	蔬菜所	农科院办〔2003〕429 号
7	中国农业科学院农业生物基因组学研究中心		农科办科〔2012〕206 号
8	中国农业科学院节水农业综合研究中心	环发所	农科院农气字〔1997〕755 号
9	中国农业科学院农业环境控制与评价工程技术研究中心		农科院办〔2006〕63 号
10	中国农业科学院设施农业环境工程研究中心		农科办办〔2006〕97 号
11	中国农业科学院农业与气候变化研究中心		农科院办〔2008〕107 号
12	中国农业科学院农业纳米研究中心		农科办办〔2009〕35 号
13	中国农业科学院草业综合研究与发展中心	牧医所	农科院办字〔2000〕396 号
14	中国农业科学院肉牛研究中心		农科办办〔2006〕165 号
15	中国农业科学院饲料研发中心	饲料所	农科办办〔2005〕90 号
16	中国农业科学院科技开发中心		农科院产业〔2006〕102 号
17	中国农业科学院农产品加工工程技术研究中心	加工所	农科院办〔2005〕279 号

（续表）

序号	中心名称	依托单位	原批复文件
18	中国农业科学院国家农业微生物基因工程技术研究中心	生物所	农科院办〔2003〕427 号
19	中国农业科学院生物反应器技术研究中心		农科院办〔2006〕245 号
20	中国农业科学院玉米功能基因与分子改良研究中心		农科办科〔2011〕67 号
21	中国农业科学院贫困研究中心	农经所	农科办办〔2006〕31 号
22	中国农业科学院新农村建设研究中心		农科办办〔2006〕32 号
23	中国农业科学院海峡两岸农业研究中心		农科院办〔2008〕237 号
24	中国农业科学院肥料应用工程技术研究中心	资划所	农科院办〔2006〕63 号
25	中国农业科学院食用菌工程技术研究中心		农科院办〔2006〕63 号
26	中国农业科学院转基因棉花工程技术研究中心	棉花所	农科院办〔2006〕63 号
27	中国农业科学院麻类工程技术研究中心	麻类所	农科院办〔2006〕63 号
28	中国农业科学院南方经济作物研究中心		农科办科〔2011〕23 号
29	中国农业科学院苹果、梨工程技术研究中心	果树所	农科院办〔2003〕447 号
30	中国农业科学院干部培训中心（兴城）		农科办办〔2010〕209 号
31	中国农业科学院临床兽医学研究中心	兰州牧药所	农科办办〔2010〕160 号
32	中国农业科学院动物源性食品安全研究中心	上海兽医所	农科办科〔2009〕123 号
33	中国农业科学院欧亚温带草原研究中心	草原所	农科办办〔2009〕24 号
34	中国农业科学院农村能源新材料应用研究中心	沼科所	农科办科〔2010〕181 号
35	农业立体污染综合防治工程装备技术中心	农机化所	农科院办〔2006〕140 号

中国农业科学院关于调整中国农业科学院保密委员会组成人员的通知

农科院办〔2013〕100号

院属各单位、院机关各部门：

为进一步加强我院保密工作的领导，明确工作职责，根据工作需要对我院保密委员会组成人员进行调整，现将中国农业科学院保密委员会组成人员名单印发给你们。请院属各单位、机关各部门根据工作实际，明确保密工作各级岗位职责，切实落实领导责任。

附件：中国农业科学院保密委员会组成人员

中国农业科学院

2013年4月9日

附件

中国农业科学院保密委员会组成人员

主　任	陈萌山	
副主任	魏　琦	汪飞杰
成　员	科技局	王小虎
	财务局	刘瀛弢
	基建局	夏耀西
	国合局	张陆彪
	成果转化局	吴胜军
	机关党委	林定根
	监察局	张逐陈
	后勤服务中心	赵玉林
	研究生院	李思经
	作科所	张保明
	植保所	张步江
	蔬菜所	孙日飞
	环发所	栗金池
	牧医所	袁学志
	蜜蜂所	刘凤彦
	饲料所	吕春生
	加工所	赵俊辉
	生物所	孙丽萍
	农经所	马　飞
	资划所	郭同军
	信息所	刘继芳
	质标所	李恩普
	食物营养所	秦玉昌
	出版社	骆建忠

院保密委员会办公室设在院办公室，主任由汪飞杰同志兼任。

中国农业科学院定密管理规定

农科院办〔2013〕292号

第一章 总 则

第一条 为加强保密管理，规范定密行为，依据《中华人民共和国保守国家秘密法》《农业工作国家秘密范围的规定》《农业部定密管理规定（试行）》等法律法规和有关规章制度，制定本规定。

第二条 本规定所称定密，是指院属各单位、院机关各部门（以下简称各单位（部门））依照有关保密法律法规和《农业工作国家秘密范围的规定》，对工作过程中产生的国家秘密事项确定密级、保密期限/解密条件、知悉范围，以及变更和解除国家秘密等行为。

第三条 开展定密工作，应当遵循主体合法、依据充分、程序规范、及时准确的原则，既确保国家秘密安全，又便于信息资源合理利用。

第四条 本规定适用于院属各单位、院机关各部门的定密工作。

第二章 国家秘密范围和定密权限

第五条 《农业工作国家秘密范围的规定》是农业工作的定密依据。中国农业科学院以《农业工作国家秘密范围的规定》为基础，细化、补充业务工作涉及到的保密事项范围，制定《中国农业科学院定密事项一览表》（附件1），作为各单位（部门）的具体定密依据。

第六条 确定国家秘密应当遵守定密权限。

国家秘密级别包括绝密级、机密级和秘密级。各单位（部门）可以确定机密级和秘密级国家秘密。确定绝密级国家秘密，应先报院保密办，经院保密办报农业部批准。

派生定密不受定密权限的限制。

第三章 定密责任人

第七条 定密工作实行定密责任人制度。

院长为中国农业科学院的定密责任人，并另确定分管保密工作的院领导为定密责任人人选。

各单位（部门）的一把手为本单位（部门）定密责任人，并另确定一名分管保密工作的单位（部门）领导为定密责任人人选。

第八条　定密责任人在其职权范围内，承担国家秘密确定、变更和解除工作。具体职责是：

（一）对承办人拟定的国家秘密的密级、保密期限/解密条件和知悉范围进行审核批准；

（二）对本单位（部门）产生的尚在保密期限内的国家秘密定期进行组织审查，作出维持、变更或者解除的决定；

（三）对是否属于国家秘密和属于何种密级不明确的事项先行拟定密级，并按照规定程序报上级保密主管部门确定。

第九条　院保密委员会和中国农业科学院定密责任人应当加强对各单位（部门）定密责任人履行职责情况的检查指导，对不能胜任定密工作的，应当及时予以调整。必要时，中国农业科学院定密责任人可以直接改变各单位（部门）定密责任人的定密决定，并对改变后的定密决定负责。

第四章　国家秘密的确定

第十条　确定国家秘密的一般程序：

（一）承办人根据《农业工作国家秘密范围的规定》，对照《中国农业科学院定密事项一览表》，提出拟定密级、保密期限/解密条件和知悉范围的具体意见，并填写《中国农业科学院国家秘密确定审批表》（见附件 2），提交处室负责人审核；

（二）处室负责人对承办人拟定的密级、保密期限/解密条件、知悉范围提出审核意见，并在《中国农业科学院国家秘密确定审批表》上签字后，提交本单位（部门）定密责任人批准；

（三）各单位（部门）定密责任人对承办人的定密意见和处室审核意见进行审核，对定密权限内的事项作出定密决定，并在《中国农业科学院国家秘密确定审批表》上签字；对超出定密权限的事项，提出审核意见报院保密办审批。

国家秘密确定程序完成后，应当加盖国家秘密确定专用章（见附件 3）。

第十一条　需要控制在极小知悉范围内的事项，或者在紧急情况下无法履行第十条规定的定密程序的，定密责任人可以依照《农业工作国家秘密范围的规定》和《中国农业科学院定密事项一览表》直接作出定密决定。

第十二条　各单位（部门）应当依照《农业工作国家秘密范围的规定》和《中国农业科学院定密事项一览表》确定国家秘密的密级和保密期限。《农业工作国家秘密范围的规定》和《中国农业科学院定密事项一览表》未作出保密期限规定的，应当根据实际工作需要确定具体的保密期限或者解密时间；不能确定的，应当确定解密条件。

保密期限1年以上的，以年计；1月以上不足1年的，以月计；不足1月的，以日计。不标保密期限的，默认为最长期限，即绝密30年，机密20年，秘密10年。保密期限自正式制发之日起计；没有正式制发的，以国家秘密确定专用章上的定密时间起计。

第十三条 国家秘密知悉范围应当遵循最小化原则，限定在因工作需要知悉的范围之内。国家秘密知悉范围能限定到具体人员的，限定到具体人员；不能限定到具体人员的，限定到具体单位，由单位限定到具体人员。知悉范围可以以国家秘密载体发放范围的形式标注。

第十四条 确定国家秘密时，应当对国家秘密载体作出标志。国家秘密标志由密级、标志符“★”和保密期限/解密条件组成，应当标志为“密级★保密期限”或“密级★解密条件”。

不属于国家秘密的，不应当作出国家秘密标志。

第十五条 纸介质国家秘密载体应当采用3号黑体字标注在载体首页左上角。

光介质、电磁介质等国家秘密载体应当标注在壳体和封面、外包装的显著位置。

无法作出国家秘密标志的，产生该国家秘密事项的单位（部门）应当书面通知知悉范围内的单位或者人员。

第十六条 派生定密是指因执行或者摘录、引用上级机关或其他单位确定的国家秘密事项，而对所产生的事项定密。派生定密应当根据所执行或者摘录、引用的国家秘密事项密级和保密期限定密。所执行或者摘录、引用的源文件作了密点标注的，根据所涉及内容标注的最高密级定密。

执行或者摘录、引用上级机关或其他单位确定的国家秘密事项，在不涉及国家秘密内容，不提及涉密会议、文件名称及文号时，可以不定密。

第十七条 公文核稿时应当对定密情况进行审查。

各单位（部门）办公室（综合处）审核人员应当对照发文稿纸、公文稿，审查涉密公文是否确定了密级、保密期限/解密条件和知悉范围，是否填写了定密依据。发现有下列情况之一的，应当退回补充、修改。

（一）未确定密级、保密期限/解密条件，或者未确定知悉范围的；

（二）未加盖国家秘密确定专用章，或者定密责任人未签字的。

第十八条 《农业工作国家秘密范围的规定》和《中国农业科学院定密事项一览表》对是否属于国家秘密没有明确规定，但符合《中华人民共和国保守国家秘密法》第九条、第十条规定的农业工作事项，属于不明确事项。

各单位（部门）对不明确事项应当先行拟定密级、保密期限和知悉范围，采取相应保密措施上报院保密办，由院保密办依规定上报农业部保密办确定。

第十九条 各单位（部门）对已定密事项是否属于国家秘密或者属于何种密级持有不同意见，可以向原定密单位提出异议，由原定密单位作出决定。各单位（部门）对原定密单位未予处理或者对作出的决定有异议的，应当由院保密办依规定上报农业部保密办确定。

在原定密单位或者农业部保密办作出决定前，对有关事项应当按照主张密级中的最高密级采取相应的保密措施。

各单位（部门）接到与原定密不同的定密决定后，应当及时在国家秘密载体上做出标志，国家秘密产生单位（部门）应当通知知悉范围内的单位或者人员。对确定为非国家秘密的，应当及时解除保密措施。

第二十条　由两个或者两个以上单位（部门）共同产生的国家秘密事项，应当由主管或者主办该事项的单位（部门）定密。

第二十一条　院保密办发现各单位（部门）定密不当的，将通知其纠正；情况紧急时，可以直接作出变更或者解除的决定，并及时告知相关单位（部门）。

第二十二条　各单位（部门）的定密情况，应当作出文字记载，并存档备查。

第五章　国家秘密的变更和解除

第二十三条　有下列情形之一的，原定密单位（部门）应当及时变更国家秘密的密级。

（一）该事项公开后对国家安全和利益的损害程度已发生明显变化的；

（二）定密时所依据的保密事项范围有关条款发生改变的。

第二十四条　有下列情形之一的，原定密单位（部门）应当及时变更保密期限：

（一）有关保密事项范围已对该国家秘密事项的保密期限做出调整的；

（二）根据情况变化需要变更保密期限的。

第二十五条　国家秘密的变更、解除按以下程序进行。

（一）承办人提出变更或者解除意见，填写《中国农业科学院国家秘密变更审批表》（见附件 4）或者《中国农业科学院国家秘密解除审批表》（见附件 5），提交处室负责人审核；

（二）处室负责人提出审核意见，提交本单位（部门）定密责任人审核批准；

（三）各单位（部门）定密责任人对变更或者解除意见进行审核，作出变更或者解除决定。

情况紧急时，中国农业科学院可以直接变更各单位（部门）所确定的国家秘密。

变更、解除程序完成后，应当加盖国家秘密变更或者解除专用章（见附件 3），并填写相关内容。

第二十六条　各单位（部门）变更或者解除国家秘密后，应当书面通知知悉范围内的单位或者人员；已移交档案部门的，应当书面通知档案部门。

各单位（部门）接到国家秘密变更或者解除的通知后，应当在原国家秘密载体密级标志的右方加盖国家秘密变更专用章或者解除专用章（见附件 3），做出相应的变更或者解除记录。

已存档的，由档案部门根据相关单位（部门）的通知，做出相应变更或者解除记录。

第二十七条 需要扩大国家秘密原定知悉范围的，应当经过原定密单位定密责任人的批准。

因工作需要，国家秘密知悉范围外的人员知悉国家秘密，应当经过单位（部门）负责人批准。

在对外交往与合作中，原则上不向外方提供绝密级国家秘密事项；需要提供机密级、秘密级国家秘密事项的，需报院保密办，经院保密办报农业部批准，并通过一定形式要求对方承担保密义务。

第二十八条 国家秘密事项保密期限届满的，自行解密。原定密单位（部门）认为需要延长保密期限的，应当在保密期限届满前两个月作出决定，并书面通知知悉范围内的单位或者人员。

第二十九条 尚在保密期限内的国家秘密，有下列情形之一的，原定密单位（部门）应当及时解密。

（一）保密事项范围修订后，不再作为国家秘密的；

（二）公开后无损于国家安全和利益的；

（三）从全局衡量公开后对国家更为有利的。

第三十条 《农业工作国家秘密范围的规定》和《中国农业科学院定密事项一览表》明确保密期限为长期或者规定有最短保密期限的，原定密单位（部门）不得擅自提前解密。确需解密的，应当报院保密办，经院保密办报农业部批准。

第三十一条 信息公开、对外提供资料或者受理解密申请时，各单位（部门）应当对国家秘密事项进行保密审查，符合本规定第三十条的，应当及时解密。

根据工作需要，对本单位（部门）产生的尚在保密期限内的国家秘密事项决定公开的，正式公开即视为解密。

第三十二条 各单位（部门）应当每年对产生的国家秘密（包括已归档的尚在保密期限内的国家秘密）进行审核。对符合提前解密条件的，应当及时解密；对需要变更密级的，应当按程序变更密级；对需要延长保密期限的，应当在保密期限届满前2个月作出决定。

第三十三条 单位（部门）撤销或者合并的，该单位（部门）所确定的国家秘密的变更和解除，由承担其职能的单位（部门）负责；没有单位（部门）承担其职能的，由院保密办负责。

第六章　监督管理

第三十四条 院保密办应当加强对各单位（部门）定密工作的监督检查，及时发现存在的问题，提出整改意见，督促落实整改措施。

第三十五条　各单位（部门）应当结合国家秘密年度审核和保密自查工作，定期对定密责任人履行职责的情况和定密工作制度落实情况进行检查，及时发现和纠正定密工作中出现的问题。

第三十六条　国家秘密事项实行年报制度。各单位（部门）应当在每年 2 月底对本单位（部门）上年度定密情况进行统计，填写《中国农业科学院国家秘密确定、变更和解除统计表》，报院保密办备案。

第三十七条　定密责任人和承办人违反本规定，有下列行为之一，未造成不良影响或者后果的，各单位（部门）应当及时纠正，并对有关责任人进行批评教育；造成失泄密的，依照有关规定给予通报批评或者纪律处分。

（一）应当定密而未及时定密的；

（二）不应当定密而擅自定密的；

（三）超出定密权限定密的；

（四）未按照《农业工作国家秘密范围的规定》和《中国农业科学院定密事项一览表》定密的；

（五）未按照法定程序定密的；

（六）未确定保密期限和知悉范围的；

（七）未标注国家秘密标志或者标志不完整、不规范的；

（八）违反本规定的其他行为的。

第七章　附　则

第三十八条　本规定由院保密办负责解释，自印发之日起施行。

附件：1. 中国农业科学院定密事项一览表（略）
　　　2. 中国农业科学院国家秘密确定审批表（略）
　　　3. 国家秘密确定专用章示例（略）
　　　4. 中国农业科学院国家秘密变更审批表（略）
　　　5. 中国农业科学院国家秘密解除审批表（略）

中国农业科学院2013年保密工作要点

农科院办〔2013〕63号

2013保密工作的总体要求是：深入学习贯彻党的“十八大”精神，以邓小平理论、“三个代表”重要思想、科学发展观为指导，遵照习近平总书记等中央领导同志关于加强新形势下保密工作的重要指示精神，按照中共中央保密委员会、农业部党组、院党组的部署要求，进一步加大教育培训、制度执行、技术防范、督促检查力度，强化机构队伍建设，重点推进我院信息化建设，加强网络安全保密管理，全面提高信息化条件下保密管理能力，确保不发生重大失泄密事件，为维护国家安全和利益、推动我院跨越式发展提供有力保障。

一、强化网络安全保密管理

（一）加速推进我院政务内网建设

逐步完成院机关及各单位内网建设，拟于年内建成院机关内网，指导推动各单位内网建设。制定院机关政务内网监测预警措施，部署入侵检测和漏洞扫描设备，建立定期通报制度。

（二）开展信息安全等级保护工作

各单位的信息系统要按照信息安全保护等级，配备相应的装备进行防护，定期更新杀毒软件，实行实时监控，要不断提高系统防护的技术手段，提高保密检查的技术手段。未完成信息安全等级保护备案工作的单位要尽快开展定级备案工作。

（三）加强涉密设备管理

强制配备涉密计算机、涉密打印机、涉密复印机、碎纸机，有条件的单位要配备保密检查设备。研究推行涉密计算机和涉密移动存储介质“户籍化”管理，完善涉密设备台账制度，即时更新数据，做好账实相符。

二、加强规章制度建设

（四）健全制度体系

根据国家保密法律法规和农业部保密管理规章制度，加强对我院各单位（部门）保密工作的政策指导，强化政策措施和制度建设。研究制定《中国农业科学院保密责任分工制度》，各单位（部门）要针对本单位保密管理实际，进一步修订完善相关保密管理制度，加强制度宣传，切实把各项制度落实贯穿于保密管理的全过程。

（五）建立定密解密制度

制定出台《中国农业科学院定密管理规定（试行）》，推行定密责任人制度，规范定密授权和定密程序；细化解密规范，健全解密机制，推动及时解密；健全保密事项范围定期审查修订工作机制。

（六）完善保密工作考评机制

继续把履行保密工作领导责任情况纳入党员领导干部民主生活会和领导干部绩效考核内容，对不认真履行职责的要进行问责，对因工作失职造成重大失泄密事件的要追究领导责任。继续将保密工作纳入研究所综合评价，列为具体指标进行评估考核。

三、开展保密宣传教育和培训

（七）开展保密宣传活动

对各单位（部门）定密管理、涉密网络管理、保密检查等进行业务指导。重视案例警示教育，组织观看保密教育专题片，及时通报重大失泄密事件。对借调的工作人员，要加强保密教育，并签订保密协议。推进“六五”保密法制宣传教育，提高我院保密意识。

（八）完善教育培训机制

把保密教育培训纳入干部教育培训体系，作为干部初任、任职和在职培训的重要内容，重点抓好领导干部、涉密人员保密教育培训，加强对借调工作人员的保密教育，并签订保密协议。健全保密干部定期培训制度，完善培训机制，切实做到保密宣传教育经常化、制度化和全员化。

四、加大监督检查力度

（九）开展保密普查

开展对各单位（部门）的保密普查工作。通过普查，全面掌握我院涉密人员、涉密要害部门、涉密计算机、涉密载体等基础信息，重点掌握我院涉密科研项目信息，加强涉密科研项目管理。建立保密管理数据库，实现保密信息动态管理。

（十）实行保密检查常态化

采取自查、集中专项督查、不定期随机抽查等形式，对各单位（部门）的保密管理工作进行监督检查，规范检查内容程序，建立健全检查工作长效机制，加大以查促管、以查促防、以查促改、以查促教工作力度。

（十一）督促整改落实

对检查中发现的问题和隐患，要及时通报相关单位（部门），督促指导做好整改落实工作，确保整改措施落实到位。出现重大违规问题和失泄密事件的，要按有关规定进行处理。

五、加强组织领导

（十二）严格落实领导责任制

各单位（部门）要切实担负起新形势下维护国家安全和利益的重大政治责任，加强对保密工作的组织领导，严格落实“一把手”亲自抓、负总责的责任制，主要负责同志要带头发扬优良传统，深入开展调查研究，全面摸清本单位（部门）的情况，掌握问题所在，及时研究解决措施并推动整改落实。

（十三）加强机构队伍建设

要切实推进保密机构队伍建设，使保密工作力量配备与任务相适应。各单位（部门）要配齐配强兼职保密管理人员，确保保密工作有人抓、有人管、有人落实。

（十四）强化经费保障

各单位（部门）要加大保密管理的投入力度，建立相关技术装备经费和业务经费的保障机制，切实提高保密检查的规范化、科学化水平。

中国农业科学院关于调整中国农业科学院安全生产委员会组成人员的通知

农科院办〔2013〕99号

院属各单位、院机关各部门：

为完成我院“安全第一、预防为主、综合治理”的工作目标，切实加强安全生产工作的领导，根据工作需要对我院安全生产委员会组成人员进行调整，现将中国农业科学院安全生产委员会组成人员名单印发给你们。请各单位、各部门根据工作实际明确安全生产工作各级岗位安全职责，切实落实领导责任。

附件：中国农业科学院安全生产委员会组成人员

中国农业科学院
2013年4月9日

附件

中国农业科学院安全生产委员会组成人员

主　任　史志国
副主任　魏　琦　汪飞杰　卢玉明
成　员　科技局　王小虎

财务局	刘瀛弢
基建局	周　霞
国合局	申和平
成果转化局	吴胜军
机关党委	林定根
监察局	张逐陈
后勤服务中心	赵玉林
研究生院	李思经
作科所	曹永生
植保所	张步江
蔬菜所	胡　鸿
环发所	朱昌雄
牧医所	韩雪松
蜜蜂所	刘凤彦
饲料所	吕春生
加工所	王凤忠
生物所	张洪岭
农经所	马　飞
资划所	郭同军
信息所	刘继芳
质标所	李恩普
食物营养所	秦玉昌
出版社	骆建忠

院安全生产委员会办公室设在院办公室，主任由汪飞杰同志兼任，副主任由卢玉明同志兼任。

中国农业科学院办公室关于加强我院京区地下空间管理的通知

农科办办〔2013〕148 号

院属京区各单位、院机关各部门：

为了更好地营造我院京区大院安全、稳定、和谐的良好环境，确保地下空间的安全管理、有效维护与合理使用，依据北京市新修订的《北京市人民防空工程和普通地下室安全使用管理办法》中非居住用途的地下空间不得出租居住的规定，经研究决定，提出以下要求，请京区各单位严格执行。

1. 我院京区出租用于居住和办公的地下空间到期后一律收回，严厉禁止地下空间用于居住和办公。

2. 严格对地下空间的管理。每个地下空间都要有专人负责。要有应急预案，确保应急通道的畅通，确保地下空间的照明和通风，防止进水、断电等事故的发生。

3. 不得将地下空间出租给外单位的公司。对于本单位用于仓库使用的地下空间，要明确责任人，不得擅自修改结构，不得存放易燃、易爆等危险物品，不得影响居民的正常生活。

中国农业科学院办公室

2013 年 9 月 3 日

中国农业科学院办公室关于表彰
2012 年度宣传信息工作先进单位与个人的通知

农科办办〔2013〕142 号

院属各单位、院机关各部门：

2012 年，中国农业科学院院属各单位、院机关各部门紧紧围绕院党组决策部署，牢牢把握加快推进农业科技创新、“建成世界一流农业科研院所”等中心工作，加大新闻宣传和信息报送力度，有力推动了各项工作的开展；各新闻媒体积极关注我院工作进展，加大报道力度，为农业科研工作营造了良好的舆论环境。

全年共组织开展了“学习贯彻中央一号文件精神”“现代农业科研院所建设”“院地合作广阳模式”“院科技扶贫工作”等多项系列专题宣传，在中央及有关部委重要媒体发稿 270 余篇，通过“中国农业科学院网”发布各类信息 6 000多条，编辑出版《中国农业科学院报》32 期，为提升我院对外影响力发挥了重要作用。同时，通过《中国农业科学院简报》《中国农业科学院每日要情》《中国农业科学院信息》等载体，累计上报农业部、科技部等有关部委 100 多期、300 多条信息，及时提供了全院重要工作动态、重要农业科技信息和关于重大农业问题的政策建议。我院在宣传信息工作方面的成绩得到了农业部的充分肯定，并作为唯一的直属单位被评为农业部 2012 年度宣传信息工作先进单位。

为激励先进、推动工作，院办公室依照《中国农业科学院信息宣传工作考核奖励办法》，开展了 2012 年度院宣传信息工作先进单位、优秀通讯员及 2011—2012 年度优秀新闻的评选。在单位和个人自愿申报的基础上，院办公室组织相关人员对申报材料进行严格审核，通过集体讨论、专家评议，评选出先进单位 14 家、优秀通讯员 19 名、优秀新闻作品 15 件。

希望获奖单位和个人珍惜荣誉，再接再厉，力争取得更大的成绩。各单位及通讯员要以他们为榜样，进一步开拓创新，增强宣传意识，提高宣传水平，确保新闻和信息的数量、质量得到稳步提升，为推动我院科技创新工程顺利实施、开创现代农业科研院所建设新局面作出更大贡献。

附件：1. 中国农业科学院 2012 年度宣传信息工作先进单位

2. 中国农业科学院 2012 年度优秀通讯员

3. 中国农业科学院 2011—2012 年度优秀新闻（略）

中国农业科学院办公室

2013 年 8 月 26 日

附件1

中国农业科学院
2012年度宣传信息工作先进单位

序号	单位	序号	单位
1	国合局	8	资划所
2	蔬菜所	9	信息所
3	环发所	10	水稻所
4	牧医所	11	棉花所
5	加工所	12	油料所
6	生物所	13	环保所
7	农经所	14	烟草所

附件 2

中国农业科学院 2012 年度优秀通讯员

序号	姓名	单位	序号	姓名	单位
1	马　骁	机关党委	11	王　瑀	信息所
2	王仕龙	研究生院	12	刘全吉	质标所
3	卫　斐	作科所	13	章蓉蓉	水稻所
4	李海芬	蔬菜所	14	冯文娟	棉花所
5	田佳妮	环发所	15	余　波	油料所
6	邬震坤	牧医所	16	杜长江	果树所
7	李紫陌	加工所	17	姚金玲	环保所
8	崔　艳	生物所	18	迟立鹏	烟草所
9	曹新明	农经所	19	王　丹	网站资源系统室
10	孟秀华	资划所			

中国农业科学院
关于调整院信息化工作领导小组及其
办公室职责和组成人员的通知

农科院办〔2013〕65号

院属各单位、院机关各部门：

我院信息化工作起步于20世纪80年代，经过近30年的建设，逐步形成了较为完备的网络条件环境、较为完善的网络管理体系、较高的网络应用开发能力，有力地支撑了农业农村信息化建设和全院科研事业的发展。特别是2012年2月成立院信息化工作领导小组及其办公室以来，在院主要领导的直接领导下，我院信息化工作取得了一系列重要进展：新版院网进一步完善，点击率和排名不断上升，影响力不断扩大；院主干网络带宽扩容，院网运行更加顺畅；邮件服务系统得到更新，使用更加便利；院所信息化项目进展顺利，系统集成能力进一步加强。

一年来，我院信息化工作领导小组组成人员和工作任务发生较大变化。为加快全院信息化建设步伐，充分发挥院信息化工作领导小组及办公室的作用，进一步提升工作质量和管理水平，对院信息化工作领导小组及其办公室的职责和组成人员调整如下。

院信息化工作领导小组的主要职责是：领导全院信息化工作；统筹全院信息化资源；审议院信息化发展战略与规划；审定院信息化工作计划及相关政策；审定全院性重大信息化建设项目。领导小组成员由院领导、院机关有关部门主管信息化工作的领导和信息所主要领导组成。

信息化领导小组成员单位包括信息所、院办公室、人事局、财务局、基建局和后勤服务中心。各成员单位要提高认识，强化责任。信息所要强化信息化建设的顶层设计、技术支撑和日常运营管理，提升服务水平和能力。院办公室要尽快完善制定全院信息化工作指导意见和信息化建设规划，加强网络与信息安全、信息收集与整理、信息审查与发布等工作，加快安全和管理制度建设，促进信息化工作的规范运行。人事局要在人事、组织机构上给予保障，财务局要在工程项目争取和经费上给予保障，基建局和后勤服务中心要在工程的实施上给予保障，促进信息化工作统筹协调、科学有序和高效运行。

领导小组下设办公室，主要职责是：受院信息化工作领导小组委托，负责全院信息化工作的日常事务，督办信息化工作领导小组决定事项；组织制订全院信息化工作发展规划、年度计划；组织制订信息化建设管理制度；协调全院信息化建设工作；组织论证全院性信息化建设项目。院信息化工作领导小组办公室挂靠在院办公室宣传处，成员由院办公室、信息所以及有关单位人员组成。

领导小组成员名单

组　长　陈萌山
副组长　唐华俊　汪飞杰　许世卫
成　员　魏　琦　刘瀛弢　周　霞　赵玉林

领导小组办公室成员名单

主　任　姜梅林　孟宪学
副主任　周　亮　刘世洪　杨晓蓉
成　员　侯希闻　杨永坤　吴限忠　任红艳　王　欣
张立滨　郭淑敏　李明轩　钟　娟　王　勇
倪　葭

中国农业科学院
2013 年 4 月 11 日

中国农业科学院关于进一步加强全院信息化工作的指导意见

农科办办〔2013〕122号

随着信息技术的快速发展和广泛应用，信息化工作日益成为科研单位工作的重要组成部分。作为科研创新的有力支撑、科技服务的主要平台、政务管理的有效手段，信息化建设和信息利用状况也成为现代科研院所建设的重要指标。当前，我院信息基础设施比较薄弱、信息共享程度不高、信息化建设投入不足，信息化保障能力不能适应科研创新的需要；信息化统筹规划和协调整合能力不强、评估和激励机制不完善等问题也妨碍了信息化工作进程。必须强化信息化工作，加快信息化建设步伐。

根据国家有关信息化建设文件精神，结合我院当前信息化工作的现状、问题和需求，为加快我院信息化建设的进程，特提出以下工作指导意见。

一、指导思想

紧紧围绕“建成世界一流农业科研院所”的总体目标，以支撑科研、服务“三农”工作为宗旨，坚持科学发展，统筹协调，有计划、有步骤、分阶段地推进全院信息化建设。以信息化带动科研和管理创新，全面提高我院信息化水平，为开创科研创新、科技服务、政务管理工作新局面提供优质高效的信息化基础条件和技术保障。

二、基本原则

（一）统筹规划，分步实施

针对信息化建设涉及面广、内涵丰富、系统性强的特点，要总揽全局、统筹规划，院为主导、顶层设计，确保重点、分步实施。在推进中，依据技术进步和功能拓展的不断变化按需调整。

（二）结构完整，功效一流

面向农业科研、管理、服务等核心业务，建设涵盖应用系统、信息处理、资源支撑的信息化环境；提供满足不同用户需求、设计理念先进、技术适度超前、系统便捷实用的信息化平台。

（三）管理科学，安全可靠

采取严谨科学的态度，规范管理制度，再造工作流程，优化组织结构，把科学管理理念贯穿于信息化建设的整个过程；优化软硬件集成环境，确保网络安全、信息安全、系统运行稳定。

（四）支撑科研，服务“三农”

围绕农业科研创新发展的重大需求，加强信息资源的持续积累与开发利用，推进科研协同与资源共享，提升科研信息化水平；不断创新服务模式，丰富技术手段，推广科学成果，普及农业科学知识。

三、总体目标

在农业科研单位建成国内一流的信息化基础网络环境，构建国内一流的标准规范、资源共享的技术支撑环境，搭建国内一流的科研创新、管理服务信息化应用支撑平台，全面提升我院科技创新能力、科研管理能力和信息服务能力，使我院信息化发展和应用水平进入国内领先行列。

四、主要任务

（一）制定全院信息化建设中长期发展规划

深入调研我院信息化建设需求，立足实际，着眼长远，制定院信息化建设中长期发展规划，统筹并科学指导全院信息化工作进程。

（二）加快推进院区网络基础环境建设

建设设计科学、布局合理、安全独立、满足未来10～15年发展要求的专用机房；

构建万兆主干、千兆桌面的核心网络环境，拓宽互联网出口带宽；建设高性能计算、存储容灾、虚拟化等环境。

（三）统筹建设院所两级网络应用系统

加快建设院所两级办公自动化管理平台。重点建成公文运转、会议服务、项目管理、远程通讯、人事管理、出国审批、资产管理、财务管理、后勤服务等专用系统。

（四）加强院所两级门户网站建设与管理

强化功能，搭建基础支撑平台统一、信息自动互递的院所两级门户网站；进一步规范栏目设计，丰富信息内容，突出学科和文化特色；建立健全网站内容建设与更新的长效机制。

（五）加快推进信息资源建设与应用

尽快建成具有自主知识产权的信息资源中心，实现成果、论文及档案文件等知识资产的数字化采集、管理和应用；加大电子文献资源建设力度；加快专业资源数据库建设。

（六）强化网络和信息安全管理

逐步建立全院信息化安全保障体系。重点强化网络安全和信息安全管理制度；加强网络和信息安全基础设施建设，构建综合监控与报警系统；加强日常综合安全分析，定期开展信息安全风险评估。

五、职责安排

院信息化工作领导小组主要负责全院信息化建设统筹指导工作，成员单位包括信息所、院办公室、人事局、财务局、基建局和后勤服务中心。其中，信息所负责拟定信息化建设方案，承担建设任务，为全院信息化提供技术支撑和日常运维管理；院办公室负责牵头制定全院信息化工作规划，强化安全管理、信息管理，促进信息化工作的规范运行；院人事局、财务局、基建局和后勤服务中心负责组织人事、经费条件、工程实施等方面的保障。领导小组下设办公室（挂靠院办公室），主要负责全院信息化工作的日常事务，做好督查督办、组织协调、规划制订等工作。

六、保障措施

（一）强化组织领导

院信息化领导小组要加强全院信息化建设的指导和组织协调，研究制定相关政策，切实保证院信息化建设扎实、稳步地实施。各单位要建立信息化工作组织领导机构，在院信息化领导小组领导下，通力合作，共同推进全院信息化工作。

（二）加大投入力度

建立健全投入保障机制，确保资金投入的稳定持续增加。积极争取政策支持，拓宽资金来源，充分利用各类资金渠道，加大信息化建设的投入力度；建立健全信息化建设项目的资金统筹使用机制，避免重复建设，提高资金利用率。

（三）加强队伍建设

建立院所两级信息化支撑梯队。强化院级核心团队建设，逐步形成专业、年龄、学历等结构合理、分工协作的高水平的专业梯队；追踪信息化发展趋势，加强创新研究和知识更新，提升人才专业技术水平；培养和引进信息化建设的领军人才，提升超前谋划、技术引领的能力；加强培训，为院属各单位信息化工作的发展培养技术支撑人才。

（四）创新考评机制

建立院信息化考评指标，将信息化工作列入研究所综合评价体系；制定信息化工作考评办法，开展研究所信息化工作的自评估工作；建立健全信息化工作激励机制，充分调动相关工作人员的积极性。

陈萌山在中国农业科学院 2013年科技宣传工作会议上的讲话

（2013年12月5日）

同志们：

院办公室召开2013年科技宣传工作会议，很重要。这次会议安排的内容很实，既有交流，又有讲座；既有工作总结、先进表彰，又有工作安排部署，还有长期支持我院宣传工作的中央媒体的朋友们到会指导，特别是今天上午农业部新闻办翟翠霞处长还要给我们讲话。翟处长既是我部新闻办主管领导，也是新闻宣传方面的专家。

由宣传营造的国际舆论、社会舆论、单位舆论，是世界大国较量竞争的结果，是一个国家或机构软实力的象征，直接影响着发展环境、发展氛围乃至发展速度，直接影响我们的价值取向、是非判断和社会主流文化的形成。正确认识宣传工作，掌控舆论格局攸关全局、十分重大。学会用宣传手段推动工作，是新时期我院实施科技创新工程，加快现代院所建设的重大课题，重要任务，十分紧迫。

下面，我讲三点意见。

一、切实增强对科技宣传工作重要性的认识

8月19日，习近平总书记在全国宣传思想工作会议上指出，“意识形态工作是党的一项极端重要的工作。能否做好意识形态工作，事关党的前途命运，事关国家长治久安，事关民族凝聚力和向心力。”这一重要论述为做好新形势下宣传思想工作指明了方向。科技宣传是科技工作的重要一环，也是宣传思想工作的重要组成部分。我们要从党和国家全局的高度，从推动农业科技进步和科技体制改革的高度，充分认识做好新形势下科技宣传工作的重大意义，进一步增强做好科技宣传工作的自觉性、主动性和坚定性。

（一）有效的宣传，可以赢得良好的院所发展环境和条件

在当今信息爆炸的时代，宣传工作的地位愈发显得突出和重要，我们“做”出了成绩，就应该“说”出来，酒香还要会吆喝。做好信息报送与宣传报道工作，直接关系着一个部门在社会中的认可度。换句话说，国家投入了大量人力、物力、财力给我们，是要我们解决问题的。我们也取得了许多重大科研成果，这些成果要展示出来，让

政府主管部门了解、让社会认可、让农民接受。科技宣传工作为我们提供了一个窗口，通过有效的宣传，可以充分宣示我们国家队的发展定位、学科方向和发展目标、发展重点，了解我们所取得的新成果、新技术，以及对现代农业发展提供的支撑作用，增进社会各界对我院科技工作和科技事业发展的认知度、参与度，也可提振国人的信心，提升我院整体形象，来凸显我院“改革排头兵、创新国家队、决策智囊团”的地位。就是要通过宣传，打造研究所品牌和社会名片，营造良好的外部发展环境。

（二）有效的宣传，可以凝聚科技人员和干部职工的共识

宣传具有统一认识、组织发动、实施监督、释疑解惑等功能。通过宣传和引导工作，可以为一个单位的发展提供有力的思想保障、精神动力和舆论支持。可以说，统一思想是目标，宣传和引导是重要手段、办法。宣传工作是科研单位内部建设的重要工作，它可以培育科学民主、唯实求真的先进文化，引导干部职工树立正确的世界观、人生观、价值观，营造锐意进取、勇于拼搏的工作作风，树立健康向上、团结奉献的单位形象。宣传工作做得好，做得有声有色，可以起到“一石击起千重浪”的效果。我看了几个研究所的小刊、小报，反映了一个所的文化风貌和生动局面。比如哈尔滨兽医所、茶叶所、蔬菜所、信息所、农经所等，做得很精致、很有特色，看了就想进一步去接近和了解。

当今社会正处于深刻的转型期，影响人们思想的渠道日益多样，外部环境的变化对科研人员的思想带来很大冲击。我院处在建设一流院所、推进跨越式发展的关键阶段，尤其是创新工程的实施和现代院所建设的推进，原有的科研组织模式和管理机制都发生了大的变化和调整，科研人员和干部职工在思想上也需要一个转变。在这一过程中，统一思想、凝聚共识，是至关重要的。宣传工作走在前面，通过有效的形式，凝聚广大科研人员和干部职工的共识，对于顺利推进科技创新工程试点实施，加快现代院所制度建设具有重大现实意义。

（三）有效的宣传，可以促进科技服务和科学普及

当前，我国正处在从传统农业向现代农业转型发展阶段，现代农业发展越来越依靠农业科技进步破解资源环境约束。我国每年产生数千项农业科技成果，2012 年我院取得科研成果 139 项，其中获奖成果 80 项；发表论文 5 166篇，其中被 SCI、EI 收录 1 506篇；授权专利 507 项，审定品种 96 个，新品种权 8 项，新药证书 5 个，这些科技成果都有很高的科技含量，但是转化率不高，这既有体制问题，也有我们自身的问题。我们的技术分散化，不能有效集成到田间、到农民，推广转化是一个很大的问题。推广转化的前提是新技术、新成果被社会所了解，被广大农民所掌握应用。被了解、熟悉、掌握、应用，宣传和推广很重要。通过有效的宣传，充分利用新闻媒体的传播，用通俗

易懂的文字加以叙述或演示，有利于加速成果推广转化，破解农技推广“最后一公里”难题。我院有100多个基地，面积8万多亩，每个基地都应该是成果推广的示范田、样板田。

近年来，随着农村劳动力的转移，农业兼业化、农民老龄化、农村空心化日益严重，将来谁来种地的问题越来越突出。确保国家粮食安全和重要农产品有效供给、推进现代农业转型升级、构建新型农业生产经营体系，迫切需要培育新型职业农民。培养合格新型农民是一项重大基础工程。作为国家级农业科研院所，我们责无旁贷，我们有技术与人才优势，要结合科研项目实施，加强农业科普宣传，广泛传播新技术、新成果，为培养新型职业农民做好服务。

二、把握宣传工作的重点，创新宣传方式

近年来，通过新闻界朋友们和各单位的共同努力，全院科技宣传工作取得了明显成效，为促进科技创新和各项事业发展发挥了积极作用。但与新形势新任务的要求相比，我院科技宣传工作还存在挖掘深度不够、宣传方式单一、新媒体应用薄弱、宣传体系不健全等突出问题，需加大措施、加大力度、着力突破。

（一）要宣传“顶天立地”事

在宣传工作中，要以持续跟踪报道科技创新工程的实施进展作为全院科技宣传工作的引擎，唱响科技创新主旋律。科技创新的目标，一个是瞄准世界前沿，抢占科技制高点，一个是瞄准产业需求，解决生产实际问题。要大力宣传全院科技创新的新进展、新成就、新举措，推动农业科技创新的典型模式，体制机制改革取得的成效以及对农业科技有关热点难点焦点问题的分析判断与政策建议。通过宣传“顶天立地”的科研成果，充分展现我院综合学科优势，扩大国内外影响力。

创新工程启动以来，各研究所基本完成了发展定位与创新目标的梳理、学科方向设置与科研团队组建等工作，围绕学科体系逐步优化调整了人才队伍和资源配置。宣传工作必须及时跟进，加大对各单位科技创新工程中的思路创新、制度创新和科研创新的报道力度，为探索建立符合农业科研规律、稳定支持的科研组织新模式，对全国农业科技创新、体制改革先行先试营造良好舆论氛围。

中国农业科学院提出要用5~10年的时间，建成世界一流院所。为此我们在大力推进现代院所建设，大力推进科技创新活动。在这个过程中，将不断涌现有影响力的重大科技成果，我们的新闻宣传工作要积极跟进，及时解读。我院今年已在*Nature*（贾继增）、*Science*（陈化兰2篇）、*Nature Genetics*（刁现民、黄三文）等顶尖刊物发表5篇高水平文章。这方面的宣传也有，但解读不够。

“顶天”科研成果举世瞩目，是新闻媒体关注的焦点，“立地”的科研成果也应该

成为宣传工作的重点。我们要适应农业生产的特点，抓住关键农时和重点环节，以我院启动实施的粮食增产综合技术生产模式研究为切入点，及时跟进我院成果转化集成与技术示范推广的重大活动，精心组织重点宣传活动，捕捉新闻亮点，深入生产一线，开展访谈类、专题类、综合类的深度报道，叫响中国农业科学院服务农业发展的声音。

（二）要宣传潜心科研、乐于奉献的人

多年来，全院科技工作者中涌现了许多先进人物和先进事迹。他们勇于攀登、敢于超越的进取意识，团结协作、同舟共济的团队精神，淡泊名利、把论文写在大地上的实干精神是我院宝贵的精神财富。特别是“执著奋斗、求实创新、情系三农、服务人民”的祁阳站精神，已经成为农业战线的一面旗帜。在科技扶贫、援疆援藏援青、党政工团妇等工作中也涌现出一大批突出典型。宣传工作必须聚焦他们，塑造和弘扬核心价值理念和严谨治学、潜心科研、甘于寂寞、乐于奉献的农业科研情怀，用身边事教育身边人，提高全院广大职工的归属感与向心力，凝聚全社会支持农业科技事业的共识和合力。我们每年都要集中推出一批典型，进行系统性的宣传报道。

（三）要加强宣传策划

同一个事件，把握的时机不同，宣传的效果就会截然不同；同样一个报道，表达的语言、形式、方式不同，宣传效果也会大相径庭。我们要在稳步增加报道数量的同时，不断创新宣传方式，大幅提升宣传的质量与效果。

我院日常科技宣传，会议新闻一直是宣传的主体，虽然会议新闻也能报道科技领域的重大成果，但是会议新闻仍旧只是对会议本身的报道居多，深入挖掘的较少。我们要从被动追踪向主动策划转变，对农业科技创新的重大题材进行更加深入、贴近群众和鲜活生动的报道。策划就是创新，有了策划就有更深入、更感动的文字和画面。

开展重大活动、推进重点工作、实施重要项目，要将宣传纳入工作计划，做到“事前定方案、事中抓落实、事后有总结”，使宣传成为开展工作的推进剂和增效剂。

要把握好宣传时机，结合农业生产需求或社会大众关注，推出系列主题宣传、典型宣传，不断掀起阶段性的宣传高潮，发挥集中宣传的优势与效果。

要注重宣传艺术，紧贴科研一线，多用科技人员的鲜活语言与生动实践讲好科学的故事，农科院人的故事，以通俗易懂、大众喜闻乐见的方式体现职工群众的意愿呼声，采取差异化的宣传形式满足不同受体的需求，避免模式化、套路化、说教式的宣传，不断增强亲和力、吸引力和感染力。

要在做好国内宣传的同时，加强国际传播能力建设，积极扩大对国外宣传的力度，充分展示我院作为国家级科研机构“科学办院、民主办院、开放办院”的良好形象，以及科技创新的巨大成就，不断增强我院在国际科技交流与合作中的话语权。

（四）重视新媒体应用，扩大新兴舆论阵地

随着现代信息传播技术和新兴媒体的快速发展，新兴舆论阵地已成为舆论斗争的主战场，在新闻宣传整体格局中新媒体的地位和重要性日益凸显。我们必须紧跟时代步伐，适应发展趋势，做到顺势而为，在巩固壮大传统媒体舆论的同时，不断扩大新兴舆论阵地，努力构建新老媒体配合、多元视角互补的宣传新格局。

当前，我院正加速推进信息化建设，院所两级中英文网站建设是重点任务之一。我们要高度重视，将中英文网站作为对外宣传和掌握舆论主导权的重要平台，进一步完善网站栏目设置，丰富网站信息内容，增强网站的吸引力、传播力与感染力。要加强网络管理与编辑队伍建设，建立政治素质高、业务能力强的网络人才队伍，提高网络信息质量，维护网络安全，充分发挥网络宣传的正能量。我们在加强中英文网站建设的同时，要积极探索网络手机报、微博、微信等新媒体的应用，拓展信息传播渠道，不断提升运用新媒体开展科技宣传工作的本领和能力。

新媒体带给人们便捷和自由的同时，由于它的新生和不规范，无限丰富多样的信息被不加控制地传播，造成了信息传播的污染，导致传播生态环境的恶化，也会影响到我院。传统观点认为，官方处置突发事件有“黄金 24 小时”之说，即在事发 24 小时内发布权威消息主导舆论是平息事件的关键。在新媒体的冲击下，传统的“黄金 24 小时”法则渐显无力。一条信息在 QQ 群里可以“N×N”次方的速度传播。人民网舆情监测室提出了“黄金 4 小时”原则。“黄金 4 小时”指的是新闻发布的及时性，要第一时间发声、第一时间处理问题，否则就可能将突发事件传播、发酵为难以控制的重大事件。

因此，要切实加强舆情监控，指定专门网监人员，负责网络信息的日常监控；要充分利用现代网络技术，加快手段更新，提高监控能力，尽快配套舆论监控设备和软件系统，及时发现与我院有关的不实报道。要建立一支熟悉网络、精通业务、懂得新媒体运行规律和特点的网络评论员队伍。在应对网络负面新闻和突发事件中，主动组织评论文章，以网民的身份组织跟帖，引导、平衡网络舆情。

三、加强组织领导，推进工作落实

做好新形势下科技宣传工作，任务艰巨、责任重大，院属各单位要强化组织，加强领导，进一步增强科技宣传工作的科学化、规范化和常态化，以更加健全的机制、更加有力的措施，推动全院科技宣传工作不断迈上新台阶。

（一）建立抓落实的工作机制

各单位领导要高度重视科技宣传工作，将科技宣传作为推动科技创新的重要工作来抓，与中心工作同部署、同推进，抓实、抓好、抓出成效。要强化领导责任，建立宣传工作制度，及时研究解决宣传工作中存在的困难和问题。要指定分管负责处室，明确稿件来源、稿件审核和稿件报送的责任主体。要高度重视宣传队伍建设，建立宣传通讯员工作制度，精心挑选政治素质高、文字基础好、组织能力强的同志担任宣传通讯员，形成院所两级、覆盖广泛、专兼结合的宣传队伍网络。要加大对科技宣传的经费支持，各单位的年度经费中，要有专项宣传费用，用于组稿约稿、专题宣传活动和配备必要的宣传设备。

（二）制定上下联动的工作方案

院办公室作为全院宣传工作的综合职能部门，要切实发挥好科技宣传工作的归口管理作用，统筹谋划和组织好全院的科技宣传工作。要紧紧围绕全院工作重点，制定年度宣传工作方案、策划方案和工作举措，使院办公室真正成为全院宣传工作的司令部。要加强对各单位宣传工作的指导和服务，推动构建全院“大宣传”格局，形成齐抓共管、分工协作的强大合力。各单位要树立“一盘棋”思想，既要扎实做好本单位的宣传工作，又要积极支持配合全院性宣传活动的开展，形成上下联动、院所协调的良好工作氛围。要统筹利用好院内外媒体资源，既要加强与中央、部委及地方主流媒体的沟通协调，做好新闻发布与服务工作，巩固壮大主流媒体舆论，又要充分发挥中国农业科学院网站、中国农业科学院报以及其他院所属媒介的宣传平台作用，推动实现宣传效果的最大化。

（三）加强教育监督考核

刚才，我们颁发了宣传信息工作先进单位、优秀通讯员、优秀新闻奖，一会儿还要进行典型经验交流，并请新闻界的朋友们作报告，这个形式很好。要研究和制定学习和交流的常态化工作机制，坚持学习开路，不断总结经验，使科技宣传工作人员形成一种“学中干、干中学”的良好工作作风和工作习惯，加快提升全院宣传队伍的整体素质。要制定全院宣传队伍培训计划，组织专题研讨、专题学习，重点解决宣传队伍素质的薄弱环节。

要加大宣传工作的日常监督，坚持政治性、人民性、科学性和艺术性相统一，确保质量和格调。宣传工作是意识形态工作，首先就是政治性，我们的信息报送、院网院报、小刊小报，要与党中央保持一致，要有政治敏锐性，要唱响主旋律。人民性就是要紧贴实际，深入科研一线、深入科研人员，把宣传工作的立足点和落脚点放在服务科研和科研人员上。科学性就是科技宣传工作要服从客观规律，符合农业自然规律和经济规律，反映农业科研的本质要求。艺术性就是要有可读性和感染力，要善于讲故事，让老百姓能听得懂。

要加大宣传工作考核力度。将各单位宣传绩效列入研究所评价和机关部门考核体系。院办公室要研究制定考核的依据和指标，定期通报各单位新闻宣传情况，组织开展宣传工作先进评选，对涌现出的先进单位和优秀通讯员进行表彰，充分调动和激励各单位和通讯员的主动性、积极性、创造性。

同志们，中国农业科学院正在沿着世界一流科研院所的目标奋勇前进，科技宣传工作的责任重大、使命光荣。我们一定要增强科技宣传的紧迫感和使命感，以更加昂扬的状态、更加饱满的热情、更加务实的作风，努力开创全院科技宣传工作新局面，为推动实现我院跨越式发展作出新的更大的贡献。

谢谢大家！

陈萌山在信息化工作推进会上的讲话

（2013 年 8 月 13 日）

同志们：

一年来，院信息化工作领导小组已经开了三次会议，但工作进展不大。我反思，一是会议研究的方案，针对性不够、操作性不强；二是会后抓落实不够。我院的信息化不是讨论要不要做、要不要重视的问题，不是条件问题、技术问题，而是把明确的事情如何落实好的问题。

针对当前我院信息化工作中存在的问题，根据家洋院长的要求，我与唐院长、魏局长商量，决定召开信息化工作推进会。为了把今天的会开成务实的会、管用的会，邀请院机关相关部门的主要领导同志和信息所班子成员参加会议，院办公室是抓总的，信息所是主力、是依托，应该说信息化工作有很好的基础，也做了很多工作。涉及对外宣传、财务保障、后勤保障、基建保障都有负责同志参加会议。我们要把这件事作为党的群众路线教育实践活动群众关心的问题，列入下半年督导督办的重点。我们的会议从筹备到今天参加会议的成员，都是按照落实、推进这个指导思想来谋划的。会议的开法也是这样，可以讲我们要干的这几件事，所有条件都具备，关键就是进一步明确任务、明确要求、抓好落实。今天的会就是明确任务，明确要求，把任务领回去落实，是表态的会、落实的会。

抓落实是管理工作中一个极为重要的环节，是一切工作的生命线，也是党的思想路线和群众路线的根本要求。在现实当中，有很多好的规划、好的政策、好的措施，因为没有迅速落实而成了一派空话。我院各项工作，特别是当前的群众路线教育实践活动要转变作风，在信息化工作落实上要首先体现出作风的转变。

下面，就如何推进信息化工作落实，提三点要求。

第一，要提高认识抓落实。我们既要提高对信息化的认识，当前最重要的是提高对推进信息化工作落实的认识。信息化的认识大家都是到位的，信息化对我们的科技创新、科研管理影响很大，也是当前全院各个方面非常关注，期待要加强的问题。我们目前的信息化状况与中国科学院等单位相比存在很大差距，与我院的科技创新和科研管理的要求相比也有很大差距，必须大力加强。首先要克服形式主义。信息化工作不能只停留在开会上，停留在发文件上，会议一散、文件一发，没有进一步推进的行动，特别是解决问题的措施不到位。今天的会就是要研究推进信息化工作的具体办法、解决措施。还要克服畏难情绪。过去我们的工作不落实，往往是布置工作以后，在落实的过程中遇到困难就放下了，没有迎着困难而上，没有针对困难提出解决问题的办法。我们要把思想统一到怎么解决问题上，从自身实际出发分析影响我们落实的原因，把工作要求和工作条件一并加以明确。

第二，要明确任务抓落实。我们很明确的提出下半年我院信息化工作就干五件事，这五件事都很实，也是有条件能做到的，也是有基础的，也是全院高度关注的。我们明确了五项任务，同时也明确了责任人。第一件事，全院信息化总体规划的编制工作，牵头部门是院办，负责人是汪飞杰同志，责任人是姜梅林同志。第二件事，中英文网站的采编与管理，中文网站牵头部门是院办和信息所，负责人是汪飞杰同志和许世卫同志，责任人是姜梅林同志和孟宪学同志，院英文主网站，牵头部门是国合局，负责人是张陆彪同志和贡锡锋同志，责任人是张明军同志。第三件事，逻辑内网建设，牵头部门是信息所，负责人是许世卫同志，责任人是刘世洪同志。第四件事，办公自动化建设，牵头部门是基建局和信息所，负责人是刘现武同志和许世卫同志，责任人是王文生同志。第五件事，网络提速行动，牵头部门是信息所，负责人是许世卫同志，责任人是刘世洪同志。我们明确这五件事，而且提出年内要完成，五件事情完成以后，要使我院信息化工作有明显变化，信息化水平有明显的提升，信息化平台使用的满意度有明显提高。

第三，要明确责任抓落实。信息化工作是我院跨越式发展的基础性工作。我们要干好这件事情，面临着很多困难和问题，我们要有责任感和使命感，要敢于担当，勇于进取，只有这样才能在追赶当中还上欠账、满足当前的需求。任何一项工作都是抓落实的结果。信息化工作必须在抓落实当中看到明显的变化，取得明显成效。要做到三个强化：一是强化责任意识。涉及信息化工作的每个部门都要以第一责任部门，每个同志都要以第一责任人、第一人称抓落实。信息化工作我们有差距，全院上下有期盼，抓信息化面临着机遇，同时也面临着压力。大家都要有强烈的责任意识、紧迫感。二是要强化责任分解。今天研究的五件事，我们提出了任务、明确了目标、刚才也提出了要求，会后涉及到五件事的每个部门都要把措施、办法细化到点、到岗、到人、到时间节点。三要强化责任考核。办公室要挂牌督办，每个月要报告一次，年底完不成，有关部门主要负责人要做出反省。这件事情由我来领办，我跟华俊同志、魏琦同志负责，由监察局张逐陈同志来监督，实行一把手负责制，相关人员各负其责，做到责任到岗、到人，年底检查落实情况。党的群众路线教育实践活动正在进行，活动的方案要求边学变查、边整边改，取得扎扎实实的成效。我们把推进信息化具体工作，解决存在的具体问题，作为教育实践活动挂牌整改的问题，作为我们转变作风的重要承诺，让全院上下看到实实在在的成效。

同志们，信息化推进工作面临很多困难，大家很关注，也影响形象，甚至影响情绪。我们一定要带着强烈的责任抓落实，带着切实解决问题的决心抓落实，迅速进入状态，要以只争朝夕的精神，以应有的决心和措施，扎扎实实把信息化这五项工作落到实处，让大家看到明显变化。

九、党的建设、思想政治和党风廉政工作

中国农业科学院开展党的群众路线教育实践活动实施方案

农科院党组发〔2013〕26号

按照《中共中央关于在全党深入开展党的群众路线教育实践活动的意见》和中央党的群众路线教育实践活动工作会议精神的要求，根据《农业部深入开展党的群众路线教育实践活动实施方案》部署，现就我院开展党的群众路线教育实践活动，制定如下实施方案。

一、指导思想、目标要求和基本原则

（一）指导思想

高举中国特色社会主义伟大旗帜，坚持以马克思列宁主义、毛泽东思想、邓小平理论、“三个代表”重要思想、科学发展观为指导，紧紧围绕保持党的先进性和纯洁性，紧密结合我院科研工作实际和党员干部队伍思想作风建设状况，以为民务实清廉为主要内容，切实加强我院全体党员马克思主义群众观点和党的群众路线教育，把贯彻落实中央八项规定精神作为切入点，进一步加强作风建设，坚决反对形式主义、官僚主义、享乐主义和奢靡之风，着力解决我院广大科技人员和干部职工反映的突出问题，提高做好新形势下群众工作的能力，保持党同群众的血肉联系，发挥党密切联系群众的优势，更好地调动科技人员和干部职工积极性，为建设“世界一流农业科研院所”和实现跨越式发展提供坚强保证，为我国现代农业发展提供更有力的科技支撑。

（二）目标要求

党的群众路线教育实践活动在我院全体党员中开展，重点抓好院所领导班子和处级以上党员干部，把“照镜子、正衣冠、洗洗澡、治治病”的总要求贯彻始终，努力做到自我净化、自我完善、自我革新、自我提高。主要任务是教育引导全院党员干部牢固树立群众观点，弘扬优良作风，解决突出问题，保持清廉本色，使党员干部思想进一步提高，作风进一步转变，能力进一步增强，党群干群关系进一步密切，为民务实清廉形象进一步树立。要坚持围绕农业科研工作大局，树立全心全意为科研服务的思想，全面落实党的“十八大”提出的各项任务要求，把作风建设放在突出位置，扎实推进科技创新工程和现代院所建设，以作风建设的新成效凝聚起推动我院跨越式发展的强大力量。

按照中央和农业部要求，结合院所工作实际，明确为民务实清廉的具体要求，做到立党为公、执政为民，求真务实、真抓实干；做到谦虚谨慎、戒骄戒躁，厉行节约、发扬艰苦奋斗之风；做到自觉遵守党章，严格执行廉政准则，严格规范权力行使，坚决反对一些消极腐败现象。

把解决形式主义、官僚主义、享乐主义、奢靡之风“四风”问题贯穿教育实践活动始终。根据我院实际，要着力解决学风浮躁、学术失范的问题；着力解决科研经费管理使用不规范甚至违规违法、科研仪器设备重复购置造成浪费等问题；着力解决院所机关服务意识不强、工作不实、效率不高和听取职工意见不够的问题；着力解决党员领导同志和领导班子中存在的缺乏责任心事业心、工作不作为、精神懈怠、安于现状，在大是大非面前不担当、不坚持原则以及及时行乐、特权思想等问题。院属各单位、院机关各部门要紧密结合实际，以敢于亮短揭丑的态度、以无私无畏的勇气，找准“四风”在本部门本单位的具体表现，抓住主要矛盾，深刻剖析根源，真正解决问题，实现作风明显改进。

（三）基本原则

坚持正面教育为主，加强马克思主义群众观点和党的群众路线教育，加强党性党风党纪教育和科研道德品行教育，引导我院党员干部牢记党的宗旨，坚定理想信念，树立潜心科研、勇于探索、求实创新、艰苦奋斗的精神，增强跨越式发展和建设世界一流农业科研院所的责任感和使命感，讲党性、重品行、做表率，模范践行社会主义核心价值观。

坚持批评和自我批评，开展积极健康的思想斗争，敢于正视问题，敢于揭短亮丑，崇尚真理、查找不足、改正缺点、修正错误，真正让全院党员干部思想受到教育、作风得到改进、行为更加规范，把整风精神贯穿教育活动始终。

坚持讲求实效，开门搞活动，请科研人员和职工参与，让群众评判，受群众监督，努力在解决作风不实、不正和行为不廉上取得实效，在围绕科研、服务科研、促进科研上取得实效。

坚持院所领导带头，发挥表率作用。院所党员领导干部要带头参加学习、听取意见，带头查摆问题、开展批评与自我批评，带头进行整改、解决问题。要以院所领导干部的自身表率作用推动我院教育实践活动深入开展。

坚持分类指导和突出科研特色，根据机关、研究所不同情况，找准各自需要解决的突出问题，有针对性地提出目标要求和办法措施，充分发挥党员和职工的积极性和创造性，鼓励院属各部门、各单位在教育实践活动中探索有益的经验和做法，并及时总结交流推广。

二、方法步骤

我院教育实践活动，从7月初开始，到10月中旬基本结束，集中教育时间不少于3个月。切实抓好“学习教育、听取意见，查摆问题、开展批评，整改落实、建章立制”3个环节。学习教育、听取意见是基础，查摆问题、开展批评是关键，整改落实、建章立制是根本。教育实践活动不分阶段，不搞转段，把3个环节的要求贯穿教育实践活动全过程。

（一）学习教育、听取意见

重点是搞好学习宣传和思想教育，深入开展调查研究，广泛听取科技人员和干部职工意见。

1. 深入进行思想发动

7月9日召开院党组会议，深入学习习近平总书记的重要讲话以及韩长赋部长在农业部动员大会上的讲话，审议我院教育实践活动实施方案。

7月12日上午，召开我院深入开展党的群众路线教育实践活动动员会，陈萌山书记动员、李家洋院长讲话，对我院开展教育实践活动进行动员部署，中央督导组和农业部督导组参加会议，农业部督导组对院党组领导班子和班子成员作风情况进行民主评议。

7月12日下午，对院属各单位、各部门党组织主要负责人、党办主任和院督导组成员进行培训，解读实施方案，部署督导和宣传工作。

院属各单位、院机关各部门要认真传达学习中央、农业部和院党组有关文件、会议精神，紧密结合科研实际，在深入调研、广泛征求意见的基础上，认真查找“四风”在各单位的具体表现，制定开展教育实践活动的工作方案，采取灵活多样的方式深入动员学习，切实提高全院党员干部对教育实践活动重要性、必要性、紧迫性的认识，明确教育实践活动的重点要求和方法步骤，进一步激发我院党员干部参加教育实践活动的政治热情。

2. 开展学习研讨

组织全院党员干部认真学习中国特色社会主义理论体系，学习党章和党的“十八大”报告，学习习近平总书记一系列重要讲话精神，学习党的光辉历史和优良传统，开展理想信念、党性党风党纪和科研道德品行教育，开展中国特色社会主义宣传教育，开展马克思主义群众观点和党的群众路线专题学习讨论。研读的主要书目有《论群众路线—重要论述摘编》《党的群众路线教育实践活动学习文件选编》《厉行节约、反对浪费——重要论述摘编》，还要学习韩长赋部长在农业部动员大会上的讲话。邀请中央党校教授作“从群众中来　到群众中去”党的群众路线教育活动专题讲座，院、所领导班子围绕“践行群众路线”主题开展理论中心组学习研讨，在科研人员中开展践行“科研道德规范”教育活动。依托院报、院网、直属机关党建网搭建学习交流平台，提供学习资料、交流学习成果、加强宣传引导。院属各单位、院机关各部门要采取个人自学、中心组研讨等灵活多样、务实管用的方式，抓好党员的学习教育工作。

3. 开展“科技创新　跨越发展”主题实践活动

结合学习贯彻汪洋副总理考察我院时的重要讲话精神，围绕学科建设、人才队伍建设、科技成果转化、体制机制创新开展重大问题调研，进一步分析形势，明确目标任务，厘清问题，破解难题，完善发展思路。认真落实院党组开放办院、民主办院要求，在全体职工中开展“我向院长建言跨越式发展”征文活动；在团员青年中开展演讲比赛，动员职工为跨越式发展集思广益、建言献策。邀请审计署农林水利审计局领导以“规范科研经费的管理和使用”开展案例教学，以案例教育人，用身边事教育身边人。组织院所领导深入联系点，进一步深化院机关青年干部下基层实践锻炼。院属各单位、院机关各部门结合实际，开展形式多样的主题实践活动，院机关要在主题实践活动中作出表率。

4. 查找“四风”方面存在的突出问题

院里将采取召开基层党务干部、一线科研人员和党外知名人士等不同层次的座谈会，充分听取全院干部职工、一线科研人员和党外人士意见，找准我院在“四风”方面存在的突出问题，为对照检查、开展批评和解决问题打好基础。院属各单位、院机关各部门也要结合实际，采取多种方式，听取职工意见，认真查找在“四风”方面存在的突出问题。

院属各单位、院机关各部门要把学习教育、思想理论武装摆在第一位，使全院党员干部特别是处级以上党员领导干部普遍接受一次深刻的党的群众路线教育，更加坚定中国特色社会主义的理想信念。

（二）查摆问题、开展批评

重点围绕为民务实清廉要求，围绕解决“四风”问题，严肃认真、实事求是、民主团结地组织召开一次高质量的专题民主生活会和组织生活会。院党组、院属各单位和院机关各部门分别召开党员领导干部专题民主生活会，党支部要组织党员召开专题组织生活会。通过群众提、自己找、上级点、互相帮，认真查摆“四风”问题，进行党性分析和自我剖析，开展批评和自我批评。要认真研究制定院所民主生活会方案，明确主要程序和具体要求。院党组民主生活会方案报农业部督导组审阅，院属各单位、院机关各部门民主生活会方案报院督导组审阅。

1. 充分听取意见

院党组民主生活会前，要通过向院机关各部门、院属各研究所发征求意见函、召开职工座谈会、在机关大楼设立意见箱、在院网开通网上信箱等方式，充分听取各方面意见。院属各单位、院机关各部门民主生活会前也要采取多种形式，广泛征求职工意见。组织生活会前，全院每个党员都要主动征求、听取其他党员和职工意见。

2. 谈心交流

院、所主要负责同志要与班子成员逐一谈心，班子成员之间要相互谈心，各级党组织班子成员间、党员之间，也要开展谈心活动，沟通思想，相互提醒和帮助，增进了解和团结，为开展批评与自我批评打好基础。

3. 撰写对照检查材料

院、所领导班子及其成员、党员个人都要根据征求到的意见，对照为民务实清廉要求，对照党章、对照廉政准则、对照中央八项规定、对照改进作风要求、对照先进典型、对照全院职工期盼、对照跨越式发展和现代院所建设对我们提出的要求，撰写对照检查材料。对照检查材料应包括作风基本情况、存在的主要问题、原因分析、努力方向和改进措施等内容。要紧扣主题，开门见山，突出重点，既要联系工作实际，又要触及思想灵魂，正视矛盾和问题，讲真话、讲实话、讲心里话；要认真思考、正面回应职工所提意见，提出实实在在、明确具体、便于实施的整改措施。通过认真撰写对照检查材料，进一步加强和改进工作，明确努力方向，推动全院各项工作上水平上台阶，保持我院发展的良好势头和农业科研工作的良好局面。

4. 召开专题民主生活会和组织生活会

会上，院所党员干部要以整风精神开展批评与自我批评。坚持“团结—批评—团结”的原则，打消自我批评怕丢面子、批评上级怕穿小鞋、批评同级怕伤和气、批评下级怕丢选票等顾虑，既深刻剖析和检查自己，又开展诚恳的相互批评，触及思想和灵魂，红红脸、出出汗、排排毒。无论是批评还是自我批评，都要实事求是、出于公心、与人为善，不搞“鸵鸟政策”，不马虎敷衍，不文过饰非，不发泄私愤，有则改之、无则加勉，不搞无原则的纠纷。院党组成员和院属各单位、院机关各部门领导班子成员既要参加专题民主生活会，又要以普通党员身份参加所在党支部的专题组织生活会。

5. 通报民主生活会情况

在民主生活会后，院党组要向院属各单位、院机关各部门的领导班子和院职工代表通报民主生活会情况和班子成员的对照检查材料；院属各单位、院机关各部门领导班子要向全体职工或中层干部、管理科研骨干通报民主生活会情况和班子成员的对照检查材料。

院督导组要全程参与所督导部门、单位领导班子专题民主生活会。在准备阶段，院督导组要审阅各部门各单位民主生活会方案、向主要负责同志和班子成员通报掌握的班子建设情况和存在的突出问题。对反映存在问题较多的班子成员，由督导组会同主要负责同志进行谈话提醒；对其他班子成员也要进行个别谈话提醒。督导组要会同主要负责同志对班子成员的对照检查材料、开展批评和自我批评情况进行评价，并采取适当形式反馈。可邀请党代会代表、人大代表、政协委员和党员群众代表参加对院所领导班子和党员领导干部的民主评议。

（三）整改落实、建章立制

重点是针对“四风”问题，提出解决对策，制定和落实整改方案；对一些问题，进行集中治理；注重从体制机制上解决问题，使贯彻党的群众路线成为我院党员、干部长期自觉的行动。要把解决问题、提高能力、制度建设贯穿教育实践活动全过程。

1. 制定整改方案，明确整改任务

院属各单位、院机关各部门要根据实际情况，查找主要问题，明确具体措施，细化工作任务，制定整改方案。各单位各部门都要抓住重点问题，制定整改任务书、时间表，实行一把手负责制，并在全体职工或职工代表中公示。

2. 强化正风肃纪，解决“四风”问题

依据中央提出的强化正风肃纪任务，紧扣为民务实清廉要求，边学边改、边查边改，边整边改，着力解决查找出来的“四风”问题。要从实际出发，什么问题突出就着重解决什么问题，什么问题紧迫就抓紧解决什么问题，能够尽早解决的就尽快解决，能够自身解决的不要上交问题，一时难以解决的要抓紧创造条件积极解决，不等待观望、不敷衍塞责，不留尾巴、不踢皮球。要切实加强领导班子建设和严格教育管理干部，对软、懒、散的领导班子进行整顿；对存在一般性作风问题的干部，立足于教育提高，促其改进；对职工意见大、不能认真查摆问题、没有明显改进的干部，要进行组织调整。在活动中发现的重大违纪违法问题，要及时移交纪检监察机关或有关方面严肃查处。

3. 加强干部队伍建设，提高工作能力

院属各单位、院机关各部门要通过学习教育、查摆问题、整改落实切实提高党员干部特别是领导干部做好工作的能力，增强农业科技创新工作的本领。领导班子要深入研究当前新形势新任务面前科研单位工作的特点和规律，掌握方式和方法，充分调动广大职工尤其是一线科研人员工作的积极性主动性，不断培养和吸引优秀人才，为我院的跨越式发展和科技创新创造条件、优化环境、营造氛围。认真贯彻民主集中制原则，紧密结合科研实际，引导院所党员领导干部不断提高科学决策、民主决策的能力，提高科研管理的能力。

4. 加强制度建设，建立健全作风建设长效机制

院属各单位、院机关各部门要梳理现有制度，对贯彻群众路线已有的制度，经实践检验、行之有效的，长期坚持下去；不适应新形势新任务要求的，抓紧修订完善。要研究制定新制度，注重总结实践中好经验好做法。我院将结合科技创新工程和现代科研院所建设的需要，在转变作风抓落实、加强工作督办、完善三级学科体系、修订领导干部选拔任用工作办法、明确研究所党委、基层党支部和职代会工作职责、加强科研道德学风建设等方面形成理论成果、制度成果和实践成果。研究所要根据院里的统一要求，结

合实际，认真研究和加强制度建设。制度形成后，要严格落实和执行，坚持一手立规矩、定制度，一手抓整改、抓落实，强化制度执行力，用严明的制度、严格的执行、严密的监督，形成加强我院作风建设的长效机制。

5. 公示整改情况，测评群众满意度

我院整改落实、建章立制工作基本完成后，要在院属各单位、院机关各部门的领导班子和职工代表范围内公布领导班子整改情况，听取党员和职工意见，自觉接受监督。在公布范围内组织开展一次群众满意度测评，由农业部督导组组织。

院属各单位、院机关各部门要在全体职工或中层干部、管理科研骨干中公布领导班子整改情况，听取党员和职工意见，自觉接受监督。在公布范围内组织开展一次群众满意度测评，由院督导组组织。院属各单位、院机关各部门党组织要通过组织生活会等形式，交流党员个人整改情况，进一步深化整改。

6. 总结教育实践活动，巩固扩大成果

集中教育结束后，院属各单位、院机关各部门要系统梳理总结活动开展情况，召开总结大会，写出专题报告报院教育实践活动领导小组。院将适时召开院教育实践活动总结大会，形成我院教育实践活动总结报告，并报农业部教育实践活动领导小组。根据中央和农业部要求，教育实践活动结束后，院所各单位还要继续抓好整改措施落实，巩固扩大活动成果。

三、组织领导

院属各单位、院机关各部门党组织是教育实践活动的责任主体，要高度重视，精心组织，统筹安排，加强领导和指导。各单位领导干部特别是所长、书记（局长、主任）等主要负责同志，要带头学习、带头听取意见、带头谈心、带头开展批评与自我批评、带头进行整改，充分发挥表率作用，把领导带头贯穿始终。

（一）落实领导责任制

我院教育实践活动按照中央部署和农业部要求，在院党组领导下进行。成立中国农业科学院党的群众路线教育实践活动领导小组，由院长李家洋同志和院党组书记陈萌山同志任组长，院党组副书记、副院长唐华俊同志和院党组成员、纪检组组长史志国同志任副组长，院党组成员、人事局局长魏琦、院办公室主任汪飞杰、直属机关党委常务副书记高淑君、监察局局长张逐陈等同志为领导小组成员。主要职责是：研究我院教育实践活动的重大事项，向院党组提出建议；对我院教育实践活动提出要求，加强指导，统筹推进；深入开展调查研究，了解掌握各单位教育实践活动的进展情况，研究解决遇到的重要问题；总结推广好经验好做法，推进长效机制建设；加强宣传引导和典型宣传，组织开展党的群众路线理论研究；对教育实践活动进行全面总结；强化工作指导，派出督导组全程督导各部门各单位教育实践活动，指导推进各项任务的落实；做好院党组交办的涉及教育实践活动的其他工作。领导小组下设办公室，负责对教育实践活动的具体指导，唐华俊同志兼任办公室主任，高淑君、张逐陈、林定根、姜梅林、李红康同志担任副主任。办公室下设综合、文件两个组。

院属各单位、院机关各部门教育实践活动在本单位党组织领导下进行，成立相应的领导小组或工作机构，具体负责本单位教育实践活动的组织实施。党组织主要负责同志要承担起第一责任人的责任，深入一线、靠前指挥，吃透政策原则，把握进度节奏，解决关键问题，扎实推进活动开展。

（二）建立工作制度

建立联系点制度，院领导建立联系点，通过深入联系点调查研究，获取第一手资料，指导和督促教育实践活动顺利开展，使联系点成为教育实践活动的示范点。研究所领导班子成员也要建立联系点。建立联络员制度，为及时沟通情况，院属各单位、院机关各部门要确定一名联络员，具体负责有关联系工作，及时反映本单位开展活动的情况。建立群众督查评价制度，把群众参与活动贯穿始终，自觉接受监督和评价。采取多种形式，广泛听取党员干部和群众意见；向群众公示整改任务书、时间表和整改结果；适时组织党员群众对解决问题、改进作风情况进行民主评议，使活动成为群众支持、群众检验、群众满意的民心工程。

（三）成立和派出督导组

院教育实践活动领导小组成立并派出督导组，全程督导院属京内外各单位的教育实践活动。督导组由史志国同志任组长，张逐陈同志任副组长，下设 9 个督导小组。院督导工作将与纪检监察工作、巡视工作结合起来，主要职责是：传达中央、农业部和院党组有关精神及工作要求，督促抓好落实；参加所督导单位教育实践活动的重要会议和重要活动，了解掌握活动进展情况，提出工作建议；总结推广典型经验，发挥示范带动作用；发现和分析存在的问题，并督促解决；及时向院教育实践活动领导小组反映情况，提出意见建议。督导组要紧紧依靠所督导单位党组织，切实履行好自身职责，做到尽职不越位，督导不包办。

（四）京外研究所的教育实践活动

根据农业部《实施方案》要求，党的群众路线教育实践活动按干部管理权限进行组织。京外研究所的教育实践活动，由院教育实践活动领导小组负责组织领导，按院《实施方案》组织开展，所在地党组织协助。

（五）加强分类指导

院属各单位、院机关各部门要根据本方案，结合各自实际，制定具体工作方案，报院督导组审阅同意后，认真组织实施。离退休党员干部参加教育实践活动，将参考农业部离退休干部局党委制定的指导意见组织实施。流动党员的教育实践活动按照流入地党组织负责、流出地党组织协助的原则，采取灵活多样的方式进行。欢迎非中共党员领导干部参加教育实践活动，召开领导班子专题民主生活会时，可邀请他们列席，但不要求写对照检查材料；组织集体学习时，可邀请他们参加；教育实践活动中要注意听取他们的意见建议，发挥他们的作用。

（六）务求取得实效

院属各单位、院机关各部门要把开展教育实践活动与年初确定的主要工作目标、科研中心工作和党员干部履职尽责结合起来，既要把“规定动作”做扎实做到位，又要探索富有特色的“自选动作”，联系农业科研单位实际，体现中国农业科学院特点，发挥研究所特色。要统筹安排实践教育活动和科技创新工程试点、现代院所建设、通州院区建设和事业单位分类改革等重点工作，切实做到两手抓、两不误、两促进，力戒形式主义。要从科研人员和干部职工关切的重点问题入手，不回避难点，切实把中央的要求贯彻到位；要把问题找的准不准、民主生活会质量高不高、单位特色突出不突出，理论成果（主要是党员理论学习和认识水平）是否丰富，实践成果（主要是作风转变和工作推动）是否明显，制度成果（主要是贯彻八项规定精神，在日用常行中容易出问题方面的制度规定）是否到位，作为衡量我院教育实践活动成效的标准。通过教育实践活动，提高院所各级领导干部的历史使命感和政治责任感，大力营造创新氛围，提振精神，锤炼作风，轻装上阵，干好事业，推进我院跨越式发展。

（七）加强宣传引导

要积极宣传中央及农业部的决策部署、活动的重大意义、经验成效，引导全院干部职工把思想和行动统一到中央及农业部的要求上来。院属各单位、院机关各部门要善于总结好经验好做法，注重先进典型宣传；要注重利用反面典型开展警示教育，对党员干部起到警醒作用；要注重多种形式宣传，形成有利于活动开展的正能量。院报、院网要开辟专栏，各单位要因势利导采取有效形式，为教育实践活动营造良好氛围。

院属各单位、院机关各部门教育实践活动的实施方案，经院督导组审核后，于7月19日前报院教育实践活动领导小组办公室备案。

中共中国农业科学院党组关于党的群众路线教育实践活动工作总结

（2014 年 1 月 16 日）

根据中央要求以及农业部党组的统一部署，我院从 2013 年 7 月 12 日开始，认真开展了党的群众路线教育实践活动。韩长赋部长把我院选为教育实践活动联系点，3 次到我院调研指导，全程参加了院党组专题民主生活会，在整改落实、建章立制环节又专程听取了我院汇报，先后发表了一系列重要讲话，为我院教育实践活动和科技创新事业的发展指明了方向，给全院广大党员干部和职工群众极大鼓舞和鞭策。

6 个多月来，在韩部长以及部第七督导组精心指导下，院党组坚持学习教育贯穿始终，领导带头贯穿始终，联系实际贯穿始终，边查边改贯穿始终，推进中心工作贯穿始终，突出科研单位特色贯彻始终，取得了实实在在的成效，有力地促进了全院各项事业的快速发展。

一、教育实践活动的基本做法

我院紧密结合科技创新工作实际和党员干部队伍思想作风建设状况，在全院 44 个单位和部门、360 个党支部和 6 800多名党员中，认真开展了教育实践活动，基本完成了 3 个环节的各项任务。广大职工群众认为，我院教育实践活动进展有序，环环相扣，发展健康，成效显著。

（一）扎实开展学习教育，提高党员干部思想认识

我院坚持把学习教育贯穿始终。学习内容丰富，密切联系实际。坚持认真学习贯彻中央精神，学习党章，学习“十八大”报告和三中全会决定，学习习近平总书记一系列重要讲话以及 3 本指定篇目，学习中央农村工作会议和全国农业工作会议精神。学习形式多样，注重实际效果。全院统一购买了 2 万余册学习材料，免费发放给每一名党员干部；依托院网，开设专栏，方便学习交流；举办骨干培训班，集中学习，吃透精神；邀请中央党校教授作辅导报告，启发学习；围绕“践行群众路线”主题，组织院党组理论中心组学习；举办“科技创新　服务三农”先进事迹报告会；集中学习贯彻十八届三中全会精神等。院属各单位各部门也从实际出发，通过集中学习、理论辅导、学习

研讨、参观学习等多种形式开展学习教育活动。

通过认真学习、深入思考、广泛交流，使全院广大党员干部特别是领导干部克服了农业科研机构在“四风”问题方面并不突出，与教育实践活动关系并不十分密切的思想，深刻认识到了在我院开展教育实践活动的必要性和重要性，深刻理解了马克思主义群众观点的基本内容和党的群众路线的丰富内涵，进一步加深了对开展教育实践活动重大意义和目标要求的认识，切实增强了主动性、责任感和紧迫感，为加强自身修养，转变工作作风，提高宗旨意识、责任意识、大局意识，促进我院快速发展，奠定了坚实的思想基础。

（二）广泛听取意见建议，聚焦四风找准突出问题

我院坚持深入职工群众听取意见和建议。院党组通过向院属各单位发征求意见函，开通网上信箱，在办公大楼设置意见箱，召开党委书记代表、工青妇负责人代表、先进典型代表、科研一线代表等各类人员座谈会，院领导深入联系点等多种方式征求广大党员干部群众对院党组和院党组成员的意见和建议，共征集到 179 条。通过开展“我向院长建言跨越式发展”活动，共征集到建言文章 117 篇、建议 718 条。院属各单位也通过发函、问卷、谈话、领导深入联系点、设立意见箱、召开座谈会等多种方式广泛征求意见，44 个单位共召开各类座谈会 157 次，征求到意见和建议 1 353条。

院党组紧扣作风建设，聚焦反对“四风”。活动开始之初，就在深入调研、广泛听取意见基础上，认真梳理“四风”问题在我院的表现，初步查找分析出学风浮躁、学术失范，科研经费管理使用不合理不规范甚至违规违法，院所机关服务意识不够强、工作不够实、效率不够高，党员领导同志和领导班子中存在工作不作为、精神懈怠、安于现状、不坚持原则等问题。

院党组不断深化听取意见工作，通过群众提、自己找、上级点、互相帮，进一步梳理“四风”问题在我院的表现。院党组先后召开 5 次查摆“四风”专题会，从找准“四风”问题的突出表现，到领导班子及领导干部对号入座、认领问题，到逐条剖析问题的危害与根源，再到针对每条问题提出具体的整改措施，层层推进、步步深入。院党组将查找出来的“四风”问题的突出表现归纳为 10 条。在形式主义方面，主要是文件会议过多；深入科研一线了解实情不够，对研究所分类指导不多，工作有时简单化；有些工作抓落实、抓推进不够有力，抓督办、抓问责的办法和手段不多。在官僚主义方面，主要是抓科研学风、抓科研经费规范管理等难点、热点问题力度不够，研究所及群众长期反映强烈的一些问题没有得到彻底有效地解决；服务基层不够扎实，保障机制有所缺失。在享乐主义方面，主要是担当意识和创新精神不足；对各级领导干部执行工作和生活待遇规定要求不够严格。在奢靡之风方面，主要是艰苦奋斗、勤俭节约的原则有所放松；厉行节约、反对浪费的长效机制不够健全。

（三）以整风精神开展批评和自我批评

开好领导班子专题民主生活会和党员专题组织生活会，是教育实践活动的一个最重要内容，是确保教育实践活动取得实效的重要举措。院党组和44个院属单位领导班子、290个在职党支部，都严肃认真地召开了一次高质量的专题民主生活会和专题组织生活会。

会前，院党组和各单位领导班子成员认真做好了各项准备工作。一是深入开展谈心交心。院长李家洋、院党组书记陈萌山与班子成员逐一谈心，班子成员之间互相谈心；院党组成员与院机关分管部门、联系点和部分研究所党政一把手之间开展谈心；每位党组成员还做到了至少与2～3名科学家谈心、与1名离退休干部谈心。8位院党组成员共开展谈心谈话223次，44个单位领导班子成员之间、与干部群众共开展谈心谈话3 001次。二是认真撰写对照检查材料。在李家洋院长指导下，陈萌山书记亲自主持起草院党组对照检查材料，先后多次主持召开起草组会和院党组会进行讨论修改。在国庆长假期间还反复进行修改，不断进行反思检查，并逐一征求各位班子成员的意见。专题民主生活会前，还向院属各单位、机关各部门的领导班子和职工代表通报，并吸收了党员干部的意见建议。院党组各位成员都分别查找了“四风”表现，并自己动手撰写，反复修改了个人对照检查材料。三是严格审核把关。院党组材料和李家洋院长、陈萌山书记的材料报部第七督导组审改后，又报农业部教育实践活动领导小组和中央第三十一督导组审查，最后报请张桃林副部长、韩长赋部长审定。院党组成员的材料也都经部第七督导组审查通过。院属各单位领导班子及其成员也都认真撰写对照检查材料并经院督导组审核把关后，报院领导审阅。

院党组专题民主生活会上，与会同志认真开展了对照检查，坦诚地进行了相互批评，取得了预期效果，达到了相互帮助、增进团结、促进工作的目的。院属各单位在院党组专题民主生活会后相继召开了专题民主生活会和组织生活会，做到了党政主要领导带头，班子成员主动积极，大家放下包袱、端正态度、实事求是、真心实意地开展了批评和自我批评。我院专题民主生活会形成了既红脸出汗又加油鼓劲的良好氛围，达到了“团结—批评—团结”的目的，体现了党的优良传统的继承发扬和党内政治生活的正常化务实性，开出了新风，展现了党内生活的新气象。院领导还分别参加了联系点单位的专题民主生活会和所在党支部的专题组织生活会。

（四）坚持边学边查边改，认真抓好整改落实

我院对查找出来的问题不等、不靠，坚持即知即改、立行立改，小有小改、大有大改，确保教育实践活动取得真绩实效。院党组以对照检查材料为基础，紧密结合院所工作实际，结合推进科技创新工程、现代院所建设和实现跨越式发展的需要，及时研究制

定了整改落实方案、专项整治方案，下大力气抓好整改落实工作。

院党组着力整改“四风”方面普遍存在的突出问题以及制约我院发展的突出问题，提出了8个方面33条整改措施，内容涉及“加强理论学习，提高思想政治水平”“尊重科研规律，树立科学的发展观”“坚持民主办院，建立科学决策的工作机制”“建立健全规章制度，转变机关作风提升执行力”“加强领导班子建设，选好用好各级各类干部”“健全党内生活，切实加强党风廉政建设和反腐败工作”“大力开展创新文化建设，净化学术风气”“加强院区环境和条件建设，顺应职工群众期盼”等方面。

院党组着力抓好专项整治工作，把专项整治作为整改落实的重要举措，确定了“科研经费监管”“科研学风建设”“服务型机关建设”“院区综合治理”4个方面的专项整治内容。在院《整改落实方案》和《专项整治方案》中，每项任务都明确了牵头部门和具体责任人，明确了时间表和路线图，由院领导牵头，一级抓一级，层层抓落实。

院属各单位也都结合实际，认真研究制定了《整改落实方案》和《专项整治方案》，共提出了1 250条整改措施，确定了96个方面的专项整治内容，并由各单位领导牵头，抓好落实工作。

（五）以改革精神建章立制，推动作风建设长效机制形成

院党组按照体现职工群众意愿、体现改进作风、体现提高效率、体现工作规律的要求，按照于法周延、于事简便的原则，切实加强作风建设的建章立制工作。一是全面梳理现有制度。院党组聚焦“四风”问题，列出制度清单，认真做好“废改立”工作。对于经过实践检验行之有效、职工群众认可的制度，予以重申，着力抓好落实；对于不适应密切联系职工群众、加强作风建设要求，与现行法规制度相抵触、不一致的，予以废止；对于与新形势新任务要求不相适应的，予以修订完善；对于制度缺位的，抓紧研究制定新制度。二是建立健全相关制度。院党组提出9个方面44项制度安排，内容涉及“建立健全体现职工群众意愿的科学民主决策机制和工作落实机制，健全干部选拔任用、人才选聘培养和考核评价体系，建立健全提升履职尽责能力”等多个方面。三是加大制度执行和监督检查力度。通过开展经常性的制度学习教育，使广大职工干部熟知各项制度。党员领导干部率先垂范，带头遵守制度、维护制度。加大对违反制度行为的查处问责力度，决不允许有令不行、有禁不止，确保各项规章制度落到实处。

院属各单位也都按照要求，结合自身发展需要，制定了《制度建设计划》，共提出了894项的制度安排，并认真贯彻执行。通过切实加强制度建设，打造作风建设长效机制，巩固了教育实践活动成果，为推进全院实现跨越式发展提供了坚强的保证。

（六）坚持“两手抓　两不误”，用教育实践活动的开展推动科技创新中心工作的落实

我院坚持把开展教育实践活动与推动农业科技创新紧密结合，紧紧围绕建设世界一流农业科研院所的目标，凝心聚力、攻坚克难、开拓前进。全院认真贯彻落实中央决策部署和汪洋副总理视察我院时的讲话精神，立足于农业科研工作实际和规律，把开展教育实践活动与推动科技创新工程、支撑“两个千方百计、两个努力确保、两个持续提高”相结合，与推进事业单位分类改革、加快现代院所制度建设相结合，与加强班子队伍建设和平台基地建设相结合，把教育实践活动激发出来的工作热情和进取精神，转化为干事创业、做好工作的动力，把推动中心工作的落实作为教育实践活动的落脚点与出发点，把中心工作的成果作为检验教育实践活动成效的标尺，用教育实践活动的开展推动科技创新中心工作的落实。

我院教育实践活动得到了中央第三十一督导组组长令狐安、农业部部长韩长赋的充分肯定和干部职工群众的广泛认可，在农业部教育实践活动座谈会上作了交流发言，农业部简报 5 次介绍我院活动开展情况，农业部教育实践活动办公室全文转发了 12 月 26 日我院向韩长赋部长的汇报稿。

二、教育实践活动取得的成效

我院针对教育实践活动中查找出来的问题，坚持边学边查边改，一级抓一级，层层抓落实，解决了一批制约我院发展的关键问题和职工群众关心的突出问题，确保教育实践活动善始善终、善做善成。

（一）严格落实中央八项规定，促进养成为民务实清廉的工作作风

改进了会风文风。切实精简文件简报。我院上报农业部的简报由精简前的 11 种减少到 3 种，减少了 70%。严格执行会议审批制度，规范精简各类会议，杜绝在高档酒店开会、禁止会议宴请。2014 年院工作会议在机关大院召开，用机关会议室、机关食堂，压缩会议时间，提高会议质量。

厉行了勤俭节约。严格控制“三公”经费支出，截至 2013 年 12 月底，全院“三公”经费同比降低了 20.05%。其中，公务接待费、公务用车运行维护费和因公出国（境）费用分别比去年同期下降了 34.24%、0.66% 和 11.80%。

促进了廉洁自律。全体党员干部不收受礼品、礼金和各种有价证券、支付凭证，不使用公款走访、送礼、宴请、旅游及参与高消费娱乐，不讲排场，不比阔气、不搞铺张浪费。全院不搞岁末节日庆祝活动，不举办团体聚餐。院领导、机关局办不接受研究所

或直属单位任何形式的“吃请送”。

简化了接待工作。院领导及机关局办到京外所和基地调研，轻车简从，不住套间，不到名胜古迹、风景区参观，不收受纪念品和土特产品，不参加娱乐活动，不向接待单位转嫁差旅费负担。接待单位一切从简，不安排迎送，不张贴悬挂标语，不超标安排用餐，不安排宴请，不上酒。

（二）建设服务型院所机关，促进提升服务科研、服务一线的能力和水平

增强了服务意识。强化对机关工作人员的服务意识教育，转变工作观念，密切同基层研究所及科技人员的联系。组织开展机关年轻干部实践锻炼活动，促进机关年轻干部深入基层、深入科研，深入一线，增强服务意识、责任意识。认真落实首问责任制，消除了服务意识差、工作“慵懒散木推”等现象。

提升了督办效率。坚持和完善重大工作、院领导重要批示的督查督办制度，加大工作督查督办力度，全力推进工作落实。坚持督办事项办理情况每月通报制。将各单位贯彻落实督办机制的情况纳入了机关绩效考核和现代院所评价指标体系，树立良好的责任导向。认真执行限时办结制，严格执行规章制度规定的办理时限，提高了公文处理效率，保证了工作质量。

规范了工作秩序。起草了《中国农业科学院机关工作秩序管理规定》，强调要进一步加强院机关工作作风建设，不断提高机关工作效率和服务水平，建设服务型农科院机关。

改进了信访工作机制。设立院长信箱，实行院领导接待日、联系点等制度。成功解决了7起久拖不决、悬而未决的信访积案。

（三）加强科研学风建设，促进形成学风端正、实事求是的学术氛围

规范了科研行为。强化《中国农业科学院职工守则》《中国农业科学院科技人员道德准则》教育，让学术诚信深深植根于科研人员头脑，内化为精神追求。成立了院科研道德委员会，制定了《科研道德规范》，界定9大类别的科研不端行为，制作抵制科研不端行为宣传画，在院报、院网上刊登，并下发至各单位各部门。通过加强学术道德和科研诚信教育，坚决反对各种形式的科研不端行为及学术腐败，弘扬科学精神和科学思想，引导广大科研人员在弘扬科研诚信和学术道德方面发挥示范带动作用。

优化了资源配置。优化科研经费投入结构，较大幅度地提高基础研究和应用基础研究的支持力度，推动我院重大理论突破，从源头上增强原始创新的能力。加大资源统筹力度，提高科技经费的使用效益。改革立项，组织凝练满足国家需求、符合我院学科发展方向、工作基础好的重大命题，提供较为充足的科研经费，进行长周期稳定支持，营造勇于创新、鼓励成功、宽容失败的学术氛围。

营造了良好环境。建立适合我院特色的学术道德规范和科研道德监督机构。加大对涉及科技人员科研道德方面案件的监督检查，强化科研活动全过程监管。对学术不端行为采取“零容忍”政策，发现一起，处理一起，并公开曝光。在人事录用、晋职提级、考核评优之前，认真调查候选人遵守学术道德的情况，对严重违反科研道德规范者，按“一票否决”原则处理。通过加大监督考核力度，在全院营造了积极健康、风清气正的科研环境。

（四）加强科研经费监管，促进科研工作顺利进行和科研队伍健康发展

增强了责任意识。在全院开展科研经费检查，以案说法，增强防范意识。分期分批对研究所领导、科研业务骨干、财务管理人员开展理想信念、反腐倡廉等方面的培训，促使科研管理、财务审计、纪检监察形成合力，改变“少数人监督”的局面，营造“所有人自律”的氛围。

提升了信息化水平。研发推广信息监管软件，优化管理流程，增强制度执行刚性，使科研人员实时掌握科研经费使用情况，单位法人及时了解财务收支状况，使财务管理信息更加公开、透明，财务管理流程更加规范、便捷，财务监督更加严谨、细致，增强了科研经费使用的规范性、预警性和强制性。

提升了财务支撑能力。先后组织了研究所主要领导参加财务制度培训班，组织全院财务人员参加了科学事业单位财务会计制度培训班，组织研究室主任和课题组组长分期参加了中国科学院举办的课题组长专题培训班。通过开展经常性的教育和培训，帮助相关人员学习财务知识，提升了财务人员的业务技能。

（五）集中解决职工群众关心的院区环境问题，促进建成环境优美、设施先进的科研院区

拆除了私搭乱建。经过集中整治，拆除违建 1 000余平方米，清除闲杂人员 150 多人，新修道路 1 000余平方米，清运垃圾渣土 950 余立方米，二百间区域的院区环境面貌和设施条件得到较大程度改善。

搬迁了“钉子户”。对“钉子户”问题进行重点整治，根据不同情况，分户、分人做好思想疏通，协商拆迁方案，协调城管对“钉子户”周边私搭乱建坚决进行清理，目前已妥善解决了资源区划所办公楼之间、职工食堂南侧 2 处“钉子户”。

优化了院区环境。改造院区道路，加强道路交通和车辆管理。按期拆除老旧房屋 9 000余平方米，修建了 2 万多平方米休闲健身广场。加快推进楼道粉刷及门禁系统安装，为 26 栋多层住宅楼、9 栋高层住宅楼粉刷楼道、安装门禁系统。着力清理规范主要道路沿路户外广告，组织专门力量对办公区、生活区卫生进行集中清理，院区环境明显改善，职工群众十分满意。

（六）坚持体制机制创新，促进强化科研创新制度保障

健全了科学决策的工作机制。坚持和完善院常务会、院党组会等决策制度，明确院里重大决策、重要干部任免、重大项目安排和大额资金的使用由领导班子集体作出决定。加强院务公开，确保广大职工享有知情权、参与权和监督权。加强基层调研，院领导每年要到研究所调研两次以上，机关各局负责人要到研究所调研 3 次以上，撰写调研报告 2 篇。

加强了现代科研院所建设。全面落实《现代农业科研院所制度建设的指导意见》，加快建设“定位明确、法人治理、管理高效、开放包容、评价科学”的现代科研院所制度。推进院所组织结构、决策体制、管理机制、评价体系等制度创新。全力推进我院创新工程实施，采取长期、滚动等方式，保证研究项目的长期稳定。加大对传统学科、弱势学科和特色学科的倾斜支持力度。

规范了党内生活。对坚持党的民主集中制、党组织换届选举制度、党的“三会一课”制度、民主生活会制度、民主评议党员制度、党员发展管理制度、党员能进能出制度，党内激励关怀帮扶制度、党员立足岗位创先争优制度和党员干部直接联系群众制度等党内 10 项重要制度作出明确而具体的规定，推进我院党内生活正常化、制度化，增强党内生活的原则性和实效性，进一步提高全院党组织的创造力、凝聚力、战斗力和全院党员队伍的整体素质。

（七）紧紧围绕中心工作，促进科技创新屡创佳绩

通过开展教育实践活动，全面深化农科院改革，保障了创新工程实施和世界一流院所建设，推动了科技创新工作的开展，调动了广大科研人员科技创新的积极性，科技下乡下基层更加积极主动、普遍深入，为我国粮食生产“十连增”、农民增收“十连快”提供了强有力的科技支撑。几代农科院人企盼的科技创新工程正式获得批复并启动实施；2013 年共获得各类科技成果 218 项，以第一完成单位获国家奖 6 项、省部级奖 63 项，实现新世纪国家科技奖励制度改革以来三大奖项首次全覆盖；新增主持项目 1 600 多项，合同经费 16.2 亿元，分别比上年增加 4% 和 9.8%，再创历史新高；在 *Nature*（《自然》）、*Science*（《科学》）等顶级核心刊物发表 17 篇，比 2012 年翻了一番；通州园区正式启动；科技兴农取得新成效，全年推广新品种 190 个、新产品 93 个、新技术 228 项，推广总面积 5.28 亿亩，推广畜禽 1.8 亿头（羽），同时，通过科技下乡、举办现场展示观摩会、技术培训咨询等活动，培训基层技术人员和农民 125 万人次。全院科技创新能力、科研保障能力和成果转化能力得到了进一步提升，在建成世界一流科研院所宏伟目标的征程中迈出了扎实的一步。

三、教育实践活动的主要特点及体会

院党组高度重视开展教育实践活动，切实把活动作为院所重大政治任务，摆上重要议事日程，坚持高标准、严要求，着力在提高针对性和实效性上下功夫，呈现了鲜明的行业特点和农科院特色。

（一）实行双组长制

我院党的群众路线教育实践活动在院党组领导下开展，第一时间成立了院党的群众路线教育实践活动领导小组，并根据农业科研单位实际情况，实行了“双组长制”，李家洋院长和陈萌山书记同时担任组长。在院党组示范带动下，各单位党政领导通力合作，党组织和党组织负责人是活动的主要组织者和责任人，所长切实发挥了主要负责人作用，非党员所长也全力支持、主动配合、积极参加工作。教育实践活动伊始，我院就结合院所发展实际，建立了院领导联系点。院领导每人分别联系京内、京外各 1 个研究所，24 次深入到各自联系点，通过实地调研、座谈、走访等方式，深入科研一线，广泛征求意见建议，认真听取情况汇报，并对扎实推进教育实践活动提出要求。院属各单位也都建立了联系点制度，促进了教育实践活动在我院基层党组织扎实开展。院教育实践活动领导小组先后召开 13 次全体会议，及时学习传达中央精神以及部党组要求，及时了解情况分析问题，及时研究部署相关工作。院里还制定了教育实践活动工作日历，细化工作部署，制作进度图表，督促检查各单位活动进展，确保京内京外、机关局办研究所整体推进。

（二）提升督导位势

针对我院党员人数多、下属单位多的特点，在院党组的直接领导下，我院专门成立督导组，派出 9 个督导小组，督导各单位开展教育实践活动。提升督导级别，选派党性强、经验丰富的所局级领导干部担任组长。督导工作密切联系实际，结合纪检监察和巡视工作一同开展。院督导组加强学习，先学一步、学深一层，明确工作遵循，明确督导任务，严把政策、科学指导。各督导小组严格按照院党组要求，全程参加了督导单位教育实践活动，紧紧依靠督导单位党委，切实履行好自身职责，做到了尽职不越位、督导不包办。各督导小组把主要精力放在重点对象、重点要求、重点环节的督导上，督促各部门各单位既把规定动作做到位，又把自选动作做扎实。各督导小组以优良的作风、科学的方法开展督导，认真履职尽责，对有不足之处的，明确指出，帮助弥补；对问题较多、工作不力的，责其纠正、加大工作力度。各督导小组多次深入督导单位，走访了每一个基层党支部。各督导小组坚持严字当头，切实做到了领导干部不带头的不放过，思想认识上不去的不放过，学习教育不扎实的不放过，查摆问题不聚焦的不放过，自我剖析不深刻的不放过，谈心交心不充分的不放过，开展批评不认真的不放过，整改落实不见效的不放过，职工群众不满意的不放过。

（三）充分体现科研单位特点

为增强教育实践活动的针对性，我院紧扣科研单位实际，结合院所发展实际需要，把教育实践活动各个环节的重点与促进农业科技创新、促进院所快速发展紧密结合起来。我院紧密结合贯彻汪洋副总理及韩部长考察我院时的讲话精神，围绕院所科技创新、学科体系建设、人才队伍建设等中心工作开展“践行群众路线”为主题的党组理论中心组学习；紧密结合为实现跨越式发展凝心聚力的目标，开展“我向院长建言跨越式发展”职工征文和青年演讲活动；紧密结合“科技创新服务三农”这个主题，举办先进事迹报告会。在查摆和解决突出问题中，突出科研单位行业特点，深入查找学风浮躁、学术示范和科研经费管理使用不规范甚至违规违法的表现和根源，认真分析其实质和危害，进行专项整治；集中解决职工群众关心的突出问题，把信息化工作作为教育实践活动挂牌督办工作，将园区综合治理这一民心工程纳入教育实践活动，加强院区管理的规范化、制度化建设。

（四）坚持分类指导

我院有在职党员 3 722人，占在职职工总数的51. 2%；离退休党员 2 049人，占离退休职工总数的35. 2%；学生党员 1 641人，占在校学生总数的56%。院党组根据不同层级的情况，提出不同的目标要求和办法措施。在职党员严格按照方案要求，全部参加三个环节活动，一个环节不少、一个步骤不省，全程全员参加；离退休党员的教育实践活动中，突出正面教育，以学习教育为主；学生党员的活动重点是学风建设和科研道德建设，其中，研究生院主要负责一年级学生的学习教育，回所学生跟随研究所参加学习教育活动。对群众意见较大、领导班子测评满意率较低的研究所，院领导亲自督促指导这些研究所的专题民主生活会筹备工作，并直接参加他们的民主生活会，确保开出高质量。

在院属各单位开展教育实践活动中，院党组要求务必要从实际出发，严厉禁止左右一个样、上下一般粗的现象，不套用一个标准，不照搬一个模式。院属各单位严格按照要求，对于三个环节的工作，做到了规定动作扎实到位，自选动作突出特色；对于查摆和解决问题，认真找准各自需要解决的问题，有什么问题就解决什么问题，什么问题突出就重点解决什么问题；对于时间进度，根据自身需要和教育实践活动开展的情况，灵活掌握、确保效果。

（五）强调务实管用

务实管用的整改措施是教育实践活动取得实效、取信于民的关键所在。我院针对查找出来的“四风”问题，紧密结合党员干部思想实际和院所发展需要，制定了目标明确、措施具体、责任明晰的整改落实方案和专项整治方案，明确了路线图、任务书和时间表。在细化具体任务中，我院始终坚持务实管用的原则，务求取得实效。

我院教育实践活动之所以能够顺利完成并取得显著成效，是党中央及农业部英明决策、正确领导的结果，是院党组和各单位领导班子高度重视、狠抓落实的结果，是广大党员干部积极参与、职工群众大力支持的结果。需要特别指出的是，部第七督导组对我院教育实践活动各个环节精心指导，提出了很多很好的指导意见，为我院教育实践活动的健康开展，为顺利完成各项工作任务发挥了重要作用。

在教育实践活动中，我们有以下几点体会。

开展教育实践活动非常及时非常必要。党的群众路线教育实践活动，与历次政治教育活动一脉相承，是我们党在新形势下坚持党要管党、从严治党的重大决策，是顺应群众期盼、加强学习型服务型创新型马克思主义执政党建设的重大部署。中央高度重视此次教育实践活动，以上率下，一级做给一级看。我院作为农业科研的国家队，担负着全国农业重大基础与应用基础、应用研究和高新技术研究的重任。当前，随着科技创新工程启动实施、现代院所制度建设扎实推进，我院已经迈上推进跨越式发展、建设世界一流院所的新征程，迫切需要发扬密切联系群众的优良传统，最大限度地凝聚全院科技人员和干部职工的共识，形成加快发展的强大合力。院党组按照中央和部党组的要求，精心部署、务求实效，不分段、不转段，牢牢把握三个环节的要求，杜绝一切闯关和走过场的现象，扎扎实实地开展好教育实践活动。

开展好教育实践活动必须充分调动科研人员的积极性。把学习始终摆在首要位置，提高科研人员对在我院开展教育实践活动的认识。只有真学、真懂，才能做到思想上清醒，行动上坚定。在教育实践活动中，我们坚持把加强理论学习、提高思想认识贯穿始终，健全学习制度，丰富学习内容，创新学习形式，提高学习质量，为教育实践活动的扎实开展奠定了稳固的基础。

开展好教育实践活动必须坚持领导带头。领导带头，示范带动，教育实践活动就能落到实处。我院各级领导干部包括非党员所长、副所长和科研骨干始终以身作则，发挥示范带头作用，以普通党员身份把自己摆进去，带头深入学习，带头听取科研一线和职工群众的意见，带头查摆作风方面的突出问题，带头开展自我批评，诚恳接受批评意见，带头开展整改落实。研究所党政主要领导更是切实负起主要责任，认真查摆个人、领导班子、本单位作风方面的突出问题，亲自主持研究制定体现整风精神的专题民主生活会工作方案，亲自主持编写领导班子对照检查材料，实事求是对班子成员提出批评，亲自主持制定领导班子“两方案一计划”，从自身做起，狠抓整改落实，确保教育实践活动取得了实实在在的成效。

开展好教育实践活动必须坚持开门搞活动。干部作风怎么样，存在哪些问题，职工群众看得最清楚，最有发言权。我院在教育实践活动中紧紧依靠职工群众，不自说自话、自拉自唱。采取召开座谈会、个别访谈、上门征求意见等多种形式，广泛听取党员干部群众的意见。对职工群众的意见建议，高度重视、认真研究。对照检查材料和“两方案一计划”都及时向群众公示。民主生活会情况以及整改方案和结果，都通过多种方式向群众公开，让群众知道改什么、怎么改、改得怎么样，整个活动始终都处于群众监督之下。适时组织职工群众，对解决问题、改进作风情况进行民主评议，使活动成为了群众支持、群众检验、群众满意的民心工程。

开展好教育实践活动必须始终把职工群众是否满意作为检验活动成效的标准。职工群众满意是教育实践活动取得成功的关键所在。我院在教育实践活动中不搞形式、不走过场，不以记多少学习笔记、写多少体会文章来衡量学习效果，不搞走马观花、浮光掠影式的调研，不以开了多少会、发了多少文件简报来衡量工作成效。院党组抓住制约院所快速发展的重点问题，抓住职工群众关心的突出问题，正视矛盾、直面问题、及时整改、逐项落实，让群众及时看到变化、见到成效，确保了教育实践活动善始善终、取信于民。

四、巩固和扩大教育实践活动成果的措施

群众路线是我们党的生命线和根本工作路线。我院教育实践活动虽然结束了，但发扬优良作风推动农业科技创新永无止境。我院将认真总结这次教育实践活动的好做法好经验，使之经常化制度化。要认真落实中央关于开展教育实践活动第一批总结暨第二批动员会议精神以及农业部关于做好教育实践活动总结的精神，再接再厉，进一步巩固和扩大教育实践活动成果。

（一）继续抓好整改落实不放松

开展总结并不意味着整改任务的完成，我院将按照中央和农业部的要求，以认真的态度一鼓作气抓好教育实践活动，敬终如始、一抓到底，一以贯之地坚持教育与实践的统一，坚持两手抓、两手都要硬，把教育和实践有机结合起来，深化整改落实工作。同时，按照中央以及农业部的部署，我院还将进一步查找工作不足、及时补缺补漏，推动专项整治、强化整治效果，促进整改落实、兑现整改承诺。进一步抓好制度建设，增强针对性、适用性、可操作性，确保行得通、指导力强、能长期管用。还将对院属各单位解决突出问题、建立长效机制的情况进行抽查和测评，确保取得实效。

（二）深入开展“创建一流作风”行动

不良作风具有反复性和顽固性，作风建设既要治标更要治本。为进一步巩固教育实践活动成果，我院将在全院开展“创建一流作风　建设一流院所”行动。所谓“一流作风”就是要有科学的管理理念，坚持开放办院、民主办院，要有鼓励创新、宽容失败的文化氛围，建立不唯上、不唯权威、只唯实、科学严谨的学风，要有完善规范的工作机制和工作流程，工作质量高、办事效率高，要有强烈的事业心、责任心和使命感，具有吃苦耐劳，耐得住清贫，守得住寂寞的奉献精神。我院将严格执行中央八项规定精神，认真贯彻执行《党政机关厉行节约反对浪费条例》，坚持从严从紧原则，加大惩戒问责力度，对铺张浪费行为要发现一起、查处一起。将突出抓好服务型机关建设，进一步改进机关作风，强化制度落实、确保令在必行。将着力创建基础研究、技术创新、人才培养“三位一体”的科研体制，创新完善学科布局、基地平台、人才建设、转化推广、国际合作和管理服务 6 个机制，为全面深化改革提供重要的组织和制度保障。

（三）进一步加强党的建设

深入学习党的十八届三中全会精神和习近平总书记一列重要讲话精神，坚持不懈地加强党员干部党性锻炼。组织开展农科讲坛，发布农业科技最新进展、交流新的学术思想和新方法、研讨农业科技热点问题，营造良好的学习氛围、工作氛围和创新氛围。出台《院党组进一步加强党内生活制度建设的实施细则》，进一步健全规范党内生活制度，全面提高党的建设科学化水平。修订《研究所党委工作条例》，进一步完善研究所党委工作制度，提高研究所党的建设制度化、规范化水平。修订《研究所职代会条例》，进一步完善研究所职代会制度，强化研究所职工代表大会作用，增强职工参与研究所民主管理意识。出台《院直属机关党支部细则》，进一步加强基层党支部建设，提高党支部工作的规范化、制度化水平，充分发挥党支部战斗堡垒作用。

（四）全面深化改革加快建设世界一流科研院所

党的“十八大”、十八届三中全会对农业、农业科技工作提出了新的要求和新的改革目标。中央经济工作会议和中央农村工作会议将切实保障国家粮食安全作为 2014 年首要任务，并将科技支撑上升到国家粮食安全战略的高度。作为农业科研的国家队，我们有责任在支撑农业发展中发挥更大的作用，将认真贯彻落实中央以及农业部的决策部署，密切结合院所发展实际，深化改革，激发潜力，加快建设世界一流农业科研院所的步伐。近日我院将召开 2014 年工作会议进行部署。

中国农业科学院党组关于学习贯彻韩长赋部长在中国农业科学院调研指导党的群众路线教育实践活动时重要讲话的通知

农科院党组发〔2013〕33 号

院属各单位、院机关各部门：

7 月 24 日，农业部党组书记、部长韩长赋到我院专题调研指导教育实践活动并作了重要讲话。韩长赋部长的重要讲话对于我院扎实开展好教育实践活动、努力建设世界一流农业科研院所具有十分重要的指导意义。现就贯彻落实韩长赋部长重要讲话精神，扎实做好学习教育、听取意见环节工作，提出以下要求。

一是迅速传达学习韩长赋部长重要讲话精神。将韩长赋部长讲话精神传达到各单位党组织和党员干部，把学习韩部长讲话精神与落实院党组关于教育实践活动的工作部署结合起来，使全院广大党员干部充分认识到开展教育实践活动是清除作风之弊、洗净行为之垢的重要行动，是提振精神、锤炼作风、轻装上阵、干好事业的重要举措，以高度的思想自觉和行动自觉投入到教育实践活动中去。

二是坚持把学习教育摆在突出位置。要做到 3 个集中，集中时间、集中精力、集中干部，认真组织学习中国特色社会主义理论体系，学习党章和“十八大”报告，学习中央确定的 3 本书，使全院党员干部普遍接受一次深刻的党的群众路线教育。院属各单位各部门围绕“践行群众路线”主题，结合单位部门中心工作开展集中学习，确保群众路线教育实践活动学习教育的累计时间不少于 3 天。

三是进一步细化、完善实施方案。截至 7 月 25 日，院属各单位院、机关各部门全部完成动员部署工作。但部分单位对开展教育实践活动重要性的认识和参与热情还有待进一步提高，有的单位制定的实施方案中查找“四风”问题与单位实际结合还不够紧密、自选动作特色还不够鲜明。各单位要按照韩部长讲话要求，紧密结合实际，进一步细化、完善教育实践活动方案，重点是要加强学习提高认识、认真查找“四风”问题、落实自选动作。院督导组要负起责任、严格把关，重新审核所督导单位的实施方案。对工作扎实细致的单位，充分肯定；对存在的不足，明确指出，提出整改要求。

四是进一步加强工作督导。按照院教育实践活动领导小组的要求，各督导小组要加大工作力度，普遍走访督导单位的基层党支部，重点审查学习是否到位，认识是否到位，行动是否到位，查找“四风”问题是否结合了单位实际，整改落实是否做到了学习教育、查摆问题、整改落实“三个同步”。

五是进一步加强领导和指导。每名院领导增加联系一个京外所，院领导近期要到各自联系点调研指导教育实践活动。联系点单位教育实践活动的重要工作安排要提前向院领导报告，重要活动要邀请院领导参加。各单位领导班子成员也要及时到联系点调研指导工作，推动各单位教育实践活动深入开展。

附件：1. 韩长赋部长在中国农业科学院调研教育实践活动时的讲话

2. 中国农业科学院党的群众路线教育实践活动院领导联系点及联络员安排表

中国农业科学院党组

2013 年 8 月 1 日

附件1

韩长赋部长在中国农业科学院调研教育实践活动时的讲话

农业部党组书记、部长　韩长赋

（2013年7月24日）

同志们：

这次党的群众路线教育实践活动，确定中国农业科学院作为我的联系点。今天到农科院来，主要是了解农科院教育实践活动的进展情况，听听大家对开展好教育实践活动、加快农业科技创新和技术推广、加强农业人才队伍建设等方面的意见和建议。刚才，我们实地察看了植保所、北京兽医所的实验室和农产品加工所的科研党支部，听了萌山同志的介绍和大家的发言，留下了深刻印象。下面，我讲三点意见：

一、充分肯定农科院教育实践活动的积极成效

总的看，农科院党组对教育实践活动高度重视，部署周密，特点鲜明，开局良好，部党组予以充分肯定。一路看下来、听下来，我感到有以下几个特点。

一是领导带头。家洋同志和萌山同志两位主要领导都担任组长，实行双组长制，全面加强领导，坚持全院“一盘棋”，京内京外统筹安排，还对非党员所长提出了明确要求。

二是立足科研。坚持围绕农业科研大局推进教育实践活动，牢固树立全心全意为科研服务的思想，扎实推进农业科技创新工程和现代院所制度建设。

三是形式多样。举办了骨干培训班、专题辅导讲座等，还将开展院所领导班子“践行群众路线”理论中心组学习研讨，有效调动了干部职工的参与热情。

四是求真务实。院党组专门召开座谈会，听取基层同志的意见和建议，梳理“四风”问题的具体表现，初步查找了学风浮躁学术失范、科研经费管理使用不合理不规范、科研仪器设备重复购置造成浪费等方面的问题，体现了院党组严肃负责的态度。针对在职党员、离退休党员、学生党员和流动党员等不同群体，分别提出具体要求，体现了求真务实的精神。

二、着力推进一流农业科研院所建设

刚才萌山同志提到，要把开展教育实践活动与科技创新工程试点紧密结合，全面推动农科院跨越式发展，推进世界一流农业科研院所建设。这个思路体现了两手抓、两促进的要求。汪洋副总理6月份来农科院调研时提出，中国农业科学院是农业科研的国家

队，在推进我国农业科技进步中具有举足轻重的地位，希望中国农业科学院紧紧围绕现代农业发展需要，加快农业科技创新；瞄准世界农业科技发展趋势，加强农业前沿和基础研究；创新体制机制，释放农业科技发展的内在活力；营造有利的环境和条件，建设高水平的农业科技人才队伍。农科院要认真落实汪洋副总理的要求，加快推进农业科技创新，创新农业科技体制机制，加强科技人才队伍建设，努力创建一流的农业科研院所。

一要明确战略定位，创新体制机制。农科院肩负着以科技创新助力现代农业发展的重大使命。要坚持把服务产业重大科技需求、跃居世界农业科技高端作为主攻目标，在注重基础性、前沿性科学研究的同时，加强新兴、交叉领域的研究，努力在农业科技基础研究和关键技术研发上占领制高点。从这个战略定位出发，在教育实践活动中，要进一步完善考核激励机制，建立目标导向的管理办法，不断强化条件建设、成果推广、经费管理与国际合作等方面工作。要围绕重大科研任务，探索建立更加符合科技创新规律、更加灵活高效的科研管理模式，广泛建立跨学科跨单位跨地域的科研协作机制，不断提高农业科技自主创新能力。

二要强化人才队伍建设，大力培养创新团队。加强农业科技人才队伍建设，是农科院教育实践活动的重要任务。要充分发挥自身优势，以培养急需紧缺人才为重点，以人才资源能力建设为核心，以创新体制机制和完善政策为保障，紧紧抓住培养和使用两个关键环节，挖掘人才资源、创新选用机制、充分激发活力、服务人才成长。要以开展教育实践活动为契机，大力推进高层次人才尤其是领军人才的引进培养和创新团队建设，充分发挥重大农业科研项目、重点学科和重点科研基地凝聚人才、发现人才、培养人才的重要作用，着力构建一支规模适度、结构优化、布局合理的农业科技创新人才队伍，持续保持农科院的整体创新能力和科技竞争力。

三要围绕中心任务，推进工作落实。部党组研究提出，检验农业部教育实践活动成效，要看问题找得准不准、民主生活会质量高不高、部门特色突出不突出、作风转变效果好不好、推动工作成效大不大，这5条，归根结底要看推动工作成效大不大。农科院今年全面启动了科技创新工程，还面临着通州新院区建设、事业单位分类改革等艰巨任务。要坚持以现代农业科研院所建设的新风貌检验教育实践活动的实际效果，推动落实全院重点任务，把教育实践活动激发出来的工作热情和进取精神，转化为干事创业、做好工作的强大动力，推动农科院建设发展不断取得新成效。

三、扎实开展好农科院教育实践活动

下一步，农科院要着力在加强学习教育、改进学风作风、创新体制机制、推动中心工作上下功夫，努力把教育实践活动的成果体现到农业科技创新、农技推广服务、科技人才培养和科研体制机制改革中来。重点抓好三个方面工作：

第一，要加强学习教育，强化宗旨意识。要坚持把学习教育摆在突出位置，院所领导班子带头深入学习，组织好集中研讨交流。要集中时间、集中精力、集中干部，扎实开展“践行群众路线大讨论”活动，使党员干部普遍经受一次深刻的群众路线教育洗礼，进一步增强忧患意识、开拓意识和使命意识，积极谋划院所发展新路，营造良好环境，不断提高农业科技支撑引领水平，努力出更多更好更有效益的科研成果。

第二，要找准“四风”问题，改进学风作风。中央明确要求，这次教育实践活动要着力解决“四风”问题。农科院提出把学风浮躁、学术失范作为作风建设的重点，抓住了关键，找准了批评和自我批评的“靶子”。下一步，要在广泛征求意见的基础上，认真开好各级领导班子专题民主生活会和党支部专题组织生活会，以整风精神认真查找“四风”方面的突出问题，努力在思想上剖析根源，明确改进方向，抓好整改落实。科研部门要突出学术道德、科研诚信和学风建设，大力弘扬科学精神和科学思想；管理部门要突出服务能力建设，想科技人员之所想，急科技人员之所急，努力创造良好的科研条件和生活环境。

第三，要坚持边学边查边改，让群众看到变化、见到成效。要同步推进学习教育、查摆问题与整改落实，针对前段时间查找出来的科研作风、经费管理、设备配置等方面的问题，从农科院实际出发，成熟一个解决一个，自身能够解决的不要上交，能够及早解决的不要往后拖，一时难以解决的要努力创造条件、积极推动解决。

最后，希望农科院认真按照中央部署和部党组要求，紧密结合实际，以良好的精神状态和扎实的工作作风，高标准推进教育实践活动各项工作，在全部系统切实发挥示范带头作用。部党组将一如既往地关心支持农科院改革与发展，各司局要强化支持服务，共同推动农科院在建设现代农业科研院所和实现跨越式发展的道路上继续阔步前进。

附件2

中国农业科学院党的群众路线教育实践活动院领导联系点及联络员安排表

院领导		联系点	联络员	
姓名	职务		姓名	职务
李家洋	农业部副部长、中国农业科学院院长	作物科学研究所 中国水稻研究所	汪飞杰	院办公室主任
陈萌山	院党组书记	蔬菜花卉研究所 哈尔滨兽医研究所	高淑君	直属机关党委常务副书记
唐华俊	院党组副书记、副院长	农业环境与可持续发展研究所 沼气科学研究所	林定根	直属机关党委副书记
刘　旭	副院长	植物保护研究所 农田灌溉研究所	张逐陈	监察局局长
李金祥	副院长	农业资源与农业区划研究所 麻类研究所	姜梅林	院办副主任
吴孔明	副院长	生物技术研究所 果树研究所	姜维民	监察局副局长
史志国	纪检组长	农产品加工研究所 特产研究所	项伯纯	院工会常务副主席
魏　琦	党组成员、人事局长	农业信息研究所 棉花研究所	李红康	人事局副局长

李家洋在中国农业科学院开展党的群众路线教育实践活动动员大会上的讲话

（2013 年 7 月 12 日）

同志们：

刚才，萌山书记就我院开展党的群众路线教育实践活动作了全面动员部署，农业部督导组崔军同志就开展好教育实践活动提出了“五个始终贯彻”的具体要求。我们一定要不折不扣地按照中央和农业部的部署要求，紧紧结合我院和农业科技工作实际，将教育实践活动组织好、开展好，确保取得实效。下面，我重点强调三个方面。

一要提高认识加强领导，确保教育实践活动扎实推进

开展党的群众路线教育实践活动，是党中央在新形势下坚持党要管党、从严治党作出的重大决策。全院广大党员干部要立足党和国家事业发展高度、立足农业科技和现代农业发展大局、立足中国农业科学院实际，深刻理解教育实践活动的重大意义，以饱满的政治热情、良好的精神状态、扎实的工作态度，积极投身教育实践活动。

各单位要高度重视教育实践活动，党政领导要通力合作，精心组织实施，决不能搞形式主义走过场。各单位党组织和党组织负责人是这次活动的主要组织者和责任人。研究所所长作为单位法人代表，对研究所的发展负有主要责任，因此在这次群众路线实践活动中，要发挥带头示范作用，带头深入学习、带头听取意见、带头查摆问题、带头开展批评和自我批评、带头进行整改，成为践行党的群众路线的模范。这里要强调指出的是，我们有的研究所所长不是中共党员，但身为领导干部不能置身事外，要全力支持、主动配合、积极参加各项工作的开展，共同推动全院干部队伍作风建设和各项工作迈上一个新的台阶。

二要紧密结合我院实际，确保教育实践活动突出特色取得实效

当前，我院正处在跨越式发展的关键时期。科技创新工程启动实施，现代农业科研院所、人才队伍和综合试验基地建设加快推进，院所改革发展面临新机遇新挑战，全院广大职工群众特别是科技人员有许多新期待新需求。开展教育实践活动，就是要解决制约发展和群众反映强烈的突出问题，充分调动广大职工群众的积极性、主动性、创造性，形成破解重大农业科技问题和推动院所跨越式发展的强大力量。

不可否认，在全院范围内，我们谋划农业科研院所发展新路的忧患意识、营造良好发展外部环境的开拓意识、提升农业科技支撑引领能力的使命意识还远远不够。此外，不论是院机关还是研究所的管理、支撑部门，强化人才、资金、平台和思想保障能力的责任意识，以及全心全意为科研工作、为一线科技人员、为出成果出效益的服务意识还远远不够。虽然在今年年初的院工作会议上，我们突出强调了群众路线，突出强调了要增强责任意识和服务意识，但还远远不够。针对这些关键环节和关键问题，我们要深刻剖析根源，采取有效措施，推动问题解决，确保教育实践活动取得实效。活动搞得好不好，关键要看有没有取得实效。

三要以教育实践活动为动力，促进我院科技创新快速发展

搞好教育实践活动，找准问题是前提，解决问题是关键，最后的成果还是要落实在推进我们的工作，促进科技创新和院所的发展上。

今年以来，我院紧紧围绕部党组“两个千方百计、两个努力确保、两个持续提高”的工作目标，以实施科技创新工程为总抓手，开展了一系列卓有成效的工作，呈现出良好发展势头。科技创新工程顺利启动并完成了首批试点研究所遴选。现代农业科研院所制度建设全面推进。科研工作成效显著，有 6 项成果通过国家奖评审，首次同时入围三大国家奖，其中国家自然科学奖是近 20 年来首次获得；“973”立项取得新突破，小麦、谷子基因组等基础研究取得重大进展。评选出 200 余项院所级重点推广科技成果加快推广应用。成功举办第四届全球农科院院长高层研讨会、中拉（中国—拉丁美洲）农业部长论坛农业科技分论坛等一系列国际重大活动，大大提升了中国农业科学院及中国农业科技的国际影响力。

下半年，我们要通过教育实践活动的开展，进一步促进各项重点任务落实：一是全力做好科技创新工程试点。抓好第一批试点单位的实施，探索建立以绩效管理为核心的新型管理制度。组织遴选第二批试点单位。完成基地平台布局、200 个左右重点研究方向和国际合作全球战略布局的前期预研，论证并启动重大科技命题。二是积极推进事业单位分类改革。在部党组的领导下，积极向中编办、科技部、财政部等部门汇报沟通，进一步完善方案，认真完成分类改革任务，为院所发展创造良好的体制机制。三是努力强化科技创新与应用。抓好重大项目的立项、申报、实施管理工作。配合农业部组织实施的高产创建等科技行动，分区域建立增产增效模式示范基地，加速全院重大科技成果的转化与推广。四是着力加强人才队伍建设。做实做好“青年英才”等重要人才的引进工作，完善领导干部选拔任用工作办法，加快支撑岗位人才培养，更好地为实施科技创新工程服务。五是扎实推进综合试验基地和平台建设。推进北京通州院区、河南新乡基地、海南南繁基地建设。加强作物基因资源与分子设计、蔬菜生物学、油料作物生物学等国家重点实验室和科技平台申报和建设，建立完善重大科技平台和科研仪器设备共享机制。

同志们，加快农业科技创新、推进跨越式发展，使命光荣、任务艰巨。我们一定要通过群众路线教育实践活动，进一步增强各级党员领导干部、广大科技人员和职工的使命感、责任感、紧迫感，进一步建立完善民主办院、开放办院、科学办院的制度保障，进一步营造风清气正、甘于寂寞、踏实研究的创新氛围，抓住良好机遇，为实现“建成世界一流农业科研院所、支撑我国现代农业发展”的“农科梦”奠定坚实基础，为我国农业科技和现代农业发展作出新的更大贡献。

陈萌山在中国农业科学院党的群众路线教育实践活动总结大会上的讲话

（2014 年 1 月 24 日）

同志们：

在全党深入开展以为民务实清廉为主要内容的党的群众路线教育实践活动，是党的“十八大”作出的重大部署。1 月 20 日上午，中央召开党的群众路线教育实践活动第一批总结暨第二批部署会议，习近平总书记发表重要讲话，对第一批教育实践活动进行总结，对第二批教育实践活动进行部署。昨天上午，农业部召开了党的群众路线教育实践活动总结大会，韩长赋部长做了重要讲话。

今天，我们召开党的群众路线教育实践活动总结大会，学习贯彻习近平总书记重要讲话精神和韩长赋部长讲话有关要求，总结我院教育实践活动的做法成效，对下一步工作作出安排。农业部第七督导组各位同志到会指导工作，组长崔军同志还要作重要讲话，我们要认真学习落实。下面，我代表院党组讲四点意见。

一、我院教育实践活动扎实有效推进

根据中央要求以及部党组的统一部署，从 2013 年 7 月 12 日开始，我院在全院 44 个单位和部门、360 个党支部和 6 800多名党员中，认真开展了教育实践活动。6 个多月来，在韩部长以及部第七督导组精心指导下，我院坚持学习教育贯穿始终，领导带头贯穿始终，联系实际贯穿始终，边查边改贯穿始终，推进中心工作贯穿始终，突出科研单位特色贯彻始终，使教育实践活动扎实有效推进。

（一）深入开展学习教育

认真学习党章，学习习近平总书记一系列重要讲话以及中央指定篇目。学习形式多样，注重实际效果。举办骨干培训班，集中学习；邀请中央党校教授作辅导报告，启发学习；围绕“践行群众路线”主题，组织院党组中心组专题学习；举办“科技创新服务三农”先进事迹报告会，树立标杆学习。院属各单位各部门也从实际出发，通过集中培训、理论辅导、专题研讨、实地参观等多种形式开展学习教育活动。

通过学习，全院广大党员干部特别是领导干部进一步提高了在我院开展教育实践活动的必要性和重要性的认识，进一步加深了对马克思主义群众观点基本内容和党的群众路线丰富内涵的理解，为加强自身修养，转变工作作风，提高宗旨意识，奠定了坚实的思想基础。

（二）聚焦“四风”广泛听意见找问题

我们坚持从严要求，突出问题导向，组织大家从自身入手、从身边事入手、从反映强烈的意见入手，背对背、面对面，几上几下查摆“四风”问题。

对征求的意见建议进行梳理，集中归纳为四个方面：学风方面主要存在急功近利的学术浮躁、学术道德失范、学术行为不端、学术民主不充分等问题；科研经费管理方面主要存在经费使用不规范不合理甚至违规违法，存在虚列支出、挤占课题经费、超范围支出、经费监管不到位、结余经费管理不规范等问题；机关作风方面主要存在工作不实、推诿扯皮、工作懒散、服务不主动等问题；领导干部及班子作风方面主要存在部分党员领导干部缺乏责任心、工作不作为、精神懈怠、安于现状，思想水平、能力水平与建设世界一流院所的目标要求不相适应，部分领导班子班子自身建设水平与贯彻民主集中制的要求不相适应。

（三）以整风精神开展批评和自我批评

院党组和44个院属单位领导班子、290个在职党支部，都严肃认真地召开了一次高质量的专题民主生活会和专题组织生活会。

会前准备充分。深入开展谈心交心。家洋院长和我与党组成员逐一谈心，党组成员之间互相谈心；每位党组成员都与机关分管部门、联系点和部分研究所党政一把手开展谈心，而且至少与2～3名科学家谈心、与1名离退休干部谈心。8位党组成员共开展谈心谈话223次，真心诚恳，力求谈深谈透。44个单位领导班子成员之间、与干部群众共开展谈心谈话3 001次。认真撰写对照检查材料。在家洋院长亲自指导下，起草了党组对照检查材料，前后修改超过10次。院党组成员都分别查找了“四风”表现，并自己动手撰写，反复修改，主动对号入座、对照自查，找准自身存在的问题。院党组和院督导组对各单位的对照检查材料，严格审核，反复提出修改意见。

院党组专题民主生活会上，与会同志认真开展对照检查，坦诚进行相互批评。韩长赋部长全程参加院党组专题民主生活会，对每一位党组成员的发言进行点评，启发认识问题，完善整改措施。

院属各单位在院党组专题民主生活会后相继召开了专题民主生活会和组织生活会，大家放下包袱、端正态度、实事求是开展了批评和自我批评，形成了既红脸出汗又加油鼓劲的良好氛围，达到了“团结—批评—团结”的目的，体现了党的优良传统的继承发扬和党内政治生活的正常化务实性。按照要求，院领导还分别参加了联系点单位专题民主生活会，以普通党员身份参加所在党支部的专题组织生活会。

（四）认真抓好整改落实

院党组着力整改“四风”方面普遍存在的突出问题以及制约我院发展的突出问题，提出了33条整改措施。在普遍整改基础上，着力抓好专项整治工作，科研经费监管、科研学风建设、服务型机关建设、院区综合治理等4个专项整改问题，明确牵头部门和具体责任人，明确时间表和路线图，由院领导牵头，一级抓一级，层层抓落实。努力做到了凡中央要求必落实、凡群众期待必回应、凡整改承诺必兑现、凡查实问题必纠正。

院属各单位也都结合实际，认真研究制定了《整改落实方案》和《专项整治方案》，共提出了1 250条整改措施，确定了96个方面的专项整治内容，并由各单位领导牵头，抓好落实工作。

（五）推动作风建设长效机制建设

院党组按照体现职工群众意愿、体现改进作风、体现提高效率、体现工作规律的要求，切实加强作风建设的建章立制工作。按照精而管用的原则梳理完善现行制度，提出继续执行92个，修订33个，归并20个，废止37个。按照发展需要的原则，新制定了一批制度，主要涉及“建立健全体现职工群众意愿的科学民主决策机制和工作落实机制，健全干部选拔任用、人才选聘培养和考核评价体系，建立健全提升履职尽责能力”等。加大制度执行和监督检查力度。党员领导干部率先垂范，带头遵守制度、维护制度。加大对违反制度行为的查处问责力度，决不允许有令不行、有禁不止。最近我们通报了一起严重违反财务纪律的查处事件，目的就是警示全院纪律是带电的高压线，每一位党员，每一位工作人员都必须严格遵守。

院属各单位也都按照要求，结合自身发展需要，制定了《制度建设计划》，共提出了894项制度安排。通过切实加强制度建设，打造作风建设长效机制，巩固教育实践活动成果。

二、我院教育实践活动成效显著

通过深入开展教育实践活动，我院广大党员干部的政治意识、宗旨意识、担当意识、节俭意识、廉政意识进一步强化，党群干群关系进一步密切，制约我院发展的关键问题和职工群众关心的突出问题得到初步解决，全院上下呈现出风清气正、人心思进、团结奋进、克难前进的良好局面。

（一）严格落实中央八项规定

会风文风明显改进。上报农业部的简报由精简前的11种减少到3种。严格执行会议审批制度，规范精简各类会议，杜绝在高档酒店开会、禁止会议宴请。勤俭节约明显见效。严格控制“三公”经费支出，截至2013年12月底，全院“三公”经费同比降低了20.05%。廉洁自律明显增强。切实做到不收受礼品、礼金和各种有价证券、支付凭证，不使用公款走访、送礼、宴请、旅游及参与高消费娱乐，不讲排场，不比阔气、不搞铺张浪费。全院不搞各种类型的节日庆祝活动，不举办团体聚餐。院领导、机关局办不接受研究所或直属单位任何形式的“吃请送”。接待工作明显简化。院领导及机关局办到京外所和基地调研，轻车简从，不住套间，不到名胜古迹、风景区参观，不收受纪念品和土特产品，不参加娱乐活动，不向接待单位转嫁差旅费负担。接待单位一切从简，不安排迎送，不张贴悬挂标语，不超标安排用餐，不安排宴请，不上酒。

（二）建设服务型院所机关

强化对机关工作人员的服务意识教育。组织开展机关青年干部实践锻炼活动。认真落实首问责任制，初步改善了服务意识差、工作“慵懒散木推”等现象。强化督办工作。坚持和完善重大工作、院领导重要批示督查督办制度。去年院领导重要批示督办落实率达到91.6%。坚持督办事项办理情况每月通报制。将各单位贯彻落实督办机制的情况纳入了机关绩效考核和现代院所评价指标体系。认真执行限时办结制，严格执行规章制度规定的办理时限。强化工作秩序规范。起草下发了《中国农业科学院机关工作秩序管理规定》，改进了信访工作机制。设立院长信箱，实行院领导接待日、联系点等制度。去年成功解决了7起久拖不决、悬而未决的信访积案。

（三）加强科研学风建设

着力规范科研行为。强化《中国农业科学院职工守则》《中国农业科学院科技人员道德准则》的教育。成立了院科研道德委员会，制定了《科研道德规范》，界定了9大类别的科研不端行为，制作抵制科研不端行为宣传画。着力优化资源配置。优化科研经费投入结构，较大幅度地提高基础研究和应用基础研究的支持力度。加大资源统筹力度，提高科技经费的使用效益。改革立项，组织凝练满足国家需求、符合我院学科发展方向、工作基础好的重大命题，为长周期稳定支持做好准备。着力营造良好环境。建立适合我院特色的学术道德规范和科研道德监督机构。加大对涉及科技人员科研道德方面案件的监督检查，强化科研活动全过程监管。对学术不端行为“零容忍”，对严重违反科研道德规范者“一票否决”。

（四）加强科研经费监管

切实增强责任意识。在全院开展科研经费检查，以案说法，增强防范意识。分期分批对研究所领导、科研业务骨干、财务管理人员开展培训，促使科研管理、财务审计、纪检监察形成合力，改变“少数人监督”的局面，营造“所有人自律”的氛围。切实提升信息化水平。大力推广信息监管软件，优化管理流程，增强制度执行刚性，使科研人员实时掌握科研经费使用情况，单位法人及时了解财务收支状况。切实提升财务支撑能力。先后组织研究所主要领导参加财务制度培训班，组织全院财务人员参加科学事业单位财务会计制度培训班，组织研究室主任和课题组组长分期参加了中科院举办的专题培训班。

（五）集中解决职工群众关心的院区环境问题

下决心拆除私搭乱建。经过集中整治，拆除违建1 000余平方米，清除闲杂人员150多人，新修道路1 000余平方米，清运垃圾渣土950余立方米，二百间区域的院区环境面貌和设施条件得到较大程度改善。下决心搬迁了“钉子户”。对“钉子户”问题进行重点整治，根据不同情况，分户、分人做好思想疏通，协商拆迁方案，协调城管对“钉子户”周边私搭乱建坚决进行清理，目前已妥善解决了资源区划所办公楼之间、职工食堂南侧2处“钉子户”。院区环境得到优化。改造院区道路，加强道路交通和车辆管理。按期拆除老旧房屋9 000余平方米，修建了2万多平方米休闲健身广场。加快推进楼道粉刷及门禁系统安装，为26栋多层住宅楼、9栋高层住宅楼粉刷楼道、安装门禁系统。着力清理规范主要道路沿路户外广告，对办公区生活区卫生进行清理，院区环境明显改善，职工群众比较满意。京外所也加强了所区环境整顿工作，取得了明显成效。

（六）推动现代院所制度建设

进一步健全科学决策的工作机制。坚持和完善院常务会、院党组会等决策制度，明确“三重一大”事项。加强院务公开，确保广大职工享有知情权、参与权和监督权。加强基层调研，明确院领导、机关各局办负责人深入研究所常态化调研的具体要求。进一步完善现代科研院所评价体系。全面落实《现代农业科研院所制度建设的指导意见》，修订完善研究所评价指标体系，公布了研究所评价结果，研究创新工程绩效评价体系和机关绩效评价体系，进一步发挥评价的导向作用。进一步规范党内生活制度。对坚持党的民主集中制、党组织换届选举制度、党的“三会一课”制度、民主生活会制度、民主评议党员制度、党员发展管理制度、党员能进能出制度，党内激励关怀帮扶制度、党员立足岗位创先争优制度和党员干部直接联系群众制度 10 项重要党内制度作出明确而具体的规定，推进我院党内生活正常化、制度化。

（七）促进科技创新取得新成绩

教育实践活动有力推动了科技创新工作的开展，调动了广大科研人员的积极性。科技下乡下基层更加积极主动、普遍深入，为我国粮食生产“十连增”、农民增收“十连快”提供了强有力的科技支撑。几代农科院人企盼的科技创新工程正式获得批复并启动实施；2013 年共获得各类科技成果 218 项，以第一完成单位获国家奖 6 项、省部级奖 63 项，实现新世纪国家科技奖励制度改革以来三大奖项首次全覆盖；新增主持项目 1 600多项，合同经费 16.2 亿元，分别比上年增加 4% 和 9.8%，再创历史新高；在 *Nature*（《自然》）、*Science*（《科学》）等顶级核心刊物发表 16 篇，比 2012 年翻了一番；通州园区筹建正式启动；科技兴农取得新成效，全年推广新品种 190 个、新产品 93 个、新技术 228 项，推广总面积 5.28 亿亩，推广畜禽 1.8 亿头（羽），同时，通过科技下乡、举办现场展示观摩会、技术培训咨询等活动，培训基层技术人员和农民 125 万人次。全院科技创新能力、科研保障能力、科技成果转化能力得到了进一步提升，在建成世界一流科研院所宏伟目标的征程中迈出了扎实的一步。

三、我院教育实践活动特色鲜明

在教育实践活动中，我院坚持高标准、严要求，着力提高针对性和实效性，得到了中央第三十一督导组组长令狐安、韩长赋部长的充分肯定和干部职工群众的广泛认可，在农业部教育实践活动座谈会上作了交流发言，农业部简报 5 次介绍我院活动开展情况，农业部教育实践活动办公室全文转发了我院教育实践活动情况。令狐安组长昨天在农业部总结大会上，两次点中国农业科学院，认为中国农业科学院的群众路线教育实践活动，严格要求、十分认真、很有特点、效果显著。

我院教育实践活动特点，有以下几个方面。

（一）加强领导落的实

我院第一时间成立了教育实践活动领导小组，并根据农业科研单位实际情况，实行了“双组长制”，李家洋院长和我同时担任组长。在院党组示范带动下，各单位党政领导通力合作，党组织和党组织负责人是活动的主要组织者和责任人，所长切实发挥了主要负责人作用，非党员所长也全力支持、主动配合、主动参加，效果显著。建立了院领导联系点，院领导每人联系京内京外各 1 个研究所，24 次深入到各自联系点，通过实地调研、座谈、走访等方式，对联系点单位推进教育实践活动提出了要求。院属各单位也都建立了联系点制度，促进了教育实践活动在我院基层党组织扎实开展。院教育实践活动领导小组先后13次召开会议，及时学习传达中央精神以及部党组要求，及时了解情况分析问题，及时研究部署工作。院里还制定了教育实践活动工作日历，细化工作部署，制作进度图表，督促检查各单位活动进展，确保京内京外整体推进。

（二）提升督导位势

针对我院党员人数多、下属单位多特点，在院党组领导下，我院专门成立9个督导组，有力有效督导各单位开展教育实践活动。选派党性强、经验丰富的所局级领导干部担任组长。督导工作密切联系实际，结合纪检监察和巡视工作一同开展。院督导组加强学习，先学一步、学深一层，明确工作遵循，明确督导任务，严把政策、科学指导。督导小组全程参加督导单位教育实践活动，把精力放在重点对象、重点要求、重点环节的督导上，不断拧紧螺丝、上紧发条，推动各项要求落实到位。督导小组坚持严字当头，召开了11次工作会议，各督导小组普遍审核督导单位材料100余份（次），对照检查材料普遍审核了3～4遍，深入督导单位4～5次，走访基层党支部61个，切实做到了领导干部不带头的不放过，思想认识上不去的不放过，学习教育不扎实的不放过，查摆问题不聚焦的不放过，自我剖析不深刻的不放过，谈心交心不充分的不放过，开展批评不认真的不放过，整改落实不见效的不放过，职工群众不满意的不放过。

（三）充分体现科研单位特点

我院紧扣科研单位实际，结合院所发展，把教育实践活动各个环节的重点与促进农业科技创新、促进院所快速发展紧密结合起来。活动一开始，我们就举行了以践行群众路线为主题的党组中心组学习会，学习汪洋副总理及韩部长考察我院时的讲话精神，围绕院所科技创新、学科体系建设、人才队伍建设等中心工作开展研讨；以实现跨越式发展为主题，开展“我向院长建言跨越式发展”征文演讲活动；以“科技创新服务三农”为主题，举办先进事迹报告会。在查摆问题中，突出科研单位行业特点，把学风浮躁、学术失范和科研经费管理使用不规范甚至违规违法作为重点，进行专项整治；集中解决职工群众关心的突出问题，把信息化工作作为教育实践活动挂牌督办工作，将园区综合治理这一民心工程纳入教育实践活动专项整治，加强院区管理的规范化、制度化建设。

（四）坚持分类指导

根据在职党员、学生党员、离退休党员的不同情况，提出不同的目标要求和办法措施。在职党员严格按照方案要求，全部全员参加三个环节活动；离退休党员突出正面教育，以学习教育为主，切实发挥老同志在群众路线传统教育方面的作用，发挥老同志经历丰富的优势，开展建言献策活动；学生党员重点放在学风建设和科研道德建设，研究生院主要负责一年级学生的学习教育，回所学生跟随研究所参加学习教育活动。对群众意见较大、领导班子测评满意率较低的单位，院领导亲自督促指导，确保对照检查材料的质量，确保高质量召开民主生活会。

在院属各单位开展教育实践活动中，严格按照要求，对于三个环节的工作，做到了规定动作扎实到位，自选动作突出特色；对于查摆和解决问题，有什么问题就解决什么问题，什么问题突出就重点解决什么问题；对于时间进度，根据自身需要和教育实践活动开展的情况，灵活掌握、确保效果。

（五）强调务实管用

务实管用的整改措施是教育实践活动取得实效、取信于民的关键所在。我院针对查找出来的“四风”问题，制定了目标明确、措施具体、责任明晰的整改落实方案和专项整治方案，明确了路线图、任务书和时间表。在细化具体任务中，我院始终坚持务实管用的原则，务求取得实效。

我院教育实践活动之所以能够顺利完成并取得显著成效，是党中央英明决策、农业部有力领导的结果，韩部长多次来院指导，是院党组和各单位领导班子高度重视、狠抓落实的结果，是广大党员干部积极参与、职工群众大力支持的结果。需要特别指出的是，部第七督导组对我院教育实践活动每个环节都能及时给予精准指导，提出明确要求，为我们提供了重要遵循和有力保障。我代表院党组，向崔军组长，向督导组全体同志表示衷心的感谢和崇高的敬意。

在教育实践活动中，我们深深地体会到：

开展好教育实践活动必须首先提高思想认识。群众路线教育实践活动，与历次政治教育活动一脉相承，是我们党在新形势下坚持党要管党、从严治党的重大决策，是顺应群众期盼、加强学习型服务型创新型马克思主义执政党建设的重大部署。中央高度重视此次教育实践活动，以上率下，一级做给一级看。作为农业科研的国家队，当前随着科技创新工程启动实施、现代院所制度建设扎实推进，我院已经迈上推进跨越式发展、建设世界一流院所的新征程，迫切需要发扬密切联系群众的优良传统，需要有求真务实的工作作风，需要有奉献敬业的科学学风，需要有勤政清廉的生活作风，最大限度地凝聚全院科技人员和干部职工的共识，形成加快发展的强大合力。

开展好教育实践活动必须充分调动科研人员的积极性。把学习始终摆在首要位置，提高科研人员对在我院开展教育实践活动的认识。只有真学、真懂，才能做到思想上清醒，行动上坚定。在教育实践活动中，我们坚持把加强理论学习、提高思想认识贯穿始终，健全学习制度，丰富学习内容，创新学习形式，提高学习质量，为教育实践活动的扎实开展奠定了思想基础。

开展好教育实践活动必须坚持领导带头。领导带头，示范带动，教育实践活动就能落到实处。我院各级领导干部包括非党员所长、副所长和科研骨干始终以身作则，发挥示范带头作用，以普通党员身份把自己摆进去，带头学习，带头听取职工群众意见，带头查摆突出问题，带头开展自我批评，诚恳接受批评意见，带头整改落实。研究所党政主要领导更是切实担起主要责任，认真查摆个人、领导班子、本单位作风方面的突出问题，亲自主持研究制定体现整风精神的专题民主生活会工作方案，亲自主持撰写领导班子对照检查材料，实事求是对班子成员提出批评，亲自主持制定领导班子“两方案一计划”，从自身做起，狠抓整改落实。

开展好教育实践活动必须坚持开门搞活动。干部作风怎么样，存在哪些问题，职工群众看得最清楚，最有发言权。我院在教育实践活动中紧紧依靠职工群众，不自说自话、自拉自唱。采取召开座谈会、个别访谈、上门征求意见等多种形式，广泛听取党员干部群众意见。对职工群众的意见建议，高度重视、认真研究。对照检查材料和“两方案一计划”都及时向群众公示。民主生活会情况以及整改方案和结果，都通过多种方式向群众公开，让群众知道改什么、怎么改、改得怎么样，整个活动始终都处于群众监督之下。

开展好教育实践活动必须始终把职工群众是否满意作为检验活动成效的标准。职工群众满意是教育实践活动取得成功的关键所在。我院在教育实践活动中不搞形式、不走过场，不以记多少学习笔记、写多少体会文章来衡量学习效果，不搞走马观花、浮光掠影式的调研，不以开了多少会、发了多少文件简报来衡量工作成效。院党组抓住制约院所快速发展的重点问题，抓住职工群众关心的突出问题，正视矛盾、直面问题、及时整改、逐项落实，让群众及时看到变化、见到成效，确保教育实践活动善始善终、取信于民。

四、巩固扩大教育实践活动成果，推进我院跨越式发展

集中教育实践活动有期限，贯彻群众路线没有休止符，作风建设永远在路上。不良作风具有反复性和顽固性，形成优良作风不可能一劳永逸，克服不良作风也不可能一蹴而就。同时，我们也清醒地看到，我院教育实践活动也存在不平衡、一些领域效果不明显等问题。个别单位群众对活动开展的满意度偏低，个别党支部专题组织生活会质量不够高，在个别单位、个别领导干部身上还存在作风霸道、作风不民主等现象。我们要认真总结这次教育实践活动的好做法好经验，高度重视存在的不足，继续下大力气推进作风建设，认真落实中央以及农业部总结大会精神，进一步巩固和扩大教育实践活动成果。

（一）以钉钉子精神继续抓整改落实

开展总结并不意味着整改任务的完成，我院将严格按照中央和农业部要求，把教育

和实践有机结合起来，深化整改落实工作。进一步查找工作不足、及时补缺补漏，推动专项整治、强化整治效果，促进整改落实、兑现整改承诺。进一步抓好制度建设，增强针对性、适用性、可操作性，确保行得通、指导力强、能长期管用。军中无戏言，向群众作出的整改承诺就是“军令状”，承诺一条就要兑现一条，不能搞一阵风。要坚持收尾不收场，发扬钉钉子精神，按照责任分工和完成时限，坚持不懈抓好整改落实任务。今年 6 月份，院党组将对院属各单位整改落实情况和建章立制情况进行检查，确保取得实效。

（二）深入开展“创建一流作风”行动

为进一步巩固教育实践活动成果，我院将在全院开展“创建一流作风建设一流院所”行动。要狠抓中央八项规定落实，认真贯彻执行《党政机关厉行节约反对浪费条例》，加大惩戒问责力度，对铺张浪费行为要发现一起、查处一起。将突出抓好科研学风建设和服务型机关作风建设。进一步改进机关作风，强化制度落实、确保令在必行。引导科技人员特别是青年科技人员，坚定理想信念，坚守板凳宁做十年冷的寂寞情怀，坚持为科技进步乐于奉献的精神追求。

一流院所建设目标宏伟、工程浩大，需要做的事很多，需要克服的困难很多，我们以一般的作风去抓不行，以习惯的作派去推动也不行，必须以踏石有印、抓铁有痕的过硬的作风，公而忘私的精神去抓、去推动。摆在我们面前的任务非常繁重，比如说，今年我院有 3 项重要任务：创新工程如何实现创新国家队、改革排头兵、决策智囊团的作用，中央、有关部门对我们高度期盼，社会对我们密切关注，我们的行动决定了科技创新工程能做多大、走多远；事业单位分类改革今年也要落幕，如何理顺我们的体制，任务也非常艰巨；通州院区 6 280亩地如何给农科院上户口，这也不是轻而易举的事情。所以，中国农业科学院建设世界一流院所、实现跨越式发展的进程当中，我们有许多重大的任务，面对着许多严峻的挑战，我们必须要有过硬的作风，要创造性地开展工作，才能突破难点，逼近我们的目标。

（三）进一步加强党的建设

深入学习党的十八届三中全会精神、习近平总书记一列重要讲话精神和中央纪委十八届三次会议精神，坚持不懈地加强党员干部党性锻炼和党风廉政建设。将出台《院党组加强党内生活制度建设的实施细则》，进一步健全规范党内生活，全面提高党的建设科学化水平。修订《研究所党委工作条例》，进一步完善研究所党委工作制度，提高研究所党的建设制度化、规范化水平。修订《研究所职代会条例》，进一步完善研究所职代会制度，强化研究所职工代表大会作用，增强职工参与研究所民主管理意识。出台《院直属机关党支部细则》，进一步加强党支部建设，充分发挥党支部作用。

（四）全面深化改革加快建设世界一流科研院所

党的十八届三中全会对农业、农业科技工作提出了新的要求和新的目标。中央经济工作会议和中央农村工作会议将切实保障国家粮食安全作为2014年首要任务。1月13日，我院召开了2014年院工作会议，对贯彻落实中央精神，全面深化改革作出了全面部署。我们要紧紧围绕“建设世界一流院所”一个目标，遵循“顶天”“立地”两个总要求，创建基础研究、技术创新、人才培养和研究生教育有机结合的“三位一体”的科研体制，加快构建和完善学科建设、平台基地建设、人才队伍建设、成果转化、国际合作和管理服务等6个方面的工作机制，为我院实现跨越式发展提供强有力的制度保障。

巩固和扩大教育实践活动成果，要从当前工作做起。院工作会议已经部署了2014年我院重点工作，各单位要认真做好贯彻落实工作，要分解任务、明确责任人和完成时限，进行挂牌督办。同时，春节就要到了，要走访慰问困难职工，看望老领导、老同志，认真做好节日值班与安全工作，确保春节安全稳定祥和。

同志们，这次教育实践活动取得了重要阶段性成果，但践行群众路线、改进作风、推进跨越式发展永无止境。让我们高举中国特色社会主义伟大旗帜，紧密团结在以习近平为总书记的党中央周围，全面深化改革，以一流的作风推进一流院所建设，为支撑我国现代农业发展、保障国家粮食安全作出新的更大的贡献。

中国农业科学院2013年直属机关党的工作综述

2013年，我院直属机关党的工作在农业部直属机关党委和院党组领导下，按照年初的工作安排，围绕中心，服务大局，以过硬的工作作风和良好的精神风貌，认真开展好党的群众路线教育实践活动、学习贯彻“十八大”精神和十八届三中全会精神和基层党组织建设等各项工作，较好地完成了全年工作任务，为我院世界一流科研院所建设作出了积极贡献。

一、认真开展党的群众路线教育实践活动，作风建设取得新成效

根据中央的要求和农业部的统一部署，我院从今年7月12日开始，组织44个院属单位和部门、393个党组织，6 800多名党员，认真开展了党的群众路线教育实践活动。在农业部的正确领导和部第七督导组的精心指导下，全院各单位、各部门始终紧扣“照镜子、正衣冠、洗洗澡、治治病”的总要求，牢牢把握以为民务实清廉为主要内容，突出围绕“建设世界一流农业科研院所，实现跨越式发展”的战略目标，切实加强领导，精心组织，统筹安排，有序推动，基本完成了教育实践活动各环节的工作任务，有力地促进了全院各项事业的科学发展。

一是迅速启动党的群众路线教育实践活动。农业部深入教育实践活动动员大会后，及时组织起草《中国农业科学院开展党的群众路线教育实践活动实施方案》（以下简称《实施方案》），《实施方案》明确了我院教育实践活动的基本要求和目标任务。在认真学习我院教育实践活动实施方案的基础上，认真研究制定自身的教育实践活动实施方案。7月12日，组织召开我院教育实践活动动员大会，对全院开展深入教育实践活动进行全面动员和部署。动员大会上，院长李家洋同志、党组书记陈萌山同志作了动员讲话。近期退出院领导班子的老同志，党的“十八大”代表，全国人大代表、政协委员，京区直属各单位领导班子成员、京外研究所党政一把手，院机关全体党员干部和离退休党员代表参加了会议。农业部第七指导检查组组长崔军同志及全体成员出席大会。动员大会后，牵头举办了教育实践活动骨干培训班，分别就活动整体安排、督导和宣传相关工作作了说明，使参加培训同志对中国农业科学院开展教育实践活动的目标要求、方法步骤和基本要求有了更深的理解，对于开展教育实践活动的重要性、必要性和紧迫性有了进一步的认识。

二是深入开展学习教育、多种形式听取意见。院教育实践活动开展之初，成立了以李家洋院长、陈萌山书记为双组长制的教育实践活动领导小组，下设领导小组办

公室，由直属机关党委承担办公室具体任务。开展活动以来，教育实践活动领导小组办公室为全院统一购买12 000余册学习材料，免费发放给每一名党员干部。依托院网，开设专栏，收集提供学习资料，以方便党员干部学习交流。组织全院集中时间、集中精力、集中干部，认真组织学习党章、学习习近平总书记重要讲话、学习中央指定的3本书目。邀请院党组书记陈萌山、中央党校教授讲党课和作专题讲座。9月3日，举办了“科技创新服务三农”先进事迹报告会，请我院获得全国先进工作者、中央国家机关优秀共产党员以及援藏干部、援非专家和祁阳站党支部书记讲述先进事迹，号召全体党员干部向身边先进学习，以先进典型为镜，找差距，找不足。院属各单位各部门也从实际出发，通过集中学习、理论辅导、学习研讨、参观学习等多种形式开展学习教育活动。

为协助院党组找准、找实问题，教育实践活动领导小组办公室积极拓宽建言献策平台，多渠道多形式广泛征求意见，先后组织召开了科研人员、工青妇组织、离退休老同志代表等4次座谈会、真心诚意请各方面专家指导理清发展思路，明确发展目标。并通过发放征求意见表、开通网上信箱、设立意见箱等多种形式，紧紧围绕广大职工所想、所思、所盼，广开言路，背靠背广泛听取各方面的意见和建议。在教育实践活动中，共组织征求意见座谈会157场、走访职工2 000余人次，院党组共征求到各类意见建议179条，院属各单位收集各类意见建议1 647条。

三是认真查摆问题、勇于开展批评。在查摆问题、开展批评环节，教育实践活动领导小组办公室对收集到的意见建议，进行梳理归类，为院党组查摆“四风”专题会做好准备。专题民主生活会前，代党组起草印发了《中国农业科学院党组关于切实做好我院教育实践活动查摆问题、开展批评环节工作的通知》和《关于进一步做好查摆问题开展批评环节有关工作的通知》，院党组和院属各单位领导班子成员认真开展谈心活动，认真分析研究问题产生的深刻根源、危害。8位院领导共开展谈心谈话67次，班子成员之间谈话555次，班子成员与分管部门负责人谈话759次，班子成员与其他干部群众谈话1 687次；为有效破解难题、扎实推进整改落实工作提供有力保障。各单位在开展谈心交心的基础上，认真撰写了对照检查材料，为开好专题民主生活会做准备。10月下旬到11月底近一个月的时间，院党组和各单位领导班子、359个基层党组织，都精心组织召开了专题民主生活会和专题组织生活会。

四是抓好整改落实、促进建章立制。整改落实、建章立制，是教育实践活动取得实效的关键所在，为解决“四风”方面的突出问题，形成践行党的群众路线的长效机制，确保教育实践活动善始善终，代党组起草了《党的群众路线教育实践活动整改落实方案》《党的群众路线教育实践活动专项整治方案》和《党的群众路线教育实践活动制度建设计划》，将整改落实工作具体到部门，明确到责任人，并提出了整改时限。直属机关党委自身根据院党组的部署和要求，进一步健全规范党内生活，更好地落实党要管党，着眼于进一步转变作风、密切联系群众、全面加强党的基层组织建设，结合农业科研单位实际，在深入调研基础上，起草和修订了《中共中国农业科学院党组关于进一步加强党内生活制度建设的实施细则》《中国共产党中国农业科学院研究所委员会工作条例》《中国农业科学院研究所职工代表大会条例》《中国农业科学院直属机关党支部工作细则》和《进一步深化我院创新文化建设助推我院跨越式发展》5个文件，以建章立制巩固教育实践活动成果，进一步提升党建工作科学化水平。

五是加强宣传、营造氛围。自教育活动伊始，教育实践活动领导小组办公室充分利用院报、院网、闭路电视、活动简报、活动展板等宣传平台，大力宣传中央精神、部党组要求，以及我院的安排部署。院网专门开辟“教育实践活动专栏”，及时跟踪报道活动中的好做法、好典型，院活动办公室已编辑《简报》39期，在办公楼大厅已布置3块展板宣传活动部署和开展情况。农业部网站专门撰文报道了我院领导深入教育实践活动联系点调研的有关情况。通过加强宣传，广大党员干部及时了解我院教育实践活动的进展，营造了积极向上的良好氛围。

教育实践活动中，我院始终坚持高标准、严要求和务求实效的原则，密切联系科研单位实际，突出科技创新特色，建立了双组长制，院领导带头深入联系点，成立并派出督导组，注重分类指导和加强宣传营造氛围。整个活动进展有序，环环相扣，发展健康，呈现了鲜明的行业特点和农科院特色，成效显著。韩长赋部长3次到我院调研指导教育实践活动，对我院的工作予以充分肯定。

二、学习贯彻好党的“十八大”和十八届三中全会精神，理论学习取得新业绩

党的十八届三中全会是在我国改革开放新的重要关头召开的一次十分重要的会议，认真学习、深刻领会、广泛宣传、全面贯彻党的十八届三中全会精神是我院当前和今后一个时期首要的政治任务。

（一）认真组织好党的“十八大”精神的深入学习贯彻

一是组织学习“十八大”报告和新《中国共产党章程》。开展中国特色社会主义理论体系和时事政治教育，组织开展学习党章知识竞赛活动等。组织全院千余人参与中央组织部党员教育中心、人民出版社、共产党员网联合举办党的“十八大”报告和党章知识竞赛活动，并取得喜人成绩，共2人分别获得一等奖（全国5名，北京市1名）和三等奖。二是印发了学习习近平总书记在在新进中央委员会的委员、候补委员学习贯彻党的“十八大”精神研讨班上重要讲话的通知。三是积极参加学习成果研讨交流。组织我院“十八大”代表和相关领导参加农业部召开的深入学习贯彻“十八大”精神交流会，并协助我院“十八大”代表何萍作典型发言。四是做好“十八大”精神的宣传。推荐资划所祁阳站和生物所郭三堆参加中央国家机关工委“践行社会主义核心价值体系典型人物事迹征展示活动”，并组织相关宣传材料。通过加强党建宣传信息工作，挖

掘、总结各单位学习宣传贯彻“十八大”精神中的做法和经验，利用农科院报、闭路电视、宣传展板、院机关党建网等载体，及时宣传各级党组织学习宣传贯彻“十八大”精神的好做法好经验。

（二）迅速传达贯彻党的十八届三中全会精神，不断加强党员理论武装

党的十八届三中全会召开后，我院迅速组织京区全体党员干部大会，学习贯彻党的十八届三中全会精神。一是印发了《关注与认真组织学习宣传党的十八届三中全会精神的通知》。二是代党组起草了《中共中国农业科学院党组学习宣传贯彻党的十八届三中全会精神工作方案》，就全院学习贯彻三中全会精神作出部署。三是为京区党支部发放《中国特色社会主义学习读本》，为京区党员发放《中共中央关于全面深化改革若干重大问题的决定》。四是督促召开院所两级理论中心组专题学习会，结合本单位实际，学习贯彻三中全会精神，交流学习体会。

（三）加强党员干部经常性教育，不断提高党员素质

各级党组织始终把加强党员教育、开展政治理论学习作为党建工作的核心任务和重要抓手，以中国特色社会主义理论体系和形势政策教育为主要内容，以建立学习型党组织为目标，通过多种形式组织党员学习。一是坚持理论中心组学习。各级党组织不断健全完善中心组学习制度和党支部学习制度，严格制定学习计划，确定学习主题，提出学习要求，落实学习任务。二是充分发挥领导干部带头作用。院党组成员除积极参加党组理论中心组学习外，还以普通党员身份参加所在支部的学习。院所局级领导干部除参加本单位的系统学习外，还挤出时间抓自学，认真撰写体会，带动党员干部共同学，充分发挥表率作用。2013 年，全院共有 59 名所局级领导干部撰写了理论论文或学习体会，在农业部组织的 2012 年度司局级领导干部理论学习论文评选中，我院刘旭、李金祥、史志国 3 位同志的论文获得表彰。三是有针对性的选择学习内容，提高学习积极性。一年来，院直属机关党委为全院党员干部购买了《中共中央关于全面深化改革若干重大问题的决定》《中国特色社会主义学习读本》等学习图书上万册，有力地促进了党员干部的学习教育活动。

三、不断夯实党建工作基础，基层党组织建设取得新突破

各级党组织通过多种形式，不断加强党的建设，充分发挥推动发展、服务群众、凝聚人心、促进和谐的作用，为实现农业科技创新事业跨越式发展提供了坚强保证。

一是年初组织召开了院直属机关 2013 年党的工作会，总结回顾 2012 年院直属机关党的工作，研究部署 2013 年直属机关党的工作。二是高度重视基层党组织换届工作，

指导人事局、国合局、牧医所、生物所、植保所 5 个基层党组织顺利召开党员大会选举产生新一届党支部或党委、纪委，充实了班子，指导成立食品与营养研究所临时党委，健全了组织。三是举办党务干部培训班。培训班以学习科技创新工程为主要内容，以提升党务干部和基层党组织服务能力为目标设计相关培训内容。所有学员认真学习了李家洋院长和唐华俊副书记在科技创新工程试点工作会议上的重要讲话，分析解读了工程中可能遇到的重点难点问题，并对党务干部提出了明确的要求。培训班上，党务干部们围绕“新形势下怎样做好党办主任工作、基层党支部建设的经验和存在的问题”各抒己见，畅所欲言，进行了热烈的讨论。四是组织 30 名职工参加农业部入党积极分子培训班。为做好新形势下党员发展工作，加强对入党积极分子的教育和培养，组织院属京区各单位的 30 名职工参加了为期 4 天的农业部入党积极分子培训班，并派专人全程参与培训。培训期间，学员们认真听取了农业部机关党委副书记胡永万做的“坚定理想信念，端正入党动机”主题讲座，听取了来自中央党校、中国人民大学、清华大学的多位教授的专题报告，集体学习了“十八大”报告等重要文件，观看了《信仰》等纪录片，撰写了心得体会，并参加了考试。通过培训学习，学员们全面系统的学习了党的基本知识，进一步明确了党的性质、纲领、宗旨和党员的基本条件，端正了入党动机，提高了政治素质和党性修养。五是开展基层党支部建设情况调研。围绕“党的工作要为跨越式发展保驾护航”的要求，从党支部设置、党支部干部队伍建设、党支部工作方法、党支部工作考核等方面对全院基层党支部情况开展摸底调研。召开全院党办主任座谈会，探讨如何推进基层党支部工作；对党支部工作人员发放调查问卷；选取不同类型的党务干部和党员进行专题访谈。共向全院党支部发放调查问卷 300 份。下一步将集中力量，认真研究分析，并组织撰写调研报告。六是做好走访慰问工作，为纪念中国共产党成立 92 周年，充分发扬党组织为民务实的优良传统，“七一”前夕，我院组织开展了走访慰问老党员和生活困难党员活动。院党组对慰问工作高度重视，为 83 位老党员和生活困难党员发放了慰问信和慰问金，并向他们致以节日的慰问和由衷的敬意。院各直属党委、总支、支部把走访慰问作为密切联系群众、切实转变作风的具体行动来抓，积极走访慰问本单位的老党员和生活困难党员，向他们介绍院所跨越式发展的可喜面貌，倾听他们的意见建议，积极帮助他们解决实际困难，切实把党组织的关怀和温暖送到他们心中，进一步落实了党内关怀帮扶制度，推进了和谐院所建设。七是注重舆论宣传，大力营造氛围。各级党组织围绕中心，服务大局，充分利用各种载体和平台，积极发布并上报信息，使宣传工作更上新台阶。直属机关党委网站开通学习十八届三中全会、深入开展党的群众路线教育实践活动两个专栏，宣传报道院所党建新闻 100 余条，为宣传报道我院党建工作，交流经验，发挥了正确的舆论导向作用。组织设计并制作了院东门文化长廊和健身广场宣传栏，现已出版 31 块，有力地宣传了传统农耕文化和我院重大事项。八是不断加强党建工作研究。直属机关党委在做好自身工作的同时，积极开展党建工作研究，在往年开展研究的基础上，2013 年取得丰硕研究成果。由直属机关党委组织撰写的《院所长负责制下科研院所党组织发挥政治核心作用研究》《中国农业科学院文化建设研究与实践》分别荣获中央国家机关党建研究会2012年度机关党建课题研究成果一等奖和二等奖，这是我院首次在同一年度提交2项课题并共同获奖，也是我院作为执笔单位首次在中央国家机关党建研究会上获得一等奖。院直属机关党委撰写的《中国农业科学院思想政治工作中加强人文关怀和心理疏导问题研究》荣获中国思想政治工作研究会2012年团体会员单位课题研究成果三等奖，这是我院首次在全国优秀思想政治工作研究成果评比中获奖。

四、加强精神文明建设和群团组织等工作，和谐院所建设开创新局面

精神文明建设是我院党的建设重要组成部分。深入开展群众性精神文明建设活动，充分发挥工青妇等群众组织作用，认真做好统战和军民共建工作，是贯彻落实科学发展观，构建和谐院所的必然要求。

一是起草完成《中国农业科学院精神文明2013年工作要点》，对全院精神文明建设工作进行安排。二是编辑出版《农科英才（2012版）》。在2010版的基础上，增加了14人的事迹，并对其他部分人选的材料进行了补充修改，共计61个人和2个集体先进事迹，约50多万字。三是对我院精神文明创建20年进行总结，完善精神文明建设相关制度，推广先进经验，编辑完成《中国农业科学院精神文明建设20年巡礼》初稿。四是组织我院中央国家机关、农业部文明单位进行复查。按照农业部精神文明建设协调领导小组关于文明单位开展自查工作的要求，组织我院2个中央国家机关文明单位研究生院和资划所，3个农业部文明单位作科所、环发所和农经所对本单位2013年度文明单位创建进行了认真自查，为更好地开展精神文明建设打下良好基础。五是积极参加农业部“辛勤耕耘为小康”征文活动。院属京区各单位积极响应号召，共有7个单位27名职工参与活动，向农业部报送诗歌12篇、散文20篇等。其中，1人获一等奖，3人获三等奖，1人获纪念奖。我院荣获征文活动组织奖。

工会、共青团、妇工委等群众组织围绕中心、服务大局，年初，分别召开工作会议，对2012年工作进行总结，对2013年工作进行布置。院工会举办了“拥抱阳光 健康生活”长走活动，5位院党组成员，院属京区各单位、院机关各部门1 300多名职工参加活动，人数和规模创历史新高；组队参加农业部直属机关工会棋牌比赛和农业部羽毛球比赛，均取得优异成绩。院团委以“我向院长建言跨越式发展”为主题，在全院职工中开展了征文活动，对上报的119篇文章进行评比打分，对有重要参考价值的35篇文章进行汇编。在此基础上，选拔28位选手参加了“我向院长建言跨越式发展”演讲比赛。院妇工委在“三八”国际劳动妇女节前夕，举办了隆重的表彰活动，对我院2011—2012年度京区各单位的先进妇女组织和个人进行表彰。

在统战工作和军民共建方面，一是配合上级党组织做好新一届全国政协委员信息登记和参加“两会”有关工作，我院共有4人被推荐为第十二届全国政协委员；二是组

织京区各党组织填写统战人物信息采集表和基层民主党派基本信息表，汇总报送民主党派成员180人，无党派人士64人，归侨侨眷18人；三是建立院党组成员联系统战对象制度，每位院领导联系2名党外代表人士，进一步加强我院统战工作。四是举办两院迎新春和庆“八一”共建座谈会，回顾两院军民共建历程，总结共建经验，共商共建发展事宜。

中国农业科学院直属机关2013年党的工作要点

中国农业科学院直属机关2013年党建工作的总体要求是：按照党的“十八大”部署和要求，坚持围绕中心、服务大局，以改革创新精神和求真务实作风全面加强我院党的思想、组织、作风、反腐倡廉和制度建设，着力建设学习型、服务型、创新型党组织，全面提高党建工作科学化水平，为扎实推进科技创新工程、建设世界一流农业科研院所、实现跨越式发展提供思想、政治和组织保证。

一、深入学习贯彻“十八大”精神，加强理论武装

（一）深化“十八大”精神的学习宣传

围绕“十八大”精神的主题主线，全面加强党员理论武装工作，采取中心组学习、专题培训、研讨交流等多种方式，深入学习领会“十八大”报告、新党章和习近平总书记的一系列重要讲话，深入学习党的基本理论、基本路线、基本纲领、基本经验和基本要求，坚定中国特色社会主义的道路自信、理论自信、制度自信。组织理论学习交流活动，总结推广中心组学习经验，发挥中心组示范引领作用。加强党建信息工作，注重信息质量，利用农科院报、闭路电视、宣传展板、院机关党建网等载体，共享学习资源，交流学习心得，及时宣传各级党组织学习宣传贯彻“十八大”精神的好做法好经验。

（二）围绕贯彻落实“十八大”精神推进科技创新工程

组织党员干部认真学习“十八大”对科技创新和“三农”工作的新要求，充分认识、深刻领会实施科技创新工程的重大意义，全面落实科技创新工程的各项举措。各级党组织要在推进科技创新工程中充分发挥政治核心和战斗堡垒作用，广大党员要充分发挥先锋模范作用。加强对“十八大”精神学习成果的总结提炼和转化应用，围绕实施科技创新工程，组织开展“我向院长建言跨越式发展”活动，重点动员一批有学术造诣的专家发表建言，同时开展青年演讲比赛，凝聚全院智慧，为科技创新工程的顺利实施和院所跨越式发展贡献力量。

（三）深化学习型党组织创建

以深入学习贯彻党的“十八大”精神为契机，认真总结近年来全院创建学习型党组织的做法和经验，建立健全务实管用的学习制度，规范管理，加强考核。开设农科讲堂，针对院所特点和职工需求，开展国家政策、宏观形势、时事热点、科技前沿等多方面的培训，不断丰富学习内容，增强学习的针对性和实效性。指导工青妇组织针对不同类型职工群体开设农科职工讲堂、农科青年讲堂、农科巾帼讲堂等，根据需求安排学习主题和内容，并通过专家讲座、征文演讲、主题实践等，不断完善学习教育的组织形式。鼓励各基层党组织积极创建学习品牌，发挥品牌的示范作用，适时总结典型创建案例。改进领导干部理论学习论文评选，汇编学习成果集。

二、加强党员教育，坚守共产党人的精神追求

（四）加强党员党性宗旨教育

要抓住思想理论建设这个根本、党性教育这个核心、道德建设这个基础，深入开展理想信念教育、形势政策教育、国情教育、革命传统教育和改革开放教育，采取主题党日、专题党课、主题教育实践等多种形式，引导党员干部深入学习党的历史、党的知识，深入学习中国特色社会主义理论体系，带头践行社会主义核心价值体系，坚定对马克思主义的信仰、对社会主义和共产主义的信念，树立正确的世界观、人生观、价值观，坚定正确的政治方向，永葆共产党人的政治本色。

（五）严明党的纪律

把严明党的纪律作为全院党建工作的重要任务，严明党的政治纪律、组织纪律、廉政纪律、经济工作纪律、保密纪律等各方面纪律，坚决维护中央权威，维护并保证院党组各项决策措施的贯彻落实，加强监督检查，确保政令畅通。组织党员干部特别是领导干部自觉学习党章、遵守党章，维护党章的权威性和严肃性。认真贯彻民主集中制，按照党的组织原则和党内政治生活准则办事，加大对违反党章和党的纪律行为的查处问责力度，切实增强制度的执行力。

（六）严格落实中央“八项规定”

认真贯彻落实中央八项规定和院党组《关于改进工作作风的有关规定》及其实施

办法。弘扬勤俭节约的优良传统，宣传节约光荣、浪费可耻的思想观念，严格执行公务接待制度，严格落实各项节约措施，坚决杜绝公款浪费现象。坚持从党组织和领导干部做起，从职工群众反映强烈的问题改起，从最能体现良好作风的具体事情抓起，自觉接受群众评议和监督，务求取得实效。

（七）开展党的群众路线教育实践活动

按照中央部署和上级党组织部署，围绕保持党的先进性和纯洁性，落实“照镜子、正衣冠、洗洗澡、治治病”的要求，认真组织开展以为民务实清廉为主要内容的党的群众路线教育实践活动，切实加强和改进党的建设。在活动中注重采取多种措施，积极组织宣传活动中产生的有效做法和经验。

三、加强基层党组织建设，夯实党的组织基础

（八）加强基层党组织建设

结合实际深入贯彻落实《中国共产党党和国家机关基层组织工作条例》，推进基层党建机制创新、组织设置创新、方式方法创新，充分发挥基层党组织推动发展、服务群众、凝聚人心、促进和谐的作用。修订出台《中国农业科学院研究所党委工作条例》，加强研究所党的工作制度化、规范化和科学化。制定出台《中国农业科学院党支部工作细则》，总结提炼并推广具有农业科研单位特色的支部工作法，提高基层党支部干部的工作能力和工作实效。加强对各直属党组织换届选举工作的指导，筹备召开院直属机关第六次党员代表大会，进行院直属机关党委、纪委换届选举。

（九）加强党员管理服务

认真总结深入开展创先争优活动的成果和经验，推进创先争优常态化长效化。组织开展入党积极分子培训和新党员培训。加强和改进党员管理服务工作，及时转接党员组织关系，严格执行党费收缴、使用和管理的相关规定，健全完善党内激励、关怀、帮扶机制，帮助生活困难党员和老党员解决实际问题。坚持做好在青年职工和科技骨干中发展党员工作，提高新发展党员的质量。

（十）加强党务干部队伍建设

加强基层党组织带头人和党务工作者队伍建设，选好配强党组织领导班子。组织开

展基层党组织书记、党办主任、工青妇组织负责人等党群干部培训，提高党务业务“两手抓”的意识和能力。拓宽基层党务干部来源，推动党务干部与业务干部的双向交流，关心党务干部成长，保持党务干部队伍的生机和活力。

四、加强反腐倡廉建设，为科技创新保驾护航

（十一）深入开展反腐倡廉教育

认真贯彻落实中央纪委二次全会精神和院党风廉政建设工作会议各项部署。以党性党风党纪教育、反腐倡廉教育、法制教育、诚信教育和从政道德教育为重点，创新廉政教育方式方法，引导党员干部增强为民用权、廉洁从政的自觉性。推进廉政文化建设，发送廉政短信，组织学习《农业部系统廉政格言警句释读》。贯彻执行《廉政准则》，强化党员干部廉洁自律意识。

（十二）严格依纪依法执纪办案

认真做好信访举报受理工作，加强对下级纪检组织办理信访举报件的督导。认真执行《中国农业科学院直属机关违纪党员党纪处分工作细则（试行）》，做好违纪党员的执纪处分工作，不断提高办案质量和水平。严肃查处违法违纪案件，及时通报，有针对性地开展警示教育，充分发挥查办案件的治本功能。

五、加强创新文化建设，营造激励创新的良好氛围

（十三）提炼并大力弘扬中国农业科学院的核心价值体系

全面深入总结我院的历史文化积淀和精神传统，开展中国农业科学院核心价值体系大讨论活动，对建院以来形成的优良传统进行概括，总结在长期的科技创新实践中形成的价值理念和经验智慧，形成具有中国农业科学院特色的核心价值理念体系，使创新文化的核心价值理念深入人心。

（十四）规范并充分应用视觉形象识别系统

进一步做好以院所徽、旗、产品包装、广告宣传等为代表的标识物设计工作，加强规范使用、展示交流和推广。将我院视觉形象识别系统充分运用于建筑外观、办公用品、产品包装、对外交流等方面，打造统一醒目的良好形象，彰显农科特色，传播农科

文化。

（十五）加强制度文化建设

将激励创新的理念融入各项规章制度的完善和执行中，做好院所两级各项规划、工作条例、管理办法和实施细则等规章制度的废止、修订和新建工作，特别是做好《中国农业科学院关于现代农业科研院所制度建设的指导意见》和《中国农业科学院研究所综合评价办法（试行）》的解读和执行，为现代农业科研院所建设营造良好的制度环境。

（十六）抓好园区环境综合治理

按照建设“和谐、文明、优美、平安”院区的要求，强化管理职能，增强服务意识，做好大院的环境治理、绿化美化工作，改善整体环境，强化服务保障能力，提升综合管理水平，为科研人员提供整洁、舒适、优美的工作和生活环境。园区文化建设突出文化内涵，充分应用和展示院所标识，注重农业科研单位独特的美感，建设美丽院所区，增强职工的集体荣誉感和归属感。

六、加强精神文明建设，构建和谐院所

（十七）做好职工思想政治工作

充分发挥党的思想政治工作优势，加强和改进职工思想政治工作，特别是围绕推进科技创新工程等重点任务，做好党员和科技人员的思想政治工作，协助做好科技创新工程的宣传和解读。注重人文关怀、心理疏导和正面激励引导，注重解决思想问题与解决实际问题相结合，在解决实际问题上下功夫。坚持定期开展职工思想状况分析调研，各单位每年开展研究分析，及时发现和解决苗头性、倾向性问题。做好统战工作，充分发挥党外人士的建言献策和民主监督作用。坚持抓攻坚、抓巩固，做好维稳工作。

（十八）深化文明单位创建和评先进树典型活动

完善文明单位创建工作制度，加强日常管理和督促，提高创建工作水平。积极开展学雷锋活动，提高职工的社会责任感和院所社会影响力。积极培育、选树和宣传身边的先进集体和优秀人物，开展院先进工作者评选活动，表彰妇女工作先进集体和个人，引导党员干部自觉做社会主义道德的示范者、爱岗敬业的带头者、诚信风尚的引领者、公

平正义的维护者。

（十九）充分发挥群团组织在和谐院所建设中的作用

加强工青妇组织建设，充分发挥群团组织的桥梁纽带作用，深入研究群众工作的特点和规律，落实民主办院原则，修订出台《中国农业科学院研究所职工代表大会条例》，调动职工的主动性和参与性，进一步提高群众工作能力，营造积极向上、文明和谐的良好氛围。践行社会主义核心价值体系，积极开展群众性文体活动，充分发挥职工文体俱乐部作用，丰富职工业余文化生活。组织开展好“送温暖”活动和先进职工暑期疗养活动。

七、全面提高党建科学化水平

（二十）落实党建工作责任制

完善党组织书记负总责，分管领导具体抓、一级抓一级、层层抓落实的党建工作格局，保证党建工作任务落实。加强对京外研究所党的工作的指导，统筹推进全院党建工作，进一步完善《中国农业科学院研究所党的工作评价指标》。

（二十一）加强党建工作研究

紧密结合“十八大”对党的建设的新要求，围绕破解农业科研单位党建重点难点问题，深入开展党建调研。组织召开全国“两研会”会长办公会和院“两研会”理事会，认真总结好的做法和实践经验，不断深化对农业科研单位党建工作的研究和探索，努力把握党建工作的新规律，使党建工作更好地发挥围绕中心、服务大局、服务创新、促进创新的保驾护航作用。

（二十二）培育良好作风

直属机关党委要带头严格执行院党组《关于改进工作作风的有关规定》及其实施办法，要求基层党组织做到的首先做到，要求基层党组织不做的坚决不做，不折不扣执行“八项规定”，精简会议活动和文件，改进文风会风，更好地联系群众、改进作风。

中国农业科学院党组副书记、副院长唐华俊在院直属机关2013年党的工作会议上的讲话

（2013年4月3日）

同志们：

这次党的会议的主要任务是，认真学习贯彻党的“十八大”精神、农业部党的工作会议精神和院工作会议精神，总结2012年院直属机关党的工作，研究部署2013年党的工作。下面，我代表院党组讲三个问题。

一、2012年直属机关党的工作回顾

2012年，在院党组和农业部直属机关党委领导下，院直属机关各级党组织认真学习贯彻“十八大”精神，紧紧围绕“建设世界一流农业科研院所”的战略目标和推进跨越式发展的核心任务，紧密联系科研单位实际和党组织党员队伍实际，不断拓展工作内容和载体，圆满完成了各项任务，为我院各项事业发展提供了坚强的政治、思想和组织保证。

一是认真做好迎接“十八大”召开和组织开展学习贯彻“十八大”精神系列活动。“十八大”召开前，积极做好我院出席党的“十八大”代表推荐工作，李家洋、景蕊莲、何萍3名同志同时当选“十八大”代表，代表人数创我院历史之最。“十八大”召开后，全院各级党组织把学习贯彻“十八大”精神作为首要政治任务，采取中心组学习、研讨会、专家报告会等多种方式迅速宣传、传达、贯彻和落实，在全院掀起了学习贯彻“十八大”精神的热潮和高潮。

二是深入开展创先争优活动，有力提升了党组织和党员队伍的生机活力。直属机关党委把创先争优作为加强党的先进性建设和基层组织建设的有效载体和抓手，认真做好“两优一先”评选表彰活动，30个基层党组织被评为中国农业科学院先进基层党组织、90名党员被评为中国农业科学院优秀党员和优秀党务工作者；1个基层党组织被评为农业部先进基层党组织、3名党员被评为农业部优秀党员和优秀党务工作者；5个青年集体被授予“农业部青年文明号”。资划所呼伦贝尔野外台站被授予“中央国家机关青年文明号”，院妇工委被授予“全国妇女创先争优先进集体”荣誉称号。我院基层党组织建设以及在创先争优活动中开展的工作，得到上级党组织充分肯定，在农业部创先争优总结交流会上作了典型发言。

三是党的建设各项工作全面深入推进，党建工作科学化水平进一步提高。理论学习方面，加强党员理论武装，认真组织专题学习教育活动，提高工作能力和思想认识水平，有 6 位领导干部撰写的论文获得农业部表彰，近五年来首获一等奖，获奖数量和层次显著提升。组织建设方面，院党组印发了《关于加强党的工作有关问题的意见》，增加了直属机关党委指导京外研究所党的工作的职责，统筹协调全院党的工作，进一步加强了我院党的建设。作风建设方面，院党组认真贯彻中央精神，及时印发了《中国农业科学院改进工作作风的有关规定》及其实施办法，促进全院形成良好作风。宣传工作方面，坚持正确的政治导向，营造良好舆论氛围，积极宣传院所党建工作的有效做法和亮点工作，全年审核基层信息 120 篇，发布 108 篇，修改上报农业部直属机关党委 42 篇。直属机关党委被评为农业部党建宣传信息工作先进单位。党建研究方面，结合重点工作和重大活动，认真组织力量对热点难点问题进行深入研究，提高了理论水平和指导实际工作的能力。开展了《院所长负责制下科研院所党组织发挥政治核心作用》《文化建设》和《思想政治工作中加强人文关怀和心理疏导问题》等研究，三项课题研究报告，分别荣获中央国家机关党建研究会调研课题一等奖、二等奖和全国党建研究会科研院所专委会调研课题三等奖。

四是深入开展精神文明和文化建设。积极开展精神文明创建活动，组织开展了院 2011—2012 年度文明单位评选，21 个单位被评为院级文明单位。作科所、环发所、农经所、资划所和研究生院被评为农业部文明单位，资划所和研究生院继续保持中央国家机关文明单位称号。认真学习贯彻十七届六中全会精神，组织召开了“学习贯彻十七届六中全会精神　推进文化建设座谈会”和特色文化建设现场会，就院所文化建设的现状和问题进行充分交流研讨，进一步明确了文化建设的方向，提高了对文化建设重要性的认识，促进了我院文化建设。

五是扎实做好群众工作。充分发挥工青妇组织的桥梁和纽带作用，进一步推动了我院和谐院所建设。坚持开展“送温暖、献爱心”和走访慰问活动，关心困难党员和职工生活，开展困难职工情况调查，积极为困难家庭争取“阳光助学金”。在职工中普及第九套广播体操，成功举办第六届全院职工运动会，展示了我院职工昂扬的精神风貌，增强了院所凝聚力和向心力。在青年中组织开展了单身青年联谊活动，举办青年集体婚礼，为青年职工增进交流搭建平台。在妇女中组织参加各类培训、走基层及片区交流活动，通过科技下乡、结对帮扶等形式，深入开展“科技服务巾帼争先”活动。

2012 年我院党建各项工作任务圆满完成，院直属机关党委被评为农业部先进基层党组织，成绩的取得，是院党组和农业部直属机关党委高度重视、正确领导的结果，是院属各级党组织扎实工作、共同努力的结果，也是广大党员干部关心支持、积极参与的结果。在此，我代表院党组，向广大党员干部和党务工作者表示衷心感谢和诚挚问候。

在肯定成绩的同时，我们也要清醒地认识到，院直属机关党的工作与中央加强党的建设的新要求、与我院跨越发展的新目标、与广大党员成长进步的新期待相比，还需要进一步努力，在围绕建设世界一流农业科研院所、科技创新工程等方面需要不断创新工作的方式方法，探索新形势下我院党的工作规律，进一步提高党建工作科学化水平。

二、2013年直属机关重点工作

2013年院直属机关党的工作要点，已经印发给大家。这里，我就其中重点工作谈几点意见。

一是把学习贯彻党的"十八大"精神引向深入。学习贯彻"十八大"精神仍是全年的首要政治任务。要组织党员干部认真研读，进一步学习好领会好"十八大"报告、新党章和习近平总书记的一系列重要讲话，坚定对中国特色社会主义的道路自信、理论自信、制度自信，增强忧患意识、创新意识、宗旨意识、使命意识，真正把思想和行动统一到"十八大"精神上来，把智慧和力量凝聚到完成"十八大"部署的各项任务上来。要采用多种形式，组织党员干部职工认真学习党的"十八大"对科技创新和"三农"工作的新要求，充分认识、深刻领会启动实施科技创新工程对于我院"建设世界一流农业科研院所"和实现跨越式发展的重大意义。要围绕实施科技创新工程，以组织开展"我向院长建言跨越式发展"活动为载体，动员全院职工为推进科技创新工程、建设世界一流科研院所和实施跨越发展集思广益，凝聚全院智慧和力量。通过建言献策活动，动员群众，充分调动全院干部职工的积极性，把思想和行动统一到创新工程和实现跨越式发展的各项工作部署上来，确保我院重点工作的顺利实施。

二是深入开展党的群众路线教育实践活动。重视作风建设是我们党的优良传统，改进作风是今年党的建设的重点。要抓好中央"八项规定"和院党组下发的《中国农业科学院关于改进工作作风的有关规定》的落实。要按照中央部署和农业部要求，组织开展好党的群众路线教育实践活动。围绕保持党的先进性和纯洁性，认真开展批评与自我批评，达到"照镜子、正衣冠、洗洗澡、治治病"的效果。转变工作作风，建立院所领导干部深入研究所和科研一线调查研究制度，进一步密切同科研一线职工的联系，引导院所领导干部深入基层、深入一线，发现问题、及时解决、推动工作。

三是深入推进学习型、服务型、创新型党组织建设。深入开展中国特色社会主义理论体系学习，加强党员教育。树立学习理念，打造学习品牌。针对院所特点，进一步整合网络课堂、专家讲座、征文演讲、领导点评、主题实践等学习平台，统筹开展好"农科讲坛"系列学习活动，开展国家政策、宏观形势、时事热点、科技前沿等多方面学习教育活动。针对党员、青年、妇女、职工等不同群体的培训，不断丰富学习内容，增强学习的针对性和实效性。认真贯彻中央《关于加强新形势下发展党员和党员管理工作的意见》精神，进一步做好党员发展工作，重视加强对科研骨干、学术带头人、留学归国人员中的优秀分子的培养，建立专门档案，明确专人联系，及时将他们中的优秀分子吸收入党。结合群众路线教育活动，认真研究农业科研单位服务型党组织建设机制和方法，强化党组织服务科研一线、服务基层、服务群众的职能，主动帮助科研一线和职工解决困难。鼓励党建工作创新，要求与时俱进、使基层党组织活动，内容上更加贴近党员需求，形式上更为党员喜闻乐见，更具针对性和实效性。

四是深入学习贯彻党章、严明党的纪律。组织党员干部认真自觉学习新党章、遵守新党章、贯彻新党章、维护新党章，强化党章意识，增强党性修养。深入开展理想信念教育、形势政策教育、国情教育、革命传统教育，坚定对马克思主义的信仰、对社会主义和共产主义的信念，树立正确的世界观、人生观、价值观，坚定正确的政治方向，永葆共产党人的政治本色。要严明党的纪律，首先是政治纪律，始终在思想上政治上行动上同以习近平为总书记的党中央保持一致，坚决维护中央权威。加大对违反党章和党的纪律行为的查处问责力度，切实增强制度的执行力。

五是深入推进创新文化建设。未来10多年，我院实施创新工程，不断深入发展的农业科技自主创新，对创新文化提出了更高要求。要将创新文化建设作为科技创新工程的重要组成部分，按照建设世界一流农业科研院所的目标和要求，加强先进文化理念的挖掘和整理，统一思想、凝聚共识。要进一步解放思想、开拓创新，增强推进创新文化建设的紧迫感、责任感和自觉性。大力发展具有鲜明时代特色的创新文化，强化尊重劳动、尊重知识、尊重人才、尊重创造的价值导向，营造激发创新活力的良好环境。要规范并充分应用院所已有的视觉形象识别系统，打造农科院统一醒目的良好形象，彰显农科特色，传播农科文化。要抓好院所园区环境综合治理。为科研人员提供整洁、舒适、优美的工作和生活环境，建设美丽园区，增强农科院职工的集体荣誉感和归属感。进一步激发科技工作者的向心力、凝聚力和创造力。

六是深入推进精神文明建设。加强精神文明建设是一项长期重大的战略任务，我院拥有很好的工作基础，要不断总结经验，深入推进，在全院营造和谐奋进的良好发展氛围。要加大综合管理力度，建设“和谐、文明、优美、平安”的院区，为科技创新、推动实现全院跨越式发展创造条件。要不断完善文明单位创建工作，加强日常管理和督促，提高创建工作水平。要组织开展院级先进工作者评选活动，积极培育、选树和宣传身边的先进模范人物。院所各级党组织要加强对工青妇等群团组织的领导和支持，发挥好群团组织作用，动员和组织干部职工在跨越式发展中建功立业。

三、党的工作要为科技创新工程的顺利实施保驾护航

在今年院工作会议上，院党组全面部署了农业科技创新工程工作。3月26日，我院召开科技创新工程试点工作会议，对实施科技创新工程进行再动员、再部署。创新工程是我院今后一个时期的一号工程，是重中之重工作，党的工作要紧紧围绕创新工程的需要来开展。全院各级党组织要提高对科技创新工程的认识，做好解释动员工作，使广大党员职工充分认识到科技创新工程对调整科研模式、转变用人机制和分配机制的重要意义，克服等靠要的思想，积极思考，大胆创新。要在新形势下不断创新党的工作模式，结合农业科研单位的实际，寻求最有效的工作方法，妥善处理好在实施科技创新工程中可能出现的矛盾和问题。要抓好新形势下党的组织建设，加强党务干部队伍建设，

注重对后备干部的培养，做好党员发展工作。

（一）在实施科技创新工程中要充分发挥研究所党委的政治核心作用。在去年召开的院“两研会”上，院党组书记陈萌山为我们作了《党的工作要为跨越式发展保驾护航》的专题报告。陈萌山书记提出，要将加快农业科技创新作为党建工作的出发点和落脚点，坚持围绕创新、服务创新、促进创新的基本定位，为我院跨越式发展和科技创新创造条件、优化环境、营造氛围。陈书记要求，党委书记要做科学家的“后勤部长”，要成为科技工作者的“园丁”，要成为科技工作者的“灵魂工程师”。陈书记的重要讲话，各单位要认真学习，在工作中予以落实。研究所党委要充分发挥政治核心和保证监督作用，围绕跨越发展和一流院所建设目标，科学谋划，统筹部署，群策群力谋发展，同心同德促创新；要妥善处理好在实施科技创新工程中可能出现的矛盾和问题，要宣传好、引导好，做好职工的思想工作，团结带领广大职工，为现代农业科研院所建设和创新工程的顺利推进营造良好氛围。

（二）在实施科技创新工程中要突出抓好基层党支部建设。党支部是党的基层组织工作的最基本单元，是党的凝聚力、战斗力、创新力的最直接体现。长期以来，我院党组织建设形成了一个很好的传统，坚持支部建在研究室，坚持由研究室主任或在党员群众中具有较高威信的业务尖子担任书记，坚持每年举办支部书记培训班，有力加强了全院基层党支部工作。在推进科技创新工程的过程中，要更加重视和发挥党支部的作用。要开展基层党支部工作情况调研，认真分析研究我院基层党支部建设现状和存在的问题，提出加强和改进的意见建议。要认真总结和归纳我院基层党支部在创先争优活动中形成的有效做法，挖掘、整理、培育符合科研单位特色的“支部工作法”并加以宣传推广，以点带面，以先进促后进。结合群众路线教育实践活动，加强对基层党支部书记的培训，提升党支部书记的业务水平和工作能力。起草印发《中国农业科学院党支部工作细则》，推进基层党支部工作的规范化、制度化，增强基层党支部的凝聚力和战斗力，充分发挥党支部在实施科技创新工程中的战斗堡垒作用和广大党员的先锋模范作用。

（三）在实施科技创新工程中要切实做好职工思想政治工作。科技创新工程，今年是启动试点阶段，只能允许一部分所、一部分团队、一部分科研人员进入创新工程。院所各级党组织要重视做好职工的思想政治工作，要向科研人员讲道理，让科研人员明白，院各所发展的领域、发展的基础、发展的水平都不同，今年实施科技创新工程，先进入试点和后进入试点、进入创新岗位和不进入创新岗位都是大局的需要，都是支持创新工程。要在全院建立职工思想动态预警制度，及时掌握职工思想状况；要完善人文关怀工作，健全帮扶救助机制，尽量帮助一线职工解决实际困难；要建立心理疏导机制，通过设立党委书记接访日，打造亲情沟通室等方式，帮助职工提高应对心理危机和自我调适能力，要集思广益，凝聚共识，化解矛盾，在鼓励改革创新和竞争发展的同时，维护科研秩序的稳定和谐。要在广泛调研基础上，不断加强新形势下思想政治工作，修订印发《中国农业科学院研究所职工代表大会条例》。院所各级党组织要宣传好、引导好，做好职工的思想工作，充分发挥党组织、职工代表大会和工青妇等群众组织的作用。

同志们，建设一支高素质的党务工作者队伍，是做好全院党建工作的重要保证。我院各级党务工作者要进一步增强政治责任感和历史使命感，刻苦学习、提高素质、勤奋工作、开拓创新，在加强和改进全院党的建设中更好发挥骨干作用。今年要认真筹备召开院直属机关第六次党员代表大会，进行院直属机关党委、纪委换届工作。要关心党务干部成长，把党务工作岗位作为培养干部的重要平台，加大党务干部与其他岗位干部的交流，使党务干部队伍成为一潭活水。

同志们，做好今年全院党建工作，责任重大，使命光荣。让我们扎实工作、开拓创新，为实施好创新工程、建设世界一流农业科研院所、实现跨越式发展作出新的更大的贡献！

中国农业科学院贯彻落实2013年反腐倡廉工作任务的分工意见

（2013年2月7日）

为贯彻落实第十八届中央纪委第二次全会精神，按照中国农业科学院2013年党风廉政建设工作会议部署和要求，根据党风廉政建设责任制的规定，现对落实2013年反腐倡廉工作任务提出以下分工意见。

一、严明党的纪律，狠抓作风转变

1. 严格执行党的政治纪律。深入开展政治纪律教育，加强对政治纪律执行情况的监督检查，对违反政治纪律的，给予严肃的批评教育或组织处理，对造成严重不良影响和后果的，依纪依法严厉惩处；加强对部、院党组重大决策部署，特别是科技创新工程和现代科研院所建设工作部署执行情况的监督检查，坚决纠正有令不行、有禁不止的行为，确保政令畅通（纪检组监察局、院办、直属机关党委）。

2. 加强和规范督办工作。按照我院督办工作的实施意见，认真贯彻落实国家各项方针政策以及院党组重大决策和重要工作部署，及时办理上级部门领导和院领导批示件以及其他交办事项，保证我院政令畅通（院办）。

3. 严格落实中央关于改进工作作风、密切联系群众的八项规定。

根据《中共农业部党组贯彻落实中央有关改进工作作风、密切联系群众有关规定的实施办法》，制定我院的实施办法（直属机关党委）。

切实抓好“八项规定”贯彻落实情况的监督检查，重点检查调查研究、文风会风、出差出访、厉行节约等方面存在的突出问题，认真纠正和严肃查处违反“八项规定”的行为（纪检组监察局、机关各部门）。

4. 严格执行组织人事工作纪律。严格执行党政领导干部选拔任用工作有关规定，加强对干部选拔任用全过程的监督，加强对拟提拔干部的廉政考察，加强对《党政领导干部选拔任用工作责任追究办法（试行）》等4项监督制度落实情况的监督检查（人事局、纪检组监察局、直属机关党委）。

5. 进一步推进勤政建设，加强服务型院所机关建设，加大对消极腐败现象的治理力度，严肃处理不作为、乱作为等行为（院办、人事局、纪检组监察局）。

二、加强惩治和预防腐败体系建设，深入推进反腐倡廉各项工作

6. 认真落实党风廉政建设责任制，自上而下签订责任书。抓好责任分解、责任考核、责任追究，督促各级领导干部特别是主要领导干部对所管辖范围内的党风廉政建设切实负起领导责任（纪检组监察局、人事局）。

7. 根据中央和农业部《建立健全惩治和预防腐败体系 2013—2017 年工作规划》，紧密结合我院实际，制定我院的工作规划（纪检组监察局、人事局、直属机关党委、院办）。

8. 建立健全现代科研院所管理制度。积极推动《中国农业科学院关于现代农业科研院所制度建设的指导意见》的落实，加快建立“定位明确、法人治理、管理高效、开放包容、评价科学”的现代农业科研院所制度体系。健全科学、民主的决策制度机制，围绕“三重一大”事项决策、基本建设、科研经费使用、科技成果转化、干部选拔任用等重点领域和关键环节，清权确权、规范流程，有针对性地建章立制，促进现代农业科研院所管理民主、廉洁、高效（院办、机关各部门）。

9. 进一步建立健全我院廉政监督制度。探索建立“三重一大”事项集体决策监督制度，开展专题调研和试点示范工作；探索建立招标代理公司备案制度，规范指导研究所选择代理公司行为（纪检组监察局）。

10. 大力推行院务、所务公开。制定院务、所务公开方案，确保院务、所务公开顺利实施（院办、直属机关党委、纪检组监察局）。

11. 大力推进以学风建设为重点的特色廉政文化建设。

建立健全符合我院实际的科研道德规范等相关制度（纪检组监察局、科技局、直属机关党委）。

以科研诚信和学风建设为重点，加强特色廉政文化建设，营造风清气正的学术氛围（纪检组监察局）。

12. 深入开展理想信念教育、党性党风党纪教育和从政道德教育，大力开展示范教育、警示教育和岗位廉政教育（纪检组监察局、直属机关党委、后勤服务局）。

13. 把培育廉洁价值理念贯穿于党员干部培养、选拔、考察、管理和使用的全过程。对新任用干部和新录用工作人员进行任职谈话必须包括廉政教育内容。在干部任职培训、初任培训等各类培训中开设廉政教育课程，并保证不少于半天的课时量。在组织专业技术人员和各类人才培训中增加廉政教育内容（人事局）。

14. 对管理人财物的重点岗位加强经常性教育，特别是在项目审批、资金安排、出差、出国（境）、工作检查、政府采购、招投标等活动之前，要进行廉政教育和提醒（财务局、科技局、基建局、国际合作局）。

15. 认真贯彻执行党内监督条例。加强对领导干部特别是党政主要领导干部的监督，规范权力运行。严格执行领导干部述职述廉、个人事项报告、诫勉谈话、函询等制

度。按照上级规定要求，组织开展对领导干部报告个人有关事项抽查核实工作（人事局、纪检组监察局）。

16. 进一步加强和完善巡视工作，注重巡视成果运用（纪检组监察局、人事局、直属机关党委）。

17. 加强科研成果转化管理。制定符合我院实际的成果转化管理办法，防止成果转化过程中侵占和损害国家集体利益的行为。监督部门要加强对科研成果转化的监督（成果转化局、科技局、纪检组监察局）。

18. 加强领导干部任期经济责任审计、基建项目竣工决算审计，特别要加强科研经费使用的审计，加大揭示问题和整改力度（财务局）。

19. 坚决查处违纪违法行为。严肃查办领导干部贪污贿赂、失职渎职的案件，严重损害群众经济权益、政治权益、人身权利的案件，发生在工程建设领域的腐败案件，严重违反政治纪律和组织人事纪律的案件（纪检组监察局）。

20. 化解信访矛盾。实施好院长信箱、院所领导信访接待日制度，建立信访快速反应机制。做好初信初访工作，把小问题解决在初始阶段。对历史遗留问题，做到“一信一策”“一人一策”。对重点信访件和重复信访件，相关研究所和部门要加强联动，密切配合，及时妥善处理。各单位主要负责人要亲自抓信访工作（院办、人事局、纪检组监察局）。

21. 坚持和完善民主集中制。加强对领导干部民主生活会的指导和监督，进一步提高民主生活会质量（直属机关党委、人事局、纪检组监察局）。

22. 继续推进廉政风险防控管理。完善防范制度和措施，健全长效机制（纪检组监察局）。

23. 进一步完善院所企业管理、监督及干部职工在企业持股、兼职等相关制度（成果转化局、人事局、纪检组监察局）。

24. 深入开展党风廉政建设和反腐败理论研究。坚持理论联系实际，用研究成果指导新的实践，不断拓展工作的广度和深度（纪检组监察局）。

三、进一步加大专项治理力度，切实解决群众反映强烈的突出问题

25. 进一步加强基建项目规范化管理，深入推进工程建设领域突出问题专项治理。重点抓好项目决策、招标投标、规划管理、建设实施、资金管理、物资采购等环节的治理（基建局、财务局、纪检组监察局）。

26. 深化公务用车问题专项治理。抓好对违规车辆的纠正处理，完善和落实公务用车编制管理、购置审批、经费预算管理等制度，加强日常监管（后勤服务局、财务局、院办、纪检组监察局）。

27. 严禁设立“小金库”，建立治理“小金库”工作的长效机制（财务局、纪检组

监察局）。

28. 严禁公款出国（境）旅游，建立监管工作长效机制（国际合作局、纪检组监察局）。

29. 继续整治领导干部违规收受礼金、有价证券、支付凭证、商业支付卡等问题，治理多占住房、违规出租买卖经济适用房问题，治理违规放贷以及利用职权以委托理财等形式谋取不正当利益等问题（纪检组监察局、后勤服务局）。

30. 按照财政部、科技部新的《科学事业单位财务制度》的要求，进一步加强科研经费和资产管理，建立健全财务监督制度（财务局、科技局）。

组织开展对科研经费管理使用情况的专项检查（纪检组监察局、财务局、科技局）。

负责单位中列在第一位的为牵头单位。各单位要严格执行党风廉政建设责任制。院党风廉政建设工作领导小组各成员单位要把党风廉政建设列入工作日程，按照本意见的分工落实各项工作任务，做好承担任务的分解细化，落实责任和工作进度，制定切实可行的实施方案，组织实施并强化监督检查。对本意见中确定的反腐倡廉工作具体任务，各成员单位要在年底进行书面总结，并向院党风廉政建设领导小组作全面汇报。

院属各单位要按照本意见的部署和要求，制定本单位反腐倡廉工作任务分工意见，于年底将贯彻落实情况书面材料上报院党风廉政建设领导小组办公室。

关于调整中国农业科学院党风廉政建设有关领导机构组成人员的通知

（2013 年 1 月 4 日）

院属各单位、院机关各部门：

由于人事变动，现对我院党风廉政建设有关领导机构组成人员进行调整，并将调整后的各机构组成人员通知如下。

一、中国农业科学院党风廉政建设工作领导小组

组　长　李家洋（农业部副部长、中国农业科学院院长）
副组长　陈萌山（院党组书记）
　　　　史志国（院党组成员、纪检组组长）
成　员　魏　琦（院党组成员、人事局局长）
　　　　汪飞杰（院办公室主任）
　　　　王小虎（科技局局长）
　　　　刘瀛弢（财务局副局长）
　　　　付静彬（基本建设局局长）
　　　　张陆彪（国际合作局局长）
　　　　袁龙江（成果转化局局长）
　　　　高淑君（直属机关党委常务副书记）
　　　　张逐陈（纪检组副组长、直属机关纪委书记、监察局局长）
　　　　卢玉明（后勤服务中心主任）

办公室
主　任　张逐陈（兼）
副主任　汪飞杰（兼）
　　　　姜维民（监察局副局长）
　　　　林聚家（监察局副局长）

二、中国农业科学院惩治和预防腐败体系建设领导小组

组　长　李家洋（农业部副部长、中国农业科学院院长）
副组长　陈萌山（院党组书记）
　　　　　史志国（院党组成员、纪检组组长）
成　员　魏　琦（院党组成员、人事局局长）
　　　　　汪飞杰（院办公室主任）
　　　　　王小虎（科技局局长）
　　　　　刘瀛弢（财务局副局长）
　　　　　付静彬（基本建设局局长）
　　　　　张陆彪（国际合作局局长）
　　　　　袁龙江（成果转化局局长）
　　　　　高淑君（直属机关党委常务副书记）
　　　　　张逐陈（纪检组副组长、直属机关纪委书记、监察局局长）
　　　　　卢玉明（后勤服务中心主任）
办公室设在纪检组监察局

关于签订中国农业科学院 2013 年度党风廉政建设责任书的通知

（2013 年 2 月 28 日）

院属各单位、院机关各部门：

为贯彻落实《关于实行党风廉政建设责任制的规定》和十八届中央纪委二次全会精神，增强党员领导干部特别是各单位领导班子、领导班子主要负责人的廉政责任意识，我院 2013 年继续实行签订党风廉政建设责任书制度。

现将中国农业科学院 2013 年度党风廉政建设责任书发给你们，请各单位党风廉政建设第一负责人签字后加盖公章于 2013 年 3 月 25 日前报院党风廉政建设工作领导小组办公室（监察局），院属各单位与下属部门之间党风廉政建设责任书的参考文本，各单位可根据本单位的实际情况选用，签订后存本单位党风廉政建设工作领导小组办公室备查。

附件：1. 中国农业科学院 2013 年度党风廉政建设责任书

2. 中国农业科学院研究所 2013 年度党风廉政建设责任书（参考文本）

附件 1

中国农业科学院 2013 年度党风廉政建设责任书

为贯彻落实《关于实行党风廉政建设责任制的规定》和十八届中央纪委二次全会精神，明确领导班子、领导干部在党风廉政建设中的责任，增强党员领导干部的廉政意识，保障我院现代院所建设和科技创新工程的顺利实施，特签订本责任书。

一、责任主体

本责任书责任主体为院属各研究所和机关各部门负责人及领导班子成员。研究所和机关各部门领导班子对职责范围内的党风廉政建设负全面领导责任，领导班子正职为本单位和本部门党风廉政建设第一责任人，对职责范围内的党风廉政建设负总责，领导班子其他成员根据工作分工，对职责范围内的党风廉政建设负直接领导责任。

二、责任内容

1. 认真贯彻落实中央纪委二次全会精神，落实农业部、中国农业科学院党组关于党风廉政建设和反腐败工作的部署和要求，结合本单位和本部门实际做好党风廉政建设工作。

2. 将党风廉政建设工作纳入本单位、本部门工作计划和目标管理考核中，与业务工作一起部署、一起落实、一起检查、一起考核。

3. 严守政治纪律，维护党的团结和统一。自觉遵守《中国共产党党员领导干部廉洁从政若干准则》等党纪条规。

4. 严格落实中央“八项规定”、农业部党组的有关规定和《中国农业科学院改进工作作风有关规定实施办法》，切实改进作风，自觉抵制消极腐败现象。控制“三公”经费，厉行勤俭节约，严禁铺张浪费。

5. 严格执行民主集中制，完善“三重一大”民主决策、集体讨论、科学论证制度。

6. 推进惩治和预防腐败体系建设，加强反腐倡廉教育、监督、制度、惩治建设，提高制度执行力。

7. 积极开展以学风建设为重点的廉政文化建设，建立健全科研道德规范的相关制度。加强科研道德和科研规范的学习宣传，提高科研人员自律意识，抵制和杜绝科研不端行为。

8. 深入廉政风险防控机制建设，对重要岗位和关键环节要细化防控措施，落实责任主体，加强监督检查，加强源头预防。

9. 加大所务公开，制定所务公开的具体实施方案，逐步完善所务公开工作的领导体制和工作机制。建立由所长主管、党委组织实施、有关部门齐抓共管、职工群众全员参与的工作格局，保证群众知情权、表达权、参与权和监督权。

10. 加强科研经费使用的管理和监督，明确课题承担单位、课题负责人的相关责任，确保科研经费使用合法合规。

11. 积极化解信访矛盾，维护和谐稳定。建立所领导接待日和快速反应机制，实行一人一策、一信一策，及时化解矛盾纠纷，做到矛盾不上交。对违规、违纪、违法行为不庇护、不纵容，坚决纠正和查处。

12. 严格落实党员领导干部报告个人有关事项制度。

三、责任考核

1. 要将执行党风廉政建设责任制的情况，作为党员领导干部民主生活会和述职述廉的重要内容。将领导班子和领导干部贯彻执行党风廉政建设责任制情况列入年终考核内容，在单位总结和领导干部个人述职报告中要写明责任制落实情况。

2. 年终院党风廉政建设领导小组组织对各单位领导班子执行党风廉政建设责任制情况的年度考核。根据各单位民主生活会、年终考核和平时监督检查的情况，以及各单位上报的责任制实施及考核情况，对各单位领导班子和领导干部执行责任制情况做出综合评价。

考核结果在一定范围通报，并作为领导干部业绩评定、奖励惩处、选拔任用的重要依据。

3. 院党风廉政建设领导小组采用多种方式对研究所、机关各部门党风廉政建设情况不定期地组织监督检查。

四、责任追究

根据《关于实行党风廉政建设责任制的规定》，领导班子违反或不正确履行党风廉政建设职责的，情节较轻的，责令作出书面检查；情节较重的，给予通报批评；情节严重的，进行调整处理。

领导干部违反或不正确履行党风廉政建设职责，情节较轻的，给予批评教育、诫勉谈话、责令作出书面检查；情节较重的，给予通报批评；情节严重的，给予党纪政纪处分，或者给予调整职务、责令辞职、免职和降职等组织处理。涉嫌犯罪的，移送司法机关依法处理。

本责任书一式 2 份，单位主要负责人和院党风廉政建设领导小组办公室各存 1 份，签字后生效。

中国农业科学院	**研究所**
负责人：	第一责任人：
年　月　日	年　月　日

附件 2

中国农业科学院研究所
2013 年度党风廉政建设责任书

（参考文本）

为贯彻落实中共中央《关于实行党风廉政建设责任制的规定》和十八届中央纪委二次全会精神，增强党员领导干部的廉政意识，保障我院现代院所建设和创新工程的顺利实施，特签订本责任书。

一、责任主体

本责任书责任主体为研究所各部门主要负责人。各部门主要负责人为本部门党风廉政建设第一责任人，对本部门党风廉政建设负直接领导责任，其他负责人协助主要负责人做好本部门的党风廉政建设工作。

二、责任内容

1. 认真贯彻落实十八届中央纪委二次全会、农业部、中国农业科学院党组及所在单位党委关于党风廉政建设和反腐败工作的部署和要求，结合部门实际，制定本部门党风廉政建设工作措施，并认真组织实施。做到责任明确，落实到人。

2. 将党风廉政建设工作与本部门业务工作紧密结合，纳入部门工作计划和目标管理，贯穿业务工作始终。

3. 严明政治纪律，严格遵守《中国共产党党员领导干部廉洁从政若干准则》等党纪条规。

4. 严格落实中央“八项规定”要求和农业部的有关规定及《中国农业科学院改进工作作风有关规定实施办法》，改进工作作风。坚持勤俭节约，严禁铺张浪费。

5. 组织本部门党员、职工学习党风廉政建设方面的法律、法规，开展党性党风党纪教育、岗位廉政教育，警示教育，提高干部职工遵纪守法的自觉性。

6. 推进廉政风险防控机制建设，对本部门重点岗位、环节的廉政风险点，细化防范措施，明确责任主体，加强考核与监管，有效预防违纪违规违法行为的发生。

7. 切实履行监督职责，对各项规章制度执行情况进行经常性的监督检查，引导职工树立严格按制度办事的意识，促进部门工作制度化、规范化管理。

8. 自觉接受群众监督，坚持办事公开，保证职工群众知情权、表达权、参与权和监督权的实现。

9. 关心职工群众的思想和生活，积极稳妥化解矛盾，对苗头性、倾向性问题及时引导，重要问题及时反映。

10. 加强科研道德和科研规范的学习教育，倡导求真务实学风，抵制和杜绝科研不端行为。

11. 积极协助研究所纪委履行职责，完成研究所交办的其他党风廉政建设任务。

三、责任考核

1. 研究所党委负责领导、组织对各部门及处以上干部执行党风廉政建设责任制情况的检查和考核。

2. 对党风廉政建设责任制落实情况的考核，与处级干部的工作目标考核、年度考核等工作结合进行，同时作为对干部业绩评定、奖励惩处和选拔任用的重要依据。

四、责任追究

责任人违反或不正确履行党风廉政建设职责，情节较轻的，给予批评教育、诫勉谈话、责令作出书面检查；情节较重的，给予通报批评；情节严重的，给予党纪政纪处分，或者给予调整职务、责令辞职、免职和降职等组织处理。涉嫌犯罪的，移送司法机关依法处理。

本责任书一式 2 份，部门负责人和研究所主要负责人各 1 份，签字后生效。

研究所	**责任部门**
负责人：	第一责任人：
年　月　日	年　月　日

中国农业科学院“三重一大”决策制度实施办法

（2013 年 12 月 12 日）

为全面贯彻落实党的“十八大”精神及中共中央关于凡属重大决策、重要干部任免、重大项目安排和大额度资金的使用（以下简称“三重一大”）必须由领导班子集体作出决定的要求，按照院党组加快建设“定位明确、法人治理、管理高效、开放包容、评价科学”的现代科研院所制度的部署，加快建立健全我院重大事项决策规则和程序，防范决策风险，推进决策的科学化、民主化，结合我院实际，制定本办法。

一、“三重一大”决策基本原则

（一）坚持和完善民主集中制，按照集体领导、民主集中、个别酝酿、会议决定的原则，凡属职责范围内的“三重一大”事项，都应充分发扬民主，由领导班子集体做出决定。

（二）凡属“三重一大”事项，除遇重大突发事件和紧急情况外，应按院会议制度有关规定，以院党组会、院常务会、院务会形式讨论决定，不得以传阅、会签和个别征求意见等方式代替集体决策。

二、“三重一大”事项范围

（一）重大决策事项，是指事关我院改革、发展、稳定和干部职工切身利益的重要事项，主要包括如下事项。

1. 贯彻落实党中央、国务院的重大部署和农业部指示的重要事项；

2. 向上级部门请示或报告的重要事项和重要决策建议；

3. 全院改革发展的重大问题；

4. 我院科技创新工程实施中的重大事项；

5. 全院改革发展有关综合规划、中长期规划、科技发展规划、专项规划、院年度计划、财务预决算方案等；

6. 全院党的建设、党风廉政建设、精神文明建设和思想政治工作等重要事项；

7. 院本级出租、出借土地资产事项以及单项或批量价值 50 万元（含）以上国有资产处置事项；

8. 院重要规章制度的制订、修改和废除；

9. 院机构设置、职能、人员编制等事项；

10. 涉及院广大干部职工切身利益和生活福利的重要事项。

（二）重要干部任免事项，是指院党组管理的领导干部任免及其他重要人事安排事项，主要包括：

1. 院党组管理的领导干部任免；

2. 研究推荐正所级、正司局级后备干部人选，审定副所级后备干部人选；

3. 推荐党代会代表、人大代表、政协委员候选人；

4. 院级以上荣誉授予人选决定和推荐；

5. 确定全资、控股企业院方董事、监事及经理人选；

6. 其他重要人事任免。

（三）重大项目安排事项，是指对我院科技创新和建设发展产生重要影响的重大科研项目及投资项目的安排事项，主要包括：

1. 设立重大科研项目和对外合作项目；

2. 使用中央财政资金，投资规模在3 000万元以上的院本级基本建设项目和修缮项目；

3. 使用自有资金，投资规模在1 000万元以上的院本级基本建设项目；

4. 计划外追加研究经费的重大课题、追加投资的重大项目；

5. 影响重大的资产重组、资本运作、融资担保等项目。

（四）大额度资金使用事项，是指超过院长有权调动、使用的资金限额的资金调动和使用，主要包括：

1. 预算内100万元以上的资金使用和财政不可预见费的使用；

2. 预算外50万元以上的资金使用；

3. 10万元以上捐赠、赞助；

4. 其他需要集体讨论决定的大额度资金使用事项。

三、“三重一大”决策程序

（一）酝酿决策阶段。

1. “三重一大”事项决策前，必须进行广泛深入的调查研究，充分听取各方面意见；对专业性、技术性较强的事项，必须进行专家论证、技术咨询、决策评估。

2. 重大科技项目、科技发展规划和涉及学术问题的重要事项等，决策前应根据《中国农业科学院学术委员会章程》有关规定，提交院学术委员会论证或审议。

3. 重要干部任免事项，要严格执行《党政领导干部选拔任用工作条例》、农业部及我院有关规定和工作程序。在提拔院党组管理的领导干部前，须由院监察局出具拟提拔人选执行党风廉政建设情况的书面审核意见。

4. 涉及广大干部职工切身利益和生活福利的规章制度和重大事项，决策前应通过院职工代表大会或其他有效形式充分听取干部职工的意见和建议。

5. “三重一大”事项决策前，院领导班子成员可通过适当形式对有关议题进行充分酝酿，但不得做出决定。

6. 提请院党组会、院常务会、院务会决策的“三重一大”事项议题，应按《中国农业科学院工作规则》《中国农业科学院常务会议议事规则》等有关规定和程序提出，提前以书面形式送达相应参会人员，做好会前沟通，保证有足够时间了解和思考相关问题。

除遇重大突发事件和紧急情况外，不得临时动议。

（二）集体决策阶段。

1. “三重一大”事项决策会议必须符合规定人数方可召开。院党组会、院常务会必须有 2/3 以上成员到会。

2. 研究讨论“三重一大”事项，应当坚持一事一议，一事一决。与会人员要充分讨论，对决策建议分别表示同意、不同意或缓议的意见，并说明理由。主持会议的主要领导同志应在班子其他成员充分发表意见的基础上，最后发表意见。

意见分歧较大或者发现有重大问题尚不清楚时，除紧急事项外，应当暂缓作出决定，待进一步调研或论证后再作决定。

3. 院党组会决策“三重一大”事项遵循少数服从多数原则，采取口头、举手或无记名投票等方式进行表决。讨论决定干部任免事项，一律采取无记名投票方式。

赞成人数超过应到会人数的 1/2 为通过，未到会成员的书面意见不计入票数。

4. “三重一大”事项决策情况，包括决策参与人、决策事项、决策过程、班子成员发表的意见、理由、表决结果、决策结果等内容，应当以会议通知、会议议程、会议记录、会议纪要等书面形式完整详细记录，与投票实样等资料一并立卷归档备查，并做出明确标识。

（三）执行决策阶段。

1. “三重一大”事项经领导班子集体决策后，由班子成员按分工和职责组织实施。遇有分工和职责交叉的，由领导班子明确一名成员牵头。

2. 班子成员不得擅自改变集体决策。对集体决策有不同意见的，可以保留，可按组织原则和规定程序反映，但在没有做出新的决策前，应无条件执行。

3. 集体决策确需变更的，应由领导班子重新做出决策；如遇重大突发事件和紧急情况做出临时处置的，必须在事后及时向领导班子报告，未完成事项如需领导班子重新做出决策的，经再次决策后，按新决策执行。

四、“三重一大”决策监督保障

（一）院领导班子成员应带头执行“三重一大”制度，根据分工和职责及时向领导班子报告“三重一大”事项执行情况。

（二）领导班子及成员执行“三重一大”制度的情况，纳入述职述廉和党风廉政建设责任制考核的重要内容。

（三）除涉密事项外，院“三重一大”决策事项应依照《中国农业科学院关于政务公开工作的方案》规定程序和方式，在相应范围内及时公开。

五、“三重一大”决策责任追究

有下列情形之一的，应根据事实、性质及情节追究责任。情节轻微的，对责任人给予批评教育、诫勉谈话，并限期纠正；情节严重、造成恶劣影响和重大损失的，应依法依纪追究相关责任人的责任。

（一）不按规定履行“三重一大”事项决策程序的；

（二）擅自改变或不执行领导集体决定的；

（三）未经领导集体研究决定而个人决策，事后又不通报的；

（四）未向领导集体提供全面、真实情况，造成错误决定的；

（五）弄虚作假，骗取领导集体做出决定的。

六、附　则

（一）院属各单位应参照本办法，制定本单位“三重一大”事项决策制度实施细则，并报院纪检组监察局备案。

（二）本办法由院纪检组监察局负责解释。

（三）本办法自印发之日起执行。

中国农业科学院
选用招标代理机构备案管理暂行规定

（2013年6月14日）

第一章　总　则

第一条　为规范我院选用招标代理机构，增加选用招标代理机构的透明度，督促招标代理机构提高服务质量，同时为院属各单位选用招标代理机构提供参考和借鉴，结合我院实际，制定本规定。

第二条　选用招标代理机构备案管理坚持实事求是、公开透明、规范便捷、信息共享的原则。

第三条　各单位选用招标代理机构，应当进行充分的市场调研，根据有关法律法规规定以及项目的性质、特点和投资规模，认真遴选符合资质条件要求，有较强的专业胜任能力，经营业绩和社会信誉良好，服务质量优良的招标代理机构。

第四条　各单位开展招标工作，应当及时了解和掌握招标代理机构履行合同及提供服务的情况，严格要求并督促招标代理机构依法履行招标代理义务，提高服务质量和工作效率。

第五条　院属各单位凡招标项目选用招标代理机构，均应进行备案。

第六条　院纪检组监察局负责组织实施选用招标代理机构备案工作。

第二章　备案内容

第七条　备案内容包括：招标代理机构的资质条件、经营业绩、社会信誉、服务质量。

第八条　招标代理机构的资质条件备案内容包括：

（一）营业资格；

（二）招标代理资格；

（三）技术经济负责人的资格及经验情况；

（四）专职人员的人数和资格情况；

（五）办公场所、办公设备情况。

第九条 招标代理机构的经营业绩备案内容包括：

（一）近3年代理我院项目名称及金额；

（二）近3年代理主要项目名称及金额。

第十条 招标代理机构的社会信誉备案内容包括：

（一）国家招投标方面的法律、法规、规章、规范性文件的执行情况；

（二）合同履行的情况；

（三）履行依法缴纳税费义务的情况；

（四）招投标过程中被质疑投诉的情况。

第十一条 招标代理机构的服务质量备案内容包括：

（一）按照国家有关法律法规和招标单位的要求组织招标活动的情况；

（二）签订合同及履行合同义务的情况；

（三）服务态度和工作效率的情况；

（四）编制招标文件的质量和水平的情况；

（五）依法、规范、有序组织公告、报名、资格审查、开标、评标、公示等招标重要环节工作的情况；

（六）对招标活动有关情况和资料的保密情况；

（七）对招标活动有关资料的汇编归档情况。

第三章 备案程序

第十二条 各单位完成招标工作后，要依据本规定第八条、第九条、第十条、第十一条内容，以服务质量为重点，对本次选用的招标代理机构进行综合评议，并填写《中国农业科学院选用招标代理机构备案信息表》（附件，以下简称《备案信息表》）。评议结果分为甲、乙、丙、丁4等。

第十三条 在代理我院项目过程中，招标代理机构存在下列情形之一的，招标单位必须在备案信息表中记录，评为丁等，3年之内不得选用：

（一）存在违法违规行为的；

（二）因主观故意或工作失误，明显影响项目的公平竞争、开标评标工作的顺利进行或项目建设的顺利推进的；

（三）违反委托代理合同开展代理活动，给招标单位造成损失的；

（四）就是否受过刑事处罚、行政处罚或者存在其他不良行为的情况，向招标单位作虚假声明的；

（五）所代理项目受到举报投诉，经查实招标代理机构负有责任的。

第十四条 各单位应当于招标工作结束后30日内，将《备案信息表》汇同备案内容所需材料，一并报院纪检组监察局备案。

第四章　备案信息管理

第十五条　各单位选用招标代理机构备案实行一个项目一备案。

同一年度内，选用同一招标代理机构，需填报《备案信息表》，备案所需其他材料重复的，不再提供。

第十六条　院纪检组监察局对各单位选用招标代理机构备案信息进行整理、汇总，于每年年初公布上一年度全院选用招标代理机构备案信息情况。

第十七条　各单位可以向院纪检组监察局申请查询招标代理机构选用信息，作为选用招标代理机构参考借鉴的依据。

第十八条　院纪检组监察局建立招标代理机构备案档案管理制度，对各单位报送备案的信息及相关资料及时存档。

第五章　附　则

第十九条　本规定由院纪检组监察局负责解释。

第二十条　本规定自发布之日起施行。

附件：中国农业科学院选用招标代理机构备案信息表

附件

中国农业科学院选用招标代理机构备案信息表

<table>
<tr><td colspan="2">招标单位</td><td colspan="4"></td></tr>
<tr><td colspan="2">项目名称</td><td colspan="4"></td></tr>
<tr><td colspan="2">项目类型</td><td colspan="2"></td><td>项目金额</td><td>（万元）</td></tr>
<tr><td rowspan="14">资质条件</td><td>机构名称</td><td colspan="4"></td></tr>
<tr><td>法定代表人</td><td colspan="2"></td><td>本项目负责人</td><td></td></tr>
<tr><td>代理资格</td><td colspan="2"></td><td>注册资本金</td><td>（万元）</td></tr>
<tr><td colspan="5">技术经济负责人资格及经验情况</td></tr>
<tr><td>姓名</td><td></td><td colspan="3">是否本机构专职人员 □是 □否</td></tr>
<tr><td>职称</td><td></td><td>执业资格</td><td colspan="2"></td></tr>
<tr><td>经验</td><td colspan="4">具有＿＿＿＿＿年以上从事工程管理的经历；
其他：＿＿＿＿＿＿＿＿＿＿</td></tr>
<tr><td colspan="5">专职人员人数和资格情况</td></tr>
<tr><td>专职人员总数</td><td>（人）</td><td>具有中级以上职称专职人员数</td><td colspan="2">（人）</td></tr>
<tr><td colspan="3">具有（高级）招标师职业资格的专职人员数</td><td colspan="2">（人）</td></tr>
<tr><td colspan="5">办公场所、办公设备情况</td></tr>
<tr><td colspan="5">□有固定的营业场所 □有开展代理业务所需的开标、评标场所
□有必需的办公设备和设施 □有电子监控设备</td></tr>
<tr><td colspan="5"></td></tr>
<tr><td colspan="5"></td></tr>
<tr><td rowspan="2">经营业绩</td><td colspan="2">近3年代理我院项目名称及金额</td><td colspan="3">近3年代理主要项目名称及金额</td></tr>
<tr><td colspan="2">（可附页）</td><td colspan="3">（可附页）</td></tr>
<tr><td rowspan="5">社会信誉</td><td colspan="3">1. 近3年内因违反《招标投标法》《政府采购法》及有关管理规定，受到相关管理部门行政处罚</td><td colspan="2">□有 □无</td></tr>
<tr><td colspan="3">2. 近3年内机构主要负责人受到刑事处罚</td><td colspan="2">□有 □无</td></tr>
<tr><td colspan="3">3. 近3年内发生合同违约行为</td><td colspan="2">□有 □无</td></tr>
<tr><td colspan="3">4. 依法缴纳税费</td><td colspan="2">□有 □无</td></tr>
<tr><td colspan="3">5. 近2年内发生被质疑投诉的情况</td><td colspan="2">□有 □无</td></tr>
</table>

服务质量	1. 按照国家有关法律法规和招标单位的要求组织招标活动的情况	□甲　□乙　□丙　□丁
	2. 签订合同及履行合同义务的情况	□甲　□乙　□丙　□丁
	3. 服务态度和工作效率的情况	□甲　□乙　□丙　□丁
	4. 编制招标文件的质量和水平的情况	□甲　□乙　□丙　□丁
	5. 依法、规范、有序组织公告、报名、资格审查、开标、评标、公示等重要环节工作的情况	□甲　□乙　□丙　□丁
	6. 对招标活动有关情况和资料的保密情况	□甲　□乙　□丙　□丁
	7. 对招标活动有关资料的汇编归档情况	□甲　□乙　□丙　□丁
对招标代理机构的综合评议		
评语		
等级	□甲　□乙　□丙　□丁	
备案所需提供材料： 招标代理机构企业法人营业执照（副本）复印件； 招标代理资格证书复印件； 招标代理机构技术经济负责人、本项目负责人、本项目专职工作人员的资格证书复印件、职称证书复印件； 招标代理机构关于社会信誉的声明和说明。 （以上材料需加盖招标代理机构公章）		

报送人（签字）：

联系电话：

单位负责人审核（签字）：

单位（公章）

年　　月　　日

中国农业科学院科研道德规范

（2013 年 6 月 17 日）

第一章 总 则

第一条 为弘扬科学精神，维护科研道德，规范科研行为，加强科研诚信和学风建设，依据国家有关法律和相关规定，结合我院实际，制定本规范。

第二条 本规范适用于在中国农业科学院工作、学习的所有人员。

第二章 科研道德基本规范

第三条 严格遵守《中华人民共和国专利法》《中华人民共和国著作权法》《中华人民共和国商标法》等有关知识产权保护方面的法律、法规以及依据上述法律、法规制定的单位规章制度。

第四条 坚持求真求实的科学精神，遵循科学研究规律，恪守科研道德，反对一切弄虚作假、投机取巧、抄袭剽窃和粗制滥造等行为。

第五条 进行科学研究，应进行充分的查新工作，了解相关领域的研究进展及他人的研究成果，尊重他人的知识产权。

第六条 保证实验记录和数据的完整、真实和安全，以备核查；保证发表数据的真实性和准确性。

第七条 在科研成果中对他人观点、数据、公式、图表、程序、结论等的引用必须按规定注明出处；所引用的部分不能构成引用人作品的主要部分或者实质部分；从他人作品转引的成果，应注明转引出处。

第八条 发表研究成果时，对该成果做出创造性贡献且能对有关部分负责的人员享有署名权；合作作品发表前应由所有署名人审阅，所有署名人对本人完成的成果或收集的数据负责，第一署名作者和通讯作者应对作品整体负责。学生为第一作者而指导导师为合作者的研究成果，指导导师应负主要责任。

第九条 对自己和他人的科研成果进行介绍、评价时，应遵循客观、公正、准确的原则，在充分掌握有关材料、数据的基础上，作出实事求是的评价和论证。

第十条 正确行使学术评价权力，不得利用职务便利或学术地位、学术评议、评审权力，为个人或单位谋取不正当利益。不参加与本人专业领域不相干的成果鉴定、论文评阅等活动。

第十一条　应经而未经学术界内部严谨论证的重大科研成果，不应向媒体公布。应保密的科研成果在发表和使用时须遵守国家相关法律法规的规定。

第十二条　对外进行学术交流与合作时，应严格遵守和维护国家安全、信息安全、生态安全、健康安全等方面的规定。未经单位许可，不得私自承担涉及上述内容的委托研究。

第十三条　不得以任何方式隐瞒、包庇、纵容科研不端行为。

第十四条　遵守科学共同体公认的其他行为规范和签署的承诺。

第十五条　研究团队的负责人及研究生指导教师有责任保证研究工作按科研道德规范进行，有义务引导和教育团队成员及学生自觉遵守科研道德规范及相关规章制度。

第三章　科研不端行为

第十六条　下列行为属于科研不端行为。

（一）在科研活动中编造、篡改数据，包括：编造数据或研究结果；破坏原始数据的完整性；篡改实验记录、图片和程序等资料；主观臆造研究结论。

（二）在项目申请、成果申报，以及提职申请中弄虚作假，包括：提供虚假个人消息、获奖证书、论文发表证明、文献引用证明等。

（三）抄袭、剽窃他人科研成果，侵犯或损害他人著作权，包括：故意省略参考他人出版物，抄袭或篡改他人作品的内容；未经授权，将他人未公开的作品或研究计划发表、透露给他人或为己所用；将对研究工作做出实质性贡献的人排除在作者名单之外，将不应享有署名权的人列入作者名单。

（四）违反科研道德利用他人的学术观点、假设、学说，包括：未经许可利用上述信息；未经授权就将上述信息发表；窃取他人的研究计划和学术思想据为己有。

（五）采取不正当手段干扰或妨碍他人的研究活动，包括故意毁损、扣压或强占他人研究活动中必需的仪器设备、文献资料、数据、软件以及其他与科研有关的物品；故意拖延对他人项目或成果的审查、评价时间，或提出无法证明的论断；对竞争项目或结果的审查设置障碍。

（六）将同一研究成果提交多个出版机构发表；将基于同样数据的研究成果以多篇作品出版或发表（除非各作品间有密切的承继关系）。

（七）脱离事实故意夸大或贬低研究成果的学术价值、经济与社会效益。

（八）骗取科研经费、装备和其他支持条件等科研资源；滥用科研资源，用科研资源谋取不正当利益。

（九）科学共同体公认的其他科研不端行为。

第四章　科研不端行为的监督与处理

第十七条　对科研不端行为的处理，应遵循合法公正、实事求是，尊重和维护当事人的正当权益，对举报人提供必要保护。

第十八条　设立院科研道德委员会及其办事机构，负责指导全院科研道德建设工作及科研不端行为的监督和处理。院科研道德委员会由院有关领导担任主任，成员包括院有关部门负责人、若干专家等，其办公室设在院纪检组监察局。院属单位设立相应的科研道德委员会，负责本单位科研道德建设及科研不端行为的监督和处理，办公室设在承担纪检监察工作任务的部门。

第十九条　涉嫌科研不端行为的举报一般由院属单位受理。影响重大的科研不端行为或院科研道德委员会认为应由其直接受理的，由院科研道德委员会受理。经初步认定，对于有明确涉嫌科研不端行为的，应组成有专业领域专家参加的调查组进行调查。

第二十条　调查组成员与举报人、被举报人有利益关系的，应当回避。

第二十一条　被调查人、院属有关单位及个人有义务协助提供必要证据，说明事实真相。

第二十二条　调查工作应当按照下列程序进行：

（一）核实、审阅原始记录，听取相关人员的意见；

（二）要求被调查人提供有关资料，说明事实情况；

（三）形成初步调查意见，并听取被调查人的陈述和申辩；

（四）形成调查报告。调查报告应当包括调查对象、调查内容、调查过程、主要事实与证据、处理意见。

第二十三条　科研不端行为影响重大或争议较大的，可以举行听证会。需经过科学试验予以验证的，应当进行科学试验。

听证会和科学试验由调查组组织。

第二十四条　在有关举报未被查实前，调查组和其他知情人员不得公开有关情况；确需公开的，应依照相关程序进行。

第二十五条　调查工作结束后，调查组将调查报告提交本单位的科研道德委员会，由科研道德委员会做出处理。

第二十六条　对认定为非科研不端行为的，应在所有知情人和被举报人要求的合理范围内公布事实和结论，被举报人名誉受到损害的应为其恢复名誉。

第二十七条　对认定为科研不端行为的人员，根据情节，参照《事业单位工作人员处分暂行规定》给予相应纪律处分。情节轻微，不构成违纪的，可给予责令检查，在一定范围内通报批评；情节严重涉嫌违法犯罪的，移交司法机关处理。

第二十八条　决定给予当事人纪律处分的，撤销所有通过该项违反科研道德行为而获得的奖励或其他资格，禁止当事人终生或一定期限内申请政府资助的任何科研项目。

涉及学位论文的，按照相关规定执行。

院属单位做出处理决定后报院科研道德委员会办公室备案。

第二十九条 在做出处理决定后 10 日内将处理决定送达被处理人并反馈实名举报人。

第三十条 被处理人对处理决定不服的，可以在收到处理决定后 30 日内向本单位或院科研道德委员会书面提出申诉。申诉期间不停止处分决定的执行。

第五章 附 则

第三十一条 本规范由院科研道德委员会负责解释。

第三十二条 本规范自发布之日起生效。

中国农业科学院关于成立科研道德委员会的通知

（2013 年 7 月 11 日）

院属各单位、院机关各部门：

依据《中国农业科学院科研道德规范》有关规定，经 2013 年第 10 次院常务会议研究决定，成立院科研道德委员会。院科研道德委员会组成人员名单如下。

主　任　陈萌山（院党组书记）

副主任　史志国（院党组成员、纪检组组长）

魏　琦（院党组成员、人事局局长）

张逐陈（院党组纪检组副组长、监察局局长）

成　员　汪飞杰（院办公室主任）

梅旭荣（院科技局局长）

姜维民（院监察局副局长）

李新海（院科技局副局长）

李思经（研究生院专家、纪委书记）

陈万权（植物保护研究所专家、纪委书记）

张宝玺（蔬菜花卉研究所专家、纪委书记）

文　杰（北京畜牧兽医研究所专家、纪委书记）

苏晓鸥（农业质量标准与检测技术研究所专家、纪委书记）

中国农业科学院
关于进一步加强科研经费管理使用监督的通知

（2013 年 10 月 23 日）

院属各单位、院机关各部门：

管好用好科研经费，确保科研事业健康发展，是建设现代农业科研院所，实现跨越发展的必然要求，是保障我院创新工程顺利实施的重要条件。我院高度重视科研经费管理使用工作，制度建设逐步完善，监管水平不断提高。今年，根据院党风廉政建设工作会议部署，由院纪检组监察局牵头，财务局、科技局配合，抽调研究所纪委书记和财务、科研骨干组成 14 个检查组，对院属研究所开展了科研经费专项检查。我院高度重视这次检查工作，期间，院领导多次给予重要指示。检查结束后，院常务会专门听取汇报，并对下一步工作提出明确要求。

本次检查发现存在项目经费未实行单独核算，自行调整经费预算，违规挤占科研经费，超范围支出科研经费，实验试剂、耗材的采购、出入库管理不健全，账务处理不规范，结余经费未按规定处理，科研经费投入与产出不符 8 个方面的问题，有的问题比较突出。为进一步加强科研经费管理使用的监督，提高科研经费使用效益，确保资金安全，根据国家有关财经法规和我院财务管理办法，特作如下禁止性规定。

一、禁止编制虚假预算套取国家资金。

二、禁止申请科研经费提供虚假配套资金承诺。

三、禁止违反规定自行调整科研经费预算。

四、禁止以虚假发票等形式套取科研经费。

五、禁止不以实际发生的经济业务为依据报账。

六、禁止签订虚假合同转移科研经费。

七、禁止列支不应由本课题承担的费用挤占课题经费。

八、禁止使用科研经费支付罚款、捐款、赞助、投资、娱乐活动等。

九、禁止使用科研经费报销私人消费支出。

十、禁止违反规定发放劳务费、绩效奖励、专家咨询费、津贴补贴等。

十一、禁止以他人名义领取劳务费、绩效奖励、专家咨询费、津贴补贴等。

十二、禁止科研经费脱离依托单位及财务部门的监管。

十三、禁止科研试剂、材料、耗材的采购、验收、使用由同一部门（研究室）办理。

十四、禁止课题结题后不按规定及时进行财务结算，长期挂账报销费用。

十五、禁止提供虚假科研成果和虚假会计资料。

十六、禁止违反国家和有关部门的其他规定。

违反上述规定的，视具体情况对课题依托单位和相关责任人实行限期整改、警告、通报批评等处理；构成违纪的，给予相关单位和人员纪律处分；构成犯罪的，依法移送司法机关追究刑事责任。

院属各单位、院机关各部门、各课题负责人要按照本通知要求，进一步加强提高科研经费管理使用的监督工作，各司其职、各尽其责。要加强学习和教育，增强广大干部和科技人员遵纪守法的自觉性；要建立健全管理和监督制度，提高科研经费管理使用的科学性和规范性；要加强监督和检查，结合风险防控机制建设，形成监督的长效机制。

扎实推进党风廉政建设　全力服务科技创新工程

——陈萌山在中国农业科学院 2013 年党风廉政建设工作会议上的讲话

（2013 年 1 月 23 日）

同志们：

今天，我们召开 2013 年党风廉政建设工作会议，深入贯彻党的“十八大”和中纪委[①]二次全会精神，把广大党员干部的思想统一到中央的新要求新部署上来，努力开创我院党风廉政建设工作新局面，全力服务科技创新工程，为实现我院跨越式发展保驾护航。

刚才，董涵英同志传达了刚刚闭幕的中纪委二次全会精神，并代表驻部纪检组对我院党风廉政建设工作提出了明确要求；史志国同志代表院党组作了我院党风廉政建设工作报告；四位同志作了典型交流。可以讲，做好我院今年党风廉政建设工作，要求已经明确，安排十分具体。下面，我就党风廉政建设抓落实、抓重点，讲三点意见。

一、切实提高认识

党的“十八大”以来，中央抓党风廉政建设工作的力度更大、要求更高、措施更实。习近平总书记在十八届中央纪委二次全会上强调，反腐倡廉必须常抓不懈，拒腐防变必须警钟长鸣，关键就在“常”“长”二字，一个是要经常抓，一个是要长期抓，要坚定决心，有腐必反、有贪必肃，不断铲除腐败现象滋生蔓延的土壤，以实际成效取信于民。中央的部署和要求，充分体现了我党执政的理念和宗旨，即为政清明才能执政为民，才能有力量、有威信组织全国人民胜利推进中华民族复兴的重任。我院各级党员领导干部必须对此有清醒的认识。中国农业科学院必须对此有清醒的认识，切实增强党风廉政建设工作的紧迫感和责任感。

当前，我院正处于创新工程开始实施、现代院所建设开始起步、跨越式发展开始起航的关键时期，需要建设一支高水平的人才队伍，需要创造积极向上的创新环境，需要制定更加规范的制度规定，所有这些，都要求我们切实抓好党风廉政建设工作。随着国家支持力度不断加大，规范项目资金使用、防范出现腐败的任务很重；随着我院现代院所制度建设的深入推进，转变工作机制、转换工作作风、建设服务型院所机关的任务很

---

① 中国共产党中央纪律检查委员会，全书简称中纪委

重；随着科技创新工程试点工作的启动，各个所、科研团队支持程度和分配水平将有大的调整，调节内部矛盾，做好内部稳定工作的任务很重。同时，我们还要看到，党风廉政建设在各个单位重视程度还不平衡，个别单位对重点领域和关键环节监督不力，顶风设置小金库等违纪违规现象仍有发生，产生腐败的隐患仍然存在，举报腐败的信件、邮件，特别是署名举报数量还不少，我们决不能掉以轻心。要把学习贯彻“十八大”和中纪委二次全会精神与我院实际紧密结合，准确把握形势，切实提高认识，以高度的政治责任感和使命感做好党风廉政建设工作，为建设世界一流农业科研院所和实现跨越式发展提供强有力的保障。

二、明确主要任务

我们要认真学习贯彻党的“十八大”和中纪委二次全会精神，深刻学习领会习近平总书记重要讲话精神，坚决维护党章的权威性和严肃性，不折不扣落实中央关于改进作风、密切联系群众的八项规定，切实解决党风廉政建设中的突出问题。

总的要求是，以科学发展观为指导，认真贯彻落实中纪委二次全会精神和农业部党组部署，紧紧围绕创新工程这个中心任务，以保证创新工程顺利实施为出发点和落脚点，坚持围绕创新、服务创新、促进创新的基本定位，把党风廉政建设放到保障现代科研院所建设的大局中去谋划，放到实现跨越式发展的过程中去落实，放到改革创新的全局中去体现，坚持标本兼治、综合治理、惩防并举、注重预防方针，扎实推进党风廉政建设各项工作，把我院党风廉政建设提升到一个新水平。

主要有三大任务。

一是严明纪律。实施好创新工程，探索创新型国家新路，更加有力支撑我国现代农业发展，是国家赋予我们的一项重大任务，具有试点、开拓、创新的要求，必须首先有严明的组织保障，严肃纪律规定，确保把全院的意志、行动、步调都统一到这个重大任务的要求上来。严肃党的纪律，就要从遵守和维护党章入手。全院每一名共产党员特别是领导干部都要牢固树立党章意识，增强为人民服务的宗旨意识和为科学献身的精神。要按照科技创新工程实施方案的要求，不折不扣抓好各项措施落实，做到有令必行、有禁必止，决不允许“上有政策，下有对策”。各级纪检监察部门要把维护党的政治纪律放在首位，以严明的纪律保障科技创新工程顺利实施。

二是改进作风。全面落实中央改进工作作风、密切联系群众的“八项规定”，以及农业部和院党组的实施办法，这是今年党风廉政建设的重点任务。院党组从改进调查研究、精简会议、改进文风、改进工作作风、改进接待活动、厉行勤俭节约和密切联系群众等方面作出了明确、具体的规定。我们要一一对照，不折不扣地执行，把改进工作作风规定落实到每一项工作、每一个环节中，切实做到讲实话、干实事，敢作为、勇担当，言必行、行必果。中国农业科学院正处在转型发展的关键时期，更需要坚持和发扬勤俭节约的作风，一个疏于管理、铺张浪费层出的单位，不可能涵养求真务实的学风；

一个故步自封、官僚作风盛行的机构，不可能形成探索创新的作为；一个急功近利、形式主义严重的团队，不可能诞生重大突破性成果。必须大力发扬艰苦奋斗精神，厉行勤俭节约，坚决反对形式主义、官僚主义，坚决制止奢侈浪费等消极腐败行为。要加强服务型院所机关建设，以科研人员和职工群众满意为第一标准，以保障科研出成果、成果出效益为最终目的，提高服务科研工作、服务科研工作者的意识和水平。纪检监察部门要把落实“八项规定”作为一项经常性工作、作为今年的一项重点任务来抓，加大监督检查力度，认真纠正和严肃查处违反“八项规定”的行为。

三是完善制度。随着创新工程实施，我院一系列管理办法、制度都需要梳理、调整、对接。各单位要按照院里关于现代农业科研院所制度建设的指导意见和创新工程实施方案要求，加快建立“定位明确、法人治理、管理高效、开放包容、评价科学”，符合现代农业科研院所要求的制度体系。党风廉政建设要与时俱进，切实完善各项管理制度。要结合我院反腐倡廉建设实际，把多年来行之有效的做法和经验，上升为反腐倡廉制度和规定，以建设性的思路和举措推进工作，充分发挥制度建设的基础性、长效性作用。要把创新工程实施中容易出现漏洞的薄弱点、产生问题的关键点，作为制度建设的重点，比如绩效评估、成果评审、科研经费的拨付、使用等。制度要坚决落实，真正做到用制度管权、按制度办事、靠制度管人。纪检监察部门要加大督促检查力度，确保我院各项工作规范化运行、制度化管理、科学化发展。

三、抓好工作重点

今年要在全面做好党风廉政建设各项工作的基础上，重点做好以下四项工作。

一是大力推行院务、所务公开。实行院务、所务公开，是转变工作作风、密切联系群众、推进现代院所建设的迫切要求。公开是原则，不公开是例外。既要公开结果，更要公开过程，最大限度组织广大职工群众参与院所发展的决策和管理。各单位要加快工作进度，加强对院务、所务公开的领导，建立健全由所长主管、党委组织实施、有关部门齐抓共管、职工群众全员参与的工作格局。要明确责任分工，加强宣传教育，确保顺利实施。院务、所务公开对于预防腐败、科学民主管理十分重要。要注意研究新情况，总结新经验，落实新举措，使院务所务公开工作逐步规范、不断完善，真正发挥有效推动研究所各项工作和预防腐败的作用。

二是大力推进以学风建设为重点的特色廉政文化建设。诚信是科学研究的基石。我们要建设世界一流的农业科研院所，就必须有严肃的学风要求。加强科研诚信和学风建设是我院实现跨越式发展的必然要求。要大力加强科研道德教育，引导和激励我院科研工作者牢固树立“以科技兴农为己任，以创新为民为宗旨”的科研价值观，弘扬科学精神，遵循科学伦理，信守科研道德，增强使命感和责任感。建立和完善教育、监督、约束、惩戒机制，强化对学术不端行为的监督检查，形成院所大力引导、科研人员严格自律、相关机构加强监督、全院职工广泛参与的科研道德和学风建设整体格局，塑造以学风建设为重点的特色廉政文化。

三是加强科研经费使用的管理和监督。管好用好科研经费，是科研事业持续、健康发展的基本要求，是我院党风廉政建设的重要内容。要突出“把握科研规律，创新管理方式”的基本理念，管理和监督的方式方法要更加适应科研活动的特点和规律，最大限度释放科研人员的创新热情，更好地发挥资金使用效益。在为科研人员创造宽松环境的同时，必须进一步加强科研经费监管，制定完善使用指南。财政部、科技部修订印发了新的《科学事业单位财务制度》（简称《财务制度》），从今年1月1日起开始执行。要按照新《财务制度》的要求，进一步加强科研资金管理和资产管理，规范内部成本费用核算，建立健全财务监督制度。要大力强化课题承担单位的法人责任，强化课题负责人经费管理使用的规范性，着力提升各单位制度建设能力、科研组织服务能力和财务管理能力，加强科技人员培训，提高科研人员廉洁自律意识，充分发挥财政资金使用效益，促进我院科研事业健康发展。

四是积极化解信访矛盾，维护和谐稳定。维护和谐稳定是保障跨越式发展的先决条件，是各级领导干部义不容辞的责任。要从大局出发，增强责任意识，关心群众生活，注意工作方法。要实施好院长信箱、院所领导信访接待日制度，建立信访快速反应机制，从接访、阅信、转办直至调查处理的每一个环节，都要认真对待。院属各单位的领导同志，更要注意倾听群众的呼声，合理分析判断上访问题的性质和原因，特别是要认真严肃对待初次反映的情况和问题，树立大局意识，及时把小问题解决在初始阶段。对于职工群众信访中提出的合理诉求，要千方百计予以解决，不能无故拖延。对于历史遗留问题，要本着“维护稳定、维护发展、依照法规”的精神积极处理。处理过程既要坚持原则，更要讲究实效，做到“一信一策”“一人一策”。要把解决实际问题与解决思想问题紧密结合，及时化解小的矛盾纠纷，防止矛盾的积累发酵，把矛盾化解在萌芽状态。院办、人事、纪检监察等相关部门要加强联动、主动出击，密切与有关研究所配合，力争在最有利的时机下、最短的时间内处理好群众反映的问题。信访工作不仅仅是纪检监察部门的事情，院所长和书记都要高度重视，亲自做好这个事情。

落实党风廉政建设责任制，一定要发挥好“两个作用”，就是要大力发挥好一把手及领导班子的表率作用和纪检监察部门的监管作用。

要发挥好一把手及领导班子的表率作用，这是加强党风廉政建设的关键。领导干部一定要守住两条底线，一条是法纪规定的底线，一条是道德规范的底线。这两条底线是对领导干部的基本要求。领导干部以身作则、率先垂范，是一种最重要、最有效、最具感召力的无声命令。领导干部是掌握权力、执行制度的人，更应该首先受制度的约束。院领导、机关各局办负责人、各研究所所长和党委书记，要带头落实党风廉政建设责任制，带头执行法规制度，带头改进工作作风，要求别人做到的自己先做到，要求别人不做的自己坚决不做，在党风廉政建设中发挥表率作用。

要发挥好纪检监察部门的监管作用，这是加强党风廉政建设的根本保证。要充分认识纪检监察工作的重要地位和重大作用，全力支持纪检监察部门开展工作。各单位领导班子在中心工作谋划、重大行动推进和干部队伍建设中，要主动让纪检监察部门同时介入，充分发挥他们的监督检查作用、纪律保障作用和参谋助手作用。要加强纪检监察干部的培养，保障工作经费，创造有利条件。纪检监察部门的同志要敢于担当，帮助各单位领导班子纠正决策、管理上的随意性，增强各级领导干部的法纪意识，推进领导班子作风建设；要加强自身建设，提高有效履行职责的能力。

同志们，党风廉政建设工作关系到我们事业的兴衰成败。我们一定要坚持以科学发展观为指导，准确把握党风廉政建设的新任务、新部署、新要求，切实增强党风廉政建设工作的整体性、协调性、实效性，扎实推进党风廉政建设工作再上新台阶，更加有力地保障我院现代农业科研院所建设和跨越式发展。

另外，我再强调一下，刚刚闭幕的院工作会议上，我们公布了研究所的评价结果，同时对院机关各部门进行了考评，我们的领导同志一定要增强忧患意识、责任意识，特别是排在前面的发展快、进步快、成绩大的单位，要有“空杯意识”和如履薄冰的姿态，不要高枕无忧、骄傲自满、放松懈怠。目前比较困难的研究所，要有骆驼的作风和骏马的精神，发奋图强、努力追赶，院党组将与同志们一起克服困难、战胜困难、开拓发展，创造新的成绩。

春节就快到了，各单位各部门要切实关心群众生活，做好走访困难家庭、解决困难职工生活问题的工作，这也是我们落实“八项规定”、转变工作作风、密切联系群众的具体举措。希望广大党员领导干部在轻松愉悦的同时，不放松对自己的要求，过一个节俭、健康、文明的春节。祝大家新春愉快、阖家幸福！

陈萌山在中国农业科学院贯彻落实 2013年反腐倡廉工作任务分工会议上的讲话

（2013年2月7日）

同志们：

今天我们召开贯彻落实2013年反腐倡廉工作任务分工会议，主要是传达贯彻农业部2013年党风廉政建设工作会议精神，并对我院反腐倡廉工作任务进行分工部署。《中国农业科学院贯彻落实2013年反腐倡廉工作任务的分工意见》（以下简称《分工意见》）安排细致、任务具体、要求明确，刚才会议一致通过。下面，我就狠抓落实再强调两点。

第一，要进一步提高认识。党的“十八大”以来，中央出台“八项规定”等一系列举措重拳出击腐败，反腐倡廉要求更高、力度更大，充分体现了党要管党、从严治党的决心。全院各级领导干部，要紧跟形势，迅速提高认识，切实增强做好党风廉政建设工作的责任感和紧迫感。

我院正处于实施创新工程、建设现代院所、实现跨越式发展的关键时期，防控风险的任务很重。党风廉政建设工作的基本目标，就是要为促进全院出成果、出人才，创建廉政文化、营造创新氛围，严防发展中出现消极腐败问题，为推进跨越式发展保驾护航。从我院近几年情况看，总体上比较平稳，但是不能说没有问题。在严查“小金库”高压态势下，顶风设置“小金库”等违纪违规现象仍有发生；举报腐败的信件、邮件也还不少。一个单位一旦出现问题，付出的成本和代价会很大。党风廉政建设领导小组各成员单位要明确责任，加大工作力度，进一步加强教育、严格管理，真正做到反腐倡廉经常抓、长期抓，有腐必反，有贪必肃，通过扎实有效的工作，使制度规定内化于心、外化于形，促进党员干部严格自律，强化自我监督。

第二，要落实好党风廉政建设分工任务。今年我院的反腐倡廉工作共分解为3个方面30项任务，各部门要以“踏石留印、抓铁有痕”的劲头，一板一眼地抓好每一项分工任务的落实。

一要加强领导。各部门主要负责同志要高度重视，亲自抓落实。要认真落实党风廉政建设责任制，责任到处室、到人。牵头部门要主动负起责任，配合部门要积极给予协助，形成工作合力，不能推诿扯皮。

二要细化措施。《分工意见》下发后，各部门要结合自身业务管理工作的要求，对工作任务进行认真研究、细化分解，确保可操作性和可执行性，使党风廉政建设工作深入研究所，做到全覆盖。

三要强化检查。各部门要切实做到两手抓、两手硬，把党风廉政建设工作和业务工作一同部署、一同落实、一同检查，把廉政建设的要求贯彻到业务管理过程中去。监察局要牵头，统一开展中期检查和年底验收。2013 年是我院科技创新工程启动之年，做好党风廉政建设工作事关重大，一定要确保创新工程资金使用不出问题、科研道德不出问题、干部人才不出问题。

转变作风　开拓创新 为现代农业科研院所建设保驾护航

——中国农业科学院2013年党风廉政建设工作报告

中国农业科学院党组纪检组组长　史志国

（2013年1月23日）

同志们：

这次会议的主要任务是：深入贯彻落实党的“十八大”、第十八届中央纪委第二次全会精神以及农业部党风廉政建设工作会议精神，全面总结2012年我院党风廉政建设和反腐败工作，研究部署2013年工作任务。下面，我受院党组委托，向会议作工作报告。

一、统筹推进、狠抓落实，我院党风廉政建设工作取得新成效

2012年，我院党风廉政建设和反腐败工作在农业部党组、驻部纪检组的正确领导下，认真贯彻落实中纪委全会和农业部廉政会议精神，以党风廉政建设责任制为抓手，围绕中心，服务大局，全面构建具有我院特色的惩治和预防腐败体系，从源头上预防和治理腐败，加强领导干部作风建设，强化对权力运行的监督和制约，党风廉政建设工作取得了明显成效。

（一）强化组织领导，部署和落实党风廉政建设工作

院党组高度重视党风廉政建设工作，在“学习贯彻‘十八大’精神　推进我院跨越式发展”研讨会上强调：“加强党风廉政建设事关重大，是顺利实现跨越式发展的根本保障”，把党风廉政建设摆在了更加突出的位置。

1. 调整机构，加强领导。为进一步加强对党风廉政建设工作的领导，调整了党风廉政建设领导小组和惩防体系建设领导小组成员，全面负责党风廉政建设工作的组织领导。配备专职的党组纪检组组长，强化了对纪检监察的领导，为做好党风廉政建设工作提供了坚实的组织保证。

2. 全面部署，整体推进。年初，组织召开我院2012年党风廉政建设工作会，传达学习十七届中央纪委七次全会和农业部廉政工作会议精神，明确提出党风廉政建设的目

标、任务和要求。院属单位迅速行动，多形式、多渠道传达贯彻会议精神，并结合实际，对本单位反腐倡廉任务进行分工安排和动员部署，做到了党风廉政建设与业务工作“两结合、两手抓、两促进”。

3. 细化分工，明确责任。制定印发《中国农业科学院贯彻落实2012年反腐倡廉工作任务的分工意见》，将重点任务细化分解为三个方面40项具体工作，落实到党风廉政建设领导小组成员单位。各牵头单位和配合单位认真履行分工职责，完成了分工任务并报送了总结。继续采取院与院属各单位、机关各部门，院属各单位、机关各部门与其下属部门分别签订《党风廉政建设责任书》的方式，推动党风廉政建设责任制的落实。

（二）强化表率作用，促进党员领导干部作风建设

为贯彻落实中央关于改进工作作风、密切联系群众的八项规定，院党组第一时间召开专题学习交流座谈会，结合实际，研究制定了《中国农业科学院关于改进工作作风的有关规定》，并且带头执行，为全院党员领导干部作出了表率。

1. 密切联系群众。院党组带头深入基层开展调查研究，带头在民主生活会召开前征求群众意见，认真查找制约创新发展和群众关心的问题，成功谋划了农业科技创新工程等，为我院发展创造了前所未有的良好条件。带头深入一线解决了多起长年未能解决的重信重访问题，切实提高了群众的满意率和信访的息访率。

2. 厉行勤俭节约。认真落实中央关于党政机关厉行节约的各项要求，严格控制“三公”经费预算规模。严格控制公务接待费开支范围和标准，全面推行“公务卡”结算制度。深化公务用车专项治理，完善和落实公务用车编制管理、购置审批、经费预算制度。从严控制出国（境）团组数、总人数，对科研人员因公出国（境）的出访国别、路线、时间及经费安排等信息进行公示，加强出国（境）管理。

3. 严格廉洁自律。全面落实《中国共产党党员领导干部廉洁从政若干准则》，严格执行述职述廉、领导干部报告个人有关事项等制度，进一步增强领导干部廉洁从政的自觉性。2012年，全院领导干部述职述廉511人次，领导干部任前廉政谈话70人次，执行党员领导干部报告个人有关事项638人次，主动上交礼金和有价证券合计0.37万元。

（三）强化源头治理，推进惩治和预防腐败体系建设

院党组结合实际，以预防为主，教育为先，加强制度建设，加大从源头上防治腐败工作力度，具有我院特色的惩治和预防腐败体系建设取得了阶段性成果，相关经验在农业部惩治和预防腐败体系建设工作成果交流会上作了典型发言。

1. 认真开展党性党风党纪教育。院党组带头认真学习贯彻党的“十八大”精神，以贯彻落实中央“八项规定”为重点，针对党员领导干部在思想作风、工作作风、生活作风等方面存在的突出问题，通过理论中心组学习、专题研讨、交流座谈多种形式集

中开展党性党风党纪教育。在院党组的示范带动下，院属单位积极行动，迅速掀起了全院学习贯彻“十八大”精神，切实转变工作作风的热潮。通过学习教育，全院党员干部接受了一次深刻的党性党风党纪教育洗礼，增强了党性观念，加强了作风建设，严明了政治纪律。

2. 积极开展示范教育和警示教育。组织京区单位参观“农业部惩治和预防腐败体系建设成果展”，并以参观学习活动为契机，召开我院惩治和预防腐败体系建设成果交流研讨会，加强院系统廉政工作的交流学习和示范指导，促进惩防体系各项工作落实，提高党员干部的廉洁意识。在闭路电视播放《“一把手”腐败犯罪警示录》《家庭腐败警示录》等7部中纪委“拒腐防变每月一课”警示教育片，以案促廉，警钟长鸣。院属单位各自结合实际，因地制宜，开展了展板展示、专题讲座、参观警示教育基地等形式多样、丰富多彩的教育活动，收到了良好的效果。

3. 积极开展岗位廉政教育。结合科研管理特点，从科研项目、经费管理、基建和政府采购等工作实际需要出发，开展形式各异、内容不同的岗位廉政教育活动。将廉政教育纳入干部教育培训全过程，坚持所局级领导干部任免前谈话制度。在新入职人员岗前培训、新任职干部培训、专业技术人员培训等各类培训中开设廉政课程。2012年，对所局级领导干部任免前进行廉政谈话17人次。

4. 大力推进廉政文化建设。通过院报、院网等媒介，加大廉政文化建设宣传力度，营造廉政宣传教育氛围。在《党风廉政建设简报》多次刊载廉政文化建设论文，加强对院属单位廉政文化建设工作的指导。组织2011年入选《农业部系统廉政格言警句录》作品的作者撰写“格言警句释义解读”，深化了党员干部自我养成教育，营造了良好的文化氛围。2012年，院纪检组监察局围绕“大力推进现代农业科研院所特色廉政文化建设”进行了专题研究，从全局的视角、创新的思路谋划工作，为推动现代农业科研院所特色廉政文化建设提出了初步设想。

5. 健全完善反腐倡廉制度体系。认真落实《中国农业科学院贯彻落实胡锦涛同志重要讲话精神　加快推进反腐倡廉制度建设的意见》，不断完善用制度管权、按制度办事、靠制度管人的工作运行机制。2012年制定了《中国农业科学院院机关固定资产管理暂行办法》《中国农业科学院基本建设项目实施指南》《中国农业科学院科研人员因公出国（境）分类管理实施办法》等一系列科研管理制度，促进管理工作制度化、规范化、科学化。出台了《关于在中国农业科学院直属机关党的基层组织中全面实行党务公开的实施方案》，积极推动党务公开。制订了《中国农业科学院直属机关违纪党员党纪处分工作细则（试行）》，为处理违纪党员提供了依据。

（四）强化重点监督，构建规范权力运行的监督体系

坚持以领导干部为重点，以强化权力行使过程监督为主要内容，将强化监督作为贯彻落实部、院党组决策部署的重要手段，基本建成了全方位、多角度、立体化的监督

体系。

1. 认真开展巡视工作。按照 2012 年巡视工作计划，院巡视组对环发所、沼科所、作科所、兰州兽医所 4 个单位开展了巡视工作，对被巡视单位领导班子及其成员，特别是党政"一把手"在落实部院党组决议、执行民主集中制、落实党风廉政建设责任制和勤政廉政等 7 个方面进行了监督检查，形成巡视工作专题报告，提出整改意见与建议 12 条。督促 2011 年被巡视的 6 个单位根据反馈意见及时制定上报整改措施，为院党组决策提供了重要的参考信息。

2. 加强基建和政府采购项目招投标监督。严格按照《中国农业科学院政府采购项目招投标廉政监督办法》和《中国农业科学院基本建设项目招投标廉政监督办法》的规定，对院本级和院属单位 166 个基建和政府采购项目招投标工作进行了全过程监督，涉及金额 6.53 亿元。其中，院纪检组监察局直接参与监督院本级项目 11 个，涉及金额 0.22 亿元；督导研究所项目 16 个，涉及金额 3 亿元。

3. 加大财政专项项目监管力度。为确保财政专项经费使用合理规范，院机关多部门联合组成财政专项管理办公室，对修购专项项目申报进行立项审核；院本级基本科研业务费项目的评议和遴选实行由学术委员会具体负责，有效避免了项目立项阶段的不廉洁问题；通过聘用社会中介，对修缮购置专项资金项目申报和项目实施方案编制进行审核，充分发挥了第三方的监督作用。2012 年，组织开展了全院财务检查，对院属单位资金使用情况和财政专项开展情况进行全面调研，及时发现问题并提出整改措施，督促有关单位提高资金使用效益，加快专项执行进度。

4. 充分发挥审计监督的作用。坚持"全面审计，突出重点"的方针，将经济责任审计、基本建设项目审计两项工作作为我院审计工作的重点。在经济责任审计中，又重点强化了对科研经费使用的审计。2012 年，完成任期经济责任审计 4 项，完成院本级基建项目和修购项目工程审计（委托）8 项，竣工决算审计 2 项。审计工作的开展，进一步促进了领导干部和科技人员廉洁自律意识，有效预防了违纪违规行为的发生。

5. 加强对干部选拔任用等工作的监督。按照干部选拔任用工作的相关规定，在干部提拔任用前，院纪检组监察局对拟提拔干部进行廉政鉴定。对推荐提名的"十八大"代表人选和拟申报评优的院文明单位进行廉政审核并出具廉政意见书。

（五）强化信访化解，维护和谐稳定的发展环境

严格遵循信访工作有关规定，依纪依法认真处理检举、控告和申诉等各类信访举报件，切实解决群众反映的问题，及时化解矛盾，维护院所和谐。

1. 认真办理来信来访。2012 年，共办理群众来信、来访、来电 92 件，其中，重复件 48 件，实际 44 件。数量与往年基本持平。从反映对象上看，涉及正所（局）级领导干部 15 人，副所（局）级领导干部 3 人，处级干部 10 人。从反映的内容来看，反映领导干部涉嫌违反廉洁自律规定的 13 件；反映涉嫌违反人事管理、职称评审、科研不

端、人员聘用考核等方面问题10件；反映领导干部涉嫌贪污、贿赂等经济问题7件；反映涉嫌违反招投标有关规定2件；其他反映有关生活作风，退休人员工资低，分房退房等12件。上述44件来信来访，由院纪检组监察局了解核实17件，转交有关研究所、机关部门办理的16件，9件因反映笼统或不属于纪检监察范围暂存，待办理2件。协助驻部纪检组监察局初查部属单位案件1起，协助海淀区人民检察院初查案件2起。

2. 化解多起长期重访的信访件。在院党组的重视和领导下，院纪检组监察局集中办理多起重信重访，化解了多年积累的矛盾和纠纷。根据信访问题的不同特点，认真搞好摸底排查，制定化解方案。本着尊重历史的原则，坚持以人为本，在不违反原则的基础上认真做好研究所和当事人的工作，努力化解矛盾，取得了良好效果。对于当事人提出的不合理要求，通过耐心细致地思想疏导和政策解释工作，使当事人心服口服。

3. 积极指导研究所查办案件。按照分级办理原则，2012年，院属研究所查处违纪案件2件，给予2人党纪、政纪处分。案件办理过程中，院纪检组监察局积极与研究所纪委沟通，一起研究分析案情，制订调查方案，在定性量纪和法规纪律适用上帮助研究所严格把关，推动了研究所信访举报、查办案件工作的开展。

（六）强化自身建设，打造高素质的纪检监察干部队伍

院党组对纪检监察干部队伍建设给予了充分的支持，每年至少举办一次学习培训、开展一次课题调研、撰写一批优秀论文，并作为一项制度长期坚持执行，努力打造一支高素质的纪检监察干部队伍。

2012年，选派干部参加中纪委举办的纪检监察业务培训班，并举办全院纪委书记和纪检监察干部培训班，通过学习培训提高纪检监察干部的政策水平和业务能力。坚持以课题的调研促进理论研究的深化和工作水平的提高，每年至少完成一个重点课题的调研。2012年，以“现代农业科研院所反腐倡廉制度建设研究”为重点课题，赴吉林省农业科学院、甘肃省农业科学院、宁夏农林科学院等多家单位调研，通过调研汲取有益经验，分析存在问题，探讨对策建议，为下一步工作提供参考借鉴。注重发挥中国监察学会农业分会农科监察研究会的作用，组织全院纪检监察干部深入开展理论研究和政策研究。2012年，研究会向中国监察学会农业分会报送论文共26篇，这些成果为反腐倡廉工作创新提供了重要的智力支撑。

在充分肯定成绩的同时，我们也清醒地认识到，当前我院党风廉政建设工作还存在着一些不容忽视的问题和薄弱环节：个别单位抓党风廉政建设责任制落实不够，缺乏主动防范风险的意识；个别领导干部对身边的问题、眼前的问题、自己职责中的问题视而不见、推诿扯皮、消极应对；个别单位对重点领域和关键环节监督不力，顶风违纪设立“小金库”等违纪违规现象还有发生；少数党员干部政治纪律意识淡薄，对上级决策阳奉阴违、各行其是；个别领导干部对群众诉求和群众信访缺乏足够重视，工作方法简单粗暴，造成干群关系紧张对立，引发群众越级访、重复访；还有，对当前党风廉政建设

工作出现的新情况、新问题研究不够，创新意识不足，一些工作措施的针对性和有效性还有待加强等。这些问题和不足，需要在今后的工作中引起高度重视，认真加以解决。

二、明确任务、突出重点，扎实做好 2013 年党风廉政建设工作

2013 年，我院党风廉政建设和反腐败工作要坚持以邓小平理论和“三个代表”重要思想为指导，深入贯彻落实科学发展观，认真贯彻落实党的“十八大”、第十八届中央纪委第二次全会精神以及农业部党风廉政建设工作会议精神，坚持标本兼治、综合治理、惩防并举、注重预防的方针，以推动我院现代农业科研院所建设，实现跨越式发展为中心，从深化体制机制制度改革入手，加强领导干部作风建设，深化院务、所务公开，积极开展以学风建设为重点的特色廉政文化建设，强化重点领域和关键环节的监督制约，为推动我院跨越式发展提供坚强有力的政治保障。重点做好以下几项工作。

（一）加强组织领导，促进党风廉政建设迈上新台阶

加强党风廉政建设，不仅仅是纪检监察部门的事情，而是院属各单位、机关各部门的共同任务，是“一把手”工程。各级领导班子特别是“一把手”要认真贯彻落实十八届中纪委二次全会和部、院党风廉政建设工作会议精神，更加自觉地将党风廉政建设要求放到科技工作的全局中通盘考虑，进一步增强责任意识，要以创新的理念开展工作，以务实的作风狠抓落实，以扎实的举措提升效果，推进我院党风廉政建设不断迈上新台阶。各级领导对反腐倡廉的形势要有清醒的认识，要用实际行动宣示从严治党的决心，长期作战的恒心，强化职工群众的信心。院纪检组监察局要继续发挥好组织协调作用，在中央惩治和预防腐败体系下一个五年工作规划制定出台后，及时研究制定实施办法，细化分解反腐倡廉工作任务，继续做好党风廉政建设责任书的修订、签订工作，筹备组织好 2013 年中国农业科学院纪检监察工作会议。

（二）狠抓作风转变，确保中央部署落实到位

要严格落实中央关于改进工作作风、密切联系群众的八项规定。农业部党组制定了《中共农业部党组贯彻落实中央有关改进工作作风、密切联系群众有关规定的实施办法》，院党组也制定了我院的实施办法。各单位要把贯彻落实实施办法作为 2013 年党风廉政建设和反腐败工作的重要任务，要逐条对照检查，研究提出改进的措施和办法，从自身做起，从具体事件做起，确保在改进工作作风方面取得实效。习近平总书记在刚刚结束的中纪委二次全会上讲，工作作风上的问题绝不是小事，如果不坚决纠正不良风气，任其发展下去，就会像一座无形的墙把我们党和人民群众隔开，我们党就会失去根基、失去血脉、失去力量。“八项规定”为改进工作作风开了一个好头，我们要按照习

总书记的要求，以踏石留印、抓铁有痕的劲头抓好落实。院纪检组监察局要切实抓好“八项规定”贯彻落实情况的监督检查工作，制定监督检查方案，明确监督检查的主要任务和基本要求，规范监督检查的内容、标准和程序，增强监督检查工作的预见性和可操作性；要创新监督检查方式，重点检查调查研究、文风会风、出差出访、厉行节约等方面存在的突出问题，认真纠正和严肃查处违反“八项规定”的行为。

（三）推行院务、所务公开，实行民主管理

推行院务、所务公开既是落实群众知情权、参与权和监督权，推进现代农业科研院所依法治院、民主办院的需要，也是强化权力制约，防止权力滥用，从源头上预防腐败的根本要求，对我院改革、发展、稳定起着举足轻重的作用。2013 年，院党组将责成有关部门抓紧制定关于推行院、所务公开制度的指导意见，进一步明确院务、所务公开的组织领导，公开的内容，公开的主要措施等。院属各单位要把所务公开工作摆上重要议事日程，从实际出发，制定所务公开的具体实施方案，逐步完善所务公开工作的领导体制和工作机制，成立由党政主要领导任组长、相关部门负责人参加的所务公开领导小组和所务公开督办小组，全面落实所务公开工作的领导和组织实施工作。

（四）加强廉政教育，大力推进特色廉政文化建设

要坚持开展警示教育和针对性强的岗位教育，印发《中国农业科学院党员领导干部廉政手册》，教育提醒党员领导干部遵纪守法，提高拒腐防变的能力。要加强示范教育，大力弘扬“执著奋斗、求实创新、情系三农、服务人民”的祁阳站精神和“勤廉兼优”先进典型的示范作用，促进党员领导干部牢固树立勤政廉洁的优秀品质，增强科技人员淡泊名利、艰苦奋斗的奉献精神，自觉反对奢侈浪费、形式主义、官僚主义和颓废、懈怠、不作为、不负责等消极腐败的行为和现象。要大力推进以学风建设为重点的特色廉政文化建设。建立健全科研道德规范的相关制度，明确科研活动的基本规范，界定哪些行为属于违反科研道德的不端行为，明确研究所在维护科研道德方面应履行的职责，负责对科研不端行为进行处理的组织机构等。通过以学风建设为重点的特色廉政文化建设，营造我院风清气正的学术氛围。

（五）健全完善现代科研院所制度，强化制度执行

围绕我院中心工作，推动《中国农业科学院关于现代农业科研院所制度建设的指导意见》的落实，加快建立“定位明确、法人治理、管理高效、开放包容、评价科学”的现代农业科研院所制度体系。要健全科学、民主的决策机制和有效的监督制约机制，围绕“三重一大”事项决策、基本建设、科研经费使用、科技成果转化、干部选拔任

用等重点领域腐败问题易发环节，清权确权、规范流程，有针对性地建章立制，促进现代农业科研院所管理民主、廉洁、高效。要进一步巩固深化廉政风险防控机制建设成果，构建廉政风险防控长效机制。要用制度保证执行力。对院所现有各项制度规定，要根据形势的变化要求，按照“精而管用”的原则进行梳理。2013 年，院纪检组监察局要将适用于我院党风廉政建设的规章制度梳理分类、汇编成册后向院属单位发放，各级领导班子特别是“一把手”要带头学习，做执行制度的表率。要坚决反对单位、部门的保护主义、本位主义，绝不允许上有政策、下有对策，绝不允许有令不行、有禁不止，绝不允许在贯彻执行上级部署上打折扣、做选择、搞变通。

（六）强化重点领域的监督制约，规范权力运行

要加强对部、院党组重大决策部署执行的督促检查，坚决纠正有令不行、有禁不止的行为，确保政令畅通。深入开展巡视工作，提高巡视工作成效，加强巡视成果运用。加强对干部选拔任用工作的监督，规范干部选拔任用行为，防止选人用人上的不正之风。要以改革创新精神推进重点领域与关键环节的监督。探索建立我院“三重一大”事项集体决策监督制度，开展专题调研和试点示范工作，推动“三重一大”事项集体决策制度的完善和落实；继续加强对基建和政府采购项目招投标监督，探索建立代理公司备案制度，规范指导研究所选择代理公司行为；狠抓对科研经费管理、使用的监督，加大科研经费审计力度。2013 年，要在全院范围组织开展一次科研经费管理、使用的专项检查。通过有效的监督制约，把权力关进制度的笼子里，形成不敢腐的惩戒机制、不能腐的防范机制、不易腐的保障机制。

（七）坚决查处违纪违法行为，化解信访矛盾

坚决依纪依法查办案件。要加大对违纪违法信访信息的排查，对涉嫌违纪违法行为加大查处力度，严格执法，决不姑息。从严治党，惩治这一手决不能放松，要坚持“老虎”“苍蝇”一起打，既坚决查处领导干部违纪违法案件，又切实解决发生在群众身边的不正之风和腐败问题。对一些单位和部门不作为、乱作为，一些领导干部不敢抓、不敢管、好人主义盛行，对群众反映强烈的热点、难点、重点问题长期得不到解决等消极腐败现象要坚决制止。要做好初信初访工作，对倾向性、苗头性问题早发现、早预防、早解决。对重点信访件和重复信访件，相关研究所和部门要加强协调配合，形成合力，及时妥善处理。

三、努力学习、开拓创新，不断提高纪检监察干部队伍工作水平

各级领导班子要切实加强对纪检监察工作的领导，选好配好纪检监察干部，建立健

全纪检监察组织，支持纪检监察部门依照党章开展工作，解决纪检监察工作实际困难和问题，坚决保护坚持党性、坚持原则的纪检监察干部，为他们开展工作撑腰做主。广大纪检监察干部要带头践行中央“八项规定”，切实转变工作作风，以服务现代农业科研院所建设为己任，积极作为。一是要加强理论学习。积极采取专题培训、以会代训等形式加强理论学习，不断完善知识结构，提高运用政策、依纪依法办案的能力，努力成为反腐倡廉的行家里手。2013 年，院纪检组监察局将组织全院纪检监察干部学习《事业单位工作人员处分暂行规定》等制度规定。二是要加强调查研究。要结合实际工作，加强对党风廉政建设各项工作的调查研究，摸清存在的问题，理清工作思路，完善各项制度。要继续组织开展理论研究，积极推广和运用优秀理论研究成果。要及时关注我院党风廉政建设工作动态，加强对信访举报工作和群众意见的分析研究，善于从体制机制上解决源头问题，不断提高工作能力。三是要大胆开拓创新。要主动适应新形势新任务的要求，进一步解放思想、转变观念，敢想敢干，敢闯敢试，不断探索新形势下反腐的特点和规律，努力实现思想观念和思想方法、工作思路和工作方法、干部素质和工作作风的与时俱进，不断提高党风廉政建设工作质量和水平。

同志们，2013 年是我院启动农业科技创新工程之年，也是贯彻落实中央惩治和预防腐败体系建设下一个五年规划的开局之年，做好 2013 年的党风廉政建设工作使命光荣，任务艰巨，责任重大。让我们牢记习总书记的讲话，反腐倡廉必须常抓不懈，拒腐防变必须警钟长鸣。要抓住“常”“长”二字，经常抓，长期抓，坚定决心，有腐必反、有贪必肃，不断铲除腐败现象滋生蔓延的土壤，以实际成效取信于民。让我们在部、院党组的正确领导下，围绕中心，锐意进取，开拓创新，扎实工作，为加快现代农业科研院所建设步伐，实现我院跨越式发展保驾护航！

中国农业科学院工会 2013 年工作要点

2013 年院工会工作总体要求是：认真贯彻党的“十八大”精神，按照农业部直属机关工会和院直属机关党委的工作部署，紧紧围绕农业科研单位实际和建设世界一流农业科研院所的要求，不断加强工会组织建设，在围绕中心工作、服务职工群众、推进和谐院所建设中充分发挥工会组织的桥梁纽带作用，团结带领全院职工为实现我院跨越式发展的战略目标作贡献。

一、继续加强职工队伍思想建设

根据党组织的统一安排，组织广大干部职工学习贯彻党的“十八大”精神，增强中国特色社会主义的道路自信、理论自信和制度自信。要继续加强社会主义核心价值体系、共产主义理想信念和院“两则”的学习教育，不断提高职工队伍思想道德素质，努力建设一支学习型、知识型、创新型的职工队伍。积极参与“我向院长建言跨越式发展”主题征文活动，凝聚智慧，提升全体职工在实施科技创新工程和推进跨越式发展中的主动性和积极性。

二、努力做好思想政治工作

坚持以人为本，认真做好实施科技创新工程中职工的思想政治工作。要采取多种方式及时了解掌握本单位职工的思想动态、工作状况和实际诉求，认真开展耐心、细致的思想政治工作，做到政治上关心、思想上关注和生活上关怀，努力把广大职工的思想认识和智慧力量统一到推进跨越式发展和建设一流农业科研院所的总目标上来。院工会将组织 1 ~ 2 次心理健康知识讲座，培养职工理性平和、健康乐观的良好心态。

三、不断完善职工代表大会制度

为贯彻落实院党组关于“民主办院、科学办院、开放办院”的指导思想，进一步加强职工代表大会制度建设，年内修订并印发《中国农业科学院研究所职工代表大会条例》（以下简称《条例》）。各研究所工会要认真学习贯彻新修订的《条例》，进一步建立健全职代会制度，充分发挥其在研究所民主管理工作中的作用。

四、认真开展“先进工作者”评选活动

根据院党组要求，2013 年拟在全院范围内开展评选先进工作者活动，进一步弘扬立足本职、爱岗敬业的精神，激励广大职工为建设世界一流农业科研院所做出应有贡献。各基层工会要认真承办评选工作，充分发扬民主，严格履行程序，确保评选公开、公平、公正。

五、积极开展职工文体活动

根据国务院颁布的《关于全民健身计划纲要通知》要求，积极开展多种类型的文体活动，活跃职工文化生活，增强职工身体素质，构建文明和谐的科研院所。院工会 5 月份组织开展“拥抱阳光、健康生活”职工长走活动，组队参加农业部棋牌比赛和羽毛球比赛活动。各级工会组织要结合研究所工作实际和职工需求，根据广大职工的兴趣、爱好和要求，积极开展丰富多彩、职工喜闻乐见的文体活动。各业余文体俱乐部要依托牵头单位，积极发展文体爱好者，有计划地适时开展各类文体活动。

六、坚持为职工“送温暖”办实事

要增强服务职工的观念，把职工群众的冷暖时刻挂在心头，千方百计地为职工群众办实事、办好事、解难事。要建立健全困难职工和帮扶对象档案，掌握本单位本部门职工基本情况，及时帮助他们解决工作、生活中的困难。在继续做好元旦春节期间“送温暖”走访慰问活动的基础上，开展“阳光助学”以及对失独家庭、残疾子女家庭等的帮扶工作。今年将分期分批组织先进职工健康疗养。

七、做好工会会员登记工作

按照工会会员管理规定，上半年组织完成工会会员登记工作，更新并发放会员证。通过会员登记，强化会员意识和组织归属感，明确会员权利义务，提高维权意识，规范会员会费收缴工作。

八、严格工会经费的管理与使用

严格执行工会经费收缴、上解、使用、管理和审查等各项规章制度，认真做好年度经费预算决算工作。严格执行中央“八项规定”和财务有关规定，精打细算，勤俭节约，用好工会会费，服务职工群众。下半年组织开展工会财务工作先进单位的评选表彰活动。

九、不断加强工会组织和队伍建设

全面履行工会组织的各项职能，坚持在服务大局中加强能力建设。进一步完善工作制度，认真做好到届工会按时换届选举工作，为工会组织注入新的活力。加强工会“两委”班子建设，充分发挥“两委”委员作用。

各级工会干部要增强学习意识、责任意识和服务意识，紧密结合院所中心任务，扎实做好新形势下的工会工作。要注意总结经验创新方法，不断探索工会组织在围绕院所中心工作、服务职工群众、营造和谐氛围等方面的工作规律，使工会工作更具时代感、新鲜感和吸引力。上半年院工会将组织全院工会干部培训班。

中国农业科学院团委2013年工作要点

2013年中国农业科学院共青团和青年工作总体思路是：以深入学习贯彻“十八大”精神，加强农科青年理想信念教育为主线，突出抓好思想建设、组织建设、作风建设和文化建设，动员和凝聚青年积极参与科技创新工程和现代院所建设，进一步服务中心工作，推动青年活跃，促进青年成长成才，为跨越式发展贡献青春和力量。

一、坚持围绕深入学习贯彻党的“十八大”精神，在青年中开展理想信念教育

（一）深入学习贯彻党的“十八大”精神和即将召开的团的“十七大”会议精神。学习贯彻“十八大”精神是2013年各级团组织的首要政治任务。我院各级团组织要针对青年特点和岗位要求，组织开展各项学习贯彻活动。按照农业部团委的部署，认真做好团“十七大”代表的选举和参会工作，学习贯彻落实团“十七大”会议精神，努力把团员青年的思想行动统一到团“十七大”的部署和要求上来。

（二）加强理想信念教育。采取多种形式，在农科青年中广泛开展“三观”“三热爱”教育、社会主义核心价值体系教育，积极参加以“为民、务实、清廉”为主要内容的党的群众路线教育实践活动。广泛发动，开展好“青春使命——发现身边的感动”主题教育活动，以基层团组织为单位“挖掘一位先进人物的事迹，整理一个身边的感动故事，访谈一位老专家、老领导”，组织青年干部深入发现、整理、宣传本单位各个时期“一个人、一群人、一代人”的感人事迹，学习先进、争当先进，用单位文化、行业精神增强青年的集体荣誉感和历史使命感，实现青年参与式的自我教育，引导青年争做“为民、务实、清廉”的时代先锋。

二、坚持围绕实施科技创新工程，充分发挥农科青年的生力军作用

（三）积极参加“我向院长建言跨越式发展”活动。全院各级团组织按照党组织要求，积极动员团员青年参加“我向院长建言跨越式发展”活动，围绕推进科技创新工程实施、建设“世界一流农业科研院所”和破解制约我院跨越式发展的突出问题谈设想，提举措，促发展。

（四）重点组织好青年演讲比赛。青年演讲比赛是“我向院长建言跨越式发展”活

动的重要组成部分，也是院团委及各级团组织要全力组织好的 2013 年重点工作。演讲比赛分预赛和决赛，时间在二季度。院所各级团组织按照要求，要在广泛动员、精心挑选、认真选拔的基础上至少向院推荐 1 名选手。通过举办演讲比赛，为全院青年搭建一个展示能力、发现和培养人才的平台，激发青年投身跨越式发展的热情。

（五）加强青年作风建设。认真贯彻中央八项规定和院党组《关于改进工作作风的有关规定》及其实施办法，在我院团员青年中大力弘扬勤俭节约的优良传统，宣传节约光荣、浪费可耻的思想观念，积极争做贯彻落实八项规定的生力军。

三、坚持围绕农业部关于加强青年工作的要求，进一步做好团组织建设

（六）加强和完善相关制度。认真落实农业部党组《关于加强青年工作的意见》，要求各级党组织在团组织品牌建设、团干部队伍建设和工作资源等方面给予大力支持，促进基层党建带团建的有形化、制度化。汇编出版有关团的工作制度，总结回顾院团委的工作历史，梳理工作，保存史料，总结成绩，推动创新，促进团的各项工作系统化、规范化。

（七）健全完善团的组织。根据院机关青年需求，推动成立院机关团支部。督促指导研究所健全完善团的组织，选好配强团干部，增强团的活力。结合学习贯彻“十八大”精神、团的“十七大”精神和科技创新工程要求，加强团组织负责人培训，提高基层团干部的履职能力。

（八）做好评先树优工作。做好两年一届的全国和中央国家机关“两优一红”和其他先进典型的推报评选工作，继续开展好青年文明号创建活动，发挥榜样的示范带动作用。

（九）积极参与组织团工委“为民务实，走进一线”基层调研实践活动。认真做好中央国家机关青年走进我院资划所呼伦贝尔国家野外台站的组织和接待工作。选派青年干部参与中央国家机关其他系统调研工作，引导青年在深入一线实践中了解基层工作、学习先进典型、锤炼工作作风、提高履职能力。

四、坚持围绕加强我院文化建设，开展丰富多彩活动，提升团员青年素质

（十）组织开展读书交流活动。重点在基层团组织中开展。各基层党组织要注意选取具有时代性、青年关注的热点问题，通过组织读书会、主题沙龙等活动，进行深入探讨，启发真知灼见，为青年干部搭建拓宽视野、提升思维、展示自我、沟通交流的平台。及时了解和掌握青年干部的思想动态，认真分析和反映青年舆情，有针对性进行思想引导。

（十一）开展青年文娱活动。服务青年多样需求，深入挖掘机关部门优势，共享院内兄弟单位丰富资源，积极开展“热爱生活”身心体验、体育健身、青年交友联谊等多种形式的文体娱乐活动。

（十二）深化青年志愿者活动。依托研究生院团委，加强青年志愿者工作，激发基层团组织开展志愿服务的积极性，进一步完善运行长效机制。

中国农业科学院 2013 年妇女工作要点

2013 年中国农业科学院妇女工作的总体要求是：以邓小平理论、“三个代表”重要思想和科学发展观为指导，深入学习贯彻党的“十八大”精神，认真贯彻全国农业工作会议、农业部妇女工作会议和中国农业科学院党的工作会议精神，坚持围绕中心、服务大局，以“我为跨越发展献力量”为主题，以巾帼建功活动为载体，树立先进、宣传典型，继续开展“提升素质、展示风采”活动，不断提升广大女职工的综合素质和能力，加强妇女工作干部队伍建设，努力开创妇女工作新局面，为实现建设世界一流农业科研院所和跨越式发展的战略目标作贡献。

一、学习贯彻党的“十八大”精神，切实加强作风建设

（一）贯彻落实党“十八大”精神

把学习贯彻党的“十八大”精神作为首要政治任务抓紧抓好。积极配合党组织，通过多种形式，组织女职工学习党的“十八大”报告、新党章和习近平总书记重要讲话。着重加深对有关“三农”部署、“实施创新驱动发展战略”等总体要求的理解，切实用“十八大”精神武装头脑、指导实践、推动工作，把广大女职工的思想和行动统一到中央决策部署上来，统一到农业农村经济发展的目标任务和重大举措上来，统一到我院农业科技创新工程和现代院所建设等任务上来，为实现“十二五”经济社会发展目标任务和我院跨越式发展而努力奋斗。组织参与中央国家机关和农业部妇工委开展的“书香‘三八’——幸福中国·幸福女性”读书征文活动。

（二）深化“科技服务巾帼争先”活动，加强作风建设

配合党的群众路线教育实践活动，认真践行中央“八项规定”，继续深化“科技服务巾帼争先”活动，结合我院实际，组织广大女职工深入基层、深入农村、深入农民，充分发挥女科技工作者的科技优势，为基层解决实际问题，在推动科学发展、服务“三农”、转变作风上取得扎实成效。

二、围绕中心、巾帼建功，深入开展“我为跨越发展献力量”主题活动

（三）深入开展巾帼建功活动，促进跨越式发展

以“我为跨越发展献力量”为主题，引导女职工积极投身农业科技创新工程和现代农业科研院所建设等各项工作任务，立足本职岗位，在实现世界一流农业科研院所的战略目标，在为农业科技创新事业和现代农业建设中，岗位建功、争创一流。配合党组织，积极组织广大女职工参加“我向院长建言跨越式发展”征文、演讲比赛等。

（四）发挥先进典型的示范带头作用

以纪念“三八”国际劳动妇女节为契机，选树表彰一批先进集体和先进个人。根据院所实际，以报告会、座谈会、参观交流、网络展板、事迹短片等多种方式，广泛宣传先进典型的突出业绩，为广大女职工树立学习的榜样，营造“学先进、赶先进”的浓厚氛围。院妇工委将举办纪念“三八”国际劳动妇女节暨表彰活动，表彰宣传我院2011—2012年度先进集体和优秀个人。

三、维护权益，营造氛围，进一步加强新形势下的思想政治工作

（五）认真贯彻男女平等基本国策，维护妇女权益

贯彻落实男女平等基本国策，必须全面提高妇女的整体素质，引导广大女职工树立正确的世界观、人生观和价值观，培养高尚的道德情操，为她们创造学习条件，提供培训和继续深造机会，积极探索培养和交流女干部的新方法新途径，为女职工发挥聪明才智和选拔使用女干部奠定良好基础。要维护女职工权益，贯彻《妇女权益保障法》，通过法律咨询、调解纠纷等手段，努力把矛盾化解在基层，为广大女职工营造成长成才的良好氛围。

（六）积极开展人文关怀和心理疏导工作

在我院实现跨越式发展的进程中，要注重关爱女职工的身心健康和精神健康，积极开展人文关怀和心理疏导工作。及时了解在实施农业科技创新工程和推进现代院所建设等各项任务中，女科技工作者的思想状况和情绪反应，做好宣传、解释、疏导工作。通

过参加心理讲座、心理咨询以及面对面交流和丰富多彩的文体活动等多种途径和形式开展心理疏导和排解压力工作。各单位要组织女职工进行妇科专项体检，促进女职工身心健康。做好对特殊困难女职工群体的帮扶工作，对有困难的女职工情况进行调查摸底，争取党组织和工会组织的支持，加大对残疾子女、单亲困难女职工和特困女职工慰问帮扶力度，建立健全帮扶机制。

（七）进一步丰富女职工文化生活

以节日、庆典为契机，结合本单位实际和妇女自身特点，开展主题鲜明、情趣高雅、健康向上的文体活动。鼓励女职工积极参加院各类文体俱乐部，丰富业余文化生活，陶冶情操，提升文化素养。院妇工委将会同院工会组织好上半年的春季长走活动，组织参加上级工青妇组织举办的各类文体活动。

四、注重培训、夯实基础，切实加强妇女组织自身建设

（八）认真抓好中国妇女“十一大”精神的学习贯彻

今年将召开中国妇女第十一次全国代表大会，这是在党的“十八大”精神指引下我国妇女的一次历史性会议。各妇女组织要准确把握党的“十八大”对妇女事业和妇女工作的新要求，结合我院实际，认真组织好会议精神的贯彻落实。

（九）加强妇女工作干部队伍能力建设

引导妇女工作干部加强与女职工的联系，把握女职工的迫切需求，增进与女职工的深厚感情，扎实为女职工解决实际困难和问题。加强对妇女工作干部的培训，提升妇女工作干部的能力。院妇工委将适时举办妇女工作干部培训班，并选派妇女干部参加上级妇女组织的学习培训，不断提升妇女工作干部做好新形势下妇女群众工作的素质和能力。

（十）加强基层妇女组织建设

自觉围绕院所的中心工作，全面履行妇女组织的各项职能，坚持在服务大局中加强能力建设，以建设“坚强阵地”“温暖之家”为目标，在服务大局中建设“学习型、创新型、服务型”妇女组织。进一步完善工作制度，及时做好换届工作，为妇女组织注入新的血液和活力，充分发挥妇女组织在农业科技创新和构建和谐院所中的作用。

中国农业科学院京区统战工作概况

(2013年4月)

一、基本情况

中国农业科学院京区在职职工2 713人，其中，非中国共产党（以下简称中共）党员职工占37.8%。目前，我院京区各单位统战对象共378人（次），其中，各民主党派党员（社员、盟员）265人，无党派人士25人，侨联成员91人（以老侨居多）。我院京区民主党派基层组织共有5个，分别是九三学社中国农业科学院委员会（共90人，现任主委：作科所万建民研究员）、中国民主同盟（以下简称民盟）中国农业科学院委员会（共127人，现任主委：蔬菜所于贤昌研究员），中国农工民主党（以下简称农工党）中国农业科学院支部（共24人，现任主委：资划所曹卫东研究员）、中国国民党革命委员会（以下简称民革）中国农业科学院支部（共19人，现任主委：蔬菜所贺超兴研究员）和中国致公党（以下简称致公党）中国农业科学院小组（共5人，负责人：蔬菜所吴飞燕）。

我院京区党外知识分子中，现有院士2名，76.8%成员具有副高级以上职称；有8位同志担任了副所（局）级以上领导，一些同志分别担任了国家或院的重大项目首席科学家，重点实验室、研究室主任或课题组长等职务；京区各单位中有各级政协委员、政府参事共11名，其中，全国政协委员4名（原党组书记薛亮、作科所万建民、植保所彭于发、哈尔滨兽医所陈化兰），北京市政协常委1名（作科所万建民）、委员1名（信息所储叶平）和北京市政府参事1名（环发所林而达），海淀区政协委员4名（加工所王强、信息所王文生、资划所曹卫东、蔬菜所于贤昌）。

这些党外代表人士的层次普遍较高，是我院农业科研工作的骨干力量，也是构建和谐院所的一支重要队伍。

二、近年来的主要工作

（一）贯彻落实党的各项统战政策，加强对统战工作的领导

院党组高度重视我院的统战工作，要求院直属机关党委承担具体工作。按照中央和农业部、北京市委、区委有关统战工作文件和会议的精神要求，切实把统战工作摆上重

要议程，认真落实党的各项统战政策，与业务工作同安排、同部署，并按时完成上级布置的统战工作任务。院领导定期听取统战工作汇报，下拨统战专项经费支持各民主党派和侨联开展各项活动。

（二）重视和加强对党外代表人士的培养

今年上半年，中共中央下发《关于加强新形势下党外代表人士队伍建设的意见》，要求各级党委要高度重视，全力抓好党外代表人士队伍建设。一直以来，我院都重视党外代表人士的培养和建设，严格按照有关规定，不断拓宽党外领导干部的选拔渠道和加大党外干部的任用力度，充实调整党外后备干部队伍，一批年富力强、德才兼备的优秀党外干部走上了领导岗位。

我院还积极推荐优秀的党外代表人士担任各级政协委员和政府参事，充分发挥他们建言献策作用。我院在中央统战部备案的无党派代表人士 2 人，分别是环发所林而达和生物所黄大昉。

（三）鼓励和支持党外代表人士在参政议政、民主监督中发挥作用

我院建立了向党外代表人士通报情况制度，定期召开民主党派负责人、无党派人士征求意见座谈会、情况通报会。每年院里的重大活动都邀请党外代表人士参加，并举办统战新春团拜会，与他们保持经常性的联系。同时，积极支持各级政协委员、政府参事履行职责，充分发挥他们的参政议政作用。我院政协委员、民主党派成员的提案和建言献策多次受到国家领导人和各级政府、统战部门的批示、采纳，发挥着积极的作用。

（四）协助民主党派做好思想建设和加强自身组织建设

加强对各民主党派的思想政治建设，掌握全院统战对象的基本情况，积极向各民主党派推荐后备干部，把培养和推荐党外代表人士的工作落到实处。在我院组织的国庆 60 周年、建党 90 周年等重大节日、纪念日的活动中，邀请党外代表人士参加，共同见证祖国的繁荣昌盛。

我院支持民主党派开展各种活动和组织建设，积极推荐各民主党派成员和党外干部参加全国侨联、中央国家机关和农业部组织的科技扶贫、科技咨询等工作。

（五）鼓励党外知识分子在本职岗位上建功立业

我院积极创造活跃的学术氛围和良好环境，充分发挥党外知识分子作用，鼓励引导他们在本职岗位上建功立业。其中，涌现了一大批做出杰出贡献的党外代表人士。无党

派人士生物所的郭三堆研究员于2010年获得全国先进工作者，民盟盟员刘秉华研究员主持的研究项目于2011年荣获国家科技进步一等奖，农工党员陈继兰研究员于2011年荣获全国巾帼建功标兵、民革党员贺超兴研究员于2011年荣获全国爱国拥军模范称号等等。

我院各级党组织积极关心党外代表人士的生活，力所能及地帮助他们解决实际生活问题。在分房中，同等条件下，优先照顾民主党派人士和归侨侨眷；党外代表人士生病住院，有关领导亲自看望；节假日定期走访慰问和探望离退休民主党派干部，让他们感受到党组织的关怀。

附件：中国农业科学院有关统战工作的基本信息统计表

附件

中国农业科学院京区有关统战工作的基本信息统计表

中国农业科学院（京区）
各级人大代表、政府参事、政协委员情况统计表

序号	代表属性	姓名	性别	出生年月	工作单位	职务/职称	政治面貌
1	全国人大代表	翟虎渠	男	1950.8	中国农业科学院	全国人大农业与农村委员会委员、中国农业科学院原院长/教授	中共党员
2	海淀区人大代表	李金祥	男	1962.9	中国农业科学院	副院长	中共党员
3	全国政协委员	薛　亮	男	1951.8	中国农业科学院	原院党组书记/研究员	中共党员
4		万建民	男	1960.6	作物科学研究所	所长/研究员	九三学社社员
5		彭于发	男	1960.1	植物保护研究所	研究员	民盟盟员
6		陈化兰	女	1969.3	哈尔滨兽医研究所（京内推荐）	室主任/研究员	九三学社社员
7	北京市政府参事	林而达	男	1947.4	农业环境与可持续发展研究所	正所级/研究员	无党派人士
8	北京市政协委员	万建民	男	1960.6	作物科学研究所	所长/研究员	九三学社社员
9		诸叶平	女	1959.3	农业信息研究所	室主任/研究员	无党派人士
10	海淀区政协委员	王文生	男	1965.1	农业信息研究所	副所长/研究员	九三学社支委副主委
11		王　强	男	1965.3	农产品加工研究所	副所长/研究员	中共党员、九三学社社员
12		于贤昌	男	1962.9	蔬菜花卉研究所	研究员	民盟院委员会主委
13		曹卫东	男	1968.10	农业资源与农业区划研究所	研究员	农工党院支部主委

中国农业科学院各民主党派负责人、党派中央任职情况统计表

序号	姓名	性别	年龄	组织名称	党派任职	工作单位	职务/职称	党派中央任职情况
1	贺超兴	男	1965.6	民革海淀区中国农业科学院支部	主委	蔬菜花卉研究所	研究员	
2	于贤昌	男	1962.9	民盟中国农业科学院委员会	主委	蔬菜花卉研究所	教授	
3	曹卫东	男	1968.10	农工民主党海淀区中国农业科学院支部	主委	农业资源与农业区划研究所	室主任/研究员	
4	吴飞燕	女	1936.5	致公党中国农业科学院小组	负责人	蔬菜花卉研究所（退休）	副研究员	
5	万建民	男	1960.6	九三学社中国农业科学院委员会	主委	作物科学研究所	所长/研究员	九三学社中央农林委副主任
6	郭振泉	男	1939.11	侨联	负责人	蜜蜂研究所（退休）		
7	姚　杰	女	1956.11	九三学社中国农业科学院委员会	副主委	作物科学研究所	编审	九三学社中央农林委委员
8	王文生	男	1965.1	九三学社中国农业科学院委员会	副主委	农业信息研究所	副所长/研究员	九三学社中央农林委委员
9	屈宝香	女	1961.12	九三学社中国农业科学院委员会	委员	农业资源与农业区划研究所	研究员	九三学社中央农林委委员

中央统战部党外知识分子信息联络员（中国农业科学院）情况统计表

序号	姓名	性别	民族	年龄	党派情况	担任人大代表、政协委员情况	专业	工作单位	职务/职称
1	彭于发	男	汉	1960.1	民盟	第十一届全国政协委员	生物安全	植物保护研究所	室主任/研究员
2	姚　杰	女	汉	1956.11	九三学社	海淀区政协特邀信息员	农学	作物科学研究所	编辑部主任/编审
3	黄鸿翔	男	汉	1940.7	九三学社	第十一届全国政协委员	自然地理	农业资源与农业区划研究所	研究员
4	屈宝香	女	汉	1961.12	九三学社	无	农业经济管理	农业资源与农业区划研究所	研究员

（续表）

序号	姓名	性别	民族	年龄	党派情况	担任人大代表、政协委员情况	专业	工作单位	职务/职称
5	王　强	男	汉	1965. 3	九三学社	北京市海淀区政协委员	农产品加工	农产品加工研究所	副所长/研究员
6	张春义	男	汉	1968. 10	无党派	无	作物遗传	生物技术研究所	副所长/研究员
7	王济民	男	汉	1964. 9	无党派	无	农业经济管理	农业经济与发展研究所	副所长/研究员
8	诸叶平	女	汉	1959. 3	无党派	北京市政协委员	计算机应用	农业信息研究所	研究室主任、研究员

中国农业科学院关于表彰 2011—2012 年度文明单位的决定

农科院文明委〔2013〕1号

院属各单位、院机关各部门：

2011年以来，院属各单位坚持以邓小平理论、“三个代表”重要思想和科学发展观为指导，按照重在建设、贵在坚持、务求实效的原则，积极践行社会主义核心价值观，群众性精神文明创建活动蓬勃开展，全院干部职工文明素质不断提高，涌现出一批成绩突出的先进单位。为激励先进、树立典型，振奋精神、形成合力，推动全院精神文明创建活动深入开展，院精神文明建设委员会决定授予科技管理局等21个单位“2011—2012年度中国农业科学院文明单位”称号。

希望受表彰的单位珍惜荣誉、再接再厉，在新的起点上再创佳绩。全院各单位要认真学习贯彻党的“十八大”精神，开拓创新，扎实工作，深入开展精神文明创建活动，以精神文明建设成效促进“农业科技创新工程”顺利实施，为实现我院跨越式发展和建设“世界一流农业科研院所”作出新的更大的贡献。

附件：2011—2012年度中国农业科学院文明单位名单

中国农业科学院精神文明建设委员会
2013年1月7日

附件

2011—2012 年度中国农业科学院文明单位名单

科技管理局
人事局
研究生院
作物科学研究所
植物保护研究所
蔬菜花卉研究所
农业环境与可持续发展研究所
农业经济与发展研究所
农业资源与农业区划研究所
中国水稻研究所
棉花研究所
油料作物研究所
郑州果树研究所
茶叶研究所
哈尔滨兽医研究所
兰州兽医研究所
兰州畜牧与兽药研究所
草原研究所
特产研究所
南京农业机械化研究所
烟草研究所

中国农业科学院关于表彰 2008—2013 年度先进集体和先进工作者的决定

农科院直党〔2014〕7 号

院属各单位、院机关各部门：

2008 年以来，院属各单位和广大干部职工认真学习党的“十八大”精神，坚决贯彻中央决策部署和农业部、院党组的要求，以饱满的热情投身科技创新实践，在建设世界一流农业科研院所、全面推进我院跨越式发展中涌现出一批先进集体和个人。为表彰他们的突出贡献，弘扬他们的优秀品质和宝贵精神，激励广大干部职工立足本职，建功立业，决定授予植物保护研究所农业昆虫研究室等 10 个集体“中国农业科学院 2008—2013 年度先进集体”荣誉称号；授予王天宇等 10 名同志“中国农业科学院 2008—2013 年度先进工作者”荣誉称号。

院属各单位和广大干部职工要向先进集体和先进工作者学习，学习他们爱国爱民、勇于奉献的优秀品质；学习他们开拓进取、奋发有为的创新精神；学习他们团结协作、努力拼搏的良好风尚；学习他们严谨求实、勇攀高峰的科学精神；学习他们潜心科研、争创一流的优良作风。

希望获得院先进集体和先进工作者荣誉称号的集体和个人，谦虚谨慎，珍惜荣誉，发扬成绩，再立新功，继续发挥模范表率作用，为实现我院建设世界一流农业科研院所的战略目标，大幅提升我院科技创新能力，加快我国现代农业发展做出新的更大贡献。

附件：中国农业科学院 2008—2013 年度先进集体和先进工作者名单

中国农业科学院

2014 年 1 月 8 日

附件

中国农业科学院 2008—2013 年度先进集体和先进工作者名单

一、中国农业科学院 2008—2013 年度先进集体名单（10 个）

植物保护研究所农业昆虫研究室
农业环境与可持续发展研究所环境工程研究室
北京畜牧兽医研究所猪基因工程与种质创新团队
生物技术研究所作物分子育种研究室
中国水稻研究所水稻生物学国家重点实验室
哈尔滨兽医研究所国家禽流感参考实验室
兰州兽医研究所口蹄疫病研究室
上海兽医研究所动物血吸虫病防治研究室
中国农业科学院离退休职工工作办公室
后勤服务中心京区物业管理中心

二、中国农业科学院 2008—2013 年度先进工作者名单（10 名）

王天宇　作物科学研究所资源中心研究员
李培武　油料作物研究所质量标准与食品安全研究室主任
严根土　棉花研究所遗传育种研究室研究员
辛晓平　农业资源与农业区划研究所草地科学研究室副主任
杨福合　特产研究所所长
姚　斌　饲料研究所副所长
诸叶平　农业信息研究所智能农业技术研究室主任
黄三文　蔬菜花卉研究所生物技术室主任
蒋和平　农业经济与发展研究所现代农业研究室教授
马秀勇　直属机关党委宣传处副处长、院团委书记

关于表彰2011—2012年度中国农业科学院巾帼文明岗 巾帼建功标兵先进基层妇女组织 优秀妇女工作干部妇女之友的通知

农科妇〔2013〕2号

院属各单位妇女组织、院机关妇委会：

两年来，我院各级妇女组织和广大女职工在院党组、院直属机关党委和各级党组织的领导下，根据上级妇女组织的工作部署，以邓小平理论、“三个代表”重要思想和科学发展观为指导，全面贯彻党的“十八大”精神，不断加强基层妇女组织建设和提升女职工综合素质，广泛开展创先争优活动，与时俱进，开拓创新，在农业科技创新和现代农业建设中作出了积极贡献，涌现出一批先进集体和先进个人。为表彰先进，树立典型，由各单位申报、经院妇工委组织评选，并报院直属机关党委批准、院党组同意，决定授予后勤服务中心幼儿园、水稻研究所稻米质量标准与检测技术创新团队等17个集体为中国农业科学院“巾帼文明岗”称号，授予质标所王静、郑果所王力荣等20名同志为中国农业科学院“巾帼建功标兵”称号，授予研究生院妇女委员会、水稻研究所女职工委员会等14个妇女组织为中国农业科学院“先进基层妇女组织”称号，授予蜜蜂所王安、哈尔滨兽医所王萍萍等17名同志为中国农业科学院“优秀妇女工作干部”称号，授予农经所王济民、兰州牧药所刘永明等27名同志为中国农业科学院“妇女之友”称号。

希望受到表彰的先进集体和先进个人把荣誉作为新起点，谦虚谨慎惜荣誉，再接再厉创佳绩；希望院各级妇女组织要向受到表彰的先进妇女组织学习，结合农业科研和妇女工作实际，不断创新工作思路，充分发挥党组织联系妇女群众的桥梁纽带作用，使妇女组织真正成为党开展妇女工作的坚强阵地、深受广大妇女群众信赖和热爱的温暖之家；希望全院广大女职工要以受到表彰的先进个人为榜样，在农业科技创新的各个岗位上勤于学习、勇于创新、乐于奉献，争做新时期的农科巾帼，以更加开阔的胸襟、更加务实的精神、更加昂扬的姿态、更加坚定的步伐，为我院建设世界一流农业科研院所和跨越式发展作新贡献。

附件：中国农业科学院 2011—2012 年度巾帼文明岗、巾帼建功标兵、先进基层妇女组织、优秀妇女工作干部、妇女之友名单

中国农业科学院妇女工作委员会
2013 年 2 月 20 日

附件

中国农业科学院 2011—2012 年度 巾帼文明岗、巾帼建功标兵、先进基层妇女组织、优秀妇女工作干部、妇女之友名单

一、巾帼文明岗（17 个）

（一）京内单位（9 个）

后勤服务中心幼儿园
作物科学研究所大豆基因资源课题组
植物保护研究所生物入侵研究室
蔬菜花卉研究所种质资源课题组
农业环境与可持续发展研究所环境工程室
生物技术研究所作物基因组与遗传改良研究室
农业经济与发展研究所农村发展研究室
农业信息研究所《中国农业科学》编辑部
农业质量标准与检测技术研究所国家饲料质量监督检验中心

（二）京外单位（8 个）

中国水稻研究所稻米质量标准与检测技术创新团队
茶叶研究所茶业职业技能培训中心
哈尔滨兽医研究所财务处
兰州兽医研究所综合处
兰州畜牧与兽药研究所沙拐枣属遗传结构和 DNA 亲缘关系课题组
上海兽医研究所条件与财务管理岗位
特产研究所重点实验室人兽共患病课题组
烟草研究所质检中心

二、巾帼建功标兵（20 名）

（一）京内单位（10 名，按姓氏笔画排列）

王　静　农业质量标准与检测技术研究所研究室主任、教授

闫艳春　研究生院教研室主任
杨　丽　作物科学研究所高级实验师
陈巨莲　植物保护研究所处长、研究员
陈茹梅　生物技术研究所研究员
居　辉　农业环境与可持续发展研究所研究员
胡清秀　农业资源与农业区划研究所副研究员
诸叶平　农业信息研究所研究室主任、研究员
郭波莉　农产品加工研究所研究室副主任、副研究员
葛　红　蔬菜花卉研究所研究室主任、研究员

（二）京外单位（10 名，按姓氏笔画排列）

王力荣　郑州果树研究所副所长、研究员
刑秀梅　特产研究所实验室副主任、副研究员
刘爱萍　草原研究所研究员
张玉屏　中国水稻研究所助理研究员
张秀荣　油料作物研究所课题组长、研究员
陈化兰　哈尔滨兽医研究所研究室主任、研究员
姜爱芹　茶叶研究所试验场场长、研究员
徐秀红　烟草研究所副研究员
常惠芸　兰州兽医研究所研究员
阎　萍　兰州畜牧与兽药研究所研究室主任、研究员

三、先进基层妇女组织（14 个）

（一）京内单位（8 个）

研究生院妇女委员会
作物科学研究所妇女委员会
蔬菜花卉研究所妇女委员会
北京畜牧兽医研究所妇女委员会
农产品加工研究所妇女委员会
生物技术研究所妇女委员会
农业资源与农业区划研究所妇女委员会
农业质量标准与检测技术研究所妇女委员会

（二）京外单位（6 个）

中国水稻研究所女职工委员会
油料作物研究所妇委会
兰州畜牧与兽药研究所女职工委员会
环境保护科研监测所妇委会
南京农业机械化研究所女职工委员会
烟草研究所工会妇女工作委员会

四、优秀妇女工作干部（17 名）

（一）京内单位（9 名，按姓氏笔画排列）

王　安　蜜蜂研究所妇委会主任
王　玲　农业信息研究所妇委会主任
孙　红　研究生院妇委会主任
张明晶　农产品加工研究所妇委会主任
张银月　后勤服务中心妇委会委员
李　卫　院机关妇委会委员
李艳丽　农业环境与可持续发展研究所妇委会副主任
陈　红　蔬菜花卉研究所妇委会主任
屈宝香　农业资源与农业区划研究所妇委会主任

（二）京外单位（8 名，按姓氏笔画排列）

王萍萍　哈尔滨兽医研究所工会女工委员
刘桂荣　特产研究所妇委会副主任
朱　玛　南京农业机械化研究所妇女工作干部
朱鸿英　中国水稻研究所女工委副主任
杨　湄　油料作物研究所妇女工作干部
迟福梅　果树研究所妇女工作干部
赵海燕　兰州兽医研究所女工委主任
梁晓芳　烟草研究所女工委主任

五、妇女之友（27 名）

（一）京内单位（16 名，按姓氏笔画排列）

王济民　农业经济与发展研究所副所长
史志国　院纪检组长、党组成员
叶志华　农业质量标准与检测技术研究所所长、党委副书记
孙日飞　蔬菜花卉研究所党委书记、副所长
吴　杰　蜜蜂研究所所长、党委副书记
张保明　作物科学研究所党委书记
陈金强　农业资源与农业区划研究所党委书记、副所长
林　敏　生物技术研究所所长
郑永权　植物保护研究所副所长、工会主席
赵玉林　后勤服务中心副主任、党委副书记
骆建忠　农业信息研究所原副所长
袁学志　北京畜牧兽医研究所党委书记
梅旭荣　农业环境与可持续发展研究所所长
韩惠鹏　研究生院常务副院长、党委书记
蔡辉益　饲料研究所原所长
戴小枫　农产品加工研究所所长、党委副书记

（二）京外单位（11 名，按姓氏笔画排列）

刘永明　兰州畜牧与兽药研究所党委书记、工会主席
朱　岩　环境保护科研监测所党委书记
江用文　茶叶研究所副所长、工会主席
李光明　油料作物研究所副所长
李志勇　草原研究所副所长、纪委书记
陈小兵　南京农业机械化研究所党委委员
赵国辉　哈尔滨兽医研究所副所长、工会主席
郝志强　果树研究所党委书记、副所长
殷　宏　兰州兽医研究所所长、党委副书记
廖文炎　中国水稻研究所工会主席
管　辉　烟草研究所党委书记

2013年度中国农业科学院京区各单位获国家、省（部）级奖励情况

荣誉称号	获奖集体或个人	授予单位
2013年度全国五一劳动奖章（1个）	董红敏（环发所）	中华全国总工会
中国妇女第十一次全国代表大会代表 全国妇联十一届执委	刘玉梅（蔬菜所）	全国妇女联合会
2012年度党外知识分子建言献策信息工作先进单位（1个）	中国农业科学院（直属机关党委）	中共中央统一战线工作部
2013年度党建信息宣传工作先进单位（1个）	中国农业科学院（直属机关党委）	农业部直属机关党委
群众工作优秀案例（1个）	院妇工委《立农研为本　助巾帼建功》	中央国家机关工委统战（群工）部、《紫光阁》杂志社
2012年度机关党建课题研究成果一等奖（1个）	院直属机关党委《院所长负责制下科研院所党组织发挥政治核心作用研究》	中央国家机关党建研究会
2012年度机关党建课题研究成果二等奖（1个）	院直属机关党委《中国农业科学院文化建设研究与实践》	中央国家机关党建研究会
2012年全国优秀思想政治工作研究成果三等奖（1个）	院直属机关党委《中国农业科学院思想政治工作中加强人文关怀和心理疏导问题研究》	中国思想政治工作研究会

十、人物介绍

抗击禽流感的急先锋

——记国家自然科学奖二等奖获得者陈化兰研究员

陈化兰，研究员，哈尔滨兽医研究所动物病毒学专家。1994 年以来致力于禽流感防控相关研究，在禽流感病毒基础研究方面取得重大进展，先后确诊 H5 高致病性禽流感疫情 100 余起；成功研制了一系列具有国际先进水平的禽流感疫苗，应用于我国防控禽流感生产实际，并大量出口到东南亚及非洲国家，为我国乃至世界禽流感疫情的防控做出了重大贡献。

瞄准前沿　攀越科学高峰

2002 年，陈化兰放弃了国外优厚的条件和待遇，告别了在美国做博士后研究的丈夫，毅然回到祖国，带领团队围绕禽流感病毒进化、跨种感染及致病力分子机制等重要科学问题开展系统探索研究。在她的带领下，研究团队先后发现了水禽与候鸟携带的 H5 病毒在自然进化中形成了复杂的基因型，多种基因型病毒均可获得对哺乳动物的感染、致病和致死能力，从根本上改变了“禽流感病毒获得感染致死哺乳动物能力可能与特定基因型（如‘香港 97’样病毒）有关”的论点，*Nature* 撰写每周焦点专评对该项研究结果给予了高度评价；阐明了 *PB*2 和 *HA* 基因关键位点的突变/缺失对 H5N1 病毒感染哺乳动物能力及在哺乳动物之间水平传播起决定作用，确定了 *PB*2 的 701N 和 *HA* 的 158～160 位的糖链缺失已成为 H5N1 病毒感染人类风险预警的重要分子标记；揭示了影响 H5N1 病毒对禽和哺乳动物致病力的关键基因，证实了 *NS*1 的 A149V 突变和 191～195 位氨基酸缺失均可使 H5N1 病毒丧失拮抗宿主天然免疫的能力；*NS*1 的 P42S 突变是病毒获得对哺乳动物致病力的重要前提，相关研究结果被评为 *Journal of Virology* 的当期“亮点”和 ASM（美国微生物学会）会刊 *Microbe* 的精彩论文。

经过 10 年的潜心研究，陈化兰获取了大量准确翔实的科学数据，率先阐明了禽流感病毒进化、跨种感染及致病力分子机制，在国际顶尖杂志发表研究论文 20 篇，被重要学术期刊引用 1 088次。该成果也于 2013 年获得了我国兽医研究领域首个自然科学奖，为科学认知禽流感病毒做出了重要贡献，为禽流感防控策略的制定和防控技术的研究与应用提供了理论依据。

2013 年 H7N9 流感疫情暴发时，陈化兰团队第一时间奔赴疫区，迅速启动疫情监测工作，率先分离到禽源 H7N9 流感病毒，并利用家禽和哺乳动物系统评估了禽源、人源 H7N9 流感病毒的致病力和传播能力。在国际上首次从病原学角度揭示了新型 H7N9 流感病毒的来源，证实了 H7N9 病毒可在雪貂之间通过呼吸道飞沫传播，从而可能使 H7N9 病毒获得在人与人之间的高效传播能力。该项研究结果引起学术界广泛关注，被列为“2013 年中国十大科技进展”。*Science* 还对陈化兰进行了专访报道，并对她的科学研究工作给予了高度的评价和赞誉。

陈化兰还带领团队围绕 H5N1 病毒和 H1N1 甲流病毒在自然界中发生重组后可能产生的子代病毒对公共卫生的风险进行了系统的研究和分析，发现 H5N1 和 H1N1 甲流病毒重组后可以产生多种对哺乳动物高度致死，并且可在豚鼠之间通过呼吸道飞沫有效传播的子代病毒。这项研究预测了在自然界中广泛存在的 H5N1 病毒对公共卫生的现实威胁，有关成果 2013 年 5 月 3 日在 *Science* 在线发表，*Science* 将其作为亮点进行了重点介绍，该研究成果的发表引起了国内外学术界的普遍关注，*Science* 和 *Nature* 就其重要发现和意义分别做了专门报道。

立足生产　捍卫畜禽健康

陈化兰带领国家禽流感参考实验室加强我国禽流感流行病学的监测和研究力度，建立了系统、完整的中国大陆禽流感病毒种毒株资源库及其流行病学信息数据库，为我国禽流感的控制提供了可靠的数据支撑。尤其是 2004 年“亚洲流感”暴发期间，陈化兰带领团队全身心投入“禽流感阻击战”中，先后接收来自全国 16 个省、市疑似样品 500 余份，确诊疫情 50 余起，分离鉴定 H5N1 高致病性禽流感病毒 60 余株，对疫情的有效控制发挥了关键作用；向全国 9 个兽药制品企业转让了 H5 禽流感灭活疫苗生产种毒和全套技术，紧急生产了 12 亿羽份供疫区强制免疫使用，为国家挽回经济损失数十亿元。2006 年 1 月 5 日，时任中央政治局委员、国务院副总理回良玉专程到哈尔滨兽医研究所视察并转达了党中央、国务院以及胡锦涛总书记、温家宝总理对全体科研人员和所有职工的问候，充分肯定了哈尔滨兽医研究所及其国家禽流感参考实验室在禽流感这场科技攻关战役中发挥的关键作用、做出的突出贡献。

2003 年，陈化兰率先建立了国际先进的流感病毒反向遗传操作技术平台，可根据疫情防控需要，科学设计、快速研制低致病性疫苗株，从根本上解决了 H5 禽流感疫苗研制的重大技术瓶颈，成功研制了 H5N1 禽流感新型灭活疫苗（Re-1），于 2005 年初获国家一类新兽药证书。该疫苗是国际上率先利用反向遗传技术构建并实现产业化应用的流感疫苗，其研制和应用于 2005 年获得“国家科技进步一等奖”。同时，陈化兰及其团队在对我国禽流感病毒进行严密监测和分析的基础上，实时掌握了我国 H5 禽流感病毒的基因和抗原群分型，针对各类病毒的流行规律及危害性，相继研发了针对不同省区抗原变异株的 H5 禽流感疫苗 Re-4、Re-5 和 Re-6 疫苗株，分别于 2006 年、2008 年和 2012 年投入生产应用。陈化兰带领研制的系列不同抗原型的 H5N1 储备疫苗，在国内外应用累计达 1 100亿羽份。

利用新城疫弱毒疫苗为载体，陈化兰主持研制了禽流感、新城疫重组二联活疫苗，首次实现一种活疫苗有效预防 H5 高致病力禽流感和新城疫两种重大传染病，该疫苗是国际上第一个产业化应用的重组 RNA 病毒活载体疫苗，于 2006 年获国家一类新兽药证书，其研制和应用于 2007 年获得“国家技术发明二等奖”。随着抗原变异株的出现，该疫苗也不断进行更新和替换，截至目前，禽流感、新城疫重组二联活疫苗累计应用 130 亿份。

高瞻远瞩　培育优秀创新团队

在主持科研工作的同时，陈化兰还培养了一支具有国际影响力和竞争力的禽流感研究团队。该团队广泛开展与国内外同行的合作与交流，与世界贸易组织（WHO）流感合作实验室及美国、英国的禽流感研究实验室建立了良好的合作关系，并积极争取国际合作项目；代表中国和联合国粮农组织（FAO）为东北亚各国提供禽流感技术培训和技术服务，承担禽流感相关的国际援助项目，负责并承担全国范围内流感监测和诊断的技术培训。

陈化兰向来注重与国际先进的流感实验室积极开展学术交流与合作。自 2003 年以来，累计邀请英国、美国、日本和德国等国际知名的流感专家进行学术交流和讲座 40 余人次；应邀在英国、美国、日本、澳大利亚、法国和意大利等国的大学、国际会议等作专题学术报告 40 余次，实验室其他成员参加各种国际会议及短期、长期培训 30 余次。

2008 年，国家禽流感参考实验室被遴选为中国农业科学院优秀创新团队，同年，鉴于国家禽流感参考实验室的国际学术地位和为全球禽流感防控做出的科技贡献，被遴选为世界动物卫生组织（OIE）禽流感参考实验室，成为我国第一个动物传染病 OIE 参考实验室。2009 年，该团队被遴选为全国专业技术人才先进集体。2012 年年底，国家禽流感参考实验室被遴选为联合国粮农组织（FAO）动物流感参考中心，成为我国首个获得 FAO 认可的国际动物疫病参考中心，也是 FAO 继德国联邦动物健康研究机构之后在全球认定的第 2 个动物流感参考中心。

扎根科研　凝结累累硕果

“梅花香自苦寒来”，陈化兰在勇于创新、甘于奉献、勤于实践信念的指引下，收获了累累硕果。多年来，她先后主持了国家“十五”科技攻关计划、“十一五”国家科技支撑计划、国家自然科学基金、国家杰出青年基金、国家“863”计划、国家“973”计划、国家科技重大专项、国际科技合作计划、国家产业技术体系项目等 50 余项国家、省部级重点研究项目和国际合作项目。她主持完成的科研成果多次获国家级、省部级、院级奖励，其中，获国家科技进步一等奖 1 项、国家技术发明二等奖 1 项、国家自然科学二等奖 1 项、黑龙江省自然科学一等奖 1 项、黑龙江省科技进步一等奖 2 项，先后获 12 项新型疫苗发明专利授权，12 项国家新兽药证书，其中，2 项为国家一类新兽药证书；发表研究论文 300 余篇，其中 SCI 论文 80 篇，累计影响因子 400 以上。

2005 年，陈化兰被聘为中国农业科学院一级岗位“杰出人才”并获“中国青年女科学家奖”和“中华农业英才奖”；2006 年，获“何梁何利青年科技创新奖”“全国五一劳动奖章”及“全国五四青年奖章”；2007 年，获“中国青年科技奖”；2013 年，获“求是杰出青年成果转化奖”并被 *Nature* 杂志评为世界 10 大科学人物。

“路漫漫其修远兮，吾将上下而求索”。作为国际知名的禽流感专家、中国农业科学院岗位杰出人才，站在“顶天立地”的高度，陈化兰依然踌躇满志、斗志昂扬，正在带领团队向着更高的科学高峰挺进。

学而勿躁觅真醍　研而求精探奥秘

——记国家技术发明奖二等奖获得者张夫道研究员

“绿色和天然是他的追求，有机与营养是他给老百姓的回馈，茁壮的茎叶里饱含他的心血，肥沃的土壤中有他满腔的希望。”这是《科学中国人》2010年年度人物表彰大会给他的颁奖词。秉承“学而勿躁，研而求精”的科学精神，40多年如一日，张夫道辛勤耕耘在土壤肥料研究的第一线，年逾70岁的他，仍然坚守在科研的第一线，青丝已变白发，不变的是他对科学研究的热爱。张夫道在土壤肥料研究领域取得了突出成就，他是我国植物有机营养理论和有机肥改良土壤机理研究的主要完成者、固体废弃物资源化利用研究的领跑者和农用纳米材料技术的奠基者。

怀揣科学信仰　踏上漫漫求学路

张夫道，1966年毕业于原南京农学院土壤农化系，进入农业资源与农业区划研究所（原中国农业科学院土壤肥料研究所）工作，从此，便与土壤肥料研究结下了一生难解之缘。20世纪70年代初，他在农村蹲点时发现，北方农民种西瓜时，在瓜膨大期施用芝麻酱，西瓜成熟后更甜；烟农种植烟草时施用腐熟豆饼，烟叶的品质更好，这是J. V. 李比希“植物矿质营养学”理论无法解释的现象。为破解这个困惑，1978年研究生刚刚恢复招生，张夫道就自带研究课题和经费进入原浙江农业大学研究生班学习，师从我国土壤化学创始人朱祖祥先生和我国农业化学创始人之一孙羲先生，这在当时还是首例。研究生期间，他采用14C、15N、32P标记有机化合物研究证明了植物可以吸收有机肥料的分解产物——低分子量有机氮、有机磷、糖、糖醇和激素类有机化合物，并参与植物体内代谢、改善农产品品质；建立了一整套有机肥料中氨基酸、有机磷、糖、糖醇、DNA、RNA、激素的提取和测定方法。这些研究成果逐渐被学术界所公认，1996年以“植物有机营养”条目编入《中国农业百科全书·农业化学卷》，为国内近年来发展有机食品提供了理论依据。

“六五”期间，在张夫道的建议下，农业部科技司将“有机肥料营养作用和改良土壤机理研究”列入重点项目。当时我国研究手段和仪器设备都很落后，虽然中国科学院南京土壤研究所熊毅先生提出了土壤有机—无机复合胶体是土壤肥力的核心，但是有机肥料中的有机化合物是如何进入土壤腐殖质，有机组分如何与土壤矿物形成有机—无机复合胶体？这些问题不解决，就说不清楚有机肥料的改土机理。当时，土壤腐殖质研究的领先者是前苏联。1986 年，已过不惑之年的张夫道，毅然离开爱人和孩子，踏上莫斯科五年半的漫漫求学路，先后在莫斯科季米里亚捷夫农学院放射化学和生物化学教研室学习和研究，在有机肥料改良土壤机理研究中取得了突破性进展：揭示了土壤矿物吸附有机组分的规律和有机—无机复合胶体的形成过程；明确了腐殖质更新机理；破解了长期困扰土壤学界“酸解未知态氮”和“未水解残渣氮”的奥秘，明确了其化学属性及构成，证明了苯系化合物氮是土壤腐殖质最核心的氮化合物。这些发现将前苏联土壤化学家 M. M. 科诺诺娃的腐殖质理论大大向前推进。之前国内也有不少学者对有机肥料做过大量工作，但基本停留在调查研究和总结农民经验上，这一现状直至张夫道这一代人涉足研究，才有所突破，有机肥料才得以作为一门学科，开始利用现代科学技术手段进行系统的理论和应用研究。1991 年 8 月，前苏联部长会议最高学位委员会授予张夫道生物科学博士学位，他是农业和生物领域在前苏联学习的众多中国留学生中，唯一一个获得科学博士学位的学者。

勇于开拓创新　执著科学研究

土壤肥料研究是张夫道一生钟爱的事业，一直工作在土壤肥料科研的第一线，他是用心来对待自己所热爱的职业，正是这份执著推动张夫道不断取得创新性的研究成果。

张夫道善于发现科学问题，凭借敏锐的洞察力，总能超前提出科研方向，针对国家需求，服务国家发展。他是复混肥料、专用缓/控释肥的倡导者和实践者，1982 年，张夫道与刘更另院士、张开炎高级工程师共同发起召开“肥料二次加工研讨会”，主笔起草项目建议书上报中华人民共和国化学工业部（全书简称为化工部）和国家发展和改革委员会（全书简称发改委），并获得正式立项，在全国发展复混肥；1993 年，张夫道联合多名科学家共同写报告给农业部，倡导在国内研究缓释肥料，“九五”期间获得立项；2000 年，张夫道又联合其他专家给科技部写报告，将缓释肥料列入“十五”863 高新技术项目，并牵头组织实施。张夫道是我国固体废弃物领域研究时间最长、涉及品种最多的学者。20 世纪 90 年代初，他首先提出固体废弃物处理利用应实现“无害化，资源化：能源化、材料化、肥料化、饲料化”的技术原则，并贯穿于实际研发中。

张夫道倡导多学科协同攻关，特别重视科研平台建设。他认为交叉学科往往会出现理论上的突破和技术上的创新，尤其是在交叉学科协同科研的过程中，会不断地出现新的研究方向和新型学科。他将土壤和肥料相结合、有机肥与化肥相结合进行研究，在研究所领导的支持下，与同事们一起建立了农业部植物营养与施肥重点实验室、土壤学和土壤生态学博士点；精心维护“国家土壤肥力与肥料效益监测基地网”，并将其升级为国家野外台站；他把土壤微生物与土壤动物研究相结合，开辟了我国农田土壤生物研究的先河，培养了我国第一个土壤动物学博士，并出版了《中国土壤生物演变及安全评价》专著。缓/控释肥料研究是一项复杂的系统工程，涉及土壤、肥料、植物营养、化工、机械、新材料等一系列工艺技术和设备。正如张夫道所说，“科研工作就是思路和不断积累”。2013 年，肥料用缓释材料创制与产业化应用获得国家技术发明二等奖，这是对张夫道多年科研工作的充分肯定。

研究硕果累累　产业化应用喜人

多年来，张夫道主持国家“863”计划、国家科技攻关、国家自然科学基金、国家发改委和各部委重点项目（课题）30 余项，出版专著 3 部，在国内外核心学术刊物发表论文 120 余篇，获国家发明专利 23 项，获国家发明奖二等奖 1 项，农业部和中华人民共和国环境保护部（全书简称环保部）等省部级科技进步一等奖和二等奖 5 项，共培养研究生和博士后 30 余名。

张夫道是固体废弃物资源化利用研究的领跑者。他先后研究和开发了城镇生活垃圾资源化利用技术及工艺设备，农村沼气发酵池建造和发酵条件，城镇生活污泥和酒精、制药污泥农业利用技术及工艺设备，规模化畜禽场粪污处理技术及工艺设备，作物秸秆的转化研究和利用技术，以及三煤（风化煤、煤矸石、粉煤灰）废弃物利用技术。城镇生活垃圾资源化利用研究拉开了张夫道固体废弃物资源化利用研究的序幕，该项成果被鉴定为国际领先水平，其中纳米—亚微米级废弃塑料—淀粉混聚物包膜胶结剂技术、有机复合缓/控释专用肥生产技术为原创性技术。1974 年，原农林部科技局第一个农村沼气课题就是张夫道主持，他先后开展了沼气池结构、发酵条件、沼液和沼渣利用、沼气发电等研究，在原南阳酒精厂（现为河南天冠集团）建造了 2 个 5 000立方米当时国内最大的沼气发酵罐，目前仍在正常使用。沼气发电技术在山东省金沂蒙集团有限公司得到应用，木薯制备乙醇后的糟液，通过高温厌氧发酵制取沼气，产气量约为 1 亿立方米/年，全部用于发电，年发电量折合标煤 11 万吨。他利用三煤（风化煤、煤矸石、粉煤灰）废弃物为主要原料，发明了多功能固沙保水剂，融固沙、保水、赋肥和改良土壤于一体，在包头市推广应用，修复荒漠化土地 15. 2 万亩。同时，对竹醋液进行了改性，用于有机物料发酵除臭和杀灭蔬菜连茬所产生的有害真菌，效果显著。此外，张夫道还研究和开发了规模化畜禽粪污处理利用技术及工艺设备、作物秸秆转化研究和利用技术、钛白粉生产副产物硫酸亚铁利用技术等，这些技术也得到大范围推广，应用于农业、军工等多个领域。从 2004 年开始，张夫道重点对铁尾矿和钼尾矿进行探索性研究。他建立了全碳还原和软化焙烧理论，制定了金属尾矿研究方法和程序，确立了铁、钼尾矿有价金属组分和硅酸盐矿物连续提取工艺和设备，采用这些理论和方法，解决了铁、钼尾矿有价组分高效回收及其无害化尾渣的农业和生态应用技术难点，实现了铁、钼金属尾矿全回收和零排放。河南栾川南泥湖钼尾矿已完成生产性试验，通过了中华人民共和国工业和信息化部（全书简称工信部）与中国工程院联合组织的评审。农用产品钼尾矿缓释 BB 肥在冬小麦田间肥效试验结果，增产 15% ~30%；钼尾矿土壤调理剂改良河南沙化潮土，冬小麦当季增产 15% ~41. 3%。

张夫道在缓释肥研发方面取得了重大突破。针对国内外缓释肥料存在成本高、缓释材料降解难、生产率低的问题和我国 80% 以上的化肥用于大田作物的实际，张夫道团队从 1996 年开始，选择价格低廉的风化煤、煤矸石、废弃塑料、造纸黑液、沼渣、生活污泥等废弃物和黏土为主要原料，通过水合钾离子插层、微乳化、高剪切和化学聚合（缩合）反应以及纳米材料技术，研制出系列水溶性缓释材料，解决了成本高、生物降解难的问题，缓释材料在土壤中 60 ~ 180 天被微生物降解率 98% 以上，材料附加成本为 20 ~ 150 元/吨缓释肥，是树脂和硫黄包裹尿素材料附加成本的 1/20 ~ 1/10。他们根据主要大田作物需肥规律，研制出养分释放速率与之相吻合的专用缓/控缓肥料生产工艺及其设备，单条生产线的生产能力为 30 万吨/年，是目前世界上生产率最高的缓释肥料设备；田间试验结果表明，大田作物专用缓/控释肥增产 16. 7% ~37. 2%，肥料氮利用率提高 15. 5% ~34. 6%，肥料磷利用率提高 20% ~30%，肥料钾提高 12% ~20%，土壤剖面 140 ~160 厘米土层硝态氮含量减少 42. 9% ~64. 6%；他们构建了缓释肥料生态环境安全评价指标体系，保证了施用缓/控释肥料后土壤生态环境的安全性。这些研究成果已获得国家发明专利 21 项，并且在全国 10 多个肥料企业得到了推广应用。

张夫道也是农用纳米材料技术的奠基者。从 1995 年开始，张夫道和他的团队先后研制了化学聚合（缩合）型和微乳化型两大类 19 个品种纳米—亚微米级功能性复合材料，其中化学聚合（缩合）型 12 种，微乳化型 7 种，获得国家发明专利 19 项，并先后在城镇生活垃圾资源化利用、生活污泥和规模化畜禽厂粪污处理利用、荒漠化土地修复、作物秸秆制作秸秆板、高速路路堑边坡和创伤岩石断面绿化、大田作物专用缓/控释肥料生产等众多领域投入产业化应用。

创建入侵生物学　构筑生物入侵防线

——记国家科技进步奖二等奖获得者万方浩研究员

生物入侵与抵御生物入侵就像一场没有硝烟的战争。谈起“生物入侵”，很多人会不由自主地与一个人联系起来，这位默默在科学研究界不辞劳苦、辛勤钻研的耕耘者，在学术探索中勇于开拓、脚踏实地的践行者，就是中国农业科学院植物保护研究所从事入侵生物学研究的科学家万方浩研究员。过去的 20 年里，正是在他的引领、组织和潜心耕耘下，入侵生物学从默默无闻发展成为今天的一门新兴学科。

矢志不移　全身心投入生物防治与生物入侵研究事业

万方浩 1977 年考入湖南农学院（现湖南农业大学）植保系，1984 年在湖南农业大学获昆虫学硕士学位并留校任教，1989 年在中国农业科学院研究生院获昆虫学博士学位后留院就职于生物防治研究所。1993—1995 年，他获得加拿大国家自然及工程科学（NSERC）奖学金，在加拿大农业和农业食品部 Lethbridge 研究站从事国际合作研究。

1986—1995 年，他科研的工作重点放在从国外筛选、引进天敌治理外来有害杂草上，开辟了我国外来有害杂草生物防治的新篇章。1996—2001 年，他转向有害生物综合治理与转基因作物环境安全评价研究，先后建立了多种农作物和经济作物重大有害生物综合治理技术体系和转 *Bt* 棉花生态风险评估技术体系，并制定了风险评判标准。

自 2002 年起，万方浩已清楚地意识到生物入侵必将成为世界各国最大的安全隐患，对国家的生态安全、生物安全、粮食安全，乃至对整个经济发展与社会稳定带来非常严重的影响。他一方面不断向各级部门反映生物入侵在国际和国内的紧迫形势，通过不懈努力，使党和政府警觉到了生物入侵的严峻性，并对生物安全领域的研究给予高度关注和指示；另一方面，开始策划和顶层设计，组织一支精锐的生物入侵领域研究队伍承担了国家“973”计划、支撑计划、基础性工作专项等多项重大科研项目。自此，他将全部精力与智慧投入到国家层面的入侵生物学研究中。他始终认为生物入侵形势严峻、刻不容缓，内心充满紧迫感、使命感和责任感。为了搭好我国生物入侵领域的研究基础和框架，紧追国际研究前沿水平和推动实施创新研究，他呕心沥血、率先垂范，十年如一日，时时刻刻专注投身于生物入侵的科学研究。不管是炎炎烈日，还是风霜雨雪，实验室和田间地头总有他的身影，哪里有他的研究哪里就是他的家和乐园。如今，年近 60 的他依然拉着年轻科学家和研究生们讨论科研、交流思想，依然扎根实验室指导学生们的实验，依然活跃在科学试验的第一线和研究团队的最前头。

锐意创新　创建入侵生物学新兴学科与国家团队

向来对新生事物敏锐的万方浩一直强调，外来有害生物的入侵与防控应该有别于传统的植物保护，它应该是一门相对独立的学科。为此，2002—2013 年，先后担任两期生物入侵领域“973”项目首席科学家的万方浩率领研究团队和国内生物入侵研究领域的众多科学家，全面系统地研究了外来重大农林有害生物的入侵机制，首次提出了诸如外来种入侵的“前适应性”与“后适应性”机制、入侵种的“自我增强式作用”“寄主防御与反防御”“非对称交配互作”等新理论；创新性提出了生防作用物定量风险评价、风险—收益比较分析与风险控制的决策的技术与方法；发展了天敌昆虫工厂化生产的技术与流程，扩大了捕食性、寄生性天敌昆虫的大规模应用，丰富和拓展了生物入侵领域和传统生物防治的理论、技术与方法。在此基础上，他带领全国研究团队将生物入侵领域研究的最新成果汇编，著成了《入侵生物学》《生物入侵：预警篇》《生物入侵：检测监测篇》《生物入侵：生物防治篇》《生物入侵：管理篇》等系列专著，创办了《生物安全学报》，倡导成立了“中国植物保护学会生物入侵分会”。最终，他创建了我国独具特色和初具规模的新兴学科——入侵生物学，并逐步形成了一支在国际生物入侵领域具有强竞争力的研究队伍。

中国的生物入侵研究在国际舞台上占有一席之地、有属于我们自己的声音和影响力，这一直是万方浩的中国梦，也是一名战略科学家肩负的责任感使然。“十一五”和“十二五”期间，他作为发起者与组织者、筹委会主席和学术委员会主席，以强大的号召力和影响力，带领全国研究团队组织召开了 2 次国际生物入侵战略研讨会、2 次国际生物入侵大会、3 次全国生物入侵大会。通过国际会议的召开和频繁的国际交流与合作，树立、拓展和提升了我国在生物入侵领域的国际地位与影响，取得了极高的国际话语权。

十年磨剑　凝铸重大科技成果

面对生物入侵给我国农业经济发展、生态环境安全与人畜健康带来严重威胁与巨大损失的严峻形势，万方浩带领他的科技创新团队历时 10 余年，针对“主要农业入侵生物的预警与监控技术”开展了细致缜密的攻关研究与科技创新。为了弄清楚中国农林生态系统中到底有多少种外来入侵生物以及这些入侵生物的危害与分布，他长期奔波在大江南北和边境线上，翻山越岭、长途跋涉，深入到大山深处，对各种生境进行实地调查，走访当地植保技术员和群众，采集样本和记录调查数据，并对各种入侵生物的入侵历史、危害情况等进行咨询和核实。经过长年累月的不懈努力，他首次发现并鉴定了 11 种新入侵生物，确证了入侵我国的外来有害生物共计 527 种，并明确了其分布危害区域，系统完成了我国入侵物种编目和安全性分析。

与此同时，万方浩和他的团队日夜奋战，不断对各类数据进行深入加工和分析，确证了我国主要入侵生物及其危险等级，创新了入侵生物定量风险分析技术，极大提升了生物入侵早期预警的水平与能力。通过反复室内实验和野外试验验证，万方浩和他的团队发展了重要入侵生物的分子快速检测监测新技术，创制了入侵生物野外数据采集仪与自动监测仪，研发了入侵昆虫诱芯新载体及诱捕技术，构建了入侵生物野外实时数据采集、远程传输和跟踪监控的技术体系，显著提高了对入侵生物的野外跟踪监控能力。针对重大农业入侵生物扩散、蔓延和成灾规律，创新了入侵昆虫诱集、优势天敌防控等技术，集成建立了入侵生物的阻截防控技术体系，实现了对重大入侵生物的区域联防联控，通过大面积推广应用，有效抑制了重大入侵农业生物的扩散与暴发。

天道酬勤、功夫不负有心人，在万方浩及其团队日积月累、一点一滴的辛勤耕耘下，该项科技成果获得国家科学技术进步二等奖。据农业部、环保部有关部门统计，2010—2012 年，该成果在 21 个省区累计应用面积 4 545.5万亩次，增收节支/减少损失 104 亿元，为农业经济持续增长、农业食品安全及农产品出口贸易做出了直接贡献。更为重要的是，该成果构筑了生物入侵三道技术防线——预警、监控、阻截，为延缓疫区扩张、保护未发生区提供了强有力的科技支撑，将持续产生巨大的经济效益、社会效益与生态效益。

未雨绸缪　注重学科青年人才培养

万方浩一直把青年人才的培养当做自己最大的责任和使命，自 1995 年回国以来，他领导的生物入侵研究室就与国内 10 余家高校和科研单位建立了长期联合培养研究生的模式。研究室以“树人育才”为宗旨，编制了研究生培养手册和管理制度，对研究生实验方案进行规范化管理，执行研究生毕业论文小组负责与集体指导制。对于新进研究室的研究生，进行集中规范化培训，包括研究室文化、历史、规章制度、消防与人身安全、生活保障、师生座谈交流等内容。给研究生定期开展 Seminar 和读书报告交流会，讨论实验进展、存在问题和困难等；执行研究生周工作汇报制，强化了师生的定期交流。每年年底，集中研究室所有研究生和小组负责老师进行年终汇报，对成绩突出或进步较大的研究生给予精神与物质鼓励。同时，不定期地邀请外单位优秀青年学者或本研究室青年教师给研究生做专题报告，进行项目报告申请、专利申请和论文撰写等经验座谈与交流。至 2013 年，生物入侵研究室已培养出站博士后 14 名、博士毕业生 20 余名、硕士毕业生 100 余名。

站在全国的高度，万方浩一直关心入侵生物学领域青年科学家的成长，希望青年科学家们能在他这代人的基础上，不断扩大入侵生物学这门年轻学科在国内外的影响力。他时常对研究室的青年人说：“我们这代人在生物入侵领域搭建的平台，希望可以帮助和支撑你们将来的发展。”他也时不时提醒青年人：“入侵生物学学科是建立起来了，以后能不能将全国搞生物入侵的青年科学家们继续团结凝聚起来，在我们的基础上进一步推进学科的发展、壮大生物入侵事业，可就看你们的了。”在青年人的眼中，他是一位处处严格要求的学术导师，是一位语重心长时时提点的慈父，也是一位活泼闹腾永不服老的忘年朋友。这样的他，一有机会，就会把有能力有抱负的青年人推出去、扶上去，担负责任，让青年人尽快成长。

这就是真实的万方浩，是一位为我国入侵生物学学科建设与人才培养事业兢兢业业、呕心沥血、不畏艰难、勇于创新、敢于攀登和无私奉献的科学家。

勇攀旱作农业科技高峰　开拓农业环境创新之路

——记国家科技进步奖二等奖获得者梅旭荣研究员

梅旭荣，男，二级研究员，山东省莱州市人，现任中国农业科学院科技管理局局长，博士生导师。长期从事我国北方干旱地区农业水土资源利用和管理科学研究，在农作物水分生理生态、旱作农业与节水农业理论与技术、粮食安全与水资源利用战略等方面取得了突出的成绩，是该研究领域知名的领衔式科学家。他1999年入选农业部“神农计划”人选，是农业部有突出贡献的中青年专家、首批新世纪百千万人才工程国家级人选、中国农业科学院节水农业杰出岗位一级人才、全国农业科研杰出人才、政府特殊津贴专家，2010年荣获全国优秀科技工作者称号。

立志“节水”　造福民生

梅旭荣自幼生长在农村，亲眼目睹和体验了传统农业劳作的辛苦，深感在自然气候和灾害影响下农业生产的艰难，所以从很小的时候就立下了学习农业科学知识、为父老乡亲减轻劳动负担的远大志向。带着这一理想，他刻苦学习，于1980年考入北京农业大学物理气象系。在大学校园里，在研究生院的课堂里，他系统学习了农业气象学、土壤学和农学等基础知识，不仅了解了我国季风气候和人多、地少、干旱缺水的基本国情给我国农业带来的挑战，也亲历了干旱缺水等灾害给粮食生产带来的巨大损失。“作为一个出生在粮食短缺年代、成长于改革开放大潮中的学子，应当有责任为国家粮食安全做出一点力所能及的贡献”，系统的知识学习和农业科研实践让他少年时代的梦想变得更加清晰。

1987年，梅旭荣毕业分配到中国农业科学院农业气象研究所工作，参与区域治理项目旱地农业专题研究，从此开启了与旱为伍的科学研究生涯。在陶毓汾、信乃诠、赵聚宝等老一辈科学家的指导和带领下，梅旭荣以坚定的信念和饱满的激情，坚定不移地行走在这条大道上，坚持不懈、探索不怠，用青春和热血追逐着梦想与希望。他长期扎根山西屯留和寿阳旱作农业试验区，克服环境的艰苦，部署和开展了长期的定位试验，获得了宝贵的科学数据。为摸清我国北方旱农区降水转化与利用规律、掌握影响旱农区持续发展的问题，他的足迹遍布我国北方16个省（市、自治区），20多个旱作农业试验站、试验区和上千农户家里留下了他的身影。他立定志向，咬紧牙关攻坚克难，为之付出了半生的心血和力量，将奋斗的信念融入了生命的最深处，先后在我国旱农区降水转化定量关系、降水生产潜力开发技术途径、半湿润偏旱区农牧结合、农林牧综合发展等研究领域取得重大进展，在旱作农业发展规划、旱区粮食增产和农民增收技术与模式，以及可持续发展等方面做出了一系列令人瞩目的贡献。

潜心钻研　硕果累累

凭着自身的刻苦努力，梅旭荣 1995 年成为旱地农业学科带头人，完成了“九五”期间国家科技攻关计划旱地农业项目的可行性研究和实施方案的设计。“十五”以来，他作为旱作农业科技攻关（支撑）计划项目负责人，负责项目总体设计和组织实施。作为团队领军人才，他传承老一辈科技工作者的“旱农精神”，在 15 年时间里不仅亲自主持完成了 3 个课题研究任务，还带领研究所和国内旱作农业科研团队，围绕北方旱作区农业可持续发展技术与模式，在北方 9 个省开展了系统研究，高质量完成了近 20 项课题研究任务。

通过长期的旱作农业联合攻关，梅旭荣及其带领的团队首次探明了旱作区农田降水转化定量关系和作物耗水结构特征，揭示了土壤储水供水特性、作物水分适应性、水碳氮关系等对提高降水利用的作用机理，创建了以降水生产潜力开发为重点的旱作农业决策支持系统；创造性地研制出春玉米秋覆膜和秸秆还田秋施肥、冬小麦培肥聚墒丰产等“秋（夏）储冬保春用”核心技术，以及春玉米机械化集雨保墒和冬小麦高留茬少耕全程覆盖等高效轻简技术，使旱作农田降水利用率最高达到 74.9%；系统集成了与降水特点相吻合的半湿润偏旱区稳粮增效循环农林牧综合、半干旱区增粮提效防蚀林粮复合、半干旱偏旱区防蚀稳产增益农牧结合、西南季节性干旱区增产增效集雨补灌等技术体系与模式，并在试验区普遍应用，平均降水利用率由项目实施前的 57% 提高到 68%，作物水分利用效率由 0.67 千克/（毫米·亩）提高到 1.35 千克/（毫米·亩），水土流失降低了 40% 以上；建立了水土资源承载能力评价指标体系和评价方法，构建了种植制度优化模型，提出了种植结构优化布局和种植模式定量选择的关键技术，使旱作农业发展规划的宏观决策和布局由过去的定性统计分析向定量优化转变。2013 年，以梅旭荣为第一完成人的“旱作农业关键技术与集成应用”荣获国家科技进步二等奖。

在近 30 年的旱作农业科研生涯中，他取得的成就还远不止这些。作为主要完成人，研究成果“主要类型旱农地区农田水分状况及其调控技术研究”1992 年获得农业部科技进步二等奖，“北方旱农区域治理与综合发展研究”2001 年获得国家科学技术进步二等奖。作为第一完成人，“晋东豫西旱农地区农林牧综合发展优化模式”分别于 1998 年和 1999 年获得农业部科技进步二等奖和国家科技进步三等奖。已出版学术著作 10 余部，发表学术论文 100 余篇。先后代表国家有关部门出席联合国粮农组织（FAO）、国际原子能机构（IAEA）、UNCDD 等国际组织的学术大会并作大会报告。

目前，梅旭荣还兼任国家科技奖励评审专家，“十二五”国家“863”计划现代农业领域主题专家组专家，国家科技重大专项“水体污染控制与治理”总体组专家，农业部专家咨询委员会委员、防灾减灾专家指导委员会主任和旱作节水农业专家组组长，中国农学会农业气象分会理事长，中国农学会资源环境分会副理事长，中国科学院研究生院和青岛农业大学客座教授，泰山学者。

开拓进取　创新发展

梅旭荣长期从事一线科学研究，具有把握科学问题前瞻性能力。“十五”初期针对我国粮食安全与水资源短缺的矛盾，他完成了《中国旱作农业发展战略》《中国节水农业理论与实践》等5项战略课题研究，提出了国家实施节水农业“863”项目的建议。国家“十五”期间启动“863”节水农业重大专项，梅旭荣成为该项目总体专家组成员并主持“农田节水标准化技术研究与新产品”课题，此后，他在研究所相继主持承担了“绿色环保多功能保水制剂研制”“山西半干旱区现代节水农业技术研究与集成”等10项课题。通过近15年的发展，研究所节水农业研究已经从单纯的旱地农业研究拓展到生物性节水、农业水资源承载力和节水型农作制度、节水生化制剂等研究重点，并已成为国内节水农业领域重要的研究力量。

梅旭荣1993年开始担任中国农业科学院原农业气象研究所副所长，2003年担任农业环境与可持续发展研究所所长。在任期间，他敏锐地捕捉到农业环境科技发展的契机，通过调整优化学科和实施“重大项目储备计划、重大成果培育计划、科学家团队建设计划”等，使研究所在科研立项、项目质量与产出和学科研究方面取得新进展，国家科学技术奖励、科研条件平台建设、成果转化等均取得新的突破。作为国家科技重大专项“水体污染控制与治理”总体组专家，他领导实施了一系列农村饮用水和农业面源污染控制等项目和课题，发挥了中国农业科学院国家队的应有作用。

为促进农业环境科学发展，推动农业环境学科领域的协同创新，探索农业环境科技创新体系建设机制，2007年10月，他作为牵头人之一，带领研究所与各省市农业科学院共同发起成立“全国农业环境科研协作网”，围绕农业环境重大科学问题开展战略研究，为国家制定相关政策和中长期规划提供决策参考；组织相关单位和人员开展共性关键技术、区域重大技术攻关；围绕农产品安全生产和农业生态保护需求，共同建设区域农业环境研究中心、重大技术创新平台、区域性农业环境试验站、农业环境监测基地；联合开展农业环境领域科技成果的示范、转化和应用，整体提升我国农业环境领域研究水平和国际竞争力。

他作为农业部农业环境综合性重点实验室主任，围绕学科发展，创造性地设计完善了学科工作矩阵，通过条件能力建设项目以及学科群工作交流会等各种契机，督促学科群内各单位进一步明确定位。他组织学科群主动承担农业科研条件能力建设试点任务并取得显著成效，组织学科群内11个实验室和试验站参与农业部防灾减灾专项，积极探索使学科群成为一个纵横交错的农业科技创新网络的机制。

宝剑锋从磨砺出，梅花香自苦寒来。梅旭荣研究员通过自身的努力，不仅成为旱作农业技术领域国内外的知名专家，而且也是我国农业可持续发展领域具有战略思维的科学家之一。

传承科技创新　引领水禽产业发展

——记国家科技进步奖二等奖获得者侯水生研究员

古往今来，各行各业的进步都离不开有强烈责任感的担当之士。纵观我国改革开放以来的水禽产业领域，有这样一个人不得不提起，他就是国家水禽产业技术体系首席科学家、中国农业科学院北京畜牧兽医研究所侯水生研究员。他怀揣着振兴中国水禽产业的梦想，三十年如一日潜心科研，依靠科技创新带领中国水禽产业走出了强健的发展步伐。

学海行舟　立志扎根农业

1959 年 10 月，侯水生出生于陕西省三原县一个普通农民家庭。作为农民的儿子，他骨子里有着农民的淳朴与勤劳，有着一股勤奋好学的拼劲。生活中的耳濡目染、父老乡亲的殷切寄托，让他对“三农”有着更深刻的认识和浓厚的感情，也让他立志要在最艰苦的农业领域扎下根干下去。1979 年，侯水生以优异成绩考入西北农学院畜牧系，毕业后到中国农业科学院北京畜牧兽医研究所工作并继续攻读硕士和博士学位，师从动物营养专家黄俊纯研究员、杨忠源研究员和中国工程院院士张子仪先生，从此与畜牧科学结下不解之缘。

在农业领域中，从事畜牧科学研究可能要付出更多难以想象的艰辛。到所工作后，侯水生坚持去奶牛场、鸡场和猪场等生产一线锻炼，全面系统地学习了畜禽饲养管理、种畜繁育以及营养需要等养殖知识。既脏又累的工作环境不但没有让他打退堂鼓，反而进一步培养了他不怕脏、不怕累、踏实肯干的优良品质，为今后的实验室工作奠定了良好基础。随着工作的不断开展，侯水生逐渐感到自己的知识面仍需拓宽，为了不断提升科研能力，必须走出国门继续深造。1994 年 8 月至 1995 年 6 月，他远赴意大利乌迪内大学（UDINE）学习深造。这期间，他把对畜牧业的热爱化为刻苦学习和勤奋工作的动力，利用业余时间积极参加各类学术交流，虚心向国际同行学习，立志将国外所学带回国内。回国后，他利用掌握的技术帮助河南、辽宁、河北等省的企业提高了养殖水平，创造了经济效益，解决了许多猪、鸡、鸭养殖的技术难题，同时，也为自己积累了丰富的实践经验。

潜心科研　创新结出硕果

科研的生命力在于创新，与其跟在别人后面亦步亦趋，不如找准方向开拓创新。作为农业科研国家队的一员，侯水生深知每一次尝试与创新所面临的风险，但是他的天性就没有“怕输”二字。

20 世纪 80 年代初期，侯水生在黄俊纯老师的带领下，主要从事猪鸡蛋白质、氨基酸和维生素营养研究。该团队在国内最早将液相色谱、氨基酸分析仪用于饲料维生素和氨基酸测定，并率先提出“预混料”的概念，是当时饲料工业的一次革新，让许多饲料企业受益匪浅。之后与一大批饲料企业合作，不仅给企业带来了可观利润，也为当时国家经费有限的畜牧所每年创造 50 万 ~80 万元的收入，贴补了研究经费的不足。在此期间，侯水生完成了“八五”国家科技攻关课题“猪鸡营养参数及配方新技术研究”并获 1997 年国家科学技术进步二等奖（排名第二）。

1997 年以后，侯水生主要从事水禽育种和养殖技术研究工作，在深入了解行业情况后他忧心忡忡。水禽产业中份额最大的肉鸭产业是我国的传统特色产业，年总产值超过 1 000亿元，对农村经济发展、农民致富发挥着不可替代的作用，从全球来看，我国也是肉鸭养殖与消费最大的国家。但长期以来，从国外引进的肉鸭品种占据我国 80% 的肉鸭市场，严重威胁着我国本土肉鸭品种乃至整个肉鸭产业的可持续发展。因此，如何打破发达国家的垄断，培育先进的拥有自主知识产权的肉鸭品种成为我国肉鸭产业发展的关键。

面对严峻的形势，作为国家水禽产业技术体系首席科学家，侯水生带领科研团队通过 30 年持续定向培育，形成了 23 个特点鲜明的北京鸭专门化品系，培育成了极具市场竞争力的 Z 型北京鸭新品种，获得国家新品种证书。与原始北京鸭比较，Z 型北京鸭的饲养期缩短了 21 天，体重增加 466 克，料重比降低 35.4% ~40.5%。与发达国家培育的北京鸭比较，瘦肉型北京鸭新品种的生长速度、饲料转化效率、胸肉率、肉质性状等指标具有更强的市场竞争力和发展潜力，其应用推广将会扭转国外肉鸭品种垄断我国市场的局面。同时，他创建了利用多元回归模型准确估测北京鸭活体不可度量性状的技术；建立了北京鸭体重、饲料效率、胸肉率、繁殖率、皮脂率等性状的选种技术；首次将“剩余饲料采食量 RFI”用于北京鸭育种；创立了超声波活体快速测定北京鸭胸肉厚度的技术，显著提高了育种效率；研究发现了北京鸭肝脏调控能量与蛋白质代谢的基因与蛋白质表达差异；获得了 20 个可用于选择北京鸭生长、脂肪沉积、繁殖性状的候选基因，将分子标记技术用于确定北京鸭各品系的遗传距离、杂交配套组合，提高了杂交优势。

虽然在外行看来，这不过是个研究“鸭子”的工作，可是侯水生硬是在我国水禽产业最水深火热的时候，用他 30 年的研究成果为岌岌可危的民族产业打了针强心剂，让中国的水禽产业有了与国外品种抗衡的资本。30 年对一个人来说有多么宝贵，而这其中更宝贵的是能够持之以恒瞄准目标进行科技攻关。有志者事竟成，他数十年如一日率领团队攻坚克难终于结出了沉甸甸的硕果，2010 年，“北京鸭种质资源创新与应用”获北京市科学技术奖一等奖；2013 年“北京鸭新品种培育与养殖技术研究应用”获国家科技进步二等奖。

立足水禽　推动产业发展

作为农业科研国家队的一员，侯水生一直秉承着“科学研究与应用推广”的理念，无时无刻不在想着如何把“顶天”研究转变为“立地”成果。2012 年，国内大型龙头企业纷纷看中了侯水生科研成果的巨大发展潜力，竞相抛出了合作的橄榄枝。他经过深思熟虑，决定将北京鸭新品种同时转让给国内两家大型龙头企业，并建立“产、学、研”联合育种模式。侯水生此举，并不是用成果换取资金，而是把成果当成了“孩子”，他要让行业里最优秀的企业接手他的“孩子”，一起扶植栽培它直到“长大成人”并做出应有的贡献。

截至目前，该成果先后累计推广新品种肉鸭 4. 75 亿只，节料 166. 7 万吨，创造经济效益 41. 1 亿元。这一推广选育进一步提高了北京鸭的生产性能和鸭肉品质，带动我国肉鸭育种与产业的健康发展。

时光荏苒，30 年的岁月已将青丝染成白发，可侯水生心中振兴中国水禽产业的梦想却一直坚定，没有丝毫磨灭。他用人生最宝贵的时光书写了一份科技创新答卷，这份答卷具有极高的含金量，有望收复我们在水禽品种上的“失地”并引领中国的水禽产业走出国门。相信这位一直奋战在农业科研一线最可敬可爱的人，会带领中国水禽产业不断腾飞，创造新的辉煌。

在那桃花盛开的地方

——记国家科技进步奖二等奖获得者王力荣研究员

王力荣，女，博士，研究员，博士生导师。现任中国农业科学院郑州果树研究所副所长，国家果树种质郑州桃圃负责人，农业部果树育种重点实验室主任，国家桃、葡萄改良中心副主任，中—新果树科学联合实验室主任，国家现代桃产业体系育种研究室岗位专家，中国园艺学会桃分会秘书长，中国植物遗传资源学会常务理事。是河南省优秀专家、河南省科技创新杰出人才、国家植物新品种保护先进个人。

桃源梦想　终身寻觅

王力荣 1965 年 6 月出生在新疆奎屯，无垠的戈壁是家乡的主色调。1983 年高考报志愿时，她听生物老师说西北农林科技大学依山傍水似世外桃源，就把报考西北农林科技大学果树专业作为第一志愿。从 1987 年读硕士研究生开始从事桃遗传资源研究，也成为她寻梦的起点。自 1990 年以来，她在郑州果树研究所从事桃种质资源与育种研究，至今已 27 年。

王力荣先后主持了 5 个国家级课题，参加了 20 多个国家和省部级课题，主编了大型专著《中国桃遗传资源》，培育桃、观赏桃优良品种 16 个，主持制定国家和农业行业标准等产业技术标准 10 个，发表论文 100 多篇；作为第一完成人，2004 年“观赏桃品种资源收集、保存、创新与高效利用”和 2010 年“设施桃适宜品种选育与高效栽培技术的研究、示范与推广”分别获得河南省科技进步二等奖，2013 年“桃优异种质发掘、优质广适新品种培育与利用”获得国家科技进步二等奖。

时光在变、环境在变，而王力荣桃品种资源与育种的研究方向始终未变，她从未离开过桃树学的研究岗位。她对桃树学研究的满腔热爱始终未变，把青春年华奉献给了桃这个美丽而甜蜜的事业。每当谈起桃树学研究，谈起桃中国桃文化，她都兴致勃勃、两眼闪光、侃侃而谈，仿佛进入了她的桃园世界。在那桃花盛开的地方，是她寻梦的起点，是她圆梦的战场，也是她终生寻觅的伊甸园。

资源情深　倾情奉献

桃原产中国，种质资源极其丰富。王力荣所在的桃资源课题组，肩负着国家果树种质郑州桃圃的建设工作。她被我国丰富的桃种质资源所吸引、所震撼，克服了在种质资源考察收集中的种种困难：花粉过敏，吃了抗过敏药上山；麻黄咬伤，打掉虫子继续工作；翻雪山、穿沙漠……考察了野生桃集中生长区，寻访了我国地方名特优品种分布区，真切感受到了我国桃种质资源的魅力。

自1990年至今，王力荣新收集桃种质769份，使国家果树种质郑州桃圃的种质保存份数达到1 130份，成为全世界保存桃种质资源最为丰富的圃地。她研制了桃种质资源鉴定技术规程和桃优异种质资源评价技术规程，筛选出一批优异种质，提供科研和生产利用2.6万份次，其中提供育种利用培育出桃优良品种30多个，筛选出的优良加工桃、观赏桃优良品种20年多来一直是我国的主要栽培品种。通过资源的系统考察与评价，她首次阐明了5个桃野生近缘种种群结构和形态等性状的遗传多样性，基于850份种质195个特性性状的评价，创建了115个性状、424个代码的1 106张多样性图谱，绘制了80个数量性状的110张数值分布图，系统评价了741份34个重要性状，建立了647个桃品种植物学特征图谱，并将这些成果编著成大型专著《中国桃遗传资源》。刘旭院士、邓秀新院士欣然为该书作序，束怀瑞院士为该书题词：30年历史性科学创新进程，宏大的工程，丰富的资源，丰硕的成果，重大的贡献。我国著名果树学家、郑州果树所老所长王宇霖先生看到此书非常高兴地说："这就是国际水平呀！"

十年磨一剑，为了《中国桃遗传资源》的编写，王力荣和她的团队用了10年的时间。2002年，王力荣与农业出版社签订了《中国桃品种图谱》的出版合同，但实际编写时发现，原来用普通相机照的照片不够漂亮，团队商议后决定放弃出版，重新开始。于是，一方面对种质资源圃已经入圃的700多份种质拍摄"标准照"，补充、完善农艺性状数据；另一方面，开展规模性资源考察，调查、收集、拍摄野生资源、地方名特优品种在原生境的实地表现。她和她的团队开展了数十次野生资源考察，积累了大量珍贵一手资料。她们不断修改、完善，力求章节系统，力求文字简洁，力求数据准确、可靠、可比，有时为了一个性状的准确，他们能翻遍加在一起数米高的原始资料，反复核对；她们力求图片美观，有时为了一张图片，专程去山区拍照。在该书的最后统稿阶段，他们更是没日没夜、没有节假日。有时大家看她实在累到了极限，劝她算了，她却说自己心里这道坎过不去，不断勉励自己和课题组人员坚持一把、再坚持一把。精益求精、追求完美，这就是她和团队的科研精神。

育种创新　支撑产业

果树育种周期长，一个周期少则10年，多则20年，需要把准方向、坚忍不拔。从年周期来说，春天杂交，夏天胚挽救和果实调查，冬天温室育苗，一年四季都是忙季。桃果实成熟的季节，正是从5月中下旬至9月初的盛夏季节，在田间调查，夏季的早晨，露水打湿了衣裳；晌午桃园里又闷又热，汗流浃背；傍晚，蚊虫开始疯狂，血渍染红了皮肤。虽然非常辛苦，但当她看到一个理想的单株，所有的艰辛都抛在了脑后。她亲切地将这些实生苗称为“宝贝”。随着育种规模的扩大，育种实生苗基地自 2006 年起建在了距离所区 100 公里的位置，在果实成熟季节，王力荣和团队成员往往早晨 4 点多就起床，5 点就出发，6 点半就到地里，中午在果农的槐树下吃碗面条，又迎着烈日或雨水开始工作。

20 世纪 90 年代初，我国设施桃处于起步阶段，王力荣在国内率先将需冷量满足过程的研究结果在设施桃扣棚升温点进行应用，成功解决了设施桃花而不实、果实畸形的问题。她继而利用筛选和引进的低需冷量品种为亲本，开展低、中需冷量的桃、油桃和观赏桃的育种研究，育成低、中需冷量优质广适桃新品种 16 个，克服了油桃裂果重、风味偏酸，蟠桃肉质软，观赏桃适应范围狭窄等问题，形成了类型丰富、熟期配套的油桃、蟠桃、观赏桃等品种系列，推动了我国桃品种的更新换代。将我国育成油桃品种成熟期由 7 月上旬提早至 5 月下旬；育成观赏桃品种花期从 3 月上旬至 4 月中下旬，花期长达 50 天，比原有品种提早开花近 30 天。育成的油桃品种需冷量降低 150 ~ 300 小时，克服了因需冷量不足而引起的设施栽培和亚热带地区开花不整齐、坐果率低和果实畸形等问题，不仅适宜设施栽培，而且将适栽区扩大至长江流域及以南地区。

利用桃资源课题组筛选的优异种质，郑州果树所桃资源课题组和桃育种课题组培育的 20 多个桃优良品种，在我国 20 多个省（市、区）种植。2012 年，育成的新品种栽培面积 200 多万亩，占全国桃总面积的 20%，其中，设施栽培 24 万亩，占全国设施桃面积的 80%，油桃品种占全国油桃栽培面积的 72%，观赏桃品种占新推广份额的 50%，育成品种实现年产值 137 亿元，促进了桃产业结构调整，增加了农民收入，促进了休闲农业的发展，满足了市场多样化、长季节需求，取得了显著的经济和社会效益。

从伊犁河谷到东海之滨，从白雪皑皑的北国温室到四季如春的南方花市，祖国大地主要桃产区到处都有郑果所培育的桃新品种、推广的新技术，到处都有郑果人科技服务的脚印，到处能听到果农赞誉的话语。培育更多桃树新品种，让桃花更加美丽、让桃果更加甜蜜，推动我国桃品种的更新换代，让祖国大地处处桃花盛开、处处变成世外桃源，这是王力荣育种创新的不懈追求。

仰望星空　追求跨越

桃作为果树分子生物学研究的模式树种，国外非常重视桃的基因组学研究，已经在此方面开展了近 20 年的研究，然而我国在此方面的研究起步晚、水平低，与我国丰富的桃种质资源的地位极不相称。2010 年 4 月，桃全基因组序列由国际桃基因组联合会（IPGI）发布在蔷薇科植物基因组数据库 Genome Database for Rosaceae 上，可惜没有中国参加。如何把我国桃种质资源材料优势转变为科研优势，并最大程度保护、利用我国桃种质基因资源，建立高通量的优异基因挖掘平台，实现桃种质资源与育种的跨越式发展，成了王力荣的一块心病。为此，王力荣团队果断决定开展桃全基因组重测序研究。当时的压力可想而知，没有经费，多方筹集；没有人才，引进加培训。他们与美国蔷薇科果树育种计划、欧盟果树分子育种计划、新西兰果树功能基因组学研究等国际知名研究团队建立了密切联系，加强国际合作，缩小与国际水平的差距，赶上果树科学前进的步伐，实现研究水平与产业的跨越。她和她的团队选择了迎接桃基因组学研究新时代的挑战。

齐心协力　众志成城

王力荣爱才、用人所长在郑果所是出了名的。她根据课题组成员的性格特点、专业特长、兴趣爱好等，合理分配研究方向，课题组内从种质资源的基础性工作到优异基因发掘，从种质创新到新品种选育，再到新品种的示范与推广，大家既有共同的研究方向，同时每个人又有自己的特色任务，让每个成员都有自己的发展前途。

作为课题主持人，她尽可能让课题组年轻人主持课题，多出头、多露面。她不仅从工作角度爱护课题组人员，还从生活上关心照顾团队成员，至今已培养了20多名研究生。她和她的团队知识结构、性格特点、工作经历等极具互补性，开创了桃资源研究生动活泼的新局面。

找寻丢失的小麦基因

——记中华农业科技奖一等奖获得者李立会研究员

在 2012—2013 年度中华农业科技奖一等奖获奖成果中，一项名为“小麦种质资源中重要育种目标性状的评价与创新利用”的研究成果，不仅得到专家的高度评价，也引起了同行的广泛关注。领衔该项研究的，是中国农业科学院作物科学所李立会研究员。

李立会，中国农业科学院作物种质资源学科一级岗位杰出人才，“新世纪百千万人才工程”国家级人选，农业部有突出贡献中青年科学专家。2004 年获“第八届中国青年科技奖”，2010 年获“十一五”国家科技计划执行突出贡献奖。是国家“973”项目首席科学家、国家科技支撑计划项目首席科学家和中国农业科学院“作物种质资源保护与创新研究”创新团队首席科学家、首届全国百篇优秀博士学位论文获得者。近 30 年来，主要从事小麦种质资源分子检测、优异基因发掘与外源基因转移，以及小麦野生近缘植物的遗传多样性与系统发育等方面的研究工作。

冰草是他的亲生儿子

1963 年 10 月，李立会出生于陕西省武功县一个普通农户家里。武功县是关中典型的农业县，小麦是当地主要的粮食作物。李立会从小就和伙伴们一起，春天在麦田里挖荠菜，夏天跟着大人们收割、晾晒小麦，与小麦结下不解之缘。

1985 年，李立会以优异的成绩从西北农业大学农学系农学专业毕业，被校方推荐到中国农业科学院工作。

在实际工作中，李立会了解到随着人口增加、土地减少和农业生产环境条件的改变，一方面生产上对小麦品种的要求越来越高；另一方面遗传多样性的消失极为严重！许多过去看似没有大用的农家品种被遗弃，它们携带的优良基因也随之丢失，这些宝贵的遗传多样性的丢失不仅限制了产量和品质的进一步改良，而且使得小麦对生物性和非生物性环境胁迫的脆弱性增加，成为小麦育种难以取得突破性进展的根本原因。

小麦育种要取得突破，最重要的途径就是利用生物技术引入外源优质基因。例如，李振声院士主持的由小麦与长穗偃麦草杂交所培育的小偃系列品种，不仅当时在小麦育种和生产上作出了极大的贡献，而且时至今日依然在小麦育种和生产中起到重要作用。

在前辈的启发下，李立会看准了“冰草”。冰草属现代小麦族植物分类学中的冰草属，是小麦野生近缘植物，在我国主要分布在内蒙古、甘肃、陕西等省（区），具有很强的抗旱、抗寒、抗盐能力，在如此艰难的条件下生存，它们携带的优质基因让李立会兴奋。可当李立会开始为此而查阅大量资料时，却给初出校门的他泼了一大瓢冷水。从20世纪30年代开始，国际上一些权威小麦专家White、Smith、Dewey……就做过小麦—冰草杂交的种种尝试，但都失败了。将冰草基因向小麦转移，这是一个被大专家“枪毙”了的课题，已尘封了很久。

1988年，李立会经过周密的研究分析认为，之所以前人会得出这样的结论，很可能是因为当时组织培养、前处理、后处理等一些技术水平达不到，现在这些生物技术都有了飞速的发展，应该可以再做尝试。他以普通小麦品种Fukuho为亲本，父本分别采用来自新疆和内蒙古的三份冰草，开始了悉心的研究。

1988年6月，在李立会的记忆里是满眼小麦花和狠毒的太阳。因为小麦开花是在中午，为了克服远缘杂交的第一个障碍——不亲和性，他要在小麦开花前，也就是中午1：30左右，柱头还没有完全开好、免疫蛋白还没形成以前，将冰草的花苞用冰壶转移到麦田里做杂交。冰草与麦地有段距离，他一定要骑车在5分钟内到达，否则花苞破裂，一切就都完了。这样的来来回回，他一朵一朵，一共杂交了几万朵花。几万朵花最终长成几棵苗，希望诞生了。

从此，一提起冰草，李立会就眉飞色舞，课题组的同事们开玩笑说，李立会已经把冰草当成了自己的亲生儿子了。

用小麦的品格研究小麦

李立会回忆说，当时之所以义无反顾地投身小麦—冰草杂交，仍要感谢他那3年“泡”图书馆的经历。刚毕业那3年，时间相对宽松，他把业余时间都“扔”给了图书馆，从书中读出了先前种种研究的不充分、现代生物幼胚技术的发展、小麦与冰草杂交的可能性……在所有的小麦野生近缘植物中，我国就有160多个分类单元，占全球分布量的一半，这绝对是个有利条件。

然而，由于杂交种子在基因上不协调，所以产生的化学物质会对种子本身发育造成伤害，导致萎缩、死亡，这就是所谓的“杂种夭亡”。为防止这种现象，李立会采取了胚胎培养的办法，还没等它发育完全，就放至模拟生长环境的人工培养基上，这种子总算得到了F_1的幼苗。

但步步都是坎，路障太多了。1989年，把F_1幼苗种进地里的时候，李立会备受煎熬。任何一个环节出错都可能造成杂种不结实，前功尽弃。但细胞分析的结果告诉他，小麦和冰草的基因是可以进行交流的，于是他就更死心塌地细心照顾他的小麦，不分白天黑夜，好像自己的命就系在这几亩地上。该结穗儿的那些天，他一个穗子一个穗子地摸，一个穗子一个穗子地看，终于摸出了几粒饱满的粒子。

接下来的几年里，他用同一亲本回交防止了杂交后代疯狂分离，又做了一些细胞学分析后，撰写了大量极具创新性的论文，发表在国内外有影响的学术刊物上。国外科研机构纷纷邀他讲学，索要论文单行本。

从 1996 年开始，经过 5 年的控制后代分离和细胞分析，李立会开始给各省农业科学院提供材料，他的研究成果进入应用程序。此时，他正跟随董玉琛院士攻读作物遗传育种专业的博士，并单独承担一些科研课题，他的博士学位论文《利用生物技术向小麦导入冰草优异基因的研究》于 1999 年被评为首届全国百篇优秀博士学位论文。

紧接着，李立会成功地创制出一系列含有冰草外源染色体的二体异附加系、代换系、易位系和渗入系小麦，为冰草外源优异基因转移进入小麦打下了坚实的基础。目前，李立会带领他的科研团队，系统地对小麦和冰草远缘杂交后代从细胞遗传学、基因组学和表型的深度鉴定上多个层次开展研究，挖掘冰草导入的外源优异基因并阐述其在小麦背景下的遗传效应。已经从小麦和冰草远缘杂交衍生材料中鉴定出源自冰草的影响产量性状多粒基因、提高抗逆性的白粉病抗性基因、条锈病抗性基因和抗旱基因，以及影响小麦株型发育的窄叶基因和影响品质性状的基因等。正在利用辐照、小麦 ph1b 突变体开展携带冰草优异基因的易位系创制和利用的研究。一些创新种质已经发放利用，被育成小麦新品种 2 个。与西北农林科技大学合作，从小麦—冰草易位系中直接选育的旱地小麦新品种“小冰麦 143”，2004 年通过陕西省审定，2004—2006 在陕西咸阳、铜川、宝鸡及渭南等地区推广面积 30 万亩。山西省农业科学院小麦研究所利用小麦—冰草衍生系，育成小麦新品种“晋麦 80 号”，2006 年通过山西省审定，该品种已在生产上推广利用。

针对我国小麦种质资源丰富但育种遗传基础狭窄这一尖锐矛盾，李立会带领来自全国 11 个单位的科研团队在国家科技攻关和支撑计划等项目资助下，根据不同生态区育种目标不尽相同的特点，组织全国优势单位，历经 12 年，攻克了种质资源鉴定效率低下、结果重复性差的难题，开辟了资源引领育种、突破遗传基础狭窄的新途径，建立了优异种质资源发掘与高效利用的技术体系，构建了新形势下作物种质资源与育种协调发展的新模式。“小麦种质资源中重要育种目标性状的评价与创新利用”研究项目共获国家发明专利 10 项、植物新品种权 6 项、发表论文 112 篇，其中 SCI 论文 95 篇，出版专著 1 部，获省部级科技一等奖励 2 项，在以下 3 个方面取得突出贡献：首先，研制出重要育种目标性状表型和基因型鉴定评价新技术 14 项，攻克了鉴定效率低下、结果重复性差的难题。其次，发掘和创造重要育种目标性状突出、遗传背景清楚的优异种质 183 份，公开发表新基因 58 个，开通了资源引领育种、突破遗传基础狭窄的新途径。第三，建立了优异种质资源发掘与高效利用的技术体系，开辟了市场经济下作物种质资源与育种协调发展的新模式。通过该技术体系，项目向全国 116 个育种和科研单位分发各类种质资源 21 000余份。据不完全统计，利用本项目提供的优异种质资源培育新品种 34 个，新品种累计种植面积 1. 33 亿亩，取得社会效益 55 亿元。

李立会的导师董玉琛院士曾说，李立会不仅是因为查阅大量的资料、应用了生物技术成果，更主要的是他能够十几年如一日持续他的工作，毫不懈怠。

让小麦的根扎得更深

李立会深知，小麦要高产，根必须扎得更深。同样，科学研究要有大突破，科研人员必须下地干活。在北京最热的季节里，李立会经常把裤腿卷到膝盖，头上扣着一顶草帽，每天顶着几个小时的大太阳，骑着自行车往返于试验田和实验室之间，精心侍弄他的小麦。他常常告诫他的团队和学生要多下地看看，从农业生产的实际需求寻找科研课题，注重读无字之书。

李立会除了在研究上独辟新径外，还参与我国农业领域国家发展规划、纲要的起草与重大项目的前期立项工作。长期以来，他相当多的精力投入到我国种质资源学科的规划和长远发展中。作为国家“973”项目“主要粮食作物骨干亲本遗传效应和利用的基础研究”和“十二五”国家科技支撑计划项目“农林植物种质资源发掘与创新利用”首席科学家，从顶层设计、宏观高度上引领我国种质资源学科的发展。

2003 年，针对我国种质资源领域存在的突出问题，他通过媒体呼吁国家加快保护我国种质资源，这一建议得到中央主要领导同志的重视和批示，国务院为此成立部际联席会议，协调解决相关问题。作为作物科学研究所资源中心主任，他高瞻远瞩，谋划未来，在科研立项、学科建设方面倾注了大量心血。

李立会十分重视团队建设，目前已经建立了由 7 人组成的科研团队，成员分别在小麦种质资源基础性工作、小麦细胞遗传学和染色体工程、基因组学和分子生物学等学科领域各有特长，并在各自岗位上努力拼搏。

李立会更加重视人才培养。他对学生的“严厉”是大家都知道的“秘密”，但在日常生活中，李立会对学生却十分关心，对大家提出的要求都尽力满足，平时见面总问大家生活补助够不够花。作为博士生导师，他先后培养博士后 6 人，博士研究生 10 人，硕士研究生 34 人，学生遍布全国各地，有的已经成为教学、科研工作岗位的骨干和中坚力量。

扎根农科沃土　情系亿亩棉田

——记中华农业科技奖一等奖获得者戴小枫研究员

在国家棉花品种区域试验中，中植棉 2 号自 2007 年以来一直是抗黄萎病的对照品种，成为我国棉花抗黄萎病新品种选育的旗帜和标杆，其衍生的中植棉系列抗黄萎病新品种 7 个通过国家审定、6 个通过省级审定，推广面积逾 6 000万亩，创造经济效益超过 100 亿元，它们的选育者是我国优秀的棉花病虫害防治科学家戴小枫研究员，他长期倾心棉花黄萎病解析和抗黄萎病新品种选育，孜孜不倦、刻苦攻关，2013 年获得了中华农业科技进步一等奖。他领导的团队传承前辈精神，26 年矢志不移，在棉花黄萎病致病机理与抗病模式解析、抗病育种新方法创建、分子标记研究与应用、抗性种质材料选育、抗黄萎病新品种培育等方面取得了突出的成绩。

志存高远　扎根农科沃土

1962 年，戴小枫出生于陕西省西安市一个普通干部家庭。

1980 年，他被西北农林科技大学植物保护系录取。4 年里，图书馆、实验室、课堂上，到处都有他紧张学习的身影，如饥似渴地陶醉在知识的世界里，从此踏上了农业科研事业的征程。

1984 年，以学业总分全班第一的成绩毕业并分配到中国农业科学院植物保护研究所棉花病虫害研究室工作，开启了棉花有害生物防治理论与技术研究的职业生涯，与农科院结下了不解之缘。

在棉花病虫害研究室报到工作的第三天，戴小枫就跟着时任所长、现为中国工程院院士的郭予元先生到河南省新乡县七里营乡七里营村中国农业科学院新乡综合试验基地下乡蹲点，开始了对棉铃虫的观察和研究工作。下乡的第一天，在“毛主席视察田”试验地里，他站在田垄上，把第一株棉花的叶片从上到下挨个找了个遍，也没有发现一只虫子，而熟悉棉铃虫习性的农民技术员们都已经检查完一整垄。理论知识与生产实践的冲击让他深深感受到从事农业科研不仅仅是向书本学习，更重要的是向前辈、同事和生产一线人员学习。“要做好科研，先要向生产一线的人学习”，放下 20 世纪 80 年代初作为时代宠儿的光环，他开始了棉花病虫防治的生产实践研究，不耻下问，虚心向一线科技工作者学习棉花种植、管理、病虫害防治等生产技术，狂补自己的不足；挑灯夜战，学习查阅相关书籍和文献，围绕科研课题，加强所需知识的储备。吃苦耐劳、踏实肯干、善于学习，使他很快融入了棉花病虫害防治的工作角色并脱颖而出，成为研究室通晓生产、了解前沿、知识面宽、思维敏捷、具备突出科研能力的优秀青年科研骨干。

在郭予元院士与先辈们的悉心指导下，戴小枫开始了对棉花有害生物防治理论与技术研究。他的勤奋努力、谦虚好学、孜孜不倦、志存高远的精神很快得到了先辈和同行的认可，参与了国家“六五”到“八五”棉花主要病虫害重点科技攻关项目，主持完成了国家“九五”重大科技攻关专题“棉花主要病虫害综合防治技术研究”、国家攀登计划专题“棉铃虫在不同作物间转移为害规律及化学生态学机制研究”、丰收计划课题“棉铃虫减灾综合防治技术大面积示范推广”，国家科研院所公益研究专项“棉花有害生物监测预报及防治技术研究”等工作。随着研究成果的相继问世，众多荣誉也向他走来，其中包括国家科技进步奖二等奖、国家科技进步三等奖、农业部科技进步二等奖、河南省科技进步二等奖、山东省“丰收计划”二等奖、“国家八五科技攻关先进个人”表彰奖励、农业部第五届青年科技奖奖励、农业部“全国三年控制棉铃虫危害先进个人”表彰奖励。

“机遇总是留给有准备的人”。通过对河南新乡棉区一至四代棉铃虫自然种群的趋势指数、世代存活率、自然增长率、周限增长率的多年系统观测，以及自然天敌的控制作用和气候、食物等对种群消长、繁殖能力影响的综合评价，他发现棉铃虫田间实际发生的数量变化总是有与自然种群生命表预测值不符合的情况发生。长期的生产实践经验，大量的证据收集，和海内外文献的潜心研究，让他敏锐意识到棉花棉铃虫极可能存在兼性迁飞的习性，继而在国际上率先提出并验证我国棉铃虫兼性迁飞的理论假说，与团队成员一道阐明了棉铃虫在不同寄主作物间转移为害的动态规律，完成大爆发时空分析、中短期数量预测预报、不同地理种群抗药性监测分析等研究，提出了针对我国棉区特点的区域性棉花主要病虫综合防治技术体系，这些理论用于预测预报和指导生产防治后，取得了显著的经济效益，也使我国在这一领域的研究跃居世界领先地位。2007 年该成果获得了国家科技进步二等奖。

成功的喜悦并未放缓戴小枫追逐梦想的脚步，反而让他深切感受到自己身上的责任和重担，更加刻苦钻研，开拓创新，以“亮剑”的精神向素有棉花“癌症”之称的国际性科学难题黄萎病发起了冲击。

矢志不渝　抗击棉花黄萎病

棉花是我国重要的经济作物，常年植棉面积约 500 万公顷，产量占世界的 1/4。在棉铃虫、枯萎病得到有效控制后，棉花的“癌症”——黄萎病上升为制约棉花生产安全的首要因素。棉花黄萎病在中国棉区常年大范围流行、危害损失大，每年平均发病面积超过植棉面积 15%，经济损失数十亿元。因此，黄萎病防治已经成为棉花生产的突出问题。对黄萎病的综合防治研究，党和政府一直十分重视，1972 年在农业部的领导下，由中国农业科学院植物保护研究所、棉花研究所与北京农业大学（现更名为中国农业大学)、西北农学院(现并入西北农林科技大学)、陕西省农业科学院共5个单位牵头成立“全国棉花枯、黄萎病综合防治协作组”,同时,黄萎病综合防治从“六五”到“十一五”一直被列为国家科技攻关、“863”等项目,在几代人的共同努力下,取得了阶段性研究进展和成果。然而,受黄萎病病原土传特性、变异复杂、致病机理不清、棉花抗性来源窄、抗性遗传模式不清楚等限制,棉花抗黄萎病品种的选育一直未有突破,长久以来,成为世界性的难题。

大量的试验、研究以及生产实践让戴小枫意识到选育高抗稳定的抗病品种必须另辟蹊径,深思熟虑的他调整了科研思维,确定了3项技术关键突破点:创建高压复合动态黄萎病圃,寻找高抗黄萎病的棉花种质材料,构建黄萎病分子标记辅助聚合的育种技术体系。目标既定,戴小枫组织科研团队开始了艰苦卓绝的攻关。

“工欲善其事,必先利其器”,创建稳定可靠的黄萎病圃是准确鉴定、筛选材料和选育品种的必要条件。戴小枫独创性地提出了“人工高压复合动态黄萎病圃”概念并在新乡基地组织实施。在逐年动态监测病原变异与发生流行的同时,每年从全国三大主产棉区的重病棉田大量收集发病棉籽渣土、残枝碎叶等样品,确保病原的广谱性和多样性;为了提高选择压,分别在棉花播种前整地、出苗期和成苗期3次接种病菌;期间不断探查病圃的菌源数量、生理型和遗传变异。针对棉花抗源狭窄和遗传模式不清楚问题,戴小枫把目光转向了野生海岛棉种质资源,利用构建的病圃对全国海岛棉种质资源的梳理工作,确定了一份具有育种价值的高抗黄萎病材料多毛早,并和南京农业大学作物遗传与种质创新国家重点实验室张天真教授协作攻关,解析材料对黄萎病的抗性遗传模式,确定了与抗性紧密连锁的分子标记。在育种策略上,他一改传统的方法,配置的组合材料直接在苗期、温室和大田病圃上进行抗性筛选,同时利用分子标记跟踪后代材料,如此反复直至选育出高抗的材料和品系。“这种策略好比一个育种机器,选好材料放进去,抗性品种就源源不断生产出来”,戴小枫如是说,而该种方法的创新也获得了国家发明专利和2013年金袋鼠世界创新奖。

在此基础上,戴小枫和他的同伴们进行了棉花抗黄萎病新品种的选育工作。以多毛早为父本、中99为母本杂交,在人工高压复合动态病圃中进行抗性鉴定,经过杂交、回交、系选,选育出了抗黄萎病的育种亲本材料中植372,进而转育导入抗棉铃虫*Bt*基因,经过多代汰选后选育出我国第一个棉花抗黄萎病新品种中植棉2号,开启了“抗黄萎病棉花品种”的旅程:该品种2006年通过了国家品种审定委员会审定,2007年成为国家棉花品种区域试验对照品种并入选“十大最受欢迎品种”,新华网发文称中植棉2号为“棉花癌症”的克星;2008年被农业部定为全国棉花种植主导品种,累计推广面积超过2 000万亩;2012年中植棉2号获得了植物新品种权。远不止于此,“育种机器”的高效工作接连衍生出一系列棉花抗黄萎病新品种,中植棉6号、中植棉8号、新植杂2号、新植5号……截至2013年已有7个品种通过国家审定、6个品种通过省级审定。

对此,棉花领域权威专家朱玉贤院士和喻树迅院士给予了高度评价,“中植棉系列抗黄萎病新品种的选育成功和应用，彻底结束了我国棉花不抗黄萎病的历史，对保障我国棉花生产可持续发展，促进相关学科发展，提高我国在国际学术界的地位和影响，都具有重要意义，黄萎病抗病鉴定技术和抗病棉花新品种选育研究居国际领先地位”。2013 年这项成果获得中华农业科技进步奖一等奖，并获 2013 年中国十大科技进展候选提名。至此，戴小枫带领的团队已经完成了棉花黄萎病综合防治的关键环节——抗病品种选育，为国家棉花生产安全和农民增收提供了保障，创造的经济效益已经超过 100 亿元。

高瞻远瞩 引领管理创新

作为农业科研的多面手，在农业科技政策与战略研究方面也显示出卓越的管理素质与才能，先后担任中国农业科学院科技管理局规划处长、分管业务的副局长，在国家重大科学和技术发展规划中倾注了大量的心血，取得了令人羡慕的成绩。他说“做好科研管理工作必须首先弄清楚两个问题，那就是为了谁和依靠谁，我们就是科研人员的仆人，要做好这个仆人，就要了解主人，知道他们的需要和喜怒哀乐”。

2003 年，在长期积累和对大量文献进行综合与思考的基础上，他在国际上率先提出农业生物安全的概念与理论，系统地分析和给出了我国农业生物安全的科学问题、研究任务与发展目标，并策划和组织了国家农业生物安全科学研究中心的设计、立项与建设，为这一新兴前沿学科的形成与发展做出了奠基性贡献。作为国家级农业科研部门负责战略研究和选题规划的主要领导，主笔完成了国家中长期科学技术发展规划（农业专题）研究、“863” 现代农业领域战略研究与规划制定、“973” 现代农业领域战略研究与规划制定、国家重点实验室（农业）和国家工程实验室战略研究与规划制定，主持完成 WTO 与农业科技战略研究、中国农产品加工技术发展报告、2006—2020 年农业领域技术预测与关键技术选择研究、现代农业高技术示范工程战略研究与规划制定、建设国家农业创新体系战略研究、发展生物农业战略研究与规划制定等多项工作，并先后参与“国家农业科技发展纲要”、“全国农业科学技术大会”、2002 年首届世界水稻大会首长致辞、国家农业科技创新体系建设规划与实施方案等重要文件的起草，组织策划和设计了“农作物基因资源与基因改良国家重大科学工程”“中日可持续农业技术研究中心”“农业生物安全国家科学中心”“动物医学国家科学中心”等一批农业领域国家重大科学工程的立项与建设。

2010 年 9 月，戴小枫被农业部党组任命为中国农业科学院农产品加工研究所所长。面对这样一个长期以来各项发展指标与人均收入全院倒数、人员结构严重倒挂的老大难“拟转企”研究所，戴小枫感到了前所未有的责任与挑战。经过深入调研，他深切意识到唯有大刀阔斧进行改革，才能从根本上拯救这个百废待兴的研究所，才可能实现新一届院党组提出的“建设现代院所制度，实现跨越式发展、建设国际一流农业科研院所”的国家战略和目标要求。他积极组织所班子成员，对研究所目标与定位进行重新调整，明晰国家队的意识与责任；反复听取科研人员意见，对研究所学科设置、优先发展领域和研究重点进行重新梳理和确定；对研究所管理部门进行考核精简，建立起精干、扁平、高效的科研管理队伍；大幅度引进海内外优秀人才，为创新研究团队建设奠定了良好的人才基础；制定出科学的用人制度、薪酬制度、评价与绩效考核体系，极大地调动起科研人员的创造积极性，研究所发展突飞猛进。2013 年，加工所在国家农业科技工程首批试点单位遴选的激烈角逐中脱颖而出，进入首批国家创新工程试点单位；同年，研究所综合评价再传捷报，发展速度继续位居全院第一，研究生教育全院第六，人均实力和综合实力跃升至全院第七和第十二名，实现了“一年一个样、三年大变样”的跨越式发展目标。与此同时，加工所的创新管理模式与经验，被其他兄弟单位广泛学习与借鉴，成为农业科技界现代院所建设的标杆。

砥砺前行　开辟崭新未来

承担着多项国家重大课题，发表论文 150 余篇，参编著作 20 余部，荣获国家科技进步二等奖 2 项，国家科技进步三等奖 2 项，省部级成果奖励 5 项，审定棉花抗黄萎病新品种 13 个，获得全国农业科研杰出人才、突出贡献专家、国务院特殊津贴、全国八五攻关先进、中长期科技规划突出贡献和农业部先进表彰等奖励。此外，他还担任着中国农产品加工学会、农业现代化学会副理事长，中国农学会、中国植物保护学会、北京昆虫学会、中国生物资源学会理事，《中国农业科学》《生物产业技术》等杂志编委，中国农学会、中国植物保护学会、北京昆虫学会、中国生态学会、中国棉花学会、北京农药学会、中国科普作家协会等学会的会员。先后多次应邀赴荷兰、比利时、日本、美国、澳大利亚、新加坡、菲律宾、奥地利、法国、阿根廷、秘鲁、墨西哥、马来西亚等国进行学术交流和工作访问，致力于业界人士的交流与合作，为促进我国现代农业科学技术的发展奉献自己的智慧和青春！

“别人怎么看你、评价你都不重要，咱要永远清醒咱就是个戴着眼镜的农民工”，戴小枫始终坚持这样朴素的信念和自我意识，始终保持那种朴实的真情、担当的勇气、坦荡的作风，兢兢业业、埋头苦干，始终满腔热情、殚精竭虑，毫无保留为农业科技事业贡献自己的力量，一心为农业科学技术发展而操劳，为众多科研和管理人员树立了榜样。我们相信，才思敏捷，持之以恒，勤奋进取，执著奉献的戴小枫一定能为我国农业科学技术发展做出新的更大的贡献。

探索花生奥秘　引领学科前沿　支撑产业发展

——记中华农业科技奖一等奖获得者王强研究员

王强，男，博士，研究员，博士生导师，现任中国农业科学院农产品加工研究所副所长、国家农产品加工技术研发中心主任、全国首批农业科研杰出人才、农业部“农产品加工技术与工程”创新团队首席专家，公益性农业行业科研专项“大宗农产品加工特性研究与品质评价技术”项目主持人。兼任农业部农产品加工与质量控制综合实验室副主任、中国食品学会功能食品分会副理事长、中国粮油学会常务理事、农业部第八届科技委员会委员、中国农业科学院学术委员会委员、*Bioactive Carbonhydrates and Dietary Fibre* 及《中国农业科学》编委、《农产品加工（创新版）》主编。

长期从事粮油加工领域研究，在粮油加工品质评价与过程控制、粮油加工副产物综合利用等方面做出了突出贡献。近年来共主持国家“十五”重大科技专项、“十一五”科技支撑计划、公益性行业科研专项、国家自然基金重点项目、国际合作重点项目、农业科技成果转化、“863”等国家项目或课题 20 余项。获国家级科技奖励 1 项、省部级科技奖励 7 项、省部级鉴定成果 11 项，获国家发明专利 7 项、实用新型专利 2 项，制定农业行业标准 4 项。在 *Carbohydrate Polymers*、*Food Hydrocolloids* 等国内外学术期刊发表论文 120 余篇，其中 SCI 论文 26 篇。主编《农产品加工重大关键技术筛选》《花生加工品质学》《花生生物活性物质概论》等著作 7 部。

艰苦奋斗　积蓄能量

1995 年，王强以优异的成绩考取了中国农业大学食品学院农产品加工与贮藏工程专业食品化学研究方向博士研究生，在异常激烈的竞争中，有幸成为食品科学领域知名专家韩雅珊教授的学生。韩先生的敬业精神、严谨学风和对学生认真负责的态度对他产生了深刻影响。在韩先生的指导下，他的业务能力迅速提高。攻读博士期间，他主要进行类胡萝卜素抑制细胞恶性转化机理方面的研究，由于当时实验条件十分艰苦，设备仪器缺乏，大部分实验需要到中科院生物物理所、航天医学工程研究所、北京医科大学、北师大等其他单位去借用完成。对此，他没有一丝抱怨，3 年里经常放弃假期和周末，骑着单车冒着严寒酷暑往返于实验途中。攻读博士期间，他的爱人在读硕士，孩子在上小学，他既要读书做实验，又要照顾家庭，压力和辛苦可想而知。但为了执著追求的事业，他义无反顾、兢兢业业，靠着坚韧的毅力和拼搏的精神，在艰苦的环境下完成了毕业论文的研究和撰写，研究成果得到了以闫龙飞院士为组长的答辩专家组一致好评，连导师韩先生都称赞他是自己带过学生中最辛苦、最努力的一个。1999 年，他撰写的《不同季节牛奶中类胡萝卜素、视黄醇含量的分析》获北京食品学会优秀论文证书；2002 年，《天然类胡萝卜素增强细胞间隙连接交流机制的研究》获首届食品科学国际年会优秀论文；2010 年，《天然类胡萝卜素抑制细胞恶性转化机理的初步研究》获食品科学创刊30 年优秀论文。

潜心科研　硕果累累

2003 年，王强从作物所调入农产品加工研究所工作。当时的工作条件不甚理想，但他没有抱怨，而是兢兢业业做好每一件事，很快赢得了上级领导和同事们的大力支持，农业部、科技部、院里相继对他的科研提供了大力资助。他深知只有努力工作才能报答组织和同事的厚爱，虚心向老前辈老专家请教，向周围的同事们学习，在工作中勇挑重担。他带领团队针对我国传统高温压榨花生油感官品质差、营养素损失重，花生粕中蛋白质变性程度高、利用率低等问题，通过对调质、低温压榨等技术研究及双螺杆榨油机关键部件改进、出油缝隙和出饼厚度的适度调节，建立了低温压榨制油工艺技术，攻克了高温压榨花生油品质差与饼粕蛋白变性重以及现有低温压榨出油率低、饼粕残油高的技术难题。创新设计了快开门萃取罐与可编程控制系统，发明了亚临界流体萃取装置，有效解决了萃取罐开启烦琐、自动化程度低、蛋白粉残油高的问题。通过研究醇洗条件、转谷氨酰胺酶改性方法，创建了浓缩蛋白制备与改性技术，首次实现伴球蛋白、浓缩蛋白在肉制品中的应用，突破了长期以来花生蛋白不能用于肉制品加工的技术瓶颈。取得的成果已在 9 家企业转让应用，并建立了国内最大的花生低温压榨制油与蛋白联产生产线，3 年累计销售收入 148. 5 亿元，新增利润 8. 0 亿元、税收 2. 1 亿元。该成果被国家科技成果网评为“十一五”国家重大科技成果，解决了产业面临的三大问题，开发了低温压榨油、功能性蛋白及短肽 3 类产品，为推动产业技术升级、改善全民营养健康、保障国家粮油安全提供了科技支撑。该成果获得了 2013 年中华农业科技奖一等奖。

2009 年，王强作为首席专家带领全国十余家科研院所和企业承担了农业部农产品加工领域第一个行业科技项目“大宗农产品加工特性研究与品质评价技术”，通过研究小麦、稻米、花生等主要农产品的感官特性、理化特性、加工特性及其与馒头、方便米饭、花生蛋白等加工制品品质的相关关系，构建了农产品加工品质评价模型、评价方法、评价标准和评价指标体系，并建立了加工品质指标和专用品种基础数据库。通过在上述研究基础上的不断总结凝练，于 2013 年 9 月出版了第一本专著《花生加工品质学》，该书为我国花生加工品质形成的物质基础、变化机理与调控技术的深入研究提供了参考，为“粮油加工品质学”这一新兴学科的发展奠定了基础。2012 年 8 月，“第十四届国际谷物科技与面包大会暨国际油料与油脂科技发展论坛”在北京举行，期间召开了目前国际谷物科技界规模最大、学术水平最高，被称为国际谷物科技界“奥林匹克大会”的国际谷物科技大会。基于在粮油加工特性与品质评价领域取得的突出成绩，特别是在中国特色优势粮油资源花生加工特性与品质评价方面的研究水平和影响，国际谷物科技协会（ICC）秘书长 Roland 博士邀请他作大会发言并向他颁发了 ICC 最高学术奖——Harald Perten Prize。该奖项于 1989 年在瑞士创立并于 1990 年开始颁发，旨在表彰世界上在科学研究和知识传播等领域取得杰出成就的谷物科技工作者，特别是在淀粉、谷蛋白和酶的实际应用领域取得卓越成果的科学家。王强是我国乃至亚洲第一个获此奖项的科技工作者，这充分表明我国在谷物加工研究领域得到了国际同行的认可，特别是在谷物加工特性与品质评价方面已走在国际前列，同时也扩大了王强及其科研团队在国际谷物科技领域的地位和影响。

培养人才　提升团队

王强十分重视青年科研人员培养及团队建设。他深知，科研工作要实现可持续发展和创新，必须要有优秀的人才团队，这是现代科技发展趋向综合化和整体化的需要。目前他所率领的科研团队是一支以 30 岁左右的青年才俊和研究生为主的队伍，他一方面积极鼓励和创造条件让课题组每位成员到国外学习，瞄准国际前沿、拓宽创新视野、提高业务素质；另一方面根据院创新工程的总体部署和本团队的创新目标，明确团队每个成员的工作重点和工作任务。他严格要求研究生掌握熟练的试验操作技能，更注重培养他们的科研创新意识和独立开展科研的能力。尽管担任所领导事务工作繁忙，但对于每届学生的开题、中期和毕业答辩都是仔细审阅，和学生一起讨论修改。他的实验室每周都安排试验进展 Seminar，探讨试验进展、存在难题及最新发表文章，让每一位研究生都有锻炼与展示的机会。截至 2013 年，实验室已培养博士后 3 名，博士毕业生 13 名，硕士毕业生 28 名，外国留学生 1 名。他率领的团队为中国农业科学院“粮油加工技术与工程”创新团队，2012 年被评为农业部“青年文明号”称号。

为绿色守望　为子孙造福

——记中华农业科技奖一等奖获得者曹卫东研究员

曹卫东，男，1968 年 10 月 1 日生，安徽省枞阳县人，博士，中国农业科学院农业资源与农业区划研究所研究员，公益性行业农业科研专项“绿肥作物生产与利用技术集成研究及示范”首席专家，中国农工民主党党员。

不离不弃终扬帆

绿肥是我国传统的农业瑰宝之一，20 世纪 70 年代以前，绿肥为我国的粮食安全起到了重要的支撑作用，为养活我国数亿人口做出了巨大贡献。新中国成立后，国家十分重视绿肥，为加强科研和生产，1965 年农业部批准成立全国绿肥试验网。20 世纪六七十年代，我国绿肥面积达 2 亿多亩，全国绿肥生产如火如荼。然而，80 年代开始，化肥由于其独特的速效、便利优势迅速崛起，绿肥迅速衰退至几乎消失。

在绿肥最低潮的 1990 年，22 岁的曹卫东来到中国农业科学院土壤肥料研究所绿肥课题组工作。由于经费限制及当时的特殊氛围，他并没有得到多少实质的科研任务，整理绿肥资料、撰写与绿肥有关的项目申请等，是他了解绿肥、认识绿肥的日常工作。作为所团支部书记，当时也有很多机会可以进入其他“红火”的课题组，但他并没有选择离开。他说，要陪绿肥项目的老先生走完退休前的几年。然而，1999 年，正当他博士研究的紧要关头，绿肥行业的接力棒可能交到他手里的时候，全国绿肥试验网的经费来源戛然而止，绿肥行业彻底失去了国家支持。

但曹卫东深知，绿肥作为一种重要的有机肥源，对于农产品场地环境、发展低碳（耗）农业、促进农业生态环境改善具有重要意义。正是基于对绿肥的认识和了解、牵挂和坚信，2003 年他完成公派出国博士后研究任务回国后，又立即投入绿肥工作。2004 年，在国家科技基础平台支持下，他系统研究了绿肥作物的基础知识，编著出版了《绿肥种质资源描述规范和数据标准》。2007 年，农业科研形势发生了重大转变，国家启动了行业专项及产业体系的科研制度改革，加之长期不合理施用化肥带来的问题日益凸显，绿肥重新进入了国家视野。2008 年，绿肥作为肥料行业第一批 3 个行业专项被立项，2011 年再获 5 年支持，两期经费 5 000多万元。绿肥科研开始扬帆起航！

团结协力破难题

通过绿肥行业专项的实施带动，曹卫东带领全国同行积极重建绿肥科研事业，推动绿肥生产的恢复和发展。绿肥科研与应用在继承历史经验和成就的基础上，取得了重要进展。

他带领团队创新集成了一系列绿肥生产利用技术及模式，在轻简化及高效培肥等方面取得突破。解决了华北地区春玉米及棉花与冬绿肥播种时间矛盾以及冬绿肥保苗和越冬困难等技术瓶颈，实现了南方稻田绿肥作物生产利用的全程机械化，建立了晚稻机械收割留高茬冬绿肥迟播技术。创新集成的华北冬绿肥作物品种选择与利用技术、西北玉米前期间作豆类绿肥作物技术、绿肥作物轻简化播种及种子繁育技术等填补了空白；提出了绿肥向粮棉作物前移的新思路，形成了西北玉米间作针叶豌豆等模式，拓展了绿肥生产空间。

他和团队探索、挖掘了一批有价值的理论研究成果。通过解剖长期定位试验，进一步确立了绿肥培肥土壤的效果，验证了绿肥可较大幅度提升肥料利用率。明确了种植绿肥有助于增加土壤对于养分供需及酸碱平衡的“生物缓冲”能力，指出红壤稻田绿肥提升土壤氮素供应水平由氨氧化菌丰度降低驱动、缓解土壤 pH 值下降主要由增加硫还原细菌并减少硫氧化细菌数量来驱动。他还提出了绿肥占地、不争地的绿肥发展思想，为合理利用土地的闲置空间发展绿肥奠定了认识基础。

种植业点大面广，其生态环境问题是目前困扰国家和社会的重大问题。通过翻压利用绿肥，可以培肥地力、替代部分化肥、提高肥料利用率、减少养分流失，还可以有效减少裸露土地面积、改善生态环境、缓解连作障碍。绿肥不仅有上述各类效果，还是清洁的饲草、蔬菜、蜜源、杂粮作物，在健康农业生产上潜力巨大。以曹卫东为首的绿肥团队为促进现代农业发展、保障舌尖上的安全起到了重要作用。

夯实基础待未来

绿肥是一项传统事业，然而由于前期科研经费不到位等原因，研究队伍却几乎从零开始。打铁还需自身硬，承担科研项目需要整体能力过硬的队伍，这是抓住难得的历史机遇、充分发挥绿肥对现代农业支撑作用的必要条件。。

他狠抓绿肥队伍建设，加快绿肥后备队伍培养，强化项目顶层制度设计。为了提升队伍水平，他针对绿肥项目的特点，组织实施了形式多样的观摩会、学术交流会和研讨会等，对各单位总结汇总乃至文字撰写细节都认真要求，还精心设计了一系列绿肥实施与管理的措施办法，如“绿肥行业专项管理办法”“绿肥技术理论框架”“绿肥项目绩效管理办法”、项目总结提纲与模版等努力实现队伍素质的整体提升。

他常说“筑巢引凤”，强调先要做好自己的工作、打造好研究平台，才能引来项目资助，才能得到各级领导的支持。他领导的绿肥项目着力构建绿肥研究人才、基地、种质资源条件，在主要农业生态区建立了 20 多个野外田间试验基地及多个种质资源圃和种子繁育基地，形成了绿肥种质资源保障体系，抢救挖掘了生产中濒临消失的种质资源，引进了一批国外新种质资源，种质资源创新取得较大进展，丰富了我国绿肥作物种质资源。

他十分重视青年人才及研究生培养工作。在研究生培养上，坚持“勤学、多练、善写”的思路，督促学生掌握科研动态，学习了解前沿知识；鼓励学生参与项目实施，多用各类仪器设备，全面掌握研究手段和方法。他认真讲授论文写作技巧，训练提高学生的独立思考和文字表达能力，提升论文的研究水平及撰写质量。他坚持年轻人就是未来的理念，在自身工作十分繁忙、人员急缺的情况下，宁愿自己多辛苦，也派出硕士生和助手去深造。

绿肥项目人手短缺时，他坚持“上得厅堂，下得厨房”的工作准则，项目组织设计、实施监督、总结验收等各项工作占满了他的一天又一天，一个又一个夜晚被他熬亮。他一趟又一趟奔波于各试验区域，一次又一次驾车带领学生们下地试验……在他的号召和指引下，一大批有志人士陆续加入绿肥研究，绿肥科研队伍稳定在 300 人左右。绿肥项目培养了一大批绿肥专门人才，他和绿肥团队在全国产生了较强的影响力。在他们的共同努力下，近几年绿肥团队陆续获得中国农业科学院科技成果一等奖、中华农业科技奖一等奖、甘肃省科技进步奖二等奖等奖项，取得绿肥行业发展上史无前例的成绩。

科研之外也尽责

曹卫东常说，人来到世界上，总应该给社会留点什么，因此坚守绿肥事业 20 多年。除了科研业务工作外，他长期担任中国农工民主党农科院支部负责人，还担任该党北京市海淀区副主委、九届海淀政协常委、北京市人民政府特约监察员、中央纪委监察部驻农业部特邀监察员等诸多社会职务。他认为，这些职务既是荣誉，也是压力，更是责任。他投入了大量精力完成各项工作，积极建言献策，得到了北京市及海淀区等有关部门的良好评价。

他在自身成长的同时不忘社会责任，积极回馈社会。在 2008 年汶川大地震中，他捐资数千元。2013 年，他偕夫人与青海省平安县一所小学签订捐资协议，从并不高的收入中拿出 6 万多元资助该校学生和老师，支持学校改善教学条件，鼓励有志少年奋发向上，为实现理想、实现中华民族的强国梦做贡献；鼓励教师投身乡村教学，为学校创造更好的学习和教学氛围，展现出强烈的社会责任感。

“清洁农业、绿肥先行，发展绿肥、造福子孙”，这是曹卫东为绿肥行业打造的宣传名片。祝愿绿肥行业能够发扬光大，为大地多添绿色、为子孙多留沃土。

与草原对话的女科学家

——记全国三八红旗手辛晓平研究员

辛晓平，女，1970 年出生，甘肃省天水市人，中国农业科学院农业资源与农业区划研究所研究员、博士生导师。现任呼伦贝尔国家野外站常务副站长、草地生态与环境变化研究室主任，兼任九三学社中央农林委员会及咨询委员会委员、全国青年科学家协会会员、呼伦贝尔市政协常委。长期从事草地生态系统监测、模拟与数字化管理研究，先后主持国家级科研项目 30 余项，以第一作者与通讯作者发表论文 80 余篇，主编专著 4 部，获专利 6 项、软件著作权 27 项，颁布农业部行业标准 1 部，2 项咨询报告获农业部和国务院批示，获得省部级科技奖励 5 项。2009 年被授予“全国野外科技工作先进个人”称号，2010 年获“内蒙古自治区引进高层次科技人才特别贡献奖”，2011 年入选“内蒙古自治区草原英才工程”，2013 年获“中国农业科学院 2008—2013 年先进工作者”称号，2014 年获“全国三八红旗手”称号。

扎实苦干　奠基呼伦贝尔国家野外科学观测研究站

1998 年，辛晓平进入中国农业科学院，师从李博院士开展博士后研究。李博院士故去后，辛晓平继承先师遗志，担当起尚在萌芽状态的呼伦贝尔站建设任务。万事开头难，2000—2005 年建站伊始，科研资金匮乏、人手不足，为了支撑日常生态系统观测，辛晓平常年以站为家，每天工作 12 ~ 16 个小时。为了争取更多工作时间、节约开支，披星戴月、风餐露宿是家常便饭。在这样艰苦的环境下，她组织同事布置和实施了多项长期观测和科学实验，系统构建了草甸草原观测研究框架体系，开展了草地生态系统观测新技术开发、系统格局与过程分析、生态遥感理论与技术应用等研究，提出了草地生态测量及过程分析的新方法、新模型，填补了国内草甸草原研究的空白。功夫不负有心人，2005 年呼伦贝尔站在众多竞争者中胜出，被命名为农业部部级重点站、国家级重点野外实验站，辛晓平任常务副站长，成为 53 个国家站负责人中唯一的女性。

爱岗敬业　奋斗在草地生态观测研究第一线

成为国家站最初的几年，相对于成倍增加的业务量，呼伦贝尔站基础设施条件捉襟见肘；相对于骤增的科研任务，工作积累和研究队伍亟待完善。辛晓平一方面拓展学科建设和人才培养渠道，完善运行制度和人力物力条件；一方面积极开拓与地方政府的全面合作，通过技术传播获得地方认可，赢得支持。在学科发展方面，通过开放合作，广泛联合国内同行业强势单位、著名学者、地方科研力量，以呼伦贝尔站为核心，形成了一个国家知名专家＋地方科研骨干相结合的区域草地生态研究中心。在人才培养方面，通过“西部之光”“少数民族骨干计划”等途径，为地方培养了一批草地科研骨干力量，与相关高校合作建立本科生及研究生实习科研基地，与北京市青少年科技俱乐部、呼伦贝尔市科学技术协会等科学团体和协会合作开展科普教育，打造草原生态系统公众教育平台。在技术传播和咨询建议方面，与地方农牧业管理部门对接，建立了一批草地改良、利用、管理的示范基地，技术辐射范围覆盖了呼伦贝尔牧区近 8 万平方千米草原。辛晓平关于呼伦贝尔生态环境建设、草原生态改良、草地畜牧业发展方面的一系列建议，大部分被呼伦贝尔市人民政府采纳。短短 10 年，呼伦贝尔站成为呼伦贝尔草原高科技人才的培养平台。一分耕耘、一分收获，由于在草地观测研究、技术传播与生态建设方面的突出贡献，2012 年呼伦贝尔站分别获得农业部、中央国家机关“青年文明号”称号。

锐意创新　开展草地现代管理技术探索

草地管理是我国草地可持续发展最薄弱的环节，比西方发达国家落后 10～20 年。针对我国草地生态严重退化、生产效率低下的现状，辛晓平以草地现代化管理为主线，结合草地生态学专业模型与现代信息技术最新进展，开展数字草业理论与技术探索。

2001—2007 年、2011—2012 年，辛晓平组织国内 10 余家单位的百余名同行科学家，深入内蒙古及东部毗邻地区、宁夏、甘肃、四川、青海、西藏、新疆等草原牧区，开展了大规模草地生态系统野外考察和调查研究，途经 300 余个县市、行程超过 20 万千米，获得了丰富的第一手资料。在野外考察的同时，抢救和收集了新中国成立以来老一代科学家在不同时期开展的草地调查和普查数据，系统整理了近半个世纪以来我国草业生产经济数据，制定了我国草业信息化方面的第一个行业标准，建立了国内草业行业最完善的科学数据系统和共享中心。2006 年，草地科学数据系统加入国家农业数据共享平台、建立了草地科学数据分中心，为我国草业教育、科研和产业搭建了信息交流平台。该项工作分别于 2002 年、2006 年获中国农业科学院科技进步二等奖。

在数字草业理论和技术探索方面，辛晓平及其团队开发了草地生产力反演、草地畜牧业生产过程模拟与诊断、人工草地生产系统管理等一系列核心模型与关键技术；在技术集成和产品开发方面，着眼于我国草业产业化发展及国家草地建设工程需求，集成草地专业模型与新型信息技术，研制了构件化草地信息监测平台、草畜生产管理决策平台、草地监测管理网络平台、草业智能管理掌上平台，开发了国内第一批草地管理软硬件技术产品；在技术推广和产品应用方面，面向宏观决策、生产应用、技术传播、市场经营，定制了一批草地管理实用化集成系统，为政府和企业用户进行生产管理、科学决策提供快捷实用的工具。围绕这一主题，辛晓平以第一（通讯）作者发表相关领域学术论文76篇，获专利4项、软件著作权25个，“多尺度生态系统动力学研究”2003年获教育部自然科学奖一等奖、“牧草、饲料行业综合信息系统开发关键技术研究与应用”2003年获北京市科技成果二等奖、“中国北方草地监测管理数字技术平台研究与示范”2008年获北京市科技进步三等奖、“数字草业技术平台研究与示范”2007年获农业部中华神农二等奖。这些成果在广大北方牧区大面积推广应用，促进了牧区现代草地畜牧业信息化、标准化、科学化，为牧区草地生态退化的评估、治理和可持续管理作出了重要贡献。

学以致用　心系草原牧区生产发展

长期在草原牧区第一线工作，辛晓平有机会走访了成百上千牧民的家。走近牧民，让她对草原的热爱，从单纯对自然神秘的好奇，逐渐转向对草原历史文化的热爱以及对牧民生计的深深关切。2004年她作为中国农业科学院方的代表参加了中国科学院咨询项目“关于建立6亿亩高产优质人工草地的建议”，该建议得到时任国务院总理温家宝的批示，对我国草业发展起到重要作用。这件事启发了辛晓平，通过把脉草原牧区生态保护政策，可以将科研成果更好地应用于牧区生产。2009年她和团队围绕草原牧区的生产生态问题，配合财政部、农业部撰写了“我国六大牧区的主要问题及对策”调研报告，该报告通过农业部《决策参考》上报中央农村工作领导小组、全国人大农业与农村委员会，为国家制定草原生态保护和补助奖励政策、加强牧区生产投入等政策提供了基础素材。作为九三学社社员、呼伦贝尔市政协常委，辛晓平也通过九三学社及地方政协组织提出一系列草原生态保护建设、草地畜牧业发展的咨询和建议，在呼伦贝尔、内蒙古乃至我国草原界都获得了认同。

科学研究是一项周密、严谨、艰苦、枯燥的工作，野外科技工作则更加艰苦和枯燥。作为女性，作为一个女儿、妻子和母亲，从事这份职业每年有一半时间要离开家人、离开幼小的女儿，需要克服常人所不能想象的艰辛和思念。更加难能可贵的是，在当今喧嚣的物质世界，辛晓平选择了荒凉辽阔的草原深处，从容坚守、默默耕耘、永不言弃，她所付出的努力与取得的成绩，远远超出人们对女性的定位。这背后的原因只有一个：是热爱的力量，把苦累变成甘甜。

十一、大事记

中国农业科学院2013年大事记

1月

1月5日 科技部国际合作司司长靳晓明一行来中国农业科学院调研，副院长王韧、吴孔明及有关研究所领导出席座谈会。王韧副院长汇报了中国农业科学院在科技创新工程、现代农业科研院所、通州院区建设等最新情况，及农业科技国际合作取得的成就。靳晓明给予充分肯定，并表示科技部将继续重视并加强对农业科技国际合作的支持力度，会上还举行了科技部“农业生物安全国际联合研究中心”和“设施农业国际科技合作基地”揭牌仪式。

1月7—9日 在湖南省长沙市召开的国家油菜产业技术体系2012年度工作会议上传出喜讯，由国家油菜产业技术体系首席科学家、中国农业科学院油料作物研究所王汉中领衔团队选育的油菜新品系YN171，经国家粮食局西安油脂食品及饲料质量监督检验测试中心检测，含油量达到64.8%，比一般品种含油量（41%左右）提高了55%以上，创造了油菜含油量世界最高纪录。

1月12日 中国农业科学院农业经济与政策顾问团2013年工作会议在京召开。农业部副部长、中国农业科学院院长李家洋出席会议并讲话。院党组书记陈萌山宣布了关于顾问团增聘顾问和调整秘书处组成人员的决定。院党组副书记、副院长、顾问团秘书长唐华俊主持会议。

1月15—16日 中央统战部召开了在京党外知识分子工作联系点会议，中国农业科学院荣获“2012年度党外知识分子建言献策信息工作先进单位”称号。

1月16日 在湖北省召开的人才工作座谈会上，中国农业科学院油料作物研究所被授予湖北省首届人才工作十强所称号。近年来，油料所以不断激发科研人员的积极性和创造性为核心，坚持人才工作改革创新，先后引领和支撑了我国油菜产业三次跨越发展，在推动我国油料科技和产业发展、促进油农增收和增强国家食用油供给能力等方面贡献突出。“十一五”全国农业科研机构评估，综合实力高居全国农业科研机构前三甲。

1月16日 中国农业科学院召开2013年第一次离退休工作领导小组会议，听取了院离退休职工工作办公室工作情况汇报，研究分析了全院离退休工作形势任务，对加强和改进院、所两级离退休工作提出了明确要求。院党组书记、院离退休工作领导小组组长陈萌山主持会议，院离退休工作领导小组副组长唐华俊、史志国、魏琦及全体成员参加了会议。

1月18日　2012年度国家科学技术奖励大会在人民大会堂隆重举行。中国农业科学院所属研究所作为第一完成单位共有8项成果获得奖励。其中，作物科学研究所王连铮研究员主持完成的“广适高产优质大豆新品种中黄13的选育与应用”和植物保护研究所陈万权研究员主持完成的“小麦条锈病菌源基地综合治理技术体系的构建与应用”2项成果获国家科技进步奖一等奖。北京畜牧兽医研究所李奎研究员主持完成的“猪产肉性状相关重要基因发掘、分子标记开发及其育种应用”获国家技术发明奖二等奖；另有5项成果获国家科技进步奖二等奖。

1月20日　农业部副部长、中国农业科学院院长李家洋，院党组书记陈萌山与来访的贵州省副省长禄智明一行，就进一步加强科技合作举行了座谈。李家洋表示，中国农业科学院全力支持贵州省农业科技事业的发展，愿意在联合申请国家科技项目、共同培养人才、共建科技平台等方面加强合作。陈萌山指出，要根据贵州特殊的生态条件，提出适宜的合作项目，制定合理的政策，着力解决生产实际问题。吴孔明副院长就进一步加强实质合作提出了建议。

1月21日　中国农业科学院科技创新工程启动实施，全院将围绕“服务产业重大科技需求、跃居世界农业科技高端”两大使命，以建设“世界一流农业科研院所”为目标，着力突出体制机制创新，进一步提高创新活力和创新效率，解决我国现代农业发展重大科技问题。农业部副部长张桃林、财政部教科文司司长赵路等领导出席启动仪式。农业部副部长、中国农业科学院院长李家洋主持会议。农业部人事劳动司司长曾一春、财务司司长李健华、科技教育司司长唐珂等领导出席启动仪式。院领导班子成员、院级老领导、两院院士、院机关各部门和京区各单位领导班子成员、院属京外各单位党政主要领导等近200人参加会议。

1月21—22日　中国农业科学院2013年工作会议在京召开。农业部副部长、中国农业科学院院长李家洋作了题为《扎实推进科技创新工程　全面开创中国农业科学院发展新局面》的报告。会议期间，分管副院长分别就科研、成果转化和产业发展、国际合作、财务、基建和院区建设等方面的工作做专项报告，发布了青年英才引进计划和全球招聘植物保护研究所所长公告，公布了2012年研究所综合评价结果，并对获得2012年度国家科学技术奖励的成果完成人及科研团队和院2011—2012年度文明单位进行了表彰。院党组书记陈萌山作会议总结讲话，就贯彻落实好会议精神提出进一步要求。院领导班子成员、院级老领导、两院院士、院机关各部门和京区各单位领导班子成员、院属京外各单位党政主要领导等近200人参加了会议。

1月21日　中国农业科学院在京举行创新工程媒体通气会，来自中央、部委及北京市的20多家媒体记者参加了会议。陈萌山书记主持媒体通气会，李家洋代表院领导班子和全院干部职工对各位媒体记者一年来对我国农业科技事业和中国农业科学院发展所给予的高度关注与大力支持表示衷心感谢，希望记者朋友们一如既往地关心、关注和支持中国农业科学院的发展。唐华俊就科技创新工程的实施背景和主要内容进行了详细介绍，魏琦就“青年英才”引进计划和全球招聘植物保护研究所所长的有关情况作了通报。与会领导就科技创新工程的有关问题回答了记者的提问。

1月23日 农业部副部长、中国农业科学院院长李家洋会见了先正达公司全球生物技术总裁米歇尔·范·路科任坎平（Michiel van Lookeren Campagne）博士一行。双方就加强在农业生物技术领域的合作交换了意见，并就推进合作达成共识。李家洋向来宾介绍了中国农业科学院的基本情况以及科技创新工程的相关情况并对先正达公司在中国农业科学院设立奖学金资助优秀博士和硕士研究生表示感谢。副院长王韧、吴孔明等参加了座谈。

1月23日 中国农业科学院召开2013年党风廉政建设工作会议。会议深入贯彻落实党的“十八大”、中纪委十八届二次全会精神以及农业部党风廉政建设工作会议精神，科学分析全院党风廉政建设工作面临的新形势和新任务，总结2012年反腐倡廉工作，部署2013年重点工作。农业部副部长、中国农业科学院院长李家洋出席会议。院党组书记陈萌山，中央纪委驻农业部纪检组副组长、监察部驻农业部监察局局长董涵英出席会议并讲话。院党组纪检组组长史志国代表院党组作题为《转变作风 开拓创新 为现代农业科研院所建设保驾护航》的工作报告。院党组副书记、副院长唐华俊主持会议。

1月24日 中国农业科学院副院长王韧会见了来访的瑞典农业大学副校长拉什·由原·施儒勒教授（Lars Johan Schnürer），双方就参与落实两国政府间框架协议有关内容交换了意见。王韧向客人介绍了中国农业科学院科研、教学及产业发展情况。

1月24日 经农业部党组会议研究，决定免去王韧同志的中国农业科学院党组成员职务。

1月24日 经农业部党组会议研究，决定调刘现武任中国农业科学院基本建设局局长。

1月25日 中瑞（中国—瑞典）燕麦合作论坛在中国农业科学院召开。农业部副部长、中国农业科学院院长李家洋，瑞典农业大臣埃斯基尔·埃兰德松（Eskil Erlandsson）出席论坛并致辞。此次论坛旨在加强两国燕麦学术交流，促进燕麦合作研究与产业发展。参加论坛的有中瑞两国农业官员、燕麦研究领域的知名专家、燕麦生产企业代表共计70余人。

1月28日 中共中央统一战线工作部副部长陈喜庆一行到中国农业科学院看望并慰问了十一届全国政协常委、国家气候变化和重大环境问题研究专家、农业环境与可持续发展研究所林而达研究员。中央统战部六局局长王永庆、联络一处处长陈中和，院党组成员、人事局局长魏琦等陪同看望。

1月30日 农业部副部长、中国农业科学院院长李家洋，院党组书记陈萌山，副院长刘旭、李金祥，院纪检组组长史志国等应邀到解放军艺术学院（以下简称军艺）参加迎新春共建座谈会，陈萌山代表中国农业科学院党组向军艺的各位领导及全院师生致以节日的问候，向军艺长期以来对中国农业科学院的关心支持表示感谢，并高度评价了军艺取得的成绩以及为建设社会主义文化强国作出的重要贡献。院办公室、科技管理局、成果转化局、直属机关党委、研究生院等部门的负责人参加了座谈。

2月

2月4日 新春佳节前夕，农业部副部长、中国农业科学院院长李家洋，院党组书记陈萌山，院领导唐华俊、王韧、刘旭、李金祥、吴孔明、史志国、魏琦分别看望了院级老领导、老专家、在京院士、红军时期老干部以及遗属，感谢老领导、院士和老同志们对中国农业科学院发展作出的巨大贡献以及多年来对全院各项工作给予的大力支持，并向他们送去新春的祝福和节日的慰问。

2月5日 中国农业科学院召开中青年科技人员座谈会。院党组书记陈萌山，院党组成员、人事局局长魏琦出席会议。京区单位部分国家杰出青年科学基金获得者和农业科研杰出人才参加了会议，就进一步加强现有中青年科技人才的培养、统筹引进人才与现有人才的管理机制、实施好青年英才计划等问题进行了深入讨论。

2月6日 中国农业科学院党组书记陈萌山、纪检组组长史志国率队对京区大院安全生产情况进行检查，听取了有关单位安全生产情况介绍，详细了解实验室、出租房屋、平房居民区等消防安全状况，现场查看消防通道、消防设备和应急预案到位情况，并对发现的问题提出了整改要求。

2月7日 中国农业科学院召开贯彻落实2013年反腐倡廉工作任务分工会议，审议通过《中国农业科学院贯彻落实2013年反腐倡廉工作任务的分工意见》。院党组书记陈萌山出席会议并讲话。院党组纪检组组长史志国主持会议并传达了农业部2013年党风廉政建设工作会议精神。院党风廉政建设工作领导小组成员及领导小组办公室成员参加了会议。

2月8日 农业部副部长、中国农业科学院院长李家洋，副院长李金祥向春节期间坚守岗位的一线职工致以节日的问候。在保卫处、热力站、门诊部、职工食堂、车队等部门，李家洋和职工们亲切握手，感谢他们一年来的辛勤劳动，为中国农业科学院科技事业发展提供了坚强有力的基础服务和保障。

2月17日 中国农业科学院召开院区综合管理委员会第一次全体会议，研究部署加强院区环境和条件建设，强化服务保障能力，全面提升院区综合管理水平。院党组书记陈萌山出席会议并讲话，副院长李金祥主持会议并宣布了院区综合管理委员会及办公室的机构组成和主要职能。

2月18日 中国农业科学院兰州畜牧与兽药研究所畜牧研究室主任阎萍研究员当选为CCTV第二届“大地之子”年度农业科技人物。阎萍研究团队培育的国家牦牛新品种“大通牦牛”，填补了世界上牦牛培育品种的空白，在我国牦牛产区广泛推广，取得明显的社会、经济和生态效益。

2月21日 国家外国专家局经济技术专家司王营巡视员、易凡平副司长等到中国农业科学院农业环境与可持续发展研究所，就“资源高效利用型植物工厂技术示范推广基地”进行调研。中国农业科学院副院长吴孔明对外专局长期以来给予的关心和支持表示感谢，重点介绍了基地在技术引进、成果推广、人才培养等方面发挥的积极作用，就进一步落实《关于引进外国智力为农业科技发展服务行动计划》等合作协议提出具体可操作性建议。

2月21—25日 中国农业科学院党组副书记、副院长唐华俊率中国农业科技代表团参加了在泰国曼谷举行的“第十届中泰友好研讨会暨科学技术与农村可持续发展研讨会”。唐华俊在开幕式致辞中指出，中泰两国同为亚洲的农业大国，解决农业、农村和农民问题在中泰两国的经济发展中都占有举足轻重的地位，今后可在生物技术与种质资源、农业机械、农村能源开发与利用、跨境动物疫病防控等方面开展广泛而深入的合作。

2月28日 为进一步加强新乡综合试验基地管理，中国农业科学院副院长吴孔明赴新乡基地调研，并组织召开了基地工作座谈会，同入驻研究所和新乡市、县有关领导深入探讨了基地运行管理和院地科技合作事宜。调研期间，吴孔明实地考察了新乡基地建设与科研工作情况，并就基地建设、使用和管理中存在的问题进行了现场办公。

3月

3月4日 农业部和联合国粮农组织（FAO）在中国农业科学院哈尔滨兽医研究所举行了国际动物流感参考中心挂牌仪式。哈尔滨兽医所动物流感实验室是我国首个获得FAO认可的国际动物流感参考中心，也是FAO继德国联邦动物健康研究机构之后在全球认定的第二个动物流感参考中心。国家首席兽医师于康震、FAO首席兽医官胡安·卢布罗斯、农业部兽医局局长张仲秋、FAO驻华代表伯希·米西卡、农业部国际合作司巡视员屈四喜、中国农业科学院副院长李金祥、中国动物疫病预防控制中心主任才学鹏、中国动物卫生与流行病学中心副主任黄保续以及黑龙江省和哈尔滨市的领导、专家110人出席了挂牌仪式。

3月6日 中国农业科学院举办了以“跨越发展绘新篇 农科巾帼谱芳华”为主题的纪念“三八”国际劳动妇女节暨表彰活动。全国妇联中国妇女活动中心主任、党委书记郭象，农业部党组成员、妇工委主任张玉香，农业部妇工委全体常委，院党组副书记、副院长唐华俊，副院长刘旭、李金祥，院纪检组组长史志国，院党组成员、人事局局长魏琦出席活动。大会对京区各单位获得院2011—2012年度的9个巾帼文明岗、10名巾帼建功标兵、8个先进基层妇女组织、8名优秀妇女工作干部和16名妇女之友进行了表彰。

3月6日 “中澳可持续农业生态联合实验室谅解备忘录”签字仪式在澳大利亚悉尼大学举行。澳大利亚总理朱莉娅·吉拉德（Julia Gillard）、中国驻澳大利亚大使陈育明出席签字仪式。中国农业科学院副院长吴孔明应邀出席并致辞，他指出中澳联合实验室的成立是中国农业科学院农业科技海外布局的又一项重要举措，希望进一步加深合作，促进中澳两国及亚太地区其他国家的粮食安全。

3月7日　农业部副部长、中国农业科学院院长李家洋会见了来访的国际农业研究磋商组织（CGIAR）基金办公室副主任安东尼·卡姆先生及CGIAR下属研究中心——国际食物政策研究所（IFPRI）所长樊胜根博士一行。李家洋高度评价了与CGIAR及所属研究中心在农业科研领域的合作成就，希望结合CGIAR科研计划（CRPs）和中国农业科学院科技创新工程，在政策研究、粮食及食品安全、人才培养、南南合作等领域进一步加强合作与交流。

3月7日　中国农业科学院副院长、大院综合管理委员会常务副主任李金祥分别主持召开离退人员、大院居民代表座谈会，听取对加强院区环境和条件建设、强化服务保障能力、全面提升院区综合管理水平的意见和建议。李金祥传达了院党组书记、管委会主任陈萌山的讲话精神，重点介绍了在院农业科技创新工程和建设世界一流农业科研院所的总体框架下，院区整治和通州新院区建设的基本情况。

3月12日　人力资源和社会保障部公布了享受2012年政府特殊津贴的专家名单。中国农业科学院12位专家获准享受2012年政府特殊津贴，他们是作物科学研究所李少昆、王建康，蔬菜花卉研究所李宝聚、郑启功，农业环境与可持续发展研究所曾希柏，北京畜牧兽医研究所张宏福，生物技术研究所林敏、中国水稻研究所胡培松，棉花研究所邢朝柱、张香娣，哈尔滨兽医研究所蔡雪辉，兰州畜牧与兽药研究所阎萍。截至目前，中国农业科学院先后有18批、共计1 197人享受政府特殊津贴。

3月13日　由科技部基础研究管理中心会同《科技导报》《中国科学院院刊》《中国科学基金》和《中国基础科学》编辑部组织评选的2012年度“中国科学十大进展”揭晓，中国农业科学院植物保护研究所吴孔明研究团队一项科研成果“生态学试验证实*Bt*转基因棉花种植可促进对害虫的生物控制”榜上有名。该项成果从景观生态学尺度阐明了天敌昆虫与非靶标害虫的种群长期演替机制，在国际上首次明确了*Bt*作物可增强农业生态系统害虫自然控制的能力，深化和丰富了对转基因作物环境影响的认知，对发展利用转基因技术促进农业生产力的提高和生物多样性保护有重要科学意义。

3月14日　中国农业科学院召开院信息化工作领导小组2013年第一次会议。会议宣布了新调整的院信息化工作领导小组成员名单，进一步明确了全院信息化工作的职责和分工，听取了全院信息化工作现状及2013年工作重点的汇报，审议了《关于加强全院信息化工作的指导意见（提纲）》。院党组书记陈萌山主持会议并讲话。院党组副书记、副院长唐华俊，院信息化工作领导小组及其办公室成员、院机关各部门信息化工作联络员参加会议。

3月15日　受农业部副部长、中国农业科学院院长李家洋委托，院党组书记陈萌山到农业资源与农业区划研究所看望了“千人计划”引进人才李召良博士。院党组副书记、副院长唐华俊，院党组成员、人事局局长魏琦等陪同看望。陈萌山代表院党组对李召良回国来院工作表示欢迎，详细询问了他在国内的工作生活情况，并简要介绍了目前全院正在推进的科技创新工程、现代院所建设、创新平台和基地建设以及人才工程建设等进展情况。

3月18日 中央国家机关党建研究会2012年度机关党建课题研究成果评选结果揭晓，中国农业科学院选送的2项党建研究成果获奖，其中《院所长负责制下科研院所党组织发挥政治核心作用研究》荣获一等奖，《中国农业科学院文化建设研究与实践》荣获二等奖。这是中国农业科学院首次在同一年度提交2项成果并同时获奖，也是中国农业科学院作为执笔单位首次在中央国家机关党建研究会上获得一等奖。

3月24日 由中国农业科学院作物科学研究所主导的科研团队，历经5年的努力，在国际上率先完成了小麦D基因组供体种——粗山羊草基因组草图的绘制，结束了小麦没有组装基因组序列的历史。该项成果在线发表在*Nature*（《自然》）杂志上，标志着我国的小麦基因组研究跨入了世界先进行列。

3月26日 中国农业科学院科技创新工程试点工作会议在京召开。会议贯彻落实2013年院工作会议精神，对实施科技创新工程进行再动员、再部署，统一思想，凝聚共识，讨论确定各项管理办法和试点遴选办法，确保创新工程试点各项工作扎实推进。全体院领导出席会议，院属各单位党政一把手、院机关各部门领导班子成员共100多人参加会议。

3月26日 中国农业科学院2013年财务管理工作会议在京召开。农业部财会服务中心主任邓庆海出席会议并就新科学事业单位财务制度做了讲解。院属各单位党政一把手、院机关各部门领导班子成员等共110多人参加会议。会议由院党组副书记、副院长唐华俊主持。他强调，各单位要进一步解放思想，认真研究国家财务管理制度和办法，充分利用有关政策和规定，合理使用财政资金，又好又快地执行预算。

3月26—27日 中国农业科学院第七届学术委员会第三次会议在京召开。来自全国有关省（市）农业科学院、高等院校、中国科学院以及中国农业科学院的130余位委员出席会议。会议由中国农业科学院副院长、院学术委员会副主任委员刘旭主持。农业部副部长、中国农业科学院院长、院学术委员会主任委员李家洋在会上作了题为“大力实施科技创新工程 扎实推进现代院所学科建设与全面发展”的工作报告。与会委员分组讨论了学术委员会工作报告，审议了院学科科研工作方案、学科平台建设方案及学科评价方案，并提出了一系列建设性的意见和建议，为中国农业科学院科技事业的发展献计献策。会议还评审出2013年度中国农业科学院科学技术成果奖。

3月28日 中国农业科学院副院长吴孔明会见了来访的巴西农牧业研究院（EMBRAPA）副院长拉迪斯劳·马丁·那托（Ladislau Martin Neto）。双方就进一步推进中巴联合实验室的工作和加强两院合作进行了深入探讨并初步达成共识。

3月29日 中国农业科学院科技援疆工作座谈会在新疆农业科学院召开。会议贯彻落实中央援疆工作座谈会和全国对口支援新疆工作会议精神，总结交流近年来中国农业科学院科技援疆工作取得的进展，探讨进一步深化中国农业科学院与新疆相关科研机构开展科技合作的领域与内容，加快推进新疆农业科技进步与现代农牧业发展。中国农业科学院副院长吴孔明，新疆维吾尔自治区农业厅副厅长陈章全等出席会议。来自两院29个研究所的负责人和专家约80人参加了会议。

3月30日 中国农业科学院茶叶研究所与联想控股旗下从事现代农业领域的佳沃有限公司签订了《关于杭州龙冠实业有限公司股权转让及认购增资协议》，确定茶叶所转让龙冠公司41%的股份，转让价2 419万元，并通过增资扩股增加注册资金到3 000万元，中国农业科学院院长李家洋出席会议并讲话。

4月

4月3日 中国农业科学院召开直属机关2013年党的工作会议，总结回顾2012年的工作，研究部署2013年的主要任务。院党组副书记唐华俊出席会议并讲话，院党组成员、人事局局长魏琦传达了农业部韩长赋部长对做好2013年党的工作的要求和余欣荣副部长在部党的工作会议上的讲话精神，对《中国共产党中国农业科学院研究所委员会工作条例》和《中国农业科学院研究所职工代表大会条例》等4份文件书面征求意见。

4月7日 全国政协农业界38组委员视察中国农业科学院。农业部副部长、中国农业科学院院长李家洋，院党组书记陈萌山，院领导唐华俊、李金祥、魏琦等出席座谈会。座谈会上，李家洋代表院党组和全院广大干部职工对各位领导和委员莅临中国农业科学院视察表示热烈欢迎和衷心感谢。唐华俊向委员们详细介绍了中国农业科学院的情况特别是科技创新工程进展，各位政协委员对中国农业科学院改革和发展表现出极大的关注和热情，对科技创新工程的启动实施给予高度评价。座谈会后，委员们考察了国家农作物种质资源库、国家重大科学工程、国家现代农业科技展示园。

4月9日 农业部副部长、中国农业科学院院长李家洋会见了来访的澳大利亚悉尼大学校长迈克尔·斯宾塞（Michael Spence）教授一行，双方就进一步加强农业科技合作进行了交流。科技部国际合作司司长靳晓明、中国农业科学院副院长吴孔明参加会见。会后，双方举行了“中澳可持续农业生态联合实验室（北京）”揭牌的仪式。联合实验室挂靠中国农业科学院农业环境与可持续发展研究所。

4月10日 黑龙江省省委副书记、代省长陆昊率各市地政府、省直有关部门和金融机构负责同志等一行30余人到中国农业科学院哈尔滨兽医研究所考察科技成果及转化对接情况。陆昊一行参观了哈尔滨兽医所维科公司活疫苗生产车间，详细询问了车间的主要产品、市场份额、疫苗生产工艺及技术优势等情况。

4月10—12日 中国农业科学院2013年首期导师研讨班在京举行，来自全院的161名研究生导师参加。农业部副部长、中国农业科学院院长兼研究生院院长李家洋出席开班仪式并讲话，研讨班邀请有关专家分别就科研学术道德、全国研究生教育宏观政策与发展走向等6个专题作了报告。此外，研究生院各业务部门与导师们就研究生培养和管理规章制度的制定进行了交流。中国科学院原党组副书记郭传杰，国务院学位办公室处长欧百钢，中国农业科学院副院长吴孔明等出席开班仪式。

4月16日 农业部副部长、中国农业科学院院长李家洋会见了来访的澳大利亚莫道克大学校长理查德·希格特（Richard Higgott）教授一行。双方签署了《中澳小麦改良联合中心合作谅解备忘录》，标志着中国农业科学院与莫道克大学小麦改良联合研究项目的正式启动。中国工程院院士程顺和，中国农业科学院副院长吴孔明等参加了会见。

4月16—18日 中国农业科学院党组书记陈萌山在海南省就南繁基地建设与管理工作调研。陈萌山先后考察了作物科学研究所、生物技术研究所、中国水稻研究所和棉花研究所的7个南繁基地，慰问了正在开展工作的科研人员和干部职工，并主持召开了中国农业科学院南繁基地建设与管理工作座谈会。海南省农业厅副厅长吴晓玲，院党组成员、人事局局长魏琦等参加调研和座谈。

4月17日 中国农业科学院与华大基因研究院签订关于共建中国农业科学院深圳生物育种创新研究院的补充协议。协议对研究院发展模式、有关权益的使用及处置、今后合作路径进行了改进和明确。中国农业科学院副院长吴孔明代表我院与华大基因研究院签署协议。

4月18日 中国农业科学院党组副书记、副院长唐华俊会见了来访的土耳其食品、农业和畜牧部部长穆罕默德·麦赫迪·埃克尔（Mehmet Mehdi Eker）一行，双方就如何加强中土农业科技合作深入交换了意见。唐华俊代表李家洋院长对埃克尔部长的来访表示欢迎，并向代表团介绍了中国农业科学院的整体情况、发展战略和国际合作成就。

4月22日 农业部副部长、中国农业科学院院长李家洋会见了澳大利亚西澳大学副校长罗冰·欧文斯（Robyn Owens）教授一行，李家洋回顾了中国农业科学院与西澳大学在农业科技领域的合作情况，并介绍了中国农业科学院目前实施的科技创新工程的整体思路和对国际合作工作的设想，双方就进一步深化农业科技合作交换了意见。

4月22日 中国农业科学院预算执行座谈会暨科技创新工程财务支撑能力培训班在北京举办。院党组副书记、副院长唐华俊就科技创新工程财务支撑能力作了专题培训。会议还围绕中国农业科学院预算执行工作展开座谈，分析了全院预算执行形势。11家单位就2012年预算执行情况作了典型汇报，总结分析了2012年预算执行中存在的困难，并提出了加快2013年预算执行的相关建议。院属各单位法人代表、财务处长（或财务主管）和京区单位财务人员共计140余人参加了培训。

4月22日 中国农业科学院召开博士后联谊会理事会换届暨优秀博士后表彰大会。中国农业科学院副院长、院博士后管委会主任委员刘旭出席会议并讲话。大会对11位2012年度优秀博士后进行表彰。会议还选举产生了第九届博士后联谊会理事会理事。

4月23日 中国农业科学院哈尔滨兽医研究所陈化兰科研团队最新研究表明，在我国导致人感染的新型H7N9流感病毒与同一时期存在于活禽市场上的H7N9禽流感病毒高度同源，在国际上首次从病原学角度揭示了新型H7N9流感病毒的来源，为我国科学防控H7N9禽流感提供了重要依据。相关研究论文发表在《科学通报》2013年最新一期英文版上。

4 月 25 日　农业部副部长、中国农业科学院院长李家洋到上海兽医研究所调研。李家洋考察了实验室、研究生公寓，并分别与科研骨干代表、所领导班子等进行了座谈。李家洋强调，要充分利用好实施科技创新工程这一历史机遇，围绕国家农业战略需求与长远发展的重大问题和关键技术，凝练学科方向，优化人才结构，创新管理机制，培育一流学科和领军人才，努力形成重大产出，为全院实现跨越式发展奠定坚实基础。

4 月 26 日　宁夏回族自治区人民政府副主席屈冬玉一行到中国农业科学院，就深化农业科技合作进行交流座谈。农业部副部长、中国农业科学院院长李家洋，院党组书记陈萌山出席会议。会议由院党组副书记、副院长唐华俊主持。座谈结束后，屈冬玉一行考察了国家农作物种质资源库、农作物基因资源与基因改良国家重大科学工程、农业部蔬菜质检中心和国家现代农业科技展示园。

4 月 26—27 日　应农业部副部长、中国农业科学院院长李家洋院士的邀请，国家"973"计划顾问组专家许智宏院士、朱作言院士、方荣祥院士等专程来中国农业科学院开展农业重大基础研究工作调研。科技部基础司彭以祺副司长、沈建磊处长和钱万强副处长一同调研考察。院领导李家洋、陈萌山、唐华俊、刘旭出席调研活动。刘旭副院长汇报了我院农业基础研究工作概况和建议，我院"973"项目首席科学家和科技人员代表分别发了言。

4 月 28 日　农业部南京农业机械化研究所"农副产品加工工程技术研究中心"被中华全国总工会授予"工人先锋号"荣誉称号，该中心曾获"江苏省工人先锋号"称号。

5 月

5 月 3 日　美国 *Science*（《科学》）杂志在线发表了中国农业科学院哈尔滨兽医研究所陈化兰科研团队的最近研究成果。该研究表明 H5N1 病毒确有可能通过与人流感病毒的基因重配，获得在哺乳动物之间高效空气传播的能力，从而具备引起人间大流行的潜力，从全新的角度揭示了 H5N1 病毒对全球公共卫生构成的现实威胁。*Science*（《科学》）杂志同时为该项研究配发了摘报评论和专题报道，*Nature*（《自然》）杂志也进行了报道。

5 月 4 日　中国农业科学院在北京西山国家森林公园举行"拥抱阳光、健康生活"长走活动。院领导李家洋、陈萌山、李金祥、吴孔明、魏琦和农业部直属机关工会主席张广卿等出席活动。院属京区各单位、院机关各部门 1 300 多名职工参加了此次长走活动。

5 月 7 日　全国人大预算工作委员会苏军副主任一行 7 人到中国农业科学院蔬菜花卉研究所调研国家财政科技资金分配与使用情况。财政部教科文司副巡视员宋秋玲、农业部科教司副司长王衍亮、农业部财务司副司长秦维明等陪同调研。中国农业科学院党组书记陈萌山，党组副书记、副院长唐华俊出席座谈会，方智远院士，院办公室、财务局、蔬菜所主要领导参加座谈。

5月8日 农业部副部长、中国农业科学院院长李家洋先后到哈尔滨兽医研究所、兰州兽医研究所进行调研。听取了两所有关工作情况汇报，与所领导班子、科技人员代表进行了座谈，并就大家关心的问题进行了交流讨论。

5月9—10日 中国农业科学院与山东省临沂农科院学科共建与科技合作签字仪式在临沂举行。根据协议，双方将在农业科技协作攻关研究、成果转化与产业化对接、学科建设与人才培养、农业科技信息服务等方面开展合作，特别是在小麦、玉米、大豆、水稻育种及植物保护、栽培技术研究等方面展开跨地区合作。

5月10日 农业部副部长、中国农业科学院院长李家洋会见波兰农业和乡村发展部副部长杜塔斯·尼尔瓦杰（Tadeusz Nalewajk）一行，双方就如何进一步加强中波农业科技合作深入交换了意见。国际合作局、牧医所、加工所有关领导参加了会见。

5月10日 中国农业科学院党组书记陈萌山、副院长吴孔明与来访的黑龙江省农业科学院韩贵清院长举行座谈，双方就进一步加强农业科技合作交换了意见。成果转化局、作科所、植保所、蔬菜所、加工所、生物所、资划所等相关领导参加座谈。

5月11日 中国农业科学院油料作物研究所在云梦台湖农场千亩示范基地举行长江中下游油菜全程机械化生产技术现场观摩会，集中展示了油料所研发集成的高产油菜品种“阳光2009”、油菜机械化直播、机械化收获和配套农艺技术。农业部种植业司，湖北省农业厅，中国农技推广中心，以及孝感市、云梦县的有关领导出席会议。来自四川、重庆、湖南、江西等省市的农业厅负责人和湖北油菜种植地级市与生产大县的农业局和农机局负责人共200余人参加了会议。

5月13日 中国农业科学院副院长李金祥会见了到访的法国农业部教育与研究总局副局长瓦勒里·巴杜尔（Valérie Baduel）女士一行，双方就如何深化中法两国在农业科研教育领域的合作深入交换了意见。国际合作局、科技管理局、作科所、植保所、农经所、资划所等有关专家参加会见。

5月13日 中国农业科学院副院长吴孔明赴家禽研究所调研。吴孔明先后参观了中国家禽业信息中心、农业部家禽品质监督检验测试中心、江苏省家禽遗传育种重点实验室等，并对家禽所近几年所取得的成绩给予了充分肯定。

5月14日 农业部副部长高鸿宾到中国农业科学院北京畜牧兽医研究所考察，看望了科研人员，并实地考察了国家畜禽改良研究中心，详细了解了建设进展情况。

5月14日 中国农业科学院副院长吴孔明会见联合国粮农组织（FAO）助理总干事劳伦特·托马斯（Laurent Thomas）一行。会后，托马斯一行参观了中国农业科学院农业科技展示园和国家种质资源库。

5月20日 中国农业科学院党组书记陈萌山一行到廊坊基地调研。实地调研了院廊坊园区和植保所廊坊中试基地，并与有关负责人进行了座谈。副院长李金祥、吴孔明，院党组成员、人事局局长魏琦等陪同。

5月21日　甘肃省委副书记欧阳坚一行到中国农业科学院兰州畜牧与兽药研究所考察，并与研究所相关负责人座谈。欧阳坚一行参观了兰州牧药所史陈列室、甘肃省中兽药工程技术研究中心、农业部畜产品质量安全风险评估实验室。

5月22日　中国农业科学院荣获农业部2012年度宣传信息工作先进单位称号，是农业部系统获此荣誉唯一的直属单位。

5月22—23日　中国农业科学院党组书记陈萌山、副院长李金祥到国家级贫困县——河北省阜平县调研，考察该县部分种植、养殖以及农产品加工企业，并就进一步加强合作、促进当地脱贫致富等问题与当地政府部门相关人员座谈。调研期间，中国农业科学院与阜平县人民政府签署了科技合作协议。国家机关事务管理局财务管理司副司长陈佳资参加座谈，成果转化局、蔬菜所、环发所、牧医所、蜜蜂所、加工所、郑果所等单位负责人和专家参加调研。

5月23日　国务院参事刘坚、刘志仁等一行5人就“挖掘粮食增产潜力、稳定发展粮食生产、保障国家粮食安全”主题到中国农业科学院调研，听取专家意见建议。农业部党组成员张玉香，中国农业科学院党组书记陈萌山，党组副书记、副院长唐华俊参加座谈会。

5月23日　中国台湾民意代表参访团一行40余人参观考察中国农业科学院国家农业科技展示园。全国政协港澳台侨委员会办公室赵东科巡视员、农业部办公厅王小兵副主任，中国农业科学院党组书记陈萌山，党组副书记、副院长唐华俊等陪同参观。

5月27日　2012年国家创新人才推进计划评选结果揭晓，中国农业科学院蔬菜花卉研究所张友军研究员、黄三文研究员，哈尔滨兽医研究所陈化兰研究员，北京畜牧兽医研究所高会江副教授入选中青年科技创新领军人才；作物科学研究所万建民研究员领衔的“水稻分子遗传改良创新团队”、中国水稻研究所钱前研究员领衔的“水稻种质创新和超级稻分子育种创新团队”，农业环境与可持续发展研究所曾希柏研究员领衔的“退化及污染农田修复创新团队”入选重点领域创新团队。

5月28日　国家外国专家局、农业部和中国农业科学院在京联合召开外国农业专家建言工作对接会。中国农业科学院党组副书记、副院长唐华俊，外专局副局长刘延国、农业部人力资源中心副主任胡义萍等出席会议。

5月30日　中国农业科学院与成都市人民政府在四川省南充市签署共建成都国家现代农业示范区战略合作协议。院党组副书记、副院长唐华俊和成都市人民政府副秘书长覃文林分别代表双方在协议书上签字。

5月30日　经农业部党组会议研究，决定梅旭荣任中国农业科学院科技管理局局长；免去王小虎的中国农业科学院科技管理局局长职务。

5月30日　经农业部党组会议研究，决定刘瀛弢任中国农业科学院财务局局长，自任职之日起上岗试用，试用期1年。

5月30日　经农业部党组会议研究，并征得中共上海市委同意，决定童光志任中国农业科学院上海兽医研究所所长（中国动物卫生与流行病学中心上海分中心主任）。

5月30日 经农业部党组会议研究，并征得中共上海市委同意，决定杨瑾同志任中国农业科学院上海兽医研究所党委书记。

5月30日 经农业部党组会议研究，决定调周雪平任中国农业科学院植物保护研究所所长，自任职之日起上岗试用，试用期1年。

5月31日 农业部副部长、中国农业科学院院长李家洋考察北京市杂交小麦工程技术中心杂交小麦育种基地及千亩方示范田，刘旭副院长陪同考察。

5月31日 中国农业科学院党组书记陈萌山，副院长吴孔明，院纪检组组长史志国，院党组成员、人事局局长魏琦到中国农业科学院附属幼儿园，与孩子们共度“六一”国际儿童节，并观看了孩子们的精彩表演。

6月

6月3日 中国农业科学院与国家外国专家局在京联合召开中国农业科技战略高端咨询座谈会。中国农业科学院副院长吴孔明、国家外国专家局法规司司长韦大玮、副巡视员李蓓，中国国际人才交流中心主任刘永志等参加了会议。

6月3日 中国农业科学院召开纪检监察系统会员卡专项清退活动动员部署会。院党组成员、纪检组组长史志国主持会议并讲话，院系统80余名专兼职纪检监察干部参加会议。

6月4日 中国农业科学院第三届国际顾问委员会会议在北京召开。农业部副部长、中国农业科学院院长李家洋，副院长吴孔明出席会议。会议进行了委员换届，并通过了《中国农业科学院国际顾问委员会章程》。荷兰皇家科学院地球与生命科学委员会主席瑞宾齐（Roelof Rabbinge）教授被推选为主席，美国洛克菲勒大学植物分子生物学实验室主任蔡南海（Nam-Hai Chua）教授为副主席。其他5名委员分别为全球农业研究论坛（GFAR）主席琼斯（Monty Patrick Jones）教授、法国绿色联盟主席贵瑶（Marion Guillou）教授、国际食物政策研究所所长樊胜根教授、印度农业科学院院长阿亚潘（S. Ayyappan）教授和巴西农业科学院院长洛佩斯（Maurício Antônio Lopes）教授。

6月4日 中国农业科学院副院长吴孔明会见前来参加“第四届国际农科院院长高层研讨会暨中国与国际农业研究磋商组织合作30周年论坛”的国际应用生物科学中心（CABI）首席执行官特雷弗·尼科尔斯（Trevor Nicholls）博士，双方就进一步加强农业科技领域的合作交换了意见。

6月5日 由中国农业科学院、联合国粮农组织（FAO）、国际农业研究磋商组织（CGIAR）和北京市科学技术委员会共同主办的“第四届国际农科院院长高层研讨会”在北京开幕。农业部部长韩长赋出席开幕式并致辞。农业部副部长、中国农业科学院院长李家洋主持开幕式。FAO总干事达席尔瓦（José Graziano da Silva）、CGIAR联合体理事会主席卡斯蒂洛（Carlos Pérez del Castillo）、北京市科学技术委员会委员张虹、经济合作与发展组织（OECD）秘书长古里亚（Angel Gurría）、世界银行副行长迪奥普

(Makhtar Diop)、美国农业部副部长渥特基（Catherine Woteki)、加拿大农业部部长助理赛盾（Gilles Saindong)、中国农业科学院党组书记陈萌山等出席开幕式。来自美国、俄罗斯、德国、韩国等60多个国家和地区的农业研究机构、农业大学、驻华使馆、跨国公司和相关国际组织的主要领导和知名专家，以及我国相关部委领导、25个省（市、区）农业科学院院长、农业大学校长、中国农业科学院院属研究所所长等共300余名中外方代表参加了大会。

6月5日 农业部副部长、中国农业科学院院长李家洋分别会见前来参加“第四届国际农科院院长高层研讨会暨中国与国际农业研究磋商组织（CGIAR）合作30周年论坛”的CGIAR联合体理事会主席卡斯蒂洛（Carlos Pérez del Castillo）和世界银行负责非洲区事务的副行长迪奥普（Makhtar Diop）一行，就进一步加强在农业相关领域的合作交换了意见。

6月5日 农业部副部长、中国农业科学院院长李家洋会见了来京参加第四届全球农科院院长论坛的德国联邦作物研究中心、秘鲁国家农业创新研究院、英国洛桑研究所、新西兰皇家植物和食品研究所以及西班牙巴塞罗那大学的代表，并代表中国农业科学院与这5家单位签署了农业科技合作谅解备忘录。中国农业科学院副院长吴孔明，国际合作局、作科所、植保所、加工所、资划所、郑果所等有关领导出席签字仪式。

6月5日 中国农业科学院副院长刘旭会见国际植物营养研究所（IPNI）副所长阿德里安·约翰斯顿（Adrian Johnston）博士一行，双方就加强土壤肥料领域的科技合作交换了意见。国际合作局、资划所主要领导等参加了会见。

6月5日 中国农业科学院副院长李金祥会见国际家畜研究所（ILRI）所长吉米·史密斯（Jimmy Smith）博士一行，双方就加强畜牧兽医领域的科技合作交换了意见。

6月6日 由中国农业科学院、国际农业研究磋商组织（CGIAR）和联合国粮农组织（FAO）共同主办的“中国与CGIAR合作30年论坛”在北京举行。来自CGIAR基金理事会、CGIAR中心联合体及其所属中心、世界银行、FAO等国际组织、中国农业科学院及国内相关农业科研单位的代表约200余人参加了会议。农业部副部长、中国农业科学院院长李家洋出席开幕式并致辞。中国农业科学院副院长吴孔明作了题为“中国与CGIAR：辉煌的过去　灿烂的未来”的专题报告。会上举行了《中国与国际农业研究磋商组织战略合作三十年》一书的发布仪式。

6月6日 金砖国家农科院院长会议在中国农业科学院召开。来自中国农业科学院、巴西农牧业研究院、俄罗斯农业科学院、南非农业研究理事会以及印度代表参加了会议。会议由中国农业科学院党组副书记、副院长唐华俊主持。会议的主要目的是加强金砖国家农业科技领域的沟通和对话，探讨如何落实2012年第二届金砖国家农业部长会议通过的《成都宣言》和《金砖国家农业合作行动计划（2012—2016)》。

6月6—7日 由农业部支持，联合国粮农组织（FAO）和经济合作与发展组织（OECD）联合主办，中国农业科学院农业信息研究所承办的“2013世界农业展望大会”在北京召开。农业部副部长、中国农业科学院院长李家洋，农业部副部长陈晓华，

FAO总干事达席尔瓦（Jose Graziano da Silva），OECD秘书长古里亚（Angel Gurria）出席大会并致辞。FAO（联合国粮农组织）、OECD（经济合作与发展组织）、世界银行、国际食物政策研究所等国际组织以及中国、美国、加拿大等20多个国家相关领域的领导、专家学者、业界人士500余人参加了会议。

6月7日 农业部副部长、中国农业科学院院长李家洋会见来华参加“第四届国际农科院院长高层研讨会”的美国农业部副部长兼首席科学家渥特基（Catherine Woteki）博士一行。双方共同回顾总结了近年来两国农业科技交流与合作情况，讨论了《中美农业经济信息联合实验室（研究中心）》以及在美建立《中美农业生物防治联合实验室》的实施方案，提出了推进中国农业科学院与美国农业部农业研究服务局等单位科技合作的工作建议。美国农业部农业研究服务局、经济研究服务局和国家农业和食品研究院的负责人，中国农业科学院国际合作局、作科所、植保所、农经所、信息所等有关领导参加了会见。

6月7日 由北京市科学技术委员会主办，中国农业科学院生物技术研究所等单位承办的“第六届国际生物技术与农业峰会暨农业生物技术百人论坛”在北京召开。农业部副部长、中国农业科学院院长李家洋，中国农业科学院生物所范云六院士，中国农村技术开发中心主任贾敬敦等出席会议并做主旨报告。来自国内科研院所和国内外企业从事农业生物技术研发的100多名代表参加了会议。

6月7日 中国农业科学院党组书记陈萌山会见前来参加中国与拉美及加勒比地区农业部长论坛的古巴农业部部长古斯塔沃·罗德里格兹·罗莱罗（Gustavo Rodriguez Rollero）。双方就开展农业科技合作交换了意见。古巴驻华大使、经济商务参赞，中国农业科学院国际合作局、加工所、资划所、兰州牧药所、烟草所等有关领导参加了会见。

6月7日 中韩农业科技工作组第18次会议在中国农业科学院举行。会议由中国农业科学院党组副书记、副院长唐华俊和韩国农村振兴厅副厅长罗昇龙（Ra Seungyong）共同主持。会后，双方共同签署了《2013年中韩农业科技合作项目协议》。根据协议，双方拟共同执行合作项目8项，涉及农业环境、设施农业、果树科学、菌种保藏等领域。

6月7日 全球粮食安全联盟第二次会议在中国农业科学院召开。来自巴西农牧研究院、法国农科院、新西兰梅西大学、美国加州大学戴维斯分校、荷兰瓦赫宁根大学和中国农业科学院的代表参加了此次会议。会议由梅西大学副校长斯蒂文·马哈雷（Steve Maharey）主持，中国农业科学院党组副书记、副院长唐华俊出席会议并致辞。

6月8日 由农业部主办，中国农业科学院承办的首届中国—拉丁美洲和加勒比农业部长论坛农业科技分论坛在北京召开，来自中国与拉丁美洲和加勒比地区22个国家的农业部、农业科研机构、农业企业及9个国际或区域组织代表150余人出席了论坛。农业部副部长、中国农业科学院院长李家洋出席会议并致辞。

6月8日 中国农业科学院党组书记、副院长唐华俊会见来访的泛美开发银行副行长委鲁蒂尼（Roberto Vellutini）先生一行，就加强农业科技领域的合作交换了意见。双方签署了《中国农业科学院与泛美开发银行农业技术合作区域基金合作谅解备忘录》。

6 月 13 日 中共中央政治局委员、国务院副总理汪洋同志莅临我院视察。汪洋副总理先后到国家农作物种质资源库、国家基因资源与基因改良重大工程和现代农业科技展示园考察指导，参观了中国农业科学院重大科技成果展览，看望了院士、专家代表。在随后召开的座谈会上，汪洋副总理听取了李家洋院长的工作汇报和范云六、程式华、杜永臣、李明 4 位专家的发言，并作了重要讲话。农业部部长韩长赋陪同考察并主持座谈会。国务院丁学东副秘书长，中农办唐仁健副主任，教育部杜占元副部长，科技部张来武副部长，国研室黄守宏副主任，农业部张桃林副部长、毕美家总经济师和有关司局负责人等陪同考察并参加座谈。中国农业科学院领导班子成员、院士专家代表、院属各单位主要负责人参加了座谈会。

6 月 13 日 农业部副部长、中国农业科学院院长李家洋会见来华参加首届中拉农业部长论坛的墨西哥农业畜牧业农村发展渔业及食品部长恩里克·马丁内斯（Enrique Martínez）一行，双方就深化中墨两国在农业科技领域的合作深入交换了意见。随团来访的还有墨西哥农业部副部长里卡多·卡斯蒂洛（Ricardo Aguilar Castillo）、墨西哥驻华大使胡利安·本图拉（Julian Ventura）。中国农业科学院国际合作局、牧医所、作科所、植保所、加工所和生物所的有关领导和专家参加会见。

6 月 14—15 日 农业部副部长、中国农业科学院院长李家洋赴深圳就筹建农业基因组学研究所进行专题调研。先后考察了中国农业科学院深圳农业生物育种创新研究院以及华大基因研究院，并与深圳市相关人员座谈。深圳市委书记王荣出席座谈会并对中国农业科学院长期以来对深圳市的支持表示感谢。中国农业科学院副院长吴孔明，院党组成员、人事局局长魏琦，国际合作局、成果转化局、中国农业科学院深圳生物育种创新研究院等主要领导陪同调研。

6 月 14 日 中国农业科学院油料作物研究所与国际半干旱研究所（ICRISAT）共建的花生黄曲霉毒素防控国际联合实验室正式启动建设。该实验室将在抗黄曲霉毒素污染花生品种培育，花生黄曲霉毒素污染监控系统，气候变化对毒素污染影响，快速、准确、高效的黄曲霉毒素检测产品研发，黄曲霉毒素污染综合防控措施等方面开展合作研究。中国农业科学院副院长李金祥、国际半干旱研究所所长达尔（William Dar）博士等出席揭牌仪式。

6 月 18 日 原科技部部长朱丽兰等老领导来中国农业科学院考察指导工作。中国农业科学院党组书记陈萌山，副院长刘旭、李金祥，院党组成员、人事局局长魏琦等陪同考察并出席座谈会。陈萌山书记对科技部领导及相关司局给予中国农业科学院的关心支持表示感谢，并汇报了中国农业科学院总体工作部署和近期重点工作。刘旭副院长介绍了中国农业科学院的基本情况、近年来主要科技成绩、发展目标和主要举措。座谈会前，朱丽兰部长一行考察了国家农作物种质资源库、国家重大科学工程楼、国家现代农业科技展示园。

6月18日 解放军艺术学院常务副院长董斌一行到中国农业科学院考察，就军民共建和两院发展情况等有关事宜进行座谈。中国农业科学院党组书记陈萌山、副院长李金祥等参加座谈。会后，军艺领导参观了国家现代农业科技展示园和国家种质资源库。院办公室、基本建设局、直属机关党委等有关领导参加座谈。

6月20日 中国农业科学院副院长吴孔明会见来访的苏丹ELNEELAIN大学副校长穆罕默德（A. E. Mohammed）教授，双方就开展农业科技合作进行了深入交流。

6月21日 中国农业科学院党组书记陈萌山会见来访的澳大利亚农林渔业部代理常务副部长菲利普·格莱德（Phillip Glyde）先生一行，双方就进一步深化中澳农业科技合作交换了意见。国际合作局、加工所、信息所、质标所等有关领导参加了座谈。

6月23日 家畜疫病病原生物学国家重点实验室通过科技部、国家自然基金委组织的整改考核验收。

6月24日 由中国农业科学院作物科学研究所等8家单位联合组成的科研团队，在国际上率先完成了谷子单倍体型图谱的构建和47个主要农艺性状的全基因组关联分析，相关成果发表于*Nature Genetics*上，标志着我国在谷子遗传学研究领域取得了重要突破。

6月28—29日 中国农业科学院党组副书记、副院长唐华俊率团赴印度尼西亚棉兰市参加亚太经济合作组织（APEC）农业技术合作工作组（ATCWG）第17届年会以及ATCWG与APEC生物技术高层对话（HLPDAB）联合会议。在印度尼西亚期间，代表团分别与印度尼西亚农业研究院院长约诺（Haryono Soeparno Sarwi）、常务副院长卡迪（Kasdi Subagyono）举行了双边会见，双方就如何加强两院农业科技合作深入交换了意见，并就合作协议的内容达成共识。

7月

7月1日 中国农业科学院科技创新工程2013年第一批试点研究所遴选结果公布。首批共选定作科所、植保所、蔬菜所、牧医所、加工所、资划所、水稻所、棉花所、油料所、哈尔滨兽医所、农机化所11个研究所及其112个科研团队进入科技创新工程试点，标志着中国农业科学院科技创新工程试点工作正式拉开实施帷幕。

7月3日 中国农业科学院粮食增产模式暨双季稻全程机械化技术现场会在江西省上高县举行。会议围绕粮食增产增效新模式、现代农业发展方式、院地协同攻关、科技成果转化等问题进行讨论。中国农业科学院党组书记陈萌山出席现场会并讲话，吴孔明副院长及成果转化局、作科所、加工所、资划所、水稻所的领导、专家，江西省农业综合开发办公室主任张忠平及江西农科院、江西农业大学、宜春市、上高县有关领导参加了会议。

7月4日 中国农业科学院2013届研究生毕业典礼暨学位授予仪式在北京举行。农业部副部长、中国农业科学院院长兼研究生院院长李家洋，院党组书记陈萌山，在院院领导，院属有关研究所和院机关各部门负责人，企业代表，研究生院全体毕业生和教工代表共 800 余人参加了毕业典礼。

7 月 5 日　由中国农业科学院农产品加工研究所牵头承办的“全国百家院所百家企业技术对接暨中原经济区农产品加工业投资对接活动”在郑州举行，中国农业科学院副院长吴孔明出席会议并讲话。

7 月 6 日　中国农业科学院农业质量标准与检测技术研究所“农产品质量安全科技创新与发展 10 周年”座谈会在北京召开。中国农业科学院党组书记陈萌山，副院长刘旭，全国人大农业与农村委员会委员、原中国农业科学院院长翟虎渠，农业部人事劳动司、发展计划司、农产品质量安全监管局等相关部门的领导，各省（区、市）相关科研单位的领导和专家共 100 余人参加座谈。

7 月 6—7 日　由中国农业科学院农业质量标准与检测技术研究所主办的“第四届全国农产品质量安全科研院所联谊会暨学科发展研讨会”在北京召开。中国农业科学院副院长刘旭，农业部农产品质量安全监管局副局长金发忠等领导出席会议并讲话。来自全国农产品质量安全科研、教学、风险评估、认证、质检等方面 90 个单位近 300 名代表参加了会议。

7 月 6 日　“百名农产品加工专家助力现代农业发展对接活动”在新乡市举行。中国农业科学院副院长吴孔明，新乡市副市长王晓然以及来自全国各地农产品加工科研院所和企业的近百名代表参加了对接活动。

7 月 12 日　中国农业科学院召开党的群众路线教育实践活动动员大会，农业部副部长、中国农业科学院院长李家洋出席会议并讲话，院党组书记陈萌山作动员报告，中央第三十一督导组成员麦青，韩长赋部长学习实践活动联络员、农业部人事劳动司司长曾一春，农业部教育实践活动第七督导组组长崔军及督导组全体成员出席会议。院党组副书记、副院长唐华俊主持会议。院领导刘旭、李金祥、吴孔明、史志国、魏琦，近期退出院领导班子的老同志，党的“十八大”代表，全国人大代表、政协委员，京区直属各单位领导班子成员、京外研究所党政一把手，院机关全体党员干部和离退休党员代表参加了会议。会上，按照农业部督导组的要求，参会人员对中国农业科学院领导班子进行了民主评议。

7 月 16 日　中国农业科学院作物科学研究所主办的“中麦 175”推广座谈会在北京举行。中国农业科学院党组书记陈萌山，庄巧生院士，农业部种植业管理司粮油处调研员万富世，中国农业科学院成果转化局、作科所主要领导以及来自北京、天津、河北、山西、陕西、河南、甘肃、青海等省（区、市）的农技推广和种子管理部门的专家 50 余人出席了会议。

7 月 16 日　中国农业科学院党组副书记、副院长唐华俊一行到农产品加工研究所调研座谈，听取了研究所相关工作汇报。院办公室、财务局、基建局、机关党委有关领导陪同调研，加工所领导班子成员和相关职能部门负责人参加座谈。

7 月 16 日　中国农业科学院副院长吴孔明会见来访的联合国粮农组织（FAO）助

理总干事王韧先生一行，双方就进一步深化农业科技合作与交流交换了意见。会见前，农业部副部长、中国农业科学院院长李家洋，院党组书记陈萌山会见了王韧一行。FAO驻中国、朝鲜、蒙古代表伯西·米西卡（Percy Misika）先生陪同来访。

7月16—17日 科技部农村科技司副司长郭志伟率科技部、农业部、中国农业科学院等相关部门负责人及专家到内蒙古自治区阿拉善盟，就落实刘延东副总理对中国农业科学院棉花研究所李付广研究员提出“高科技主推阿拉善盟旱地植棉产业发展”的重要批示精神以及发展盐碱旱地棉花产业的优势、项目建设的可行性进行实地调研。中国农业科学院副院长、中国工程院院士刘旭，内蒙古自治区科学技术厅党组书记白宝玉，阿拉善盟副盟长徐景春等参加调研。

7月18日 中国农业科学院副院长吴孔明会见来访的美国肯塔基大学副校长苏珊·卡瓦略（Susan Carvalho）一行，双方就加强农业科技和研究生教育领域的合作进行了交流探讨。会后，代表团访问了中国农业科学院蔬菜花卉研究所和研究生院。国际合作局、研究生院、蔬菜所等有关领导参加了会见。

7月19日 中国农业科学院哈尔滨兽医研究所陈化兰科研团队最新研究表明，H7N9病毒对禽类无致病力，但该病毒侵入人体发生突变后，对哺乳动物的致病力与水平传播能力得到明显增强，从而揭示了H7N9病毒存在较大人间大流行的风险。相关研究论文在线发表于美国*Science*杂志上。

7月24日 农业部党组书记、部长、部党的群众路线教育实践活动领导小组组长韩长赋到中国农业科学院调研，了解中国农业科学院教育实践活动的进展情况。院党组书记陈萌山汇报了中国农业科学院教育实践活动的开展情况。农业部副部长、中国农业科学院院长李家洋主持座谈会。农业部教育实践活动领导小组成员、总经济师、办公厅主任毕美家，农业部教育实践活动领导小组成员兼办公室主任、直属机关党委常务副书记胡元坤，农业部教育实践活动领导小组办公室副主任、人事劳动司副司长潘学峰，农业部教育实践活动第七督导组组长、规划设计研究院副院长崔军陪同调研并参加座谈。

7月24日 农业部副部长、中国农业科学院院长李家洋会见来访的欧盟委员会农业与农村发展事务委员达契安·乔罗什（Dacian Ciolos）一行。双方就进一步加强农业科技领域的合作进行了深入交流，并在创新合作机制、拓展合作渠道、提升合作水平等问题上达成共识。欧盟驻华代表团大使马库斯·艾德和（Markus Ederer）、欧盟委员会农业与农村发展总司国际事务司司长布鲁诺·布法利亚（Bruno Buffaria）等陪同乔罗什来访。中国农业科学院国际合作局、作科所、质标所、农经所等有关领导参加了会谈。

7月25日 由中国水稻研究所选育、浙江省诸暨市新桔城粮食专业合作社种植的早稻“中早39”，以705.33千克/亩的单块攻关田单产，打破了浙江省早稻单产纪录。与此同时，2013年诸暨市新桔城粮食专业合作社和诸暨市定荡畈植保专业合作社种植的“中早39”早稻百亩方亩产分别达到682.67千克/亩和658.65千克/亩，双双打破2009年由嵊州市良种场创造的652.26千克/亩的纪录。

7月25日 农业部2012年度“西部之光”访问学者、新疆西藏特培学员培养工作总结座谈会在中国农业科学院召开。中国农业科学院党组成员、人事局局长魏琦出席会议并讲话。中组部、人社部、农业部、中国动物疫病预防控制中心和中国农业科学院相关人员，以及部分培养导师、访问学者、特培学员近60人参加了会议。

7月26日　中国农业科学院党组书记陈萌山、副院长李金祥等应邀到解放军艺术学院参加迎“八一”军民共建座谈会，赠送“共建杯”优秀学员奖学金，向军艺的各位领导及全院师生送上节日的问候。院办公室、直属机关党委、研究生院等主要领导参加了座谈。

7月29日　中国农业科学院副院长吴孔明会见来访的印度泰米尔纳德邦农业部部长萨拉马修·古德尔·达摩达兰（Sellamuthu Gounder Damodaran）一行，双方就加强在农业科技领域特别是绿色超级稻项目的合作进行了交流座谈。

7月30—31日　中国农业科学院召开理论中心组2013年第二次（扩大）会议。会议围绕践行群众路线的主题，结合学习贯彻汪洋副总理及韩长赋部长考察中国农业科学院时的讲话精神，研讨如何加快实施科技创新工程、实现跨越式发展、推动建成世界一流农业科研院所。全体院领导，院属各单位党政一把手、院机关各部门主要负责人，农业部教育实践活动第七督导组成员参加了会议。

8月

8月1日　中国农业科学院党组书记陈萌山到蔬菜花卉研究所调研指导。先后深入植保研究室、蔬菜育种课题组、实验室和试验温室，与科研人员深入交谈，了解科研生产实际，听取研究所教育实践活动进展情况，并与所领导班子成员和职能部门负责人座谈。

8月2日　农业部副部长、中国农业科学院院长、院党的群众路线教育实践活动领导小组组长李家洋到作物科学研究所调研指导，听取了大家的发言，就大家关心的问题进行了深入交流。李家洋强调，要在深入开展群众路线教育实践活动中，进一步解放思想，实事求是，牢固树立勇于担当的精神，做好本职工作，解决突出问题，为建设世界一流农业科研院所、推动跨越式发展而共同努力。

8月4—9日　由中国农业科学院研究生院、台湾大学生物资源暨农学院和中兴大学农业暨自然资源学院三方联合主办的“第三届海峡两岸农业科研与教育研讨会”在黑龙江省哈尔滨市召开。中国农业科学院党组书记陈萌山出席开幕式并讲话。来自两岸的120名专家参加了会议。

8月8日　中国农业科学院与新乡市人民政府、河南省农业科学院三方共建现代农业示范区在新乡市启动。中国农业科学院党组书记陈萌山出席会议并讲话。河南省人民政府副秘书长胡向阳，河南省农科院院长马万杰，新乡市人民政府市长王战营、副市长王晓然出席启动会。吴孔明副院长、院相关研究所及职能部门负责同志以及新乡市人民政府、河南省农科院的相关领导和专家参加了会议。

8月9日 按照中组部、人社部、农业部的安排部署，中国农业科学院选派曹永生等3位同志作为中组部第七批援藏干部参加援藏工作。院党组书记陈萌山代表院党组向援藏干部表示亲切的慰问和崇高的敬意。副院长刘旭，院党组成员、人事局局长魏琦等也对援藏干部提出了殷切希望和良好祝愿。

8月9日 中国农业科学院副院长吴孔明会见来访的杜邦先锋生物技术事务与法规部副总裁杰里·弗林特（Jerry Flint）一行，双方就进一步加强农业科技领域的合作交换了意见。

8月12日 农业部副部长、中国农业科学院院长李家洋到其基层联系点——甘肃省张掖市甘州区党寨镇下寨村调研，并听取村民和基层干部意见。其间，李家洋还调研了张掖绿洲现代农业试验示范园、国家超旱生牧草基地等。

8月13日 浙江省政协副主席陈小平到中国水稻研究所视察指导工作，实地视察了农业部稻米质检中心、种质资源库、人工气候箱群等，并听取了研究所工作汇报。浙江省政协农业与农村工作委员会主任楼国华、专职副主任谭景玉等陪同调研，水稻所主要领导以及在所的新老省政协委员等出席座谈会。

8月13—15日 中国农业科学院连续召开两次信息化工作推进会议。院党组书记陈萌山出席会议并强调，相关单位负责人和有关人员要以新观念、新姿态全力推进院信息化工作，确保2013年年底院信息化水平有明显提高、信息化工作有明显改善、信息化平台满意度有明显提升。院党组副书记、副院长唐华俊，副院长李金祥，院党组成员、人事局局长魏琦出席会议，院信息化工作领导小组成员、院机关各部门负责人、信息所领导班子成员及相关专家参加了会议。

8月13—15日 中国农业科学院在内蒙古自治区呼和浩特市举办博士后管理人员业务培训班。中国农业科学院副院长刘旭出席开班仪式并讲话。来自全院34个单位的人事部门负责人和博士后工作管理人员60余人参加了培训。

8月16日 中国农业科学院党组书记陈萌山主持召开2013年度院党组民主生活会征求意见座谈会，农业部第七督导组组长崔军出席会议。院党组成员、人事局局长魏琦以及相关研究所的10位科研一线人员代表和党外人士代表参加座谈。

8月19日 农业部副部长、中国农业科学院院长李家洋会见来访的陶氏益农公司总裁兼首席执行官安东尼奥·加林德斯（Antonio Galindez）一行，双方就进一步加强农业科技领域的合作交换了意见。

8月21日 中国农业科学院党组副书记、副院长唐华俊会见来访的美国国家农业统计局局长辛西娅·克拉克（Cynthia Clark）一行，双方就加强农业信息和统计领域的合作进行了深入交流。会后，中国农业科学院农业资源与区划研究所与美国国家农业统计局签署了合作谅解备忘录。

8月22日 中国农业科学院举办“我向院长建言跨越式发展”青年演讲决赛。农业部副部长、中国农业科学院院长李家洋，院党组书记陈萌山，农业部人事劳动司司长曾一春，农业部直属机关党委副巡视员刘正钦，院党组副书记、副院长唐华俊，副院长吴孔明，院党组成员、人事局局长魏琦出席演讲比赛。院机关各部门、京区研究所党组织主要负责人、各单位党办主任和青年代表 300 余人观看了比赛。

8 月 22 日　大连市副市长卢林一行赴中国农业科学院，就进一步落实大连市与中国农业科学院全面合作并共建中国农业科学院都市农业研究所问题进行了交流座谈。农业部副部长、中国农业科学院院长李家洋，院党组书记陈萌山，院党组成员、人事局局长魏琦出席座谈会。座谈会由副院长吴孔明主持。李家洋对大连市政府在与中国农业科学院共建都市农业研究所方面给予的大力支持表示感谢。陈萌山对都市农业研究所建设与运行提出了具体要求。大连市农委、普兰店市政府，院属相关研究所、院机关相关部门负责人参加了座谈。

8 月 22 日　肯尼亚总统肯雅塔偕夫人一行 50 余人到中国水稻研究所访问。访问期间，肯雅塔总统和夫人及随行人员还参观了国家水稻生物学重点实验室、国家水稻改良中心及杂交水稻田间展示。

8 月 26 日　中国农业科学院与北京市通州区政府举行共建通州院区合作框架协议签字仪式。北京市政府副市长林克庆，农业部副部长、中国农业科学院院长李家洋，院党组书记陈萌山出席会议并讲话。中国农业科学院副院长李金祥与通州区副区长于世疆分别代表双方在协议上签字。农业部计划司副司长郭红宇，北京市政府副秘书长赵根武，通州区委书记王云峰、区长岳鹏，中国农业科学院党组成员、人事局局长魏琦等出席签字仪式。

8 月 29—30 日　农业部副部长、中国农业科学院院长李家洋到教育实践活动联系点——中国水稻研究所调研，实地了解科研情况，并与所领导、中层干部和青年专家代表座谈，就深入推进党的群众路线教育实践活动，大力推进水稻所科技创新，推动建设世界一流研究所等方面认真听取意见建议。

9 月

9 月 2 日　中国农业科学院 2013 年度国家自然科学基金项目申报立项工作再创佳绩：全院共获准立项 291 项，资助总经费 1.51 亿元，平均立项率 25.5%。与 2012 年相比，立项数增加了 27 项，立项率提高了 1.5 个百分点，资助经费增长 830 万元。其中，植保所吴孔明院士科研团队获创新研究群体科学基金项目资助，植保所周忠实、蔬菜所张中华分获国家优秀青年科学基金项目资助，作科所王天宇研究员获得重大研究计划项目资助。

9 月 2—3 日　由中国农业科学院和墨西哥农林牧研究院联合举办的第二届“中国—墨西哥农业科技高层研讨会”在北京召开。来自中国农业科学院作物科学研究所等 8 个单位以及墨西哥农林牧研究院的近 40 名专家参加了研讨会。此次会议的目的是落实《中拉农业合作战略规划》和《中拉农业部长论坛北京宣言》。中国农业科学院副院长刘旭会见了参会代表。

9月3日 农业部副部长、中国农业科学院院长李家洋到茶叶所调研指导并听取研究所干部职工的意见、建议。李家洋同时参观了龙冠龙井茶炒制车间，听取了公司负责人的工作汇报。

9月3日 中国农业科学院举行“科技创新 服务三农”先进事迹报告会。院党组书记陈萌山，中央国家机关宣传部、农业部第七督导组有关同志出席报告会。院教育实践活动领导小组副组长、纪检组组长史志国主持会议。

9月3日 中国农业科学院共有4种期刊入选国家新闻出版广电总局组织的2013年“百强报刊”评选——《中国农业科学》《作物学报》《中国蔬菜》《中国水稻科学》，标志着中国农业科学院在农业科技期刊出版工作中居于领先地位。

9月3日 吉林省副省长谷春立一行到中国农业科学院特产研究所长春所区就科技创新和科技成果转化情况进行调研指导，实地察看了农业部特种经济动植物及产品质量监督检验测试中心、特种经济动物分子生物学省部共建国家实验室、药用植物研究室、吉林特研生物技术有限责任公司。

9月4日 中国农业科学院副院长李金祥到北京畜牧兽医研究所调研基本建设项目的进展，对所里目前承担的7个基本建设项目申报、实施、验收等情况以及基建工作中存在的亟须解决的问题进行了全面了解。

9月4日 中国农业科学院副院长吴孔明会见了来访的罗马尼亚布加勒斯特农业与兽医药大学校长索兰·钦皮亚努教授（Sorin Cimpeanu）一行。双方就推动“中罗农业科技园”建设和深入开展农业科技合作交换了意见。

9月5日 农业部副部长张桃林到农业部环境保护科研监测所指导工作。张桃林考察了所区、实验室和科研基地的建设情况，听取了研究所基本情况介绍和科研工作进展汇报。中国农业科学院副院长刘旭、农业部科教司、天津市有关领导陪同调研。

9月5日 深圳市市长许勤，副市长唐杰及部分市直单位主要负责人，深入中国农业科学院深圳生物育种创新研究院，就科研用房和试验基地升级改造项目进行调研。许勤充分肯定了发展现代生物农业的重要性，并表示，深圳市委、市政府高度重视发展高科技现代生物农业，对中国农业科学院在深圳组建农业基因组学研究所表示欢迎和支持。

9月5日 中国农业科学院研究生院2013级新生开学典礼在北京举行。农业部副部长、中国农业科学院院长兼研究生院院长李家洋，副院长李金祥、吴孔明，院属京区研究所、机关各部门、研究生院领导，导师及优秀教师代表，2013级全体新生、在校生和留学生代表共1 000余人参加了开学典礼。

9月6日 中国农业科学院副院长吴孔明会见了来访的美国国家生物安全科学顾问、科罗拉多州立大学杰出教授詹·丽诗（Jan E. Leach），双方就加强中美植物病害领域的合作研究与交流进行了探讨。

9月9日 在第29个教师节来临之际，农业部副部长、中国农业科学院院长兼研究生院院长李家洋致慰问信，祝研究生院全体教职工节日愉快、身体健康、工作顺利、阖家幸福。

9 月 9 日　农业部副部长、中国农业科学院院长李家洋会见了来访的比利时根特大学校长鲍尔·范·考文伯格（Paul Van Cauwenberge）一行，双方就如何进一步巩固和深化农业领域科技合作交换了意见。唐华俊副院长参加会见。

9 月 9 日　农业部副部长、中国农业科学院院长李家洋会见了来访的泛美开发银行行长路易斯·阿尔伯托·莫雷诺（Luis Alberto Moreno）一行，双方就进一步开展农业科技领域合作交换了意见。双方同意在本次会谈的基础上，尽快就合作的实施步骤拟出时间表，争取快速有效地推进双方合作的进程。

9 月 11 日　中国农业科学院召开党的群众路线教育实践活动推进会，院党组书记、院党的群众路线教育实践活动领导小组组长陈萌山出席会议并讲话。院党组副书记、副院长、院党的群众路线教育实践活动领导小组副组长唐华俊主持会议，并传达了刘云山同志在中央党的群众路线教育实践活动领导小组第三次会议上的讲话和韩长赋部长在农业部党的群众路线教育实践活动座谈会上的讲话精神。

9 月 11 日　中国农业科学院植物保护研究所邱德文研究员领衔的科研团队成功研制出我国第一个防治植物病毒病的蛋白质生物农药——“6% 寡糖·链蛋白可湿性粉剂”，并获准上市。其推广应用，将有利于提高我国主要作物和蔬菜的产量，增加农民收入。

9 月 13 日　农业部发展计划司司长钱克明一行 7 人来中国农业科学院开展群众路线教育实践活动调研。中国农业科学院李金祥副院长主持座谈会。院基本建设局局长汇报了全院基本建设的基础与条件等情况。农业部发展计划司副司长等领导参加座谈会并做指导。

9 月 14—17 日　由中国农业科学院农业资源与农业区划研究所主办、中美可持续农业生态系统研究联合实验室承办的“全球 DNDC 模型研究网络 2013 年国际研讨会”在北京召开，来自中国、美国、英国、波兰、巴西、日本等 15 个国家和地区共计 100 余名专家参加了会议。DNDC 模型的创始人、全球 DNDC 模型研究网络发起人应邀出席了会议。中国农业科学院副院长唐华俊致辞。

9 月 16 日　中国台湾生物产业科技发展基金会董事长、中国台湾农村发展规划学会理事长彭作奎一行到中国农业科学院进行参访交流。院党组书记、海峡两岸农业交流协会会长陈萌山会见来访专家并座谈。座谈会上，台湾省专家和我院相关专家就两岸农业合作发展相关问题展开讨论，对进一步加强两岸农业科技交流、经贸合作及人员往来形成了多项共识，并希望能与中国农业科学院及海峡两岸农业交流协会建立长期的互动交流机制。

9 月 17—22 日　由中国农业科学院农业质量标准与检测技术研究所与德国凯泽斯劳滕大学联合主办的“食品安全挑战和前景”双边研讨会在北京召开。中国农业科学院副院长刘旭出席会议并致辞。

9 月 18 日　中国农业科学院与黑龙江省农业科学院在哈尔滨举行了科技合作工作

会议。农业部副部长、中国农业科学院院长李家洋，黑龙江省副省长、省农业委员会主任等领导出席会议。中国农业科学院副院长吴孔明和黑龙江省农科院院长韩贵清分别代表双方在科技合作协议上签字。

9月22日 “玉米优质高产综合技术集成高效生产模式研究”项目现场观摩会在山东省德州市举行。中国农业科学院党组书记陈萌山，副院长吴孔明，院党组成员、人事局局长魏琦，农业部种植业司副司长等领导以及来自作科所等有关单位的专家参加了现场会。

9月23日 中国农业科学院副院长吴孔明会见了来访的北爱尔兰农业食品与生物科学研究所首席执行官谢默斯·肯尼迪（Seamus Kennedy）。双方在原有基础上就深入开展农业科技合作进行了交流。

9月24日 中国农业科学院与湖南省株洲市人民政府在株洲举行了科技合作对接座谈会，研讨开展全面科技合作事宜。吴孔明副院长和株洲市人民政府毛腾飞市长分别代表双方签署了战略合作协议。同时，作科所、水稻所分别与株洲市农科所签署了专项合作协议。

9月25日 第二届深圳国际生物科技创新论坛暨展览会开幕。中国农业科学院副院长吴孔明应邀出席开幕式。中国农业科学院拟在深圳市大鹏半岛新建的深圳农业基因组研究所将成为深圳国际生物谷的核心项目，并获得深圳市重点支持。

9月26日 “大豆高产综合技术集成示范现场观摩会暨黄淮海大豆生产高层论坛”在安徽省濉溪县召开。中国农业科学院党组书记陈萌山，原院长王连铮等领导，以及来自中国农业科学院相关各所、国家大豆产业技术体系、地方农技推广和种子管理部门的专家，黄淮海地区部分大豆种子企业的代表共计200余人参加了会议。

9月26—28日 中国农业科学院组团参加了第十七届中国（廊坊）农产品交易会。成果转化局设计制作了217平方米的特装展览，以图文展板、实物展品相结合的方式，集中展示了中国农业科学院近几年来取得的重要科研成果、实用新技术、新产品，其中实物展品20余类。李金祥副院长应邀出席开幕式，并察看了中国农业科学院特装展区。

9月26—29日 农业部玉米专家组对中国农业科学院作物科学研究所与石河子大学等单位合作开展的玉米高产研究与示范田进行了测产验收。对30亩高产田的测产结果表明，最高的1.3亩示范田亩产达到1 511.74千克，再次刷新了全国玉米高产纪录，实现了单季亩产吨半粮的突破。

9月27日 2013年中国科技论文统计结果发布会在京召开。《中国农业科学》连续第11次获得“2012年百种中国杰出学术期刊”称号。由中国农业科学院主办的《农产品质量与安全》，经过多项学术指标综合评定及专家评议推荐，成功入选“中国科技核心期刊”。

9月30日 由中国农业科学院农产品加工研究所、植物保护研究所和南京农业大学等单位共同完成的“棉花抗黄萎病中植棉系列新品种选育及应用”成果鉴定现场会在河南省新乡市召开。中植棉系列抗黄萎病新品种的选育成功和应用，彻底结束了我国棉花不抗黄萎病的历史，对保障我国棉花生产可持续发展，促进相关学科发展，提高我国在国际学术界的地位和影响，都具有重要意义。

9 月 30 日　中国农业科学院纪检组组长史志国率队对院京区大院安全生产情况进行了检查，重点抽查了蔬菜所、蜜蜂所、寰太大厦等地的消防安全状况，仔细查看了实验室、消防设备能否正常使用，应急措施是否到位等。

9 月 30 日　中国农业学院作物科学研究所万建民教授课题组最近在 *Cell* 系列杂志、生物发育学国际顶尖期刊 *Developmental Cell* 在线发表研究论文“A Role for a Dioxygenase in Auxin Metabolism and Reproductive Development in Rice”。该研究由中国农业科学院作物科学研究所和南京农业大学作物遗传和种质创新国家重点实验室合作完成。

10 月

10 月 8—11 日　中国农业科学院副院长李金祥，中国农业科学院原副院长、国家农产品质量安全风险评估专家委员会副主任章力建，带领院资划所、信息所、农经所专家，赴甘肃省调研科技与生态扶贫工作，并与甘肃省农科院共同向甘肃省委建议实施“甘肃省新时期科技与生态扶贫模式研究示范”项目。

10 月 10 日　由中国农业科学院主办、安徽省农业科学院承办的“第 18 届全国农科院系统外事协作网会议”在合肥市召开。国内 30 个省（市、自治区）农（牧）科学院的领导和外事负责同志共 70 多人参加了会议。中国农业科学院副院长吴孔明出席会议并讲话，农业部国际合作司等有关部委领导参加会议。

10 月 10 日　中国农业科技国际交流协会第五届会员大会在合肥市召开。来自有关部委、省级农业科学院、中国农业科学院各研究所等会员单位代表近 80 人参加了会议。农业部副部长、中国农业科学院院长李家洋出席会议并讲话。

10 月 15 日　中国博士后科学基金会公布了第五十四批获面上资助人员名单，中国农业科学院共有 29 人获得资助，其中 6 人获得特别资助，7 人获得一等资助，16 人获得二等资助，共获资助金 226 万元。这是中国农业科学院自参评中国博士后科学基金以来获奖人数和金额最多的一年。

10 月 16 日　中国农业科学院副院长李金祥到院社区居民委员会，了解全院第三次全国人口普查进展情况，看望加班加点进行数据核查和录入的工作人员。

10 月 16—19 日　中国农业科学院 2013 年外事干部培训班在北京市举行。院党组书记陈萌山，党组成员、人事局局长魏琦出席开班仪式，副院长吴孔明出席结业仪式并讲话。院属各单位及部分省农科院分管领导，院机关各部门综合处处长等近 80 人参加了培训。

10 月 17 日　“减贫与发展高层论坛”在北京举行。国务院副总理汪洋出席开幕式并为第二届友成扶贫科研成果奖颁奖。中国农业科学院农业资源与农业区划研究所完成的“全国集中连片特殊困难地区划分研究”成果获此殊荣。

10月17日 中国农业科学院副院长吴孔明会见了来访的国际植物营养研究所（IPNI）副所长艾德里安·约翰斯顿（Adrian Johnston），双方就进一步加强在农业科技特别是植物营养、土壤肥料等领域的合作交换了意见，并共同签署了共建植物营养创新研究联合实验室的谅解备忘录。

10月17日 中国农业科学院农业资源与农业区划研究所唐华俊研究员主持的国家"973"计划项目"气候变化对我国粮食生产系统的影响机理及适应机制研究"在气候变化和我国粮食生产系统的相互作用关系研究方面取得重要进展，相关研究8篇论文同时发表在国际权威刊物 *Regional Environmental Change*（《区域环境变化》）。

10月18日 中国农业科学院院长李家洋会见了来访的美国加州大学戴维斯分校（UC-Davis）校长琳达·卡特里（Linda Katehi）一行，双方就加强农业科技和研究生教育领域的合作进行了深入交流，一致同意明年联合召开研讨会，为双方开展合作奠定基础。

10月20日 国际权威学术期刊 *Nature Genetics*（《自然—遗传学》）在线发表了由中国农业科学院蔬菜花卉研究所黄三文研究员领衔的国际黄瓜基因组研究团队的最新研究论文。此次研究对115个黄瓜品系进行了深度重测序，并构建了包含360多万个位点的全基因组遗传变异图谱。这是该团队继2009年完成黄瓜全基因组序列图绘制后的又一重大成果，为全面了解黄瓜这一重要蔬菜作物的进化及多样性提供了新思路，并为全基因组设计育种打下了基础。

10月22日 中国农业科学院党组书记陈萌山主持召开党的群众路线教育实践活动专题民主生活会，围绕为民务实清廉，按照"照镜子、正衣冠、洗洗澡、治治病"的总要求，聚焦"四风"突出问题，以整风精神开展批评与自我批评。农业部党组书记、部长、部教育实践活动领导小组组长韩长赋以及中央第三十一督导组成员、中组部干部四局调研员田相泰和农业部第七督导组组长崔军等到会指导并讲话。

10月22日 农业部南京农业机械化研究所经过2年的潜心研发，创制出高效四行半喂入花生联合收获技术装备，其生产效率为现有两行半喂入花生联合收获机的2倍以上，将我国花生机械化收获技术提高到新的水平。该设备已申报多项国家发明专利。

10月25日 中国农业科学院北京畜牧兽医研究所文杰科研团队在鸡肉品质候选基因挖掘研究上取得新进展。该团队在这一领域率先应用高通量单核苷酸多态性（SNP）芯片，利用全基因关联分析（GWAS）和基因时空表达等前沿技术，筛选得到影响肉鸡肌内脂肪含量、肌肉干物质含量及肉色等性状相关的候选基因14个，得到影响胸肌率重要调控基因1个。其研究成果已分别发表于 *BMC Genomics*（《英国医学研究理事会·基因组学》）和 *PLoS ONE*《公共科学图书馆·综合》）期刊上。

10月28日 中国农业科学院党组召开专题民主生活会情况通报会，院党组书记陈萌山主持会议并讲话。会上，院党组纪检组组长、院教育实践活动领导小组副组长史志国传达了韩长赋部长在院党组专题民主生活会上的讲话；副院长李金祥通报了院党组专题民主生活会情况，并对立行立改工作安排进行部署。院教育实践活动领导小组成员，近期退出班子的老同志，党的“十八大”代表、全国人大代表、政协委员，院属各单位教育实践活动领导小组组长，院各督导小组组长，院机关处级以上干部，院教育实践活动领导小组办公室工作人员共150余人参加会议。

10月30—31日　中国水稻研究所和作物科学研究所分别召开了党的群众路线教育实践活动专题民主生活会，农业部副部长、中国农业科学院院长李家洋参加并讲话。农业部第七督导组组长崔军、农业部人事劳动司副司长以及院督导组成员分别参加了两个所的民主生活会。

10月31日　中国农业科学院党组书记陈萌山到饲料研究所调研，实地考察了水产营养与饲料研究室和基因工程研究室，并与饲料所领导班子座谈。陈萌山对饲料所工作提出了进一步要求，希望饲料所领导班子抓住当前科技创新工程和事业单位分类改革的机遇，找准发展定位，突出研究所的特色。

11月

11月5—7日　由中国农学会、中国农业科学院、河南省南阳市人民政府联合主办的第13届中国农业园区论坛在南阳市召开。中国农业科学院副院长李金祥、原副院长许越先等出席大会。会议选举李金祥担任新一届农业科技园区分会会长。

11月6日　农业部党组成员、驻部纪检组组长、部党的群众路线教育实践活动领导小组副组长朱保成到中国农业科学院农业信息研究所调研教育实践活动进展，了解信息所业务开展情况。朱保成参观了国家农业图书馆及现代化的信息监测预警研究空间，听取了信息所的工作汇报，对信息所的教育实践活动给予充分肯定，对下一步工作提出了明确要求。中国农业科学院党组书记陈萌山及农业部相关司局负责同志陪同调研。

11月6日　中国农业科学院哈尔滨兽医研究所召开了党的群众路线教育实践活动专题民主生活会，中国农业科学院党组书记、党的群众路线教育实践活动领导小组组长陈萌山全程参加生活会并讲话。

11月8日　中国农业科学院蔬菜花卉研究所召开了党的群众路线教育实践活动专题民主生活会，中国农业科学院党组书记、党的群众路线教育实践活动领导小组组长陈萌山全程参加民主生活会并讲话。

11月11日　由人力资源和社会保障部等相关部门共同组织的2013年“百千万人才工程”国家级人选评审结果日前揭晓，中国农业科学院5位专家荣列其中，分别是：蔬菜所黄三文、环发所杨其长、牧医所张宏福、水稻所胡培松、兰州牧药所李剑勇。

11月11日　第15届中国专利奖在京揭晓，农业部南京农业机械化研究所发明专利“油菜捡拾脱粒机”喜获中国专利优秀奖，这是农机化所首次在该奖项中获此殊荣。早在2010年，该技术成果就被国家油菜产业技术体系确定为首推机型，在长江上、中、下游油菜主产区大面积推广应用，深受用户欢迎，促进了我国油菜机械化生产的快速发展。

11月12日 中国农业科学院新版英文网站改版升级工作完成，正式上线运行。此次网站改版升级，是促进中国农业科学院实现“世界一流科研院所”目标的重要举措，也是回应各方要求和院党的群众路线教育实践活动整改措施的重要内容之一。院党组、院领导高度重视新英文网站的改版升级工作。李家洋院长、陈萌山书记、吴孔明副院长等院领导多次听取专题汇报，研究部署工作思路并对相关工作作出重要指示和具体安排。

11月12日 中国农业科学院副院长吴孔明会见了来访的澳大利亚工业部副部长帕翠西娅·凯丽（Patricia Kelly）一行，双方就加强中澳农业科技合作进行了深入探讨和交流。

11月12—19日 农业部副部长、中国农业科学院院长李家洋率团出访比利时、荷兰和法国，访问了弗拉芒生物技术研究所、根特大学、欧盟总部及法国农科院，并应邀在瓦赫宁根大学作了题为“水稻分蘖的分子机理”的学术报告。

11月14日 中国农业科学院党组副书记、副院长唐华俊到筹建中的深圳农业基因组研究所调研并座谈。唐华俊视察了所区整体情况，查看了基因组研究所的科研、办公、生活用房情况，对试验基地、温室网室、建设用地等基础设施进行了深入全面的检查，并听取了筹建组的工作汇报，讨论了下一步有关工作。

11月14日 科技部平台中心苏靖副主任一行到国家微生物资源平台进行调研。中国农业科学院副院长刘旭参加调研，院科技局、农业资源与农业区划研究所以及国家微生物资源平台相关负责同志和管理人员陪同调研。

11月14日 中国农业科学院副院长李金祥一行到院社区活动站，就党的群众路线教育实践活动中征求到的有关院区生活服务设施不便利等方面的意见建议和初步整改措施，与离退休职工和居民代表进行座谈，进一步听取大家的想法。

11月14日 第八届“大北农科技奖”在北京揭晓，中国农业科学院饲料研究所姚斌研究员主持的“饲料用酶技术体系创新及产品创制”科研成果一举摘得特等奖。该团队建立了比较完善的饲料用酶基础研究和产品开发技术平台，取得了多项科研成果，确立了在饲料高新技术研究和实际应用领域的领先地位，同时还起到了很好的示范作用。

11月15日 由中国农业科学院植物保护研究所承担的国家自然科学基金创新研究群体项目——“棉花—害虫—天敌的互作机制”启动研讨会在北京召开。国家自然科学基金委生命科学部常务副主任杜生明、中国农业科学院副院长刘旭出席会议并讲话。

11月16—21日 第15届中国国际高新技术成果交易会在深圳会展中心举行。中国农业科学院副院长吴孔明率团参展。国务院副总理汪洋，全国人大常委会原副委员长路甬祥，农业部党组成员、总经济师杨绍品参观了中国农业科学院展区。

11月18日 中国农业科学院农业信息研究所举办了国家农业图书馆新馆首展活动，标志着国家农业图书馆新馆的正式启用。农业部副部长、中国农业科学院院长李家洋院士视频祝贺。中国农业科学院党组书记陈萌山、副院长李金祥，农业部、国家科技图书文献中心相关领导出席了首展活动。

11月20日　中国农业科学院研究生院与比利时列日大学联合培养博士项目2013工作年会在北京召开。中国农业科学院副院长吴孔明出席会议并讲话。中方项目管委会成员、京区各研究所专家代表、列日大学代表参加会议。

11月21日　中国农业科学院与欧盟委员会在人民大会堂签署了《关于食品、农业和生物技术研究与创新合作意向书》。国务院总理李克强、欧洲理事会主席赫尔曼·范龙佩（Herman Van Rompuy）和欧盟委员会主席若泽·曼努埃尔·杜朗·巴罗佐（Jose Manuel DuraoBarroso）出席签字仪式。农业部副部长、中国农业科学院院长李家洋代表中国农业科学院在意向书上签字。

11月21日　中国农业科学院植物保护研究所所长周雪平主持的国家自然科学基金重大项目——“作物双生病毒致病的分子机理”获得国家自然科学基金委员会1 500万元的资助。这是中国农业科学院主持的首个国家自然科学基金重大项目，也是我国植物保护领域获批的首个国家自然科学基金重大项目。

11月21日　比尔盖茨基金会2013年正式宣布最新一轮“探索大挑战”全球海选项目的优胜者，来自全球14个国家2 700个申请提案中有81名申请者脱颖而出。中国农业科学院上海兽医研究所的周金林博士是唯一一位来自中国的优胜者，研究对象是蜱虫。

11月21日　中国农业科学院兰州畜牧与兽药研究所“新型高效牛羊微量元素舔砖和缓释剂的研制与推广”荣获农业部2011—2013年度全国农牧渔业丰收奖二等奖。该成果已取得农业部添加剂预混合饲料生产许可证和甘肃省添加剂生产文号4个，获得6个国家授权专利。

11月21—29日　中国农业科学院副院长李金祥率团出访南非和肯尼亚，访问了南非农业研究理事会（ARC）、肯尼亚农业部、肯尼亚农业研究所和国家灌溉委员会，并与国际家畜研究所（ILRI）所长吉米·史密斯博士举行了会谈。

11月22日　中国农业科学院召开会议传达学习党的十八届三中全会精神，部署教育实践活动整改落实、建章立制环节工作。会上，传达学习了三中全会主要文件，农业部副部长、中国农业科学院院长李家洋、中国农业科学院党组书记陈萌山分别讲话。

11月22日　中国农业科学院北京畜牧兽医研究所高会江副教授在全基因组关联分析（Genome-wide Association Study，GWAS）研究方面取得创新性进展，他提出了新算法——向前压缩与变量选择方法，用以解决GWAS中海量单核苷酸多态性（SNP）之间互作效应的检测问题，并发现了11个和肉牛胴体性状以及肉质性状高度相关的标记和基因。该方法的提出为今后肉牛的全基因组关联分析研究提供了全新的思路，为我国肉牛育种奠定了基础。此项研究成果得到了“国家‘十二五’科技支撑计划优秀肉牛新品种（系）选育与关键技术研究及示范”项目的支持，并已在线发表于世界著名专业学术期刊《生物信息学简报》。

11月23日　中国农业科学院与大连市人民政府签署了战略科技合作和共建都市农

业研究所的协议。农业部副部长、中国农业科学院院长李家洋出席签字仪式并与大连市委市政府主要领导座谈。中国农业科学院副院长吴孔明与大连市副市长卢林分别代表双方在协议上签字。

11月27—28日 中国农业科学院党组书记陈萌山赴茶叶研究所调研指导所办企业和科研基地建设，听取了茶叶所杭州龙冠实业有限公司与联想控股佳沃集团公司合作情况的汇报，考察了龙冠公司的示范茶园和茶叶加工基地。

11月28日 由农民日报社和中国种子协会联合主办的改革开放以来（1978—2012）中国种业功勋人物20位候选人名单出炉。中国农业科学院3位专家名列其中，他们是中国农业科学院原院长、著名农业科学家、大豆遗传育种学家王连铮，中国工程院院士、蔬菜遗传育种专家方智远，“中国抗虫棉之父”郭三堆。

11月29日 中国农业科学院国家自然科学基金人才类项目申报培训会在北京市举行。全院32个研究所的青年英才计划人才、拟申报杰青及优青项目科研人员以及科研处自然基金项目管理人员等共140余人参加了会议。刘旭副院长出席会议并讲话。

11月30日—12月3日 第十一届中国国际农产品交易会在武汉国际博览中心举行。中国农业科学院副院长吴孔明率团参展，并独家承办了农交会首次设立的“农业科技大集”展区。油料作物研究所展出的“中油”系列高品质低温压榨菜籽油获得组委会颁发的参展产品金奖。

12月

12月2—4日 中国农业科学院人事局、基本建设局、成果转化局在北京联合召开了2013年基本建设与基地管理工作会暨建设项目管理培训。农业部发展计划司副司长郭红宇，院党组书记陈萌山、副院长李金祥、吴孔明出席会议并讲话。院党组成员、人事局局长魏琦主持开幕式。院属各单位、院机关相关部门130余人参加会议。

12月4日 国家科技基础条件平台中心副主任吕先志一行5人到中国农业科学院蔬菜花卉研究所调研国家农作物种质资源平台运行服务工作。唐华俊副院长出席座谈会并讲话。作科所代表国家农作物种质资源平台牵头单位汇报了该平台的总体工作进展，蔬菜所汇报了蔬菜子平台运行服务情况。

12月5日 中国农业科学院2013年科技宣传工作暨培训研讨会在京召开，院党组书记陈萌山发表讲话，强调进一步增强做好科技宣传工作的自觉性、主动性和坚定性，努力开创全院科技宣传工作新局面。农业部新闻办公室领导应邀出席开幕式并讲话。

12月5日 中国农业科学院副院长吴孔明会见了来访的新西兰皇家植物与食品研究所首席执行官彼得·兰德勒（Peter Landon Lane）一行，双方就如何进一步加强农业科技合作深入交换了意见。会后，代表团还参观了蔬菜花卉研究所。

12月10日 中国农业科学院副院长吴孔明会见了来访的联合国粮农组织（FAO）技术合作部南南合作与资源调动司司长金钟振（Kim Jong jin）一行，吴孔明强调，中国农业科学院应为推动南南合作、促进全球发展中国家的共同进步作出应有的贡献。

12 月 10 日　中国农业科学院蔬菜花卉研究所方智远院士主持完成的“甘蓝雄性不育系育种技术体系的建立与新品种选育”，荣获农业部 2012—2013 年度中华农业科技一等奖。该研究成果首次实现了甘蓝显性雄性不育系规模化制种，促进了甘蓝制种技术的变革，使杂交种的杂交率达到了 100%。

12 月 11 日　中国农业科学院作物科学研究所万建民科研团队最新研究发现，一种新的 D53 核蛋白作为调控植物分蘖的激素——独脚金内酯信号途径的“开关”，参与调控植物分蘖（枝）的生长发育，从而为植物特别是农作物的株型改良提供了重要的理论基础，也为育种家解决水稻籼粳亚种间杂交优势利用技术难题提供了帮助。相关研究成果于 12 月 11 日在线发表在 *Nature*（《自然》）上。

12 月 11 日　农业部党组副书记、副部长余欣荣到中国农业科学院农产品加工研究所检查指导马铃薯主粮化项目进展情况。余欣荣强调，要高度重视马铃薯主粮化研究，积极推动马铃薯产业发展，更好支撑国家粮食安全。中国农业科学院党组书记陈萌山陪同并讲话。

12 月 12 日　农业部公布了 2012—2013 年度中华农业科技奖评审结果，中国农业科学院共 21 项科研成果获奖，其中一等奖 6 项、二等奖 6 项、三等奖 9 项，再一次展现出农业科研国家队的科研实力。

12 月 12 日　农业部公布了 2011—2013 年度全国农牧渔业丰收奖获奖名单，中国农业科学院共 11 项成果奖获奖，其中一等奖 5 项，二等奖 6 项。另外，1 名科研人员获推广贡献奖。

12 月 12 日　中国农业科学院生物技术研究所黄荣峰科研团队揭示了植物激素乙烯与环境信号光相互作用调控植物下胚轴生长的分子机制。相关研究成果发表在 *PLoS Genetics*（《科学公共图书馆遗传学版》）杂志上。

12 月 16 日　由中央电视台举办的“科技盛典——CCTV2013 年度科技创新人物颁奖典礼”在北京举行，农业部副部长、中国农业科学院院长李家洋为郭三堆颁奖。中国农业科学院生物技术研究所郭三堆研究员因成功研制具有自主知识产权的三系杂交转基因抗虫棉，作为在科技创新活动中取得重大成果、并在科学道德和精神方面具有典型意义的杰出代表，入选年度科技创新人物。

12 月 16 日　中国科协会员日暨第十三届中国青年科技奖颁奖大会在北京人民大会堂举行，中国农业科学院植物保护研究所陆宴辉博士荣获“中国青年科技奖”。陆宴辉现任植物病虫害生物学国家重点实验室副主任，从事棉花害虫的生物学与控制研究，在 *Bt* 棉花生态系统昆虫种群地位演替规律及其生态学机理、*Bt* 棉田新优势害虫——盲蝽的生态适应机制等方面取得了重要研究进展。

12 月 16 日　中国农业科学院农产品加工研究所“棉花抗黄萎病中植棉系列新品种选育及应用”成果荣获国际“2013：金袋鼠创新奖”。该奖由世界创新论坛评选，其颁发的金袋鼠系列创新机构是全球荣誉领域独特而重要的奖项，日益受到获奖者与海内外各界的肯定与称誉。

12月19日 中国农业科学院哈尔滨兽医研究所、国家禽流感参考实验室主任陈化兰研究员因禽流感病毒研究方面的卓越成绩，被当日出版的*Nature*（《自然》）杂志评选出2013年年度十大科学人物。陈化兰现任国家暨世界动物卫生组织（OIE）禽流感参考实验室主任，是我国第一位OIE专家，OIE最高技术决策机构——生物标准委员会6名委员之一，OIE/FAO流感专家委员会（OFFLU）5名执委之一。

12月20日 农业部表彰了一批全国农业先进集体和先进个人，中国农业科学院植物保护研究所陈万权研究员、中国水稻研究所朱德峰研究员、北京畜牧兽医研究所李奎教授被授予“全国农业先进个人”荣誉称号。

12月21日 由农业部科技教育司、发展计划司、人事劳动司联合主办，中国农业科学院科技管理局承办的“农业部重点实验室学科群培训交流总结会”在北京召开。来自全国相关单位科研、基建方面的领导和实验室、实验站的专家代表共计140余人参加会议。农业部相关领导，中国农业科学院副院长唐华俊、刘旭等领导出席会议。

12月24日 植物病虫害生物学国家重点实验室建设发展座谈会暨2013年度学术委员会年会在中国农业科学院植物保护研究所召开。中国农业科学院副院长刘旭、吴孔明参加会议并讲话。来自科技部、农业部等部门的领导以及我国植物保护科学界著名科学家等参加了座谈会，并对实验室的建设与发展建言献策。

12月25日 农业部办公厅与农业部机关服务局举办了档案业务培训班，表彰了“档案在你身边”征文活动优秀组织单位与优秀论文获得者。中国农业科学院办公室荣获农业部“优秀组织单位”称号，是部系统唯一一个获此奖项的单位。此次还评选出21篇农业部优秀论文，牧医所邬震坤等6名同志获优秀论文奖。

12月26日 农业部党组书记、部长、部党的群众路线教育实践活动领导小组组长韩长赋听取了中国农业科学院党组党的群众路线教育实践活动总体情况汇报。农业部副部长、中国农业科学院院长李家洋，院党组书记陈萌山，院党组副书记、副院长唐华俊参加了汇报会。

12月27日 在2013年“平安单位”创建活动中，中国农业科学院荣获“优秀单位”称号。中国农业科学院历来高度重视安全生产工作，2014年对全院安全生产委员会的人员进行调整，明确职责和责任，重点加强了京区地下空间管理，坚持定期组织安全生产工作检查，发现问题及时整改，积极开展安全生产宣传教育活动。

12月28日 中国农业科学院副院长唐华俊代表我院与四川省广安市人民政府签署了战略合作协议。双方将充分发挥中国农业科学院科技、人才、成果以及广安市区域、资源、政策等优势，在试验示范基地建设、合作实施科技项目、联合培养人才等领域开展深入的合作，共同推进农业科技创新和成果转化，推动广安市现代农业和农村经济的发展。

12月30日 中国农业科学院科技创新工程启动实施1周年媒体座谈会在京召开，总结科技创新工程启动以来的主要进展和取得的成绩，交流科技创新工程对研究所及科研人员思想观念、科研机制、人才团队建设、科研氛围、经费使用与管理等方面带来的积极变化。院党组书记陈萌山出席会议并讲话。院党组副书记、副院长唐华俊主持会议。院党组成员、人事局局长魏琦出席会议。

12 月 31 日 中国农业科学院举行党组中心组 2013 年第三次（扩大）学习会，传达学习中央经济工作会议、中央农村工作会议和全国农业工作会议精神，以改革创新思维，谋划 2014 年工作思路和工作重点。农业部副部长、中国农业科学院院长李家洋，院党组成员和院机关各部门主要负责同志参加会议。会议由院党组书记陈萌山主持。

12 月 31 日 农业部副部长、中国农业科学院院长李家洋，院党组书记陈萌山代表院领导班子，通过中国农业科学院网和中国农业科学院报发表新年贺词，向全院广大科技人员和干部职工致以诚挚的问候和美好的祝福。

12 月 31 日 第三届中国出版政府奖评选结果揭晓，《中国农业科学》中文版荣获期刊奖提名奖。这是该刊继 2011 年后第二次获此殊荣，是此次获奖期刊中唯一的农业类期刊。中国出版政府奖是我国新闻出版领域的最高奖，每三年评选一次，旨在表彰和奖励国内新闻出版业优秀出版物、出版单位和个人。

12 月 31 日 经过国家牧草产业技术体系遴选推荐，中国农业科学院北京畜牧兽医研究所杨青川研究员荣获中华农业科教基金会 2013 年度“风鹏行动 · 种业功臣”称号。从 1989 年开始，杨青川研究员一直从事苜蓿的遗传育种工作，目前已育成 4 个苜蓿新品种，产生了较大的经济效益、社会效益、生态效益。

十二、附　　录

中国农业科学院科技期刊及报纸一览表

序号	主办单位	主管单位	刊物名称	创刊时间	类别	主编	副主编/主任	电话	刊号	电子邮件	网址	刊期
1	中国农业科学院（信息所承办）	农业部	中国农业科学	1960	学术类	刘　旭	李云霞	82106282	CN 11-1328/S ISSN 0578-1752	zgnykx@ caas. cn	www. chinaagrisci. com	半月
2	中国农业科学院（信息所承办）	农业部	Journal of Integrative Agriculture（JIA）	2002	学术类	刘　旭	张以民	82106280	CN 10-1039/S，ISSN 2095-3119	asc@ caas. cn	www. chinaagrisci. com	月
3	中国农业科学院（质标所承办）	农业部	农产品质量与安全	2003	综合类	翟虎渠	钱永忠	82106522	CN 11-5896/S ISSN 1674-8255	aqs@ caas. cn	www. iqstap. com	双月
4	中国农业科学院（信息所承办）	农业部	农业科技通讯	1972	技术类	刘　东		82109664	CN 11-2395/S ISSN 1000-6400	tongxun@ caas. cn	aii. caas. cn	月
5	中国农业科学院/国家食物与营养咨询委员会	农业部	中国食物与营养	1995	综合类	许世卫	李哲敏	82109761	CN 11-3716/TS ISSN 1006/9577	foodandn@ 263. net	www. sfncc. org. cn	月
6	中国作物学会/作科所	中国科协	作物学报	1950	学术类	万建民	程维红	82108548	CN 11-1809/S ISSN 0496-3490	xbzw@ chinajournal. net. cn	www. chinacrops. org/zwxb/	月
7	中国作物学会/作科所	中国科协	作物杂志	1985	技术类	赵　明	姚　杰	82108790	CN 11-1808/S ISSN 1001-7283	zwzz304@ caas. cn zwzz@ chinajournal. net. cn	zwzz. chinajournal. net. cn zwzz. periodicals. net. cn	双月
8	中国作物学会\作科所	中国科协	The Crop Journal	2012	学术类	万建民	程维红	82108548	CN 10-1112/S ISSN 2095-5421			双月

（续表）

序号	主办单位	主管单位	刊物名称	创刊时间	类别	主编	副主编/主任	电话	刊号	电子邮件	网址	刊期
9	作科所/中国种子协会	农业部	中国种业	1982	技术类	王述民	刘根泉	82109494	CN 11-4413/S ISSN 1671-895X	chinaseedqks @ sina. com	zgzy. periodicals. net. cn	月
10	作科所/中国农学会	农业部	植物遗传资源学报	2000	学术类	刘　旭	刘根泉	82109494	CN 11-4996/S ISSN 1672-1810	zwyczyxb2003@ sina. com	www. zwyczy. cn	双月
11	中国植物保护学会（植保所承办）	中国科协	植物保护	1963	技术类	吴孔明	王　音	62819059	CN 11-1982/S ISSN 0529-1542	zwbh1963@ 263. net	www. plantprotection. ac. cn	双
12	植保所/中国植物保护学会	农业部	中国生物防治学报	1985	学术类	杨怀文	王立霞	82109774	CN 11-3515/S ISSN 1005-9261	zgswfzxb@ 126. com	www. zgswfz. com. cn	季
13	蔬菜所	农业部	中国蔬菜	1981	技术类	孙日飞	龚一凡	82109550	CN 11-2326/S ISSN 1000-6346	zgsc@ caas. cn	www. cnveg. org	月
14	中国园艺学会（蔬菜所承办）	中国科协	园艺学报	1962	技术类	杜永臣	赵　华	82109523	CN 11-1924/S ISSN 0513-353X	yuanyixuebao@ 126. com	www. ahs. ac. cn	月
15	环发所	农业部	中国农业气象	1979	学术类	雷水玲		82109774	CN 11-1999/S ISSN 1000-6362	leishl@ ieda. org. cn	www. ieda. org. cn	季
16	中国畜牧兽医学会（牧医所承办）	中国科协	畜牧兽医学报	1956	学术类	文　杰	任　鹏	62815987	CN 11-1985/S ISSN 0366-6964	xmsyxb@ 263. net	www. xmsyxb. com	月
17	牧医所	农业部	中国畜牧兽医	1974	技术类	李　琍	赵连生	62816020	CN 11-4843/S ISSN 1671-7236	gwxm@ 263. net	www. chivm. net	月
18	蜜蜂所/中国养蜂学会	农业部	中国蜂业	1934	科技类	李海燕	李海燕	62595931 13910930000	CN 11-5358/S ISSN 0412-4367	haiyanonly@ 126. com zgyf 2004@ yahoo. com. cn	www. bee1934. org	旬

（续表）

序号	主办单位	主管单位	刊物名称	创刊时间	类别	主编	副主编/主任	电话	刊号	电子邮件	网址	刊期
19	中国原子能学会/原子能所	农业部	核农学报	1987	学术类	华跃进	杨 洋	62815961	CN 11-2265/S ISSN 1000-8551	hnxb5109@263. net	www. hnxb. org	双月
20	中国农业经济学会/农经所	农业部	农业经济问题	1980	学术类	秦 富	李玉勤	82108705	CN 11-1323/F ISSN 1000-6389	nyjjwt@caas. cn	www. iaecn. com	月
21	中国农业技术经济研究会/农经所	农业部	农业技术经济	1982	学术类	朱希刚	李玉勤	82108705	CN 11-1883/S ISSN 1000-6370	nyjjwt@caas. cn	www. iaecn. com	双月
22	资划所/中国植物营养与肥料学会	农业部	中国土壤与肥料	1964	技术类	黄鸿翔	张 华	82108656	CN 11-5498/S ISSN 1673-6257	trfl@caas. ac. cn	chinatrfl. alljournal. net. cn	双月
23	中国植物营养与肥料学会	农业部	植物营养与肥料学报	1994	学术类	金继运	张成娥	82108653	CN 11-3996/S ISSN 1008-505X	zwyf@caas. ac. cn	www. plantnutifert. org	双月
24	资划所/中国农业资源与区划学会/全国农业资源区划办公室	农业部	中国农业资源与区划	1980	学术类	唐华俊	张 华	82109637	CN 11-3513/S ISSN 1005-9121	Quhuabjb0141@126. com	zgnyzyqh. alljournal. net	双月
25	资划所/中国农学会农业信息分会	农业部	中国农业信息	1989	技术类	王道龙	张 华	82109637	CN 11-4922/S ISSN 1005-9121	Zgnyxx001@126. com	www. cjarrp. com	月
26·	中国农学会（资划所承办）	中国科协	农业科研经济管理	1993	学术类	史志国	刘瀛弢 张 华	82109637	CN 11-3801/S	nykygl@126. com	www. cjarrp. com	季
27	信息所	农业部	农业图书情报学刊	1984	学术类	贾善刚		82109667	CN 11-2711/G2 ISSN 1002-1248	xuekan@caas. cn	aii. caas. cn	月
28	信息所	农业部	中国乳业	2002	技术类	冯艳秋		62110897/ 82109890	CN 11-4768/S ISSN 1671-4393	zhgry@caas. cn	aii. caas. cn	月

（续表）

序号	主办单位	主管单位	刊物名称	创刊时间	类别	主编	副主编/主任	电话	刊号	电子邮件	网址	刊期
29	信息所	农业部	生物技术通报	1985	学术类	路铁刚	孙国凤	82109925	CN 11-2396/Q ISSN 1002-5464	biotech@caas.cn	aii.caas.cn	双月
30	信息所	农业部	农业网络信息	1986	技术类	刘世洪	曾祥秀	82109657	CN 11-5065/TP ISSN 1672-6251	nywlxx@caas.cn	aii.caas.cn	月
31	信息所	农业部	农业展望	2005	学术类	许世卫	潘月红	82109913	CN 11-5343/S ISSN 1673-3908	nyzw@caas.cn	aii.caas.cn	月
32	信息所	农业部	中国园艺文摘	1985	技术类	赵瑞雪		82109897	CN 11-4921/S	zgyywz@caas.cn	aii.caas.cn	月
33	信息所	农业部	中国猪业	2006	技术类	冯艳秋		62143579	CN 11-5435/S	zhuye@caas.cn	aii.caas.cn	月
34	信息所	农业部	中国畜牧兽医文摘	1985	技术类	赵颖波		82109897	CN 11-4919/S	zgxmsywz@caas.cn	aii.caas.cn	月
35	信息所	农业部	中国畜禽种业	2005	技术类	孟宪学		82106257	CN 11-5342/S	zgxq@caas.cn	aii.caas.cn	月
36	灌溉所/中国水利学会/中国国家灌溉排水委员会	水利部/农业部	灌溉排水学报	1982	学术类	段爱旺	李赞堂	0373－3393346	CN 41-1337/S ISSN 1672-3317	gfid@sina.com	www.ggps.cb.cnki.net	双月
37	水稻所	农业部	中国水稻科学	1986	学术类	程式华	阮刘青	0571－63370480	CN 33-1146/S ISSN 1001-7216	cjrs@263.net	www.ricesci.cn	双月
38	水稻所	农业部	Rice Science（水稻科学）	1990	学术类	程式华	阮刘青	0571－63371017	CN 33-1317/S ISSN 1672-6308	crm@fy.hz.zj.cn	www.ricescience.org	双月
39	水稻所	农业部	中国稻米	1994	技术类	钱　前	庞乾林	0571－63370271	CN 33-1201/S ISSN 1006-8082	zgdm@163.com	www.zgdm.net	双月

（续表）

序号	主办单位	主管单位	刊物名称	创刊时间	类别	主编	副主编/主任	电话	刊号	电子邮件	网址	刊期
40	棉花所	农业部	中国棉花	1958	技术类	喻树迅	牛巧鱼	0372－2525361/2/9	CN 41-1140/S ISSN 1000-632X	journal@ cricaas. com. cn	journal. cricaas. com. cn	月
41	中国农学会（棉花所承办）	中国科协	棉花学报	1989	学术类	喻树迅	张末喜	0372－2525361	CN 41-1163/S ISSN 1002-7807	journal@ cricaas. com. cn	journal. cricaas. com. cn	双月
42	油料所	农业部	中国油料作物学报	1979	学术类	王汉中	肖唐华	027－86813823	CN 42-1429/S ISSN 1007-9084	ylxb@ public. wh. hb. cn	www. journalcrops. cn	双月
43	麻类所	农业部	中国麻业科学	1979	学术类	熊和平	谢国炎	0731－88998521	CN 43-1467/S ISSN 1671-3532	csibfc@ sina. com	www. chinaibfc. com	双月
44	果树所	农业部	中国果树	1959	技术类	赵进春	郝红梅	0429－3598131	CN 21-1165/S ISSN 1000-8047	zggsbjb@ vip. 163. com		双月
45	果树所	农业部	果树实用技术与信息	1994	科普类	赵进春	郝红梅	0429－3598131	CN 21-1342/S	gsjsxx@ 126. com		月
46	郑州果树所	农业部	果树学报	1984	学术类	王志强	陈新平	0371－65330927	CN 41-1308/S ISSN 1009-9980	chinagsxb@ 163. com		双月
47	郑州果树所	农业部	中国瓜菜	1988	技术类	刘君璞	陈新平	0371－65330928/65330927	CN 41-1374/S ISSN 1673-2871	zggc@ 163. com		双月
48	郑州果树所	农业部	果农之友	2000	科普类	陈新平		0371－65330928	CN 41-1343/S			月
49	茶叶所	农业部	中国茶叶	1979	技术类	黄　飞	尤韶华	0571－86650241	CN 33-1117/S ISSN 1000-3150	chinatea@ mail. hz. zj. cn	www. e-chinatea. cn	月

（续表）

序号	主办单位	主管单位	刊物名称	创刊时间	类别	主编	副主编/主任	电话	刊号	电子邮件	网址	刊期
50	中国茶叶学会（茶叶所承办）	中国科协	茶叶科学	1964	学术类	陈宗懋	朱永兴	0571－86651902	CN 33-1115/S ISSN -1000-369X	zyx@ mail. tricaas. com cykx@ vip. 163. com	www. tea-science. com	季
51	茶叶所/生物所	农业部	生物技术进展	2011	学术类	林　敏		010－82106118	CN 33-1375/Q ISSN 2095-2341	curr_ biotech@ 163. com		半月
52	哈尔滨兽医所	农业部	中国预防兽医学报	1979	学术类	孔宪刚	赵晓岩	18946066140	CN 23-1417/S ISSN 1008-0589	zgyfsyxb@ vip. sina. com. cn	www. zgyfsyxb. com	月
53	哈尔滨兽医所	农业部	畜牧兽医科技信息	2002	技术类	王笑梅	秦红丽	18946066051	CN 23-1501/S ISSN 1671-6027	Xmsykjxx2004@ sohu. com		月
54	兰州兽医所	农业部	中国兽医科学	1971	学术类	殷　宏	左翠萍	0931－8342195	CN 62-1192/S ISSN 1673-4696	zgsykx@ zgsykx. com	www. zgsykx. com	月
55	兰州牧药所	农业部	中国草食动物科学	1981	技术类	阎　萍	魏云霞	0931－2656124	CN 62-1206/Q ISSN 1007-9726	xumuchj@ 163. com	zgcsdw. periodicals. net. cn/	双月
56	中兽医所（兰州牧药所）	农业部	中兽医医药杂志	1982	学术类	杨志强	赵四喜	0931－2656034 13919078833	CN 62-1063/R ISSN 1000-6354	zsyyyzz@ periodicals. net. cn	zscc. chinajournal. net. cn	双月
57	上海兽医所	农业部	中国动物遗传病学报	1993	学术类	童光志		021－34293142	CN 31-2031 ISSN 1674-6422	bianjibu@ shvri. ac. cn	www. cjaid. com	双月
58	草原所	农业部	中国草地学报	1979	学术类	侯向阳	刘天明	0471－4926880	CN 15-1344/S ISSN 1673-5021	zgcdxb@ 126. com	zgcd. chinajournal. net. cn	双月
59	特产所/中国农学会特产学会	农业部	特产研究	1962	技术类	沈育杰	刘艳环	0432－6513069	CN 22-1154/S ISSN 1001-4721	tcyjbjb@ 126. com		季

（续表）

序号	主办单位	主管单位	刊物名称	创刊时间	类别	主编	副主编/主任	电话	刊号	电子邮件	网址	刊期
60	特产所	农业部	特种经济动植物	1982	技术类	杨福合	周淑荣	0431－81919599	CN 22-1155/S ISSN 1001-4713	tzjjdzw@163. com		月
61	环保所/中国农业生态环境保护协会	农业部	农业资源与环境学报	1984	综合类	任天志	胡　梅	022－23674336	CN 12-1233/S ISSN 1005-4944	caed@vip. 163. com	www. aed. org. cn	双月
62	环保所/中国农业生态环境保护协会	农业部	农业环境科学学报	1982	综合类	李文华	潘淑君	022－23674336	CN 12-1347/S ISSN 1672-2043	caed@vip. 163. com	www. aes. org. cn	双月
63	中国沼气学会/沼科所	农业部	中国沼气	1983	技术类	王锡吾		028－85230681	CN 51-1206/S ISSN 1000-1166	cbso@mail. sc. cninfo. net		双月
64	农机化所	农业部	中国农机化学报	1984	学术类	易中懿	李　丹	025－84346270	CN 32-1123/S ISSN 1006-7205	cnnnhgxx@public1. ptt. js. cn		双月
65	农机化所	农业部	农业开发与装备	1995	综合类	陈巧敏	王利民	025－84346220	CN 32-1779/TH ISSN 1673-9205	njjzy2189@sina. com	www. nriam. com/njjzy/	双月
66	烟草所	农业部	中国烟草科学	1979	学术类	王元英	张久权	0532 88703238	CN 37-1277/S ISSN 1007-5119	zgyckx@sina. com zgyckx@21cn. com	www. tric. cn	双月
67	中国农村技术开发中心（生物所承办）	科技部	中国农业科技导报	1999	技术类	范云六	孙丽萍	62127682	CN 11-3900/S ISSN 1008-0864	nykjdb@163. com; nkdb@caas. cn	www. nkdb. net	双月

中国农业科学院通讯录

单位名称	通讯地址	邮编	区号	电话	传真
院办公室	北京市海淀区中关村南大街 12 号	100081	010	82109398	82103005
科技管理局	北京市海淀区中关村南大街 12 号	100081	010	82109427	82105534
人事局	北京市海淀区中关村南大街 12 号	100081	010	82109437	82105563
财务局	北京市海淀区中关村南大街 12 号	100081	010	82105658	82105668
基本建设局	北京市海淀区中关村南大街 12 号	100081	010	82109471	82105582
国际合作局	北京市海淀区中关村南大街 12 号	100081	010	82109477	62174060
成果转化局	北京市海淀区中关村南大街 12 号	100081	010	82105192	82105192
直属机关党委	北京市海淀区中关村南大街 12 号	100081	010	82105708	82105708
监察局	北京市海淀区中关村南大街 12 号	100081	010	82109502	82109448
后勤服务中心	北京市海淀区中关村南大街 12 号	100081	010	82109668	82109668
研究生院	北京市海淀区中关村南大街 12 号	100081	010	82109689	82106609
作物科学研究所	北京市海淀区中关村南大街 12 号	100081	010	82109715	82105819
植物保护研究所	北京市海淀区圆明园西路 2 号	100193	010	62815905	62895365
蔬菜花卉研究所	北京市海淀区中关村南大街 12 号	100081	010	82109520	62146160

（续表）

单位名称	通讯地址	邮编	区号	电话	传真
农业环境与可持续发展研究所	北京市海淀区中关村南大街 12 号	100081	010	82109567	82109567
北京畜牧兽医研究所	北京海淀区圆明园西路 2 号	100193	010	62815851	62895372
蜜蜂研究所	北京市海淀区香山北沟 1 号	100093	010	62593512	62593512
饲料研究所	北京市海淀区中关村南大街 12 号	100081	010	82109812	82106054
农产品加工研究所	北京市海淀区圆明园西路 2 号	100193	010	62815836	62895382
生物技术研究所	北京市海淀区中关村南大街 12 号	100081	010	82106405	82106405
农业经济与发展研究所	北京市海淀区中关村南大街 12 号	100081	010	82109801	62187545
农业资源与农业区划研究所	北京市海淀区中关村南大街 12 号	100081	010	82109640	82106225
农业信息研究所	北京市海淀区中关村南大街 12 号	100081	010	82109915	82103127
农业质量标准与检测技术研究所	北京市海淀区中关村南大街 12 号	100081	010	82106515	82106500
农业部食物与营养发展研究所	北京市海淀区中关村南大街 12 号	100081	010	82105179	82105184
中国农业科学技术出版社	北京市海淀区中关村南大街 12 号	100081	010	82109700	82109700
农田灌溉研究所	河南省新乡市牧野区宏力大道（东）380 号	453002	0373	3393354	3393344
中国水稻研究所	杭州市体育场路 359 号	310006	0571	63370235	63370989
棉花研究所	河南省安阳市黄河大道西段 38 号	455000	0372	2562206	2562256
油料作物研究所	湖北省武汉市武昌区徐东二路 2 号	430062	027	86811837	86816451

（续表）

单位名称	通讯地址	邮编	区号	电话	传真
麻类研究所	湖南省长沙市岳麓区咸嘉湖西路 348 号	410205	0731	88998505	88998528
果树研究所	辽宁省兴城市兴海南街 98 号	125100	0429	3598108	3598288
郑州果树研究所	郑州市航海东路金色港湾南	450009	0371	65330901	65330987
茶叶研究所	杭州市梅灵南路 9 号	310008	0571	86650180	86650056
哈尔滨兽医研究所	哈尔滨市南岗区马端街 427 号	150001	0451	51997177	51997166
兰州兽医研究所	甘肃省兰州市城关区盐场堡徐家坪 1 号	730046	0931	8342489	8340977
兰州畜牧与兽药研究所	兰州市七里河区硷沟沿 335 号	730050	0931	2115192	2115191
上海兽医研究所	上海市闵行区紫月路 518 号	200241	021	54082828	54081818
草原研究所	内蒙古呼和浩特市新城区乌兰察布东街 120 号	010010	0471	4961330	4961330
特产研究所	吉林省长春市净月经济开发区聚业大街 4899 号	130112	0431	81919856	81919800
环境保护科研监测所	天津市南开区复康路 31 号	300191	022	23613820	23613820
沼气科学研究所	四川省成都市人民南路四段 13 号	610041	028	85230689	85230691
南京农业机械化研究所	江苏省南京市玄武区中山门外柳营 100 号	210014	025	84346212	84432672
烟草研究所	山东省青岛市崂山区科苑经四路 11 号	266101	0532	88701030	88702056
柑桔研究所	重庆市北碚区歇马镇柑桔村 15 号	400712	023	68349709	68349712
甜菜研究所	黑龙江省哈尔滨市南岗区学府路 74 号	150080	0451	86609312	86609312

（续表）

单位名称	通讯地址	邮编	区号	电话	传真
蚕业研究所	江苏省镇江市四摆渡	212018	0511	85616572	85628183
农业遗产研究室	南京市卫岗 1 号南京农业大学院内	210095	025	84396771	84396771
水牛研究所	广西省南宁市邕武路 24-1 号	530001	0771	3338589	3338814
草原生态研究所	兰州市嘉峪关西路 768 号	730020	0931	8910979	8910979
家禽研究所	江苏省扬州市邗江区仓颉路 58 号	225125	0514	85599000	85599010
甘薯研究所	江苏省徐州市经济技术开发区徐海路高铁站北	221131	0516	82189208	82189209
长春兽医研究所	吉林省长春市净月经济开发区柳莺西路 666 号	130122	0431	86985807	86985828
深圳生物育种创新研究院（筹）	深圳市大鹏新区鹏城片区	518120	0755	22377816	25273835

各省、自治区、直辖市农（牧、林）业科学院通讯录

单位名称	通讯地址	邮编	区号	电话	传真
北京市农林科学院	北京市海淀区曙光中路 9 号	100097	010	51503241	51503300
天津市农业科学院	天津市南开区白堤路 268 号	300192	022	23678666	23678667
河北省农林科学院	石家庄市探谈固南大街 45 号	050031	0311	87652019	87066140
山西省农业科学院	太原市小店区长风街 2 号	030006	0351	7073032	7040092
内蒙古自治区农牧业科学院	呼和浩特市玉泉区昭君路 22 号	010031	0471	5295455	5295644
辽宁省农业科学院	沈阳市沈河区东陵路 84 号	110161	024	31027396 31023112 （一楼大厅收发室）	31027397
吉林省农业科学院	吉林省长春市净月旅游开发区彩宇大街 1363 号	130124	0431	87063135	87063132
黑龙江省农业科学院	哈尔滨市南岗区学府路 368 号	150080	0451	86662295	86662295
黑龙江省农垦科学院	黑龙江省佳木斯市安庆街 382 号	154007	0454	8359120	8359120
上海市农业科学院	上海市奉贤区金齐路 1000 号	201403	021	62200183	62201221
江苏省农业科学院	南京市孝陵卫钟灵街 50 号	210014	025	84390014	84432691
浙江省农业科学院	杭州市石桥路 198 号	310021	0571	86404011	86400481

（续表）

单位名称	通讯地址	邮编	区号	电话	传真
安徽省农业科学院	合肥市庐阳区农科南路40号	230031	0551	6216026	2160337
福建省农业科学院	福州市五四路247号	350003	0591	87884606	87884262
江西省农业科学院	南昌市南昌县莲塘北大道1738号	330200	0791	87090310	87090001
山东省农业科学院	济南市工业北路202号	250100	0531	83179224	88604644
河南省农业科学院	郑州市花园路116号	450002	0371	65729140	65711374
湖北省农业科学院	武汉市洪山区南湖瑶苑特1号	430064	027	87389499	87389499
湖南省农业科学院	长沙市芙蓉区远大二路892号	410125	0731	84691327	84691124
广东省农业科学院	广州市天河区金颖路20号	510640	020	87511099	87503358
广西壮族自治区农业科学院	南宁市大学东路174号	530007	0771	3243866	3244521
海南省农业科学院	海口市琼山区流芳路9号	571100	0898	65369365	65314539
四川省农业科学院	成都市锦江区静居寺路20号	610066	028	84504011	84504198
重庆市农业科学院	重庆市九龙坡区白市驿镇	401329	023	65705208	65703532
贵州省农业科学院	贵阳市小河区金竹镇	550006	0851	3761026	3761504
云南省农业科学院	昆明市北京路2238号	650200	0871	65136637	65136633
西藏自治区农牧科学院	拉萨市金珠西路130号	850000	0891	6862174	6862174
西北农林科技大学（陕西省农业科学院）	陕西省杨陵示范区	712100	029	87082809	87082810

（续表）

单位名称	通讯地址	邮编	区号	电话	传真
甘肃省农业科学院	兰州市安宁区农科院新村 1 号	730070	0931	7616187	7616187
青海省农林科学院	西宁市城北区宁大路 253 号	810016	0971	5311151	5311192
宁夏农林科学院	银川市黄河东路 590 号	750002	0951	6886710	6886712
新疆农业科学院	乌鲁木齐市南昌路 403 号	830091	0991	4502057	4516057
新疆畜牧科学院	乌鲁木齐市克拉玛依东街 151 号	830000	0991	4832351	4832351
中国热带农业科学院	海南省海口市城西学院路 4 号	571101	0898	66962965	66962904

农业部有关司局及直属单位电话号码

单位	电话	单位	电话	单位	电话
办公厅	59193127	乡镇企业局	59192718	人力资源开发中心、中国农学会	59194204
部值班室	59192316	渔业局	59192936	农村经济研究中心	66115901
人事劳动司	59192510	农产品质量安全监管局	59193168	农村合作经济经营管理总站	59193126
产业政策与法规司	59192730	直属机关党委	59192416	信息中心	59192709
农村经济体制与经营管理司	59193197	驻部纪检组监察局	59192419	农产品质量安全中心	62191443
市场与经济信息司	59193146	离退休干部局	59192411	中国绿色食品发展中心	62191402
发展计划司	59192532	机关服务中心	59192259	规划设计研究院	65002616
财务司	59192514	中国水产科学研究院	68673938	工程建设服务中心	62126228
国际合作司	59192440	中国热带农业科学院	0898－66962965	财会服务中心、中华农业科教基金会	59194361
科技教育司	59193024	全国农业展览馆	65919095	对外经济合作中心	59194805
种植业管理司	59192806	中国农业电影电视中心	82101700	农业贸易促进中心	59194627
种子管理局	59192813	农民日报社	85834842	国际交流服务中心	59192672

（续表）

单位	电话	单位	电话	单位	电话
农业机械化管理司	59192822	中国农业出版社	59195133	中央农业广播电视学校	59196013
畜牧业司	59191873	中国农村杂志社	68131899	科技发展中心	59199373
兽医局	59193307	中国农民体育协会	59194391	农业生态与资源保护总站	59196398
农垦局	59192648	管理干部学院	81706299	全国农业技术推广服务中心	59194544
农药检定所	59194067	中国动物疫病预防控制中心	59194658	东海区渔政局	021－52755808
优质农产品开发服务中心	65521802	中国兽医药品监察所	62160625	南海区渔政局	020－87300715
农业机械试验鉴定总站	59199012	中国动物卫生与流行病学中心	0532－85610280	渔业船舶检验局	59199257
农业机械化技术开发推广总站	67634176	中国农垦经济发展中心	59199509	全国水产技术推广总站	59195075
中国农机安全报社	59199211	农村社会事业发展中心	59199673	中国水产学会	59199605
草原监理中心	59193013	渔政指挥中心	59192919	华龙实业发展有限责任公司	59194436
全国畜牧总站、中国饲料工业协会	59194608	黄渤海区渔政局	0535－6223752		

有关单位通讯录

单位	通讯地址	邮编	区号	电话	电子邮件
科学技术部	北京市复兴路乙15号	100862	010	58881800	
国家发展和改革委员会	北京市西城区月坛南街38号	100824	010	68502000	bgt@ ndrc. gov. cn
国家机关事务管理局	北京市西城区西安门大街22号	100017	010	66036447	webmaster@ ggj. gov. cn
中国农业大学	北京市海淀区圆明园西路2号	100094	010	62736518	xbglq@ cau. edu. cn
中国农学会	北京市朝阳区麦子店街22号	100125	010	59194203	
中国科学技术协会	北京市海淀区复兴路3号	100863	010	68571878	